世界农药大全

A COMPLETE COLLECTION
OF
WORLD AGROCHEMICALS
INSECTICIDE

杀虫剂
卷
第二版

刘长令
李 淼 主编
吴 峤

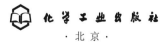

化学工业出版社
·北京·

内容简介

本书在第一版的基础上，精选农药品种 274 个（收集至 2021 年 3 月），其中杀虫剂 219 个、杀螨剂 32 个、杀软体动物剂 3 个、拒食剂 3 个、鸟类驱避剂 3 个、杀鼠剂 12 个、其他 2 个，系统介绍了各农药品种的产品概况（包括名称、理化性质、毒性、制剂、作用机理等）、应用（包括适宜作物与安全性、防除对象、应用技术、使用方法等）、专利与登记（包括专利名称、专利号、申请日期及其在世界其他国家申请的相关专利、工艺专利、登记情况等）、合成方法（包括最基本原料的合成方法、合成实例）、参考文献等。另外，本书还较为详细地介绍了相关重要昆虫知识，供读者以市场需求为导向进行研发时参考。需要特别指出的是，书后附有农药中英文通用名称索引，供读者进一步检索。

本书具有实用性强、信息量大、内容齐全、重点突出、索引完备等特点，可供从事农药管理、专利与信息、科研、生产、应用、销售、进出口等有关工作人员，高等院校相关专业师生参考。

图书在版编目（CIP）数据

世界农药大全. 杀虫剂卷 / 刘长令，李淼，吴峤主编.
—2 版. —北京：化学工业出版社，2022.3
ISBN 978-7-122-40271-4

Ⅰ.①世… Ⅱ.①刘… ②李… ③吴… Ⅲ.①农药-世界-技术手册②杀虫剂-技术手册 Ⅳ.①TQ45-62

中国版本图书馆 CIP 数据核字（2021）第 235497 号

责任编辑：刘　军　孙高洁　　　　　　文字编辑：李娇娇
责任校对：宋　夏　　　　　　　　　　装帧设计：王晓宇

出版发行：化学工业出版社（北京市东城区青年湖南街 13 号　邮政编码 100011）
印　　装：河北鑫兆源印刷有限公司
787mm×1092mm　1/16　印张 49　字数 1252 千字　2022 年 5 月北京第 2 版第 1 次印刷

购书咨询：010-64518888　　　　　　　售后服务：010-64518899
网　　址：http://www.cip.com.cn
凡购买本书，如有缺损质量问题，本社销售中心负责调换。

定　　价：298.00 元

本书编写人员名单

主　　编：刘长令　李　淼　吴　峤

副 主 编：杨吉春　李慧超　关爱莹

编写人员：（按姓名汉语拼音排序）

迟会伟	范玉杰	关爱莹	姜美锋	焦　爽
李慧超	李　林	李　淼	李　洋	刘长令
刘鹏飞	刘幸海	刘远昂	芦志成	任玮静
宋玉泉	孙金强	孙旭峰	王立增	王帅印
王秀丽	吴　峤	伍　强	徐　英	杨　帆
杨　浩	杨吉春	杨金龙	杨　莉	姚忠远
张金波	张静静			

前言

目前，国内外虽有许多介绍农药品种方面的书籍，如 *The Pesticide Manual*、《新编农药手册》等，但尚未有较详尽介绍杀虫剂、杀螨剂多方面情况，如品种的创制研究、开发、专利、应用、合成方法等的书籍。为此编写了本书，旨在为从事农药（包括杀虫剂、杀螨剂等）管理、专利与信息、科研、生产、应用、销售、进出口等有关工作人员，涉及工业、农业、工商、农资、贸易多部门提供一本实用的工具书。

本书在《世界农药大全——杀虫剂卷》（2012 年）基础上，删减了 46 个禁止/停止使用的农药，包括：苏云金素、氟环脲、氟幼脲、丁酮威、久效威、速灭威、混杀威、灭除威、灭杀威、氟虫胺、庚烯磷、久效磷、萘肽磷、磷胺、丙虫磷、家蝇磷、硫线磷、甲拌磷、治螟磷、特丁硫磷、蚜灭磷、蝇毒磷、噁唑磷、杀扑磷、对硫磷、甲基对硫磷、硫丙磷、苯线磷、甲胺磷、硫丹、林丹、杀螨素、三氯杀螨醇、灭螨猛、驱蚊灵、methylneodecanamide、disparlure、红铃虫性诱素、grandlure、增效醚、增效酯、增效散、毒鼠碱、磷化锌、鼠完、氟乙酸钠；增加了 30 余个近年来开发的新品种：双丙环虫酯、环溴虫酰胺、四氯虫酰胺、氯氟氰虫酰胺、溴虫氟苯双酰胺（broflanilide）、四唑虫酰胺（tetraniliprole）、环丙氟虫胺（cyproflanilide）、环氧虫啶、氟吡呋喃酮（flupyradifurone）、flupyrimin、三氟苯嘧啶（triflumezopyrim）、tyclopyrazoflor、dimpropyridaz、nicofluprole、氯溴虫腈、spiropidion、momfluorothrin、heptafluthrin、右旋反式氯丙炔菊酯、*epsilon*-momfluorothrin、氟硅菊酯、甲基吡噁磷、fluxametamide、isocycloseram、flometoquin、oxazosulfyle、benzpyrimoxan、fluhexafone、pyflubumide、acynonapyr、flupentiofenox、cholecalciferol、溴敌隆，熏蒸剂和杀线虫剂收录在《世界农药大全——杀菌剂卷》中。虽然编排方式与以往基本一致，但是对每个品种的内容进行了更新。本书具有如下特点：实用性强、信息量大、内容权威、重点突出、索引完备等。

（1）实用性强　书中精选品种 274 个（收集至 2021 年 3 月），其中杀虫剂 219 个、杀螨剂 32 个、杀软体动物剂 3 个、拒食剂 3 个、鸟类驱避剂 3 个、杀鼠剂 12 个、其他 2 个。按照产品类型依次系统而又详细地介绍了杀虫、杀螨剂品种的产品概况（包括名称、理化性质、毒性、制剂、作用机理）、应用（包括适宜作物与安全性、防除对象、应用技术、使用方法）、专利与登记（包括专利名称、专利号、申请日期及其在世界其他国家申请的相关专利、工艺专利、登记情况等）、合成方法（包括最基本原料的合成方法、合成实例）、参考文献等。

（2）信息量大、内容权威、重点突出　书中不仅介绍了重要的虫、螨及其相关知识，包括大田作物、蔬菜、果园、园林中的主要虫、螨，以及农药品种的名称、理化性质、毒性、制剂、作用机理与特点、合成方法、应用技术、使用方法等，还介绍了专利概况与登记等（供创新参考），且重点介绍了合成方法、作用机理与特点、应用技术、使用方法等。对于产品名称，编者尽可能多地收集商品名，包括国外常使用、在我国未使用的商品名及其他名称等。

对于相关专利的收集尤其是较新品种的专利，包括其在世界许多国家申请的专利，目的是为进出口部门提供参考，有些品种在我国不受《中华人民共和国专利法》保护，而在其他国家有可能受保护。

本书除了主要编写人员做了大量工作外，还有柴宝山、何晓敏、李学建、陈伟、刘淑杰、刘允萍、刘彦斐、马森、彭永武、任兰会、夏晓丽、许磊川、杨萌、于福强、薛有仁、田俊锋、马士存、张志国、陈高部、赫彤彤、李青、郝树林、黄光、朱敏娜、梁爽、刘若霖、刘远雄、叶艳明、于春睿、魏思源、刘玉猛、张国生、张茜、张鹏飞、赵平、周银平、张静、白丽萍、吴公信、武恩明、许世樱、姜艾汝、程玉龙、杨金东、李新等也参与了部分工作，在此表示衷心感谢。

由于编者水平所限，加之书中涉及知识面广，疏漏之处在所难免，敬请读者批评指正。

编者
2021 年 8 月

第一版前言

目前，国内外虽有许多介绍农药品种方面的书籍，如 *The Pesticide Manual*、《新编农药手册》等，但尚未有较详尽介绍杀虫剂、杀螨剂多方面情况，如品种的创制研究、开发、专利、应用、合成方法等的书籍。为此编写了本书，旨在为从事杀虫剂管理、专利与信息、科研、生产、应用、销售、进出口等有关工作人员，涉及工业、农业、工商、农资、贸易多部门提供一本实用的工具书。

本书是《世界农药大全》（除草剂卷、杀菌剂卷）的续卷，编排方式与前两本书基本一致。本书与现有其他书籍比较具有如下特点：实用性强、信息量大、内容齐全、重点突出、索引完备。

实用性强　书中精选品种 308 个（内容收集至 2011 年 7 月），其中杀虫剂 220 个、杀螨剂 33 个、熏蒸剂和杀线虫剂 21 个、昆虫驱避剂 3 个、杀鼠剂 15 个及其他 16 个。还收集了常见的混剂品种 94 个。国外曾生产但目前已停产的、国内从未使用的老品种或应用前景欠佳或对环境不太友好或抗性严重的品种等均未收入。对每一个化合物本书均给出美国化学文摘（CA）主题索引或化学物质名称，以利于读者进一步查找，这是目前其他任何已有书籍中所没有的。*The Pesticide Manual* 中给出的美国化学文摘名称（系统名称）并不都与 CA 主题索引或化学物质名称相同，有时两者差别很大，如噁虫威美国化学文摘系统名称为 2,2-dimethyl-1,3-benzodioxol-4-yl-*N*-methylcarbamate，而 CA 主题索引（化学物质）名称为 1,3-benzodioxol-4-ol—, 2,2-dimethyl-*N*-methylcarbamate。

信息量大、内容齐全、重点突出　书中不仅介绍了重要的虫、螨及其相关知识，包括大田作物、蔬菜、果树、园林中的主要虫、螨，以及杀虫、杀螨剂品种的名称、理化性质、毒性、制剂与分析、作用机理与特点、合成方法、应用技术、使用方法等，还介绍了专利概况与创制经纬（供创新参考），且重点介绍了新药创制、专利概况、合成方法、作用机理与特点、应用技术、使用方法等。对于产品名称，编者尽可能多地收集商品名，包括国外常使用、在我国未使用的商品名及其他名称等。对于相关专利的收集，包括某一杀虫剂在世界许多国家申请的专利，目的是为进出口部门提供些参考，有些品种在我国不受《专利法中华人民共和国》保护，而在其他国家有可能受保护。书后附有重要杀虫、杀螨剂品种，杀虫、杀螨剂市场概况，杀虫、杀螨剂作用机理分类等内容供进一步参考与检索。

索引完备　不仅具有常规的索引，如 CAS 登录号、分子式、试验代号、通用名称、中文通用名称等索引，而且还有英文商品名称索引等。在中文名称索引中不仅列出中文名称，而且包括试验代号、英文名称等，更利于检索。

本书主要编写人员李文明、张国生、杨吉春、迟会伟、宋玉泉、柴宝山、李淼、关爱莹、张金波、李慧超、王立增、李玉娥、郝树林、吴峤、孙旭峰、李洋、相东、赵平、胡耐冬等做了大量的工作，在此表示衷心感谢。

由于编者水平所限，加之书中涉及知识面广，疏漏之处在所难免，敬请读者批评指正。

刘长令

2011 年 8 月于沈阳

目录

629　第三章
杀螨剂主要类型与品种

第一章
农作物虫螨害概述

编者按：编写此部分内容的主要目的是让有关从事管理、信息、科研、生产、应用、销售、进出口等工作中对农田害虫害螨了解不多的人员对农田害虫害螨本身有一定的了解，做到具体问题具体分析，针对我国农田害虫害螨找到适宜的杀虫剂或杀螨剂及其组合物，达到防治害虫害螨之目的。编写的方式：首先对中国农田害虫害螨予以概述，然后对部分农田重要害虫害螨的生活习性、为害特点及为害植物等予以简要的介绍。如欲了解更详细的内容请参考有关专业书包括文献[1～11]等。

农业害虫（包括螨，下同）种类较多，据不完全统计，我国比较重要的农业害虫达 700 多种。其中危害水稻的害虫有 380 多种，小麦害虫 240 多种，玉米、高粱、谷子等杂粮作物害虫 500 多种，棉花害虫 300 多种，蔬菜害虫 300 余种，果树害虫 900 余种。常年因虫害造成的损失十分惊人，一般粮食损失占产量的 5%～10%，棉花为 15%～25%，蔬菜 15%～25%，果树 20%～30%。

历史上因害虫危害给人民造成巨大灾难的事例不胜枚举，如我国自公元前 707 年至 1935 年，共发生蝗灾 796 次，"飞蝗蔽日""禾草一空""赤地千里，饿殍载道"等都是对当时灾区悲惨景象的形象描述；黏虫也是历史上有名的大害虫，盛发年禾谷类作物被掠食一空，造成饥荒；水稻螟虫、小麦吸浆虫等都是历史上的重要害虫。自古以来我国劳动人民就把虫害与水灾、旱灾相提并论，列为农业生产上的三大自然灾害。其他常见害虫如玉米螟、棉蚜、棉铃虫、地下害虫、菜青虫、小菜蛾、食心虫、各种害螨等，都可以给农业生产造成巨大的灾害。本书在此概述有关害虫的基本常识及重要的害虫，进而选择适宜的控制方法，最终在实现提高人们生活水平的同时，保持持续发展和生态平衡！

第一节
昆虫的基础知识

昆虫的种类很多，各种昆虫由于长期适应不同的生活环境，其外部形态差异很大；但不管其形态如何变化，其基本构造是一致的。

一、昆虫纲的特征

身体左右对称，由一系列含几丁质外壳的体节组成。整个体躯可以明显地区分为头、胸、腹 3 个部分。有些体节上具有成对分节的附肢，胸部具 3 对足，通常还有 2 对翅。从幼虫到成虫，需要经过一系列的外部和内部变化，即变态。

简言之，昆虫纲最主要特征是：体躯分成明显的头、胸、腹 3 个体段，具 3 对足，多数还有 2 对翅。

1. 昆虫的头部

昆虫头部一般都很明显，半球形，位于身体的最前端，通常都很坚硬，生有触角、口器、单眼和复眼等附肢或附器。

触角是昆虫的主要感觉器官，具有触觉和嗅觉功能，能感受分子水平的微小刺激，是昆虫觅食、求偶、避敌等重要生命活动所必需的。

口器是昆虫的取食器官，由属于头壳的延伸物——上唇、舌及头部的 3 对附肢所组成。由于取食各种不同的物质，昆虫口器也就相应地发生各种特化。包括：咀嚼式口器（如鳞翅目幼虫）、刺吸式口器（如蚜虫）、刮吸式口器（如牛虻等吸血昆虫）、舐吸式口器（如蝇类）、虹吸式口器（如大多数蛾蝶类）、嚼吸式口器（如蜜蜂）等。

2. 昆虫的胸部

是昆虫的运动中心，通常包括 3 对胸足和 2 对翅。

（1）昆虫的胸足　昆虫的胸足包括如下一些类型：

步行足：3 对足没有什么特化，适于行走，如步行虫。

跳跃足：后足特化而成，明显比其余各足强大，腿节特别发达，胫节细长，如蝗虫等。

捕捉足：由前足特化而成，基节显著加长，腿节腹面具槽，槽边有两排硬刺，胫节腹面也有两排刺。胫节弯折时，正好嵌合于腿节槽内，有利于捕捉猎物，如螳螂等。

开掘足：亦由前足特化而成，其特点是前足粗短强壮，胫节扁阔，外缘有强大的扁齿，利于挖土，如蝼蛄和一些金龟子。

游泳足：见于后足，各节扁平而胫节和跗节边缘着生多数长毛，利于划水，如龙虱后足。

抱握足：见于龙虱前足，其跗节特别膨大，上有吸盘状构造，借以抱握雌虫。

携粉足：见于蜜蜂等，后足胫节端部宽扁，边缘密生长毛，可携带花粉，称花粉篮；基跗节膨大，有多数横列刚毛，可以梳集黏附体毛上的花粉；基跗节的基部有一瓣状突起，与胫节相向运动时，可将花粉压紧，并推向花粉篮内。

（2）昆虫的翅　昆虫是唯一具翅的无脊椎动物。与鸟类的翅不同，昆虫的翅是由背板向两侧延伸而来，为一种双层膜质表皮构造，皮细胞消失，膜质间分布有气管，沿着气管增厚形成翅脉，以增加翅的强度，有血液及神经通入其中。翅使昆虫极大地扩大了活动范围，对昆虫的觅食、求偶、避敌等生命活动及进化有重大意义。

翅的质地和类型：翅的质地为膜质，透明的称膜翅；膜翅全部或大部为鳞片所覆盖的称鳞翅；膜翅全部或大部覆毛的称毛翅；质地较厚，半透明而似革质的称复翅；基半部厚，角质，无明显翅脉，端半部膜质的称半鞘翅；翅全部不透明，角质，翅脉不明显的称鞘翅。

蝇类的后翅特化成为平衡棒。

3．昆虫的腹部

是昆虫生殖和新陈代谢的中心，构造较为简单，多为 8～11 节。

4．昆虫体壁及其衍生物

昆虫的体壁具有皮肤、外骨骼的双重作用。可以保持形体，防止水分蒸发和外物侵入。

昆虫的体壁由内向外分别为：底膜、皮细胞层（具再生能力，可形成新表皮、刚毛、鳞片、刺距等）、表皮层。

体壁的衍生物指由皮细胞和表皮发生的特化构造，如小刺，脊纹，翅面上的微毛、刚毛、毒毛、感觉毛、鳞片等。

二、昆虫个体发育

昆虫个体的生长发育过程，包括从卵到成虫的性成熟，其间分成不同的发育阶段。每一个发育阶段，在外部形态、内部结构和生活习性等方面，都有或大或小的变化，整个过程一般包括卵→幼虫→蛹→成虫 4 个阶段，或卵→若虫→成虫 3 个阶段。同一个体在不同的发育阶段的形态变异，称变态。

在大多数情况下，昆虫进行卵生生殖。雌、雄成虫性成熟后进行交配（受精），在卵巢内发育成熟的卵与精子会合受精后产出，就开始了个体的生长发育。

某些昆虫，卵在母体内即行发育，雌虫产下的不是卵，而是幼虫；幼虫在母体内发育所需的营养，不同于高等动物通过胎盘自母体血液中吸取，仍如卵生昆虫一样，是由卵黄供给，所以称为卵胎生。

1．昆虫的生殖方式

（1）两性生殖　这是绝大多数昆虫的生殖方式，必须雌、雄两性交配，卵受精之后，受精卵才能发育成新的个体。许多昆虫未经交配就不产卵，即使产出，卵也不能发育。

（2）单性生殖　卵不经过受精，也能发育成新的个体，这里又有多种情况。

① 蜜蜂以及多数膜翅目种类，未经交配或没有受精的卵，能成长发育为雄虫，受精卵则发育为雌虫，前者称为产雄孤雌生殖；

② 一些介壳虫、蓟马等，很少雄虫或从未见有雄虫，雌虫未经交配所产下的卵，均能正常发育为雌或绝大部分为雌的成虫，这称为产雌孤雌生殖，简称孤雌生殖。

（3）多胚生殖　一个成熟的卵，可以发育成多个（2～2000 个）新的个体，这种生殖方式称为多胚生殖。其后代性别取决于卵是否受精，受精卵发育为雌，未受精卵则发育为雄，见于一些内寄生性的蜂类中。

（4）世代交替（异态交替）　一些蚜虫的生殖方式呈季节性的变化。秋末气候变冷，孤雌生殖的有翅蚜飞到木本或多年生草本植物上，不久即产生雌、雄两性的后代，二者交配后产卵，以受精卵越冬；春初，由越冬卵孵出无翅的雌蚜，营孤雌生殖，数代后产生有翅蚜，飞迁到 1 年生植物上，此后就一直营孤雌生殖，直至迁回第 1 寄主，秋末再产生有性蚜，这样的生殖方式，称为异态交替（世代交替）。

2．昆虫的个体发育阶段和过程

（1）胚胎发育　是第 1 个阶段，在卵内进行直到幼虫孵出为止，只有卵这一个虫态。

（2）胚后发育　是第 2 个阶段，由幼虫孵出直至成虫的性成熟，包括幼虫、成虫两个虫态或幼虫、蛹、成虫三个虫态。

（3）胚胎发育过程　不同昆虫完成胚胎发育阶段所需的时间长短不一。短的几个小时，长的需数天至数十天不等。昆虫卵自离开母体开始，至幼虫孵化所经历的时间——卵期各不相同。

（4）胚后发育过程　胚胎发育完成，幼虫破卵壳而出的过程称为孵化。昆虫自卵孵出，即进入幼虫期。就大多数昆虫来说，这一时期的主要特点是营养物质的摄取和昆虫体积增长，对有些昆虫则是唯一的取食时期（如松毛虫等）。

由于营养物质的累积和器官组织的分化和成长，昆虫的体积不断增大，旧有的外骨骼就成为生长的障碍，必须将限制体积增大的、没有生命的外表皮蜕去，体积才能进一步增大。

因体积增大需要而在蜕皮之后形态无重大变异的蜕皮，称为生长蜕皮。在整个幼虫生长期间，这种蜕皮要进行许多次。

在正常的生活条件下，同种幼虫的蜕皮次数比较恒定，大多为3～12次，但成长为雌虫的幼虫往往多蜕皮1～2次。在异常的生活条件下，特别是食物不足时，幼虫往往会提早或推迟蜕皮的间隔，或显著增加蜕皮次数以适应环境。因为所蜕去的只是没有生命力的外表皮，所以蜕皮也可说是昆虫排泄的一种特殊方式。

从卵中孵出的幼虫为第1龄，第1次蜕皮后为第2龄。每2次蜕皮之间所经历的时间为龄期。

三、昆虫的类型

1. 昆虫幼虫的类型

昆虫幼虫的外部形态，一些种类与成虫十分近似，另一些种类与成虫就极不相同，这是胚胎发育完成于不同的胚胎期的结果。

（1）若虫型　其胚胎发育完成于后寡足期，幼虫除性器官和翅尚未成熟外，其余器官和成虫十分相似，这一类幼虫通称为若虫。

（2）多足型　其胚胎发育完成于多足期，幼虫除3对胸足外，腹部一些体节也具足——腹足，可进一步分成：①蠋式（如蛾蝶幼虫），除胸足外，腹部第3～6节及第10节各有1对腹足，有时某些腹足退化，这些腹足端部都具有趾钩列；②拟蠋式（如叶蜂幼虫），除胸足外，还有6～8对腹足，腹足均无趾钩列。

（3）寡足型　其胚胎发育完成于寡足期。幼虫触角、胸足仍未发育至成虫形态，腹部无附肢或仅有尾须1对。

（4）原足型　其胚胎发育完成于原足期，幼虫仅在前面各节有附肢原基（一种不分节的小突起），如膜翅目中的一些内寄生的种类。

2. 蛹的类型

（1）离蛹　这一类蛹均隐藏于由其幼虫构成的特殊环境中（如土室、幼虫在树木内所穿凿的坑道等），其特点是附肢和翅游离悬垂于蛹体外；

（2）被蛹　附肢和翅紧贴于蛹体，由坚硬而完整的蛹壳所包被，如鳞翅目的蛹；

（3）围蛹　蛹的本体为离蛹，但紧密包被于末龄幼虫的皮壳内，即直接于末龄幼虫的皮壳内化蛹，如蝇类的蛹。

3. 变态类型

（1）完全变态　即个体发育过程中有卵、幼虫、蛹和成虫4个虫态的变态类型。

（2）不完全变态　即个体发育过程中只有卵、幼虫和成虫3个虫态，成虫、幼虫的形态和生活习性都相近。还可细分为如下：①增节变态　成虫、幼虫的体型上无显著区别，只是体节的数目随昆虫的发育程度，由 9 节逐步增加至 12 节，只见于原尾目昆虫中；②表变态　成虫、幼虫外表十分相似，体节数目相同，只有性器官成熟程度和大小的差别，而且成虫还继续蜕皮，如衣鱼；③原变态　与表变态类似，但成虫的特征随昆虫的发育程度而逐步显现，而且幼虫和成虫之间还有一个亚成虫期，亚成虫与成虫极相似，也可以看作是成虫的继续蜕皮，但幼虫为水生，成虫陆生，与表变态者不同，原变态只见于蜉蝣目昆虫；④渐变态　发育过程中可明显分为卵、幼虫和成虫 3 个阶段，幼虫随着虫龄的增长而逐渐近似于成虫，而且成虫、幼虫生活环境和习性也相同，这种幼虫称若虫，如蝗虫；⑤半变态　近似于渐变态，但幼虫为水生，具直肠鳃等临时器官，这种幼虫称稚虫，如蜻蜓；⑥过渐变态　这种变态介于不全变态和全变态之间，即幼虫至成虫之间，有一个不取食的相当于蛹期的静止时期，这个时期在形态上也与成虫近似，如介壳虫。

4. 成虫期

（1）羽化　不全变态的末龄幼虫，全变态类的蛹，蜕皮后都变为成虫，这个过程称为羽化。

（2）补充营养　一些昆虫成虫羽化后，性器官已充分发育成熟，即可进行交配产卵，口器退化，不能取食，如松毛虫等；一些昆虫成虫羽化后，也可立即交配产卵，但成虫口器发育正常，能继续取食，取食后能产更多的卵，如国槐尺蠖、赤眼蜂等，这种取食，称为补充营养；大多数昆虫变为成虫后，性腺尚未成熟，必须补充营养，性器官才能发育成熟；某些小蠹虫、象鼻虫等，成虫期寿命很长（1～2 年或更长），多次反复进行补充营养，每一次补充营养之后，就有一批卵发育成熟，这种取食，又称为恢复。

5. 昆虫的性二型和性多型

（1）性二型　昆虫的雌、雄成虫，除第 1 性征（雌、雄外生殖器）外，还有其他形态上的明显区别，这叫作性二型。蚧科、袋蛾科及某些尺蛾科昆虫雄虫具翅，雌虫则无翅；蛾类雄虫触角为羽毛状，雌虫则为丝状等。

（2）性多型　除雌、雄二型外，在同一性别的昆虫中，还可分化成具有不同形态和生殖机能的，或者在其"家族"中负担不同职能的个体群。蚂蚁、白蚁、蜜蜂等社会性昆虫，除雌、雄二型外，还有职蚁和职蜂。在蚂蚁和白蚁中，还有专司攻击和防卫的兵蚁，它们在体型大小、颜色、上颚、头部、胸部和腹部的结构上，都各有特点。

四、昆虫的行为（习性）

昆虫在其系统发育以及个体发育的过程中，同外界环境建立了各式各样的联系，有些表现为简单的反射，有些则表现为复杂的神经生理活动的综合反应。但是，昆虫的所有活动，都是建立在简单反射、趋性和本能这几种神经活动的基础上的。

最简单的反射如金龟子、叶甲等的成虫，在受到突然的振动或触动时，就会立即收缩其附肢而掉到地面上，即所谓"假死"，这种现象是昆虫对外来刺激的防御性反应，许多昆虫就是借这一简单反射逃脱敌害的袭击。

趋性是昆虫对光、温、湿以及某些化学物质的趋向或背离的活动。

趋性有"正""负"之别。许多昆虫在自然环境下，总是趋向最适宜的温度和湿度，并避开温、湿度过高或过低的场所。对这些物理因素的趋向或背离，有时甚至达到不可抑制的程度，"飞蛾扑火，自取灭亡"就是最典型的例子。昆虫的趋性主要有趋光性、趋化性、趋温性、趋湿性等。

昆虫对光、热和化学物质的趋、避行为，各种昆虫的表现不一，有的是正的趋性，有的是负的趋性，而且在一定范围内是可以量度的，例如，大多数蛾类对日光为负趋性，它们只在夜间活动，而且许多种类对波长为 330～400nm 的紫外线最敏感，相反，蚜虫类则对 550～600nm 的黄色光反应最强烈。因此人们设计了黑光灯或黄色盘来分别诱杀它们。

大多数昆虫的雄虫，对其同种雌虫所分泌的性外激素极其敏感。

雄金龟子的触角约有 50000 个嗅觉孔，能够沿着 700m 以外的雌虫外激素的流向，作定向飞行，最后找到雌虫。舞毒蛾在人工大量释放其雌分泌物的情况下，产生迷向现象，而使交配活动遭到破坏，种群数量降低。

（1）昆虫活动的昼夜节律　绝大多数昆虫的活动，如交配、取食和飞翔等都与白天和黑夜密切相关，其活动期、休止期常随昼夜的交替而呈现一定节奏的变化规律，这种现象称为昼夜节律（circadian rhythm）。根据昆虫昼夜活动节律，可将昆虫分为：日出性昆虫（diurnal insects），如蝶类、蜻蜓、步甲和虎甲等，它们均在白天活动；夜出性昆虫（nocturnal insects），如小地老虎等绝大多数蛾类，它们均在夜间活动；昼夜活动的昆虫，如某些天蛾、大蚕蛾和蚂蚁等，它们白天黑夜均可活动。昆虫的昼夜活动节律，表面上看似乎是光的影响，但在实际上昼夜间还有很多变化着的其他因素，例如温度和湿度的变化、食物成分的变化、异性释放外激素的生理条件等。

（2）昆虫的食性　昆虫在长期的演化过程中，对食物形成一定的选择性，即食性（feeding habit）。

按取食的食物性质，昆虫通常可分为：①植食性（phytophagous）昆虫　是以植物的各部分为食料，这类昆虫占昆虫总数的 40%～50%，如黏虫、菜蛾等农业害虫均属此类。②肉食性（carnivorous）昆虫　是以其他动物为食料，又可分为捕食性如七星瓢虫、草蛉等和寄生性如寄生蜂、寄生蝇等两类，它们在害虫生物防治上有着重要意义。③腐食性（saprophagous）昆虫　是以动物的尸体、粪便或腐败植物为食料，如埋葬虫、果蝇和舍蝇等。④杂食性（omnivorous）昆虫　兼食动物、植物等，如蜚蠊。

按取食范围的广狭，昆虫可分为：①单食性（monophagous）昆虫　是以某一种植物为食料，如豌豆象只取食豌豆等。②寡食性（oligophagous）昆虫　是以 1 个科或少数近缘科植物为食料，如菜粉蝶取食十字花科植物，棉大卷叶螟取食锦葵科植物等。③多食性（polyphagous）昆虫　是以多个科的植物为食料，如棉铃虫可取食茄科、豆科、十字花科、锦葵科等 30 个科 200 种以上的植物。

（3）群集性　同种昆虫的个体大量聚集在一起生活的习性，称为群集性（aggregation）。可分为临时性群集和永久性群集两种类型。临时性群集是指昆虫仅在某一虫态或某一阶段时间内行群集生活，然后分散。如多种瓢虫越冬时，其成虫常群集在一起，当度过寒冬后即行分散生活。永久性群集往往出现在昆虫个体的整个生育期，一旦形成群集后，不会分散，趋向于群居型生活。如东亚飞蝗卵孵化后，蝗蝻可聚集成群，集体行动或迁移，蝗蝻变为成虫后仍不分散，往往成群远距离迁飞。

（4）拟态　模仿环境中其他动植物的形态或行为，以躲避敌害。如枯叶蝶其体色和形态很似枯叶，当停留于灌木丛中时，就很难发现。

（5）保护色　是指一些昆虫的体色与其周围环境的颜色相似。如栖居于草地上的绿色蚱蜢，其体色或翅色与生境极为相似，不易为敌害发现，利于保护自己。

五、昆虫的世代和年生活史

昆虫的卵或若虫，从离开母体发育到成虫性成熟并能产生后代为止的个体发育史，称为一个世代（generation），简称为一代或一化，一个世代通常包括卵、幼虫、蛹及成虫等虫态。

昆虫一年发生的世代数的多少是受种的遗传性所决定的。一年发生1代的昆虫，称为一化性（univoltine）昆虫，如大豆食心虫、梨茎蜂、舞毒蛾等。一年发生两代及其以上者，称为多化性（polyvoltine）昆虫，如棉铃虫一年发生3～4代，棉蚜一年可发生10～30代。也有些昆虫则需两年或多年完成1代，如大黑鳃金龟两年发生1代，沟金针虫、华北蝼蛄约3年发生1代，17年蝉则需17年发生1代。

昆虫的生活史又称生活周期，是指昆虫个体发育的全过程。昆虫在一年中的个体发育过程，称为年生活史或生活年史。年生活史是指昆虫从越冬虫态（卵、幼虫、蛹或成虫）越冬后复苏起，至翌年越冬复苏前的全过程。一年发生1代的昆虫，其年生活史与世代的含义是相同的。一些多化性昆虫，其年生活史较为复杂，从而形成了年生活史的世代交替现象。

六、滞育和休眠

滞育和休眠是昆虫的生命活动暂时性的休止，其生理活动处于极低的水平上。

（1）滞育　主要受光周期的控制，在一定的光照条件下，同种昆虫的大部或全部个体中止发育，进入滞育。一旦进入滞育，就必须经过一定的时期，并且需要一定的条件（大多数表现为一定的低温）的刺激，才能在回到合适的条件时继续生长发育。例如天幕毛虫、舞毒蛾等，在6～7月以卵期进入滞育，这时胚胎发育虽已完成，但其幼虫并不孵化，一直以此状态越冬后直至来春才能孵出幼虫。

（2）休眠　是由不利的环境条件（如高温或低温）所引起的，一旦这些不利因素消失，昆虫几乎立即可以恢复活动，继续生长发育。

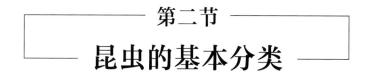

第二节
昆虫的基本分类

昆虫纲是动物界中最大的纲，估计100万～300万种以上，已知种类只有约15万，许多种类尚待认识。

一、物种概念

种是分类的基本单位，是分类的基础。学者对种的认识不一致，但多数认为种是自然界中客观存在的实体，每一个种都有它自身特有的形态特征、地理分布，并与其他种存在着生殖上的隔离。昆虫分类系统中常用的阶元是：界、门、纲、目、科、属、种。

昆虫纲属于动物界，节肢动物门。

二、昆虫的分类

昆虫分类的依据，主要是其形态特征。分亚纲和分目的主要标志是翅的有无、形状、对数和质地，口器的类型，触角、足、腹部附肢的有无及其形态等。

下面 9 个目几乎包括了大多数农林害虫和益虫。

1. 直翅目

包括蝗虫、螽蟖、蟋蟀、蝼蛄等。全世界已知 22500 余种，我国记载有 500 多种，包括很多重要的农业和林业害虫。体中型至大型。口器咀嚼式，触角丝状，翅 2 对，前翅狭长、革质，起保护作用，称覆翅。

2. 等翅目

通称白蚁或螱。全世界已知 2000 种以上。绝大部分产于热带、亚热带地区。在我国长江以南各地区危害较严重。体多为小型，柔软，色浅。口器咀嚼式，触角念珠状，有翅或无翅，有翅者，翅 2 对膜质，其形状、大小和脉序都很相似。群体生活于一个巢内，分工明显，社会性昆虫。每巢内有"蚁后""蚁王"，以及为数极多的生殖蚁、工蚁和兵蚁等。严重危害农林作物、房屋、桥梁、交通工具、堤围等。

3. 半翅目

通称椿象或蝽等。体小至大型，多呈椭圆形或盾形，略为扁平。头部前端较窄。口器刺吸式，触角丝状，4～5 节。前胸背板宽大，中胸小盾片发达。翅 2 对，前翅半鞘翅；后翅膜质。足有时特化，跗节 1～3 节，某些种类具臭腺。除少数为水生外，大部分为陆生，一般吸食植物汁液，有的能传播病害，部分种类为肉食性，本目中有不少种类为农林业上的重要害虫。

4. 同翅目

常见种类如蝉、叶蝉、蚜、木虱、粉虱、蚧等。体微小至大型。头部为后口式，口器为刺吸式。触角为刚毛状或丝状等。前翅全部为革质或膜质，后翅膜质。休止时作屋脊状覆叠，也有不少种类完全无翅。体上常有蜡质被盖。多为植食性种类，吸食植物汁液，有的还能传播植物病害。大多数种类营两性生殖，蚜、蚧类则有孤雌生殖，有些种类繁殖量大，生活史复杂，并有转换寄主习性，有的还能在植物上形成虫瘿。本目包括了许多农林业的重要害虫。

5. 脉翅目

常见种类如草蛉、褐蛉、粉蛉、蚁蛉等。体型中等（10～30mm），头下口式。触角长而显著，丝状、念珠状、栉齿状或棒状。前后翅大小和形状相似。翅膜质，翅脉密而多，网状，上有很多横脉，边缘多分叉。成虫具咀嚼式口器，幼虫具刺吸式口器。幼虫和成虫均肉食性。许多种类可以用于生物防治。常见种类有中华草蛉、大草蛉、丽草蛉、普通草蛉等。

6. 鞘翅目

通称甲虫，昆虫纲中最大的一目，占昆虫总数的 1/4 多。体壁坚硬，触角多为 11 节，但形状不一，口器咀嚼式。前胸发达，小盾片呈三角形外露。前翅硬化成角质，称鞘翅，后缘平直，平时两翅的后缘于体背中部并合成一直线，盖住中、后胸及腹部和后翅。食性和生活环境很不一致，捕食性的如步甲、瓢虫等，有益于农林业；植食性的包括了许多重要农林业上的害虫，如金龟甲、叩头甲、象甲、叶甲、天牛和小蠹等。

7. 鳞翅目

通称蛾和蝶。为昆虫纲中仅次于鞘翅目的第 2 大目。触角细长，有线状、羽状、球杆伏等。口器虹吸式，能卷伸自如，有些种类的口器则退化。一般有翅2对，膜质，翅面，身体以及附肢等密被鳞片，故有此目名。休止时，翅作屋脊状覆叠（蛾类）或竖立体背两侧（蝶类）。绝大部分为植食性，除极少数成虫能危害外，均以幼虫危害。幼虫生活习性和取食方式多样化：大多在植物表面取食，咬成孔洞缺刻；有的营隐蔽生活，卷叶，潜叶，钻蛀种实、枝干；或在土内危害植物的根、茎部等。本目有许多种类为农林业上的重要害虫，如甜菜夜蛾、小菜蛾、菜青虫、水稻二化螟、棉铃虫、美国白蛾、松毛虫等。

8. 膜翅目

包括各种蜂类和蚂蚁等。已知种数仅次于鞘翅目和鳞翅目而居第3位。本目中有不少种类营群居生活或社会性生活，除去一部分种类危害农林业外，大部分是有益的，其中包括许多寄生性益虫，以及授粉酿蜜的蜜蜂等。触角3～70节不等，常为膝状或丝状。口器咀嚼式，蜜蜂类为嚼吸式。腹部第1节与胸部合并，称并胸腹节；翅2对，膜质，前大后小；后翅前缘有小钩列，可勾连在前翅后缘中部的折上；前翅多有明显的翅痣，脉序多特化。

9. 双翅目

包括各种蚊、虻、蝇等，为昆虫纲第4大目。成虫多食花蜜或腐烂的有机物，有的捕食其他昆虫（食虫虻、食蚜蝇等），为重要捕食性天敌；有的吸食人、畜血液（蚊、虻、蚋科等），为重要医学昆虫；有的则营寄生性生活（寄蝇、麻蝇科等），为重要寄生性天敌。植食性种类，可潜叶、蛀茎、蛀根、蛀种实、钻蛀果实和作虫瘿等，为重要农林害虫。头部球形或半球形。复眼发达，雄虫往往两眼左右相接。长角亚目（蚊类）的触角丝状、念球状等；短角亚目（虻和蝇类）的触角多为3节，有触角芒。口器有舐吸式、刮吸式以及刺吸式等。只有1对膜质前翅，脉序简单，后翅退化成平衡棍。

第三节
螨的基本分类

螨类俗称"红蜘蛛"，属于节肢动物门蛛形纲（Arachnida），蜱螨亚纲（Acari）。

它们与昆虫的主要区别是：体分节不明显；无翅，无复眼，但大多数种类有1～2对单眼；有足4对（少数有2对），食性较为复杂。

螨体长通常在2 mm以下，头胸腹合并为一体，分颚体和躯体2个体段。绝大多数若螨和成螨具足4对，并以气管呼吸。

据估计，全世界大约有蜱螨50万种，农业害螨主要有叶螨、细须螨、瘿螨、跗线螨和粉螨等类群。

它们多用口针刺入植物的叶、嫩茎、叶鞘、花蕾、花萼、果实、块根、块茎等组织，吸取细胞汁液，破坏叶子气孔、海绵组织和栅栏组织，并分泌有毒有害物质，阻碍植物生长发育，从而造成如下主要危害症状：使叶片褪绿、发黄、发红、焦枯或形成虫瘿；危害芽使之畸形；使叶子、果皮呈锈色；使叶片呈毛毡状；造成裂果；严重时可使植物落叶、落花、落果，甚至大面积植株枯死，造成产量和品质大幅度下降。如小麦等禾本科植物叶片受害后，先失绿并出现黄色斑块，严重时叶尖枯焦或全叶枯黄，甚至整株死亡；棉花叶片受害后，先出现失绿红斑，继而出现红叶干枯，叶柄和蕾铃的基部产生离层，严重时叶片和蕾铃大量脱落，状如火烧；苹果叶片被害后，最初呈现出许多失绿的小点，随后扩大连成片，最终叶片焦黄脱落；柑橘叶片被害后，叶片正面呈现出灰白色失绿小点，失去光泽，严重时全叶灰白色，大量脱落，柑橘果皮被害后，果皮粗糙，满布网状细纹和褐色斑点。

除了直接危害外，许多害螨还能传播植物病毒病害（如瘿螨）和真菌病害（如穗螨）。

1. 叶螨科

体型微小，一般雌成螨体长 0.4～0.6 mm。多为红色或红褐色，部分种类褐色、黄色或绿色。同一种叶螨，往往雌螨红色，雄螨黄绿色，多数幼螨期体为黄绿色。还有一些螨类，在发生季节体为红褐色或紫褐色，而越冬期间则变为鲜红色。

成螨和若螨有足 4 对，而幼螨只有 3 对。叶螨的表皮柔软，一般有纤细的纹路，少数形成网状纹。

叶螨有性二型现象，雄螨小于雌螨，呈菱形，足较细长。

叶螨是最大的植食性害螨类群，与农、林和城市绿化的关系非常密切，常年造成巨大经济损失。如二斑叶螨、朱砂叶螨、截形叶螨、山楂叶螨、苹果全爪螨、柑橘全爪螨、麦岩螨和栗小爪螨等。

二斑叶螨的寄主有 200 余种，分属 45 个科，是一种多食性害螨。可危害苹果、梨、山楂、木瓜、桃、杏、茄子、辣椒、黄瓜、豇豆、薯类、大豆、花生、芝麻、棉花、麻类等果树、蔬菜、大田等作物及杂草。成螨和若螨多在植物叶片背面刺吸危害，也可危害花萼、嫩茎、果柄和果实。受害后，多数棉花品种呈现暗红色斑点。严重时，成片的棉株似火烧而叶片脱落，故俗称该螨为"火龙"。

朱砂叶螨为多食性害螨。寄主很多，如棉花、玉米、高粱、豆类、麻类、薯类、瓜类、茄子、辣椒、芝麻、烟草等作物。寄主种类和危害状与二斑叶螨相似。

截形叶螨食性广泛，主要有玉米、高粱、小麦、谷子、棉、豆类、蔬菜、杂草、花卉、林木等。成、若螨以口针穿刺植物组织，吸取营养。初害时玉米呈针头大小褪绿的黄白斑点，斑点逐渐连成片，严重时叶片发黄而焦枯，玉米籽粒秕瘦，减产绝收。

山楂叶螨寄主植物有山楂、苹果、梨、木瓜、桃、李、杏、梅、蔷薇、月季、棉、番茄等。成、若螨主要在叶片背面危害，初期为褪绿斑点，后期扩大成褪绿斑块。严重时整叶枯黄，造成落叶、落花、落果，致使严重减产，甚至造成秋季第 2 次开花，影响来年的产量。

苹果全爪螨主要危害苹果、沙果、梨、李、扁桃、樱桃等。成、若螨和幼螨多在叶正面活动，主要刺吸危害林、果树木的叶片，呈现褪绿斑点，严重时，造成干枯落叶。早期危害严重时，常使刚萌发的叶芽枯死或提早枯萎。

柑橘全爪螨寄主植物主要有柑橘、柠檬、柚、枳壳、桃、樱桃、樱花、玉兰、月季、天竺葵、美人蕉等。其叶片、嫩枝、幼果、花蕾都能被害，但以叶片受害最重。被害部位先褪绿，后呈现灰白色斑点，叶片失去光泽，被害果呈灰白色。严重时造成大量落叶、落花、落果，嫩梢枯死，特别是苗圃和幼树受害更烈。

麦岩螨主要危害小麦和大麦，也危害棉、大豆、葱、花椒、桃、苹果等作物和林果。成螨、若螨和幼螨以刺吸式口器危害叶片后呈黄白色斑点，叶色发黄。危害严重时麦苗枯死或麦株不能抽穗。受害麦苗抗寒力显著下降。

栗小爪螨寄主有板栗、锥栗、麻栎等。被害叶初期褪绿，在叶面可见黄白色小斑点，严重时栗叶焦枯变褐色，大量脱落。

2. 细须螨科

体型微小而扁平，成螨体长 0.2～0.3 mm，背面观呈卵形或倒梨形，雌、雄大小相似。体一般呈深红色，部分种类黄褐色或苍白色。体呈红色的种类，其前足体前部和足的颜色往往较淡，呈橙黄色。

雌、雄成螨的体型和大小没有明显差异，但在用显微镜观察玻片标本时，雌螨的后半体通常完整，而雄螨则有横缝将其分隔为后足体与末体两部分；雌螨有生殖板和殖前板，雄螨盾板缺如。

本科主要害螨如卵形短须螨，为多食性，寄主有柑橘、桃、石榴、葡萄、柿、茶、茶花、栀子、茉莉等。主要刺吸危害叶片，也危害嫩茎和叶柄。被害症状因寄主而异，一般受害处形成褪绿斑点，叶色变褐或赤褐色，严重时导致落叶；而甜橙叶受害后，在褪绿斑点周围有时会出现栗色环纹。随后发展成粗糙的鳞屑症状。

3．瘿螨总科

瘿螨体型呈楔形、纺锤形或锥形。其体躯由前半体和后半体组成，前半体包括颚体和前足体，在前足体背面盖有 1 块盾板称背盾板，在腹面有 2 对足基节。

瘿螨仅有 2 对足，其余 2 对已退化消失。在跗节背端部着生 1 根端部稍膨大成端球的爪。在其下方，跗节端部着生有爪间突，称为羽状爪。羽状爪侧面观似单栉齿状。

本科主要害螨如枣叶锈螨，又名枣瘿螨、枣顶冠瘿螨等。寄主为枣、酸枣。各活动螨态常常聚集在新枝嫩芽上吸取汁液，早期受害的叶片具有许多半透明小斑点，后期叶片卷缩或脱落，叶背银白色，故俗称"银叶病"。

4．跗线螨总科

体微小，未膨腹雌螨体长一般为 0.2～0.3 mm。体卵圆形或梭形，多呈白色、黄色或棕色。多数成螨具 4 对足，雌螨足Ⅰ有 4 节，雄螨 5 节。雄螨少数种类仅有 1 个爪垫，一般具钩状爪。通常跗节Ⅰ有 1 根感棒，胫节有 1～2 根感棒。足Ⅱ～Ⅲ通常 5 节，但雌螨足Ⅲ仅 4 节，通常雌螨足Ⅳ狭长，仅 3 节，刚毛数少。最后 1 节具典型的端毛和亚端毛。雄螨足Ⅳ粗壮，已失去行走机能，是交尾及背负蛹行进时的辅助器官。胫跗节分离或融合，末端有锐利的爪，有时爪退化成纽扣状。

本科主要害螨如侧多食跗线螨，又名茶黄螨，为杂食性害螨。已知寄主有 68 种，主要有茶、茄子、辣椒、番茄、黄瓜、油料作物、茶、果树、玉珊瑚、五色椒等。该螨多集中危害嫩叶、嫩茎、萼片、果柄和嫩果实，受害叶片背面呈灰褐色或黄褐色，有油浸状或油渍状光泽，叶缘向背面卷曲。受害嫩茎、嫩枝变黄褐色，扭曲畸形，果柄、萼片、果实变褐。茄果脐部变黄褐色，发生木栓化和不同程度龟裂，如开花馒头，种子裸露，茄子味苦。辣椒和甜椒受害，植株矮小丛生，落叶、落花、落果，形成秃尖。番茄受害叶片变窄，僵硬直立，皱缩或扭曲畸形，最后形成秃尖。黄瓜受害，上部叶片变小，变硬，生长点枯死，不发新叶。

5．粉螨总科

体壁薄而柔软，通常有前背盾片和分颈沟。螯肢发达，钳状并有钳齿，组成发达的取食器官。

足 4 对，有趾节，包括 1 个肉质基部和无柄的爪间突，爪间突为爪状，但无真爪。休眠体为卵形，淡红褐色。足Ⅱ、Ⅲ明显分离，足Ⅳ基节间有 1 块骨板，上有若干吸盘，以此吸附在其他动物体上进行传播。

本科主要害螨如刺足根螨，寄主为圆葱、蒜头、葱头、韭菜、生姜、百合、马铃薯、甜菜、葡萄、风信子、栽培的半夏、水仙、地瓜花等。该螨在土中以发达的螯肢钳食寄主组织及其伤口的真菌，尤其喜食块茎、鳞茎、块根类植物的地下部分及其储藏物，还能传播腐烂病的病原菌 *Fusarium oxysporum* 以及细菌病害。它在人体皮肤上使人感到痒和刺痛，血管肿胀，如同炎症初期。

第四节
害虫和虫害形成的条件

一、什么是害虫

昆虫取食植物，不仅没有消灭植物，反而在长期的协同进化过程中两者都更加多样化，更加繁茂丰富。从这一点上看，任何一种昆虫的出现和生存都是自然合理的。那么，什么是害虫呢？

人们通常把害虫定义为其活动对人类利益是有害的昆虫（包括螨），实际上是人类从维护自己利益出发而确定的概念。笼统地说，害虫正在与我们人类争夺某些资源，它们会降低人类对资源的利用率、资源的质量或价值。植食性昆虫取食植物，是为了它们的生存，它们有权利分享这种绿色的自然资源，包括人类生活必需的资源——小麦、水稻、玉米、谷子、高粱、甘薯、棉花、麻类、油料、果树、蔬菜、糖类、烟草、茶叶和牧草等作物和林业资源。如果这些资源被某些昆虫取食得太多，以致影响了人类的经济利益，这些昆虫就成为"害虫"。

就近代有害生物综合治理的观点来看，有害和有益是相对而言的。例如，对人们有害的许多农业害虫，却是害虫天敌必不可缺的食物；一种害虫并不一定永远是有害的，只要善于开发利用，也可能变成益虫，像家蚕等一些资源昆虫就是很好的例证。况且，即便是同一种农业"害虫"，在不同的地区、年份、季节、作物及其生育期，所发生的虫口密度各不相同，取食后可能没有经济损失，甚至有一定的增产作用（如害虫在开花、坐果过多的果树上危害一定数量的花和幼果，能起疏花疏果的作用，果树的产量反而有所增加）；只有当它们的种群密度大到经济危害水平时，才可以造成不同程度的产量和质量损失，对人类经济利益构成危害，此时方可称其为真正的害虫。因此，昆虫种类和发生时间是判断是否为害虫的唯一标准，要看该种群数量及其造成损失的程度是否达到经济危害水平，否则，只能作为维持生态平衡的生物种群或有潜在性的害虫而已。

二、害虫的类别

（1）关键性害虫　又称严重性害虫或常发性害虫，是指在不防治情况下，每年的种群数量经常达到经济危害水平，对资源的产量造成相当损失者，占植食性昆虫种类的 1%～2%。如麦长管蚜、玉米螟、棉铃虫、菜青虫、美洲斑潜蝇、温室白粉虱、桃蛀螟等。

（2）偶发性害虫　是指在一般年份不会造成不可忍受的经济损失，而在个别年份常因自然控制的力量受破坏，或气候不正常（如雨水偏多等），或人们的治理不恰当，致使种群数量暴发引起经济损害的害虫。其中，有人将每隔一段时间暴发危害一次者，称为周期性害虫。如棉小造桥虫、大豆造桥虫、甘薯天蛾、麦叶蜂、大袋蛾等。

（3）潜在性害虫　是指作为资源消费者和资源竞争者中的大多数种类，占植食性昆虫种类的 80%～90%，在现行的防治措施下，它们的种群数量永远在经济阈值以下的种群平衡状态，绝对不会造成经济危害损失，因为它们有牢固的自然控制因素。但是由于它们在食物网中所处的位置，如果改变防治措施或改变耕作制度，从而改变生态系统的结构，则有可能变为重要害虫。

（4）迁移性害虫　这类害虫通常活动性和繁殖力强，成群迁移或迁飞，会周期性地或偶然地在一段时间内危害农作物，造成严重损失。如东亚飞蝗、褐飞虱、黏虫、小地老虎、稻纵卷叶螟等。

（5）非害虫　包括无害的和有益的两类昆虫。在生态系统中，它们可能对控制害虫，对营养物质的循环和能量流动，对农作物授粉或传播种子，或为有益生物提供转换营养或庇护场所等起重要作用。

三、虫害形成的条件

害虫和虫害是两个不同的概念。虫害是害虫取食或产卵等行为造成农作物经济损失的受害特性。造成虫害必须具备下列 3 个条件：

（1）虫源　虫源是造成虫害的基础。在一定的区域范围内，害虫危害对农作物造成较大的损失，首先要具有一定数量的虫源。对异地迁飞性或藉气流等传播的害虫来说，其虫源取决于迁入数量；对于当地土生土长的害虫来说，取决于该地的虫口基数。在相同的环境条件下，虫源基数越大造成虫害的可能性也越大。

（2）一定的种群密度　有较多虫源不一定造成虫害，还必须具备利于害虫繁殖蔓延的生态环境条件。只有当害虫的种群密度发展到足以造成危害农作物产量或质量的虫口数量时，才能造成虫害。

（3）适宜的寄生植物及其生育阶段　适宜的寄生植物是害虫生存和发展的必要条件，只有田间有充足的喜食植物及其感虫品种，才能提供害虫丰富的食物营养，虫口数量才能得到快速增长。尤其是当作物受害的生育期与害虫的危害期相吻合时，才能造成严重的虫害。

第五节
害虫种群动态与虫害形成机制

自然状态下，害虫危害作物后，作物受害程度取决于害虫种群数量、作物的抗虫性和避害性，而害虫种群数量变动又取决于害虫本身的生物学潜能。这里的生物学潜能主要有种群基数、性比、生殖力和繁殖速率等。由此可见，农业害虫构成危害必须具备上述提及的 3 个条件：虫源、一定的种群密度、适宜的寄主植物及其生育阶段。如果这 3 条因素仅具备其中的 1～2 条，不能造成危害损失。

一、害虫种群的自然控制

某一特定时期的昆虫种群数量是其出生率和死亡率相互作用的结果。也就是说，昆虫在一般情况下，增殖潜力总是呈增加的趋势，但是却又被环境中各种抑制种群数量的因子平衡，其结果表现为此时的种群密度。各种环境因素并不是恒定的，是以规律性的（如温度的季节性变化）和不规律性的（如湿度变化）方式波动，因此，导致昆虫种群随之波动。如果环境条件不发生剧烈变化，昆虫的虫口密度一般不会急剧升、降或灭绝，而是以平衡密度为中心来回波动，这一过程称为自然控制。

许多生物在无限的资源供应条件下，种群数量能够按照指数方式增长，常见于生活周期很短、繁殖十分迅速的菌类。在生活史较短，且繁殖速度又很快的蚜、螨、粉虱等昆虫的短期预测中有较高的应用价值。另外，在种群数量突增突减的迁飞害虫中也有一定的参考价值。

在自然界，以上那种无限的理想的生存空间是不存在的，种群也就不可能持续地呈指数增长。实际上，种群常生存于资源供应有限的条件下，随着种群内个体数量的增多，对有限资源的种内竞争也逐渐加剧，个体间的死亡增多或生活力减弱，繁殖减少，种群的增长速率逐渐减小，当种群增长达到其资源供应状况所能够维持的最大限度的密度时，种群将不再继续增殖而趋于相对稳定。

二、害虫的生态对策

在自然条件下，昆虫所处的生态环境条件有很大差异，有的栖境稳定程度极短暂（如雨后的临时积水坑），而有的相对持久（如热带雨林等）。因此，昆虫及其他生物种群在这些生境中，经自然选择，获得对不同环境条件的适应性而向着不同方向进化。根据生态对策表示的不同的进化方向，昆虫分为 r-类害虫（r-pests）和 k-类害虫（k-pests）以及介于二者之间的中间型害虫（intermediate pests）。

（1）r-类害虫　其种群密度很不稳定，很少达到环境容纳水平，超过生境容纳量时不致造成进化上的不良后果，一个世代不影响下一世代的资源。有较强的扩散迁飞能力，是不断地侵占暂时性生境的种类，对短暂的生境具有高度的适应性。它们的对策基本上是"机会主义"的，"突然暴发或猛烈破产"。迁移性是它们种群形成和暂时生存的重要组成部分，甚至每代都有发生。它们的个体小，食性广，寻找寄主和繁殖能力均很强，寿命及每个世代周期短，但往往没有完善的保护后代机制。因此，其后代死亡率高，但富有种群数量的恢复活力。又由于它们的量很大，占据的生境较多，所以，不需要有强的竞争力。如棉蚜、小地老虎、褐飞虱、朱砂叶螨等许多农业害虫基本属于 r-对策者。

（2）k-类害虫　在长期稳定的生境中，其种群密度比较稳定，经常处于环境容纳水平。对于占有这类生境的害虫，过度繁殖超过生境容纳量，会恶化生境，使 k 值降低，并对其后代有不利的影响。同时，许多其他的物种会侵占这种稳定的生境，因而形成各种形式的种间竞争，包括捕食等现象可能很激烈。它们的进化方向是使种群保持在平衡水平上和增强种间竞争能力。这类害虫一般体型较大，食性较狭，寻找寄主能力较弱，寿命和世代周期较长，繁殖能力弱，但常有较完善的保护后代机制及对每个后代的巨大"投资"。因此，其后代死亡率较低，有强的竞争能力。如十七年蝉、华北蝼蛄、云杉天牛、二疣独角仙等许多农林害虫基本属于 k-对策者。

（3）中间型害虫　从 k-对策到 r-对策是一个完整而连续的整体系统，其间并无明显的分界线。除了理论上的 k-对策者和 r-对策者外，在自然界中很难找出哪种生物就是典型的 k-对策者或 r-对策者。这些物种显示混合性状，是中间类型。只能相对地说，恐龙、大象和树木基本属于 k-对策者，细菌和病毒属于 r-对策者，而昆虫偏向于 r-对策者。在昆虫纲中，相比之下，绝大多数害虫居于 r-类害虫和 k-类害虫之间，它们具有中等的个体、繁殖力和世代历期，中等程度的生态适应性和种群竞争力。其中，有些种类偏向 r 端，也有些则偏向于 k 端。况且，各种害虫的生态对策不是一成不变的。在不同条件下，同一物种的生态对策可呈现为

k-对策或 r-对策，或偏向于 k-对策或 r-对策，同理，生态系统发生任何自然或人为的改变，都将改变该物种种群的动态表现。

r-类害虫常以惊人的数量暴发的方式出现，具有频繁的或不频繁的间隔期，通常危害作物的根、叶和嫩梢。尽管天敌种类较多，然而天敌的跟随现象非常明显，在这些害虫大量危害之前，很少起作用，只是在害虫数量上升的中后期，天敌才起到控制作用。杀虫剂是防治 r-类害虫的主要方法。使用杀虫剂收效快，灵活性大，易于对付 r-类害虫的大发生。

k-类害虫常常虫口不多，仍可造成相当严重的损失。因为它们往往使作物植株死亡，或直接危害要收获的产品部分。天敌少，虫口能从低死亡率回升，但当死亡率相当高时，便趋向于消灭。因此，根除这类害虫，遗传防治是最适宜的。当要造成较高损失时，施用杀虫剂也是适宜的。

中间类害虫既危害根和叶，也危害果实，能被天敌很好地控制或调节。这种调节可能代表一种圆满的防治方式，也就是生物防治最适合于对付中间类害虫。

三、害虫对作物的经济危害

害虫对作物的经济危害包括直接的、间接的、当时的、后继的等多种。不同的害虫种类，有其不相同的危害时期、危害部位和危害方式，因而造成危害损失的程度就有显著的差异；同一种害虫危害不同作物也会造成不同程度的损失，这不仅与作物本身的生物特性有关，而且也取决于人们所要收获的部位。这些损失最终集中表现在农作物的产量或品质上。

害虫对作物的危害程度与害虫的种群密度有密切关系，在一般情况下，害虫种群密度越大，作物受害损失越重，但是并不完全呈直线关系。害虫对作物的危害程度还与害虫的发育阶段有关，幼虫龄期虫体越大吃得越多、危害越重，而成虫也许完全不取食。

害虫对作物的危害程度不同，造成的损失也不同。在一定范围内，作物损失和害虫危害大体上呈正相关，但从害虫危害某种作物的全过程来看，或是从不同作物的受害情况来看，两者之间并不总是呈直线关系，可能出现以下情况。

当害虫危害作物不是产量形成器官或危害期与收获期在较长时间内不吻合，如危害粮食作物的根、茎、叶，没有危害种子，这是间接危害。因为作物通常有相当大的补偿能力，表现出害虫低水平的间接危害对作物最后产量没有任何影响。随着危害水平的提高，当达到作物不能忍受的水平时，产量便开始下降，此时害虫的危害程度即为危害阈值，害虫为害超过危害阈值后，随着害虫危害程度的增加产量逐渐缓慢地降低，当作物的补偿能力完全丧失，产量损失呈直线下降。另外，有一种较为特殊的情况，较轻的害虫危害不但不致减产，反而起到了间苗和控制徒长而使作物略有增产作用，即所谓超越补偿作用。特别是危害多年生作物，如在开花、坐果过多的果树上危害一定数量的花和幼果，能起疏花疏果的作用，果树的产量反而有所增加。

当害虫直接危害作物的收获部位时，作物产量与害虫危害呈近似直线关系。在这种情况下，危害阈值是非常低的，或等于零。随着害虫种群数量增加，产量呈直线下降，最终变为零。如桃小食心虫，每头桃小食心虫幼虫都能危害一个苹果；再如菜青虫、小菜蛾等直接取食大白菜的收获部分，如果不加以防治，也许会引起较大的产量损失或完全损失。

事实上害虫和作物的种类很多，害虫的危害特性和作物的受害生理都比较复杂，而且它们都受外界条件的影响，如果对它们进行更深入更广泛的研究，便会发现害虫危害和作物损失间的关系要复杂得多。同一受害水平在不同作物品种、不同生育阶段、不同环境条件下，产量损失可能不同。小麦在灌浆期受蚜害时，如遇干旱减产甚烈，如果水分供应充分，则减产较少。在这里蚜虫危害和干旱相互作用，以致减产大于单纯蚜害和单纯干旱造成减产之和。如果一种作物有多种害虫同时发生时，则往往产生更加复杂的相互作用。

作为指导害虫防治的经济阈值，国内将经济阈值习惯称为防治指标，必须定在害虫到达经济损害允许水平之前，因而必须预先确定害虫的经济损害允许水平，然后根据害虫的增长曲线（预测性的）求出需要提前进行控制的害虫密度，这个害虫密度便是经济阈值（或防治指标）。

研究防治适期的原则，应以防治费用最少，而防治后的经济效益最高为标准，包括防治效益高，减轻危害损失最显著，对天敌杀伤少，维持对害虫控制作用持久等。以害虫的虫态而言，一般在低龄幼虫（若虫）期为防治适期，在发生量大时，更应如此。例如，食叶性害虫应在暴食虫龄前；卷叶害虫应在孵化盛期至卷叶之前；钻蛀性害虫应在成虫盛期至幼虫蛀入茎或果之前；蚜虫、粉虱、飞虱、螨类等 r-类害虫，应在种群突增期前或点片发生阶段。从"灭害保益"出发，其防治适期应尽可能避开天敌的敏感期，以利于保护和发挥天敌的持久控害作用。

第六节
中国农业主要虫螨害

一、蝗虫

蝗虫属直翅目蝗亚目，俗称"蚂蚱"。全世界已知 1 万多种，我国有 1000 余种。蝗虫不仅种类多，而且一些优势种群数量大，危害严重，是农林牧业的大害虫。例如东亚飞蝗大发生年份，其数量之多、危害之重是十分惊人的：当成虫群迁时，似狂风扫落叶，或像沙尘暴；所过之处，遮天蔽日，人马难行；所落之处，沟堑尽平，食田禾一空。之前人们将水、旱、蝗并列称为最严重的三大自然灾害。新中国成立后，实行"改治并举"的治蝗方针，很快就基本控制了飞蝗的猖獗发生危害，实现了飞蝗的综合防治，取得了世人瞩目的伟大成就。但自 1988 年以来，由于气候和耕作制度发生较大变化，以及人们长期不合理地防治害虫，致使部分老蝗区蝗情回升，且有逐年加重的趋势，甚至使广西和海南的局部地区成为新蝗区。特别是近年来，几乎连年发生，一般地块蝗蝻平均每平方米为 20~30 头，多者百余头，个别严重地片高达 3300 头。1995 年以来，内蒙古自治区赤峰市草地土蝗发生严重，平均虫口密度 50~70 头/m²，最高达 260 头/m²，鲜草减产 41 亿 kg，使畜牧业生产蒙受巨大损失。2001 年北方 11 个省（市、自治区）的蝗虫大发生，其中河北省白洋淀的飞蝗密度可达百余头至上千头每平方米。

东亚飞蝗　直翅目，蝗科。【生活习性及为害特点】飞蝗种群中有群居型和散居型之分，两型在形态、生理和习性上均有不同，但在一定条件下可以互变。在黄河、淮河、海河至长江流域 1 年发生 2~3 代，多数 2 代。以卵囊在土中越冬，飞蝗在发生基地种群密度超过一定程度后，形成群居型，常群集向外迁飞，下落至农业区即造成大害。新中国成立后，大力改造飞蝗发生地的环境，发生面积已显著减少，但仍需监测和防治。【为害植物】喜食禾本科粮食植物，如小麦、玉米、高粱、水稻、粟等。在发生基地喜食芦苇、稗草、荻草等多种杂草。

　　笨蝗　直翅目，蝗科。【生活习性及为害特点】在我国北方一年发生1代，以卵在土中越冬。一般于4月上、中旬孵化，6月上、中旬羽化，6月下旬至7月下旬产卵。笨蝗有多次交尾习性，一生可交尾5～8次，最多达10次以上。喜在高燥、向阳、植物覆盖少的地方产卵。1头雌虫可产卵2～3块，每卵块有卵10粒左右。笨蝗多发生在干旱高燥的向阳坡地及丘陵山地，一些耕作粗放的农田常有发生。本种蝗虫不能飞翔，不能跳跃，且行动迟缓，故名笨蝗。【为害植物】食性极杂，最喜食甘薯、大豆及瓜类，也可为害马铃薯、绿豆、豇豆、豌豆、小麦、大麦、玉米、高粱、粟以及棉花、多种蔬菜、林木幼苗等。

　　短额负蝗　直翅目，蝗科。【生活习性及为害特点】在我国东北一年发生1代，在华北发生1～2代，以卵在荒地或沟侧土中越冬；华北5月中旬至6月中旬孵化，7～8月间成虫大量出现；东北8月上、中旬可见大量成虫。成虫喜在植被多、湿度大的环境中栖息。【为害植物】棉花、大豆、其他豆类、甘薯、马铃薯、蔬菜等。

　　中华稻蝗　见水稻主要害虫。

　　黄胫小车蝗　直翅目，蝗科。【生活习性及为害特点】在河北平原一年发生2代，以卵在土中越冬。越冬卵于5月下旬至6月中旬孵化，6月下旬至7月下旬成虫羽化，7月中旬开始产卵。第2代蝗蝻于8月上、中旬孵化，第2代成虫于9月中、下旬羽化，10月上、中旬产卵。第1代成虫羽化后，经6～13d开始交尾，第2代成虫羽化后经7～17d交尾，成虫有多次交尾习性，一般交尾16～20次，最多达25次。在河北以沿海、沿河、低洼易涝及杂草较多地区发生较重。【为害植物】水稻、粟、小麦、玉米、高粱、大豆、花生、棉花、甘薯、马铃薯等。

　　亚洲小车蝗　直翅目，蝗科。【生活习性及为害特点】一年发生1代，以卵在土中越冬。5月中、下旬越冬卵开始孵化，7月羽化为成虫。本种蝗虫在平原山地均可发生，但以山区、坡地等高燥环境发生较多。【为害植物】粟、黍、玉米、高粱、莜麦、小麦、大豆、小豆、马铃薯、亚麻、牧草等。

　　长翅素木蝗（长翅黑背蝗）　直翅目，蝗科。【生活习性及为害特点】在河北一年发生1代，以卵越冬。越冬卵于5月中、下旬孵化，7月中旬开始羽化，8月上旬产卵，成虫发生期可延至11月初。成虫喜在河堤、渠埂和高岗等处产卵。一头雌虫可产卵2～3块，每卵块含卵43～67粒，一头雌虫一生可产卵100余粒至200余粒。此虫一般在地势低洼易涝或湖、河岸边发生较多。【为害植物】主要为害禾本科作物，如高粱、玉米、粟，及豆科作物如大豆、小豆、绿豆等，也可为害甘薯、马铃薯、白菜、甘蓝、萝卜等。

　　短星翅蝗　直翅目，蝗科。【生活习性及为害特点】在河北一年发生1代，河南2代，以卵在土中越冬。在河北平原越冬卵于5月中旬至6月中旬孵化，7月上旬至下旬羽化，8月上旬至下旬开始产卵，9月中旬至10月下旬成虫陆续死亡。成虫羽化后至交尾时，需13d左右，交尾后15d左右开始产卵。产卵后经8～10d，又进行交尾，再过10d左右产第2次卵。一头雌虫可产卵2～3块，每卵块有卵38～46粒。成虫一般喜在背风向阳、土地板结、土壤湿度适中或轻盐碱的壤土中产卵。短星翅蝗适应能力较强，无论地势高燥或低洼潮湿的环境条件均能生活。【为害植物】主要为害豆类、马铃薯，也可为害小麦、高粱、玉米、甜菜、亚麻、萝卜、白菜、瓜类、甘薯等，还可取食菊科植物。

　　轮纹异痂蝗（轮纹痂蝗）　直翅目，蝗科。【生活习性及为害特点】一年发生1代，以卵在土中越冬。在河南越冬卵于5月上旬孵化，6月上旬成虫羽化，7月下旬成虫开始产卵。雄虫飞翔时有鸣声。在华北以山区、坡地发生较多。【为害植物】小麦、玉米、粟、莜麦、马铃薯、豆类、大麻、蒿子牧草等。

蒙古疣蝗（疣蝗）　直翅目，蝗科。【生活习性及为害特点】在河北一年发生1～2代，以卵在土中越冬。在一代发生区，越冬卵5月中旬孵化，7月中、下旬羽化，8月中旬交尾，9月上旬产卵。在二代发生区，第1代卵5月上、中旬孵化，6月中旬羽化，7月上旬交尾、产卵。第2代卵7月下旬孵化，8月下旬羽化，9月中旬交尾、产卵，成虫可发生至11月初。疣蝗有多次交尾和多次产卵习性。成虫喜在阳光充足、背风向阳、土壤板结、湿度适中的田埂、路旁、沟坡等地产卵。成虫除取食外常在裸露地面栖息活动。疣蝗适应性较强，能在多种环境中生存，其中以土壤潮湿、地势低洼、植被稀疏及菜园、道边等处发生较多。【为害植物】喜食禾本科杂草，主要为害粟、大豆、蔬菜等。

白纹雏蝗　直翅目，蝗科。【生活习性及为害特点】在河南一年发生1代，以卵在土中越冬。越冬卵于5月上、中旬孵化，6月中、下旬成虫开始羽化，8～9月为成虫产卵期。【为害植物】小麦、玉米、高粱、甘薯、豆类、花生、禾本科牧草。

异色剑角蝗（中华蚱蜢）　直翅目，蝗科。【生活习性及为害特点】在我国北方一年发生1代，以卵在土中越冬。在河北越冬卵于6月上旬至下旬孵化，8月中旬至9月上旬羽化，9月中旬至10月下旬产卵，10月中旬至11月上、中旬成虫死亡。成虫羽化后9～16 d开始交尾。成虫有多次交尾习性，一生可交尾7～12次。交尾后6～33 d产卵，每卵块有卵61～125粒，平均90.3粒。每头雌虫产卵1～4块，产卵69～437粒，平均221.7粒。成虫常选择道边、堤岸、沟渠、地埂等处及植被覆盖度为5%～33%的地方产卵。【为害植物】粟、水稻、小麦、玉米、高粱、花生、大豆、棉花、甘薯、烟草等，并喜食稗草、马唐等。

宽翅曲背蝗　直翅目，蝗科。【生活习性及为害特点】一年发生1代，以卵在土中越冬。在河南越冬卵于5月孵化，7月为成虫活动期，7～8月为成虫产卵盛期。以山区、坡地发生较多。【为害植物】小麦、玉米、高粱、粟、棉花、甘薯、花生、蔬菜、禾本科牧草。

二、地下害虫

地下害虫亦称土栖害虫或土壤害虫，取食大田、蔬菜、林木、果树、草坪、观赏植物等的地下部分（种子、根、茎）和地上部靠近地面的嫩茎，造成缺苗断垄。以蛴螬（金龟甲幼虫的通称）、金针虫（叩头甲幼虫的通称）、蝼蛄、地老虎、根蛆等的为害较重。

地下害虫种类多，适应性强，分布广，为害重，是农业害虫中的一个特殊生态类群，给农、林、牧业生产造成严重威胁，从而引起世界各国的普遍重视。

经调查统计，目前我国地下害虫的种类有320余种，分属于昆虫纲8目38科，包括蛴螬、金针虫、蝼蛄、地老虎、根蛆、拟地甲、根蚜、根蟥、根象甲、根叶甲、根天牛、根蚧、白蚁、蟋蟀、弹尾虫、根螨等近20类，其中尤以蛴螬、金针虫、蝼蛄、地老虎、根蛆等的为害最为重。从全国发生为害的情况来看，北方重于南方，旱地重于水地，优势种群则因地而异。目前，我国地下害虫的发生情况是蛴螬为害严重，危害跃居各类地下害虫首位；金针虫为害有加重的趋势，豫、京、冀、陕、皖、甘等地区的虫口密度普遍回升；蝼蛄为害已基本得到控制；地老虎在许多地区仍然严重发生；根蛆主要在华北、东北、西北和内蒙古等地区发生为害较重；其他类群则常在局部地区猖獗成灾。

目前，地下害虫的发生动态又出现了一些新特点，一是优势虫种此起彼伏交替变化，如有些地区加大了对大黑鳃金龟的防治力度，大黑鳃金龟被防治，暗黑鳃金龟上升为优势种。二是新的地下害虫种类不断出现，如河北有粉蚧危害玉米；辽宁、山东有危害小麦、玉米、棉花的大蚊；河南、陕西发现麦沟牙甲危害小麦；山东还发现麦拟根蚜危害小麦，小麦严重受害后不能抽穗。

东北大黑鳃金龟 鞘翅目，金龟科。【生活习性及为害特点】二年发生1代，以幼虫、成虫隔年交替越冬。成虫活动期在4～8月；幼虫在春、秋两季为害。【为害植物】成虫取食各种果树、林木及苗木叶片和各种作物茎、叶；幼虫为害上述植物地下部分。

暗黑鳃金龟 鞘翅目，金龟科。【生活习性及为害特点】一年发生1代，以3龄老熟幼虫越冬。6～7月为成虫发生期，成虫昼伏夜出，有群集性。在辽宁，幼虫在春（5月）、秋（8～10月）两季为害。【为害植物】成虫取食榆、杨、梨、苹果等叶片；幼虫为害各种农作物、苗木地下部分。

黑皱鳃金龟 鞘翅目，金龟科。【生活习性及为害特点】在我国北方二年发生1代，以幼虫、成虫隔年交替越冬。本种习性除不能飞行外，其余与东北大黑鳃金龟基本相似。【为害植物】成虫春季（4～5月）取食各种树木、果树、苗木、作物及杂草嫩芽、嫩茎和叶片；幼虫春季（4～6月）、秋季（8～10月）为害各种植物地下部分。

云斑鳃金龟 鞘翅目，金龟科。【生活习性及为害特点】在我国北方四年完成1代，以幼虫越冬。幼虫历期600余天，以第二年全年和第三年春季为害重。成虫盛期在7月。【为害植物】成虫取食杨、松、杉、柳及禾本科作物叶片；幼虫为害树木、果树、苗木及各种旱田作物地下部分。

灰胸突鳃金龟 鞘翅目，金龟科。【生活习性及为害特点】多数个体二年发生1代，以幼虫越冬。成虫盛期7月上、中旬。幼虫为害期5～9月。【为害植物】成虫取食果树、林木叶片；幼虫为害果树、林木及农作物地下部分。

鲜黄鳃金龟 鞘翅目，金龟科。【生活习性及为害特点】一年发生1代，以幼虫越冬。5月和8～9月是幼虫为害期，发生量大时，常对作物造成严重为害。6～7月为成虫出现期，昼伏夜出。雄虫趋光性强。【为害植物】幼虫为害各种旱地作物、果树苗木、草坪植物地下部分。

华阿鳃金龟 鞘翅目，金龟科。【生活习性及为害特点】二年发生1代，以幼虫、成虫隔年交替越冬。5～6月为成虫出现期，也是幼虫为害期。本种常与黑阿鳃金龟混合发生。【为害植物】成虫取食双子叶植物特别是豆科植物和小灌木等叶片；幼虫可为害旱地植物地下部分。

黑绒金龟 鞘翅目，金龟科。【生活习性及为害特点】我国长江以北地区一年发生1代，以成虫越冬。4～6月为成虫活动期，5月平均气温10℃以上开始大量出土。6～8月为幼虫生长发育期。【为害植物】成虫取食多种农、林植物芽、叶、茎；幼虫取食腐殖质及植物地下部分，为害性不大。

铜绿丽金龟 鞘翅目，金龟科。【生活习性及为害特点】在我国长江以北地区二年发生1代，以幼虫越冬。在辽宁，6月下旬至7月中旬是成虫为害期；5月中旬至6月中旬和8月上旬至10月上旬是幼虫为害期。【为害植物】成虫取食林木、果树、作物叶片；幼虫为害各种植物地下根、茎。

蒙古丽金龟 鞘翅目，金龟科。【生活习性及为害特点】一年发生1代，以幼虫越冬。在东北，6月中旬幼虫开始化蛹，7月上旬始见成虫，7月下旬开始出现新一代幼虫，并以3龄幼虫越冬。成虫昼夜均可取食，群集性强；在东北南部地区，幼虫在春（5～6月）、秋（8～10月）两季为害。【为害植物】成虫取食果树、林木叶片；幼虫为害旱地各种作物地下部分。

多色丽金龟 鞘翅目，金龟科。【生活习性及为害特点】一年发生1代，以幼虫越冬。成虫出现期为 6 月中旬至 7 月中旬；幼虫春（5～6 月）、秋（8～9 月）为害。成虫白昼活动，夜间趋光，有群聚性。【为害植物】成虫取食果树、树木叶片；幼虫为害多种植物地下部分。

中华弧丽金龟　鞘翅目，金龟科。【生活习性及为害特点】一年发生 1 代，以幼虫越冬。春（5～6 月）、秋（8～9 月）季幼虫为害；夏季（7 月）为成虫活动期。成虫昼出夜伏，有群集性。【为害植物】成虫取食果树、林木、作物、牧草的叶片和胡萝卜、大豆、棉花的花；幼虫为害各种植物地下部分。

细胸叩头虫　鞘翅目，叩头虫科。【生活习性及为害特点】在我国北方二年发生 1 代。第一年以幼虫越冬；第二年以老熟幼虫、蛹或成虫越冬。成虫出现期为 4～6 月，取食禾本科植物、苜蓿、小蓟等叶片；幼虫为害期为 4 月中旬至 5 月中旬，气温 13℃是活动盛期。【为害植物】玉米、高粱、小麦、马铃薯、甘薯、甜菜及各种蔬菜。

沟叩头虫　鞘翅目，叩头虫科。【生活习性及为害特点】在我国北方一般三年完成 1 个世代；少数个体四年完成 1 个世代。第一年、第二年以幼虫越冬；第三年以成虫越冬。幼虫春、秋两季均可为害。【为害植物】主要为害小麦、玉米、高粱、谷子，也可为害豆类、薯类、甜菜、棉花、瓜类、苜蓿等。

褐纹叩头虫　鞘翅目，叩头虫科。【生活习性及为害特点】在我国北方三年完成 1 个世代。第一年、第二年以幼虫越冬；第三年以成虫越冬。成虫出现期为 5 月上旬至 6 月中旬；幼虫在春（4～6 月）、秋（9～10 月）两季为害。【为害植物】与细胸叩头虫大体相同，为害禾木科作物地下部分、花生秋果。

宽背叩头虫　鞘翅目，叩头虫科。【生活习性及为害特点】在我国北方需 4～5 年完成 1 代，以幼虫越冬。幼虫春季为害各种旱地作物。5～7 月成虫出现，白天活动，能飞翔，有趋糖蜜习性。【为害植物】主要为害小麦、玉米、高粱、谷子，也可为害豆类、薯类、甜菜、棉花、瓜类、苜蓿等。

东方蝼蛄　直翅目，蝼蛄科。【生活习性及为害特点】在我国北方二年完成 1 代，以各龄若虫、成虫越冬。4～5 月是春季为害期；8～10 月是秋季为害期。根据东方蝼蛄在土中的活动规律，一年可分：越冬休眠（立冬至立春）、苏醒为害（立春至小满）、越夏繁殖为害（小满至立秋）、秋季暴食为害（立秋至立冬）四个时期。主要习性有：群集性，初孵化的若虫有群集性；趋光性；趋化性；趋粪性；喜湿性。【为害植物】食性杂，可取食大田作物、蔬菜种子和幼苗，以及果树、树木的种苗。

单刺蝼蛄（华北蝼蛄）　直翅目，蝼蛄科。【生活习性及为害特点】在我国北方三年完成 1 代，以 8 龄以上的若虫和成虫在冻土层下越冬。主要习性与东方蝼蛄相同。【为害植物】食性杂，可取食大田作物、蔬菜种子和幼苗，及果树、树木的种苗。

小地老虎　鳞翅目，夜蛾科。【生活习性及为害特点】小地老虎各虫态都不滞育，是南北往返的迁飞性害虫，故在全国各地发生世代各异。在辽宁一年发生 2～3 代。越冬代成虫迁入时间是 4 月中、下旬；第一代发蛾期为 6 月中、下旬；第二代发蛾期为 8 月上、中旬；第三代（即南迁代）发蛾期为 9 月下旬至 10 月上旬。幼虫于春季为害多种作物幼苗；秋季为害秋菜。【为害植物】玉米、高粱、麦类、棉花、烟草、豌豆、茄科蔬菜、白菜等。

大地老虎　鳞翅目，夜蛾科。【生活习性及为害特点】在全国各地均一年发生 1 代，以低龄幼虫越冬。3～5 月越冬后为幼虫全年主要为害期；5～6 月温度达 20℃以上时，以老熟幼虫滞育越夏，滞育期长达 100 余天，9～10 月羽化为成虫。卵多产于土表或幼嫩的杂草茎叶上。幼虫孵化后取食一段时间即以 2～4 龄幼虫越冬。【为害植物】玉米、高粱、棉花、烟草等。

黄地老虎 鳞翅目，夜蛾科。【生活习性及为害特点】在我国东北一年发生 2 代，以老熟幼虫在土中越冬。5 月第 1 代幼虫为害春播作物幼苗；8 月第 2 代幼虫为害秋菜、牧草等。【为害植物】玉米、高粱、小麦、马铃薯、烟草、棉花、麻、甜菜、瓜类和各种蔬菜。

八字地老虎 鳞翅目，夜蛾科。【生活习性及为害特点】在我国北方一年发生 2 代，以老熟幼虫在土中越冬。幼虫春、秋两季为害。【为害植物】玉米、高粱、棉花、烟草、马铃薯、茄子、辣椒、甘蓝、菠菜、葡萄等。

白边地老虎（白边切夜蛾） 鳞翅目，夜蛾科。【生活习性及为害特点】在我国东北一年发生 1 代，以胚胎发育成熟的卵在表土中越冬。4 月中、下旬越冬卵孵化；5~6 月是幼虫为害期；6 月中、下旬老熟幼虫化蛹；8 月初成虫经交配后产卵，并以卵越冬。【为害植物】玉米、高粱、豆类、甜菜等。

翠色狼夜蛾（翠地老虎） 鳞翅目，夜蛾科。【生活习性及为害特点】在辽宁一年发生 2 代，以蛹越冬。越冬代成虫于 7 月中旬出现。春季（5~6 月）幼虫可为害大豆和各种蔬菜等幼苗。【为害植物】桃、梨、繁缕、柳属植物、蒿属植物等的幼苗。

皱地夜蛾 鳞翅目，夜蛾科。【生活习性及为害特点】在辽宁一年发生 2 代，以蛹越冬。5 月越冬代成虫发生；8 月中旬第一代成虫出现。幼虫春（5~6 月）、秋（9~10 月）两季为害。【为害植物】大豆、花生、蔬菜等，也可为害藜、酸模、翘摇等植物。

沙潜（网目拟步甲） 鞘翅目，拟步甲科。【生活习性及为害特点】一年发生 1 代，以成虫越冬。早春 3 月成虫即活动，只爬不飞，有假死习性。成虫寿命长，有的达三年。可孤雌生殖。成虫、幼虫均在苗期为害。成虫取食植物地上部分，幼虫则为害地下部分。【为害植物】禾谷类粮食作物、棉花、花生、大豆等。

蒙古土象 鞘翅目，象甲科。【生活习性及为害特点】二年发生 1 代，以幼虫、成虫隔年交替越冬。成虫于 5~6 月为害作物苗期，只爬不飞，有群居性和假死习性。卵散产于土中。【为害植物】成虫可取食粮食作物、棉花、麻类、花生、豆类、牧草及各种苗木嫩叶、茎；幼虫取食腐殖质和植物根系。

大灰象 鞘翅目，象甲科。【生活习性及为害特点】基本同蒙古土象。唯卵产于叶片上，呈块状。【为害植物】成虫可取食粮食作物、棉花、麻类、花生、豆类、牧草及各种苗木嫩叶、茎；幼虫取食腐殖质和植物根系。

粟鳞斑叶甲 鞘翅目，叶甲科。【生活习性及为害特点】在我国北方一年发生 1 代，以成虫在田埂土缝中或枯枝落叶下越冬。4 月前后成虫开始出土活动；4 月底至 5 月中旬为害谷子、高粱、玉米等幼苗；5 月下旬至 6 月下旬为产卵及卵孵化期；7 月中旬幼虫老熟开始化蛹并羽化；8 月上、中旬新一代成虫出现，并以成虫越冬。【为害植物】粟、黍、高粱、玉米、麦类、亚麻、棉花、芝麻、向日葵、豆类。

大牙锯天牛 鞘翅目，天牛科。【生活习性及为害特点】在我国东北一年发生 1 代，以幼虫在土中越冬。5~6 月是幼虫为害期，6 月中旬至 7 月中旬化蛹、羽化，7 月下旬成虫交配、产卵，8 月中旬卵孵化，当年以幼虫越冬。【为害植物】玉米、高粱等根、茎。

根土蟖 半翅目，土蟖科。【生活习性及为害特点】二年发生 1 代，以成、若虫越冬；部分个体受环境影响，可延至二年半至三年 1 代。6~8 月土温 25℃以上、湿度大时成虫大量出土。【为害植物】主要为害禾本科作物，亦可为害大豆、烟草等经济作物。

秋四脉绵蚜 同翅目，瘿绵蚜科。【生活习性及为害特点】在辽宁以卵在榆树皮缝中越冬。4 月下旬至 5 月上旬孵化为干母（无翅雌成虫），为害嫩榆叶并形成虫瘿，经繁殖于 5 月底至 6 月初产生春迁移蚜，并从虫瘿裂口处爬出，飞迁到高粱苗上行孤雌胎生，产生根型无翅雌蚜，之后在蚂蚁协助下爬入根部为害繁殖。9 月末产生秋迁蚜从根部爬出，于下午至傍晚飞迁回榆树上，产生性蚜。雌、雄交配后产 1 粒卵并越冬。【为害植物】高粱及其他禾本科植物、榆。

谷类大蚊　双翅目，大蚊科。【生活习性及为害特点】在辽宁一年发生 2 代，以老熟幼虫在 20～25cm 土中越冬，越冬后的幼虫为害作物幼苗。5 月化蛹、羽化，6 月产卵；7 月初至 8 月中旬为幼虫活动期；8 月中、下旬化蛹、羽化；9 月初产卵、孵化；10 月幼虫进入老熟并越冬。【为害植物】高粱、玉米、小麦、花生、蔬菜等。

韭菜迟眼蕈蚊（韭蛆）　双翅目、眼蕈蚊科。【生活习性及为害特点】华北一年发生 3～4 代，以幼虫在韭菜根周围或鳞茎内越冬，保护地温室内无越冬现象。越冬幼虫第二年春逐渐向地表活动，大多在 1～2 cm 表土中化蛹，少数在根茎中化蛹。成虫喜在阴湿弱光环境下活动，以 9～11 时最活跃，交尾最多，下午 4 时后至夜间栖息于韭田缝中，不活动。成虫善飞翔，间隙扩散距离达百米，成虫交尾后 1～2 d，多成堆产卵于韭菜株周围土缝内或土块下，每雌产卵 100～300 粒，幼虫孵化后分散为害。3～4 cm 土层内的含水量是韭蛆孵化和成虫羽化的重要因素，以 15%～24%最为适宜。一般黏土比沙壤土发生量小。幼虫聚集在地下的鳞茎和嫩茎上为害。初孵幼虫为害韭菜叶鞘基部和鳞茎的上端，而后蛀入地下鳞茎内为害，导致鳞茎腐烂干枯，地上部死亡。【为害植物】除为害韭菜外，还为害葱、蒜、花卉和中草药等。

三、水稻主要害虫

水稻是我国栽培面积最大，总产量最多的粮食作物。水稻害虫种类复杂，自播种、秧苗期至成熟期，种、苗、根、茎、叶、花穗、谷粒均可受不同害虫危害。国内已知的水稻害虫已达 200 多种，其中最主要的有 20 余种。如二化螟、三化螟、大螟分布广泛，稻飞虱连年频发，稻纵卷叶螟、稻水象甲等近几年也上升为主要害虫，这些害虫几乎每年均会造成严重为害。此外，稻叶蝉、稻瘿蚊、稻弄蝶、稻蝗、黏虫等在我国稻区也普遍发生，经常也会给农民造成很大损失。

二化螟　鳞翅目，螟蛾科。【生活习性及为害特点】因各地气候不同，一年可发生 1～5 代。以老熟幼虫在根茬或稻草中越冬。成虫羽化后当日即可交配，交配后 1～2 d 产卵。成虫多选择叶色浓绿、茎秆粗壮的稻株产卵。初孵幼虫常聚集于叶鞘内为害，造成枯鞘，幼虫稍大即分散蛀茎，水稻分蘖期出现枯心，抽穗期出现白穗，黄熟期出现虫伤株。【为害植物】水稻、茭白、玉米、粟、高粱、甘蔗等。

三化螟　鳞翅目，螟蛾科。【生活习性及为害特点】成虫昼伏夜出。多在傍晚羽化，性比常接近 1∶1，寿命平均约 4d。有较强的趋光性。一般三化螟雌成虫在羽化当天即可产卵，一生可产 1～7 块，每卵块含卵粒数因世代而不同，一般在 40～120 粒间。卵块多产于叶片或叶鞘上，蚁螟孵化多在黎明和上午，多先爬向叶尖，吐丝随风飘荡到附近稻株分散钻入稻株。从一卵块孵出的幼虫，都在附近稻株侵害而形成田间枯心团（群）或白穗群。幼虫取食叶鞘白嫩组织，以及穗苞内花粉、柱头及茎秆内壁，基本不吃含叶绿素部分，蛀入后大量取食前，必先在叶鞘和茎节间适当部位做"环状切断"，把大部分维管束咬断，几天内就表现青枯或白穗等被害状。幼虫 2 龄后，一般可转株危害 1～3 次。幼虫老熟后，移至稻株基部化蛹。【为害植物】只为害水稻或野生稻。

稻纵卷叶螟　鳞翅目，螟蛾科。【生活习性及为害特点】稻纵卷叶螟属远距离迁飞性害虫，成虫有趋光性，栖息趋荫蔽性和产卵趋嫩性，适温高湿产卵量大，卵多单产，也有 2～5 粒产于一起。初孵幼虫多钻入心叶为害，2 龄后则在叶上结苞为害。幼虫老熟后离开虫苞在稻丛基部黄叶及无效分蘖上结茧化蛹。多雨日及多露水的高湿天气有利于稻纵卷叶螟猖獗发生。【为害植物】以水稻为主，小麦、黍、甘蔗等亦偶尔受害；亦可取食游草、稗草、马唐、狗尾草等多种禾本科杂草。

　　大螟　鳞翅目，螟蛾科。【生活习性及为害特点】大螟分布较广，在我国中南部稻区都有发生，以南方各省的局部地区发生较多。幼虫在稻桩及其他寄主残株或杂草根际越冬，部分幼虫冬季继续为害甘蔗、小麦等。因越冬场所复杂，越冬幼虫化蛹、羽化有早有迟，各代发生期很不整齐，造成世代重叠，田间全年都有成虫出现。成虫昼伏夜出，趋光性虽不及二化螟、三化螟，但对黑光灯趋性较强。产卵部位多在叶鞘内侧，田边比田中产卵多，故边行受害重。初孵幼虫群集在叶鞘内为害，2～3龄后始分散蛀茎。一头幼虫能为害4～5株水稻，老熟后在叶鞘间或茎内化蛹。【为害植物】除为害水稻外，还为害玉米、高粱、甘蔗、小麦、粟、茭白、向日葵等作物，以及多种禾本科杂草。

　　台湾稻螟　鳞翅目，螟蛾科。【生活习性及为害特点】台湾稻螟在我国台湾、广东、广西以及福建中部以南地区都有发生。每年发生4～5个世代，世代重叠，以老熟幼虫在稻秆和稻桩内越冬，尤其在低湿稻田和有冬作物覆盖稻田的稻桩，越冬幼虫密度最大，而冬作小麦及蔗苗内亦有幼虫越冬。成虫昼伏夜出，有趋光性，怕高温干燥，喜阴凉潮湿环境。喜欢在粗秆、宽叶、浓绿的稻株上产卵。在秧苗及分蘖期，卵多产于叶片表面，在孕穗期多产于叶片背面，在灌浆至黄熟期，卵多产于无效分蘖的叶片上。每雌蛾可产卵4～6块，总卵数达100～200粒。初孵幼虫先集中为害叶鞘组织，再蛀入心叶和茎秆，造成枯鞘、枯心、白穗和虫伤株。幼虫喜湿润环境，被害株在被害处虽极潮湿甚至腐烂，但幼虫却喜藏身其中。幼虫有群聚性，初孵幼虫在一稻株上常有数头至数十头，以后才分散。一条幼虫一生可为害3～4株水稻。【为害植物】主要为害水稻，也为害甘蔗、玉米、高粱、粟等。

　　褐飞虱　同翅目，飞虱科。【生活习性及为害特点】稻褐飞虱食性单一，只能在水稻和普通野生稻上取食和繁殖后代。以成虫、若虫群集在稻丛基部吸食汁液，被害部呈现长形棕色斑，严重时下部茎秆变黑，全株枯死。为害严重时全田枯死似火烧状，颗粒无收。田间世代重叠。根据地区不同可发生1～12代。每年初次发生的虫源，主要是迁入。成虫趋光性强，卵多产在稻株下部叶鞘及嫩茎组织内。短翅型寿命较长，产卵历期长，卵量大，繁殖力比长翅型强。夏季温暖多湿食料丰富时，若短翅型大量出现，就意味着该虫即将会暴发成灾。虫害发生时多从稻田中间点片发生，向田边蔓延。插植过密，氮肥过多，稻株贪青柔软，受害往往严重。【为害植物】水稻和普通野生稻。

　　白背飞虱　同翅目，飞虱科。【生活习性及为害特点】长翅型迁入稻田后，最初在稻丛基部繁殖为害，繁殖1～2代后，产生短翅型，数量剧增。由于大量吸食稻株汁液以及产卵时所造成的伤痕，可造成稻株基部茎秆枯黄倒伏，籽粒不实，甚至引起严重减产。【为害植物】主要为害水稻，也取食麦类、甘蔗、粟、游草、看麦娘、稗草等禾本科作物和杂草。

　　灰飞虱　同翅目，飞虱科。【生活习性及为害特点】成虫和若虫常群集于稻株下部刺吸汁液，严重时造成秆枯倒伏。同时还可传播多种病毒病。【为害植物】除为害水稻外，还为害大麦、小麦、玉米等禾本科植物。

　　稻螟蛉　鳞翅目，夜蛾科。【生活习性及为害特点】以蛹在田间稻丛和杂草叶苞中越冬。成虫趋光性很强，喜选择叶色浓绿的稻株产卵。卵多产于稻叶中部，每个卵块有卵3～10粒，成1行或多行排列，亦有个别单产的。初孵幼虫取食叶肉，3龄后则食成缺刻，幼虫具假死习性，受惊坠落水面。幼虫老熟后，将一健叶弯折成粽子形的虫苞，并将其咬断，使虫苞飘落到水面，在虫苞内结茧化蛹。【为害植物】除水稻外，还为害高粱、玉米、甘蔗、粟、茭白等禾本科植物。

稻瘿蚊　双翅目，瘿蚊科。【生活习性及为害特点】幼虫吸食水稻生长点汁液，致受害稻苗基部膨大，随后心叶停止生长且由叶鞘部伸长形成淡绿色中空的葱管，葱管向外伸形成"标葱"。水稻从秧苗到幼穗形成期均可受害，受害重的不能抽穗，几乎都形成"标葱"或扭曲不能结实。成虫羽化的当晚即交配，雄虫多次交配，雌虫仅1次，卵散产在近水面嫩叶上，每雌产卵100～150粒，雌虫有趋光性。初孵幼虫借叶上湿润的露水下移，从叶鞘间隙或叶舌边缘侵入，开始为害生长点，生长点受害后心叶停止生长，叶鞘伸长成管状，即"标葱"出现。喜潮湿不耐干旱，气温25～29℃，相对湿度高于80%，多雨利于其发生。年发生6～13代，以幼虫在田边、沟边等处的游草、再生稻、李氏禾等杂草上越冬。从第二代起世代重叠，很难分清代数，但各代成虫盛发期较明显。一般1、2代数量少，3代后数量增加，7～10月，中稻、单季晚稻、双季晚稻的秧田和本田易遭到严重为害。【为害植物】水稻、野生稻、游草等。

稻水象甲　鞘翅目，象甲科。【生活习性及为害特点】在北纬35°以北地区一年发生1代；以南地区发生2代；北纬30°左右发生3代。以成虫在稻草、稻茬、稻田四周的禾本科杂草、田埂土中等处滞育越冬。水稻插秧后迁入稻田为害。卵产于叶鞘水淹以下部位。幼虫在根内（低龄）和根外（高龄）为害根系。有群集为害习性。羽化的新成虫啃食稻叶呈细白条状，夏末秋初开始向越冬场所转移。成虫可孤雌生殖，有较强的趋光性和飞翔能力，亦可游泳和潜水。【为害植物】成虫可取食86种植物，幼虫可取食22种植物，以禾本科为主，特别是水稻、稗草；此外，尚可取食莎草科、鸭跖草科、灯心草科和泽泻科的一些杂草。

稻根叶甲　鞘翅目，叶甲科。【生活习性及为害特点】一年发生1代，以未成熟幼虫在积水田土内越冬。春季上升至土面，为害水稻幼苗和杂草根部，以幼虫尾钩插入稻根中呼吸空气。由于根部受损，致使水稻生长衰弱减产，严重者全株枯死。幼虫老熟后在根部附近化蛹，蛹期约15 d。成虫活泼，趋光性不强，喜食眼子菜，并于其叶背面产卵。在丘陵山区冷水田、低洼积水田以及水草滋生，特别是有眼子菜的水田，常发生此虫。【为害植物】主要为害水稻，此外有稗、游草、莲、鸭舌草、眼子菜等。

稻象甲　鞘翅目，象甲科。【生活习性及为害特点】一年发生1～2代，一般单季稻区1代，双季稻或单、双季稻混栽区发生2代。多数以成虫在稻桩周围土缝中越冬，也有的在田埂、沟边草丛松土中越冬，少数以幼虫在稻桩附近土下越冬。成虫有趋光性和假死性，善游水和攀登。成虫咬食稻苗茎叶，被害轻的，新叶抽出后有横排小孔，重的叶片折断，漂浮水面。卵产于稻株近水面3 cm左右处。幼虫孵出后先在叶鞘内稍取食后即钻入土中，取食水稻的幼嫩须根，致使叶尖发黄，生长不良，严重时不能抽穗或造成秕谷。【为害植物】主害水稻，也可取食麦类、玉米、稗草、李氏禾、看麦娘等禾本科植物及油菜、甘蓝、瓜类、棉花等。

稻负泥虫　鞘翅目，叶甲科。【生活习性及为害特点】全国各地均一年发生1代，以成虫在稻田附近向阳山坡的树木杂草根际、石块下越冬。春季越冬成虫最初在水沟杂草上栖息、取食，继而转移至秧田为害，插秧后扩展到本田。成虫寿命长，越冬代成虫尚未全部死亡，新一代成虫即可出现。【为害植物】除水稻外，还为害粟、黍、麦类、玉米、芦苇及茭白等。

稻潜叶蝇（大麦水蝇）　双翅目，水蝇科。【生活习性及为害特点】在我国东北一年发生4～5代，以成虫在水沟边杂草上越冬，春季可先在田边杂草中繁殖1代。待秧田揭膜后，第1代成虫即可在秧田稻叶上产卵。在田水深灌的情况下，卵散产于下垂或平伏水面的叶片尖部，因此深灌或秧苗生长纤弱时受害较重。水稻秧田揭膜开始至插秧缓苗期，是主要为害时期。发生严重时一片叶上有虫 4～5 头，致使全叶变成枯黄、腐烂，甚至全株枯死。水稻缓苗后已发育健壮，则不再遭受为害，又转至杂草中繁殖。【为害植物】除水稻外，还可取食某些禾本科杂草。

　　周斑水虻　双翅目，水虻科。【生活习性及为害特点】目前尚无报道。据观察，5～6 月水稻插秧前后，幼虫常群集于稻苗上，在茎基部为害，使茎基部折断或腐烂。羽化后，成虫喜栖息于稻苗上或稻田附近的豆地里。生活史不详。【为害植物】此虫为近年来在水稻上新发现的害虫。

　　隐脉水虻　双翅目，水虻科。【生活习性及为害特点】目前尚无报道。据观察：在 5～7 月水稻自插秧后至分蘖期，幼虫常群集于稻苗基部为害，使茎基部腐烂、折断，引起稻苗枯死或影响生长，幼虫长成后在水中或污泥中化蛹，有时漂浮于水面。羽化后，成虫喜栖息于稻苗上或附近豆地。生活史不详。【为害植物】水稻，此虫为近年来在水稻上新发现的害虫。

　　中纹大蚊　双翅目，大蚊科。【生活习性及为害特点】在我国东北一年发生 1 代，以卵在土中越冬。4 月开始孵化，幼虫于 5～6 月为害，8 月底开始化蛹，9 月底羽化成虫，傍晚在稻田交配、产卵，以卵越冬。【为害植物】水稻、禾本科喜湿植物。

　　中华稻蝗　直翅目，蝗科。【生活习性及为害特点】在我国一年发生 1～2 代。长江以北 1 代，以卵块在田埂及稻田附近土中越冬，若虫最初在稻田池埂周围咬食水稻及杂草叶片，待发育至成虫后，食量增大并咬食稻穗、稻粒。【为害植物】水稻及稻田四周的禾本科杂草；玉米、高粱、麦类、甘蔗等。

四、禾谷类粮食作物主要害虫

　　在我国，为害小麦、玉米、高粱、谷子等禾谷类作物的害虫，有记载的有 300 多种。其中发生较为广泛、为害较重的主要有：蛴螬、蝼蛄、金针虫、地老虎等（具体介绍在地下害虫部分）；飞蝗等（具体介绍在蝗虫部分）；黏虫（是全国性的禾谷类作物重要害虫）；玉米螟（几乎遍及全国，是玉米、高粱、谷子和小麦共有的重要蛀茎害虫）；另外，蚜虫类也是禾谷类作物上的一类重要害虫。

　　黏虫　鳞翅目，夜蛾科。【生活习性及为害特点】主要为害禾谷类作物。在我国北方（北纬 33°以北）不能越冬，可远距离迁飞。【为害植物】食性杂，可取食百余种植物，喜食禾本科植物。

　　草地贪夜蛾　鳞翅目，夜蛾科。【生活习性及为害特点】成虫在夜间活动，其幼虫可大量啃食禾本科等多种农作物，造成严重的经济损失，种群数量大时，幼虫如行军状，成群扩散。环境有利时，常留在杂草中。其发育的速度会随着气温的提升而变快，一年可繁衍数代，一只雌蛾可产下超过 1000 颗卵。该物种原产于美洲热带地区，具有很强的迁徙能力，2016 年起，散播至非洲、亚洲各国，并于 2019 年出现在中国大陆 18 个省份，已在多国造成巨大的农业损失。【为害植物】食性极杂，可取食超过 76 个科，超过 350 种植物。

　　玉米螟　鳞翅目，螟蛾科。【生活习性及为害特点】一年发生的代数依各地气候而异；东北 1～2 代，广东、广西、台湾等则可发生 5～6 代，均以最后 1 代成熟滞育幼虫在作物根茬、秸秆内越冬。在辽宁、河北 2 代区，越冬幼虫一般于 5 月下旬至 6 月上旬化蛹羽化，1 代螟产卵盛期正值玉米抽雄前的心叶期，是玉米螟为害的主要时期。成虫白天潜伏于茂密作物和杂草间，夜间交配产卵，卵产于叶背面近中脉处。幼虫集中于心叶取食，形成花叶或链珠状孔。第 2 代幼虫除在玉米茎内蛀食外，还可为害花丝、雌穗及雄穗等。在谷子上为害，造成枯心或白穗。【为害植物】食性极杂，据记载寄主植物可达百余种，以玉米、谷子、高粱受害最重。

高粱条螟　鳞翅目，螟蛾科。【生活习性及为害特点】在辽宁南部、河北、山东、河南及江苏北部一年发生 2 代，为害高粱及玉米。以老熟幼虫在寄主茎秆内越冬，成虫于 6 月盛发，7 月为第 1 代幼虫为害盛期，第 2 代在 8 月中、下旬为害。幼虫最初在心叶内取食，后蛀入茎内，有群集性。受害植株易遭风折，2 代幼虫喜蛀食穗节。在华南主要为害甘蔗。【为害植物】高粱、玉米、甘蔗及某些禾本科杂草。

二点螟（粟灰螟）　鳞翅目，螟蛾科。【生活习性及为害特点】在辽宁、河北、陕西、内蒙古一年发生 2 代，在甘蔗产区一年可发生 5～6 代，以老熟幼虫在根茬内越冬。在 2 代区，第 1 代卵于 6 月中、下旬出现，卵孵化幼虫后钻入谷苗内，形成枯心。2 代幼虫于 8 月中旬发生，为害谷子可形成白穗或虫伤株。成虫产卵对谷苗高度和色泽有明显的选择性，喜产于苗高 16.5 mm 左右以及植株呈紫色和深绿色的作物品种。【为害植物】谷子、糜子、谷莠子、甘蔗等禾本科植物。

禾谷缢管蚜　同翅目，蚜科。【生活习性及为害特点】一年发生代数因地而异，一般发生 10 余代至 20 代以上。在四川万县小麦上可发生 12 代，全年达 35 代。在我国北方常以卵在蔷薇科木木植物上越冬。春季孵化后在木本植物上繁殖几代后，即转移到小麦、玉米等禾木科植物上。怕光喜温，较耐高温。不仅在小麦茎基部、叶背和叶鞘内发生，且在小麦乳熟期后数量急剧上升，导致小麦成熟度降低而减产。【为害植物】小麦和其他禾谷类作物，桃、李、杏、稠李等蔷薇科植物。

麦长管蚜　同翅目，蚜科。【生活习性及为害特点】在我国各地一年可发生 10～20 代，但在小麦上，从迁入麦田至消退仅 50～60 d，故一般发生仅 10 代左右。在小麦上，前期主要生活在叶片正面；小麦抽穗后，大量集中于穗部，此期是为害的最重要时期，影响小麦乳熟阶段灌浆而导致减产。【为害植物】小麦、大麦、鹅观草等多种禾本科作物和杂草。

高粱蚜　同翅目，蚜科。【生活习性及为害特点】在我国东北一年可发生 16～20 代，以卵在荻草叶鞘内越冬。越冬卵孵化后，在荻草上繁殖 1～2 代迁往高粱田，在高粱上可繁殖 10 余代。9 月间回迁至荻草上，产卵越冬。在高粱上繁殖初期多发生在下部，盛发后蔓延至上部，发生量大时，每株可达万头以上，严重发生年份造成全田绝产。【为害植物】高粱、甘蔗、荻草。

玉米蚜　同翅目，蚜科。【生活习性及为害特点】玉米上的重要害虫。一年发生 20 余代，主要为害玉米心叶和雄穗。高温干旱年份发生严重。在我国华北以成蚜在麦类作物上越冬。【为害植物】玉米、高粱、粟、麦类及稗等禾本科作物和杂草。

玉米旋心虫　鞘翅目，叶甲科。【生活习性及为害特点】在辽宁一年发生 1 代，以卵在土中越冬。卵 6 月孵化，7 月上、中旬幼虫为害最盛，7 月下旬在土内化蛹，8 月上、中旬成虫羽化出土，产卵越冬。成虫白天活动，有假死习性。卵散产于玉米田疏松土中或植物根部，多者达十几粒，成团，每头雌虫产卵 20 余粒。幼虫多潜伏于玉米根际附近，自根茎处蛀入，蛀孔处褐色，轻者叶片上出现排孔、花叶，重者萎蔫枯心、叶片卷缩成畸形。幼虫老熟后即于根际附近 2～3 cm 深处作土室化蛹，蛹期 5～8 d。【为害植物】幼虫主要为害玉米，也为害高粱、谷子；成虫喜食某些杂草。

麦颈叶甲　鞘翅目，叶甲科。【生活习性及为害特点】在辽宁，小麦拔节抽穗后，成虫在穗节茎部无叶鞘包围的部位咬 1 小型圆孔，将卵产于其中。1～2 d 后，圆孔变黄，由此造成茎部营养输送障碍，形成白穗、秕粒，千粒重降低。卵经 8～10 d 孵化，初孵幼虫很快从产卵孔爬出入土，在土中取食打碗花根部。因此田间打碗花较多的地块此虫也常较多。【为害植物】小麦、打碗花（小旋花）、甘薯等。

谷跳甲 鞘翅目，跳甲科。【生活习性及为害特点】在我国东北一年发生 1～2 代（多数 1 代），华北 2～3 代，以成虫在土缝、根际越冬。谷子出苗后，成虫开始活动，卵多产于根际。幼虫从谷苗基部蛀入，引起枯心。幼虫最喜食 6～10 cm 高的谷苗，一般每株有幼虫 2～3 头，或更多。幼虫可转株为害，老熟后入土化蛹。在 2～3 代区，当第 2 或第 3 代幼虫发生时，因谷苗长大，茎秆组织坚硬，幼虫只潜入心叶为害，破坏生长点，使谷苗矮化、穗畸形。成虫能飞善跳，白天活动，食害叶肉后，留下白色条纹。干旱年份发生严重。【为害植物】谷子、糜子、小麦、高粱等，谷子受害最重。

粟负泥虫（粟叶甲） 鞘翅目，叶甲科。【生活习性及为害特点】在辽宁、陕西一年发生 1 代，以成虫在土中越冬。春季活动后于叶背近中脉处产卵，卵 3～5 粒成堆。初孵幼虫进入谷苗心叶卷内取食，造成枯心腐烂。幼虫稍大后则在叶面取食，形成白色条斑，严重时全田一片枯白。成虫寿命较长，生活史重叠，在田间可同时见到各种虫态。【为害植物】粟、黍等禾本科植物。

白星花金龟 鞘翅目，金龟科。【生活习性及为害特点】一年发生 1 代，以幼虫于腐殖质和厩肥堆中越冬。成虫在东北出现期为 6 月中旬至 8 月中旬。幼虫腐食性，以成虫为害。【为害植物】玉米雌、雄穗和各种树花、嫩果等。

麦叶蜂 膜翅目，叶蜂科。【生活习性及为害特点】在我国华北一年发生 1 代，以蛹在土中越冬。早春 3 月小麦返青后，越冬蛹羽化为成虫。白天在麦田内活动，以锯状产卵管划开叶脉组织，于叶内产卵。每雌产卵 10～60 粒。幼虫共 5 龄，3 龄后食量剧增，虫量大时可将叶片吃光。幼虫老熟后，入土作成土茧越夏。越夏期可达半年左右，至秋季 10 月开始化蛹。【为害植物】主要为害小麦，也可为害大麦。

麦茎蜂 膜翅目，茎蜂科。【生活习性及为害特点】一年发生 1 代，以老熟幼虫作茧越冬。6 月上旬至 7 月底是新 1 代幼虫为害期。老熟幼虫在小麦根茬中滞育越夏，11 月后结薄茧越冬。【为害植物】冬小麦、春小麦、青稞。

粟秆蝇 双翅目，蝇科。【生活习性及为害特点】在我国北方谷子产区一年发生 2～3 代，均以老熟幼虫在土下越冬。在辽宁成虫发生于 6 月上旬至 7 月上旬，第 1 代幼虫为害春谷幼苗，造成枯心，第 2 代为害迟播春谷和春谷的后期分蘖。成虫多于清晨羽化，有趋化性。第 1 代产卵部位几乎贴近地面；第 2 代产卵部位较高，5～15cm 处占总卵数的 40%。卵散产，初孵幼虫从心叶卷缝处作螺旋状侵入，直达心叶，在心叶内为害，心叶内堆有虫粪，顶部形成枯心。幼虫期约 20 d，成熟后从谷茎中脱出，入土化蛹或越冬。【为害植物】谷子、谷莠子、狗尾草等。

高粱长蝽 半翅目，长蝽科。【生活习性及为害特点】在我国东北、华北一年发生 1 代，主害高粱；在江苏、湖北、湖南一年发生 2 代，主害芦苇。在东北，以成虫在作物根部附近土中越冬，高粱出苗后越冬成虫集中到苗上，于基部 1～2 叶的叶鞘内产卵和为害，由于越冬成虫大量取食，常引起幼苗萎缩或枯死。在江苏，以成虫和若虫为害芦苇，以成虫在老朽根部、芦苇枯茎落叶下、表土中越冬。【为害植物】高粱、粟、玉米、芦苇、荻草、稗草等，以高粱、芦苇受害最重。

斑须蝽 半翅目，蝽科。【生活习性及为害特点】成虫和若虫吸食寄主植物幼嫩部分汁液，造成落花、落果、生长萎缩、籽粒不实。此虫在吉林一年发生 1 代，在辽宁发生 1～2 代，均以成虫在田间杂草、枯枝落叶、树皮或房屋缝隙中越冬。小麦抽穗后常集中于穗部，卵块产于小穗附近或叶片表面。【为害植物】小麦、水稻、棉花、亚麻、油菜、甜菜、豆类等。

五、棉花主要害虫（螨）

我国棉区辽阔，棉花害虫种类繁多，已发现的有 300 多种，其中比较重要的有 10 多种。如防治不及时，有的会造成棉株死亡，或严重阻碍棉株生长和发育，收成减少，品质下降。值得关注的是，随着近年来抗虫棉的大面积推广，棉铃虫已经不再是棉花的主要害虫，但其他一些次要害虫已逐步上升为主要害虫，如棉盲蝽、棉蚜、棉叶螨等，应引起足够重视。

棉蚜　同翅目，蚜科。【生活习性及为害特点】在我国辽河流域棉区每年发生 10～20 余代。以卵在花椒、石榴等枝条上或杂草基部越冬。早春在越冬寄主上繁殖数代，于 5 月上旬产生有翅孤雌蚜飞到棉苗（侨居寄主或夏寄主）上，繁殖无性孤雌蚜为害。开始点片发生，数量增多后又产生有翅胎生雌蚜，迁飞扩散为害。秋后棉株枯老，产生有翅孤雌蚜飞回越冬寄主上繁殖，产生有翅雄蚜和无翅雌蚜，交配后产卵越冬。【为害植物】棉花、瓜类、黄麻、大麻槿（洋麻）等（侨居寄主）。鼠李、花椒、木槿、石榴、冻绿、紫花地丁、夏至草、苦荬菜等（越冬寄主）。

棉铃虫　鳞翅目，夜蛾科。【生活习性及为害特点】北部棉区一年发生 2～3 代，黄淮地区 4 代。以蛹在土中越冬，春季气温达 15℃ 以上时开始羽化。一般第 1 代幼虫为害小麦、豌豆、苘麻等，以后各代幼虫为害棉花，大发生时还可为害玉米、高粱等。成虫夜间有趋光和趋杨树枝的习性。卵多产在棉株上部嫩叶正面或苞叶上。初龄幼虫取食嫩尖或嫩叶，2～3 龄后，幼虫蛀食蕾铃，能转移为害。【为害植物】棉花、小麦、玉米、高粱、番茄、茄子、芝麻、向日葵、苘麻、苜蓿、豌豆、豇豆、荞麦。

小造桥虫　鳞翅目，夜蛾科。【生活习性及为害特点】在黄河流域棉区一年发生 3～4 代；辽宁每年 8 月下旬出现成虫，幼虫主要在 8～9 月上旬为害棉花。成虫有趋光习性，卵多产在中下部较老的叶片背面。老熟幼虫多在棉叶边缘或茎叶间吐薄丝作茧化蛹，以蛹在寄主叶缘和蕾、铃苞叶间越冬。一般第 1 代先在木槿、冬葵和苘麻上为害，第 2 代迁移到棉株上为害。【为害植物】棉花、木槿、冬葵、蜀葵、苘麻、烟草、木耳菜等。

梨剑纹夜蛾　鳞翅目，夜蛾科。【生活习性及为害特点】在辽宁一年发生 2 代，自 4 月下旬至 8 月上旬均可诱到成虫。幼虫 5 月下旬至 8 月上旬为害大豆，8 月上旬至 9 月中旬在棉花、大豆、花生上均有幼虫为害。幼虫不活泼，行动迟缓。以蛹在土中越冬。【为害植物】棉花、大豆、梨、李、山楂、梅。

盗毒蛾（黄尾毒蛾）　鳞翅目，毒蛾科。【生活习性及为害特点】在华北一年发生 2 代，以 3 龄幼虫越冬。【为害植物】棉花及多种果树和树木。

棉大卷叶螟　鳞翅目，螟蛾科。【生活习性及为害特点】在东北一年发生 2～3 代，长江流域 4～5 代。以老熟幼虫在棉田落叶、落铃、杂草或老树皮缝隙内作茧越冬。在辽宁 8～9 月是为害盛期。成虫有趋光性，8 月上旬为发蛾盛期。成虫于棉株上部叶背面产卵。幼虫老熟后在卷叶内化蛹。【为害植物】棉花、木槿、黄蜀葵、芙蓉、扶桑、秋葵、蜀葵、锦葵、冬葵、苹果。

棉双斜卷蛾　鳞翅目，卷蛾科。【生活习性及为害特点】在辽宁，6 月中旬至 8 月中旬为成虫发生期。在吉林，6 月上旬至 7 月上旬为幼虫为害期，盛期在 6 月中旬，6 月中旬至 7 月上旬为化蛹盛期，6 月末至 8 月初为成虫羽化期。幼虫卷叶为害，有转株为害习性。【为害植物】棉花、大豆、苜蓿、大麻槿（洋麻）以及多种草本植物。

朱砂叶螨　蛛形纲，蜱螨目，叶螨科。【生活习性及为害特点】北方棉区一年发生 12～15 代，长江流域棉区 15～18 代。北方棉区 10 月中、下旬雌螨变成橙红色的滞育型，从寄主向越冬场所转移，在干枯棉叶、棉秆、杂草根部及土缝、树皮隙缝等处越冬。受害棉花最初出现黄白色小斑点，后出现红斑，使棉叶呈红色；严重时，棉叶脱落，形成光秆。东北和西北棉区 7 月下旬至 9 月下旬出现 1 次高峰。黄河流域棉区 6 月中、下旬至 8 月下旬发生 2 次高峰；长江流域和华南棉区 4 月下旬至 9 月上旬出现 3～5 次高峰。该螨在叶片反面为害，吐丝结网并产卵。【为害植物】棉花、其他经济作物、蔬菜、林木、温室栽培植物和多种观赏植物达 100 多种。

二斑叶螨　蛛形纲，蜱螨目，叶螨科。【生活习性及为害特点】以成、若螨刺吸叶片汁液，使叶上出现许多失绿细小斑点，连片，被害叶叶色苍白，枯焦早落。有背光性，常群聚于叶背拉丝结网为害。此螨由于分布区域很大，每年各地代数不同，自北往南每年代数逐渐增多，一般 10～20 代不等。以受精雌成螨在土缝内、落叶上、杂草根部及树干基部的皮缝内越冬。越冬雌成螨占绝对多数，也有极少数越冬的雄成螨。北方越冬雌成螨于 4 月中旬出现绿色植物时开始出蛰活动，高温干旱年份有利于发生。【为害植物】食性很杂，除为害棉花及苹果、梨、桃、杏等多种果树外，也为害大豆、玉米等多种作物。

绿盲蝽　半翅目，盲蝽科。【生活习性及为害特点】在山东、河北、河南、江苏、浙江、安徽等地，一年发生 5 代。以卵在苹果、梨、桃、樱桃、葡萄、石榴等果树和各种木本植物枝条上叶芽和花芽的鳞片内过冬。翌年 4 月中旬若虫孵化，4 月下旬为若虫孵化盛期。5 月中旬前后，越冬代若虫开始羽化成虫。10 月中旬前后，在果园中或园边的杂草上发生的最后一代绿盲蝽成虫，便迁到园中在果树上产卵越冬。由于发生代数多，世代重叠严重。成虫略有趋光性。成虫产卵于植物茎皮组织内。卵期 10 d 左右。若虫共 5 龄，3 龄后出现翅芽。成虫、若虫均不耐高温、干旱，在气温 20℃，相对湿度 80%以上时，易大量发生危害。白天潜伏，夜间在芽、叶上刺吸危害。【为害植物】棉花、葡萄、马铃薯、花生、茄果类蔬菜、梧桐、榆树、杨槐以及一些杂草如龙葵、泥胡菜、艾蒿、藜、反枝苋等。

三点盲蝽　半翅目，盲蝽科。【生活习性及为害特点】在河南一年发生 3 代，陕西关中 2～3 代，以卵在杨、柳、榆、洋槐、杏树等树皮内越冬，卵多产在茎皮组织及疤痕处。越冬卵于 4 月下旬至 5 月上旬孵化，5 月下旬至 6 月上旬羽化。第 2 代若虫 6 月中旬孵化，7 月上旬成虫羽化并交配产卵。第 3 代若虫 7 月中旬开始孵化，8 月中、下旬成虫羽化后陆续产卵越冬。三点盲蝽第 1、2 代卵主要产在棉株或苜蓿茎、叶连接处，或棉花叶柄和叶片主脉附近。每雌虫产卵数：第 1 代 40～80 粒，第 2、3 代 20～25 粒。三点盲蝽为多食性昆虫，为害植物种类甚多，其中以棉花受害最重，棉花从苗期至蕾铃期均可受害。苗期受害，生长点基部黑枯，真叶受害初期出现黑点，然后端部枯死，主茎节上枝叶丛生并徒长，蕾期、花期受害导致落蕾、落花，使棉花减产。【为害植物】棉花、苜蓿、豆类、芝麻、马铃薯、向日葵、大麻、蓖麻、洋麻、芦苇、枣、杨、柳、榆等。

苜蓿盲蝽　半翅目，盲蝽科。【生活习性及为害特点】在新疆莎车一年 3 代，陕西关中、河南安阳 3～4 代，以卵在枯死的苜蓿秆、杂草秆、棉叶柄内越冬。越冬卵于 4 月上、中旬开始孵化，5 月上旬第 1 代成虫羽化。6 月中、下旬第 2 代成虫羽化，7 月下旬第 3 代成虫羽化，9 月上、中旬第 4 代成虫羽化，10 月上、中旬产卵越冬。除越冬卵外，一般卵产在棉花、苜蓿的叶柄或嫩茎上。卵粒成排，每排 7～8 粒。苜蓿盲蝽为多食性昆虫，植物寄主甚多。据文献记载有 20 余科，50 余种，但它主害棉花、苜蓿等经济作物和牧草。它以成虫、若虫吸食棉花等的嫩茎、芽、叶、花蕾、果实的汁液，导致嫩枝凋萎变黄、落花、落蕾、茎叶枯干，影响作物和牧草的产量。【为害植物】棉花、苜蓿、草木樨、马铃薯、豌豆、菜豆、玉米、南瓜、大麻、枣等。

条赤须盲蝽（赤须盲蝽、赤角盲蝽）　半翅目，盲蝽科。【生活习性及为害特点】在华北地区一年发生 3 代，以卵在杂草茎叶组织内越冬。次年 4 月下旬开始孵化，5 月中旬开始羽化，5 月中、下旬交配产卵。第 2 代若虫 6 月上旬开始孵化，6 月下旬羽化。第 3 代若虫 7 月上旬开始孵化，8 月下旬至 9 月上旬产卵越冬。条赤须盲蝽常在叶片背面，以成虫、若虫刺吸叶片汁液，有时为害嫩茎及穗部。叶片被害初现淡黄色小点，后变白色小点或黄色大斑。严重被害时，叶片顶端向内卷曲，植株生育不良，甚至枯死。【为害植物】芦苇、禾本科作物、棉花及牧草、甜菜。

六、其他经济作物主要害虫

其他经济作物主要包括大豆等油料作物、甘蔗等糖料作物等。大豆上的害虫种类较多，出苗前主要受地下害虫等为害，生长期最重要的害虫是大豆食心虫和大豆蚜。甘蔗上的害虫种类也很多，主要以螟虫为害为重。

大豆蚜　同翅目，蚜科。【生活习性及为害特点】在辽宁一年发生 15 代左右，以卵在鼠李的芽腋或枝条缝隙里越冬。翌年 4 月中旬左右孵化为干母，5 月中、下旬产生有翅孤雌蚜迁飞到大豆田并繁殖无翅孤雌蚜，7 月上、中旬是发生为害盛期，多集中在豆株顶梢和嫩叶上吸取汁液，造成叶片卷缩。9 月间产生有翅性母蚜迁飞回鼠李，随即繁殖能产卵的无翅雌蚜，再与大豆上迁飞来的有翅雄蚜交配后产卵越冬。【为害植物】大豆、野生大豆、鼠李。

大豆食心虫　鳞翅目，卷蛾科。【生活习性及为害特点】全国各地一年均发生 1 代，以老熟幼虫在土中结茧越冬。东北地区越冬幼虫于 7 月中、下旬开始破茧而出，爬到土表重新结茧化蛹。7 月底 8 月初为化蛹盛期，8 月中旬为豆地成虫盛发期，8 月中旬后半旬至 8 月下旬前半旬为成虫产卵盛期，8 月下旬为卵孵化及幼虫入荚盛期。幼虫在豆荚内沿豆瓣缝将豆粒蛀食成沟，呈兔嘴缺刻状，20～30 d 老熟脱荚，9 月中、下旬至 10 月上旬为脱荚盛期。成虫一般在下午 3～4 时开始活动，飞舞于豆株顶部 0.3～0.6 m 高处，在日落前 2 h 左右活动最盛。【为害植物】大豆、野生大豆、苦参等。

草地螟（黄绿条螟、甜菜网野螟）　鳞翅目，螟蛾科。【生活习性及为害特点】草地螟是一种间歇性猖獗害虫。在我国北方一年可发生 1～3 代，以第 1 代幼虫危害严重，局部地区可能发生 2 代或 3 代幼虫为害，各地均以蛹期在地下越冬。成虫有远距离迁飞习性和强烈的趋光性。卵多产在叶片背面。幼虫有吐丝结网习性，1～3 龄幼虫多群栖网内就近取食，大龄幼虫则分散栖息为害。遇有触动，即作螺旋状后退或成波浪状跳动，吐丝落地向前爬行。幼虫老熟后钻入土下结茧化蛹。茧多直立土中。【为害植物】大豆、豌豆、甜菜、亚麻、胡麻、向日葵、马铃薯、瓜类、棉花、多种蔬菜、牧草等。

豆褐卷蛾（桃褐卷蛾）　鳞翅目，卷蛾科。【生活习性及为害特点】在辽宁沈阳，5 月下旬可见幼虫为害大豆幼苗，吐丝卷缀大豆心叶呈筒状，在卷叶内啃食叶肉，每片卷叶里只有 1 头幼虫。后期叶片展开时，被害叶呈网状或只剩叶脉。6 月中旬幼虫老熟化蛹。7 月上、中旬羽化。8 月下旬至 9 月下旬在大豆地里可见较多幼虫为害叶片。幼虫活泼，触动时迅速后退，有转株为害习性。【为害植物】大豆、桃、苹果、李、梅、胡桃楸、山黧豆、柳叶绣线菊、鼠李、水曲柳、薄荷。

豆小卷叶蛾　鳞翅目，卷蛾科。【生活习性及为害特点】在辽宁，8 月可在田间见到成虫、幼虫。成虫有趋光性，日伏夜出，卵产于下部老叶背面。幼龄幼虫在嫩芽、绒毛间结成丝质隧道出入为害，2 龄前不活泼，3 龄幼虫可把豆叶缀合成饺子状，4 龄后能将顶梢数叶卷成团，然后在内为害。在陕西一年发生 4～5 代，10 月上、中旬以老熟幼虫或蛹在土中越冬。翌年 4～5 月间成虫羽化，并在苜蓿等作物上产卵，5～6 月间出现第 2 代成虫，幼虫为害春播大豆；7 月中旬至 8 月中旬出现第 3 代成虫，幼虫为害夏播大豆；9 月间发生第 4 代成虫，幼虫于 9 月下旬孵化并为害夏大豆。【为害植物】大豆及其他豆科植物。

豆蚀叶野螟　鳞翅目，螟蛾科。【生活习性及为害特点】在辽宁一年发生 2～3 代，江西 4～5 代。在江西，越冬代成虫多在 4 月中旬至 5 月中、下旬羽化，6～9 月田间可见各种虫态。成虫有趋光性，白天常潜伏在叶背上，夜间活动。卵散产花豆叶背面。幼虫主要取食叶片，可将大豆叶片卷成筒状，在其中蚕食，后期亦可蛀食豆荚和豆粒。幼虫比较活泼，受惊后迅速倒退逃逸。【为害植物】大豆等豆科植物。

豆卷叶野螟　鳞翅目，螟蛾科。【生活习性及为害特点】在辽宁一年发生 2 代，以 2～3 龄幼虫在残叶中越冬。6 月下旬至 7 月上旬为成虫发生盛期，7 月中、下旬为卵盛期，7 月下旬至 8 月上旬为幼虫盛发期，8 月中、下旬为化蛹盛期。第二代成虫 8 月下旬出现。成虫有趋光性，卵多产于叶背上，常 2 粒并产。幼虫 3 龄以后将叶片横卷成筒状，然后潜伏于其中哨食，有时还可将数叶卷在一起，大豆在开花结荚盛期受害最重。幼虫有转移为害习性，受惊后迅速倒退逃逸，老熟后常做成 1 个新的虫苞在卷叶内化蛹。【为害植物】大豆、豇豆、绿豆、赤豆等。

大造桥虫　鳞翅目，尺蛾科。【生活习性及为害特点】在辽宁沈阳，6 月上旬至 8 月下旬均可见到成虫，盛期在 6 月中、下旬。在江苏、浙江等地一年发生 4～5 代，以蛹在土中越冬。卵期 5 d，幼虫期 18～21 d，蛹期 9～10 d，成虫寿命 6～8 d。成虫羽化后 1～3 d 交配，交配后第 2 d 产卵，卵散产在土缝中或土面上。成虫日伏夜出，有趋光性，飞翔力弱。幼虫在豆株上常做拟态，呈嫩枝状。【为害植物】豆类、花生、棉花、柑橘、小蓟等。

小双齿尺蛾　鳞翅目，尺蛾科。【生活习性及为害特点】在辽宁，6～7 月发生成虫，7 月上旬至 8 月上旬幼虫为害大豆叶片。【为害植物】大豆。

白雪灯蛾（白灯蛾）　鳞翅目，灯蛾科。【生活习性及为害特点】在辽宁一年约发生 1 代。7 月上旬至 8 月下旬为成虫发生期；7 月下旬为发蛾盛期；7 月中旬至 9 月为幼虫发生期，主要取食大豆叶片，以老熟幼虫越冬。成虫有趋光性。【为害植物】大豆、高粱、小麦、黍、车前、蒲公英等。

肾毒蛾（豆毒蛾）　鳞翅目，毒蛾科。【生活习性及为害特点】卵成块状，多产在大豆叶背面上。初孵幼虫先群集在豆叶背面，以后才分散为害，在叶背哨食叶肉或将豆叶吃成缺刻。幼虫老熟后在豆叶背面作暗褐色茧化蛹。成虫有趋光性。在浙江一带一年发生 5 代，以幼虫越冬。【为害植物】大豆、小豆、绿豆、苜蓿、棉花、芦苇、柿和柳等。

灰斑古毒蛾　鳞翅目，毒蛾科。【生活习性及为害特点】在东北一年发生 1 代，以卵在木本寄主枝条上越冬。翌年 5 月下旬越冬卵开始孵化；6 月中、下旬幼虫大量转至大豆田，将叶片吃成缺刻或孔洞，只残留叶脉，严重时可将全叶吃光。7 月上、中旬老熟幼虫化蛹，7 月下旬至 8 月上旬出现成虫。雄蛾白天活动，寻找雌蛾交配。【为害植物】大豆及其他豆类植物，沙枣、杨、柳等。

隐金夜蛾　鳞翅目，夜蛾科。【生活习性及为害特点】在辽宁，成虫出现期为 5～9 月；7～8 月幼虫为害大豆叶。老熟幼虫卷叶作茧化蛹。【为害植物】荨麻、葎草、野芝麻、大豆等。

银纹夜蛾　鳞翅目，夜蛾科。【生活习性及为害特点】一年发生代数因地而异。在辽宁一年发生1～2代，河北一年约3代，山东、陕西、江苏一年5代，均以蛹在大豆枯叶上或其他寄主枯叶上越冬。成虫昼伏夜出，趋光性强，喜在茂密的豆田产卵，卵多散产在豆株中、上部的叶背上。幼虫多隐藏在豆叶背面为害，将豆叶吃成缺刻或孔洞，老熟后在叶背结茧化蛹。茧白色，丝质，较薄。【为害植物】大豆等豆科植物及十字花科蔬菜。

豆卜馈夜蛾（豆髯须夜蛾）　鳞翅目，夜蛾科。【生活习性及为害特点】在东北一年发生1～2代。5月至8月为幼虫期，为害大豆叶片，将叶片吃成缺刻或孔洞，严重时可将全叶片吃光仅剩叶脉。6月下旬至7月上旬为成虫羽化盛期。成虫有趋光性，夜间活动。幼虫多在豆株上部为害，比较活泼，一经触动立即跳落到豆株叶上或地面，老熟后在卷叶内化蛹。【为害植物】大豆。

苜蓿夜蛾（实夜蛾）　鳞翅目，夜蛾科。【生活习性及为害特点】在东北、华北一年发生2代，以蛹在土中越冬。东北地区4月下旬成虫羽化，5月下旬于豆叶背面产卵，卵约经7 d孵化。幼龄幼虫吐丝将大豆顶叶卷起，潜伏其中蚕食叶肉，长大后不再卷叶，沿叶主脉暴食叶片，将叶片吃成缺刻或孔洞，甚至将叶片吃光。7月间幼虫老熟入土化蛹。7月下旬出现第2代幼虫，第2代幼虫主要为害豆荚，将豆荚咬成圆孔，啃食荚内乳熟的豆粒，9月间老熟幼虫入土化蛹越冬。【为害植物】大豆、豌豆、小豆、甜菜、棉花、亚麻、苜蓿、向日葵等。

银锭夜蛾　鳞翅目，夜蛾科。【生活习性及为害特点】幼虫为害寄主叶片，咬成缺刻或孔洞。在辽宁、吉林，幼虫6月下旬为害大豆，7月中旬化蛹，8月上旬羽化为成虫。【为害植物】大豆、胡萝卜、菊、牛蒡等。

红棕灰夜蛾　鳞翅目，夜蛾科。【生活习性及为害特点】在辽宁、吉林一年发生2代。以蛹在土中越冬。4月下旬至9月上旬是成虫发生期，5月中、下旬至6月中旬及8月下旬至9月中旬是幼虫为害大豆盛期，6月下旬至7月中旬及10月上旬为化蛹期。成虫于植物叶片上产卵，每块卵有卵150粒左右。【为害植物】大豆、棉花、苜蓿、甜菜、桑、豌豆、葱、胡萝卜、荞麦等。

旋幽夜蛾（旋岐夜蛾）　鳞翅目，夜蛾科。【生活习性及为害特点】在辽宁沈阳、铁岭地区，4月下旬至6月中旬、7月中旬至9月上旬为成虫发生期；6月下旬至7月中旬、8月中旬至9月上旬幼虫为害大豆；9月上旬开始化蛹。成虫趋光性强，幼虫取食叶片，老熟后于土中化蛹。【为害植物】大豆、亚麻、马铃薯、甜菜、花生、豌豆、玉米、高粱、向日葵等。

斑缘豆粉蝶　鳞翅目，粉蝶科。【生活习性及为害特点】在东北一年发生1～2代，湖北发生3代，以蛹在寄主枝干、残体上越冬。7月至8月幼虫为害大豆叶片，6月至10月在田间均可见到成虫。成虫多在豆株心叶背面产卵，幼虫老熟后在枝茎、叶柄处化蛹。【为害植物】大豆、苜蓿等豆科植物。

小红蛱蝶　鳞翅目，蛱蝶科。【生活习性及为害特点】在东北地区1年约发生2代，5～9月均可发现成虫，幼虫取食大豆等植物的叶片。【为害植物】大豆、大麻、黄麻、苘麻、苎麻、牛蒡及艾属植物等。

豆灰蝶　鳞翅目，灰蝶科。【生活习性及为害特点】以幼虫为害寄主植物，成虫常在花上活动，幼虫常与蚜虫共栖。各地一年发生世代数不同，在陕西一年发生4代以上。【为害植物】大豆、苜蓿、紫云英等豆科植物以及大蓟、小蓟、牛蒡、艾属（蒿属）、鼠曲草等菊科植物。

豆秆黑潜蝇　双翅目，潜蝇科。【生活习性及为害特点】发生代数因地而异。在辽宁、山东一年发生3～5代，浙江6代，广西10代。长江流域以北地区主要以蛹在大豆或其他寄主的根茬和秸秆中越冬，广西冬季则幼虫、蛹、成虫皆有。初孵化幼虫经叶脉、叶柄蛀入茎髓部为害，在茎内形成弯曲的隧道，老熟时先向茎外蛀1羽化孔，并在附近化蛹。大豆幼苗被害后主茎、侧枝、叶柄和叶片枯萎，进而枯死。成株期被害，植株生育不良，矮小。【为害植物】大豆等豆科作物。

豆根蛇潜蝇　双翅目，潜蝇科。【生活习性及为害特点】在东北一年发生1代，以蛹在大豆茎秆中越冬。5月下旬至6月中旬成虫盛发，6月是幼虫为害期，为害大豆主根皮层。6月下旬至7月上旬老熟幼虫化蛹并越冬。【为害植物】大豆、野生大豆。

中国豆芫菁　鞘翅目，芫菁科。【生活习性及为害特点】一年发生1代，以幼虫在土中越冬，翌年化蛹。成虫于5～8月出现，产卵于土中。成虫取食植物，有假死性和群集性。幼虫捕食蝗虫卵。【为害植物】豆类、花生、苜蓿、刺槐、国槐、马铃薯、甜菜、向日葵等。

绿芫菁　鞘翅目，芫菁科。【生活习性及为害特点】一年发生1代，以幼虫在土中越冬。翌年化蛹，5～8月成虫羽化后开始为害多种植物，严重为害国槐时可将全株树叶吃光。成虫有假死性和群集性，产卵于土中，幼虫在地下捕食蝗虫卵和蛴螬。【为害植物】豆类、花生、苜蓿、国槐、刺槐、紫穗槐、黄芪、锦鸡儿。

斑鞘豆叶甲　鞘翅目，叶甲科。【生活习性及为害特点】在辽宁、吉林一年发生1代，以成虫在土中越冬。次年5月中旬开始出土，5月下旬开始产卵，6月上旬幼虫开始孵化，7月下旬开始化蛹，8月上旬第1代成虫羽化。成虫羽化后除少数可出土为害外，大部分直接在土中越冬。春季大豆出苗后即受成虫为害。成虫主要取食叶片、子叶和嫩芽，将叶片吃成网状或造成许多小孔洞。成虫为害期可达至8月中旬。幼虫主要在土中取食大豆须根及根部表皮，老熟后即在土中作土室化蛹。斑鞘豆叶甲成虫于白天活动、取食和交尾，夜间潜伏于土块下和根际土缝中。成虫善跳跃并有假死习性。成虫交尾后3～4d产卵，卵多产在豆苗附近的松土中。卵多粒集聚呈卵块状，少数散产。一头雌虫可产卵19～100粒，平均42.3粒。各虫态历期如下：卵8～11d，幼虫50d左右，蛹8d左右，成虫长达10个月。【为害植物】大豆、胡枝子及其他豆科植物。

双斑萤叶甲　鞘翅目，叶甲科。【生活习性及为害特点】在辽宁、河北、山西一年发生1代，以卵在土中越冬。越冬卵5月开始孵化，7月出现成虫。成虫羽化后经20余日进行交尾。雌虫将卵产于土缝中，一次可产卵30余粒，一生可产卵200余粒。卵散产或几粒粘在一起。幼虫生活于土中，以杂草及禾本科植物等的根部为食。成虫危害性较大，为害大豆时将叶片吃成孔洞。为害玉米、高粱、粟时，可顺叶脉取食叶肉，为害嫩穗、嫩粒，取食玉米花丝及高粱、粟的花药等。【为害植物】豆类、花生、玉米、高粱、粟、向日葵、马铃薯、大麻、白菜、萝卜、茼蒿、杨、柳等。

二条叶甲　鞘翅目，叶甲科。【生活习性及为害特点】在我国东北、华北一年发生1代，河南、安徽3～4代，以成虫在杂草和土缝里越冬。在辽宁、吉林，越冬成虫于5月中旬左右出现，成虫6月上旬产卵，6月中旬卵孵化为幼虫，7月下旬至8月中旬幼虫老熟化蛹，8月上旬至9月中旬羽化为成虫。9～10月陆续越冬。春季大豆出苗后即可遭受二条叶甲成虫的为害。成虫取食大豆的子叶、复叶、生长点、嫩茎、花、荚等，还可为害多种其他作物。成虫产卵在豆株周围的表土里，幼虫孵化后即在土中为害大豆的根瘤，往往将根瘤吃成空壳，并引起根瘤腐烂。成虫善跳跃，有假死习性。【为害植物】大豆及其他豆科植物、甜菜、棉花、高粱、玉米、水稻、甘薯、白菜、甜瓜等。

黄伊缘蝽　半翅目，缘蝽科。【生活习性及为害特点】成虫和若虫喜在花穗、嫩荚、嫩叶及嫩茎上吸食汁液，被害处呈现黄褐色小点，严重时可造成落花、落果、籽粒不饱满，或导致空壳。【为害植物】大豆、蚕豆、花生、棉花、水稻、小麦、高粱、粟、油菜、萝卜等。

点伊缘蝽　半翅目，缘蝽科。【生活习性及为害特点】成虫和若虫多在花序、嫩穗（荚）、嫩叶及嫩茎上吸食汁液，被害处现黄褐色斑点，严重时造成落花、落粒（荚）。【为害植物】大豆、花生、蚕豆、油菜、茄子、小麦、粟、高粱等。

甘蔗黄螟　鳞翅目，小卷叶蛾科。【生活习性及为害特点】黄螟在广东南部一年发生 6～7 代，世代重叠，没有明显的越冬现象。卵散产于甘蔗叶鞘或叶片上。在珠江三角洲，黄螟的卵在年中各个时期均有发现，以 6 月为产卵盛期。春植甘蔗一般在 4 月中、下旬开始发现螟卵，5 月起激增，6 月最多。7 月开始渐减，11～12 月再复回升，但数量远比前期的少。而在冬植蔗和宿根甘蔗上，黄螟发生比春植蔗约提前 1 个月。3～5 月间主要是 1、2 代为害蔗苗，3、4 代于 6～7 月为害蔗茎。因此春植蔗苗防治工作应提早半月至 1 个月。成虫昼伏夜出，趋光性弱。初孵幼虫最初潜入叶鞘间隙，逐渐移向下部较嫩部分，一般在芽或根带处蛀入，蔗苗期及分蘖期食害根带部形成蚯蚓状的食痕，在被害茎蛀食孔外常露出一堆虫粪。老熟幼虫在蛀食孔处作茧化蛹。苗期被幼虫入侵为害生长点后，心叶枯死，可以造成缺株，减少有效茎数。在生长中、后期蔗茎受害，造成螟害节，破坏茎内组织，影响甘蔗生长，降低糖分，遇到大风，常在虫伤口折断，而且虫伤部分常引起赤腐病菌侵入。【为害植物】甘蔗。

甘蔗二点螟　鳞翅目，螟蛾科。【生活习性及为害特点】在我国主要蔗区由北向南发生代数呈 3～6 代递增，在南方蔗区，发生世代相当重叠，以老熟幼虫在蔗头、秋笋和残茎内越冬。通常以第 1、2 代幼虫为害宿根和春植蔗苗，造成枯心，其中以第 2 代为害较重；第 3 代以后为害成长蔗，以 6～9 月的田间密度较高。成虫晚上活动，有趋光性。卵多产在蔗苗下部叶片背面。幼虫孵出后即爬至叶鞘内侧取食为害，3 龄后再蛀入蔗茎组织，形成隧道，为害生长点，造成枯心苗或螟害节，幼虫蛀入孔口周缘不枯黄，茎内蛀道较直而过节。老熟幼虫在被害茎内化蛹。【为害植物】甘蔗。

甘蔗白螟　鳞翅目，螟蛾科。【生活习性及为害特点】在广东雷州半岛一年发生 4～5 代，以老熟幼虫在被害植株梢部隧道内越冬。年中分别于 4 月上旬、6 月上旬、7 月下旬、9 月上旬、10 月下旬出现 5 次为害高峰。第 1、2 代主要为害幼苗，第 3、4 代为害生长中后期的蔗茎。发生数量以第 3、4 代为多。多数以第 4 代老熟幼虫于 9 月中、下旬开始越冬，少部分以第 5 代幼虫于 10 月下旬后越冬。成虫有趋光性，卵产于蔗叶背面，田边卵块密度较大。老熟幼虫化蛹前自蛀道至蔗茎外造一羽化孔，孔内有一块薄膜遮盖，幼虫即在孔口附近化蛹。【为害植物】甘蔗。

甘蔗绵蚜　同翅目，蚜科。【生活习性及为害特点】甘蔗绵蚜在我国南方蔗区每年发生约 20 个世代，完成一代 14～36 d，世代重叠。绵蚜以孤雌胎生繁殖。无翅成虫每头产幼蚜 50～130 头，有翅成虫产蚜平均 14～15 头。以夏季繁殖最快。冬季以有翅成虫迁飞至蔗田附近的禾本科植物上，或秋、冬植蔗株上越冬。【为害植物】甘蔗。

甘蔗蓟马　缨翅目，蓟马科。【生活习性及为害特点】甘蔗蓟马一年发生多代，成虫和若虫均在未开展的心叶内侧活动，在心叶内部的分布以中部最多，基部最少，而叶尖居中。1～2 龄若虫行动活泼，3 龄若虫开始出现翅芽，行动迟缓，特称"前蛹"，至 4 龄具长的翅芽，此时停止活动，称"蛹期"。成虫产卵在甘蔗心叶内侧的组织内。【为害植物】甘蔗。

七、蔬菜主要害虫（螨）

我国的蔬菜害虫记述的种类有 200 多种，其中比较重要的有 30 多种，小菜蛾、菜青虫、甜菜夜蛾、蚜虫、潜叶蝇、温室白粉虱等常常引起严重为害。由于蔬菜栽培比较集约，生产周期短，对产品质量要求高，而害虫往往混合发生集中为害，因此极易造成严重损失。

小菜蛾　鳞翅目，菜蛾科。【生活习性及为害特点】一年发生代数因地区而异：北方一年4～5代，以蛹越冬；长江流域9～14代；广西17代，终年可见各虫态，无越冬现象。成虫昼伏夜出，有趋光性，寿命和产卵期较长。幼虫活泼，受惊动时可吐丝下坠，故有"吊死鬼"之称。【为害植物】十字花科蔬菜，以甘蓝、油菜、白菜、花椰菜受害较重；也为害番茄、马铃薯等。

菜青虫（菜粉蝶）　鳞翅目，粉蝶科。【生活习性及为害特点】一年发生代数因地而异，由北向南逐渐增加。东北、华北一年发生4～6代；长江中下游地区一般发生7～8代。以蛹越冬。各地均以春、秋季为害严重。成虫白天活动，卵散产，多产于叶背，每头雌虫一生可产卵100～200粒。幼虫食害叶片，老熟时多在老叶背面化蛹。【为害植物】主要取食十字花科蔬菜，如甘蓝、花椰菜、白菜、黄芽菜、萝卜、芥菜、芜菁等，以甘蓝、花椰菜受害最重。

甜菜夜蛾　鳞翅目，夜蛾科。【生活习性及为害特点】在北京、河北、陕西关中一年发生4～5代。在我国北方甜菜夜蛾能否越冬尚不够明确。在江西、湖北武汉、湖南、浙江、云南宾川一年发生6～7代，福建福州发生8代，上述各地均以蛹期越冬。福建厦门发生9～10代，广东深圳10～11代，均可终年繁殖，无越冬现象。成虫具有远距离迁飞习性和强烈的趋光性，产卵于叶片上。幼虫一般有5龄，少数6龄。初龄幼虫群集叶背，吐丝结网，在网内取食叶片，3龄后分散为害。幼虫活泼，少受惊扰即吐丝落地，有假死习性，老熟后入土化蛹。【为害植物】食性极杂，危害植物达100余种，尤喜食十字花科蔬菜、豇豆、菜豆、大葱、蕹菜、苋菜、辣椒等，也可为害马铃薯、甘薯、菠菜、芋、牛蒡、姜、大豆、花生、芝麻、甜菜、棉花、玉米等。

甘蓝夜蛾　鳞翅目，夜蛾科。【生活习性及为害特点】在我国北方一年发生2～3代，以蛹在土中越冬。幼虫食叶片，1龄群居在叶背啃食叶肉；2龄后分散取食；5～6龄为暴食期，可将叶肉吃光，仅剩叶脉。【为害植物】为害多种植物，以甘蓝、白菜、油菜、菠菜、甜菜等受害严重。

烟草夜蛾（烟青虫）　鳞翅目，夜蛾科。【生活习性及为害特点】各地发生代数不一，由北至南为2～6代。华北一年发生2代，山东、安徽北部3～4代，福建5代，西南5～6代。以蛹在土中越冬。在北方5月上旬开始羽化，成虫于叶芽和心叶背面产卵，幼虫夜间活动，幼龄幼虫食害叶片，3龄以后食害花蕾或果实，7～9月是为害盛期。成虫对黑光灯及半干的杨树枝叶有趋性。【为害植物】辣椒、番茄、南瓜、烟草、棉花、玉米、高粱等。

莴苣冬夜蛾　鳞翅目，夜蛾科。【生活习性及为害特点】在辽宁、吉林一年发生2代，以蛹越冬，幼虫6月下旬至9月初出现，为害莴苣、生菜嫩叶及花。【为害植物】莴苣、生菜。

人纹污灯蛾　鳞翅目，灯蛾科。【生活习性及为害特点】一年发生代数因地区不同而异，从北向南可发生2～6代。在北方一年2代，秋季老熟幼虫缀连枯叶或钻入土中吐丝粘合体毛作茧化蛹，并以蛹越冬。翌年5月羽化成虫，6月下旬至7月上旬是1代幼虫发生期，8～9月是2代幼虫发生期，以2代虫量大，为害严重。幼虫将叶一面表皮和叶肉食光，仅留另一面表皮，也可为害花丝和幼果。成虫有趋光性，卵成堆，单层产于叶背。初孵幼虫群集为害，3龄以后分散，老熟幼虫有假死习性。【为害植物】十字花科、茄科、葫芦科、豆科等蔬菜。

红缘灯蛾　鳞翅目，灯蛾科。【生活习性及为害特点】在辽宁、河北一年发生1代，以蛹越冬。翌年5～6月开始羽化，雌蛾产卵成块。幼龄幼虫群集为害，3龄以后分散为害。成虫有趋光性，幼虫行动敏捷、活泼。【为害植物】幼虫食性很杂，可为害100余种作物。在蔬菜上主要为害大葱、菜豆，还可为害棉、麻、玉米、大豆等。

豆荚野螟　鳞翅目，螟蛾科。【生活习性及为害特点】一年发生代数和越冬虫态因地区不同而异：在我国北方一年 3～4 代；湖北、福建、浙江、广西、台湾 6～7 代；海南 10 代以上。在北方以蛹在土中越冬；在南方以幼虫在土中越冬。每年 6～10 月是幼虫为害盛期。成虫昼伏夜出，有趋光性，卵多产在嫩茎、嫩荚上，一般散产。初孵幼虫蛀食嫩茎和花蕾，3 龄以后蛀入荚果内，蛀孔外留有虫粪。【为害植物】豇豆、菜豆、扁豆等豆科蔬菜。

茴香薄翅野螟（茴香螟、油菜螟） 鳞翅目，螟蛾科。【生活习性及为害特点】在辽宁以老熟幼虫在土中结土茧越冬。成虫于 5 月下旬至 6 月上旬出现，在嫩叶、嫩茎上产卵。幼虫为害盛期为 6 月中旬至下旬。早期为害心叶和种芽，结荚后钻蛀菜荚内，为害籽粒。【为害植物】油菜、白菜、萝卜、甘蓝、芥菜、茴香等。

甘薯麦蛾 鳞翅目，麦蛾科。【生活习性及为害特点】发生代数因地而异：陕西一年发生 2～3 代，华北地区 3～4 代，湖南 5～7 代，福建 8～9 代。在北方以蛹在残株落叶中越冬。在北京，越冬蛹于 6 月上旬羽化，7 月份发生第 1 代幼虫，8 月份发生第 2 代，9 月份第 3 代，以 9 月份为害最重。1 龄幼虫可吐丝下坠，剥食叶肉，但不卷叶，2 龄幼虫可吐丝做小部分卷叶，3 龄后幼虫大量卷叶，在卷叶内啃食叶肉，留下表皮，呈薄膜状，并将粪便排于卷叶内。2 龄后的幼虫特别活泼，善跳跃，遇惊动即滑落而下掉。幼虫老熟时在卷叶内或土缝里化蛹。成虫有趋光性。【为害植物】甘薯、蕹菜等旋花科植物。

甘薯天蛾 鳞翅目，天蛾科。【生活习性及为害特点】在我国北方一年发生 1～2 代，南方 3～4 代，以蛹在土中越冬。翌年 6～7 月羽化。成虫昼伏，夜间飞舞取食花蜜并交尾产卵。凡茎叶繁茂处产卵量多，幼虫为害亦严重。【为害植物】旋花科、茄科、豆科植物。

葱须鳞蛾（苏邻菜蛾、韭菜蛾） 鳞翅目，邻菜蛾科（须鳞蛾科）。【生活习性及为害特点】在辽宁一年发生 4～5 代，以成虫或蛹在背风向阳处的越冬韭菜干枯叶丛中或杂草叶下越冬。5 月下旬出现第 1 代幼虫。由于发育不整齐，世代重叠，从春到秋均有发生，8 月以后为害严重。成虫白天隐蔽，晚间活动，有趋光性。【为害植物】百合科蔬菜，尤以大葱、老根韭菜受害较重。

云粉蝶（斑粉蝶） 鳞翅目，粉蝶科。【生活习性及为害特点】在东北、华北一年发生 3～4 代，以蛹越冬。幼虫啃食叶片，常与菜粉蝶混合发生，以春、秋两季为害重。【为害植物】以十字花科蔬菜为主，甘蓝、油菜、花椰菜、白菜等发生较多。

金凤蝶（黄凤蝶） 鳞翅目，凤蝶科。【生活习性及为害特点】一年发生 2 代，以蛹在灌木丛枝条上越冬，第二年 4～5 月羽化。第 1 代幼虫发生于 5～6 月；第 2 代幼虫发生于 7～8 月。成虫白天活动，卵散产于叶面、花或芽上。幼虫昼夜均可取食，受惊动时可从前胸背板前缘伸出臭丫腺，放出臭味。【为害植物】茴香、胡萝卜、芹菜等伞形花科蔬菜。

豆蚜（首蓿蚜、花生蚜） 同翅目，蚜科。【生活习性及为害特点】在我国北方一年发生 10 余代。在山东以无翅孤雌蚜、若蚜在野苜蓿、地丁上越冬，少数以卵越冬。第二年 5 月中、下旬迁至豆科蔬菜上。一般聚集在心叶及嫩茎上为害。受害严重时叶片枯黄，植株矮小，甚至全株枯死。【为害植物】主要以豆科蔬菜受害严重。

桃蚜 同翅目，蚜科。【生活习性及为害特点】在我国北方一年发生 10 余代，南方则多达 30～40 代不等，因世代短，代数多，世代重叠严重。在北方，冬季迁至桃树上，产生雄蚜和雌蚜，交配后于桃树的芽腋、小分枝或枝梢裂缝里产卵并以卵越冬，次年 3～4 月孵化，繁殖几代后产生有翅蚜，迁飞到蔬菜上为害，有一部分冬季不迁回桃树上，而在菜芯里以卵或雄蚜越冬，温室内终年在蔬菜上繁殖为害。【为害植物】已知寄主有 352 种，属多食性害虫。在蔬菜上以十字花科和茄科蔬菜受害较重；在果树上以桃、李、杏、樱桃等蔷薇科果树受害较重。

　　葱蚜（台湾韭蚜）　同翅目，蚜科。【生活习性及为害特点】一年发生几十代。在北方，以孤雄若蚜在贮存的蒜、洋葱上越冬。在室内一年发生26～28代，温度适宜可终年繁殖为害；在露地以春、秋发生量大，为害严重。若虫4龄，初期多集中在分蘖处，虫量大时可布满整株。具背光性，一般在背阴处。有趋嫩性和假死性。【为害植物】葱、蒜、洋葱、韭菜等百合科蔬菜。

　　葱蓟马　缨翅目，蓟马科。【生活习性及为害特点】在我国发生世代数因地区不同而异。在华南一年发生20代，山东6～10代，华北3～4代。在北方以成虫越冬为主，亦有少数以若虫越冬。一般越冬场所为葱、蒜叶鞘内及土块、石缝下或枯枝落叶间。在南方冬季仍可为害葱、蒜类，无越冬现象。成虫活跃，善飞，怕光，多早晚或阴雨天取食。初孵若虫在葱叶基部为害，稍大时分散。成虫、若虫以锉吸式口器为害葱叶，形成不规则的黄白斑，严重时葱叶扭曲、枯黄。一年中以春夏季为害严重。【为害植物】主要为害葱、蒜、洋葱、韭菜等，也可为害棉花、烟草等。

　　马铃薯瓢虫　鞘翅目，瓢虫科。【生活习性及为害特点】在我国北方一年发生1～2代，以成虫群集在背风向阳的石缝、墙缝、山洞等处越冬。翌年5月中、下旬开始活动，逐渐迁至作物上，6月中、下旬至8月中、下旬是为害盛期。成虫、幼虫均可啃食叶片，仅留一面表皮，形成许多平行弧形纹，严重时叶子枯黄。也可啃食茄果，受害部位变褐变苦。成虫白天活动，假死性强，受惊动时落地不动，并分泌黄色黏液。成虫于叶背产卵，常二三十粒在一起，但卵粒排列较疏松。幼虫群集为害，行动迟缓。【为害植物】茄科、豆科、葫芦科、十字花科等蔬菜，尤以马铃薯和茄子受害最重。

　　黄守瓜（印度黄守瓜）　鞘翅目，叶甲科。【生活习性及为害特点】在我国不同地区一年发生代数不同：南方3～4代；北方1代。均以成虫在草堆里、土块下或石缝里群集越冬。翌年3月下旬至4月越冬成虫开始活动，先为害其他作物，待瓜苗长至2～3叶时，集中为害瓜叶。成虫于5月中旬至8月产卵，卵产于土中，散产或成堆产。孵化后幼虫很快潜入土内为害细根，大龄幼虫可蛀入根的木质部和韧皮部之间为害，使整株枯死，也可啃食近地面的瓜肉，引起腐烂。【为害植物】主要为害瓜类，也可为害十字花科、茄科、豆科等蔬菜。

　　黄曲条跳甲　鞘翅目，叶甲科。【生活习性及为害特点】发生代数因地而异，我国由北向南一年发生2～8代：黑龙江2～3代；辽宁、河北3～4代；华南7～8代。各地均以成虫在枯枝老叶、杂草丛中或土缝里越冬。第二年春天，当保护地菜苗定植或露地蔬菜定植后，即可造成为害，春、秋季为害严重。成虫啃食叶片，幼虫为害根部。成虫白天活动，善跳，早晚或阴雨天躲在叶背或土块下。有趋光性，耐饥饿力较弱，抗寒性较强。卵多产于根部周围的土隙中或细根上，每雌产卵约200粒，最多可达600粒。【为害植物】主要为害十字花科蔬菜，以甘蓝、白菜、油菜等受害严重；也可为害茄果类、瓜类、豆类等。

　　大猿叶虫（菜无缘叶甲）　鞘翅目，叶甲科。【生活习性及为害特点】一年发生代数因地而异，我国由北向南逐渐增加：北方一年2代；南方5～6代。以成虫在枯叶、土缝、石块下越冬。越冬成虫在北方4～5月开始活动，5月下旬至6月上旬是幼虫盛发期。白天活动，成虫、幼虫均可舔食叶片，初期形成小斑痕、孔洞或缺刻，严重时只留叶脉。以春、秋季为害严重，盛夏高温时成虫入土或隐蔽在阴凉处越夏。成虫、幼虫均有假死习性，受惊动后即缩足坠地。【为害植物】主要为害十字花科蔬菜，以油菜、白菜受害较重，也可为害甘蓝、花椰菜等。

　　韭萤叶甲（愈纹萤叶甲）　鞘翅目，叶甲科。【生活习性及为害特点】在我国北方一年发生1代。在辽宁，4月中、下旬出现幼虫，5月下旬出现成虫，成虫、幼虫均为害葱。此虫仅在新开垦的山坡、丘陵地发现，老菜区未见发生。【为害植物】葱、韭菜。

菜豆象　鞘翅目，豆象科。【生活习性及为害特点】幼虫、成虫均可在仓库内越冬，无滞育现象，世代重叠。成虫有趋光性。不能忍受35℃以上高温和-17℃以下低温。【为害植物】菜豆、豇豆和其他豆类，但不为害大豆。

横纹菜蝽　半翅目，蝽科。【生活习性及为害特点】在我国北方一年发生1～2代，以成虫在枯叶下、石块下或土缝里越冬。翌年4月开始活动，5月交配产卵。出现晚的成虫，产卵可延至8月份，这一部分一年仅能完成1代。成虫、若虫刺吸汁液，尤其对嫩芽、嫩叶、花蕾和幼荚为害严重，受害处留下黄白色至黑色斑点，严重的被害植株枯萎。【为害植物】主要为害十字花科蔬菜，甘蓝、花椰菜、白菜、萝卜、芥菜、油菜等受害严重。也为害棉花、甜菜、烟草。

牧草盲蝽　半翅目，盲蝽科。【生活习性及为害特点】在我国北方一年发生2～4代（山西2～3代，陕西关中3～4代，新疆库尔勒3～4代）。以成虫在麦田、苜蓿田、田边杂草、树皮裂缝、枯枝落叶等处越冬。翌年春从越冬场所迁至作物上为害。成虫产卵于植物组织内。成虫、若虫均以刺吸式口器吸收植物汁液，使植物叶面出现褐色斑点，枝芽枯萎，或造成落花、落蕾。甘蓝受害后心叶不发育，不结球。【为害植物】十字花科、葫芦科、藜科蔬菜，以及苜蓿、棉花、豆类、小麦等多种作物。

温室白粉虱　同翅目，粉虱科。【生活习性及为害特点】在北方温室及露地蔬菜生产条件下，一年可发生10代左右（北京6～11代），以各种虫态在保护地内越冬或继续为害。翌年春季陆续从越冬场所迁至阳畦或露地蔬菜上为害，为害期可至9月。10月以后又陆续迁至保护地内。成虫具趋黄性、趋嫩性，多栖息在寄主上部嫩叶背面并产卵。若虫和伪蛹多固定在下部老叶背面。成虫、若虫吸食汁液，使叶片褪绿，严重时整株枯死。由于分泌蜜露，可引起煤污病，还可传播病毒病。【为害植物】寄主广泛，已知有200余种植物，包括蔬菜、花卉、经济作物等。在蔬菜上以番茄、黄瓜、青椒、茄子、豆类受害较重。

韭菜迟眼蕈蚊（韭蛆）　见地下害虫部分。

美洲斑潜蝇　双翅目，潜蝇科。【生活习性及为害特点】美洲斑潜蝇在各地发生的代数不同，在南方一年发生20代左右（海南21～24代，广州14～18代），周年繁殖为害，无越冬现象。在辽宁一年发生9～13代，其中保护地4～5代，露地5～8代。美洲斑潜蝇在我国北方自然条件下不能越冬，但在保护地内可越冬或继续繁殖为害。成虫白天活动，有趋黄性、向上性、趋光亮性。成虫交配多在上午进行。雌虫产卵于叶上，每雌虫可产卵100余粒。幼虫孵出后即在叶内蛀食叶肉，形成虫道。虫道为蛇行线状，初期淡绿色，后期白色带暗色。幼虫老熟时在虫道末端咬1个孔钻出，大部分滚落地上化蛹，少数粘在叶片上，但不在虫道内化蛹。美洲斑潜蝇除幼虫为害外，成虫取食、产卵均能造成伤害，因此发生量大时，叶片大量受损，植株发育不良或导致幼苗死亡，造成减产。【为害植物】主要为害瓜类、豆类、茄果类蔬菜，也可为害十字花科、菊科植物等。

豌豆潜蝇（豌豆植潜蝇、豌豆彩潜蝇）　双翅目，潜蝇科。【生活习性及为害特点】在我国一年发生代数因地区不同而异：辽宁4～5代，华北5代。以蛹在油菜、豌豆或杂草等的枯叶里越冬。翌年3月先在保护地内为害，随温度升高虫量增加，4～5月是为害盛期。夏季高温虫量显著下降，至秋季虫量又上升，可严重为害秋菜。幼虫潜入叶片内啃食叶肉，造成许多弯曲虫道，老熟幼虫即在虫道末端化蛹。为害严重时被害株全叶枯死。对留种菜还可潜食嫩荚及花梗，直接影响产量。【为害植物】寄主有21科130余种，在蔬菜上主要为害豌豆、蚕豆、白菜、莴苣等。

葱地种蝇（葱蝇）　双翅目，花蝇科。【生活习性及为害特点】在我国一年发生2～3代，以蛹在土里越冬。一般5月中旬是第1代幼虫盛发期；6月中旬是第2代幼虫盛发期；9月下旬至10月上旬是第3代幼虫盛发期。成虫白天活动，以晴天中午前后较活跃，对未腐熟的粪肥及腐烂物质有较强的趋性。【为害植物】百合科植物，如葱、蒜、洋葱、韭菜、百合等。

萝卜地种蝇（萝卜蝇）　双翅目，花蝇科。【生活习性及为害特点】在我国北方一年发生1代，以蛹在土中越冬。成虫出现早晚因地区不同而异，越往北出现得越早。在沈阳地区，成虫盛发期一般在8月下旬至9月上旬；幼虫为害盛期是9～10月上旬；10月中、下旬老熟幼虫入土化蛹、越冬，蛹期约300 d。孵化后的幼虫由根表皮或叶柄基部钻入根内取食为害，在根或菜帮上窜出许多隧道，菜受害后极易诱发软腐病。【为害植物】十字花科蔬菜，以白菜、萝卜、芥菜等受害严重。

黄翅菜叶蜂　膜翅目，叶蜂科。【生活习性及为害特点】在我国北方一年发生5代，以老熟幼虫在土内结茧越冬。幼虫春、秋季为害蔬菜。成虫白天活动，尤其在晴朗高温气候条件下活动最烈，早晚或阴雨天很少活动。成虫羽化后当天即交配，交配后1～2 d产卵，卵产在靠叶边缘的叶内。幼虫共5龄，早晚活动取食，可将叶片吃成孔洞和缺刻，幼虫假死习性明显，受惊动后卷身坠地。幼虫老熟后入土，作1长椭圆形土茧，在茧内化蛹。【为害植物】主要为害十字花科蔬菜，如白菜、萝卜、芜菁、甘蓝、油菜等。

侧多食跗线螨（茶黄螨）　真螨目，跗线螨科。【生活习性及为害特点】在四川，从5月上旬至10月下旬发生31代，从10月至翌年4月结团越冬。10～16℃时开始产卵，一年两次高峰期，分别为6月末到7月初和8月中、下旬。两性繁殖，也可孤雌繁殖。主要在温暖地区或温室内为害，温室内4～5 d完成1代。食性杂，茶树受害后，叶片萎缩，呈黄褐色。在蔬菜上一般常集中为害顶梢第1、2、3叶片，并使之枯萎，其上有螨占全株的96.4%，每平方厘米达200头。为害茄子时可产生裂果。温室内高温、光强度弱和适宜的湿度是该螨大量发生的有利条件。【为害植物】棉花、茶、柑橘、橡胶、葡萄、豆类、马铃薯、黄瓜、茄子、辣椒、番茄、甘薯和多种观赏植物，达50多种。

卷球鼠妇（西瓜虫）　甲壳纲，等足目，鼠妇科。【生活习性及为害特点】我国多发生在沿海地区。在辽宁大连二年发生1代，以成体或幼体在地下越冬。在保护地内1月下旬至2月下旬即有少数个体开始活动，3月中旬大量出现，此时温室内正值菜苗发育阶段，大量成体、幼体爬至菜苗上，取食叶片，4～5月是为害盛期。4月中、下旬为交配盛期，卵直接产于抱卵囊内；5月中旬为孵化盛期，孵出的幼体靠母体蠕动释放出来。对光呈负趋性，白天多隐藏在土块下、石缝里，夜间活动。假死习性明显，受惊动后身体立刻卷缩呈球形。【为害植物】多食性害虫，主要为害黄瓜、番茄、油菜等。

八、果树主要害虫（螨）

我国地跨寒、温、热三带，果树资源极为丰富，苹果、梨、桃、李、柑橘等年产量均较高。果树种类和品种复杂，害虫种类繁多，各种果树在栽培过程中，常受多种害虫的为害。而且果树多为多年生乔木，一年受害往往影响多年收成，因此果树的害虫防治工作显得极其重要。果树害虫中以食心虫、红蜘蛛、蚜虫、介壳虫等为害最为严重。

桃小食心虫（桃蛀果蛾）　鳞翅目，蛀果蛾科。【生活习性及为害特点】在我国北方苹果树上一年发生1～2代；在山楂树上一年发生1代；在梨树多数品种上只发生1代，少数品种部分发生2代。以老熟幼虫在3～13 cm的土层中作茧越冬。成虫在苹果、梨、山楂果实萼洼处和枣树叶片背面或梗洼处产卵。孵化后幼虫蛀果。7 月中旬前蛀果的，虫道弯曲，果实畸形，俗称"猴头"；7 月下旬以后蛀果的，果形正常，果实内充满虫粪。幼虫老熟后脱果落地，在辽宁 8 月中旬前脱果的，大部分作夏茧，并化蛹、羽化、产卵、孵化，以第 2 代幼虫作茧越冬；8 月中旬以后脱果的，直接入土作茧越冬。【为害植物】苹果、梨、山楂、枣、桃等。

李小食心虫　鳞翅目，卷蛾科。【生活习性及为害特点】在我国东北一年发生 2～3 代，以老熟幼虫在树冠下 0.5～5.0 cm 深的土层中越冬。在辽宁，李树花芽萌动时，幼虫出土作夏茧，并在其中化蛹，李树落花后，成虫陆续羽化。卵产在果面，少数产在叶上，卵期 7 d 左右。孵化后从果面蛀入，直蛀至果仁，被害果最终脱落。幼虫老熟后脱果，在皮缝、表土层或被害落地的果内化蛹。蛹期 7 d 左右。第 2 代幼虫为害的果，从蛀入孔向外流胶，被害果不落。第 3 代幼虫多从果梗基部蛀入，果面无明显症状，被害果提早变红，易脱落。【为害植物】主要为害李树，也可为害杏树、樱桃等。

梨小食心虫　鳞翅目，卷蛾科。【生活习性及为害特点】在我国北部梨产区一年发生 3～4 代。越冬代成虫及第 1 代成虫在桃树、李树叶背面产卵，卵期 4～6 d，幼虫蛀入桃、李嫩梢，被害嫩梢有颗粒状虫粪堆积，不久嫩梢萎蔫。第 3 代卵部分产在梨果上。7 月中旬以前蛀果者，幼虫在皮下浅层蛀食，蛀孔周围变黑，形成一片直径 1～2 cm 的黑疤，俗称"黑膏药"；8 月中、下旬以后蛀入者，幼虫直入果心，果内有虫粪堆积。老熟幼虫在翘皮下或在地面作茧越冬。【为害植物】幼虫蛀食多种果树果实或嫩梢，如蔷薇科果树、柿、木瓜等，其中以梨、桃的果实和桃、李的嫩梢受害较重。

山楂小食心虫　鳞翅目，卷蛾科。【生活习性及为害特点】在辽宁一年发生 2 代，以老熟幼虫蛀入干枯枝中或在山楂树皮裂缝、剪口、锯口裂缝中结茧越冬，4 月中旬至 5 月中旬化蛹。成虫于 5 月中旬至 6 月初羽化。卵单产于山楂萼洼里，经 5～7 d 孵化。幼虫从果面蛀入，蛀入孔可见黄色粉末状物，此粉末遇风、雨易脱落。6 月下旬至 7 月上旬幼虫老熟脱果，爬至树干缝隙中或钻入干枯枝中化蛹。8 月初至 9 月上中旬为第 2 代卵发生期。9 月末至 10 月中旬，第 2 代幼虫老熟脱果越冬。【为害植物】山楂。

桃蛀螟　鳞翅目，螟蛾科。【生活习性及为害特点】在我国北方一年发生 2～3 代；在江苏、河南发生 4 代，在江西、湖北、云南发生 5 代。以老熟幼虫在高粱穗轴、玉米茎秆、向日葵以及仓储库等的缝隙等处越冬。在辽宁，第 1 代幼虫为害桃，第 2 代幼虫在 7～8 月间为害紧穗高粱，幼虫在高粱穗内吐丝结成丝筒，周围布满虫粪，藏于其中，咬断穗码，取食穗粒；在华北，第 1 代幼虫主要为害桃，第 2 代幼虫除为害向日葵、柿、石榴、板栗外，于 7 月为害春高粱穗，于 8 月为害夏高粱穗；在江苏淮阴，第 4 代幼虫为害夏高粱穗；在四川，第 1、2 代幼虫为害高粱穗；在湖北宜昌，6～10 月为害柑橘；在云南会泽，除为害玉米果穗、向日葵花盘外，第 4 代幼虫为害石榴较重。【为害植物】桃、李、梨、苹果、高粱、玉米、向日葵、柿、石榴、板栗等。

苹果小卷蛾（棉褐带卷蛾）　鳞翅目，卷蛾科。【生活习性及为害特点】在辽宁和华北一年发生 3 代，在黄河故道地区 4 代，以 2 龄幼虫在剪口、锯口及翘皮下结白色小茧越冬。苹果发芽至开花期陆续出蛰，为害芽、花蕾及嫩叶。幼虫有吐丝缀连花蕾及卷叶习性，老熟后在卷叶中化蛹。卵产在叶背面（叶背多毛的品种则产在叶面）和果面。卵期 6～8 d。初孵幼虫多分散到叶背及上代幼虫造成的卷叶中为害，3 龄后部分幼虫啃食果实，小幼虫啃成坑洼状，大幼虫则呈片状伤疤，第 2 代和第 3 代幼虫一般不啃果，多在秋梢嫩叶上为害。成虫有趋光性，对糖、醋、酒精水均有较强的趋性。【为害植物】苹果、梨、山楂、桃、李、杏、樱桃、蔷薇、柑橘、杨、柳、桦、刺槐、丁香、茶、棉花等。

黄斑长翅卷蛾　鳞翅目，卷蛾科。【生活习性及为害特点】在我国北方一年发生 3～4 代，以成虫在杂草、落叶及田埂中越冬。越冬代成虫在枝条上产卵，其他各代卵多产在枝条基部的老叶背面。幼虫可为害花芽、嫩叶，常将枝条上部数个叶片卷在一起食害，有转叶为害习性，每蜕一次皮转移一次。幼虫老熟后多到未被害的叶片间化蛹。以幼树受害较重。【为害植物】苹果、梨、桃、杏、李、山楂等。

山楂超小卷蛾　鳞翅目，卷蛾科。【生活习性及为害特点】一年发生 1 代，以老熟幼虫在枝干翘皮下结白茧越冬。在辽宁，3 月下旬至 4 月上旬开始化蛹，5 月初羽化成虫（山楂花序伸出期）。卵产于叶片背面，卵期约 10 d。幼虫先蛀食花蕾，蛀孔外有红褐色颗粒状虫粪，虫粪有丝缀连而不落，幼虫常吐丝将 5～10 朵花缀连在一起，钻蛀其中 2～3 朵，被害花蕾干枯后转至幼果为害，从果面蛀入，被害果也被丝缀连在一起，其间堆积虫粪，1 头幼虫可为害 2～3 个果。6 月中旬幼虫老熟越冬。【为害植物】山楂属植物。

苹褐卷蛾　鳞翅目，卷蛾科。【生活习性及为害特点】在辽宁一年发生 2 代，在河北、山东、陕西南部一年发生 3 代，均以幼龄幼虫在剪口、锯口、翘皮缝及潜皮蛾为害造成的爆皮卷内结白茧越冬。苹果发芽至开花期幼虫陆续出蛰，为害花蕾、幼芽、嫩叶。幼虫稍大开始卷叶为害，老熟后在卷叶中化蛹，蛹期 8～11 d。成虫在叶正面产卵，每雌蛾平均产卵 160 多粒。初孵幼虫群栖叶背取食叶肉，残留上表皮，使叶片呈筛孔状。幼虫发育到 3 龄后开始啃果，为害症状同苹果小卷蛾。成虫趋光性弱，对糖、醋液的趋性也较弱。【为害植物】苹果、梨、山楂、桃、李、杏、樱桃、杨、柳、榛、鼠李、榆、椴、水曲柳、栎、桑、醋栗、珍珠菜等。

桃白小卷蛾（白小食心虫）　鳞翅目，卷蛾科。【生活习性及为害特点】在我国北方一年发生 2 代，以老熟幼虫在地面结茧越冬。此虫对山楂为害较重。卵产在叶片背面（第 2 代卵部分产在果面）。第 1 代幼虫常吐丝把幼果缀连在一起，蛀入果内为害，虫粪堆积在果与果之间，每头可为害 2～3 个果。幼虫老熟后在被害果内化蛹，羽化时蛹壳外露。第 2 代幼虫每头只为害 1 个果，虫粪堆积在萼洼中，脱果后在地面结茧越冬，下年在茧内直接化蛹。【为害植物】主要有山楂、苹果、梨、桃、李、樱桃等。

芽白小卷蛾（顶梢卷蛾）　鳞翅目，卷蛾科。【生活习性及为害特点】在东北、华北、山东一年发生 2 代；黄河故道地区一年 3 代，均以 2～3 龄幼虫在被害梢顶端的卷叶团中结茧越冬。苹果花芽萌动时，越冬幼虫开始出蛰，转移至枝梢顶端芽上为害。展叶后，将嫩梢顶端几片叶缀连在一起，在其中作一棕色的绒毛茧。幼虫平时藏于茧中，取食时爬出，老熟后在茧中化蛹。成虫在叶背面产卵，单产。每雌产卵 60 余粒，卵期 7～8 d。初孵幼虫先在中脉两侧啃食叶肉，2 龄后爬至新梢顶端吐丝缀叶并在其中作茧。第 2 代卵期 5～6 d，幼虫为害至 10 月在茧中越冬。【为害植物】苹果、梨、枇杷等。

梨白小卷蛾（梨食芽蛾）　鳞翅目，卷蛾科。【生活习性及为害特点】在辽宁、河北、山西一年发生 1 代，以 3 龄幼虫在梨被害芽中（山楂在翘皮缝隙中）结茧越冬。春季梨花芽膨大期幼虫出蛰转入花芽中（山楂芽蛀入孔外有红棕色颗粒状虫粪堆积）。梨芽被害后暂不枯死，可继续生长成新梢，芽鳞片被丝缀连在新梢基部。在山楂树上，可连续为害 2～3 个芽，最后一个被害芽也不枯死，可继续生长。幼虫隐藏在其中，啃食嫩梢基部的树皮及附近叶片，老熟后在其中化蛹。为害山楂树芽的部分幼虫可转移至叶及花序上为害，老熟后在卷叶或花蕾之间化蛹。成虫 6 月中、下旬羽化，卵产于叶背。初孵幼虫啃食叶片下表皮及叶肉，幼虫稍大后蛀芽（可为害梨芽 3 个左右或山楂芽 4～5 个），9 月在最后被害梨芽或山楂翘皮缝中结茧越冬。【为害植物】梨、山楂。

梨云翅斑螟（梨大食心虫）　鳞翅目，螟蛾科。【生活习性及为害特点】在黑龙江、吉林一年发生 1 代；在辽宁及河北、山东、山西一年发生 1～2 代；在陕西、河南、安徽一年发生 2～3 代。均以 1～2 龄幼虫在被蛀芽内结茧越冬。在辽宁，梨花芽膨大期前后开始陆续从越冬芽中爬出，并蛀入另一芽中，被蛀芽多数暂不枯死，可继续生长，至开花前后，幼虫蛀入果台中央，致使花序萎蔫，不久又转移蛀入果内，被害果外有虫粪堆积，1 头幼虫可为害 2～3 个果。化蛹前，幼虫在被害果的果柄基部吐丝，被害果萎蔫后仍吊在树上，俗称"吊死鬼"。幼虫在果内化蛹，羽化的成虫在芽旁或果实萼洼处产卵。一部分幼虫蛀芽为害，芽枯后转芽为害，在最后的被害芽内越冬，这部分一年发生 1 代；另一部分幼虫孵化后蛀果，老熟后在果内化蛹，羽化后产第 2 代卵，幼虫孵化后为害芽，最后在芽内越冬，即一年发生 2 代。【为害植物】梨。

桃潜蛾　鳞翅目，潜蛾科。【生活习性及为害特点】在辽宁南部一年发生 6 代，以成虫在杂草、树皮缝及石缝等处越冬。4 月末桃树展叶后开始产卵，卵产在叶片背面皮下组织里。幼虫孵化后取食叶肉，最初虫道似螺旋形，后呈弯曲的线形，粪便留在虫道中。幼虫老熟后将表皮咬 1 半月形孔爬出，吐丝下垂，在下部叶片背面吐丝作茧。越冬代幼虫 9～10 月陆续化蛹，11 月初成虫陆续羽化越冬。受害严重时可造成早期落叶。【为害植物】桃、李、樱桃、山桃。

银纹潜蛾　鳞翅目，潜蛾科。【生活习性及为害特点】在我国北方（山东烟台）一年发生 5 代。以冬型成虫在落叶、杂草和石缝里越冬。5 月中、下旬开始产卵，卵散产在叶片背面，孵化后幼虫潜入下表皮，在皮下蛀食。初期虫道细线状，逐渐由细变粗，最后形成不规则的枯黄色大斑。从叶背面虫斑上可见排出的黑色细丝状虫粪（别于桃潜叶蛾）。幼虫老熟后咬破表皮爬出，吐丝下垂至下部叶片，在叶背吐丝作茧。幼虫喜食嫩叶，故幼树和秋梢嫩叶受害重。【为害植物】苹果、海棠、沙果、山荆子、三叶海棠、李等。

金纹细蛾　鳞翅目，细蛾科。【生活习性及为害特点】在辽宁大连、山东、陕西关中、山西晋中、甘肃天水等地一年均发生 5 代。以蛹在被害果树落叶的虫斑内越冬。苹果发芽时，越冬代成虫羽化。卵产在叶片背面，单产。孵化后幼虫从卵底直接潜入叶内，被害叶下表皮鼓起，呈黄色半透明薄膜状。叶正面形成黄白色椭圆形或梭形网眼状失绿斑，长约 10 mm。被害叶往往在虫斑处收缩，叶片皱缩不平，发生严重时，叶上虫斑多，可造成早期落叶。【为害植物】苹果、山楂、梨、桃、李、杏等，以苹果受害最重。

淡褐巢蛾　鳞翅目，巢蛾科。【生活习性及为害特点】在辽宁一年发生 3 代，以蛹在被害叶上越冬。5 月上旬开始羽化，卵产在叶正面的叶脉凹陷处，极少数产在叶背面。初龄幼虫数头在一起吐丝结网并在网下为害，稍大分散为害。幼虫为害叶片多在端半部张网，使叶片端部两侧向上纵向抱合。幼虫在网下取食叶的上表皮和叶肉，残留下表皮和叶脉。被害叶呈网状，最终干枯。第 1 代成虫发生期为 6 月下旬至 7 月上旬；第 2 代发生在 8 月；第 3 代幼虫为害至 10 月上旬，在被害叶上吐丝作茧、化蛹越冬。在陕西关中地区和甘肃天水地区，以初龄幼虫在枝干翘皮缝、剪锯口缝隙处结茧越冬。【为害植物】苹果、海棠、山荆子、梨、山楂、李等。

苹果巢蛾　鳞翅目，巢蛾科。【生活习性及为害特点】一年发生 1 代，以 1 龄幼虫越冬。4 月中旬至 5 月初出蛰为害，成群将 2～3 片嫩叶用丝缚在一起，潜入叶尖端组织内，取食叶肉。2、3 龄幼虫再吐丝连缀新叶，做成新的网巢，取食叶片。随着虫体增长，食量增加，幼虫不断转移，做成更大的网巢，巢中可有幼虫 10 余头至数百头。5 月下旬幼虫陆续老熟，在巢内、外吐丝作茧化蛹。6 月中旬为羽化盛期，下旬为产卵盛期。卵块多产在二年生表皮光滑的枝条上。7月初开始孵化，并在卵壳下越夏、越冬。【为害植物】苹果、沙果、海棠、山楂、山荆子等。

梨叶斑蛾（梨星毛虫）　鳞翅目，斑蛾科。【生活习性及为害特点】在我国北方果区一年发生1代，以2龄幼虫在枝干粗皮缝下及土缝中越冬。白梨花芽膨大期开始出蛰，取食花芽，继而为害花蕾和叶芽。展叶后，幼虫转移到叶片上，吐丝将叶缘两边缀连起来形成饺子状虫苞，在苞内舔食叶肉，残留叶背表皮，被害叶干枯变黑、变黄凋落。6月中旬幼虫在为害的叶内结薄茧化蛹。成虫在6月下旬至7月中旬羽化。卵多产在叶背面的中脉两侧，7月中、下旬孵化，初龄幼虫群集在叶背舔食叶肉，幼虫稍大即分散取食。7月下旬陆续结茧越冬。【为害植物】梨、苹果、山楂、海棠、沙果、槟子、山荆子等。

黄刺蛾　鳞翅目，刺蛾科。【生活习性及为害特点】在东北、华北一年发生1代，以老熟幼虫在小枝权处、主侧枝以及树干的粗皮上结茧越冬。6月中旬出现成虫，于叶背产卵，卵数十粒连成一片。幼虫于7月中旬至8月下旬发生。幼龄幼虫喜群集一处，多在叶背啃食叶肉；幼虫长大后逐渐分散，食量增大，常将叶片吃成密集的孔洞。【为害植物】枣、梨、柿、李、苹果、枇杷、石榴、柑橘、榛、核桃、山楂、枫杨、桑、柳、榆、法国梧桐等。

褐边绿刺蛾（青刺蛾）　鳞翅目，刺蛾科。【为害植物】蔷薇科果树、枣、栗、核桃、柑橘等；悬铃木、枫杨、麻栎、桑、榆、柳、法国梧桐等。

双齿绿刺蛾（棕边青刺蛾）　鳞翅目，刺蛾科。【生活习性及为害特点】一年发生1代，以老熟幼虫在枝条上结茧越冬，7月上旬至7月下旬羽化。7～8月是幼虫发生期。初龄幼虫群集在叶背为害，被害叶片呈筛网状；大龄幼虫分散为害，被害叶片呈缺刻状。【为害植物】苹果、梨、杏、桃、樱桃、山楂、核桃、栎、槭和桦。

梨刺蛾　鳞翅目，刺蛾科。【生活习性及为害特点】一年发生1代，以老熟幼虫在土中结茧越冬。7～8月成虫发生，卵产于叶片背面，数十粒集聚成块。8～9月幼虫为害，初孵幼虫有群栖习性，2～3龄以后逐渐分散为害，为害情况与黄刺蛾基本相同。约在9月下旬幼虫老熟，陆续下树寻找适当场所结茧越冬。【为害植物】梨、苹果、杏、枣、栗等。

扁刺蛾　鳞翅目，刺蛾科。【生活习性及为害特点】在我国北方一年发生1代，在长江下游地区一年发生2～3代，均以老熟幼虫在寄主树冠附近土中结茧越冬。在辽宁6月初成虫羽化，卵多散产于叶面上。初孵幼虫不取食，2龄幼虫取食卵壳后再啃食叶肉，3龄起可为害整个叶片。幼虫老熟后即下树入土结茧。【为害植物】苹果、梨、桃、李、杏、樱桃、柑橘、枣、核桃、柿、枇杷等果树；梧桐、泡桐、乌桕、苦楝、白杨、银杏、刺槐、桑等林木。

舟形毛虫　鳞翅目，舟蛾科。【生活习性及为害特点】在我国北方一年发生1代，以蛹在土中越冬，7月上旬至8月中旬羽化。卵产在叶背面，卵块呈单层密集片状排列。初龄幼虫群集啃食叶片上表皮，残留叶脉，呈筛网状；3龄后逐渐分散可将叶片食尽。【为害植物】苹果、梨、海棠、桃、李、杏、樱桃、山楂、核桃、板栗、榆、柳等。

桑褶翅尺蛾　鳞翅目，尺蛾科。【生活习性及为害特点】一年发生1代，以蛹在树干基部地表下数厘米处贴于树皮上的茧内越冬，次年3月中旬开始陆续羽化。成虫白天潜伏于隐蔽处，夜晚活动，有假死习性，受惊后即落地，卵产于枝干上，4月初开始孵化。幼虫食叶，停栖时常头部向腹面卷缩于第5腹节下，以腹足和臀足抱握枝条。5月中旬老熟幼虫爬到树干基部寻找化蛹处吐丝作茧化蛹，越夏、越冬。各龄幼虫均有吐丝下垂习性，受惊后或虫口密度大、食量不足时，即吐丝下垂随风飘扬，或转至其他寄主为害。【为害植物】苹果、梨、核桃、山楂、桑、榆、毛白杨、刺槐、雪柳、太平花等。

茸毒蛾　鳞翅目，毒蛾科。【生活习性及为害特点】在我国东北多数一年发生1代，少数一年 2 代，以幼虫于枝干缝隙和落叶中越冬。春季出蛰为害芽、嫩叶及叶片。5 月中、下旬幼虫陆续老熟卷叶结茧化蛹。6 月上旬开始羽化、交配、产卵，卵多产于枝干上。每个卵块有卵 500～1000 粒。幼虫为害一段时间便寻找适当场所潜伏越冬。【为害植物】苹果、梨、山楂、桃、李、杏、樱桃、栗、榛、核桃、杨、柳、桦、栎、槭、椴、蔷薇、沙针、山毛榉、鹅耳枥及多种草本植物。

折带黄毒蛾　鳞翅目，毒蛾科。【生活习性及为害特点】在黑龙江一年发生 1 代，以幼虫于落叶下或树洞、树皮缝中吐丝结网群集越冬。5 月开始上树为害叶片，6 月下旬在落叶下结茧、化蛹。7 月上、中旬羽化，卵多产于叶背。初孵幼虫于叶背吐丝结网群居，喜食嫩叶，稍大分散为害，9 月底前后陆续潜伏越冬。在华北多一年 2 代，河南 3 代，均以幼虫越冬。【为害植物】蔷薇科果树、柿、石榴、枇杷、茶、栎、槭、刺槐、赤杨、松、柏、杉、落叶松、紫藤、赤麻等。

舞毒蛾　鳞翅目，毒蛾科。【生活习性及为害特点】一年发生 1 代。4 月下旬至 5 月上旬幼虫从越冬卵中孵化。1 龄幼虫群集于叶背，白天静止，夜间食叶，能吐丝下垂，借风力可传播至远处。2 龄后分散为害，白天潜伏在树皮缝、树下石缝、土缝中，夜间成群结队上树取食。6 月中旬幼虫陆续老熟，在枝叶间、树干裂缝及树下隐蔽处化蛹。6 月底至 7 月成虫羽化，交配后在主干、主枝上、树洞中、石块下、屋檐下等处产卵。卵在越冬前完成胚胎发育，以幼虫在卵壳内越冬。【为害植物】苹果、梨、桃、李、杏、樱桃、山楂、柿、栗、核桃、栎、杨、柳、榆等。

角斑古毒蛾　鳞翅目，毒蛾科。【生活习性及为害特点】在东北一年发生 1 代，以 3～4 龄幼虫在树翘皮下及落叶下越冬。寄主发芽后出蛰为害，取食芽和叶片，6 月末老熟，在枝杈处或缀叶结茧化蛹。7 月上旬羽化。卵产于茧上，每块 100～250 粒。孵化后幼虫分散取食，尔后越冬。在华北一年发生 2 代。【为害植物】苹果、梨、山楂、桃、李、杏、樱桃、蔷薇、柳、杨、栎、桦、悬钩子等。

美国白蛾（美国白灯蛾）　鳞翅目，灯蛾科。【生活习性及为害特点】在我国 1979 年首次于辽宁发现。在辽宁丹东地区一年发生 2 代，以茧蛹在树翘皮下、枯枝落叶及表土内越冬。5 月中旬出现越冬代成虫。5 月下旬发生第 1 代幼虫，8～10 月发生第 2 代幼虫。4 龄前幼虫营网巢群集生活；5 龄后分散为害。可随车辆、船舶及水果、苗木远距离传播。【为害植物】苹果、梨、山楂、桃、李、海棠等果树；糖槭、白蜡、桑、杨、柳等林木；玉米、大豆、甘薯、白菜等农作物。

李枯叶蛾（栎枯叶蛾）　鳞翅目，枯叶蛾科。【生活习性及为害特点】在东北、华北一年发生 1 代，河南以南一年 2 代，以小幼虫附于枝条上及枝干翘皮缝中越冬。翌春寄主萌发后出蛰，取食芽及叶片，造成孔洞缺刻，也可食尽叶肉，仅留叶柄。幼虫老熟后于枝条背侧结茧化蛹。1 代区 6 月下旬至 7 月出现成虫；2 代区 5 月下旬至 6 月及 8 月中旬至 9 月出现成虫。羽化后不久即交配产卵，卵多产于枝条上。孵化后幼虫取食叶片。【为害植物】苹果、梨、桃、李、杏、樱桃、核桃等。

黄褐天幕毛虫　鳞翅目，枯叶蛾科。【生活习性及为害特点】一年发生 1 代，以完成胚胎发育的幼虫在卵壳内越冬。4 月中、下旬梨树发芽时幼虫破卵而出，在小枝杈处吐丝结网张幕群居，白天潜居幕内，夜间钻出取食。丝幕附近的叶片被吃光后，再移至别处张网结幕。幼虫近老熟时分散为害，在两叶间或树下杂草中结茧化蛹。5 月末至 6 月中旬羽化，在当年生枝条上产卵。【为害植物】苹果、海棠、梨、桃、李、杏、樱桃、山楂、杨、柳、榆、栎等。

苹枯叶蛾　鳞翅目，枯叶蛾科。【生活习性及为害特点】在东北、华北一年发生 1 代，华东一年2代，陕西一年1～2代，均以幼龄幼虫紧贴在树干上或在枯叶内越冬。幼虫体色似树皮，故不易发现。在辽宁，5月幼虫开始活动，夜间爬至小枝上食害叶片，白天则静伏在枝条上。6～7月幼虫老熟化蛹，7月羽化成虫，卵产在枝干或叶上，孵化出来的幼虫为害一段时间后，即进入越冬状态。【为害植物】苹果、梨、李、梅、樱桃等。

葡萄修虎蛾　鳞翅目，夜蛾科。【生活习性及为害特点】在辽宁一年发生2代，以蛹在葡萄根部附近或葡萄架下的土中越冬。5月下旬成虫羽化，卵产在叶背或嫩梢上。6月下旬幼虫孵化，为害葡萄叶片，7月中旬化蛹。7月下旬出现第2代成虫，8月中旬至9月中旬为第2代幼虫为害期。9月中旬幼虫老熟后入土化蛹越冬。【为害植物】主要为害葡萄，还为害山葡萄、常春藤、爬山虎等。

葡萄天蛾　鳞翅目，天蛾科。【生活习性及为害特点】在辽宁一年发生1代，以蛹于表土层内越冬。6月上旬至8月上旬羽化。卵多产于叶背，每雌可产卵400～500粒。6月中旬田间始见幼虫。低龄幼虫将叶片食成缺刻或孔洞，稍大将叶片食尽，残留部分粗脉和叶柄，严重时食成光秆。8月中、下旬幼虫陆续老熟入土化蛹。【为害植物】葡萄、乌蔹莓、黄荆等。

雀纹天蛾　鳞翅目，天蛾科。【生活习性及为害特点】在辽宁一年发生1代，以蛹在表土内越冬。6～7月羽化，成虫昼伏夜出，有趋光性。卵单产于叶背，每雄产卵约400粒。幼虫发生期在8～9月间，取食叶片，从叶缘同内切割，常将整叶食尽才转移，继续为害。10月老熟幼虫入土化蛹越冬。【为害植物】葡萄、常春藤、白粉藤、爬山虎、虎耳草、绣球等。

绿尾大蚕蛾　鳞翅目，大蚕蛾科。【生活习性及为害特点】在我国北方一年发生2代，南方可发生3代。越冬蛹于5月间羽化为成虫，于叶或枝干上产卵，卵常数粒在一起。小幼虫常群集取食叶片，3龄后分散取食。第1代幼虫发生期为5月中旬至6月。幼虫老熟后于枝上结茧化蛹。6月下旬至7月上旬第1代成虫发生。7月上、中旬始见第2代幼虫，为害期可至9月。9月底至10月中旬幼虫陆续老熟，在树上结茧化蛹越冬。【为害植物】苹果、梨、沙果、杏、樱桃、葡萄、核桃、枣、沙枣、枫杨、柳、枫香、乌桕、木槿等。

银杏大蚕蛾　鳞翅目，大蚕蛾科。【生活习性及为害特点】一年发生1代，以卵于枝干上越冬。在辽宁5月上旬越冬卵孵化，幼虫5～6月为害叶片，食量大，常将树上叶片吃光。6月中旬至7月上旬多于树冠下部枝叶间结茧化蛹。8月中、下旬羽化、交配、产卵。卵多产于树干下部1～3m处或树枝分叉处，常数十粒至百余粒产在一起成块。【为害植物】苹果、梨、李、柿、核桃、核桃楸、栗、榛、银杏、漆树、枫香、枫杨等。

山楂粉蝶（绢粉蝶）　鳞翅目，粉蝶科。【生活习性及为害特点】一年发生1代，以2～3龄幼虫群集于树枝上虫巢内越冬。虫巢用丝缀连叶片而成。花芽开绽期幼虫开始出蛰，初期群集为害芽、嫩叶、花蕾等，常拉丝结网，稍大后分散为害。4龄、5龄幼虫不活泼，有假死习性。5月上、中旬幼虫老熟，在枝干上或杂草上化蛹，5月下旬羽化。卵产于叶片上。卵孵化后，幼虫群集叶面啃食上表皮及叶肉，继而吐丝缀连被害叶片做成虫巢，再用丝将虫巢牢固缠绕于枝上。幼虫为害至7月中、下旬后陆续停止取食而越夏、越冬。【为害植物】山楂、苹果、梨、桃、李、杏、樱桃、海棠等蔷薇科果树。

苹果透翅蛾　鳞翅目，透翅蛾科。【生活习性及为害特点】在辽宁、河北、山东等一年发生1代，以2～4龄幼虫在被害处皮下结茧越冬。在辽宁，4月上、中旬开始取食，排出红褐色颗粒状粪便，5月下旬至7月上旬幼虫陆续老熟，先在皮层上咬1个羽化孔，后缀连粪便和木屑作茧化蛹。6月中旬至8月上旬羽化。成虫白天活动，常在开花植物上取食花蜜。卵产在树干缝隙、枝杈及愈伤组织上，一处产1粒，卵期约10d。孵化后幼虫直接从卵底蛀入皮层，为害至10月下旬陆续结茧越冬。幼虫在皮下蛀食韧皮部蛀成不规则的虫道，内有红褐色粪便及棕红色黏液。被害处易诱发腐烂病。【为害植物】苹果、李、桃、杏、樱桃、梨等。

海棠透翅蛾 鳞翅目，透翅蛾科。【生活习性及为害特点】在辽宁一年发生1代，以3～4龄幼虫在蛀道内结茧越冬。苹果树发芽期开始取食、活动，为害状同苹果透翅蛾。5月上旬至6月中旬陆续老熟化蛹；5月中旬刺槐开花始期开始羽化，羽化盛期约在6月中旬至6月下旬。成虫和幼虫习性同苹果透翅蛾。【为害植物】苹果、海棠、山楂。

柳蝙蛾 鳞翅目，蝙蝠蛾科。【生活习性及为害特点】在辽宁一年发生1代（少数二年1代）。以卵在地面及以幼虫在坑道内越冬。卵5月中旬孵化。1龄幼虫食腐殖质；2～3龄上树蛀枝干（少数蛀果）。8月上旬至9月下旬化蛹。8月下旬至10月上旬羽化。以幼虫越冬者于下年7月化蛹。8月中旬羽化。成虫产的卵散在地面。每雌平均产卵2700余粒。幼虫蛀入后多数从髓部向下蛀成内壁光滑的坑道，坑道口常呈现环形凹陷，并常在孔口外绕枝啃食树皮，咬掉的木屑粘在网上，风吹雨淋经久不落，被害状明显。【为害植物】约200种。主要为木本植物，果树中苹果、梨、山楂、桃、李、杏、樱桃、葡萄、树莓均发现被害。

芳香木蠹蛾东方亚种 鳞翅目，木蠹蛾科。【生活习性及为害特点】二年发生1代，以当年幼虫在坑道内和以老熟幼虫在土里作冬茧越冬。5月上旬老熟幼虫咬破冬茧爬至近地面处作夏茧并在其中化蛹。5月下旬至6月下旬羽化成虫。卵产在枝干皮缝、枝杈粗皮处，常10～20粒呈块状。当年幼虫于9月下旬越冬，下年4月中旬开始活动，将被害植物蛀成不规则的纵横交错互相连通的坑道。树皮外有排粪孔，虫粪落在地面上。9月中旬幼虫从被害树干中陆续爬出，在根颈附近土中作茧越冬。被害树的木质腐烂，常造成大枝乃至整株死亡。【为害植物】苹果、梨、桃等果树，以及杨、柳、榆、槐、刺槐、桦、白蜡、丁香等多种树木。

小木蠹蛾 鳞翅目，木蠹蛾科。【生活习性及为害特点】在我国北方二年至三年发生1代，以不同龄期幼虫在枝干坑道内越冬。老熟幼虫5月下旬在坑道内化蛹。成虫发生在6月中旬至7月下旬，卵产在树皮裂缝、树枝分叉及剪锯口伤疤处，每处数粒，每雌平均产卵89粒。7月为卵孵化盛期。1～2龄幼虫在韧皮部和木质部外层为害，3龄后逐渐蛀入木质部深层。坑道从上向下纵横交错，互相连通。从孔口排出大量虫粪和木屑，大部分落在地面上。10月幼虫越冬。【为害植物】山楂、苹果、山荆子等果树，以及旱柳、垂柳、白蜡、丁香、白榆、槐、构树等多种树木。

梨瘿华蛾 鳞翅目，华蛾科。【生活习性及为害特点】一年发生1代，以蛹在被害枝瘤内越冬。梨树花芽膨大期成虫羽化。卵产于芽鳞、小枝裂痕、枝条粗皮缝等处，多散产，亦有2～3粒在一起的，每雌可产90多粒，卵期18～20d。新梢生出后，卵开始孵化。初孵幼虫爬至嫩梢蛀入，至6月被害部受到刺激膨大形成瘤状，每瘤内有幼虫1～4头。幼虫在瘤内纵横串蛀，至9月中、下旬老熟，咬1个羽化孔后作茧化蛹越冬。受害严重时枝瘤成串，似"糖葫芦"。【为害植物】梨。

山楂叶螨 真螨目，叶螨科。【生活习性及为害特点】在我国北方果区一年发生3～7代，在河南一年发生12～13代。越冬雌螨在树干翘皮下及根部附近的土缝中越冬。在苹果花芽萌动时开始出蛰，花芽开绽时为害花柄、花萼等幼嫩组织，常使嫩芽枯黄，严重时不能开花。苹果花序伸出期达出蛰盛期，此时开始产卵，孵化盛期在花落后7d左右，以后各世代重叠发生。被害树叶枯黄，严重发生时，树叶脱落。7月中旬至8月上、中旬为全年发生高峰期，9月出现越冬雌螨。该螨在叶片反面为害，常在叶脉两侧结网，卵产在丝网中。【为害植物】苹果、梨、桃、樱桃、杏、李、山楂及多种蔷薇科植物。

苹果全爪螨 真螨目，叶螨科。【生活习性及为害特点】在辽宁一年发生6～7代，在河北9代。以卵在果台、小枝基部越冬。苹果初花期达孵化盛期，此时对花蕾、嫩叶为害严重。

发生严重时使苹果嫩叶焦枯，不能开花。落花后 2 周左右，第 1 代卵基本孵化，以后各世代重叠发生。7～8 月是全年高峰期，为害严重时全树叶片枯黄，但不落叶。幼螨、若螨和雄螨多在叶片反面活动、取食；雌螨多在叶片正面活动、为害，一般不吐丝结网。【为害植物】苹果、梨、沙果、海棠、桃、李、杏、樱桃、山楂等果树。

果苔螨　真螨目，叶螨科。【生活习性及为害特点】孤雄生殖。在我国北方一年发生 3～5 代，在江苏省一年发生 5～10 代。卵在主、侧枝背面和树干翘皮缝隙中及小枝基部环痕等处越冬。苹果发芽期，越冬卵开始孵化，吐蕾期达孵化盛期。为害幼芽和嫩叶，为害严重时嫩叶焦枯，花不能开放。在辽宁，6 月中旬至 7 月中旬为高峰期，7 月下旬开始出现越冬卵。初孵化的幼螨群集在芽苞、嫩叶上为害。成螨性活泼，喜在光滑、绒毛少的叶表面取食，不结网。【为害植物】苹果、梨、桃、李、杏、樱桃、沙果等。

梨实蜂　膜翅目，叶蜂科。【生活习性及为害特点】一年发生 1 代，以老熟幼虫在土中作茧越冬。在辽宁 4 月中旬化蛹，杏盛花期羽化。先羽化的成虫飞至杏树上取食花蜜，至梨树吐蕾期转至梨树上取食、交配、产卵。卵产于花萼组织里，外边可见 1 个稍鼓起的小黑点。幼虫孵化后先在花萼基部串食，使萼筒变黑，被害果不久脱落，落果前幼虫转至第 2 果。1 头幼虫可为害 2～3 个幼果。幼虫为害 20 余天老熟，脱果落地入土作茧越夏、越冬。成虫在早、晚及阴天气温较低时，栖息在花上及其附近，有假死习性，遇震下落。【为害植物】梨。

梨大叶蜂　膜翅目，锤角叶蜂科。【生活习性及为害特点】一年发生 1 代，以老熟幼虫在距地表约 6cm 处的土中作茧越冬。4 月下旬至 5 月中旬成虫羽化。5 月上、中旬幼虫出现，6 月上、中旬幼虫陆续老熟，落地入土作茧越夏、越冬。成虫喜食山楂嫩梢，将嫩梢顶端 5～10cm 处咬伤，致使梢头萎蔫垂落，幼树受害较重。卵产于叶片表皮下。幼虫取食叶片呈缺刻状，静止时常栖息于叶背面，身体弯曲侧卧，姿态特殊，受惊时，体表能喷射出浅黄色液体。【为害植物】山楂、梨、山荆子、樱桃、木瓜等。

葛氏梨茎蜂　膜翅目，茎蜂科。【生活习性及为害特点】一年发生 1 代，以老熟幼虫在被害的当年生枝条内越冬。在辽宁翌年 4 月下旬梨树开花时化蛹，5 月上、中旬当新梢长到 20～25 mm 时开始羽化，产卵，产卵期集中，10 d 左右。成虫产卵时先用产卵器将嫩梢锯断，但仍保留一侧的表层，然后在断口下 7～10 mm 处刺入，将卵产在韧皮部和木质部之间，不久产卵孔变成 1 个黑点，断梢也萎蔫、脱落。幼虫孵化后先蛀入髓部，然后向下蛀食，粪便排于体后堆积在枝端。幼虫 1 生蛀食的虫道长 3～5 cm，秋季幼虫老熟作茧越冬。【为害植物】梨。

杏仁蜂　膜翅目，广肩小蜂科。【生活习性及为害特点】一年发生 1 代，以老熟幼虫在被害杏核内越冬（杏核大部分落地，少数枯干在树枝上）。在辽宁 3 月下旬至 4 月上旬化蛹，5 月上、中旬羽化。成虫咬圆形羽化孔从杏核爬出，飞上树，交配、产卵。产卵时，产卵器刺入杏果内，卵产在果核与果仁之间，一个果产 1 粒卵。产卵孔稍凹陷，不明显，有时有杏胶流出，卵期约 10 d。孵化后幼虫在核内食杏仁，约半月后杏果开始干缩，大部分陆续脱落，6 月份老熟幼虫开始越夏、越冬。羽化迟早和越冬场所有关，在地面越冬的比在树上越冬的早 5～10 d。早期羽化者危害性大，后期羽化者因杏核已硬则不能产卵为害。杏品种中硬核较晚熟的品种受害较重。【为害植物】杏。

苹果绵蚜　同翅目，瘿绵蚜科。【生活习性及为害特点】在辽宁大连地区一年发生 12～14 代，山东青岛一年发生 17～18 代。以 1～2 龄若蚜群集越冬。越冬部位为树干粗皮裂缝、腐烂病伤疤边缘、瘤状虫瘿下、其他虫伤处、剪锯口及浅土层的根部。苹果发芽前后开始取食活动，以成蚜和若蚜群集于枝干上的愈合伤口、剪锯口、新梢、叶腋、果实果梗、萼洼以及露出地表的根际等处为害。在枝干及根部被害处常形成瘤状虫瘿。果树受害后树势衰弱。在我国无转换寄主习性。【为害植物】苹果、山荆子、海棠、花红等苹果属植物。

绣线菊蚜 同翅目，蚜科。【生活习性及为害特点】在辽宁一年发生 10 余代，以卵在芽基部或枝条裂缝内越冬。4 月下旬苹果发芽时越冬卵孵化。初期增殖较慢，5 月末数量剧增。被害叶间背面横卷。主要为害植物嫩梢、嫩叶，6 月中、下旬植株新梢停止生长后，虫口密度逐渐下降。但苗圃和幼树以及进行夏季修剪的果园，因嫩梢、嫩叶多至 7 月受害仍很重。10～11 月初出现两性蚜，交配后产卵越冬。偏嗜苹果，国光品种受害较重。【为害植物】苹果、海棠、沙果、梨、山楂、山荆子、杜梨、木瓜、绣线菊、樱花、麻叶绣球、榆叶梅等。

苹果瘤蚜 同翅目，蚜科。【生活习性及为害特点】在辽宁一年发生 10 余代，以卵在一年生枝梢上及芽腋处越冬。苹果发芽时，卵开始孵化，至花芽展叶期全部孵化。干母蚜为害的叶片向背面横卷；孤雌蚜为害的叶片从两侧向下纵卷。被害叶片肿胀、皱缩并有红斑。新梢受害生长受到抑制，细弱弯曲，节间短。严重时新梢上的叶片全部卷曲，被害叶至冬季时仍不掉落。幼果被害果面出现许多不整齐凹陷的红斑，严重时果变畸形。5～6 月为害严重，以后蚜量减少。9 月中旬又开始增加，10～11 月出现无翅型雌蚜和有翅型雄蚜，交配产卵越冬。【为害植物】山荆子、沙果、海棠、苹果。

桃粉蚜（桃粉大尾蚜） 同翅目，蚜科。【生活习性及为害特点】在我国北方各地均以卵在李、桃、杏、梅等芽腋处、小枝基部及树皮裂缝处越冬，卵常数粒或数十粒在一起。花芽萌动时，越冬卵孵化，群集于芽、叶上为害。桃树 5～6 月受害最重，对杏树和李树 7～8 月为害仍十分严重。被害叶向背面对合纵卷，叶加厚，色变浅，蚜虫分泌的白色蜡粉大量附着在叶片上。7 月陆续产生有翅蚜迁移到芦苇等禾本科寄主上繁殖。9 月末至 10 月产生性母迁飞到第一寄主上产生有翅雄蚜和无翅雌蚜，交配后产卵越冬。【为害植物】李、杏、桃、榆叶梅、芦苇等。

梨北京圆尾蚜 同翅目，蚜科。【生活习性及为害特点】以卵在梨芽腋及枝条裂缝处越冬。梨发芽期越冬卵孵化，在嫩芽上为害，展叶后转至叶片背面繁殖为害，被害叶片变畸形（有的变扇形）。后期被害叶向背面不规则扭曲卷缩，叶脉变红变粗，叶片肿胀，不久脱落。梨落花不久开始出现有翅孤雌蚜，陆续迁飞到夏寄主上繁殖。辽宁 9 月末至 10 月初性母飞回到梨树上，产生性蚜。10 月下旬性蚜成熟，交配产卵越冬。【为害植物】梨。

梨二叉蚜 同翅目，蚜科。【生活习性及为害特点】以卵在芽腋及枝条缝隙处越冬。梨花芽膨大期开始孵化，若蚜群集在芽露绿部分。展叶后转移到嫩叶正面为害，被害叶沿中脉向上纵卷呈"饺子"状或沿叶边卷成双筒状，逐渐出现枯斑，最终叶变黑枯死脱落。在辽宁，5 月下旬至 6 月上旬陆续出现有翅孤雌蚜，迁飞到夏寄主上繁殖。9 月中、下旬有翅性母从夏寄主迁回到梨树上，产性蚜，10 月中、下旬至 11 月上旬性蚜成熟，交配产卵越冬。【为害植物】梨、狗尾草。

桃瘤头蚜（桃瘤蚜） 同翅目，蚜科。【生活习性及为害特点】在我国北方一年发生 10 代，江西一年约 30 代，均以卵在桃、山桃等芽腋处越冬。桃树发芽后卵孵化，干母群集于嫩芽上为害。5～6 月为害最严重。被害叶从两侧边缘向背面纵向卷曲，卷曲部分叶片组织增厚，凹凸不平。多数品种叶片被害后变为紫红色，少数品种变为黄绿色。严重时，全树叶片卷成绳状，最后变黑、枯死脱落。6 月份开始陆续产生有翅蚜，迁飞到艾及禾本科杂草上。10 月上旬性母飞回，不久产生两性蚜，交配后产卵越冬。【为害植物】桃、山桃等。

朝鲜球坚蜡蚧 同翅目，蜡蚧科。【生活习性及为害特点】一年发生 1 代，以 2 龄若虫在枝条上越冬。在辽宁，若虫 3 月下旬至 4 月上旬开始活动，重新寻找永久固定场所，吸食汁液。2 龄雌若虫于 4 月中旬蜕皮变成虫，此时体背稍鼓起。雄若虫 4 月下旬化蛹，5 月上旬羽化。交配后雌成虫虫体迅速膨大。每雌平均产卵千余粒。卵期 7 d 左右。孵化后若虫爬至枝条裂缝及当年生枝条基部、叶痕等处。10 月中旬进入冬眠。常见天敌有黑缘红瓢虫。【为害植物】杏、桃、李、梅、樱桃。

大球蚧（枣球蜡蚧）　同翅目，蜡蚧科。【生活习性及为害特点】一年发生 1 代，以 2 龄若虫在枝干缝隙、叶痕等处群集越冬。春季树液流动期开始转移并最终营固定生活，4 月中、下旬体迅速膨大，5 月中旬于壳下产卵，每雌产卵 5000～20000 粒。卵 5 月下旬孵化，若虫爬至叶、果上为害，8～10 月陆续再转移至枝条上越冬。【为害植物】枣、酸枣、李、桃、苹果、梨、山荆子、柿、核桃、刺槐、洋槐等。

东方盔蚧（褐盔蜡蚧、水木坚蚧）　同翅目，蜡蚧科。【生活习性及为害特点】发生代数因寄主而异。在葡萄和刺槐上一年发生 2 代，在其他寄主上一年 1 代。以 2 龄若虫在枝干裂缝及叶痕处越冬。4 月上旬开始活动，转移到枝条上营固定生活。5 月下旬至 6 月上旬雌虫开始产卵，每雌产卵 700～3000 粒。6 月中旬至下旬孵化。初孵若虫爬至叶片背面为害。一年发生 1 代的，9 月末至 10 月间迁到枝干上越冬；一年发生 2 代的，若虫在叶上为害不久即转移到当年生枝或叶柄上，8 月初成虫产卵，8 月中旬至 9 月上旬孵化出若虫，在叶背为害，9 月末至 10 月初转移到枝干上越冬。主要行孤雌生殖。雄虫极少见。【为害植物】山楂、梨、葡萄、苹果、杏、桃、李、核桃楸、水曲柳、糖槭、刺槐、榆树等百余种植物。

苹果球蚧（樱桃朝球蜡蚧、沙里院褐球蚧）　同翅目，蜡蚧科。【生活习性及为害特点】一年发生 1 代，以 2 龄若虫在一年生（少数在二年生）枝条上越冬。在辽宁 4 月初开始活动，4 月中旬雄虫开始化蛹，4 月下旬至 5 月上旬羽化。交配后的雌虫迅速膨大，雌虫亦可孤雌生殖。5 月中、下旬产卵，每雌产卵量多者可达 6000 粒。6 月上旬孵化，若虫爬至叶片背面取食汁液。10 月降霜后陆续转移至当年新枝上蜕皮变 2 龄若虫越冬。雌成虫产卵前及若虫均能分泌黏液，落至叶上、果上呈油珠状，雨季常诱发煤污病。【为害植物】梨、山楂、苹果、杏、桃、樱桃、绣线菊等。

桑盾蚧　同翅目，盾蚧科。【生活习性及为害特点】在我国北方一年发生 2 代，以雌成虫在枝条上越冬。桃、杏等果树发芽后开始取食，5 月下旬为产卵盛期，第 1 代卵期 10～15 d。若虫爬至二年至五年生枝上营固定生活。4～6 d 后分泌出毛状白色蜡粉。蜕皮后形成介壳。不久 2 龄雌若虫蜕皮变成虫。2 龄雄若虫老熟后进入前蛹期，再蜕皮变蛹。7 月第 1 代成虫交配产卵。9 月上、中旬第 2 代成虫发生，交配后，以受精雌成虫在枝条上越冬。雌成虫及若虫固定在枝条上吸食树液，严重时二年至三年生枝条全被虫体覆盖，使被害枝干枯死。【为害植物】桑、杏、李、桃、樱桃、梅、梨、核桃、葡萄、柿、茶、枇杷等，其中核果类受害最重。

中国梨木虱　同翅目，木虱科。【生活习性及为害特点】在辽宁一年发生 3 代，河北 3～5 代，山东 4～6 代，以成虫在树皮缝、杂草、落叶层及土缝中越冬。梨花芽膨大期开始出蛰交配、产卵。第 1 代卵产于短果枝叶痕或芽鳞片上，其他各代则多产于叶正面中脉凹沟内及叶缘锯齿内。卵散产或 2～3 粒在一起。第 1 代若虫常钻入刚开绽的芽中及叶柄基部为害，展叶后逐渐转移到叶正面或叶背为害。如在叶缘为害常引起边缘卷曲，若虫躲藏在其中。若虫特别喜欢钻入其他害虫为害造成的卷叶中。若虫分泌大量黏液和白色蜡丝。【为害植物】梨。

山楂喀木虱　同翅目，木虱科。【生活习性及为害特点】在辽宁一年发生 1 代，以成虫越冬。3 月下旬出蛰活动，4 月上旬山里红发芽后交配、产卵，产卵期长达 1 个月。初期卵产在尚未展开的第 1 片叶上；后期卵产在叶背面及花蕾上，每雌产卵量约 500 粒，每处产卵十几粒至几十粒，卵柄斜插入叶内，卵期 10～12 d。若虫在嫩叶背面、花梗、萼片上取食，尾端分泌白色蜡丝，发生严重时，蜡丝密集垂吊在花序或叶片下面，似棉絮状。被害叶扭曲变形，枯黄早落；被害花序萎蔫、干枯脱落。【为害植物】山楂、山里红。

大青叶蝉　同翅目，叶蝉科。【生活习性及为害特点】在我国北方一年发生 3 代，以卵在果树及林木枝干皮层下越冬。4 月末孵化。成虫、若虫取食杂草、农作物、蔬菜。生长季成虫在寄主植物茎秆、叶柄、叶脉等组织里产卵。10 月上、中旬降霜后，开始在果树幼树、苗木的一年至二年生枝上产卵。成虫用产卵器刺破表皮形成月牙形伤疤，再将 6～12 粒卵产于其中，严重发生时，伤疤累累。由于冬、春两季水分蒸发，苗木失水抽条，生长衰弱，严重时树苗大批枯死。【为害植物】计 39 科 166 种。果树主要有苹果、梨、山楂、桃、杏、樱桃、葡萄、枣、栗、柑橘等；林木有杨、柳、榆等；农作物有麦类、高粱、玉米、豆类等；蔬菜有白菜、萝卜等。

斑衣蜡蝉　同翅目，蜡蝉科。【生活习性及为害特点】一年发生 1 代，以卵块在葡萄园水泥柱、架杆及枝干上越冬。在辽宁 5 月上旬至中旬越冬卵孵化。若虫喜群集于葡萄嫩梢和叶背为害，若虫期 60 余天。若虫分 4 龄，7 月中旬至 8 月中旬陆续羽化。成虫寿命长，一直生活至秋末，10 月份陆续死亡。成虫、若虫均有群集性，较活泼，弹跳力强。成虫往往以跳助飞，一次飞行距离 1～2 m。葡萄嫩叶受害常造成穿孔，严重时叶片破裂。成虫及若虫的分泌物落到枝叶或果上可诱发煤污病。【为害植物】葡萄、梨、杏、桃、臭椿、苦楝。

茶翅蝽　半翅目，蝽科。【生活习性及为害特点】在我国北方一年发生 1 代，以成虫在屋檐下、空房、树洞、草堆等处越冬，有群集性，经常几头或十几头聚在一起。5 月中、下旬开始为害梨，6 月中旬至 8 月中旬产卵。卵产于叶背面，20 余粒排成 1 块。6 月下旬至 7 月上旬孵化出若虫。7 月中、下旬成虫羽化。成虫活动性极强，经常在邻近果园或果园和防风林间往返迁飞转移。9 月下旬起逐渐转移越冬。【为害植物】梨、苹果、山楂、桃、李、杏、梅、樱桃、海棠、柿、楸梓、无花果、石榴、柑橘、葡萄、油桐、榆树、刺槐、桑、大豆、菜豆、油菜、甜菜等。

苹果小吉丁虫　鞘翅目，吉丁虫科。【生活习性及为害特点】在我国北方一年发生 1 代（黑龙江有半数二年完成 1 个世代）。以幼虫在皮层下越冬，3 月下旬开始取食。虫粪堆积在虫道内，被害部表面黑褐色，稍凹陷，并杂有红、黄、白等色的黏胶滴。5 月下旬至 6 月下旬幼虫陆续老熟蛀入木质部，做一蛹室化蛹。成虫于 6 月下旬至 8 月上旬出现，卵产在枝条向阳面的粗皮缝隙中，每处产 1～3 粒，每雌产卵 60～70 粒，卵期 10～13 d。初孵幼虫只在表皮下蛀食，隧道线状，表面有两排小孔，有时流出黏胶状物。成虫食叶补充营养，有假死习性。【为害植物】主要为害苹果树，亦可为害樱桃、李树、桃树。

桃红颈天牛　鞘翅目，天牛科。【生活习性及为害特点】在我国北方二年至三年完成 1 个世代，以不同龄期幼虫在树干隧道内越冬。树液流动后越冬幼虫开始活动为害，老熟后在其中作茧化蛹。成虫发生盛期在 7～8 月。卵产在距地面 1.2 m 以下的主干和主枝的树皮裂缝中，每处 1 粒。每雌平均产卵 170 粒，卵期 10～15 d。孵化后蛀入皮层，随着虫龄增大蛀入逐渐加深，2～3 龄可蛀至韧皮部与木质部之间。蛀道中充满虫粪，树皮上有排粪孔并有部分虫粪排出，堆积在地面上，极易发现。第二年秋后 5 龄幼虫蛀入木质部做蛹室，在其中越冬。第三年 5～6 月间化蛹。成虫白天活动，早晚在树干和粗枝上栖息。【为害植物】主要为核果类，如桃、李、杏、梅等。

桑天牛　鞘翅目，天牛科。【生活习性及为害特点】在我国北方二年完成 1 个世代，以幼虫在枝干隧道内越冬。二年生幼虫 5 月末至 7 月化蛹。成虫在 7～8 月出现。取食 10～15 d

后开始产卵，平均每雌产卵百余粒。卵多产在直径为 10～15 mm 枝条的阳面，成虫先在枝条上咬成"三"字形刻槽，然后在中间刻槽的皮层下产卵，卵期约 13 d。成虫活动范围小，有假死性。初孵幼虫先向上蛀食 10 mm 左右，然后转向下蛀食，此时幼虫在韧皮部为害，枝条表皮凹陷，变黑褐色，易于识别。不久蛀入木质部，沿枝向下蛀食，并每隔一段距离咬 1 个排粪孔，一生可咬排粪孔 14～17 个。生长季幼虫位于最下排粪孔下方。越冬期间上移至下数第 3 排粪孔处。幼虫老熟后，在隧道内作蛹室化蛹。【为害植物】苹果、梨、山核桃等果树及桑、白杨、柳、榆、刺槐等树木。

山楂花象甲　鞘翅目，象甲科。蛹长 3.5～4.0 mm，淡黄色，前胸背板上有 3 对角状突起，其中第 1 对最大，第 3 对最小。【生活习性及为害特点】一年发生 1 代，以成虫越冬。在辽宁 4 月中旬开始出蛰，成虫取食嫩芽、嫩叶。叶片被害后残留上表皮，致使叶表面形成散布的"小天窗"。成虫在花蕾上产卵。产卵时，先在花蕾基部咬 1 个小孔，然后于其中产卵，再分泌黏液封住孔口，干后变为小黑点。幼虫在花蕾内取食 10 d 左右。被害花蕾脱落，此时花已被蛀食空，仅剩薄壳。幼虫受惊时，在花蕾内弹动，致使花蕾抖动。幼虫在蕾内化蛹。6 月上旬羽化，成虫啃食幼果，呈孔状伤痕，一个果可有数十个小孔，不久从孔中生出凸起的愈合组织，被害果生长缓慢。6 月中、下旬成虫入蛰。【为害植物】山楂、山里红。

梨卷象甲　鞘翅目，象甲科。【生活习性及为害特点】在辽宁一年发生 1 代，以成虫在地面杂草或树冠下表土层的土室中越冬。梨树发芽后陆续上树为害嫩芽、嫩叶和嫩梢，落花后陆续产卵。产卵前雌虫先咬伤 3～5 片叶的叶柄或嫩梢，叶片萎蔫后开始用足卷叶，最后卷成筒状。在每个叶卷中产 3～8 粒卵。幼虫孵化后取食叶片，不久卷叶筒干枯变黑、脱落。幼虫老熟后钻入土中，入土后化蛹。8 月下旬部分成虫羽化出土上树取食叶片，不久潜伏于杂草中越冬。另一部分成虫在蛹室内越冬。【为害植物】苹果、梨、山楂、小叶杨、山杨、桦树等。

梨象甲　鞘翅目，象甲科。【生活习性及为害特点】以老熟幼虫及成虫在土中越冬。以成虫越冬者翌年出土为害（这部分一年发生 1 代）；以幼虫越冬者翌年羽化，但成虫不出土，第三年出土为害（这部分二年 1 代）。成虫取食嫩叶、嫩枝及梨果，嫩果被害后呈深坑状，果实硬化后被害，表皮呈片状伤疤。成虫产卵前，先在果柄基部咬成伤疤，后在果面蛀孔，并产卵于其中，最后分泌乳白色胶状物封口，不久此处变黑褐色。每头成虫产卵 70～80 粒。幼虫在果内取食种子及果肉，被害果不久干缩变黑并脱落。幼虫在果内生活 25 d 左右，老熟脱果入土。部分幼虫当年化蛹，羽化后在土窝中越冬。另一部分幼虫不化蛹越冬。成虫不善飞，有假死习性，早晨日出前及傍晚日落前气温较低时，遇震动即假死落地。【为害植物】主要为害梨，亦可为害山楂。

杏象甲　鞘翅目，象甲科。【生活习性及为害特点】一年发生 1 代，以成虫在土中越冬。杏树开花时开始出土，在辽宁 5 月中旬出土最多。成虫为害芽、嫩枝、花、果实，受惊则假死落地。果实被咬成坑洼状伤疤，严重时果面伤疤累累。取食 1～2 周后于 5 月中、下旬开始产卵，产卵前先咬 1 个孔，然后产 1 粒卵，上覆黏液，干后变黑。果柄可见成虫咬的伤疤，每头雌成虫产卵 50 余粒，卵期 7～8 d。幼虫在果内专食杏仁，被害果不久脱落，为害 20 余天老熟，脱果入土，蛹期 30 余天。多数成虫当年羽化后不出土而在土室内越冬。【为害植物】主要为害杏，还可为害桃、李、梅、樱桃、枇杷、苹果、梨等。

柑橘卷蛾（拟小黄卷叶蛾）　鳞翅目，卷叶蛾科。【生活习性及为害特点】在广东每年发生 9 代，世代重叠，以幼虫在卷叶苞内越冬。每年 3 月，越冬代成虫羽化，柑橘正值春梢萌发、现蕾之际，最易受第 1 代幼虫的危害，田间常见新梢嫩叶残缺不全、缀合成苞，落蕾、落花。4～6 月，幼虫蛀果，常招致大量落果。6～8 月，夏、秋梢受害严重。9 月果实趋于成熟，又遭幼虫蛀害，引致落果。幼虫有转移为害的习性，一生能蛀害十几至几十个果。幼虫甚活泼，受惊后常急速倒退或吐丝下坠逃逸。幼虫共 5 龄，老熟时在卷叶中化蛹。多于清晨羽化，夜出活动，成虫喜食糖蜜，具趋光性，卵块多产于叶背，每雌产卵 2～3 块。卵常被玉米螟赤眼蜂寄生。【为害植物】除柑橘外，尚能为害荔枝、龙眼、阳桃、茶、桑、花生、大豆等多种作物。

褐带长卷蛾　鳞翅目，卷叶蛾科。【生活习性及为害特点】在广东每年 6 代，生活习性似拟小黄卷蛾，但对早熟品种的荔枝、龙眼果实为害尤甚。【为害植物】除柑橘外，尚能为害荔枝、龙眼、阳桃、茶、桑、花生、大豆等多种作物。

柑橘潜叶蛾　鳞翅目，潜叶蛾科。【生活习性及为害特点】每年发生 15 代，田间世代重叠，主要是以蛹越冬。从 3 月初至 11 月底在田间均可发现幼虫危害嫩叶，但此虫在夏秋季发生最盛，对夏梢和秋梢的危害最严重，10 月以后发生数量回落。在冬梢上，有时仍可见少数幼虫为害。成虫虽在白天羽化，但晚上活动。交尾后卵散产于长 3～4 mm 以内的嫩叶背面中脉附近，每雌产卵 20～81 粒，卵期短促，在春季约 1.5 d，夏秋季多不足 1 d。幼虫孵出后即由卵底面潜入叶表皮下取食叶肉，形成无规则的隧道，果农称之为"鬼画符"。经 5～7 d，幼虫老熟后停止取食，将叶缘折起包围身体并吐丝结茧化蛹其中。受害叶片畸形卷曲，容易落叶，严重影响光合作用，影响幼树生长和结果。被害的卷叶又常是柑橘红蜘蛛、卷叶蛾等害虫的"避难所"和越冬场所。更严重的是潜叶蛾为害叶片和枝条所造成的伤口，最易被柑橘溃疡病病原细菌所入侵，危害更大。【为害植物】柑橘。

柑橘凤蝶（玉带凤蝶）　鳞翅目，凤蝶科。【生活习性及为害特点】广东每年发生 6 代，以蛹在叶背或枝条上越冬。每年早春，越冬成虫羽化，白天活动，飞翔力强，吸食花蜜补充营养后交尾产卵，卵散产于枝梢嫩叶上。低龄幼虫取食嫩叶，受惊扰时伸出臭腺，放出特殊的气味，易于识别。幼虫共 5 龄，高龄幼虫食量很大，常将周围叶片吃光，是苗木、幼树的重要害虫。老熟后吐丝固定尾端，系住身体附着在枝条上化蛹。3～11 月，田间均可发现成虫飞翔。【为害植物】柑橘。

柑橘小实蝇　双翅目，实蝇科。【生活习性及为害特点】华南地区每年发生 3～5 代，无明显的越冬现象，田间世代发生叠。成虫羽化后需要经历较长时间的补充营养（夏季 10～20 d；秋季 25～30 d；冬季 3～4 个月）才能交配产卵，卵产于将近成熟的果皮内，每处 5～10 粒不等。每头雌虫产卵量 400～1000 粒。卵期夏秋季 1～2 d，冬季 3～6 d。幼虫孵出后即在果内取食为害，被害果常变黄早落；即使不落，其果肉也必腐烂不堪食用，对果实产量和质量危害极大。幼虫期在夏秋季需 7～12 d，冬季 13～20 d。老熟后脱果入土化蛹，深度 3～7 cm。蛹期夏秋季 8～14 d，冬季 15～20 d。【为害植物】除柑橘外，尚能为害芒果、番石榴、番荔枝、阳桃、枇杷等 200 余种果实。

柑橘粉虱　同翅目，粉虱科。【生活习性及为害特点】在广东每年发生 5～6 代，以老熟若虫或蛹越冬。在广州 3 月上、中旬出现第 1 代成虫。寄主植物种类虽多，但以柑橘类为主，成虫喜产卵在寄主嫩叶之反面，卵散产，常成堆。初孵若虫爬行不远，多在卵壳附近固定寄主吸汁为害，并排泄蜜露，常诱发煤烟病，影响光合作用，导致大落叶，使植株生势衰弱，妨碍苗木幼树生长，影响果品产量质量。以若虫群集寄主叶片，吮吸汁液，被害处形成黄斑。并能分泌蜜露，诱发煤污病，导致植物枝叶发黑，枯死脱落，影响苗木、幼树生长，也影响果树产量。【为害植物】除柑橘外，尚能危害柿、板栗、桃、女贞、冬青等多种果树林木。

黑刺粉虱（橘刺粉虱）　同翅目，粉虱科。【生活习性及为害特点】在浙江一年发生 4 代，以老熟若虫在寄主叶背越冬。翌年 3 月化蛹，4 月上、中旬成虫开始羽化。各代若虫发生盛期分别在 5 月下旬、7 月中旬、8 月下旬、9 月下旬至 10 月上旬。在广东夏秋季发生严重。成虫白天活动，卵多产于叶背，老叶上的卵比嫩叶的多，每雌产卵约 20 粒。以幼虫群集叶背吸食汁液，严重发生时，每叶有虫数百头。其排泄物还能诱发煤污病，使枝叶发黑、枯死脱落，影响植株生长。【为害植物】月季、蔷薇、白兰、米兰、玫瑰、阴香、樟、榕树、椰子、散尾葵、桂花、九里香、柑橘等几十种植物。

红蜡蚧　同翅目，蜡蚧科。【生活习性及为害特点】红蜡蚧每年发生 1 代，以受精雌成虫在寄主枝干上越冬。翌年 4 月下旬～5 月上旬，越冬成虫开始孕卵，5 月下旬产卵，每雌产卵 200～400 粒，卵期 1～2 d。初孵若虫停留在母体时间为一小时至数十个小时。离开母体后经爬迁 2～3 次，才在新枝上固定为害。雌若虫 3 龄，各龄期分别为 20～25 d、23～25 d、30～35 d。雄若虫 2 龄，1 龄 20～25 d，2 龄 40～45 d。预蛹期 2～4 d。到 8 月中、下旬羽化为成虫。雄成虫寿命 1～2 d，雌成虫寿命 250 多天。以若虫和雌成虫聚集于枝叶上，刺吸植株汁液，造成寄主植物生长衰弱，并诱发煤污病。【为害植物】寄主植物有 35 科 64 种，其中有白玉兰、苏铁、山茶、月季、桂花、南天竹、米兰、栀子花、石榴、柑橘、枇杷、柿等花卉、果树等。

星天牛　鞘翅目，天牛科。【生活习性及为害特点】在广东每年发生 1 代，跨年完成。以幼虫在树干基部或主根蛀道内越冬。翌年 4 月底 5 月初开始出现成虫，5～6 月为成虫羽化盛期。成虫出洞后啃食寄主细枝皮层或咬食叶片作补充营养，交尾后 10～15 d 开始产卵，卵多产在树干离地面 5 cm 的范围内，产卵处皮层有 "L" 或 "⊥" 形伤口，表面湿润，较易识别。每雌产卵 70 余粒，卵期 9～14 d。幼虫孵出后，在树干皮下向下蛀食，一般进入地面下 17 cm 左右，但亦有继续沿根而下，深逾 30 余厘米者。常发现几头幼虫环绕树头皮下蛀食成圈（俗称 "围头"），养分输送断绝，全株枯死。幼虫在皮下蛀食 3～4 个月后才深入寄主木质部，转而向上蛀食，形成隧道，隧道一般与树干平行，长 10～17 cm，上端出口为羽化孔。幼虫咬碎的木屑和粪便，部分推出堆积在树干基部周围地面，容易发现。幼虫于 11～12 月进入越冬，如果当年已成长，则翌年春天化蛹，否则仍需继续取食发育至老熟化蛹。整个幼虫期长达 300 多天。蛹期 20～30 天。主要以幼虫蛀食寄主植物近地面的树干基部及主根，常造成 "围头" 现象，使寄主整株枯死。【为害植物】柑橘、荔枝、枇杷、桑树、苦楝、杨、柳、梧桐等多种果树林木均受其害。

光盾绿天牛（光绿橘天牛）　鞘翅目，天牛科。【生活习性及为害特点】在广东、福建每年 1 代，跨年完成。以幼虫在寄主蛀道中越冬。成虫于 4 月中旬至 5 月初开始出现，盛发于 5～6 月。成虫羽化出洞后，取食寄主嫩叶补充营养，交尾后多选择寄主嫩绿细枝的分叉口或叶柄与嫩枝的分叉口上产卵，每处产卵 1 粒。卵期 18～19 d。幼虫孵出后从卵壳下蛀入小枝条，先向梢端蛀食，被害枝梢枯死，然后转身向下，由小枝蛀入大枝。枝条中幼虫蛀道每隔一定距离向外蛀一洞孔，犹如箫孔状，用作排泄物之出口，故俗称 "吹箫虫"。洞孔的大小与数目则随幼虫的成长而渐增。在最后一个洞孔下方的不远处，即为幼虫潜居处所，据此可以追踪幼虫之所在。受害的枝梢，极易被风吹折。幼虫期 290～320 d。翌年 1 月，幼虫进入越冬休眠期。越冬幼虫在 4 月于蛀道内化蛹，蛹期 23～25 d。【为害植物】柑橘、九里香绿篱及多种芸香科植物。

角肩蝽　半翅目，蝽科。【生活习性及为害特点】华南地区每年发生 1 代，以成虫在荫蔽的树丛中越冬。越冬成虫于 4 月间开始活动，取食、交配、产卵，卵块多见于叶面。该虫产卵期很长，可延续到 10 月份。卵期 3～9 d。低龄若虫有群集性，用口针刺入果内吸食汁液。7～8 月是低龄若虫的盛发期，田间常见被害掉落的青果遍地。若虫期 25～39 d。10～11 月，常见新羽化的成虫与4～5龄若虫共存。成虫每次吸食果实的时间可长达数个小时，果实受害后逐渐变黄，乃至脱落，但被害果实外表不形成水渍状。成虫于12月上旬开始越冬。【为害植物】柑橘，也危害梨、苹果等果实。

柑橘红蜘蛛（柑橘全爪螨）　蛛形纲，蜱螨目，叶螨科。【生活习性及为害特点】一年发生20代以上，世代重叠，以卵或成螨在柑橘叶背或枝条芽缝中越冬。每年3月份虫口开始活动，迁移至春梢为害。每年4～5月的柑橘春梢期和9～10月的秋梢期是柑橘红蜘蛛两个盛发的高峰期。以口器刺破寄主叶片表皮吸食汁液，被害叶面呈现无数灰白色小斑点，失去原有光泽，严重时全叶失绿变成灰白色，致造成大量落叶，亦能为害果实及绿色枝梢，影响树势和产量。【为害植物】柑橘。

柑橘锈蜘蛛（锈壁虱）　蛛形纲，蜱螨目，瘿螨科。【生活习性及为害特点】在广东每年发生20代以上，有明显的世代重叠现象，以成螨在柑橘的腋芽或卷叶内越冬。每年3～4月，越冬虫口转移到春梢，4～5月虫口迅速增长，开始上幼果为害，由于果实汁液营养丰富，虫口更急剧增长，在果面上常见到附有大量虫体和蜕皮壳，犹如铺上一层粉尘。不久就可以见到果皮出现黑皮的症状，果实膨大速度明显缓慢。7～9月，随着果实的增长，果皮受害变黑也越发严重。10月以后，逐渐转移到秋梢上为害，并相继进入越冬期。除能进行两性生殖外，还能进行孤雌生殖。以成、若螨刺吸果实、叶片及嫩梢汁液。果实受害后变为黑褐色，俗称"黑皮果"，并满布龟裂网状细纹，果形变小，品质变劣。叶片受害，色泽变锈褐色，并常引致落叶，影响树势。【为害植物】柑橘。

九、园林植物主要害虫（螨）

柳翼丝叶蜂（柳厚壁叶蜂）　膜翅目，叶蜂科。【生活习性及为害特点】北京一年1代，以老幼虫在土中结茧过冬。次年4月中、下旬成虫羽化，产卵于柳叶边缘的组织内，一处一粒。幼虫孵化后，在叶内啃食叶肉，受害部位逐渐肿起，4月下旬叶边缘开始出现红褐色小虫瘿，幼虫藏在其中取食。虫瘿一般在叶缘与主脉之间，逐渐增大加厚，上下鼓起，呈肾形或椭圆形，大者可长达12 mm左右，宽6 mm左右，呈紫褐色。一片叶上有一至数个虫瘿；严重时，在树下举目可见到虫瘿，带瘿叶提早变黄，影响树木生长和观赏性。幼虫在瘿内一直为害到11月，随落叶落在地面，从瘿内爬出钻入土中或地面砖缝土中作茧过冬。【为害植物】柳树。

国槐尺蠖　鳞翅目，尺蛾科。【生活习性及为害特点】北京地区一年3代，主要为害三次，有时有4代的，以蛹在树木附近4 cm左右深的松土里过冬。次年4月中旬，当日最高气温达20℃以上，连续7～10 d时，成虫进入羽化盛期，喜欢灯光，白天多在墙壁上或灌木丛里停落，夜晚活动，喜在树冠顶端和外缘产卵，一般在每片叶正面主脉上产卵一粒，每一雌虫平均产卵400多粒。5月上、中旬第1代幼虫孵化为害，初孵化的幼虫将叶啃出一些零星白点，3龄以后，蚕食整个叶片，一个幼虫一生共吃树叶10片左右，其中90%在5龄时吃掉。幼虫受惊吐丝下垂，过后再爬上去，化蛹前在树下乱爬；6月下旬第2代幼虫孵化为害；8月上旬第3代幼虫孵化为害。每一代幼虫老熟后都吐丝下垂，入土化蛹，最后一代8～9月入土化蛹过冬。【为害植物】国槐、龙爪槐。

柏毒蛾　鳞翅目，毒蛾科。【生活习性及为害特点】北京地区一年2代，以幼虫和卵在柏树皮缝和叶上过冬。次年3月下旬开始活动，孵化为害，将叶咬成断茬或缺刻，咬伤处多呈黄绿色，严重时把整株树叶吃光，造成树势衰弱。4月上旬为幼虫活动孵化盛期。5月下旬开始在树叶上、树皮缝等处化蛹，化蛹前常在树皮缝里静伏。蛹期 8 d 左右。6 月中旬成虫羽化，成虫有趋光性，白天多栖息在树叶上，把卵三五粒成片产于柏叶上，每雌虫产卵 80 多粒，卵期 10 多天。7 月中旬第 2 代或第 1 代幼虫孵化为害，7～8 月为害最厉害。幼虫经 1 个多月，9 月中旬开始化蛹，9 月下旬成虫羽化，并在柏叶上产卵，以卵和孵化不久的幼虫过冬。【为害植物】侧柏、桧柏。

柳毒蛾　鳞翅目，毒蛾科。又名雪毒蛾。【生活习性及为害特点】北京地区一年 2 代，为害三次，以 2 龄幼虫在树皮裂缝里作薄茧过冬。次年 4 月中旬开始活动为害，啃食叶肉，留下叶脉，叶片上出现零星白点。白天藏在树皮缝里，夜间为害。5 月中旬幼虫体长 10 mm 左右时，白天幼虫则多爬到树洞里、附近建筑物缝隙处、树下各种物体底下等处躲藏，夜间上树为害。6 月中旬幼虫老熟，在树皮缝、树洞、建筑物缝及砖石底下等处化蛹。6 月底成虫羽化，喜灯光，白天不善活动；产卵在叶或枝干上。7 月初第 1 代幼虫孵化为害；9 月中旬第 2 代幼虫孵化为害。9 月底幼虫钻入树皮缝处作薄茧过冬。【为害植物】杨、柳树。

油松毛虫　鳞翅目，枯叶蛾科。【生活习性及为害特点】北京一年 1 代，以幼虫在落叶层下、土缝中、树皮缝或砖石底下过冬。次年 3 月上旬开始上树活动为害，4～5 月最严重，能把整枝整株的针叶吃光。6 月下旬幼虫开始老熟，在枝杈、针叶上作茧化蛹，蛹期 15 d 左右。7 月中旬成虫羽化，成虫有趋光性，交尾后把卵成行排列产在针叶上，每雌蛾产卵 300 粒左右。卵期 9 d 左右。7 月下旬第 1 代幼虫孵化为害，受惊即吐丝下垂，10 月开始过冬。【为害植物】油松。

桑刺尺蠖（桑褶翅尺蛾）　见果树害虫，【为害植物】刺槐、白蜡、栾树、金银木、核桃、雪柳、太平花、元宝枫、海棠等。

黄褐天幕毛虫　见果树主要害虫（螨）部分。

黄刺蛾　见果树主要害虫（螨）部分。

榆毒蛾　鳞翅目，尺蛾科。【生活习性及为害特点】北京一年 2 代，以幼虫在树皮缝隙内或附近建筑物缝处过冬。次年 4 月中旬活动为害。6 月中旬幼虫老熟，在树上或建筑物缝处化蛹，蛹期 15～20 d。7 月初成虫羽化，有趋光性。7 月中、下旬第 1 代幼虫孵化为害，8 月下旬化蛹，9 月初第 1 代成虫羽化，雌蛾多产卵于枝条上或叶背，成串排列。9 月中、下旬第 2 代幼虫孵化为害，先啃食叶肉，被害叶呈灰白色透明网状，后蚕食整个叶片，严重时把树叶吃光。10 月初幼虫钻入树皮缝等处过冬。【为害植物】榆树。

榆紫叶甲　鞘翅目，叶甲科。【生活习性及为害特点】一年发生 1 代，以成虫在土中越冬。在辽宁，翌年 4 月上旬成虫出土活动，上树取食嫩芽和幼叶，4 月下旬开始成串产卵于枝梢末端或叶背，每雌平均产卵 800 余粒。5 月上旬开始腐化，取食叶片，幼虫期约 20 d，5 月下旬老熟幼虫开始入土化蛹，蛹期约 10 d，6 月中旬开始羽化成虫，取食为害和交尾，当年不产卵。成虫活动迟钝，假死性强。【为害植物】榆树。

舞毒蛾　见果树主要害虫（螨）部分。【为害植物】黄栌、杨、柳、苹果、海棠、梨等。

合欢巢蛾　鳞翅目，巢蛾科。【生活习性及为害特点】北京一年 2 代，以蛹在树皮缝里、树洞里、附近建筑物上，特别是墙檐下过冬。次年 6 月中、下旬成虫羽化，交尾后产卵在叶片上，每片卵数粒至二三十粒。7 月中旬幼虫孵化，先啃食叶片，叶片上出现灰白色网状斑，稍长大后吐丝把小枝和叶连缀一起，群体藏在巢内咬食叶片为害。7 月下旬开始在巢中化蛹。8 月上旬第 1 代成虫羽化。8 月中旬第 2 代幼虫孵化为害，9 月底幼虫开始作茧化蛹过冬。【为害植物】合欢树。

元宝枫细蛾　鳞翅目，细蛾科。【生活习性及为害特点】北京一年 3～4 代，以成虫在草丛根际处过冬。次年 4 月上旬成虫开始产卵，多产于叶片主脉附近，每片叶上产一粒至数粒不等。4 月下旬第 1 代幼虫开始孵化，先由主脉潜入叶肉为害，潜道线状，由主脉伸向叶缘叶尖，在啃去叶尖部分叶肉后，钻出潜道，将叶尖卷成筒状，在卷筒内继续为害，严重时，树冠一片枯干现象。5 月上旬为幼虫卷叶盛期。幼虫老熟时，钻出卷叶，在叶背作薄茧化蛹，5 月下旬出现大量成虫。第 2 代幼虫 6 月下旬开始孵化潜叶为害，7 月上旬开始卷叶为害。第 3 代幼虫于 7 月下旬开始孵化并潜叶为害，8 月上、中旬大量卷叶为害。10 月中旬开始以成虫在成丛的野菊、杂草等草根处过冬。【为害植物】主要为害元宝枫。

卫矛尺蠖　鳞翅目，尺蛾科，又名丝棉木金星尺蠖。【生活习性及为害特点】北京一年发生 3 代，以蛹在土中过冬。次年 5 月上、中旬过冬蛹开始羽化出成虫，5 月下旬为羽化盛期，产卵于叶背，成块状，每卵块有卵几粒至几十粒不等，每雌蛾平均产卵 200 多粒。卵期 5～6 d。5 月下旬开始孵化第 1 代幼虫，初孵幼虫群集为害，2 龄后分散，有假死性，受惊即吐丝下垂或坠地卷曲在地面上，6 月中旬开始化蛹。幼虫期第 1 代平均 35 d，第 2 代 23 d，第 3 代 25 d。第 2 代幼虫期在 7 月中旬至 8 月上旬，第 3 代幼虫期在 8 月中旬至 9 月下旬，一般第 2、3 代幼虫为害严重，常将树叶吃光。9 月则陆续入深 2～3 cm 土壤处化蛹过冬。【为害植物】卫矛、大叶黄杨、丝棉木。

葡萄虎夜蛾　见果树主要害虫（螨）部分。

槐蚜　同翅目，蚜虫科。【生活习性及为害特点】北京一年 20 多代，主要以无翅胎生雌蚜在地丁、野苜蓿等杂草的根际等处过冬，少量以卵过冬。次年 3～4 月在杂草等越冬寄主上大量繁殖，4 月中、下旬产生有翅胎生雌蚜，5 月初迁飞到槐树上为害，并胎生小蚜虫，随气温增高，虫量猛增，5～6 月在槐树上为害最严重。喜为害枝干上的萌芽、嫩梢、嫩叶和花穗等，被害嫩枝枯萎卷缩弯垂，在叶和梢上排泄大量油状蜜露，易引起黑霉病，妨碍顶端生长，受害严重的花穗不能开花。5 月下旬开始迁飞至杂草、农作物等其他寄主上生活，6 月中旬后槐树上已少见。8 月下旬，如雨水少，又迁飞至槐树上为害一段时间，然后过冬。【为害植物】刺槐、槐树、紫穗槐。

柏大蚜　同翅目，蚜虫科。【生活习性及为害特点】一年发生数代，以卵和无翅胎生雌蚜在柏叶上越冬。翌春卵孵化为若虫为害，无翅胎生雌蚜胎生若蚜为害，全生长季节均刺吸柏树汁液，以夏末秋初为最严重，嫩枝密集虫体，大量分泌蜜汁并顺枝下流，诱发煤污病，致使柏叶变黑，生长衰弱。【为害植物】侧柏。

松大蚜　同翅目，蚜虫科。【生活习性及为害特点】一年发生多代，以卵在松针上越冬。在云南，2 月下旬若虫孵出，3 月上旬出现干母，营孤雌生殖，一头干母能产出雌若虫 30 多头，若虫长大后继续胎生繁殖；5 月下旬出现有翅胎生雌虫，迁飞繁殖；9～10 月出现有翅雌、雄成虫（性蚜），交尾后雌成虫产卵越冬。产卵量 8～24 粒，卵整齐地排列于松针上。【为害植物】油松、黑松、红松等。

桃瘤蚜　见果树主要害虫（螨）部分。

大青叶蝉　见果树主要害虫（螨）部分。

丁香蓟马　缨翅目，蓟马科。【生活习性及为害特点】北京一年 6～7 代，以雌成虫在树木基部落叶层、松土层、树皮缝中等处过冬。次年 3 月下旬过冬成虫开始爬上树，多先在树丛下部枝条的芽上取食为害，随着气温增高，树木展叶，逐渐往冠丛的上边和外缘发展。成、若虫多在叶背锉吸为害，初期受害叶片正面出现一些失绿的灰白小点。5 月日渐严重，叶片上失绿斑点相连扩展成片，以 5～6 月份为害最严重，能造成全株树叶失绿以致干枯。【为害植物】丁香。

松纵坑切梢小蠹　鞘翅目，小蠹科。【生活习性及为害特点】北京一年 1 代，以成虫在被害树干的皮层里等处过冬。次年春成虫外出，潜入松梢内为害，潜入孔圆形，周围堆积一圈松脂。被害梢枯黄，易风折。4～5 月间成虫潜入衰弱树木枝、干较厚的皮层，雌虫先侵入，雄虫跟着侵入，在皮下作单行纵坑道，交尾产卵，每雌虫产卵 40～50 粒，卵期 9～11 d。5 月下旬幼虫孵化，孵化后的幼虫向两侧为害。6 月间幼虫在子坑道末端化蛹。6～7 月间新成虫出现，并蛀入新梢补充营养。9 月间成虫多进入树干的皮层里为害并过冬。以在树干基部过冬最多。成虫产卵期长达 2 个多月，虫态很不整齐。【为害植物】油松、黑松。

松横坑切梢小蠹　鞘翅目，小蠹科。常与前种伴随发生，与纵坑切梢小蠹的主要区别是横坑切梢小蠹的鞘翅末端的第二沟间部不下凹，并有疣起和绒毛。母坑道为横坑，由蛀入孔交配室分出左右两条横坑，略呈弧形，多以成虫在嫩枝内或土内过冬。

光肩星天牛　见果树主要害虫（螨）部分。

芳香木蠹蛾　见果树主要害虫（螨）部分。

臭椿沟眶象　鞘翅目，象甲科。【生活习性及为害特点】一年 2 代，以幼虫或成虫在树干内和土内越冬。以幼虫过冬的，次年 5 月间化蛹，6～7 月间成虫羽化外出活动，7 月为羽化盛期，以成虫在树干周的土层中过冬的出土较早。4 月下旬至 5 月中旬为第一次成虫盛发期，7 月底至 8 月中旬为第二次盛发期，至 10 月都见有成虫，虫态很不整齐。成虫有假死性，产卵前取食嫩梢、叶片、叶柄等补充营养，造成折枝、伤叶、损坏皮层，为害 1 个月左右，便开始产卵，多产卵于树干上，卵期 8 d 左右。5 月底幼虫开始孵化，8 月下旬第二代幼虫开始孵化。主要为害树干、大枝。初孵化幼虫先咬食皮层，稍长大后即钻入木质部内为害，老熟后在坑道内化蛹，蛹期 12 d 左右。【为害植物】臭椿、千头椿。

楸蠹野螟　鳞翅目，螟蛾科。【生活习性及为害特点】北京一年 2 代，以幼虫在一二年生枝条里或幼苗茎里过冬。次年 4 月开始为害，虫道长 6～12 cm，4 月下旬幼虫老熟，在被害枝条内化蛹。5 月上旬成虫开始羽化，雌雄交尾后，喜在枝条尖端叶芽或叶柄间产卵，卵散产。卵期 4 d 左右。5 月中旬幼虫开始孵化，从嫩梢叶柄处钻入枝条内蛀食髓部，并从排粪孔排出黄白色虫粪和木屑，把枝条内部全部咬空，当新梢长 10 多厘米时，正是第 1 代幼虫为害盛期，被害的枝条 6 月初即萎蔫，随后干枯，梢尖变黑，向下弯曲，影响树木生长和观赏。6 月上旬幼虫老熟，在枝条内化蛹。6 月中、下旬第 1 代成虫羽化。7 月第 2 代幼虫孵化为害，严重时几乎每个枝梢都被蛀食，一直为害到 11 月，幼虫在枝条内过冬。【为害植物】黄金树、楸树、梓树。

桃红颈天牛　见果树主要害虫（螨）部分。

蛴螬　见地下害虫部分。

美国白蛾　见果树主要害虫（螨）部分。

杨干象　鞘翅目，象甲科。【生活习性及为害特点】辽宁地区一年发生 1 代，以卵及初龄幼虫越冬，翌年 4 月中旬越冬幼虫开始活动，越冬卵也相继孵化为幼虫。幼虫先在韧皮部与木质部间蛀道为害，形成环形坑道，幼虫蛀道先期，在坑道末端的表皮上咬一针刺状小孔，由孔中排出红褐色丝状排泄物，并渗出树液。坑道处的表皮色深，呈油浸状，微凹陷，后成"刀砍状"的裂口。5 月下旬幼虫钻入木质部化蛹。6 月中旬到 10 月成虫发生，7 月中旬为盛期，成虫在嫩枝或叶片上取食，造成嫩枝上有无数针刺状小孔和叶片成网眼状。成虫有假死性，成虫产卵于叶痕或裂皮缝的木栓层中，产卵前先咬一产卵孔，每孔产卵 1 粒，并排泄出黑色分泌物将孔口堵好才离去。成虫多选择在 3 年生以上的幼树或枝条上产卵。【为害植物】毛白杨、加拿大杨、小青杨及旱柳等。

白蜡蚧　同翅目，蜡蚧科。【生活习性及为害特点】一年1代，亚热带区可发生不稳定2代，以受精雌成虫在枝条上越冬。3月上旬越冬雌成虫开始活动，胸背隆起成球形，腹壁凹陷成内腔以藏卵粒；3月中旬雌成虫从肛门排出白色透明的糖液（吊糖）；4月上旬吊糖变为淡褐色，虫体变为绯红色，开始产卵，先产雌卵，后产雄卵；4月中下旬吊糖变为血红色，为产卵盛期；5月初吊糖变为黑褐色，逐渐甘苦，产卵结束；4月上旬至5月中旬平均气温约达18℃时雌若虫先开始孵化，雄若虫孵化所需温度要高于雌若虫1～2℃，所以雄若虫孵化期迟于雌若虫约1周。雌若虫先固定在向阳叶片上，2龄后爬至1～2年生枝条固定；雄若虫先固定在母壳附近的叶背，2龄后爬至2～3年生枝条汇集寄生，定杆1月后进入蛹期，分泌白色疏松泡沫状蜡质物质环包寄主枝条呈棒状，秋季羽化，交尾后死亡。【为害植物】白蜡树、水蜡树、女贞等。

双条杉天牛　鞘翅目，天牛科。【生活习性及为害特点】北京一年发生1代，多以成虫在被害枝干内越冬。3月上旬出蛰，产卵于弱树裂缝处皮下，4月中下旬幼虫孵化，在皮层与木质部间蛀食为害，5月中、下旬为害严重，5月中、下旬至6月中旬陆续蛀入木质部，9～10月在蛀道内化蛹，羽化成虫越冬。【为害植物】侧柏、桧柏、龙柏、沙地柏、扁柏等。

菊潜叶蝇　双翅目，潜叶蝇科。【生活习性及为害特点】北京一年4～5代，以蛹过冬。成虫于早春开始出现，数量逐渐上升，白天活动、交尾，产卵在叶缘组织里，每雌虫产卵45～90粒。幼虫潜入叶内取食叶肉，造成白色弯曲的潜道。老叶先受害，严重时一片叶内有几十条潜道，以致全叶枯黄。老熟幼虫在隧道末端化蛹。在春夏间为害最严重，秋季也为害。一般春末夏初干旱时发生较多。条件适宜时1个月左右可完成一个世代。【为害植物】菊花。

菊姬长管蚜　同翅目，蚜虫科。【生活习性及为害特点】北京一年发生10多代，多以无翅雌蚜在留种的芽上过冬。次年4月开始胎生小蚜虫，5月出现很多有翅蚜迁飞扩散，5～7月虫量增多，雨季少见，以9～10月为害最严重，大量若蚜、成蚜群集于嫩梢、嫩叶、花蕾、花朵中，刺吸汁液，排泄在叶和花上发亮的油状蜜露，受潮后变黑，不但影响植株生长、开花，而且污染花卉。11月开始过冬。【为害植物】菊花。

月季长管蚜　同翅目，蚜虫科。【生活习性及为害特点】一年发生数十代，以成蚜在叶芽和叶背越冬，以胎生为主，无卵生现象。春初越冬蚜在寄主新梢、花蕾上吸食和繁殖，经2～3代后开始发生有翅蚜，虫口密度逐渐上升，5月进入第1次繁殖高峰期，夏季高温季节虫口密度下降，夏末秋初再次上升，进入第2繁殖高峰期。【为害植物】月季、蔷薇、白兰等。

绣线菊蚜　见果树主要害虫（螨）部分。

桃蚜　见蔬菜主要害虫（螨）部分。

花蓟马　缨翅目，蓟马科。【生活习性及为害特点】南方一年发生11～14代，温室条件下终年发生，世代重叠，每代历时15～30d。成虫活跃，有较强趋花性，主要寄生在花内，怕阳光，卵产于以花为主的组织内，并以花瓣、花丝为多，其次是花萼、花柄和叶组织。每雌产卵约80粒，1～2龄若虫活动力不强，3～4龄若虫不食不动。在不同植株间可以互相转移为害，高温、干旱有利于大发生，多雨对其不利。【为害植物】菊科、豆科、锦葵科、毛茛科、唇形科及堇菜科等多种植物。

温室白粉虱　见蔬菜主要害虫（螨）部分。

朱砂叶螨　见棉花主要害虫（螨）部分。

二斑叶螨　见棉花主要害虫（螨）部分。

红缘灯蛾　鳞翅目，灯蛾科。【生活习性及为害特点】辽宁、河北省一年发生1～2代，以蛹在土中越冬。翌年5月成虫羽化，昼伏夜出，趋光性很强。产卵于叶背面，上盖有黄毛，每块卵粒不等，卵期约 6 d。幼虫共 7 龄，6～9 月为幼虫为害期。秋季老熟幼虫在土中作薄茧，在其内化蛹越冬。【为害植物】万寿菊、千日红、百日草、鸡冠花、木槿、梅花等。

大丽花夜盗蛾　鳞翅目，夜蛾科。【生活习性及为害特点】北京一年 1 代，以蛹在土里过冬。次年 6 月底成虫羽化外出，交尾后多产卵于杂草叶背，卵成片，每片数粒至百粒。7 月上旬幼虫孵化，小幼虫群集叶背啃食叶肉，长大后分散危害，把叶咬成缺刻、大孔洞甚至吃光，再转移到大丽花或其他植株为害。白天藏在土里或花盆底下，夜间出来为害，7 月份为害最凶。8 月中、下旬幼虫老熟入土化蛹过冬。【为害植物】大丽花。

黏虫　见禾谷类粮食作物主要害虫部分。

菊瘿蚊　双翅目，瘿蚊科。【生活习性及为害特点】北京一年 3～4 代，以幼虫在土内过冬。次年 4 月上、中旬出现成虫，交尾后多产卵于小苗的嫩芽或嫩叶处。5 月下旬发现虫瘿，6 月下旬瘿内见大量蛹。7 月上旬第 1 代成虫羽化外出，多从虫瘿顶端羽化而出，将蛹皮留在羽化孔口处。成虫午后多在小菊附近飞翔，产卵于幼芽、嫩叶、老叶等处，幼虫孵化并为害，刺激幼芽、嫩叶组织增生，形成虫瘿，一处一般有虫瘿 1～3 个，最多可达 6 个，严重的一株上有虫瘿二三十个，几乎每个顶梢和叶腋处都有虫瘿。虫瘿多为桃形，初为绿色，长成后从顶端开始渐变为紫红色，最大的长约 5 mm、宽约 4 mm，瘿内有室，室内有 1～7 头幼虫为害。8 月初第 2 代成虫羽化。8 月底 9 月上旬出现第 3 代成虫羽化高峰。9 月中旬还见有很多蛹。10 月下旬幼虫入土过冬。世代很不整齐。【为害植物】菊花。

附：对园林植物有害的动物

蜗牛　软体动物门，腹足纲，柄眼目，蜗牛科。【生活习性及为害特点】北京一年 1 代，以成贝和幼贝在土层或落叶层等处过冬。螺壳口用一层白膜封闭。次年 3～4 月开始活动为害，白天多藏在植物基部杂草、落叶间或土层中栖息，阴雨天白天也活动为害。4 月下旬开始交配，5 月间在寄主的根部附近疏松土层中产卵，10 多粒粘在一起成块状，每头雌贝体产卵上百粒，卵期 10 多天，幼贝孵出后，多群居于土层或落叶层下，不久即分散为害，7～8 月为幼贝为害盛期。连阴雨天，土壤湿度大，活动和为害严重。靠近建筑物阴面的植物受害严重。天气干旱时，则多潜伏于土中或建筑物檐下、墙缝等处，用白膜封闭孔口。11 月开始过冬。一般成贝能存活 2 年以上 。【为害植物】分布广，寄主多。玫瑰、月季、芍药、牡丹、槐、桧柏、千头椿、油松、侧柏等多种园林植物。

蛞蝓　软体动物门，腹足纲，柄眼目，蛞蝓科。【生活习性及为害特点】一年发生 1 代，以成体或幼体在植物根部湿土里过冬。次年春天开始活动为害，潮湿季节为活动为害的高峰，多将幼嫩叶片咬成孔洞或缺刻。5～6 月间交尾产卵，卵多产于湿度大、隐蔽的土中，每处产卵数粒至十余粒，多粘在一起成串，每雌体平均产卵 400 多粒。产卵期较长，可达 4～5 个月。卵期 16 d 左右。蛞蝓畏光、怕热，所以白天多藏在阴沟里、潮湿背光处等阴暗场所，夜间出来活动取食，阴雨后地面潮湿或夜晚有露水时，出来较多，气温在 25℃ 以上时，活动较少。蛞蝓爬过的地方留下发光的黏液痕迹。【为害植物】分布广，寄主多。菊花、一串红、月季、瓜叶菊、海棠、唐菖蒲等。

参考文献

[1] 何振昌. 中国北方农业害虫原色图鉴. 沈阳: 辽宁科学技术出版社, 1997.

[2] 仵均祥. 农业昆虫学(北方本). 西安: 世界图书出版公司, 1999.

[3] 李玉. 庄稼医生实用手册. 北京: 农业出版社, **1992**.

[4] 北京农业大学. 果树昆虫学(下册). 北京: 农业出版社, **1994**.

[5] 丁文山, 曹宗亮. 杂粮及薯类害虫. 北京: 中国农业出版社, **1996**.

[6] 华南农学院. 农业昆虫学(上、下册). 北京: 农业出版社, **1991**.

[7] 刘绍友. 农业昆虫学(北方本). 杨陵: 天则出版社, **1990**.

[8] 牟吉元, 李照会, 徐洪富. 农业昆虫学. 北京: 中国农业科技出版社, **1995**.

[9] 赵怀谦, 赵宏儒, 杨志华. 园林植物病虫害防治手册. 北京: 农业出版社, **1994**.

[10] 徐公天. 园林植物病虫害防治原色图谱. 北京: 中国农业出版社, **2002**.

[11] Featured Creatures, http://entnemdept.ufl.edu/creatures/.

第二章
杀虫剂主要类型与品种

第一节
杀虫剂研究开发的新进展与发展趋势

近几年世界各大农药公司开发的和在开发中的新化学杀虫剂主要有鱼尼丁受体类、季酮酸类、氨基脲类，其他如新烟碱类、吡唑类、异噁唑啉类等均有新品种报道。

1. 鱼尼丁受体类

氟苯虫酰胺（flubendiamide）和氯虫苯甲酰胺（chlorantraniliprole）是分别由日本农药公司和杜邦公司研制开发的新型酰胺类杀虫剂，作用机理是鱼尼丁受体激活剂（ryanodine receptor activator）。不仅对鳞翅目等害虫有优异的活性，与现有杀虫剂无交互抗性，而且对哺乳动物安全。前者由日本农药公司和拜耳公司共同开发，后者由杜邦公司和先正达公司共同开发，均于2007年底上市。

溴氰虫酰胺（cyantraniliprole）是杜邦公司继氯虫苯甲酰胺（chlorantraniliprole）后报道的另一个新型氨基苯甲酰胺类杀虫剂，与氯虫苯甲酰胺相比溴氰虫酰胺（cyantraniliprole）具有更广谱的杀虫活性。

日本石原产业株式会社在氯虫苯甲酰胺和溴氰虫酰胺的基础上，进一步优化得到新的双酰胺类杀虫剂cyclaniliprole，尽管在结构上具备鱼尼丁受体抑制剂的双酰胺结构，但是据报道其具有不同的作用机制。

沈阳化工研究院有限公司以氯虫苯甲酰胺为先导化合物，通过对其结构中的苯环取代基、吡唑取代基进行结构修饰，于2008年发现具有高杀虫活性的化合物四氯虫酰胺（代号SYP9080），可用于防治稻纵卷叶螟等以及蔬菜上的小菜蛾、菜青虫等鳞翅目害虫。

浙江省化工研究院有限公司2010年自主创新研发的一种邻苯二甲酰胺类杀虫剂氯氟氰虫酰胺（ZJ4042），其杀虫谱主要是鳞翅目害虫，尤其是水稻螟虫。

拜耳作物科学在溴氰虫酰胺的结构基础上引入四唑环，开发了新型杀虫剂tetraniliprole，在低剂量下对鳞翅目、鞘翅目及双翅目害虫有很好的防治效果。

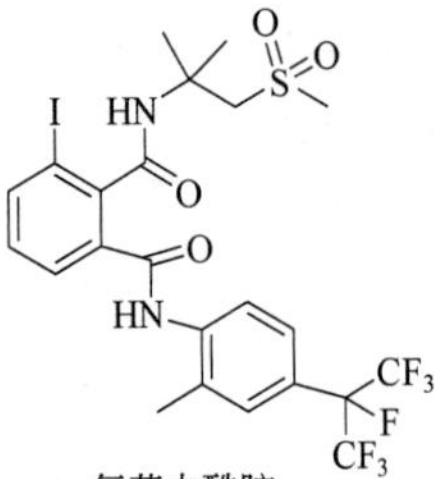

氟苯虫酰胺 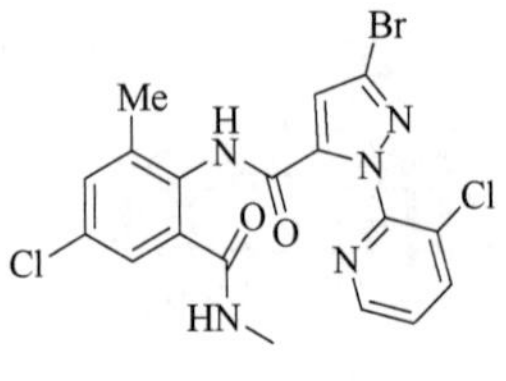　　　　　　氯虫苯甲酰胺 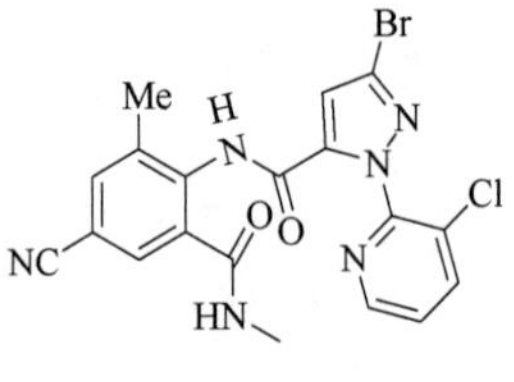　　　　　　溴氰虫酰胺

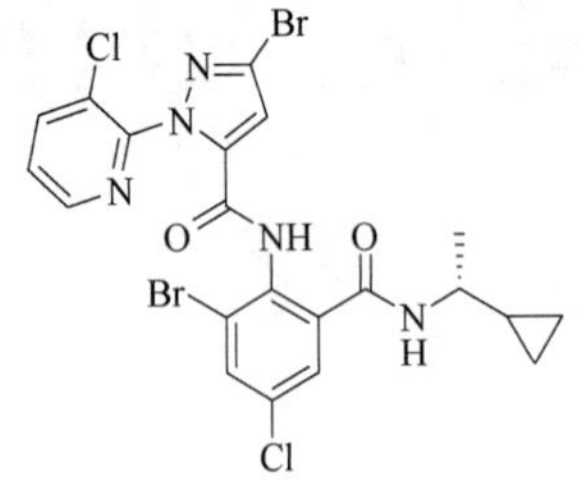

cyclaniliprole 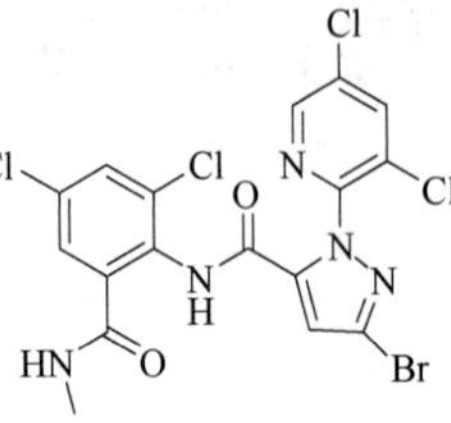　　　　　　四氯虫酰胺

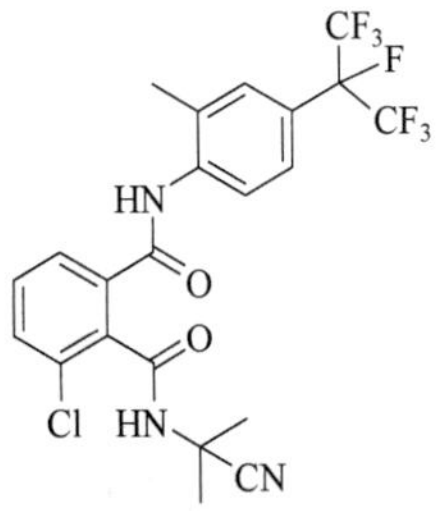

氯氟氰虫酰胺 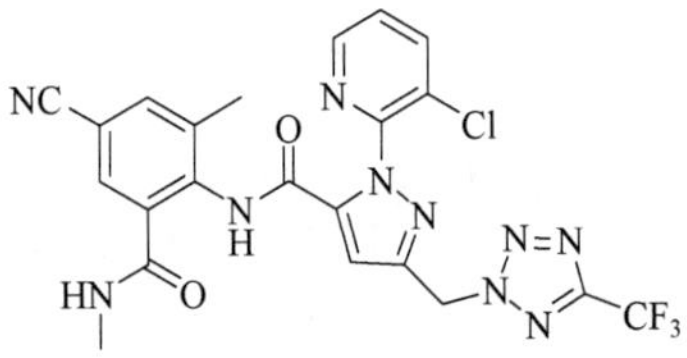　　　　　　tetraniliprole

2002 年日本三井农业化学公司以氟苯虫酰胺为先导化合物，设计合成了间二酰胺结构，发现对鳞翅目害虫具有很好的防效，但其杀虫特性不同于氟苯虫酰胺，针对这一机理上的不同，日本三井在此基础上继续优化，发现了 broflanilide，代码为 MCI-8007，已与巴斯夫共同合作开发，主要用于防除绿叶蔬菜、多年生作物和谷物等作物上的鳞翅目、鞘翅目、白蚁以及蚊蝇等害虫，其可能具有新颖的作用机制。2018 年上海泰禾进一步对间苯甲酰氨基苯甲酰胺类杀虫剂进行优化研究，发现杀虫剂 cyproflanilide，起效快，施用一天后即可发挥杀虫活性，而且使用剂量低，可减少药物浓度过大对植物及人类的伤害。

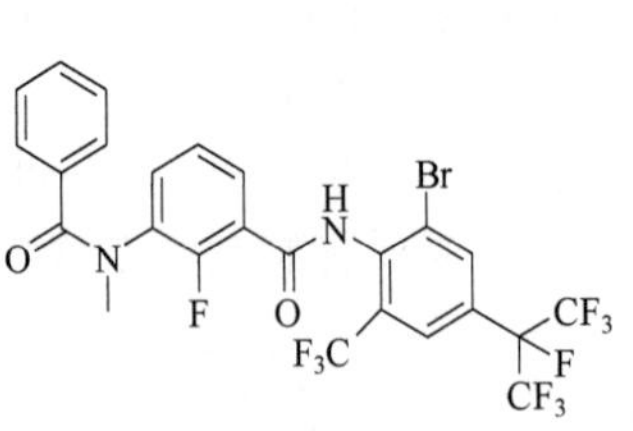

broflanilide 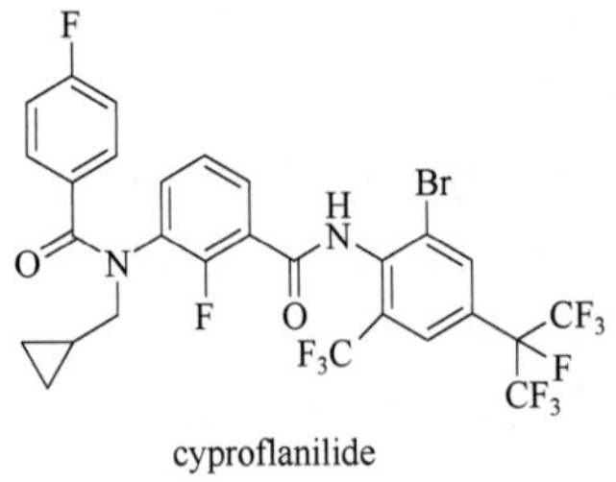　　　　　　cyproflanilide

2．季酮酸类

季酮酸类（tetronic acid）杀虫杀螨剂是拜耳公司在筛选除草剂的基础上发现的一类新型杀虫杀螨剂，为类脂生物合成抑制剂。目前有四个品种螺螨酯（spirodiclofen）、螺虫酯（spiromesifen）、螺虫乙酯（spirotetramat，试验代号：BYI 08330）和 spiropidion，均具有很好的杀虫和杀螨活性。

螺螨酯是拜耳公司开发成功的第 1 个酮-烯醇类杀虫杀螨剂，该药已于 2003 年分别以商品名称 Daniemon 和 Envidor 在日本和荷兰获得批准。螺虫酯是拜耳公司继报道螺螨酯后开发的又一个季酮酸酯类杀虫剂；从 2003 年开始，已在多个国家登记注册，2006 年在巴西、墨西哥登记用于防治蔬菜、棉花、果树的害虫和害螨。螺虫乙酯（spirotetramat）是拜耳公司研制的第三个季酮酸类杀虫剂，它主要用于防治吸吮性害虫。spiropidion（开发代号：SYN546330）是先正达开发的螺杂环季酮酸类杀虫剂。该药剂可用于防治危害棉花和多种果蔬作物的蚜虫。

| 螺螨酯 | 螺虫酯 | 螺虫乙酯 | spiropidion |

3. 拟除虫菊酯类

拟除虫菊酯类杀虫（螨）剂品种比较多，近几年发展虽然缓慢，但仍有新品种报道。

精氯氟氰菊酯（*gamma*-cyhalothrin），即氯氟氰菊酯单一活性体，由 Pytech 化学公司开发。其活性不仅比氯氟氰菊酯高几倍，且具有非常好的环境效益。该产品制剂为水基微胶囊，2002 年已在阿根廷上市，主要用于防治玉米、大豆、棉花、向日葵、苜蓿、高粱等重要害虫，市场前景好。

| 精氯氟氰菊酯 | 丙苯烃菊酯 |

丙苯烃菊酯（试验代号：F 7869，通用名称：protrifenbute）是由 FMC 公司开发的非酯类烃类菊酯，对鱼类特别安全。可用于防治众多的昆虫如螟虫、黏虫、蚜虫和螨类等。

丙氟菊酯（试验代号：S 1846，通用名称：profluthrin）和甲氧苄氟菊酯（试验代号：S 1264，通用名称：metofluthrin）均由日本住友化学公司报道，具有很好的杀虫活性。

| 甲氧苄氟菊酯 | 丙氟菊酯 |

大日本除虫菊株式会社报道的新型化合物 K-3043，具有很好的活性，虽然是菊酯类化合物，文献报道其对市场上常用的菊酯类品种产生抗性的害虫也有相当的活性。倍速菊酯为江苏扬农化工股份有限公司开发的拟除虫菊酯类卫生杀虫剂，对蚊、蝇、蜚蠊等具有很高的击倒活性，明显优于 Es-炔丙菊酯和胺菊酯。主要作为击倒剂用于杀虫气雾剂中。

| K-3043 | 倍速菊酯 |

Epsilon-metofluthrin 和 *epsilon*-momfluorothrin 是日本住友化学在已知的拟除虫菊酯类杀虫剂 metofluthrin 和 momfluorothrin 的基础上，通过拆分得到的单一光学异构体。其具有更高的杀虫活性，主要用于防治室内外飞行和爬行昆虫，作用于害虫的神经系统。

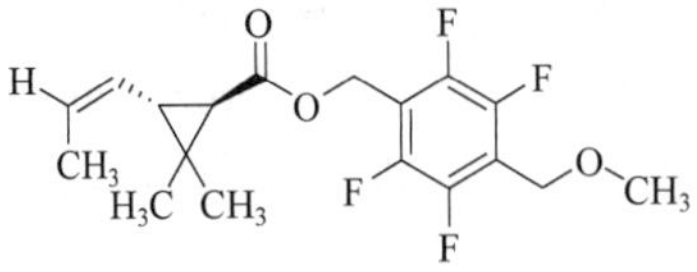

epsilon-metofluthrin 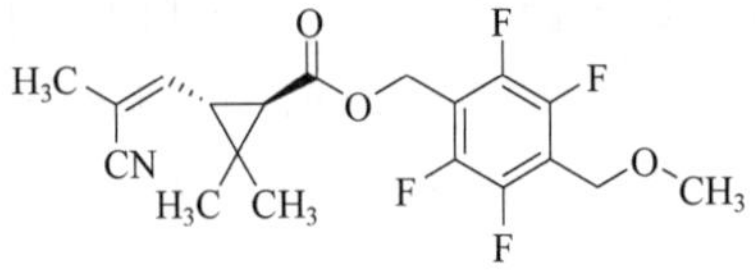　　　　　epsilon-momfluorothrin

4．苯甲酰脲类

据报道，我国由于高毒农药品种的淘汰直接影响到其他类杀虫剂的使用情况，2002 年昆虫生长调节剂用量增加了 25.3%，占所有杀虫剂用量的 9.4%，这说明对环境友好的杀虫剂还是有市场的。近几年报道的新苯甲酰脲类杀虫剂有两个即双三氟虫脲（bistrifluron）和多氟脲（noviflumuron），均是在已有品种基础上，进行结构优化发现的。前者由韩国东宝化学公司开发，主要用于蔬菜、果树防治鳞翅目害虫，对白粉虱有特效。后者由道农业科学公司报道，主要用于防治白蚁。

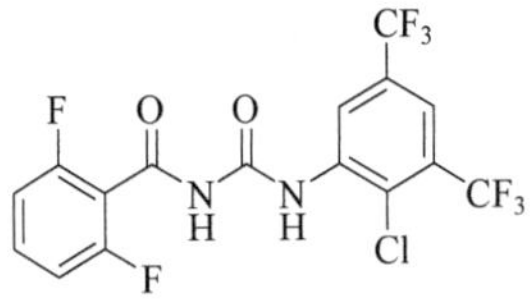

双三氟虫脲 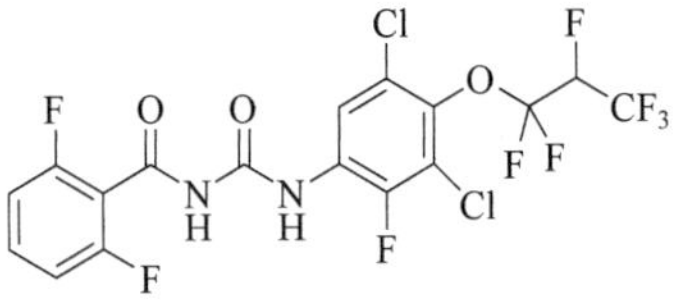　　　　　　　　　多氟脲

5．双酰肼类

此类化合物是蜕皮激素类似物，对环境安全，大家熟悉的如虫酰肼和甲氧虫酰肼等，近期商品化的品种是环虫酰肼（chromafenozide），由日本农药和三共公司共同开发。主要用于蔬菜、茶、果树、稻田等防治鳞翅目害虫，使用剂量为 5～200 g(a.i.)/hm²。我国江苏农药研究所报道的化合物呋喃虫酰肼（JS118）也具有很好的活性。

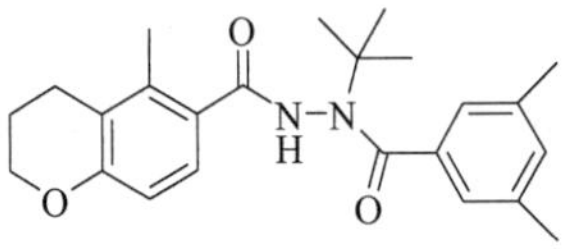

环虫酰肼 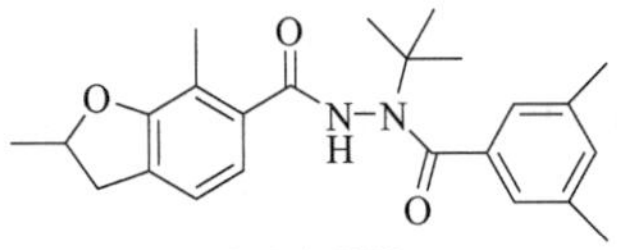　　　　　　　　　　呋喃虫酰肼

6．新烟碱类

近期商品化的该类化合物有噻虫啉、噻虫嗪、噻虫胺、呋虫胺。均是在已有化合物结构的基础上，经进一步优化得到的。

噻虫啉（thiacloprid）是由拜耳公司开发的用于水稻、水果、蔬菜、棉花等防除大多数害虫的杀虫剂，使用剂量为 48～180 g(a.i.)/hm²。

噻虫嗪（thiamethoxam）是先正达公司开发的第二代新烟碱类杀虫剂，可有效地防治鳞翅目、鞘翅目、缨翅目和同翅目害虫如各种蚜虫、叶蝉、粉虱、飞虱、粉蚧、金龟子幼虫、马铃薯甲虫、跳甲、线虫、地面甲虫、潜叶蛾等。防治棉花害虫使用剂量为 30～100 g(a.i.)/hm²，防治稻飞虱使用剂量为 6～12 g(a.i.)/hm²，用 40～315 g(a.i.)/100kg 处理玉米种子，可有效地防治线虫、蚜属、秆蝇、黑异蔗金龟等害虫。

呋虫胺（dinotefuran）是日本三井东亚化学公司开发的新型烟碱类似物，主要用于水稻、蔬菜、果树及其他作物防治刺吸口器类昆虫。施用剂量为 $100\sim200$ g(a.i.)/hm²。

噻虫胺（clothianidin）是由武田制药（现为住友化学公司）和拜耳公司共同开发的第二代新烟碱类杀虫剂，主要用于蔬菜、水稻、棉花等防除大多数害虫。茎叶处理、水田使用剂量为 $50\sim100$ g(a.i.)/hm²，土壤处理使用剂量为 150 g(a.i.)/hm²，种子处理使用剂量为 $200\sim400$ g(a.i.)/100kg 种子。

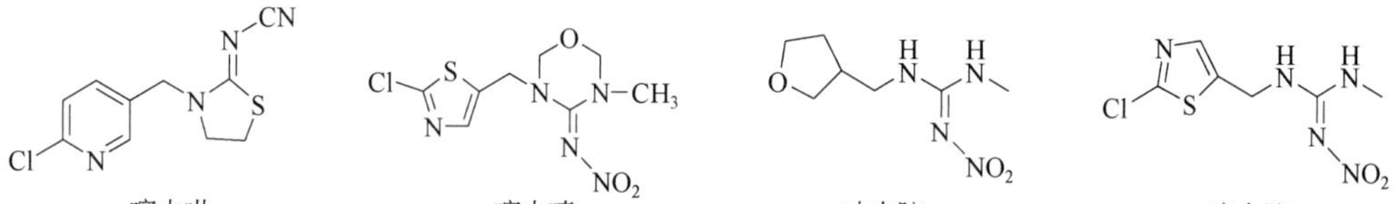

噻虫啉　　　　　　噻虫嗪　　　　　　呋虫胺　　　　　　噻虫胺

imicyafos（AKD-3088）是由日本 Agro Kanesho 公司报道的硫代磷酸酯的杀线虫剂，它由不对称有机磷与烟碱类杀虫剂的氰基亚咪唑烷组合而成。主要用于蔬菜和马铃薯防治害虫与线虫。

氯噻啉是由江苏省南通江山农药化工股份有限公司开发的烟碱类杀虫剂，为吡虫啉的结构改造物，即由吡啶环换成噻唑环而成。该药剂对小麦蚜虫、十字花科蔬菜蚜虫、稻飞虱、白粉虱、柑橘蚜虫、茶小绿叶蝉等害虫有较好的效果。

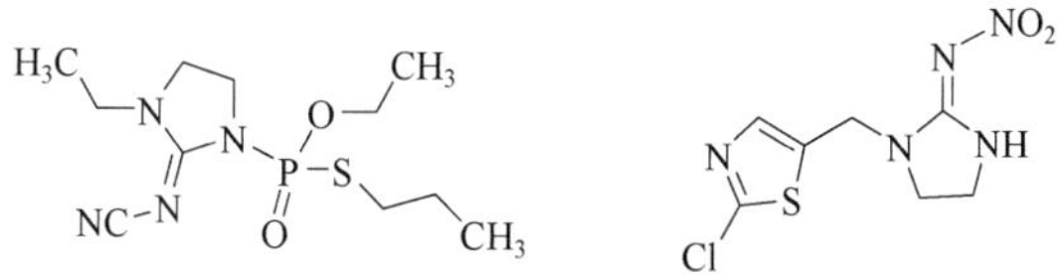

imicyafos　　　　　　　　　　氯噻啉

我国的华东理工大学钱旭红、李忠课题组研制的哌虫啶已获得中国农药临时登记许可证，与江苏克胜共同开发；环氧虫啶已授权上海生农生化制品有限公司独家生产。

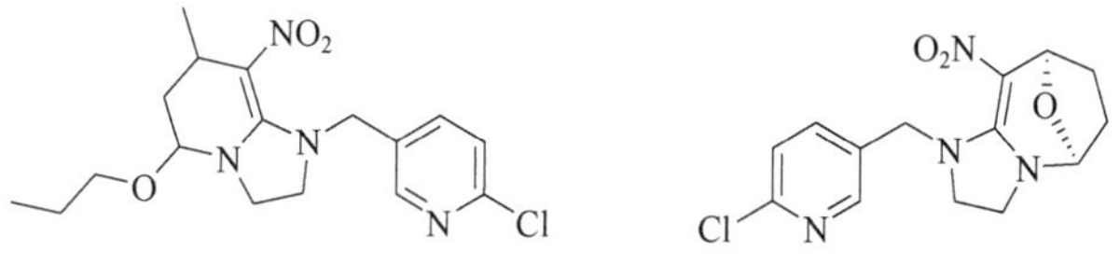

哌虫啶　　　　　　　　　　环氧虫啶

另外日本石原产业株式会社研制并与 FMC 公司共同开发的氟啶虫酰胺（flonicamid）及道农业科学公司开发的氟啶虫胺腈（sulfoxaflor）也属该类化合物。

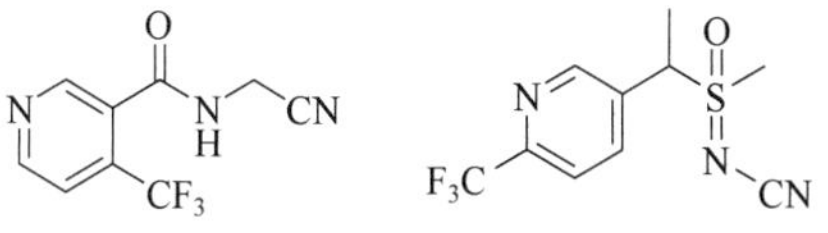

flonicamid　　　　　　　　sulfoxaflor

氟啶虫胺腈的创制，主编猜测其是在烟碱结构研究的基础上，利用生物等排理论，并结合杀虫剂啶虫脒（acetamiprid）的结构得到先导化合物，再经优化，最终得到。

flupyrimin 是由 Meiji Seika Pharma 在啶虫脒结构的基础上，将两个甲基设计为环状结构，氰基用三氟乙酰基取代，发现了作用于烟碱乙酰胆碱受体的新型杀虫剂。

氟吡呋喃酮（flupyradifurone）的创制是受到天然化合物百部叶碱（stemofoline）的启发，拜耳的科学家成功地鉴定了在这复杂的天然产物中具有杀虫作用的活性部分，其丁烯酸内酯

（butenolide）活性基团作用于靶标害虫的烟碱乙酰胆碱受体（nAChR），在丁烯酸内酯类化合物的结构基础上，发现了新颖丁烯酸内酯类杀虫剂氟吡呋喃酮（flupyradifurone），已在多国登记上市。

flupyrimin　　　　　flupyradifurone

　　三氟苯嘧啶（triflumezopyrim）是杜邦公司在开发杀菌剂丙氧喹啉过程中意外发现的极性较大的副产物，结构鉴定为介离子类化合物，然后进行了大量的优化研究，最终发现了三氟苯嘧啶，它虽然和新烟碱类杀虫剂一样作用于烟碱乙酰胆碱受体，但是它们的作用机理却不一样。

　　dicloromezotiaz 的设计合成基于前期开发的三氟苯嘧啶，它们都有一样的六元环介离子公共骨架，区别仅在于将三氟苯嘧啶中的嘧啶环换为 2-氯噻唑环，3-三氟甲基苯基换为 3,5-二氯苯基，它的作用方式与三氟苯嘧啶相似，作用于乙酰胆碱受体，但又有别于新烟碱类杀虫剂。

triflumezopyrim　　　　　　dicloromezotiaz

7. 吡唑类

　　近期报道的吡唑类化合物主要是氟虫腈类似物（乙虫腈、乙酰虫腈、啶氟虫腈、嘧氟虫腈、丁烯氟虫腈、nicofluprole 和 tyclopyrazoflor）、吡螨胺的类似物唑虫酰胺和 dimpropyridaz。

　　乙虫腈（ethiprole）和乙酰虫腈（acetoprole）是继氟虫腈后开发的两个吡唑类化合物，前者主要用于水稻、水果、蔬菜、棉花、花生、大豆防治大多数害虫，持效期长达 21～28 d。后者不仅具有杀虫活性，而且具有杀线虫和杀螨活性。啶氟虫腈（pyriprole）和 pyrafluprole 都是由日本农药公司于 2004 年报道的，啶氟虫腈的杀虫谱与氟虫腈相仿；嘧氟虫腈对鞘翅目害虫及半翅目害虫有效，并对水稻纹枯病具有较好防效，主要用于蔬菜。目前正在开发中。丁烯氟虫腈是由大连瑞泽农药股份有限公司研制的苯基吡唑类杀虫剂，为氟虫腈的结构改造物。它对菜青虫、小菜蛾、螟虫、黏虫、褐飞虱、叶甲等多种害虫有效。尤其在水稻、蔬菜害虫的防治中与氟虫腈的效果相当。但对鱼的毒性低于氟虫腈。tyclopyrazoflor 是陶氏益农（科迪华）开发的吡啶基吡唑类杀虫剂。主要防治棉粉虱、棕榈象甲等害虫，并且对观赏植物、瓜类、柿子椒以及茄科植物上的蚜虫、粉虱具有不错的防效。nicofluprole 是拜耳开发的吡唑类杀虫剂，主要防治昆虫、蛛形纲动物和线虫等害虫。

　　唑虫酰胺（tolfenpyrad）是三菱化学开发的杀虫杀螨剂，使用剂量为 75～200 g(a.i.)/hm²。dimpropyridaz 是巴斯夫开发的吡唑甲酰胺类杀虫剂，其结构较为特殊，为 4-吡唑酰胺，对鳞翅目、鞘翅目、双翅目和半翅目的蚜虫、粉虱、蓟马、叶蝉和菜蛾均有较好的防治效果。

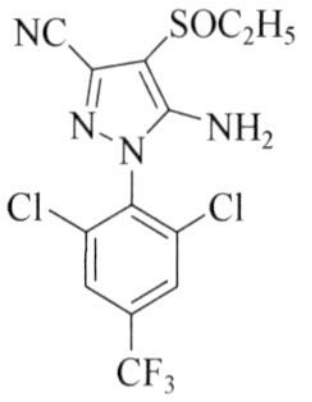

乙硫氟虫腈 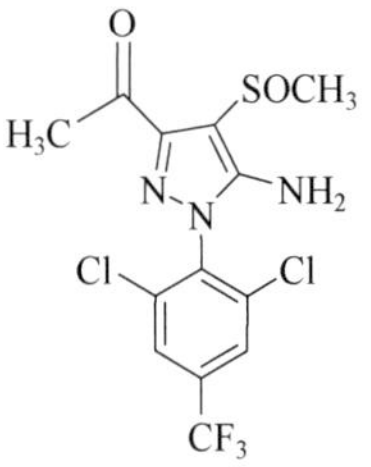　　　乙酰氟虫腈 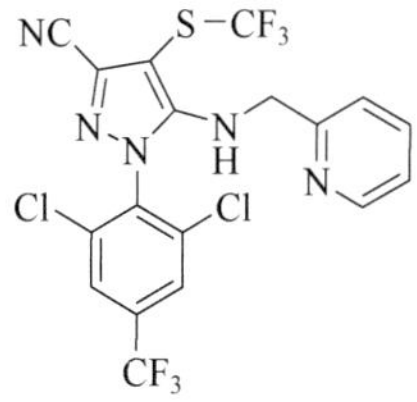　　　啶氟虫腈 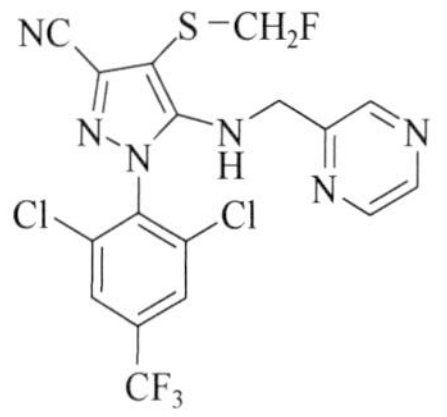　　　pyrafluprole

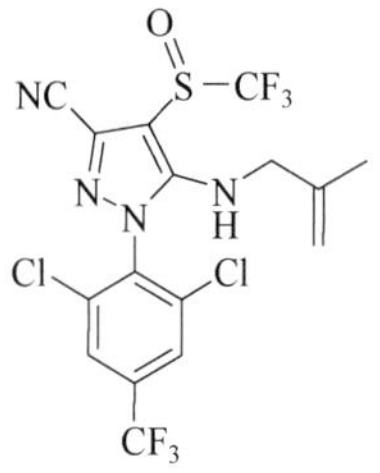

丁烯氟虫腈 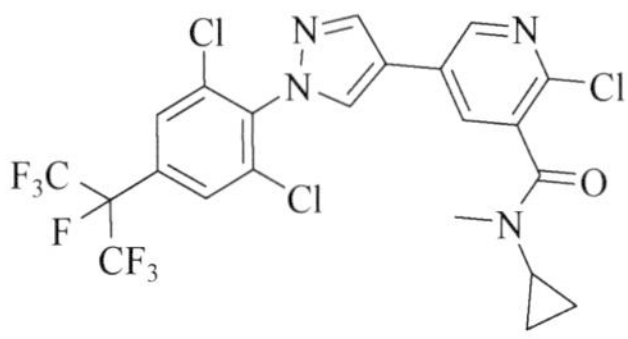　　　nicofluprole 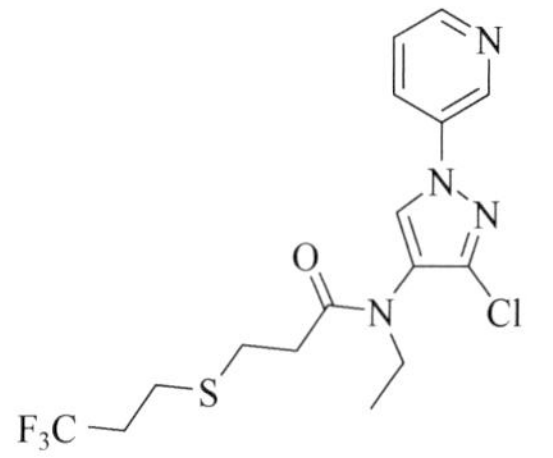　　　tyclopyrazoflor

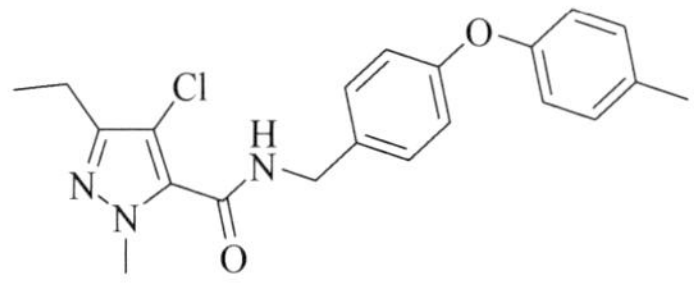

唑虫酰胺 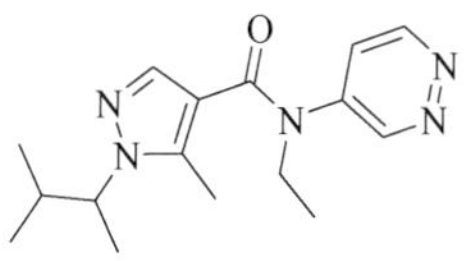　　　dimpropyridaz

8. 嘧啶类

嘧虫胺（flufenerim）是日本宇部兴产在继杀螨剂嘧螨醚（pyrimidifen）开发之后，又推出的一个新的嘧啶类杀虫剂。pyrifluquinazon（NNI 9768）是日本农药公司报道的苯并嘧啶酮类杀虫剂，对半翅目（如蚜虫）及蓟马科害虫有效，对粉虱和叶蝉也具有很好的活性。

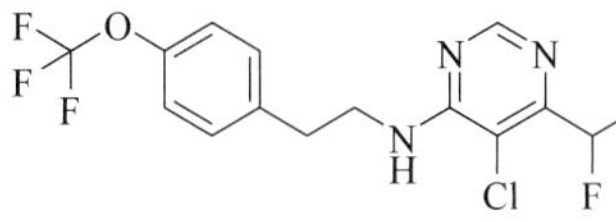

嘧虫胺 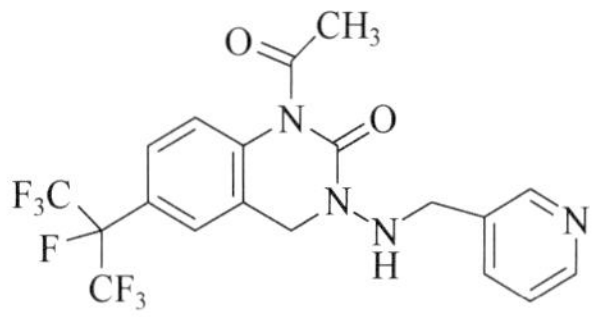　　　pyrifluquinazon

9. 氨基脲类

氨基脲类是一种结构新颖的杀虫剂类型，代表化合物氰氟虫腙（metaflumizone）由巴斯夫于 2003 年最早报道，该化合物具有新的作用方式，可用于防治咀嚼式口器害虫，并与其他杀虫剂无交互抗性。主要用于玉米、棉花、马铃薯、叶菜、番茄、果树、甘蔗等作物。

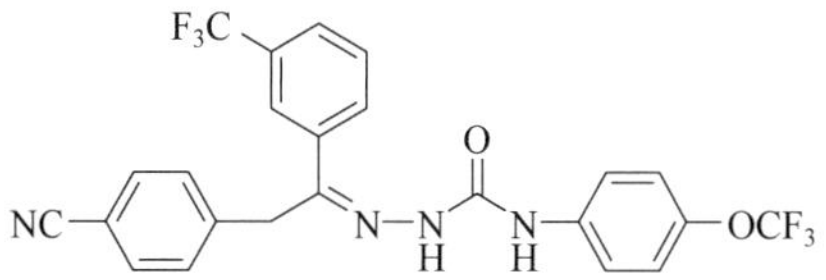

metaflumizone

10. 天然产物类

lepimectin 是弥拜菌素（milbemectin）的衍生物。

lepimectin主成分　　　　　　　　lepimectin次成分

spinetoram（XDE-175）是由道农业科学公司报道的杀虫剂，在天然产物多杀菌素（spinosad）的基础上，经结构修饰后得到的，活性高于 spinosad，于 2008 年上市。

spinetoram 主成分　　　　　　　spinetoram 次成分

近期开发的生物杀虫剂如印楝素、多杀菌素、埃玛菌素或甲氨基甲维菌素苯甲酸盐（emamectin benzoate）、弥拜菌素（milbemectin），和 Bayer 公司 Bio 1020（*Metarhizium anisopliae*）、Arysta 生命科学公司的 *Verticillium lecanii*，Bio-Care 技术公司的 *Metarhizium anisopliae* 以及 Certis 公司推出的 *Paecilomyces fumosoroseus* 等已应用于农业生产中。

11. 异恶唑啉类

2004 年日产化学合成异恶唑啉类杀虫剂并申请专利，2007 年又在该类化合物的基础上使用肟醚将酰胺链替换优化得到一系列新的具有杀虫活性的化合物，包括 fluxametamide。但当时并未进行商品化，直到 2014 年一次偶然的发现，该类化合物中的弗雷拉纳（fluralaner）被开发为兽药驱虫剂上市。正是由于这一发现，又引起了日产化学对该类化合物的研究，于是后续将 fluxametamide 开发为了农用杀虫剂。主要用于蔬菜、果树、棉花和茶树等作物，防治蓟马、粉虱、潜叶蝇、甲虫等害虫和螨类，是一种 γ-氨基丁酸（GABA）门控氯离子通道拮抗剂。

isocycloseram（开发代号：SYN547407）是先正达开发的一款异恶唑啉类杀虫剂。该化合物结构与 fluxametamide 相似，是 4 种活性异构体的混合物，其中（5*S*, 4*R*）型异构体活性最高。该化合物可能是以弗雷拉纳为先导，使用异恶唑啉酮替换三氟甲基酰胺链，或者是通过合环衍生，最终优化得到。该产品对海灰翅夜蛾、烟夜蛾、小菜蛾、玉米根虫、葱蓟马、二斑叶螨等害虫具有良好的防效。

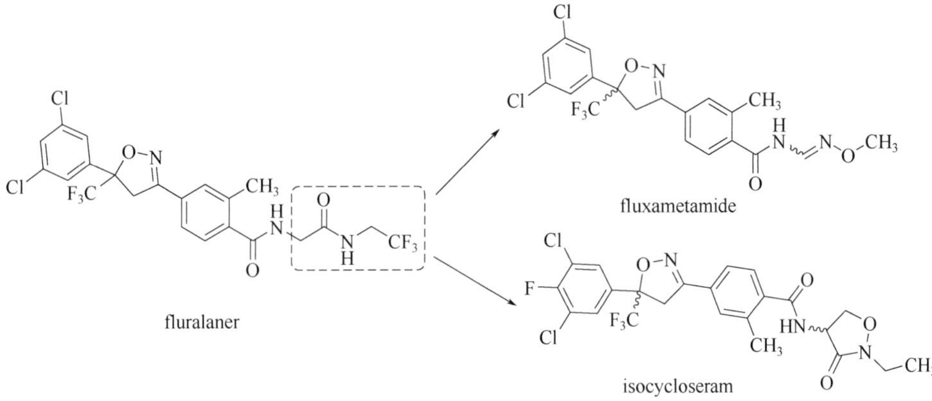

fluralaner → fluxametamide

fluralaner → isocycloseram

12. 其他类型的杀虫剂

三氟甲吡醚（pyridalyl）是住友化学公司开发的新型吡啶醚类杀虫剂，主要用于棉花、蔬菜防治鳞翅目害虫。

benclothiaz 是先正达公司研制的杀线虫剂。咖啡因（caffeine）为早已有的嘌呤类化合物，最近发现可用于防治软体动物。ZJ 0967 是由浙江化工研究院研发的二苯甲酮腙类杀虫剂，该药剂对鳞翅目害虫有一定的活性，效果与虫酰肼相当。

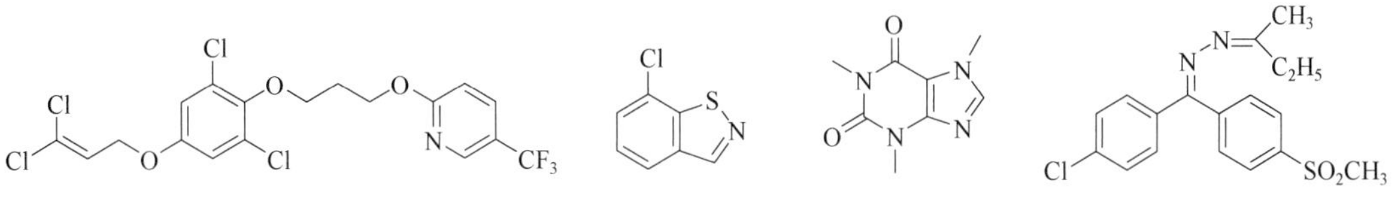

三氟甲吡醚   benclothiaz   caffeine   ZJ 0967

oxazosulfyl（开发代号：S-1587）是日本住友化学公司开发的一种新型含乙砜基的苯并噁唑类杀虫剂。该化合物可能是以 1982 年日本熊本大学报道的具有杀虫活性的化合物为先导，通过对吡啶和苯并噁唑的取代基优化而得到，主要应用于防控水稻病虫害，在低浓度下对褐飞虱和小菜蛾等害虫仍有较好的防效。

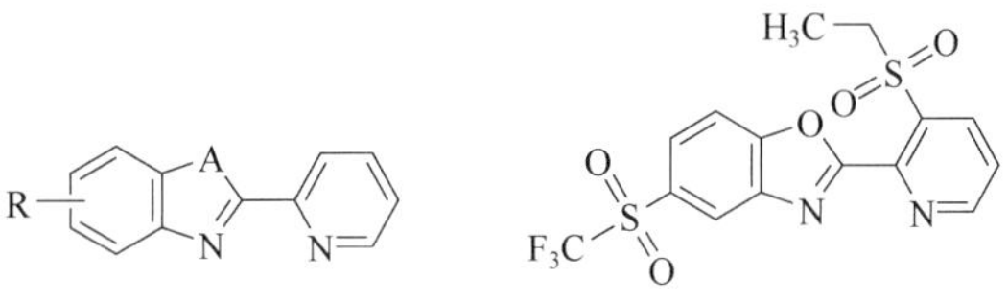

A = S、O、NH   oxazosulfyl

benzpyrimoxan（开发代号：NNI-1501）是日本农药株式会社开发的杀虫剂。芳基烷氧基嘧啶类化合物的杀虫活性最早是由日本曹达公司进行报道的，日本农药株式会社以其为先导，对其结构中芳基 Ar 部分进行大量优化，使用各类杂环进行替换，最终筛选发现了 benzpyrimoxan。该药剂对稻飞虱和叶蝉具备非常好的防效，其与现有杀虫剂无交互抗性，可用于防治对现有杀虫剂产生抗性的害虫，该产品首先在日本和印度上市。

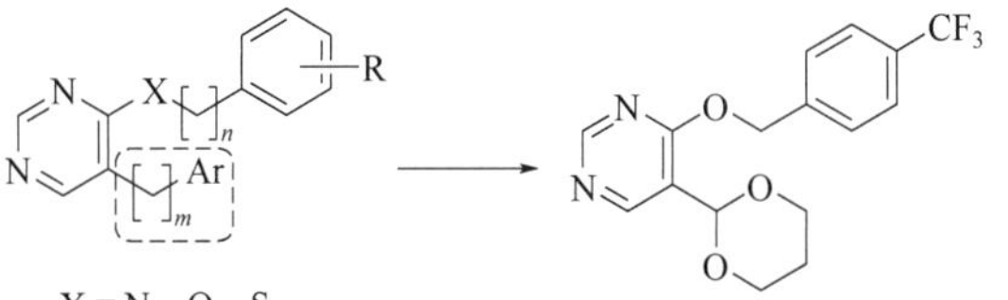

X = N、O、S
m/n = 0、1、2   benzpyrimoxan

小结

前面对近几年报道的新型杀虫剂进行了简要的介绍。鱼尼丁受体类、氨基脲类、甲氧基丙烯酸酯类、季酮酸类为前所未有的新化合物类型。尽管新农药开发越来越困难，但可以预见，随着天然产物分离技术、基因（组）技术的发展和在新农药创制中的应用，不久的将来还会出现更多的新型结构的杀虫剂或农药品种。

参考文献

[1] 柴宝山, 杨吉春, 刘长令. 新型邻苯二甲酰胺类杀虫剂的研究进展. 精细化工中间体, **2007**, 37(1): 1-8.

[2] 柴宝山, 林丹, 刘远雄, 等. 新型邻甲酰氨基苯甲酰胺类杀虫剂的研究进展. 农药, **2007**, 46(3): 148-153.

[3] 刘长令. 2002 年英国 Brighton 植保会议公开的新农药品种. 农药, **2003**, 42(1): 48.

[4] 刘长令. 2006 年公开的新农药品种. 农药, **2007**, 46(2): 127-128.

[5] 徐尚成. 杂环杀虫剂研究开发的新进展. 江苏化工, **1999**, 27(4): 4-7.

[6] Walker S Barrie. Common names of pesticides recently approved by the BSI. Pest Manag Sci, **2003**, 59: 371-373.

[7] 坂本典保, 尾山和彦. Insect control: chemistry, biochemistry, molecular biology. J Pesticide Sci, **2003**, 28: 134-141.

[8] 张一宾, 张怿. 世界农药新进展. 北京：化学工业出版社, **2007**.

[9] 刘长令. 2000 年英国 Brighton 植保会议简介. 农药, **2001**, 40(1): 1-3.

[10] 聂开晟, 侯春青, 刘长令. 新型昆虫生长调节剂——环虫酰肼. 农药, **2001**, 40(2): 42-43.

[11] 刘长令. 2004 年公开的农药新品种. 农药, **2005**, 44(1): 44-45.

[12] 刘长令. 杀虫杀螨剂研究开发的新进展. 农药, **2003**, 42(10): 1-4.

[13] 钟滨, 刘长令, 李正名. 新型杀虫杀螨剂的研究进展. 新农药, **2004**(2): 7-12.

[14] 刘长令. 2006 年 IUPAC 会议报道的新农药品种. 农药, **2006**, 45(10): 712-715.

[15] 柴宝山, 刘远雄, 杨吉春, 等. 杀虫杀螨剂研究开发的新进展. 农药, **2007**, 46(12): 800-805.

[16] 刘长令. 2007 年英国植保会议公开的新农药品种. 农药, **2007**, 46(11): 777-778.

[17] 刘长令. 2008 年公开的新农药品种. 农药, **2009**, 48(1): 43-44.

[18] 杨吉春, 刘长令. 2009 年公开的新农药品种. 农药, **2010**, 49(1): 58-59.

[19] Asahi M, Kobayashi M, Kagami T, et al. Fluxametamide: a novel isoxazoline insecticide that acts via distinctive antagonism of insect ligand-gated chloride channels. Pestic biochem Phys, **2018**, 151: 67-72.

[20] 赵春青, 韩召军, 唐涛. 杀虫剂 fluralaner 及其衍生物的生物效应和毒理学研究进展. 农药学学报, **2015**, 17(3): 251-256.

[21] 李斌, 杨辉斌, 王军锋, 等. 四氯虫酰胺的合成及其杀虫活性. 现代农药, **2014**, 13(3): 17-20.

[22] Hisano T, Ichikawa M, Tsumoto K, et al. Synthesis of benzoaxazoles, benzothiazoles and benzimidazoles and evaluation of their antifungal, insecticidal and herbicidal activities. Chem Pharm Bull, **1983**, 8(30): 2996-3004.

[23] 王廷廷. 先正达公司对螺杂环季酮酸类化合物专利申请布局分析. 农药市场信息, **2019**, 11: 25-29.

—— 第二节 ——

抗生素类和微生物类杀虫剂

抗生素类和微生物类杀虫剂（antibiotic insecticides and macrocyclic lactone insecticides）品种总共有 16 个：abamectin、allosamidin、doramectin、emamectin、emamectin benzoate、eprinomectin、ivermectin、lepimectin、milbemectin、milbemycin oxime、moxidectin、selamectin、spinetoram、spinosad、thuringiensin、afidopyropen。本书仅介绍 abamectin、emamectin benzoate、ivermectin、lepimectin、milbemectin、spinetoram、spinosad、afidopyropen；而 allosamidin、 doramectin、emamectin、eprinomectin、milbemycin oxime、moxidectin、selamectin、thuringiensin 仅列出化学名称、CAS 登录号：

allosamidin：(3a*R*,4*R*,5*R*,6*S*,6a*S*)-2-dimethylamino-4,5,6,6a-tetrahydro-4-hydroxy-6-hydroxy-methyl-3a*H*-cyclopenta[*d*][1,3]oxazol-5-yl-2-acetamido-4-*O*-(2-acetamido-2-deoxy-*β*-D-allopyranosyl)-2-deoxy-*β*-D-allopyranoside；[103782-08-7]。

doramectin：extended von Baeyer nomenclature:(10*E*,14*E*,16*E*)-(1*R*,4*S*,5'*S*,6*S*,6'*R*,8*R*,12*S*,13*S*,20*R*,21*R*,24*S*)-6'-cyclohexyl-21,24-dihydroxy-5',11,13,22-tetramethyl-2-oxo-(3,7,19-trioxatetracyclo[15.6.1.1^{4,8}.0^{20,24}]pentacosa-10,14,16,22-tetraene)-6-spiro-2'-(5',6'-dihydro-2'*H*-pyran)-12-yl-2,6-dideoxy-4-*O*-(2,6-dideoxy-3-*O*-methyl-*α*-L-*arabino*-hexopyranosyl)-3-*O*-methyl-*α*-L-*arabino*-hexopyranoside 或 bridged fused ring systems nomenclature: (2a*E*,4*E*,8*E*)-(5'*S*,6*S*,6'*R*,7*S*,11*R*,13*S*,15*S*,17a*R*,20*R*,20a*R*,20b*S*)-6'-cyclohexyl-5',6,6',7,10,11,14,15,17a,20,20a,20b-dodecahydro-20,20b-dihydroxy-5',6,8,19-tetramethyl-17-oxospiro[11,15-methano-2*H*,13*H*,17*H*-furo[4,3,2-*pq*][2,6]benzodioxacyclooctadecin-13,2'-[2*H*]pyran]-7-yl,6-dideoxy-4-*O*-(2,6-dideoxy-3-*O*-methyl-*α*-L-*arabino*-hexopyranosyl)-3-*O*-methyl-*α*-L-*arabino*-hexopyranoside；[117704-25-3]。

emamectin：extended von Baeyer nomenclature: mixture of (10*E*,14*E*,16*E*)-(1*R*,4*S*,5'*S*,6*S*,6'*R*,8*R*,12*S*,13*S*,20*R*,21*R*,24*S*)-6'-[(*S*)-*sec*-butyl]-21,24-dihydroxy-5',11,13,22 = -tetramethyl-2-oxo-(3,7,19-trioxatetracyclo[15.6.1.1^{4,8}.0^{20,24}]pentacosa-10,14,16,22-tetraene)-6 = -spiro-2'-(5',6'-dihydro-2'*H*-pyran)-12-yl-2,6-dideoxy-3-*O*-methyl-4-*O*-(2,4,6-trideoxy-3-*O* = -methyl-4-methylamino-*α*-L-*lyxo*-hexapyranosyl)-*α*-L-*arabino*-hexapyranoside and(10*E*,14*E*,16*E*) = -(1*R*,4*S*,5'*S*,6*S*,6'*R*,8*R*,12*S*,13*S*,20*R*,21*R*,24*S*)-21,24-dihydroxy-6'-isopropyl-5',11,13,22-tetramethyl = -2-oxo-(3,7,19-trioxatetracyclo[15.6.1.1^{4,8}.0^{20,24}]pentacosa-10,14,16,22-tetraene)-6-spiro-2'-(5',6' = -dihydro-2'*H*-pyran)-12-yl-2,6-dideoxy-3-*O*-methyl-4-*O*-(2,4,6-trideoxy-3-*O*-methyl-4-methylamino-*α*-L-*lyxo*-hexapyranosyl)-*α*-L-*arabino*-hexapyranoside 或 bridged fused ring systems nomenclature: mixture of(2a*E*,4*E*,8*E*)-(5'*S*,6*S*,6'*R*,7*S*,11*R*,13*S*,15*S*,17a*R*,20*R*,20a*R*,20b*S*) = -6'-[(*S*)-*sec*-butyl]-5',6,6',7,10,11,14,15,17a,20,20a,20b-dodecahydro-20,20b-dihydroxy-5',6,8,19 = -tetramethyl-17-oxospiro[11,15-methano-2*H*,13*H*,17*H*-furo[4,3,2-*pq*][2,6]benzodioxacyclooctadecin = -13,2'-[2*H*]pyran]-7-yl-2,6-dideoxy-3-*O*-methyl-4-*O*-(2,4,6-trideoxy-3-*O*-methyl-4-methylamino = -*α*-L-*lyxo*-hexapyranosyl)-*α*-L-*arabino*-hexapyranoside 和(2a*E*,4*E*,8*E*) = -(5'*S*,6*S*,6'*R*,7*S*,11*R*,13*S*,15*S*,17a*R*,20*R*,20a*R*,20b*S*)-5',6,6',7,10,11,14,15,17a,20,20a,20b = -dodecahydro-20,20b-dihydroxy-6'-isopropyl-5',6,8,19-tetramethyl-17-oxospiro[11,15 = -methano-2*H*,13*H*,17*H*-furo[4,3,2-*pq*][2,6]benzodioxacyclooctadecin-13,2'-[2*H*]pyran]-7-yl-2,6-dideoxy-3-*O*-methyl-4-*O*-(2,4,6-trideoxy-3-*O*-methyl-4-methylamino-*α*-L-*lyxo*-hexapyranosyl) = -*α*-L-*arabino*-hexapyranoside；[119791-41-2] 曾用 [137335-79-6]。

eprinomectin：extended von Baeyer nomenclature: mixture of(10*E*,14*E*,16*E*)-(1*R*,4*S*,5'*S*,6*S*,6'*R*,8*R*,12*S*,13*S*,20*R*,21*R*,24*S*)-6'-[(*S*)-*sec*-butyl]-21,24-dihydroxy-5',11,13,22-tetramethyl-2-oxo-(3,7,19-trioxatetracyclo[15.6.1.1^{4,8}.0^{20,24}]pentacosa-10,14,16,22-tetraene)-6-spiro-2'-(5',6'-dihydro-2'*H*-pyran)-12-yl-4-*O*-(4-acetamido-2,4,6-trideoxy-3-*O*-methyl-*α*-L-*lyxo* = -hexopyranosyl)-2,6-dideoxy-3-*O*-methyl-*α*-L-*arabino*-hexopyranoside(major component)和(10*E*,14*E*,16*E*)-(1*R*,4*S*,5'*S*,6*S*,6'*R*,8*R*,12*S*,13*S*,20*R*,21*R*,24*S*)-21,24-dihydroxy-6'-isopropyl = -5',11,13,22-tetramethyl-2-oxo-(3,7,19-trioxatetracyclo[15.6.1.1^{4,8}.0^{20,24}]pentacosa-10,14,16,22 = -tetraene)-6-spiro-2'-(5',6'-dihydro-2'*H*-pyran)-12-yl-4-*O*-(4-acetamido-2,4,6-trideoxy-3-*O*-methyl = -*α*-L-*lyxo*-hexopyranosyl)-2,6-

dideoxy-3-O-methyl-α-L-*arabino*-hexopyranoside(minor component)或 bridged fused ring systems nomenclature: mixture of(2aE,4E,8E)-(5′S,6S,6′R,7S,11R,13S,15S,17aR,20R,20aR,20bS)-6′-[(S)-*sec*-butyl] = -5′,6,6′,7,10,11,14,15,17a,20,20a,20b-dodecahydro-20,20b-dihydroxy-5′,6,8,19-tetramethyl = -17-oxospiro[11,15-methano-2H,13H,17H-furo[4,3,2-*pq*][2,6]benzodioxacyclooctadecin = -13,2′-[2H]pyran]-7-yl-4-O-(4-acetamido-2,4,6-trideoxy-3-O-methyl-α-L-*lyxo*-hexopyranosyl) = -2,6-dideoxy-3-O-methyl-α-L-*arabino*-hexopyranoside(major component)和(2aE,4E,8E)-(5′S,6S,6′R,7S,11R,13S,15S,17aR,20R,20aR,20bS)-5′,6,6′,7,10,11,14,15,17a,20,20a,20b-dodecahydro-20,20b-dihydroxy-6′-isopropyl-5′,6,8,19-tetramethyl-17-oxospiro[11,15-methano-2H,13H,17H-furo[4,3,2-*pq*][2,6]benzodioxacyclooctadecin-13,2′-[2H]pyran]-7-yl-4-O-(4-acetamido-2,4,6-trideoxy-3-O-methyl-α-L-*lyxo*-hexopyranosyl)-2,6-dideoxy-3-O-methyl-α-L-*arabino*-hexopyranoside(minor component)；[123997-26-2](eprinomectin B_{1a} is [133305-88-1], eprinomectin B_{1b} is [133305-89-2])。

milbemycin oxime：extended von Baeyer nomenclature: mixture of 70%(10E,14E,16E) = -(1R,4S,5′S,6R,6′R,8R,13R,20R,24S)-6′-ethyl-24-hydroxy-5′,11,13,22-tetramethyl-(3,7,19 = -trioxatetracyclo[15.6.1.1^{4,8}.0^{20,24}]pentacosa-10,14,16,22-tetraene)-6-spiro-2′-(tetrahydropyran) = -2,21-dione 21-(EZ)-oxime 和 30%(10E,14E,16E)-(1R,4S,5′S,6R,6′R,8R,13R,20R,24S) = -24-hydroxy-5′,6′,11,13,22-pentamethyl-(3,7,19-trioxatetracyclo[15.6.1.1^{4,8}.0^{20,24}]pentacosa = -10,14,16,22-tetraene)-6-spiro-2′-(tetrahydropyran)-2,21-dione 21-(EZ)-oxime or bridged fused ring systems nomenclature: mixture of 70%(2aE,4E,8E) = -(5′S,6R,6′R,11R,13R,15S,17aR,20aR,20bS)-6′-ethyl-3′,4′,5′,6′,10,11,14,15,20a,20b = -decahydro-20b-hydroxy-5′,6,8,19-tetramethylspiro[11,15-methano-2H,13H,17H = -furo[4,3,2-*pq*][2,6]benzodioxacyclooctadecin-13,2′-[2H]pyran]-17,20(6H,17aH)-dione 20-(EZ)-oxime and 30%(2aE,4E,8E)-(5′S,6R,6′R,11R,13R,15S,17aR,20aR,20bS) = -3′,4′,5′,6′,10,11,14,15,20a,20b-decahydro-20b-hydroxy-5′,6,6′,8,19-pentamethylspiro[11,15-methano-2H,13H,17H-furo[4,3,2-*pq*][2,6]benzodioxacyclooctadecin-13,2′-[2H]pyran]-17,20(6H,17aH)-dione 20-(EZ)-oxime。

moxidectin：extended von Baeyer nomenclature:(10E,14E,16E) = -(1R,4S,5′S,6R,6′S,8R,13R,20R,21R,24S)-6′-[(1E)-1,3-dimethylbut-1-enyl]-21,24-dihydroxy = -5′,11,13,22-tetramethyl-(3,7,19-trioxatetracyclo[15.6.1.1^{4,8}.0^{20,24}]pentacosa-10,14,16,22-tetraene)-6-spiro-2′-(tetrahydropyran)-2,4′-dione 4′-(E)-(O-methyloxime)或 bridged fused ring systems nomenclature: (2aE,4E,8E) = -(5′S,6R,6′S,11R,13R,15S,17aR,20R,20aR,20bS)-6′-[(1E)-1,3-dimethylbut-1-enyl] = -5′,6′,10,11,14,15,17a,20,20a,20b-decahydro-20,20b-dihydroxy-5′,6,8,19 = -tetramethylspiro[11,15-methano-2H,13H,17H-furo[4,3,2-*pq*][2,6]benzodioxacyclooctadecin = -13,2′-[2H]pyran]-4′,17(3′H,6H)-dione 4′-(E)-(O-methyloxime)；[113507-06-5]。

selamectin：extended von Baeyer nomenclature:(10E,14E,16E,21Z) = -(1R,4S,5′S,6R,6′S,8R,12S,13S,20R,21R,24S)-6′-cyclohexyl-24-hydroxy-21-hydroxyimino-5′,11,13,22-tetramethyl-2-oxo-(3,7,19-trioxatetracyclo[15.6.1.1^{4,8}.0^{20,24}]pentacosa-10,14,16,22-tetraene) = -6-spiro-2′-(tetrahydropyran)-12-yl-2,6-dideoxy-3-O-methyl-α-L-*arabino*-hexopyranoside 或 bridged fused ring systems nomenclature: (2aE,4E,8E,20Z) = -(5′S,6S,6′S,7S,11R,13R,15S,17aR,20aR,20bS)-6′-cyclohexyl = -3′,4′,5′,6,6′,7,10,11,14,15,17a,20,20a,20b-tetradecahydro-20b-hydroxy-20-hydroxyimino-5′,6,8,19 = -tetramethyl-17-oxospiro[11,15-methano-2H,13H,17H-furo[4,3,2-*pq*][2,6]benzodioxacyclooctadecin = -13,2′-[2H]pyran]-7-yl-2,6-dideoxy-3-O-methyl-α-L-*arabino*-hexopyranoside；[165108-07-6]。

thuringiensin：2-((2R,3R,4R,5S,6R)-5-(((2S,3R,4S,5S)-5-(6-amino-9H-purin-9-yl)-3,4-dihy-droxytetrahydrofuran-2-yl)methoxy)-3,4-dihydroxy-6-(hydroxymethyl)tetrahydro-2H-pyran-2-yloxy)-3,5-dihydroxy-4-(phosphonooxy)hexanedioic acid；[23526-02-5]。

阿维菌素（abamectin）

B$_{1a}$，R=CH$_2$CH$_3$，873.1，C$_{48}$H$_{72}$O$_{14}$，65195-55-3
B$_{1b}$，R=CH$_3$，859.1，C$_{47}$H$_{70}$O$_{14}$，65195-56-4

阿维菌素（试验代号：MK-0936、C-076、L-676863，商品名称：Agrimec、害极灭，其他名称：Abacide、Abamex、Affirm、Agrimec、Agri-Mek、Agromec、Apache、Avid、Belpromec、Biok、Clinch、Contest、Crater、Dynamec、Gilmectin、Romectin、Satin、Sunmectin、Timectin、Vamectin、Vapcomic、Vibamec、Vertimec、Vivi、Zephyr、阿巴丁、阿巴菌素、阿弗螨菌素、阿弗米丁、阿弗菌素、阿维虫清、阿维兰素、爱福丁、爱螨力克、除虫菌素、虫克星、虫螨克、揭阳霉素、螨虫素、灭虫丁、灭虫灵、灭虫清、农哈哈、齐墩霉素、齐螨素、强棒、赛福丁、杀虫丁、7051杀虫素、杀虫畜、畜卫佳）是由Merk公司(现属先正达公司)开发的抗生素类杀虫杀螨剂，该产品还可以用于动物驱虫、杀螨。

化学名称　(10E,14E,16E)-(1R,4S,5′S,6S,6′R,8R,12S,13S,20R,21R,24S)-6′-[(S)-仲丁基]-21,24-二羟基-5′,11,13,22-四甲基-2-氧-(3,7,19-三氧四环[15.6.1.1^{4,8}.0^{20,24}]二十五烷-10,14,16,22-四烯)-6-螺-2′-(5′,6′-二氢-2′H-吡喃)-12-基-2,6-二脱氧-4-O-(2,6-二脱氧-3-O-甲基-α-L-来苏-己吡喃糖基)-3-O-甲基-α-L-阿拉伯-己吡喃糖苷(80%)和(10E,14E,16E)-(1R,4S,5′S,6S,6′R,8R,12S,13S,20R,21R,24S)-21,24-二羟基-6′-异丙基-5′,11,13,22-四甲基-2-氧-(3,7,19-三氧四环[15.6.1.1^{4,8}.0^{20,24}]二十五烷-10,14,16,22-四烯)-6-螺-2′-(5′,6′-二氢-2′H-吡喃)-12-基-2,6-二脱氧-4-O-(2,6-二脱氧-3-O-甲基-α-L-来苏-己吡喃糖基)-3-O-甲基-α-L-阿拉伯-己吡喃糖苷(20%)。英文化学名称为extended von Baeyer nomenclature:(10E,14E,16E)-(1R,4S,5′S,6S,6′R,8R,12S,13S,20R,21R,24S)-6′-[(S)-sec-butyl]-21,24-dihydroxy-5′,11,13,22-tetramethyl-2-oxo-(3,7,19-trioxatetr-acyclo[15.6.1.1^{4,8}.0^{20,24}]pentacosa-10,14,16,22-tetraene)-6-spiro-2′-(5′,6′-dihydro-2′H-pyran)-12-yl-2,6-dideoxy-4-O-(2,6-dideoxy-3-O-methyl-α-L-arabino-hexopyranosyl)-3-O-methyl-α-L-arabino-hexopyranoside (80%)和(10E,14E,16E)-(1R,4S,5′S,6S,6′R,8R,12S,13S,20R,21R,24S)-21,24-dihy-droxy-6′-isopropyl-5′,11,13,22-tetramethyl-2-oxo-(3,7,19-trioxatetracyclo[15.6.1.1^{4,8}.0^{20,24}]pentacosa-10,14,16,22-tetraene)-6-spiro-2′-(5′,6′-dihydro-2′H-pyran)-12-yl-2,6-dideoxy-4-O-(2,6-dideoxy-3-O-methyl-α-L-arabino-hexopyranosyl)-3-O-methyl-α-L-arabino-hexopyranoside(20%)或 bridged fused ring systems nomenclature: (2*aE*,4*E*,8*E*)-(5′*S*,6*S*,6′*R*,7*S*,11*R*,13*S*,15*S*,17*aR*,20*R*,20*aR*,20*bS*)-6′-[(*S*)-*sec*-butyl]-5′,6,6′,7,10,11,14,15,17*a*,20,20*a*,20*b*-dodecahydro-20,20*b*-dihydroxy-5′,6,8,19-tetramethyl-17-oxospiro[11,15-methano-2*H*,13*H*,17*H*-furo[4,3,2-*pq*][2,6]benzodioxacyclooctadecin-13,2′-[2*H*]pyran]-7-yl-2,6-dideoxy-4-*O*-(2,6-dideoxy-3-*O*-methyl-α-L-*arabino*-hexopyranosyl)-3-*O*-methyl-α-L-*arabino*-hexopyranoside(80%)和(2*aE*,4*E*,8*E*)-(5′*S*,6*S*,6′*R*,7*S*,11*R*,13*S*,15*S*,17*aR*,20*R*,20*aR*,20*bS*)-5′,6,6′,7,10,11,14,15,17*a*,20,20*a*,20*b*-dodecahydro-20,20*b*-dihydroxy-6′-isopropyl-5′,6,8,19-tetramethyl-17-oxospiro[11,15-methano-2*H*,13*H*,17*H*-furo[4,3,2-*pq*][2,6]benzodioxacyclooctadecin-13,2′-[2*H*]pyran]-7-yl-2,6-dideoxy-4-*O*-(2,6-dideoxy-3-*O*-methyl-α-L-*arabino*-hexopyranosyl)-3-*O*-methyl-α-L-*arabino*-hexopyranoside(20%)。美国化学文摘系统名称为 avermectin B_1。CA 主题索引名称为 avermectin B_1。

组成 原药中组分 avermectin B_{1a} 的含量≥80%，组分 avermectin B_{1b} 的含量≤20%。

理化性质 原药为白色或黄白色结晶粉。熔点 161.8～169.4℃。蒸气压＜$3.7×10^{-6}$ Pa（25℃）。$\lg K_{ow}$ 4.4（pH 7.2）。Henry 常数 0.0027 Pa·m^3/mol。相对密度 1.18（20～25℃）。水中溶解度（20～25℃）1.21 mg/L。有机溶剂中溶解度（g/L，20～25℃）：二氯甲烷470，丙酮72，甲苯23，甲醇13，辛醇83，乙酸乙酯160，正己烷0.11。稳定性：常温下不易分解，在25℃时，pH 5～9 的溶液中无分解现象。遇强酸、强碱不稳定。紫外线照射引起结构转化，首先转变为8,9-*Z*-异构体，然后变为结构未知产品。旋光度 $[α]_D^{22}$ = +55.7°（*c* = 0.87，CHCl₃）。

毒性 阿维菌素属高毒杀虫剂。原药在芝麻油中大鼠急性经口 LD_{50} 为 10 mg/kg，在芝麻油中小鼠急性经口 LD_{50} 为 13.6 mg/kg，在水中小鼠急性经口 LD_{50} 为 221 mg/kg。兔急性经皮 LD_{50}＞2000 mg/kg；大鼠急性经皮 LD_{50}＞380 mg/kg。大鼠吸入 LC_{50}＞5.7 mg/L。对兔皮肤无刺激作用，对兔眼睛有轻微刺激作用。在试验剂量内对动物无致畸、致癌、致突变作用。每日允许摄取量：0.002 mg/kg bw（阿维菌素和8,9-*Z*-异构体），0.001 mg/kg bw（残留量，不含异构体），0.003 mg/kg bw（EC），aRfD 0.00025 mg/kg bw（EPA），cRfD 0.00012 mg/kg bw（EPA）。大鼠两代繁殖试验，无作用剂量为 0.12 mg/(kg·d)。大鼠两年无作用剂量为 2 mg/(kg·d)。

制剂 大鼠急性经口 LD_{50} 650 mg/kg，兔急性经皮 LD_{50}＞2000 mg/kg。大鼠吸入 LC_{50} 1.1 mg/L。对眼睛和皮肤有刺激作用。

生态效应 对鸟类低毒，山齿鹑急性经口 LD_{50}＞2000 mg/kg，野鸭急性经口 LD_{50} 84.6 mg/kg。对水生生物高毒，鳟鱼 LC_{50} 3.2 μg/L（96 h），大翻车鱼 LC_{50} 9.6 mg/L（96 h）。水蚤 EC_{50} 0.34 μg/L（48 h）。藻类 LC_{50}＞100 mg/L（72 h）。红虾 LC_{50} 1.6 μg/L（96 h），蓝蟹 LC_{50} 153 μg/L（96 h）。对蜜蜂高毒，经口 LD_{50} 0.009 μg/只，接触 LD_{50} 0.002 μg/只，残留在叶面的 LT_{50} 4 h，4 h 以后残留在叶面的药剂对蜜蜂低毒。对蚯蚓 LC_{50}（28 d）28 mg/kg 土壤。

环境行为 动物主要通过粪便在 96 h 后快速代谢掉 80%～100%，尿液排掉 0.5%～1.4%。在三种不同的植物中降解/代谢相似，在植物表面主要通过光解作用进行；残余物为阿维菌素 B_1 和其感光异构体 8,9-*Z* 的混合物，因植物表面残留少，因此对益虫的损伤很小。阿维菌素在土内被土壤吸附不会移动，通过土壤微孔快速降解，并且被微生物分解，因而在环境中无累积作用，无生物体内积累。

制剂 1.8%乳油、3%微乳剂、1.8%水乳剂、1%水分散粒剂、烟雾剂等。

主要生产商 Amvac、Nortox、Sinon、Syngenta、桂林集琦生化有限公司、河北万博生物科技有限公司、河北威远生物化工有限公司、河北兴柏农业科技有限公司、河南三浦百草生物工程有限公司、黑龙江省大庆志飞生物化工有限公司、华北制药集团爱诺有限公司、江苏丰源生物工程有限公司、江苏龙灯化学有限公司、京博农化科技有限公司、康欣生物科技有限公司、南京红太阳股份有限公司、内蒙古百灵科技有限公司、内蒙古拜克生物有限公司、内蒙古新威远生物化工有限公司、宁夏大地丰之源生物药业有限公司、宁夏泰益欣生物科技有限公司、齐鲁制药（内蒙古）有限公司、山东齐发药业有限公司、山东潍坊润丰化工股份有限公司、上虞颖泰精细化工有限公司、顺毅股份有限公司、榆林成泰恒生物科技有限公司、浙江拜克生物科技有限公司、浙江钱江生物化学股份有限公司等。

作用机理与特点 阿维菌素作用机制与一般杀虫剂不同，它通过干扰神经生理活动，刺激释放 γ-氨基丁酸（GABA），而氨基丁酸对节肢动物的神经传导有抑制作用。阿维菌素的作用靶体为昆虫外周神经系统内的 γ-氨基丁酸受体。它能促进 γ-氨基丁酸从神经末梢释放，增强 γ-氨基丁酸与细胞膜上受体的结合，从而使进入细胞的氯离子增加，细胞膜超极化，导致神经信号传递受抑，致使麻痹、死亡。这种独特的作用机制，不易使害虫产生抗性，与其他农药无交互抗性，能有效地杀灭对其他农药已经产生抗性的害虫。阿维菌素对害虫具有触杀和胃毒作用，无内吸性，但有较强的渗透作用。药液喷到植物叶面后迅速渗入叶肉内形成众多微型药囊，并能在植物体内横向传导，杀虫活性高，比常用农药高 5～50 倍，亩（1 亩 = $666.7m^2$）施用量仅 0.1～0.5 g(a.i.)。螨类成虫、若虫和昆虫幼虫接触阿维菌素后即出现麻痹症状，不活动、不取食，2～4 d 后死亡。

应用

（1）适用作物 观赏植物、蔬菜、柑橘、棉花、坚果、梨果、马铃薯等。

（2）防治对象 因作用机理与常规药剂不同，因此对抗性害虫有特效，如小菜蛾、潜叶蛾、红蜘蛛等。还可以防治科罗拉多甲虫、火蚁等。

（3）残留量与安全用药 据中国农药毒性分级标准，阿维菌素属高毒杀虫剂。阿维菌素对鱼类高毒，因此施药时不要使药液污染河流、水塘，不要在蜜蜂采蜜期施药。如吸入喷洒雾滴，将病人移到空气新鲜地方。如病人呼吸困难，最好进行口对口人工呼吸。如吞服，立即请医生或到毒物控制中心诊治，立即给病人喝一至两杯开水，并用手指伸入喉咙后部引发呕吐，直至呕吐液澄清为止。如果病人昏迷，切勿进行引发呕吐操作或喂服任何东西。皮肤接触，脱去沾有药液的衣服，用肥皂和水洗涤沾有药液的部位。如果刺痛未止，应找医生诊治。如果溅入眼内，用大量清水冲洗，立即请医生诊治。avermectin B₁ 急性中毒的急救建议：中毒的早期症状包括瞳孔扩大、共济失调和肌肉震颤。误服乳油中毒后 1.5 h 内引发呕吐，可减低中毒程度。如果中毒程度已进展到发生严重呕吐，就应该监测所引起的体液及电解质不平衡状况。应根据临床征象、病症和检验结果，进行适当注射补充体液的支持性疗法，然后并用其他必要的支持性疗法（例如保持血压）。若病情严重，应连续观察至少 7 d，直到临床状态稳定及正常为止。由于 avermectin B₁ 会提高动物的 γ-氨基丁酸的活性。对于可能发生 avermectin B₁ 中毒的病人，最好避免使用提高 γ-氨基丁酸活性的药物如巴比妥酸盐等。

（4）应用技术 阿维菌素对螨类和昆虫具有胃毒和触杀作用，渗透性强，药液喷到植物叶面后迅速渗入叶肉内形成众多的微型药囊，螨类的成虫、若虫及昆虫的幼虫取食和接触药液后立即出现麻痹症状，不活动，不取食，2～4 d 后死亡。阿维菌素没有杀卵作用。阿维菌素残留叶面的药剂极少，并很快被分解为无毒物质，所以对天敌杀伤性小。

（5）使用方法 防治红蜘蛛、锈蜘蛛的应用剂量为 5.6～28 g(a.i.)/hm²，防治鳞翅目害虫的剂量为 11～22 g(a.i.)/hm²，防治潜叶蛾的剂量为 11～22 g/hm²。

阿维菌素用于防治红蜘蛛、锈蜘蛛等螨类用 1.8%阿维菌素 3000～5000 倍液或每 100 L 水加 1.8%阿维菌素 20～33 mL（有效浓度 3.6～6 mg/L）。

用于防治小菜蛾等鳞翅目昆虫幼虫，用 1.8%阿维菌素 2000～3000 倍液或每 100 L 水加 1.8%阿维菌素 33～50 mL（有效浓度 6～9 mg/L）喷雾。以幼虫初孵化时施药效果最好，加千分之一的植物油可提高药效。

棉田防治红蜘蛛每亩用 1.8%阿维菌素乳油 30～40 mL（有效成分 0.54～0.72 g），持效期可达 30 d。

专利与登记　阿维菌素起源于 20 世纪 70 年代。1975 年日本北里大学大村智等从静冈县土样中分离出一种灰色链霉菌 *Streptomyces avermitilis* MA-4680（NRRL8165），随后，默克公司从该菌发酵菌丝中提取出一组由 8 个结构相近同系物组成的次级代谢产物，即十六元大环内酯化合物，并命名为阿维菌素（avermectin，简称 AVM）。1981 年该公司实现了阿维菌素的产业化，并逐渐应用在农牧业和卫生上。

专利名称　Novel substances and process for their production

专利号　US 4310519　　　　专利公开日　1982-01-12

专利申请日　1978-09-08　　　优先权日　1976-04-19

专利拥有者　Merck & Co Inc（US）

制备专利　CN 110105415A、CN 109134563A、CN 108060193A、CN 106478369A、CN 105503982A、CN 103030675B、CN 103030676B、CN 102617668B、CN 101979648B、CN 102532224A、CN 101560535B、CN 101586133B、CN 102217591A、CN 101429536B、CN 102146110A、CN 101362785B、CN 100424090C、CN 1301913C、CN 1163617C、CZ 289866B6、CN 1217914A、CZ 282908B6、SK 106096A3、US 5188944A、HU 203130B、HU 201807B、US4423211A 等。

国内登记情况　0.1%饵剂，5%、10%悬浮剂，3%、5%微囊悬浮剂，5%水溶剂，1%缓释剂等，登记作物为柑橘树、棉花和西瓜等，防治对象橘小实蝇、橘大实蝇、红蜘蛛和根结线虫等。先正达作物保护有限公司在中国登记情况见表 2-1。

表 2-1　先正达作物保护有限公司在中国登记情况

登记名称	登记证号	含量	剂型	登记作物	防治对象	用药量	施用方法
阿维菌素	PD199-95	18 g/L	乳油	十字花科蔬菜	小菜蛾	9～13.5 g/hm^2	喷雾
				柑橘树	潜叶蛾	4.5～9 mg/kg	
				棉花	红蜘蛛	8.1～10.8 g/hm^2	
阿维菌素	PD20070071	85%	原药				
阿维·氯苯酰	PD20132405	氯虫苯甲酰胺 4.3%、阿维菌素 1.7%	悬浮剂	甘蓝	甜菜夜蛾	30～50mL/亩	喷雾
				甘蓝	小菜蛾	30～50 mL/亩	喷雾
				棉花	棉铃虫	30～50 mL/亩	喷雾
				苹果	桃小食心虫	2000～3000 倍液	喷雾
				水稻	稻纵卷叶螟	40～50 mL/亩	喷雾
				水稻	二化螟	40～50 mL/亩	喷雾

合成方法　由一种天然土壤放射菌——阿弗曼链菌的发酵物分离得到。具体方法如下：

（1）产生菌　由一种天然土壤放射菌 *Streptomyces avermitilis* 所产生。其为链霉菌中的一个新种，属灰色链霉菌。

（2）菌种的保存　avermectin 产生菌在培养基上生长，再将孢子置于 20%的甘油水溶液中，于−30℃保存。

（3）种子制备 将甘油孢子贮藏液接种在种子培养液中，于 28℃培养 1～2 d 后再接种到发酵培养基中，接种量为 3%～5%。

（4）生物合成。

参考文献

[1] The Pesticide Manual. 17 th edition: 3-5.

[2] 农业部农药检定所. 新编农药手册. 北京: 中国农业出版社, 1989: 190-192.

[3] 国外农药品种手册(新版合订本). 北京: 化工部农药信息总站, 1996: 403-404.

[4] 王险峰. 进口农药应用手册. 北京: 中国农业出版社, 2000: 64-67.

[5] 朱良天. 精细化学品大全——农药卷. 杭州: 浙江科学技术出版社, 2000: 244-248.

多杀菌素（spinosad）

spinosyn A，R = H，732.0，$C_{41}H_{65}NO_{10}$，131929-60-7
spinosyn D，R = CH_3，746.0，$C_{42}H_{67}NO_{10}$，131929-63-0

多杀菌素试验代号［DE-105，XDE-105，商品名称：Conserve、SpinTor、Success（菜喜）、Tracer（催杀）、Entrust、GF-120、Justice、Laser、Naturalyte、Spinoace］是由道农业科学公司开发的大环内酯类抗生素杀虫剂。

化学名称 (2R,3aS,5aR,5bS,9S,13S,14R,16aS,16bR)-2-(6-脱氧-2,3,4-三-O-甲基-α-L-吡喃甘露糖苷氧)-13-(4-二甲氨基-2,3,4,6-四氧-β-D-吡喃糖苷氧基)-9-乙基-2,3,3a,5a,5b,6,7,9,10,11,12,13,14,15,16a,16b-十六氢-14-甲基-1H-不对称-吲丹烯基[3,2-d]氧杂环十二烷-7,15-二酮和(2R,3aR,5aS,5bS,9S,13S,14R,16aS,16bR)-2-(6-脱氧-2,3,4-三-O-甲基-α-L-吡喃甘露糖苷氧基)-13-(4-二甲氨基-2,3,4,6-四氧-D-吡喃糖苷氧基)-9-乙基-2,3,3a,5a,5b,6,7,9,10,11,12,13,14,15,16a,16b-十六氢-4,14-二甲基-1H-不对称-吲丹烯基[3,2-d]氧杂环十二烷-7,15-二酮。英文化学名称 mixture of 50%～95% (2R,3aS,5aR,5bS,9S,13S,14R,16aS,16bR)-2-(6-deoxy-2,3,4-tri-O-methyl-α-L-mannopyranosyloxy)-13-(4-dimethylamino-2,3,4,6-tetradeoxy-β-D-erythropyranosyloxy)-9-ethyl-2,3,3a,5a,5b,6,7,9,10,11,12,13,14,15,16a,16b-hexadecahydro-14-methyl-1H-as-indaceno[3,2-d]oxacyclododecine-7,15-dione and 5%～50% (2S,3aR,5aS,5bS,9S,13S,14R,16aS,16bS)-2-(6-deoxy-2,3,4-tri-O-methyl-α-L-mannopyranosyloxy)-13-(4-dimethylamino-2,3,4,6-tetradeoxy-β-D-erythropyranosyloxy)-9-ethyl-2,3,3a,5a,5b,6,7,9,10,11,12,13,14,15,16a,16b-hexadecahydro-4,14-dimethyl-1H-as-indaceno[3,2-d]oxacyclododecine-7,15-dione。美国化学文摘系统名称为(2R,3aS,5aR,5bS,9S,13S,14R,16aS,16bR)-2-[(6-deoxy-2,3,4-tri-O-methyl-α-L-mannopyranosyl)oxy]-13-[[(2R,5S,6R)-5-(dimethylamino)tetrahydro-6-methyl-2H-pyran-2-yl]oxy]-9-ethyl-2,3,3a,5a,5b,6,9,10,11,12,13,14,16a,16b-tetradecahydro-14-methyl-1H-as-indaceno[3,2-d]oxacyclodo-decin-7,15-dione mixture with (2S,3aR,5aS,5bS,9S,13S,14R,16aS,16bS)-2-[(6-deoxy-2,3,4-tri-O-methyl-α-L-mannopyranosyl)oxy]-13-[[(2R,5S,6R)-5-(dimethylamino)tetrahydro-6-methyl-2H-pyran-2-yl]oxy]-9-ethyl-2,3,3a,5a,5b,6,9,10,11,12,13,14,16a,16b-tetradecahydro-4,14-dimethyl-1H-as-indaceno[3,2-d]oxacyclododecin-7,15-dione。CA 主题索引名称为 1H-as-indaceno[3,2-d]oxacyclododecin-7,15-dione ——, 2-[(6-deoxy-2,3,4-tri-O-methyl-α-L-mannopyranosyl)oxy]-13-[[(2R,5S,6R)-5-(dimethylamino)tetrahydro-6-methyl-2H-pyran-2-yl]oxy]-9-ethyl-2,3,3a,5a,5b,6,9,10,11,12,13,14,16a,16b-tetradecahydro-4,14-dimethyl-(2S,3aR,5aS,5bS,9S,13S,14R,16aS,16bS)-, mixture with(2R,3aS,5aR,5bS,9S,13S,14R,16aS,16bR)-2-[(6-deoxy-2,3,4-tri-O-methyl-α-L-mannopyranosyl)oxy]-13-[[(2R,5S,6R)-5-(dimethylamino)tetrahydro-6-methyl-2H-pyran-2-yl]oxy]-9-ethyl-2,3,3a,5a,5b,6,9,10,11,12,13,14,16a,16b-tetradecahydro-14-methyl-1H-as-indaceno[3,2-d]oxacyclododecin-7,15-dione 或 1H-as-indaceno[3,2-d]oxacyclododecin-7,15-dione ——, 2-[(6-deoxy-2,3,4-tri-O-methyl-α-L-mannopyranosyl)oxy]-13-[[(2R,5S,6R)-5-(dimethylamino)tetrahydro-6-methyl-2H-pyran-2-yl]oxy]-9-ethyl-2,3,3a,5a,5b,6,9,10,11,12,13,14,16a,16b-tetradecahydro-14-methyl-(2R,3aS,5aR,5bS,9S,13S,14R,16aS,16bR)-, mixture with (2S,3aR,5aS,5bS,9S,13S,14R,16aS,16bS)-2-[(6-deoxy-2,3,4-tri-O-methyl-α-L-mannopyranosyl)oxy]-13-[[(2R,5S,6R)-5-(dimethylamino)tetrahydro-6-methyl-2H-pyran-2-yl]oxy]-9-ethyl-2,3,3a,5a,5b,6,9,10,11,12,13,14,16a,16b-tetradecahydro-4,14-dimethyl-1H-as-indaceno[3,2-d]oxacyclododecin-7,15-dione。

组成 理论含量＞90%，组分为 50%～95%的 spinosyn A 和 5%～50%的 spinosyn D。

理化性质 纯品为灰白色或白色晶体。熔点：spinosyn A 84～99.5℃，spinosyn D 161.5～170℃。相对密度 0.512（20℃）。蒸气压（25℃）：spinosyn A 3.0×10^{-5} mPa，spinosyn D 2.0×10^{-5} mPa。spinosyn A lgK_{ow}：2.8（pH 5），4.0（pH 7），5.2（pH 9）；spinosyn D lgK_{ow}：3.2（pH 5），4.5（pH 7），5.2（pH 9）。spinosyn A 水中溶解度（mg/L，20～25℃）：89（蒸馏水），290（pH 5），235（pH 7），16（pH 9）；spinosyn A 有机溶剂中溶解度（g/L，20～25℃）：二氯甲烷 52.5，丙酮 16.8，甲苯 45.7，乙腈 13.4，甲醇 19.0，正辛醇 0.926，正己烷 0.448。spinosyn D 水中溶解度（mg/L，20～25℃）：0.5（蒸馏水），28.7（pH 5），0.33（pH 7），0.053（pH 9）；spinosyn D 有机溶剂中溶解度（g/L，20～25℃）：二氯甲烷 44.8，丙酮 1.01，甲苯 15.2，乙腈 0.255，甲醇 0.252，正辛醇 0.127，正己烷 0.743。稳定性：在 pH 5 和 pH 7 不易水解，DT_{50}（pH 9）：spinosyn A 200 d，spinosyn D 259 d；水相光降解 DT_{50}（pH 7）：spinosyn A 0.93 d，spinosyn D 0.82 d。pK_a（20～25℃，碱性）：spinosyn A 8.1，spinosyn D 7.87。

毒性 大鼠急性经口 LD_{50}（mg/kg）：雄性 3783，雌性＞5000；兔急性经皮 LD_{50}＞2000 mg/kg。对兔皮肤无刺激对兔眼睛轻度刺激。对豚鼠皮肤无致敏性。大鼠吸入 LC_{50}（4 h）＞5.18 mg/L。NOEL[mg/(kg·d)，13 周]：狗 5，小鼠 6～8，大鼠 9～10。ADI（mg/kg）：（EC）0.024，（JMPR）0.02，（EPA）cRfD 0.0268，（FSC, Australia）0.024。无神经毒性及致突变性，无繁殖毒性。

生态效应 山齿鹑和野鸭急性经口 LD_{50}＞2000 mg/kg，野鸭、山齿鹑急性饲喂 LC_{50}＞5156 mg/L。鱼毒 LC_{50}（96 h，mg/L）：虹鳟鱼 30，大翻车鱼 5.9，鲤鱼 5，日本鲤鱼 3.5，淡水小鱼 7.9。EC_{50}（mg/L）：水蚤 14（48 h），月牙藻＞105.5，骨条藻 0.2，舟形藻 0.09，念珠藻 8.9。其他水生生物 EC_{50}（mg/L）：牡蛎 0.3（96 h），糠虾＞9.76（96 h），浮萍 10.6。制剂直接喷施对蜜蜂高毒，其 LD_{50}（48 h）0.0029 μg/只。蚯蚓 LC_{50}（14 d）＞1000 mg/kg 土壤。对吮吸昆虫、肉食昆虫、草蜻蛉、大眼臭虫和小花蝽等无毒副作用。

环境行为 ①动物。多杀菌素易吸收，代谢完全，主要通过尿液和粪便排泄，代谢物中含有谷胱甘肽轭合物以及 *N-* 和 *O-* 脱甲基化的大环内酯类化合物，在肉、牛奶和鸡蛋中没发现残留的多杀菌素。②植物。在植物表面 DT$_{50}$ 1.6～16 d，主要通过光解降解，在棉田中无多杀菌素或代谢物残留。③土壤/环境。通过紫外照射和土壤微生物快速代谢为其他小分子产物，在土壤中微生物代谢 DT$_{50}$：spinosyn A 9.4～17.3 d，spinosyn D 14.5 d，spinosyn A 的主要代谢物为 spinosyn B（*N-* 脱甲基化产物），spinosyn D 的代谢途径类似。在土壤中光解代谢 DT$_{50}$：spinosyn A 8.7 d，spinosyn D 9.4 d。厌氧水生代谢 DT$_{50}$：spinosyn A 161 d，spinosyn D 250 d。Freundlich *K* 值：spinosyn A 5.4～323，spinosyn D 不定，spinosyn A 的主要代谢物 spinosyn B（*N-* 脱甲基化产物）为 4.3～179。土壤中消散 DT$_{50}$≤0.5 d，在土壤以下约 30 cm 检测不到残留。

制剂　48%、2.5%悬浮剂，以及多杀菌素气雾剂。

主要生产商　Corteva。

作用机理与特点　多杀菌素通过与烟碱乙酰胆碱受体结合使昆虫神经细胞去极化，引起中央神经系统广泛超活化，导致非功能性的肌收缩、衰竭，并伴随颤抖和麻痹，对昆虫存在快速触杀和摄食毒性，同时也通过抑制 γ-氨基丁酸受体而使神经系统广泛超活化，进一步加强其活性。但作用部位不同于烟碱或吡虫啉。通过触杀或口食，引起系统瘫痪。喷药后当天即见效果，杀虫速度可与化学农药相媲美，非一般的生物杀虫剂可比。

应用

（1）适用作物　蔬菜、果树、葡萄和棉花等。

（2）防治对象　防除鳞翅目害虫（如甘蓝小菜蛾、烟青虫、玉米螟、粉纹夜蛾、贪夜蛾、菜粉蝶、番茄蠹蛾、卷叶蛾和棉铃虫等），牧草虫（如西花蓟马、棕黄蓟马），飞虫（如斑潜蝇、地中海实蝇），甲虫（如马铃薯甲虫）和蝗虫等。也可用于市内草皮和观赏植物的害虫防治，以及用于白蚁（如堆砂白蚁、楹白蚁）和火蚁的综合性防治。可用作果树飞虫（如蜡实蝇、橘小实蝇等）和一些蚂蚁（如红火蚁）的诱饵。正在研究用于家畜，防治飞虱（如牛颚虱、绵羊虱、管虱）和飞虫（如角蝇、铜绿蝇），在对家畜无影响的前提下，用于防治造成公害的飞虫（如厩螯蝇、家蝇）。

（3）残留量与安全用药　本产品是从放射菌代谢物提纯出来的生物源杀虫物，毒性极低。中国及美国农业部登记的安全采收期都只是 1 d，最适合无公害蔬菜生产应用。如溅入眼睛，立即用大量清水连续冲洗 15 min。作业后用肥皂和清水冲洗暴露的皮肤，被溅及的衣服必须洗涤后才能再用。如误服，立即就医，是否需要引吐，由医生根据病情决定。存放时将本商品存放于阴凉、干燥、安全的地方，远离粮食、饮料和饲料。清洗施药器械或处置废料时，应避免污染环境。

（4）应用技术　防治棉铃虫、烟青虫，在棉铃虫处于低龄幼虫期施药。防治小菜蛾在甘蓝莲座期，小菜蛾处于低龄幼虫期时施药。防治甜菜夜蛾于低龄幼虫期时施药。防治蓟马在蓟马发生期使用。

（5）使用方法　防治棉铃虫，每亩用 48%多杀菌素悬浮剂 4.2～5.6 mL（有效成分 2～2.7 g），对水 20～50 L，稀释后均匀喷雾。防治小菜蛾每亩用 2.5%多杀菌素悬浮剂 33～50 mL（有效成分 0.825～1.25 g），对水 20～50 L 喷雾。防治甜菜夜蛾每亩用 2.5%多杀菌素悬浮剂 50～100 mL（有效成分 1.25～2.5 g）喷雾，傍晚施药防虫效果最好。防治蓟马每亩用 2.5%多杀菌素 33～50 mL（有效成分 0.825～1.25 g）或用 2.5%多杀菌素 1000～1500 倍液，即每 100 L 水加 2.5%多杀菌素 67～100 mL（有效浓度 16.7～25 mg/L）均匀喷雾，重点喷洒幼嫩组织如花、幼果、顶尖及嫩梢等。

专利与登记

专利名称　A83543 compounds and processes for production thereof

专利号　US 5202242　　　　专利公开日　1993-04-13

专利申请日　1991-11-08　　　优先权日　1991-11-08

专利拥有者　Dow（US）

专利名称　Macrolide compounds

专利号　EP 375316　　　　　专利公开日　1990-06-27

专利申请日　1989-12-18　　　优先权日　1989-10-30

专利拥有者　Eli Lilly& Co（US）

在其他国家申请的化合物专利　AT 116325T、AU 624458B、EG 19191、FI 950946、JP 2223589、MA 21697、OA 9249 等。

制备专利　CN 109851649A、AU 2017227555B2、FR 3068367A1、FR 3068368A1、BR PI1804310A2、US 7683161B2、CN 101629203A、US 7034130B2、WO 2005044979A2、US 20050043252A1、US 20040242858A1、US 20040147766A1、US 6001981A、AU 711185B2、MX 9710092A 等。

多杀菌素最早由 Eli Lilly&Co（农用化学品部，现属道农科公司所有），于 1982 年发现，于 1997 年上市。国内登记情况：10%、20%水分散粒剂，5%、10%悬浮剂，2.5%水乳剂，90%、91%、92%原药，0.02%饵剂等，登记作物为甘蓝、大白菜、水稻、节瓜和柑橘树等，防治对象蓟马、稻纵卷叶螟、小菜蛾和橘小实蝇等。美国陶氏益农在中国登记情况见表 2-2。

表 2-2　美国陶氏益农在中国登记情况

登记名称	登记证号	含量	剂型	登记作物	防治对象	用药量	施用方法
多杀菌素	PD20060005	25 g/L	悬浮剂	茄子	蓟马	$25\sim37.5$ g/hm^2	喷雾
				甘蓝	小菜蛾	$12.5\sim25$ g/hm^2	喷雾
多杀菌素	PD20060004	90%	原药				

合成方法　从真菌刺糖多孢菌（*Saccharopolyspora spinosa*）发酵产物中提取获得。

参考文献

[1] The Pesticide Manual. 17 th edition: 1027-1029.

[2] 进口农药应用手册. 北京：中国农业出版社, 2000: 150-153.

[3] 江镇海. 农药市场信息, 2009(24): 29.

[4] 盛志, 陈凯, 李旭. 微生物学报, 2016(3): 397-405.

[5] 李娜, 韩双. 黑龙江科技信息, 2015(16): 13-14.

[6] 王燕燕, 孟凤霞, 高希武. 中国媒介生物学及控制杂志, 2015(4): 431-432.

[7] 邹球龙, 郭伟群, 王超, 等. 粮油食品科技, 2014(3): 86-88.

[8] 姚瑛, 李涛, 李敏, 等. 精细化工中间体, 2013(6): 13-16+43.

[9] 李文燕, 程卯生. 中国药物化学杂志, 2011(4): 328.

甲氨基阿维菌素苯甲酸盐（emamectin benzoate）

emamectin B$_{1a}$，R = CH$_2$CH$_3$，1008.3，C$_{56}$H$_{81}$NO$_{15}$，121124-29-6
emamectin B$_{1b}$，R = CH$_3$，994.2，C$_{55}$H$_{79}$NO$_{15}$，121424-52-0

甲氨基阿维菌素苯甲酸盐（试验代号：MK 244，商品名称：Banlep、Denim、Proclaim）是由默克化学公司（现属先正达公司）开发的杀虫剂。

化学名称　(10E,14E,16E)-(1R,4S,5′S,6S,6′R,8R,12S,13S,20R,21R,24S)-6′-[(S)-仲丁基]-21,24-二羟基-5′,11,13,22-四甲基-2-氧-3,7,19-三氧四环[15.6.1.1^{4,8}.0^{20,24}]二十五烷-10,14,16,22-四烯-6-螺-2′(5′,6′-二氢-2′H-吡喃)-12-基-2,6-二脱氧-3-O-甲基-4-O-(2,4,6-脱氧-3-O-甲基-4-甲基胺-α-L-来苏-己吡喃糖基)-α-L-阿拉伯-己吡喃糖苷苯甲酸盐和(10E,14E,16E)-(1R,4S,5′S,6S,6′R,8R,12S,13S,20R,21R,24S)-21,24-二羟基-6′-异丙基-5′,11,13,22-四甲基-2-氧-3,7,19-三噁四环[15.6.1.1^{4,8}.0^{20,24}]二十五烷-10,14,16,22-四烯-6-螺-2′-(5′,6′-二氢-2′H-吡喃)-12-基-2,6-二脱氧-3-O-甲基-4-O-(2,4,6-三脱氧-3-O-甲基-4-甲基胺-α-L-来苏-己吡喃糖基)-α-L-阿拉伯-己吡喃糖苷苯甲酸盐。英文名称为 extended von Baeyer nomenclature: mixture of (10E,14E,16E)-(1R,4S,5′S,6S,6′R,8R,12S,13S,20R,21R,24S)-6′-[(S)-sec-butyl]-21,24-dihydroxy-5′,11,13,22-tetramethyl-2-oxo-(3,7,19-trioxatetracyclo[15.6.1.1^{4,8}.0^{20,24}]pentacosa-10,14,16,22-tetraene)-6-spiro-2′-(5′,6′-dihydro-2′H-pyran)-12-yl-2,6-dideoxy-3-O-methyl-4-O-(2,4,6-trideoxy-3-O-methyl-4-methylamino-α-L-lyxo-hexapyranosyl)-α-L-arabino-hexapyranoside benzoate and (10E,14E,16E)-(1R,4S,5′S,6S,6′R,8R,12S,13S,20R,21R,24S)-21,24-dihydroxy-6′-isopropyl-5′,11,13,22-tetramethyl-2-oxo-(3,7,19-trioxatetracyclo[15.6.1.1^{4,8}.0^{20,24}]pentacosa-10,14,16,22-tetraene)-6-spiro-2′-(5′,6′-dihydro-2′H-pyran)-12-yl-2,6-dideoxy-3-O-methyl-4-O-(2,4,6-trideoxy-3-O-methyl-4-methylamino-α-L-lyxo-hexapyranosyl)-α-L-arabino-hexapyranoside benzoate 或 bridged fused ring systems nomenclature: mixture of(2aE,4E,8E)-(5′S,6S,6′R,7S,11R,13S,15S,17aR,20R,20aR,20bS)-6′-[(S)-sec-butyl]-5′,6,6′,7,10,11,14,15,17a,20,20a,20b-dodecahydro-20,20b-dihydroxy-5′,6,8,19-tetramethyl-17-oxospiro[11,15-methano-2H,13H,17H-furo[4,3,2-pq][2,6]benzodioxacyclooctadecin-13,2′-[2H]pyran]-7-yl-2,6-dideoxy-3-O-methyl-4-O-(2,4,6-trideoxy-3-O-methyl-4-methylamino-α-L-lyxo-hexapyranosyl)-α-L-arabino-hexapyranoside benzoate 和(2aE,4E,8E)-(5′S,6S,6′R,7S,11R,13S,15S,17aR,20R,20aR,20bS)-5′,6,6′,7,10,11,14,15,17a,20,20a,20b-dodecahydro-20,20b-dihydroxy-6′-isopropyl-5′,6,8,19-tetramethyl-17-oxospiro[11,15-methano-2H,13H,17H-furo[4,3,2-pq][2,6]benzodioxacyclooctadecin-13,2′-[2H]pyran]-7-yl-2,6-dideoxy-3-O-methyl-4-O-(2,4,6-trideoxy-3-O-methyl-4-methylamino-α-

L-*lyxo*-hexapyranosyl)-α-L-*arabino*-hexapyranoside benzoate。美国化学文摘系统名称为(4″*R*)-4″-deoxy-4″-(methylamino)avermectin B$_1$ benzoate(1∶1)。CA 主题索引名称为 avermectin B$_1$ —，4″-deoxy-4″-(methylamino)-(4″*R*)-benzoate(1∶1)。

组成　甲氨基阿维菌素苯甲酸盐由 emamectin B$_{1a}$ 和 emamectin B$_{1b}$ 的苯甲酸盐组成，其中 emamectin B$_{1a}$≥90%，emamectin B$_{1b}$≤10%。

理化性质　纯品为白色粉末，熔点 141～146℃。蒸气压 0.004 mPa（21℃），lgK_{ow} 5.0（pH 7）。Henry 常数 1.7×10^{-4} Pa·m^3/mol（pH 7）。相对密度 1.2（20～25℃）。水中溶解度（pH 7，20～25℃）24 mg/L。稳定性：在 25℃时，pH 5、6、7、8 时不发生水解；遇光快速降解；pK_a 4.18（20～25℃，酸性条件，苯甲酸离子），8.71（碱性条件，甲氨基阿维菌素离子）。

毒性　大鼠（雄、雌）急性经口 LD$_{50}$ 56～63 mg/kg。大鼠（雄、雌）急性经皮 LD$_{50}$＞2000 mg/kg。对皮肤无刺激，对眼睛有严重致敏性，无潜在致敏性。大鼠（雄、雌）吸入 LC$_{50}$（4 h）1.05～0.66 mg/L。最大无作用剂量（1 年）狗 0.25 mg/kg bw。ADI 0.0025 mg/kg。无致突变性。

生态效应　急性经口 LD$_{50}$（mg/kg）：野鸭 76，山齿鹑 264。饲喂 LC$_{50}$（8 d，mg/L）：野鸭 570，山齿鹑 1318。鱼毒性 LC$_{50}$（μg/L，96 h）：虹鳟 174，红鲈鱼 1430。水蚤 LC$_{50}$（48 h）0.99 μg/L。对蜜蜂有毒性。蚯蚓 LC$_{50}$＞1000 mg/kg 土壤。其他生物：由于其快速降解，对大部分益虫无害，接触活性时效＜48 h。

环境行为　①动物。甲维盐虽只有部分代谢，但可被快速清理掉（DT$_{50}$经口注射 34～51 h），因此无潜在的生物累积。②植物。对其在莴苣、甘蓝、甜玉米中的代谢进行分析，结果表明其为非内吸性杀虫剂，而且在光照下快速降解为各种复杂的残留物，未代谢的母体化合物是唯一较显著的残留物。③土壤。残留物含量很低，在土壤中，可很快代谢。

制剂　0.2%甲氨基阿维菌素苯甲酸盐乳油、5%甲氨基阿维菌素苯酸钠盐水分散粒剂、甲氨基阿维菌素水悬纳米胶囊剂、甲氨基阿维菌素苯甲酸盐微乳剂。

主要生产商　河北美荷药业有限公司、河北天顺生物工程有限公司、河北威远生物化工有限公司、河北兴柏农业科技有限公司、黑龙江省大庆志飞生物化工有限公司、黑龙江省佳木斯兴宇生物技术开发有限公司、黑龙江省绥化农垦晨环生物制剂有限责任公司、湖北荆洪生物科技股份有限公司、湖南国发精细化工科技有限公司、江苏常隆农化有限公司、江苏丰源生物工程有限公司、京博农化科技有限公司、荆门金贤达生物科技有限公司、南京红太阳股份有限公司、内蒙古拜克生物有限公司、内蒙古嘉宝仕生物科技股份有限公司、内蒙古新威远生物化工有限公司、宁夏泰益欣生物科技有限公司、齐鲁晟华制药有限公司、瑞士先正达作物保护有限公司、山东省联合农药工业有限公司、山东省青岛凯源祥化工有限公司、山东潍坊润丰化工股份有限公司、上海沪联生物药业（夏邑）股份有限公司、顺毅南通化工有限公司、先正达南通作物保护有限公司、浙江钱江生物化学股份有限公司等。

作用机理与特点　本品高效、广谱、持效期长，为优良的杀虫杀螨剂，其作用机理是阻碍害虫运动神经信息传递而使身体麻痹死亡。作用方式以胃毒为主兼有触杀作用，无内吸性能，但能有效渗入施用作物表皮组织，因而具有较长持效期。甲维盐可以增强神经质如谷氨酸和 γ-氨基丁酸（GABA）的作用，从而使大量氯离子进入神经细胞，使细胞功能丧失，扰乱神经传导，幼虫在接触后马上停止进食，发生不可逆转的麻痹，在 3～4 d 内达到最高致死率。由于它和土壤结合紧密、不淋溶，在环境中也不积累，可以运动转移，极易被作物吸收并渗透到表皮，对施药作物具有长期持效性，在 10 d 以上又出现第二个杀虫致死率高峰，同时很少受环境因素（如风、雨等）影响。

应用

（1）适用作物　蔬菜、果树、烟草、茶树、花卉及大田作物（水稻、棉花、玉米、小麦、大豆等）。

（2）防治对象　甲维盐对很多害虫具有其他农药无法比拟的活性，尤其对鳞翅目、双翅目、蓟马类超高效，如红带卷叶蛾、烟芽夜蛾、棉铃虫、烟草天蛾、小菜蛾、黏虫、甜菜夜蛾、草地贪夜蛾、粉纹夜蛾、甘蓝银纹夜蛾、菜粉蝶、菜心螟、甘蓝横条螟、番茄天蛾、马铃薯甲虫、墨西哥瓢虫、红蜘蛛、食心虫等。

（3）残留量与安全施药　在动植物体内残留量低，在土壤中代谢快，在环境中不积累，基本无残留，而且在防治害虫的过程中对益虫没有伤害，有利于对害虫的综合防治，另外扩大了杀虫谱，降低了对人、畜的毒性。鱼类、水生生物对该药敏感，对蜜蜂高毒，使用时避开蜜蜂采蜜期，不能在池塘、河流等水面用药或不能让药水流入水域。施药后 48 h 内人、畜不得入内。两次使用的最小间隔期为 7 d，收获前 6 d 内禁止使用。提倡轮换使用不同类别或不同作用机理的杀虫剂，以延缓抗性的发生。避免在高温下使用，以减少雾滴蒸发和飘移。原药中高毒，制剂低毒（近无毒），中毒后早期症状为瞳孔放大，行动失调，肌肉颤抖，严重时导致呕吐。中毒救治——经口：立即引吐并给患者服用吐根糖浆或麻黄素，但勿给昏迷患者催吐或灌任何东西。抢救时避免给患者使用增强 γ-氨基丁酸活性的药物（如巴比妥、丙戊酸等）。大量吞服时可洗胃。

（4）应用技术　0.2%甲维盐乳油，防治十字花科蔬菜小菜蛾使用剂量为 50～60 mL/亩，采用喷雾方式。

（5）使用方法　甲氨基阿维菌素苯甲酸盐推荐使用剂量为 5～25 g(a.i.)/hm²，其中防治玉米、棉花、蔬菜上的鳞翅目害虫最高使用剂量为 16 g(a.i.)/hm²。防治松树上的害虫使用剂量为 5～25 g(a.i.)/hm²。

防治棉铃虫，用 1%甲氨基阿维菌素苯甲酸盐乳油 833～1000 倍液，在田间棉铃虫卵孵化盛期喷雾使用。防治蔬菜小菜蛾，亩用 1%甲氨基阿维菌素苯甲酸盐乳油 15～25 mL，在小菜蛾卵孵化盛期至幼虫二龄以前喷雾施药。防治蔬菜甜菜夜蛾，亩用 1%甲氨基阿维菌素苯甲酸盐乳油 30～40 mL 对水 50 kg 喷雾一次，在甜菜夜蛾低龄期（幼虫二龄期前）喷雾。防治稻纵卷叶螟，亩用 1%甲氨基阿维菌素苯甲酸盐乳油 50～60 mL，在稻纵卷叶螟卵孵高峰至一、二龄幼虫高峰期施药。防治棉盲蝽，亩用 1%甲氨基阿维菌素苯甲酸盐乳油 50 mL，在棉盲蝽低龄若虫盛发期喷雾。防治桃小食心虫，用 1%甲氨基阿维菌素苯甲酸盐乳油 1670 倍液，于桃小食心虫卵孵盛期施药。防治玉米螟，亩用 1%甲氨基阿维菌素苯甲酸盐乳油 10.8～14.4 mL，于玉米心叶末期，玉米花叶率达到 10%时使用，按每亩拌 10 kg 细沙，撒入玉米心叶丛最上面 4～5 个叶片内。

专利与登记　最早由默克化学公司（现属先正达公司）发现并开发。1997 年首次在以色列和日本销售。

专利名称　Glycosidation route to 4″-epi-methylamino-4″-deoxyavermectin B₁

专利号　US 5399717　　　　　专利公开日　1995-03-21

专利申请日　1993-09-29　　　　优先权日　1993-09-29

专利拥有者　Merck & Co Inc（US）

在其他国家申请的化合物专利　GB 2282375、FR 2772557 等。

制备专利　WO 2001036434、CN 106349310B、CN 108840893A、CN 108191935A、CN 106243175A、CN 103497226B 等。

国内登记情况　0.2%、0.5%、1%、1.5%、5%乳油，90%、95%原药等，登记作物为甘蓝、棉花和十字花科蔬菜等，防治对象小菜蛾、菜青虫、甜菜夜蛾、棉铃虫等。瑞士先正达作物保护有限公司中国登记情况见表 2-3。

表 2-3　瑞士先正达作物保护有限公司中国登记情况

登记名称	登记证号	含量	剂型	登记作物/用途	防治对象	用药量	施用方法
甲氨基阿维菌素苯甲酸盐	PD20110688	2%	乳油	番茄	棉铃虫	28.5~38 mL/亩	喷雾
				甘蓝	小菜蛾	9.5~19 mL/亩	喷雾
甲维·虱螨脲	PD20171582	虱螨脲 40%、甲氨基阿维菌素苯甲酸盐 5%	水分散粒剂	甘蓝	菜青虫	50~10 g/亩	喷雾
杀蟑饵剂	WP20090313	0.1%	饵剂	卫生	蜚蠊		投放
甲氨基阿维菌素苯甲酸盐	PD20083944	95%	原药				

合成方法　从一种天然的土壤放射菌——链霉菌的发酵中分离得到。

参考文献

[1] The Pesticide Manual. 17 th edition: 398-400.

[2] 新编农药商品手册. 北京: 化学工业出版社, 2006: 32-34.

雷皮菌素（lepimectin）

LA$_3$

LA$_4$

LA$_3$，705.8，C$_{40}$H$_{51}$NO$_{10}$，171249-10-8
LA$_4$，719.9，C$_{41}$H$_{53}$NO$_{10}$，171249-05-1

雷皮菌素（试验代号：E-237、CM-002X、SI-0009EC、SI-0205FL，商品名称：Aniki）是日本三共农药公司开发的抗生素类杀虫剂。

化学名称　(10E,14E,16E)-(1R,4S,5′S,6R,6′R,8R,12R,13S,20R,21R,24S)-6′-乙基-21,24-二羟基-5′,11,13,22-四甲基-2-氧代-(3,7,19-三噁四环[15.6.1.1^{4,8}.0^{20,24}]二十五烷-10,14,16,22-四烯)-6-螺-2′-(四氢吡喃)-12-基(Z)-2-甲氧亚胺-2-苯乙酸酯和 (10E,14E,16E)-(1R,4S,5′S,6R,6′R,8R,12R,13S,20R,21R,24S)-21,24-二羟基-5′,6′,11,13,22-五甲基-2-氧代-(3,7,19-三噁四环[15.6.1.1^{4,8}.0^{20,24}]二十五烷-10,14,16,22-四烯)-6-螺-2′-(四氢吡喃-12-基(Z)-2-甲氧亚胺-2-苯乙酸酯，或(2aE,4E,8E)-(5′S,6S,6′R,7R,11R,13R,15S,17aR,20R,20aR,20bS)-6′-乙基-3′,4′,5′,6,6′,7,10,11,14,15,17a,20,20a,20b-十四氢-20,20b-二氢-5′,6,8,19-四甲基-17-氧代螺[11,15-亚甲基

-2*H*,13*H*,17*H*-糠[4,3,2-*pq*][2,6]苯并二噁环十八英-13,2′-[2*H*]吡喃]-7-基(*Z*)-2-甲氧亚胺-2-苯乙酸酯和(2*aE*,4*E*,8*E*)-(5′*S*,6*S*,6′*R*,7*R*,11*R*,13*R*,15*S*,17*aR*,20*R*,20*aR*,20*bS*)-3′,4′,5′,6,6′,7,10,11,14,15,17*a*,20,20*a*,20*b*-十四氢-20,20*b*-二羟基-5′,6,6′,8,19-五甲基-17-氧代螺[11,15-亚甲基-2*H*,13*H*,17*H*-糠[4,3,2-*pq*][2,6]苯并二噁环十八英-13,2′-[2*H*]吡喃]-7-基(*Z*)-2-甲氧亚胺-2-苯乙酸酯。英文化学名称 mixture of 80%～100% (10*E*,14*E*,16*E*)-(1*R*,4*S*,5′*S*,6*R*,6′*R*,8*R*,12*R*,13*S*,20*R*,21*R*,24*S*)-6′-ethyl-21,24-dihydroxy-5′,11,13,22-tetramethyl-2-oxo-(3,7,19-trioxatetracyclo[15.6.1.1^{4,8}.0^{20,24}]pentacosa-10,14,16,22-tetraene)-6-spiro-2′-(tetrahydropyran)-12-yl(*Z*)-2-methoxyimino-2-phenylacetate and 0～20% (10*E*,14*E*,16*E*)-(1*R*,4*S*,5′*S*,6*R*,6′*R*,8*R*,12*R*,13*S*,20*R*,21*R*,24*S*)-21,24-dihydroxy-5′,6′,11,13,22-pentamethyl-2-oxo-(3,7,19-trioxatetracyclo[15.6.1.1^{4,8}.0^{20,24}]pentacosa-10,14,16,22-tetraene)-6-spiro-2′-(tetrahydropyran)-12-yl(*Z*)-2-methoxyimino-2-phenylacetate 或 bridged fused ring systems nomenclature: mixture of 80%～100%(2*aE*,4*E*,8*E*)-(5′*S*,6*S*,6′*R*,7*R*,11*R*,13*R*,15*S*,17*aR*,20*R*,20*aR*,20*bS*)-6′-ethyl-3′,4′,5′,6,6′,7,10,11,14,15,17*a*,20,20*a*,20*b*-tetradecahydro-20,20*b*-dihydroxy-5′,6,8,19-tetramethyl-17-oxospiro[11,15-methano-2*H*,13*H*,17*H*-furo[4,3,2-*pq*][2,6]benzodioxacyclooctadecin-13,2′-[2*H*]pyran]-7-yl(*Z*)-2-methoxyimino-2-phenylacetate 和 0～20% (2*aE*,4*E*,8*E*)-(5′*S*,6*S*,6′*R*,7*R*,11*R*,13*R*,15*S*,17*aR*,20*R*,20*aR*,20*bS*)-3′,4′,5′,6,6′,7,10,11,14,15,17*a*,20,20*a*,20*b*-tetradecahydro-20,20*b*-dihydroxy-5′,6,6′,8,19-pentamethyl-17-oxospiro[11,15-methano-2*H*,13*H*,17*H*-furo[4,3,2-*pq*][2,6]benzodioxacyclooctadecin-13,2′-[2*H*]pyran]-7-yl(*Z*)-2-methoxyimino-2-phenyl-acetate。美国化学文摘系统名称为(6*R*,13*R*,25*R*)-5-*O*-demethyl-28-deoxy-6,28-epoxy-13-[(*Z*)-[(methoxyimino)phenylacetyl]oxy]-25-methylmilbemycin B mixture with(6*R*,13*R*,25*R*)-5-*O*-demethyl-28-deoxy-6,28-epoxy-25-ethyl-13-[(*Z*)-[(methoxyimino)phenylacetyl]oxy]milbemycin B。CA 主题索引名称为 milbemycin B —, 5-*O*-demethyl-28-deoxy-6,28-epoxy-25-ethyl-13-[(*Z*)-[(methoxyimino)phenylacetyl]oxy]-(6*R*,13*R*,25*R*)-, mixture with (6*R*,13*R*,25*R*)-5-*O*-demethyl-28-deoxy-6,28-epoxy-13-[(*Z*)-[(methoxyimino)phenylacetyl]oxy]-25-methylmilbemycin B 或 milbemycin B —, 5-*O*-demethyl-28-deoxy-6,28-epoxy-13-[(*Z*)-[(methoxyimino)phenylacetyl]oxy]-25-methyl-(6*R*,13*R*,25*R*)-, mixture with (6*R*,13*R*,25*R*)-5-*O*-demethyl-28-deoxy-6,28-epoxy-25-ethyl-13-[(*Z*)-[(methoxyimino)phenylacetyl]oxy]milbemycin B。

组成 LA$_4$ 取代物含量与 LA$_3$ 取代物含量比例为 4：1。

理化性质 产品纯度≥90%，白色晶体粉末，熔点：LA$_3$154～156℃，LA$_4$152～154℃，蒸气压（80℃，mPa）：LA$_3$<2.97×10^{-3}，LA$_4$<4.78×10^{-3}。lgK_{ow} LA$_3$ 6.5，LA$_4$ 7.0。相对密度（20～25℃）LA$_3$<1.068，LA$_4$<1.173。水中溶解度（mg/L，20～25℃）：LA$_3$ 0.10347，LA$_4$ 0.04679。有机溶剂中溶解度（g/L，20℃）：LA$_3$ 甲苯、二氯甲烷、丙酮、甲醇和乙酸乙酯>250，正庚烷 4.43；LA$_4$ 甲苯、二氯甲烷、丙酮和甲醇>250，乙酸乙酯 226.9，正庚烷 0.89。水解 DT$_{50}$（25℃）：LA$_3$ 71.6 d（pH 4），71.6 d（pH 7），56.8 d（pH 9）；LA$_4$ 75.2 d（pH 4），86.0 d（pH 7），97.1 d（pH 9）。

毒性 急性经口 LD$_{50}$（mg/kg）：大鼠雄 984、雌 1210；小鼠雄 1870。雄、雌鼠急性经皮 LD$_{50}$（mg/kg）>2000。大鼠吸入 LC$_{50}$（mg/L，4 h）雄>5.15。对兔眼轻微刺激，对兔皮肤无刺激，对豚鼠皮肤有致敏性。最大无作用剂量大鼠 200 mg/(kg•d)。每日允许摄取量（日本）0.02 mg/kg。无致畸、致突变、致癌作用。NOEL［mg/(kg•d)］：雄大鼠 2.02，雌大鼠 2.57。ADI/RfD（日本）0.02 mg/(kg•d)。

生态效应 鸟急性经口 LD$_{50}$（mg/kg）：雌、雄山齿鹑>2000，雌、雄野鸭>2000。鱼 LC$_{50}$（96 h，μg/L）：虹鳟鱼 2.6，鲤鱼 8.6。水蚤 EC$_{50}$（48 h，流动）0.13 mg/L，羊角月牙藻

E_bC_{50}（72 h）＞1 mg/L，蜜蜂 LD_{50}（96 h，μg/只）：经口 3.23，接触 1.9。蚯蚓 LC_{50}（14 d）918 mg/L。

环境行为　①动物。至少 33%被吸收，主要通过羟基化代谢，在动物体内广泛分布，并通过粪便完全消除。②植物。主要通过光解进行代谢。③土壤/环境。土壤中 DT_{50} 53～59 d。

制剂　乳油、可湿性粉剂。

主要生产商　三共农用化学品公司。

应用

（1）适用对象　柑橘、草莓、番茄、茶、葡萄、苹果、梨、萝卜、葱、莴苣、白菜、卷心菜、茄子等。

（2）防治对象　燕尾蝶、夜盗虫、卷叶虫等。

（3）残留量与安全施药　雷皮菌素主要代谢物为 2-甲氧亚胺-2-苯乙酸。

专利与登记

专利名称　Oxime group-containing milbemycin derivative

专利号　JP 2008143818　　　　　专利公开日　2008-06-26

专利申请日　2006-12-08　　　　　优先权日　2006-12-08

专利拥有者　Sankyo Agrokk

合成方法　雷皮菌素为弥拜菌素衍生物。弥拜菌素是从土壤微生物 —— 链霉菌（*Streptomyces hygroscopicus* subsp. *aureolacrimosus*）的发酵物中提取而得到的。

参考文献

[1] The Pesticide Manual. 17 th edition: 680-682.

弥拜菌素（milbemectin）

milbemectin A_3，R = CH_3，528.7，$C_{31}H_{44}O_7$，51596-10-2
milbemectin A_4，R = CH_2CH_3，542.7，$C_{32}H_{46}O_7$，51596-11-3

弥拜菌素［试验代号：B-41、E-187、SI-8601，商品名称：Milbeknock（密灭汀）、Ultiflora、Koromite、Matsuguard、Mesa］是由日本三共化学公司开发的抗生素类杀虫、杀螨剂。

化学名称　(10E,14E,16E,22Z)-(1R,4S,5'S,6R,6'R,8R,13R,20R,21R,24S)-21,24-二氢-5',6'11,13,22-五甲基-3,7,19-三氧四环[15.6.1.1^{4,8}.0^{20,24}]二十五烷-10,14,16,22-四烯-6-螺-2'-四氢吡喃-2-酮 (milbemectin A_3)，(10E,14E,16E,22Z)-(1R,4S,5'S,6R,6'R,8R,13R,20R,21R,24S)-6'-乙基-21,24-二氢-5',11,13,22-四甲基-3,7,19-三氧四环[15.6.1.1^{4,8}.0^{20,24}]二十五烷-10,14,16,22-四烯-6-螺-2'-四氢吡喃-2-酮(milbemectin A_4)。英文名称 mixture of 70%(10E,14E,16E)-(1R,4S,5'S,6R,6'R,8R,13R,20R,21R,24S)-6'-ethyl-21,24-dihydroxy-5',11,13,22-tetramethyl-(3,7,19-trioxatetracyclo[15.6.1.1^{4,8}.0^{20,24}]pentacosa-10,14,16,22-tetraene)-6-spiro-2′-(tetrahydropyran)-2-one 和 30% (10E,14E,16E)-(1R,4S,5′S,6R,6′R,8R,13R,20R,21R,24S)-21,24-dihydroxy-5′,6′,11,13,22-penta-methyl-(3,7,19-trioxatetracyclo[15.6.1.1^{4,8}.0^{20,24}]pentacosa-10,14,16,22-tetraene)-6-spiro-2′-(tetrahy-dropyran)-2-one 或 bridged fused ring systems nomenclature: mixture of 70%(2aE,4E,8E)-(5′S,6R, 6′R,11R,13R,15S,17aR,20R,20aR,20bS)-6′-ethyl-3′,4′,5′,6,6′,7,10,11,14,15,17a,20,20a,20b-tetrade-cahydro-20,20b-dihydroxy-5′,6,8,19-tetramethylspiro[11,15-methano-2H,13H,17H-furo[4,3,2-pq] [2,6]benzodioxacyclooctadecin-13,2′-[2H]pyran]-17-one 和 30%(2aE,4E,8E)-(5′S,6R,6′R,11R,13R, 15S,17aR,20R,20aR,20bS)-3′,4′,5′,6,6′,7,10,11,14,15,17a,20,20a,20b-tetradecahydro-20,20b-dihyd-roxy-5′,6,6′,8,19-pentamethylspiro[11,15-methano-2H,13H,17H-furo[4,3,2-pq][2,6]benzodioxacyc-looctadecin-13,2′-[2H]pyran]-17-one。美国化学文摘系统名称为(6R,25R)-5-O-demethyl-28-deoxy-6,28-epoxy-25-ethylmilbemycin B mixture with(6R,25R)-5-O-demethyl-28-deoxy-6,28-epoxy-25-methylmilbemycin B。CA 主题索引名称为 milbemycin B—,5-O-demethyl-28-deoxy-6,28-epoxy-25-ethyl-(6R,25R)-,mixture with(6R,25R)-5-O-demethyl-28-deoxy-6,28-epoxy-25-methylmilbemycin B 或 milbemycin B—,5-O-demethyl-28-deoxy-6,28-epoxy-25-methyl-(6R,25R)-,mixture with(6R,25R)-5-O-demethyl-28-deoxy-6,28-epoxy-25- ethylmilbemycin B。

组成　弥拜菌素由同系物 milbemectin A$_3$ 和 milbemectin A$_4$ 以 3∶7 组合而成。

理化性质　产品纯度≥95%，白色粉末。熔点：A$_3$ 212～215℃，A$_4$ 212～215℃。相对密度（20～25℃）：A$_3$ 1.127，A$_4$ 1.1265。蒸气压（20℃）<1.3×10^{-8} Pa。lgK_{ow}：A$_3$ 5.3，A$_4$ 5.9。Henry 常数<9.93×10^{-4} Pa·m^3/mol。A$_3$ 溶解度（20～25℃）：水 0.88 mg/L；有机溶剂（g/L）：甲醇 64.8、乙醇 41.9、丙酮 66.1、乙酸乙酯 69.5、苯 143.1、正己烷 1.4。A$_4$ 溶解度（20～25℃）：水 7.2 mg/L；有机溶剂（g/L）：甲醇 458.8、乙醇 234.0、丙酮 365.3、乙酸乙酯 320.4、苯 524.2、正己烷 6.5。对碱不稳定。水解 DT$_{50}$：A$_4$ 11.6 d（pH 5），260 d（pH 7），226 d（pH 9）。

毒性　大鼠急性经口 LD$_{50}$（mg/kg）：雄 762、雌 456，小鼠急性经口 LD$_{50}$（mg/kg）：雄 324、雌 313，大、小鼠急性经皮 LD$_{50}$（mg/kg）>5000。无皮肤致敏。大鼠吸入 LC$_{50}$（mg/L，4 h）：雄 1.90，雌 2.80。大鼠无作用剂量 [mg/(kg·d)]：雄 6.81、雌 8.77；小鼠无作用剂量 [mg/(kg·d)]：雄 18.9、雌 19.6。每日允许摄取量 0.03 mg/kg bw（日本）。无致畸、致突变、致癌作用。

生态效应　鸟 LD$_{50}$（mg/kg）：雄鸡 660、雌鸡 650、日本雄鹌鹑 1005、日本雌鹌鹑 968。鱼 LC$_{50}$（96 h）：虹鳟 4.5 mg/L、鲤鱼 17 μg/L。水蚤 EC$_{50}$（4 h）0.011 mg/L。羊角月牙藻 E$_b$C$_{50}$（120 h）>2 mg/L。蜜蜂经口 LD$_{50}$：0.46 μg/只，接触 0.025 μg/只。蚯蚓 LC$_{50}$（14 d）61 mg/L。

环境行为　①土壤环境。DT$_{50}$ 为 16～33 d。A$_4$：K_{oc} 2840 dm^3/kg。②动物。在动物体内 47% 被吸收、分配，最终以粪便的形式消除，主要以氢氧化物的形式代谢。对环境影响小，绿色杀虫剂。

制剂　乳油、可湿性粉剂。

主要生产商　日本三共化学公司等。

作用机理与特点　γ-氨基丁酸抑制剂，作用于外围神经系统。通过提高弥拜菌素与 γ-氨基丁酸的结合力，使氯离子流量增加，从而发挥杀菌、杀螨活性。对各个生长阶段的害虫均有效，作用方式为触杀和胃杀，虽内吸性较差，但具有很好的传导活性。对作物安全，对节肢动物影响小，和现有杀螨剂无交互抗性，是对害虫进行综合防治和降低抗性风险的理想选择。

应用

（1）适用作物　蔬菜（茄子等），水果（苹果、梨、草莓、柑橘等），茶叶，松树等。

（2）防治对象　朱砂叶螨、二斑叶螨、神泽氏叶螨、柑橘红蜘蛛、苹果红蜘蛛、柑橘锈壁虱，对线虫如松材线虫也有效。

（3）残留量与安全施药　在土壤中 DT$_{50}$ 16～33 d。具轻度皮肤刺激性，对鱼剧毒；禁止在禁用水域、空中施药，禁止大面积使用。

（4）应用技术　对害虫的各个阶段均有效。活性与阿维菌素相似，但毒性低，比阿维菌素安全。

（5）使用方法　在世界范围内弥拜菌素推荐使用剂量为 5.6～28 g/hm^2。1%弥拜菌素乳油防治神泽氏叶螨，每公顷用药 1 kg，稀释 1000 倍，害螨发生时施药，采收前 6 d 停止施药。1%弥拜菌素乳油防治柑橘红蜘蛛每公顷用药 1.3 kg，稀释 1500 倍，害虫密度达 5 只每叶时，施药一次，采收前 6 d 停止施药。1%弥拜菌素乳油防治梨二点叶螨，每公顷用药 0.6～0.8 kg，稀释 1500 倍，叶螨发生时施药一次，隔 14 d 再施药一次，采收前 6 d 停止施药。1%弥拜菌素乳油防治印度枣轮斑病，每公顷用药 0.6～0.8 kg，稀释 1500 倍，叶螨发生时施药一次，采收前 6 d 停止施药。1%弥拜菌素乳油防治十字花科蔬菜蚜虫，每公顷用药 0.5～0.7 kg，稀释 1500 倍，害虫发生时施药一次，隔 7 d 再施药一次，采收前 6 d 停止施药。1%弥拜菌素乳油防治水蜜桃二点叶螨，每公顷用药 2 kg，稀释 1000 倍，害虫发生时施药一次，采收前 15 d 停止施药。

专利概况

专利名称　Acaricidal and insecticidal antibiotic mixture B-41

专利号　JP 49014624　　　　　专利公开日　1974-02-08

专利申请日　1972-06-08　　　　优先权日　1972-06-08

专利拥有者　Sankyo Co., Ltd.（JP）

目前公开的或授权的专利　AU 7356631、CH 585789、CH 585514、DE 2329486、FR 2187778、GB 1390336、JP 49014624、JP 50029742、JP 56045890、SU 1360574、US 3992551、US 3950360、US 3966914、US 3984564、US 3998699、US 3992527、US 3992552 等。

制备专利　CN 110857447、WO 2017052232、CN 106148216、CN 105254644、CN 105061457、EP 2886640、CN 104497003、GB 2513859、CA 2813294、US 20140315842、JP 4373080、WO 2004058771。

合成方法　弥拜菌素是从土壤微生物——链霉菌（*Streptomyces hygroscopicus* subsp. *aureolacrimosus*）的发酵物中提取而得到的。

参考文献

[1] The Pesticide Manual. 17 th edition: 774-775.

双丙环虫酯（afidopyropen）

593.7，C$_{33}$H$_{39}$NO$_9$，915972-17-7

双丙环虫酯（试验代号：ME5343，商品名：Inscalis、Versys、英威）是日本明治制药株式会社和日本北里研究所共同研究开发的一种新型杀虫剂。2010 年，巴斯夫与明治制果株式会社达成协议，共同开发基于双丙环虫酯的产品。

化学名称　[(3S,4R,4aR,6S,6aS,12R,12aS,12bS)-3-[(环丙基羰基)氧代]-1,3,4,4a,5,6,6a,12,12a,12b-十氢-6,12-二羟基-4,6a,12b-三甲基-11-氧代-9-(3-吡啶基)-2H,11H-甲萘酚[2,1-b]吡喃酮[3,4-e]吡喃-4-基]甲基环丙酸酯。英文化学名称 [(3S,4R,4aR,6S,6aS,12R,12aS,12bS)-3-(cyclopropylcarbonyloxy)-1,3,4,4a,5,6,6a,12,12a,12b-decahydro-6,12-dihydroxy-4,6a,12b-trimethyl-11-oxo-9-(3-pyridyl)-11H,12H-benzo[f]pyrano[4,3-b]chromen-4-yl]methyl cyclopropanecarboxylate。美国化学文摘系统名称为 [(3S,4R,4aR,6S,6aS,12R,12aS,12bS)-3-[(cyclopropylcarbonyl)oxy]-1,3,4,4a,5,6,6a,12,12a,12b-decahydro-6,12-dihydroxy-4,6a,12b-trimethyl-11-oxo-9-(3-pyridinyl)-2H,11H-naphtho[2,1-b]pyrano[3,4-e]pyran-4-yl]methyl cyclopropanecarboxylate。CA 主题索引名称为 cyclopropanecarboxylic acid 3-[(cyclopropylcarbonyl)oxy]-1,3,4,4a,5,6,6a,12,12a,12b-decahydro-6,12-dihydroxy-4,6a,12b-trimethyl-11-oxo-9-(3-pyridinyl)-2H,11H-naphtho[2,1-b]pyrano[3,4-e]pyran-4-yl]methyl ester, [(3S,4R,4aR,6S,6aS,12R,12aS,12bS)-。

理化性质　原药为黄色固体粉末，无味，密度(1.39±0.1) g/cm³ (20℃)。lgK_{ow} 4.176±0.705 (25℃)，熔点 147.3～160℃。蒸气压：$<9.9×10^{-6}$ Pa（25℃），$<1.5×10^{-5}$ Pa（50℃）。pH（23℃）：5.3（1%纯水溶液），5.8（1% CIPAC 标准硬水 D 溶液）。水解半衰期（25℃，pH 4 或 7）：$DT_{50}>1$ 年。溶解度（g/L，20℃）：水 $2.51×10^{-2}$，正己烷 $7.66×10^{-3}$，甲苯 5.54，二氯甲烷$>$500，丙酮$>$500，甲醇$>$500，乙酸乙酯$>$500。Henry 常数$<2.34×10^{-4}$ Pa·m³/mol；不易燃，不易被氧化。

毒性　对大鼠急性经口经皮 $LD_{50}>2000$ mg/kg 体重；大鼠急性毒性吸入 $LC_{50}>5.48$ mg/L；对兔眼睛有轻微的刺激性，对兔皮肤无刺激性，对豚鼠皮肤无致敏性；无致癌性、遗传和神经毒性；每日允许摄入量（ADI）0.07 mg/kg 体重，急性参考剂量（aRfD）0.3 mg/kg 体重。

生态效应　斑胸草雀 LD_{50} 366 mg/kg，北美鹑 LC_{50} 527 mg/kg；鲤鱼 LC_{50}（96 h）18.0 mg/L，虹鳟 LC_{50}（96 h）>21.3 mg/L；大型溞 EC_{50}（48 h）8.0 mg/L，糠虾 $L(E)C_{50}$（96 h）4.4 mg/L，东方牡蛎 $L(E)C_{50}$（96 h）2.17 mg/L；摇蚊幼虫 EC_{50}（48 h）99.0 μg/L，绿藻 E_rC_{50}（72 h）48000 μg/L；蚯蚓 $LC_{50}>1000$ mg/kg 土壤。双丙环虫酯对传粉昆虫和有益昆虫安全，对蜜蜂的急性毒性：成虫经口 LD_{50}（96 h）>100 μg/只，接触 LC_{50}（96 h）>200 μg/只，幼虫经口 LD_{50}（96 h）55.9 μg/只；对寄生蜂 LR_{50} 78.1 g/hm²，捕食螨 LR_{50} 140.4 g/hm²。

制剂　5%、50 g/L、100 g/L 可分散液剂。

主要生产商　Meiji Seika、巴斯夫欧洲公司等。

作用机理与特点　双丙环虫酯被认为作用机理与吡啶甲亚胺衍生物杀虫剂吡蚜酮和 pyrifluquinazon 类似，属于弦音器官香草受体亚家族通道调节剂，通过作用于神经系统的一种或多种蛋白质而显示出杀虫活性。双丙环虫酯与现有杀虫剂和虫害管理系统无交互抗性。

与常规杀虫剂的作用机理不同，双丙环虫酯是通过干扰靶标昆虫香草酸瞬时受体通道复合物的调控，导致昆虫对重力、平衡、声音、位置和运动等失去感应，丧失协调性和方向感，进而不能取食，最终导致昆虫饥饿而亡。

双丙环虫酯在施药后数小时内即能使昆虫停止取食，但其击倒作用较慢。该产品持效期长，对蚜虫的持效作用长达 21 d。双丙环虫酯对成虫和幼虫均有效，但对卵无效，推荐在幼虫阶段用药，防效更好。双丙环虫酯还具有优秀的叶片渗透能力。

应用　该产品具备一种全新的结构且具有全新的作用机制。室内生测表明，双丙环虫酯对同翅目的烟蚜成虫和半翅目的赤须盲蝽幼虫的活性较高，对小菜蛾和棉铃虫等鳞翅目害虫的活性相对较低。进一步的研究表明，双丙环虫酯可有效控制刺吸式害虫，如豌豆蚜虫、飞虱、介壳虫以及叶蝉，可作为蚜虫特效药使用。可以用于蔬菜、果树、葡萄树、中耕作物以及观赏植物等。特别适用于防治易产生抗药性的害虫，如桃树蚜虫、棉花棉蚜等；对于防治对烟碱类、有机磷类、菊酯类和吡蚜酮产生抗性的害虫具有卓越的防效。据报道其无论是叶面处理、种子处理还是土壤处理都很有效，且毒性很低。

双丙环虫酯防治蚜虫时，连续施药不超过两次，施药间隔期为 14 天，有效成分用药量为 10 g/hm^2，每季作物施药不超过 4 次。防治烟粉虱时，每季施药不超过 2 次，推荐单次有效成分用药量为 35 g/hm^2。为了达到较好的防效，施药时需均匀喷雾，并覆盖整个植株，用水量至少为 200 L/hm^2。当双丙环虫酯用于防治烟粉虱时，需要加入 Hasten 喷雾助剂（0.2%），有助于提高击倒速度和整体防效。双丙环虫酯安全间隔期较短，从而提高了它在收获前使用的灵活性。双丙环虫酯用于芸薹属蔬菜、芹菜、葫芦、果用蔬菜（不包括葫芦）、叶用蔬菜（包括芸薹属叶用蔬菜）、西芹等的安全间隔期为 1 天；用于棉花、生姜、马铃薯、甘薯等的安全间隔期为 7 天。

用于防治棉花蚜虫和苹果树蚜虫，喷雾，制剂（50 g/L 可分散液剂）用药量分别为 10～16 mL/亩、12000～20000 倍液。

75 g/L 阿维菌素·双丙环虫酯（50 g/L 双丙环虫酯 ＋25 g/L 阿维菌素）可分散液剂，用于防治番茄烟粉虱、黄瓜蚜虫、辣椒烟粉虱，喷雾，制剂用药量分别为 45～53 mL/亩、9～13 mL/亩、45～53 mL/亩。澳大利亚 APVMA 建议的残留限量如下：叶菜和欧芹为 5 mg/kg；芹菜和番茄干果渣为 3 mg/kg；瓜类果蔬 0.7 mg/kg；油菜、白菜、卷心菜、花球类等芸薹属植物均为 0.5 mg/kg；非瓜类果蔬 0.2 mg/kg；棉花种子、哺乳动物肉和可食用内脏、蛋、哺乳动物、家禽肉和可食用内脏均为 0.1 mg/kg；生姜根、奶、马铃薯和甘薯均为 0.01 mg/kg。

专利与登记

专利名称　Pest control agents containing pyripyropenes

专利号　WO 2006129714　　　　　专利申请日　2006-03-31

专利拥有者　Meiji Seika Kaisha, Ltd.

在其他国家申请的化合物专利　TW 388282、AU 2006253364、CA 2609527、US 20060281780、US 7491738、JP 4015182、EP 1889540、CN 101188937、ZA 2007010207、EP 2111756、NZ 563781、RU 2405310、BR 2006010967、AT 531262、PT 1889540、ES 2375305、IL 187411、IL 223767、AR 53882、JP 2007211015、JP 5037164、IN 2007DN08915、KR 2008012969、US 20090137634、US 7838538、US 20110034404、US 8367707、JP 2012197284 等。

制备专利　WO 2013156318、WO 2013135606、WO 2011148886 等。

巴斯夫公司已取得双丙环虫酯在澳大利亚和美国的原药登记，登记含量分别为 92.5%和 94.32%。目前，巴斯夫已在法国新建了双丙环虫酯的原药生产工厂。

巴斯夫公司于 2010 年与日本明治制果株式会社达成合作协议，共同开发基于双丙环虫酯的植保产品。巴斯夫公司因此获得了双丙环虫酯在除日本、中国台湾和韩国之外的全球市场的开发和销售专有权。

国内登记情况：50 g/L 可分散液剂，92.5%原药；登记作物为甘蓝、辣椒、黄瓜、苹果树、小麦和番茄等；防治对象蚜虫和烟粉虱等。巴斯夫欧洲公司在中国登记情况见表2-4。

表2-4　巴斯夫欧洲公司在中国登记情况

登记名称	登记证号	含量	剂型	登记作物	防治对象	用药量	施用方法
双丙环虫酯	PD20190013	92.5%	原药				
双丙环虫酯	PD20190012	50 g/L	可分散液剂	番茄	烟粉虱	55～65 mL/亩	喷雾
				甘蓝	蚜虫	10～16 mL/亩	喷雾
				黄瓜	蚜虫	10～16 mL/亩	喷雾
				辣椒	烟粉虱	55～65 mL/亩	喷雾
				棉花	蚜虫	10～16 mL/亩	喷雾
				苹果树	蚜虫	12000～20000 倍液	喷雾
				小麦	蚜虫	10～16 mL/亩	喷雾
阿维菌素·双丙环虫酯	PD20190011	双丙环虫酯50 g/L、阿维菌素25 g/L	可分散液剂	番茄	烟粉虱	45～53 mL/亩	喷雾
				黄瓜	蚜虫	9～13 mL/亩	喷雾
				辣椒	烟粉虱	45～53 mL/亩	喷雾

合成方法　通过如下反应制得目的物：

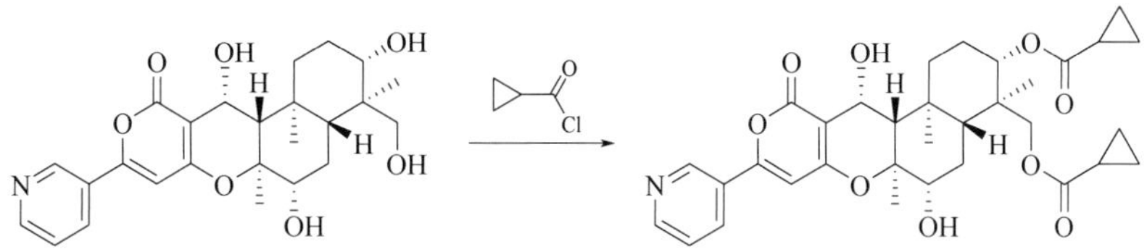

参考文献

[1] 谭海军. 世界农药, 2109, 41(2): 61-64.

[2] The Pesticide Manual.17 th edition: 21.

依维菌素（ivermectin）

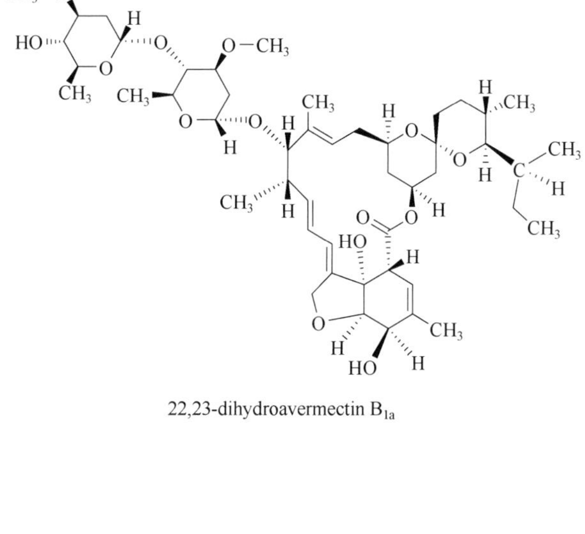

22,23-dihydroavermectin B_{1a}

22,23-dihydroavermectin B_{1b}

B_{1a}，875.1，$C_{48}H_{74}O_{14}$，70161-11-4

B_{1b}，861.1，$C_{47}H_{72}O_{14}$，70209-81-3

依维菌素（商品名称：Cardomec、Cardotek-30、Eqvalan、Heartgard-30、Ivomec、Ivomec-F、Ivomec-P、Mectizan、MK-933、Oramec）是由 Merk 公司开发的抗生素类杀虫剂。

化学名称　　$(10E,14E,16E)$-$(1R,4S,5'S,6R,6'R,8R,12S,13S,20R,21R,24S)$-$6'$-[$(S)$-异丁基]-21, 24-二羟基-$5'$,11,13,22-四甲基-2-氧-3,7,19-三氧四环[$15.6.1.1^{4,8}.0^{20,24}$]二十五-10,14,16,22-四烯-6-螺-$2'$-(四氢吡喃)-12-基-2,6-二脱氧-4-氧-(2,6-二脱氧-3-氧-甲基-α-L-阿拉伯糖-己吡喃糖)-3-氧-甲基-α-L-阿拉伯糖-己吡喃糖苷 和 $(10E,14E,16E)$-$(1R,4S,5'S,6R,6'R,8R,12S,13S,20R,21R,24S)$-21,24-二羟基-$6'$-异丙基-$5'$,11,13,22-四甲基-2-氧-3,7,19-三氧四环[$15.6.1.1^{4,8}.0^{20,24}$]二十五-10,14,16,22-四烯-6-螺-$2'$-($5'$,$6'$-二烯-$2'H$-吡喃)-12-基-2,6-二脱氧-4-氧-(2,6-二脱氧-3-氧-甲基-α-L-阿拉伯糖-己吡喃糖)-3-氧-甲基-α-L-阿拉伯糖-己吡喃糖苷的混合物。英文化学名称为 mixture of $(10E,14E,16E)$-$(1R,4S,5'S,6R,6'R,8R,12S,13S,20R,21R,24S)$-$6'$-[$(S)$-$sec$-butyl]-21,24-dihydroxy-$5'$,11,13,22-tetramethyl-2-oxo-(3,7,19-trioxatetracyclo[$15.6.1.1^{4,8}.0^{20,24}$]pentacosa-10,14,16,22-tetraene)-6-spiro-$2'$-(tetrahydropyran)-12-yl-2,6-dideoxy-4-O-(2,6-dideoxy-3-O-methyl-α-L-$arabino$-hexopyranosyl)-3-O-methyl-α-L-$arabino$-hexopyranoside 和$(10E,14E,16E)$-$(1R,4S,5'S,6R,$ $6'R,8R,12S,13S,20R,21R,24S)$-21,24-dihydroxy-$6'$-isopropyl-$5'$,11,13,22-tetramethyl-2-oxo-(3,7,19-trioxatetracyclo[$15.6.1.1^{4,8}.0^{20,24}$]pentacosa-10,14,16,22-tetraene)-6-spiro-$2'$-(tetrahydropyran)-12-yl-2,6-dideoxy-4-O-(2,6-dideoxy-3-O-methyl-α-L-$arabino$-hexopyranosyl)-3-O-methyl-α-L-$arabino$-hexopyranoside 或 bridged fused ring systems nomenclature: mixture of $(2aE,4E,8E)$-$(5'S,6S,6'R,$ $7S,11R,13R,15S,17aR,20R,20aR,20bS)$-$6'$-[$(S)$-$sec$-butyl]-$3',4',5',6,6',7,10,11,14,15,17a,20,20a,20b$-tetradecahydro-20,20$b$-dihydroxy-$5'$,6,8,19-tetramethyl-17-oxospiro[11,15-methano-$2H,13H,17H$-furo[4,3,2-pq][2,6]benzodioxacyclooctadecin-13,$2'$-[$2H$]pyran]-7-yl-2,6-dideoxy-4-O-(2,6-dideoxy-3-O-methyl-α-L-$arabino$-hexopyranosyl)-3-O-methyl-α-L-$arabino$-hexopyranoside 和 $(2aE,4E,$ $8E)$-$(5'S,6S,6'R,7S,11R,13R,15S,17aR,20R,20aR,20bS)$-$3',4',5',6,6',7,10,11,14,15,17a,20,20a,20b$-tetradecahydro-20,20$b$-dihydroxy-$6'$-isopropyl-$5'$,6,8,19-tetramethyl-17-oxospiro[11,15-methano-$2H,13H,17H$-furo[4,3,2-pq][2,6]benzodioxacyclooctadecin-13,$2'$-[$2H$]pyran]-7-yl-2,6-dideoxy-4-O-(2,6-dideoxy-3-O-methyl-α-L-$arabino$-hexopyranosyl)-3-O-methyl-α-L-$arabino$-hexopyranoside。美国化学文摘系统名称为 ivermectin。CA 主题索引名称 ivermectin。

组成　　原药中组分 B_{1a} 的含量≥80%，组分 B_{1b} 的含量≤20%。

理化性质　　原药为白色或微黄色结晶粉末。熔点 155℃。溶解度：水 4 mg/L，丁醇 30 g/L。

稳定性好。

毒性 大鼠急性经口 LD_{50}（mg/kg）：雄 11.6，雌 24.6～41.6。小鼠急性经口 LD_{50}（mg/kg）：雄 42.8～52.8，雌 44.3～52.8。皮肤、眼睛轻微刺激。无诱变效应。

环境行为 ①动物。在动物体内残留时间较长。人 DT_{50} 10～12 h。90%通过粪便代谢掉，1%通过尿液排掉。②空气。由于其蒸气压较低，不易挥发，因此对空气影响小。③水。在水中溶解度小，因此对水源不会造成污染。④土壤。依维菌素和土壤结合紧密，不会污染地下水源，在土壤中代谢受温度影响较大，夏天 1～2 周，冬天则需要 52 周。光降解 DT_{50} 12～19 h。

制剂 5%注射针剂、0.5%乳油、0.1%饵剂。

主要生产商 顺毅南通化工有限公司等。

作用机理与特点 依维菌素通过与氯离子通道结合，阻止氯离子的正常运转发挥作用。依维菌素的作用靶体为昆虫外周神经系统内的 γ-氨基丁酸（GABA）受体。它能促进 γ-氨基丁酸从神经末梢释放，增强 γ-氨基丁酸与细胞膜上受体的结合，从而使进入细胞的氯离子增加，细胞膜超极化，导致神经信号传递受抑，致使麻痹、死亡。

应用

（1）适用范围 奶牛、狗、猫、马、猪、羊等家畜。

（2）防治对象 动植物体内寄生虫、盘尾丝虫病、线虫、昆虫、螨虫等。

（3）残留量与安全用药 如吸入喷洒雾滴，将病人移到空气新鲜地方。如病人呼吸困难，最好进行口对口人工呼吸。如吞服，立即请医生或到毒物控制中心诊治。立即给病人喝一至两杯开水，并用手指伸入喉咙后部引发呕吐，直至呕吐液澄清为止。如果病人昏迷，切勿进行引发呕吐或喂服任何东西。皮肤接触，脱去沾有药液的衣服，用肥皂和水洗涤沾有药液的部位。如果刺痛未止，应找医生诊治。如果溅入眼内，用大量清水冲洗，立即请医生诊治。

（4）应用技术 依维菌素主要用作兽用驱虫药，使用时应该注意用药剂量，必须准确给药。

（5）使用方法 主要通过针剂注射。

主要使用依维菌素注射液对家畜进行驱虫如兔、猪等。

对猪驱虫方法如下： 仔猪阶段（45 日龄），此时猪体质较弱，是寄生虫的易感时期，每 10 kg 猪体重用依维菌素粉剂（每袋 5 g，含依维菌素 10 mg）1.5 g 拌料内服。架子猪阶段（90 日龄）和育肥阶段（135 日龄左右），按 50 kg 猪体重用 1.5 mL 依维菌素注射液（每毫升含依维菌素 10 mg）。

专利与登记 依维菌素属于阿维菌素的衍生产品,美国默克公司于1981 年将依维菌素作为兽用驱虫药投入市场。

专利名称 Derivatives of C-076 compounds

专利号 US 4333925 专利公开日 1982-06-08

专利申请日 1981-05-11 优先权日 1981-05-11

专利拥有者 Merck & Co Inc（US）

在其他国家申请的化合物专利 AT 14883、AU 8283299、AU 550391、DK 8202083、EP 65403、JP 57206695、ZA 8203196 等。

制备专利 HU 9600499D0、CN 106188185B、CN 103396464B、CN 101362786B、CN 100396691C、WO 9838201A1、AU 5475594A、US 5656748A、CA 2053418A1、US 3915956A 等。

国内登记情况：0.5%乳油、95%原药、0.1%饵剂，登记作物为甘蓝、茶树、草莓、杨梅树等，防治对象小菜蛾、红蜘蛛、茶小绿叶蝉、果蝇、蜚蠊等。

合成方法 阿维菌素由一种真菌——链酶菌（*Streptomyces avermitilis*）发酵产生，依维菌素由阿维菌素（avermectin B₁）以威尔金森均相催化剂经过选择性加氢制得。

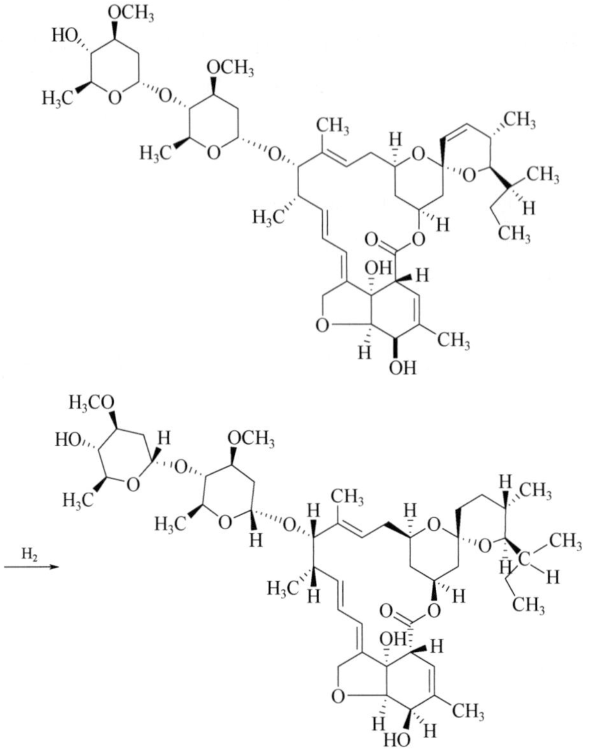

参考文献

[1] 精细化学品大全——农药卷. 杭州：浙江科学技术出版社, 2000: 248.

乙基多杀菌素（spinetoram）

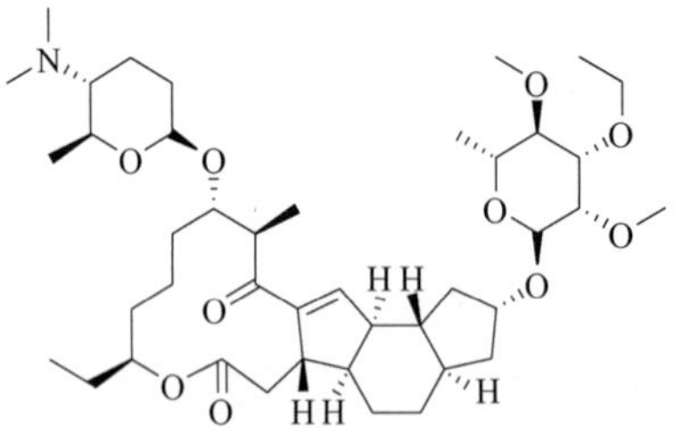

主要成分XDE-175-J 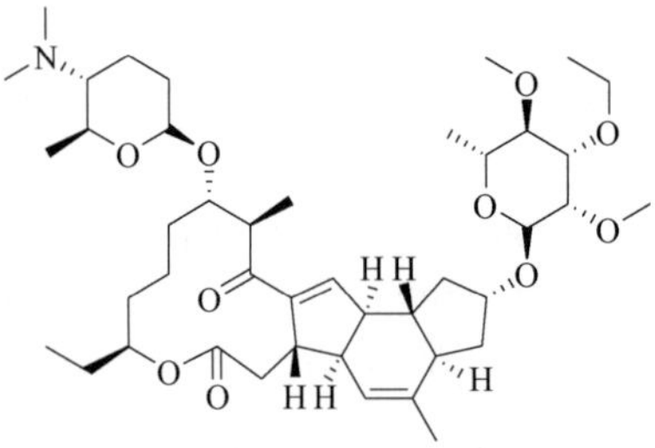   次要成分XDE-175-L

XDE-175-J，748.0，$C_{42}H_{69}NO_{10}$，187166-40-1
XDE-175-L，760.0，$C_{43}H_{69}NO_{10}$，187166-15-0

乙基多杀菌素（试验代号：DE-175、XR-175、XDE-175、X574175，商品名称：Delegate、Radiant）是由道农业科学公司开发的大环内酯类抗生素杀虫剂。

化学名称 主要成分(2R,3aR,5aR,5bS,9S,13S,14R,16aS,16bR)-2-(6-脱氧-3-O-乙基-2,4-二-

O-甲基-*α*-L-吡喃甘露糖苷氧)-13-[(2*R*,5*S*,6*R*)-5-(二甲氨基)四氢-6-甲基吡喃-2-基氧]-9-乙基-2,3,3*a*,4,5,5*a*,5*b*,6,9,10,11,12,13,14,16*a*,16*b*-十六氢-14-甲基-1*H*-不对称-吲丹烯基[3,2-*d*]氧杂环十二烷-7,15-二酮；次要成分 (2*S*,3*aR*,5*aS*,5*bS*,9*S*,13*S*,14*R*,16*aS*,16*bS*)-2-(6-脱氧-3-*O*-乙基-2,4-二-*O*-甲基-*α*-L-吡喃甘露糖苷氧)-13-[(2*R*,5*S*,6*R*)-5-(二甲氨基) 四氢-6-甲基吡喃-2-基氧]-9-乙基-2,3,3*a*,5*a*,5*b*,6,9,10,11,12,13,14,16*a*,16*b*-十四氢-4,14-二甲基-1*H*-不对称-吲丹烯基[3,2-*d*]氧杂环十二烷-7,15-二酮。英文化学名称 mixture of 50%～90% (2*R*,3*aR*,5*aR*,5*bS*,9*S*,13*S*,14*R*,16*aS*,16*bR*)-2-(6-deoxy-3-*O*-ethyl-2,4-di-*O*-methyl-*α*-L-mannopyranosyloxy)-13-[(2*R*,5*S*,6*R*)-5-(dimethylamino)tetrahydro-6-methylpyran-2-yloxy]-9-ethyl-2,3,3*a*,4,5,5*a*,5*b*,6,9,10,11,12,13,14,16*a*,16*b*-hexadecahydro-14-methyl-1*H*-*as*-indaceno[3,2-*d*]oxacyclododecine-7,15-dione 和 10%～50% (2*R*,3*aR*,5*aS*,5*bS*,9*S*,13*S*,14*R*,16*aS*,16*bS*)-2-(6-deoxy-3-*O*-ethyl-2,4-di-*O*-methyl-*α*-L-mannopyranosyloxy)-13-[(2*R*,5*S*,6*R*)-5-(dimethylamino)tetrahydro-6-methylpyran-2-yloxy]-9-ethyl-2,3,3*a*,5*a*,5*b*,6,9,10,11,12,13,14,16*a*,16*b*-tetradecahydro-4,14-dimethyl-1*H*-*as*-indaceno[3,2-*d*]oxacyclododecine-7,15-dione 或 extended von Baeyer nomenclature: mixture of 50%～90% (1*S*,2*S*,5*R*,7*R*,9*R*,10*S*,14*R*,15*S*,19*S*)-7-(6-deoxy-3-*O*-ethyl-2,4-di-*O*-methyl-*α*-L-mannopyranosyloxy)-15-[(2*R*,5*S*,6*R*)-5-(dimethylamino)tetrahydro-6-methylpyran-2-yloxy]-19-ethyl-14-methyl-20-oxatetracyclo[10.10.0.0^{2,10}.0^{5,9}]docos-11-ene-13,21-dione 和 10%～50% (1*S*,2*S*,5*R*,7*R*,9*S*,10*S*,14*R*,15*S*,19*S*)-7-(6-deoxy-3-*O*-ethyl-2,4-di-*O*-methyl-*α*-L-mannopyranosyloxy)-15-[(2*R*,5*S*,6*R*)-5-(dimethylamino)tetrahydro-6-methylpyran-2-yloxy]-19-ethyl-4,14-dimethyl-20-oxatetracyclo[10.10.0.0^{2,10}.0^{5,9}]docosa-3,11-diene-13,21-dione。美国化学文摘系统名称为(2*R*,3*aR*,5*aR*,5*bS*,9*S*,13*S*,14*R*,16*aS*,16*bR*)-2-[(6-deoxy-3-*O*-ethyl-2,4-di-*O*-methyl-*α*-L-mannopyranosyl)oxy]-13-[[(2*R*,5*S*,6*R*)-5-(dimethylamino)tetrahydro-6-methyl-2*H*-pyran-2-yl]oxy]-9-ethyl-2,3,3*a*,4,5,5*a*,5*b*,6,9,10,11,12,13,14,16*a*,16*b*-hexadecahydro-14-methyl-1*H*-*as*-indaceno[3,2-*d*]oxacyclododecin-7,15-dione mixture with (2*S*,3*aR*,5*aS*,5*bS*,9*S*,13*S*,14*R*,16*aS*,16*bS*)-2-[(6-deoxy-3-*O*-ethyl-2,4-di-*O*-methyl-*α*-L-mannopyranosyl)oxy]-13-[[(2*R*,5*S*,6*R*)-5-(dimethylamino)tetrahydro-6-methyl-2*H*-pyran-2-yl]oxy]-9-ethyl-2,3,3*a*,5*a*,5*b*,6,9,10,11,12,13,14,16*a*,16*b*-tetradecahydro-4,14-dimethyl-1*H*-*as*-indaceno[3,2-*d*]oxacyclododecin-7,15-dione。CA 主题索引名称为 1*H*-*as*-indaceno[3,2-*d*]oxacyclododecin-7,15-dione ——, 2-[(6-deoxy-3-*O*-ethyl-2,4-di-*O*-methyl-*α*-L-mannopyranosyl)oxy]-13-[[(2*R*,5*S*,6*R*)-5-(dimethylamino)tetrahydro-6-methyl-2*H*-pyran-2-yl]oxy]-9-ethyl-2,3,3*a*,4,5,5*a*,5*b*,6,9,10,11,12,13,14,16*a*,16*b*-hexadecahydro-14-methyl-(2*R*,3*aR*,5*aR*,5*bS*,9*S*,13*S*,14*R*,16*aS*,16*bR*)-, mixture with(2*S*,3*aR*,5*aS*,5*bS*,9*S*,13*S*,14*R*,16*aS*,16*bS*)-2-[(6-deoxy-3-*O*-ethyl-2,4-di-*O*-methyl-*α*-L-mannopyranosyl)oxy]-13-[[(2*R*,5*S*,6*R*)-5-(dimethylamino)tetrahydro-6-methyl-2*H*-pyran-2-yl]oxy]-9-ethyl-2,3,3*a*,5*a*,5*b*,6,9,10,11,12,13,14,16*a*,16*b*-tetradecahydro-4,14-dimethyl-1*H*-*as*-indaceno[3,2-*d*]oxacyclododecin-7,15-dione 或 1*H*-*as*-indaceno[3,2-*d*]oxacyclododecin-7,15-dione ——, 2-[(6-deoxy-3-*O*-ethyl-2,4-di-*O*-methyl-*α*-L-mannopyranosyl)oxy]-13-[[(2*R*,5*S*,6*R*)-5-(dimethylamino)tetrahydro-6-methyl-2*H*-pyran-2-yl]oxy]-9-ethyl-2,3,3*a*,5*a*,5*b*,6,9,10,11,12,13,14,16*a*,16*b*-tetradecahydro-4,14-dimethyl-(2*S*,3*aR*,5*aS*,5*bS*,9*S*,13*S*,14*R*,16*aS*,16*bS*)-, mixture with (2*R*,3*aR*,5*aR*,5*bS*,9*S*,13*S*,14*R*,16*aS*,16*bR*)-2-[(6-deoxy-3-*O*-ethyl-2,4-di-*O*-methyl-*α*-L-mannopyranosyl)oxy]-13-[[(2*R*,5*S*,6*R*)-5-(dimethylamino)tetrahydro-6-methyl-2*H*-pyran-2-yl]oxy]-9-ethyl-2,3,3*a*,4,5,5*a*,5*b*,6,9,10,11,12,13,14,16*a*,16*b*-hexadecahydro-14-methyl-1*H*-*as*-indaceno[3,2-*d*]oxacyclododecin-7,15-dione。

　　组成　主要组分为70%～90%，次要组分为10%～30%。

理化性质 灰白色固体。密度 1.1485 g/mL（20.2℃）。XDE-175-J：熔点 143.4℃；蒸气压（20℃）0.053 mPa；lgK_{ow}：2.44（pH 5），4.09（pH 7），4.22（pH 9），pK_a（20℃）7.86（碱性）；水中溶解度（mg/L，20～25℃）：423（pH 5），11.3（pH 7），8（pH 9），6.27（pH 10）；稳定性（25℃）：在 pH 为 5、7 和 9 不易水解，光稳定性 DT_{50}（pH 7，40℃）0.5 d。XDE-175-L：熔点 70.8℃；蒸气压（20℃）0.021 mPa；lgK_{ow}：2.94（pH 5），4.49（pH 7），4.82（pH 9）；pK_a（20℃）7.59（碱性）；水中溶解度（mg/L，20～25℃）：1630（pH 5），4670（pH 7），1.98（pH 9），0.706（pH 10）；稳定性（25℃）：在 pH 为 5 和 7 时不易水解，在 pH 为 9 时 DT_{50} 为 154 d，光稳定性 DT_{50}（pH 7，40℃）0.3 d。

毒性 大鼠急性经口 LD_{50}＞5000 mg/kg，急性经皮 LD_{50}＞5000 mg/kg，大鼠吸入 LC_{50}＞5.5 mg/L，无致突变、致癌性以及致畸性。

生态效应 山齿鹑和野鸭急性经口 LD_{50}＞2250 mg/kg，野鸭和山齿鹑急性饲喂 LC_{50}＞5620 mg/L。鱼类 LC_{50}（mg/L，96 h）：虹鳟鱼＞3.46，大翻车鱼 2.69。水蚤 LC_{50}（48 h）＞3.17 mg/L。对蜜蜂有毒，但施药 3 h 后，残留在叶片上的药剂对蜜蜂无毒。蚯蚓 LC_{50}（96 h）＞1000 mg/kg 土壤。对包括大眼长蝽、姬蝽、瓢虫、草蛉蛉在内的节肢动物影响很小。

环境行为 ①动物。主要针对哺乳期的山羊和产卵鸡进行了代谢研究，95%的残留物通过动物粪便代谢，主要代谢产物为谷胱甘肽轭和物，或 N-脱甲基化和 O-脱乙基化的大环内酯类化合物，和各自去糖化结构，以及母体结构中主要成分 XDE-175-J 的羟基络合物等，次要成分 XDE-175-L 的糖苷配基发生硫酸化和葡萄糖醛酸苷结合作用，主要代谢产物为母体结构的半胱氨酸络合物。②植物。主要有三种代谢物，第一种为 N-脱甲基化、N-甲酰化代谢物；第二种为大环内酯断裂，进而代谢得到一系列小分子；第三种主要是针对主要成分 XDE-175-J 的代谢物，3-氧-脱乙基代谢物。③土壤。在实验室条件下 XDE-175-J 和 XDE-175-L 代谢很快，半衰期分别为 21 d 和 13 d，在田间代谢更快，DT_{50} 3～5 d。主要代谢物为 N-脱甲基化产物，还有 N-脱甲基化-N-亚硝化产物，N-丁二酰产物以及其他少量产品。在土壤中吸附性能好，故环境残留少，水中溶解少，对地下水几乎无影响。④水。在水中通过光解快速代谢，进而降解为更小的分子，DT_{50}＜1 d，在 pH 5～9 下 XDE-175-J 不水解，在 pH 5～7 下 XDE-175-L 不水解，但在 pH 9 下慢慢降解，半衰期为 154 d。⑤空气。在空气中的代谢途径还没有确定，由于其较低的蒸气压和亨利常数，因此预测其光化学氧化的半衰期为 0.02～0.03 h。

制剂 水分散粒剂、悬浮剂等。

主要生产商 美国陶氏益农公司。

作用机理与特点 多杀菌素杀虫剂的新品种，作用机理和多杀菌素相同，都是烟碱乙酰胆碱受体，通过改变氨基丁酸离子通道和烟碱的作用功能进而刺激害虫神经系统。持效期长，杀虫谱广，用量少。但作用部位不同于烟碱或阿维菌素。通过触杀或口食，引起系统瘫痪。杀虫速度可与化学农药相媲美，非一般的生物杀虫剂可比。

应用

（1）适用作物 十字花科作物、蔬菜、果树（苹果、梨、柑橘等）、核果、葡萄、葫芦、玉米、大豆、甘蔗、草莓和棉花等。

（2）防治对象 防除鳞翅目害虫（如苹果卷叶蛾、梨小食心虫、东方果蛾、黏虫、甜菜夜蛾、甘蓝银纹夜蛾、葡萄卷叶蛾、葡萄小卷蛾、大豆夜蛾和粉纹夜蛾等），牧草虫（如西花蓟马、烟蓟马），飞虫（如斑潜蝇），潜叶虫，苹果蛆，大豆尺蠖，螟蛉虫，棉铃虫，烟青虫，玉米螟，地老虎，泡菜虫等，可用于果树飞虫（如苹果实蝇、橘小实蝇等），也可防治飞虱（如梨木虱等）。它能够有效控制果树和坚果上的重要虫害，尤其是果树上的重要害虫——苹果蠹蛾。

（3）残留量与安全用药 本产品是从放射菌代谢物提纯出来的生物源杀虫剂，毒性极低，在环境中残留量少，环境兼容性好。使用时应穿戴长衣、长裤、袜子等，并且配备专门的工具进行施药。如溅入眼睛，立即用大量清水连续冲洗 15 min。作业后用肥皂和清水冲洗暴露的皮肤，被溅及的衣服必须洗涤后才能再用。如误服，立即就医，是否需要引吐，由医生根据病情决定。存放时将本商品存放于阴凉、干燥、安全的地方，远离粮食、饮料和饲料。清洗施药器械或处置废料时，应避免污染环境。

（4）应用技术 防治棉铃虫、烟青虫，在棉铃虫处于低龄幼虫期施药。防治小菜蛾在甘蓝莲座期，小菜蛾处于低龄幼虫期时施药。防治甜菜夜蛾于低龄幼虫期时施药。防治蓟马在蓟马发生期使用。

（5）使用方法 用量 30～120 g(a.i.)/hm^2，视具体环境而定。

专利与登记

专利名称 Selective reduction of spinosyn factors 3'-O-ethyl-spinosyn J(Et-J)and 3'-O-ethyl-spinosyn L(Et-L)to spinetoram

专利号 US 20080108800　　　　　专利公开日 2008-05-08

专利申请日 2007-11-02　　　　　优先权日 2006-11-03

专利拥有者 Dow（US）

在其他国家申请的化合物专利 AT 116325T、AU 624458B、AU 2007317900、CA 2668168、CN 101535330、EP 2081945、JP 2010509225、JP 2223589(A)、MX 2009004624、OA 9249(A)、US 7683161、WO 2008057520、WO 2009095204 等。

制备专利 IN 201817030118A、CN 108602846A、CN 107226830A、CN 106701866A 等。

该杀虫剂在美国、加拿大、墨西哥、韩国、马来西亚、巴基斯坦和新西兰获得注册。乙基多杀菌素是多杀菌素杀虫剂的第二代产品，且具有比多杀菌素更广谱的杀虫活性。国内登记情况：60 g/L 悬浮剂，81.2%原药；登记作物为甘蓝和茄子等，防治对象小菜蛾、蓟马和甜菜夜蛾等。美国陶氏益农在中国登记情况见表 2-5。

表 2-5 美国陶氏益农在中国登记情况

登记名称	登记证号	含量	剂型	登记作物	防治对象	用药量	施用方法
乙多·甲氧虫	PD20170165	乙基多杀菌素 5.7%、甲氧虫酰肼 28.3%	悬浮剂	大葱	甜菜夜蛾	20～24 mL/亩	喷雾
				甘蓝	斜纹夜蛾	20～24 mL/亩	喷雾
				水稻	稻纵卷叶螟	20～24 mL/亩	喷雾
				水稻	二化螟	20～24 mL/亩	喷雾
乙基多杀菌素	PD20120250	81.2%	原药				
乙基多杀菌素	PD20120240	60 g/L	悬浮剂	甘蓝	甜菜夜蛾	20～40 mL/亩	喷雾
				甘蓝	小菜蛾	20～40 mL/亩	喷雾
				芒果	蓟马	1000～2000 倍液	喷雾
				茄子	蓟马	10～20 mL/亩	喷雾
				水稻	稻纵卷叶螟	20～30 mL/亩	喷雾
				水稻	蓟马	20～40 mL/亩	喷雾

登记名称	登记证号	含量	剂型	登记作物	防治对象	用药量	施用方法
乙基多杀菌素	PD20120240	60 g/L	悬浮剂	西瓜	蓟马	40～50 mL/亩	喷雾
				杨梅树	果蝇	1500～2500 倍液	喷雾
				豇豆	美洲斑潜蝇	50～58 mL/亩	喷雾
氟虫·乙多素	PD20172560	乙基多杀菌素20%、氟啶虫胺腈20%	水分散粒剂	甘蓝	小菜蛾	7.5～12.5 g/亩	喷雾
				甘蓝	蚜虫	7.5～12.5 g/亩	喷雾
				西瓜	蓟马	10～14 g/亩	喷雾
				西瓜	蚜虫	10～14 g/亩	喷雾
乙基多杀菌素	PD20181527	25%	水分散粒剂	黄瓜	美洲斑潜蝇	11～14 g/亩	喷雾
				豇豆	豆荚螟	12～14 g/亩	喷雾

合成方法　从放射杆菌 *Saccharopolyspora spinosa* 发酵产品中分离得到 spinosyn J 和 spinosyn L。后经催化加氢得到产品 spinetoram。

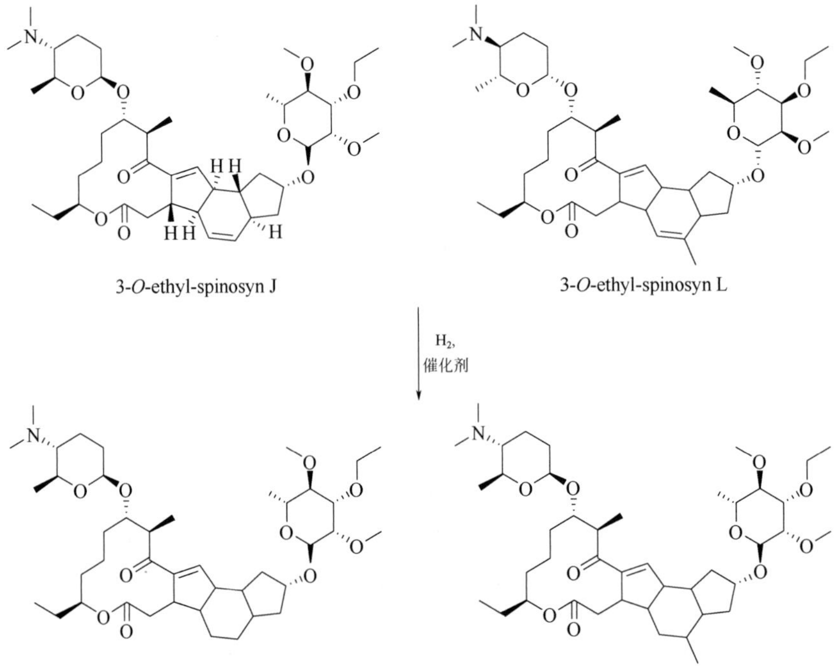

3-*O*-ethyl-spinosyn J

3-*O*-ethyl-spinosyn L

H₂,
催化剂

XDE-175-J

XDE-175-L

参考文献

[1] 谢丙堂, 张丽丽, 王冰洁,等. 应用昆虫学报, 2015(3): 600-608.

[2] 农药科学与管理, 2010(7): 58.

[3] The Pesticide Manual.17 th edition: 1025-1026.

[4] 华乃震. 农药, 2015(1): 1-5+13.

第三节
植物源杀虫剂

植物源杀虫剂（botanical insecticides）主要品种总共有 9 个：anabasine、azadirachtin、*d*-limonene、nicotine、pyrethrins[cinerins(cinerin Ⅰ、cinerin Ⅱ)、jasmolin Ⅰ、jasmolin Ⅱ、pyrethrin Ⅰ、pyrethrin Ⅱ]、quassia、rotenone、ryania、sabadilla。本书仅介绍 azadirachtin、nicotine、pyrethrins、rotenone、sabadilla；而 anabasine、*d*-limonene、ryania、quassia 仅列出化学名称、CAS 登录号：

anabasine：(*S*)-3-(2-piperidyl)pyridine；494-52-0。

d-limonene：(*R*)-4-isopropenyl-1-methylcyclohexene or *p*-mentha-1,8-diene；5989-27-5。

ryania：8047-13-0；one of the main alkaloidal ingredients is ryanodine [15662-33-6]。

quassia：quassia。

除虫菊素（pyrethrins）

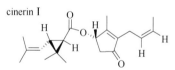

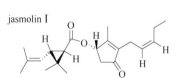

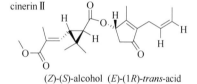

cinerin Ⅰ，316.4，$C_{20}H_{28}O_3$，25402-06-6
cinerin Ⅱ，360.4，$C_{21}H_{28}O_5$，121-20-0
Jasmolin Ⅰ，330.5，$C_{21}H_{30}O_3$，4466-14-2
Jasmolin Ⅱ，374.5，$C_{22}H_{30}O_5$，1172-63-0
pyrethin Ⅰ，328.4，$C_{21}H_{28}O_3$，121-21-1
pyrethin Ⅱ，372.4，$C_{22}H_{28}O_5$，121-29-9

除虫菊素，其他名称 pyrethres、Prestrin、Pynerzone、Pyrenone、Pyrentox、Pyresita、Pyrethrum、Pyrocide、Pyronyl、Pytox 等；二战以前，除虫菊粉及其制剂在市场的商品名称有 Buhach、Dalmatian Insect Powder、Dusturan、Evergreen、Filt、Insect Killer、Insect Powder、

Oleoresin of Pyrethrum、Persian Insect Powder、Pultex、Pyrethrol、Pyrethrum Extract、Pyrethrum Insecticide、Pyrethrum Powder、Urania Normal 等，最早由古代中国发现，在中世纪经丝绸之路传入波斯（伊朗），干燥的花粉被称为"波斯杀虫粉"，使用的记载可追溯到 19 世纪早期，当时其被引进到达尔马提亚、法国、美国、日本。含有六种杀虫成分：pyrethrin Ⅰ（除虫菊素Ⅰ）、pyrethrin Ⅱ（除虫菊素Ⅱ）、cinerin Ⅰ（瓜菊素Ⅰ）、cinerin Ⅱ（瓜菊素Ⅱ）、jasmolin Ⅰ（茉莉菊素Ⅰ）、jasmolin Ⅱ（茉莉菊素Ⅱ），除虫菊素是这些杀虫成分的总称，又因为除虫菊素Ⅰ和Ⅱ是 6 种杀虫成分中的主要组分，习惯上除虫菊素又代表了除虫菊素Ⅰ与除虫菊素Ⅱ。

pyrethrins（chrysanthemates）含有 pyrethrins Ⅰ、cinerin Ⅰ、jasmolin Ⅰ三个组分。

化学名称 pyrethrin Ⅰ(Z)-(S)-2-甲基-4-氧-3-(戊-2,4-二烯)环戊-2-烯(1R)-反-2,2-二甲基-3-(2-甲基丙-1-烯基)环丙烷甲酸酯，或(Z)-(S)-2-甲基-4-氧-3-(戊-2,4-二烯)环戊-2-烯(+)-反-菊酸酯；cinerin Ⅰ(Z)-(S)-3-(丁-2-烯)-2-甲基-4-氧环戊-2-烯(1R)-反-2,2-甲基-3-(2-甲基丙-1-烯基)环丙烷甲酸酯，或(Z)-(S)-3-(丁-2-烯基)-2-甲基-4-氧环戊-2-烯基(+)-反-菊酸酯；jasmolin Ⅰ(Z)-(S)-2-甲基-4-氧-3-(戊-2-烯基)环戊-2-烯基(1R)-反-2,2-二甲基-3-(2-甲基丙-1-烯基)环丙烷甲酸酯，或(Z)-(S)-2-甲基-4-氧-3-(戊-2-烯基)环戊-2-烯基(+)-反-菊酸酯。英文化学名称 pyrethrin Ⅰ：(Z)-(S)-2-methyl-4-oxo-3-(penta-2,4-dienyl)cyclopent-2-enyl(1R,3R)-2,2-dimethyl-3-(2-methylprop-1-enyl)cyclopropanecarboxylate 或(Z)-(S)-2-methyl-4-oxo-3-(penta-2,4-dienyl)cyclopent-2-enyl(1R)-trans-2,2-dimethyl-3-(2-methylprop-1-enyl)cyclopropanecarboxylate 或(Z)-(S)-2-methyl-4-oxo-3-(penta-2,4-dienyl)cyclopent-2-enyl(+)-trans-chrysanthemate；cinerin Ⅰ：(Z)-(S)-3-(but-2-enyl)-2-methyl-4-oxocyclopent-2-enyl(1R,3R)-2,2-dimethyl-3-(2-methylprop-1-enyl)cyclopropanecarboxylate 或(Z)-(S)-3-(but-2-enyl)-2-methyl-4-oxocyclopent-2-enyl (1R)-trans-2,2-dimethyl-3-(2-methylprop-1-enyl)cyclopropanecarboxylate 或(Z)-(S)-3-(but-2-enyl)-2-methyl-4-oxocyclopent-2-enyl(+)-trans-chrysanthemate；jasmolin Ⅰ：(Z)-(S)-2-methyl-4-oxo-3-(pent-2-enyl)cyclopent-2-enyl(1R,3R)-2,2-dimethyl-3-(2-methylprop-1-enyl)cyclopropanecarboxylate 或(Z)-(S)-2-methyl-4-oxo-3-(pent-2-enyl)cyclopent-2-enyl(1R)-trans-2,2-dimethyl-3-(2-methylprop-1-enyl)cyclopropanecarboxylate 或(Z)-(S)-2-methyl-4-oxo-3-(pent-2-enyl)cyclopent-2-enyl(+)-trans-chrysanthemate。美国化学文摘名称 pyrethrin Ⅰ：(1S)-2-methyl-4-oxo-3-(2Z)-2,4-pentadienyl-cyclopenten-1-yl(1R,3R)-2,2-dimethyl-3-(2-methyl-1-propenyl)cyclopropanecarboxylate；cinerin Ⅰ：(1S)-3-(2Z)-2-butenyl-2-methyl-4-oxo-2-cyclopenten-1-yl (1R,3R)-2,2-dimethyl-3-(2-methyl-1-propenyl)cyclopropanecarboxylate；jasmolin Ⅰ：(1S)-2-methyl-4-oxo-3-(2Z)-2-pentenyl-2-cyclopenten-1-yl(1R,3R)-2,2-dimethyl-3-(2-methyl-1-propenyl)cyclopropanecarboxylate。CA 主题索引名称 pyrethrin Ⅰ：cyclopropanecarboxylic acid —, 2,2-dimethyl-3-(2-methyl-1-propenyl)-(1S)-2-methyl-4-oxo-3-(2Z)-2,4-pentadienylcyclopenten-1-yl ester,(1R,3R)- ；cinerin Ⅰ：cyclopropanecarboxylic acid —, 2,2-dimethyl-3-(2-methyl-1-propenyl)-(1S)-3-(2Z)-2-butenyl-2-methyl-4-oxo-2-cyclopenten-1-yl ester,(1R,3R)-；jasmolin Ⅰ：cyclopropanecarboxylic acid —, 2,2-dimethyl-3-(2-methyl-1-propenyl)-(1S)-2-methyl-4-oxo-3-(2Z)-2-pentenyl-2-cyclopenten-1-yl ester,(1R,3R)-。

pyrethrins(pyrethrates)含有 pyrethrin Ⅱ、cinerin Ⅱ、Jasmolin Ⅱ三个组分。

化学名称 pyrethrin Ⅱ(Z)-(S)-2-甲基-4-氧-3-(戊-2,4-二烯基)环戊-2-烯基(E)-(1R)-反-3-(2-甲氧酰基丙-1-烯基)-2,2-二甲基环丙烷甲酸酯，或(Z)-(S)-2-甲基-4-氧-3-(戊-2,4-二烯)环戊-2-烯基除虫菊酯；cinerin Ⅱ(Z)-(S)-3-(丁-2-烯基)-2-甲基-4-氧环戊-2-烯(E)-(1R)-反-3-(2-甲氧酰基丙-1-烯基)-2,2-二甲基环丙烷甲酸酯，或(Z)-(S)-3-(丁-2-烯基)-2-甲基-4-氧环戊-2-烯基

除虫菊酯；jasmolin Ⅱ(Z)-(S)-2-甲基-4-氧-3-(戊-2-烯基)环戊-2-烯基(E)(1R)-反-3-(2-甲氧酰基丙-1-烯基)-2,2-二甲基环丙烷甲酸酯，或(Z)-(S)-2-甲基-4-氧-3-(戊-2-烯基)环戊-2-烯基除虫菊酯。英文化学名称 pyrethrin Ⅱ：(Z)-(S)-2-methyl-4-oxo-3-(penta-2,4-dienyl)cyclopent-2-enyl(E)-(1R,3R)-3-(2-methoxycarbonylprop-1-enyl)-2,2-dimethylcyclopropanecarboxylate 或(Z)-(S)-2-methyl-4-oxo-3-(penta-2,4-dienyl)cyclopent-2-enyl(E)-(1R)-trans-3-(2-methoxycarbonylprop-1-enyl)-2,2-dimethylcyclopropanecarboxylate 或(Z)-(S)-2-methyl-4-oxo-3-(penta-2,4-dienyl)cyclopent-2-enyl pyrethrate；cinerin Ⅱ：(Z)-(S)-3-(but-2-enyl)-2-methyl-4-oxocyclopent-2-enyl(E)-(1R,3R)-3-(2-methoxycarbonylprop-1-enyl)-2,2-dimethylcyclopropanecarboxylate 或(Z)-(S)-3-(but-2-enyl)-2-methyl-4-oxocyclopent-2-enyl(E)-(1R)-trans-3-(2-methoxycarbonylprop-1-enyl)-2,2-dimethylcyclopropanecarboxylate 或(Z)-(S)-3-(but-2-enyl)-2-methyl-4-oxocyclopent-2-enyl pyrethate；jasmolin Ⅱ：(Z)-(S)-2-methyl-4-oxo-3-(pent-2-enyl)cyclopent-2-enyl(E)-(1R,3R)-3-(2-methoxycarbonyl-prop-1-enyl)-2,2-dimethylcyclopropanecarboxylate 或(Z)-(S)-2-methyl-4-oxo-3-(pent-2-enyl)cyclopent-2-enyl(E)-(1R)-trans-3-(2-methoxycarbonylprop-1-enyl)-2,2-dimethylcyclopropanecarboxylate 或 (Z)-(S)-2-methyl-4-oxo-3-(pent-2-enyl)cyclopent-2-enyl pyrethrate。美国化学文摘名称 pyrethrin Ⅱ：(1S)-2-methyl-4-oxo-3-(2Z)-2,4-pentadienyl-2-cyclopenten-1-yl(1R,3R)-3-[(1E)-3-methoxy-2-methyl-3-oxo-1-propenyl]-2,2-dimethylcyclopropanecarboxylate；cinerin Ⅱ：(1S)-3-(2Z)-2-butenyl-2-methyl-4-oxo-2-cyclopenten-1-yl(1R,3R)-3-[(1E)-3-methoxy-2-methyl-3-oxo-1-propenyl]-2,2-dimethylcyclopropanecarboxylate；jasmolin Ⅱ：(1S)-2-methyl-4-oxo-3-(2Z)-2-pentenyl-2-cyclopenten-1-yl(1R,3R)-3-[(1E)-3-methoxy-2-methyl-3-oxo-1-propenyl]-2,2-dimethyl-cyclopropanecarboxylate。CA 主题索引名称 pyrethrin Ⅱ：cyclopropanecarboxylic acid—,3-[(1E)-3-methoxy-2-methyl-3-oxo-1-propenyl]-2,2-dimethyl-(1S)-2-methyl-4-oxo-3-(2Z)-2,4-pentadienyl-2-cyclopenten-1-yl ester,(1R,3R)-；cinerin Ⅱ：cyclopropanecarboxylic acid—,3-[(1E)-3-methoxy-2-methyl-3-oxo-1-propenyl]-2,2-dimethyl-(1S)-3-(2Z)-2-butenyl-2-methyl-4-oxo-2-cyclopenten-1-yl ester, (1R,3R)-；jasmolin Ⅱ：cyclopropanecarboxylic acid—, 3-[(1E)-3-methoxy-2-methyl-3-oxo-1-propenyl]-2,2-dimethyl-(1S)-2-methyl-4-oxo-3-(2Z)-2-pentenyl-2-cyclopenten-1-yl ester,(1R,3R)-。

组成　除虫菊素提取物主要含两部分 chrysanthemates 和 pyrethrates。chrysanthemates 中包括菊酸的三种天然的杀虫活性的酯 pyrethrins Ⅰ、cinerin Ⅰ、jasmolin Ⅰ，pyrethrates 包括除虫菊酸的三种相应的酯 pyrethrin Ⅱ、cinerin Ⅱ、jasmolin Ⅱ。在美国，其标准含量为50%±2%（质量分数）的除虫菊素，但样品含量可能仅为20%；pyrethrins Ⅰ与Ⅱ的比例通常为（0.8～2.8）：1；pyrethin：cinerin：jasmolin 的比例一般为 71：21：7。在欧洲，商品提取物含量为 20%～25%的 pyrethrins，50%±2%的制剂比较普遍。

理化性质　精制的提取物为浅黄色油状物，带有微弱的花香味；未精制提取物为棕绿色黏稠液体；花粉为棕褐色。相对密度 0.84～0.86（25%灰白色提取物），0.9（油性树脂粗提物）。不溶于水，易溶于大多数有机溶剂，如醇、碳氢化合物、芳香烃、酯等。避光、常温下保存＞10 年；在日光下不稳定，遇光快速氧化；光照 DT_{50} 10～12min；遇碱迅速分解，并失去杀虫效力；＞200℃加热导致异构体形成，活性降低。熔点 76℃。

除虫菊素（chrysanthemates）pyrethin Ⅰ：沸点 170℃（13.3 Pa），蒸气压 2.7 mPa，$\lg K_{ow}$ 5.9，水中溶解度 0.2 mg/L（20～25℃）。旋光系数 $[\alpha]_D^{20}=-14°$。

除虫菊素（pyrethrates）pyrethin Ⅱ：沸点 200℃（13.3 Pa），蒸气压 0.053 mPa，$\lg K_{ow}$ 4.3，

在水中溶解度 9.0 mg/L。旋光系数 $[\alpha]_D^{20} = +14.7°$。能溶于醇类、氯化烃类、硝基甲烷、煤油等多种有机溶剂。对光敏感，在光照下的稳定性是：瓜菊素＞茉莉菊素＞除虫菊素；而Ⅱ的光稳定性又稍大于它们相应的Ⅰ。除虫菊素在空气中会出现氧化，遇热能分解，在碱性溶液中能水解，均将失去活性，一些抗氧剂对它有稳定作用。

毒性 pyrethrins（pyrethrum）急性经口 LD_{50}（mg/kg）：大鼠雄 2370，大鼠雌 1030，小鼠 273～796。急性经皮 LD_{50}（mg/kg）：大鼠＞1500，兔 5000。对皮肤、眼睛轻度刺激。虽然菊花在制作和使用中容易引起皮炎，甚至特殊的过敏，但在商品制备过程中可消除此影响。大鼠吸入毒性 LC_{50}（4 h）3.4 mg/L。大鼠 NOAEL 4.37 mg/kg，大鼠 NOEL（2 年）100 mg/L，ADI：（JMPR）0.04 mg/kg（1999，2003）；（EPA）aRfD 0.2 mg/kg，cRfD 0.044 mg/kg（2006）。增效剂并没有增加其对哺乳动物的毒性。增效剂（如芝麻明、胡椒基丁醚）能延迟它们的代谢解毒作用。

生态效应 野鸭急性经口 LD_{50}＞5620 mg/kg，对鱼高毒，鱼 LC_{50}（μg/L）：大翻车鱼 10，虹鳟鱼 5.2。水蚤 LC_{50} 12 μg/L，水藻 EC_{50}≥1.27 mg/L。对蜜蜂有毒，但具有一定的驱避作用，LD_{50}（ng/只）：经口 22，接触 130～290。蚯蚓 LC_{50} 47 mg/kg 土壤。

环境行为 除虫菊素主要有两种降解途径，即光降解和生物降解，这两种降解常常是重叠着进行的，当它进入热血动物体内，即通过酯链的水解而降解；当受日光和紫外线的影响时，就开始在羟基上降解，促使其结构上的酸和醇部分的氧化。

制剂 粉剂、气雾剂、乳油等。

主要生产商 BASF、云南创森实业有限公司、云南南宝生物科技有限责任公司、云南中植生物科技开发有限责任公司等。

作用机理与特点 除虫菊酯类具有神经毒性，主要起触杀作用；但毒作用机制尚未完全阐明。一般认为，它和神经细胞膜受体结合，改变受体通透性；也可抑制 Na^+/K-ATP 酶、Ca^+-ATP 酶，引起膜内外离子转运平衡失调，导致神经传导阻滞；此外，还可作用于神经细胞的钠通道，使钠离子通道的 m 闸门门关闭延迟、去极化延长，形成去极化后电位和重复去极化；抑制中枢神经细胞膜的 γ-氨基丁酸受体，使中枢神经系统兴奋性增高。

应用 天然除虫菊素见光慢慢分解成水和二氧化碳，因此用其配制的农药或卫生杀虫剂等使用后无残留对人畜无副作用，是国际公认的最安全的无公害天然杀虫剂。除虫菊素是由除虫菊花中萃取的具有杀虫活性的六种物质组成，因此杀虫效果好，昆虫不易产生抗药性，可用于制造杀灭抗性很强的害虫的农药。用其配制成的卫生喷雾剂由于速效、击倒力强，不仅可用于家庭卫生杀虫，还用于防治畜舍、工厂、食品仓库以及蛀食羊毛织品的害虫，并用作一种涂在食品包装外层纸上的防虫材料；配制成农药还可用以防治果树、蔬菜、大田作物、温室、花卉等的咀嚼式和刺吸式口器昆虫（蚜虫、红蜘蛛、菜青虫、棉铃虫及地下害虫），亦可用于杀水稻飞虱、叶蝉、蓟马、稻螟蛉、小麦蚜虫以及蔬菜、果树、烟草等作物上的蚜虫。作为气雾剂在室内使用，剂量为 21 g(a.i.)/m³；大田用量为 0.55 kg/hm²。它在蚊香中含量为 0.3%～0.4%。除虫菊素也可应用于茶园，3%除虫菊素水剂对茶假眼小绿叶蝉和茶尺蠖都有较好的防效。

专利与登记

专利名称 Candle for killing insects

专利号 US 424590　　　专利公开日 1890-04-01

专利拥有者 Atkinson R

制备专利 CN 106349075、CN 102669188、CN 102342304、CN 102349546、CN 101653151、CN 100491328、CN 1199564、CN 1185204、JP 56020548、GB 1071557、GB 870459、

BE 575262 等。

国内登记情况　60%、70%、50%原药，5%乳油，0.4%、0.5%、0.6%气雾剂，1%、1.5%、1.8%水乳剂等，登记作物为十字花科蔬菜、烟草、甘蓝、猕猴桃树等，防治蚜虫、叶蝉等，以及作为卫生杀虫剂防治蚊、蝇、蜚蠊等。国外公司在我国登记情况见表2-6、表2-7。

表 2-6　巴斯夫欧洲公司在我国登记情况

商品名	登记证号	含量	剂型	登记场所	防治对象	用药量	施用方法
除虫菊素	WP20180088	0.5%	气雾剂	室内	蚊、蝇、蜚蠊		喷雾

表 2-7　澳大利亚天然除虫菊公司在我国登记情况

商品名	登记证号	含量	剂型	登记场所	防治对象	用药量	施用方法
除虫菊素	PD20170359	50%	母药				

合成方法　除虫菊花经风干、磨粉、萃取，萃取物用甲醇或二氧化碳精制得到除虫菊素。除虫菊干花中含除虫菊素 0.9%～1.3%，可以用石油醚回流萃取，浓缩可得约含除虫菊素 30% 的粗制黏稠物，再经脱蜡和脱色，成为约含除虫菊素 60% 的产品，可供配制浸膏和加工多种制剂如乳油、油喷射剂、气雾剂、烟熏剂、蚊香、电热蚊香片、防蚊油等。含除虫菊素的粗制物如用硝基甲烷去臭火油（deobase）等反复萃取，并以活性炭脱色，可获得除虫菊素达 95% 以上的无色并有强烈菊花香味的高纯度黏稠液。

除虫菊粉剂可由除虫菊干花直接粉碎而得，所谓浸渍粉剂（impregnated dust）则是将除虫菊花萃取液喷到惰性粉表面，干后粉碎而得。两者均可用以加工杀虫粉剂，但浸渍粉剂的杀虫作用比一般粉剂更快，而其持效时间则不如一般粉剂。

参考文献

[1] The Pesticide Manual.17 th edition: 963-964.

[2] 贺双，杨德松. 新疆农垦科技，2016(12): 36-38.

[3] 刘尚钟，王敏，陈馥衡. 农药，2004, 43(7): 289-293.

[4] Briggs G G, Elliott M, Janes N F. 农药译丛，1984, 6: 15-21.

[5] 程暄生，赵平，于涌. 农药，2005, 44(9): 391-394.

[6] 张夏亭，聂秋林，高欣. 农药科学与管理，2003, 24(2): 22-23.

[7] 刘建丰. 农药市场信息，2007(6): 35.

藜芦碱（sabadilla）

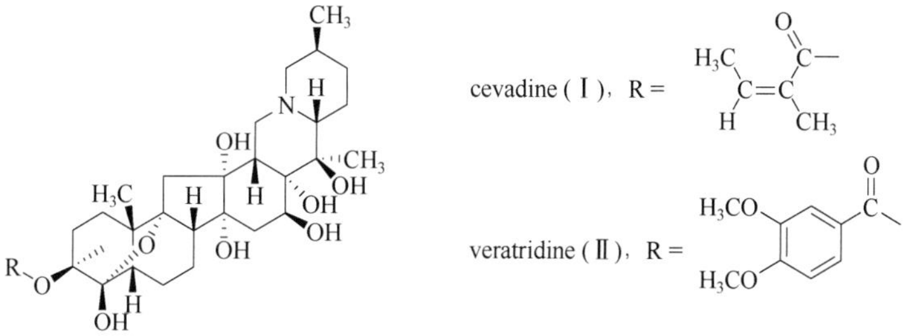

cevadine（Ⅰ），$C_{32}H_{49}NO_9$，591.7，62-59-9
veratridine（Ⅱ），$C_{36}H_{51}NO_{11}$，673.8，71-62-5

藜芦碱（商品名称：veratrine、cevadine，其他名称：沙巴藜芦）1970 年就开始使用。

化学名称 4β,12,14,16β,17,20-六羟基-4a,9-环氧瑟烷-3β-基[(Z)-2-甲基丁-2-烯酸酯](Ⅰ)；4β,12,14,16β,17,20-六羟基-4a,9-环氧瑟烷-3β-基 3,4-二甲氧基苯甲酸酯（Ⅱ）。英文化学名称为4β,12,14,16β,17,20-hexahydroxy-4a,9-epoxycevan-3β-yl[(Z)-2-methylbut-2-enoate](Ⅰ)，4β,12,14,16β,17,20-hexahydroxy-4a,9-epoxycevan-3β-yl 3,4-dimethoxybenzoate(Ⅱ)。美国化学文摘系统名称为[3β(Z),4α,16β]-4,9-epoxy-cevane-3,4,12,14,16,17,20-heptol-3-(2-methyl-2-butenoate)(Ⅰ)，[3β,4α,16β]-4,9-epoxy-cevane-3,4,12,14,16,17,20-heptol-3-(3,4-dimethoxybenzoate)(Ⅱ)。

组成 藜芦碱中杀虫成分为 veratrine，其中组分Ⅰ与组分Ⅱ的比例为 2∶1。

理化性质 熔点：140～155℃（veratrine），208～210℃（Ⅰ，分解），167～184℃（Ⅱ，分解）。水中溶解度（mg/L，20～25℃）555（veratrine），1.25×10^4（pH 8.07）（Ⅱ）。易溶于乙醇、醚、氯仿，微溶于甘油，不溶于己烷。稳定性：两组分遇空气、光不稳定，在 pH＞10 分解。旋光率[α]$_D$ = + 10.7°（c = 6.0，乙醇）（Ⅰ）；[α]$_D^{20}$ = +7.2°（c = 3.9，乙醇）（Ⅱ）。pK_a 9.54（Ⅱ）。

毒性 大鼠急性经口 LD$_{50}$ 4000 mg/kg。大鼠 NOAEL（90 d）11 mg/kg。ADI/RfD（EPA）0.11 mg/kg（2004）。

生态效应 对益虫无害。

环境行为 在空气和光照下迅速分解，残留低。动物通过皮肤迅速吸收。

制剂 0.5%藜芦碱醇溶液、煤油溶液、粉剂。

主要生产商 杨凌馥稷生物科技有限公司。

作用机理与特点 具有触杀和胃毒作用。神经细胞钠通道抑制剂。药剂经虫体表皮或吸食进入消化系统后，造成局部刺激，引起反射性虫体兴奋，继之抑制虫体感觉神经末梢，进而抑制中枢神经而致害虫死亡。

应用

（1）适用作物 大田农作物，果林如柑橘、鳄梨等，蔬菜。

（2）防治对象 蓟马、棉蚜、棉铃虫、菜青虫。

（3）残留量与安全施药 本品对人、畜毒性低，不污染环境，低残留，药效可持续 10 d以上。易光解，应在避光、干燥、通风、低温条件下贮存。不可与强酸、碱性制剂混用。

（4）应用技术 防治棉蚜，在棉蚜百株卷叶率达 5%、有蚜株率为 30%以上和每叶片有30～40 头棉蚜时施药。防治棉铃虫，在棉铃虫卵孵盛期施药，本品对 1～3 龄幼虫效果较好，4 龄以上幼虫效果较差。防治甘蓝菜青虫，当甘蓝处在莲座期，菜青虫处于低龄幼虫阶段时施药。

（5）使用方法 在世界范围内藜芦碱推荐使用剂量为 20～100 g/hm^2。用于柑橘、鳄梨上蓟马的防治。

防治棉蚜，每公顷用商品量 1125～1500 mL（有效成分 5.6～7.5 g），加水 600 L 喷雾，持效期可控制在 14 d 以上。

防治棉铃虫，使用剂量及施药方法同棉蚜。

防治甘蓝菜青虫，每公顷用商品量 1125～1500 mL（有效成分 5.6～7.5 g），加水 600 L喷雾，持效期可控制在 14 d 以上。

专利与登记 制备专利 US 2720520、US 2720521、US 2720522 等。

在我国登记了 0.5%、1%可溶液剂，0.6%水剂，登记用于防治甘蓝、棉花、茶树、茄子、黄瓜等的菜青虫、棉铃虫、棉蚜、茶橙瘿螨、蓟马、白粉虱、小菜蛾、茶小绿叶蝉等，使用剂量为 5.625～7.5 g/hm^2。

合成方法　从中、南美洲野生百合科植物沙巴藜芦中萃取，大约 20 种以上，最常用的是 *Schoenocaulon officinale* Gray，其种子中含 2%～2.5%藜芦碱，可用煤油萃取。一般将沙巴藜芦的种子或其萃取物在 150℃处理或用碳酸钠处理，以提高毒力。据称亦可从蒜藜芦（*Veratrum album*）提取。

参考文献

[1] The Pesticide Manual. 17 th edition: 1009-1010.

[2] 安晓宁, 秦国杰, 牛艳. 中国果菜, 2020(6): 105-107.

[3] 王冬梅, 戴爱梅, 刘新兰, 等. 新疆农业科学, 2019(1): 46-51.

烟碱（nicotine）

C$_{10}$H$_{14}$N$_2$，62.2，54-11-5

烟碱（其他通用名称：nicotine sulfate、sulfate de nicotine，商品名称：No-Fid、Stalwart、XL-All Insecticide）是一种天然杀虫剂。1690 年用烟草萃取液来杀虫，至 1828 年首次从烟草中分离出来，1843 年提出其化学式并于 1893 年确定其结构，1904 年 Pictet 和 Crepieux 成功利用合成的方式得到烟碱。

化学名称　(*S*)-3-(1-甲基吡咯烷-2-基)吡啶。英文化学名称为(*S*)-3-(1-methylpyrrolidin-2-yl)pyridine。美国化学文摘系统名称为(*S*)-3-(1-methyl-2-pyrrolidinyl)pyridine。CA 主题索引名称为 pyridine —, 3-[(2*S*)-1-methyl-2-pyrrolidinyl]-。

组成　粗生物碱提取物中的主要成分为(*S*)-(−)-烟碱，同时含有少量其他生物碱。

理化性质　纯品为无色液体（在光照和空气中迅速变黑），熔点−80℃，沸点246～247℃（1.01×10^5 Pa）。蒸气压 5.65 Pa（25℃），lgK_{ow} 0.93。相对密度 1.01（20～25℃）。水中溶解度（20～25℃）1×10^6 mg/L，可溶于大部分有机溶剂。稳定性：在空气中迅速变为黑色黏稠状物质，遇酸成盐。旋光度$[\alpha]_D^{22} = -161.55°$。解离度 p$K_a$（20～25℃）8.2（碱性），3.1（弱碱性）。闪点 101℃。

毒性　烟碱对人畜高毒，大鼠急性经口 LD$_{50}$ 50～60 mg/kg；小鼠急性经口 LD$_{50}$ 3 mg/kg；兔急性经皮 LD$_{50}$ 50 mg/kg。皮肤接触和吸入对人均有毒性。

生态效应　对鸟类中毒，虹鳟鱼幼鱼 LC$_{50}$ 4 mg/L，水蚤 LC$_{50}$ 0.24 mg/L，对蜜蜂中毒，但有驱避效果，对鱼贝类毒性小，对作物药害轻。

环境行为　易为皮肤吸收，在光和空气中极易降解。

制剂　粉剂、熏蒸剂、可溶液剂。

主要生产商　内蒙古帅旗生物科技股份有限公司等。

作用机理与特点　对害虫有胃毒、触杀、熏蒸作用，并有杀卵作用，无内吸性。属神经系统乙酰胆碱受体抑制剂，麻醉神经，是一种典型的神经毒剂。小剂量兴奋中枢神经系统，增强呼吸，增高血压；大剂量通过受体的持久去极化而阻抑烟碱型受体，有抑制和麻痹神经的作用，作用方式为显著抑制害虫呼吸系统，同时有轻微触杀和胃毒作用。也可用于密闭空间（温室等）熏蒸。烟碱的蒸气可从虫体的任何部分浸入体内而发挥毒杀作用。

应用

（1）适用作物　蔬菜、果树、茶叶、棉花、水稻等作物。

（2）防治对象　蚜虫、蓟马、椿象、卷叶虫、菜青虫、潜叶蛾以及水稻的三化螟、飞虱、叶蝉、斑潜蝇等。

（3）残留量与安全用药　烟碱易挥发，故残效期很短，而它的盐类（如硫酸烟碱）则较稳定，残效较长。由于烟碱对人高毒，所以配药或施药时都应遵守通常的农药施药保护规则，做好个人防护。①烟碱对蜜蜂有毒，使用时应远离养蜂场所。②药液稀释时，加入一定量的肥皂或石灰，能提高药效。③急救治疗措施：误服或中毒可用清水或盐水彻底冲洗。如丧失意识，开始时可吞服活性炭，清洗肠胃。禁服吐根糖浆。无解毒剂，对症治疗。④烟碱易挥发，烟草粉必须密闭存放，配成的药液立即使用。⑤烟碱对人毒性较高，配药时应戴橡皮手套。

（4）应用技术与使用方法　①蚜虫。防治棉花上的蚜虫，使用 10%烟碱乳油 75～105 g(a.i.)/hm^2，喷雾；防治菜豆上的蚜虫，使用量为 30～40 g/hm^2，喷雾。②斑潜蝇。使用 10%烟碱乳油 75～105 g(a.i.)/hm^2，喷雾；有效防治蚕豆上的斑潜蝇。③烟青虫。使用 10%烟碱乳油 75～112.5 g(a.i.)/hm^2 对水喷雾。

生产中一般直接使用烟草喷粉或喷雾。①喷粉法。亩用烟草粉末 2～3 kg 直接喷粉。②喷雾法。用烟草粉末加适量清水浸泡 1 d，滤去烟渣按每千克烟草粉末对水 10～15 kg，或每千克烟茎、烟筋加水 6～8 kg 稀释，直接喷雾。③烟草石灰水法。烟草粉末 1 kg，生石灰 0.5 kg，水 40 kg，先用 10 kg 热水浸泡烟草粉末半小时，用手揉搓水中烟叶，然后把烟叶捞出，放在另外 10 kg 清水中再揉搓直到没有较浓的汁液揉出为止，将两次揉搓液合到一块，另将 0.5 kg 生石灰加 10 kg 水配成石灰乳，滤去残渣。在使用前，将烟叶和石灰乳混合，再加 10 kg 水，搅匀后即可喷雾。④插烟基。将晒干的烟叶切成约 4 cm 长小段，或将废烟叶结成烟索切成小段，插在三化螟为害的枯心群禾苗旁，可毒杀三化螟幼虫，防治其转株为害。

专利与登记

专利名称　Curing tobacco

专利号　US 212399　　　　　　　专利公开日　1879-02-18

专利拥有者　Poladura, A. P.

制备专利　CN 105566289、CN 102633773、CN 101575337、CN 103109877、CN 103483376、CN 102731473、CN 101671326、CN 101429526、CN 1091767、US 5497792、CN 1039025 等。

在我国登记了 10%水剂，0.6%、1.2%、10%乳油，4%水乳剂，1.2%烟剂，3.6%微囊悬浮剂，用于防治蚜虫、松毛虫、烟青虫等，使用剂量 40～100 mL/亩。

合成方法　长期以来人们用烟草提取物来防治刺吸式害虫，现已被烟碱制成品及其硫酸盐取代。其制备方法为将烟叶磨成细粉，加入石灰乳，使呈碱性，烟碱则游离出来，然后再加煤油过滤。硫酸烟碱则是将烟草细粉加入石油，再加硫酸，充分搅拌，滤去残物，用石油析出，即得硫酸烟碱。

也可以通过如下反应制得：

参考文献

[1] The Pesticide Manual. 17 th edition: 796-797.

印楝素（azadirachtin）

$C_{35}H_{44}O_{16}$，720.7，11141-17-6

印楝素（试验代号：N-3101，商品名称：Azatin、Align、Amazin、Aza、Biotech、Blockade、Ecozin、EI-783、Kayneem、NeemAzal、Neememulsion、Neemix、Neemolin、Jawan、Neemactin、Neemgard、Neem Suraksha、Neem Wave、Niblecidine、Nimbecidine、Ornazin、Proneem、Trineem、Vineem）是由 Cyclo 研制、Certis 开发的杀虫剂。1968 年 Butterworth 和 Morgan 成功地分离印楝素；Broughton 等确定了印楝素的主体化学结构；稍后，印楝素分子结构的立体化学得以详细描述。

化学名称 二甲基(3S,3aR,4S,5S,5aR,5a^1R,7aS,8R,10S,10aS)-8-乙酰氧-3,3a,4,5,5a,5a^1,7a,8,9,10-十氢-3,5-二羟基-4-{(1S,3S,7S,8R,9S,11R)-7-羟基-9-甲基-2,4,10-三噁四环[6.3.1.0^{3,7}.0^{9,11}]十二-5-烯-11-基}-4-甲基-10[(E)-2-甲基丁-2-烯酰氧基]-1H,7H-萘并[1,8a,8-bc;4,4a-c']二呋喃-3,7a-二羧酸酯。英文化学名称 dimethyl(2aR,3S,4S,4aR,5S,7aS,8S,10R,10aS,10bR)-10-acetoxy-3,5-dihydroxy-4-[(1aR,2S,3aS,6aS,7S,7aS)-6a-hydroxy-7a-methyl-3a,6a,7,7a-tetrahydro-2,7-methanofuro[2,3-b]oxireno[e]oxepin-1a(2H)-yl]-4-methyl-8-{[(2E)-2-methylbut-2-enoyl]oxy}octahydro-1H-naphtho[1,8a-c:4,5-b'c']difuran-5,10a(8H)-dicarboxylate。美国化学文摘名称 dimethyl(2aR,3S,4S,4aR,5S,7aS,8S,10R,10aS,10bR)-10-(acetyloxy)octahydro-3,5-dihydroxy-4-methyl-8-[[(2E)-2-methyl-1-oxo-2-butenyl]oxy]-4-[(1aR,2S,3aS,6aS,7S,7aS)-3a,6a,7,7a-tetrahydro-6a-hydroxy-7a-methyl-2,7-methanofuro[2,3-b]oxireno[e]oxepin-1a(2H)-yl]-1H,7H-naphtho[1,8-bc:4,4a-c']difuran-5,10a(8H)-dicarboxylate。CA 主题索引名称为 1H,7H-naphtho[1,8-bc:4,4a-c']difuran-5,10a(8H)-dicarboxylic acid —,10-(acetyloxy)octahydro-3,5-dihydroxy-4-methyl-8-[[(2E)-2-methyl-1-oxo-2-butenyl]oxy]-[(1aR,2S,3aS,6aS,7S,7aS)-3a,6a,7,7a-tetrahydro-6a-hydroxy-7a-methyl-2,7-methanofuro[2,3-b]oxireno[e]oxepin-1a(2H)-yl]-dimethyl ester, (2aR,3S,4S,4aR,5S,7aS,8S,10R,10aS,10bR)-。

组成 印楝素是印楝树种子提取物的主要活性成分；这些提取物也包括一系列柠檬苦素，比如印苦楝内酯（limonoids）、印楝素（nimbin）、印楝沙兰林（salannin）。印楝树乳剂是由含有体积比为 25%的印棟素，30%～50%的其他印苦楝内酯（limonoids），25%脂肪酸和 7%的甘油酯的原料制得。

理化性质 纯品为具有大蒜/硫黄味的黄绿色粉末。印棟树油为具有刺激大蒜味的深黄色液体。lgK_{ow} 1.09。熔点 155～158℃。相对密度 1.276（20℃）。蒸气压 3.6×10^{-6} mPa。水中溶解度（mg/L，20～25℃）：260.0，能溶于乙醇、乙醚、丙酮和三氯甲烷，难溶于正己烷。避光保存，DT$_{50}$ 50 d（pH 5，室温）；高温、碱性、强酸介质下易分解。旋光度[α]$_D$ = −53℃（c = 0.5，CHCl$_3$），闪点＞60℃（泰克闭口杯法）。

毒性 大鼠急性经口 LD$_{50}$＞5000 mg/kg，兔急性经皮 LD$_{50}$（24 h）＞2000 mg/kg。对兔皮肤无刺激，对兔眼有轻度刺激。对豚鼠皮肤轻度过敏。大鼠吸入 LC$_{50}$ 0.72 mg/L。ADI/RfD（BfR）0.1 mg/kg bw（1998）。毒性级别美国环保局（EPA）标准Ⅳ。

生态效应 对野生鸟类无明显毒副作用，乳油制剂在推荐用量下对鱼无致死作用，对虹鳟鱼半数致死浓度为 0.48 mg/L，达到较高浓度时可导致鱼类死亡，见水见光迅速分解（50～100 h），无累积毒性且残效期短。对蜘蛛、蝴蝶、蜜蜂、瓢虫和害虫寄主等有益生物无害，有研究表明只有对花施药，蜜蜂才会受到影响。

环境行为 印棟素在土壤中移动性较低且残效期短，毒性极低（3%的印棟素水剂，大鼠急性经口 LD$_{50}$＞5000 mg/kg），且没有触杀作用。在植物叶上 DT$_{50}$ 17 h；在土壤中 DT$_{50}$ 25 d。市售制剂含有稳定剂可以防止水解、光解。因此对环境、天敌等益虫安全。

制剂 0.3%、0.5%、0.7%、3%印棟素乳油。

作用机理与特点 蜕皮激素抑制剂。通过其疏水作用使昆虫窒息、机体干燥，从而发挥杀虫、杀螨作用。印棟素兼具拒食剂和昆虫生长调节剂等多种作用方式，在很低的剂量下既可降低昆虫蜕皮激素的合成，使昆虫不能蜕皮，还能使成虫不能繁殖，正是由于其具有拒食作用，因此其效果优于一般的昆虫生长调节剂。

应用

（1）适用作物 印棟素几乎适用于所有农作物、观赏植物以及草坪等。

（2）防治对象 印棟素是一种广谱的杀虫杀螨剂，到目前为止，其对进行测试的 200 多种害虫中，对其中的 90%都有活性。对鳞翅目、鞘翅目及双翅目等害虫有特效，如粉虱、潜叶虫、梨虱等。印棟素对许多植物病原真菌（白粉病和锈病）、细菌、病毒和线虫都有较好的抑制作用。

（3）残留量与安全施药 在植物叶上 DT$_{50}$ 17 h；在土壤中 DT$_{50}$ 25 d。

（4）使用方法 防治鳞翅目、鞘翅目及双翅目等害虫，使用剂量为 10～20 g(a.i.)/hm^2。防治十字花科蔬菜小菜蛾，在小菜蛾发生危害期，于 1～2 龄幼虫盛发期及时施药，可用 0.3%印棟素乳油 800 倍液喷雾。根据虫情约 7 d 可再防治一次或使用其他药剂。

印棟素可防治花卉的多种害虫，如对蚜虫、蛾类、螨类、蜡类、蝇类、蜗牛类等，都有明显的防治效果。同时，与其他农药相比，用相同药量施用于同类花卉，防效高，缓效性作用大。其使用方法一般是每公顷用 0.3%印棟素乳油 800～1500 mL 加水 750 L 均匀喷雾。如单株防治害虫，用 0.3%印棟素乳油 100 mL 对水 800～1000 mL 喷雾即可。

专利与登记

专利名称 Preparation and testing of azadirachtin derivatives as insecticides

专利号 DE 3702175　　　　　专利公开日 1988-08-04

专利申请日 1987-01-26　　　　优先权日 1987-01-26

专利拥有者 Max Planck Gesellschaft Zur Foerderung Der Wissenschaften Ev

在其他国家申请的化合物专利　EP 276687、US 4902713、DE 3702175。

工艺及制备专利　CN 1199980、US 5397571、US 5503837 等。

国内登记情况　10%、12%、20%、40%母药，0.3%、0.5%、0.6%、0.7%乳油等，登记作物为甘蓝、柑橘树、十字花科蔬菜和茶树等，防治对象斜纹夜蛾、潜叶蛾、小菜蛾和茶毛虫等。印度科门德国际有限公司仅登记了 40%母药，登记证号 PD20172720。

合成方法　以印楝树种子、树叶等为原料，经萃取，处理而得。用印度印楝树种子、树叶作为杀虫剂的历史可追溯到有害虫控制行为之始，已有 2000 多年历史，然而，从 1988 年开始，其商业价值才显得非常重要，这是因为印楝素的分子结构在此之前尚未确定。2007 年英国剑桥大学 Steven V. Ley 教授领导的 46 位科学家经过 22 年的努力后，终于完成了它的首次人工合成。合成路线为：

109

参考文献

[1] The Pesticide Manual.17 th edition: 57-58.

[2] 何玲, 王李斌. 农药科学与管理, 2012(5): 23-28.

[3] 程少敏, 邓忠贤. 新农业, 2011(10): 46-47.

[4] 王亚维, 张国洲, 张金海, 等. 农技服务, 2014(6): 89.

[5] 刘宏程, 马雪涛, 黎其万. 林产化学与工业, 2010(3): 110-114.

[6] 查友贵, 徐汉虹. 世界农药, 2003, 25(4): 29-34.

[7] 徐汉虹, 赖多, 张志祥. 华南农业大学学报, 2017(4): 1-11+133.

[8] 徐霖, 黄劲, 杨秀群. 贵州师范大学学报（自然科学版）, 2019(6): 58-62.

[9] 赵津池. 世界最新医学信息文摘, 2015(10): 74-75.

[10] 崔晨, 贺素姣. 化工技术与开发, 2014(5): 40-42.

[11] 徐勇, 郭鑫宇, 项盛, 等. 现代农药, 2014(5): 31-37.

鱼藤酮（rotenone）

$C_{23}H_{22}O_6$，394.4，83-79-4

鱼藤酮（试验代号：ENT 133，商品名：Chem-Fish、Chem Sect、Cube root、Noxfish、Prenfish、Synpren fish、Vironone，其他名称 aker-tuba、derrisroot、tuba-root）是一种天然杀虫、杀螨剂。

化学名称　(2R,6aS,12aS)-1,2,6,6a,12,12a-六氢-2-异丙烯基-8,9-二甲氧基氧萘[3,4-b]糠酰[2,3-h]氧萘-6-酮。英文化学名称　(2R,6aS,12aS)-1,2,6,6a,12,12a-hexahydro-2-isopropenyl-8,9-dimethoxy-chromeno[3,4-b]furo[2,3-h]chromen-6-one。美国化学文摘名称为(2R,6aS,12aS)-1,2,12,12a-tetrahydro-8,9-dimethoxy-2-(1-methylethenyl)[1]benzopyrano[3,4-b]furo[2,3-h][1]benzo-pyran-6(6aH)-one。CA 主题索引名称[1]benzopyrano[3,4-b]furo[2,3-h][1]benzopyran-6(6aH)-one—，1,2,12,12a-tetrahydro-8,9-dimethoxy-2-(1-methylethenyl)- [2R-(2α,6aα,12aα)]-。

理化性质　纯品为无色六角板状结晶，熔点 163℃、181℃（同质二晶型），蒸气压＜1 mPa（20℃），lgK_{ow} 4.16，Henry 常数＜2.8 Pa·m³/mol，相对密度（20～25℃）0.67（蓬松密度）、0.78（振实密度）。水中溶解度 0.142 mg/L（20～25℃），易溶于丙酮、二硫化碳、乙酸乙酯和氯仿，微溶于乙醚、乙醇、石油醚和四氯化碳。旋光度$[\alpha]_D^{20} = -231.0$（苯中）。遇碱消旋，易氧化，尤其在光或碱存在下氧化快，而失去杀虫活性。外消旋体杀虫活性减弱，在干燥情况下，比较稳定。

毒性　急性经口 LD_{50}(mg/kg)：大鼠 132～1500，小鼠 350。兔急性经皮 LD_{50}＞5000 mg/kg，大鼠吸入 LC_{50}（mg/L）：雄性 0.0235，雌性 0.0194。大鼠 NOEL（2 代）7.5 mg/L（0.38 mg/kg bw）。ADI：（EPA）aRfD 0.015 mg/kg，cRfD 0.0004 mg/kg（2007）。对人皮肤有轻度刺激性，对人类为中等毒性。对猪高毒。

生态效应　鱼 LC_{50}（96 h，μg/L）：虹鳟鱼 1.9，大翻车鱼 4.9。对蜜蜂无毒，当和除虫菊杀虫剂混用时对蜜蜂有毒性。

环境行为　在大鼠或害虫体内，呋喃环会开环、断裂生成甲氧基，主要的代谢物为 rotenonone。随后通过异丙基苯基上的甲基氧化形成醇类代谢物。

制剂　2.5%、50%鱼藤酮乳油，2.5%悬浮剂。

主要生产商　广西施乐农化科技开发有限责任公司、河北天顺生物工程有限公司等。

作用机理与特点　鱼藤酮为植物性触杀型杀虫、杀螨剂，具选择性，无内吸性，见光易分解，在空气中易氧化，在作物上残留时间短，对环境无污染，对天敌安全。该药杀虫谱广，对害虫有触杀和胃毒作用。本品能抑制 C-谷氨酸脱氢酶的活性，而使害虫死亡。该药剂能有效防治蔬菜等多种作物的蚜虫，安全间隔期为 3 d。

应用

（1）适用作物　水稻、蔬菜、果树。

（2）防治对象　蚜虫、棉红蜘蛛、叶蜂、虱子等。

（3）残留量与安全用药　在土壤和水中半衰期为 1～3 d，施药后安全间隔期为 3 d。鱼类对本剂极为敏感，使用时不要污染鱼塘。

（4）应用技术　防治叶菜类蔬菜蚜虫，在蚜虫发生始盛期施药。药液应随用随配，不宜久置。本品不能与碱性药剂混用。

（5）使用方法　在世界范围内鱼藤酮用于家庭花园中害虫的防治、宠物上虱子防治以及水中鱼类尸体的处理。

防治叶菜类蔬菜蚜虫，每公顷用 2.5%鱼藤酮乳油 1500 mL（有效成分 37.5 g），加水均匀喷雾，每公顷用药 600～750 kg。

专利与登记

专利名称　Tertiary alkyl-substituted *o*-dihydroxybenzenes

专利号　US 1942827　　　　　专利公开日　1934-01-09

专利申请日　1933-03-27　　　优先权日　1933-03-27

专利拥有者　Dow Chemical Co.

制备专利　CN 103044440、CN 1202727、CN 1156479、CA 396295、US 2149917、GB 446576、US 1942104 等。

国内登记情况　95%原药，5%、6%微乳剂，2.5%、4%、7.5%乳油，5%可溶液剂，2.5%悬浮剂等，登记作物为十字花科蔬菜（如甘蓝）等，防治蚜虫、黄条跳甲、小菜蛾、斜纹夜蛾等。

合成方法　用有机溶剂萃取含有鱼藤酮的植物，如鱼藤属、尖荚豆属或灰叶属的根部，浓缩萃取液，过滤，得结晶产品。

参考文献

[1] The Pesticide Manual. 17 th edition: 1006-1007.

[2] 郭霞, 黄丹懋, 苟志辉, 等. 华中师范大学学报(自然科学版), 2020(1): 60-64.

世界农药大全 —— 杀虫剂卷（第二版）

[3] 梁佳丽, 曾智, 龚恒亮, 等.农业灾害研究, 2015, 5(9): 13-14+37.
[4] 李颖, 王朱莹. 广西轻工业, 2010(11): 9-10.
[5] 刘刚. 农药市场信息, 2009(4): 23.

第四节
沙蚕毒素类杀虫剂

沙蚕毒素类杀虫剂（nereistoxin analogue insecticides）共有 5 个品种：bensultap、cartap、thiocyclam、thiosultap（包括杀虫单和杀虫双），本书均有介绍。

一、创制经纬

该类杀虫剂的研制来自天然杀虫剂沙蚕毒素。日本科研人员观察到得病的海洋生物沙蚕（*Lumbriconereis heteropoda*）可使苍蝇致死，分离得到了天然杀虫剂沙蚕毒素（nereistoxin）。以沙蚕毒素为先导化合物经过大量研究，发现只有那些经昆虫吸收后可以转变为天然杀虫剂沙蚕毒素本身的化合物才有活性。

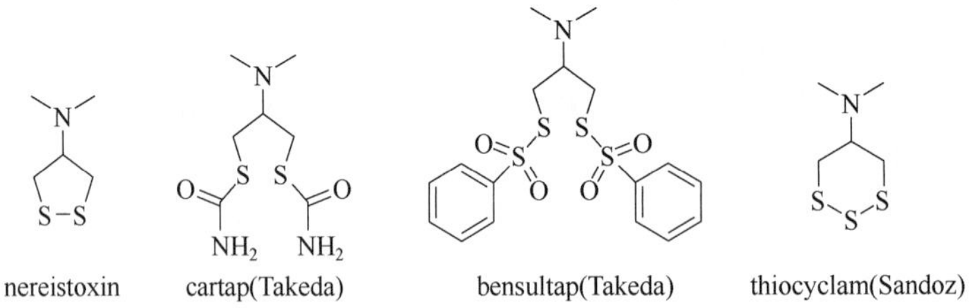

nereistoxin　　cartap(Takeda)　　bensultap(Takeda)　　thiocyclam(Sandoz)

其中开发成功的杀虫剂主要有两个杀螟丹（cartap）和杀虫磺（bensultap），均由日本武田开发，对鞘翅目和鳞翅目害虫有效。其中杀螟丹，具有广谱的活性尤其用于防治水稻螟虫；杀虫磺主要用于防治甲虫和其他害虫。Sandoz（现属先正达公司）开发的化合物杀虫环（thiocyclam）可用于多种作物同时防治鞘翅目和鳞翅目害虫。这些产品对哺乳动物的毒性远低于天然产物沙蚕毒素，主要作用于烟碱乙酰胆碱酯酶受体，低浓度时为部分兴奋剂（agonist），高浓度时为通道阻碍剂。

我国科研人员对 cartap 中间体进行了研究，并成功地开发了杀虫剂杀虫双、杀虫单等。

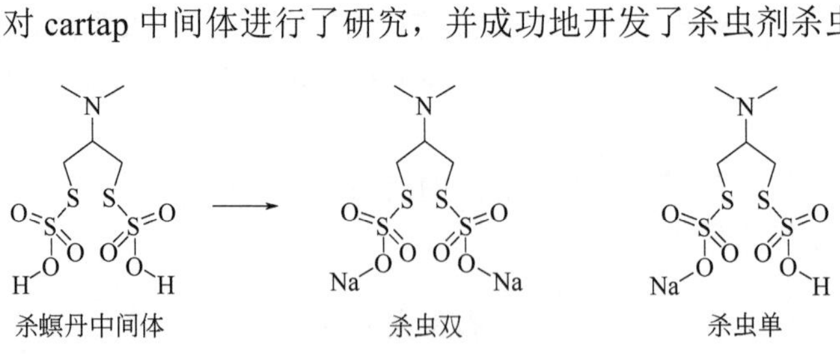

杀螟丹中间体　　　　杀虫双　　　　　杀虫单

112

二、主要品种

杀虫单（thiosultap-monosodium）

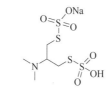

333.4，C5H12NO6S4Na，29547-00-0

杀虫单（商品名称：Mineshaxing，其他名称：monosultap、monomethypo、SCD）是我国贵州化工研究院等开发的沙蚕毒素类杀虫剂，但专利中早已存在。

化学名称　S,S'-[2-(二甲氨基)三亚甲基]双硫代硫酸单钠盐。英文化学名称 sodium hydrogen S,S'-[2-(dimethylamino)trimethylene]di(thiosulfate)。美国化学文摘系统名称 thiosulfuric acid ($H_2S_2O_3$) S,S'-[2-(dimethylamino)-1,3-propanediyl] ester monosodium salt。CA 主题索引名称 thiosulfuric acid ($H_2S_2O_3$) S,S'-[2-(dimethylamino)-1,3-propanediyl] ester，monosodium salt。

理化性质　原药纯度≥95%，白色针状结晶，熔点 142～143℃，工业品为无定形颗粒状固体，或白色、淡黄色粉末，有吸湿性。水中溶解度 1335 mg/L（20～25℃），微溶于甲醇、DMF、DMSO，不溶于苯、丙酮、乙醚、氯仿。常温下稳定，在 pH 5～9 时能稳定存在，在强酸、强碱下容易分解，分解为沙蚕毒素。

毒性　急性经口 LD_{50}（mg/kg）：雄大鼠 451，雄小鼠 89.9，雌小鼠 90.2。大鼠急性经皮 LD_{50}＞1000 mg/kg。对兔眼和皮肤无明显刺激作用。在试验条件下，未见致突变作用，无致癌、致畸作用。

生态效应　对鱼低毒，白鲢鱼 LC_{50}（48 h）21.38 mg/L。对鸟类、蜜蜂无毒。

制剂　3.6%颗粒剂。

主要生产商　安道麦安邦（江苏）有限公司、安徽华星化工有限公司、湖北省钟祥市第二化工农药厂、湖北仙隆化工股份有限公司、湖南比德生化科技股份有限公司、湖南国发精细化工科技有限公司、湖南海利常德农药化工有限公司、湖南昊华化工有限责任公司、江苏辉丰生物农业股份有限公司、江苏景宏生物科技有限公司、江苏天容集团股份有限公司、江西欧氏化工有限公司、浙江宇龙生物科技股份有限公司、中盐安徽红四方股份有限公司、重庆农药化工（集团）有限公司等。

作用机理与特点　杀虫单是人工合成的沙蚕毒素的类似物，进入昆虫体内迅速转化为沙蚕毒素或二氢沙蚕毒素。该药为乙酰胆碱竞争性抑制剂，具有较强的触杀、胃毒和内吸传导作用，对鳞翅目害虫的幼虫有较好的防治效果。

应用

（1）适用作物　甘蔗、蔬菜、水稻等。

（2）防治对象　甘蔗螟虫、水稻二化螟、水稻三化螟、稻纵卷叶螟、稻蓟马、飞虱、叶蝉、菜青虫、小菜蛾等。

（3）应用技术 ①使用颗粒剂时土壤要求湿润。②该药属于沙蚕毒素衍生物，对家蚕有剧毒，使用时要特别小心，防止药液污染蚕和桑叶。③杀虫单对棉花有药害，不能在棉花上使用。④该药不能与波尔多液、石硫合剂等碱性物质使用。⑤该药易溶于水，贮藏时应注意防潮。⑥本品在作物上持效期为 7～10 d，安全间隔期为 30 d。

（4）使用方法 ①防治水稻害虫。防治水稻二化螟、水稻三化螟、稻纵卷叶螟每公顷用 3.6%颗粒剂 45～60 kg（有效成分 1620～2160 g）撒施；或每公顷用 90%原粉 600～830 g（有效成分 540～747 g），加水 1500 L 喷雾。防治枯心，可在卵孵化高峰后 6～9 d 时用药。防治稻纵卷叶螟可在螟卵孵化高峰期用药。②防治甘蔗害虫。防治甘蔗条螟、二点螟可在甘蔗苗期，螟卵孵化盛期施药。每公顷用 3.6%颗粒剂 60～75 kg（有效成分 2160～2700 g）根区施药。③防治蔬菜害虫。防治菜青虫、小菜蛾等，每亩用 90%杀虫单原粉 35～50 g 对水均匀喷雾。

专利与登记

专利名称　Sulfur- and nitrogen-containing pesticides

专利号　DE 2341554　　　　　专利公开日　1974-02-28

专利申请日　1973-08-17　　　　优先权日　1972-08-21

专利拥有者　Sandoz AG, Basel(Schiweiz)（山德士公司现属先正达公司）

在其他国家申请的化合物专利　AU 5941373、DD 110420、DD 108528、FR 2199537、IT 1048137、JP 49132239、NL 7311293 等。

制备专利　CN 107739326、CN 104447458、IN 847DEL2003 等。

国内登记情况　80%、90%、95%可溶粉剂，48%、45%、72%可湿性粉剂，95%原药等，登记作物为水稻等，防治对象螟虫、二化螟和稻纵卷叶螟。相关制剂登记情况见表 2-8、表 2-9。

表 2-8　安道麦股份有限公司在中国登记情况

商品名	登记证号	含量	剂型	登记作物	防治对象	用药量	施用方法
吡虫·杀虫单	PD20040598	60%	可湿性粉剂	水稻	稻飞虱	40～60 g/亩	喷雾

表 2-9　安道麦安邦（江苏）有限公司在中国登记情况

商品名	登记证号	含量	剂型	登记作物	防治对象	用药量	施用方法
井·噻·杀虫单	PD20095334	48%	可湿性粉剂	水稻	稻飞虱	100～120 g/亩	喷雾
				水稻	二化螟	100～120 g/亩	喷雾
				水稻	纹枯病	100～120 g/亩	喷雾
噻·酮·杀虫单	PD20070467	45%	可湿性粉剂	杂交水稻	稻飞虱	90～120 g/亩	喷雾
				杂交水稻	稻纵卷叶螟	90～120 g/亩	喷雾
				杂交水稻	二化螟	90～120 g/亩	喷雾
吡虫·杀虫单	PD20050116	72%	可湿性粉剂	水稻	稻飞虱	41.7～69.4 g/亩	喷雾
				水稻	稻纵卷叶螟	41.7～69.4 g/亩	喷雾
				水稻	二化螟	41.7～69.4 g/亩	喷雾
				水稻	三化螟	41.7～69.4 g/亩	喷雾
杀虫单	PD20050080	95%	原药				
杀虫单	PD20040551	90%	可溶粉剂	水稻	螟虫	50～60 g/亩	喷雾

合成方法　通过如下反应制得目的物：

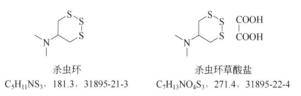

参考文献

[1] 农药商品大全. 北京: 中国商业出版社, 1996: 290.

[2] 刘铁强. 农药市场信息, 2014(16): 4-5.

[3] 新编农药手册. 北京: 中国农业出版社, 1998: 65-67.

[4] The Pesticide Manual. 17 th edition: 1108-1109.

[5] 吴应琴. 贵州化工, 2006(6): 1-4.

[6] 谢嵘, 康国华. 现代农业科技, 2020(17): 82+84.

杀虫环（thiocyclam）

杀虫环
$C_5H_{11}NS_3$，181.3，31895-21-3

杀虫环草酸盐
$C_7H_{13}NO_4S_3$，271.4，31895-22-4

杀虫环（试验代号：SAN 155I，商品名称：Evisect、Leafguard、SunTHO、易卫杀，其他名称：硫环杀、虫噻烷、甲硫环、类巴丹）及其草酸盐由瑞士山道士公司(现属先正达公司)开发。

化学名称　杀虫环：N,N-二甲基-1,2,3-三硫杂环己-5-基胺。英文化学名称为 N,N-dimethyl-1,2,3-trithian-5-ylamine。化学文摘系统名称为 N,N-dimethyl-1,2,3-trithian-5-amine。CA 主题索引名称为 1,2,3-trithian-5-amine —, N,N-dimethyl。

杀虫环草酸盐（thiocyclam oxalate）：N,N-二甲基-1,2,3-三硫杂环己-5-基氨基草酸盐（1∶1）。英文化学名称为 N,N-dimethyl-1,2,3-trithian-5-ylamine oxalate（1∶1）。化学文摘系统名称为 N,N-dimethyl-1,2,3-trithian-5-amine ethanedioate（1∶1）。CA 主题索引名称为 1,2,3-trithian-5-amine —, N,N-dimethyl-, ethanedioate（1∶1）。

理化性质　杀虫环草酸盐　无色无味固体，熔点 131.6℃（分解）。蒸气压 $6.2×10^{-4}$ mPa（25℃）。相对密度 1.52（20～25℃）。$\lg K_{ow}$ -0.07。Henry 常数 $1.0×10^{-8}$ Pa•m^3/mol。水中溶解度（mg/L）：$1.63×10^4$（pH 6.8），$4.41×10^4$（pH 3.6），$8.4×10^4$（pH 6.8）。有机溶剂溶解度（g/L，20～25℃）：丙酮 0.5，乙腈 1.2，二甲基亚砜 92，甲醇 17，乙醇 1.9，乙酸乙酯、氯仿<1，甲苯、正己烷<0.01。储存期间稳定，DT_{50}（20℃）>2 年，见光分解，地表水 DT_{50} 2～3 d，水解 DT_{50}（25℃）：0.5 年（pH 5），5～7 d（pH 7～9）。pK_{a_1} 3.79，pK_{a_2} 7.2。

毒性　杀虫环草酸盐　急性经口 LD_{50}（mg/kg）：大鼠雄 399，大鼠雌 370，雄小鼠 273。大鼠急性经皮 LD_{50}（mg/kg）：雄性 1000，雌性 880。对皮肤和眼睛无刺激。大鼠吸入 LC_{50}（1 h）>4.5 mg/L 空气。NOEL（2 年，mg/kg 饲料）：大鼠 100，狗 75。杀虫环 ADI（BfR）0.0125 mg/kg。

生态效应　杀虫环草酸盐　鹌鹑急性经口 LD_{50} 3.45 mg/kg，鹌鹑饲喂 LC_{50}（8 d）340 mg/kg 饲料。鱼 LC_{50}（96 h，mg/L）：鲤鱼 1.01，虹鳟鱼 0.04。水蚤 LC_{50}（48 h）0.02 mg/L。绿藻 EC_{50}（72 h）0.9 mg/L。对蜜蜂中毒，LD_{50}（96 h，μg/只）：2.86（经口），40.9（接触）。

环境行为　①植物。降解情况与土壤相似。②土壤/环境。杀虫环草酸盐以沙蚕毒素及其氧化物的形式，被降解为更小的分子。光下降解更快。土壤中 DT_{50} 1 d（pH 6.8，22℃）。

制剂　50%、90%可溶粉剂，50%可湿性粉剂，50%乳油，2%粉剂，5%颗粒剂，10%微粒剂等。

主要生产商　Arysta、Nippon Kayaku、江苏天容集团股份有限公司、盐城联合伟业化工有限公司等。

作用机理与特点　杀虫环草酸盐是沙蚕毒素类衍生物，属神经毒剂，其主要中毒机理与其他沙蚕毒素类农药相似，也是由于在体内代谢成沙蚕毒素而发挥毒力作用，其作用机制是占领乙酰胆碱受体，阻断神经突触传导，害虫中毒后表现麻痹直至死亡。但毒效表现较为迟缓，中毒轻的个体还有复活的可能，与速效农药混用可以提高击倒力。

应用

（1）适用作物　水稻、玉米、马铃薯、柑橘、苹果、梨、茶叶等。

（2）防治对象　杀虫环草酸盐对鳞翅目和鞘翅目害虫有特效，常用于防治二化螟、三化螟、大螟、稻纵卷叶螟、玉米螟、菜青虫、小菜蛾、菜蚜、马铃薯甲虫、柑橘潜叶蛾、苹果潜叶蛾、梨星毛虫等水稻、蔬菜、果树等作物的害虫。也可用于防治寄生线虫，如水稻白尖线虫；对一些作物的锈病等也有一定的防治效果。

（3）残留量与安全施药　国家规定杀虫环在糙米中的最大残留限量（MRL）为 0.1 mg/kg。在水稻上的最大允许残留量为 0.2 mg/L（瑞士）。推荐剂量下对绝大多数作物安全，但特殊情况下对某些品种苹果有药害。

（4）应用技术　杀虫环草酸盐对家蚕毒性较大，蚕桑地区使用应该谨慎。棉花、苹果、豆类的某些品种对杀虫环草酸盐表现敏感，不宜使用。水田施药后应该注意避免让田水流入鱼塘，以防鱼类中毒，据《农药合理使用准则》规定，水稻使用 50%杀虫环草酸盐可湿性粉剂，每次的最高用药量为 1500 g/hm² 对水喷雾，全生育期内最多只能使用 3 次，其安全间隔期（末次施药距收获的天数）为 15 d。药液接触皮肤后应立即用清水洗净。杀虫环草酸盐对个别人可造成皮肤过敏反应，引起皮肤丘疹，应多加注意，但一般过几个小时后症状即可消失。

（5）使用方法

① 水稻害虫的防治　a. 三化螟：防治枯心苗在卵孵化高峰前 1～2 d 施药，防治白穗应掌控在 5%～10%破口时用药，50%杀虫环草酸盐湿性粉剂 750 g/hm² [375 g(a.i.)/hm²]，对水 900 kg，喷雾；或用 50%杀虫环草酸盐乳油 0.9～1.5 L/hm² [450～750 g(a.i.)/hm²] 对水 900kg，喷雾。同时施药期也注意保持 3～5 cm 田水 3～5 d，以有利于药效的充分发挥。b. 稻纵卷叶螟（又名稻纵卷叶虫，俗称刮青虫、马叶虫、白叶虫）：防治重点在水稻穗期，在幼虫 1～2 龄高峰期施药。一般年份用药 1 次，大发生年份用药 1～2 次，并提早第一次施药时间，用 50%杀虫环草酸盐可湿性粉剂 450 g/hm² [225 g(a.i.)/hm²] 对水 900 kg，喷雾，或用 50%杀虫环草酸盐乳油 0.9～1.5 L/hm² [450～750 g(a.i.)/hm²] 对水 900 kg，喷雾。c. 二化螟：防治枯鞘和枯心病，一般年份在孵化高峰期前后 3 d 内，大发生年份在孵化高峰期 2～3 d 用药，防治虫伤株、枯孕穗和白穗，一般年份在蚁螟孵化始盛期至孵化高峰期用药，在大发生年份以两次用药为宜，用可湿性粉剂 900 g/hm² [450 g(a.i.)/hm²]，对水 900 kg，喷雾。防治稻蓟马，用 50%杀虫环草酸盐可湿性粉剂 750 g/hm²，对水 450～600 kg，喷雾。

② 防治玉米螟、玉米蚜等，用 50%杀虫环草酸盐可湿性粉剂 375 g/hm²，对水 600～750 kg 于心叶期喷雾，也可采用 25%药粉对适量水成母液，再与细砂 4～5 g 拌匀制成毒砂，以每株 1 g 左右撒施于心叶内，或以 50 倍稀释液用毛笔涂于玉米果穗下一节的茎秆。

③ 防治菜青虫、小菜蛾、甘蓝夜蛾、菜蚜、红蜘蛛等，用 50%杀虫环草酸盐可湿性粉剂 750 g/hm²，对水 600～750 kg，喷雾。

④ 防治马铃薯甲虫，用 50%杀虫环草酸盐可湿性粉剂 750 g/hm²，对水 600～750 kg，喷雾。

⑤ 防治柑橘潜叶蛾，在柑橘新梢萌芽后，用 50%杀虫环草酸盐可湿性粉剂 1500 倍稀释液喷雾。防治梨星毛虫、桃蚜、苹果蚜、苹果红蜘蛛等，用 2000 倍稀释液喷雾。

专利与登记

专利名称 Pesticidal v-trithianes

专利号 ZA 7007824 　　　　 专利公开日 1972-5-19

专利申请日 1970-11-19 　　　 优先权日 1970-11-19

专利拥有者 Sandoz Ltd.

制备专利 CN 108558826、CN 103755680、CN 100590122、CN 1024191、CN 1061957、WO 2018053062、US 20180079739、CN 1706822、CN 1355167、DD 296685、JP 04021678、JP 03279380、EP 140335、JP 51136689 等。

国内登记情况 87.5%、90%原药，50%可溶粉剂等，登记作物为水稻等，防治对象稻纵卷叶螟、二化螟和三化螟等。日本化药株式会社在中国登记情况见表 2-10。

表 2-10 日本化药株式会社在中国登记情况

商品名	登记证号	含量	剂型	登记作物	防治对象	用药量	施用方法
杀虫环	PD44-87	50%	可溶粉剂	水稻	稻纵卷叶螟	375～750 g/hm²	喷雾
					二化螟		
					三化螟		

合成方法 有以下几种合成方法，其中以杀虫单（单内盐）为中间体生产杀虫环的工艺流程比较简单，其主要原料有杀虫单、硫化钠、草酸、甲醛、甲苯、氯化钠、无水乙醇等。主要反应步骤如下：

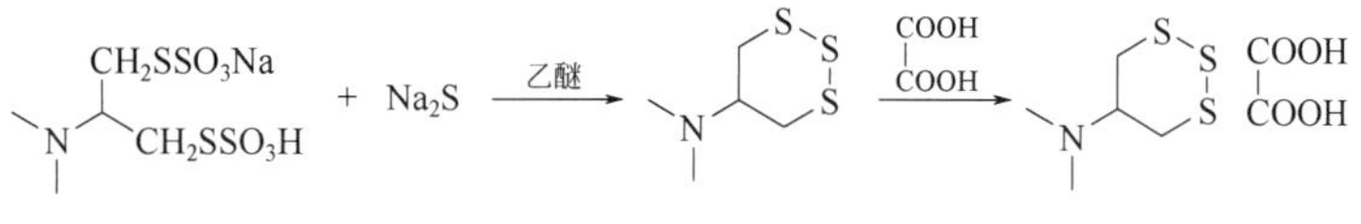

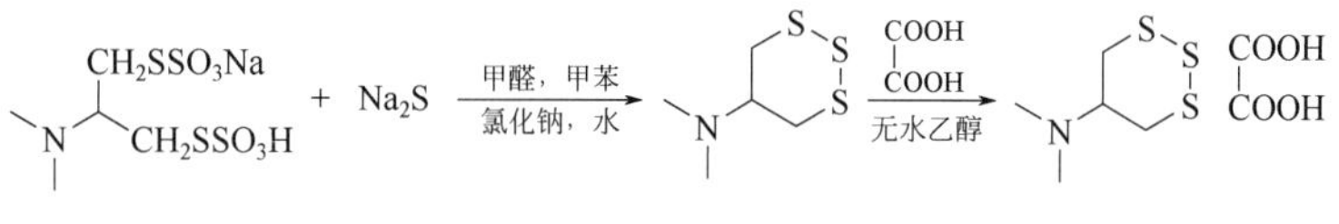

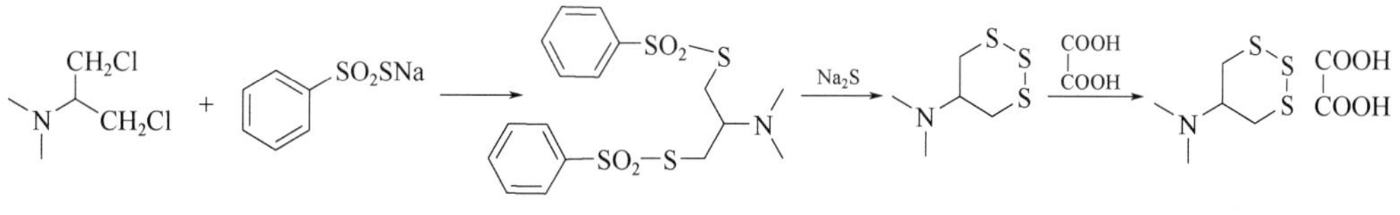

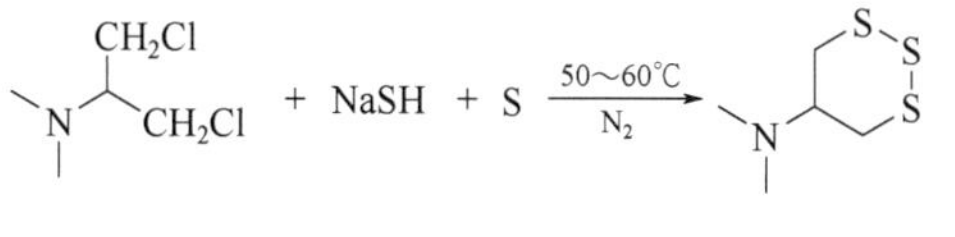

参考文献

[1] The Pesticide Manual. 17 th edition: 1102-1103.

[2] 农药大典. 北京：中国三峡出版社农业科技出版中心，2006.

[3] 国外农药品种手册(新版合订本). 北京：化工部农药信息总站. 1996: 320-321.

[4] 李素平，李景玉. 营销界(农资与市场)，2014(10): 85.

[5] 邱玉娥. 安徽化工，2004(2): 45-46.

[6] 潘卫萍，周成松，范国元，等. 蔬菜，2014(6): 23-24.

杀虫磺（bensultap）

431.6，$C_{17}H_{21}NO_4S_4$，17606-31-4

杀虫磺［试验代号：TI-78（Takeda）、TI-1671（Takeda）、OMS 3011，商品名称：Bancol、Victenon、Ruban］是由日本武田化学工业公司（现属住友化学公司）1979 年开发的沙蚕毒素类杀虫剂，是代替有机氯农药杀虫剂六六六、滴滴涕的很有发展前途的杀虫剂。

化学名称 S,S'-(2-二甲氨基-1,3-亚丙基)双硫代苯磺酸酯。英文化学名称为 S,S'-2-dimethylaminotrimethylene di(benzenethiosulfonate)。美国化学文摘系统名称为 S,S'-[2-(dimethylamino)-1,3-propanediyl] di(benzenesulfothioate)。CA 主题索引名称为 benzenesulfonothioic acid ——, S,S'-[2-(di- methylamino)-1,3-propanediyl] ester。

理化性质 淡黄色结晶性粉末，略有特殊气味。熔点 81.5～82.9℃。蒸气压＜0.01 mPa（20℃）。Henry 常数＜0.0096 Pa·m³/mol（20℃）。相对密度 0.791（20～25℃）。lgK_{ow} 2.28。水中溶解度（20～25℃）0.448 mg/L，有机溶剂中溶解度（g/L，20～25℃）：正己烷 0.319，甲苯 83.3，二氯甲烷＞1000，甲醇 10.48，乙酸乙酯 149。稳定性：pH＜5，温度≤150℃下稳定，但在中性或碱性溶液中水解（DT_{50}≤15min，pH 5～9）。

毒性 大鼠急性经口 LD_{50}（mg/kg）：雄 1105，雌 1120。小鼠急性经口 LD_{50}（mg/kg）：雄 516，雌 484。兔急性经皮 LD_{50}＞2000 mg/kg，对眼轻微刺激，对兔皮肤无刺激。大鼠吸入 LC_{50}（4 h）＞0.47 mg/L。NOEL（90 d，mg/kg）：大鼠 250，雄小鼠 40，雌小鼠 300；NOEL ［2 年，mg/(kg·d)］：大鼠 10，小鼠 3.4～3.6。急性半数致死量 LD_{50}（mg/kg）：雄 503，雌 438，雄小鼠 442，雌小鼠 343。无"三致"。毒性等级 WHO(a.i.)Ⅲ，EPA（制剂）Ⅲ。

生态效应 山齿鹑急性经口 LD_{50} 311 mg/kg；饲喂 LC_{50}（mg/kg）：山齿鹑 1784，野鸭 3112。鱼类 LC_{50}（48 h，mg/L）：鲤鱼 15，孔雀鱼 17，金鱼 11，虹鳟鱼 0.76；LC_{50}（72 h，mg/L）：鲤鱼 8.2，孔雀鱼 16，金鱼 7.4，虹鳟鱼 0.76。潘类 LC_{50}（6 h）40 mg(a.i.)/L。对蜜蜂低毒，LC_{50}（48 h，接触）25.9 μg/只。

环境行为 土壤/环境。不同土壤 DT_{50} 从 3～35 d 不等，取决于土壤类型。DT_{50} 约 7 d（实验室旱地条件）。

制剂 可湿性粉剂、粉剂、颗粒剂等。

主要生产商 Sumitomo Chemical 等。

作用机理与特点 杀虫磺为触杀和胃毒型杀虫剂。模拟天然沙蚕毒素，抑制昆虫神经系统突触，通过占据产生乙酰胆碱的突触膜的位置来阻止突触发射信息，能从根部吸收。

应用

（1）适用作物 果树如苹果、桃树、柑橘类、葡萄等，棉花，甜玉米，马铃薯，水稻，茶叶，油菜等。

（2）防治对象 鞘翅目、鳞翅目害虫，如茶卷叶蛾，马铃薯甲虫，茶黄蓟马，水稻螟虫，稻纵卷叶螟，水稻稻叶甲虫，东方玉米螟，根象鼻虫，龟甲虫，藤蔓飞蛾，棉铃象甲，苹果蠹蛾，苹果叶虫，菜青虫，白蝴蝶幼虫，钻石背蛾，芸薹属甲虫。

（3）应用技术 通常使用剂量为 0.25～1.5 kg/hm^2。防治水稻二化螟、三化螟，用 50% 可湿性粉剂 5～10 g/100m^2，采用对水泼浇或喷雾，撒毒土亦可，于卵孵盛期施药，必要时可施两次，施药时宜保持 3 cm 左右的水层。用于防治菜蚜、菜青虫、小菜蛾等蔬菜害虫，用可湿性粉剂 5～10 g/100m^2 对水 50～100 kg 喷雾。

专利与登记

专利名称 Pesticidal 2-(dimethylamino)-1,3-dithio-1,3-propanedisulfonic acid esters

专利号 DE 1917246　　　　　专利公开日 1969-10-23

专利申请日 1969-04-03　　　　优先权日 1968-04-04

专利拥有者 Takeda Chemical Industries Ltd.

在其他国家申请的化合物专利 FR 2005526、GB 1264207。

制备专利 KR 1020100014384、IN 4709DELNP2009、CN 1024191、CN 1061957 等。

合成方法 用如下方法进行合成：把含量为 96% 的 Na$_2$S·9H$_2$O 25 g（0.1 mol）溶于 10 mL 水中，再加 50 mL 二氯甲烷，搅拌下将含量为 98.5% 的苯磺酰氯 17.6 g（0.0098 mol）于 30～40℃在 2 h 内滴完，控制反应液 pH 在 7～8，然后加热至 60℃反应 2 h，再加入 0.4 g 相转移催化剂和 7.8 g N,N-二甲基-1,2-二氯丙胺，回流反应 5 h，分出二氯乙烷层，浓缩至干，得到较黏固体，收率 70%。

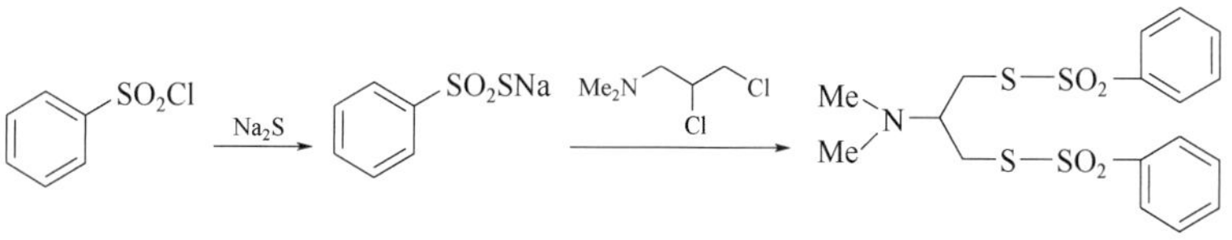

据报道，国外采用固态硫代苯磺酸钠与 N,N-二甲基-1,2-二氯丙胺在乙醇中反应，可以得到纯度很高的产品，但操作步骤较多，溶剂用量较大，国内也做过类似探索。

参考文献

[1] 戈扬, 刘永霞, 薄存香, 等. 实用预防医学, 2011(1): 132-134.

[2] The Pesticide Manual. 17 th edition: 86-87.

[3] 王淑英, 贾建洪, 高建荣, 等. 浙江工业大学学报, 2006, 34(1): 62-64.

杀虫双（thiosultap-disodium）

$$355.4，C_5H_{11}NO_6S_4Na_2，52207-48-4$$

杀虫双（商品名称：Helper、Pilarhope、Vinetox，其他名称：bisultap、dimethypo）是 1974 年贵州省化工研究院在试制杀螟丹基础上与有关单位协作研究的，具有链状结构的人工合成沙蚕毒类杀虫剂，但化合物专利早已存在。

化学名称　S,S'-[2-(二甲氨基)三亚甲基]双硫代硫酸双钠盐。英文化学名称 disodium S,S'-[2-(dimethylamino)trimethylene]di(thiosulfate)。美国化学文摘系统名称为 thiosulfuric acid ($H_2S_2O_3$) S,S'-[2-(dimethylamino)-1,3-propanediyl] ester disodium salt。CA 主题索引名称为 thiosulfuric acid($H_2S_2O_3$) S,S'-[2-(dimethylamino)-1,3-propanediyl]ester, disodium salt。

理化性质　纯品为白色针状固体，熔点 142～143℃，蒸气压 $1.3×10^{-5}$ mPa，相对密度 1.30～1.35（20～25℃），不溶于水，溶于乙醇、甲醇、二甲基甲酰胺、二甲基亚砜，微溶于丙酮，不溶于乙酸乙酯和乙醚。在强酸、碱性条件下易分解。

毒性　急性经口 LD_{50}（mg/kg）：雄大鼠 680，雌大鼠 520，雄小鼠 200，雌小鼠 235。兔、鼠急性经皮 LD_{50}＜448 mg/kg。对兔皮肤和眼睛无明显刺激作用。NOEL［mg/(kg・d)］：大鼠（2 年）20，小鼠（1.5 年）30。ADI/RfD 0.025 mg/kg bw。

生态效应　鱼 TLm（48 h，mg/L）：鲢鱼 8.7，鲤鱼 9.2。蜜蜂有毒。对蚕有毒，五代幼虫 LD_{50} 0.221 μg/d，LOED $1.7×10^{-8}$～$1.7×10^{-6}$ μg/d（取决于季节）。

制剂　18%、29%水剂，3.5%颗粒剂，3.6%大颗粒剂。

主要生产商　安徽华星化工股份有限公司、湖北沙隆达股份有限公司、湖南海利化工股份有限公司及旺世集团、安道麦安邦（江苏）有限公司等。

作用机理与特点　属神经毒剂，具有胃毒、触杀、内吸传导和一定的杀卵作用。

杀虫双是一种有机杀虫剂。它是参照环形动物沙蚕所含有的"沙蚕毒素"的化学结构而合成的沙蚕毒素的类似物，所以也是一种仿生杀虫剂。杀虫双对害虫具有较强的触杀和胃毒作用，并兼有一定的熏蒸作用。它是一种神经毒剂，能使昆虫的神经对于外界的刺激不产生反应。因而昆虫中毒后不发生兴奋现象，只表现瘫痪麻痹状态。据观察，昆虫接触和取食药剂后，最初并无任何反应，但表现出迟钝、行动缓慢、失去侵害作物的能力，终止发育，虫体软化、瘫痪，直至死亡。

杀虫双有很强的内吸作用，能被作物的叶、根等吸收和传导。通过根部吸收的能力，比叶片吸收要大得多。据有关单位用放射性元素测定，杀虫双被作物的根部吸收，一天即可以分布到植株的各个部位，而叶片吸收要经过 4 d 才能传送到整个地上部分。但不论是根部吸收还是叶部吸收，植株各部分的分布是比较均匀的。

应用

（1）适用作物　对水稻、小麦、玉米、豆类、蔬菜、柑橘、果树、茶叶、森林等多种作物的主要害虫均有优良的防治效果。

（2）防治对象 杀虫谱较广，对水稻大螟、二化螟、三化螟、稻纵卷叶螟、稻苞虫、叶蝉、稻蓟马、负泥虫、稻螟、菜螟、菜青虫、黄条跳甲、桃蚜、梨星毛虫、柑橘潜叶蛾等鳞翅目、鞘翅目、半翅目、缨翅目等多种咀嚼式口器害虫、刺吸式口器害虫、叶面害虫和钻蛀性害虫有效。

（3）残留量与安全施药 在常用剂量下，对人畜安全，对作物无药害。每季水稻使用次数不得超过 3 次，安全间隔期为 15 d；对蚕有很强的毒杀作用，柑橘、番茄等对杀虫双较敏感，使用浓度不得低于 300 倍液；对马铃薯、豆类、高粱、棉花会产生药害。

（4）应用技术 加工成水剂、颗粒剂等剂型使用。用于水稻、蔬菜、果树、茶树、甜菜、油菜、甘蔗等作物地防治水稻螟虫、稻蓟马、稻苞虫、稻蝗，菜青虫、黄守瓜、蚜虫、黄条跳甲、小菜蛾、菜螟，柑橘潜叶蛾、柑橘达摩凤蝶、苹果钻心虫、苹果螨、梨小食心虫、梨星毛虫、梨蚜、桃蚜，茶毛虫、茶小绿叶蝉，甜菜白带螟、油菜青虫、油菜蚜虫，玉米螟、大螟、玉米铁甲虫、甘蔗条螟、大螟、甘蔗蓟马、甘蔗飞虱等。一些作物对杀虫双敏感，如豆类、棉花等不宜使用。十字花科蔬菜幼苗也较敏感，在夏季高温及植株生长幼弱时不宜使用。

（5）使用方法

① 水稻害虫的防治 施药方法采用喷雾、毒土、泼浇和喷粗雾都可以，5%、3%杀虫双颗粒剂每亩用 1～1.5 kg 直接撒施，防治二化螟、三化螟、大螟和稻纵卷叶螟的药效，与25%水剂 0.2 kg 的药效无明显差异。使用颗粒剂的优点是功效高且方便，风雨天气也可以施药，还可以减少药剂对桑叶的污染和家蚕的毒害。颗粒剂的残效期可达 30～40 d。

a. 稻蓟马 每亩用 25%的杀虫双水剂 0.1～0.2 kg（有效成分 25～50 g），用药后 1 d 的防效可达 90%，用药量的多少主要影响残效期，用量多，残效期长。秧田期防治稻蓟马，每亩用 25%杀虫双水剂 0.15 kg（有效成分 37.5 g），加水 50 kg 喷雾，用药 1 次就可控制其为害。大田期防治稻蓟马每亩用 25%杀虫双水剂 0.2 kg（有效成分 50 g），加水 50～60 kg 喷雾，用药 1 次也可基本控制其危害。

b. 稻纵卷叶螟、稻苞虫 每亩用 25%杀虫双 0.2 kg（有效成分 50 g），对水 50～60 kg 喷雾，防治这两种害虫的效果都可以达到 95%以上，一般用药 1 次即可控制危害。杀虫双对稻纵卷叶螟的 3 龄和 4 龄幼虫有很强的杀伤作用，若把用药期推迟到 3 龄高峰期，在田间出现零星白叶时用药，对 4 龄幼虫的杀虫率在 90%以上，同时可以更好地保护寄生天敌。另外，杀虫双防治稻纵卷叶螟还可采用泼浇、毒土或喷粗雾等方法，都有很好效果，可根据当地习惯选用。连续使用杀虫双时，稻纵卷叶螟会产生抗性，应加以注意。

c. 二化螟、三化螟、大螟 每亩用 25%杀虫双水剂 0.2 kg（有效成分 50 g），防效一般达到 90%以上，药效期可维持在 10 d 以上，第 12 d 后仍有 60%的效果。对 4 龄幼虫、5 龄幼虫，如果每亩用 25%杀虫双水剂 0.3 kg（有效成分 75 g），防效可达 80%。防治枯心，在螟卵孵化高峰后 6～9 d 时用药。

② 柑橘害虫的防治

a. 柑橘潜叶蛾 25%杀虫双对潜叶蛾有较好的防治效果，但柑橘对杀虫双比较敏感。一般以加水稀释 600～800 倍（416～312 mg/L）喷雾为宜。隔 7 d 左右喷施第二次，可收到良好的保梢效果。柑橘放夏梢时，仅施药一次即比常用有机磷效果好。

b. 柑橘达摩凤蝶 用 25%杀虫双 500 倍（500 mg/L）稀释液喷雾。防效达 100%，但不能兼治害螨，对天敌钝绥螨安全。

③ 蔬菜害虫的防治 在广东，用 25%杀虫双水剂 200 mL（有效成分 50 g），加水 75 kg

稀释，在小菜蛾和白粉蝶（菜青虫）幼虫 3 龄前喷施，防效均可达 90%以上。

④ 甘蔗害虫的防治　在广东当甘蔗苗期条螟卵盛孵期施药，每亩用 25%杀虫双水剂 250 mL（有效成分 62.5 g），用水稀释 300 kg 淋甘蔗苗，或稀释 50 kg 喷洒，间隔一周再施一次，对甘蔗螟和大螟枯心苗有 80%以上的防治效果，同时也可以兼治甘蔗蓟马。

⑤ 其他害虫的防治　防治玉米螟、大螟，先将水剂配成含量 0.5%的颗粒剂，每株玉米的喇叭口中投入一小撮即可，每亩施 12～15 kg（60～75 g 有效成分）。防治黏虫，每亩用 29%水剂 200 mL（60 g 有效成分），对水 75 kg，喷雾。防治大豆蚜虫，则用 29%水剂 150mL，对水喷雾。

专利与登记

专利名称　Sulfur- and nitrogen-containing pesticides

专利号　DE 2341554　　　　专利公开日　1974-02-28

专利申请日　1973-08-17　　　　优先权日　1972-08-21

专利拥有者　Sandoz AG（现属先正达公司）

在其他国家申请的化合物专利　AU 5941373、DD 110420、DD 108528、FR 2199537、IT 1048137、JP 49132239、NL 7311293 等。

制备专利　CN 104610120、CN 100410239、CN 1024191、CN 1061957、CN 1053056 等。

国内登记情况　18%、25%、29%水剂，3.6%颗粒剂，3.6%大颗粒剂，25%、40%母液等，登记作物为水稻、甘蔗、果树、蔬菜、小麦、玉米等，防治对象二化螟、三化螟等多种害虫。相关制剂登记情况见表 2-11。

表 2-11　安道麦安邦（江苏）有限公司在中国登记情况

商品名	登记证号	含量	剂型	登记作物	防治对象	用药量	施用方法
杀虫双	PD20110072	29%	水剂	水稻	二化螟	141～158 g/亩	喷雾
杀虫双	PD20081705	25%	母液				
杀虫双	PD84104-52	18%	可溶液剂	甘蔗	多种害虫	200～250 g/亩	喷雾
				果树	多种害虫	500～800 倍液	喷雾
				蔬菜	多种害虫	200～250 g/亩	喷雾
				水稻	多种害虫	200～250 g/亩	喷雾
				小麦	多种害虫	200～250 g/亩	喷雾
				玉米	多种害虫	200～250 g/亩	喷雾

合成方法　通过如下反应即可得到目的物：

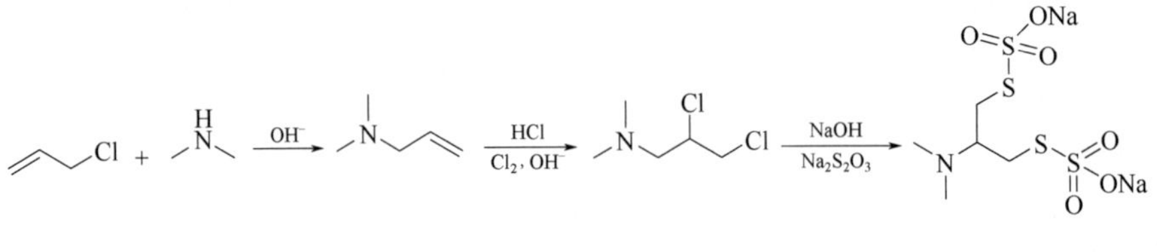

参考文献

[1] The Pesticide Manual. 17 th edition: 1108-1109.

[2] 熊明国. 重庆大学学报, 2012, 35(S1): 85-87.

[3] 新编农药手册. 北京: 农业出版社, 1990: 199-202.

[4] 李平辉, 童孟良, 梁美东. 化工时刊, 2008(2): 49-52.

[5] 赵卫东, 杨学慧, 邢华. 现代农药, 2007(1): 18-20.

[6] 过戌吉. 农药市场信息, 2005(16): 21.

杀螟丹（cartap）

杀螟丹
$C_7H_{15}N_3O_2S_2$, 237.3, 15263-53-3

杀螟丹盐酸盐
$C_7H_{16}ClN_3O_2S_2$, 273.8, 15263-52-2

杀螟丹（试验代号：TI-1258，商品名称：Grip、Huitap、Kaardo、Pilartap、Vartap、巴丹）是 Takeda Chemical Industries（现属住友化学公司）开发的沙蚕毒素类杀虫剂。以盐酸盐形式商品化，通用名称杀螟丹盐酸盐，英文通用名称：cartaphydrochloride，商品名称：Agdan、Beacon、Caldan、Capsi、Cartex、Cartox、Cartriz、Carvan、Ferdan、Herald、Hilcartap、Josh、Kritap、Megatap、Mikata、Padan、Paddy、Parryratna、Sanvex、Suntap、Seda、Tadan、Thiobel、Vicarp 等。

化学名称　1,3-二-(氨基甲酰硫基)-2-二甲基氨基丙烷。英文化学名称为 1,3-di-(carba-moylthio)-2-dimethylaminopropane 或 *S,S'*-(2-dimethylaminotrimethylene) bis(thiocarbamate)。美国化学文摘系统名称为 *S,S'*-[2-(dimethylamino)-1,3-propanediyl] dicarbamothioate。CA 主题索引名称为 carbamothioic acid —, *S,S'*-[2-(dimethylamino)-1,3-propanediyl] ester。

杀螟丹盐酸盐　**化学名称**　1,3-二-(氨基甲酰硫)-2-二甲基氨基丙烷盐酸盐。英文化学名称为 1,3-di-(carbamoylthio)-2-dimethylaminopropane hydrochloride 或 *S,S'*-(2-dimethylamino-trimethylene) bis(thiocarbamate) hydrochloride。美国化学文摘系统名称为 *S,S'*-[2-(dimethyla-mino)-1,3-propanediyl] dicarbamothioate hydrochloride(1：1)。CA 主题索引名称为 carbamo-thioic acid —, *S,S'*-[2-(dimethylamino)-1,3-propanediyl] ester, monohydrochloride。

理化性质　①杀螟丹：白色粉末，熔点 187～188℃，蒸气压（25℃）0.025 mPa，有机溶剂中溶解度（g/L，25℃）：正己烷、甲苯、氯仿、丙酮和乙酸乙酯<0.01，甲醇 16。在 150℃时可以稳定存在。②杀螟丹盐酸盐：白色晶体，有特殊臭味，具有吸湿性，熔点 179～181℃（分解），水中溶解度约为 $2×10^5$ mg/L（20～25℃），微溶于甲醇、乙醇，不溶于丙酮、乙醚、乙酸乙酯、氯仿、苯和正己烷等。在酸性条件下稳定，在中性及碱性条件下水解。

毒性　杀螟丹盐酸盐　急性经口 LD_{50}（mg/kg）：雄大鼠 345，雌大鼠 325，雄小鼠 150，雌小鼠 154。小鼠急性经皮 LD_{50}>2000 mg/kg，对皮肤和眼睛无刺激。小鼠、大鼠吸入 LC_{50}（6 h）>0.54 mg/L，NOEL [mg/(kg·d)]：大鼠（2 年）10，小鼠（1.5 年）11。

生态效应　杀螟丹盐酸盐　对鲤鱼的 LC_{50}（mg/L）：1.3（24 h），0.77（48 h）。多刺裸腹溞 LC_{50}（24 h）12.5～25 mg/L，对蜜蜂有毒性。

环境行为　对于动物的影响如老鼠，在其体内羰基碳被水解，发生硫甲基衍生物的脱甲基作用。在组织内无积累现象，能迅速随尿液排出。土壤中 DT_{50} 为 3 d。

制剂　25%、50%可溶粉剂，2%、4%、10%粉剂，5%、3%颗粒剂。

主要生产商 Jin Hung、Punjab Chemicals、Sumitomo Chemical、Sundat、安道麦安邦（江苏）有限公司、安徽华星化工有限公司、安徽新北卡化学有限公司、广西平乐农药厂、河北省衡水北方农药化工有限公司、湖北仙隆化工股份有限公司、湖南国发精细化工科技有限公司、湖南昊华化工有限责任公司、江苏天容集团股份有限公司、江西欧氏化工有限公司、内蒙古灵圣作物科技有限公司、山东潍坊润丰化工股份有限公司、浙江宇龙生物科技股份有限公司、重庆农药化工（集团）有限公司等。

作用机理与特点 杀螟丹是沙蚕毒素的一种衍生物，胃毒作用强，同时具有触杀和一定的拒食和杀卵作用。杀虫谱广，能用于防治鳞翅目、鞘翅目、半翅目、双翅目等多种害虫和线虫。对捕食性螨类影响小。其毒理机制是阻滞神经细胞点在中枢神经系统中的传递冲动作用，使昆虫麻痹，对害虫击倒较快，有较长的残效期。沙蚕毒素是存在于海生环节动物异足索沙蚕（*Lumbriconereis heteropoda* Marenz）体内的一种有杀虫活性的有毒物质。沙蚕毒素的作用主要是影响胆碱能突触的传递，其作用方式可以归纳为四种：①对 N 型受体的胆碱能阻断作用。②对 ACh 释放的抑制作用。③对胆碱酯酶（ChE）的抑制作用。④对 M 型受体的类胆碱能作用。此外，沙蚕毒素对昆虫的其他生理活动如呼吸等也有一定的影响。

应用

（1）适用作物 水稻、茶树、柑橘、甘蔗、蔬菜（如白菜、生姜）、玉米、马铃薯、小麦、甜菜、棉花、板栗、葡萄、柑橘类水果等。

（2）防治对象 梨小食心虫、潜叶蛾、茶小绿叶蝉、稻飞虱、叶蝉、稻瘿蚊、小菜蛾、菜青虫、跳甲、玉米螟、二化螟、三化螟、稻纵卷叶螟、马铃薯块茎蛾。

（3）残留量与安全施药 对蚕毒性大，蚕区施药要防止药液污染桑叶和桑室。喷药浓度过高，也会对水稻产生药害。

（4）使用方法 在实际应用中主要使用的是杀螟丹盐酸盐，通常使用剂量为 0.4～1.0 kg/hm²。防治稻飞虱、小菜蛾、菜青虫等害虫，在 2～3 龄若虫高峰期施药，每亩用 50%的可溶粉剂 50～100 g，对水 50～60 kg 喷雾。

（5）应用技术

① 防治水稻害虫 a．二化螟、三化螟 在卵孵化高峰前 1～2 d 施药，每亩用 50%杀螟丹盐酸盐可溶粉剂 75～100 g（有效成分 37.5～50 g），或 98%杀螟丹盐酸盐每亩用 35～50 g，对水喷雾。常规喷雾每面喷药液 40～50 L，低容量喷雾每亩喷药液 7～10 L。b．稻纵卷叶螟 防治重点在水稻穗期，在幼虫 1～2 龄高峰期施药，一般年份用药 1 次，大发生年份用药 1～2 次，并适当提前第一次施药时间。每亩用 50%杀螟丹盐酸盐可溶粉剂 100～150 g（有效成分 50～75 g），对水 50～60 L 喷雾，或对水 600 L 泼浇。c．稻苞虫 在 3 龄幼虫前防治，用药量及施药方法同稻纵卷叶螟。d．稻飞虱、稻叶蝉 在 2～3 龄若虫高峰期施药，每亩用 50%杀螟丹盐酸盐可溶粉剂 50～100 g（有效成分 25～50 g），对水 50～60 L 喷雾，或对水 600 L 泼浇。e．稻瘿蚊 要抓住苗期害虫的防治，防止秧苗带虫到本田，掌握成虫高峰期到幼虫盛孵期施药。用药量及施药方法同稻飞虱。

② 防治蔬菜害虫 a．小菜蛾、菜青虫 在 2～3 龄幼虫期施药，每亩用 50%杀螟丹盐酸盐可溶粉剂 25～50 g（有效成分 12.5～25 g），对水 50～60 L 喷雾。b．黄条跳甲 防治重点是作物苗期，幼虫出土后，加强调查，发现危害立即防治。用药量及施药方法同小菜蛾。c．二十八星瓢虫 在幼虫盛孵期和分散为害前及时防治，在害虫集中地点挑治，用药量及施药方法同小菜蛾。

③ 防治茶树害虫 a．茶尺蠖 在害虫第一、二代的 1～2 龄幼虫期进行防治。用 98%

杀螟丹盐酸盐 1960～3920 倍液或每 100 L 水加 98%杀螟丹盐酸盐 25.5～51 g；或用 50%可溶粉剂 1000～2000 倍液（有效浓度 250～500 mg/L）均匀喷雾。b. 茶细蛾 在幼虫未卷苞前，将药液喷在上部嫩叶和成叶上，用药量同茶尺蠖。c. 茶小绿叶蝉 在田间第一次高峰出现前进行防治。用药量同茶尺蠖。

④ 防治甘蔗害虫 在甘蔗螟卵盛孵期，每亩用 50%可溶粉剂 137～196 g 或 98%杀螟丹盐酸盐 70～100 g（有效成分 68～98 g），对水 50 L 喷雾，或对水 300 L 淋浇蔗苗。间隔 7 d 后再施药 1 次。此用药量对条螟、大螟均有良好的防治效果。

⑤ 防治果树害虫 a. 柑橘潜叶蛾 在柑橘新梢期施药，用 50%杀螟丹盐酸盐可溶粉剂 1000 倍液或每 100 L 水加 50%杀螟丹盐酸盐 100 g（有效浓度 500 mg/L）喷雾。每隔 4～5 d 施药 1 次，连续 3～4 次，有良好的防治效果。b. 桃小食心虫 在成虫产卵盛期，卵果率达 1%时开始防治。用 50%杀螟丹盐酸盐可溶粉剂 1000 倍液或每 100 L 水加 50%杀螟丹盐酸盐 100 g（有效浓度 500 mg/L）喷雾。

⑥ 防治旱粮作物害虫 a. 玉米螟 防治适期应掌握在玉米生长的喇叭口期和雄穗即将抽发前，每亩用 98%杀螟丹盐酸盐 51 g 或 50%杀螟丹盐酸盐 100 g（有效成分 50 g），对水 50 L 喷雾。b. 蝼蛄 用 50%可溶粉剂拌麦麸（1∶50）制成毒饵施用。c. 马铃薯块茎蛾 在卵孵盛期施药，每亩用 50%杀螟丹盐酸盐可溶粉剂 100～150 g（有效成分 50～75 g），或 98%杀螟丹盐酸盐 50 g（有效成分 49 g），对水 50 L，均匀喷雾。

（6）残留量与安全施药 ①对蚕毒性大，在桑园附近不要喷洒。一旦沾染了药液的桑叶不可让蚕吞食。②皮肤沾染药液，会有痒感，喷药时请尽量避免皮肤沾染药液，并于喷药后仔细洗净接触药液部位。③杀螟丹药性虽较低，但施用时仍须戴安全防具，如不慎吞服应从速就医，立即反复洗胃。

专利与登记

专利名称 New carbamoylthio derivatives and pesticidal compositions containing them

专利号 GB 1126204   专利公开日 1968-09-05

专利申请日 1964-10-21   优先权日 1964-10-21

专利拥有者 Takeda Chemical Industries Ltd.

在其他国家申请的化合物专利 DE 1693185、GB 1126204、JP 42010969、US 3332943。

制备专利 CN 106905209、CN 106905210、CN 106748937、IN 4812MUM2015、CN 104610120、CN 105348160、CN 104774167、CN 101519371、CN 100546978、CN 100519521、CN 1830957、CN 1060913、CN 1024191、CN 1061957、WO 2018181672、CN 107641090、IN 2015MU04812、CN 103848768、CN 101302179、CN 101103725 等。

国内登记情况 50%、95%、98%可溶粉剂，4%颗粒剂，97%、98%原药，登记作物为甘蓝、柑橘树、茶树、甘蔗、水稻和白菜等，防治对象菜青虫、潜叶蛾、茶小绿叶蝉、螟虫、二化螟和小菜蛾等。日本住友化学株式会社在中国登记情况见表 2-12。

表 2-12 日本住友化学株式会社在中国登记情况

登记名称	登记证号	含量	剂型	登记作物	防治对象	有效成分用药量	施用方法
杀螟丹	PD20-86	50%	可溶粉剂	稻	螟虫	300～750 g/hm^2	喷雾
杀螟丹	PD324-2000	97%	原药				
杀螟丹（实际为杀螟丹盐酸盐）	PD72-88	98%	可溶粉剂	甘蔗	螟虫	100～150 mg/kg	喷雾
				柑橘树	潜叶蛾	500～550 mg/kg	喷雾

续表

登记名称	登记证号	含量	剂型	登记作物	防治对象	有效成分用药量	施用方法
杀螟丹（实际为杀螟丹盐酸盐）	PD72-88	98%	可溶粉剂	茶树	茶小绿叶蝉	490～650 mg/kg	喷雾
				水稻	二化螟	588～882 g/hm²	喷雾
				甘蓝	小菜蛾	441～735 g/hm²	喷雾
				甘蓝	菜青虫	441～588 g/hm²	喷雾
				白菜	菜青虫	441～588 g/hm²	喷雾
				白菜	小菜蛾	441～735 g/hm²	喷雾

合成方法 通过如下反应即可得到目的物：

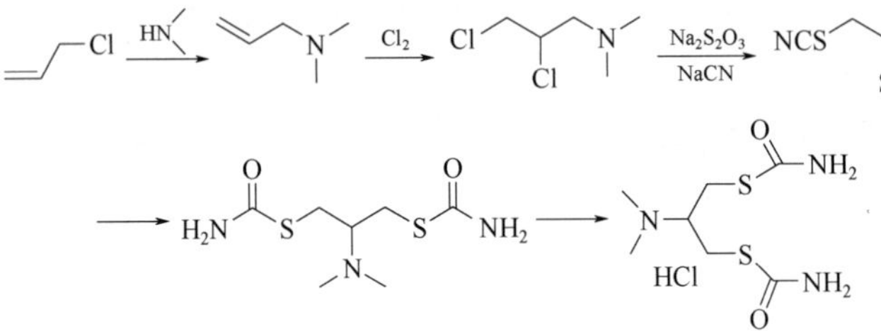

参考文献

[1] The Pesticide Manual.17 th edition: 170-171.

[2] 农药商品大全. 北京: 中国商业出版社, 1996: 2.

[3] 王强. 农药译丛, 1984, 6(5): 40-46.

[4] 中国石油和化工标准与质量, 2009(1): 40.

[5] 于观平, 马翼, 刘鹏飞, 等. 高等学校化学学报, 2011(11): 2539-2543.

第五节

双酰胺类杀虫剂

　　双酰胺类杀虫剂（diamide insecticides）是近年来杀虫剂研究领域的热点，它作用于昆虫的鱼尼丁受体，具有作用机制新颖、高效、与传统农药无交互抗性、对非靶标生物安全和与环境相容性好等特点，引起了人们的注意，国外一些大的农药公司相继进入了双酰胺类杀虫剂研究领域，参与了此类化合物的合成研究，从而使其成为杀虫剂研究开发的一大热点。从氟苯虫酰胺问世到目前为止，已有 9 个产品商品化或即将商品化：chlorantraniliprole、cyantraniliprole、cyclaniliprole、flubendiamide、tetrachlorantraniliprole、cyhalodiamide、broflanilide、tetraniliprole、cyproflanilide，成为目前最有市场潜力的杀虫剂品种。

一、创制经纬

1. 邻苯二甲酰胺类杀虫剂的创制经纬

　　20 世纪中期，美国科学家在南美大枫子科灌木尼亚那（*Ryania speciosa*）中提取到植物碱鱼尼丁（ryanodine），可以作为天然杀虫剂。这种植物对人畜剧毒，当地的印第安人常将它捣碎涂到箭头上用来制作毒箭，动物被射中后表现为全身肌肉抽搐紧张，最后像僵尸一样而死亡。其提取剂对鳞翅目害虫，包括欧洲玉米螟、甘蔗螟、苹果小卷蛾、苹果食心虫、舞毒蛾等十分有效。但由于鱼尼丁对人畜的毒性很大，引起哺乳动物僵直性麻痹，因而推广应用受到限制。以前对鱼尼丁的研究主要着眼于通过结构修饰，希望发现有选择毒性的化合物。尽管有很多文献报道，但至今没有通过结构修饰得到活性高且安全的产品。

Tsuda T 博士于 1989 年在日本大阪府立大学报道了一系列吡嗪二酰胺类化合物，代表化合物 **2** 具有一定的杀菌活性及除草活性，并作为除草剂申请了日本专利。日本农药公司以该化合物为先导，继续研制该类新化合物，以期获得活性更好的除草剂，但在新化合物筛选期间，却意外发现该类化合物 **3** 具有较好的杀虫活性，并与以往的杀虫剂作用机理完全不同，在 50～500 mg/L 下对鳞翅目害虫小菜蛾和毛虫等具有一定的防治效果。尽管该类化合物的杀虫活性并不令人满意，但其独特的作用机理及新颖的化学结构却吸引了广大科研工作者，日本农药公司将这个化合物作为新的先导化合物进行研究，并申请了多篇具有杀虫活性化合物的专利。同时，日本日产化学公司也对该类化合物进行了大量研究，也申请了多篇专利，其中化合物 **5** 具有较好的杀虫活性。

由先导化合物 **3** 得到的通式 **4** 可以分成如下图所示 3 个部分：苯环部分（A），芳香胺部分（B）以及脂肪胺部分（C）。在先导化合物优化过程中，分别对 A、B、C 部分进行优化，日本农药公司在 1993 年到 1998 年期间共合成数千个该类化合物进行筛选，并通过构效关系研究，最终于 1998 年发现了化合物氟苯虫酰胺 **1**（flubendiamide），主要用于蔬菜、水果和棉花防治鳞翅目害虫，不仅对成虫和幼虫都有优良的活性，而且作用速度快、持效期长、与传统杀虫剂没有交互抗性和对节肢类益虫安全。

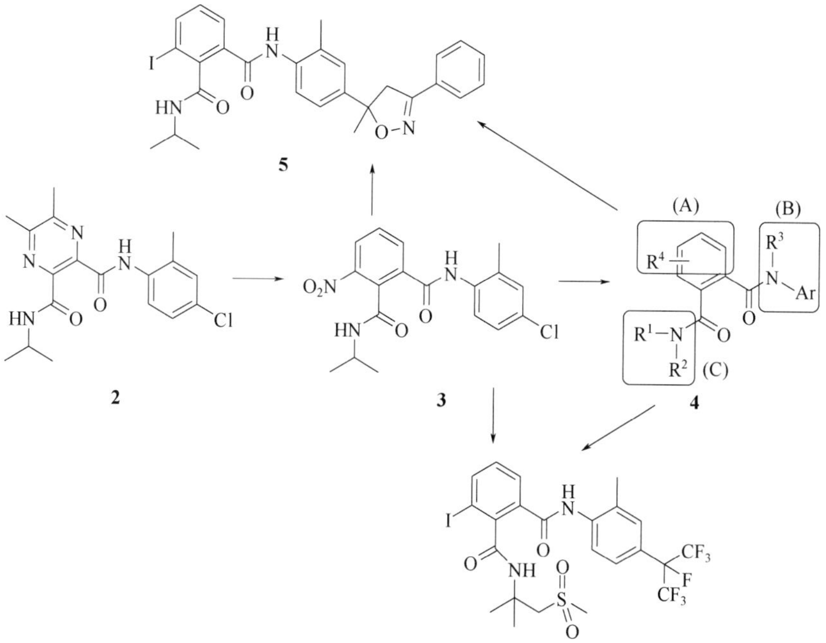

2. 邻甲酰氨基苯甲酰胺类杀虫剂的创制经纬

在日本农药公司于 1998 年开发出了第一个作用于靶标鱼尼丁受体的合成化合物氟苯虫

酰胺 **1**（flubendiamide）后，美国杜邦公司在其工作基础上，以氟苯虫酰胺为先导，对邻苯二甲酰胺类化合物做了较大改变，将一酰胺转变位置，如通式 **6** 所示，得到了一类新的先导化合物——邻甲酰氨基苯甲酰胺类。起初，杜邦公司把化合物 **7** 作为靶标分子，进行大量的合成筛选，期间将一系列杂环引入羧酸部分，如吡啶、嘧啶、噻唑、吡唑、苯基吡唑等，进而得到化合物 **8**，其活性远远优于靶标分子，随后又通过构效关系研究，很快筛选出活性更高的化合物 **9**，并于 2000 年发现化合物氯虫苯甲酰胺 **10**（chlorantraniliprole），该化合物不仅和氟苯虫酰胺结构相似，而且具有相同的作用机制，都对哺乳动物安全。氯虫苯甲酰胺是杜邦公司从两千多个邻甲酰氨基苯甲酰胺类化合物中筛选出来的，在很低浓度下仍具有相当好的杀虫活性，如对小菜蛾的 LC_{50} 为 0.01 mg/L，且广谱、残效期长、毒性低、与环境友好，是防治鳞翅目害虫的有效杀虫剂。

在成功开发了氯虫苯甲酰胺后，杜邦公司在该类杀虫剂的后期研究中，通过进一步结构优化，在苯环部分（A）引入氰基，发现了具有内吸活性的溴氰虫酰胺 **11**（cyantraniliprole），该产品为第二代鱼尼丁受体抑制剂杀虫剂，与氯虫苯甲酰胺相比，适用作物更为广泛，可有效防治鳞翅目、半翅目和鞘翅目害虫，已上市。

日本石原产业株式会社在氯虫苯甲酰胺和溴氰虫酰胺的基础上，进一步优化得到新的双酰胺类杀虫剂 cyclaniliprole，尽管在结构上具备鱼尼丁受体抑制剂的双酰胺结构，但是据报道其具有不同的作用机制。

沈阳化工研究院有限公司以氯虫苯甲酰胺为先导化合物，通过对其结构中的苯环取代基、吡唑取代基进行结构修饰，于 2008 年发现具有高杀虫活性的化合物四氯虫酰胺（代号 SYP9080，tetrachlorantraniliprole），可用于防治水稻稻纵卷叶螟等以及蔬菜上的小菜蛾、菜青虫等鳞翅目害虫。

浙江省化工研究院有限公司 2010 年自主创新研发的一种邻苯二甲酰胺类杀虫剂氯氟氰虫酰胺（ZJ4042，cyhalodiamide），其杀虫谱主要是鳞翅目害虫，尤其是水稻螟虫。

拜耳作物科学在溴氰虫酰胺的结构基础上引入四唑环，开发了新型杀虫剂 tetraniliprole，在低剂量下对鳞翅目、鞘翅目及双翅目害虫有很好的防治效果。

3．间苯甲酰氨基苯甲酰胺类杀虫剂的创制经纬

2002 年日本三井农业化学公司以氟苯虫酰胺为先导化合物，设计合成了含间二酰胺结构的化合物 **12**，发现对鳞翅目害虫具有很好的防效，但其杀虫特性不同于氟苯虫酰胺，针对这一机理上的不同，日本三井在此基础上继续优化，发现 R′为苯甲酰氨基时活性最好，设计了化合物 **13**，进一步优化发现取代基 R 为 F 时，X、Y 分别为三氟甲基和 Br 时活性最好，即化合物 **14**，最终优化得到 broflanilide，代码为 MCI-8007，现已与巴斯夫共同合作开发，主要用于防除绿叶蔬菜、多年生作物和谷物等作物上的鳞翅目、鞘翅目、白蚁以及蚊蝇等害虫。其可能具有新颖的作用机制。2018 年上海泰禾进一步对间苯甲酰氨基苯甲酰胺类杀虫剂进行优化研究，发现杀虫剂 cyproflanilide，起效快，施用一天后即可发挥杀虫活性，而且使用剂量低，可减少药物浓度过大对植物及人类的伤害。

二、主要品种

氟苯虫酰胺（flubendiamide）

682.4，$C_{23}H_{22}F_{7}IN_{2}O_{4}S$，272451-65-7

氟苯虫酰胺（试验代号：NNI-0001、AMSI 0085、R-41576，商品名称：垄歌、Belt、Phoenix、Takumi、Nisso Phoenix Flowable、Amoli、Fame、Fenos、Synapse、Pegasus，其他中文名称：氟虫双酰胺、氟虫酰胺、氟虫苯甲酰胺）是德国拜耳公司与日本农药株式会社共同开发的新型邻苯二甲酰类杀虫剂。

化学名称　3-碘-*N*′-(2-(甲磺酰)-1,1-二甲基乙基)-*N*-{4-[1,2,2,2-四氟-1-(三氟甲基)乙基]-邻甲苯基}邻苯二甲酰胺。英文化学名称为 3-iodo-*N*′-(2-mesyl-1,1-dimethylethyl)-*N*-{4-[1,2,2,2-tetrafluoro-1-(trifluoromethyl)ethyl]-*o*-tolyl}phthalamide。美国化学文摘系统名称为 N^2-[1,1-dimethyl-2-(methylsulfonyl)ethyl]-3-iodo-N^1-[2-methyl-4-[1,2,2,2-tetrafluoro-1-(trifluoromethyl)ethyl]-phenyl]-1,2-benzenedicarboxamide。CA 主题索引名称为 1,2-benzene- dicarboxamide —, N^2-[1,1-dimethyl-2-(methylsulfonyl)ethyl]-3-iodo-N^1-[2-methyl-4-[1,2,2,2-tetrafluoro-1-(trifluoromethyl)ethyl]phenyl]-。

理化性质　原药含量≥95.0%，纯品为白色结晶粉末，熔点 217.5～220.7℃，蒸气压＜0.1 mPa（25℃），lgK_{ow} 4.2，相对密度 1.659（20～25℃）。水中溶解度（20～25℃）0.0299 mg/L，有机溶剂中溶解度（g/L，20～25℃）：对二甲苯 0.488，正庚烷 0.000835，甲醇 26.0，1,2-二氯乙烷 8.12，丙酮 102，乙酸乙酯 29.4。在酸和碱性中稳定（pH 4～9），水中光解 DT_{50} 5.5 d（蒸馏水，25℃）。

毒性　雌、雄大鼠急性经口 LD_{50}＞2000 mg/kg，雌、雄大鼠急性经皮 LD_{50}＞2000 mg/kg，对兔眼睛轻微刺激，对兔皮肤没有刺激，对豚鼠皮肤无致敏性。大鼠吸入 LC_{50}＞0.0685 mg/L。NOEL [1 年，mg/(kg·d)]：雄大鼠 1.95，雌大鼠 2.40。ADI：aRfD 0.995 mg/kg，cRfD 0.024 mg/kg；（Japanese FSC）0.017 mg/(kg·d)（2007）。Ames 试验呈阴性。

生态效应　山齿鹑经口 LD_{50}＞2000 mg/kg，鲤鱼 LC_{50}（96 h）＞548 μg/L，水蚤 LC_{50}（48 h）＞60 μg/L，羊角月牙藻 E_bC_{50}（72 h）69.3μg/L，蜜蜂 LD_{50}（48 h，经口和接触）＞200 μg/只。在 100～400 mg(a.i.)/L 的剂量下，氟苯虫酰胺对节肢动物益虫没有活性，氟苯虫酰胺与环境具有很好的相容性。

环境行为　①动物。在血液和血浆浓度的峰值 6～12 h 仅能部分吸收，主要是通过粪便在 24 h 内排出体外。代谢主要是利用甲基苯胺的多步氧化及葡萄糖醛酸化作用。谷胱甘肽结合邻苯二甲酸是其次要代谢产物。在大鼠的粪便中，氟苯虫酰胺为主要部分，同时在大鼠粪便中还能发现少量的苯甲酸（雌鼠）和苯甲醇（雄鼠和雌鼠）。②土壤/环境。稳定存在于酸性及碱性体系（pH 4～9）；水及土壤中的光解作用是其在环境中代谢的主要途径，DT_{50} 分别为 5.5 d 和 11.6 d，无氧条件下在水中 DT_{50} 365 d，土壤中 DT_{50} 210～770 d，在土壤中几乎没有流动性，K_{foc} 1076～3318 L/kg；氟苯虫酰胺及其主要代谢物脱碘的氟苯虫酰胺的半衰期表明他们在连续使用后会慢慢累积在土壤和水中。

制剂　20%水分散粒剂、39.9%悬浮剂。

主要生产商　Bayer、Nihon Nohyaku 等。

作用机理与特点　氟苯虫酰胺具有独特的作用方式，高效广谱，残效期长，毒性低，用于防治鳞翅目害虫，是一种 ryanodine（鱼尼丁类）受体，即类似于位于细胞内肌质网膜上的钙释放通道的调节剂。ryanodine 是一种肌肉毒剂，它主要作用于钙离子通道，影响肌肉收缩，使昆虫肌肉松弛性麻痹，从而杀死害虫。

应用　主要用于蔬菜、水果和棉花防治鳞翅目害虫，对成虫和幼虫均有优良活性，作用迅速、持效期长。国内使用的主要是 20%水分散粒剂，用于防治白菜上的甜菜夜蛾和小菜蛾，用药量 45～50 g/hm²，使用方法喷雾。

（1）交互抗性　与传统杀虫剂无交互抗性。氟苯虫酰胺对传统杀虫剂除虫菊酯类、苯甲酰脲类、有机磷类、氨基甲酸酯类已产生抗性的小菜蛾 3 龄幼虫有很好的活性，说明该杀虫剂适宜用于抗性治理（IRM）。

（2）生物活性　氟苯虫酰胺对几乎所有的鳞翅目类害虫均具有很好的活性，EC_{50} 值均在

1.0 mg(a.i.)/L 以下，对鳞翅目之外的害虫活性并不高。氟苯虫酰胺对小菜蛾成虫的 EC_{50} ［mg(a.i.)/L］为 0.21，与氯氟氰菊酯（cyhalothrin）相当；对 2 龄幼虫的活性最高，EC_{50} 为 0.004，是氯氟氰菊酯的 60 倍，但对卵无活性。对斜纹夜蛾三个不同龄期幼虫的活性测试结果表明，氟苯虫酰胺对 1 龄幼虫最有效，3 龄和 5 龄幼虫次之。氟苯虫酰胺与氯氟氰菊酯、灭多威、丙溴磷、多杀菌素相比，即使对 5 龄幼虫也显示了很高的活性。尽管如此，在田间应用时，为了更有效地防治害虫，应在幼虫期使用。

（3）使用方法　①防治叶菜类害虫：对食叶蔬菜，生育期短，全生育期不断有新叶长出，氟苯虫酰胺无法保护施药后长出的新叶，根据东南亚地区的经验，以 6000 倍用药，5～7 d 施药一次。对后期包心或结球的叶菜，后期不再长新叶时，氟苯虫酰胺有很好的持效期，防效和持效明显优于普通杀虫剂。②防治瓜菜类害虫：防治瓜绢螟，在害虫没有将瓜叶缀合前是较好的防治时期。③防治豆科蔬菜豆荚螟：植物连续开花，且害虫又在花期为害时，一定在开花到幼荚长出前用药，效果最好。持效期确保 7～9 d，菜农可接受。④防治棉花害虫：棉铃虫应在钻蛀前防治，对斜纹夜蛾、甜菜夜蛾初孵幼虫没有分散前用药效果最好。⑤防治玉米螟：为害嫩叶钻蛀前，玉米喇叭口心叶重点施药。⑥防治甜菜夜蛾、斜纹夜蛾、小菜蛾等鳞翅目害虫：于害虫产卵盛期至幼虫 3 龄期前，亩用 20% 氟苯虫酰胺水分散粒剂 15～20 g，对水 50～60 kg 均匀喷雾。

（4）注意事项　该药用量低，宜用二次稀释法；每季作物使用次数不要超过 2 次；该药对蚕有毒。

专利与登记

专利名称　Preparation of phthalamides as agrohorticultural insecticides

专利号　EP 1006107　　　　　　专利申请日　1999-11-24

专利拥有者　Nihon Nohyaku Co.

在其他国家申请的化合物专利　IN 1999MA01126、CZ 299375、TW 225046、ZA 9907318、IL 133139、KR 2000035763、JP 2001131141、JP 3358024、US 6603044、AU 9961790、AU 729776、CN 1255491、CN 1328246、TR 9902935、BR 9905766、HU 9904444、EG 22626、PL 196644、JP 2003040860、JP 4122475、IN 2007CH00480 等。

制备专利　CN 109485588、CN 109265381、CN 108640866、CN 104402785、CN 101948413、WO 2001021576、CN 100358863、WO 2005063703、CN 1906158、CN 100443468、WO 2006055922、CN 101061103、J 2001335571、WO 2003099777、WO 2007022901、WO 2007022900、EP 1006102、JP 2003335735、JP 2000080058 等。

2007 年首次在菲律宾、日本获准登记，后又在印度、巴基斯坦、巴西、美国等国获准登记，主要用于果树、蔬菜、大豆、茶等防治害虫。国内登记情况：95%、96% 原药，20% 水分散粒剂，10%、20% 悬浮剂等，登记作物为白菜和甘蓝等，防治对象小菜蛾、玉米螟、蔗螟和甜菜夜蛾等。日本农药株式会社、拜耳作物科学公司在国内登记情况见表 2-13。

表 2-13　日本农药株式会社、拜耳作物科学公司在国内登记情况

登记名称	登记证号	含量	剂型	作物	防治对象	用药量	施用方法
氟苯虫酰胺	PD20110319	20%	水分散粒剂	白菜	甜菜夜蛾	45～50 g/hm²	喷雾
				白菜	小菜蛾	45～50 g/hm²	喷雾
				甘蔗	蔗螟	45～50 g/hm²	喷雾

登记名称	登记证号	含量	剂型	作物	防治对象	用药量	施用方法
氟苯虫酰胺	PD20110318	96%	原药				
氟苯虫酰胺	PD20140661	20%	悬浮剂	玉米	玉米螟	8～12 mL/亩	喷雾
氟苯虫酰胺	PD20130121	95%	原药				

合成方法 氟苯虫酰胺主要有三条合成路线，重要的中间体有 3-碘邻苯二甲酸酐、2-甲基-2-氨基-1-(甲硫基)丙烷和 2-甲基-4-(七氟异丙基)苯胺，合成路线如下：

重要中间体 3-碘邻苯二甲酸酐的合成（具体参考专利 JP 2000080058，JP 2001335571 等）。

2-甲基-2-氨基-1-(甲硫基)丙烷（具体参考专利 WO 2003099777、WO 2007022901、WO 2007022900）。

2-甲基-4-(七氟异丙基)苯胺（具体参考专利 EP 1006102、JP 2003335735）。

参考文献

[1] 李洋，李淼，柴宝山，等. 农药, 2006(10): 697-699.

[2] 钟列权，沈宣才，余山红，等. 浙江农业科学, 2014(12): 1865-1866.

[3] The Pesticide Manual. 17th edition: 496-497.

环丙氟虫胺（cyproflanilide）

721.3，$C_{28}H_{17}BrF_{12}N_2O_2$，2375110-88-4

环丙氟虫胺（试验代号 CAC-I-785）是由上海泰禾国际贸易有限公司开发的新型杀虫剂。

化学名称　3′-[({2-溴-4-[1,2,2,2-四氟-1-(三氟甲基)乙基]-6-(三氟甲基)苯基}氨基)甲酰基]-N-(环丙基甲基)-2′,4-二氟苯甲酰胺或 3′-({6-溴-α,α,α-三氟-4-[1,2,2,2-四氟-1-(三氟甲基)乙基]-o-甲苯基}氨基甲酰基)-N-(环丙基甲基)-2′,4-二氟苯甲酰胺。英文化学名称为 3′-[({2-bromo-4-[1,2,2,2-tetrafluoro-1-(trifluoromethyl)ethyl}-6-(trifluoromethyl)phenyl}amino)carbonyl]-N-(cyclopropylmethyl)-2′,4-difluorobenzanilide 或 3′-({6-bromo-α,α,α-trifluoro-4-[1,2,2,2-tetrafluoro-1-(trifluoromethyl)ethyl]-o-tolyl}carbamoyl)-N-(cyclopropylmethyl)-2′,4-difluorobenzanilide。美国化学文摘系统名称为 N-[3-[[[2-bromo-4-[1,2,2,2-tetrafluoro-1-(trifluoromethyl)ethyl]-6-(trifluoromethyl)phenyl]amino]carbonyl]-2-fluorophenyl]-N-(cyclopropylmethyl)-4-fluorobenzamide。CA 主题索引名称为 benzamide—, N-[3-[[[2-bromo-4-[1,2,2,2-tetrafluoro-1-(trifluoromethyl)ethyl]-6-(trifluoromethyl)phenyl]amino]carbonyl]-2-fluorophenyl]-N-(cyclopropylmethyl)-4-fluoro-。

毒性　急性经口、经皮、吸入毒性试验结果显示：环丙氟虫胺微毒，对皮肤无刺激性、无致敏性，对眼睛有轻度刺激，但 24 h 可恢复。Ames 试验、微核试验、染色体畸变试验、基因突变试验结果均为阴性。环境毒性试验结果显示，环丙氟虫胺对斑马鱼、泥鳅、羊角月牙藻、大型溞、小龙虾、中华绒螯蟹等安全。

应用　该剂可用于防治鳞翅目、鞘翅目和缨翅目等害虫，对于鳞翅目二化螟特别是抗性地区二化螟、稻纵卷叶螟、甜菜夜蛾、小菜蛾、草地贪夜蛾、苹果小卷叶蛾、鞘翅目跳甲、缨翅目蓟马等防效优异。

环丙氟虫胺具有优异的胃毒和触杀活性，渗透性好；其速效好，起效快；很低的用量即有优异的防效，在 15～60 g/hm² 剂量下即对二化螟特别是抗性二化螟具有优良防效，在 15～30 g/hm² 剂量下对稻纵卷叶螟具有优异的防效，持效期长。

专利与登记

专利名称　一种间二酰胺类化合物及其制备方法和应用

专利号　CN 109497062　　　　　专利公开日　2019-03-22

专利申请日　2018-12-18　　　　　优先权日　2018-06-26

专利拥有者　上海泰禾国际贸易有限公司

在其他国家申请的化合物专利　WO 2020001067、CN 108586279、CA 3074759、AU 2019296636、IL 272620、KR 2020031684、US 20200178525 等。

合成方法　通过如下反应制得目的物：

参考文献

[1] CN 109497062.

环溴虫酰胺（cyclaniliprole）

602.1，$C_{21}H_{17}Br_2Cl_2N_5O_2$，1031756-98-5

环溴虫酰胺（试验代号：IKI-3106）是日本石原产业株式会社开发的双酰胺类杀虫剂。

化学名称　3-溴-N-[2-溴-4-氯-6-[[(1-环丙基乙基)氨基]羰基]苯基]-1-(3-氯-2-吡啶基)-1H-吡唑-5-酰胺。英文化学名称为 2′,3-dibromo-4′-chloro-1-(3-chloro-2-pyridinyl)-6′-{[(1RS)-1-cyclopropylethyl]carbamoyl}pyrazole-5-carboxanilide。美国化学文摘系统名称为 3-bromo-N-[2-bromo-4-chloro-6-[[(1-cyclopropylethyl)amino]carbonyl]phenyl]-1-(3-chloro-2-pyridinyl)-1H-pyrazole-5-carboxamide。CA 主题索引名称为 1H-pyrazole-5-carboxamide—, 3-bromo-N-[2-bromo-4-chloro-6-[[(1-cyclopropylethyl)amino]carbonyl]phenyl]-1-(3-chloro-2-pyridinyl)-。

理化性质　环溴虫酰胺为外消旋混合物（1∶1），该纯品为白色粉末（纯度 99.18%）或易结块白色粉末（纯度 95.71%），熔点 241～244℃，达到 246℃左右即可分解，蒸气压 1.65×10^{-3} mPa（20℃）或 2.4×10^{-3} mPa（25℃），Henry 常数（20℃）6.6×10^{-3} Pa·m³/mol；水中溶解度（mg/L，20℃）：0.15（纯净水）、0.12（pH 5）、0.10（pH 7）、0.18（pH 9）；有机溶剂中溶解度（g/L，20℃）：正庚烷 0.00011、二甲苯 0.17、1,2-二氯乙烷 4.4、丙酮 11、甲醇 4.5、正辛醇 1.4、乙酸乙酯 3.6。lgK_{ow} 2.7（40℃）；解离常数 pK_a 8.6（20℃）。

毒性　大鼠急性经口 LD_{50}＞2000 mg/kg（雌、雄）；大鼠急性经皮 LD_{50}＞2000 mg/kg（雌、雄）；大鼠吸入 LC_{50}＞4.62 mg/L（4 h，雌、雄）；对皮肤无刺激性，对眼睛有轻微刺激性。无致畸、致突变作用。

生态效应　蜜蜂 LD_{50}（μg/只）：0.194（经口），0.486（接触）；蚯蚓 LC_{50}（14 d）＞23.15

mg/kg 土壤（校正值）；蓝鳃太阳鱼 $LC_{50}>150$ μg/L，呆鲦鱼 NOEC 为 200 μg/L；大型溞 EC_{50} 80.8 μg/L，摇蚊幼虫 $EC_{50}>53.2$ μg/L，大型溞 NOEC 为 15 μg/L；舟形藻 $EC_{50}>99$ μg/L，膨胀浮萍 $EC_{50}>195$ μg/L；摇蚊幼虫 NOEC 为 61 μg/kg。

环境行为　该剂在土壤中持效期较长，半衰期（DT_{50}）可达 445～1728 d。

制剂　50 g/L 可溶液剂。

主要生产商　Ishihara。

作用机理与特点　尽管在结构上具备鱼尼丁受体抑制剂的双酰胺结构，但是据报道其具有不同的作用机制，主要作用位点为鱼尼丁受体别构体。

应用　具有广谱的杀虫活性，对小菜蛾、斜纹夜蛾、粉虱、蚜虫、蓟马、家蝇、斑潜蝇、白蚁等具有很好的杀死效果，且具有很好的内吸活性。

环溴虫酰胺以喷雾方式施用，用于防治危害梨果类果树、核果类果树、葡萄、马铃薯等大田作物以及番茄、辣椒、茄子等温室栽培作物的多种害虫。环溴虫酰胺 50 g/L 可溶液剂的建议使用剂量一般为 35～40 g/hm²，每季用量不超过 80 g/hm²；用于葡萄为 35 g/hm²，每季用量不超过 70 g/hm²；用于番茄、辣椒、茄子为 40 g/hm²，每季用量不超过 80 g/hm²；用于马铃薯为 10 g/hm²，每季用量不超过 20 g/hm²；用于甘蓝类蔬菜则为 25 g/hm²，每季用量不超过 50 g/hm²。

专利与登记

专利名称　Preparation of anthranilamides as pesticides

专利号　JP 2006131608　　　　　专利申请日　2005-02-10

专利拥有者　Ishihara Sangyo Kaisha, Ltd.

在其他国家申请的化合物专利　AU 2005212068、AT 493395、BR 2005007762、CA 2553715、CN 100519551、CN 1918144、CN 101508692、EP 1717237、EP 2256112、ES 2356640、ES 2560879、IL 177508、IL 198974、IN 2006KN01945、IN 239722、JP 2006131607、MX 2006009360、KR 2006135762、KR 2009046943、KR 2010017777、MX 2006009360、JP 2008247918、JP 4150379、JP 4848391、KR 1099330、KR 963370、PT 1717237、US 20070129407、US 20110257231、WO 2005077934、US 20100035935、US 7612100、US 7994201、US 8470856 等。

制备专利　CN 106928183、WO 2006040113、WO 2008072743、WO 2008072745、WO 2008155990、WO 2011062291、JP 2011105674 等。

合成方法　通过如下反应制得目的物：

135

参考文献

[1] 何秀玲. 世界农药, 2016, 38(3): 60-61.

[2] 周春格, 任叶果, 张宁, 等. 精细化工中间体, 2018, 48(6): 15-17+45.

[3] 英君伍, 罗焕, 宋玉泉, 等. 现代农药, 2016, 15(2): 28-31.

[4] 刘安昌, 贺晓璐, 冯佳丽, 等. 农药, 2015, 54(11): 790-791+813.

[5] The Pesticide Manual.17 th edition: 254.

氯虫苯甲酰胺（chlorantraniliprole）

483.2，$C_{18}H_{14}N_5O_2BrCl_2$，500008-45-7

氯虫苯甲酰胺（试验代号：DPX-E2Y45，商品名称：Rynaxypyr、Coragen、Altacor、Prevathon、Acelepryn、Ferterra、Premio、DermacorX100、康宽、普尊、奥德腾，其他名称：Durivo、氯虫酰胺）是由杜邦研制并与先正达共同开发的新型作用机制的双酰胺类杀虫剂。

化学名称　3-溴-4′-氯-1-(3-氯-2-吡啶基)-2′-甲基-6′-(甲氨基甲酰基)吡唑-5-甲酰苯胺。英文化学名称为3-bromo-4′-chloro-1-(3-chloro-2-pyridyl)-2′-methyl-6′-(methylcarbamoyl)pyrazole-5-carboxanilide。美国化学文摘系统名称为3-bromo-N-[4-chloro-2-methyl-6-[(methylamino)-carbonyl]phenyl]-1-(3-chloro-2-pyridinyl)-1H-pyrazole-5-carboxamide。CA 主题索引名称为1H-pyrazole-5-carboxamide —, 3-bromo-N-[4-chloro-2-methyl-6-[(methylamino)carbonyl]phenyl]-1-(3-chloro-2-pyridinyl)-。

理化性质　原药含量≥93%，相对密度1.5189（20℃）。纯品为白色结晶，熔点208～210℃，蒸气压$6.3×10^{-9}$ mPa（20℃）。$\lg K_{ow}$ 2.76（pH 7），Henry 常数 $3.2×10^{-9}$ Pa·m^3/mol。水中溶解度1.0 mg/L（pH 4～9，20～25℃）；有机溶剂中溶解度（g/L，20～25℃）：丙酮3.4，乙腈0.71，乙酸乙酯1.14，二氯甲烷2.48，甲醇1.71。水中DT_{50} 10 d（pH 9，25℃），pK_a（20～25℃）10.88。

毒性　雌、雄大鼠急性经口LD_{50}＞5000 mg/kg，雌、雄大鼠急性经皮LD_{50}＞5000 mg/kg，雌、雄大鼠吸入LC_{50}（4 h）＞5.1 mg/L。对兔皮肤无刺激，对豚鼠、小鼠皮肤无致敏性。大鼠吸入LC_{50}＞5.1 mg/L（4 h，雌、雄）。NOEL（18 个月，雄小鼠）：158 mg/kg bw；ADI 1.58 mg/kg bw。Ames 试验无致突变性。

生态效应　山齿鹑急性经口毒性LD_{50}＞2250 mg/kg，山齿鹑和野鸭饲喂LC_{50}（5 d）＞5620 mg/kg 饲料。鱼LC_{50}（96 h，mg/L）：虹鳟鱼＞13.8，大翻车鱼＞15.1。水蚤EC_{50}＞0.0116 mg/L，羊角月牙藻EC_{50}＞2 mg/L，浮萍EC_{50}＞2 mg/L，蜜蜂LD_{50}（μg/只）：经口＞104，接触＞4。蚯蚓LC_{50}＞1000 mg/kg。多年来，大量室内和田间研究结果表明，氯虫苯甲酰胺在田间使用剂量下对主要寄生蜂、天敌和传粉昆虫几乎无不良影响（死亡率0～30%），具有对有益节肢动物的良好选择性。安全性较高的寄生蜂包括部分赤眼蜂、茧蜂、跳小蜂和蚜小蜂，天敌包括草蛉、瓢虫、姬蝽、花蝽、长蝽和植绥螨等种属的益虫，传媒昆虫主要是蜜蜂。烟蚜茧和

捕食性螨 $LR_{50} > 750\ g/hm^2$。

环境行为　①动物。体外代谢通过 N-甲基的水解、甲基的脱去、甲苯上甲基的水解以及因失去水合环形成喹唑啉酮（quinazolinone）衍生物。②植物。在头茬作物及轮作作物上基本看不到其降解，在土壤残留中主要还是氯虫苯甲酰胺。③土壤/环境。降解 $DT_{50} < 2 \sim 12$ 月，作物残茬能缩短其半衰期，在土壤中有固着性，流动性较差，降解主要是化学作用，主要的降解产物没有活性且能渗漏。

剂型　悬浮种衣剂，18.4%悬浮剂，35%水分散粒剂，0.33%、0.16%、0.133%颗粒剂。

主要生产商　DuPont、FMC、Syngenta、美国富美实公司、内蒙古灵圣作物科技有限公司、山东潍坊润丰化工股份有限公司、上海杜邦农化有限公司、沈阳科创化学品有限公司等。

作用机理与特点　该类杀虫剂具有全新作用机理，激活鱼尼丁受体，使受体通道非正常长时间开放，导致无限制钙离子释放，钙库衰竭，肌肉麻痹，最终死亡。药剂主要作用途径以胃毒为主，施药后药液经内吸传导均匀分布在植物体内，害虫取食后迅速停止取食，慢慢死亡；有一定触杀性，但不是主要杀虫途径；对刚孵出幼虫有强力杀伤性，害虫咬破卵壳接触卵面药剂中毒而死。害虫死亡过程：快速停止取食→活力丧失→回吐→肌肉麻痹→显著抑制生长→72 h 内死亡。特点：有很强的渗透性和内吸传导性；持效性好和耐雨水冲刷；比目前大多数在用杀虫剂更稳定；环境友好。

应用

（1）适用作物　水果（如葡萄）、蔬菜、棉花、马铃薯、水稻、观赏性植物、草坪。

（2）防治对象　黏虫（亚热带黏虫，草地黏虫，黄条黏虫，西部黄条黏虫）、棉铃虫、番茄蠹蛾、番茄小食心虫、天蛾、马铃薯块茎蛾、小菜蛾、粉纹夜蛾、菜青虫、欧洲玉米螟、亚洲玉米螟、甜瓜野螟、瓜绢螟、瓜野螟、烟青虫、夜蛾、甜菜夜蛾、苹果蠹蛾、桃小食心虫、梨小食心虫、蔷薇斜条卷叶蛾、苹小卷叶蛾、斑幕潜叶蛾、金纹细蛾、水稻螟虫、二化螟、三化螟、大螟、稻纵卷叶螟、稻水象甲、稻瘿蚊、黑尾叶蝉、胡椒象甲、螺痕潜蝇、美洲斑潜蝇、烟粉虱、马铃薯象甲等。

（3）安全施药　①苹果上安全采收间隔期 14 d，每季最多使用 2 次；水稻上安全采收间隔 7 d，每季最多使用 3 次；甘蓝上安全采收间隔 1 d，每季最多使用 3 次。②对鱼中毒，要远离河塘等水域用药，禁止在河塘等水体中清洗施药器具；对鸟和蜜蜂低毒，蜜源作物花期禁用；对家蚕剧毒，蚕室禁用，桑园附近慎用。③使用后的空袋可在当地法规容许下焚毁或深埋。④为避免产生抗性，一季作物，使用本品不得超过三次；且连续使用本品后需轮换使用其他不同作用机制的杀虫剂。⑤使用本品时应穿防护服和戴手套，避免吸入药液。施药期间不可吃东西和饮水，施药后应及时洗手和洗脸。

应用技术和使用方法见表 2-14。

表 2-14　应用技术和使用方法

含量与剂型	用量及防治对象	用药方法
50%悬浮剂	$27 \sim 40$ g(a.i.)/hm^2；甘蓝小菜蛾和甜菜夜蛾；花椰菜/小菜蛾和甜菜夜蛾	施用时期：卵孵高峰期用药；若发生严重，可于 7 d 后，重复喷药一次，推荐采间隔期 1 d。 使用方法：兑水，稀释至 1000 倍，茎叶均匀喷雾，亩用水量 45 kg
35%水分散粒剂	苹果树/金纹细蛾：17500 倍；苹果树/桃小食心虫：8750 倍	施用时期：蛾量急剧上升时，即刻使用本产品。提前 1～2 d 使用，效果更好。连续用药时，推荐采收间隔期为 14 d。 使用方法：茎叶均匀喷雾，保证足够喷液量（常规亩用水量 200 kg）

续表

含量与剂型	用量及防治对象	用药方法
200 g/L 悬浮剂	40 g(a.i.)/hm²；水稻/二化螟和稻纵卷叶螟	施用时期：对稻纵卷叶螟，卵孵高峰期用药；若发生严重，可于 14 d 后，重复喷药一次。推荐采收间隔期 7 d。对二化螟，卵孵高峰期至水稻枯鞘株率达 1%～3%时用药。使用方法：兑水茎叶均匀喷雾，亩用水量 30 kg

（4）注意事项　①由于该农药具有较强的渗透性，药剂能穿过茎部表皮细胞层进入木质部，从而沿木质部传导至未施药的其他部位。因此在田间作业中，用弥雾或细喷雾效果更好。但当气温高、田间蒸发量大时，应选择早上 10 点以前，下午 4 点以后用药，这样不仅可以减少用药液量，也可以更好地增加作物的受药液量和渗透性，有利于提高防治效果。②为避免该农药抗药性的产生，一季作物或一种害虫宜使用 2～3 次，每次间隔时间在 15 d 以上。③该农药在我国登记时还有不同的剂型、含量及适用作物，用户在不同的作物上应选用该农药的不同含量和剂型。④氯虫苯甲酰胺不能在桑树上使用。

专利与登记

专利名称　Arthropodicidal anthranilamides

专利号　WO 03015519　　专利公开日　2003-02-27

专利申请日　2002-08-13　　优先权日　2001-08-13

专利拥有者　Du Pont

在其他国家申请的化合物专利　AU 2002355953、BR 2002012023、CA 2454485、CN 1678192、CN 100391338、EP 1416797、EG 23419、EP 1944304、HU 2006000675、IN 2005MN00444、IN 2004MN00015、JP 2005041880、JP 4334445、JP 2004538328、JP 3729825、MX 2004001320、NZ 530443、RU 2283840、TW 225774、US 20070225336、US 20040198984、US 7232836、ZA 2004000033、ZA 2004000034、ZA 2003009911 等。

制备专利　AT 371657、AU 2004247738、AU 2003257028、AU 2007275836、BR 2003013341、BR 2004011195、CA 2656357、CN 1671703、CN 107089970、CN 108191822、CN 107033135、CN 100422177、CN 101550130、CN 100376565、CN 1805950、EP 2044002、EP 1631564、EP 1549643、ES 2293040、IN 2008DN10098、IN 2005DN05088、JP 2007501867、JP 2006501203、KR 2009031614、MX 2009000572、US 20060241304、US 7276601、US 20050215785、US 7339057、WO 2009121288、WO 2008010897、WO 2004011447、WO 2004111030、WO 2018214685、WO 2018214686、WO 2012103436、WO 2006062978、ZA 2005008771 等。

2007 年首次在菲律宾获准登记并销售。随后在美国、加拿大、奥地利、德国、希腊、匈牙利、意大利、葡萄牙、罗马尼亚获得登记主要用于水果和蔬菜上，在澳大利亚则登记于几乎所有的作物。国内登记情况：95%原药，10%悬浮剂等，登记作物为水稻等，防治对象稻纵卷叶螟等。美国富美实公司、杜邦公司和瑞士先正达作物保护有限公司在中国登记情况见表 2-15～表 2-17。

表 2-15　美国富美实公司在中国登记情况

登记名称	登记证号	含量	剂型	登记作物	防治对象	用药量	施用方法
氯虫苯甲酰胺	PD20100677	200 g/L	悬浮剂	菜用大豆	豆荚螟	6～12 mL/亩	喷雾
				甘蔗	小地老虎	6.7～10 mL/亩	喷雾
				甘蔗	蔗螟	15～20 mL/亩	喷雾

续表

登记名称	登记证号	含量	剂型	登记作物	防治对象	用药量	施用方法
氯虫苯甲酰胺	PD20100677	200 g/L	悬浮剂	棉花	棉铃虫	6.67～13.3 mL/亩	喷雾
				水稻	大螟	8.3～10 mL/亩	喷雾
				水稻	稻水象甲	6.67～13.3 mL/亩	喷雾
				水稻	稻纵卷叶螟	5～10 mL/亩	喷雾
				水稻	二化螟	5～10 mL/亩	喷雾
				水稻	三化螟	5～10 mL/亩	喷雾
				玉米	二点委夜蛾	7～10 mL/亩	喷雾
				玉米	小地老虎	3.3～6.6 mL/亩	喷雾
				玉米	玉米螟	3～5 mL/亩	喷雾
				玉米	黏虫	10～15 mL/亩	喷雾
				玉米	蛴螬	380～530 g/100 kg 种子	拌种
氯虫苯甲酰胺	PD20100676	95.3%	原药				
氯虫苯甲酰胺	PD20110172	5%	悬浮剂	甘蓝	甜菜夜蛾	30～55 mL/亩	喷雾
				甘蓝	小菜蛾	30～55 mL/亩	喷雾
				花椰菜	斜纹夜蛾	45～54 mL/亩	喷雾
				辣椒	棉铃虫	30～60 mL/亩	喷雾
				辣椒	甜菜夜蛾	30～60 mL/亩	喷雾
				西瓜	棉铃虫	30～60 mL/亩	喷雾
				西瓜	甜菜夜蛾	45～60 mL/亩	喷雾
				豇豆	豆荚螟	30～60 mL/亩	喷雾
氯虫苯甲酰胺	PD20110463	35%	水分散粒剂	苹果树	金纹细蛾	17500～25000 倍液	喷雾
				苹果树	苹果蠹蛾	7000～10000 倍液	喷雾
				苹果树	桃小食心虫	7000～10000 倍液	喷雾
				水稻	稻纵卷叶螟	4～6 g/亩	喷雾
				水稻	二化螟	4～6 g/亩	喷雾
				水稻	三化螟	4～6 g/亩	喷雾

表 2-16 杜邦公司在中国登记情况

登记名称	登记证号	含量	剂型	登记作物	防治对象	用药量	施用方法
氯虫苯甲酰胺	PD20171109	50%	种子处理悬浮剂	玉米	小地老虎	380～530 g/100kg 种子	拌种
				玉米	黏虫	380～530 g/100kg 种子	拌种
				玉米	蛴螬	380～530 g/100kg 种子	拌种

表 2-17 瑞士先正达作物保护有限公司在中国登记情况

登记名称	登记证号	含量	剂型	登记作物	防治对象	用药量	施用方法
氯虫·噻虫嗪	PD20110596	40%	水分散粒剂	水稻	稻水象甲	6～8 g/亩	喷雾
				水稻	稻纵卷叶螟	6～8 g/亩	喷雾
				水稻	二化螟	8～10 g/亩	喷雾
				水稻	褐飞虱	6～8 g/亩	喷雾
				水稻	三化螟	10～12 g/亩	喷雾
				玉米	玉米螟	8～12 g/亩	喷雾

登记名称	登记证号	含量	剂型	登记作物	防治对象	用药量	施用方法
氯虫·噻虫嗪	PD20111010	300 g/L	悬浮剂	甘蔗	蓟马	40～50 mL/亩	拌土撒施
				甘蔗	蔗螟	30～50 mL/亩	拌土撒施
				小青菜苗床	黄条跳甲	27.8～33.3 mL/亩	喷淋或灌根
				小青菜苗床	小菜蛾	27.8～33.3 mL/亩	喷淋或灌根
氯虫·高氯氟	PD20121230	14%	微囊悬浮-悬浮剂	大豆	食心虫	10～20 mL/亩	喷雾
				番茄	棉铃虫	10～20 mL/亩	喷雾
				番茄	蚜虫	10～20 mL/亩	喷雾
				姜	甜菜夜蛾	10～20 mL/亩	喷雾
				辣椒	蚜虫	10～20 mL/亩	喷雾
				辣椒	烟青虫	10～20 mL/亩	喷雾
				棉花	棉铃虫	10～20 mL/亩	喷雾
				苹果	桃小食心虫	3000～5000 倍液	喷雾
				苹果	小卷叶蛾	3000～5000 倍液	喷雾
				玉米	玉米螟	10～20 mL/亩	喷雾
				豇豆	豆荚螟	10～20 mL/亩	喷雾
阿维·氯苯酰	PD20132405	6%	悬浮剂	甘蓝	甜菜夜蛾	30～50 mL/亩	喷雾
				甘蓝	小菜蛾	30～50 mL/亩	喷雾
				棉花	棉铃虫	30～50 mL/亩	喷雾
				苹果	桃小食心虫	2000～3000 倍液	喷雾
				水稻	稻纵卷叶螟	40～50 mL/亩	喷雾
				水稻	二化螟	40～50 mL/亩	喷雾

合成方法　氯虫苯甲酰胺的合成目前报道的主要有两种方法：一是形成噁嗪酮环再开环，二是光气合环开环然后再与 M-1 反应。

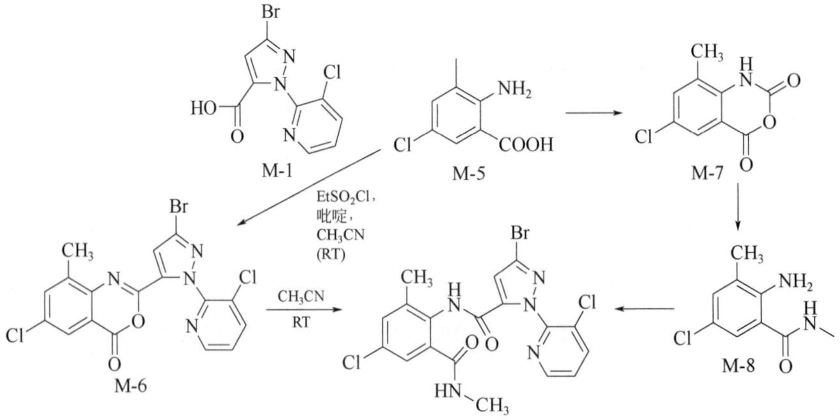

（1）重要原料 2,3-二氯吡啶的合成

① 2,3,6-三氯吡啶还原法

② 2-氯吡啶合成法

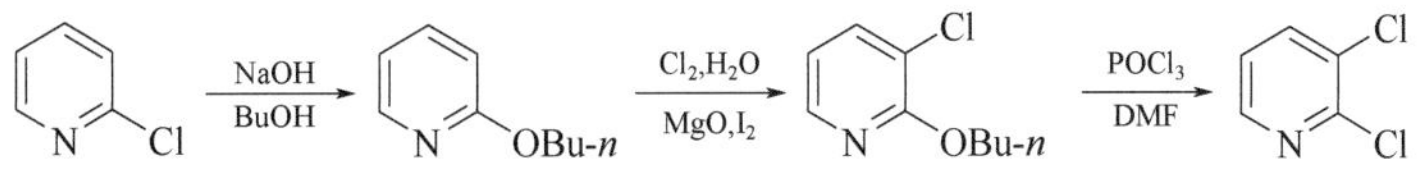

③ 3-氯吡啶合成法

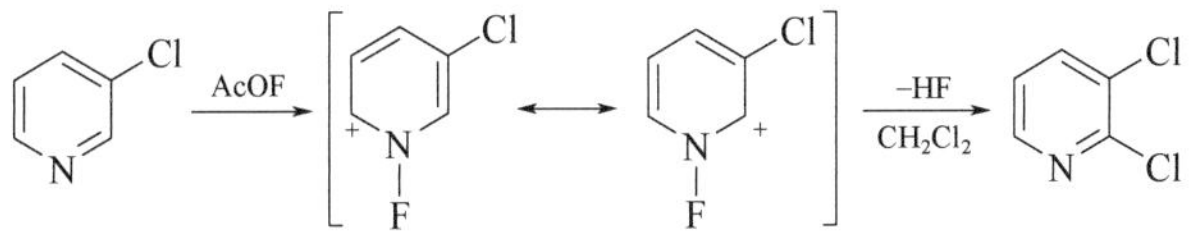

④ 3-氨基吡啶合成法

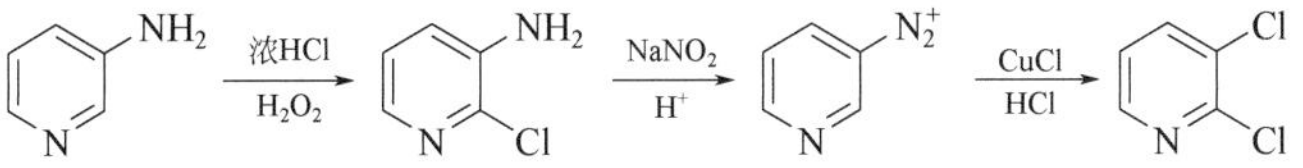

或

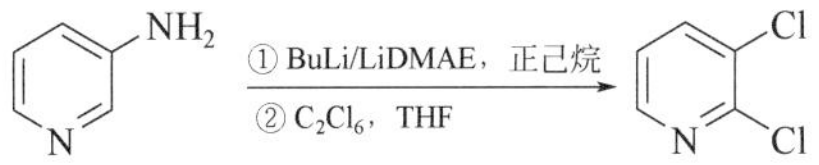

⑤ 2-氯烟酸法

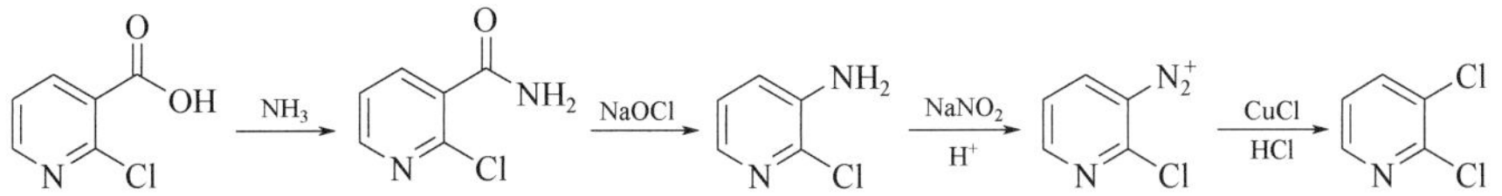

（2）关键中间体 M-1 的合成　主要有两种方法：方法一是以吡唑为原料，首先与 N,N-二甲基磺酰氯反应生成 N,N-二甲基氨磺酰基吡唑，然后在正丁基锂存在下在-60℃下溴化，然后与三氟乙酸酐室温反应脱去 N,N-二甲基磺酰基，后与 2,3-二氯吡啶在 DMF 中反应得到吡啶基吡唑，然后再在正丁基锂存在且-60℃下通入 CO_2 得到 M-1。方法二是直接形成带有取代基的吡唑环，然后经溴化、氧化、成酸三步完成。其中合环目前报道的有两种方法：一是以马来酸二乙酯为原料，一是以马来酸酐为原料。

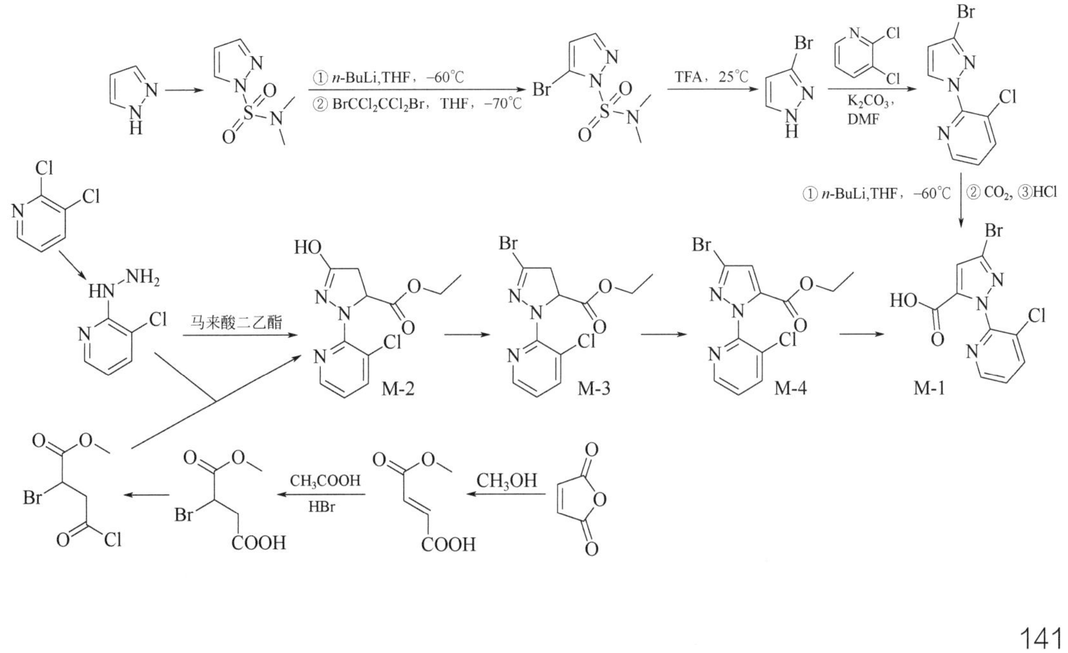

（3）关键中间体 M-5 的合成　主要有三种路线：一是以 2-甲基-4-氯苯胺为起始原料；二是以 2-氨基-3-甲基苯甲酸为原料，在 NCS 作用下氯化；三是以 2-氨基-3-甲基苯甲酸为起始原料在双氧水和浓盐酸的作用下制得。

参考文献

[1] 彭永武, 柴宝山, 李慧超, 等. 精细与专用化学品, 2009, 17(11): 19-20+2.

[2] 柴宝山, 彭永武, 李慧超, 等. 农药, 2009, 48(1): 13-16.

[3] 徐尚成, 俞幼芬, 王晓军, 等. 现代农药, 2008, 7(5): 8-11.

[4] 闫潇敏, 宁斌科, 王列平, 等. 世界农药, 2009(6): 20-23.

[5] 曹立耘. 山东农药信息. 2016(3): 42.

[6] 王艳军, 张大永, 吴晓明. 农药, 2010, 49(3): 170-173.

[7] 冯忖, 李惠, 毛春晖, 等. 精细化工中间体, 2008, 38(5): 19-21+45.

[8] The Pesticide Manual. 17th edition: 174-175.

[9] 董良胜, 陆敬松, 杜莹, 等. 广州化工, 2017, 45(17): 20-22.

氯氟氰虫酰胺（cyhalodiamide）

523.8，$C_{22}H_{17}ClF_7N_3O_2$，1262605-53-7

氯氟氰虫酰胺（试验代号 ZJ4042）是由浙江省化工研究院有限公司自主开发的邻苯二甲酰胺类新型杀虫剂，目前河北艾林国际贸易有限公司获得了氯氟氰虫酰胺全球 10 年独家代理权。

化学名称　{3-氯-N^1-(2-甲基-4-七氟异丙基苯基)-N^2-(1-甲基-1-氰基乙基)邻苯二甲酰胺。英文化学名称为 3-chloro-N'-(1-cyano-1-methylethyl)-N-{4-[1,2,2,2-tetrafluoro-1-(trifluoromethyl)ethyl]-o-tolyl}phthalamide。美国化学文摘系统名称为 3-chloro-N^2-(1-cyano-1-methylethyl)-N^1-[2-methyl-4-[1,2,2,2-tetrafluoro-1-(trifluoromethyl)ethyl]phenyl]-1,2-benzenedicarboxamide。CA 主题索引名称为 1,2-benzenedicarboxamide—, 3-chloro-N^2-(1-cyano-1-methylethyl)-N^1-[2-methyl-4-[1,2,2,2-tetrafluoro-1-(trifluoromethyl)ethyl]phenyl]-。

理化性质　白色粉末，含量＞95%。熔点 215.6～218.8℃。lgK_{ow} 2.7，松密度 0.198 g/mL，堆密度 0.338 g/mL，水中溶解度 $2.76×10^{-4}$ g/L（20℃，pH 6）。有机溶剂中溶解性：溶于丙酮、DMF、乙酸乙酯、甲醇，微溶于乙腈、氯仿，不溶于石油醚。

毒性　雌、雄大鼠急性经口 LD$_{50}$＞5000 mg/kg，雌、雄大鼠急性经皮 LD$_{50}$＞2000 mg/kg，对家兔皮肤无刺激性，对家兔眼睛中度刺激性，对豚鼠皮肤无致敏性，Ames 试验为阴性。

制剂　5%乳油、20%悬浮剂。另外可与甲维盐以及阿维菌素复配成 10%或 20%悬浮剂。分析采用 HPLC。

应用　登记作物为水稻、棉花、蔬菜、水果、茶叶和烟草。主要防治菜青虫、小菜蛾、甜菜夜蛾、斜纹夜蛾、二化螟、三化螟、稻纵卷叶螟、棉铃虫。尤其是针对水稻螟虫的防治，效果非常理想。推荐剂量 30～45 g/hm^2。

专利与登记

专利名称　一种含氰基的邻苯二甲酰胺类化合物、制备方法和作为农用化学品杀虫剂的用途

专利号　CN 101935291　　　　专利申请日　2010-09-13

专利拥有者　中化蓝天，浙江化工研究院

在其他国家申请的化合物专利　WO 2012034472、IN 2013MN00150。

制备专利　CN 104650064 等。

合成方法　通过如下反应制得目的物：

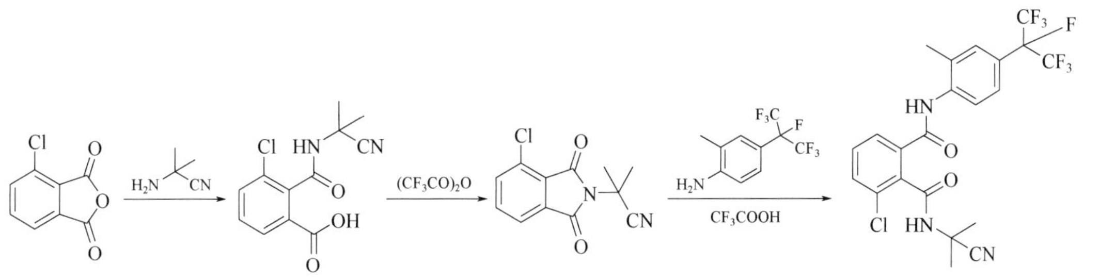

参考文献

[1] 邢家华, 袁静郁, 季平, 等. 农药, 2015, 54(11): 842-843.

[2] 邢家华, 朱冰春, 袁静, 等. 农药学学报, 2013, 15(2): 159-164.

[3] The Pesticide Manual. 17th edition: 266-267.

四氯虫酰胺（tetrachlorantraniliprole）

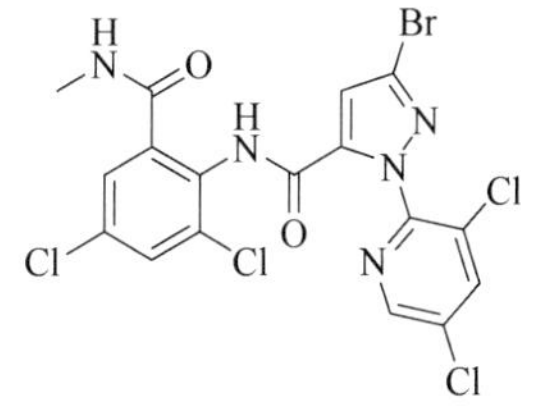

534.9，C$_{17}$H$_{10}$BrCl$_4$N$_5$O$_2$，1104384-14-6

四氯虫酰胺（试验代号：SYP-9080，商品名称：9080TM）是中化农化与沈阳化工研究院联合开发的我国第一个拥有自主知识产权的双酰胺类杀虫剂。

化学名称　3-溴-N-[2,4-二氯-6-(甲氨基甲酰基)苯基]-1-(3,5-二氯-2-吡啶基)-1H-吡唑-5-甲酰胺。英文化学名称为 3-bromo-N-[2,4-dichloro-6-(methylcarbamoyl)phenyl]-1-(3,5-dichloropyridin-2-yl)-1*H*-pyrazole-5-carboxamide。美国化学文摘系统名称为 3-bromo-*N*-[2,4-dich-loro-6-[(methylamino)carbonyl]phenyl]-1-(3,5-dichloro-2-pyridinyl)-1*H*-pyrazole-5-carboxamide。CA 主题索引名称为 1*H*-pyrazole-5-carboxamide—，3-bromo-*N*-[2,4-dichloro-6-[(methylamino)carbonyl]phenyl]-1-(3,5-dichloro-2-pyridinyl)-。

理化性质 白色至灰白色固体，熔点 189～191℃。易溶于 *N*,*N*-二甲基甲酰胺、二甲基亚砜，可溶于二氧六环、四氢呋喃、丙酮，光照下稳定。

毒性 雄大鼠急性经口 LD_{50}＞5000 mg/kg，雌、雄大鼠急性经皮 LD_{50}＞2000 mg/kg，对家兔眼睛、皮肤均无刺激性，豚鼠皮肤变态反应试验为阴性，Ames 试验、小鼠骨髓细胞微核试验、小鼠睾丸细胞染色体畸变试验均为阴性。四氯虫酰胺对 3 龄期家蚕的 48 h LC_{50} 为 9.48 mg/L。

制剂 10%悬浮剂。

主要生产商 沈阳科创化学品有限公司。

作用机理与特点 作用机制与氯虫苯甲酰胺一样，均为鱼尼丁受体激活剂，与现有的其他作用方式的杀虫剂无交互抗性。具有渗透性强、内吸传导性好、杀虫谱广、持效期长等特点。

应用

（1）适用作物 水稻及蔬菜等。

（2）防治对象 稻纵卷叶螟、玉米螟、黏虫、小菜蛾、甜菜夜蛾等鳞翅目害虫。

室内生测表明，四氯虫酰胺对甘蓝小菜蛾、玉米黏虫、水稻二化螟等鳞翅目害虫有较好的防治效果，如表 2-18 所示。

表 2-18 四氯虫酰胺的防治效果

靶标害虫	杀死时间	药剂浓度/(mg/L)					
		10	5	1	0.8	0.4	0.3
甘蓝甜菜夜蛾 3 龄幼虫	4 d	＞90%		＞90%			87.5%
甘蓝小菜蛾 2 龄幼虫	3 d				＞90%		
玉米黏虫 3 龄幼虫	3 d					＞90%	
水稻二化螟 2 龄幼虫	3 d	100%	90%				

四氯虫酰胺没有杀卵活性，对低龄幼虫的活性高于高龄幼虫，持效期达 17 d 左右。四氯虫酰胺对玉米螟的毒力 72 h LC_{50} 为 0.6107～1.0323 mg/L，对捕食性螨类柑橘始叶螨及胡瓜新小绥螨安全。四氯虫酰胺对朱砂叶螨卵和成虫活性较差，72 h LC_{50} 分别为 88.517 mg/L 和 686.035 mg/L。

（3）应用技术 生产上使用时应选择在水稻稻纵卷叶螟低龄幼虫发生高峰期及时用药，其经济适宜制剂量为每亩 10%四氯虫酰胺悬浮剂 30～40 mL，视水稻生育期对水 30～50 kg，均匀喷雾。当稻纵卷叶螟发生量大、田间虫龄复杂时，应适当加大用药量，以确保防治效果。

对 10%四氯虫酰胺悬浮剂的田间试验研究表明：在低龄幼虫期施药，可有效防治稻纵卷叶螟，且其速效性和持效性优异，持效期为 15 d 左右；在卵孵高峰期施药有效成分 30～60 g/hm²，可有效防治玉米螟、水稻大螟和二化螟，同时对水稻象甲也有一定的作用；在初孵幼虫高峰期（即 1～2 龄期）施药有效成分 40 g/hm²，可有效防治花椰菜甜菜夜蛾和小菜蛾，同时对斜纹夜蛾和菜青虫也有效，且对作物安全。施药浓度 50～100 mg/L 时，可有效防治黄瓜瓜绢螟，且对黄瓜安全，对天敌昆虫无不良影响。施药量为有效成分 200 g/hm² 时对水稻潜叶蝇也有较好的防治效果。20%四氯虫酰胺悬浮剂1500～2000倍液在出蛰盛期使用，可有效防治苹果小卷叶蛾，对果树安全。

（4）残留限定 欧盟和日本规定的四氯虫酰胺残留限值为0.01 mg/kg，美国规定不得检出。

专利与登记

专利名称 1-取代吡啶基-吡唑酰胺类化合物及其应用

专利号 CN 101333213　　　　　专利申请日 2008-07-07

专利拥有者 中国中化集团公司；沈阳化工研究院

在其他国家申请的化合物专利 WO 2010003350、EP 2295425、CN 102015679、IN 2010MN02187、PH 12010502385、US 20110046186、US 8492409、CN 101747318 等。

制备专利 CN 102020633 等。

2014年取得了临时登记，沈阳科创化学品有限公司登记了95%原药及10%悬浮剂，沈阳化工研究院(南通)化工科技发展有限公司登记了 10%悬浮剂，均是用于防治水稻上的稻纵卷叶螟，用药量15～30 g/hm²。沈阳科创化学品有限公司在国内登记情况见表2-19。

表2-19　沈阳科创化学品有限公司在国内登记情况

登记名称	登记证号	含量	剂型	作物	防治对象	用药量	施用方法
四氯虫酰胺	PD20171752	95%	原药				
四氯虫酰胺	PD20171751	10%	悬浮剂	甘蓝	甜菜夜蛾	30～40 g/亩	喷雾
				水稻	稻纵卷叶螟	10～20 g/亩	喷雾
				玉米	玉米螟	20～40 g/亩	喷雾

合成方法 经如下反应制得四氯虫酰胺：

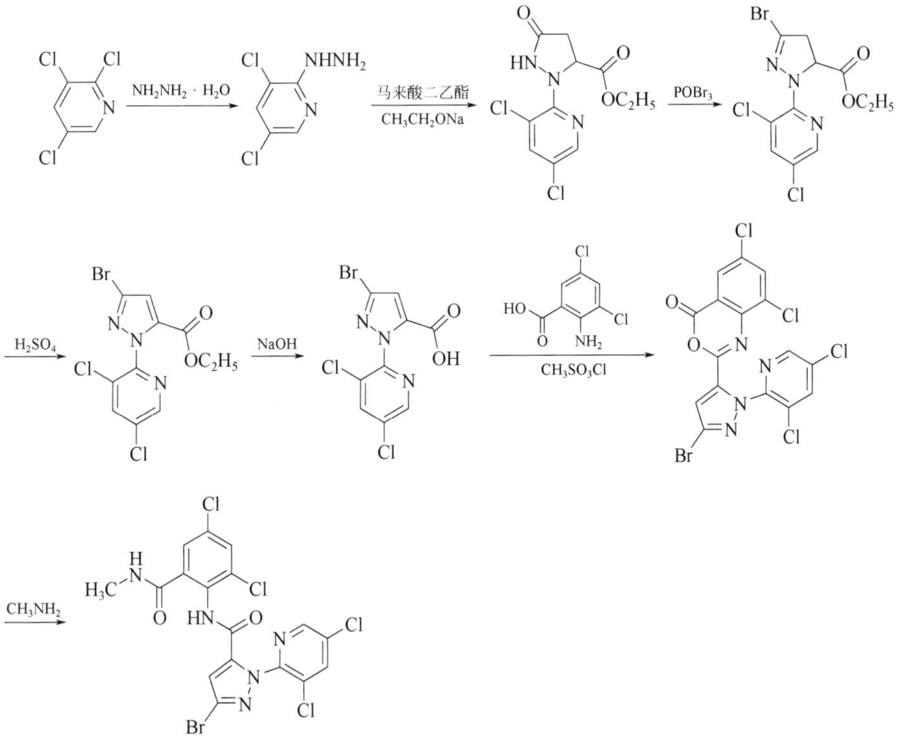

优化后的合成路线如下：

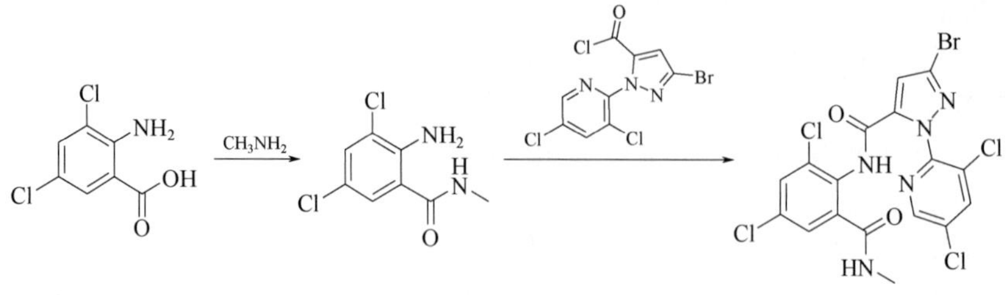

参考文献

[1] 李斌, 杨辉斌, 王军锋, 等. 现代农药, 2014, 13(3): 17-20.

[2] 谭海军. 世界农药, 2019, 41(5): 60-64.

四唑虫酰胺（tetraniliprole）

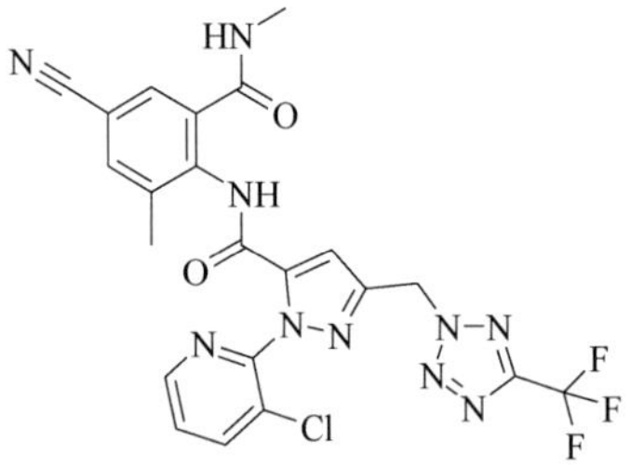

544.9, $C_{22}H_{16}ClF_3N_{10}O_2$, 1229654-66-3

四唑虫酰胺（试验代号 BCS-CL73507）是拜耳作物科学开发的新型杀虫剂。

化学名称 1-(3-氯吡啶-2-基)-N-[4-氰基-2-甲基-6-(甲基氨基甲酰基)苯基]-3-{[5-三氟甲基-2H-四唑-2-基]甲基}-1H-5 吡唑甲酰胺。英文化学名称为 1-(3-chloropyridin-2-yl)-N-[4-cyano-2-methyl-6-(methylcarbamoyl)phenyl]-3-{[5-(trifluoromethyl)-2H-tetrazol-2-yl]methyl}-1H-pyrazole-5-carboxamide。美国化学文摘系统名称为 1-(3-chloro-2-pyridinyl)-N-[4-cyano-2-methyl-6-[(methylamino)carbonyl]phenyl]-3-[[5-(trifluoromethyl)-2H-tetrazol-2-yl]methyl]-1H-pyrazole-5-carboxamide。CA 主题索引名称为 tetrachlorantraniliprole—, 1-(3-chloro-2-pyridinyl)-N-[4-cyano-2-methyl-6-[(methylamino)carbonyl]phenyl]-3-[[5-(trifluoromethyl)-2H-tetrazol-2-yl]methyl]-。

制剂 悬浮剂、种子处理悬浮剂。

主要生产商 Bayer。

作用机理 四唑虫酰胺是一种属于邻氨基苯甲酰胺类杀虫剂的二酰胺类杀虫剂，通过激活钙释放通道中的兰尼碱受体起作用，导致昆虫肌肉失去控制和麻痹。

应用

（1）适用作物 用于玉米、果树、蔬菜、水稻、马铃薯、其他大田作物等。

（2）防治对象 防治鳞翅目、鞘翅目、双翅目害虫等，如防治蚜虫、科罗拉多马铃薯跳甲、葡萄浆果蛾、一年生蓝草象甲、谷象、高粱长蝽、结网毛虫以及一些甲虫等，还可以防治玉米和大豆田土壤害虫，如橡子蛆、切根虫、欧洲金龟子幼虫、日本甲虫、六月金龟等。

（3）应用技术　既可通过地面设备叶面喷雾，也可通过飞防用于马铃薯；还可通过沟施进行土壤处理，用于块茎、球茎蔬菜，以及用于种子处理等。

在低剂量下对鳞翅目、鞘翅目及双翅目害虫有很好的防治效果。18%四唑虫酰胺悬浮剂对水稻二化螟具有较好的防治效果，其防效随着使用剂量的增加而上升，以晚稻为例，25～40 g(a.i.)/hm^2 处理药后 7～21 d 的保苗效果为 80.56%～92.78%，药后 21 d 的杀虫效果为 86.15%～90.84%（表 2-20）。从用药成本等因素考虑，在二化螟为害初期即二化螟卵孵化盛期，该药剂的田间推荐使用剂量为 25～30 g(a.i.)/hm^2，而在二化螟为害始盛期即二化螟 1～2 龄幼虫发生盛期，该药剂的田间推荐使用剂量为 30～40 g(a.i.)/hm^2。

表 2-20　18%四唑虫酰胺悬浮剂对水稻二化螟的田间防效

水稻	处理	用量/[g(a.i.)/hm^2]	药后 7 d		药后 14 d		药后 21 d			
			枯心率/%	保苗效果/%	枯心率/%	保苗效果/%	枯心率/%	保苗效果/%	残存虫数/头	杀虫效果/%
早稻	18%四唑虫酰胺悬浮剂	20	0.67	79.13cC	1.00	78.72cC	1.23	77.76cB	7.98	84.04bB
		25	0.50	84.42bB	0.72	84.68bB	0.95	82.82bAB	6.14	87.72abAB
		30	0.36	88.79abAB	0.53	88.72abAB	0.72	85.98abA	4.44	91.12aA
		40	0.26	91.90aA	0.39	91.70aA	0.6	89.15aA	3.13	93.74aA
	35%氯虫苯甲酰胺水分散粒剂	30	0.38	88.16abAB	0.56	88.09abAB	0.75	86.44abA	4.83	90.34aA
	对照		3.21		4.70		5.53		50	
晚稻	18%四唑虫酰胺悬浮剂	20	0.91	74.72 dC	1.22	75.35 dC	1.25	75.78cC	15.61	79.09cB
		25	0.70	80.56cBC	0.95	80.81cBC	0.98	81.01bcBC	10.34	86.15bA
		30	0.45	87.50bAB	0.59	88.08abA	0.65	87.40abAB	8.46	88.67abA
		40	0.26	92.78aA	0.48	90.30aA	0.55	89.34aA	6.84	90.84aA
	35%氯虫苯甲酰胺水分散粒剂	30	0.50	86.11bAB	0.65	86.87bAB	0.68	86.82abAB	11.08	85.16bA
	对照		3.60		4.95		5.16		74.67	

注：同列数据后不同大、小写字母分别表示在 1% 和 5% 水平差异显著（Duncan 氏新复极差）。

专利与登记

专利名称　Preparation of tetrazole anthranilic acid amides as agrochemical pesticides

专利号　WO 2010069502　　专利申请日　2009-12-09

专利拥有者　Bayer CropScience AG, Germany

在其他国家申请的化合物专利　CA 2747035、AU 2009328584、KR 2011112354、EP 2379526、CN 102317279、JP 2012512208、EP 2484676、NZ 593481、CN 103435596、US 20100256195、US 8324390、AR 74782、MX 2011006319、ZA 2011004411、IN 2011DN04640 等。

制备专利　WO 2011157664、WO 2013007604、WO 2013030100、WO 2013117601、WO 2011157651 等。

国内登记情况　拜耳股份公司登记了 90%原药及 200 g/L 悬浮剂，用于防治甘蓝上的甜菜夜蛾，拜耳股份公司在国内登记情况见表 2-21。

表 2-21　拜耳股份公司在国内登记情况

登记名称	登记证号	含量	剂型	作物	防治对象	用药量	施用方法
四唑虫酰胺	PD20200659	200 g/L	悬浮剂	甘蓝	甜菜夜蛾	7.5～10 mL/亩	喷雾
四唑虫酰胺	PD20200655	90%	原药				

合成方法　通过如下反应制得目的物：

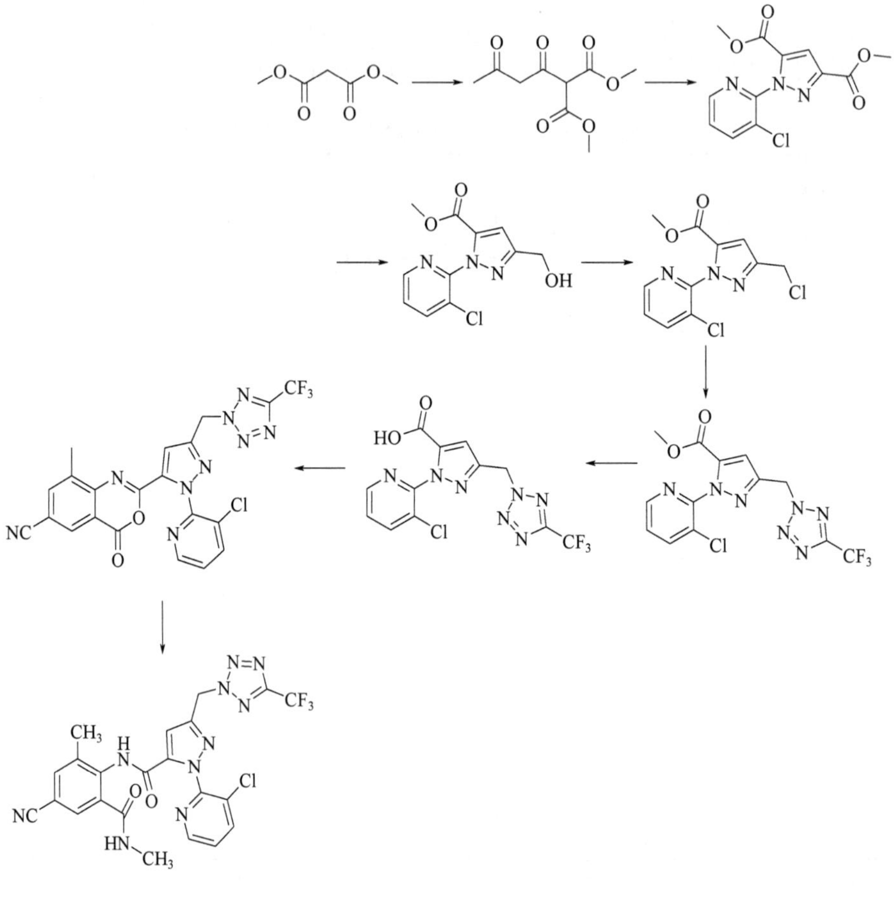

参考文献

[1] 盛祝波, 汪杰, 裴鸿艳, 等. 农药, 2021, 60(1): 52-56+60.

[2] 李卫, 张月, 贾浩然, 等. 农药, 2019, 58(3): 221-222.

[3] The Pesticide Manual. 17th edition: 1086.

溴虫氟苯双酰胺（broflanilide）

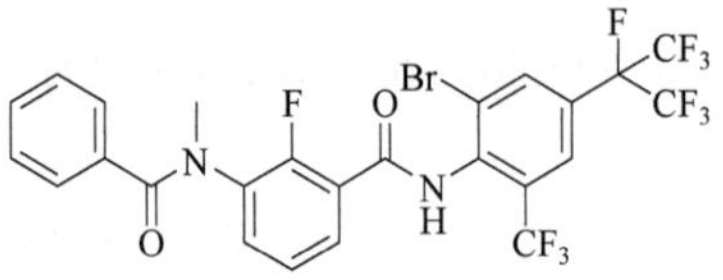

663.3，$C_{25}H_{14}BrF_{11}N_2O_2$，1207727-04-5

溴虫氟苯双酰胺（试验代号 MCI-8007，中文商标名：腾蓓™）由日本三井农业化学公司开发的杀虫剂，现已与巴斯夫共同合作开发。三井化学在中国登记的 5%悬浮剂制剂产品，将分别由中农立华生物科技股份有限公司（中农立华）以芙利亚®的商品名、江苏龙灯化学有限公司(Rotam)以爱利可多®的商品名，双品牌代理上市销售。

化学名称　N-[2-溴-4-(1,1,1,2,3,3,3-七氟丙基-2-基)-6-三氟甲基苯基]-2-氟-3-(N-甲基苯甲酰胺)苯甲酰胺。英文化学名称为 N-[2-bromo-4-(1,1,1,2,3,3,3-heptafluoropropan-2-yl)-6-(trifluoromethyl)phenyl]-2-fluoro-3-(N-methylbenzamido)benzamide。美国化学文摘系统名称为 3-(benzoylmethylamino)-N-[2-bromo-4-[1,2,2,2-tetrafluoro-1-(trifluoromethyl)ethyl]-6-(trifluoromethyl)phenyl]-2-fluorobenzamide。CA 主题索引名称为 benzamide—, 3-(benzoylmethylamino)-N-[2-bromo-4-[1,2,2,2-tetrafluoro-1-(trifluoromethyl)ethyl]-6-(trifluoromethyl)phenyl]-2-fluoro-。

理化性质　该剂为白色无嗅粉末（20℃），熔点 154.0～155.5℃，超过 180℃分解，无法测定沸点。蒸气压<$9×10^{-6}$ mPa（25℃），密度 1.7 g/cm^3（23℃）、lgK_{ow} 5.2（20℃，pH 4）、5.2（20℃、pH 7）、4.4（20℃、pH 10），水中溶解度：710 μg/L（20℃、纯水）、280 μg/L（20℃、pH 4）、510 μg/L（20℃、pH 7）、3600 μg/L（20℃、pH 10），pK_a=8.8（20℃）。土壤吸附系数 K_{oc} 为 3300～26000（25℃），生物浓缩性 BCFss 为 123（1.0 μg/L）、102（10 μg/L）。

毒性　原药（99.68%）对大鼠急性经口 LD$_{50}$>2000 mg/kg，急性经皮 LD$_{50}$>5000 mg/kg；对兔皮肤无刺激性，对兔眼睛无刺激性。没有观察到对哺乳动物有神经毒性、遗传毒性、免疫毒性，无致畸性，对繁殖无影响。对鲤鱼急性毒性 LC$_{50}$（96 h）>494 μg/L，对翻车鱼急性毒性 LC$_{50}$（96 h）为 246 μg/L，对虹鳟急性毒性 LC$_{50}$（96 h）为 359 μg/L，水蚤 EC$_{50}$（48 h）>332 μg/L，摇蚊 EC$_{50}$（48 h）为 0.16 μg/L，绿藻 E$_r$C$_{50}$（72 h）>710 μg/L。ADI 为 0.017mg/(kg·d)。

制剂　5%可湿性粉剂。巴斯夫公司在美国申请的制剂有 10%、30%悬浮剂，34.93%种子处理剂以及多种杀蚂蚁、杀白蚁、杀蝇、杀蜚蠊饵剂。

主要生产商　Mitsui Chemicals Agro。

作用机理与特点　broflanilide 被归为 IRAC 作用机制分类第 30 组，也是目前此组唯一的化合物，为 GABA 门控氯离子通道别构调节剂，别构抑制 GABA 激活的氯通道，引起昆虫过度兴奋和抽搐。研究发现，broflanilide 代谢产生对狄氏剂 RDL γ-氨基丁酸（GABA）受体拮抗剂具有非竞争性抗性的脱甲基-broflanilide，后者的作用位点位于果蝇 RDL GABA 受体 M3 区的 G336 附近，与氟虫腈等非竞争性拮抗剂不同。另外，脱甲基-broflanilide 与大环内酯类的作用位点有所重叠，但两者的作用机制不同。

应用　杀虫谱广，具有良好的速效性和持效性，用于谷物（如水稻、玉米）、果树、蔬菜、大豆、棉花等大田作物和特种作物，防治咀嚼式口器害虫（包括鳞翅目和鞘翅目害虫），如小菜蛾、夜蛾、跳甲等；对斜纹夜蛾有很高的杀幼虫活性；对蓟马也有很好的防效；可有效防治对其他杀虫剂产生抗性的害虫，尤其是对氟虫腈产生抗性的害虫。溴虫氟苯双酰胺也将用于种子处理，防治谷物线虫等；并可用于专用害虫防治领域，如白蚁、蚂蚁、蜚蠊、苍蝇等的防治。

专利与登记

专利名称　Preparation of benzamide derivatives as pesticides

专利号　WO 2010018714　　　　专利申请日　2009-06-30

专利拥有者　Mitsui Chemicals Agro, Inc., Japan

在其他国家申请的化合物专利　AU 2009280679、CA 2733557、KR 2011039370、KR 1409077、EP 2319830、CN 102119143、KR 2013055034、KR 1403093、JP 5647895、US 8686044、

US 20110201687、MX 2011001536、IN 2011DN01764、US 20130231392、US 20130310459、JP 2013256522 等。

制备专利　WO 2010018857、WO 2013150988 等。

溴虫氟苯双酰胺在农业害虫防治、卫生害虫防治、木材防护等领域的产品开发不断取得新进展，首先于 2018 年 3 月在日本登记为白蚁防治的土壤处理剂，并于 2019 年 11 月成功上市。在农药领域，于 2020 年在韩国成功上市，已经在日本、印度、美国、菲律宾等多个国家提出了登记申请。

合成方法　通过如下反应制得目的物：

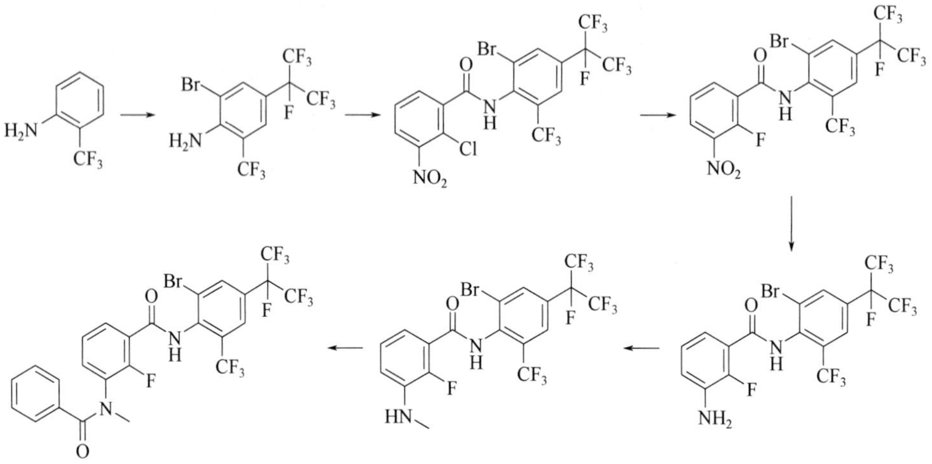

参考文献

[1] 何秀玲. 世界农药, 2019, 41(3): 63-64.

[2] 张翼翾. 世界农药, 2019, 41(3): 8-14.

[3] The Pesticide Manual. 17 th edition: 128.

溴氰虫酰胺（cyantraniliprole）

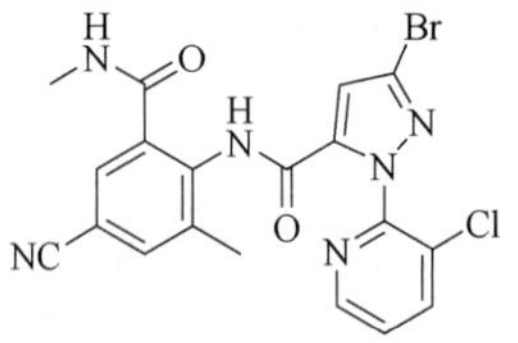

473.7，$C_{19}H_{14}BrClN_6O_2$，736994-63-1

溴氰虫酰胺（试验代号：DPX-HGW86，商品名称：Cyazypyr、Altriset、Benevia、Exirel、Routine Quattro Box Granule、Verimark，其他名称：氰虫酰胺）是杜邦公司继氯虫苯甲酰胺后报道的另一个新型氨基苯甲酰胺类杀虫剂，与氯虫苯甲酰胺相比，溴氰虫酰胺具有更广谱的杀虫活性。

化学名称　3-溴-1-(3-氯-2-吡啶基)-4'-氰基-2'-甲基-6'-[(甲氨基甲酰基)苯基]吡唑-5-甲酰胺。英文化学名称为 3-bromo-1-(3-chloro-2-pyridyl)-4′-cyano-2′-methyl-6′-[(methylcarbamoyl) phenyl]pyrazole-5-carboxanilide。美国化学文摘系统名称为 3-bromo-1-(3-chloro-2-pyridinyl)-*N*-

[4-cyano-2-methyl-6-[(methylamino)carbonyl]phenyl]-1*H*-pyrazole-5-carboxamide。CA 主题索引名称为 1*H*-pyrazole-5-carboxamide —, 3-bromo-1-(3-chloro-2-pyridinyl)-*N*-[4-cyano-2-methyl-6-[(methylamino)carbonyl]phenyl]-。

理化性质 纯品为白色固体，含量 96.7%；熔点 224℃。$\lg K_{ow}$ 1.94，Henry 常数 1.7×10^{-13} Pa·m³/mol，相对密度 1.3835（20~25℃），水中溶解度（20~25℃）14.24 mg/L。水解 $DT_{50}<1$ d（pH 9），光解 DT_{50}：0.233 d（纬度40°夏季），4.12 d（纬度60°冬季）。pK_a 8.87（20~25℃）。

毒性 雌性大鼠急性经口 $LD_{50}>5000$ mg/kg，急性经皮 $LD_{50}>5000$ mg/kg（雄性和雌性），雌性和雄性大鼠吸入 $LC_{50}>5.2$ mg/L。NOAEL［90 d，mg/(kg·d)］：雄性大鼠 168，雌性大鼠 6.9，雄性小鼠 1091.8，雌性小鼠 1344.1，公狗 3.1，母狗 3.5。慢性 NOEL［mg/(kg·d)］：雄性大鼠 8.31，雌性大鼠 106.6，雄性小鼠 768.8，雌性小鼠 903.8，公狗 5.7，母狗 6.0。ADI/RfD 0.057 mg/(kg·d)。

生态效应 对哺乳动物、鸟和鱼非常安全。斑胸草雀和山齿鹑急性经口 $LD_{50}>2250$ mg/kg bw，鸟 LC_{50}［5 d，mg/(kg·d)］：山齿鹑>1343，野鸭>2583。鱼 LC_{50}（5 d，mg/L）：虹鳟鱼>12.6，大翻车鱼>13.0，斑猫鲨>10.0，食蚊鱼>12.0。水蚤 EC_{50}（48 h）0.0204 mg/L，藻 EC_{50}（mg/L）：（72 h）羊角月牙藻>13；（96 h）水华鱼腥藻>15，舟形藻>14，肋骨条藻>10。蜜蜂 LD_{50}（μg/只）：>0.1055（经口），>0.0934（接触）。蚯蚓 LC_{50}（14 d）>1000 mg/kg 干土。

环境行为 土壤/环境。平均 DT_{50} 32.4 d，在有氧水沉积物上的降解比在土壤中降解更快。在有氧水沉积物上的 DT_{50} 25 d，在有氧粉沙质沉积物中 DT_{50} 3.87 d。在厌氧水沉积物中降解迅速，DT_{50} 2.1 d，在整个系统中 DT_{50} 11.9 d。水中光解很快，$DT_{50}<1$ d。

制剂 100 g/L 油分散粉剂，100 g/L、200 g/L 悬乳剂。

主要生产商 美国富美实公司、上海杜邦农化有限公司。

作用机理与特点 溴氰虫酰胺对害虫肌肉的鱼尼丁受体有着更好的选择性的作用机制，具有较好的内吸性。对非靶标的节肢类动物有着很好的选择性，具有非常好的环境安全性。

应用 溴氰虫酰胺除了对半翅目害虫（包括飞虱等）有优异的活性外，对鳞翅目、双翅目害虫、果蝇、甲虫、牧草虫、蚜虫、叶蝉及象鼻虫等也具有很好的活性。室内和田间的试验表明其对主要的飞虱有非常优异的活性，包括 B 型和 Q 型烟粉虱等。使用剂量 10~100 g(a.i.)/hm²。主要用于蔬菜和果树上。由于溴氰虫酰胺具有内吸活性，因此可以采用很多方法，包括喷雾、灌根、土壤混施、种子处理及其他方式。

专利与登记

专利名称 Preparation of cyano anthranilamide insecticides

专利号 WO 2004067528　　　　　　专利公开日 2004-08-12

专利申请日 2004-01-21　　　　　　优先权日 2003-01-28

专利拥有者 Du Pont

在其他国家申请的化合物专利 AU 2004207848、BR 2004006709、CA 2512242、CN 1829707、CN 100441576、EP 1599463、MD 2005000219、MD 3864、JP 3764895、JP 2006515602、ZA 2005005310、NZ 541112、RU 2343151、EG 23536、JP 2006028159、JP 3770500、JP 2006290862、US 20060111403、US 7247647、IN 2005DN03008、MX 2005007924、KR 2007036196、KR 921594、

US 20070264299 等。

制备专利　WO 2019123194、WO 2018214686、WO 2018214685、WO 2018064890、WO 2016070562、WO 2013136073、AU 2005314155、CA 2587528、EP 1828164、JP 2008523069、ZA 2007004202、BR 2005016911、AT 408609、ES 2314753、US 20070299265、US 7528260、IN 2007DN03548、MX 2007006630、KR 2007089995、AU 2007339307、EP 2094644、KR 2009096632、IN 2009DN02860、CN 101072767、WO 2008082502、CN 101553460、CN 107089970、CN 107056747、CN 107033135、CN 106942266、CN 106928183、CN 107915718、WO 2009006061、WO 2009061991、WO 2009085816、WO 2009111553、WO 2006062978 等。

美国富美实公司、瑞士先正达作物保护有限公司在中国登记情况见表 2-22、表 2-23。

表 2-22　美国富美实公司在中国登记情况

登记名称	登记证号	含量	剂型	登记作物	防治对象	用药量	施用方法
溴氰虫酰胺	PD20190179	19%	悬浮剂	番茄（苗期）	蓟马	3.8～4.7 mL/m²	苗床喷淋
				番茄（苗期）	甜菜夜蛾	2.4～2.9 mL/m²	苗床喷淋
				番茄（苗期）	烟粉虱	4.1～5 mL/m²	苗床喷淋
				黄瓜（苗床）	瓜绢螟	2.6～3.3 mL/m²	苗床喷淋
				黄瓜（苗床）	蓟马	3.8～4.7 mL/m²	苗床喷淋
				黄瓜（苗床）	美洲斑潜蝇	2.8～3.6 mL/m²	苗床喷淋
				黄瓜（苗床）	烟粉虱	4.1～5 mL/m²	苗床喷淋
				辣椒（苗床）	蓟马	3.8～4.7 mL/m²	苗床喷淋
				辣椒（苗床）	甜菜夜蛾	2.4～2.9 mL/m²	苗床喷淋
				辣椒（苗床）	烟粉虱	4.1～5 mL/m²	苗床喷淋
溴氰虫酰胺	PD20151140	10%	悬乳剂	甘蓝	甜菜夜蛾	10～23 mL/亩	喷雾
				甘蓝	小菜蛾	13～23 mL/亩	喷雾
				甘蓝	蚜虫	20～40 mL/亩	喷雾
				辣椒	白粉虱	50～60 mL/亩	喷雾
				辣椒	蓟马	40～50 mL/亩	喷雾
				辣椒	棉铃虫	10～30 mL/亩	喷雾
				辣椒	蚜虫	30～40 mL/亩	喷雾
				辣椒	烟粉虱	40～50 mL/亩	喷雾
溴氰虫酰胺	PD20140321	94%	原药				
溴氰虫酰胺	PD20140322	10%	可分散油悬浮剂	大葱	蓟马	18～24 mL/亩	喷雾
				大葱	美洲斑潜蝇	14～24 mL/亩	喷雾
				大葱	甜菜夜蛾	10～18 mL/亩	喷雾
				番茄	白粉虱	43～57 mL/亩	喷雾
				番茄	美洲斑潜蝇	14～18 mL/亩	喷雾
				番茄	棉铃虫	14～18 mL/亩	喷雾
				番茄	蚜虫	33.3～40 mL/亩	喷雾
				番茄	烟粉虱	33.3～40 mL/亩	喷雾
				黄瓜	白粉虱	43～57 mL/亩	喷雾

续表

登记名称	登记证号	含量	剂型	登记作物	防治对象	用药量	施用方法
溴氰虫酰胺	PD20140322	10%	可分散油悬浮剂	黄瓜	蓟马	33.3～40 mL/亩	喷雾
				黄瓜	美洲斑潜蝇	14～18 mL/亩	喷雾
				黄瓜	蚜虫	18～40 mL/亩	喷雾
				黄瓜	烟粉虱	33.3～40 mL/亩	喷雾
				棉花	棉铃虫	19.3～24 mL/亩	喷雾
				棉花	蚜虫	33.3～40 mL/亩	喷雾
				棉花	烟粉虱	33.3～40 mL/亩	喷雾
				水稻	稻纵卷叶螟	20～26 mL/亩	喷雾
				水稻	二化螟	20～26 mL/亩	喷雾
				水稻	蓟马	30～40 mL/亩	喷雾
				水稻	三化螟	20～26 mL/亩	喷雾
				西瓜	蓟马	33.3～40 mL/亩	喷雾
				西瓜	棉铃虫	19.3～24 mL/亩	喷雾
				西瓜	甜菜夜蛾	19.3～24 mL/亩	喷雾
				西瓜	蚜虫	33.3～40 mL/亩	喷雾
				西瓜	烟粉虱	33.3～40 mL/亩	喷雾
				小白菜	菜青虫	10～14 mL/亩	喷雾
				小白菜	黄条跳甲	24～28 mL/亩	喷雾
				小白菜	小菜蛾	10～14 mL/亩	喷雾
				小白菜	斜纹夜蛾	10～14 mL/亩	喷雾
				小白菜	蚜虫	30～40 mL/亩	喷雾
				豇豆	豆荚螟	14～18 mL/亩	喷雾
				豇豆	蓟马	33.3～40 mL/亩	喷雾
				豇豆	美洲斑潜蝇	14～18 mL/亩	喷雾
				豇豆	蚜虫	33.3～40 mL/亩	喷雾

表 2-23　瑞士先正达作物保护有限公司在中国登记情况

登记名称	登记证号	含量	剂型	登记作物	防治对象	用药量	施用方法
溴氰虫酰胺	PD20200295	48%	种子处理悬浮剂	玉米	小地老虎	60～120 mL/100 kg 种子	种子包衣
溴酰·噻虫嗪	PD20152283	40%	种子处理悬浮剂	玉米	蓟马	300～450 mL/100 kg 种子	拌种
				玉米	小地老虎	150～300 mL/100 kg 种子	拌种
				玉米	蛴螬	300～450 mL/100 kg 种子	拌种
杀蝇饵剂	WP20180131	0.5%	饵剂	室内	蝇		投放

合成方法　溴氰虫酰胺的合成目前报道的主要有如下两条路线：一是先把氰基加上去，然后利用光气法先合环再开环；二是先生成噁嗪酮环再加上氰基然后开环。

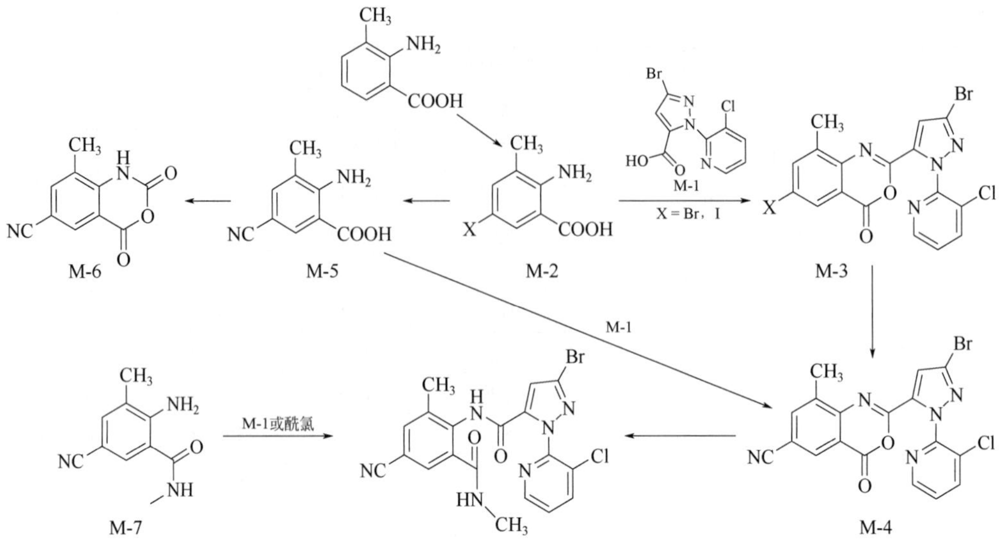

参考文献

[1] 谢欣，王达. 现代农药, 2008, 7(4): 1-4.

[2] 杨桂秋，张宇，杨辉斌，等. 现代农药. 2012, 11(1): 22-24+29.

[3] 杨桂秋，黄琦，陈霖，等. 世界农药, 2012, 34(6): 19-21.

[4] 柴宝山，何晓敏，王军锋，等. 农药, 2010(3): 167-169.

[5] The Pesticide Manual.17 th edition: 250-251.

[6] 胡译文，孙建昌，耿阳阳，等. 南方农业, 2016,10(31): 24-27.

第六节
昆虫生长调节剂

一、创制经纬

1．苯氧威（fenoxycarb）、吡丙醚（pyriproxyfen）的创制经纬

早在 1940 年科学家们就发现昆虫体内存在保幼激素，大约在 1970 年又阐明了其化学结构。保幼激素主要由三个组分（juvenile hormone Ⅰ、juvenile hormone Ⅱ、juvenile hormone Ⅲ）组成，该三个化合物存在于鳞翅目昆虫体内，其他一些昆虫仅产生 juvenile hormone Ⅲ，保幼激素在昆虫蜕皮和变形（metamorphosis）过程中起着至关重要的调节作用。因为只有当昆虫体内保幼激素降至零时，才能蜕皮，而后变为成虫。

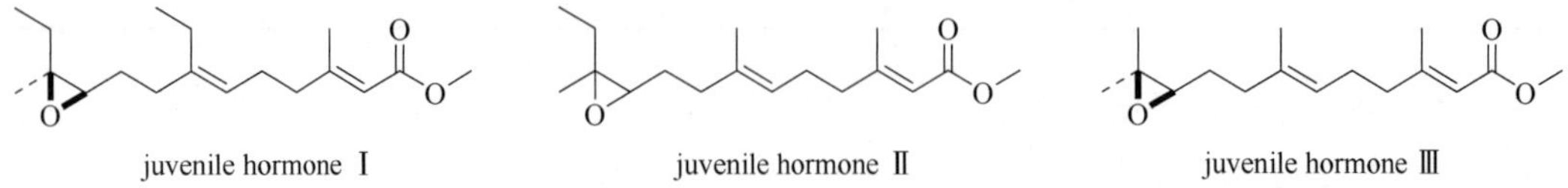

juvenile hormone Ⅰ   juvenile hormone Ⅱ   juvenile hormone Ⅲ

控制昆虫体内有足够量的保幼激素，昆虫就不能蜕皮变为成虫，甚至死亡，尽可能减少

对农业造成的损失。1970 年之后，诺化公司（现属先正达）的 Zoecon 研究组就开始以昆虫保幼激素为先导化合物研究具有保幼激素活性的杀虫剂。

Zoecon 等成功地开发了烯虫乙酯（hydroprene）和烯虫酯（methoprene），前者主要用于室内防除蟑螂，后者主要用于防治静水中蚊子、蝇、跳蚤、蚂蚁，由于二者在大田试验条件下不稳定，因此不能在农业上应用。

hydroprene   methoprene

为了克服天然或合成的保幼激素的不稳定性，Ciba-Geigy 和 Maag（现均属先正达公司）各自独立进行了深入研究，在化学结构中引入了 4-苯氧苯基解决了不稳定问题，成功开发了 CGA 45128 和苯氧威（fenoxycarb）；二者具有很好的活性，其中化合物双氧威主要用于果园、葡萄园等防治鳞翅目害虫，亦可用于防治火蚁。住友化学研制的吡丙醚（pyriproxyfen）是另一个稳定的保幼激素类杀虫剂，主要用于防治卫生和农业害虫。由于特殊的作用机理，此类杀虫剂对哺乳动物、脊椎动物毒性极低。

CGA45128   fenoxycarb   pyriproxyfen

2. 噻嗪酮（buprofezin）的创制经纬

噻嗪酮的研制来自对已知生物活性化合物的结构改进，防治水稻稻瘟病的内吸杀菌剂富士一号（1）对某些植物和害虫都呈现生长调节活性，鉴于富士一号化学结构的新颖性和生物活性的多样性，以此作为新的农药化学结构的先导化合物。

首先，设想将许多生物活性化合物的重要结构之一的酰胺基团引入富士一号的二硫戊环中，鉴此，制备了关键中间体 N-取代-N-氯甲基氨基甲酰氯（3），将此化合物（3）与烯酮二硫代酯（2）反应即可方便地制备 1,3,5-二噻嗪-4-酮（4），希望从中获得具有显著农药活性的化合物，但却不尽人意。然而，化合物 3 与二硫代酯的顺利反应，促使科研人员利用化合物（3）与某些含 S,N-双官能团亲核试剂（如硫脲、硫代酰胺、二硫代氨基甲酸酯）合成新的杂环化合物。当（3）与 1,1-二取代硫脲（5）反应时，选择性地得到二氢-1,3,5-噻二嗪-4-酮（6）；当（3）与 1,2-二取代硫脲（7）反应时，选择性地得到全氢-1,3,5-噻二嗪-4-酮（8）。

经过生测，以及结构活性关系研究，发现化合物 10 即杀虫剂噻嗪酮活性最佳。

3. 三氟甲吡醚（pyridalyl）的创制经纬

该化合物是 Sumitomo 化学公司的 Sakamoto 等根据对现有杀虫活性化合物 **1**、**2** 均具有 3,3-二氯-2-丙烯基氧基结构的特点，将这一活性基团作为先导化合物，合成了一些含有 3,3-二氯-2-丙烯基氧基结构的化合物，发现化合物 **3** 对鳞翅目幼虫具有微弱的杀虫活性，这一结果促使他们进行结构优化以提高杀虫活性，在先导化合物 **3** 的优化过程中发现了先导化合物 **4**，经合成方法和构效研究后，发现了新型杀虫剂 pyridalyl（**5**，Pleo，S-1812）。它在平面上呈直线型醚类结构，没有光学异构，也没有顺反异构体；三氟甲吡醚的生化作用机理还在研究中，但其表现出来的作用症状与现存的杀虫剂不同，它同时具有触杀和胃毒作用，当三氟甲吡醚使用剂量在 83～300 g(a.i.)/hm^2 时，对蔬菜和棉花上的各种鳞翅目害虫有卓越的防治效果，且与现有鳞翅目害虫杀虫剂无交互抗性，对现有杀虫剂产生抗性的害虫同样具有优良的效果。与它的高活性相比，三氟甲吡醚对各种节肢动物的影响很小，所以它有望成为一个在害虫综合治理（IPM）或杀虫剂抗性治理中可有效防治鳞翅目和缨翅目害虫的工具。

pyridalyl(S-1812) 5

4．苯甲酰脲类杀虫剂的创制经纬

苯甲酰脲类杀虫剂，目前已开发的品种有：除虫脲、氟幼脲、杀铃脲、灭幼脲、氟啶脲、双三氟虫脲、氟螨脲、氟虫脲、氟铃脲、虱螨脲、氟酰脲、多氟脲、氟苯脲。

20世纪70年代初，Philips Duphar公司的科研人员在对除草剂敌草腈（dichlobenil）的衍生物研究过程中，将其结构与脲类除草剂敌草隆（diuron）结合在一起，合成了化合物Du-19111，生测结果表明该化合物没有除草活性，却出人意料地发现该化合物具有很好的杀幼虫及杀卵效果，经过对结构的进一步修饰，开发出了第一个苯甲酰脲类杀虫剂除虫脲（diflubenzuron）。这种新药研究方法后来被称为"活性基团拼接法"（combination of activity groups）。

由于该类杀虫剂与已有的杀虫剂作用完全不同，尽管对成虫无效，但对幼虫和卵有非常好的杀死效果，后期研究结果表明其为几丁质合成抑制剂，作用机理新颖，对哺乳动物等安全，世界众多公司都加入这一研究领域，并开发出了一系列新品种，如灭幼脲、杀铃脲、氟铃脲等。

在1977年，日本石原产业株式会社在进行芳氧基苯氧基丙酸类除草剂的探索研究中，成功开发了吡氟禾草灵；在此除草剂研发过程中，石原公司的研发人员重点地研究并解决了氯代三氟甲基吡啶中间体的合成，并将其作为"建筑模块"（building block）进行新产品的开发。将除草剂吡氟禾草灵中的一部分引入到杀虫剂除虫脲结构中，得到的新化合物具有很好的活性，并对该结构进行优化研究，最终成功开发了氟啶脲（chlorfluazuron）。

5. 双酰肼类化合物的创制经纬

双酰肼类杀虫剂共有 5 个品种：chromafenozide、halofenozide、methoxyfenozide、tebufenozide、fufenozide。

双酰肼类化合物是昆虫蜕皮激素类似物，作用机理与天然产物蜕皮激素（20-hydroxyec-dysone）一致。由于天然产物蜕皮激素结构复杂，难以合成，加之成本昂贵，不能用在农业生产上。美国罗门哈斯科研人员徐基东博士在研究酰肼类化合物中发现了副产物1,2-二(对氯苯甲酰基)-1-叔丁基肼（先导化合物），具有一定的杀虫活性，随后进行优化发现更简单的化合物 RH 5849 具有更优的活性；在此基础上，又经过结构活性关系研究，发现了虫酰肼（tebufenozide）、氯虫酰肼（halofenozide）、甲氧虫酰肼（methoxyfenozide）等。日本农药和三共公司共同开发了环虫酰肼（chromafenozide），主要用于蔬菜、茶、果树、稻田等防治鳞翅目害虫，使用剂量为 5～200 g(a.i.)/hm^2。我国江苏农药研究所报道的化合物呋喃虫酰肼（JS118，fufenozide）也具有很好的活性。

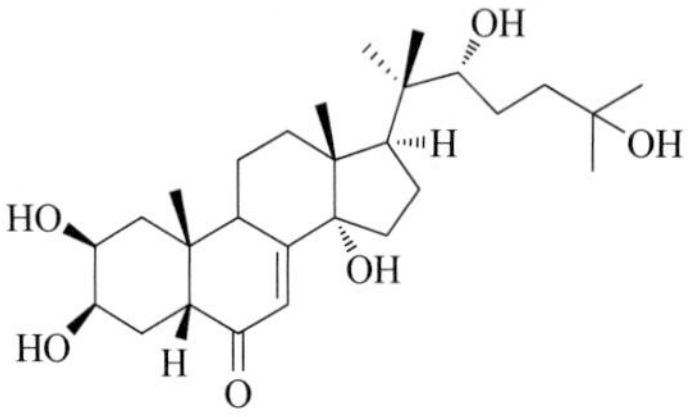

20-hydroxyecdysone 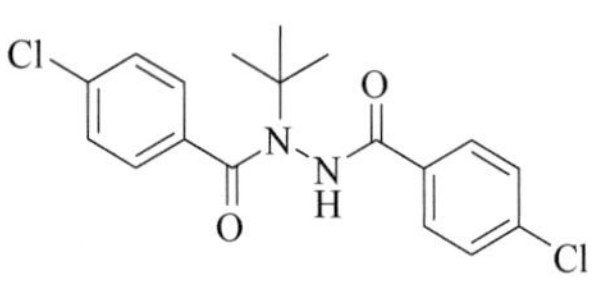　　　　　　先导化合物

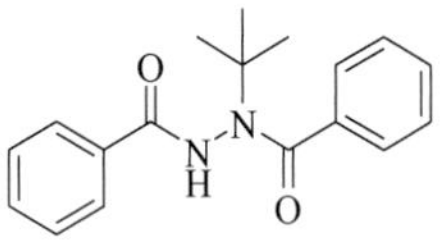

RH 5849 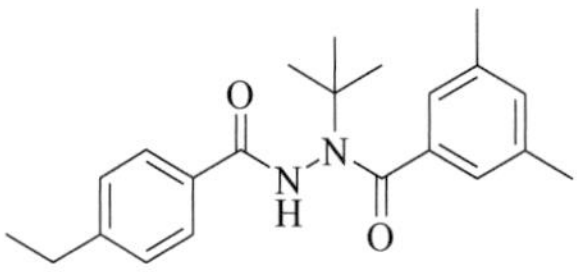　　　　　　虫酰肼 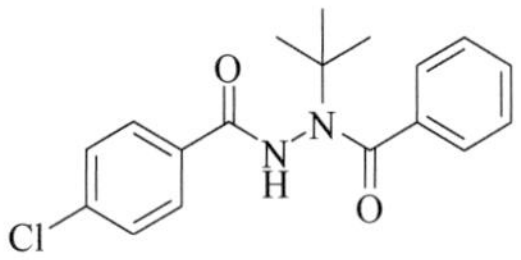　　　　　　氯虫酰肼

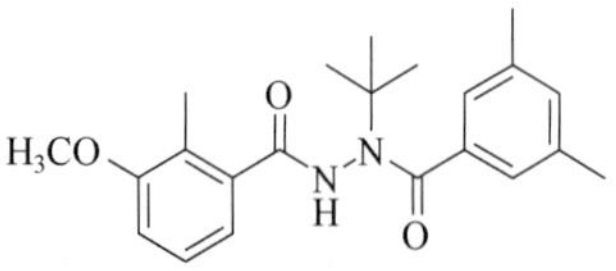

甲氧虫酰肼 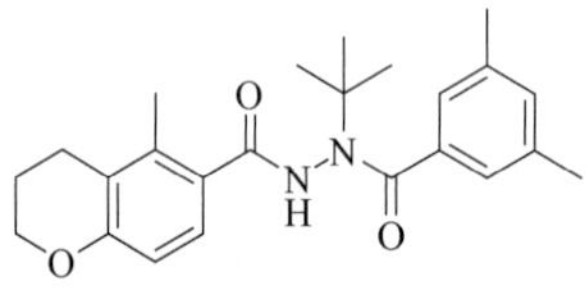　　　　　　环虫酰肼 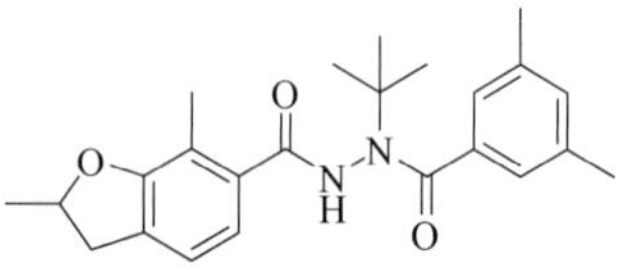　　　　　　呋喃虫酰肼

二、主要品种

昆虫生长调节剂主要分为以下9类，共38个品种，本书介绍了其中的25个。

（1）chitin synthesis inhibitors(2)　bistrifluron、buprofezin。本书都有介绍。

（2）benzoylphenylurea chitin synthesis inhibitors(13)　chlorbenzuron、chlorfluazuron、cyromazine、diflubenzuron、flufenoxuron、hexaflumuron、lufenuron、novaluron、noviflumuron、teflubenzuron、triflumuron；除 flucycloxuron、penfluron 外，本书都有介绍。

（3）juvenile hormone mimics(8)　epofenonane、fenoxycarb、hydroprene、kinoprene、methoprene、pyriproxyfen、triprene、pyridalyl；除了 epofenonane、triprene 外，本书都有介绍。

（4）juvenile hormones(3)　juvenile hormone Ⅰ、juvenile hormone Ⅱ、juvenile hormone Ⅲ；本书都没有介绍。

（5）moulting hormone agonists(5)　chromafenozide、halofenozide、methoxyfenozide、 tebufenozide、fufenozide；本书都有介绍。

（6）moulting hormones(2)　α-ecdysone、ecdysterone；本书都没有介绍。

（7）moulting inhibitors(1)　diofenolan；本书没有介绍。

（8）precocenes(3)　precocene Ⅰ、precocene Ⅱ、precocene Ⅲ；本书都没有介绍。

（9）unclassified insect growth regulators(1)　dicyclanil；本书有介绍。

本书没有介绍的化合物，仅在此列出化学名称、CAS 登录号：

epofenonane：(±)-6,7-epoxy-3-ethyl-7-methylnonyl 4-ethylphenyl ether，[57342-02-6]。

triprene(烯虫硫酯)：S-ethyl(E,E)-(RS)-11-methoxy-3,7,11-trimethyldodecadienethioate，[40596-80-3]。

juvenile hormone Ⅰ：methyl (2E,6E,10Z)-10,11-epoxy-7-ethyl-3,11-dimethyl-2,6-tridecadie-noate，[13804-51-8]。

juvenile hormone Ⅱ：methyl (2E,6E,10Z)-10,11-epoxy-3,7,11-trimethyl-2,6-tridecadienoate，[34218-61-6]。

juvenile hormone Ⅲ：methyl (2E,6E,10R)-10,11-epoxy-3,7,11-trimethyl-2,6-dodecadienoate，[22963-93-5]。

α-ecdysone：(2β,3β,5β,22R)-2,3,14,22,25-pentahydroxycholest-7-en-6-one，[3604-87-3]。

ecdysterone：(2β,3β,5β,22R)-2,3,14,20,22,25-hexahydroxycholest-7-en-6-one，[5289-74-7]。

diofenolan：mixture of(2RS,4SR)-4-(2-ethyl-1,3-dioxolan-4-ylmethoxy)phenyl phenyl ether(50%～80%) and(2RS,4RS)-4-(2-ethyl-1,3-dioxolan-4-ylmethoxy)phenyl phenyl ether(20%～50%)，[63837-33-2]。

precocene Ⅰ：7-methoxy-2,2-dimethylchromene，[17598-02-6]。

precocene Ⅱ：6,7-dimethoxy-2,2-dimethylchromene，[644-06-4]。

precocene Ⅲ：7-ethoxy-6-methoxy-2,2-dimethylchromene，[65383-73-]。

flucycloxuron：1-[(4-chloro-cyclopropylbenzylideneamino-oxy)-p-tolyl]-3-(2,6-difluoroben-zoyl)urea；[94050-52-9][(E)-异构体]，[94050-53-0][(Z)-异构体]，[113036-88-7]未标明立体构型。

penfluron：1-(2,6-difluorobenzoyl)-3-(α,α,α-trifluoro-p-tolyl)urea，[35367-31-8]。

苯氧威（fenoxycarb）

301.3，C₁₇H₁₉NO₄，72490-01-8

苯氧威（试验代号：RO135223、ACR-2907B、ACR-2913A、NRK121、CGA114597、OMS3010，商品名称：Award、Eclipse、Fenycarb、Grial、Insegar、Logic、Precision、Reward、Torus，其他名称：双氧威、苯醚威）是 1982 年由瑞士 Maag（现属先正达公司）开发的氨基甲酸酯类杀虫剂。

化学名称　2-(4-苯氧基苯氧基)乙基氨基甲酸乙酯。英文化学名称为 ethyl-[2-(4-phenoxy-phenoxy)ethyl] carbamate-ethyl ester。美国化学文摘系统名称为 ethyl [2-(4-phenoxyphenoxy)ethyl] carbamate。CA 主题索引名称为 carbamic acid—, [2-(4-phenoxyphenoxy)ethyl]-ethyl ester。

理化性质 纯品为无色至白色结晶，熔点 53～54℃，蒸气压 8.67×10^{-4} mPa（25℃），闪点 224℃，lgK_{ow} 4.07，相对密度为 1.23（20～25℃），Henry 常数 3.3×10^{-5} Pa·m^3/mol（计算）。水中溶解度（pH 7.5～7.84，20～25℃）7.9 mg/L，有机溶剂中溶解度（g/L，20～25℃）：丙酮 770，乙醇 510，正己烷 5.3，正辛醇 130，甲苯 630。在室温下储存在密封容器中时，稳定期大于 2 年。在 pH 3、7、9，50℃下水解稳定，对光稳定。

毒性 大鼠急性经口毒性 LD$_{50}$>10000 mg/kg，大鼠急性经皮 LD$_{50}$>2000 mg/kg，对皮肤和眼睛无刺激性，对豚鼠皮肤无致敏性。大鼠吸入毒性 LC$_{50}$（4 h）>4.4 mg/L。NOEL：大鼠为 5.5 mg/(kg·d)（18 个月），小鼠为 8.1 mg/(kg·d)（2 年）。ADI：0.04 mg/kg（BfR）（2003），0.06 mg/kg bw（EC DAR）（2007），0.08 mg/kg bw（EPA）（1994）。

生态效应 山齿鹑急性经口 LD$_{50}$>2000 mg/kg，对山齿鹑饲养 8 d 的 LC$_{50}$>5620 mg/kg，鲤鱼 LC$_{50}$（96 h）1.5 mg/L，虹鳟鱼 LC$_{50}$（96 h）0.66 mg/L，水蚤 LC$_{50}$（48 h）0.4 mg/L，海藻 EC$_{50}$（96 h）1.10 mg/L，蜜蜂急性经口 LC$_{50}$（24 h）>1000 mg/L，土壤中蚯蚓 LC$_{50}$（14 d）850 mg/kg，在田间条件下，该化合物对食肉动物及膜翅目害虫的体内寄生虫安全。

环境行为 本品在大鼠等动物体内，主要的代谢路径是环乙基羟基化形成[2-[对(对羟基苯氧基)苯氧基]乙基]氨基甲酸。在植物中迅速降解。在土壤和水中可快速降解，半衰期 DT$_{50}$ 为 2.3～37.5 d（田间）。

制剂 12.5%乳油，5%颗粒剂，10%微乳状液，1.0%饵剂，可湿性粉剂。

主要生产商 Syngenta、江苏常隆农化有限公司。

作用机理与特点 苯氧威是一种氨基甲酸酯类杀虫剂，具有胃毒和触杀作用，并具有昆虫生长调节作用，杀虫广谱，它的杀虫作用是非神经性的，表现对多种昆虫有强烈的保幼激素活性，可导致杀卵，抑制成虫期的变态和幼虫期的蜕皮，造成幼虫后期或蛹期死亡，杀虫专一，对蜜蜂和有益生物无害。

应用

（1）适用作物 棉田，果园，菜圃和观赏植物，另可用于仓库。

（2）防治对象 鳞翅目害虫，鞘翅目害虫，蟑螂，跳蚤，火蚁，白蚁，木虱，蚧类，卷叶蛾，杂拟谷盗，赤拟谷盗，米蛾，麦蛾等。

（3）残留量与安全施药 苯氧威是迄今仅见的具有广谱杀虫作用的保幼激素型化合物。目前已在储粮害虫上试用，除某些粉螨外，几乎能防治所有危害谷物的主要害虫，且非常高效，它不仅能有效地防治敏感品系的害虫，亦对抗性品系有效，持效期长，不存在残毒和对环境污染等问题。

（4）应用技术 为防止害虫抗性出现，可在防治鳞翅目、鞘翅目等害虫时与其他杀虫剂交替使用。更多的做成饵剂，可有效减少残留。以箱装形式存放在仓库中的粮油、种子、药材、土产，以及贵重的皮毛、棉丝、羽毛等商品，均受到蠹虫的危害，国外用苯氧威制剂对仓库墙面和包装箱表面以 15 μg/m^2 浓度做滞留喷雾，这种简单易行的防治方法，可在半年内阻止玉米粉蠹危害。

（5）使用方法 使用浓度一般为 0.0125%～0.025%，如 5 mg/kg 可有效地防治谷象，防治火蚁，每集群用 6.2～22.6 mg，在 12～13 周内可降低虫口率 67%～99%，以 5～10 mg/kg 剂量拌在糙米中，可防治麦蛾、米象等仓库害虫，可使 10 多种鞘翅目和鳞翅目害虫的卵不孵化，从而抑制后代的发生，持效期达八个月之久，对某些成虫亦兼具杀伤力，在 10 多种昆虫中，几乎包括了所有主要储粮害虫，对苯氧威最敏感的害虫是杂拟谷盗、赤拟谷盗、米蛾、麦蛾和印度谷螟（ED$_{50}$ 约为 0.1 mg/L），用苯氧威能防治对马拉硫磷有抗性的害虫，如印度谷螟、麦蛾、赤拟谷盗、锈赤扁骨谷盗（*Cryptolestes ferrugineus*）、锯谷盗、谷蠹、谷象，未出现交互抗性，也不影响稻种发芽，在果园以 0.006% 的浓度喷射，能抑制乌盔蚧的未成熟幼虫和龟蜡蚧的一、二龄期若虫的发育成长。

专利与登记

专利名称　Carbamates and their pesticidal compositions, preparations thereof and use thereof as pesticides

专利号　EP 4334　　　　　　　专利公开日　1979-10-03

专利申请日　1979-03-13　　　　优先权日　1978-03-17

专利拥有者　Hoffmann Larochw

在其他国家申请的化合物专利　AR 225412、AT 364672、AU 520577、AU 4503379、CA 1137506、DK 153941、ES 478687、ES 484102、GR 72821、IE 48322、IE 790622、IL 56853、JP 54151929、MC 1256、NL 971031、NZ 189885、PT 69368、US 4215139、ZA 7901109 等。

制备专利　WO 2015056782、WO 2014014874、CA 2752131、WO 2011109767、WO 2011011598、WO 2010003624、WO 2008153223、WO 2008079610、US 20070142432、US 20070066820、CN 1597665、CN 1616419、WO 2005056544、DE 19711004、JP 60056947、FR 2490636 等。

目前只有江苏常隆农化有限公司登记 250 g/L 悬浮剂、96% 原药，登记作物为柑橘树，防治对象潜叶蛾。

合成方法　通过如下反应即可制得目的物：

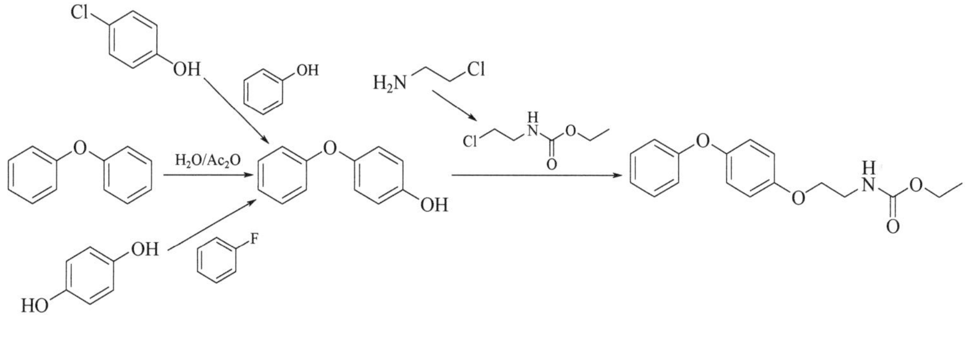

参考文献

[1]　The Pesticide Manual. 17th edition: 461-462.

[2]　张滨，李琰. 产业与科技论坛, 2018, 17(8): 89-90.

[3]　郑庆伟. 农药市场信息, 2012(30): 31.

吡丙醚（pyriproxyfen）

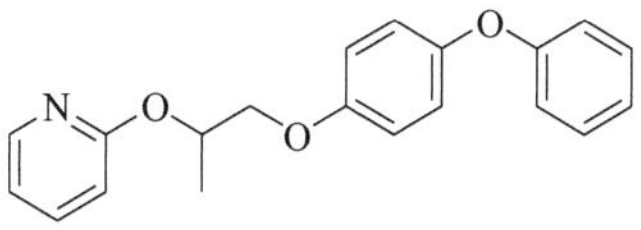

321.4，$C_{20}H_{29}NO_3$，95737-68-1

吡丙醚（试验代号：S-9318、S-31183、V-71639，商品名称：Admiral、Distance、Epingle、

Esteem、Juvinal、Knack、Lano、Nemesis、Nyguard、Nylar、Proximo、Proxy、Seize、Sumilarv、Tiger、百利普芬、比普噻吩、灭幼宝、蚊蝇醚）是日本住友化学株式会社开发的保幼激素类型的新型杀虫剂。

化学名称　4-苯氧基苯基(RS)-2-(2-吡啶基氧)丙基醚。英文化学名称为 4-phenoxyphenyl (RS)-2-(2-pyridyloxy)propyl ether。美国化学文摘系统名称为 2-[1-methyl-2-(4-phenoxyphenoxy) ethoxy]pyridine。CA 主题索引名称为 pyridine —, 2-[1-methyl-2-(4-phenoxyphenoxy)ethoxy]-。

理化性质　白色颗粒状固体（工业品为淡黄色蜡状固体，有淡淡的气味），熔点 47℃，蒸气压 <0.013 mPa（23℃），lgK_{ow} 4.86（pH 7），闪点 119℃，相对密度 1.14（20～25℃），溶解度（g/L，20～25℃）：己烷 260，甲醇 160，二甲苯 430。

毒性　大鼠急性经口 LD_{50}>5000 mg/kg，大鼠急性经皮 LD_{50}>2000 mg/kg。对兔眼睛和皮肤无刺激作用，对豚鼠皮肤无致敏性，大鼠吸入 LC_{50}（4 h）>1.3 mg/L。大鼠 NOEL（2年）600 mg/L（35.1 mg/kg bw）。ADI/RfD（JMPR）0.1 mg/kg bw（1999，2001），（EC）0.1 mg/kg bw（2008），（EPA）0.35 mg/kg bw（1999）。

生态效应　野鸭和山齿鹑的急性经口 LD_{50}>2000 mg/kg，饲喂 LC_{50}>5200 mg/L，虹鳟鱼 LC_{50}（96 h）>0.325 mg/L，水蚤 EC_{50}（48 h）0.40 mg/L，羊角月牙藻 EC_{50}（72 h）0.064 mg/L。

环境行为　在动物体内可以有效地降解，该物质主要以粪便形式排出。当吡丙醚的剂量为 2～2000 mg/kg 时，吡丙醚在大鼠和小鼠中的代谢产物一般为 [吡啶基-2-6-^{14}C] 或 [苯氧基苯基-^{14}C]。在这两种哺乳动物中 7 d 后，^{14}C 几乎完全从尿液和粪便中排出。^{14}C 排泄到粪便和尿液中在大鼠中的剂量分别为 84%～97% 和 4%～12%，小鼠分别为 64%～91% 和 9%～38%。吡丙醚的代谢方式主要有：①末端苯环 4 位的羟基化，②末端苯环 2 位的羟基化，③吡啶环 5 位羟基化，④脱苯基化，⑤醚链断裂，⑥与硫酸或葡萄糖醛酸产生的酚类共轭。通常在这两种动物之间代谢方式没有明显的差异，但在性别方面有一些不同。吡丙醚乳液在空气中不易挥发，在水中溶解度很小，不容易吸附到土壤表面。通常的测量方法表示，吡丙醚在处理池中 24 h 后浓度下降 50%，吡丙醚吸附在悬浮的有机物上可保持生物活性 2 个月，在水中的持久性与温度和光照有关。吡丙醚在水中的有氧代谢半衰期为 16.2～20.8 h，通常在淡水中（湖泊和河流）迅速有氧降解为 2 个主要代谢产物（PYPAC 和 4'-OH-Pyr），还有一些少量的中间代谢产物，残留物和二氧化碳。将吡丙醚 0.5% 粒剂以 50 mg/g 浓度撒播在人工池塘中，结果表明对池中的动植物、浮游生物及水生昆虫几乎无影响。在加利福尼亚做的土壤测试试验表明，将吡丙醚施撒在土壤中，吡丙醚和它的代谢产物，4'-OH-Pyr 和 PYPAC 能稳定地在土壤中存在一年。在土壤的 0～1.8 m 处吡丙醚的浓度较大。在 3.6 m 以下没有检测到吡丙醚。而在 0～1.8 m 内吡丙醚的半衰期为 36 h。

制剂　0.5%颗粒剂，5%可湿性粉剂。

主要生产商　Fertiagro、Sumitomo Chemical、安徽广信农化股份有限公司、江苏快达农化股份有限公司、江苏茂期化工有限公司、江苏省南通施壮化工有限公司、江苏苏滨生物农化有限公司、江苏中旗科技股份有限公司、江西安利达化工有限公司、辽宁众辉生物科技有限公司、如东众意化工有限公司、陕西恒润化学工业有限公司、陕西一简一至生物工程有限公司、上海生农生化制品股份有限公司、石家庄瑞凯化工有限公司、印度 TAGROS 公司、浙江禾本科技股份有限公司、浙江天丰生物科学有限公司等。

作用机理与特点　吡丙醚的作用机理类似于保幼激素的机理，能有效地抑制胚胎的发育变态以及成虫的形成。其作用机理是抑制昆虫咽侧体活性和干扰脱皮激素的生物合成。实验证明，本品对昆虫的抑制作用表现在影响昆虫的蜕变和繁殖。具体表现在以下几个方面：第一，抑制卵孵化即杀卵作用；第二，阻碍幼虫变态；第三，阻碍蛹的羽化；第四，对生殖的影响，使雌成虫产卵数量减少，且使所产的卵孵化率降低。但是当害虫体内原本就存在保幼激素时吡丙醚就难以发挥作用，而在昆虫由卵发育至成虫过程的不断蜕皮、变态中，有一段极短的体内保幼激素消失时期，以鳞翅目昆虫为例，在早期的卵、末龄幼虫的中、后期及蛹期，体内均测不出保幼激素，而在这些时期施以保幼激素便对昆虫的发育变态造成影响。所以应根据防治对象不同而选择施药适期才能达到良好的防治效果。

应用

（1）适用作物　棉花、玉米、蔬菜等。

（2）防治对象　同翅目、缨翅目、双翅目、鳞翅目害虫，以及公共卫生害虫，如蜚蠊、蚊、蝇、蚤等；农业害虫，如柑橘矢尖蚧、柑橘吹绵蚧、红蜡蚧、粉虱、甘薯粉虱、蓟马、小菜蛾等。

（3）使用方法　主要用于防治蜚蠊、蚊、蝇及蚤等公共卫生害虫，0.5%颗粒剂可直接投入污水塘或均匀散布于蚊、蝇滋生地表面。

（4）应用技术

① 按 100 mg(a.i.)/m^2 的用量将吡丙醚水溶液喷洒在家蝇滋生物上，观察 10 d，统计家蝇死亡、化蛹和蛹羽化情况。实验室校正阻止化蛹率为 99.13%，羽化率为 100.00%，对家蝇幼虫的杀灭率 3 d 为 83.73%，7 d 为 85.97%，10 d 为 94.32%。同时将吡丙醚药液应用于垃圾场，家禽、家畜饲养场能有效控制蝇类滋生。当吡丙醚的药量在 5 mg/m^2 以上时，即可减少德国小镰的产卵数，而当用药量增至 10 mg/m^2 时，产卵数则近乎 0。

② 在室内条件下吡丙醚对柑橘矢尖蚧有较高的活性，其 LC$_{50}$ 为 26.89 mg/L，LC$_{95}$ 为 343.44 mg/L，药后 14 d，10%吡丙醚乳油 2000 倍液、3000 倍液、4000 倍液对柑橘矢尖蚧的防效分别为 93.0%、93.1%、83.1%。

③ 在 8 月底对柑橘吹绵蚧的第二代若蚧使用 100 g/L 吡丙醚乳油 1000 倍液和 1500 倍液喷雾，药后 15 d 防效可达 85.70%、78.91%。

④ 用 10%的吡丙醚乳油喷洒 1 次，药后 20 d 防治效果可达 70%；不同浓度间药效有所不同，但药后 20 d 药效差异不显著。吡丙醚与吡虫啉或甲氨基阿维菌素苯甲酸盐的复配剂对红蜡蚧防治效果明显，且效果均优于单剂。其中以 10%吡丙醚·吡虫啉悬浮剂 1000 倍液的效果较好。药后 10 d 防效接近 90%，药后 20 d 效果在 90%以上。方差分析表明 10%吡丙醚·吡虫啉悬浮剂 1000 倍液的效果明显优于单剂 10%吡丙醚乳油和另一复配剂。

⑤ 用吡丙醚处理人工喂养的嗜卷书虱，随着喂养时间的增长存活率下降，处理时间和存活率关系表明，吡丙醚浓度为 20 mg/kg、10 mg/kg 和 5 mg/kg 时，半数致死时间分别为 15.2 d、16.2 d 和 19.3 d。同时吡丙醚还能阻止嗜卷书虱的幼虫长成成虫，用吡丙醚浓度为 20 mg/kg、10 mg/kg 和 5 mg/kg，对嗜卷飞虱进行初步处理 70 d 后，嗜卷飞虱的成活率分别为 6.67%、26.67%和 53.33%。如果采用 40 mg/kg 吡丙醚和 20 mg/kg 的烯虫酯对嗜卷书虱有更明显的控制作用。

⑥ 将浓度为 1 mg/L 的吡丙醚喷洒到棉花上可有效地控制粉虱，将含有 0～1 d 卵的叶片浸渍在 2.5 mg/L 的吡丙醚药液中，卵的孵化率为 0，用 5 mg/L 的药液处理 2～3 龄幼虫能有效地抑制幼虫的羽化。用 0.4 mg/L 的吡丙醚处理粉虱的蛹，羽化的抑制率可达 93.2%。当 100 mg/L 的吡丙醚喷洒含有卵的叶片上可以有效地防治温室白粉虱。黄色吡丙醚带剂对粉虱具有良好的引诱作用，且对粉虱卵的孵化具有抑制作用。

⑦ 用 50 mg/L 的吡丙醚药液浸渍含有小菜蛾卵的叶片，24 h 卵化抑制率可达 90.3%，用

10 mg/L 和 50 mg/L 处理小菜蛾 1 龄幼虫羽化抑制率分别为 96.7% 和 100%。3 龄幼虫羽化抑制率为 11.4% 和 40%。其次用 10 mg/L 的药液处理小菜夜蛾的雌成虫可抑制雌虫产卵，其抑制率可达 58.8%。

⑧ 用 100 mg/L 的吡丙醚药液在温室里喷洒含有棕榈蓟马卵的叶片，卵的孵化率降低，10 d 后观察没有幼虫和蛹。

综上所述，吡丙醚是一种防治农业害虫和公共卫生害虫很有特色的昆虫生长调节剂。

专利与登记

专利名称　Nitrogen-containing heterocyclic compounds and their production and use

专利号　GB 2140010　　　　专利公开日　1984-11-21

专利申请日　1984-04-19　　　优先权日　1983-04-25

专利拥有者　Sumitomo Chemical Co

在其他国家申请的化合物专利　AU 566515、AU 2706184、BR 8401940、CA 1231945、DK 165740、DK 1491、DK 165972、DK 1591、DK 165443、DK 1691、DK 162091、DK 205584、DK 207291、EP 0128648、EP 0246713、GB 2158439、IL 71613、IN 159713、JP 59199673、KR 910007963、MY 64786、NL 971041、NZ 207897、OA 7710、PH 19386、SG 101787、US 4751225、ZA 8402848 等。

制备专利　CN 107266358、CN 107311922、CN 107474012、CN 1650709、CN 1651414、CN 109503471、GB 2140010、JP 60215671 等。

1989 年首次在日本登记用于卫生害虫的防治，1995 年在日本登记用于防治农业害虫，1999 年在美国登记用于控制马铃薯和辣椒的白粉虱。国内登记情况：95%、97%、98%原药，5%微乳剂，0.5%颗粒剂，5%水乳剂等，登记的防治对象为蝇（幼虫）和蚊（幼虫）等。日本住友化学株式会社在中国仅登记了 95%原药。

合成方法　吡丙醚的合成是由对羟基二苯醚和环氧丙烷或 1-氯丙基-2-醇反应得到 1-（4-苯氧基苯氧基)-2-丙醇后再与 2-氯吡啶反应得到吡丙醚。

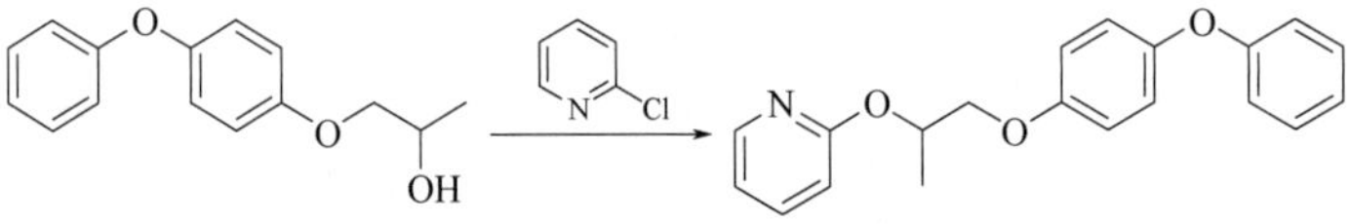

对羟基二苯醚的合成方法如下：

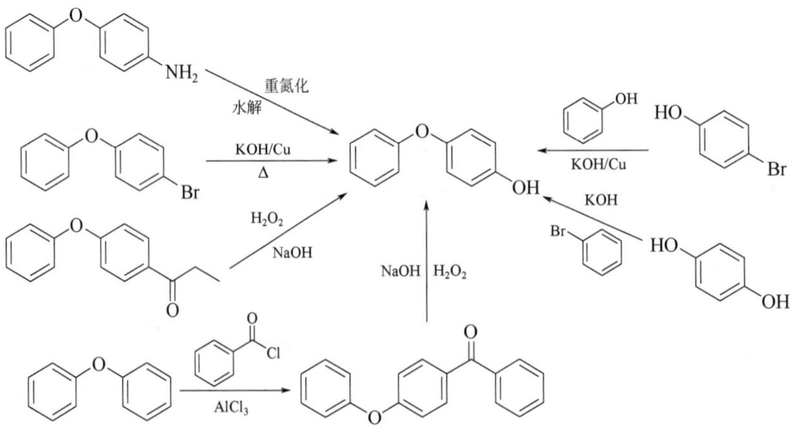

1-(4-苯氧基苯氧基)-2-丙醇合成方法如下：

参考文献

[1] The Pesticide Manual. 17th edition: 984-985.

[2] 徐逸楣. 农药译丛, 1997, 19(6): 18-23.

[3] 李洁. 农药, 1994, 33(6): 30-31.

[4] 高永红, 陶建伟, 陆庆宁. 化学世界, 2006(6): 366-370.

[5] 王强, 许良忠. 青岛科技大学学报(自然科学版), 2012, 33(2): 155-158+163.

虫酰肼（tebufenozide）

352.5，$C_{22}H_{28}N_2O_2$，112410-23-8

虫酰肼（试验代号：RH-5992、RH-75922，商品名称：Confirm、Fimic、Mimic、Romdan、Terfeno、米满，其他名称：Conidan、Applaud Romdan Moncut）是 Rohm Hass 1990 年（现属 Dow AgroSciences 公司）推出的双酰肼类杀虫剂。

化学名称　N-叔丁基-N'-(4-乙基苯甲酰基)-3,5-二甲基苯甲酰肼。英文化学名称为 N-tert-butyl-N'-(4-ethylbenzoyl)-3,5-dimethylbenzohydrazide。美国化学文摘系统名称为 3,5-dimethyl-benzoic acid 1-(1,1-dimethylethyl)-2-(4-ethylbenzoyl)hydrazide。CA 主题索引名称为 benzoic acid —, 3,5-dimethyl-1-(1,1-dimethylethyl)-2-(4-ethylbenzoyl)hydrazide。

理化性质　无色粉末，熔点 191℃，蒸气压＜1.56×10^{-4} mPa（25℃），相对密度 1.03（20～25℃），lgK_{ow} 4.25（pH 7），Henry 常数（计算）＜6.59×10^{-5}Pa·m^3/mol，水中溶解度（20～25℃）0.83 mg/L；有机溶剂中微溶。稳定性：94℃下稳定期 7 d；pH 7，25℃的水溶液中光稳定；在无光无菌的水中稳定期 30 d（25℃）；池塘水中 DT$_{50}$ 67 d，光存在下 30 d（25℃）。

毒性　大小鼠急性经口 LD$_{50}$＞5000 mg/kg，大鼠急性经皮 LD$_{50}$＞5000 mg/kg，对兔眼和皮肤无刺激。对豚鼠皮肤无致敏性。大鼠吸入 LC$_{50}$（4 h，mg/L）：雄鼠＞4.3，雌鼠＞4.5。NOEL［mg/(kg·d)］：大鼠（1 年）5，小鼠（1.5 年）8.1，狗（1 年）1.8。ADI（JMPR）0.02 mg/kg bw（1996，2001，2003），（EPA）0.018 mg/kg bw（1999）。Ames 试验、回复突变试验、哺乳动物点突变、活体和离体细胞遗传学检测和离体 DNA 合成试验均呈阴性。

生态效应　鹌鹑急性经口 LD$_{50}$＞2150 mg/kg，鹌鹑和野鸭饲喂 LC$_{50}$（8 d）＞5000 mg/L。鱼类 LC$_{50}$（96 h，mg/L）：虹鳟鱼 5.7，大翻车鱼＞3.0。水蚤 LC$_{50}$（48 h）3.8 mg/L。藻类 EC$_{50}$（96 h，mg/L）：月牙藻＞0.664，栅藻 0.21。水生生物 EC$_{50}$（96 h，mg/L）：糠虾 1.4，东方牡蛎 0.64。蜜蜂 LD$_{50}$（96 h，接触）＞234 μg/只。蚯蚓 LC$_{50}$＞1000 mg/kg。对食肉螨、黄蜂和其他有益种类安全。

环境行为 ①动物。老鼠代谢产物是氧化烷基取代的芳香环，主要是苄基位置的氧化。②植物。苹果、葡萄、水稻、甜菜中代谢产物主要成分是结构不变的虫酰肼，检测到的主要代谢产物是氧化烷基取代的芳香环，主要是苄基位置的氧化。③土壤/环境。DT_{50}（7 种土壤）7～66 d，有氧及潮湿的土壤 100 d（25℃，3 种类型）；无氧水分代谢 179 d（25℃，淤泥土壤）；土壤耗损 DT_{50} 4～53 d（12 种类型）。K_{oc} 351～894。土壤流动性研究显示移动低于 30 cm。

制剂 粉剂、颗粒剂、悬浮剂、可湿性粉剂、微囊悬浮剂等，具体如 24%悬浮剂、20%可湿性粉剂。

主要生产商 Nippon Soda、安道麦股份有限公司、西大华特生物科技有限公司、常熟力菱精细化工有限公司、河北赛丰生物科技有限公司、江苏宝灵化工股份有限公司、江苏快达农化股份有限公司、江苏仁信作物保护技术有限公司、京博农化科技有限公司、宁夏永农生物科学有限公司、山东科信生物化学有限公司、山东省青岛凯源祥化工有限公司、山西绿海农药科技有限公司、浙江禾本科技股份有限公司、中山凯中有限公司等。

作用机理与特点 促进鳞翅目幼虫蜕皮的新型仿生杀虫剂，对昆虫蜕皮激素受体（EcR）具有刺激活性。能引起昆虫，特别是鳞翅目幼虫的早熟，使其提早蜕皮致死。同时可控制昆虫繁殖过程中的基本功能，并具有较强的化学绝育作用。虫酰肼对高龄和低龄的幼虫均有效。幼虫取食虫酰肼后仅 6～8 h 就停止取食（胃毒作用），不再危害作物，比蜕皮抑制剂的作用更迅速，3～4 h 后开始死亡，对作物保护效果更好。无药害，对作物安全，无残留。

应用 对捕食螨类、食螨瓢虫、捕食黄蜂、蜘蛛等有益节肢动物无害，对环境安全。对鳞翅目害虫有特效，但对半翅目、鞘翅目等害虫效果较差。以 10～100 g(a.i.)/hm² 可有效地防治梨小食心虫、葡萄小卷蛾、甜菜夜蛾等。持效期长达 2～3 周。

（1）适用作物 能广泛用于果树、蔬菜、水稻等作物及森林，防治各种鳞翅目害虫等。

（2）防治对象 苹果卷夜蛾、松毛虫、甜菜夜蛾、美国白蛾、天幕毛虫、云杉毛虫、舞毒蛾、尺蠖、玉米螟、菜青虫、甘蓝夜蛾、黏虫。

（3）残留量与安全施药 防治水稻、水果、中耕作物、坚果类、蔬菜、葡萄及森林中的鳞翅目害虫，一般用量 45～300 g(a.i.)/hm²。

（4）应用技术 田间试验结果表明，以 144 g(a.i.)/hm² 剂量施用，对苹果蠹蛾防效极佳。在法国，在苹果小卷蛾发生严重的地区，第一次于卵孵期施药，直到害虫迁徙为止，施药 6 次，防效较好。意大利的试验表明，以 14.4 g(a.i.)/L 从孵卵期开始到收获前 1 周，每隔 14 d 施药一次，可有效地防治梨小食心虫。以 96 g(a.i.)/hm² 于卵孵期施药，可防治葡萄小卷蛾，防效优于标准药剂氰戊菊酯。喷施 1 周后，推迟用药会导致药害发生。以 96 g/hm² 施用，对甜菜夜蛾防效为 100%，持效期 2～3 周。

在落叶性果园及葡萄园中，最佳施药时间为卵孵期。

（5）使用方法 施药时应佩戴手套，避免药物溅及眼睛和皮肤。施药时严禁吸烟和饮食。喷药后要用肥皂和清水彻底清洗。对鸟无毒，对鱼和水生脊椎动物有毒，对蚕高毒，不要直接喷洒在水面，废液不要污染水源，在蚕、桑地区禁用此药。储藏于干燥、阴冷、通风良好的地方，远离食品、饲料，避免儿童接触。

防治甘蓝甜菜夜蛾：在害虫发生时，每亩用 24%虫酰肼悬浮剂 40 mL（有效成分 9.6 g），加水 10～15 L 喷雾。防治苹果卷叶蛾：在害虫发生时，用 24%虫酰肼 1200～2400 倍液或每 100L 水加 24%虫酰肼 41.6～83 mL（有效浓度 100～200 mg/L）喷雾。防治松树松毛虫：在松毛虫发生时，用 24%虫酰肼 1200～2400 倍液或每 100 L 水加 24%虫酰肼 41.6～83 mL（有效浓度 100～200 mg/L）。

专利与登记

专利名称　Insecticidal *N'*-substtuted-*N*,*N'*-diacylhydrazines

专利号　US 4985461　　　　专利公开日　1991-01-15

专利申请日　1985-10-21　　　优先权日　1985-10-21

专利拥有者　Rohm and Haas Company

在其他国家申请的化合物专利　ZA 8607921、BR 8605121、JP 62167747、JP 2509583、DK 8604835、CA 1281332、EP 236618、AT 60979、ES 2033235、HU 44122、HU 205535、IL 80369、AU 8664289、AU 597912、JP 08301832、JP 2730713 等。

制备专利　CN 1435411、EP 639559、EP 461809、EP 339854、GB 2231268、JP 62167747、JP 2002114612、JP 2001181112、JP 09100262、US 5424333、US 6013836、WO 2009099929、WO 2009002809、WO 2008154528、WO 9958155、WO 2002087334 等。

国内登记情况　95%、97%、98%原药，10%、20%、30%悬浮剂，20%可湿性粉剂等，登记作物为甘蓝和十字花科蔬菜等，防治对象甜菜夜蛾等。日本曹达株式会社在中国登记情况见表 2-24。

表 2-24　日本曹达株式会社在中国登记情况

商品名	登记证号	含量	剂型	登记作物	防治对象	用药量	施用方法
虫酰肼	PD245-98	95%	原药				
虫酰肼	PD363-2001	24%	悬浮剂	森林	马尾松毛虫	60～120 mg/kg	喷雾
				甘蓝	甜菜夜蛾	50～60mL/亩	喷雾

合成方法　虫酰肼的合成可以分为两步，第一步合成 *N*-(4-乙基苯甲酰基)-*N'*-叔丁基肼，第二步合成目标产物，方法如下：

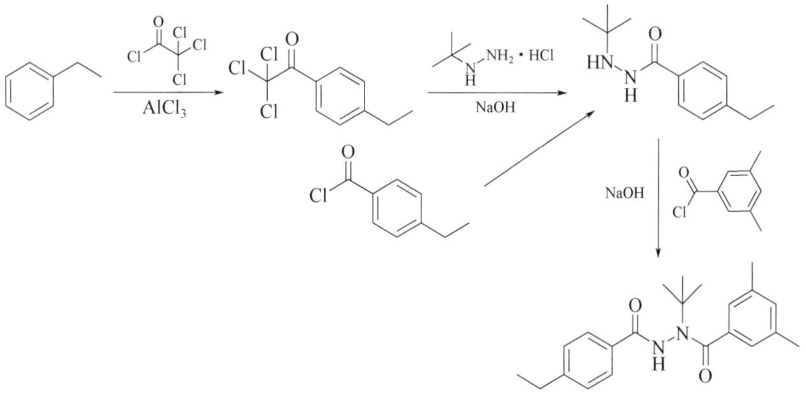

参考文献

[1] Proceedings of the Brighton Crop Protection Conference—Pests and diseases, 1996: 307-449.

[2] The Pesticide Manual. 17th edition: 1057-1058.

[3] Heller J J. 农药, 1994, 33(2): 33.

[4] 侯仲轲. 农药译丛, 1995, 17(6): 58.

除虫脲（diflubenzuron）

310.7，$C_{14}H_9ClF_2N_2O_2$，35367-38-5

除虫脲（试验代号：DU 112307、PH 60-40、PDD60-40-I、TH 6040、OMS 1804、ENT 29054，商品名称：敌灭灵、Adept、Bi-Larv、Device、Diflorate、Difuse、Dimax、Dimilin、Dimisun、Du-Dim、Forester、Indipendent、Kitinaz、Kitinex、Micromite、Patron、Vigilante）是由 Philips-Duphar B.V.（现属科聚亚公司）开发的苯甲酰脲类昆虫几丁质合成抑制剂。

化学名称 1-(4-氯苯基)-3-(2,6-二氟苯甲酰基)脲。英文化学名称为 1-(4-chlorophenyl)-3-(2,6-difluorobenzoyl)urea。美国化学文摘系统名称为 *N*-[[(4-chlorophenyl)amino]carbonyl]-2,6-difluorobenzamide。CA 主题索引名称为 benzamide —, *N*- [[(4-chlorophenyl)amino]carbonyl]-2,6-difluoro-。

理化性质 原药纯度≥95%，纯品为无色晶体（工业品为无色或黄色晶体）。熔点 223.5～224.5℃，沸点 257℃（$4×10^4$ Pa）。蒸气压 $1.2×10^{-4}$ mPa（25℃）。相对密度 1.57（20～25℃）。lgK_{ow} 3.8（pH 4），4.0（pH 8），3.4（pH 10）。Henry 常数≤$4.7×10^{-4}$ Pa•m^3/mol（计算值）。水中溶解度（20～25℃，pH 7）0.08 mg/L，有机溶剂中溶解度（g/L，20～25℃）：正己烷 0.063，甲苯 0.29，二氯甲烷 1.8，丙酮 6.98，乙酸乙酯 4.26，甲醇 1.1。水溶液对光敏感，但是固体在光下稳定。100℃下储存 1 d 分解量＜0.5%，50℃下 7 d 分解量＜0.5%。水溶液（20℃）在 pH 5 和 7 时稳定，DT_{50}＞180 d，pH 9 时 DT_{50} 32.5 d。

毒性 大、小鼠急性经口 LD_{50}＞4640 mg/kg，急性经皮 LD_{50}（mg/kg）：兔＞2000，大鼠＞10000。对皮肤、眼无刺激，对皮肤无致敏性。大鼠吸入 LC_{50}＞2.88 mg/L。大、小鼠和狗 NOEL（1 年）2 mg/(kg•d)。无"三致"。ADI/RFD（JMPR）0.02 mg/kg（2001），（JECFA 评估）0.02 mg/kg（1994）；（EC）0.012 mg/kg（2008）；（EPA）cRfD 0.02 mg/kg（1990，1997）。

生态效应 山齿鹑和野鸭急性经口 LD_{50}（14 d）＞5000 mg/kg，山齿鹑和野鸭饲喂 LC_{50}（8 d）＞1206 mg/kg 饲料。鱼类 LC_{50}（96 h，mg/L）：斑马鱼＞64.8，虹鳟鱼＞106.4（基于除虫脲 WG-80）。水蚤 LC_{50}（48 h）0.0026 mg/L（基于除虫脲 WG-80）。羊角月牙藻 NOEC 100 mg/L（基于除虫脲 WG-80）。对蜜蜂和食肉动物无害，LD_{50}（经口和接触）＞100 μg/只。蚯蚓 NOEC≥780 mg/kg 土壤。

环境行为 ①动物。大鼠经口给药后，部分药物结构不变以粪便形式排出（80%），部分是羟基化代谢物，以及 4-氯苯基脲和 2,6-二氟苯甲酸（20%）。肠道吸收很大程度上取决于给药剂量的多少，给药量越多粪便排除的药就越多。②植物。非内吸性，植物无代谢。③土壤/环境。除虫脲能被土壤/复杂腐殖质酸吸收，几乎无流动性（K_{foc} 1983～6918 mL/g）。在有氧条件下土壤中可快速代谢，DT_{50}（20℃，pH 2）2～6.7 d，主要代谢产物是 4-氯苯基脲（CPU）和 2,6-二氟苯甲酸（DFBA），DT_{50}（pH 9，25℃）32.5 d，有氧条件下在水/沉积物体系中保持的时间相对较久，主要代谢物亦为 CPU 和 DFBA，DT_{50}（20℃）3.7～5.4 d。在环境中不易进行生物降解。

制剂 颗粒剂（10 g/kg 或 40 g/kg）、热雾剂（450 g/L）、油悬浮剂、悬浮剂、超低容量液剂、水分散粒剂、可湿性粉剂。

主要生产商　Agria、Chemtura、爱利思达生物化学品有限公司、安徽富田农化有限公司、安徽广信农化股份有限公司、德州绿霸精细化工有限公司、河北威远生物化工有限公司、河南省安阳市安林生物化工有限责任公司、河南省春光农化有限公司、鹤壁全丰生物科技有限公司、吉林省通化农药化工股份有限公司、江苏瑞邦农化股份有限公司、江苏省农用激素工程技术研究中心有限公司、江苏苏滨生物农化有限公司、江阴苏利化学股份有限公司、京博农化科技有限公司、连云港市金囤农化有限公司、山东潍坊润丰化工股份有限公司、上海生农生化制品股份有限公司、上虞颖泰精细化工有限公司、泰州百力化学股份有限公司等。

作用机理与特点　几丁质合成抑制剂。阻碍昆虫表皮的形成，这一抑制行为非常专一，对一些生化过程，比如，真菌几丁质的合成，鸡、小鼠和大鼠体内透明质酸和其他黏多糖的形成均无影响。除虫脲是非系统性的触杀和胃毒行动的昆虫生长调节剂，昆虫蜕皮或卵孵化时起作用。对有害昆虫天敌影响较小。

应用

（1）适用作物　棉花、大豆、柑橘、茶叶、菌类作物、蔬菜、蘑菇、苹果和玉米等。

（2）防治对象　防治大田、蔬菜、果树和林区的黏虫、棉铃虫、棉红铃虫、菜青虫、苹果小卷蛾、墨西哥棉铃象、松异舟蛾、舞毒蛾、木虱等，残效期 12～15 d。水面施药可防治蚊幼虫。也可用于防治家蝇、厩螫蝇、羊身上的虱子。

（3）使用方法　除虫脲通常使用剂量为 25～75 g/hm^2。以 0.01%～0.015%剂量使用，对苹果蠹蛾，潜叶虫和其他食叶害虫防效最佳；在 0.0075%～0.0125%剂量下，可有效防治柑橘锈螨；50～150 g/hm^2 可有效防治棉花、黄豆和玉米害虫；防治动物房中蝇蛆使用量为 0.5～1 g/m^2；防治蝗虫和蚱蜢使用剂量为 60～67.5 g/hm^2。

（4）应用技术　①防治菜青虫、小菜蛾，在幼虫发生初期，每亩用 20%悬浮剂 15～20 g，对水喷雾。也可与拟除虫菊酯类农药混用，以扩大防治效果。②防治斜纹夜蛾，在产卵高峰期或孵化期，用 20%悬浮剂 400～500 mg/L 的药液喷雾，可杀死幼虫，并有杀卵作用。③防治甜菜夜蛾，在幼虫初期用 20%悬浮剂 100 mg/L 喷雾。喷洒要力争均匀、周到，否则防效差。

（5）注意事项　①施用该药时应在幼虫低龄期或卵期。②施药要均匀，防治有的害虫时对叶背也要喷雾。③配药时要摇匀，不能与碱性物质混合。④贮存时要避光，放于阴凉、干燥处。⑤施用时注意安全，避免眼睛和皮肤接触药液，如发生中毒时可对症治疗，无特殊解毒剂。

专利与登记

专利名称　Insecticidal urea or thiourea derivatives

专利号　DE 2123236　　　　　专利公开日　1971-12-02

专利申请日　1971-05-11　　　优先权日　1971-05-11

专利拥有者　N. V. Philips' Gloeilampenfabrieken

在其他国家申请的化合物专利　NL 7007040、NL 160809、ZA 7103035、AT 309894、IL 36833、DK 132753、SE 385119、CH 596758、CH 597166、CH 602609、BE 767161、ES 391147、JP 52018255、FR 2091640、US 3748356、GB 1324293、SU 436461、US 3933908、ES 418579、US 3989842、JP 50105629、JP 53043952、JP 50105630、JP 54000900、US 4013717、US 4166124、US 4110469、US 4607044、US 4833151、US 5142064、US 4920135、US 5245071、US 5342958 等。

制备专利　CN 104876859、CN 103704233、CN 102180813、CN 101906070、CN 101293858、CN 101209992、WO 2007116948、WO 2007066496、WO 2007059663、CN 1903838、RO 91730、

JP 61229857、EP 176868、JP 60193960、EP 116103、EP 88343、JP 58029767、EP 56124、EP 52833 等。

国内登记情况　95%、97.9%、98%原药，25%、75%、5%可湿性粉剂，20%、40%悬浮剂，5%乳油等，登记作物为甘蓝、柑橘树、小麦、苹果树和森林等，防治对象菜青虫、锈壁虱、潜叶蛾、黏虫、金纹细蛾和松毛虫等。爱利思达生物化学品有限公司在中国登记情况见表 2-25。

表 2-25　爱利思达生物化学品有限公司在中国登记情况

登记名称	登记证号	含量剂型	登记作物	防治对象	用药量	施用方法
除虫脲	PD117-90	25%可湿性粉剂	甘蓝	菜青虫	50~63 g/亩	喷雾
			柑橘树	潜叶蛾	2000~4000 倍液	喷雾
			柑橘树	锈壁虱	3000~4000 倍液	喷雾
			苹果树	金纹细蛾	1000~2000 倍液	喷雾
			森林	松毛虫	①4150~6250 倍液；②8~12 g/亩	①喷雾；②超低容量喷雾
			小麦	黏虫	6~20 g/亩	喷雾
除虫脲	PD260-98	97.9%原药				

合成方法　通过如下两种方法可以制得除虫脲。

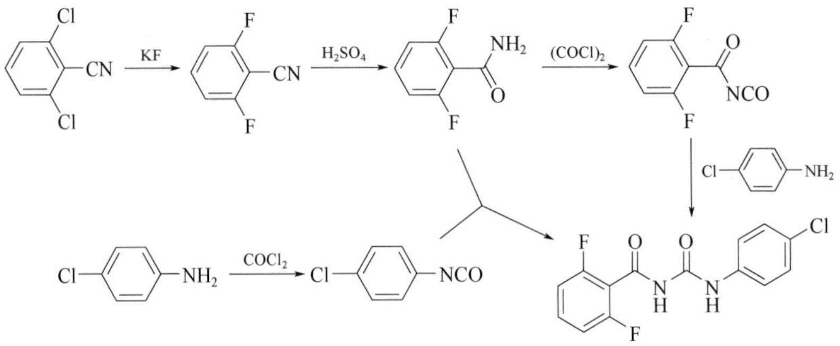

参考文献

[1] The Pesticide Manual. 17 th edition: 347-349.

[2] 于登博，张平南. 农药, 2000, 39(3): 16.

[3] 万国林，景崎壁. 广东化工, 2012, 39(6): 27+24.

三氟甲吡醚（pyridalyl）

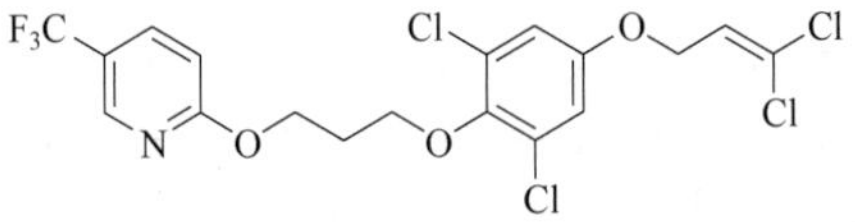

491.1，$C_{18}H_{14}Cl_4F_3NO_3$，179101-81-6

三氟甲吡醚（试验代号：S-1812，商品名：Plea、Pleo、Sumipleo、速美效、宽帮 1 号，其他名称：啶虫丙醚）是日本住友化学株式会社开发的新型含吡啶基团的二氯丙烯醚类杀虫剂。

化学名称　2,6-二氯-4-(3,3-二氯丙烯氧基)苯基-3-[5-(三氟甲基)-2-吡啶氧基]丙醚。英文化学名称为 2,6-dichloro-4-(3,3-dichloroallyloxy)phenyl-3-[5-(trifluoromethyl)-2-pyridyloxy] propylether。美国化学文摘系统名称 2-[3-[2,6-dichloro-4-[(3,3-dichloro-2-propenyl)oxy]phenoxy] propoxy]-5-(trifluoromethyl)pyridine。CA 主题索引名称 pyridine —, 2-[3-[2,6-dichloro-4-[(3,3-dichloro-2-propenyl)oxy]phenoxy]propoxy]-5-(trifluoromethyl)-。

理化性质　外观为黄色液体，有香味。熔点<-17℃，沸点227℃（分解），相对密度（20～25℃）1.44，蒸气压（20℃）6.24×10^{-5} mPa，$\lg K_{ow}$ 8.1，水中溶解度（20～25℃）1.5×10^{-4} mg/L，有机溶剂中溶解度（g/L，20～25℃）：正辛醇、乙腈、N,N'-二甲基甲酰胺（DMF）、正己烷、二甲苯、氯仿、丙酮、乙酸乙酯>1000，甲醇>500。在酸性、碱性溶液（pH 5、7、9 缓冲液）中稳定。pH 7 缓冲液中半衰期为4.2～4.6 d。闪点111℃（1.012×10^5 Pa）。

毒性　大鼠（雄、雌）急性经口、经皮$LD_{50}>5000$ mg/kg。大鼠吸入LC_{50}（4 h）>2.01 mg/L，对家兔眼睛轻度刺激性，对皮肤无刺激性；对豚鼠皮肤有致敏性。2 代大鼠 NOAEL 2.80 mg/(kg·d)。ADI（FSC）0.028 mg/kg bw（2004），（EPA）0.034 mg/kg bw（2008）。

生态效应　鸟饲喂LC_{50}（mg/L）：山齿鹑1133，野鸭>5620。虹鳟鱼急性LC_{50}（96 h）0.50 mg/L，水蚤EC_{50}（48 h）3.8 mg/L，中肋骨条藻EC_{50}（72 h）>150 μg/L，蜜蜂LD_{50}（48 h，经口和接触）>100 μg/只。蚯蚓$LC_{50}>2000$ mg/kg 土壤。对多种有益节肢动物低毒。在100 mg/L 对稻螟赤眼蜂、普通草蛉、异色瓢虫、东亚小花蝽及智利小植绥螨无害。LR_{50}[g(a.i.)/hm², 48 h]蚜茧蜂457.6、梨盲走螨>600。

环境行为　①动物。大鼠和山羊经口，主要通过粪便排出体外。代谢主要是二氯丙烯醚键的断裂。②植物。通过对国内甘蓝、马铃薯和草莓施药后，在植物体内流动性不明显，植物体内的部分代谢也是部分的二氯丙烯醚键的断开。③土壤环境。土壤中DT_{50} 93～182 d；降解主要是二氯丙烯醚键的断开，然后是苯酚的甲基化，同时断裂成吡啶酚，土壤中无流动性，K_d 2473～3848，K_{oc} 402000～2060000。

制剂　10%、48%、50%乳油，35%可湿性粉剂，10%悬浮剂。

主要生产商　Sumitomo Chemical、山东海利尔化工有限公司等。

作用机理与特点　其化学结构独特，属二卤丙烯类杀虫剂。不同于现有的其他任何类型的杀虫剂，对蔬菜和棉花上广泛存在的鳞翅目害虫具有卓效活性。同时，它对许多有益的节肢动物影响最小，所以有望成为害虫综合治理项目中的得力成员。该化合物对小菜蛾的敏感品系和抗性品系也表现出高的杀虫活性。除此之外，三氟甲吡醚对蓟马和双翅目的潜叶蝇也具有杀虫活性。

应用

（1）适用作物　甘蓝、萝卜、莴苣、茄子、青椒、洋葱、草莓、果树、棉花等。

（2）防治对象　小菜蛾、小菜粉蝶、甘蓝菜蛾、斜纹夜蛾、棉铃虫、棕榈蓟马、烟蓟马、稻纵卷叶螟等。

（3）残留量　叶类蔬菜 4 组，不包括芸薹类：20 mg/L；芸薹，头、茎、亚组 5A：3.5 mg/L；果类蔬菜 8 组：1.0 mg/L；绿芥末：30 mg/L；绿芜菁：30 mg/L。

（4）应用技术　使用药量为有效成分 75～105 g/hm²（折成 100 g/L 乳油商品量为 50～70 mL/亩，一般对水 50 kg 稀释），于小菜蛾低龄幼虫期开始喷药。在推荐的试验剂量下未见对作物产生药害，对作物安全。

（5）使用方法　喷雾。持效期为 7 d 左右，耐雨水冲刷效果好。

在日本，三氟甲吡醚已经或正在登记用于防治农业上的害虫。经田间药效试验结果表明：

10%三氟甲吡醚对小菜蛾防治效果优良，使用 150.0 g(a.i.)/hm² 和 112.5 g(a.i.)/hm² 处理，在施药后 3 d 的防效分别为 91.58%、89.46%，10 d 达到 96.81%、95.94%，均明显高于对照药剂 2%甲氨基阿维菌素苯甲酸盐乳油和 2.5%溴氰菊酯乳油的防效。说明三氟甲吡醚 100 g/L 乳油对大白菜、甘蓝的小菜蛾有较好的防治效果。

三氟甲吡醚对鳞翅目害虫的生物活性与耐药性见表 2-26、表 2-27。

表 2-26　三氟甲吡醚对鳞翅目害虫的生物活性

名称	生长阶段	试验方法	实验时间/d	LC_{50}/[mg(a.i.)/L]
稻纵卷叶螟	L3	喷雾	5	1.55
棉铃虫	L3	浸叶	5	1.36
烟夜蛾	L2	浸叶	5	3.23
烟芽夜蛾	L2	浸叶	5	4.29
甘蓝夜蛾	L3	喷雾	5	1.98
甜菜夜蛾	L3	浸叶	5	0.93
斜纹夜蛾	L3	喷雾	5	0.77
菜青虫	L2	喷雾	5	3.02
小菜蛾	L3	浸叶	3	4.48

注：L2 和 L3 指昆虫发育的二、三阶段。

表 2-27　小菜蛾对不同农药品种的耐药性比较

杀虫剂	类别	LC_{50}/[mg(a.i.)/L]	
		耐药性	敏感性
三氟甲吡醚		2.6	4.7
氟氯氰菊酯	拟除虫菊酯	>500	3.7
甲基嘧啶磷	有机磷	>450	12.0
定虫隆	苯甲酰脲	>25	3.4

（6）注意事项　该药对蜜蜂为低毒，鸟为低（或中等）毒，鱼为高毒，家蚕为中等毒。对天敌及有益生物影响较小。本剂对蚕有影响，勿喷洒在桑叶上，在桑园及蚕室附近禁用。注意远离河塘等水域施药，禁止在河塘等水域中清洗药器具，不要污染水源。

专利与登记

专利名称　Dihalopropene compounds，insecticidal/acaridial agents containing same，and intermediates for their production

专利号　WO 9611909　　　　专利公开日　1996-04-25

专利申请日　1995-10-12　　　优先权日　1994-10-14

专利拥有者　Sumitomo Chemical Co

在其他国家申请的化合物专利　AT 191477、AU 692930、AU 3672895、CA 2202495、CN 1217933、CN 1088061、CN 1169147、CN 1318535、CN 1654455、CZ 9701060、DE 69516160、DK 785923、EG 21672、EP 0785923、ES 2145301、GR 3033311、HU 225938、IL 115597、MX 9702635、OA 10412、RU 2158260、SK 45097、US 6071861、US 5922880 等。

制备专利　JP 2003335757、US 6590104、CN 109384713、JP 09194418、WO 9604228、WO 9633160、WO 2004002943、WO 2004020445、WO 2004052816、WO 2004113273、WO

2006130403 等。

　　国内登记情况　91%原药，10.5%乳油等，登记作物为甘蓝等，防治对象小菜蛾等。日本住友化学株式会社在中国登记了 91%原药及 10.5%乳油用于防治蓝小菜蛾，见表 2-28。

表 2-28　日本住友化学株式会社在中国登记情况

商品名	登记证号	含量	剂型	登记作物	防治对象	用药量	施用方法
三氟甲吡醚	PD20110255	10.5%	乳油	甘蓝	小菜蛾	75～105 g/hm^2	喷雾
三氟甲吡醚	LS20071625	91%	原药				

合成方法　可通过如下反应制得目的物：

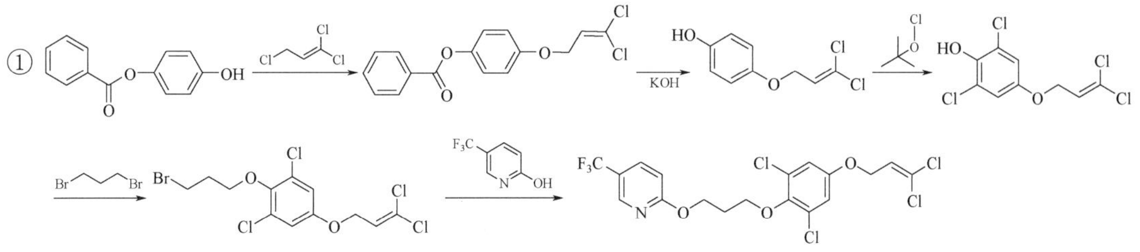

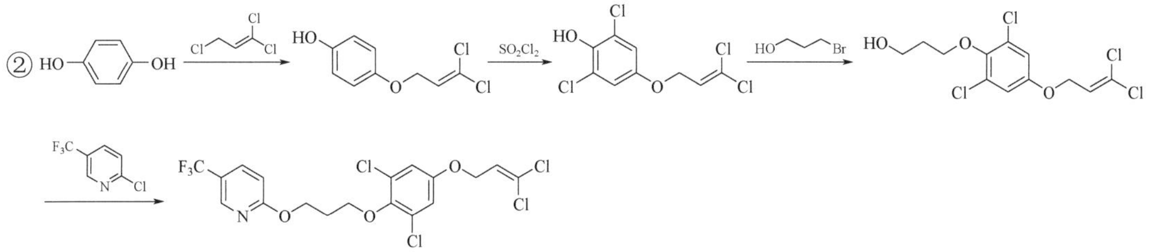

参考文献

[1] The BCPC Conference—Pests & Diseases, 2002, 1: 33-38.

[2] The Pesticide Manual. 17th edition: 971-972.

[3] 程志明. 世界农药, 2004, 26(4): 6-10.

[4] 刘安昌, 陈露, 邹晓东, 等. 现代农药, 2014, 13(3): 28-29+32.

[5] 谷旭林, 杨桂秋, 梁松军, 等. 现代农药, 2012, 11(3): 15-17+27.

多氟脲（noviflumuron）

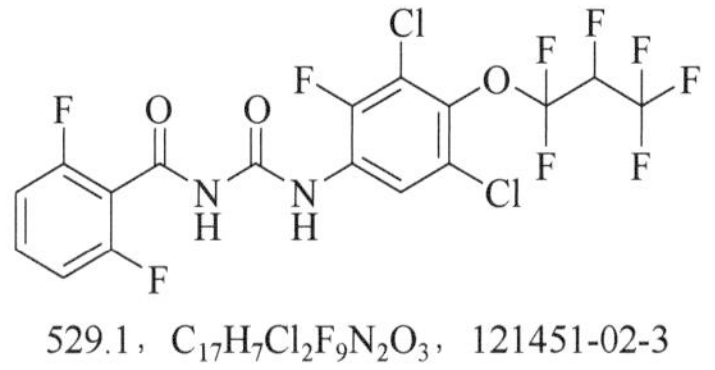

529.1，$C_{17}H_7Cl_2F_9N_2O_3$，121451-02-3

　　多氟脲（试验代号：XDE-007、XR-007、X-550007，商品名称：Recruit Ⅲ、Recruit Ⅳ、Sentricon）是美国陶氏益农公司开发的苯甲酰脲类杀虫剂。

　　化学名称　(RS)-1-{3,5-二氯-2-氟-4-[1,1,2,3,3,3-六氟丙氧基]苯基}-3-(2,6-二氟苯甲酰)

脲。英文化学名称(*RS*)-1-[3,5-dichloro-2-fluoro-4-(1,1,2,3,3,3-hexafluoropropoxy)phenyl]-3-(2,6-difluorobenzoyl)urea。美国化学文摘系统名称 *N*-[[[3,5-dichloro-2-fluoro-4-(1,1,2,3,3,3-hexa-fluoropropoxy)phenyl]amino]carbonyl]-2,6-difluorobenzamide。CA 主题索引名称 benzamide —, *N*-[[[3,5-dichloro-2-fluoro-4-(1,1,2,3,3,3-hexafluoropropoxy)-phenyl]amino]carbonyl]-2,6-difluoro-。

理化性质 浅褐色固体。熔点 156.2℃。蒸气压 7.19×10^{-8} mPa（25℃），lgK_{ow} 4.94。相对密度 1.88（20～25℃）。水中溶解度（20～25℃，pH 6.65）0.194 mg/L，有机溶剂中溶解度（g/L，20～25℃）：丙酮 425，乙腈 44.9，1,2-二氯乙烷 20.7，乙酸乙酯 290，庚烷 0.068，甲醇 48.9，正辛醇 8.1，对二甲苯 93.3。分解率＜3%（50℃，16 d），在 pH 5～9 下稳定。250℃分解。无爆炸性，不易被氧化。

毒性 大鼠急性经口 LD_{50}＞5000 mg/kg，兔急性经皮 LD_{50}＞5000 mg/kg，大鼠吸入 LC_{50}＞5.24 mg/L。NOEL：对雄贝高犬（1 年）为 0.003%（日进食量 0.74 mg/kg），对雌贝高犬（1 年）为 0.03%（日进食量 8.7 mg/kg）；对大鼠（2 年）日进食量为 1.0 mg/kg。对小鼠（18 个月）日进食量为 0.5 mg/kg。NOAEL 值：雄鼠日进食量 3 mg/kg，雌鼠日进食量 30 mg/kg。

生态效应 山齿鹑急性经口 LD_{50}（14 d）＞2000 mg/kg，对山齿鹑饲养 10 d 的 LC_{50}＞4100 mg/kg，对野鸭饲养 8 d 的 LC_{50}＞5300 mg/kg。虹鳟鱼 LC_{50}（96 h）＞1.77 mg/L，大翻车鱼 LC_{50}（96 h）＞1.63 mg/L。NOEC：虹鳟鱼≥1.77 mg/L，大翻车鱼＞1.63 mg/L。水蚤 EC_{50}（48 h）311 ng/L。藻类：淡水绿藻虾 EC_{50}（96 h）＞0.75 mg/L。蜜蜂无毒，LD_{50}（48 h）＞0.1 μg/只（经口和接触）。对蚯蚓无毒，LC_{50}（14 d）＞1000 mg/kg。

环境行为 在土壤中，多氟脲能慢慢降解，DT_{50} 200～300 d（黑暗条件，25℃）。在水溶液中，多氟脲易吸附在玻璃器皿、沉淀物和有机材料上。在 pH 7 的缓冲溶液和天然水中多氟脲分解速度很慢。在空气中，DT_{50} 1.2 d（按白天 12 h 计算）。多氟脲具有短时间的半衰期和低的蒸气压，可知其在空气中有低的浓度。

制剂 饵剂。

主要生产商 Corteva。

作用机理 抑制几丁质的合成。白蚁接触后就会渐渐死亡，因为白蚁不能蜕皮进入下一龄。主要是破坏白蚁和其他节肢动物的独有酶系统。

应用 作为白蚁诱饵。

专利与登记 1988 年汽巴-嘉基公司申请了多氟脲专利，但并没有杀虫活性数据，1997 年陶氏益农公司申请该类化合物专利并产业化。

（1）专利名称 Preparation of *N*-benzoyl-*N*'-2,3,5-trihalo-4-haloalkoxyphenylureas as pesticides

专利号 DE 3827133　　　　专利公开日 1989-02-23

专利申请日 1988-8-10　　　　优先权日 1987-08-13

专利拥有者 Ciba-Geigy A.-G., Switz

（2）专利名称 Preparation of benzoylphenylurea insecticides to control cockroaches, ants, fleas, and termites

专利号 WO 9819542　　　　专利公开日 1998-05-14

专利申请日 1997-10-17　　　　优先权日 1996-11-08

专利拥有者 Dow Agrosciences

在其他国家申请的化合物专利 AU 2000071752、AU 750562、AU 732704、AU 4979797、CA 2271821、CN 1163144、CN 1181879、DE 69719533、EP 0936867、ES 2188921、HK 1010817、ID 18087、MX 9904980、US 5886221、US 6025397、US 6245816、US 6303657、WO 9819542、

ZA 9710057 等。

制备专利　US5886221 等。

2003 年在美国登记。美国陶氏益农公司在中国登记了 95%原药和 0.5%饵剂用于防除白蚁。

合成方法　经如下反应制得多氟脲：

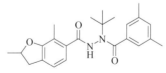

参考文献

[1] The Pesticide Manual. 17 th edition: 807-808.

呋喃虫酰肼（fufenozide）

394.5，C_{24}H_{30}N_2O_3，467427-80-1

呋喃虫酰肼（试验代号：JS118，商品名称：福先）是江苏省农药研究所股份有限公司暨国家南方农药创制中心江苏基地自主创制发明的双酰肼类杀虫剂。

化学名称　N'-叔丁基-N'-(3,5-二甲基苯甲酰基)-2,7-二甲基-2,3-苯并呋喃-6-甲酰肼。英文化学名称为 N'-*tert*-butyl-N'-(3,5-dimethylbenzoyl)-2,7-dimethyl-2,3-dihydrobenzofuran-6-carbohydrazide。

理化性质　白色粉末状固体，熔点 146.0～148.0℃。蒸气压＜9.7×10⁻⁸ Pa（20℃）。溶于有机溶剂，不溶于水。

毒性　大鼠急性经口 LD_{50}＞5000 mg/kg（雄、雌），大鼠急性经皮 LD_{50}＞5000 mg/kg（雄、雌），属微毒类农药。对眼和皮肤无刺激性。Ames 试验无致基因突变作用。

生态效应　对 10%悬浮剂进行了鱼、蜜蜂、鹌鹑、家蚕等 4 种环境生物的毒性试验，结果如下：斑马鱼 LC_{50}（96 h）48 mg/L；蜜蜂 LC_{50}（48 h）＞500 mg/L；鹌鹑 LC_{50}（7 d）＞5000 mg/kg 体重；家蚕 LC_{50}（2 龄）0.7 mg/kg 桑叶。

环境行为　根据农药对环境生物的急性毒性及风险评价分级标准，10%呋喃虫酰肼悬浮剂对鱼、蜜蜂、鸟均为低毒，对家蚕高毒；对蜜蜂低风险，对家蚕极高风险，桑园附近严禁使用。

175

制剂 10%悬浮剂。

主要生产商 江苏省农药研究所股份有限公司。

作用机理与特点 呋喃虫酰肼为酰肼类化合物，是一类作用机理比较独特的杀虫剂，属于昆虫生长调节剂。该药通过模拟昆虫蜕皮激素发挥作用，甜菜夜蛾等幼虫取食后 4～16 h 开始停止取食，随后开始蜕皮。24 h 后，中毒幼虫的头壳早熟开裂，蜕皮过程停止，幼虫头部与胸部之间具有淡色间隔，引起早熟、不完全的蜕皮。出现的外部形态变化有头壳裂开露出表皮没有鞣化和硬化的新头壳，经常形成"双头囊"，不表现出蜕皮或蜕皮失败，直肠突出，血淋巴和蜕皮液流失，末龄幼虫则形成幼虫-蛹的中间态等。中毒幼虫排出后肠，使血淋巴和蜕皮液流失，并导致幼虫脱水和死亡。呋喃虫酰肼主要具有胃毒作用，兼有触杀作用。另外，呋喃虫酰肼的作用位点和作用方式与有机磷类、菊酯类完全不同，故对抗性害虫也表现出高活性。

呋喃虫酰肼作用方式研究结果表明，该药剂具有胃毒、触杀、拒食等活性，其作用方式以胃毒为主，其次为触杀活性，但在胃毒和触杀活性同时存在时，综合毒力均高于两种分毒力（表 2-29）。

表 2-29　呋喃虫酰肼对棉铃虫胃毒、触杀和综合毒力的测定

测试方法	作用方式	毒力基线	LD$_{50}$/(μg/虫)	相对毒力指数
点滴法	触杀	$Y = 0.3706 + 1.3634X$	2.486	1
点滴叶碟法	胃毒	$Y = 5.193 + 0.8889X$	0.606	4.1
综合法（点滴法+点滴叶碟法）	触杀+胃毒	$Y = 5.806 + 2.570X$	0.4856	5.1

注：相对毒力 = 触杀 LD$_{50}$/胃毒 LD$_{50}$ 或触杀 LD$_{50}$/综合 LD$_{50}$。

应用

（1）适用作物　十字花科蔬菜、茶树等。

（2）防治对象　对甜菜夜蛾、斜纹夜蛾、小菜蛾、茶尺蠖和各类螟虫等鳞翅目害虫有优异的防治效果。

（3）应用技术　①产品的安全间隔期为 14 d，每个作物周期的最多使用次数为 2 次。②本品属昆虫生长调节剂，与拟除虫菊酯类、氨基甲酸酯类、吡唑等杂环类杀虫杀螨剂均不存在交互抗性，建议与其他作用机制不同的药剂轮换使用。③本品对家蚕极高风险，对蜜蜂低风险。蜜源作物花期、桑园附近严禁使用。④使用本品时应穿防护服和戴手套，避免吸入药液。施药期间不可吃东西和饮水。施药后应及时洗手和洗脸。

大田药效试验表明 10%呋喃虫酰肼悬浮剂用量在 10 g/亩、8 g/亩、5 g/亩时，对甜菜夜蛾和小菜蛾均有很好的防治效果。防治十字花科蔬菜上的甜菜夜蛾，使用剂量为 60～100 g/hm^2；防治茶树上的茶尺蠖时使用剂量为 50～60 g/hm^2。

（4）注意事项　①本品宜在甜菜夜蛾及茶尺蠖卵孵化盛期及低龄幼虫期施药，施药时必须均匀，若害虫龄期复杂，可于喷药后 5～7 d 再喷一次。②若喷药后 6 h 内遇雨，需天晴后补喷一次。③大风天或预计 1 h 内降雨，请勿施药。

专利与登记

专利名称　作为杀虫剂的二酰基肼类化合物及制备此种化合物的中间体以及它们的制备方法

专利号　CN 1313276　　　　　　专利公开日　2001-09-19

专利申请日　2001-03-26　　　　　优先权日　2001-03-26

专利拥有者　江苏省农药研究所

制备专利　CN 1313276、CN 109776464。

江苏省农药研究所股份有限公司登记了 98%原药，10%悬浮剂，登记作物为甘蓝等，防治对象甜菜夜蛾等。

合成方法　呋喃虫酰肼合成如下：

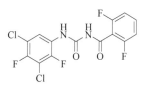

参考文献

[1] 张湘宁. 世界农药, 2005, 27(4): 48-49.

[2] 新编农药商品手册. 北京: 化学工业出版社, 2006.

[3] 张湘宁, 李玉峰, 倪珏萍, 等. 农药, 2003(12): 18-20.

[4] 李翔, 胡嘉斌, 田建刚, 等. 现代农药, 2009, 8(2): 20-22.

氟苯脲（teflubenzuron）

381.1，$C_{14}H_6Cl_2F_4N_2O_2$，83121-18-0

氟苯脲（试验代号：CME 134、MK-139、CME-13406，商品名称：Calicide、Dart、Diaract、Gospel、Mago、Nemolt、Nobelroc、Nomolt、Teflurate、农梦特，其他名称：伏虫隆、特氟脲、四氟脲）是由 Celamerck（现属 BASF）公司开发的苯甲酰脲类杀虫剂。

化学名称　1-(3,5-二氯-2,4-二氟苯基)-3-(2,6-二氟苯甲酰基)脲。英文化学名称为 1-(3,5-dichloro-2,4-difluorophenyl)-3-(2,6-difluorobenzoyl)urea。美国化学文摘系统名称为 *N*-[[(3,5-dichloro-2,4-difluorophenyl)amino]carbonyl]-2,6-difluorobenzamide。CA 主题索引名称为 benzamide —, *N*-[[(3,5-dichloro-2,4-difluorophenyl)amino]carbonyl]-2,6-difluoro-。

理化性质　白色或淡黄色晶体，熔点 218.8℃。蒸气压 $1.3×10^{-5}$ mPa（25℃）。$\lg K_{ow}$ 4.3。

相对密度 1.662（20～25℃）。水中溶解度（mg/L, 20℃）：<0.01（pH 5），<0.01（pH 7），0.11（pH 9）。有机溶剂中溶解度（g/L, 20～25℃）：丙酮 10，乙醇 1.4，二甲基亚砜 66，二氯甲烷 1.8，环己酮 20，环己烷 0.05，甲苯 0.85。稳定性：在室温下储存 2 年不分解。水解 DT_{50}（25℃）：30 d（pH 5），10 d（pH 9）。

毒性 大、小鼠急性经口 $LD_{50}>5000$ mg/kg，大鼠急性经皮 $LD_{50}>2000$ mg/kg，对兔的皮肤和眼睛无刺激，对皮肤无致敏性。大鼠吸入 LD_{50}（4 h）>5058 mg（灰尘）$/m^3$。NOEL[mg/(kg·d)，90 d]：大鼠 8，狗 4.1。ADI/RfD：（JMPR）0.01 mg/kg，（EPA）0.02 mg/kg。无"三致"。

生态效应 鹌鹑急性经口 $LD_{50}>2250$ mg/kg，饲喂鹌鹑和野鸭 $LC_{50}>5000$ mg/kg。对鳟鱼 LD_{50}（96 h）>4 mg/L，鲤鱼 LD_{50}（96 h）>24 mg/L。对水蚤 LD_{50}（28 d）0.001 mg/L。在推荐剂量下，对蜜蜂没有毒性，LD_{50}（经皮）>1000 μg/只。对捕食性和寄生的节肢动物等天敌低毒。

环境行为 ①动物。大鼠经口后，氟苯脲及其代谢物很快以粪便和尿形式排出体外。②植物。对本产品无吸收、降解能力。③土壤/环境。在土壤中 DT_{50} 为 2～12 周，很快被微生物降解为 3,5-二氯-2,4-二氟苯基脲。

制剂 5%乳油、150 g/L 胶悬剂。

主要生产商 BASF。

作用机理与特点 氟苯脲作用机理主要是抑制几丁质合成和干扰内表皮的形成，新生表皮不能保持蜕皮、羽化时所必需的肌肉牵动而使昆虫致死。故氟苯脲在害虫的孵化期、蜕变期、羽化期均有活性。该药在植物上无渗透作用，残效期长，引起害虫致死的速度缓慢。该药具有胃毒、触杀作用，无内吸作用，属低毒杀虫剂，对鱼类和鸟类低毒，对蜜蜂无毒，对作物安全。对有机磷、拟除虫菊酯等产生抗性的鳞翅目和鞘翅目害虫有特效，宜在卵期和低龄幼虫期应用，对叶蝉、飞虱、蚜虫等刺吸式害虫无效。

（1）杀虫作用缓慢 因为氟苯脲的杀虫活性表现在抑制昆虫几丁质的生物合成上，所以需要较长的作用时间。氟苯脲处理后，昆虫致死所需时间随生长阶段而异。以鳞翅目害虫为例（表 2-30）。

表 2-30 氟苯脲对鳞翅目害虫的杀虫活性

施药虫期	昆虫致死所需时间/d	控制时期
成虫（雌）	5～15	产卵或孵化
卵	1～10	卵孵化或初龄幼虫蜕变
幼虫（初龄）	2～7	蜕变成下一龄幼虫
幼虫（老龄）	3～15	蛹化或羽化

从表 2-30 可以看出，虽然氟苯脲在初龄幼虫直至成虫期用药都有较好的防效，但因老龄幼虫对作物危害比幼龄严重，故宜早期施药。

（2）种专效性 氟苯脲防治害虫的效果，因昆虫种类而异。一般对鳞翅目、鞘翅目等全变态昆虫活性较高，对不完全变态昆虫如蚜、叶蝉等刺吸式口器害虫效果较差。

（3）无植物内吸性 氟苯脲不能通过植物的叶或根进入植物体内，所以对取食新生叶的害虫没有活性。

（4）持效长 实验室试验证实，药剂持效长达 1 个月左右，比常规杀虫剂长，适用于灵活地防治各种害虫。

（5）对作物安全　按规定剂量在水稻、蔬菜、水果和其他旱田作物施用，未发现任何药害。

（6）对益虫安全　氟苯脲对益虫的安全性评价尚未完全结束，但据田间试验已可确信，对捕食性螨类、蜜蜂和其他有益节肢动物都很安全。

该昆虫生长调节剂缺乏击倒的功能，对于鳞翅目昆虫，最有利的施药时间是成蛾后具有最大飞行能力时。这样可以确保一旦第一代幼虫孵化和进食，就有杀虫药剂的喷雾液沉淀物的存在。防治鞘翅目害虫的幼虫，应在一发现成虫时即喷洒药剂。在田间条件下活性能持续数周。但是仍应维持在 3～4 周间隔内喷洒 1 次，使受保护的作物在迅速生长期间免受虫害。

应用

（1）适用作物　用于葡萄，梨果，核果，柑橘类水果，马铃薯，蔬菜，大豆，树木，高粱，烟草和棉花。

（2）防治对象　用于控制鳞翅目、鞘翅目、双翅目、膜翅目、半翅目（粉虱科、木虱科）幼虫，用量在 50～225 g/hm^2。也能防治苍蝇、蚊子。该药对鳞翅目害虫的活性强，在卵的孵化、幼虫蜕皮和成虫的羽化时发挥杀虫效果，特别是在幼虫阶段所起的作用更大。对蚜虫、飞虱、叶蝉等刺吸式口器害虫几乎没有防效。本品还可用于防治大多数幼龄期的飞蝗。

（3）残留量与安全施药　在土壤中迅速分解，在有机物含量高的沙土中 2 周后和在沙壤土中 6 周后 50%分解。日本推荐的最大残留限量柑橘为 0.5 mg/kg，叶菜、甘蓝为 0.5 mg/kg。

（4）应用技术　昆虫的发育时期不同，出现药效时间有别，高龄幼虫需 3～15 d，卵需 1～10 d，成虫需 5～15 d，因此要提前施药才能奏效。有效期可长达 1 个月。对在叶面活动为害的害虫，应在初孵幼虫时喷药；对钻蛀性害虫，应在卵孵化盛期喷药。

① 蔬菜害虫的防治　a．小菜蛾：在 1～2 龄幼虫盛发期，用氟苯脲 5%乳油 1000～2000倍液（有效浓度 25～50 mg/kg）喷雾。3 d 后的防治效果可达 70%～80%，15 d 后效果仍在90%左右。也可有效地防治那些对有机磷、拟除虫菊酯产生抗性的小菜蛾。b．菜青虫：在 2～3 龄幼虫盛发期，用氟苯脲 5%乳油 2000～3000 倍液（有效浓度 17～25 mg/kg）喷雾，药后15～20 d 的防治效果达 90%左右。用 3000～4000 倍喷雾，药后 10～14 d 的防效亦达 80%以上。也可有效地防治对有机磷产生抗性的菜青虫。c．马铃薯甲虫：1.5 g（有效成分）/亩防治马铃薯甲虫，防效达 100%。d．豆野螟：在菜豆开花始盛期，卵孵化盛期用此药 1000～2000倍（有效浓度 20～50 mg/kg）喷雾，隔 7～10 d 喷 1 次，能有效防治豆荚被害。

② 棉红铃虫、棉铃虫的防治　在第二、三代卵孵化盛期，每亩用氟苯脲 5%乳油 75～100 mL（有效成分 3.75～5 g）喷雾，每亩喷药二次，有良好的保铃和杀虫效果。

③ 斜纹夜蛾的防治　2～3 龄幼虫期，用氟苯脲 5%乳油 1000～2000 倍（有效浓度 25～50 mg/kg）喷雾，效果良好。

④ 果树害虫的防治　防治柑橘落叶蛾，在防梢初期、卵孵盛期，采用此药 25～50 mg/kg喷雾。一般剂量每亩为 30～50 mL（有效成分 1.5～2.5 g），残效期在 15 d 以上。5 g（有效成分）/L 对葡萄小食心虫有很好防效，达 87%～95%；5 g（有效成分）/亩防治苹果叶上旋纹潜蛾（blister moth），防效 98%以上；5 g（有效成分）/亩防治梨黄木虱，防效 73%～89%。

⑤ 森林害虫的防治　a．美国白蛾：在美国白蛾幼虫幼龄期采用此药 10 mg/kg 喷施后，分期摘叶在室内试验，在 6～14 d 即可达到杀虫率 100%，持效可达 45 d。b．松毛虫：在松毛虫 2～3 龄幼虫期，在林地采用每亩 1.5～2.5 g 有效成分的低量喷雾，随后在 8～20 d 可出现死亡高峰，产生防治的校正死亡率达 84%，残效期可达 50～60 d。c．大袋蛾：在大袋蛾幼虫二龄时，采用每亩有效含量 1.0～6.0 g 低量喷雾，8 d 后药效均可达到 95%以上。

（5）注意事项　①要求喷药均匀。②由于此药属于缓效药剂，因此对食叶害虫宜在低龄幼虫期施药。③本药对水栖生物（特别是甲壳类）有毒，因此要避免药剂污染河源和池塘。

专利与登记

专利名称　Urea derivatives, preparation and use

专利号　EP 52833　　　　　　　专利公开日　1982-6-2

专利申请日　1981-11-11　　　　优先权日　1980-11-22

专利拥有者　Celamerck GmbH&Co. KG（现属拜耳公司）

在其他国家申请的化合物专利　AU 537096、AU 7772581、BR 8202968、CA 1177852、DD 202007、EP 0052833、ES 8301903、ES 8301904、HU 185066、IL 64317、MX 154685、NZ 199011、PL 233920、US 4457943、US 4622340、YU 273881 等。

制备专利　CN 107232226、WO 2007066496、CN 1903838、CN 1683318、GB 2223490 等。

氟苯脲 5%乳油曾在我国柑橘、叶菜上获得临时登记，登记为 LS87022。该剂已在泰国、危地马拉、巴拉圭、菲律宾、厄瓜多尔等国家取得登记，登记作物以蔬菜为主。

合成方法　经如下反应制得氟苯脲：

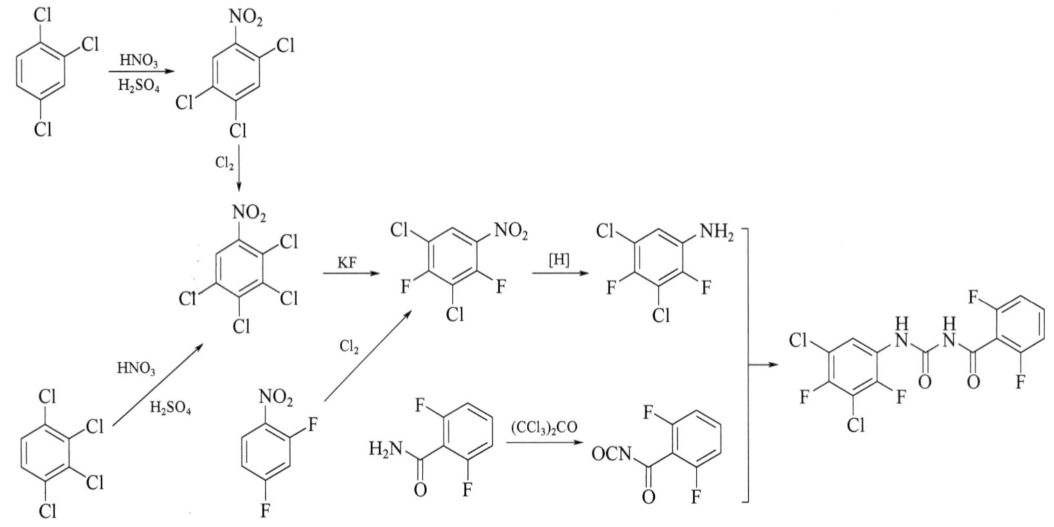

参考文献

[1] The Pesticide Manual. 17 th edition: 1065-1066.

[2] 农药, 2005, 44(6): 263-268.

[3] 农药译丛, 1992, 14(2): 30-34.

氟虫脲（flufenoxuron）

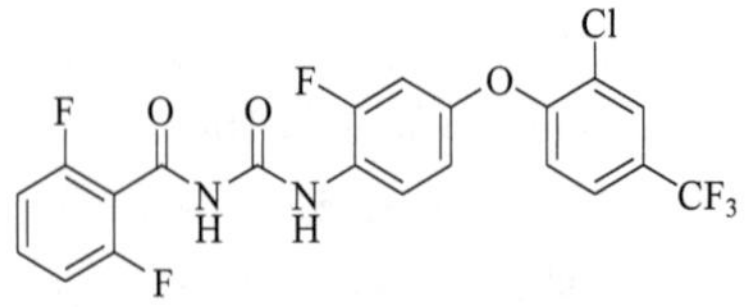

488.8，$C_{21}H_{11}ClF_6N_2O_3$，101463-69-8

氟虫脲（试验代号：WL115110、SD-115110、SK-8503、DPX-EY-059，商品名称：卡死克、Cascade、Floxate、Salero）是由壳牌公司（现属巴斯夫公司）开发的苯甲酰脲类杀虫杀螨剂。

化学名称 1-[4-(2-氯-a,a,a-三氟-对-甲苯氧基)-2-氟苯基]-3-(2,6-二氟苯甲酰)脲。英文化学名称为 1-[4-(2-chloro-a,a,a-trifluoro-p-tolyoxy)-2-fluorophenyl]-3-(2,6-difluorobenzoyl)urea。美国化学文摘系统名称为 N-[[[4-[2-chloro-4-(trifluoromethyl)phenoxy]-2-fluorophenyl]amino]carbonyl]-2,6-difluorobenzamide。CA 主题索引名称为 benzamide —, N-[[[4-[2-chloro-4-(trifluoromethyl)phenoxy]-2-fluorophenyl]amino]carbonyl]-2,6-difluoro-。

理化性质 原药为白色晶状固体，纯度 95%。熔点 169～172℃，蒸气压 $6.52×10^{-9}$ mPa（20℃），lgK_{ow} 4.0（pH 7），相对密度 0.62（20～25℃），Henry 常数 $7.46×10^{-6}$ Pa·m³/mol。水中的溶解度（mg/L，20～25℃）：0.0186（pH 4）、0.00152（pH 7）、0.00373（pH 9）。有机溶剂中的溶解度（g/L，20～25℃）：丙酮 73.8，二甲苯 6，正己烷 0.11，环己烷 95，三氯甲烷 18.8，甲醇 3.5。在土壤中被强烈地吸附，DT_{50} 为 11 d（水中），水解 DT_{50} 为 112 d（pH 5）、104 d（pH 7）、36.7 d（pH 9）、2.7 d（pH 12）。稳定性：低于 190℃时可以稳定存在，水解半衰期为 288 d（在 20℃，pH 7.0 的水溶液中），药物薄膜在模拟日光条件下（＞100 h）对光稳定，在 190～285℃加热下损失 80%。

毒性 属低毒杀虫杀螨剂，大鼠急性经口 LD_{50}＞3000 mg/kg，大、小鼠急性经皮 LD_{50}＞2000 mg/kg。大鼠吸入毒性（4 h）＞5.1 mg/L，对兔眼睛、皮肤无刺激作用，对豚鼠皮肤无致敏作用。动物试验表明，未见致畸致突变作用。5%乳油急性雄、雌大鼠 LD_{50} 分别为 1405 mg/kg 和 981 mg/kg，大鼠急性经皮 LD_{50}＞2000 mg/kg。NOEL［mg/(kg·d)]：狗 3.5（52 周）；大鼠 22（104 周），小鼠 56（104 周）。ADI 0.0375 mg/kg bw。

生态效应 山齿鹑急性经口 LD_{50}＞2000 mg/kg，饲喂 LC_{50}（8 d）＞5243 mg/kg。虹鳟鱼 LC_{50}（96 h）＞4.9 µg/L，鲑鱼 LC_{50}＞100 mg/L，水蚤 EC_{50}（48 h）为 0.04 µg/L，海藻（主要指羊角月牙藻）EC_{50}（96 h）为 24.6 mg/L。水藻 NOEC（28 d）0.05 µg/L。蜜蜂急性经口 LD_{50}＞109 µg/只，接触＞100 µg/只，蚯蚓 LC_{50}＞1000 mg/kg 土壤。

环境行为 对动物而言，对氟虫脲的接受剂量为 3.5 mg/kg，在 48 h 的时间内被动物体吸收并排泄出去，经水解可形成苯甲酸以及脲类物质。该化合物能被土壤吸附，DT_{50} 为 42 d，以 97.5 g/hm² 的剂量施用于果园里的土壤中，施用 3 年结果表明，这并不会影响土壤中的生物，包括蚯蚓。

制剂 5%乳油，10%无飘移颗粒剂，50 g/L 可分散液剂。

主要生产商 BASF、威海韩孚生化药业有限公司、江苏中旗科技股份有限公司等。

作用机理与特点 苯甲酰脲类杀虫杀螨剂，具有触杀和胃毒作用。其作用机制是抑制昆虫表皮几丁质的合成，使昆虫不能正常蜕皮或变态而死亡，成虫接触药后，产的卵即使孵化幼虫也会很快死亡。氟虫脲对叶螨属和全爪螨属多种害螨的幼螨杀伤效果好，虽不能直接杀死成螨，但接触药的雌成螨产卵量减少，并可导致不育。对叶螨天敌安全，同时具有明显的拒食作用。

应用

（1）适用作物 苹果树、梨树、桃树、柑橘、棉花等。

（2）防治对象 鳞翅目害虫如棉铃虫、菜青虫、烟青虫、小菜蛾、甜菜夜蛾、斜纹夜蛾，以及鞘翅目、双翅目和半翅目害虫，植食性螨类（如红蜘蛛、锈螨、潜叶蛾），对未成熟阶段的螨和害虫有高活性。

（3）残留量与安全施药　不要与碱性农药混用，如波尔多液等混用，否则会减效；间隔使用时，先喷氟虫脲，10 d 后再喷波尔多液比较理想，这样不仅可有效地避免残留，而且对作物安全，防效更优。苹果上应在收获前 70 d 用药，柑橘上应在收获前 50 d 用药。

（4）使用方法　通常使用剂量为 25～200 g/hm²。在世界范围内氟虫脲 5%乳油推荐使用剂量为 1000～2000 倍液（33.3～25 mg/kg），为茎叶喷雾处理。该药施药时间较一般的杀虫剂提前 3 d 左右，对钻蛀性害虫宜在卵孵盛期，幼虫蛀入作物之前施药，对害螨宜在幼若螨盛发期施药。喷药时要均匀周到。对甲壳纲水生生物毒性较高，避免污染自然水源。

（5）应用技术　①防治蔬菜小菜蛾，1～2 龄幼虫期施药，每亩用 5%氟虫脲 25～50 mL（有效成分 1.25～2.5 g），加水 40～50 L 喷雾。②防治蔬菜菜青虫，幼虫 2～3 龄期施药，每亩用 5%氟虫脲 20～25 mL（有效成分 1～1.25 g），加水 40～50 mL 喷雾。③防治苹果红蜘蛛，越冬代和第一代若螨集中发生期施药，苹果开花前后用 5%氟虫脲 1000～2000 倍液（有效浓度 25～50 mg/L）喷雾。④防治柑橘红蜘蛛，在卵孵化盛期施药，用 5%氟虫脲 1000～2000 倍液（有效浓度 25～50 mg/L）喷雾。⑤防治柑橘潜叶蛾，在新梢放出 5 d 左右施药，用 5%氟虫脲 1500～2000 倍（有效浓度 25～33 mg/L）喷雾。⑥防治果树桃小食心虫，在卵孵化 0.5%～1%时施药，用 5%氟虫脲 1000～2000 倍（有效浓度 25～50 mg/L）喷雾。⑦防治棉红蜘蛛，若、成螨发生期，平均每叶 2～3 头螨时施药，每亩用 5%氟虫脲 50～75 mL（有效成分 2.5～3.75 g），加水 40～50 L 喷雾。⑧防治棉铃虫，在产卵盛期至卵孵化盛期施药，防治棉红铃虫二、三代成虫在产卵高峰至卵孵化盛期施药，每亩用 5%氟虫脲 75～100 mL（有效成分 3.75～5 g），加水 40～50 L 喷雾。⑨防治 1～2 龄夜蛾类害虫，每亩用 5%氟虫脲 25～35 mL（有效成分 1.25～1.75 g），加水 40～50 L 喷雾。⑩该药剂的最佳药效期是在处理后至下一次蜕皮间，也就是说虫、螨的死亡主要在施药以后的下一次蜕皮过程中，因此为了正确评价其最大活性，对施药后虫、螨防效的观察应保持至下次蜕皮，在蜕皮期用药，虫、螨可能存活下来，但不久就会死亡。

专利与登记

专利名称　Pesticidal benzoylurea compounds

专利号　EP 161019　　　　　专利公开日　1985-04-03

专利申请日　1985-11-13　　　优先权日　1984-04-10

专利拥有者　壳牌公司（现属巴斯夫公司）

在其他国家申请的化合物专利　AU 571672、AU 4092485、BR 8501657、CA 1339745、CS 268519、DK 161643、DK 159585、EG 17741、ES 8607220、ES 8605465、GR 850902、HU 197721、IL 74851、IN 163910、JP 6023164、JP 60231635、KR 940000813、MX 160641、NZ 211686、OA 7987、PH 20753、PL 145321、SU 1447278、TR 22406、US 4666942、US 4698365、ZW 6985 等。

制备专利　EP 851008、JP 10324605、US 2007020304、WO 2006125647、WO 2006106798、WO 2006002984、WO 2004046129、WO 2002087337、WO 9834481、WO 2002087334、WO 2005053408、CN 106259393、CN 103704233、WO 2007066496、US 4623658、EP 216423 等。

国内登记情况　95%原药、50 g/L 可分散液剂等，登记作物为柑橘树、苹果树和草地等，防治对象红蜘蛛、锈蜘蛛、潜叶蛾和蝗虫等。巴斯夫欧洲公司在中国仅 95%原药的登记有效，登记证号：PD20096880。

合成方法　以邻氟硝基苯酚为原料，制得 2-氟-4-羟基苯胺，再与 3,4-二氯三氟甲苯在氢氧化钾存在下于二甲基亚砜中反应，制得 4-(4-三氟甲基-2-氯苯氧基)-2-氟苯胺。然后与以 2,6-

二氯苯甲腈为原料，制得的 2,6-二氟苯甲酰异氰酸酯反应，即得氟虫脲。反应式如下：

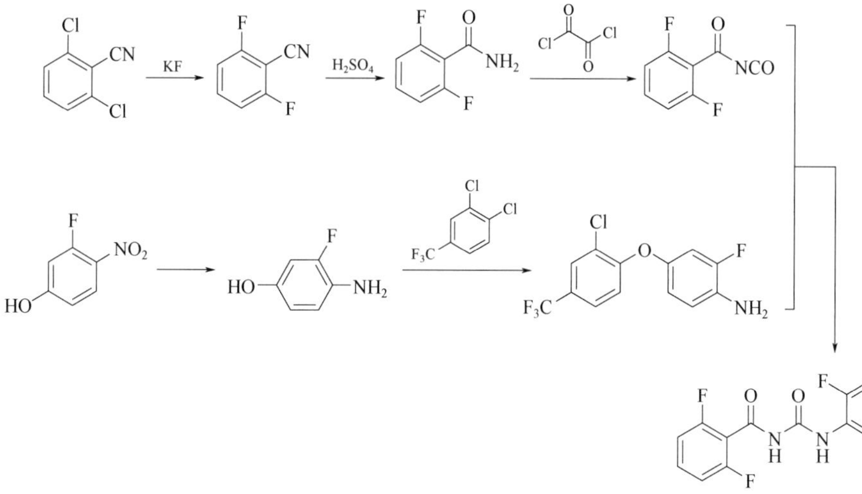

参考文献

[1] Proc. Br. Crop Prot. Conf. —Pests Dis., 1986, 1: 89.

[2] Proc. Br. Crop Prot. Conf. —Pests Dis., 1992: 725-810.

[3] The Pesticide Manual.17 th edition: 506-507.

[4] 古崇. 农药市场信息, 2011(10): 37.

[5] 周春涛, 谢道燕. 江苏农业科学, 2015, 43(2): 280-281.

氟啶脲（chlorfluazuron）

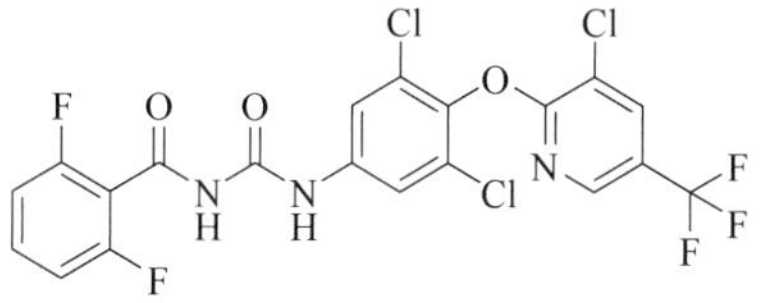

540.7，C$_{20}$H$_9$Cl$_3$F$_5$N$_3$O$_3$，71422-67-8

氟啶脲（试验代号：IKI-7899、CGA112913、PP145、UC64644，商品名称：Atabron、Jupiter、抑太保，其他名称：啶虫隆、克福隆、控幼脲、啶虫脲）是由日本石原产业株式会社公司开发的苯甲酰脲类几丁质合成抑制剂。

化学名称　1-[3,5-二氯-4-(3-氯-5-三氟甲基-2-吡啶氧基)苯基]-3-(2,6-二氟苯甲酰基)脲。英文化学名称为 1-[3,5-dichloro-4-(3-chloro-5-trifluoromethyl-2-pyridyloxy)phenyl]-3-(2,6-difluorobenzoyl)urea。美国化学文摘系统名称为 N-[[[3,5-dichloro-4-[[3-chloro-5-(trifluoromethyl)-2-pyridinyl]oxy]phenyl]amino] carbonyl]-2,6-difluorobenzamide。CA 主题索引名称为 benzamide—, N-[[[3,5-dichloro-4-[[3-chloro-5-(trifluoromethyl)-2-pyridinyl]oxy]phenyl]amino]carbonyl]-2,6-difluoro-。

理化性质　白色结晶固体，相对密度 1.542（20℃），熔点 221.2～223.9℃，沸点 238.0℃（2.5×10^3 Pa），蒸气压＜0.001559×10^{-3} mPa（20℃）。lgK_{ow} 5.9，Henry 常数＜0.072 Pa·m^3/mol。水中溶解度（20～25℃）0.012 mg/L，有机溶剂中溶解度（g/L，20℃）：正己烷 0.00639，正

辛醇 1，二甲苯 4.67，甲醇 2.68，甲苯 6.6，异丙醇 7，二氯甲烷 20，丙酮 55.9，环己酮 110。对光和热稳定，pK_a（20～25℃）8.10，弱酸性。

毒性 急性经口 LD_{50}（mg/kg）：大鼠＞8500，小鼠 8500。急性经皮 LD_{50}（mg/kg）：大鼠＞2000，兔＞2000。大鼠吸入 LC_{50}（4 h）＞2.4 mg/L。对兔皮肤无刺激，对眼睛中度刺激，对豚鼠皮肤无致敏性。Ames 试验无致突变性。

生态效应 鹌鹑和野鸭急性经口 LD_{50}＞2510 mg/kg，鹌鹑和野鸭饲喂 LC_{50}（8 d）＞5620 mg/kg 饲料。大翻车鱼 LC_{50}（96 h）1071 μg/L，水藻 LC_{50}（48 h）0.908 μg/L，水蚤 E_bC_{50} 0.39 mg/L，蜜蜂经口 LD_{50}＞100 μg/只，蚯蚓 LC_{50}（14 d）＞1000 mg/kg 土壤。

环境行为 大鼠体内的新陈代谢主要是脲桥的断裂，在植物体内降解缓慢，在土壤中的半衰期一般为六周至几个月不等，K_d 120～990，在水中也能被缓慢地降解，水中光解 DT_{50} 20 h。

制剂 5%乳油，20%悬浮剂。

主要生产商 Ishihara、Syngenta、安徽广信农化股份有限公司、西大华特生物科技有限公司、德州绿霸精细化工有限公司、江苏维尤纳特精细化工有限公司、江苏优嘉植物保护有限公司、南京华洲药业有限公司、内蒙古莱科作物保护有限公司、山东科信生物化学有限公司、山东绿霸化工股份有限公司、陕西美邦药业集团股份有限公司、上海生农生化制品股份有限公司、浙江禾本科技股份有限公司等。

作用机理与特点 氟啶脲是一种苯甲酰脲类新型杀虫剂，以胃毒作用为主，兼有触杀作用，无内吸性。作用机制主要是抑制几丁质合成，阻碍昆虫正常蜕皮，使卵的孵化、幼虫蜕皮以及蛹发育畸形，成虫羽化受阻而发挥杀虫作用。对害虫药效高，但作用速度较慢，幼虫接触药后不会很快死亡，但取食活动明显减弱，一般在施药后 5～7 d 才能充分发挥效果。对多种鳞翅目害虫以及直翅目、鞘翅目、膜翅目、双翅目等害虫有很高活性，但对蚜虫、叶蝉、飞虱等类害虫无效，对有机磷、氨基甲酸酯、拟除虫菊酯等其他杀虫剂已产生抗性的害虫有良好防治效果。

应用

（1）适用作物 棉花、蔬菜、水果、马铃薯、茶以及观赏植物等。

（2）防治对象 鳞翅目害虫及直翅目、鞘翅目、膜翅目、双翅目害虫。

（3）使用注意事宜 ①本剂是一种抑制幼虫蜕皮致使其死亡的药剂，通常幼虫死亡需要 3～5 d，所以施药适期应较一般有机磷、拟除虫菊酯类杀虫剂提早 3 d 左右，在低龄幼虫期喷药。②本剂与有机磷类杀虫剂混用可同时发挥速效性作用。③喷药时，要使药液湿润全部枝叶，才能充分发挥药效。④对钻蛀性害虫宜在产卵高峰至卵孵盛期施药，效果才好。本剂有效期较长，以间隔 6 d 施下一次药为宜。

（4）应用技术

① 防治蔬菜害虫 a. 小菜蛾：为害花椰菜、甘蓝、青菜、大白菜等十字花科叶菜，小菜蛾低龄幼虫为害苗期或莲座初期心叶及其生长点，防治适期应掌握在卵孵至 1～2 龄幼虫盛发期，对生长中后期或莲座后期至包心期叶菜，幼虫主要在中外部叶片为害，防治适期可掌握在 2～3 龄幼虫盛发期。用 5%氟啶脲 30～60 mL（有效成分 1.5～3 g）喷雾，对拟除虫菊酯产生抗性的小菜蛾有良好的药效。间隔 6 d 施药 1 次。b. 菜青虫：在 2～3 龄幼虫期，每亩用 5%氟啶脲 25～50 mL（有效成分 1.25～2.5 g）喷雾。c. 豆野螟：防治豇豆、菜豆的豆野螟，在开花期或卵盛期每亩用 5%氟啶脲 25～50 mL（有效成分 1.25～2.5 g）喷雾，隔 10 d 再喷 1 次。d. 斜纹夜蛾、甜菜夜蛾、银纹夜蛾、地老虎、二十八星瓢虫等于幼虫初孵期施药，每亩用 5%氟啶脲 30～60 mL（有效成分 1.5～3 g），对水均匀喷雾。

② 防治棉花害虫　a. 棉铃虫：在卵孵盛期，每亩用 5%氟啶脲 30～50 mL（有效成分 1.5～2.5 g）喷雾，药后 7～10 d 的杀虫效果在 80%～90%，保龄（蕾）效果在 70%～80%。b. 棉红铃虫：在第二、三代卵孵盛期，每亩用 5%氟啶脲 30～50 mL（有效成分 1.5～2.5 g）喷雾，各代喷药 2 次。应用氟啶脲防治对菊酯类农药产生抗性的棉铃虫、红铃虫，田间常规施药量每亩用 5%氟啶脲 120 mL（有效成分 6 g）。

③ 防治果树害虫　a. 柑橘潜叶蛾：在成虫盛发期内放梢时，新梢长 1～3 cm，新叶片被害率约 5%时施药。以后仍处于危险期时，每隔 5～8 d 施 1 次，一般一个梢期施 2～3 次。用 5%氟啶脲 1000～2000 倍液或每 100 L 水加 5%氟啶脲 50～100 mL（有效浓度 25～50 mg/L）喷雾。b. 苹果桃小食心虫：于产卵初期、初孵幼虫未入侵果实前开始施药，以后每隔 5～7 d 施 1 次，共施药 3～6 次，用 5%氟啶脲 1000～2000 倍液或每 100 L 水加 5%氟啶脲 50～100 mL 喷雾。

④ 防治茶树害虫　防治茶尺蠖、茶毛虫，于卵始盛孵期施药，每亩用 5%氟啶脲 75～120 mL（有效成分 3.75～6 g），对水 75～150 L 均匀喷雾。

专利与登记

专利名称　*N*-Benzoyl *N*′-pyridyloxy phenyl urea and preparation thereof

专利号　ZA 7802440　　　　　专利公开日　1979-04-25

专利申请日　1978-04-28　　　优先权日　1978-02-06

专利拥有者　石原产业株式会社

在其他国家申请的化合物专利　DE 2818830、DD 136094、JP 54106475、PL 206449 等。

制备专利　CN 106748985、EP 221847、EP 349999、JP 2009280552、JP 2003026603、WO 2002087334、WO 2009099929、WO 2009051956、WO 2010005692、CN 106748985、CN 103704233、CN 102870800、JP 2009280552 等。

国内登记情况　10%水分散粒剂，5%乳油，90%、94%、95%、96%原药，0.1%浓饵剂等，登记作物为甘蓝、棉花和柑橘树等，防治对象甜菜夜蛾、潜叶蛾、菜青虫、小菜蛾、红铃虫和棉铃虫等。在其他国家登记作物：棉花、甘蓝、白菜、萝卜、甜菜、大葱、茄子、西瓜、瓜类、大豆、甘蔗、茶、柑橘等。日本石原产业株式会社在中国的登记情况见表 2-31。

表 2-31　日本石原产业株式会社在中国的登记情况

商品名	登记证号	含量	剂型	登记作物	防治对象	用药量	施用方法
氟啶脲	PD370-2001	94%	原药				
氟啶脲	PD141-91	50 g/L	乳油	甘蓝	甜菜夜蛾	30～60 g/hm²	喷雾
				柑橘树	潜叶蛾	16.6～25 mg/kg	
				甘蓝	菜青虫	30～60 g/hm²	
				甘蓝	小菜蛾	30～60 g/hm²	
				棉花	红铃虫	45～105 g/hm²	
氟啶·氟啶脲	PD20182676	22%	悬浮剂	茶树	茶尺蠖	23～30 mL/亩	喷雾
				茶树	茶小绿叶蝉	23～30 mL/亩	喷雾

合成方法　以 2,6-二氯-4-氨基苯酚为原料，与 2,3-二氯-5-三氟吡啶在氢氧化钾存在下于二甲基亚砜中反应，制得取代的苯胺；然后与以 2,6-二氟苯甲酰胺为原料，制得的 2,6-二氟苯甲酰异氰酸酯反应，即得目的物。反应式如下：

参考文献

[1] 山东农药信息, 2008(5): 45.

[2] The Pesticide Manual.17th edition: 182-183.

[3] 陈华, 彭彩群, 潘光飞, 等. 精细化工中间体, 2013, 43(2): 20-21.

氟铃脲（hexaflumuron）

461.1，$C_{16}H_8Cl_2F_6N_2O_3$，86479-06-3

氟铃脲（试验代号：XRD-473、DE-473，商品名称：Consult、Recruit Ⅱ、Sentri Tech、Shatter、盖虫散）是美国陶氏益农公司开发的苯甲酰脲杀虫剂。

化学名称　1-[3,5-二氯-4-(1,1,2,2-四氟乙氧基)-苯基]-3-(2,6-二氟苯甲酰基)脲。英文化学名称为 1-[3,5-dichloro-4-(1,1,2,2-tetrafluoroethoxy)phenyl]-3-(2,6-difluo-robenzoyl)urea。美国化学文摘系统名称为 N-[[[3,5-dichloro-4-(1,1,2,2-tetrafluoro-ethoxy)phenyl]amino]carbonyl]-2,6-difluorobenzamide。CA 主题索引名称为 benzamide —, N-[[[3,5-dichloro-4-(1,1,2,2-tetrafluoroethoxy)phenyl]amino]carbonyl]-2,6-difluoro-。

理化性质　白色晶体粉末，熔点 202～205℃，沸点＞300℃。蒸气压 $5.9×10^{-6}$ mPa（25℃）。相对密度 1.68（20～25℃）。lgK_{ow} 5.64。Henry 常数 $1.01×10^{-4}$ Pa·m³/mol。水中溶解度（18℃，pH 9.7）0.027 mg/L，有机溶剂中溶解度（g/L，20～25℃）：丙酮 162，乙腈 15，二氯甲烷 14.6，乙酸乙酯 100，庚烷 0.005，异丙醇 3.0，甲醇 9.9，辛醇 2，甲苯 6.4，二甲苯 9.1。稳定性：33 d 内，pH 5 时稳定，pH 7 时水解量＜6%，pH 9 时水解 60%，光解 DT_{50} 6.3 d（pH 5.0，25℃）。

毒性　大鼠急性经口 LD_{50}＞5000 mg/kg，兔急性经皮 LD_{50}＞2000 mg/kg（24 h）。对兔眼和皮肤轻微刺激。对豚鼠皮肤无刺激。大鼠吸入 LC_{50}（4 h）＞7.0 mg/L。NOEL [mg/(kg·d)]：大鼠（2 年）75，狗（1 年）0.5，小鼠（1.5 年）25。ADI/RfD 值 0.02 mg/kg bw。

生态效应　鸟类：山齿鹑、野鸭急性经口 LD_{50}＞2000 mg/kg，饲喂 LC_{50}（mg/L）：山齿鹑 4786，野鸭＞5200。鱼类：LC_{50}（96 h，mg/L）：虹鳟鱼＞0.5，大翻车鱼＞500。溞类 LC_{50}（48 h）0.00011 mg/L，在野外条件下只对水蚤有毒性。藻类：羊角月牙藻 EC_{50}（96 h）＞3.2 mg/L。

褐虾 LC_{50}（96 h）＞3.2 mg/L。蜜蜂 LD_{50}（48 h，经口和接触）＞100 μg/只。蚯蚓 LC_{50}（14 d）＞880 mg/kg 土壤。

环境行为　土壤/环境。土壤中代谢缓慢，DT_{50} 100～280 d（4 种土壤，25℃）。被多种土壤强烈吸附，K_d 147～1326，K_{oc} 5338～70977。

制剂　15%、20%水分散粒剂，5%微乳剂，5%乳油，4.5%悬浮剂及 0.5%饵剂。

主要生产商　Corteva、德州绿霸精细化工有限公司、河北威远生物化工有限公司、河北赞峰生物工程有限公司、河南省春光农化有限公司、江苏维尤纳特精细化工有限公司、江苏优嘉植物保护有限公司、美国陶氏益农公司、内蒙古佳瑞米精细化工有限公司等。

作用机理与特点　几丁质合成抑制剂。具有内吸活性的昆虫生长调节剂，通过接触影响昆虫蜕皮和化蛹。对树叶用药，表现出很强的传导性；用于土壤时，能被根吸收并向顶部传输。从室内结果来看，氟铃脲对幼虫活性很高，并且有较高的杀卵活性（经观察，被处理的卵可以进行胚胎发育，而后期有可能表皮和大颚片不能正常几丁质化，以致幼虫不能咬破卵壳，死于卵内）。另外，氟铃脲对幼虫具有一定的抑制取食作用。

应用　本品为杀幼虫剂。以 50～75 g/hm² 施于棉花和马铃薯，以及 10～30 g/100 L 施于水果、蔬菜可防治多种鞘翅目、双翅目、同翅目和鳞翅目昆虫。目前主要用途是作诱饵，用 5%的纤维诱饵矩阵控制地下白蚁。

以 25～50 g/hm²（棉花）和 100～150 g/m³（果树）可防治棉花和果树上的鞘翅目、双翅目、同翅目和鳞翅目昆虫。田间试验表明，该杀虫剂在通过抑制蜕皮而杀死害虫的同时，还能抑制害虫吃食速度，故有较快的击倒力。如防治甘蓝小菜蛾、菜青虫等以 15～30 g/hm² 喷雾，防治柑橘潜叶蛾以 37.5～50 mg/L 喷雾。在 60～120 g/hm² 剂量下，可有效防治棉铃虫。在 30～60 g/hm² 剂量下，可有效防治多种蔬菜的小菜蛾和菜青虫。以 25～50 mg/hm² 使用，可有效防治黏虫和甜菜夜蛾等。

应用技术　①防治枣树、苹果、梨等果树的金纹细蛾、桃潜蛾、卷叶蛾、刺蛾、桃蛀螟等多种害虫，可在卵孵化盛期或低龄幼虫期用 1000～2000 倍 5%乳油喷洒，药效可维持 20 d 以上。②防治柑橘潜叶蛾，可在卵孵化盛期用 1000 倍 5%乳油液喷雾。③防治枣树、苹果等果树的棉铃虫、食心虫等害虫，可在卵孵化盛期或初孵化幼虫入果之前用 1000 倍 5%乳油喷雾。

注意事项　①对食叶害虫应在低龄幼虫期施药。钻蛀性害虫应在产卵盛期、卵孵化盛期施药。该药剂无内吸性和渗透性，喷药要均匀、周密。②不能与碱性农药混用。但可与其他杀虫剂混合使用，其防治效果更好。③对鱼类、家蚕毒性大，要特别小心。

专利与登记

专利名称　Substituted *N*-aroyl *N′*-phenylurea compounds

专利号　US 4468405　　　　专利公开日　1984-8-28

专利申请日　1982-7-26　　　优先权日　1981-07-30

专利拥有者　Dow Chemical Company

在其他国家申请的化合物专利　US 4536341、DK 8203387、DK 172687、AU 8286579、AU 553953、ZA 8205470、CA 1225401、JP 58026858、JP 63040422、BR 8204510、IL 66425、US 4536341、CA 1236112、AU 8658329、AU 565944、JP 62123155、JP 02006749 等。

制备专利　JP 2010053129、JP 2010047479、JP 2010047478、WO 2010000790、WO 2009135613、WO 2010023171、WO 2009080464、WO 2010005692、WO 2009147205、WO 2009118297、WO 2009099929、WO 2009080723、WO 2009051956、CN 103704233、CN

103214400、CN 1903838 等。

国内登记情况　95%、97%原药，15%、20%水分散粒剂，5%微乳剂，5%乳油，4.5%悬浮剂等，登记作物为棉花和十字花科蔬菜（如甘蓝）等，防治对象小菜蛾、甜菜夜蛾和棉铃虫等。美国陶氏益农公司在中国登记了97%原药及0.5%饵剂用于防治白蚁。

合成方法　氟铃脲的合成主要有2种方法。

参考文献

[1] The Pesticide Manual. 17th edition: 600-601.

[2] 何永梅，夏日红. 农药市场信息，2010(13): 40.

[3] 赵永华，戚杉杉，王世义. 农药，2001, 40(11): 16-17.

[4] 郭希刚，刘贵志，张景海. 有机氟工业，2009(2): 5-6.

[5] 冉高泽，张永忠，刘红霞. 农药，1996, 35(3): 12.

[6] 宋玉泉，范登进，张宏，等. 农药，1996, 35(9): 10-14.

氟酰脲（novaluron）

492.7，$C_{17}H_9ClF_8N_2O_4$，116714-46-6

氟酰脲（试验代号：GR572、MCW-275、SB-7242，商品名称：Rimon、Diamond、Galaxy、Oskar、Pedestal）是意大利 Istituto Guido Donegani S.p.A.研制、以色列 Makhteshim-Agan 开发的一种性能优异的苯甲酰脲类杀虫剂。

化学名称　(RS)-1-[3-氯-4-[1,1,2-三氟-2-三氟甲氧基乙氧基]苯基]-3-(2,6-二氟苯甲酰基)脲。英文化学名称为(RS)-1-[3-chloro-4-(1,1,2-trifluoro-2-trifluoromethoxyethoxy)phenyl]-3-(2,6-difluorobenzoyl)urea。美国化学文摘系统名称为 N-[[[3-chloro-4-[1,1,2-trifluoro-2-(trifluoromethoxy)ethoxy]phenyl]amino]carbonyl]-2,6-difluorobenzamide。CA 主题索引名称为 benzamide —, N-[[[3-chloro-4-[1,1,2-trifluoro-2-(trifluoromethoxy)ethoxy]phenyl]amino]carbonyl]-2,6-difluoro-。

理化性质 纯品为固体，含量 96%，熔点 176.5～178℃，闪点 202℃，蒸气压 0.016 mPa（25℃），$\lg K_{ow}$ 4.3，Henry 常数 2.0 Pa·m³/mol，相对密度 1.56（20～25℃）。水中溶解度（20～25℃）0.003 mg/L，有机溶剂中溶解度（g/L，20～25℃）：丙酮 198，1,2-二氯乙烷 2.85，乙酸乙酯 113，正庚烷 0.00839，甲醇 14.5，二甲苯 1.88。在 pH 4、7（25℃）时稳定存在，DT_{50} 101 d（pH 9，25℃）。

毒性 大鼠急性经口 LD_{50}＞5000 mg/kg，大鼠急性经皮 LD_{50}＞2000 mg/kg。对兔皮肤和眼睛无刺激。对豚鼠皮肤无致敏性。大鼠吸入 LC_{50}＞5.15 mg/L（4 h），NOEL（2 年）：大鼠 1.1 mg/(kg·d)，ADI 值（JMPR）0.01 mg/kg，（EC 建议）0.1 mg/kg，（EPA）cRfD 0.011 mg/kg，（FSC）0.011 mg/kg。

生态效应 野鸭急性经口 LD_{50}＞2000 mg/kg，野鸭和山齿鹑饲喂 LC_{50}（5 d）＞5200 mg/L。虹鳟鱼和大翻车鱼的 LC_{50}（96 h）＞1 mg/L，水蚤 LC_{50}（48 h）0.259 μg/L，海藻 E_rC_{50} 和 E_bC_{50}（96 h）9.68 mg/L，对蜜蜂的急性经口和经皮 LD_{50}＞100 μg/只，蚯蚓 LC_{50}（14 d）＞1000 mg/kg 土壤，对其他有益生物无毒。

环境行为 在动物体内该物质被迅速但并未被大量吸收，吸收的部分通过尿素桥的断裂被代谢，形成 2,6-二氟苯甲酸，主要的代谢途径是通过粪便排出，最多 4.3%氟酰脲残留在体内，其中脂肪组织中残留量最高。在马铃薯和苹果体内的残留物无法排出。土壤中的 DT_{50} 为 68.5～75.5 d，主要降解产物是通过去除二氟苯甲酰形成 1-[3-氯-4-（1,1,2-三氟-2-三氟甲氧基乙氧基）苯基]脲。能强烈地被土壤吸收，K_{oc} 6650～11813。

制剂 乳油和悬浮剂。

主要生产商 Adama。

作用机理与特点 几丁质合成抑制剂，影响害虫的蜕皮机制。主要通过皮肤接触，进入虫体后干扰蜕皮机制，主要作用于幼虫，对卵也有作用，同时可降低成虫的繁殖能力。

应用

（1）适用作物 水果（如柑橘）、蔬菜、棉花、马铃薯、玉米、甜菜等。

（2）防治对象 鳞翅目害虫如棉铃虫、菜青虫、烟青虫、小菜蛾、甜菜夜蛾等，鞘翅目害虫，双翅目害虫。

（3）应用技术 为防止害虫抗性出现，可在防治棉铃虫、小菜蛾等害虫时与其他杀虫剂交替使用。

专利与登记

专利名称 Benzoyl-ureas having insecticide activity

专利号 US 4980376　　　　专利公开日 1990-12-25

专利申请日 1990-06-19　　　　专利拥有者 Istituto Guido Donegani S.p.A.

在其他国家申请的化合物专利 AU 5796386、AR 244662、BR 8602508、CA 1287644、DK 249386、EP 0203618、ES 8706619、IT 1186717、JP 61280465、MX 163569、ZA 8603912 等。

本专利实际上含有化合物氟酰脲（novaluron），但没有具体公开该化合物的结构。此后针对化合物氟酰脲又申请了如下专利：

专利名称 The insecticidal compound N-(2,6-difluorobenzoyl)-N'-[3-chloro-4-[1,1,2-trifluoro-2-(trifluoromethoxy)ethoxy]phenyl]urea, its compositions and use, and processes for its preparation

专利号　EP 271923　　　　　　专利公开日　1988-06-22

专利申请日　1987-12-18　　　　优先权日　1986-12-19

专利拥有者　Istituto Guido Donegani S.p.A.

在其他国家申请的化合物专利　AU 8252987、BR 8706919、CN 87101235、CA 1287646、DK 164663、EG 18916、HU 201519、IT 1213420、IL 154434、JP 63165356、MX 168654、WO 2010026370、WO 2010009829、WO 2009146793、WO 2009138523、WO 2009123907、WO 2009022548、WO 2008152091、WO 2008150393、ZA 8709383 等。在中国的申请的专利已经于 1992 年 10 月 7 日授权，公告号 CN 1018547B。

制备专利　CN 103724233、CN 103704233、WO 2007066496 等。

安道麦马克西姆有限公司在中国登记情况见表 2-32。

表 2-32　安道麦马克西姆有限公司在中国登记情况

登记名称	登记证号	含量	剂型	登记作物	防治对象	用药量	施用方法
啶虫·氟酰脲	PD20171729	16%	乳油	苹果	卷叶蛾	1000～2000 倍液	喷雾
联苯·氟酰脲	PD20171728	10%	悬浮剂	甘蓝	小菜蛾	15～25 mL/亩	喷雾
氟酰脲	PD20171727	98.5%	原药				

合成方法　以对硝基苯酚为原料，经过如下反应即可制得目的物：

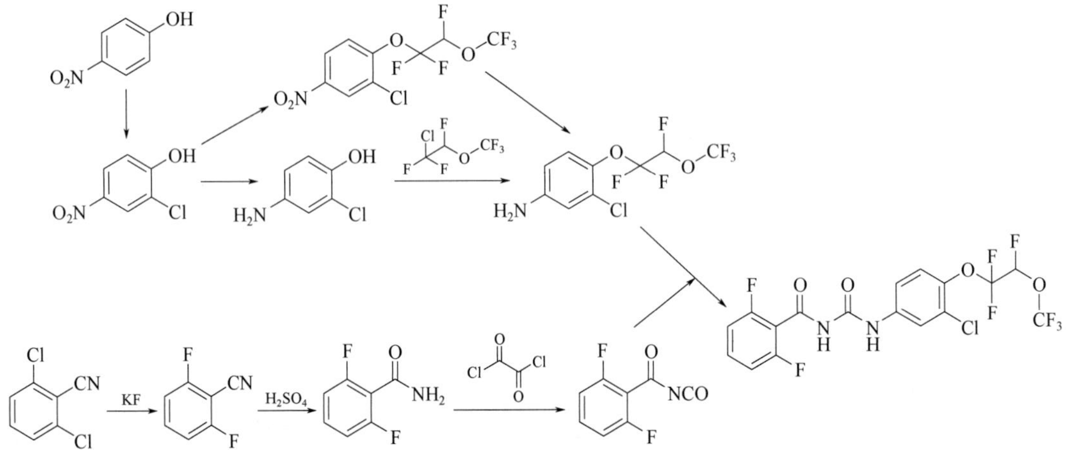

参考文献

[1] Proc. Br. Crop Prot. Conf. —Pests Dis., 1996, 1013.

[2] The Pesticide Manual. 17th edition: 806-807.

环虫腈（dicyclanil）

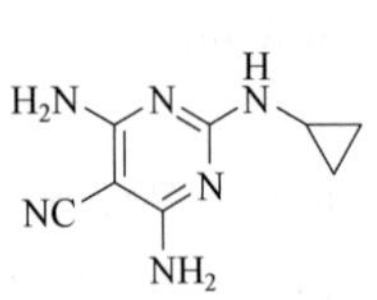

190.2；$C_8H_{10}N_6$；112636-83-6

环虫腈（试验代号：CGA 183893，商品名称：Clik，其他名称：丙虫啶）是瑞士汽巴-嘉基公司（现属先正达公司）开发的新颖氰基嘧啶类杀虫剂，其通过修饰灭蝇胺的结构开发而成。

化学名称 4,6-二氨基-2-环丙胺嘧啶基-5-甲腈。英文化学名称为 4,6-diamino-2-cyclopropylaminopyrimidine-5-carbonitrile。美国化学文摘系统名称为 4,6-diamino-2-(cyclopropylamino)-5-pyrimidinecarbonitrile。CA 主题索引名称为 5-pyrimidinecarbonitrile —, 4,6-diamino-2-(cyclopropylamino)。

理化性质 本品为白色或淡黄色晶体，熔点为 86～88℃，蒸气压＜$2×10^{-8}$ mPa（20℃）。$\lg K_{ow}$ 2.9。相对密度 1.57（20～25℃）。水中溶解度（20～25℃，pH 7.2）$5×10^4$ mg/L，甲醇中溶解度（20～25℃）4.9 g/L。稳定性：水溶液 DT_{50} 331 d（pH 3.8，25℃），DT_{50}＞1 年（pH 6.9，25℃）。

毒性 大鼠急性经口 LD_{50}＞2000 mg/kg，大鼠急性经皮 LD_{50}＞2000 mg/kg。对眼睛和皮肤无刺激性。大鼠吸入 LD_{50}（4 h）＞5.02 mg/L。ADI/RfD 0.007 mg/kg bw（2000）。

生态效应 对鸟类安全，对鱼、水藻有害。其他水生物：对甲壳纲动物有害，对蠕虫无害。

环境行为 动物经脱烷基作用将环虫腈转化成无环丙烷的产物。对土壤或环境的影响：在肥沃土壤中，DT_{50} 为 1.5 d（20℃），浸出周期＜1 d。在自然环境下，不易水解，没有显著挥发性。

制剂 5%悬浮液。

作用机理与特点 环虫腈进入虫体内后，可减少害虫产卵量或降低孵化率，阻止幼虫化蛹及变成成虫，是一种干扰昆虫表皮形成的昆虫生长调节剂。该药剂具有很强的附着力，并对体外寄生虫具有良好的持效性。

应用

（1）防治对象 对双翅目、蚤目类害虫有好的专一性。能有效地防治棉花、水稻、玉米、蔬菜等作物的绿盲椿象、烟芽夜蛾、棉铃象、稻褐飞虱、黄瓜条叶甲、黑尾叶蝉等害虫，并可有效地防治家蝇和埃及伊蚊。用于防治寄生在羊身上的绿头苍蝇（如丝光绿蝇、巴浦绿蝇、黑须污蝇等）。表 2-33 为环虫腈的杀虫活性。

表 2-33 环虫腈的杀虫活性

环虫腈/(mg/L)	作物	防治对象	防治率/%
200	棉花	三龄期绿盲椿象	80～100
100	烟草	烟芽夜蛾幼虫	80～100
400	棉花	棉铃象成虫	80～100
400	水稻	稻褐飞虱若虫	80～100
400	玉米	黄瓜条叶甲幼虫	80～100
4	水稻	黑尾叶蝉若虫	80～100

（2）安全施药 不要接触眼睛和皮肤，一旦与皮肤接触，立即用大量的肥皂水冲洗。如果药品不小心进入眼睛，立即用大量的水冲洗，并去医院治疗。

（3）使用方法 根据羊的体重和被蝇叮咬的程度，该药的推荐使用剂量为 30～100 mg(a.i.)/kg。应用该药的有效保护时间为 16～24 周。

专利与登记

专利名称 Preparation of diaminocyanopyrimidines as pesticides

专利号 EP 0244360A2　　　　　　专利公开日 1987-11-04

专利申请日 1987-4-24　　　　　　优先权日 1986-4-30

专利拥有者　Ciba Geigy AG（现属先正达公司）

在其他国家申请的化合物专利　AR 247389、AU 598254、AU 7219487、BR 8702106、CA 1292231、CN 87103168、CS 271471、DD 270907、DK 61692、DK 61792、DK 165690、ES 2051771、GR 3005856、HK 11694、HU 201651、JP 62263162、NZ 220132、PH 24337、PT 84774、SU 1657061、SU 1711672、TR 22942、US 4783468、ZA 8703082 等。

制备专利　BR 9500315、WO 9503282、WO 9910333、CN 107698519、CN 104649982、CN 102399193、CN 102250017 等。

合成方法　共三条合成路线。

路线 1：

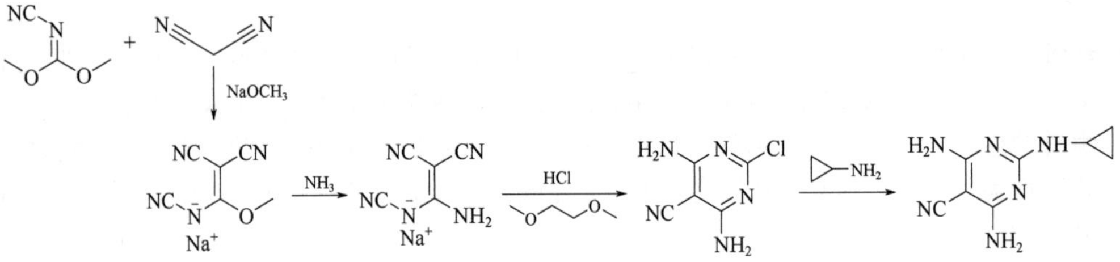

路线 2：

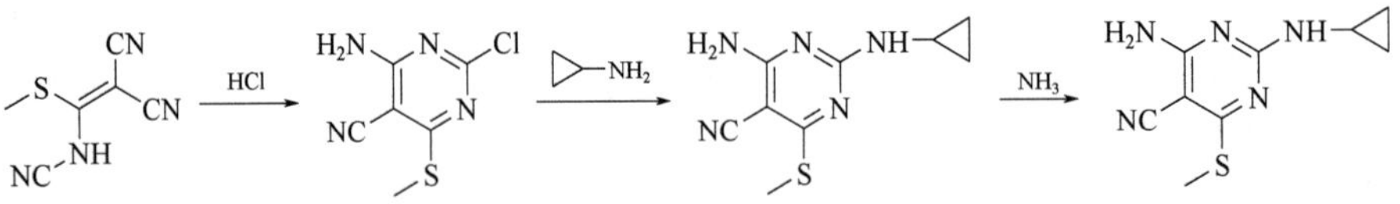

路线 3：以 N-氰亚氨基-S,S-二硫代碳酸二甲酯为起始原料，通过缩合、环合、取代、氧化、氨化得到最终产物：

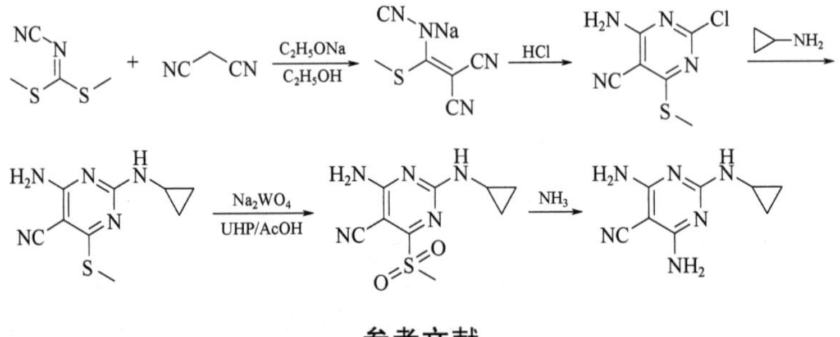

参考文献

[1] The Pesticide Manual. 17th edition: 338-339.

[2] 王学成, 苏文杰, 朱建民. 现代农药, 2015, 14(3): 32-33+39.

[3] 张梅. 世界农药, 2000, 22(1): 55-56.

环虫酰肼（chromafenozide）

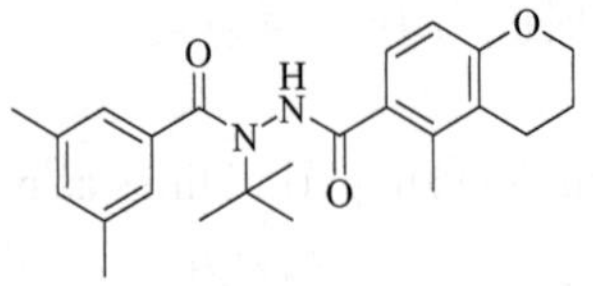

394.5，$C_{24}H_{30}N_2O_3$，143807-66-3

环虫酰肼（试验代号：ANS-118、CM-001，商品名称：Kanpai、Killat、Matric、Phares、Podex、Virtu）是日本化药株式会社和日本三井化学株式会社联合开发的双酰肼类杀虫剂。

化学名称 2′-叔-丁基-5-甲基-2′-(3,5-二甲基苯甲酰基)色满-6-甲酰肼。英文化学名称2′-*tert*-butyl-5-methyl-2′-(3,5-xyloyl)chromane-6-carbohydrazide。美国化学文摘系统名称3,4-dihydro-5-methyl-2*H*-1-benzopyran-6-carboxylic acid 2-(3,5-dimethylbenzoyl)-2-(1,1-dimethylethyl)-hydrazide。CA 主题索引名称 2*H*-1-benzopyran-6-carboxylic acid —, 3,4-dihydro-5-methyl-2-(3,5-dimethylbenzoyl)-2-(1,1-dimethylethyl)hydrazide。

理化性质 含量≥91%；纯品为白色结晶粉末，熔点186.4℃，沸点205～207℃（66.5 Pa），蒸气压≤4×10^{-6} mPa（25℃）。相对密度1.173（20～25℃），lgK_{ow} 2.7。Henry 常数（Pa·m^3/mol）：1.61×10^{-6}（pH 4），1.97×10^{-6}（pH 7），1.77×10^{-6}（pH 9）。水中溶解度（mg/L，20～25℃，）：0.98（pH 4），0.80（pH 7），0.89（pH 9）。易溶于极性溶剂。在150℃以下稳定，在缓冲溶液中稳定期为5 d（pH 4.0、7.0、9.0，50℃），水溶液光解 DT$_{50}$ 5.6～26.1 d。

毒性 大、小鼠急性经口 LD$_{50}$＞5000 mg/kg。大鼠急性经皮 LD$_{50}$＞2000 mg/kg（雌、雄）。对兔眼轻度刺激，对皮肤无刺激。对豚鼠皮肤有中度致敏性。大鼠吸入 LC$_{50}$（4 h）＞4.68 mg/L空气。NOEL［mg/(kg·d)］：大鼠 NOAEL（2 年）44.0，小鼠（87 周）484.8，狗（1 年）27.2。ADI 0.27 mg/kg。无"三致"作用。对大鼠、兔的生殖能力无影响。

生态效应 山齿鹑急性经口 LD$_{50}$＞2000 mg/kg，山齿鹑和野鸭急性饲喂 LC$_{50}$ 5620 mg/L。鱼类 LC$_{50}$（96 h，mg/L）：虹鳟鱼＞20，斑马鱼＞100。水蚤 LC$_{50}$（48 h）516.71 mg/L。水蚤 EC$_{50}$（72 h）1.6 mg/L。其他水生物 LC$_{50}$（mg/L）：多刺裸腹溞（3 h）＞100，多齿新米虾（96 h）＞200。蜜蜂 LD$_{50}$（48 h，μg/只）：接触＞100，饲喂＞133.2。蚯蚓 LC$_{50}$（14 d）＞1000 mg/kg 土壤。对捕食性螨、黄蜂等有益物种安全。

环境行为 ①动物。环虫酰肼作用于大鼠后，在48 h 后被快速排泄，并且在组织和器官内无残留。排泄成分主要是母体化合物。②植物。在苹果、水稻和大豆中，发现了许多少量的代谢物，但主要排泄物是母体化合物。③土壤/环境。降解 DT$_{50}$ 为44～113 d（旱地土壤，2 点试验），22～136 d（水稻土，2 点试验）。K_{oc} 236～3780。

制剂 5%悬浮剂、5% 乳油、0.3%低漂散粉剂。

主要生产商 Mitsui Chemicals、Nippon Kayaku。

作用机理与特点 蜕皮激素激动剂，能阻止昆虫蜕皮激素蛋白的结合位点，使其不能蜕皮而死亡。由于抑制蜕皮作用，施药后，导致幼虫立即停止进食。当害虫摄入本品后，几小时内即对幼虫具有抑食作用，继而引起早熟性的致命蜕变。这些作用与二苯肼类杀虫剂的作用相仿。尝试了用荧光素酶作为"转述基因"（reporter gene），以调节与蜕皮相关的物质，此法被开发用于对激素活性的评价。在此活体试验体系中，发现本品与蜕皮激素、20-羟基蜕皮激素和百日青甾酮有着相似的转化活性作用。作用特性及对作物保护的优越性：环虫酰肼是一种新颖的无甾类蜕皮激素激动剂，其可破坏害虫的蜕皮过程，并使害虫引起早熟性致命蜕皮。较之传统的昆虫生长调节剂，这种新颖的昆虫生长调节剂可迅速抑制幼虫取食，从而减少农作物的损失。

应用 主要用于防治水稻、水果、蔬菜、茶叶、棉花、大豆和森林中的鳞翅目幼虫如莎草黏虫、小菜蛾、稻纵卷叶螟、东方玉米螟、茶小卷叶蛾、烟芽夜蛾等。用量为5～200 g/hm^2。环虫酰肼对鳞翅目类幼虫有着卓著的杀虫活性，并对田间害虫具有显著的防治作用。

环虫酰肼对于斜纹夜蛾幼虫及其他鳞翅目害虫的幼虫的任何生长阶段，均呈现了很高的杀虫活性。

专利与登记

专利名称　Preparation of hydrazine derivatives and their pesticidal activity

专利号　EP 496342　　　　　专利公开日　1992-07-29

专利申请日　1992-01-21　　　优先权日　1991-01-25

专利拥有者　日本化药公司，日本三共公司

在其他国家申请的化合物专利　AT 145646、AU 646918、AU 684340、CA 2059787、CN 1035539、CN 1063488、DE 69215393、DK 0496342、ES 2094241、GR 3021792、IL 100643、JP 5163266、JP 6340654、RU 2041220 等。

制备专利　JP 08319264、JP 08311057、EP 639558、US 5378726 等。

1998 年 10 月在日本获准登记。其制剂于 1999 年 12 月登记并得以应用。目前正在全世界进行开发，如法国、西班牙、意大利、德国和其他欧洲、东南亚国家。国内登记情况：92%原药，5%悬浮剂等，登记作物为甘蓝等，防治对象水稻等。日本化药株式会社在中国登记情况见表 2-34。

表 2-34　日本化药株式会社在中国登记情况

商品名	登记证号	含量	剂型	登记作物	防治对象	用药量	施用方法
环虫酰肼	PD20171756	92%	原药				
环虫酰肼	PD20171755	5%	悬浮剂	水稻	稻纵卷叶螟	70～110 mL/亩	喷雾
				水稻	二化螟	70～110 mL/亩	喷雾

合成方法　环虫酰肼主要有两种合成方法。

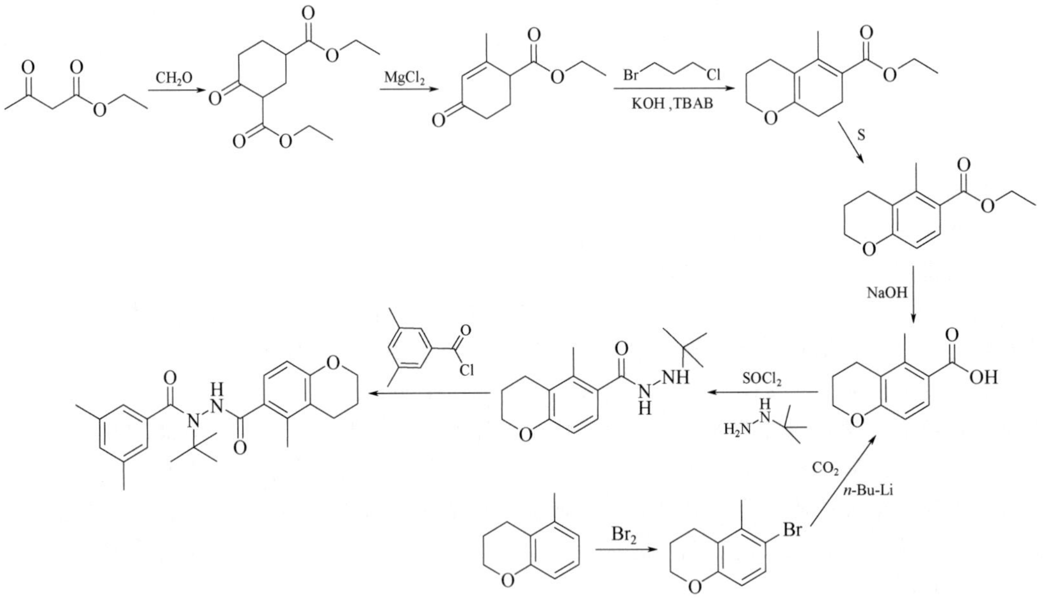

参考文献

[1] The Pesticide Manual. 17th edition: 210-211.

[2] 彭荣, 刘安昌, 陈涣友, 等. 现代农药, 2011, 10(6): 24-26.

[3] 朱莉莉. 世界农药, 2000, 22(6): 53-55.

[4] 程志明. 世界农药, 2007, 29(1): 12-17.

[5] The BCPC Conference —Pests & Diseases. 2000, 1: 27-32.

甲氧虫酰肼（methoxyfenozide）

368.5，$C_{22}H_{28}N_2O_3$，161050-58-4

甲氧虫酰肼（试验代号：RH-2485、RH-112、485，商品名称：Faclon、Intrepid、Prodigy、Runner、雷通，其他名称：甲氧酰肼）是由罗门哈斯公司于 1990 年发现，1996 年公布的。陶氏益农公司于 2000 年收购罗门哈斯公司农药部及该产品。

化学名称 N-叔丁基-N'-(3-甲氧基-2-甲苯甲酰基)-3,5-二甲基苯甲酰肼。英文化学名称为 N-tert-butyl-N'-(3-methoxy-o-toluoyl)-3,5-xylohydrazide。美国化学文摘系统名称为 3-methoxy-2-methylbenzoic acid 2-(3,5-dimethylbenzoyl)-2-(1,1-dimethylethyl)hydrazide。CA 主题索引名称为 benzoic acid —, 3-methoxy-2-methyl-2-(3,5-dimethylbenzoyl)-2-(1,1-dimethylethyl)hydrazide。

理化性质 纯品含量≥97%，为白色粉末。熔点 206.2～208℃，蒸气压＜0.00148 mPa（20℃），lgK_{ow} 3.7。Henry 常数＜$1.64×10^{-4}$ Pa·m^3/mol（计算值）。水中溶解度（20～25℃）3.3 mg/L；有机溶剂中溶解度（g/L，20～25℃）：丙酮 71、环己酮 94、DMSO 120。稳定性：在 25℃下储存稳定，pH 5、7、9 下水解。

毒性 大小鼠急性经口 LD_{50}＞5000 mg/kg；大鼠急性经皮 LD_{50}＞5000 mg/kg。对眼无刺激，对兔皮肤有轻微刺激。对豚鼠皮肤无致敏性。大鼠吸入 LC_{50}（4 h）＞4.3 mg/L。NOEL：10 mg/(kg·d)（24 个月），小鼠 1020 mg/(kg·d)（18 个月），狗 9.8 mg/(kg·d)（1 年）。ADI/RfD（EC）：0.1 mg/kg bw（2005），（JMPR）0.1 mg/kg bw（2003）。其他：Ames 试验和一系列诱变和基因毒性试验中呈阴性。

生态效应 山齿鹑急性经口 LD_{50}＞2250 mg/kg。饲喂 LC_{50}（8 d）野鸭和山齿鹑＞5620 mg/kg。鱼类 LC_{50}（96 h，mg/L）：食蚊鱼＞2.8，胖头鱼＞3.8，大翻车鱼＞4.3，虹鳟鱼＞4.2。溞类 LC_{50}（48 h）3.7 mg/L。藻类 EC_{50}（96 h 和 120 h）：月牙藻＞3.4 mg/L。蜜蜂 LD_{50} 100 μg/只（经口和接触）。蚯蚓 LC_{50}（14 d）＞1213 mg/kg 土壤。其他有益生物：对很大部分物种无毒。

环境行为 ①动物。通过第二阶段的物质代谢快速吸收。②土壤、环境。光解 DT_{50} 池塘水为 77 d。土壤代谢 DT_{50} 为 173 d，干旱土壤代谢 DT_{50} 为 336～1100 d（4 种土壤类型），田地 DT_{50} 为 23～268 d（实验数据）。K_{oc} 200～922 mL/g（平均 402 mL/g，9 种土壤），K_d 0.93～1.06（平均 0.98）（EU Rev. Rep.）。

制剂 主要制剂为 24%悬浮剂。

主要生产商 Corteva、广东广康生化科技股份有限公司、江苏好收成韦恩农化股份有限公司、江苏辉丰生物农业股份有限公司、江苏嘉隆化工有限公司、江苏凯晨化工有限公司、江苏维尤纳特精细化工有限公司、江苏永安化工有限公司、江苏优嘉植物保护有限公司、江苏长青农化南通有限公司、江苏中旗科技股份有限公司、美国默赛技术公司、美国陶氏益农公司、山东科信生物化学有限公司、山东省联合农药工业有限公司、山东潍坊润丰化工股份有限公司、陕西一简一至生物工程有限公司、绍兴上虞新银邦生化有限公司等。

作用机理与特点 一种非固醇型结构的蜕皮激素，模拟天然昆虫蜕皮激素——20-羟基蜕皮激素，激活并附着蜕皮激素受体蛋白，促使鳞翅目幼虫在成熟前提早进入蜕皮过程而又不能形成健康的新表皮。从而导致幼虫提早停止取食，最终死亡。鳞翅目幼虫摄食甲氧虫酰肼后的反应是快速的。一般摄食 4~16 h 后幼虫即停止取食，出现中毒症状。有记录表明甲氧虫酰肼与鳞翅目激素受体蛋白的亲和力大约是虫酰肼与蜕皮激素受体蛋白亲和力的 6 倍，是20-羟基蜕皮酮本身的 400 倍，它毫无疑问地解释了甲氧虫酰肼为什么对鳞翅目幼虫有较高的杀虫活性，同样由于甲氧虫酰肼对非鳞翅目幼虫的蜕皮受体蛋白亲和力较低（例如与黑尾果蝇的亲和力仅为 20-羟基蜕皮酮与该蜕皮激素受体亲和力的一半），也解释了甲氧虫酰肼对非鳞翅目昆虫较低杀虫活性的原因。对于双酰肼类杀虫剂的杀虫机理，人们多从生物角度来研究，通过观察害虫在蜕皮过程中的异常而说明害虫致死原因。Retnakaran 等以虫酰肼（tebufenozide）为例，使用电子显微镜观察了正常的蚜虫和受药的蚜虫蜕皮过程，分别测定了 20-羟基蜕皮激素与虫酰肼的含量对蚜虫蜕皮过程的影响。正常蜕皮过程，20-羟基蜕皮激素随着时间的增长而增大，诱使某些早期基因表达，在大约开始 6.5 d 时到达浓度最高点（25 pg/mL），随后含量开始急剧下降，到 8 d 时降为零。对蚜虫表皮蛋白非常重要的 mRNA 在没有 20-羟基蜕皮激素时才能表达出来。而甲氧虫酰肼进入昆虫体后，在昆虫蜕皮开始时的含量很高，随着昆虫的新陈代谢而含量持续降低，到 3 d 时蚜虫停止进食与排泄，致使甲氧虫酰肼基本保持衡量（20 mg/mL），这使得 mRNA 无法表达，羽化激素没有产生，因此蜕皮缺乏桥环薄层，无法骨质化和暗化，从而导致蚜虫死亡。

甲氧虫酰肼具有根部内吸活性，特别是对于水稻和其他的单子叶植物。稻苗用甲氧酰肼溶液 24 h 浸根处理后转移至没经药剂处理的土壤中，结果表明对粉纹夜蛾有持续 48 d 的残留活性。然而像绝大多数双酰肼杂环化合物一样，甲氧虫酰肼无明显叶面内吸活性。

甲氧虫酰肼以高剂量应用（为使 90%靶标害虫死亡剂量的 18~1500 倍）仍然对非鳞翅目昆虫如鞘翅目昆虫、同翅目昆虫、螨、线虫很安全。同样，实验室和田间的研究表明：在正常田间剂量下，不会对非鳞翅目益虫（如蜜蜂）和捕食性昆虫造成危害。因而甲氧虫酰肼和虫酰肼一样对鳞翅目害虫有高度的选择性，有利于害虫综合治理。

应用

（1）适用作物 用于蔬菜和农田作物，防治蔬菜（瓜类、茄果类）、苹果、玉米、棉花、葡萄、猕猴桃、核桃、花卉、甜菜、茶叶及大田作物（水稻、高粱、大豆）等作物。

（2）防治对象 鳞翅目害虫。尤其对幼虫和卵有特效。对益虫、益螨安全，具有触杀、根部内吸等活性。

（3）残留量与安全施药 美国拟制定的甲氧虫酰肼个体残留许可限量：柑橘果 10 组及区域注册的柑橘油：100 mg/L；干豌豆种：2.5 mg/L；石榴：0.6 mg/L；爆米花玉米豆：0.05 mg/L；爆米花玉米秆：125 mg/L。

（4）应用技术

① 防治夜蛾类害虫 顾秀慧等通过小区和大田试验，发现甲氧虫酰肼用于防治秋季白菜上甜菜夜蛾有突出的防治效果，药量 20 mL/亩，药后 24 h 防效就达到 90%以上，以后逐天提高，第 7 d 达到 98%以上。陈永兵等的田间试验结果表明，25%甲氧虫酰肼悬浮剂 20 mL/亩对甜菜夜蛾有优良的防治效果，药后 2 d、5 d 防效为 89%，药后 11 d 防效仍在 80%以上。2001~2002 年在河南洛阳两年的田间试验结果显示，24%甲氧虫酰肼悬浮剂 4000 倍液喷雾防治甜菜夜蛾，药后 1 d 和 7 d 防效都在 80%以上，药后 3 d 达到防治高峰，防效均在 90%以上。

② 防治水稻害虫 近年,人们尝试将甲氧虫酰肼用于防治水稻害虫。通过田间试验表明,24%甲氧虫酰肼悬浮剂 15～30 mL/亩对稻纵卷叶螟和二化螟均有良好的控制效果。2004 年在安徽潜山县的田间小区试验结果表明,24%甲氧虫酰肼悬浮剂 15 mL/亩防治稻纵卷叶螟药后 20 d 保叶效果为 89.7%;2005 年在浙江仙居对稻纵卷叶螟的试验结果是,24%甲氧虫酰肼悬浮剂 20 mL/亩、25 mL/亩的保叶效果,药后 7 d 分别为 76.7%和 79.9%,药后 15 d 分别为 88.8%和 90.8%。对二化螟的防治效果,2004 年在浙江温岭和江西两地的试验表明,24%甲氧虫酰肼悬浮剂 30 mL/亩可较好控制二化螟的为害,保苗效果分别为 97.6%和 75.3%。2005 年于四川眉山的示范试验结果表明,24%甲氧虫酰肼悬浮剂 15 mL/亩可有效控制二化螟的为害,保苗效果为 95.1%,螟害率降低到 0.2%,而对照区的螟害率为 4.1%。

③ 防治苹果害虫 在苹果害虫防治上,周玉书等报道 24%甲氧虫酰肼悬浮剂对苹果棉褐带卷蛾越冬出蛰幼虫和第 1 代幼虫均有很好的药效,其 3000～8000 倍液处理防治效果在 87%～99%之间,田间有效控制期达 15 d 以上,可有效地控制该虫为害。尤其是甲氧虫酰肼对卷叶虫苞内的各龄幼虫均有很好的杀灭作用,即使在棉褐带卷蛾幼虫为害盛期田间大量形成虫苞以后使用,也能获得理想的效果。在一般虫口密度条件下,于苹果花后越冬幼虫出蛰盛末期和第 1 代幼虫为害盛期各喷施 1 次,可有效地控制其全年危害。从经济、药效等各角度考虑,推荐使用剂量以 5000～6000 倍液为宜。

专利与登记

专利名称 Insecticidal *N'*-substituted-*N,N'*-diacylhydrazines

专利号 US 5344958 专利公开日 1994-06-09

专利申请日 1992-10-23 专利拥有者 Rohm and Haas Company

在其他国家申请的化合物专利 JP 6199763、PL 301144、SI 9300607、TR 28830、TR 28858、TR 28873、US 5530028、ZA 9308613、JP 3357127、EP 602794、EP 729934、EP 729953、IL 107533、AT 179166、ES 2130232、AU 9350635、AU 683224、CA 2103110、BR 9304789、HR 9301427、HU 75039、CN 1088572、CN 1038673、JP 07165508、JP 4004555、US 6013836、CN 1176251、CN 1072217、CN 1176245、CN 1067050、CN 1182075、CN 1116271 等。

制备专利 CN 107827741、CN 106699596、CN 104803879、CN 102040540、US 5530028、CN 101475790、JP 2010053129、JP 2009209124、JP 2008222705、JP 2010047479、JP 2010047478、WO 2010005692、WO 2010000790、WO 2009147205、WO 2009135613、WO 2009090181、WO 2009022548、WO 2009002809、WO 2008104503、WO 2008092759、WO 2008071674、WO 2009099929、WO 2009051956、WO 200815452、WO 2008150393、WO 2007122163、WO 2007083394、WO 2007083411、WO 2007079162 等。

国内登记情况 97.6%、98.5%原药,240 g/L、24%悬浮剂等,登记作物为甘蓝、苹果树和水稻等,防治对象小卷叶蛾、甜菜夜蛾和二化螟等。美国陶氏益农公司在中国登记情况见表 2-35。

表 2-35 美国陶氏益农公司在中国登记情况

登记名称	登记证号	含量	剂型	登记作物	防治对象	用药量	施用方法
甲氧虫酰肼	PD20050197	240 g/L	悬浮剂	苹果树	小卷叶蛾	48～80 mg/kg	喷雾
				水稻	二化螟	70～100 g/hm^2	喷雾
				甘蓝	甜菜夜蛾	36～72 g/hm^2	喷雾
甲氧虫酰肼	PD20050206	97.6%	原药				

登记名称	登记证号	含量	剂型	登记作物	防治对象	用药量	施用方法
乙多·甲氧虫	PD20170165	34%	悬浮剂	大葱	甜菜夜蛾	20～24 mL/亩	喷雾
				甘蓝	斜纹夜蛾	20～24 mL/亩	喷雾
				水稻	稻纵卷叶螟	20～24 mL/亩	喷雾
				水稻	二化螟	20～24 mL/亩	喷雾

合成方法　以叔丁基肼和 2,6-二氯甲苯为原料，经过一系列反应，即可制得目的物。反应式如下：

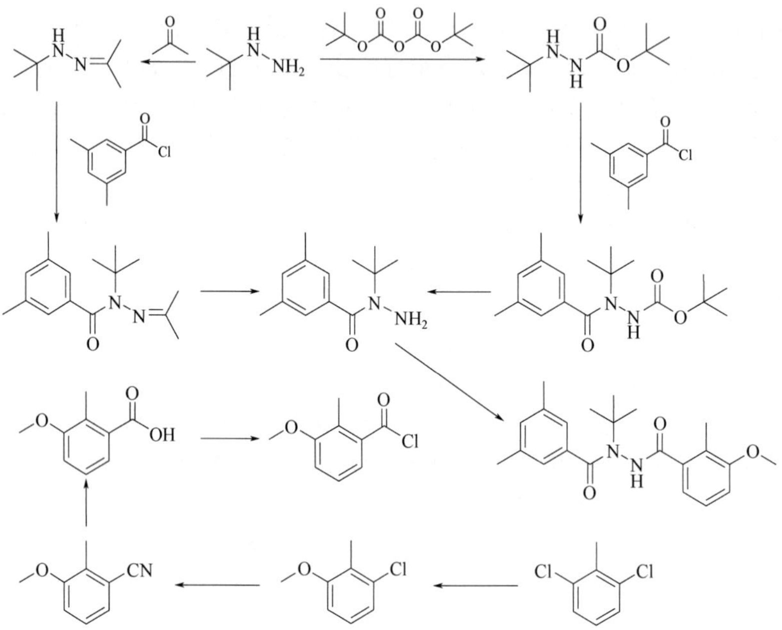

参考文献

[1] Proceedings of the Brighton Crop Protection Conference —Pests and diseases. 1996: 307-449.

[2] The Pesticide Manual.17th edition: 750-751.

[3] 洪湖. 安徽化工, 2013, 39(2): 61-63.

[4] 朱丽梅. 世界农药, 2001, 23(6): 50-54.

[5] 邵敬华, 刘伟, 马绍田, 等. 现代农药, 2003, 2(2): 12-14.

氯虫酰肼（halofenozide）

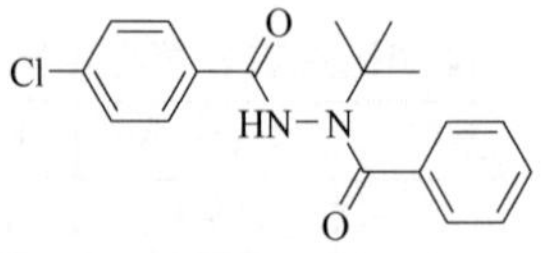

330.8，$C_{18}H_{19}ClN_2O_2$，112226-61-6

氯虫酰肼（试验代号：RH-0345、CL 290816，商品名称：Mach 2、Grub Stop、Raster）是由美国氰胺公司（现属巴斯夫公司）和罗门哈斯公司（现属 Dow AgroSciences 公司）于 1998

联合开发的双酰肼类杀虫剂。

化学名称 N-叔丁基-N'-(4-氯苯甲酰基)苯甲酰肼。英文化学名称为 N-$tert$-butyl-N'-(4-chlorobenzoyl)benzohydrazide。美国化学文摘系统名称为 4-chlorobenzoic acid 2-benzoyl-2-(1,1-dimethylethyl)hydrazide。CA 主题索引名称为 benzoic acid —, 4-chloro-2-benzoyl-2-(1,1-dimethylethyl) hydrazide。

理化性质 纯品为白色固体,熔点＞200℃。蒸气压＜0.013 mPa（25℃）。相对密度 0.38（20～25℃）,$\lg K_{ow}$ 3.22。水中溶解度（20～25℃）12.3 mg/L,有机溶剂中溶解度（g/L,20～25℃）:芳烃溶剂 0.1～1,环己酮 154,异丙醇 31。稳定性:在热、光和水中稳定;水解 DT_{50}:310 d（pH 5）,481 d（pH 7）,226 d（pH 9）。

毒性 急性经口 LD_{50}（mg/kg）:大鼠 2850,小鼠 2214。大鼠和兔急性经皮 LD_{50}＞2000 mg/kg。对兔眼睛中等刺激,对兔皮肤无刺激,接触对豚鼠皮肤致敏（工业品）。大鼠吸入 LC_{50}＞2.7 mg/L。NOEL［90 d,mg/(kg·d)］:狗 3.8,大鼠 5.7。对诱变性和遗传性为阴性。

生态效应 山齿鹑急性经口 LD_{50}＞2250 mg/kg,饲喂 LC_{50}（mg/L）:山齿鹑平均 4522,野鸭＞5000。鱼类 LC_{50}（mg/L）:大翻车鱼＞8.4,红鲈＞8.6,鲦鱼＞8.8。溞类 LC_{50} 3.6 mg/L。藻类 EC_{50} 0.82 mg/L。其他水生物 EC_{50}（mg/L）:虾 3.7,软体动物 1.2。蜜蜂 LD_{50}（接触）＞100 μg/只。蚯蚓 LC_{50}＞980 mg/kg。

环境行为 土壤环境。池塘水光解 DT_{50} 为 10 d。有氧 DT_{50} 54～468 d（实验室、9 种土质）,340～845 d（3 种沙壤土壤）,分散土壤 DT_{50} 42～267 d（田间、5 点）;草坪 DT_{50} 3～77 d;土壤光解 DT_{50} 129 d,K_{oc} 224～279。

制剂 1.5%颗粒剂,还可制成悬浮剂、水剂、油剂、粉剂、可湿性粉剂、乳油、熏蒸剂和烟雾剂。

主要生产商 Corteva。

作用机理与特点 该化合物具有独特的作用方式,可促使鳞翅目害虫提前蜕皮。可降低幼虫血淋巴中蜕皮激素的浓度,使蜕皮过程无法完成,新表皮不能骨质化和暗化。而且虫被处理后肠自行挤出,血淋巴和蜕皮液流失,导致虫体失水、皱缩,乃至死亡。这类药剂抑制蜕皮作用可发生在昆虫自然蜕皮前的任何时间,而苯甲酰脲类的作用则发生在被处理虫的自然蜕皮过程中。1988 年 Wing 首次研究发现,非甾醇蜕皮激素类杀虫剂和蜕皮激素一样作用于蜕皮激素受体（EcR）。在昆虫体内,激活的蜕皮激素进入靶细胞,与细胞内的受体蛋白相结合,这种激素-受体复合体与特定的 DNA 序列-激素反应元相结合,调节特定基因的转录。类似于天然昆虫蜕皮激素（20E）,非甾醇蜕皮激素类杀虫剂作用于 EcR 的同时,阻碍了在 Na^+、K^+-ATP 调节传输中起重要作用的乌木苷的合成,从而阻碍了神经和肌肉上钾通道的传导。与 RH-5992、RH-2485 相比,RH-0345 对鳞翅目的活性较低,但对鞘翅目活性却很高,有着与众不同的土壤内吸作用,对金龟子幼虫和土壤害虫有很好的杀灭效果。

应用

（1）适用作物 蔬菜、茶树、果树、观赏植物及水稻等作物。

（2）防治对象 日本甲虫、欧洲金龟子、东方甲虫,以及鳞翅目幼虫,如地老虎、棉铃虫、菜青虫、小菜蛾等。

（3）残留量与安全施药 1.0～2.0 lb/acre［镑每英亩,1 lb（1 磅）= 0.45 kg,1 acre（1 英亩）= 4046.856 m^2］用于草坪。

（4）应用技术 15%氯虫酰肼对稻纵卷叶螟各龄幼虫有效,但以在 2～3 龄期用药为宜,每亩用药 8 mL,对水 45～50 kg/亩,均匀细喷雾;对水时一定要用二次稀释法配制药液,即先将药剂配母液（药剂用少量水先化开搅匀），再对水稀释，充分搅拌均匀喷施，这是发挥其药效的关键。

专利与登记

专利名称　Preparation of insecticidal diacylhydrazinea and of intermediary insecticidal acylhydrazines

专利号　EP 228564　　　　专利公开日　1987-07-15

专利申请日　1986-11-24　　　优先权日　1985-12-09

专利拥有者　American Cyanamid Co

在其他国家申请的化合物专利　AT 72231、AU 6615886、BR 8606031、CA 1338714、DK 589286、EP 0228564、ES 2027953、FI 864987、GR 3003670、IE 59329、JP 62175451、JP 7330507、KR 910002532、ZA 8609264 等。

制备专利　US 6013836、US 5424333、US 5300688、EP 982292、CN 107488142、WO 2014144380、DE 102006014481、EP 1952690、EP 2000029、JP 2009209124、JP 2008150302、JP 2010047478、JP 2009108046、WO 2008071674、WO 2007123855、WO 2010005692、WO 2010000790、WO 2009099929、WO 2009002809、WO 2009051956、WO 2009022548、WO 2008154528、WO 2008125362、WO 2008092759、WO 2008075453、WO 2008075454、WO 2008072783、WO 2007122163、WO 2007083394、WO 2008150393、WO 2007083411 等。

合成方法　双酰肼类化合物的合成方法早有报道，综合各种文献，主要有以下 2 种：

（1）烷基肼分步酰化法

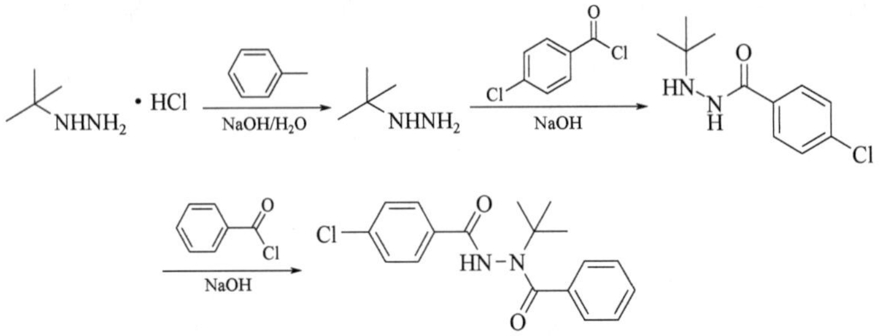

（2）烷基肼保护酰化法

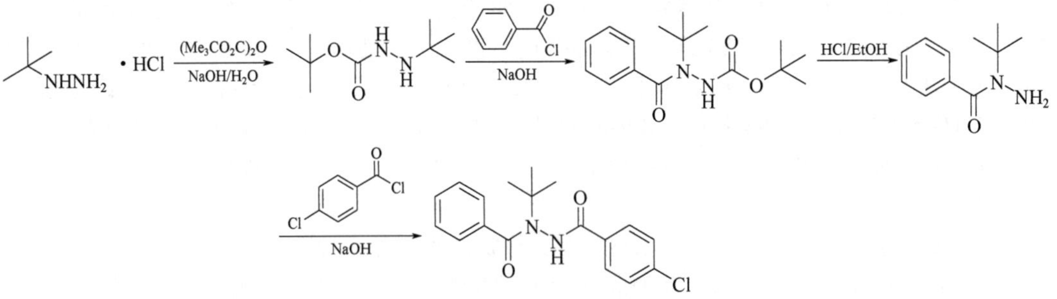

参考文献

[1] Proceedings of the Brighton Crop Protection Conference —Pests and diseases. 1996: 307-449.

[2] The Pesticide Manual. 17th edition: 589-690.

[3] 李巍巍, 徐振元. 浙江化工, 2003, 34(10): 3-6.

灭蝇胺（cyromazine）

166.2，$C_6H_{10}N_6$，66215-27-8

灭蝇胺（试验代号：CGA 72662、OMS 2014，商品名称：Armor、Cirogard、Citation、Cliper、Cyromate、Custer、Cyrogard、Garland、Genialroc、Jet、Kavel、Manga、Neporex、Patron、Saligar、Sun-Larwin、Trigard、Trivap、Vetrazine）是由 Ciba-Geigy（现属先正达公司）开发的三嗪类昆虫生长调节剂。

化学名称　N-环丙基-1,3,5-三嗪-2,4,6-三胺。英文化学名称为 N-cyclopropyl-1,3,5-triazine-2,4,6-triamine。美国化学文摘系统名称为 N-cyclopropyl-1,3,5-triazine-2,4,6-triamine。CA 主题索引名称为 1,3,5-triazine-2,4,6-triamine —，N-cyclopropyl。

理化性质　无色晶体，熔点 224.9℃，蒸气压 $4.484×10^{-4}$ mPa（25℃），$\lg K_{ow}$ −0.061（pH 7.0），Henry 常数 $5.8×10^{-9}$ Pa·m^3/mol，相对密度 1.35（20～25℃）。水中溶解度（20～25℃，pH 7.1）$1.3×10^4$ mg/L，有机溶剂中溶解度（g/L，20～25℃）：丙酮 1.1，二氯甲烷 0.28，环己烷＜0.001，甲醇 13，n-辛醇 1.2，甲苯 0.0095。在室温到 150℃之间不会分解，70℃以下 28 d 内未观察到水解。pK_a（20～25℃）5.22（弱碱性）。

毒性　大鼠急性经口 LD_{50}＞3920 mg/kg，大鼠急性经皮 LD_{50}＞3100 mg/kg。大鼠吸入 LC_{50}（4 h）3.6 mg/L 空气。对兔眼睛和皮肤无刺激。NOEL（2 年，mg/kg 饲料）：大鼠 300，小鼠 50。ADI：（JMPR，EU）0.06 mg/kg（2006，2007）；（EPA）cRfD 0.075 mg/kg（1991）。

生态效应　鸟类急性经口 LD_{50}（mg/kg）：山齿鹑 1785，日本鹌鹑 2338，北京鸭＞1000，野鸭＞2510。大翻车鱼、鲤鱼、鲶鱼和虹鳟鱼 LC_{50}（96 h）＞100 mg/L。水蚤 LC_{50}（48 h）＞100 mg/L。水藻 LC_{50} 124 mg/L。对成年蜜蜂无毒，无作用接触量为 5 μg/只。蚯蚓 LC_{50}＞1000 mg/kg。对其他有益的生物安全。

环境行为　①动物。大鼠体内可快速以母体化合物形式排出体外。②植物。在植物中快速代谢，主要代谢产物是三聚氰胺。③土壤/环境。灭蝇胺和其主要代谢产物三聚氰胺在土壤中具有一定的流动性。试验表明，灭蝇胺能有效地被生物降解。

制剂　可溶粉剂、悬浮剂、可湿性粉剂等。

主要生产商　Syngenta、江苏省激素研究所股份有限公司、江苏省农药研究所股份有限公司、江西禾益化工股份有限公司、内蒙古佳瑞米精细化工有限公司、瑞士先正达作物保护有限公司、山东道可化学有限公司、沈阳科创化学品有限公司、浙江吉顺植物科技有限公司等。

作用机理与特点　灭蝇胺有强内吸传导作用，为几丁质合成抑制剂，能诱使双翅目幼虫和蛹在形态上发生畸变，成虫羽化不全，或受抑制，这说明是干扰了蜕皮和化蛹。无论是经口还是局部施药对成虫均无致死作用，但经口摄入后观察到卵的孵化率降低。所涉及的生物化学过程还在研究中。

在植物体上，灭蝇胺有内吸作用，施到叶有很强的传导作用，施到土壤中由根部吸收，向顶传导。

作物耐药性：在田间使用剂量下，对推荐使用的任何一种作物及品种均无药害。

灭蝇胺能够有效控制种植业和养殖业中双翅目昆虫及部分其他昆虫，也有用来灭蚊或杀螨的报道，养殖业中的使用原理是将这种几乎不能够被动物器官吸收、利用、降解的药物通过动物的排泄系统排泄到动物粪尿中，抑制、杀灭蝇、蛆等在粪尿中的养殖业害虫。

应用

（1）适用作物　芹菜、瓜类、番茄、莴苣、蘑菇、马铃薯、观赏植物。

（2）防治对象　双翅目幼虫、苍蝇、叶虫（潜蝇）、美洲斑潜蝇等。

（3）使用方法　75～225 g/hm^2 叶面喷施用于控制叶虫（斑潜蝇），以及蔬菜（如芹菜，瓜类，番茄，莴苣）、蘑菇、马铃薯和观赏植物上害虫，或者以 190～450 g/hm^2 浓度浸湿或灌溉。可以喷射、药浴及拌于饲料中等方式使用。以 1 g(a.i.)/L 浸泡或喷淋，防治羊身上的丝光绿蝇；加到鸡饲料（5 mg/kg）中，可防治鸡粪上蝇幼虫，也可在蝇繁殖的地方以 0.5 g/m^2 进行局部处理；以 150～300 g/m^3 防治观赏植物和蔬菜上的潜叶蝇；以 150 g/m^3 喷洒菊花叶面，可防治斑潜蝇属 *Liriomyza trifolii*；以 75 g/hm^2 防治温室作物（黄瓜、番茄）潜叶蝇。以 650 g/hm^2 颗粒剂单独处理土壤，可防治潜蝇，持效期 80 d 左右。

（4）应用技术　灭蝇胺对有关的潜蝇品种（不考虑对其他杀虫剂的抗性）有高效，它的高度选择性适用于综合治理，尤其在温室。防治潜蝇具体使用剂量：豆类、胡萝卜、芹菜、瓜类、莴苣、洋葱、豌豆、青椒、马铃萝、番茄：12～30 g(a.i.)/100 L 或 75～225 g(a.i.)/hm^2，根据作物大小而定。花卉中石竹属、菊属、大丁草属、丝石竹属等：10～22.5 g(a.i.)/100 L 全部喷雾或 100～250 g(a.i.)/hm^2。

该产品可采用地面和空中设备施于叶面，推荐的土壤施用剂量为 200～1000 g(a.i.)/hm^2，预期用较高剂量持效期可达 8 周。

表 2-36 为在菊花叶面喷药 1500～2000 L/hm^2 对潜蝇的活性和持效。

表 2-36　在菊花叶面喷药 1500～2000 L/hm^2 对潜蝇的活性和持效

cyromazine /[g(a.i.)/100 L]	剂型	蛹数/80 片叶			
		处理前	处理后 7 d	处理后 14 d	处理后 21 d
30		59	0	3	33
15	75%可湿性粉剂	75	0	16	97
7.5		64	2	206	203
未处理		66	101	553	330

用 75 g(a.i.)/hm^2 药剂间隔 7 d 进行四次叶面喷雾（1000～2000 L/hm^2），对温室作物（黄瓜、番茄）上的潜蝇有良好的防效。

该药还可以用于土壤中，用颗粒剂 650 g(a.i.)/hm^2 进行一次处理，防治潜蝇效果达 80 d 以上，相当于叶面喷雾总量 1300 g(a.i.)/hm^2（每隔两周喷雾一次）。在另一试验中，用 300 g(a.i.)/hm^2 进行三种土壤处理防治效果至少有 31 d。

Leibee（1985）开发了一种防治 *L.trifolii* 幼虫的杀虫剂生物评价方法，此法用于选出田间收集的此类昆虫的灭蝇胺抗性品系。对 14 个世代中的 9 个世代进行 LD$_{50}$ 测定 [6 mg(a.i.)/L]，结构表明抗性没有发生。

专利与登记

专利名称　2-Cyclopropylamino-4,6-diamino-*S*-triazine derivatives and their use as insecticides

专利号　GB 1587573A　　　　专利公开日　1981-8-8

专利申请日　1977-9-18　　　　优先权日　1976-08-19

专利拥有者　Ciba Geigy AG

在其他国家申请的化合物专利　AT 361249、AU 2804177、AU 518896、BE 857896、CA 1084921、CH 609835、CY 1248、DE 2736876、ES 461715、FR 2362134、HK 25382、IL 52765、JP 53025585、KE 321、MY 5583、NL 7709096、NL 971032、NL 930086、NZ 184953、SU 727104、YU 198877、YU 119182 等。

制备专利　CN 108084102、JP 2016222905、CN 104876884、CN 104621139、CN 104628667、CN 104621138、CN 104621137、CN 104418817、KR 2014073084、CN 1356039、CN 1202487 等。

国内登记情况　10%、30%悬浮剂，30%、50%、75%、80%可湿性粉剂，20%、50%可溶粉剂，80%、60%水分散粒剂，97%、98%原药等，登记作物为黄瓜和菜豆，防治对象美洲斑潜蝇等。瑞士先正达作物保护有限公司在中国登记了95%原药及75%可湿性粉剂用于防治花卉上的美洲斑潜蝇（表2-37）。

表 2-37　瑞士先正达作物保护有限公司在中国登记情况

登记名称	登记证号	含量	剂型	登记作物	防治对象	用药量	施用方法
灭蝇胺	PD20096724	95%	原药				
灭蝇胺	PD20093924	75%	可湿性粉剂	花卉	美洲斑潜蝇	150～225 g/hm^2	喷雾

合成方法　灭蝇胺有如下三种合成路线：

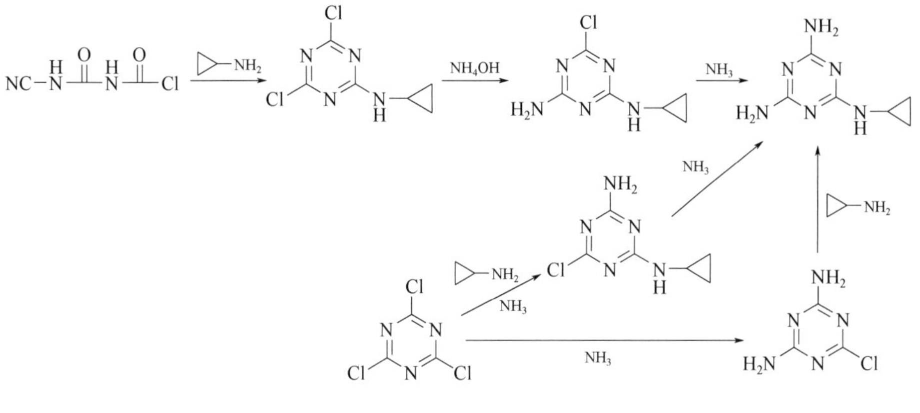

参考文献

[1] 陈静波, 张玉顺, 刘宇, 等. 云南大学学报(自然科学版), 2008, 30(4): 392-395.

[2] 新编农药商品手册. 北京: 化学工业出版社, 2006: 377.

[3] 尹硕. 农药市场信息, 2018(11): 23-24.

[4] The Pesticide Manual. 17th edition: 280-281.

灭幼脲（hlorbenzuron）

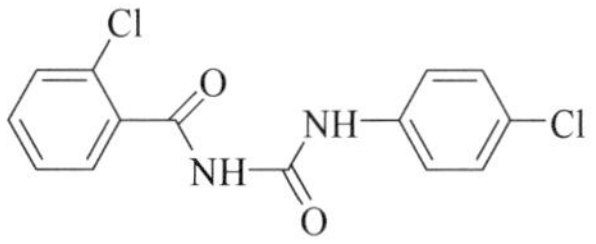

309.1，$C_{14}H_{10}N_2O_2Cl_2$，57160-47-1

灭幼脲（其他名称：灭幼脲 3 号、苏脲一号、一氯苯隆）属苯甲酰脲类杀虫剂。该品种主要由国内厂家生产，国外没有开发。

化学名称　1-(2-氯苯甲酰基)-3-(4-氯苯基)脲或 1-邻氯苯甲酰基-3-(4-氯苯基)脲。英文化学名称为 1-(2-chlorobenzoyl)-3-(4-chlorophenyl)urea 或 2-chloro-*N*-[(4-chlorophenyl)carbamoyl]benzamide。化学文摘系统名称为 2-chloro-*N*-[[(4-chlorophenyl)amino]carbonyl]benzamide。CA主题索引名称为 benzamide —, 2-chloro-*N*-[[[4-chlorophenyl]amino]carbonyl]-。

理化性质　纯品为白色结晶，熔点 199～201℃，不溶于水，100 mL 丙酮中能溶解 1 g，易溶于 DMF 和吡啶等有机溶剂。难溶于水、乙醇、苯中，易溶于二甲基亚砜中。遇碱和较强的酸易分解，常温下贮存稳定，对光热较稳定。

毒性　大鼠急性经口 LD_{50}＞20000 mg/kg，小鼠急性经口 LD_{50}＞2000 mg/kg，对鱼类低毒，对天敌安全。对益虫和蜜蜂等膜翅目昆虫和森林鸟类几乎无害。但对赤眼蜂有影响。对虾、蟹等甲壳动物和蚕的生长发育有害。

环境行为　灭幼脲在环境中能降解，在人体内不积累，对哺乳动物、鸟类、鱼类无毒害。

制剂　阿维·灭幼脲（30%悬浮剂），灭脲·吡虫啉（25%可湿性粉剂），哒螨·灭幼脲（30%可湿性粉剂），高氯·灭幼脲（15%悬浮剂）。

20%、25%悬浮剂，25%胶悬剂，25%、30%可湿性粉剂，4.5%、2.5%杀蟑胶饵。

主要生产商　河南省安阳市安林生物化工有限责任公司、吉林省通化农药化工股份有限公司、威海韩孚生化药业有限公司等。

作用机理与特点　灭幼脲类杀虫剂不同于一般杀虫剂，它的作用位点多，目前报道的作用机制主要有下面几种：①抑制昆虫表皮形成。这是研究最多和最深入的作用机制。灭幼脲属于昆虫表皮几丁质合成抑制剂，属于昆虫生长调节剂的范畴。主要通过抑制昆虫的蜕皮而杀死昆虫，对大多数需经蜕皮的昆虫均有效。主要表现胃毒作用，兼有一定的触杀作用，无内吸性。最近的生化试验证实灭幼脲能刺激细胞内 cAMP 蛋白激活酶活性，抑制钙离子的吸收，影响胞内囊泡的离子浓度，促使某种蛋白磷酸化，从而抑制蜕皮激素和几丁质的合成。其作用特点是只对蜕皮过程的虫态起作用，幼虫接触后，并不立即死亡，表现拒食、身体缩小，待发育到蜕皮阶段才致死，一般需经过 2 d 后开始死亡，3～4 d 达到死亡高峰。成虫接触药液后，产卵减少，或不产卵，或所产卵不能孵化。残效期长达 15～20 d。②导致成虫不育。通过饲毒和局部点滴方法，用灭幼脲处理雌成虫，发现灭幼脲影响许多昆虫的繁殖能力，使其不能产卵或产卵量少。对雌成虫无影响或影响较小。在灭幼脲处理的棉象甲雌成虫体内，发现 DNA 合成明显受到抑制，RNA 及蛋白质的合成未受影响。③干扰体内激素平衡。昆虫变态是在保幼激素和蜕皮激素的合理调控下完成的。用灭幼脲处理黏虫和小地老虎，均发现灭幼脲使虫体内保幼激素含量增高，蜕皮激素水平下降，导致昆虫不能蜕皮变态。④抑制卵孵化。⑤影响多种酶系。影响中肠蛋白酶的活力。此外还发现灭幼脲对环核苷酸酶、谷氨酸-丙酮酸转化酶、淀粉酶、酚氧化酶等有抑制作用，所有这些均可导致害虫发育失常。

应用

（1）适用作物　小麦、谷子、高粱、玉米、大豆、水稻，以及蔬菜、果树等。

（2）防治对象　对鳞翅目幼虫表现出很好的杀虫活性。大面积用于防治松毛虫、舞毒蛾、美国白蛾等森林害虫以及桃树潜叶蛾、茶黑毒蛾、茶尺蠖、菜青虫、甘蓝夜蛾、小麦黏虫、玉米螟、蝗虫及毒蛾类、夜蛾类等鳞翅目害虫，还可防治地蛆、蝇蛆、蚊子幼虫等。

（3）残留量　最大残留限量应符合以下标准：小麦 3 mg/kg，谷子 3 mg/kg，甘蔗类蔬菜 3 mg/kg。

（4）应用技术　①灭幼脲对幼虫有很好防效，以昆虫孵化至 3 龄前幼虫为好，尤在 1～2 龄幼虫防效最佳，虫龄越大，防效越差。灭幼脲的残效期较长，一次用药有 30 d 的防效，所以使用时，宜早不宜迟，尽可能将害虫消灭在幼小状态。②本药于施药 3～5 d 后药效才明显，7 d 左右出现死亡高峰。忌与速效性杀虫剂混配，使灭幼脲类药剂失去了应有的绿色、安全、环保作用和意义。③灭幼脲悬浮剂有沉淀现象，使用时要先摇匀后加少量水稀释，再加水至合适的浓度，搅匀后喷用。在喷药时一定要均匀。④灭幼脲类药剂不能与碱性物质混用，以免降低药效，和一般酸性或中性的药剂混用药效不会降低。

（5）使用方法　①防治森林松毛虫、舞毒蛾、舟蛾、天幕毛虫、美国白蛾等食叶类害虫用 25%悬浮剂 2000～4000 倍均匀喷雾，飞机超低容量喷雾 450～600 mL/hm²，在其中加入 450 mL 的尿素效果会更好。②防治农作物黏虫、螟虫、菜青虫、小菜蛾、甘蓝夜蛾等害虫，用 25%悬浮剂 2000～2500 倍均匀喷雾。③防治桃小食心虫、茶尺蠖、枣步曲等害虫用 25%悬浮剂 2000～3000 倍均匀喷雾。④防治枣、苹果、梨等果树的舞毒蛾、刺蛾、苹果舟蛾、卷叶蛾等害虫，可在害虫卵孵化盛期和低龄幼虫期，喷布 25%灭幼脲 3 号胶悬剂 1500～2000 倍液，不但杀虫效果良好，而且可显著增强果树的抗逆病性，提高产量，改善果实品质。⑤防治桃小食心虫、梨小食心虫，可在成虫产卵初期，幼虫蛀果前，喷布 25%灭幼脲 3 号胶悬剂 800～1000 倍液，其防治效果超过氰戊·马拉松（桃小灵）乳油 1500 倍液。⑥防治棉铃虫、小菜蛾、菜青虫、潜叶蝇等抗性害虫，可在成虫产卵盛期至低龄幼虫期喷洒 25%灭幼脲 3 号胶悬剂 1000 倍。⑦防治梨木虱、柑橘木虱等害虫，可在春、夏、秋各次新梢抽发季节，若虫发生盛期，喷布 25%灭幼脲 3 号胶悬剂 1500～2000 倍液。

专利与登记

专利名称　Benzoylphenylureas

专利号　GB 2106499　　　　　专利公开日　1983-04-13

专利申请日　1981-09-18　　　优先权日　1981-09-18

专利拥有者　Dow Chemical Co. Ltd., UK

制备专利　CN 106543139、CN 101293858、WO 2007116949、WO 2007116948、WO 2007059663、CN 1903838、WO 2002096864、JP 61229857、DE 3217619、JP 58029767、JP 58072566、EP 56124 等。

国内登记情况　20%、25%悬浮剂，95%、96%原药等，登记作物为十字花科蔬菜、甘蓝、苹果树、林木和马尾松等，防治对象菜青虫、松毛虫、美国白蛾、小菜蛾、金纹细蛾、山楂红蜘蛛和黄蚜等。

合成方法　通过如下反应制得目的物：

参考文献

[1] 国外农药品种手册(新版合订本). 北京: 化工部农药信息总站, 1996: 304.

[2] 新编农药商品手册. 北京: 化学工业出版社, 2006: 38.

[3] 曹涤环. 山东农药信息, 2012(2): 45.

[4] 杨荣萍, 刘明辉, 曾春, 等. 现代农业科技, 2010(15): 220+223.

[5] 农村实用技术, 2009(11): 51.

噻嗪酮（buprofezin）

305.4，$C_{16}H_{23}N_3OS$，953030-84-7

噻嗪酮（试验代号：NNI750、PP618，商品名称：Applaud、Maestro、PI Bupro、Podium、Sunprofezin、Aproad、优乐得，其他名称：布洛飞、布芬净、稻虱净、扑虱灵、噻唑酮、稻虱灵）是日本农药株式会社开发的噻二嗪酮类杀虫剂。

化学名称 (Z)-2-叔-丁亚氨基-3-异丙基-5-苯基-1,3,5-噻二嗪-4-酮。英文化学名称为 (Z)-2-*tert*-butylimino-3-isopropyl-5-phenyl-1,3,5-thiadiazinan-4-one。美国化学文摘系统名称为 (Z)-2-[(1,1-dimethylethyl)imino]tetrahydro-3-(1-methylethyl)-5-phenyl-4H-1,3,5-thiadiazin-4-one。CA 主题索引名称为 4H-1,3,5-thiadiazin-4-one —, 2-[(1,1-dimethylethyl)imino]tetrahydro-3-(1-methylethyl)-5-phenyl-(Z)-。

组成 工业品纯度>98.1%，是 E-和 Z-异构体的混合物。

理化性质 本品为白色结晶固体（工业品为白色或浅黄色结晶固体），熔点 104.6～105.6℃。沸点 267.6℃（$1.01×10^5$ Pa），相对密度 1.18（20～25℃），蒸气压 0.042 mPa（20℃），$\lg K_{ow}$ 4.93（pH 7），Henry 常数 0.028 Pa·m^3/mol，水中溶解度（mg/L）：0.387（20℃），0.46（pH 7，25℃），有机溶剂中溶解度（g/L，20～25℃）：丙酮 253.4，苯 370，二氯甲烷 586.9，甲苯 336.2，乙醇 80，氯仿 520，甲醇 86.6，正庚烷 17.9，乙酸乙酯 240.8，正辛醇 25.1，己烷 20。对酸、碱、光、热稳定。

毒性 低毒杀虫剂。原药的急性经口 LD_{50}（mg/kg）：雄大鼠 2198，雌大鼠 2355，小鼠>10000。大鼠急性经皮 LD_{50}>5000 mg/kg。对眼睛无刺激作用，对皮肤有轻微刺激，对豚鼠皮肤无致敏性。大鼠吸入 LC_{50}>4.57 mg/L（4 h），在试验剂量内无致畸、致突变、致癌作用，两代繁殖试验中未见异常。NOEL 数据［mg/(kg·d)］：雄大鼠 0.9，雌大鼠 1.12。ADI 值（JMPR）：0.01 mg/kg bw（1999），（EFSA）0.01 mg/kg bw（2008）；（EPA）aRfD 0.67 mg/kg bw，cRfD 0.006 mg/kg bw（1998）。

生态效应 山齿鹑急性经口 LD_{50}>2000 mg/kg，鲤鱼 LC_{50}（96 h）为 0.527 mg/L，虹鳟鱼>0.33 mg/L，水蚤 EC_{50}（48 h）>0.42 mg/L，伪蹄形藻 E_bC_{50}（72 h）>2.1 mg/L，蜜蜂 LD_{50}>164 μg/只（48 h）（经口），蜜蜂 LD_{50}>200 μg/只（72 h）（接触），对其他捕食性天敌（智利小植绥螨 500 mg/L，黑肩绿盲蝽、小宽蝽 250 mg/L，拟环纹狼蛛 2000 mg/L）或寄生虫（岭南蚜小蜂 125 mg/L，*Cales noacki*、丽蚜小蜂、褐腰赤眼蜂 250 mg/L，日本麻黄 1000 mg/L）无直接影响。

环境行为 在反刍动物体内和家禽组织中发现低剂量残留，通过新陈代谢产生大量次要代谢物。在多数植物体内可进行有限的新陈代谢，如叔丁基羟基化或氧化作用后，杂环打开。

DT$_{50}$（25℃）104 d（水淹条件，黏性土壤，土壤有机碳 3.8%，pH＞6.4），80 d（高地条件，沙壤土，土壤有机碳 2.4%，pH 7.0）。

制剂 8%展膜油剂，50%、40%、400 g/L、37%、25%悬浮剂，5%、20%、25%、50%、65%、75%、80%可湿性粉剂，5%、10%、20%、25%乳油，20%、40%、50%胶悬剂，20%、40%、70%水分散粒剂等。

主要生产商 FarmHannong、Nihon Nohyaku、Rallis、SePRO、安道麦安邦（江苏）有限公司、安徽广信农化股份有限公司、广西平乐农药厂、江苏常隆农化有限公司、江苏嘉隆化工有限公司、江苏健谷化工有限公司、江苏七洲绿色化工股份有限公司、江苏省南通施壮化工有限公司、江苏省农药研究所股份有限公司、江苏省盐城南方化工有限公司、江苏中旗科技股份有限公司、捷马化工股份有限公司、连云港市金囤农化有限公司、南通雅本化学有限公司、内蒙古百灵科技有限公司、宁夏东吴农化股份有限公司、宁夏新安科技有限公司、山东华阳农药化工集团有限公司、山东潍坊润丰化工股份有限公司、陕西一简一至生物工程有限公司、苏农（广德）生物科技有限公司等。

作用机理与特点 噻嗪酮是一种抑制昆虫生长发育的新型选择性杀虫剂，触杀作用强，也有胃毒作用。作用机制为抑制昆虫几丁质合成和干扰新陈代谢，致使若虫蜕皮畸形或翅畸形而缓慢死亡。一般施药 3～7 d 才能看出效果，对成虫没有直接杀伤力，但可缩短其寿命，减少产卵量，并且产出的多是不育卵，幼虫即使孵化也很快死亡。对半翅目的飞虱、叶蝉、粉虱及介壳虫类害虫有良好防治效果，药效期长达 30 d 以上。对天敌较安全，综合效应好。

应用

（1）适用作物 水稻、小麦、茶、柑橘、黄瓜、马铃薯、番茄等，不能用于白菜、萝卜。

（2）防治对象 对一些鞘翅目、半翅目和蜱螨目具有持效性杀幼虫活性，可有效防治水稻上的叶蝉科和飞虱科，马铃薯上的叶蝉科，柑橘、棉花和蔬菜上的粉虱科，柑橘上的蚧总科、盾蚧科和粉蚧科。在蔬菜上主要用于防治白粉虱、小绿叶蝉、棉叶蝉、烟粉虱、长绿飞虱、白背飞虱、灰飞虱、侧多食跗线螨（茶黄螨）、B 型烟粉虱、温室白粉虱等。在果树上主要用于防治柑橘树的矢尖蚧等介壳虫、白粉虱，桃、李、杏树的桑白蚧等介壳虫、小绿叶蝉，枣树日本龟蜡蚧等。

（3）残留量与安全施药 我国最大允许残留量为 0.3 mg/kg，日本推荐的最大残留限量（MRL）糙米为 0.3 mg/kg。该药使用时应先对水稀释后均匀喷雾，不可用毒土法。药液不宜直接接触白菜、萝卜，否则将出现褐斑及绿叶白化等药害。

（4）使用方法 叶面喷雾，50～600 g(a.i.)/hm²；叶面喷粉，450～600 g/hm²；浸水处理，600～800 g/hm²。25%可湿性粉剂 375～750 g/hm² 剂量能防治水稻和蔬菜上的飞虱、叶蝉、温室粉虱等，800～1000 g/hm² 能防治果树及茶树上的介壳虫。

（5）应用技术 该药持效期为 35～40 d，对天敌安全，当虫口密度高时，应与速效杀虫剂混用。

① 防治蔬菜害虫 防治白粉虱，用 10%噻嗪酮乳油 1000 倍液喷雾。或用 25%噻嗪酮可湿性粉剂 1500 倍液与 2.5%联苯菊酯乳油 5000 倍液混配喷施。防治小绿叶蝉、棉叶蝉，用 20%噻嗪酮可湿性粉剂（乳油）1000 倍液喷雾。防治烟粉虱，用 20%噻嗪酮可湿性粉剂（乳油）1500 倍液喷雾。 防治长绿飞虱、白背飞虱、灰飞虱等，用 20%噻嗪酮可湿性粉剂（乳油）2000 倍液喷雾。防治侧多食跗线螨（茶黄螨），用 20%噻嗪酮可湿性粉剂（乳油）2000 倍液喷雾。防治 B 型烟粉虱和温室白粉虱，用噻嗪酮可湿性粉剂（乳油）1000～1500 倍液喷雾。

② 防治水稻害虫　防治水稻白背飞虱、叶蝉类，在主害代低龄若虫始盛期喷药 1 次，每亩用 25%噻嗪酮可湿性粉剂 50 g，对水 60 kg 均匀喷雾，重点喷洒植株中下部。防治水稻褐飞虱，在主要发生世代及其前一代的卵孵盛期至低龄若虫盛发期各喷药 1 次，可有效控制其为害，每亩用 25%噻嗪酮可湿性粉剂 50～80 g，对水 60 kg 喷雾，重点喷植株中、下部。

③ 防治果树害虫　防治柑橘矢尖蚧等介壳虫、白粉虱，用 25%噻嗪酮悬浮剂（可湿性粉剂）800～1200 倍液或 37%噻嗪酮悬浮剂 1200～1500 倍液喷雾。防治矢尖蚧等介壳虫时，在害虫出蛰前或若虫发生初期进行喷药，每代喷药 1 次即可。防治白粉虱时，从白粉虱发生初盛期开始喷药，15 天左右 1 次，连喷 2 次，重点喷洒叶片背面。

防治桃、李、杏树桑白蚧等介壳虫、小绿叶蝉，用 25%噻嗪酮悬浮剂（可湿性粉剂）800～1200 倍液或 37%噻嗪酮悬浮剂 1200～1500 倍液喷雾，另外注意防治桑白蚧等介壳虫时，应在若虫孵化后至低龄若虫期及时喷药，每代喷药 1 次即可；防治小绿叶蝉时，在害虫发生初盛期或叶片正面出现较多黄绿色小点时及时喷药，15 天左右 1 次，连喷 2 次，重点喷洒叶片背面。

④ 防治茶树害虫　防治茶小绿叶蝉，于 6～7 月若虫高峰前期或春茶采摘后，用噻嗪酮 25%可湿性粉剂 750～1500 倍液或每 100 L 水加 25%噻嗪酮 67～133 g（有效浓度 166～333 mg/L）喷雾，间隔 10～15 d 喷第二次。亦可将 25%噻嗪酮可湿性粉剂 1500～2000 倍液或每 100 L 水加 25%噻嗪酮 50～67 g（有效浓度 125～166 mg/L）与氰戊菊酯（5%乳油）8000 倍液（有效浓度 6.2 mg/L）混用。喷雾时应先喷茶园四周，然后喷中间。

⑤ 防治茶树害虫　防治茶树小绿叶蝉、黑刺粉虱、瘿螨时，在茶叶非采摘期、害虫低龄期用药，用 25%噻嗪酮可湿性粉剂 1000～1200 倍液均匀喷雾。

专利与登记

专利名称　Tetrahydro-1,3,5-thiadiazin-4-one compounds

专利号　DE 2824126　　　　　专利公开日　1978-12-14

专利申请日　1978-06-01　　　优先权日　1977-06-09

专利拥有者　Nihon Nohyaku Co., Ltd., Japan

在其他国家申请的化合物专利　JP 54003083、JP 55039547、JP 54012390、JP 61021954、JP 54027590、JP 55019213、JP 54115387、JP 55039550、US 4159328、ZA 7803201、SU 1454235 等。

制备专利　CN 110041289、CN 108530388、CN 103880778、CN 103704233、CN 101973962、CN 101863859、CN 101177418、DE 3232346 等。

已在日本、马来西亚、印度尼西亚多国登记注册，登记作物有水稻、小麦、蔬菜、茶、柑橘。国内登记情况：37%、40%悬浮剂，20%、25%、65%、75%可湿性粉剂，90%、95%、98.5%、99%原药等，登记作物为水稻和柑橘树等，防治对象稻飞虱等。表 2-38 为日本农药株式会社在中国的登记情况。

表 2-38　日本农药株式会社在中国的登记情况

商品名	登记证号	含量	剂型	登记作物	防治对象	用药量	施用方法
噻嗪酮	PD304-99	99%	原药				
噻嗪酮	PD98-89	25%	可湿性粉剂	柑橘树	矢尖蚧	125～250 mg/kg	喷雾
				茶树	小绿叶蝉	166～250 mg/kg	
				水稻	飞虱	75～112.5 mg/kg	

合成方法　以 N-甲基苯胺、叔丁醇为原料，经如下反应制得目的物。

参考文献

[1] The Pesticide Manual.17th edition: 142-143.

[2] 许九国. 河北化工, 2008, 31(10): 35+44.

[3] Kanno H, 亦冰. 农药译丛, 1988, 10(3): 32-37.

[4] 王同涛, 孙绪兵, 李和娟, 等. 农药科学与管理, 2020, 41(10): 29-34.

[5] Ishaaya I, 殷习初. 农药译丛, 1992, 14(5): 10-12.

[6] Kanno H, Ikeda K, Asai T, et al. 农药译丛, 1984, 6(6): 54-56.

杀铃脲（triflumuron）

358.7，$C_{15}H_{10}ClF_3N_2O_3$，64628-44-0

杀铃脲（试验代号：SIR 8514、OMS2015，商品名称：Alsystin、Baycidal、Certero、Intrigue、Joice、Khelmit、Poseidon、Rufus、Soystin、Startop、Starycide，其他名称：杀虫隆、三福隆）是拜耳公司开发苯甲酰脲类杀虫剂。

化学名称 1-(2-氯苯甲酰基)-3-(4-三氟甲氧基苯基)脲。英文化学名称为 1-(2-chloro-benzoyl)-3-(4-trifluoromethoxyphenyl)urea。化学文摘系统名称为 2-chloro-N-[[[4-(trifluoro-methoxy)phenyl]amino]carbonyl]benzamide。CA 主题索引名称为 benzamide —, 2-chloro-N-[[[4-(trifluoromethoxy)phenyl]amino]carbonyl]-。

理化性质 无色粉末，熔点 195℃，蒸气压 $4×10^{-5}$ mPa（20℃），相对密度 1.445（20℃），$\lg K_{ow}$ 4.91。水中溶解度（20~25℃）0.025 mg/L，有机溶剂中溶解度（g/L，20℃）：二氯甲烷 20~50，异丙醇 1~2，甲苯 2~5，正己烷＜0.1。中性和酸性溶液中稳定，碱液中水解 DT_{50}（22℃）：960 d（pH 4），580 d（pH 7），11 d（pH 9）。

毒性 急性经口 LD_5（mg/kg）：雄、雌大小鼠＞5000，狗＞1000。雄、雌大鼠急性经皮 LD_{50}＞5000 mg/kg，对兔皮肤和眼睛无刺激，对豚鼠皮肤无致敏性。大鼠吸入 LC_{50}（mg/L 空气）：雄、雌大鼠＞0.12（烟雾剂），＞1.6（粉末）。NOEL（mg/kg 饲料）：大、小鼠（2年）20，狗（1年）20。推荐的 ADI 0.007 mg/kg（2007）。

生态效应 山齿鹑急性经口 LD_{50} 561 mg/kg。鱼类 LC_{50}（96 h，mg/L）：虹鳟鱼＞320，圆腹雅罗鱼＞100。水蚤 LC_{50}（48 h）0.225 mg/L。斜生栅藻 E_rC_{50}（96 h）＞25 mg/L。对蜜蜂有毒。蚯蚓 LC_{50}（14 d）＞1000 mg/kg。其他有益生物：对成虫无影响，对幼虫有轻微影响，对食肉螨安全。

环境行为 ①动物。标记的杀铃脲的 2-氯苯甲酰基基团在大鼠代谢时水解断裂。代谢物只有 2-氯苯环并且被部分羟基化和共轭。相应地，在标记 4-三氟甲氧基苯基基团的试验中，仅发现含有 4-三氟甲氧基苯基环的代谢物，并且被部分羟基化。②植物。喷施后的苹果、大豆、马铃薯中，杀铃脲只是少量代谢，代谢产物与动物体内代谢物组成相同。对于残留物进行分析，确定在收获作物体内含有杀铃脲母体化合物。③土壤/环境降解。在实验室测试中，杀铃脲在土壤中降解较快，受 3～5 个因素的影响降解得更快。没有植物的土壤中反复使用 3 年，土壤中无药物累积现象。在对森林实际应用中，土壤中的残留浓度一直很低，几个月后降低至检测限以下。代谢产物：对 2-氯苯位置进行标记的杀铃脲，112 d 后，一半降解为二氧化碳，部分放射物和土壤结合（土壤中，112 d 后应用的杀铃脲中标记的 2-氯苯甲酰基基团 50%降解为二氧化碳，20%的放射物和土壤结合）。对 4-三氟甲氧基苯基标记的杀铃脲，代谢更加缓慢，但是结合残留物的比例明显增加。

制剂 乳油、油悬浮剂、悬浮剂、超低容量剂、可湿性粉剂，具体有：5%、20%、40%悬浮剂，5%乳油。

主要生产商 Bayer、安徽富田农化有限公司、湖北中迅长青科技有限公司、吉林省通化农药化工股份有限公司、江苏龙灯化学有限公司、江苏中旗科技股份有限公司等。

作用机理与特点 杀铃脲属苯甲酰脲类的昆虫生长调节剂，是具有触杀作用的非内吸性胃毒作用杀虫剂，仅适用于防治咀嚼式口器昆虫，因为它对吸管型昆虫无效（除木虱属和橘芸锈螨）。杀铃脲阻碍幼虫蜕皮时外骨骼的形成。幼虫的不同龄期对杀铃脲的敏感性未发现有大的差异，所以它可在幼虫所有龄期应用。杀铃脲还有杀卵活性，在用药剂直接接触新产下的卵或将药剂施入处理的表面时，发现幼虫的孵化变得缓慢。杀铃脲作用的专一性在于其有缓慢的初始作用，但持效期长。对绝大多数动物和人类无毒害作用，且能被微生物所分解。虽然杀铃脲对昆虫的作用机理与除虫脲相类似，但是许多研究者认为，其不仅是几丁质生成抑制剂，而且还具有与保幼激素相似的活性。

应用

（1）适用作物 玉米、棉花、大豆、蔬菜、果树、林木。

（2）防治对象 棉铃虫、金纹细蛾、菜青虫、小菜蛾、小麦黏虫、松毛虫等鳞翅目和鞘翅目害虫，包括在梨园中，消灭地中海蜡实蝇、马铃薯叶甲和棉花上的海灰翅夜蛾。

（3）使用方法 防治对象和使用方法同除虫脲，但对棉铃虫有效。杀虫活性高，杀卵效果好。以悬浮剂对水喷雾使用，防治棉铃虫亩用有效成分 5～8 g。

（4）杀虫活性 椿象五龄幼虫对杀铃脲的局部作用表现出非常高的灵敏性。通过对药剂的接触毒性试验研究，已判明，该药剂具有高的杀卵效果，即在药剂的浓度等于 0.0325%时，观察到卵完全被致死。发现第二龄和第三龄鳞翅目幼虫对杀铃脲比第五龄幼虫更敏感。以 0.13%和 0.065%杀铃脲溶液处理时，引起它们的生存能力降低分别为 100%和 53.6%。

对大菜粉蝶和菜蛾以及西纵色卷蛾具有高的效果且有防治白蚁和许多其他昆虫的效果。对三种益虫：北美草蛉（脉翅目：草蛉科）、*Acholla multispinosa*（半翅目：猎蝽科）和 *Macrocentrus ancylivorus*（膜翅目：茧蜂科）显示出高的毒性。无论是局部处理，还是与药剂处理的叶片接触，都引起北美草蛉极高的死亡率和交替龄期蜕皮的抑制。

有关杀铃脲对医学和兽医学意义的昆虫的研究比农业害虫少得多。杀铃脲对一些种的蟀显示出高的效果。已证明，杀铃脲对家蝇具最大生物活性。对不同发育阶段的家蝇用药剂进行处理，无论是悬浮剂 SC480 还是可湿性粉剂 WP-25，都在对卵和 1 龄幼虫作用时，达到最大的效果。在卵与被药剂处理的表面接触时，杀铃脲的杀卵活性不高：悬浮剂剂量为 625 µg/g

和 2500 μg/g 时，杀卵活性分别为 3.0%和 9.1%。这些结果是出乎意外的，因为以 0.1～1.0 μg/g 剂量，该药剂对蚊虫卵的杀卵活性高是众所周知的。以高剂量（2500 μg/g、2250 μg/g 和 625 μg/g）杀铃脲处理家蝇的蛹被，使成虫产卵仅减少 35%～36.5%。在与用 0.5%悬浮剂处理的纸接触时，孵出的百分数从 30.8%到 6.1%，这一差别可能是成虫选自数量不同的两组幼虫之故。一些研究者还报道了杀铃脲对螯蝇成虫前发育阶段的类似作用。

许多研究者报道了杀铃脲对不同种蚊虫高的生物活性，同时证明，杀铃脲的毒杀作用的特征与除虫脲和其他脲的苯甲酰苯基类似物相似。

专利与登记

专利名称 Substituierte *N*-phenyl-*N*′-benzoyl harnstoffe,verfahren zu ihrer herstellung und ihre verwendung als insektizide

专利号　DE 2601780　　　　专利公开日　1977-07-21

专利申请日　1976-01-20　　　优先权日　1976-01-20

专利拥有者　Bayer AG

在其他国家申请的化合物专利　AR 219487、AT 351864、AU 2144977、AU 504246、BE 850524、BG 25060、BR 7700289、CA 1124747、CH 629759、CS 194790、DD 129394、DE 2601780、DK 150594、EG 12374、ES 455149、FR 2338928、FI 63019、GB 1501607、GR 62096、HU 176471、IL 51279、IT 1085852、JP 52089646、KE 2871、MY 37378、NL 7700578、NO 149173、NZ 183094、OA 5531、PH 13080、PL 101199、PT 66078、RO 72521、SE 424858、SE 7700531、SU 655278、TR 19015、US 4139636、YU 3777、ZA 7700303 等。

制备专利　BR 7802993、CN 1101642、DE 2601780、DE 2820696、EP 349999、GB 2457347、JP 2003026603、WO 2009099929、WO 2009002809、WO 2008154528、WO 8603941、WO 2010005692、WO 2009051956、WO 2003086469、CN 107156116、CN 105211091、DE 3314383、DE 3217620 等。

国内登记情况　5%、20%、40%悬浮剂，5%乳油，97%原药等，登记作物为甘蓝、苹果树和柑橘树等，防治对象潜叶蛾、小菜蛾、金纹细蛾和菜青虫等。

合成方法　反应式如下：

参考文献

[1] Pflanzenschutz-Nachr(Eng.ed.), 1980, 33: 1.

[2] The Pesticide Manual. 17th edition: 1155-1156.

[3] Костина М Н, 齐振华. 农药译丛, 1992, 14(2): 63-65.

[4] 国外农药品种手册(新版合订本). 北京: 化工部农药信息总站, 1996: 13.

[5] 何永梅. 农药市场信息, 2011(3): 41.

[6] 张敏. 农村科技, 2013(6): 40.

虱螨脲（lufenuron）

511.2，$C_{17}H_8Cl_2F_8N_2O_3$，103055-07-8

虱螨脲（试验代号：CGA 184699，商品名称：美除、Adress、Axor、Fuoro、Luster、Manyi、Match、Program、Sorba、Zyrox）是由 Ciba-Geigy（现属 Syngenta AG）开发的苯甲酰脲类杀虫杀螨剂。

化学名称 (RS)-1-[2,5-二氯-4-(1,1,2,3,3,3-六氟丙氧基)苯基]-3-(2,6-二氟苯甲酰基)脲。英文化学名称为(RS)-1-[2,5-dichloro-4-(1,1,2,3,3,3-hexafluoropropoxy)phenyl]-3-(2,6-difluorobenzoyl)urea。美国化学文摘系统名称为 N-[[[2,5-dichloro-4-(1,1,2,3,3,3-hexafluoropropoxy)phenyl]amino]carbonyl]-2,6-difluorobenzamide。CA 主题索引名称为 benzamide —, N-[[[2,5-dichloro-4-(1,1,2,3,3,3-hexafluoropropoxy)phenyl]amino]carbonyl]- 2,6-difluoro-。

理化性质 含量≥98%，无色晶体，熔点 168.7～169.4℃。蒸气压＜4×10⁻³ mPa（25℃）。相对密度 1.66（20～25℃）。$\lg K_{ow}$ 5.12。Henry 常数＜0.044 Pa·m³/mol。水中溶解度（20～25℃，pH 7.7）0.048 mg/L，有机溶剂中溶解度（g/L，20～25℃）：丙酮 460，二氯甲烷 84，乙酸乙酯 330，正己烷 0.10，甲醇 52，正辛醇 8.2，甲苯 66。25℃，pH 5 和 7 下稳定。水中稳定性 DT_{50}：512 d（pH 9，25℃）。pK_a（20～25℃）＞8.0。

毒性 大鼠急性经口 LD_{50}＞2000 mg/kg；大鼠急性经皮 LD_{50}＞2000 mg/kg；对兔眼睛和皮肤无刺激。对豚鼠皮肤中度致敏性。大鼠吸入 LC_{50}（4 h）＞2.35 mg/L。NOEL 大鼠（2 年）2.0 mg/(kg·d)。ADI/RfD（EC）0.015 mg/kg bw。

生态效应 鸟类：山齿鹑和野鸭急性经口 LD_{50}＞2000 mg/kg，山齿鹑和野鸭饲喂 LC_{50}（8 d）＞5200 mg/kg。鱼类 LC_{50}（96 h，mg/L）：虹鳟鱼＞73，鲤鱼＞63，大翻车鱼＞29，鲶鱼 45。水蚤 EC_{50}（48 h）1.1 μg/L。海藻 EC_{50}（72 h）10 mg/L。蜜蜂经口 LD_{50}＞197μg/只，接触 LD_{50}＞200 μg/只。蚯蚓 LC_{50}（14 d）＞1000 mg/kg。

环境行为 ①动物。主要排出途径是粪便，同时伴随微量降解。②植物。在研究的目标农作物中（棉花、番茄），没有发现明显的代谢现象。③土壤/环境。虱螨脲在有氧并有生物活性的土壤中快速降解，DT_{50} 为 9.4～83.1 d。虱螨脲表现出对土壤颗粒很强的吸附性，平均 K_{oc} 38 mg/g。

制剂 10%悬浮剂，50 g/L、5%乳油。

主要生产商 Meghmani、Syngenta、安徽富田农化有限公司、安徽广信农化股份有限公司、安徽新北卡化学有限公司、德州绿霸精细化工有限公司、河南金鹏化工有限公司、淮安国瑞化工有限公司、吉林省通化农药化工股份有限公司、江苏丰山集团股份有限公司、江苏建农植物保护有限公司、江苏苏滨生物农化有限公司、江苏长青农化股份有限公司、江苏中旗科技股份有限公司、江西欧氏化工有限公司、京博农化科技有限公司、连云港埃森化学有限公司、连云港禾田化工有限公司、联化科技（德州）有限公司、内蒙古百灵科技有限公司、内蒙古拜克生物有限公司、瑞士先正达作物保护有限公司、山东潍坊润丰化工股份有限公司、上海禾本药业股份有限公司、上虞颖泰精细化工有限公司、石家庄瑞凯化工有限公司、浙江世佳科技股份有限公司等。

作用机理与特点 其杀虫机理是通过抑制幼虫几丁质合成酶的形成而发生作用，干扰几丁质在表皮的沉积，导致昆虫不能正常蜕皮变态而死亡。有胃毒作用，能使幼虫蜕皮受阻，并且停止取食至死。用药后，首次作用缓慢，有杀卵功能，可杀灭新产虫卵，施药后 2～3 d 可以看到效果。对蜜蜂和大黄蜂低毒，对哺乳动物虱螨低毒，蜜蜂采蜜时可以使用。比有机磷、氨基甲酸酯类农药相对更安全，可作为良好的混配剂使用，对鳞翅目害虫有良好的防效。低剂量使用，仍然对毛毛虫有良好防效，对花蓟马幼虫有良好防效；可阻止病毒传播，可有效控制对菊酯类和有机磷有抗性的鳞翅目害虫。药剂有选择性，长持性，对后期土豆蛀茎虫有良好的防治效果。虱螨脲减少喷施次数，能显著增产。施药期较宽［害虫各虫态（龄）均可施用］以产卵初期至幼虫 3 龄前使用为佳，可获得最好的杀虫效果。提醒注意的事项：在作物旺盛生长期和害虫世代重叠时可酌情增加喷药次数，应在新叶显著增加时或间隔 7～10 d 再次喷药，以确保新叶得到最佳保护；而在一般情况下，高龄幼虫受药后虽能见到虫子，但含量大大减少，并逐渐停止危害作物，3～5 d 后虫子死亡，因此无需要补喷其他药剂。

应用

（1）适用作物 玉米、蔬菜、柑橘、棉花、马铃薯、葡萄、大豆等。适合于综合害虫治理。药剂不会引起刺吸式口器害虫再猖獗，对益虫的成虫和捕食性蜘蛛作用温和。

（2）防治对象 防治甜菜夜蛾、斜纹夜蛾、甘蓝夜蛾、小菜蛾、棉铃虫、豆荚螟、瓜绢螟、烟青虫、蓟马、锈螨、柑橘潜叶蛾、飞虱、马铃薯块茎蛾等，可作为抗性治理的药剂使用。也可作为卫生用药；还可用于防治动物如牛等的害虫。

（3）使用方法 通常使用剂量为 10～50 g(a.i.)/hm^2。对于卷叶虫、潜叶蝇、苹果锈螨、苹果蠹蛾等，可用有效成分 5 g 对水 100 kg 进行喷雾。对于番茄夜蛾、甜菜夜蛾、花蓟马、棉铃虫、马铃薯蛀茎虫、番茄锈螨、茄子蛀果虫、小菜蛾等，可用 3～4 g 有效成分对水 100 kg 进行喷雾。

5%虱螨脲乳油对苹果苹小卷叶蛾有良好的防治效果，1000～2000 倍液第 2 次施药后 15 d 的防效仍达 89%以上，对苹果树安全。

虱螨脲对棉铃虫具有较强的杀卵作用：在 50 mg/L 浓度下，棉铃虫 1 日龄卵死亡率达到 87.30%；对棉铃虫 2～5 龄幼虫具有较高的胃毒活性，其 LC$_{50}$ 分别为 0.7434 mg/L、1.9669 mg/L、2.0592 mg/L 和 2.6945 mg/L。田间试验结果表明，在卵高峰期至初孵期用药，对棉铃虫有较高的防治效果，药后 7 d，用 50 g/L 虱螨脲乳油 450 mL/hm^2、600 mL/hm^2 防治效果分别为 89.3%、90.2%。

（4）注意事项 ①与氟铃脲、氟啶脲、除虫脲等有交互抗性；不宜与灭多威、硫双威等氨基甲酸酯类药剂混用；②不能与碱性药剂混用；③对甲壳类动物高毒，剩余药液及洗涤药械的废液严禁污染河流、湖泊、池塘等水域。

专利与登记

专利名称 Benzoylphenylureas

专利号 EP 0179022A2 　　　专利公开日 1981-8-8

专利申请日 1977-9-18 　　　优先权日 1976-08-19

专利拥有者 Ciba-Geigy AG

在其他国家申请的化合物专利　AU 4881885、AU 586194、BG 60408、BR 8505181、CA 1242455、CY 1548、DE 2726684、DK 144891、DK 164854、DK 476585、DK 160870、DK 266990、DK 16485、EP 0179022、ES 8609221、GB 2165846、GB 2195635、GB 2195336、IL 76708、JP 3047159、JP 59059617、KR 900006761、LV 10769、NL 930085、TR 22452、US 5107017、US 4980506、US 4798837 等。

制备专利　CN 103360284、WO 9834481 等。

国内登记情况　10%悬浮剂、50 g/L、5%乳油、96%、98%原药等，登记作物为柑橘、菜豆、番茄、棉花、甘蓝、马铃薯和苹果等，防治对象潜叶蛾、锈壁虱、豆荚螟、棉铃虫、甜菜夜蛾、马铃薯块茎蛾、棉铃虫和小卷叶蛾等。瑞士先正达作物保护有限公司在中国登记情况见表 2-39。

表 2-39　瑞士先正达作物保护有限公司在中国登记情况

登记名称	登记证号	含量	剂型	登记作物	防治对象	用药量	施用方法
虱螨脲	PD20070344	50 g/L	乳油	菜豆	豆荚螟	$30\sim37.5$ g/hm^2	喷雾
				番茄	棉铃虫	$37.5\sim45$ g/hm^2	喷雾
				甘蓝	甜菜夜蛾	$22.5\sim30$ g/hm^2	喷雾
				柑橘	潜叶蛾	$20\sim33.3$ mg/kg	喷雾
				柑橘	锈壁虱	$20\sim33.3$ mg/kg	喷雾
				苹果	小卷叶蛾	$25\sim50$ mg/kg	喷雾
				棉花	棉铃虫	$37.5\sim45$ g/hm^2	喷雾
				马铃薯	马铃薯块茎蛾	$30\sim45$ g/hm^2	喷雾
虱螨脲	PD20070343	96%	原药				

合成方法　经如下反应制得虱螨脲：

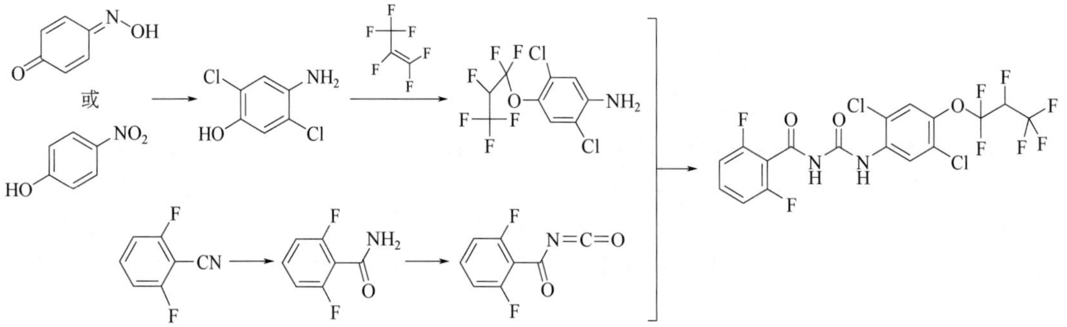

参考文献

[1] The Pesticide Manual.17th edition: 683-684.

[2] 李维根. 辽宁农业科学, 2006, 5: 53-54.

[3] 姚永生, 李春芳, 周永锋. 江西棉花, 2009, 31(2): 19-22.

[4] 孙凌莉, 李岚, 江才鑫, 等. 浙江化工, 2011, 42(3): 5-7.

[5] 陈勇, 孙星星. 浙江农业科学, 2019, 60(4): 612-613.

双三氟虫脲（bistrifluron）

446.7，$C_{16}H_7ClF_8N_2O_2$，201593-84-2

双三氟虫脲（试验代号：DBI-3204，商品名称：Hanaro）是韩国东宝化学公司从 2000 多个苯甲酰脲衍生物中筛选出的高活性几丁质合成抑制剂。

化学名称　1-[2-氯-3,5-双(三氟甲基)苯基]-3-(2,6-二氟苯甲酰基)脲。英文化学名称为 1-[2-chloro-3,5-bis(trifluoromethyl)phenyl]-3-(2,6-difluorobenzoyl)urea。美国化学文摘系统名称为 N-[[[2-chloro-3,5-bis(trifluoromethyl)phenyl]amino]carbonyl]-2,6-difluorobenzamide。CA 主题索引名称为 benzamide —, N-[[[2-chloro-3,5-bis(trifluoromethyl)phenyl]amino]carbonyl]-2,6-difluoro-。

理化性质　白色粉状固体，熔点 172～175℃。蒸气压 0.0027 mPa（25℃）。lgK_{ow} 5.74。Henry 常数＜0.04 Pa·m³/mol（计算值）。水中溶解度（20～25℃）＜0.03 mg/L。有机溶剂中溶解度（g/L，20～25℃）：甲醇 33.0、二氯甲烷 64.0、正己烷 3.5。稳定性：室温，pH 5～9 下稳定。pK_a 9.58（20～25℃）。

毒性　雄、雌大鼠急性经口 LD_{50}＞5000 mg/kg。急性经皮 LD_{50}：雄、雌大鼠＞2000 mg/kg。本品对皮肤无刺激，对眼睛轻微刺激。NOEL：大鼠亚急性毒性（13 周）220 mg/kg，大鼠亚急性皮肤毒性（4 周）1000 mg/kg，大鼠致畸性＞1000 mg/kg。在 Ames 实验、染色体畸变和微核测试中呈阴性。

生态效应　山齿鹑和野鸭急性经口 LD_{50}＞2250 mg/kg。鱼类 LC_{50}（48 h）：鲤鱼＞0.5 mg/L，鳉鱼＞10 mg/L。蜜蜂 LD_{50}（48 h，接触）＞100 μg/只。蚯蚓 LC_{50}（14 d）32.84 mg/kg。

制剂　10%悬浮剂、10%乳油。

主要生产商　FarmHannong。

作用机理与特点　双三氟虫脲对昆虫具有显著的生长发育抑制作用，对白粉虱有特效，比世界专利 WO 95/33711 公布的 2-溴-3,5-双（三氟甲基）苯基苯甲酰基脲的活性高 25～50 倍。该化合物抑制昆虫几丁质形成，影响内表皮生成，使昆虫不能顺利蜕皮而死亡。

应用

（1）适用作物　蔬菜、茶叶、棉花等。

（2）防治对象　粉虱，如白粉虱和烟粉虱；鳞翅目害虫，如甜菜夜蛾、小菜蛾和金纹细蛾。

（3）应用　75～150 g/hm² 防治蔬菜上的鳞翅目害虫和小菜蛾，10～400 g/hm² 用于果树有很好杀虫效果；50～100 g/hm² 防治粉虱效果很好；100～400 g/hm² 用于苹果树，75～150 g/hm² 用于柿子树都有很好效果。

总体来说以 75～400 g(a.i.)/hm² 用量用于防治蔬菜和果树的绝大多数鳞翅目和粉虱害虫，而对作物、天敌、人畜和环境高度安全。目前其制剂 10%悬浮剂、10%乳油正在韩国使用。

活性研究表明双三氟虫脲杀虫谱广，如鳞翅目害虫、椿象和甲虫等。实验室生物活性数据如表 2-40。

表 2-40　双三氟虫脲室内生物活性

害虫	LD$_{50}$/LC$_{50}$	测试方法
小菜蛾（2 龄幼虫）	0.22 μg/mL	浸叶法
斜纹夜蛾（2 龄幼虫）	0.02 μg/mL	浸叶法
贪夜蛾（2 龄幼虫）	0.07 μg/mL	浸叶法
菜青虫（2 龄幼虫）	0.37 μg/mL	浸叶法
烟青虫（2 龄幼虫）	0.7 μg/mL	浸叶法
美国白蛾（2 龄幼虫）	0.82 μg/mL	浸叶法
黏虫（2 龄幼虫）	0.66 μg/mL	浸叶法
菜心螟（3 龄幼虫）	3.6 μg/mL	浸叶法
棉褐带卷蛾（1 龄幼虫）	3.5 μg/mL	浸叶法
温室粉虱（3 龄若虫）	<1 μg/mL	喷雾
Eurydema rugosa（5 龄若虫）	13.6 μg/g	外用/局部滴旋
悬铃木方翅网蝽（3 龄幼虫）	51.1 μg/mL	喷雾
豆缘蝽（5 龄幼虫）	0.26 μg/g	外用/局部滴旋
马铃薯瓢虫（3 龄幼虫）	1.3 μg/mL	浸叶法
家蝇（3 龄幼虫）	38 μg/g	人工饲喂
淡色库蚊（3 龄幼虫）	0.07 μg/mL	浸泡实验
德国蟑螂/德国姬蠊（2 龄幼虫）	0.25 μg/g	外用/局部滴旋

双三氟虫脲的抗性因子远远小于有机磷类杀虫剂如丙硫磷。

试验将双三氟虫脲和某些商品化品种在 75～150 g（a.i.）/hm^2 下对鳞翅目昆虫（贪夜蛾）和小菜蛾杀虫活性进行了比较。结果显示双三氟虫脲在 50～100 g（a.i.）/hm^2 下表现出对温室白粉虱很好的活性。双三氟虫脲在 100～400 g（a.i.）/hm^2 下对苹果树金纹小潜细蛾和 200～400 g（a.i.）/hm^2 下对柿子树的柿举肢蛾有很好效果。

专利与登记

专利名称　2-Chloro-3,5-bis(trifluoromethyl)phenyl benzoyl urea derivative and process for preparing the same

专利号　WO 9800394　　　　　专利公开日　1998-01-08

专利申请日　1997-06-25　　　　优先权日　1996-06-29

专利拥有者　Hanwha Corporation

在其他国家申请的化合物专利　AT 198738、CN 1225626、CN 1077101、DE 69703935、EP 0912502、ES 2153202、IN 186299、JP 2000514782、US 6022882 等。

制备专利　JP 2004123669、JP 2003252710、WO 2010025870、WO 2009099929、WO 2008154528、WO 9800394、KR 2008102899、KR 2008102900 等。

合成方法　合成路线如下：

参考文献

[1] The Pesticide Manual. 17th edition: 117-118.

[2] The BCPC Conference—Pests and Diseases. 2000, 41-44.

[3] 刘安昌, 余彩虹, 张树康, 等. 今日农药, 2015(4): 24-25.

烯虫炔酯（kinoprene）

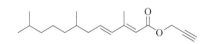

276.4，$C_{18}H_{28}O_2$，42588-37-4，65733-20-2[(S)-]

烯虫炔酯〔试验代号：ZR777、SB716、ENT 70531，商品名称：Altodel、Enstar、Enstar Ⅱ[(S)-烯虫炔酯]、抑虫灵〕是 20 世纪 70 年代开发的昆虫生长调节剂。

化学名称　丙-2-炔基-(E,E)-(RS)-3,7,11-三甲基十二碳-2,4-二烯酸酯。英文化学名称为 prop-2-ynyl(E,E)-(RS)-3,7,11-trimethyldodeca-2,4-dienoate。美国化学文摘系统名称为(E,E)-2-propynyl-3,7,11-trimethyl-2,4-dodecadienoate。CA 主题索引名称为 2,4-dodecadienoic acid —, 3,7,11-trimethyl- 2-propynyl ester,(2E,4E)-。

(S)-烯虫炔酯　化学名称　丙-2-炔基(E,E)-(S)-3,7,11-三甲基十二碳-2,4-二烯酸酯。英文化学名称为 prop-2-ynyl(E,E)-(S)-3,7,11-trimethyldodeca-2,4-dienoate。美国化学文摘系统名称为(2E,4E,7S)-2-propynyl —, 3,7,11-trimethyl-2,4-dodecadienoate。

理化性质　烯虫炔酯　含量 93%。产品为琥珀色液体，带有淡淡的水果味。沸点 134℃（13.3 Pa）。蒸气压 0.96 mPa（20℃）。Henry 常数：3.43 Pa·m³/mol。相对密度 0.918（20~25℃）。水中溶解度（20~25℃）0.211 mg/L，能溶于大部分有机溶剂。在无光条件下储存稳定，闪点：40.5℃。

(S)-烯虫炔酯　含量 93%。产品为琥珀色液体，带有淡淡的水果味。沸点 134℃（13.3 Pa）。蒸气压 0.96 mPa（20℃）。lgK_{ow} 5.38。Henry 常数 3.43 Pa·m³/mol。相对密度 0.918（20~25℃）。在水中的溶解度（20~25℃）0.515 g/L，能溶于大部分有机溶剂，在无光条件下储存稳定，旋光率：$[\alpha]_D^{20}$ = + 3.87°。闪点：40.5℃。

毒性　①烯虫炔酯。对大鼠急性经口 LD_{50}>5000 mg/kg，兔急性经皮和眼睛 LD_{50}>9000 mg/kg，对大鼠吸入 LC_{50}（4 h）>5.36 mg/L。毒性等级 WHO(a.i.)O；EPA Ⅳ。②(S)-烯虫炔酯。对大鼠急性经口 LD_{50} 为 1649 mg/kg，兔急性经皮和眼睛 LD_{50}>2000 mg/kg，本品对兔的眼睛和皮肤有中度刺激，对豚鼠皮肤过敏。对大鼠吸入 LC_{50}（4 h）>5.36 mg/L，NOEL（90 d，mg/L）：大鼠 1000，狗 900。

生态效应　①烯虫炔酯。山齿鹑急性经口 LD_{50} >2250 mg/L，虹鳟鱼（96 h）LD_{50}>20 mg/L，水蚤 LC_{50}（48 h）>0.11 mg/L，蜜蜂 LD_{50} 为 35 μg/只。②(S)-烯虫炔酯。生态效应数据与烯虫炔酯相同。

环境行为　在土壤中不稳定，光照下易分解。

作用机理与特点　本品作为保幼激素类似物，可以抑制害虫的生长发育，是一种昆虫生长调节剂，能阻止害虫的正常生长，影响害虫器官的形成和卵的孵化，导致雌虫不育。昆虫生长调节剂通过接触和吸收起作用。在昆虫的生长和成熟关键时期，其体内正常的保幼激素起着平衡作用。保幼激素的作用方式：抑制正常昆虫的生长导致不完全蛹化，形成不育成虫和不能孵化的卵。

制剂 乳油。

应用

（1）适用作物 外消旋的烯虫炔酯已被停用，(S)-烯虫炔酯主要用于控制温室里的木本和草本类观赏性植物和花坛花草上的同翅目和双翅目害虫，特别是一品红上的害虫。

（2）防治对象 同翅目、双翅目害虫，如蚜虫、粉虱、柑橘小粉蚧、水蜡虫、甲虫、蚊科害虫等。在外国猩猩木的苞片上发现药害，但对树叶安全。

（3）应用技术与使用方法 可以喷洒到植物的叶上或是往根部灌药，每 1858 m^2 用药 150～300 mL。

专利与登记

专利名称 Pesticidal terpenoid and polyunsaturated acid and alcohol derivatives

专利号 DE 2162821　　　　　专利公开日 1972-8-3

专利申请日 1971-12-17　　　　优先权日 1971-1-20

专利拥有者 F.Hoffmann-LaRoche & Co.

在其他国家申请的化合物专利 AR 195160、AU 3706371、BE 778214、CH 564303、FR 2122545、GB 1380733、GB 1380734、HU 163715、IT 944162、NL 7200190、TR 17418、ZA 7108418 等。

制备专利 CS 247395、DE 2162821、US 4021461、US 3904662 等。

合成方法 可用 3,7-二甲基辛醛与丙-2-炔基 4-（二乙氧基磷酰基)-2-烯-3-甲基丁酯反应制取：

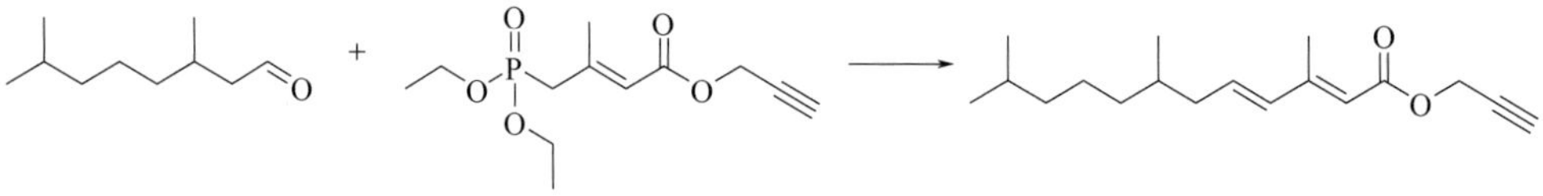

参考文献

[1] 国外农药品种书册(新版合订本). 北京: 化工部农药信息总站, 1996, 293.

[2] The Pesticide Manual. 17th edition: 673-674.

烯虫乙酯（hydroprene）

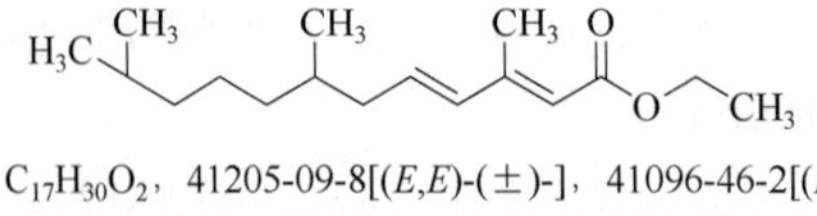

266.4，C$_{17}$H$_{30}$O$_2$，41205-09-8[(E,E)-(±)-]，41096-46-2[(E,E)-]，
65733-18-8[(2E,4E,7S)-]，65733-19-9[(E,E)-(R)-]

烯虫乙酯（试验代号：ZR512、SAN814、ENT-70459、OMS1696，商品名称：Altozar、Gencor、增丝素、蒙五一二、Biopren BH）是一种昆虫生长调节剂。

化学名称 烯虫乙酯：(E,E)-(RS)-3,7,11-三甲基十二碳-2,4-二烯酸乙酯。英文化学名称为 ethyl (E,E)-(RS)-3,7,11-trimethyldodeca-2,4-dienoate。美国化学文摘系统名称为 ethyl (2E,4E)-3,7,11-trimethyl-2,4-dodecadienoate。CA 主题索引名称为 2,4-dodecadienoic acid —, 3,7,11-

trimethyl- ethyl ester, (2*E*,4*E*)-。

S-烯虫乙酯：英文化学名称为 ethyl (*E,E*)-(*S*)-3,7,11-trimethyl-dodeca-2.4-dienoate。

理化性质 烯虫乙酯：纯度96%，琥珀色液体，沸点174℃（2.5×10^3 Pa），138～140℃（166 Pa），蒸气压40.0 mPa（25℃），闪点148℃，相对密度为0.892（20～25℃）。水中溶解度（20～25℃）2.5 mg/L，溶于大多数有机溶剂，在普通储存条件下至少稳定3年以上。对紫外线敏感。

S-烯虫乙酯：纯度96%，沸点282.3℃（9.7×10^4 Pa），蒸气压40 mPa（25℃），闪点148℃，自燃点260℃，$\lg K_{ow}$ 6.5，相对密度为0.889（20～25℃），水中溶解度（20～25℃）2.5 mg/L，有机溶剂中溶解度（g/L，20～25℃）：丙酮、正己烷、甲醇＞500。旋光度$[\alpha]_D$ =+4.00°。在正常储存条件下，至少稳定3年以上。对紫外线敏感。

毒性 烯虫乙酯：急性经口 LD_{50}：大鼠＞5000 mg/kg，狗＞10000 mg/kg。急性经皮 LD_{50}：大鼠＞5000 mg/kg，兔＞5100 mg/kg，NOEL 大鼠（90 d）50 mg/(kg·d)。ADI（EPA）0.1 mg/kg（1990）。无致畸、致突变性。

S-烯虫乙酯 大鼠急性经口 LD_{50}＞5050 mg/kg，兔急性经皮 LD_{50}＞5050 mg/kg，对兔皮肤有轻微刺激，对兔眼睛无刺激作用，对豚鼠无致敏性。大鼠吸入 LC_{50}＞2.14 mg/L（空气），NOEL 大鼠（90 d）50 mg/(kg·d)。无致畸、致突变性。

生态效应 烯虫乙酯：虹鳟鱼 LC_{50}（96 h）＞0.50 mg/L，水蚤 EC_{50}（48 h）为0.13 mg/L，海藻 EC_{50}（24～72 h）为6.35 mg/mL。蜜蜂（经口和接触）LD_{50}＞1000 μg/只。

S-烯虫乙酯 虹鳟鱼 LC_{50}（96 h）＞0.50 mg/L，斑马鱼＞100mg/L，水蚤 EC_{50}（48 h）为0.49 mg/L，海藻 EC_{50}（24～72 h）：近具棘栅藻6.35 mg/mL，羊角月牙藻22 mg/L。

环境行为 在植物体内该化合物的降解主要涉及酯的水解、*O*-去甲基化和双键的氧化裂解，在土壤中也能快速降解，DT_{50}只有几天。

制剂 乳剂、颗粒剂、气雾剂等。

主要生产商 Bábolna Bio、Wellmark 等。

作用机理与特点 作为一种保幼激素抑制剂，抑制幼虫的发育成熟。

应用

（1）适用作物 棉花、果树、蔬菜等。

（2）防治对象 鞘翅目害虫，半翅目害虫，同翅目害虫，鳞翅目害虫，对蜚蠊有极好的防治效果。

（3）残留量与安全施药 本农药为昆虫保幼激素类似物，对高等动物无害。对靶标对象有高度的选择性，在使用前做好有效浓度实验。最好在低龄时期使用。

（4）使用方法 喷液，对多种害虫有效，对德国蜚蠊有极好的效果，对梨黄木虱也有效。

专利与登记

专利名称 Aliphatic hydrocarbon 2,4-dienoic acids, esters and derivatives thereof

专利号 US 3716565 专利公开日 1973-02-13

专利申请日 1971-02-01 优先权日 1971-02-01

专利拥有者 Zoecon Corp

在其他国家申请的化合物专利 US 3770783 等。

制备专利 CN 104276946、CN 102320966、CN 101134754、JP 2000247811、JP 04312505、US 620058、WO 9000005、WO 2008075454、WO 2008071674 等。

合成方法 经如下方法合成烯虫乙酯：

参考文献

[1] The Pesticide Manual. 17th edition: 607-609.

烯虫酯（methoprene）

310.5，$C_{19}H_{34}O_3$，40596-69-8((E,E)-)，41205-06-5((E,E)-(R)-)，
65733-16-6(S)，65733-17-7((E,E)-(R)-)

烯虫酯［试验代号：ZR 515(Sandoz)、SAN 800(Sandoz)、OMS 1697，商品名称：Altosid，Pharoid］是由 ZoeconCrop 开发的昆虫生长调节剂。其 S 构型(S)-methoprene 试验代号：SAN 810(Sandoz)，商品名称：Biopren-BM，Biosid。由于其作用机理不同于以往作用于神经系统的传统杀虫剂，具有毒性低、污染少、对天敌和有益生物影响小等优点，且这类化合物与昆虫体内的激素作用相同或结构类似，所以一般难以产生抗性，能杀死对传统杀虫剂具有抗性的害虫，因此被誉为"第三代农药"。

化学名称　(E,E)-(RS)-11-甲氧基-3,7,11-三甲基十二碳-2,4-二烯酸异丙酯。英文化学名称为 isopropyl (E,E)-(RS)-11-methoxy-3,7,11-trimethyldodeca-2,4-dienoate。美国化学文摘系统名称为(E,E)-(±)-1-methylethyl-11-methoxy-3,7,11-trimethyl-2,4-dodecadienoate。CA 主题索引名称为 2,4-dodecadienoic acid —, 11-methoxy-3,7,11-trimethyl-1-methylethyl ester,(E,E)-。

(S)-烯虫酯化学名称　(E,E)-(S)-11-甲氧基-3,7,11-三甲基十二碳-2,4-二烯酸异丙酯。英文化学名称为 isopropyl (E,E)-(S)-11-methoxy-3,7,11-trimethyldodeca-2,4-dienoate。美国化学文摘系统名称为 isopropyl (2E,4E,7S)-11-methoxy-3,7,11-trimethyl-2,4-dodecadienoate。CA 主题索引名称为 2,4-dodecadienoic acid —, 11-methoxy-3,7,11-trimethyl-1-methylethyl ester,(E,E)-。

理化性质　①烯虫酯。含量94%，淡黄色液体，有水果气味，沸点256℃（$1.01×10^5$ Pa），100℃（6.65 Pa）；相对密度0.924（20℃），0.921（25℃）；lgK_{ow}>6.0。溶解度：溶于所有有机溶剂。稳定性：在水、有机溶剂、酸或碱中稳定存在。对紫外线敏感。闪点136℃。②(S)-烯虫酯。含量94%，淡黄色液体，有水果气味，沸点279.9℃（$9.7×10^4$ Pa）；蒸气压0.623 mPa（20℃），1.08 mPa（25℃）。lgK_{ow}>6.0。相对密度0.924（20℃），0.921（25℃）。水中溶解度（mg/L）：6.85（20℃），0.515（25℃）。有机溶剂中溶解度（g/L，20～25℃）：丙酮、正己烷>500，甲醇>450。稳定性：在水、有机溶剂、酸或碱中稳定存在。对紫外线敏感。比旋度$[\alpha]_D^{20}$=+5.64°。闪点147℃（封闭容器中电弧加热），自燃温度263℃。

毒性　①烯虫酯。大鼠急性经口 LD_{50}>10000 mg/kg；兔急性经皮 LD_{50}>2000 mg/kg。本品对兔眼睛无刺激，对兔皮肤中度刺激，对豚鼠皮肤无致敏性。NOEL（mg/L）：大鼠1000（2年），小鼠1000（1.5年）。小鼠600 mg/kg或兔200 mg/kg时后代无畸形现象。500 mg/(L·d)

下大鼠 3 代内无生殖异常。ADI/RfD：（JMPR）0.09 mg/kg bw（2001），（EPA）cRfD 0.4 mg/kg bw（1991）。②(S)-烯虫酯。大鼠急性经口 $LD_{50}>5050$ mg/kg；兔急性经皮 $LD_{50}>5050$ mg/kg。对豚鼠皮肤无致敏性。大鼠吸入 $LC_{50}>2.38$ mg/L。狗 NOAEL（90 d）100 mg/(kg·d)，大鼠 NOEL（90 d）<200 mg/(kg·d)，大鼠致畸 NOAEL 1000 mg/(kg·d)，兔胚胎 NOAEL 100 mg/(kg·d)。ADI/RfD：（JMPR）0.05 mg/(kg·d)（2001）。无诱变，无染色体断裂现象。

生态效应　①烯虫酯。鸡饲喂 LC_{50}（8 d）>4640 mg/kg。大翻车鱼 LC_{50}（96 h）370 mg/g。栅藻 EC_{50}（48～96 h）1.33 mg/mL。对水生双翅目昆虫有毒。对蜜蜂无毒，LD_{50}（经口或接触）>1000 μg/只。蜜蜂幼虫致敏感量 0.2 μg/只。②(S)-烯虫酯。LC_{50}：大翻车鱼 >370 mg/g，鲑鱼 760 mg/g，斑马鱼 4.26 mg/L。水蚤 EC_{50}（48 h）0.38 mg/L。栅藻 EC_{50}（48～96 h）1.33 mg/mL，栅藻 E_rC_{50}（72 h）2.264 mg/mL。

环境行为　①动物。哺乳动物中次代谢产物胆固醇已经被确定。②植物。在植物体中，代谢主要包括酯的水解、邻甲基化，以及 4 位双键氧化裂解。在苜蓿、大米中，主要代谢产物为 7-methoxycitronellal。③土壤/环境。在土壤中快速降解，在好氧和厌氧条件下 DT_{50} 为 10 d，主要产物是 CO_2。

制剂　乳油、微囊悬浮剂、毒饵、可溶液剂、气雾剂、颗粒剂等。

主要生产商　常州胜杰化工有限公司。

作用机理与特点　保幼激素类似物，抑制昆虫成熟过程。当用于卵或幼虫，抑制其蜕变为成虫。可以用作烟叶保护剂，是一种人工合成的昆虫激素的类似物，干扰昆虫的蜕皮过程。它能干扰烟草甲虫、烟草粉螟的生长发育过程，使成虫失去繁殖能力，从而有效地控制贮存烟叶害虫种群增长。

应用

（1）适用范围　用于公共卫生管理、食品处理，还可用于加工及储存场所，防治植物（包括温室植物）、蘑菇房、温室菊花、仓库烟草和工厂烟草害虫。

（2）防治对象　双翅目害虫（如蚊幼虫、蝇），鞘翅目害虫（如甲虫），同翅目害虫，蚤类，蚂蚁，烟草飞蛾，菊花叶虫，仓库害虫等。

（3）应用技术　药效在蚊子幼虫的后期阶段发挥，效果更好。对水生无脊椎动物有毒，使用时避免对水域污染。不能与油剂和其他农药混合使用。

（4）应用方法　①防治烟草甲虫，在发生危害期间，用 4.1%烯虫酯可溶液剂 4000～5000 倍液均匀喷雾。②防治蚊蝇，特别是洪水退后的防疫工作，可每亩用 4.1%烯虫酯可溶液剂 2.7～6.7 mL，对水后喷雾。③防治角蝇，可将药剂混在饲料中，然后饲喂牲畜。

专利与登记

专利名称　Neue aliphatische ungesaettigte verbindungen und diese enthaltende zusammensetzungen zur bekaempfung von insekten

专利号　DE 2202021　　　　　专利公开日　1972-10-26

专利申请日　1972-01-07　　　优先权日　1971-02-01

专利拥有者　Zoecon Corp [US]

在其他国家申请的化合物专利　AU 3620971、AU 44353、BE 778242、BG 19791、CA 984406、CH 605585、CH 604519、DD 102562、GB 1368267、HU 165778、IE 36017、IL 38487、JP 55033414、NL 7201146、PH 10201、SE 386161、US 3755411、FR 2124280 等。

制备专利　CN 101391959、CN 104276946、CN 1560075、CN 102267907、KR 2009124214、WO 2008064778、WO 2010005692、WO 2010000790、WO 2009099929、WO 2008154528、WO 2008150393、WO 2008071674 等。

烯虫酯 1975 年在美国首次登记。目前中国只有常州胜杰化工有限公司登记了 95%原药及 20%微囊悬浮剂用于防治室外蚊（幼虫）。

合成方法　用丙酮、香茅醛和溴乙酸异丙酯为原料，经由 Reformatskii 反应和苯硫酚催化的双键顺反异构化等反应得到烯虫酯。

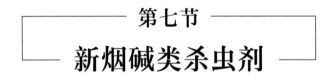

参考文献

[1] The Pesticide Manual. 17 th edition: 746-748.

[2] 周容, 刘建福, 苏利霞, 等. 有机化学, 2008, 28(3): 436-439.

[3] 朱新海, 江焕峰, 田兴山, 等.有机化学, 2004, 24(6): 654-657.

第七节
新烟碱类杀虫剂

一、创制经纬

1. 新烟碱类杀虫剂吡虫啉的发现

来自烟叶萃取液的生物碱尼古丁（nicotine）在相当一段时间用于作物保护中作为天然杀虫剂，是乙酰胆碱受体的激动剂，对哺乳动物高毒。科研人员一直以 nicotine 为先导化合物在努力寻找和发现结构与尼古丁碱（nicotinoids）相似、作用机理相同的新的具有杀虫活性的化合物，实践证明非常艰难。

当 Shell 的科研人员 1979 年报道化合物 nithiazin 具有很好的杀虫活性后，Nihon Bayer 的科研人员就在此基础上开始研究 nithiazin 的类似物，最终于 1985 年成功研制了 nithiazin 的类似物也即尼古丁类似物吡虫啉（imidacloprid），它是第一个商品化的新烟碱类杀虫剂，该新的内吸性杀虫剂由拜耳公司于 1991 年商品化，主要用于防治刺吸式害虫。其发现过程与结构活性关系如下：

nicotine　　　nithiazin(Shell)　　　imidacloprid(Bayer)

Nihon Bayer 的科研人员对 nithiazin 进行了生测，发现它对抗性（R）或敏感（S）的黑尾叶蝉（green leafhopper）均有活性，且 LC_{90} 仅为 40 mg/L，并合成了第一个化合物 **1A**，在 200 mg/L 下具有一定活性，随后合成的另外两个化合物 **1B** 和 **1C** 对抗性黑尾叶蝉 LC_{90} 分别为 200 mg/L 和 40 mg/L，其中化合物 **1C** 的活性最高与 nithiazin 一样。

在此之后，合成了大量的杂环化合物，经详尽的结构活性研究，发现多个化合物均有很好的活性，最后从工艺、成本、活性、环境等进行综合评价，最后选出吡虫啉商品化。

2. 其他新烟碱类杀虫剂的研制

继吡虫啉之后，武田（现属住友化学）于 1995 年商品化了烯啶虫胺（nitenpyram），其防治对象与吡虫啉一样。日本曹达商品化了啶虫脒（acetamiprid），不仅对刺吸式害虫有活性，而且对某些鳞翅目害虫如小菜蛾（*Plutella xylostella*）有效。这些化合物均作用于尼古丁乙酰胆碱受体。

人们期待着会出现更多的新烟碱类杀虫剂。其中化合物 **2**、**3** 和 **4** 为具有前途的先导化合物。

由化合物 **3** 等开发的噻虫嗪（thiamethoxam）具有更广的活性谱，包括鳞翅目害虫。噻虫嗪是第二代新烟碱类杀虫剂中第一个商品化的品种，对大多数害虫活性高于或等于目前应用的烟碱类杀虫剂，可有效地防治鳞翅目、鞘翅目、缨翅目和同翅目害虫如各种蚜虫、叶蝉、粉虱、飞虱、粉蚧、金龟子幼虫、马铃薯甲虫、跳甲、线虫、地面甲虫、潜叶蛾等。防治棉花害虫使用剂量为 30～100 g(a.i.)/hm²，防治稻飞虱使用剂量为 6～12 g(a.i.)/hm²，用 40～315

g(a.i.)/100 kg 处理玉米种子，可有效地防治线虫、蚜属、秆蝇、黑异蔗金龟等害虫。

由化合物开发的噻虫啉（thiacloprid）亦具有较吡虫啉更广的活性谱，主要用于水稻、水果、蔬菜、棉花等防除大多数害虫，使用剂量为 48～180 g(a.i.)/hm²。

此外，还可发了呋虫胺（dinotefuran）、噻虫胺（clothianidin）和氯噻啉（imidaclothiz）等。呋虫胺是日本三井东亚化学公司开发的新型烟碱类似物，主要用于水稻、蔬菜、果树及其他中防治刺吸式口器类昆虫。施用剂量为 100～200 g(a.i.)/hm²。噻虫胺是由武田制药（现属住友化学公司）和拜耳公司共同开发的第二代新烟碱类杀虫剂，主要用于蔬菜、水稻、棉花等防除大多数害虫。茎叶处理、水田使用剂量为 50～100 g(a.i.)/hm²，土壤处理使用剂量为 150 g(a.i.)/hm²，种子处理使用剂量为 200～400 g(a.i.)/100 kg 种子。

氯噻啉是江苏省南通江山农药化工股份有限公司开发的一种新烟碱类杀虫剂。Okazawa 等人对该类杀虫剂进行 QSAR 分析时提到过该化合物，Tomizawa 在讨论结构的微小变化对杀虫剂选择性影响时对该物质进行了分析，Yomamoto 在讨论有机物结构对杀虫剂的贡献时也分析了相应的物质。此外，Sirinyan 在其专利"防治人类螨虫和寄生昆虫的水和剂制备方法"中也提到了该物质。但国外对该物质的研究主要停留在实验室阶段，南通江山农药化工股份有限公司在国内率先作为农用杀虫剂开发并已商品化。

呋虫胺(dinotefuran)　　噻虫胺(clothianidin)　　氯噻啉(imidaclothiz)

华东理工大学钱旭红、李忠课题组研制的哌虫啶已获得中国农药登记许可证，与江苏克胜共同开发；环氧虫啶已授权上海生农生化制品有限公司独家生产。

哌虫啶(paichongding)　　　　环氧虫啶(cycloxaprid)

另外日本石原产业株式会社研制并与 FMC 公司共同开发的氟啶虫酰胺（flonicamid）及道农业科学公司开发的氟啶虫胺腈（sulfoxaflor）也属该类化合物。

氟啶虫酰胺(flonicamid)　　氟啶虫胺腈(sulfoxaflor)

氟啶虫胺腈（sulfoxaflor）的创制，主编猜测其是在烟碱结构研究的基础上，发现先导化合物 **1**，然后利用生物等排理论，并结合杀虫剂啶虫脒（acetamiprid）的结构得到先导化合物 **2**，再经优化，最终得到。

flupyrimin 是由 Meiji Seika Pharma 在 acetamiprid 结构研究的基础上，将两个甲基设计为环状结构，氰基用三氟乙酰基取代，发现了作用于烟碱乙酰胆碱受体的新型杀虫剂。

氟吡呋喃酮（flupyradifurone）的创制是受到天然化合物百部叶碱（stemofoline）的启发。百部叶碱是从百部（*Stemona japonica*）中分离而来，百部为一种药用植物，主要生长在东南亚地区。百部叶碱为一种生物碱，具有很好的杀虫活性。几十年来，世界上的科学家一直试图借此开发出商品化的植保产品，但都未能成功。而拜耳的科学家成功地鉴定了在这复杂的天然产物中具有杀虫作用的活性部分，其丁烯酸内酯（butenolide）活性基团作用于靶标害虫的烟碱乙酰胆碱受体（nAChR），该类化合物 butenolide 的生物活性骨架见图，主要包含 [R^1-CH$_2$-N] 和 3 个不同的取代基 R^2、R^3 和 R^4。科学家在丁烯酸内酯类化合物的结构基础上，将 *N*-甲基与 *N*-乙基替换为 *N*-2,2-二氟乙基，即其结构中同时含有 2 个活性取代基团，即 6-氯-吡啶-3-基（R^1）和 *N*-2,2-二氟乙基取代基（R^4）。此外，研究人员发现，R^1 取代基为六元杂环（如吡啶）时，化合物对刺吸式口器昆虫活性最好；取代基为 2-氟和 2,2-二氟乙基时，化合物对桃蚜有很好活性；R^4 取代基为 2,2-二氟乙基时，化合物对小猿叶甲的活性更好。最后选择 2,2-二氟乙基作为 R^4 时发现了新颖丁烯酸内酯类杀虫剂 flupyradifurone，已在多国登记上市。

三氟苯嘧啶（triflumezopyrim）是杜邦公司在开发杀菌剂丙氧喹啉过程中意外发现的极性较大的副产物，结构鉴定为介离子类化合物，然后进行了大量的优化研究，最终发现了三氟苯嘧啶，它虽然和新烟碱类杀虫剂一样作用于烟碱乙酰胆碱受体，但是它们的作用机理却不一样。

dicloromezotiaz 的设计合成基于前期开发的三氟苯嘧啶，它们都有一样的六元环介离子公共骨架，区别仅在于将三氟苯嘧啶中的嘧啶环换为 2-氯噻唑环，3-三氟甲基苯基换为 3,5-二氯苯基，它的作用方式与三氟苯嘧啶相似，作用于乙酰胆碱受体，但又有别于新烟碱类杀虫剂。

thiamethoxam   triflumezopyrim   dicloromezotiaz

二、主要品种

新烟碱类化合物是一类高效、安全、高选择性的新型杀虫剂，在国内外市场发展很快。据预测，新烟碱类产品今后 5 年内将占全球农药总量的 15%～20%。目前已有十多个品种商品化或在开发中：nithiazine、吡虫啉（imidacloprid）、啶虫脒（acetamiprid）、烯啶虫胺（nitenpyram）、噻虫胺（clothianidin）、噻虫啉（thiacloprid）、噻虫嗪（thiamethoxam）、呋虫胺（dinotefuran）、氯噻啉（imidaclothiz）、氟啶虫酰胺（flonicamid）、哌虫啶（paichongding）、氟啶虫胺腈（sulfoxaflor）、氟吡呋喃酮（flupyradifurone）、flupyrimin、环氧虫啶（cycloxaprid）、三氟苯嘧啶（triflumezopyrim）、dicloromezotiaz。此处介绍了绝大多数品种。如下化合物因没有商品化，这里不予介绍，仅列出化学名称及 CAS 登录号供参考。

nithiazine：(*EZ*)-2-nitromethylene-1,3-thiazinane，58842-20-9。

吡虫啉（imidacloprid）

255.7，$C_9H_{10}ClN_5O_2$，138261-41-3

吡虫啉（试验代号：BAY NTN33893，商品名称：Admire、Confidate、Confidor、Couraze、Gaucho、Mantra、Midas、Mogambo、Parrymida、Picador、Suncloprid、Tiddo、Warrant，其他名称：大功臣、高巧、康多福、咪蚜胺、灭虫精、扑虱蚜、蚜虱净、一遍净、益达胺、盖达落立）是 20 世纪 80 年代中期由拜耳和日本特殊农药制造公司联合开发的第一个烟碱类(neonicotinoid)杀虫剂。

组成 最初认为是(*E*)-构型和(*Z*)-构型的混合物，2007 年拜耳公司确定其原料为(*E*)-构型。

化学名称 1-(6-氯-3-吡啶基甲基)-*N*-硝基亚咪唑烷-2-基胺。英文化学名称为 1-(6-chloro-3-pyridylmethyl)-*N*-nitroimidazolidin-2-ylideneamine。美国化学文摘系统名称为 1-[(6-chloro-3-pyridinyl)methyl]-*N*-nitro-2-imidazolidinimine。CA 主题索引名称为 2-imidazolidinimine —，1-[(6-chloro-3-pyridinyl)methyl]-*N*-nitro-(2*E*)-。

理化性质 无色晶体，具有轻微特殊气味，熔点 144℃。蒸气压 $4×10^{-7}$ mPa（20℃）、$9×10^{-7}$ mPa（25℃）。lgK_{ow} 0.57。Henry 常数 $1.7×10^{-10}$ Pa•m³/mol（计算）。相对密度 1.54（20～25℃）。水中溶解度（20～25℃）610.0 mg/L，有机溶剂中溶解度（g/L，20～25℃）：二氯甲烷 67，正己烷＜0.1，异丙醇 2.3，甲苯 0.69。稳定性：在 pH 5～11 稳定。

毒性 雄、雌大鼠急性经口 LD_{50} 450 mg/kg，大鼠急性经皮 LD_{50}（24 h）＞5000 mg/kg。对兔眼睛和皮肤无刺激，无致敏性。大鼠吸入 LC_{50}（4 h）＞5323 mg/m³（粉尘）、0.069 mg/L（气雾）。NOEL 值 [2 年，mg/(kg•d)]：雄大鼠 5.7，雌大鼠 24.9，雄小鼠 65.6，雌小鼠 103.6，雄和雌狗（52 周）15。ADI/RfD（JMPR）0.06 mg/kg bw。无突变和致畸作用。

生态效应 急性经口 LD_{50}：日本鹌鹑 31 mg/kg，山齿鹑 152 mg/kg。饲喂 LC_{50}（5 d，mg/kg）：山齿鹑 2225，野鸭＞5000。虹鳟鱼 LC_{50}（96 h）211 mg/L。水蚤 LC_{50}（48 h）85 mg/L。月牙藻 E_rC_{50}（72 h）＞100 mg/L。直接接触对蜜蜂有害，除非在谷物开花期用药或作为种子处理

时对蜜蜂无害。蚯蚓 LC_{50} 10.7 mg/kg 土壤。

环境行为　①动物。用亚甲基 ^{14}C 和 4,5-四氢咪唑啉 ^{14}C 同位素标记吡虫啉的大鼠经口情况，结果表明，放射性元素迅速、完全被肠胃系统吸收，并很快消失（48 h 内，96%通过尿排出）。仅有 15%以母体化合物直接排出，大多数代谢途径是通过咪唑啉环羟基化，水解为 6-氯烟酸，失去硝基形成脲，6-氯烟酸和甘氨酸结合。在农场动物中的可食用器官和组织中发现的所有代谢物都包含 6-氯烟酸。吡虫啉在鸡和山羊体内也被迅速、大量地从体内排出。②植物。通过对水稻（土壤处理）、玉米（种子处理）、马铃薯（拌土或喷雾处理）、茄子（拌土）、番茄（喷雾处理）的作用研究代谢机理。结果表明，吡虫啉通过失掉硝基、咪唑啉环羟基化，水解为 6-氯烟酸和形成结合物进行代谢，所有代谢物中含有 6-氯吡啶亚甲基成分。③土壤。大量实验结果表明，吡虫啉最重要的代谢途径为：咪唑啉环氧化、还原或失掉硝基，水解为 6-氯烟酸和矿物质，植物加快了这些代谢过程。吡虫啉在土壤中属于中度吸附。有效成分和不同剂型的柱浸试验表明吡虫啉和土壤代谢物是固定的，如果吡虫啉被推荐使用，并不建议浸入更深的土壤层。在贫瘠的土壤中不易水解（光照条件）。在正常条件下稳定，DT_{50} 4 h（计算，水溶液光解试验）。除光照外，水/沉积物中的微生物对吡虫啉的降解起重要作用。

制剂　粉剂，种子处理乳剂，颗粒剂，10%、20%、25%、70%可湿性粉剂，20%吡虫啉浓可溶液剂，35%吡虫啉悬浮剂，60%吡虫啉悬浮种衣剂，70%吡虫啉水分散粒剂，70%吡虫啉湿拌种剂，5%吡虫啉乳油，5%吡虫啉可溶液剂，15%吡虫啉泡腾片剂。

主要生产商　Atul、Bayer、Excel Crop Care、FMC、Meghmani、Nufarm、Punjab Chemicals、Rallis、爱普瑞（焦作）化学有限公司、安道麦股份有限公司、安徽广信农化股份有限公司、安徽华星化工有限公司、安徽金泰农药化工有限公司、重庆农药化工（集团）有限公司、大连九信精细化工有限公司、德州绿霸精细化工有限公司、广东广康生化科技股份有限公司、海利尔药业集团股份有限公司、河北德瑞化工有限公司、河北省衡水北方农药化工有限公司、河北威远生物化工有限公司、河北野田农用化学有限公司、黄龙生物科技（辽宁）有限公司、江苏常隆农化有限公司、江苏丰山集团股份有限公司、江苏恒隆作物保护有限公司、江苏皇马农化有限公司、江苏建农植物保护有限公司、江苏康鹏农化有限公司、江苏克胜作物科技有限公司、江苏蓝丰生物化工股份有限公司、江苏龙灯化学有限公司、江苏绿叶农化有限公司、江苏瑞邦农化股份有限公司、江苏瑞祥化工有限公司、江苏省激素研究所股份有限公司、江苏省南通施壮化工有限公司、江苏省农药研究所股份有限公司、江苏苏滨生物农化有限公司、江苏维尤纳特精细化工有限公司、江苏优嘉植物保护有限公司、江苏长青农化股份有限公司、江西禾益化工股份有限公司、兰博尔开封科技有限公司、兰州康鹏威耳化工有限公司、连云港埃森化学有限公司、南京红太阳股份有限公司、南通雅本化学有限公司、内蒙古百灵科技有限公司、内蒙古拜克生物有限公司、宁波三江益农化学有限公司、宁夏东吴农化股份有限公司、宁夏瑞泰科技股份有限公司、宁夏新安科技有限公司、平原倍斯特化工有限公司、青岛海纳生物科技有限公司、如东县华盛化工有限公司、山东碧奥生物科技有限公司、山东海利尔化工有限公司、山东华阳农药化工集团有限公司、山东京蓬生物药业股份有限公司、山东麒麟农化有限公司、山东申达作物科技有限公司、山东省联合农药工业有限公司、山东省青岛好利特生物农药有限公司、山东省青岛凯源祥化工有限公司、山东潍坊润丰化工股份有限公司、山东潍坊双星农药有限公司、山东亿盛实业股份有限公司、山西绿海农药科技有限公司、陕西恒田生物农业有限公司、沈阳科创化学品有限公司、顺毅股份有限公司、四川省乐山市福华通达农药科技有限公司、苏州遍净植保科技有限公司、吴忠领航生物药业科技有限公司、一帆生物科技集团有限公司、印度联合磷化物有限公司、允发化工（上海）有限公司、浙江泰达作物科技有限公司等。

作用机理与特点 吡虫啉是新一代氯代烟碱类杀虫剂，具有广谱、高效、低毒、低残留的特点，害虫不易产生抗性，对人、畜、植物和天敌安全等特点，并具有良好的根部内吸活性、触杀和胃毒多重药效。害虫接触药剂后，通过烟碱性的乙酰胆碱受体结合，中枢神经正常传导受阻，使昆虫异常兴奋，全身痉挛麻痹而死。且对乙酰胆碱受体的作用在昆虫和哺乳动物之间有明显的选择性，速效性好，药后 1 d 即有较高的防效，残留期长达 25 d 左右。药效和温度呈正相关，温度高，杀虫效果好。对哺乳动物毒性低，对常规杀虫剂已产生抗性的蚜虫、叶蝉和飞虱也有很好的效果。对蚯蚓等有益动物和天敌无害，对环境较安全。既可用于茎叶处理、种子处理，也可以进行土壤处理。

应用

（1）适用作物 棉花、禾谷类作物（如水稻、玉米）、甜菜、马铃薯、蔬菜（如番茄）、柑橘、梨树、核果、烟草、落叶果树等。

（2）防治对象 对同翅目（吮吸式口器害虫）效果明显，对鞘翅目、双翅目和鳞翅目也有效，可有效防治飞虱类、蚜虫类、缨翅目类、粉虱类、叶蝉类及蓟马类害虫，还可用于防治土壤害虫、白蚁类和一些咬人的昆虫，如稻水象甲、马铃薯甲虫等，但对线虫和红蜘蛛无效。

（3）残留量与安全施药 加拿大拟修改食品药物法规，确定吡虫啉及其代谢物最高残留限量：茄子 0.08 mg/kg；大田玉米粒及带穗轴去皮甜玉米粒 0.05 mg/kg。美国制定了免除吡虫啉残留限量的法规，该法规于 2003 年 10 月 29 日生效。该法规对大豆种子含吡虫啉及其代谢物的混合残留规定了 1.0 mg/kg 的临时限量，允许该农药用于处理大豆的种子，该法规是按照联邦杀虫剂的紧急免除规定而采取的措施，同时对大豆类食品规定了吡虫啉最高残留限量，该限量标准于 2006 年 12 月 31 日生效。吡虫啉对家蚕有毒，使用过程中不可污染养蜂、养蚕场所及相关水源。吡虫啉使用不当时，能引起类似尼古丁中毒症状，主要表现为麻木、肌无力、呼吸困难和震颤，严重中毒还会出现痉挛。本品不可与碱性农药或物质混用，不宜在强阳光下喷雾使用，适期用药，收获前一周禁止用药。施药应选早晚气温低、风小时进行。晴天上午 8 时至下午 5 时、空气相对湿度低于 65%、气温高于 28℃、风速超过 4 m/s 应停止施药。南京农业大学农药系沈晋良教授等组织人员对几个采样点采集的稻褐飞虱种群进行了检测，证实稻褐飞虱对吡虫啉确实产生了抗药性。

（4）使用方法 叶面使用剂量 25～100 g/hm²，种子处理 50～175 g/100 kg 种子或 350～700 g/100 kg 棉花种子，还可以用于猫狗的跳蚤防治。

防治水稻褐飞虱、白背飞虱、叶蝉：一般在分蘖期到圆秆拔节期（主害代前一代）平均每丛有虫 0.5～1 头；孕穗、抽穗期（主害代）每丛有虫 10 头；灌浆乳熟期每丛有虫 10～15 头；蜡熟期每丛有虫 15～20 头时用药防治。每亩用 20%吡虫啉溶剂 6.5～10 g（有效成分 1.3～2 g），每亩用 10%可湿性粉剂 15～20 g，加水 50～75 kg 喷雾，对水稻蚜虫也有很好的兼治作用。喷药时务必将药液喷到稻丛中、下部，以保证防效。

防治稻蓟马：用 10%可湿性粉剂 10～15 g，加水 50 kg 喷雾。也可每亩的稻种用 10%可湿性粉剂 25～30 g，当种子露白时将药剂用适量水稀释后拌入，拌匀后继续催芽 24 h 后播种，可控制苗期蓟马危害达 25 d 以上。

防治小麦蚜虫：适期是小麦穗蚜发生初盛期，亩用 10%吡虫啉可湿性粉剂 40～70 g，对水 60～75 kg 均匀喷雾。

防治棉花蚜虫：用 70%吡虫啉拌种剂处理种子，用 70%吡虫啉拌种剂 500～714 g 加水 1.5～2 L，将药剂调成糊状后，再将 100 kg 棉种倒入，并搅拌均匀，晾干后播种。

防治蓟马、叶蝉和黑蜱：稻种拌种剂量（70%吡虫啉拌种剂）50～150 g(a.i.)/100 kg 种子。

防治蔬菜、花卉上的害虫：对蚜虫、粉虱、蓟马、潜叶蝇、小绿叶蝉、介壳虫等害虫，每亩用有效成分 1～2 g，对水 40 kg 进行细喷雾。

防治烟蚜：在蚜量上升阶段或每株平均蚜量 100 头时进行防治。每亩用 20%吡虫啉可溶液剂 10～20 L（有效成分 2～4 g），对水喷雾。

防治柑橘潜叶蛾：防治重点是保护秋梢。在嫩叶被害率达 5%或田间嫩叶萌发率达 25% 时开始防治。由于吡虫啉有内吸性，用药时间可比使用其他药剂晚一点，通常喷药 1～2 次即可，间隔 10～15 d。用 20%吡虫啉可溶液剂 1000～2000 倍液或每 100 kg 水加 20%吡虫啉 50～100 mL 喷雾。

防治苹果黄蚜：在虫口上升时用药，用 20%吡虫啉可溶液剂 5000～8000 倍液或每 100 kg 水加 20%吡虫啉 12.5～20 mL 喷雾。

防治梨木虱：主要在春季越冬成虫出蛰而又未大量产卵和第一代若虫孵化期防治。用 20% 吡虫啉浓可溶液剂 2500～5000 倍或每 100 kg 水加 20%吡虫啉 20～40 mL 喷雾。

防治温室白粉虱：在若虫虫口上升时喷药。每亩用 20%吡虫啉可溶液剂 15～30 mL，对水喷雾。

防治菜蚜：虫口上升时喷药。每亩用 70%吡虫啉水分散粒剂 1～1.3 g，对水喷雾。喷液量一般为 20～50 L/亩。另外，空气相对湿度低时用大喷液量。施药应选早晚气温低、风小时进行。晴天上午 8 时至下午 5 时、空气相对湿度低于 65%、气温高于 28℃时应停止施药。

专利与登记

专利名称　Heterocyclic compounds

专利号　EP 192060　　　　　专利公开日　1986-08-27

专利申请日　1985-01-17　　　专利拥有者　Nihon Tokushu Noyaku Seizo K.K. (JP)

在其他国家申请的化合物专利　AT 67493、AU 584388、AU 8652866、BR 8600428、CA 1276018、CS 255867、DD 242742、DK 8600519、DK 172809、DK 9201042、HU 202365、HU 200651、HU 41954、IL 77750、JP 07030070、JP 62081382、JP 05014716、JP 61267575、JP 07020953、JP 05194490、JP 06029258、JP 61267561、JP 07000613、JP 61183271、JP 06049699、JP 61178982、JP 06006585、JP 61178981、PL 149199、US 6297374、US 6022967、US 5750704、US 5580889、US 5428032、US 5461167、US 4742060、US 5298507、US 5204360、US 5001138、US 4845106、ZA 8600763 等。

制备专利　CN 109180641、IN 201621026916、CN 107235956、CN 106749178、CN 106665566、CN 106167481、CN 105924428、CN 105675874、CN 105475337、WO 2015196926、US 9212162、CN 104672212、WO 2015071741、CN 103772354、CN 103641815、CN 203207045、CN 103073535、CN 102276583、CN 102070607、IN 2009DE00698、CN 101747319、US 20070197792、IN 2004MU00876、IN 2005DE00334、CN 1847241、CN 1413995、CN 1544643、US 20040210054、IN 181755、US 6307053、US 5453529、WO 9204329 等。

该品种 1991 年投放市场，1998 年销售额达到 5 亿美元，2000 年销售额升至为 5.4 亿美元，目前已在 100 多个国家的 60 多种作物上得到广泛使用。德国拜耳环境科学公司还已在我国登记 2.15%杀蟑胶饵和 0.5%饵剂，用于卫生杀虫剂。此外，国外抗药性监测发现，同翅目昆虫烟粉虱、根叶粉虱、灰飞虱、桃蚜、烟蚜等的田间种群已经对吡虫啉产生了不同程度的抗药性或药害。

国内登记情况　95%、97%、98%原药，10%、24%、25%可湿性粉剂，5%、10%乳油，10%微乳剂等，登记作物为水稻、小麦等，防治对象飞虱、蚜虫等。德国拜耳作物科学公司在中国登记情况见表 2-41。

表 2-41　德国拜耳作物科学公司在中国登记情况

登记名	登记证号	含量	剂型	登记作物	防治对象	用药量	施用方法
戊唑·吡虫啉	PD20182039	32%	悬浮种衣剂	小麦	散黑穗病	300～500 mL/100 kg 种子	种子包衣
				小麦	纹枯病	300～700 mL/100 kg 种子	种子包衣
				小麦	蚜虫	300～700 mL/100 kg 种子	种子包衣
吡虫啉	PD20121181	600 g/L	悬浮种衣剂	花生	蛴螬	200～400 mL/100 kg 种子	种子包衣
				马铃薯	蛴螬	40～50 mL/100 kg 种子	种薯包衣
				棉花	蚜虫	600～800 mL/100 kg 种子	拌种
				水稻	蓟马	200～400 mL/100 kg 种子	种子包衣
				小麦	蚜虫	200～600 mL/100 kg 种子	种子包衣
				玉米	蛴螬	200～600 mL/100 kg 种子	种子包衣
吡虫啉	PD20120072	70%	水分散粒剂	草坪	蛴螬	30～40 g/亩	喷雾
				草坪	蝼蛄	30～40 g/亩	喷雾
				茶树	小绿叶蝉	2～4 g/亩	喷雾
				番茄	白粉虱	4～6 g/亩	喷雾
				甘蓝	蚜虫	2～3 g/亩	喷雾
				杭白菊	蚜虫	4～6 g/亩	喷雾
				棉花	蚜虫	2～4 g/亩	喷雾
				苹果树	黄蚜	14000～25000 倍液	喷雾
				水稻	稻飞虱	2～4 g/亩	喷雾
				小麦	蚜虫	2～4 g/亩	喷雾

合成方法　经如下反应制得吡虫啉：

中间体 2-氯-5-氯甲基吡啶的制备方法如下：

参考文献

[1] Brighton Crop Protection Conference—Pests and diseases. 1996, 2(6-8): 731.

[2] The Pesticide Manual.17 th edition: 629-631.

[3] 宣日成, 郑巍, 刘维屏, 等. 农药, 1998, 10: 11-14.

[4] 陆阳, 陶京朝, 张志荣. 化工中间体, 2008, 10: 25-28.

[5] 程志明. 农药, 2009, 48(7): 469-470, 486.

[6] 王圣印, 刘永杰, 周仙红, 等. 江西农业学报, 2012, 24(3): 76-79.

[7] 何玲, 王李斌. 农药科学与管理, 2018, 39(1): 27-31.

啶虫脒（acetamiprid）

$$222.7，C_{10}H_{11}ClN_4，135410-20-7$$

啶虫脒（试验代号：NI25、EXP60707B，商品名称：Aceta、Albis、Alphachem、Assail、Convence、Dyken、Ekka、Epik、Fertilan、Gazel、Gazelle、Hekplan、Intruder、Lift、Manik、Masuta、Mortal、Mospilan、Mospildate、Pilarmos、Pirâmide、Platinum、Pride、Profil、Rescate、Saurus、Scuba、Suntamiprid、Suprême、Tackil、Theme、Tristar、Vapcomere、Zhuangxi，其他名称：吡虫氰、金世纪、乐百农、力杀死、莫比朗、农家盼、赛特生、蚜克净、乙虫脒）是 20 世纪 80 年代末期由日本曹达公司开发的新烟碱类杀虫剂。

化学名称 (E)-N^1-[(6-氯-3-吡啶)甲基]-N^2-氰基-N^1-甲基乙脒。英文化学名称为(E)-N^1-[(6-chloro-3-pyridyl)methyl]-N^2-cyano-N^1-methylacetamidine。美国化学文摘系统名称为$(1E)$-N-[(6-chloro-3-pyridinyl)methyl]-N'-cyano-N-methylethanimidamide。CA 主题索引名称为 ethanimidamide —，N-[(6-chloro-3-pyridinyl)methyl]-N'-cyano-N-methyl-$(1E)$-。

理化性质 白色晶体，熔点 98.9℃，蒸气压＜0.001 mPa（25℃）。lgK_{ow} 0.80。Henry 常数＜$5.3×10^{-8}$ Pa·m³/mol（计算）。相对密度 1.33（20～25℃）。水中溶解度（20～25℃）4250.0 mg/L，易溶于丙酮、甲醇、乙醇、二氯甲烷、氯仿、乙腈和四氢呋喃等有机溶剂。在 pH 4、5、7 的缓冲溶液中稳定，在 pH 9，45℃条件下缓慢分解。光照下稳定。pK_a 0.7，弱碱性。

毒性 急性经口 LD$_{50}$（mg/kg）：雄大鼠 217，雌大鼠 146，雄小鼠 198，雌小鼠 184。雄和雌大鼠急性经皮 LD$_{50}$＞2000 mg/kg。对兔眼睛和皮肤无刺激，对豚鼠皮肤无致敏性。雄和雌大鼠吸入 LC$_{50}$（4 h）＞1.15 mg/L。NOEL（mg/kg bw）：大鼠（2 年）7.1，小鼠（1.5 年）20.3，狗（1 年）20。ADI/RfD（EC）0.07 mg/kg bw（2004）；（EPA）aRfD 0.10 mg/kg bw，cRfD 0.07 mg/kg bw（2005）。Ames 试验显阴性。

生态效应 鸟急性经口 LD$_{50}$（mg/kg）：野鸭 98，山齿鹑 180。山齿鹑 LC$_{50}$＞5000 mg/L。鲤鱼 LC$_{50}$（24～96 h）＞100 mg/L。水蚤 LC$_{50}$（24 h）＞200 mg/L，EC$_{50}$（48 h）49.8 mg/L。淡水藻 E$_r$C$_{50}$（72 h）＞98.3 mg/L，NOEC（72 h）98.3 mg/L。浮萍 EC$_{50}$（14 d）1.0 mg/L。蜜蜂 LD$_{50}$（μg/只）：14.5（经口），8.1（接触）。对一些有益的节肢动物种类有害。

环境行为 ①动物。在动物体内主要通过尿迅速、几乎完全吸收（＞96%，24 h 后）并迅速、几乎完全释放（90%，96 h 后），大部分代谢（＞90%）主要通过氧化和脱甲基化作用。②植物。在植物中缓慢分解为 5 种已被证实的代谢物。③土壤/环境。啶虫脒在大多数土壤中具有中度到高度移动性，但是并不能在环境中存在，它主要的降解途径是有氧土壤代谢。DT$_{50}$ 0.8～5.4 d，DT$_{90}$ 2.8～67.3 d（20℃，4 种土壤，欧洲做）。K_{oc} 71.1～267（美国和欧洲做）。

制剂 2%、3%乳油，3%微乳剂，20%、25%可溶粉剂，3%、5%、10%、20%、75%可湿性粉剂，20%、21%、30%可溶液剂，烟剂，颗粒剂。

主要生产商 Arysta LifeScience、Meghmani、Nippon Soda、Rallis、爱普瑞（焦作）化

学有限公司、安徽广信农化股份有限公司、安徽新北卡化学有限公司、常熟力菱精细化工有限公司、重庆农药化工（集团）有限公司、大连九信精细化工有限公司、海利尔药业集团股份有限公司、河北德瑞化工有限公司、河北省衡水北方农药化工有限公司、河北威远生物化工有限公司、河北宣化农药有限责任公司、黄龙生物科技（辽宁）有限公司、江苏丰山集团股份有限公司、江苏恒隆作物保护有限公司、江苏克胜作物科技有限公司、江苏蓝丰生物化工股份有限公司、江苏绿叶农化有限公司、江苏瑞邦农化股份有限公司、江苏省激素研究所股份有限公司、江苏省南通宝叶化工有限公司、江苏苏滨生物农化有限公司、江苏维尤纳特精细化工有限公司、江苏优嘉植物保护有限公司、江苏长青农化南通有限公司、南京红太阳股份有限公司、内蒙古灵圣作物科技有限公司、宁波三江益农化学有限公司、宁夏瑞泰科技股份有限公司、如东县华盛化工有限公司、山东海利尔化工有限公司、山东申达作物科技有限公司、山东省联合农药工业有限公司、山东省青岛凯源祥化工有限公司、山东潍坊润丰化工股份有限公司、山东潍坊双星农药有限公司、山西绿海农药科技有限公司、顺毅南通化工有限公司、潍坊万胜生物农药有限公司、吴桥农药有限公司、吴忠领航生物药业科技有限公司等。

作用机理与特点　啶虫脒为氯化烟碱吡啶类化合物，主要作用于昆虫神经结合部后膜，通过与乙酰胆受体结合使昆虫异常兴奋，全身痉挛、麻痹而死，具有内吸性强、用量少、速效好、活性高、持效期长、杀虫谱广、与常规农药无交互抗性等特点。对害虫具有触杀和胃毒作用，并具有很好的内吸活性。由于啶虫脒与除虫菊酯、有机磷、氨基甲酸酯的杀虫机理均不同，与其他杀虫剂无交互抗性，因而能有效防治对有机磷类、氨基甲酸类及拟除虫菊酯类具有抗性的害虫。尤其适合对刺吸式害虫的防治，是吡虫啉的取代品种。

应用

（1）适用作物　柑橘、棉花、小麦、玉米、蔬菜（甘蓝、白菜、萝卜、黄瓜、茄子、辣椒等）、水稻、果树（苹果、梨、桃、葡萄等）、茶叶、烟草、大豆、瓜类、花生、花卉等。

（2）防治对象　主要用于防治半翅目害虫（如蚜虫、叶蝉、粉虱和蚧等），缨翅目、鳞翅目害虫（如菜蛾、潜蝇、小食心虫等），鞘翅目害虫（如天牛），蓟马目（如蓟马）等。对甲虫目害虫也有明显的防效，并具有优良的杀卵、杀幼虫活性。对稻飞虱药后一天的触杀毒力是噻嗪酮（扑虱灵）的 10～15 倍。不仅对低龄若虫杀伤力强，对高龄若虫也有很好的效果。速效性、持效性好，药后一天的防效在 90% 以上；对飞虱的持效期可达 35 d，对蚜虫的持效期可达 20 d。不易产生抗药性，与其他类型杀虫剂无交互抗性。对其他已产生抗药性的害虫有很好的防治效果。用颗粒剂作土壤处理，可防治地下害虫。

（3）残留量与安全施药　因啶虫脒对桑蚕有毒性，所以若附近有桑园，切勿喷洒在桑叶上。不可与强碱剂（波尔多液、石硫合剂等）混用。安全间隔期为 15 d。使用时应穿戴好防护用品。本品在低温下使用影响药效发挥，对人、畜毒性低，对天敌杀伤力小，对鱼毒性较低，对蜜蜂影响小。操作时，严禁吸烟、饮食。施药后用肥皂水洗净身体暴露部分。

（4）使用方法　主要是叶面喷雾，用于防治蔬菜、果树上的半翅目害虫；用颗粒剂处理土壤，防治地下害虫。蔬菜用量 75～300 g/hm²，果树用量 100～700 g/hm²。防治黄瓜蚜虫亩用 3% 乳油 40～50 mL，防治果树上蚜虫用 3% 乳油 2000～3000 倍液喷雾。如在多雨年份，药效仍可持续 15 d 以上。表 2-42 为具体防治不同作物上害虫的用药时间及用药量。

表 2-42　具体防治不同作物上害虫的用药时间及用药量

适用作物	防治对象	施药时间	用药量（稀释倍数）
棉花	蚜虫	发生期	2000～2500 倍
苹果、桃	绿盲蝽	发生期	3000～5000 倍
	黄粉虫	发生期	3000 倍
梨	梨木虱	成虫发生期	3000～5000 倍
	蚜虫	低龄若虫期	
蔬菜瓜类	白粉虱	发生期	1500～2000 倍
	蚜虫	发生期	
小麦	蚜虫	苗期、穗期	30～40 g/亩
花生	蚜虫	发生期	1500～2000 倍

专利与登记

专利名称　Preparation of pyridylalkylamine derivatives as insecticides

专利号　WO 9104965　　　　　专利公开日　1991-04-18

专利申请日　1990-10-04　　　　优先权日　1989-10-06

专利拥有者　Nippon Soda Co., Ltd.（JP）

在其他国家申请的化合物专利　AT 175405、AU 633991、AU 9065117、BR 9006961、CA 2041670、CN 1056958、CN 1050714、EP 456826、ES 2127718、HU 220083、HU 214992、HU 57191、IL 98014、JP 2926954、JP 04154741、LT 3209、LV 10155、RO 112865、RU 2038352、US 5612358、US 5304566、ZA 9007775 等。

制备专利　CN 107501172、CN 107353244、CN 106699646、CN 106467538、CN 106187868、CN 105732606、CN 104803910、ES 2417380、CN 102174013、CN 101318953、WO 2008009360、IN 2006MU00277、IN 2005DE00654、IN 2004MU00481、CN 1413463、JP 2005053836、JP 05178833、EP 386565 等。

国内登记情况　95%、96%、98%、99%原药，5%、20%可湿性粉剂、3%、5%乳油等，登记作物为柑橘、黄瓜等，防治对象为白粉虱、蚜虫等。日本曹达株式会社在中国登记情况见表 2-43。

表 2-43　日本曹达株式会社在中国登记情况

登记名	登记证号	含量	剂型	登记作物	防治对象	用药量	施用方法
啶虫脒	PD391-2003	99%	原药				
啶虫脒	PD20081633	20%	可溶粉剂	橘树	蚜虫	13333～16666 倍液	喷雾
				黄瓜	蚜虫	6～7.5 g/亩	喷雾
				棉花	蚜虫	11111～22222 倍液	喷雾
				苹果树	蚜虫	13333～16666 倍液	喷雾

合成方法　经如下反应制得啶虫脒：

参考文献

[1] The Pesticide Manual. 17th edition: 9-10.

[2] 张颂函, 杨星, 占秀萍, 等. 农药, 2019, 58(7): 540-542.

[3] 钱涛涛, 胡兴华, 王新珍. 农药, 1999, 38(11): 12-14.

[4] 孙玉泉. 潍坊教育学院学报, 2006(2): 17-18.

[5] 陈加红, 姚渊淇, 宋会鸣. 浙江农业科学, 2013(1): 42-43.

呋虫胺（dinotefuran）

202.2，$C_7H_{14}N_4O_3$，165252-70-0

呋虫胺（试验代号：MTI-446，商品名称：Albarin、Daepo、Oshin、Safari、Scorpion 35SL、Shuriken Cockroach、Starkle、Venom、飞避、护瑞）是 K.Kodaka 等人报道其活性，由日本三井化学开发，并在 2002 年上市的新型烟碱类(neonicotinoid)杀虫剂。

化学名称 (RS)-1-甲基-2-硝基-3-(3-四氢呋喃甲基)胍。英文化学名称为(RS)-1-methyl-2-nitro-3-(tetrahydro-3-furylmethyl)guanidine。美国化学文摘系统名称为 N-methyl-N′-nitro-N″-[(tetrahydro-3-furanyl)methyl]guanidine。CA 主题索引名称为 guanidine —, N-methyl-N′-nitro-N″-[(tetrahydro-3-furanyl)methyl]-。

理化性质 白色结晶固体，熔点 107.5℃。沸点 208℃分解。蒸气压＜0.0017 mPa（30℃）。$\lg K_{ow}$ −0.549。Henry 常数 $8.7×10^{-9}$ Pa·m³/mol（计算）。相对密度 1.40（20～25℃）。水中溶解度（20～25℃）$3.98×10^4$ mg/L。有机溶剂中溶解度（g/L，20～25℃）：正己烷 $9.0×10^{-6}$，庚烷 $1.1×10^{-5}$，二甲苯 0.072，甲苯 0.15，二氯甲烷 61，丙酮 58，甲醇 57，乙醇 19，乙酸乙酯 5.2。在 150℃稳定，水解 DT_{50}＞1 年（pH 4、7、9），光降解 DT_{50} 3.8 h（蒸馏水/自然水）。pK_a（20～25℃）12.6。

毒性 急性经口 LD_{50}（mg/kg）：雄大鼠 2804，雌大鼠 2000，雄小鼠 2450，雌小鼠 2275。雄和雌大鼠急性经皮 LD_{50}＞2000 mg/kg；对兔眼和皮肤轻微刺激，对豚鼠无致敏性。大鼠吸入 LD$_{50}$（4 h）＞4.09 mg/L，NOAEL［mg/(kg·d)］：公狗 559，母狗 22。ADI/RfD：（EPA）aRfD 1.25 mg/kg，cRfD 0.02 mg/kg（2004）；（FSC）0.22 mg/kg bw（2005）。无致畸、致癌和致突变性，对神经和繁殖性能没有影响。

生态效应 日本鹌鹑急性经口 LD$_{50}$＞2000 mg/kg，鸟 LC$_{50}$（mg/L，5 d）：野鸭＞5000 ［997.9 mg/(kg·d)］，日本鹌鹑＞5000 ［1301 mg/(kg·d)］。鲤鱼、虹鳟和大翻车鱼 LC$_{50}$（96 h）＞100 mg/L。水蚤 EC$_{50}$（48 h）＞1000 mg/L。羊角月牙藻 E$_b$C$_{50}$（72 h）＞100 mg/L。虾 LC$_{50}$（48 h）4.84 mg/L，东方牡蛎 LC$_{50}$（96 h）141 mg/L，糠虾 0.79 mg/L，浮萍 EC$_{50}$＞110 mg/L。对蜜蜂高毒，LD$_{50}$（μg/只）：0.023（经口），0.047（接触）。对蚕高毒。

环境行为 ①动物。在大鼠体内，168 h 内主要通过尿大量吸收并完全消失。几乎没有代谢发生。②植物。在莴苣中，代谢产物包括 1-甲基-3-(3-四氢呋喃甲基)胍和 1-甲基-3-(3-四氢呋喃甲基)脲。③土壤/环境。水中光解 DT$_{50}$ 1.8 d。土壤 DT$_{50}$ 50～100 d。主要的降解物是 1-甲基-2-硝基胍。

制剂 粉粒剂、粉剂、胶悬剂、颗粒剂、可溶粒剂、可溶液剂、可湿性粉剂。

主要生产商 Mitsui Chemicals、安道麦安邦（江苏）有限公司、河北双吉化工有限公司、河北威远生物化工有限公司、河北兴柏农业科技有限公司、黄龙生物科技（辽宁）有限公司、吉林乐斯药业股份有限公司、佳木斯黑龙农药有限公司、江苏好收成韦恩农化股份有限公司、江苏克胜作物科技有限公司、江苏绿叶农化有限公司、江苏苏滨生物农化有限公司、江苏中旗科技股份有限公司、江西汇和化工有限公司、江西欧氏化工有限公司、荆门金贤达生物科技有限公司、开封博凯生物化工有限公司、辽宁省葫芦岛凌云集团农药化工有限公司、南京红太阳股份有限公司、南通泰禾化工股份有限公司、内蒙古灵圣作物科技有限公司、山东海利尔化工有限公司、山东省联合农药工业有限公司、响水中山生物科技有限公司、中山凯中有限公司等。

作用机理与特点 呋虫胺是目前唯一的含四氢呋喃环的烟碱类杀虫剂，其结构特征是用四氢呋喃环取代了噻虫胺中的氯代吡啶环。主要作用于昆虫神经结合部后膜，阻断昆虫正常的神经传递，通过与乙酰胆受体结合使昆虫异常兴奋，全身痉挛、麻痹而死，对刺吸式口器害虫有优异的防效，不仅具有触杀、胃毒和根部内吸活性，而且具有内吸性强、用量少、速效好、活性高、持效期长、杀虫谱广等特点，能被水稻、蔬菜等各种作物的根部和茎叶部迅速吸收。故采用茎叶喷雾、土壤处理、粒剂本田处理和育苗箱处理等方法。与常规杀虫剂没有交互抗性，因而对抗性害虫有特效。对哺乳动物、鸟类及水生生物低毒。

应用

（1）适用作物 水稻、茄子、黄瓜、番茄、卷心菜、棉花、茶叶、家庭与花园观赏植物、草坪、甜菜、果树、花卉等。

（2）防治对象 主要用于防治吮吸性害虫椿象、蚜虫、飞虱、叶蝉等半翅目害虫、重要的菜蛾，及双翅目、甲虫目和总翅目害虫，以及难防除的豆桃潜蝇等等。如水稻田中的褐飞虱、白背飞虱、黑尾叶蝉、二化螟，蔬菜以及水果中的蚜虫类、粉虱类、蚧类、小菜蛾、豆潜蝇等。对蟑螂、白蚁、家蝇等卫生害虫有高效。

（3）使用方法 可用于茎叶、土壤、箱育处理和用田水喷雾、淋、散播或扎洞处理。使用剂量：100～200 g/hm^2。其应用情况见表 2-44、表 2-45。

表 2-44　用呋虫胺防治害虫的种类

水稻害虫		蔬菜、果树害虫				
		半翅目	蚜虫类	鳞翅目	菜蛾	
半翅目	飞虱类					
	黑尾叶蝉		椿象类		桃潜蛾类	
	椿象类				细蛾类	
鳞翅目	二化螟	双翅目	桃潜蝇类			
甲虫目	稻负泥虫	总翅目	蓟马类	甲虫目	叶甲类	
	美洲象虫					

表 2-45　不同剂型呋虫胺的应用情况

剂型	作物种类
1%粒剂	水稻、蔬菜和水果（茄子、黄瓜、番茄、甘蓝、萝卜、柿子椒、葱、大白菜、甜瓜、草莓、西瓜等）、花卉类（菊花等）
20%水分散粒剂	水稻、蔬菜（马铃薯、茄子、黄瓜、番茄、甘蓝、柿子椒、葱、大白菜、莴苣、西瓜等）、果树类（苹果、桃子、梨、柿子、梅子、葡萄）、花卉类（菊花、月季、杜鹃等）、茶树等
2%粒剂、0.5%粉剂、10%液剂	水稻

蔬菜作物（使用 1%颗粒剂和 20%水溶性颗粒剂）：1%颗粒剂可在果菜类、叶菜类移栽时与土穴土壤混合处理，或者在撒播时与手播种沟的土壤混合处理。这样可防治移栽时寄生的害虫和移栽前飞入的害虫。另外，由于该药剂具有良好的内吸传导作用，在处理后能很快地被植物吸收，能保持 4～6 周的药效。20%的水溶性颗粒剂则可作为茎叶处理剂防治害虫。对于"灌注处理"及"生长期土壤灌注处理"的两种处理方法正在试验中。可将上述的颗粒剂和水溶性颗粒剂结合起来使用，这样在作物生长初期至收获为止均可应用。

果树（20%水溶性颗粒剂）：水溶性颗粒剂作为茎叶处理药剂于虫害发生时使用，可有效防治蚜虫、红蚧类吮吸性害虫和食心虫类、金纹细蛾等鳞翅目害虫。另外，对螨类害虫不仅有很好的杀虫效果，还有很高的抑制吮吸效果。以推荐剂量使用，该药剂无药害，在以加倍剂量试验时，对作物亦十分安全。与蔬菜作物上使用时一样，具有从叶表向叶内渗透移行的作用。同时，对果树的重要天敌也十分安全。

水稻（2%育苗箱用颗粒剂、1%颗粒剂、0.5%DL 粉剂）：在水稻田使用时，可用 DL 粉剂和颗粒剂以 30 kg/hm^2 的剂量［10～20 g(a.i.)/hm^2］撒施，能有效地防治飞虱、黑尾叶蝉、稻负泥虫等害虫。尤其对螨类害虫，其种间药效差异极小。在育苗箱使用后，可在移栽后有效防治飞虱类、黑尾叶蝉、稻负泥虫及稻筒水螟。药剂对目标害虫残效期长，45 d 后仍能有效控制虫口密度。目前正进行二化螟、稻螟蛉、稻黑蝽等害虫防治试验。

专利与登记

专利名称　Preparation of 1-(3-furylmethylamino)-2-nitroethylenes, *N*-(3-furylmethyl)nitroguanidines, and analogs as insecticides

专利号　EP 649845　　　　　专利公开日　1995-04-26

专利申请日　1994-10-26　　　优先权日　1993-10-26

专利拥有者　Mitsui Toatsu Chemicals, Inc., Japan

在其他国家申请的化合物专利　AU 671777、AU 9477427、CN 1046508、CN 1112556、

CN 1099418、CN 1220991、HK 1021181、JP 2766848、JP 07179448、KR 9709730、US 5434181、US 5532365 等。

制备专利　CN 108358875、CN 107501214、CN 107325063、CN 106349196、CN 106316993、CN 106083772、CN 104961710、CN 103396465、JP 2010116369、JP 2010116368、US 20070254951、WO 2007091391、US 20050209318、US 20040053997、JP 2001328983、JP 2001261632、JP 2000095774、EP 974579、WO 9947520、EP 869120、JP 10147580、JP 10067766、JP 10007645 等。

该产品于 1995 年在日本植物防疫协会以 Mn-446 编号，进行公开委托试验，2002 年在日本取得了农药登记，用于水稻、果树和蔬菜，2003 年 3 月在韩国上市，2004 年在美国获得登记，开发在棉花、观赏作物、草坪、家庭和花园，以及公共卫生方面的用途。由于本剂有优良的性能和安全性，三井化学正在扩大适用范围，开发各种制剂和混合制剂，并积极在海外进行登记。

国内登记情况　96%、97%、98%、99.1%原药，20%、25%、40%、50%可湿性粉剂，20%、40%、50%可溶粒剂，0.025%、0.05%、0.1%、3%颗粒剂，10%、30%可溶液剂等，登记作物为茶树、黄瓜、水稻、甘蓝、小麦等，防治对象为稻飞虱、二化螟、茶小绿叶蝉、白粉虱、蓟马、黄条跳甲、蚜虫等。日本三井化学 AGRO 株式会社在中国登记情况见表 2-46。

表 2-46　日本三井化学 AGRO 株式会社在中国登记情况

登记名	登记证号	含量	剂型	登记作物	防治对象	用药量	施用方法
呋虫胺	PD20160354	20%	可溶粒剂	茶树	茶小绿叶蝉	30～40 g/亩	喷雾
				黄瓜(保护地)	白粉虱	30～50 g/亩	喷雾
				黄瓜(保护地)	蓟马	20～40 g/亩	喷雾
				水稻	稻飞虱	30～40 g/亩	喷雾
				水稻	二化螟	40～50 g/亩	喷雾
呋虫胺	PD20160353	99.1%	原药				

合成方法　经如下反应制得呋虫胺：

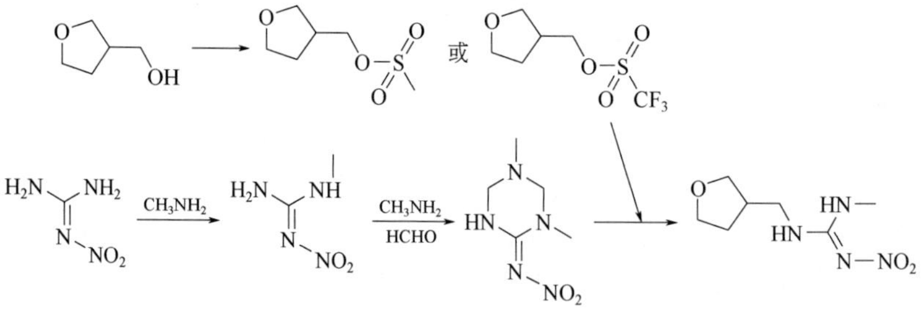

参考文献

[1] Proc. Br. Crop Pron. Conf.—Pest Dis. 1998, 1: 21.

[2] The Pesticide Manual. 17th edition: 379-380.

[3] 张亦冰. 世界农药, 2003, 5: 46-47.

[4] 胡雅辉, 谭放军, 周艳. 湖南农业科学, 2019, 10: 46-48.

[5] 徐庆, 冯高峰, 金城安. 化学试剂, 2018, 40(2): 132-136.

氟啶虫胺腈（sulfoxaflor）

277.3，$C_{10}H_{10}F_3N_3OS$，946578-00-3

氟啶虫胺腈（试验代号：XDE 208，商品名称：Isoclast、Closer SC、Seeker、Transform WG，其他名称：砜虫啶）是由美国陶氏益农公司（Dow Agrosciences）报道的新型杀虫剂。

化学名称　[甲基(氧){1-[6-(三氟甲基)-3-吡啶基]乙基}-λ^6-硫酮]氰胺。英文化学名称为[methyl(oxo){1-[6-(trifluoromethyl)-3-pyridyl]ethyl}-λ^6-sulfanylidene]cyanamide。美国化学文摘系统名称为 N-[methyloxido[1-6-(trifluoromethyl)-3-pyridinyl]ethyl]-λ^4-sulfanylidene]cyanamid。CA 主题索引名称为 cyanamide —, N-[methyloxido[1-6-(trifluoromethyl)-3-pyridinyl]ethyl]-λ^4-sulfanylidene]-。

理化性质　白色固体。密度 1.5378 g/cm³（19.7℃），熔点 112.9℃，分解温度 167.7℃，蒸气压＜1.4×10^{-6} mPa，lgK_{ow} 0.802（pH 7）。pK_a（20～25℃）＞10.0，水中溶解度（20～25℃，pH 7）570.0 mg/L，有机溶剂中溶解度（g/L，20～25℃）：丙酮 217，乙酸乙酯 95.2，正庚烷 0.000242，甲醇 93.1，正辛醇 1.66，二甲苯 0.743。

毒性　大鼠急性经口 LD_{50}：1000 mg/kg。大鼠急性经皮 LD_{50}：＞5000 mg/kg。对兔皮肤有微弱刺激性。大鼠吸入 LC_{50}＞2.09 mg/L。NOEL 大鼠 13 周饲喂 NOAEL 6.36 mg/(kg・d) bw，ADI/RfD 0～0.05 mg/kg bw。

生态效应　急性经口 LD_{50}：山齿鹑 676 mg/kg。虹鳟鱼 LC_{50}（96 h）＞387 mg/L。水蚤 EC_{50}（48 h）＞399 mg/L。蜜蜂 LD_{50}（μg/只）：0.379（接触）（72 h），0.146（经口）（48 h）。蚯蚓 LC_{50}（14 d）0.885 mg/kg 土壤。

环境行为　①动物。以母体结构迅速代谢排出。②植物。在植物的可食部分主要残留物为 sulfoxaflor。③土壤/环境。在土壤中降解迅速，平均 DT_{50}＜1 d（实验室），＜4 d（田间），在水中通过光解缓慢降解。在好氧沉积物的水相/水相中系统中，生物降解半衰期为 11～64 d。

制剂　22%、24%悬浮剂，50%水分散粒剂。

主要生产商　Corteva、美国陶氏益农公司。

作用机理与特点　氟啶虫胺腈和与之密切相关的 sulfoximine 类杀虫剂都是作用于昆虫的神经系统，通过激活烟碱型乙酰胆碱受体内独特的结合位点而发挥其杀虫功能。氟啶虫胺腈可经叶、茎、根吸收而进入植物体内，能有效防治刺吸式害虫。由于新烟碱类杀虫剂（Group 4A）的作用位点亲和力低，并具有抗单氧化酶代谢分解的能力，因此氟啶虫胺腈与新烟碱类和其他已知类别杀虫剂均无交互抗性，对非靶标节肢动物毒性低，具有高效、广谱、安全、快速、残效期长等特点。

氟啶虫胺腈具有触杀作用（可通过直接接触杀死靶标害虫）、渗透性（在植物叶片正面施药，可渗透到植物叶片背面杀死靶标害虫）、内吸传导性（可在植物体内通过木质部由下向上传导到新生组织叶片），并具有胃毒作用。

应用　氟啶虫胺腈是美国陶氏益农公司开发的首个 sulfoximine 类杀虫剂，主要针对取食树液的昆虫，对绝大部分的刺吸式害虫（如蚜虫、粉虱、稻飞虱、缘蝽科等）有优异的活性，研究表明其能在较低剂量下很快杀死害虫，且与其他杀虫剂无交互抗性，可以用于害虫的综合防治。2009 年在加利福尼亚州、亚利桑那州、得克萨斯州进行田间、小区试验表明对豆荚盲蝽（*Lygus hesperus*）害虫有很好的效果。建议使用剂量为剂量在 0.045 lb(a.i.)/acre。

对棉铃虫的田间试验表明，氟啶虫胺腈对几种蚜虫，包括棉蚜、桃蚜、甘蓝蚜和长管蚜有高的活性。25 g/hm² 剂量的氟啶虫胺腈对蚜虫的防效高于或等于目前使用的产品。氟啶虫胺腈对粉虱的防效也高于吡虫啉和噻虫嗪。在田间试验中氟啶虫胺腈表现出对其他刺吸性昆虫，包括难以防控的蝽类昆虫如豆荚盲蝽和美国牧草盲蝽很好的防效。

氟啶虫胺腈应用范围广，可用于棉花、油菜、果树、大豆、水果、小粒谷物、蔬菜、水稻、草坪和观赏植物防治如蚜虫、盲蝽、椿象、粉虱、介壳虫、飞虱、某些木虱、蓟马等多种刺吸式害虫，能有效防治对烟碱类、菊酯类、有机磷类和氨基甲酸酯类农药产生抗性的刺吸式害虫，是害虫综合防治方面的优选药剂。

氟啶虫胺腈对一些刺吸性昆虫有很大的防控潜力。特别值得关注的是在室内和田间，氟啶虫胺腈防治棉蚜和桃蚜的活性与目前登记的新烟碱杀虫剂的相当或更高。此外，氟啶虫胺腈对这些蚜虫的持效期要长于螺虫乙酯、氟啶虫酰胺和呋虫胺。氟啶虫胺腈对粉虱敏感种群的防效与螺虫乙酯和吡虫啉相当。氟啶虫胺腈对褐飞虱和小绿叶蝉的防效与吡虫啉相当，对西方草地盲蝽的防效与噻虫嗪之外的所有的新烟碱杀虫剂相当。

专利与登记

专利名称　Preparation of insecticidal *N*-substituted(6-haloalkylpyridin-3- yl)alkyl sulfoximines

专利号　WO 2007095229　　　　专利公开日　2007-08-23

专利申请日　2007-02-09　　　　优先权日　2006-02-10

专利拥有者　Dow Agrosciences LLC

在其他国家申请的化合物专利　AU 2007215167、CA 2639911、US 20070203191、EP 1989184、JP 2009526074、IN 2008DN 06198、MX 2008010134、KR 2008107366、CN 101384552、WO 2007149134、AU 2007261706、CA 2653186、US 20070299264、EP 2043436、MX 2008016527、KR 2009021355、CN 101478877 等。

制备专利　CN 105475332、US 20140005234、US 20140005406、US 20140005403、US 20130288897、US 8288422、US 8193222、WO 2010074751、WO 2010074747、WO 2009134224、US 20090023782、US 20080207910、US 20080194634、WO 2008097235、US 20080108666、WO 2008027073、WO 2007095229 等。

2010 年 6 月已在中国取得 50%氟啶虫胺腈水分散粒剂防治棉花粉虱、棉花盲蝽和小麦蚜虫的田间试验批准证；7 月取得 22%氟啶虫胺腈悬浮剂防治黄瓜粉虱和 21.8%氟啶虫胺腈悬浮剂防治水稻水虱的田间试验批准证。2011 年在韩国获得首次登记，主要用于苹果、梨及红辣椒。2013 年在美国、加拿大、澳大利亚和新西兰取得批准，用于棉花、油菜、大豆、小粒谷物、水果、蔬菜、草坪和观赏植物。同时与爱利思达生命科学越南分公司合作推出的 CLOSER 500 WG（水分散粒剂，有效成分氟啶虫胺腈）在越南上市用于害虫管理及水稻有害生物综合治理。2016 年美国陶氏益农在国内正式登记了 50%水分散粒剂［防治棉花盲蝽和烟粉虱，使用剂量分别为 52.5～75 g(a.i.)/hm²、75～97.5 g(a.i.)/hm²］，22%悬浮剂（防治水稻稻飞虱，使用剂量 15～20 mL/亩）以及 95.9%原药，同时江苏苏州佳辉化工有限公司也取得了相关登记权。另外美国陶氏益农也临时登记了其分别与乙基多杀菌素和毒死蜱的 40%水分散粒剂和 37%悬浮剂（表 2-47）。

表 2-47　美国陶氏益农公司在中国登记情况

登记名	登记证号	含量	剂型	登记作物	防治对象	用药量	施用方法
氟虫·乙多素	PD20172560	40%	水分散粒剂	甘蓝	小菜蛾	7.5～12.5 g/亩	喷雾
				甘蓝	蚜虫	7.5～12.5 g/亩	喷雾
				西瓜	蓟马	10～14 g/亩	喷雾
				西瓜	蚜虫	10～14 g/亩	喷雾
氟啶·毒死蜱	PD20172310	37%	悬乳剂	水稻	稻飞虱	70～90 mL/亩	喷雾
				小麦	蚜虫	20～25 mL/亩	喷雾
				小麦	黏虫	20～25 mL/亩	喷雾
氟啶虫胺腈	PD20160337	95.9%	原药				
氟啶虫胺腈	PD20160336	22%	悬浮剂	白菜	蚜虫	7.5～12.5mL/亩	喷雾
				柑橘树	矢尖蚧	4500～6000 倍液	喷雾
				黄瓜	蚜虫	7.5～12.5 mL/亩	喷雾
				黄瓜	烟粉虱	15～23 mL/亩	喷雾
				苹果树	黄蚜	10000～15000 倍液	喷雾
				葡萄	盲蝽	1000～1500 倍液	喷雾
				水稻	稻飞虱	15～20 mL/亩	喷雾
				桃树	桃蚜	5000～10000 倍液	喷雾
氟啶虫胺腈	PD20160335	50%	水分散粒剂	棉花	盲蝽	7～10 g/亩	喷雾
				棉花	蚜虫	2～4 g/亩	喷雾
				棉花	烟粉虱	10～13 g/亩	喷雾
				桃树	蚜虫	15000～20000 倍液	喷雾
				西瓜	蚜虫	3～5 g/亩	喷雾
				小麦	蚜虫	2～3 g/亩	喷雾

合成方法　氟啶虫胺腈大致有如下几种合成方法。其中对于氧化成亚砜的试剂文献报道较多的有 m-CPBA、$NaMnO_4$、$RuCl_3 \cdot H_2O$、$NaIO_4$，对于形成氰基亚胺结构时，在使用 NH_2CN 时使用的氧化剂主要有二乙酸碘苯或次氯酸钠。

参考文献

[1] 钱文娟, 石小丽. 农药市场信息, 2010(23): 35.

[2] 于福强, 黄耀师, 苏州, 等. 农药, 2013, 52(10): 753-755.

[3] 王彭, 曲春鹤, 黄大益, 等. 现代农药, 2017, 16(5): 45-49.

[4] 刘刚. 农药市场信息, 2019(3): 49.

[5] The Pesticide Manual. 17th edition: 1047-1048.

氟啶虫酰胺（flonicamid）

229.2，$C_9H_6F_3N_3O$，158062-67-0

氟啶虫酰胺（试验代号：F1785、IKI-220，商品名称：Aria、Beleaf、Carbine、Mainman、Setis、Teppeki、Turbine、Ulala）由日本石原产业株式会社研制并与 FMC 公司共同开发的烟碱类(nicotinoid)杀虫剂。

化学名称　*N*-氰基甲基-4-(三氟甲基)烟酰胺。英文化学名称为 *N*-cyanomethyl-4-(trifluoromethyl)nicotinamide。美国化学文摘系统名称为 *N*-(cyanomethyl)-4-(trifluoromethyl)-3-pyridinecarboxamide。CA 主题索引名称为 3-pyridinecarboxamide —, *N*-(cyanomethyl)-4-(trifluoromethyl)-。

理化性质　白色结晶色粉末，无味，熔点 157.5℃。蒸气压 0.00255 mPa（25℃），$\lg K_{ow}$ 0.3。Henry 常数 $4.2×10^{-8}$ Pa•m³/mol（计算）。相对密度 1.531（20～25℃）。水中溶解度（20～25℃）5200 mg/L。有机溶剂中溶解度（g/L，20～25℃）：丙酮 186.7，乙腈 146.1，二氯甲烷 4.5，乙酸乙 33.9，正己烷 0.0002，异丙醇 15.7，甲醇 110.6，正辛醇 3.0，甲苯 0.55。对光、热、水解稳定。pK_a（20～25℃）11.6。

毒性　大鼠急性经口 LD_{50}（mg/kg）：雄 884，雌 1768。大鼠急性经皮 LD_{50}＞5000 mg/kg。对兔眼睛和皮肤无刺激，对豚鼠皮肤无致敏性。雄和雌大鼠吸入 LC_{50}（4 h）＞4.9 mg/L。大鼠 NOEL（2 年）7.32 mg/(kg•d)。ADI/RfD（FSC）0.073 mg/kg bw。Ames 试验显阴性。

生态效应　雄和雌鹌鹑 LD_{50}＞2000 mg/kg，饲喂＞5000 mg/kg。鲤鱼和虹鳟 LC_{50}（96 h）＞100 mg/L。水蚤 EC_{50}（48 h）＞100 mg/L。海藻 E_rC_{50}（96 h）＞100 mg/L。蜜蜂 LD_{50}：＞61 μg/只（经口），＞100 μg/只（接触）。蚯蚓 LC_{50}＞1000 mg/kg 土壤。对有益节肢动物无害。

环境行为　DT_{50}（4 种土壤）0.7～1.8 d（平均值 1.1 d）。水解稳定（pH 4，5，7）。水解 DT_{50} 9.0 d（pH 9，50℃），204 d（pH 7，50℃）。光解 DT_{50} 267 d（水）。

制剂　可溶粒剂、水分散粒剂。

主要生产商　Ishihara、FMC、河北兴柏农业科技有限公司、江苏辉丰生物农业股份有限公司、江苏建农植物保护有限公司、江苏省无锡市稼宝药业有限公司、江苏中旗科技股份有限公司、江西汇和化工有限公司、京博农化科技有限公司、美国默赛技术公司、山东省联合农药工业有限公司、陕西美邦药业集团股份有限公司等。

作用机理与特点　氟啶虫酰胺是一种吡啶酰胺类杀虫剂，其对靶标具有新的作用机制，对乙酰胆碱酯酶和烟酰乙酰胆碱受体无作用，对蚜虫有很好的神经作用和快速拒食活性，具有内吸性强、较好的传导活性、用量少、活性高、持效期长等特点，与有机磷、氨基甲酸酯和拟除虫菊酯类农药无交互抗性，并有很好的生态环境相容性。对抗有机磷、氨基甲酸酯和拟除虫菊酯的棉蚜也有较高的活性。对其他一些刺吸式口器害虫同样有效。

应用

（1）适用作物 谷物（如水稻）、马铃薯、果树、棉花和蔬菜等。

（2）防治对象 主要用于防治刺吸式口器害虫如蚜虫、叶蝉、粉虱等。在推荐剂量下，对蚜虫的幼虫和成虫均有效，同时可兼治温室粉虱、茶黄蓟马、茶绿叶蝉和褐飞虱，对鞘翅目、双翅目和鳞翅目昆虫和螨类无活性。对大多数有益节肢动物如家蚕、蜜蜂、异色瓢虫和小钝绥螨是安全的。

（3）安全性 在推荐剂量下使用，对作物、人畜、环境安全。

（4）使用方法 氟啶虫酰胺可极好地防治果树、谷物、马铃薯、棉花和蔬菜作物上的蚜虫，使用剂量为 $50\sim100$ g/hm^2。喷药后 30min 蚜虫完全停止进食。

防治桃蚜 以 60 g(a.i.)/hm^2 使用，对桃树上桃蚜的防效分别为 95.6%（药后 7 d）、99.4%（药后 15 d）、99.8%（药后 21 d）、99.3%（药后 28 d），与吡虫啉 50 g(a.i.)/hm^2 药效相仿。

防治苹果车前圆尾蚜虫 以 70 g(a.i.)/hm^2 喷施（喷液量 1000 L/hm^2），对苹果树上苹果车前圆尾蚜虫的防效为 40.5%（药后 8 d）、85.3%（药后 15 d）、96.7%（药后 21 d）、87.9%（药后 28 d），与吡虫啉 70 g(a.i.)/hm^2 药效相仿。

防治冬小麦麦长管蚜 以 $70\sim80$ g(a.i.)/hm^2 喷施（喷液量 300 L/hm^2），对冬小麦麦长管蚜的防效为 95.3%（药后 2 d）、97.8%（药后 7 d）、89.7%（药后 14 d）、78.2%（药后 21 d）。

防治马铃薯蚜虫 以 80 g(a.i.)/hm^2 喷施（喷液量 300 L/hm^2），对马铃薯蚜虫的防效为 49.7%（药后 3 d）、90.7%（药后 7 d）、94.8%（药后 14 d）。

专利与登记

专利名称 Preparation of nicotinamides as pesticides

专利号 EP 580374　　　　　　专利公开日 1994-01-26

专利申请日 1993-07-16　　　　优先权日 1992-07-23

专利拥有者 Ishihara Sangyo Kaisha, Ltd. (JP)

在其他国家申请的化合物专利 AT 132489、AU 657056、AU 9342106、BR 9302960、CA 2100011、CN 1044233、CN 1081670、CZ 286147、ES 2085118、HU 214279、HU 68334、IL 106340、JP 2994182、JP 06321903、PL 173611、RU 2083562、SK 281481、US 5360806、ZA 9305042 等。

制备专利 CN 109851552、ES 2644163、CN 108892638、CN 108191749、CN 107417606、CN 107162966、CN 104761493、CN 103951616、WO 2012023530、JP 09323973 等。

从 2004 年开始，已在多个国家登记注册。2007 年在意大利获准登记，主要用于防治水果、蔬菜等作物害虫。国内登记情况：10%水分散粒剂等，登记作物为黄瓜、苹果和马铃薯等，防治对象蚜虫等。日本石原产业株式会社在中国登记情况见表2-48。

表 2-48 日本石原产业株式会社在中国登记情况

登记名	登记证号	含量	剂型	登记作物	防治对象	用药量	施用方法
氟啶·氟啶脲	PD20182676	22%	悬浮剂	茶树	茶尺蠖	23～30mL/亩	喷雾
				茶树	茶小绿叶蝉	23～30mL/亩	喷雾

登记名	登记证号	含量	剂型	登记作物	防治对象	用药量	施用方法
阿维·氟啶	PD20160976	24%	悬浮剂	水稻	稻纵卷叶螟		喷雾
				水稻	褐飞虱		喷雾
氟啶·异丙威	PD20151295	53%	可湿性粉剂	水稻	褐飞虱	67～89 g/亩	喷雾
氟啶虫酰胺	PD20110324	10%	水分散粒剂	黄瓜	蚜虫	30～50 g/亩	喷雾
				马铃薯	蚜虫	35～50 g/亩	喷雾
				苹果	蚜虫	2500～5000 倍液	喷雾
氟啶虫酰胺	PD20110323	96%	原药				

合成方法　可由两条路线合成 4-三氟甲基-3-氰基吡啶，再经过水解、氯化、缩合等反应制得氟啶虫酰胺：

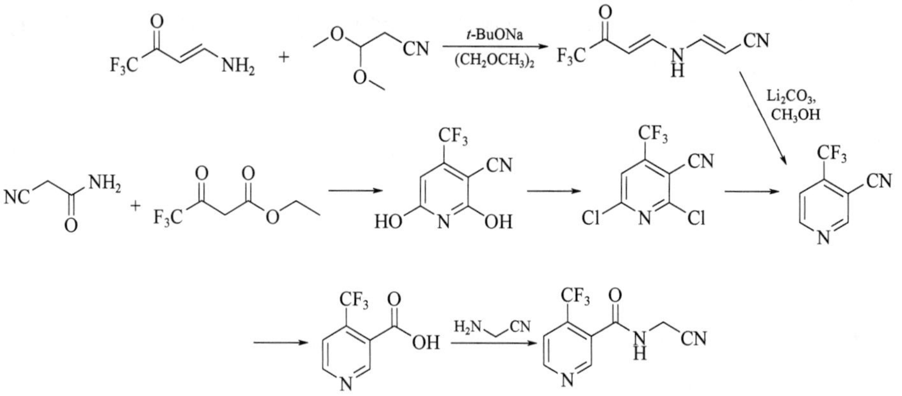

参考文献

[1] The Pesticide Manual.17th edition: 488-489.

[2] 仇是胜, 柏亚罗, 顾林玲. 现代农药, 2014, 13(5): 6-11.

[3] 刘鹏飞, 孙克, 张敏恒. 农药, 2013, 52(8): 615-619.

环氧虫啶（cycloxaprid）

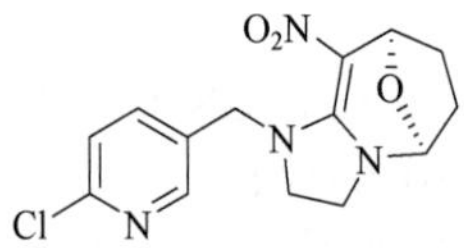

322.8，$C_{14}H_{15}ClN_4O_3$，1203791-41-6

环氧虫啶（试验代号 IPPA152616）是由华东理工大学创制的，后转于上海生农生化制品有限公司开发的新烟碱类杀虫剂。

化学名称　(5S,8R)-1-((6-氯吡啶-3-基)甲基)-9-硝基-2,3,5,6,7,8-六氢-1H-5,8-环氧咪唑[1,2-a]氮杂卓。英文化学名称为(5S,8R)-1-((6-chloropyridin-3-yl)methyl)-9-nitro-2,3,5,6,7,8-hexahydro-1H-5,8-epoxyimidazo[1,2-a]azepine。美国化学文摘系统名称为(5S,8R)-1-[(6-chloro-3-pyridinyl)methyl]-2,3,5,6,7,8-hexahydro-9-nitro-5,8-epoxy-1H-imidazo[1,2-a]azepine。CA 主题

索引名称为 6H-3a,6-epoxyazulen-6-ol—, 1-[(6-chloro-3-pyridinyl)methyl]-2,3,5,6,7,8-hexahydro-9-nitro-, (5S,8R)-。

理化性质 白色或淡黄色粉末固体，无味，熔点 149.0～150.0℃，可溶于二氯甲烷、氯仿，微溶于水和乙醇。稳定性：水解半衰期 DT_{50}：5.03 h（25℃，pH 4），64.18 h（25℃，pH 7），577.62 h（25℃，pH 9）；水中光解半衰期 DT_{50} 7.61 min [(25±1)℃，pH 7，300 W 高压汞灯，照射光源距离 10 cm]。

毒性 大鼠急性经口 LD_{50}（mg/kg）：雌性 2330，雄性 2710。大鼠（雌雄）急性经皮 $LD_{50} >$ 2000 mg/kg。大鼠（雌雄）急性吸入 LC_{50}（1895 ± 98）mg/m^3。Ames 试验为阴性。蜜蜂急性摄入（48 h）LC_{50} 19.18 mg/L。对兔皮肤无刺激性，对兔眼睛有轻度刺激性，I 级弱致敏物，Ames 试验、对小鼠无诱发骨髓嗜多染红细胞微核率增高作用试验、体外培养的小鼠淋巴瘤细胞 L5178Y 的基因致突变试验、体外培养的中国仓鼠肺细胞 CHL 的染色体畸变试验结果均为阴性。

生态效应 对哺乳动物的急性毒性为低毒。对非靶标生物如水蚤类、鱼类、藻类、土壤微生物和其他植物影响甚微，对蜜蜂的安全性是吡虫啉的 10 倍以上，急性接触 LD_{50}（24 h）$>$ 0.4 μg/只，急性吸入 LC_{50}（48 h）19.18 mg/L；对大型溞的急性毒性为 EC_{50}（96 h）14.7 mg/L。对鸟类、蚯蚓和家蚕的毒性高，风险大，其中对蚯蚓 LC_{50}（14 d）10.21 mg/kg 干土，对家蚕 3 龄期的急性经口毒性 LC_{50} 0.138 mg/L。

环境行为 在小鼠体内肝脏主要代谢途径为咪唑环上的羟基化及螺环硝基的还原，而在大脑和血浆中主要代谢为 OH—（R/S），其中 OH—（R/S）和(OH)$_2$—（R/S）各包含 8 个立体异构体，NO—（R/S）和 NH_2—（R/S）各包含 2 个立体异构体。

制剂 25%可湿性粉剂。

主要生产商 上海生农生化制品股份有限公司和辽宁众辉生物科技有限公司。

作用机理与特点 新烟碱类杀虫剂，是一类作用于昆虫中枢神经系统的乙酰胆碱受体抑制剂，其独特的作用机制使该类产品与常规杀虫剂之间不存在交互抗性，对哺乳动物毒性低，环境相容性好。为国际首例报道对 nAChRs 有明显拮抗作用的高活性化合物。环氧虫啶对麦长管蚜有很好的触杀作用，同时具有良好的根部内吸活性。

应用 环氧虫啶是一种新型的新烟碱杀虫剂，属于高效低毒的绿色农药，主要用来防治刺吸式口器害虫。14 地田间药效试验结果表明，环氧虫啶对水稻褐飞虱、白背飞虱、灰飞虱均高效，对甘蓝蚜虫和黄瓜蚜虫也有良好防效，对稻纵卷叶螟有较好的兼防效果，对棉田烟粉虱活性显著高于吡虫啉。

环氧虫啶在 500 mg/L 浓度时对豆蚜、褐飞虱、黏虫和小菜蛾的 2 d 杀死率均达到 100%。室内和田间试验表明，对同翅目的葡萄斑叶蝉若虫、棉蚜和烟粉虱成虫，鞘翅目的厚缘叶甲具有较高的毒力。

环氧虫啶对蚜虫的 LC_{50} 为 1.52 mg/L，对黏虫的 LC_{50} 为 12.5 mg/L，其活性明显超过吡虫啉；对敏感褐飞虱的活性，环氧虫啶与吡虫啉大致相当，但对抗性褐飞虱的活性，环氧虫啶是吡虫啉的 50 倍。室内和田间试验表明，环氧虫啶对褐飞虱有较好的杀虫活性，对白背飞虱的控制效果突出，可作为一种防治褐飞虱的轮换药剂。

环氧虫啶可有效控制半翅目害虫绿盲蝽和烟粉虱，亚致死量即可缩短其寿命、降低其繁殖能力。由于其独特的作用机理，环氧虫啶对室内抗噻虫嗪 B 型烟粉虱成虫、抗吡虫啉褐飞虱、抗吡虫啉的 B 型和 Q 型烟粉虱具有显著的高活性。

专利与登记

专利名称 二醛构建的具有杀虫活性的含氮或氧杂环化合物及其制备方法

专利号　CN 101747320　　　　专利申请日　2008-12-19

专利拥有者　华东理工大学

在其他国家申请的化合物专利　AU 2009328851、BR PI0918359、EP 2377845、IL 213656、JP 2012512191、JP 5771150、KR 20110097970、KR 101392296、RU 2011129408、RU 2495023、US 2011269751、US 8563546、WO 2010069266。

制备专利　CN 107235993、CN 103704254、WO 2011069456 等。

目前上海生农生化制品股份有限公司登记主要用于防治水稻、甘蓝上的稻飞虱、蚜虫（表2-49）。

表 2-49　上海生农生化制品股份有限公司在中国登记情况

登记名	登记证号	含量	剂型	登记作物	防治对象	用药量	施用方法
环氧虫啶	PD20184015	97%	原药				
环氧虫啶	PD20184014	25%	可湿性粉剂	甘蓝	蚜虫	8～16 g/亩	喷雾
				水稻	稻飞虱	16～24 g/亩	喷雾

合成方法　经如下反应制得环氧虫啶：

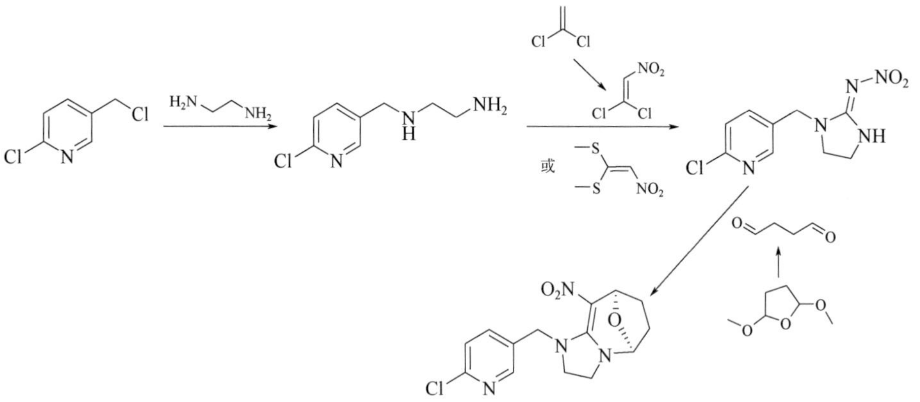

参考文献

[1] 谭海军. 世界农药, 2019, 41(4): 59-64.

[2] 张洪玉, 吴清阳, 张芝平, 等. 世界农药, 2014, 36(6): 21-24.

氯噻啉（imidaclothiz）

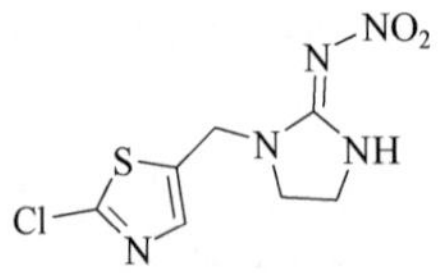

261.7，$C_7H_8ClN_5O_2S$，105843-36-5

氯噻啉（试验代号：JS-125）是江苏省南通江山农药化工股份有限公司开发的一种新烟碱类杀虫剂。

化学名称　(EZ)-1-(2-氯-1,3-噻唑-5-基甲基)-N-硝基亚咪唑烷-2-基胺。英文化学名称为

(*EZ*)-1-(2-chloro-1,3-thiazol-5-ylmethyl)-*N*-nitroimidazolidin-2-ylideneamine。美国化学文摘系统名称为 1-[(2-chloro-5-thiazolyl)methyl]-4,5-dihydro-*N*-nitro-1*H*-imidazol-2-amine。CA 主题索引名称为 2-imidazolidinimine—, 1-[(2-chloro-5-thiazolyl)methyl]-*N*-nitro-(*EZ*)-。

理化性质　工业品为浅黄色至米白色固体粉末，熔点 146.8～147.8℃。堆积密度 0.8976 g/cm^3。溶解度（g/L，25℃）：水 5，乙腈 50，二氯甲烷 20～30，甲苯 0.6～1.5，丙酮 50，甲醇 25，二甲基亚砜 260，DMF 240。96%原药对热比较稳定，在 65～105℃下储存 14 d 分解率在 1.31%以下。

毒性　急性经口 LD$_{50}$（mg/kg）：雌大鼠 1620，雄大鼠 1470，雌小鼠 90，雄小鼠 126；对雌、雄大鼠急性经皮 LD$_{50}$ 均＞2000 mg/kg。对家兔的皮肤和眼睛均没有刺激性。Ames 试验结果为阴性；对小鼠骨髓嗜多染红细胞微核试验及睾丸初级精母细胞染色体畸变分析结果均为阴性；对豚鼠皮肤变态反应（致敏）试验结果为弱致敏。大鼠饲喂原药三个月的最大无作用剂量为 1.5 mg/(kg·d)，若以 100 倍安全系数计，则其每天容许摄入量（ADI）为 0.015 mg/kg。

制剂　10%可湿性粉剂、40%水分散粒剂。

主要生产商　江苏省南通江山农药化工股份有限公司。

作用机理与特点　氯噻啉是一种作用于烟酸乙酰胆碱酯酶受体的内吸性杀虫剂，其作用机理是对害虫的突触受体具有神经传导阻断作用，与烟碱的作用机理相同。以实验室饲养的蚕豆蚜为测试对象，采用综合毒力测试法（浸茎加浸渍法）、浸渍法、浸茎法等三种方法，对氯噻啉进行毒力测定比较。结果表明，氯噻啉有较强的触杀和内吸活性，内吸活性高于触杀活性，综合毒力（LC$_{50}$ 0.5185 mg/L）高于单项触杀毒力（LC$_{50}$ 0.7353 mg/L）或内吸毒力（LC$_{50}$ 0.7627 mg/L）。

应用

（1）适用作物　可广泛用于水稻、小麦、蔬菜、烟草、棉花、果树、茶树等作物。

（2）防治对象　可用于防治害虫，如蚜虫、叶蝉、飞虱、蓟马、粉虱及其抗性品系，同时对鞘翅目、双翅目和鳞翅目害虫也有效，尤其对于水稻二化螟、三化螟毒力比其他烟碱类杀虫剂高。室内生测，在供试的 16 种农业害虫中，有 15 种害虫对氯噻啉 10%可湿性粉剂较敏感，其中花蓟马对其最敏感，其次依次为禾缢管蚜、蚕豆蚜、麦长管蚜、三化螟、桃赤蚜、二化螟、棉蚜、稻蓟马、萝卜蚜、梨木虱、白背飞虱、褐飞虱、绿盲蝽，菜蝽对其敏感性较差。室内试验氯噻啉 10%可湿性粉剂对褐稻虱初孵若虫的 LC$_{50}$ 为 1.22 mg/L，LC$_{90}$ 为 14.57 mg/L。

（3）残留量与安全施药　该药速效和持效性好，一般低龄若虫高峰期施药，持效期在 7 d 以上。在常规用药量范围内对作物安全，对有益生物如瓢虫等天敌杀伤力较小。

（4）使用方法与应用技术　①防治白粉虱、飞虱，最好在低龄若虫高峰期施药。②氯噻啉不受温度高低限制，克服了啶虫脒、吡虫啉等产品在温度较低时防效差的缺点。③亩用水量 30～50 kg，稀释时要充分搅拌均匀。

专利与登记　Okazawa 等对该类杀虫剂进行 QSAR 分析时提到过该化合物，Tomizawa 在讨论结构的微小变化对杀虫剂选择性影响时对该物质进行了分析，Yomamoto 在讨论有机物结构对杀虫剂的贡献时也分析了相应的物质。此外，Sirinyan 在其专利"防治人类螨虫和寄生昆虫的水乳剂制备方法"中也提到了该物质。但国外对该物质的研究主要停留在实验室阶段，南通江山农药化工股份有限公司在国内率先将氯噻啉作为农用杀虫剂开发并将其商品化，并已申请了 3 个相关专利（专利申请号：01127068.3、01127099.3 和 02100295.9）。1999

年初开始试验，2002 年 10 月获得氯噻啉原药和 10%可湿性粉剂登记。

专利名称　Heterocyclic compounds

专利号　EP 192060　　　　　专利公开日　1986-08-27

专利申请日　1985-01-17　　　专利拥有者　Nihon Tokushu Noyaku Seizo K.K. (JP)

在其他国家申请的化合物专利　AU 8652866、AU 584388、AT 67493、BR 8600428、CA 1276018、CS 255867、DD 242742、DK 9201042、DK 172809、DK 8600519、EP 192060、HU 41954、HU 200651、HU 202365、IL 77750、JP 05194490、JP 07020953、JP 61178981、JP 06006585、JP 61178982、JP 06049699、JP 61183271、JP 07000613、JP 61267561、JP 06029258、JP 61267575、JP 05014716、JP 62081382、JP 07030070、US 4742060、PL 149199、US 4845106、US 5001138、US 5204360、US 5298507、US 5461167、US 5428032、US 5580889、US 5750704、US 6022967、US 6297374、ZA 8600763 等。

制备专利　CN 107235970、IN 2013DE 03529、CN 1401646 等。

国内登记情况　95%原药，10%可湿性粉剂，40%水分散粒剂等，登记作物为柑橘树、茶树、小麦、水稻、甘蓝、番茄等，防治对象为白粉虱、蚜虫、飞虱、小绿叶蝉等。表 2-50 为江苏省南通江山农药化工股份有限公司在中国登记情况。

表 2-50　江苏省南通江山农药化工股份有限公司在中国登记情况

登记名	登记证号	含量	剂型	登记作物	防治对象	用药量	施用方法
氯噻啉	PD20096024	40%	水分散粒剂	水稻	稻飞虱	4~5 g/亩	喷雾
				烟草	蚜虫	4~5 g/亩	喷雾
氯噻啉	PD20082528	95%	原药				
氯噻啉	PD20082527	10%	可湿性粉剂	茶树	小绿叶蝉	20~30 g/亩	喷雾
				番茄（大棚）	白粉虱	15~30 g/亩	喷雾
				甘蓝	蚜虫	10~15 g/亩	喷雾
				柑橘树	蚜虫	4000~5000 倍液	喷雾
				水稻	飞虱	10~20 g/亩	喷雾
				小麦	蚜虫	15~20 g/亩	喷雾

合成方法　经如下反应制得氯噻啉：

参考文献

[1] 戴宝江. 世界农药, 2005, 27(6): 46-47.

[2] 施永兵, 杜辉, 田昌明. 江苏化工, 2004, 32(3): 19-21.

[3] 张海滨, 郭建平, 王建清, 等. 农药科学与管理, 2012, 33(1): 22-24.

哌虫啶（paichongding）

366.8，$C_{17}H_{23}ClN_4O_3$，948994-16-9

哌虫啶（试验代号：IPP-4）是克胜集团联手华东理工大学共同研制的新烟碱类杀虫剂。

化学名称 (5RS,7RS;5RS,7SR)-1-(6-氯-3-吡啶基甲基)-1,2,3,5,6,7-六氢-7-甲基-8-硝基-5-丙氧基咪唑并[1,2-a]吡啶。英文化学名称为(5RS,7RS;5RS,7SR)-1-(6-chloro-3-pyridylmethyl)-1,2,3,5,6,7-hexahydro-7-methyl-8-nitro-5-propoxyimidazo[1,2-a]pyridine。美国化学文摘系统名称为 1-[(6-chloro-3-pyridinyl)methyl]-1,2,3,5,6,7-hexahydro-7-methyl-8-nitro-5-propoxyimidazo[1,2-a]pyridine。CA 主题索引名称为 imidazo[1,2-a]pyridine —, 1-[(6-chloro-3-pyridinyl)methyl]-1,2,3,5,6,7-hexahydro-7-methyl-8-nitro-5-propoxy-。

理化性质 淡黄色粉末，熔点 130.2～131.9℃。蒸气压 200 mPa（20℃）。水中溶解度（20～25℃）610 mg/L。有机溶剂中溶解度（g/L，20～25℃）：乙腈 50，二氯甲烷 55，苯 0.68，异丙醇 1.2。在常温条件下贮存及中性、微酸性介质中稳定，在碱性水介质中缓慢水解。

毒性 对雌、雄大鼠急性经口 LD_{50}＞5000 mg/kg；对雌、雄大鼠急性经皮 LD_{50}＞5150 mg/kg；经试验对家兔眼睛、皮肤均无刺激性，对豚鼠皮肤有弱致敏性。对大鼠亚慢性（91 d）经口毒性试验表明：最大无作用剂量为 30 mg/(kg·d)，对雌、雄小鼠微核或骨髓细胞染色体无影响，对骨髓细胞的分裂也未见明显的抑制作用，显性致死或生殖细胞染色体畸变结果是阴性，Ames 试验结果为阴性。

生态效应 斑马鱼（96 h）LC_{50} 93.3mg/L；鹌鹑 LD_{50}（7 d）＞500 mg/kg；蜜蜂（48 h，胃毒）LC_{50} 361mg/L；家蚕（2 龄，食下毒叶法）LC_{50} 758mg/kg 桑叶。对鸟类低毒。对斑马鱼急性毒性为低毒；对家蚕急性毒性为低毒；对蜜蜂风险性为中风险，使用中注意对蜜蜂的影响。

环境行为 哌虫啶在土壤中降解半衰期较短，属于易降解农药，10 mg/kg 浓度的哌虫啶对土壤微生物具有一定的毒性作用。哌虫啶在黑土、红壤和棕壤中的吸附平衡时间分别为 12 h、12 h 和 9 h，分配系数 K_d 分别为 23.16、11.24 和 4.68，吸附常数 K_f 分别为 22.03、11.69 和 5.05，K_{oc} 值分别为 1619、2094 和 495，吸附自由能值分别为−16.96 kJ/mol、−17.59 kJ/mol 和−14.02 kJ/mol，Freundlich 和线性等温吸附模型均能较好地描述哌虫啶在土壤中的吸附过程，其吸附能力顺序分别为黑龙江黑土＞福建红壤＞山东棕壤。

制剂 10%悬浮剂。

主要生产商 江苏克胜作物科技有限公司。

作用机理与特点 其杀虫机理主要是作用于昆虫神经轴突触受体，阻断神经传导作用。哌虫啶具有很好的内吸传导功能，施药后药剂能很快传导到植株各个部位。对各种刺吸式害虫具有杀虫速度快、防治效果高、持效期长、广谱、低毒等特点。

应用

（1）适用作物 果树、小麦、大豆、蔬菜、水稻和玉米等多种作物。

（2）防治对象 主要用于防治同翅目害虫，对稻飞虱具有良好的防治效果，防效达 90%

以上，对蔬菜蚜虫的防效达 94%以上，明显优于已产生抗性的吡虫啉。

（3）室内活性测定对水稻飞虱具有较好的抑制性，LC_{50} 为 10.5 mg/kg。田间药效试验：于稻飞虱低龄若虫盛发期喷雾；用药量为 37.5～52.5 g(a.i.)/hm² （折成 10%悬浮剂制剂量为 25～35 g/亩，一般加水 50L 稀释）；使用方法为喷雾，喷雾时务必均匀。该药速效性一般，持效期为 14～20 d；对稻红蜘蛛没有明显影响，但对绿盲蝽影响较大。试验剂量范围为对作物安全，未见药害产生。安全使用建议：在 52.5 g(a.i.)/hm² 剂量下，施药 1 次，安全间隔期 20 d。

目前登记主要用于防治水稻上的稻飞虱，10%悬浮剂推荐剂量为 37.5～52.5 g/hm²，使用方法为喷雾。

专利与登记 专利 EP 296453（1988 年）中曾公开过作为杀虫剂应用的六氢咪唑[1,2-*a*]吡啶类化合物。

华东理工大学 2004 年申请了与已有专利报道的化学结构不同的新颖的六氢咪唑[1,2-*a*]吡啶类化合物（专利 CN 1631887），其通式中包含了哌虫啶，但没有具体公开化合物哌虫啶的结构；中国专利 CN 1631887 的同族专利包括 EP 1826209、JP 2008520595、US 20070281950。后来又申请了有关制备方法专利 WO 2007101369 和 CN 101045728，其中均具体公开了哌虫啶的化学结构及其制备方法；WO 2007101369 同族专利包括 EP 1826209、JP 2008520595、US 20070281950，其他制备专利有 CN 103570729、CN 103087060、CN 102731497。

目前江苏克胜集团股份有限公司登记主要用于防治水稻、小麦上的稻飞虱、蚜虫（表 2-51）。

表 2-51　江苏克胜集团股份有限公司登记情况

登记名	登记证号	含量	剂型	登记作物	防治对象	用药量	施用方法
吡蚜·哌虫啶	PD20183805	30%	悬浮剂	水稻	稻飞虱	15～20 mL/亩	喷雾
哌虫啶	PD20171719	10%	悬浮剂	水稻	稻飞虱	25～35 mL/亩	喷雾
				小麦	蚜虫	20～25 mL/亩	喷雾
哌虫啶	PD20171435	95%	原药				

合成方法 以硝基甲烷或二氯乙烯为原料，经多步反应制得目的物，具体反应如下：

参考文献

[1] 徐晓勇, 邵旭升, 吴重言, 等.世界农药, 2009, 31(4): 52.

[2] 李璐, 邵旭升, 吴重言, 等. 现代农药, 2009, 8(2): 16-19.

[3] 谢慧, 朱鲁生, 谭梅英. 土壤学报, 2016, 53(1): 232-240.

[4] 谢慧, 王军, 杜晓敏, 等. 土壤学报, 2017, 54(1): 118-127.

[5] 吴重言, 李忠, 吴伟, 等. 现代农药, 2012, 11(6): 7-11.

[6] 吴重言, 李忠, 吴伟, 等. 农药研究与应用, 2012, 16(4): 5-7.

噻虫胺（clothianidin）

249.7，$C_6H_8ClN_5O_2S$，210880-92-5

噻虫胺（试验代号：TI-435，商品名称：Apacz、Arena、Belay、Clutch、Dantotsu、Deter、Focus、Fullswing、Poncho、Santana、Titan，其他商品名称：Celero、可尼丁）是日本武田公司发现，由武田（现属住友化学株式会社）和拜耳公司共同开发的内吸性、广谱性新烟碱类（neonicotinoid）杀虫剂。

化学名称 (E)-1-[(2-氯-1,3-噻唑-5-基)甲基]-3-甲基-2-硝基胍。英文化学名称为 (E)-1-(2-chloro-1,3-thiazol-5-ylmethyl)-3-methyl-2-nitroguanidine。美国化学文摘系统名称为 (E)-N-[(2-chloro-5-thiazolyl)methyl]-N'-methyl-N''-nitroguanidine。CA 主题索引名称为 guanidine —, N-[(2-chloro-5-thiazolyl)methyl]-N'-methyl-N''-nitro-[C(E)]-。

理化性质 原药含量≥95%。纯品无色、无味粉末，熔点 176.8℃。蒸气压 3.8×10⁻⁸ mPa（20℃）、1.3×10⁻⁷ mPa（25℃）。相对密度 1.61（20～25℃）。lgK_{ow} 0.7，Henry 常数 2.9×10⁻¹¹ Pa・m³/mol（测量）。水中溶解度（mg/L，20～25℃）：304.0（pH 4），340.0（pH 10）。有机溶剂中溶解度（g/L，20～25℃）：正庚烷<0.00104，二甲苯 0.0128，二氯甲烷 1.32，甲醇 6.26，辛醇 0.938，丙酮 15.2，乙酸乙酯 2.03。在 pH 5 和 7（50℃）条件下稳定。DT$_{50}$ 1401 d（pH 9，20℃），水中光解 DT$_{50}$ 3.3 h（pH 7，25℃）。pK_a（20～25℃）11.09。

毒性 急性经口 LD$_{50}$（mg/kg）：雄和雌大鼠>5000，小鼠 425。雄和雌大鼠急性经皮 LD$_{50}$>2000 mg/kg。对兔皮肤无刺激，对兔眼睛有轻微刺激，对豚鼠皮肤无致敏。雄和雌大鼠吸入 LC$_{50}$（4 h）>6.141 mg/L。NOEL 值［mg/(kg・d)]：雄大鼠（2 年）27.4，雌大鼠（2 年）9.7，雄狗（1 年）36.3，雌狗（1 年）15.0。ADI：（EC，FSC）0.097 mg/kg（2006）；（EPA）aRfD 0.25 mg/kg，cRfD 0.098 mg/kg（2009）；（JMPR）0～0.1 mg/kg，aRfD 0.6 mg/kg（2010）。对大鼠和小鼠无致突变和致癌作用，对大鼠和兔无致畸作用。

生态效应 急性经口 LD$_{50}$（mg/kg）：山齿鹑>2000，日本鹌 430，山齿鹑和野鸭饲喂 LC$_{50}$（5 d）>5200 mg/L。鱼 LC$_{50}$（96 h，mg/L）：虹鳟鱼>100，鲤鱼>100，大翻车鱼>120。水蚤 EC$_{50}$（48 h）>120 mg/L。淡水藻 E$_r$C$_{50}$（72 h）>270 mg/L，羊角月牙藻 E$_b$C$_{50}$（96 h）55 mg/L。糠虾 LC$_{50}$（9 h）0.053 mg/L，东方牡蛎 EC$_{50}$（96 h）129.1 mg/L，摇蚊幼虫 EC$_{50}$（48 h）0.029 mg/L。对蜜蜂有毒，LD$_{50}$（μg/只）：0.00379（经口），>0.0439（接触）。蚯蚓 LC$_{50}$（14 d）13.2 mg/kg 土壤。

环境行为　①动物。在大鼠体内容易吸收和排出体外，氧化脱甲基化作用和在噻唑和硝基亚氨基之间的 C—N 键断裂是新陈代谢受限。②土壤/环境。DT_{50}（有氧）143～1001 d。具有持久和移动性，并有可能浸到地下水和通过流到地表进行运输。K_{oc} 84～345。

制剂　悬浮剂、颗粒剂、水溶性粒剂、水分散粒剂、悬浮种衣剂、粉剂、可湿性粉剂、微囊悬浮-悬浮剂、种子处理微囊悬浮剂、拌种剂。

主要生产商　Arysta LifeScience、Bayer、Sumitomo Chemical、河北德瑞化工有限公司、河北威远生物化工有限公司、湖北仙隆化工股份有限公司、江苏辉丰生物农业股份有限公司、江苏省农用激素工程技术研究中心有限公司、江苏中旗科技股份有限公司、南通泰禾化工股份有限公司、山东海利尔化工有限公司、山东科信生物化学有限公司、山东省联合农药工业有限公司等。

作用机理与特点　噻虫胺属新烟碱类广谱杀虫剂。其作用机理是结合位于神经后突触的烟碱乙酰胆碱受体。噻虫胺是一种活性高、具有内吸性、具触杀和胃毒作用的广谱杀虫剂，对刺吸式口器害虫和其他害虫均有效。

应用

（1）适用作物　水稻、蔬菜、果树、玉米、油菜、马铃薯、烟草、甜菜、棉花、茶叶、草皮和观赏植物等。

（2）防治对象　可有效防治半翅目、鞘翅目和某些鳞翅目等害虫，如蚜虫、叶蝉、蓟马、白蝇、科罗拉多马铃薯甲虫、水稻跳甲、玉米跳甲、小地虎、种蝇、金针虫及蛴螬等害虫。种子处理剂 Poncho Beta（噻虫胺+beta-氟氯氰菊酯），主要用于甜菜防治土传害虫和病毒媒介。

（3）残留量与安全施药　加拿大拟修改食品药物法规，确定噻虫胺最高残留限量：大田玉米、乳类品、爆玉米粒、油菜籽及带穗轴去皮甜玉米粒，0.01 mg/kg。日本厚生劳动省对食品中的杀虫剂-噻虫胺可湿性粉剂（clothianidin）拟订最大残留限量（MRLs），覆盖产品：肉及可食用内脏、乳制品、可食用蔬菜及某些根和块茎、可食用水果和坚果、茶及香料、谷类、含油种子及油果、各种种子。

（4）使用方法　噻虫胺可茎叶处理、水田处理、土壤处理和种子处理。茎叶处理、水田处理使用剂量为 50～100 g/hm²，土壤处理使用剂量为 150 g/hm²，种子处理使用剂量为 200～400 g/100 kg 种子。该产品使欧洲玉米主要害虫金针虫的防治提高到持久、有效的新水平。防治番茄烟粉虱使用剂量为 45～60 g(a.i.)/hm²（折成 50%水分散粒剂商品剂量为 6～8 g/亩，加水稀释），于烟粉虱发生初期开始喷雾，每生长季最多喷药 3 次，安全间隔期为 7 d。推荐使用剂量下未见药害产生，对作物安全。

专利与登记

专利名称　Preparation of (pyridylmethyl) guanidines as insecticides

专利号　EP 376279　　　　　专利公开日　1990-07-04

专利申请日　1989-12-27　　　优先权日　1988-12-27

专利拥有者　Takeda Chemical Industries, Ltd., Japan

在其他国家申请的化合物专利　AT 89552、AT 129998、AT 202344、BR 8906791、CA 2006724、CN 1026981、CN 1045261、CN 1060615、CN 1077843、EP 665222、EP 493369、ES 2055003、ES 2080359、HU 207291、HU 53605、IL 92724、IN 170288、IN 173029、JP 2546003、JP 07278094、JP 03157308、KR 169469、KR 164687、US 5633375、US 5489603、US 5034404 等。

制备专利　CN 108610300、CN 107163000、CN 106665566、CN 106386842、CN 106187938、CN 104529934、WO 2014069668、CN 103598198、JP 2013213026、CN 102432561、JP 2011057613、

WO 2011030805、DE 10121652、JP 2001261632、WO 2001046160、EP 974579、WO 9947520、DE 19806469、WO 9909008、WO 9842690、EP 869120、WO 9700867、JP 03291267 等。

　　Arysta 生命科学公司的美国分公司 Arvesta 已经获得噻虫胺在美国和墨西哥的专有销售权，用于土壤和叶面处理，已经获得噻虫胺在美国用于草坪和观赏植物的批准。还由 Arvestn 代理以商品名 Clutch 在北美作为叶面和土壤处理剂使用，Clutch 已在墨西哥登记用于马铃薯、烟草和观赏植物。在北美，已批准用于美国和加拿大的玉米与木薯的种子处理。噻虫胺已在英国糖或饲料用甜菜上登记注册，主要用作种子处理。噻虫胺已在美国和加拿大获准用于种子处理剂，商品名为 Poncho。

　　国内登记情况　95%、96.5%、98%原药，50%水分散粒剂，20%、30%、48%悬浮剂，0.5%颗粒剂等，登记作物为花生、韭菜、甘蔗、番茄和水稻等，防治对象烟粉虱和稻飞虱等。日本住友化学株式会社在中国登记了50%水分散粒剂用于防治番茄上的烟粉虱，使用剂量为 $45\sim60$ g/hm²。

　　合成方法　以双氰胺等为起始原料，经如下反应制得噻虫胺：

参考文献

[1] The Pesticide Manual.17th edition: 229-230.

[2] 陆阳. 农药科学与管理, 2010, 31(4): 22-25.

[3] 程志明. 世界农药, 2004, 26(6): 1-3.

[4] 王党生, 隋卫平, 谭晓军. 农药, 2003, 42(9): 15-16.

[5] 王迪轩. 农药市场信息, 2018(1): 58.

[6] 杜升华, 程超, 孔晓红, 等. 精细化工中间体, 2018, 48(1): 21-24.

噻虫啉（thiacloprid）

252.7，$C_{10}H_9ClN_4S$，111988-49-9

　　噻虫啉（试验代号：YRC2894，商品名称：Alanto、Bariard、Biscaya、Calypso）是 A.Elber 等报道其活性，由德国拜耳农化公司和日本拜耳农化公司合作开发，1999 年在 Brazil 首先登记的另一个广谱、内吸性新烟碱类（neonicotinoid）杀虫剂。

化学名称 (Z)-3-(6-氯-3-吡啶甲基)-1,3-噻唑啉-2-基亚氰胺。英文化学名称为(Z)-3-(6-chloro-3-pyridylmethyl)-1,3-thiazolidin-2-ylidenecyanamide。美国化学文摘系统名称为(Z)-[3-[(6-chloro-3-pyridinyl)methyl]-2-thiazolidinylidene]cyanamide。CA 主题索引名称为 cyanamide —, [3-[(6-chloro-3-pyridinyl)methyl]-2-thiazolidinylidene]-(Z)。

理化性质 黄色结晶粉末，含量≥97.5%，熔点 136℃，沸点＞270℃（分解）。蒸气压 $3.0×10^{-7}$ mPa（20℃）。lgK_{ow} 0.74（未缓冲的水），0.73（pH 4），0.73（pH 7），0.74（pH 9）。Henry 常数 $4.1×10^{-10}$ Pa·m^3/mol（计算），相对密度 1.46（20~25℃）。水中溶解度（20~25℃）185 mg/L，有机溶剂中溶解度（g/L，20~25℃）：正己烷＜0.1，二甲苯 0.30，二氯甲烷 160，正辛醇 1.4，正丙醇 3.0，丙酮 64，乙酸乙酯 9.4，聚乙二醇 42，乙腈 52，二甲基亚砜 150。在 pH 5~9，25℃稳定。

毒性 大鼠急性经口 LD_{50}（mg/kg）：雄 621~836，雌 396~444。雄和雌大鼠急性经皮 LD_{50}＞2000 mg/kg，对兔眼睛和皮肤无刺激，对豚鼠皮肤无致敏。大鼠吸入 LC_{50}（4 h，鼻吸入，mg/L 空气）：雄＞2.535，雌 1.223。大鼠 NOEL（2 年）25 mg/L［1.23 mg/(kg·d)］。ADI/RfD（JMPR）0.01 mg/kg（2006）；（EC）0.01 mg/kg（2004）；（EPA）aRfD 0.01 mg/kg，cRfD 0.004 mg/kg（2003）。无致癌性，对大鼠和兔无生长发育毒性，无遗传或潜在致突变性。

生态效应 急性经口 LD_{50}（mg/kg）：日本鹌鹑 49，山齿鹑 2716；LC_{50}（8 d，mg/L）：山齿鹑 5459，日本鹌鹑 2500。鱼 LC_{50}（96 h，mg/L）：虹鳟鱼 30.5，大翻车鱼 25.2。水蚤 EC_{50}（48 h，20℃）≥85.1 mg/L。淡水藻 E_rC_{50}（72 h，20℃）97 mg/L，羊角月牙藻 EC_{50}＞100 mg/L。蜜蜂 LD_{50}（μg/只）：17.32（经口），38.83（接触）。蚯蚓 LC_{50}（14 d，20℃）105 mg/kg。

环境行为 ①动物。迅速并完全地被动物胃肠道吸收并快速而独立地分布于大鼠的器官和组织，大部分代谢物主要通过尿和粪便排出，在大鼠体内无任何累积的迹象。包括母体化合物，26 种代谢物通过尿和粪便排出，通过噻唑啉环氧化、噻唑啉环和氰胺基团羟基化、噻唑啉环开环和亚甲基桥氧化断裂促进代谢。山羊体内的代谢物主要通过尿排出，奶中的量很少，家禽也一样，蛋中的量很少。②植物。喷洒在马铃薯、苹果、棉花和小麦，以及在育苗箱中处理水稻及其他近似作物，其代谢物基本相同。母体化合物在收获时通常是主要的成分，母体化合物的水解、氧化、共轭是主要的降解途径。③土壤/环境。DT_{50}（6 种土壤）7~12 d，本品在土壤（6 种土壤）中流动较慢。平均值 K_{oc} 615（6 种土壤）。

制剂 颗粒剂、油悬浮剂、悬浮剂、悬浮乳剂、水分散粒剂。

主要生产商 Bayer、利民化学有限责任公司、江苏中旗化工有限公司、如东众意化工有限公司、山东省联合农药工业有限公司等。

作用机理与特点 作用机理与其他传统杀虫剂有所不同。它主要作用于昆虫神经接合后膜，通过与烟碱乙酰胆碱受体结合，干扰昆虫神经系统正常传导，引起神经通道的阻塞，造成乙酰胆碱的大量积累，从而使昆虫异常兴奋，全身痉挛、麻痹而死。具有较强的内吸、触杀和胃毒作用，与常规杀虫剂如拟除虫菊酯类、有机磷类和氨基甲酸酯类没有交互抗性，因而可用于抗性治理，是防治刺吸式和咀嚼式口器害虫的高效药剂之一。具有用量少、速效好、活性高、持效期长等特点。与常规杀虫剂如拟除虫菊酯类、有机磷类和氨基甲酸酯类没有交互抗性，因此可用于抗性治理。其在土壤中半衰期短，对鸟类、鱼和多种有益节肢动物安全。既可用于茎叶处理，也可以用于种子处理。

应用

（1）适用作物　果树、棉花、蔬菜、甜菜、马铃薯、水稻和观赏植物等。

（2）防治对象　该品种对刺吸口器害虫有优异的防效，如对果树、棉花、蔬菜、甜菜、马铃薯、水稻和观赏植物上的害虫（如蚜虫、叶蝉、粉虱等）有优异的防效，对各种甲虫（如马铃薯甲虫、苹花象甲、稻象甲）和鳞翅目害虫如苹果树上的潜叶蛾和苹果蠹蛾也有效。

（3）残留量与安全施药　在推荐剂量下使用对作物安全，无药害。

（4）使用方法　茎叶喷雾处理和种子处理。使用剂量：根据作物、虫害及使用方法的不同为 48～216 g(a.i.)/hm^2。

专利与登记

专利名称　Preparation of (heterocyclylmethyl) imidazolines, -thiazolidines, -tetrahydropyrimidines, and -tetrahydrothiazines as insecticidies

专利号　EP 235725　　　　　专利公开日　1987-09-09

专利申请日　1987-02-24　　　优先权日　1986-03-07

专利拥有者　Nihon Tokushu Noyaku Seizo K. K., Japan

在其他国家申请的化合物专利　AT 69608、AU 589500、AU 8769729、CA 1276019、DK 170281、DK 8701170、ES 2038607、HU 203942、HU 44404、IL 81769、JP 2721805、JP 07196653、JP 07017621、JP 62207266、US 39130、US 4849432、US 39140、US 39129、US 39127、US 39131、ZA 8701625 等。

制备专利　CN 107629045、WO 2017211594、WO 2017048628、CN 104381288、CN 103548838、CN 103145701、WO 2013030152、KR 2012107734、CN 102399216、IN 2003MU 00019、EP 1024140、EP 235725 等。

该品种于 2000 年商品化，噻虫啉以商品名 Calypso 在世界范围内登记，2000 年开始在巴西、欧洲、日本和美国等地推广应用。目前已在 20 多个国家获得登记，用量为 48～180 g/hm^2。FMC 公司已在北美和南美（除阿根廷、乌拉圭、巴拉圭和玻利维亚之外）和在英国、西班牙和葡萄牙销售此产品。

国内登记情况　95%、98%原药，1%、1.5%、2%、3%微囊悬浮剂，40%、48%悬浮剂，20%、36%、50%、70%水分散粒剂，登记作物为黄瓜、水稻、甘蓝、松树、柳树和林木等，防治对象稻飞虱、蓟马、天牛和蚜虫等。表 2-52 为拜耳股份公司在中国登记情况。

表 2-52　拜耳股份公司在中国登记情况

登记名	登记证号	含量	剂型	登记作物	防治对象	用药量	施用方法
螺虫·噻虫啉	PD20171840	22%	悬浮剂	番茄	烟粉虱	30～40mL/亩	喷雾
				黄瓜	烟粉虱	30～40mL/亩	喷雾
				辣椒	烟粉虱	30～40mL/亩	喷雾
				梨树	梨木虱	3000～5000 倍液	喷雾
				苹果树	黄蚜	3000～5000 倍液	喷雾
				西瓜	烟粉虱	30～40mL/亩	喷雾
噻虫啉	PD20171387	97.5%	原药				

合成方法　经如下反应制得噻虫啉：

参考文献

[1] The Pesticide Manual.17th edition: 1090-1091.

[2] Proceedings of the Brighton Crop Protection Conference—Pests and diseases. 2000, 1: 21.

噻虫嗪（thiamethoxam）

291.7，$C_8H_{10}ClN_5O_3S$，153719-23-4

噻虫嗪（试验代号：CGA 293343，商品名称：Actara、Adage、Agita、Anant、Cruiser、Centric、Click、Digital Flare、Flagship、Maxima、Meridian、Platinum、Renova、Spora、Sun-Vicor、T-Moxx，其他名称：阿克泰、快胜）是汽巴-嘉基公司(现属先正达)发现，R.Senn 等报道其活性，1997 年由 New Zealand 开发的新烟碱类(neonicotinoid)杀虫剂。

化学名称　3-(2-氯-1,3-噻唑-5-基甲基-)-5-甲基-1,3,5-噁二嗪-4-基亚(硝基)胺。英文化学名称为 3-(2-chloro-1,3-thiazol-5-ylmethyl)-5-methyl-1,3,5-oxadiazinan-4-ylidene(nitro)amine。美国化学文摘系统名称为 3-[(2-chloro-5-thiazolyl)methyl]tetrahydro-5-methyl-N-nitro-4H-1,3,5-oxa-diazin-4-imine。CA 主题索引名称为 4H-1,3,5-oxadiazin-4-imine —，3-[(2-chloro-5-thiazolyl)methyl]tetrahydro-5-methyl-N-nitro-。

理化性质　结晶粉末，熔点 139.1℃，蒸气压 $6.6×10^{-6}$ mPa（25℃）。$\lg K_{ow}$ −0.13（25℃）。Henry 常数 $4.7×10^{-10}$ Pa·m³/mol（计算）。相对密度 1.57（20～25℃）。水中溶解度（20～25℃）4100 mg/L，有机溶剂中溶解度（g/L，20～25℃）：丙酮 48，乙酸乙酯 7.0，二氯甲烷 110，甲苯 0.680，甲醇 13，正辛醇 0.620，正己烷＜0.001。在 pH 5 条件下稳定，DT_{50}：640 d（pH 7），8.4 d（pH 9）。

毒性　大鼠急性经口 LD_{50} 1563 mg/kg，大鼠急性经皮 LD_{50}＞2000 mg/kg。对兔眼睛和皮肤无刺激，对豚鼠皮肤无致敏性。大鼠吸入 LC_{50}（4 h）＞3.72 mg/L。NOEL：NOAEL 小鼠

（90 d）10 mg/L［1.4 mg/(kg·d)］，狗（1 年）150 mg/L［4.05 mg/(kg·d)］。ADI（EC）0.026 mg/kg（2006），（公司建议）0.041 mg/kg bw。

生态效应 急性经口 LD_{50}（mg/kg）：山齿鹑 1552，野鸭 576。山齿鹑和野鸭饲喂 LC_{50}（5 d）>5200 mg/kg。鱼 LC_{50}（96 h，mg/L）：虹鳟鱼>100，大翻车鱼>114，红鲈>111。水蚤 LC_{50}（48 h）>100 mg/L。绿藻 EC_{50}（96 h）>100 mg/L。糠虾 LC_{50}（96 h）6.9 mg/L，东方牡蛎 EC_{50}>119 mg/L。蜜蜂 LD_{50}（μg/只）：经口 0.005，接触 0.024。蚯蚓 LC_{50}（14 d）>1000 mg/kg 土壤。

环境行为 ①动物。迅速并完全被动物体吸收，快速分布动物体各部位，并快速排出体外。动物的毒代动力学和新陈代谢不受给药方式、剂量、前处理、部位或性别影响。在大鼠、小鼠、山羊和母鸡身体上的代谢途径相同。②植物。通过对六种不同植物的根、叶和种子处理研究发现，其降解、代谢是相似的。③土壤/环境。DT_{50} 7～109 d（37 种土壤，平均值 32.3 d）。K_{oc} 32.5～237 mL/g 土壤有机碳（25 种土壤，平均值 68.4 mL/g 土壤有机碳）。光解加速土壤降解。酸性条件下在水中稳定，碱性条件下水解。地表水 DT_{50} 7.9～39.5 d（实验室，黑暗，7 种水-沉积物系统，平均值 21.5 d）。迅速发生光水解。不在生物体内积累。不发生大量挥发，主要通过光化学氧化在空气中降解。

制剂 15%可湿性粉剂、25%水分散粒剂、24%悬浮剂、1%颗粒剂、70%种子处理剂、35%悬浮种衣剂。

主要生产商 Bharat Rasayan、Punjab Chemicals、Syngenta、Tagros、安徽富田农化有限公司、安徽广信农化股份有限公司、广东立威化工有限公司、河北德瑞化工有限公司、河北昊阳化工有限公司、河北兴柏农业科技有限公司、湖北仙隆化工股份有限公司、湖南国发精细化工科技有限公司、湖南海利化工股份有限公司、江苏拜克生物科技有限公司、江苏常隆农化有限公司、江苏好收成韦恩农化股份有限公司、江苏恒隆作物保护有限公司、江苏剑牌农化股份有限公司、江苏绿叶农化有限公司、江苏省农用激素工程技术研究中心有限公司、江苏苏滨生物农化有限公司、江苏长青农化股份有限公司、京博农化科技有限公司、开封市普朗克生物化学有限公司、兰博尔开封科技有限公司、连云港埃森化学有限公司、连云港市金囤农化有限公司、辽宁省葫芦岛凌云集团农药化工有限公司、辽宁众辉生物科技有限公司、内蒙古犇星化学有限公司、内蒙古灵圣作物科技有限公司、如东众意化工有限公司、山东海利尔化工有限公司、山东辉瀚生物科技有限公司、山东科信生物化学有限公司、山东省联合农药工业有限公司、山东潍坊润丰化工股份有限公司、山西绿海农药科技有限公司、上海禾本药业股份有限公司、上海赫腾精细化工有限公司、石家庄瑞凯化工有限公司、四川省乐山市福华通达农药科技有限公司、天津市华宇农药有限公司、吴忠领航生物药业科技有限公司、榆林成泰恒生物科技有限公司等。

作用机理与特点 其作用机理与吡虫啉相似，高效、低毒、杀虫谱广，由于更新的化学结构及独特的生理生化活性，可选择性抑制昆虫神经系统烟酸乙酰胆碱酯酶受体，进而阻断昆虫中枢神经系统的正常传导，造成害虫出现麻痹而死亡。不仅具有良好的胃毒、触杀活性，强内吸传导性和渗透性，而且具有更高的活性、更好的安全性、更广的杀虫谱及作用速度快、持效期长等特点，而且与第一代新烟碱类杀虫剂如吡虫啉、啶虫脒、烯啶虫胺等无交互抗性，是取代那些对哺乳动物毒性高、有残留和环境问题的有机磷、氨基甲酸酯类、拟除虫菊酯类、有机氯类杀虫剂的最佳品种。既能防治地下害虫，又能防治地上害虫。既可用于茎叶处理和土壤处理，又可用于种子处理。

应用

（1）适用作物　茎叶处理和土壤处理：芸薹属作物、食叶和食果的蔬菜、马铃薯、水稻、棉花、落叶果树、咖啡、柑橘、烟叶、大豆等。种子处理：玉米、高粱、谷类、甜菜、油菜、棉花、菜豆、马铃薯、水稻、花生、小麦、向日葵等。也可用于动物和公共卫生苍蝇的防治。

（2）防治对象　可有效地防治鳞翅目、鞘翅目、缨翅目害虫，对同翅目害虫有高效。如各种蚜虫、叶蝉、粉虱、飞虱、稻飞虱、粉蚧、蛴螬、金龟子幼虫、马铃薯甲虫、跳甲、线虫、地面甲虫、潜叶蛾等。

（3）残留量与安全施药　在推荐剂量下，对作物、环境安全，无药害。

（4）使用方法　使用剂量为 $10\sim200$ g/hm^2。除了可用于传统的叶面喷雾以外，还特别适合用于种苗的土壤灌根处理，使用剂量为 $2\sim200$ g(a.i.)/hm^2；又可用于种子处理，使用剂量为 $4\sim400$ g(a.i.)/100 kg。如用 2.5 g(a.i.)/100 L 喷雾即可防治食叶和食果的蔬菜中各种蚜虫，用 25 g(a.i.)/100 L 喷雾即可防治落叶水果中多种蚜虫，防治棉花害虫使用剂量为 $30\sim100$ g(a.i.)/hm^2，防治稻飞虱使用剂量为 $6\sim12$ g(a.i.)/hm^2；用 $40\sim315$ g(a.i.)/100 kg 剂量处理玉米种子，可有效地防治线虫、蚜属、秆蝇、黑异蔗金龟等害虫。使用合理的推荐剂量能给幼苗带来超过 1 个月以上的保护。

防治柑橘白粉虱：噻虫嗪 25%水分散粒剂 2500、5000 倍液的防效（施药后 1 d）分别为 98%和 86.11%；具有速效、持效和高效的特点，实际用 7500 倍液，就可达到理想防效。而 10%吡虫啉乳油 2500 倍液的防效为 71.71%。

防治番茄白粉虱：在温室白粉虱发生初期，在番茄根部须根密布区用木棍打洞，用水量 30 kg/100 m^2，将药稀释后用喷雾器去掉喷头等量浇灌。噻虫嗪 25%水分散粒剂移栽后灌根处理对温室白粉虱有良好的防效，持续时间可达 21 d 以上，且在试验剂量内对番茄安全无药害，可以大面积推广应用。推荐应用剂量为 $3\sim4.5$ g/100 m^2。

防治稻飞虱：在若虫发生初盛期进行喷雾，用噻虫嗪 25%水分散粒剂 $1.6\sim3.2$ g/亩，对水 $30\sim40$ kg，直接喷在叶面上，可迅速传导到水稻全株。一季作物最多施用 2 次，安全间隔期 28 d。

防治梨木虱：噻虫嗪 25%水分散粒剂 10000 倍，或每亩果园用 6 g 噻虫嗪 25%水分散粒剂（有效成分 1.5 g）进行喷雾，一季作物最多施用 4 次，安全间隔期 14 d。

防治苹果树蚜虫：用噻虫嗪 25%水分散粒剂 $5000\sim10000$ 倍液或每亩用 $5\sim10$ g 噻虫嗪 25%水分散粒剂进行叶面喷雾，一季作物最多施用 4 次，安全间隔期 14 d。

防治烟蚜：在移栽前灌根一次（噻虫嗪 25%水分散粒剂 4000 倍液）或在烟蚜发生期喷雾（噻虫嗪 25%水分散粒剂 $10000\sim12000$ 倍液 25 kg/亩）防治一次，持效期在 20 d 左右，并且对烟株和天敌安全。

防治棉花蓟马：每亩用噻虫嗪 25%水分散粒剂 $13\sim26$ g（有效成分 $3.25\sim6.5$ g）进行喷雾。

防治柑橘潜叶蛾：用噻虫嗪 25%水分散粒剂 $3000\sim4000$ 倍液，或每亩用噻虫嗪 25%水分散粒剂 15 g（有效成分 3.75 g）进行喷雾。

防治瓜类白粉虱：用噻虫嗪 25%水分散粒剂 $2500\sim5000$ 倍液，或每亩用噻虫嗪 25%水分散粒剂 $10\sim20$ g（有效成分 $2.5\sim5$ g）进行喷雾，一季作物最多施用 2 次，安全间隔期 3 d。

防治蚂蚁：噻虫嗪 0.01%胶饵，施用方法为投放。

专利与登记

专利名称　Preparation of 3-(heterocyclylmethyl)-4-iminoperhydro-1,3,5-oxadiazine derivatives as pesticides

专利号 EP 580553　　　　专利公开日 1994-01-26
专利申请日 1993-07-13　　优先权日 1992-07-22
专利拥有者 Ciba-Geigy A.-G., Switz., Syngenta Participations AG

在其他国家申请的化合物专利 AT 255107、AU 9744358、AU 9342107、AU 772823、BR 9302943、CA 2100924、CN 1053905、CN 1084171、CZ 283998、ES 2211865、HR 9301073、HU 221387、HU 65131、IL 120460、IL 106358、JP 3505483、JP 2001072678、JP 3487614、JP 06183918、LT 3959、LV 10865、PL 174779、RO 112727、RU 2127265、SK 285106、SK 284514、US 20070219188、US 20030232821、US 6627753、US 6022871、US 6376487、US 5852012、ZA 9305263 等。

制备专利 CN 108822098、CN 108164522、CN 107698578、CN 107501256、CN 107400123、CN 106496215、CN 106188032、IN 2012CH05063、CN 105330661、GB 2514927、GB 2511010、CN 103880832、CN 103598198、IN 2011CH03857、CN 103027066、CN 102870800、CN 102372702、JP 2009107973、IN 2006MU00715、WO 2002034734、WO 2002016335、WO 2002016334、WO 2001000623、WO 9827074、WO 9806710、WO 9720829 等。

该品种 1997 年进入新西兰市场用于玉米种子处理，1998 年进入南非、巴西、印尼及拉丁美洲市场，用于防治棉花、蔬菜、水稻、果树及大豆等作物上的蚜虫、粉虱、飞虱、甲虫和象甲等害虫。并获得了在美国、日本、巴拉圭、摩洛哥、南非、波兰、罗马尼亚、印度尼西亚和韩国等国家的产品登记，如 25%噻虫嗪水分散粒剂、70%噻虫嗪种子处理可分散粉剂等。其中噻虫嗪是先正达公司在欧洲、美国和亚太地区同步推出的新一代杀虫剂，2000 年在中国取得临时登记，因其高效、低毒、内吸等特点，成为防治温室白粉虱的首选药剂。目前已在世界近 30 个国家、20 多种作物上进行开发应用。

国内登记情况 98%原药，30%、70%种子处理悬浮剂，21%悬浮剂，25%可湿性粉剂，25%、40%、50%水分散粒剂，登记作物为棉花、油菜、水稻、玉米和马铃薯等，防治对象稻飞虱、苗期蚜虫、黄条跳甲、灰飞虱和蚜虫等。瑞士先正达作物保护有限公司在中国登记情况见表 2-53。

表 2-53　瑞士先正达作物保护有限公司在中国登记情况

登记名	登记证号	含量	剂型	登记作物/用途	防治对象	用药量	施用方法
杀蚁胶饵	WP20110122	0.01%	胶饵	卫生	蚂蚁		投放
噻虫·高氯氟	PD20173283	22%	微囊悬浮-悬浮剂	茶树	茶尺蠖	4～6 mL/亩	喷雾
				茶树	小绿叶蝉	4～6 mL/亩	喷雾
				大豆	蚜虫	4～6 mL/亩	喷雾
				大豆	造桥虫	4～6 mL/亩	喷雾
				甘蓝	菜青虫	5～10 mL/亩	喷雾
				甘蓝	蚜虫	5～10 mL/亩	喷雾
				辣椒	白粉虱	5～10 mL/亩	喷雾
				马铃薯	蚜虫	5～15 mL/亩	喷雾
				棉花	棉铃虫	5～10 mL/亩	喷雾
				棉花	蚜虫	5～10 mL/亩	喷雾
				苹果树	蚜虫	5000～10000 倍	喷雾
				小麦	蚜虫	4～6 mL/亩	喷雾
				烟草	蚜虫	5～10 mL/亩	喷雾
				烟草	烟青虫	5～10 mL/亩	喷雾

登记名	登记证号	含量	剂型	登记作物/用途	防治对象	用药量	施用方法
噻虫嗪	PD20161025	46%	种子处理悬浮剂	玉米	蚜虫	150～350 mL/100 kg 种子	拌种
溴酰·噻虫嗪	PD20152283	40%	种子处理悬浮剂	玉米	蓟马	300～450 mL/100 kg 种子	拌种
				玉米	小地老虎	150～300 mL/100 kg 种子	拌种
				玉米	蛴螬	300～450 mL/100 kg 种子	拌种
苯醚·咯·噻虫	PD20151131	27%	悬浮种衣剂	小麦	金针虫	200～600 mL/100 kg 种子	种子包衣
				小麦	散黑穗病	200～600 mL/100 kg 种子	种子包衣
噻虫·咯·霜灵	PD20150729	25%	悬浮种衣剂	花生	根腐病	300～700 mL/100 kg 种子	种子包衣
				花生	蛴螬	300～700 mL/100 kg 种子	种子包衣
				棉花	立枯病	600～1200 mL/100 kg 种子	种子包衣
				棉花	蚜虫	600～1200 mL/100 kg 种子	种子包衣
				棉花	猝倒病	600～1200 mL/100 kg 种子	种子包衣
				人参	金针虫	880～1360 mL/100 kg 种子	种子包衣
				人参	立枯病	880～1360 mL/100 kg 种子	种子包衣
				人参	锈腐病	880～1360 mL/100 kg 种子	种子包衣
				人参	疫病	880～1360 mL/100 kg 种子	种子包衣
噻虫·咯·霜灵	PD20150430	29%	悬浮种衣剂	玉米	灰飞虱	300～450 mL/100 kg 种子	种子包衣
				玉米	茎基腐病	300～450 mL/100 kg 种子	种子包衣
噻虫嗪	PD20150397	30%	种子处理悬浮剂	马铃薯	蚜虫	40～80 mL/100 kg 种薯	拌种
				棉花	蚜虫	600～1200 mL/100 kg 种子	拌种
				水稻	蓟马	①100～300 mL/100 kg 种子；②100～400 mL/100 kg 种子	①浸种后种子包衣；②种子包衣后浸种
				向日葵	蚜虫	400～1000 mL/100 kg 种子	拌种
				小麦	蚜虫	200～400 mL/100 kg 种子	拌种
				油菜	跳甲	800～1600 mL/100 kg 种子	拌种
				玉米	蚜虫	200～600 mL/100 kg 种子	拌种

续表

登记名	登记证号	含量	剂型	登记作物/用途	防治对象	用药量	施用方法
噻虫嗪	PD20131474	21%	悬浮剂	草坪	蛴螬	80～106.7 mL/亩	喷雾
				观赏菊花	蚜虫	2000～4000 倍液,每株 30～50 mL	灌根
				观赏玫瑰	蓟马	15～20 mL/亩	喷雾
氯虫·噻虫嗪	PD20111010	300 g/L	悬浮剂	甘蔗	蓟马	40～50 mL/亩	拌土撒施
				甘蔗	蔗螟	30～50 mL/亩	拌土撒施
				小青菜苗床	黄条跳甲	27.8～33.3 mL/亩	喷淋或灌根
				小青菜苗床	小菜蛾	27.8～33.3 mL/亩	喷淋或灌根
氯虫·噻虫嗪	PD20110596	40%	水分散粒剂	水稻	稻水象甲	6～8 g/亩	喷雾
				水稻	稻纵卷叶螟	6～8 g/亩	喷雾
				水稻	二化螟	8～10 g/亩	喷雾
				水稻	褐飞虱	6～8 g/亩	喷雾
				水稻	三化螟	10～12 g/亩	喷雾
				玉米	玉米螟	8～12 g/亩	喷雾
噻虫嗪	PD20060003	25%	水分散粒剂	菠菜	蚜虫	6～8 g/亩	喷雾
				茶树	茶小绿叶蝉	4～6 g/亩	喷雾
				番茄	白粉虱	①7～15 g/亩；②2000～4000 倍液,0.12～0.2 g/株	①苗期（定植前 3～5 d）喷雾；②灌根
				甘蓝	白粉虱	①7～15 g/亩；②0.12～0.2 g/株，2000～4000 倍液	①苗期（定植前 3～5 d）喷雾；②灌根
				甘蔗	绵蚜	10000～12000 倍液	喷雾
				柑橘树	介壳虫	4000～5000 倍液	喷雾
				柑橘树	蚜虫	10000～12000 倍液	喷雾
				花卉	蓟马	8～15 g/亩	喷雾
				花卉	蚜虫	4～6 g/亩	喷雾
				黄瓜	白粉虱	10～12.5 g/亩	喷雾
				节瓜	蓟马	8～15 g/亩	喷雾
				辣椒	白粉虱	①7～15 g/亩；②0.12～0.2 g/株，2000～4000 倍液	①苗期（定植前 3～5 d）喷雾；②灌根
				马铃薯	白粉虱	8～15 g/亩	喷雾
				棉花	白粉虱	7～15 g/亩	喷雾
				棉花	蓟马	8～15 g/亩	喷雾
				棉花	蚜虫	4～8 g/亩	喷雾
				葡萄	介壳虫	4000～5000 倍液	喷雾
				茄子	白粉虱	①7～15 g/亩；②0.12～0.2 g/株，2000～4000 倍液	①苗期（定植前 3～5 d）喷雾；②灌根
				芹菜	蚜虫	4～8 g/亩	喷雾
				水稻	稻飞虱	2～4 g/亩	喷雾
				西瓜	蚜虫	8～10 g/亩	喷雾

登记名	登记证号	含量	剂型	登记作物/用途	防治对象	用药量	施用方法
噻虫嗪	PD20060003	25%	水分散粒剂	烟草	蚜虫	4～8 g/亩	喷雾
				油菜	黄条跳甲	10～15 g/亩	喷雾
				油菜	蚜虫	4～8 g/亩	喷雾
				豇豆	蓟马	15～20 g/亩	喷雾
噻虫嗪	PD20060002	70%	种子处理可分散粉剂	铃薯	蚜虫	10～40 g/100 kg 种薯	种薯包衣或拌种
				棉花	苗期蚜虫	300～600 g/100 kg 种子	拌种
				人参	金针虫	100～140 g/100 kg 种子	种子包衣
				油菜	黄条跳甲	400～1200 g/100 kg 种子	种子包衣
				玉米	灰飞虱	100～300 g/100 kg 种子	种子包衣
噻虫嗪	PD20060001	98%	原药				

合成方法 可由以下多条路线合成氯甲基噻唑，再经过缩合制得噻虫嗪：

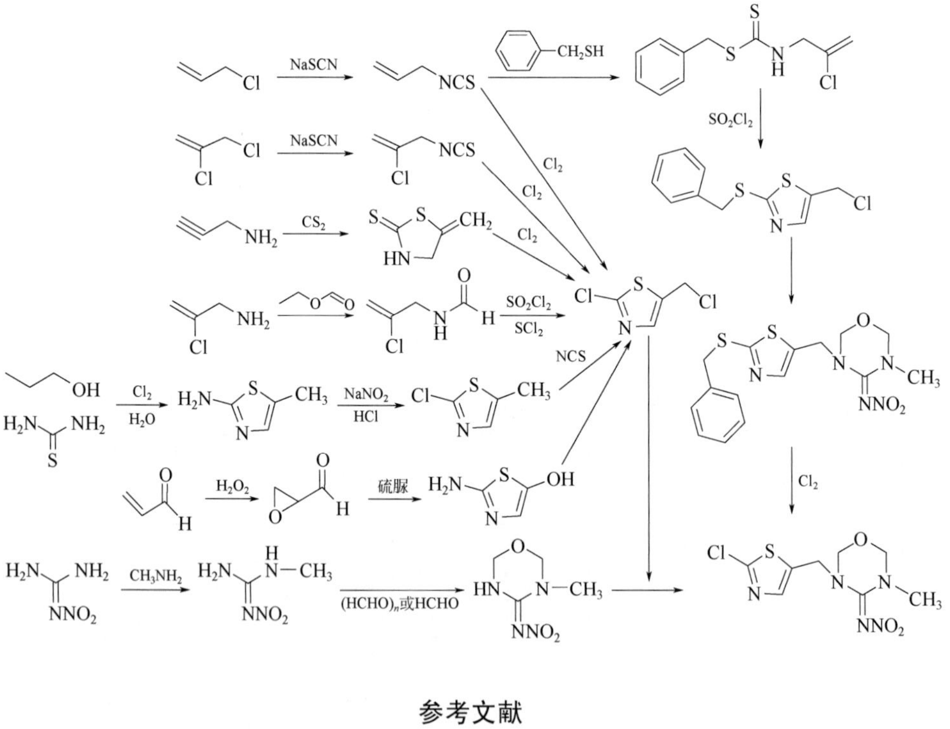

参考文献

[1] The Pesticide Manual.17 th edition: 1092-1093.

[2] 张梅, 周善波. 农药, 1999, 38(6): 42-43.

[3] Proc. Br. Crop Pron. Conf. —Pest Dis., 1998, 1: 27.

三氟苯嘧啶（triflumezopyrim）

398.3，C$_{20}$H$_{13}$F$_3$N$_4$O$_2$，1263133-33-0

三氟苯嘧啶（试验代号：DPX-RAB55 和 ZDI-2501，商品名称：Pyraxalt、佰靓珑）是杜邦公司开发的新型介离子类或两性离子类杀虫剂（mesoionic insecticides，zwitterionic insecticides）。

化学名称　2,4-二氧-1-(5-嘧啶甲基)-3-[3-三氟甲基苯基]-2*H*-吡啶并[1,2-*a*]嘧啶内盐。英文化学名称为 3,4-dihydro-2,4-dioxo-1-(pyrimidin-5-ylmethyl)-3-(*α*,*α*,*α*-trifluoro-*m*-tolyl)-2*H*-pyrido[1,2-*a*]pyrimidin-1-ium-3-ide。美国化学文摘系统名称为 2,4-dioxo-1-(5-pyrimidinyl-methyl)-3-[3-(trifluoromethyl)phenyl]-2*H*-pyrido[1,2-*a*]pyrimidinium inner salt。CA 主题索引名称为 saltdicloromezotiaz—, 2,4-dioxo-1-(5-pyrimidinylmethyl)-3-[3-(trifluoromethyl)phenyl]-, inner salt。

理化性质　黄色无味固体，熔点为 188.8～190℃，205～210℃开始分解；蒸气压 2.88×10^{-5} mPa（30℃），Henry 常数 4.19×10^{-8} Pa·m^3/mol，相对密度 1.4502±0.009 6（20℃），堆密度 0.835 g/cm^3，实密度 0.913 g/cm^3，pH（1%水悬浮液）为 8.0±0.05，lgK_{ow} 1.23±0.01（pH 4，20℃）；水和有机溶剂中的溶解度（g/L，20～25℃）：水 0.23±0.01（20℃），*N*,*N*-二甲基甲酰胺 377.62，乙腈 65.87，甲醇 7.65，丙酮 71.85，乙酸乙酯 14.65，二氯甲烷 76.07，邻二甲苯 0.702，正辛醇 1.059，正己烷 0.0005。三氟苯嘧啶的稳定性：pH 为 4、7 和 9 时对水解稳定（50℃）；自然水中光解（25℃）DT$_{50}$ 值为 2.8 d，缓冲液中光解 DT$_{50}$ 值为 2.1 d；对金属和金属离子稳定（54℃，14 d）；不易燃、不自燃，对热、摩擦和挤压等不敏感。

生态效应　三氟苯嘧啶对有益生物的影响较小。北美鹑急性经口 LD$_{50}$ 值为 2109 mg/kg，短期饲喂 LD$_{50}$ 值＞935 mg/kg；鲤鱼急性 LC$_{50}$ 值（96 h）＞100 mg/L，虹鳟鱼急性 LC$_{50}$ 值（96 h）＞107 mg/L，大型溞 EC$_{50}$ 值（48 h）＞122 mg/L。赤子爱胜蚓 LC$_{50}$（14 d）＞1000 mg/kg，西方蜜蜂接触 LD$_{50}$ 值（72 h）0.39 μg/只，经口 LD$_{50}$ 值（72 h）为 0.51μg/只，毒性高于其他烟碱类杀虫剂、乙基多杀菌素和茚虫威。三氟苯嘧啶在实验室和田间条件下对多种寄生蜂、瓢虫、捕食天敌（如蜘蛛、小花蝽、盲蝽）等无害或微毒，田间使用浓度 200 g/hm^2 对肉食性天敌蜘蛛无不良影响，与自然天敌具有良好的相容性，可用于有害生物综合防治和生态工程项目。

环境行为　体内代谢　在动物体内，几乎所有标记的化合物都通过尿液（40%～48%）和粪便（43%～53%）排出，主要排泄物为母体化合物三氟苯嘧啶（在尿液中占比约为 41%，粪便中占比约为 18%），还有部分去羟基、水解、氧化和去羧基等代谢途径产物。三氟苯嘧啶在植物体内的代谢产物主要为母体化合物三氟苯嘧啶，还有叶片中的 IN-RPA19、叶片和秸秆中的 IN-R6U72、谷粒中的 IN-Y2186 和谷壳中的 IN-R3Z91；在土壤中具有潜在的富集性，其残留不会从土壤中转移到后茬作物。代谢产物 IN-SBY68 仅在土壤中出现；在水中的光解产物为 INRUB93。

制剂 10%、10.6%悬浮剂。

作用机理与特点 与吡虫啉、氟啶虫胺腈和氟吡呋喃酮等新烟碱类杀虫剂不同，三氟苯嘧啶是现有作用于烟碱乙酰胆碱受体的杀虫剂中唯一起抑制作用的药剂，即为烟碱乙酰胆碱受体抑制剂。与吡虫啉等烟碱乙酰胆碱受体竞争调节剂一样，三氟苯嘧啶通过与烟碱乙酰胆碱受体的正性位点结合，阻断靶标害虫的神经传递而发挥杀虫活性。但由于与烟碱乙酰胆碱受体竞争调节剂对受体的结合方式不同，且与之存在竞争关系，三氟苯嘧啶能够有效防治对新烟碱类杀虫剂产生抗性的稻飞虱等害虫，国际杀虫剂抗性行动委员会将其归属于第4E亚组。

在摄入三氟苯嘧啶后15 min至数小时，美洲大蠊、桃蚜和褐飞虱等害虫即出现中毒症状，呆滞不动，无兴奋或痉挛现象，随后麻痹、瘫痪，直至死亡。

三氟苯嘧啶具有内吸传导活性，可在植物木质部移动，既可用于叶面喷雾，也可用于育苗箱土壤处理。

应用 三氟苯嘧啶对飞虱等同翅目害虫及其传播的病毒具有很好的防控效果，增产效果明显，可用于水稻、玉米、马铃薯、棉花和大豆等作物及其温室苗圃种植。研究表明，三氟苯嘧啶对玉米蜡蝉、马铃薯叶蝉、水稻褐飞虱和二点黑尾叶蝉均具有较高活性，其 LC_{50} 值为 $0.2\sim1.6$ mg/kg，对水稻稻飞虱的活性明显高于吡虫啉，但对小菜蛾、秋黏虫和桃蚜等其他害虫的活性相对较低。三氟苯嘧啶对水稻褐飞虱和白背飞虱有特效，可用于该类害虫的抗性管理。在试验剂量范围内对水稻安全。推荐卵孵化盛期至低龄若虫高峰期喷雾施药。

陶氏杜邦通过在亚洲多个国家稻区的试验结果表明，三氟苯嘧啶不仅高效防控各种飞虱（包括褐飞虱、灰飞虱和白背飞虱等），而且持效期长、作用速度快、对天敌安全，并可显著提升水稻产量和品质。其持效期较目前市售产品长 $7\sim10$ d；能在短时间内快速停止害虫取食，及时保护作物免受飞虱危害，避免"冒穿"现象发生，并能阻止病毒病的传播；具有内吸传导性，叶面喷雾和土壤处理皆可，通过土壤处理可以让根部吸收并向上传导；具有良好的渗透性，耐雨水冲刷。同时，三氟苯嘧啶微毒，对环境友好，对有益节肢动物群落有着很好的保护作用，对传粉昆虫无不利影响，非常适合于有害生物的综合治理项目。

2013～2014 年度，在我国进行的杀虫剂新产品田间药效评价中，10%三氟苯嘧啶悬浮剂对稻飞虱提供了较好的防治效果。制剂用量 $13.3\sim16.7$ g/亩（有效成分用药量为 $16\sim25$ g/hm²），防效为 $94.55\%\sim99.80\%$，药后 21 d，防效仍保持在 90.98% 以上；且在试验剂量范围内对水稻安全。

每季作物仅使用一次三氟苯嘧啶，即在水稻的分蘖期至幼穗分化期，当稻飞虱虫量达到每丛 $5\sim10$ 头时施药。推荐在使用三氟苯嘧啶 $21\sim25$ d 后再使用一次不同作用机理的药剂，如吡蚜酮，通过产品轮换用药来消灭残存的飞虱个体。陶氏杜邦推荐早期施用三氟苯嘧啶，一方面便于药剂的渗透，另一方面可压低稻飞虱的基数，阻止害虫种群的建立。

专利与登记

专利名称 Preparation and use of mesoionic pesticides and mixtures containing them for control of invertebrate pests

专利号 WO 2011017351 专利申请日 2010-08-03

专利拥有者 E. I. du Pont de Nemours and Company

在其他国家申请的化合物专利 CA 2768702、AU 2010279591、KR 2012059523、EP 2461685、

CN 102665415、JP 2013501065、ZA 2012000395、AR 77790、US 20120115722、MX 2012001661 等。

制备专利　WO 2013090547、WO 2012092115 等。

三氟苯嘧啶最早由美国杜邦公司于 2016 年在中国获得临时登记，商品名为佰靓珑®（10% 三氟苯嘧啶悬浮剂），叶面喷雾用于防治水稻稻飞虱。国内公司通过授权将其与阿维菌素、氯虫苯甲酰胺和溴氰虫酰胺等邻甲酰氨基苯甲酰胺类杀虫剂进行复配登记，用于水稻上的多种害虫防治。

国外登记方面，美国杜邦公司于 2017 年在美国获得了三氟苯嘧啶的进口许可，商品名为 Pyraxalt®（10%三氟苯嘧啶悬浮剂）。三氟苯嘧啶于 2018 年在越南获得登记，商品名为 Pexena®（106 g/L 三氟苯嘧啶悬浮剂），用于防治水稻褐飞虱、白背飞虱和灰飞虱。同年，10%三氟苯嘧啶悬浮剂在印度的 9（3）类制剂登记也获得批准。三氟苯嘧啶在日本、韩国、菲律宾、马来西亚、印度尼西亚和泰国等国家的登记正在进行中。表 2-54 为美国杜邦公司在中国登记情况。

表 2-54　美国杜邦公司在中国登记情况

登记名	登记证号	含量	剂型	登记作物	防治对象	用药量	施用方法
三氟苯嘧啶	PD20171741	96%	原药				
三氟苯嘧啶	PD20171740	10%	悬浮剂	水稻	稻飞虱	10～16mL/亩	喷雾

合成方法　通过如下反应制得目的物：

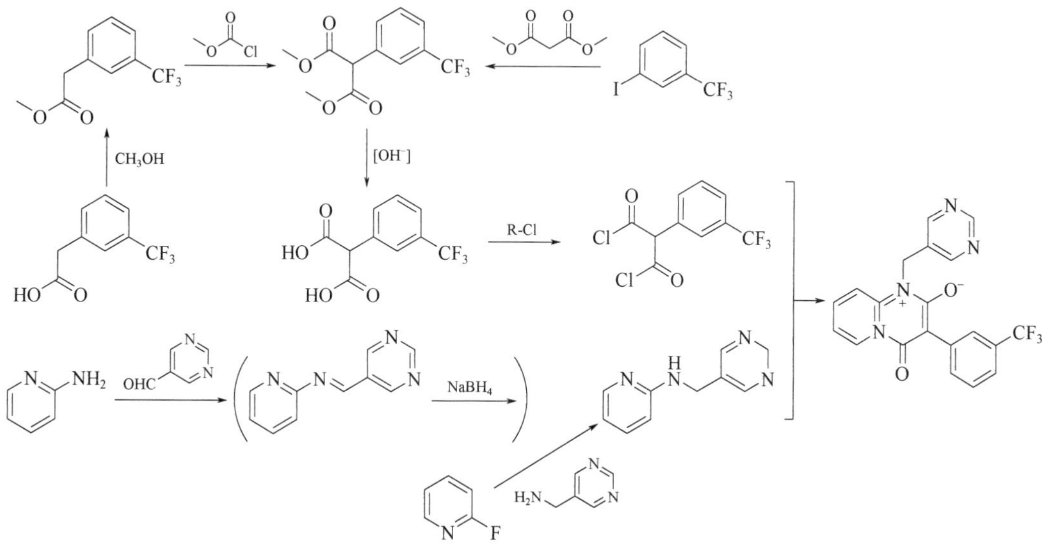

参考文献

[1] 谭海军. 现代农药, 2019, 18(5): 42-46+56.

[2] 英君伍, 雷光月, 宋玉泉, 等. 现代农药, 2017, 16(2): 14-16+20.

[3] 唐涛, 叶波, 刘雪源, 等. 植物保护, 2016, 42 (6): 202-207.

[4] The Pesticide Manual. 17th edition: 1153.

烯啶虫胺（nitenpyram）

270.7，$C_{11}H_{15}ClN_4O_2$，120738-89-8；150824-47-8（E构型）

烯啶虫胺（试验代号：TI-304、CGA 246916，商品名称：Bestguard、Capstar、Program A、Takestar）是由日本武田公司 1989 年开发的新烟碱类(neonicotinoid)杀虫剂。

化学名称　(E)-N-(6-氯-3-吡啶甲基)-N-乙基-N′-甲基-2-硝基亚乙烯基二胺。英文化学名称为(E)-N-(6-chloro-3-pyridylmethyl)-N-ethyl-N′-methyl-2-nitrovinylidenediamine。美国化学文摘系统名称为(1E)-N-[(6-chloro-3-pyridinyl)methyl]-N-ethyl-N′-methyl-2-nitro-1,1-ethenediamine。CA 主题索引名称为1,1-ethenediamine —, N-[(6-chloro-3-pyridinyl)methyl]-N-ethyl-N′-methyl-2-nitro-(1E)-。

理化性质　纯品为浅黄色晶体，熔点82.0℃。蒸气压 $1.1×10^{-6}$ mPa（20℃）。$\lg K_{ow}$ −0.66。相对密度1.40（26℃）。水中溶解度（20～25℃，pH 7.0）$>5.9×10^5$ mg/L，有机溶剂中溶解度（g/L，20～25℃）：丙酮290，氯仿700，二氯甲烷和甲醇>1000，乙酸乙酯34.7，正己烷0.00470，甲苯10.6，二甲苯4.5。稳定性：在150℃稳定，在pH 3、5、7稳定。DT_{50}（pH 9，25℃）69 h。pK_a（20～25℃）3.1、11.5。

毒性　急性经口 LD_{50}（mg/kg）：雄大鼠1680，雌大鼠1575，雄小鼠867，雌小鼠1281。大鼠急性经皮 $LD_{50}>2000$ mg/kg，对兔眼睛轻微刺激，对兔皮肤无刺激，对豚鼠无致敏性。大鼠吸入 LC_{50}（4 h）>5.8 mg/L。NOEL 值：雄大鼠（2 年）129 mg/(kg・d)，雌大鼠（2 年）53.7 mg/(kg・d)；雄、雌狗（1 年）60 mg/(kg・d)。本品对大鼠和小鼠无致癌和致畸性，对大鼠繁殖性能没有影响，无致突变（4 次试验）。

生态效应　急性经口 LD_{50}（mg/kg）：山齿鹑>2250，野鸭1124；山齿鹑和野鸭饲喂 LC_{50}（5 d）>5620 mg/L。鱼 LC_{50}（mg/L）：鲤鱼>1000（96 h），虹鳟鱼>10（48 h）。水蚤 LC_{50}（24 h）>10000 mg/L。海藻：E_bC_{50}（72 h）26 mg/L。NOEC（120 h）：月牙藻6.25 mg/L。蚯蚓 LC_{50}（14 d）32.2 mg/kg 土壤。

环境行为　DT_{50} 1～15 d（不同类型的土壤）。

制剂　水剂、颗粒剂、可溶粉剂。

主要生产商　Sumitomo Chemical、河北临港化工有限公司、河南省春光农化有限公司、佳木斯黑龙农药有限公司、江苏常隆农化有限公司、江苏仁信作物保护技术有限公司、江苏省南通江山农药化工股份有限公司、江苏维尤纳特精细化工有限公司、连云港立本作物科技有限公司、美国默赛技术公司、南京红太阳股份有限公司、山东海利尔化工有限公司、山东京蓬生物药业股份有限公司、山东省联合农药工业有限公司、石家庄瑞凯化工有限公司、吴桥农药有限公司、吴忠领航生物药业科技有限公司、浙江禾本科技股份有限公司等。

作用机理与特点　与其他的新烟碱类杀虫剂相似，其作用机理为抑制乙酰胆碱酯酶活性，主要作用于昆虫神经，对害虫的突触受体具有神经阻断作用，在自发放电后扩大隔膜位差，并最后使突触隔膜刺激下降，结果导致神经的轴突触隔膜电位图通道刺激消失。此试验用美洲大蠊进行。对害虫具有触杀和胃毒作用,并具有很好的内吸活性。具有卓越的内吸和渗透作用,具有低毒、低残留、高效、残效期长、无交互抗性、使用安全等特点。对各种蚜虫、粉虱、水稻叶蝉和蓟马有优异防效,对用传统杀虫剂具有抗性的害虫也有良好的活性,与某些对害虫产生抗药性的农药如有机磷、氨基甲酸酯、沙蚕毒类农药混配后具有增效和杀虫杀螨效果,并可获得新的耐抗药性农药新品种。既可用于茎叶处理,也可以进行土壤处理。以100 mg/L施用,效果可持续半个月,对各种作物均无药害。

应用

(1)适用作物 水稻、蔬菜、果树和茶叶等。

(2)防治对象 用于防治刺吸式口器类害虫,可有效地防治农作物和果树上的蚜虫类、飞虱、蓟马、叶蝉及其他半翅目害虫等。

(3)使用方法 在推荐剂量下使用对作物安全,无药害。根据作物、虫害及使用方法的不同,其使用剂量为15~400 g(a.i.)/kg。在水稻上使用15~75 g/hm²(茎叶喷雾),75~100 g/hm²(粉尘)或300~400 g/hm²(土壤处理)。还可以用于猫狗的跳蚤防治。

防治柑橘树蚜虫:使用烯啶虫胺10%水剂或10%可溶液剂,用药量20~25 mg/kg,喷雾。

烯啶虫胺具体防治不同作物上害虫及其用药量见表2-55。

表2-55 具体防治不同作物上害虫及用药量

作物	害虫	用药量
10%水剂		
水稻	半翅目害虫、黑尾叶蝉	1∶(2000~4000)(600~1500 L/hm²)
黄瓜	蚜虫、蓟马	1∶1000(1500~3000 L/hm²)
茄子	蚜虫、蓟马	1∶1000(1500~3000 L/hm²)
番茄	粉虱	1∶1000(1500~3000 L/hm²)
日本萝卜	蚜虫	1∶1000(1500~3000 L/hm²)
马铃薯	蚜虫	1∶1000(1500~3000 L/hm²)
甜瓜	蚜虫	1∶1000(1500~3000 L/hm²)
西瓜	蚜虫	1∶1000(1500~3000 L/hm²)
桃	蚜虫	1∶1000(2000~7000 L/hm²)
苹果	蚜虫	1∶1000(2000~7000 L/hm²)
梨	蚜虫	1∶1000(2000~7000 L/hm²)
葡萄	茶黄蓟马、葡萄叶蝉	1∶1000(2000~7000 L/hm²)
茶	茶黄蓟马、茶绿叶蝉	1∶1000(2000~4000 L/hm²)
1%颗粒剂		
水稻	半翅目害虫、稻绿叶蝉	30~40 kg/hm²
黄瓜	蚜虫	1~2 g/株
	蓟马	2 g/株
茄子	蚜虫、蓟马	1~2 g/株
番茄	蚜虫、粉虱	2 g/株
甜瓜	蚜虫	2 g/株
西瓜	蚜虫	2 g/株
0.25%粉剂		
水稻	半翅目害虫、稻绿叶蝉	30~40 kg/hm²

专利与登记

专利名称　A-unsaturated amines, particularly 1,1-diamino-2-nitroethylene derivatives, their insecticidal/miticidal compositions, and processes for their preparation

专利号　EP 302389　　　　　　专利公开日　1989-02-08

专利申请日　1988-07-28　　　　优先权日　1987-08-01

专利拥有者　Takeda Chemical Industries, Ltd.(JP)

在其他国家申请的化合物专利　AT 166051、AT 98955、AT 206400、CA 1341008、CA 1340991、CA 1340990、CN 1027447、CN 1031079、CN 1036649、CN 1093083、CN 1083432、CN 1091737、EP 509559、EP 529680、ES 2161212、ES 2061569、HU 205076、HU 204496、HU 53909、IL 100688、IL 87250、IN 170790、IN 167709、JP 2551393、JP 07224036、JP 2551392、JP 07206820、JP 07049424、JP 07014916、JP 02000171、JP 05345774、JP 05345761、JP 05345760、KR 122856、KR 9705908、KR 9711459、US 6407248、US 5214152、US 5175301、US 5849768、US 6124297、US 5935981 等。

制备专利　CN 108822025、CN 105669660、CN 105330593、CN 104402806、CN 103450175、WO 2013177985、CN 102816112、CN 102775386、CN 102690258、WO 2012065568、CN 102229560、CN 102070607、WO 2010069266、CN 101492444、WO 2015021833、WO 2009020203、JP 2006282547、JP 2005075818、EP 392560、EP 163855、JP 60218386 等。

该品种 1995 年在日本获得登记。目前国内登记情况：95%原药，5%、10%、20%水剂，15%、20%、30%、40%可湿性粉剂，25%、50%可溶粉剂等，登记作物为棉花、水稻等，防治对象为蚜虫、飞虱等。表 2-56 为美国默赛技术公司在中国登记情况。

表 2-56　美国默赛技术公司在中国登记情况

登记名	登记证号	含量	剂型	登记作物	防治对象	用药量	施用方法
烯啶虫胺	PD20151202	98%	原药				
烯啶·噻嗪酮	PD20151728	70%	水分散粒剂	水稻	稻飞虱	20～24 g/亩	喷雾

合成方法　经如下反应制得烯啶虫胺：

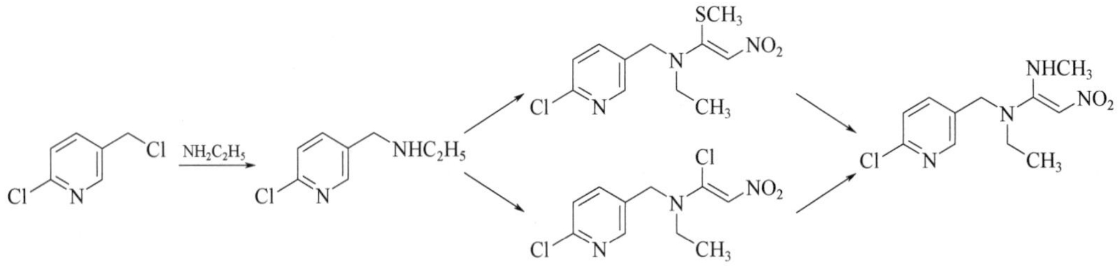

参考文献

[1] The Pesticide Manual.17 th edition: 797-798.

[2] 刘军, 景辉, 杨萌. 浙江化工, 1998, 4: 20-21.

[3] 陶玉成, 周华栋. 现代农药, 2010, 9(3): 23-24+27.

[4] 王党生. 农药, 2002, 41(10): 43-44.

[5] 王迪轩. 农药市场信息, 2018, 17: 44.

[6] 肖汉祥, 李燕芳, 张扬, 等. 现代农药, 2013, 12(4): 45-48.

dicloromezotiaz

453.7，C$_{19}$H$_{12}$Cl$_3$N$_3$O$_2$S，1263629-39-5

dicloromezotiaz（试验代号 DPX-RDS63）是杜邦公司开发的新型介离子类或两性离子类杀虫剂(mesoionic insecticides，zwitterionic insecticides)，亦为新型嘧啶酮类化合物。

化学名称 1-[(2-氯-1,3-噻唑-5-基)甲基]-3-(3,5-二氯苯基)-9-甲基-2,4-二氧-3,4-二氢-2*H*-吡啶[1,2-*a*]嘧啶鎓盐。英文化学名称为 1-[(2-chloro-1,3-thiazol-5-yl)methyl]-3-(3,5-dichloro-phenyl)-9-methyl-2,4-dioxo-3,4-dihydro-2*H*-pyrido[1,2-*a*]pyrimidin-1-ium-3-ide。美国化学文摘系统名称为 1-[(2-chloro-5-thiazolyl)methyl]-3-(3,5-dichlorophenyl)-9-methyl-2,4-dioxo-2*H*-pyrido[1,2-*a*]pyrimidinium inner salt。CA 主题索引名称为 2*H*-pyrido[1,2-*a*]pyrimidinium—，1-[(2-chloro-5-thiazolyl)methyl]-3-(3,5-dichlorophenyl)-9-methyl-2,4-dioxo-, inner salt。

制剂 10%悬浮剂。

应用 主要用于防治水稻田的稻飞虱。

专利与登记

专利名称 Preparation and use of mesoionic pesticides for invertebrate pest control

专利号 WO 2011017342 　　　　　　**专利申请日** 2010-08-03

专利拥有者 E. I. du Pont de Nemours and Company, USA

在其他国家申请的化合物专利 CA 2769245、AU 2010279582、KR 2012059522、EP 2462124、CN 102548973、NZ 597598、JP 2013501061、IL 217563、ZA 2012000493、EP 2679583、ES 2450422、PT 2462124、CN 103819470、IL 235745、CN 104356130、AR 77791、US 20120277100、US 8722690、MX 2012001662、US 20140206536 等。

制备专利 WO 2013090547、JP 2019094290、JP 2019019124、JP 2018199664、WO 2018177970、WO 2018062082 等。

合成方法 通过如下反应制得目的物：

参考文献

[1] 雷光月, 英君伍, 刘成利, 等. 现代农药, 2016(5): 22-25.
[2] The Pesticide Manual. 17th edition: 333.

氟吡呋喃酮（flupyradifurone）

288.7，$C_{12}H_{11}ClF_2N_2O_2$，951659-40-8

氟吡呋喃酮（试验代号：BYI02960，商品名称：Sivanto）是拜耳公司开发的新烟碱、乙酰胆碱受体类杀虫剂。

化学名称　4-[(6-氯-3-吡啶基甲基)(2,2-二氟乙基)氨基]呋喃-2(5H)-酮。英文化学名称为4-[(6-chloro-3-pyridylmethyl)(2,2-difluoroethyl)amino]furan-2(5H)-one。美国化学文摘系统名称为4-[[(6-chloro-3-pyridinyl)methyl](2,2-difluoroethyl)amino]-2(5H)-furanone。CA 主题索引名称为2(5H)-furanone—, 4-[[(6-chloro-3-pyridinyl)methyl](2,2-difluoroethyl)amino]-。

理化性质　该物质纯品为白色至米黄色固体粉末，几乎无味，熔点 69℃，沸点＞270℃分解，Henry 常数 $8.2×10^{-8}$ Pa·m^3/mol（计算）。蒸气压 $9.1×10^{-7}$ Pa（20℃），相对密度 1.43（20～25℃）（纯度99.4%），水中溶解度（20～25℃）3200 mg/L，有机溶剂中溶解度（g/L，20～25℃）：丙酮、二氯甲烷、二甲基亚砜、乙酸乙酯、甲醇＞250，正庚烷 0.0005，甲醇＞250，甲苯 3.7。lgK_{ow} 1.2（25℃，pH 7）。稳定性：室温在 pH 4～9 稳定。

毒性　大鼠急性经口 LD_{50}＞300 mg/kg，大鼠急性经皮 LD_{50}＞2000 mg/kg，大鼠急性吸入 LC_{50}＞4.671 mg/L，对兔眼睛和皮肤无刺激作用，无致畸、无致癌、无生殖毒性，无致突变性。

生态效应　鹌鹑经口 LD_{50} 232 mg/kg，虹鳟鱼 LC_{50}＞74.2 mg/L，水蚤 EC_{50}＞77.6 mg/L，海藻 EC_{50}＞80 mg/L，蚯蚓 LC_{50}（14 d）193 mg/kg（干土壤），蜜蜂 LD_{50}：＞100 μg/头（接触），1200 ng/头（经口），在叶面的残留量为 205 g/hm^2 时对蜜蜂无影响，对蜜蜂的田间长期研究［油菜田用量 205 g(a.i.)/hm^2，盛花期，蜜蜂觅食活跃］表明此剂对蜜蜂无副作用，对大黄蜂的急性接触 LD_{50}＞100 μg/只。

环境行为　具有良好的植物耐受性和环境耐受性。

制剂　可溶液剂等。

主要生产商　Bayer。

作用机理与特点　新颖的丁烯羟酸内酯杀虫剂氟吡呋喃酮作用于昆虫的烟碱型乙酰胆碱受体（nAChRs），与新烟碱类杀虫剂属于不同的化学类别，是优异的烟碱型乙酰胆碱受体激动剂。它能可逆地结合、激活内源性昆虫烟碱型乙酰胆碱受体，与其他商业化的杀虫剂化合物（如氟啶虫胺腈、新烟碱类杀虫剂和烟碱类）相似。虽然氟吡呋喃酮与这几类物质具有相同的作用方式，但其化学结构不同，是第一个含有百部叶碱（天然化合物）衍生的丁烯羟酸内酯药效团的昆虫烟碱型乙酰胆碱受体激动剂。用计算化学信息学方法研究表明，氟吡呋喃酮与其他商业化烟碱型乙酰胆碱受体激动剂相比具有独特的化学特性，且其与其他烟碱型乙酰胆碱受体激动剂不存在代谢交互抗性，被国际杀虫剂抗性行动委员会分为新的亚类（4D），新烟碱类杀虫剂、烟碱类和氟啶虫胺腈被分为 4A、4B、4C。

氟吡呋喃酮被施于植物叶面、茎或浇灌后，被根、茎、叶快速吸收，主要通过韧皮部进行体质外运输，到达整个植株，所以此物质具有很好的内吸作用。在室内生测中此物质对多种蚜虫和粉虱具有优异的活性，对刺吸式害虫作用快，喷雾处理后 2 h 蚜虫就停止取食，处理后 2 d，蚜虫就全部死亡，故此物质具有阻止植物病毒传播的潜力。田间试验表明，flupyradifurone 对难以防治的莴苣膨管蚜、苹果树上的车前圆尾蚜和苹果蚜、蔬菜上的棉蚜、桃蚜、温室白粉虱和烟粉虱，以及葡萄上的小绿叶蝉和葡萄带叶蝉都具有优异的防效。而且能在作物开花期叶面施用，是对蜜蜂有毒副作用的新烟碱类杀虫剂潜在的替代品。

交互抗性研究表明，氟吡呋喃酮与吡虫啉不存在代谢型交互抗性。细胞色素 P450-CYP6CM1 不能代谢氟吡呋喃酮，但能代谢许多新烟碱类杀虫剂和吡蚜酮，故氟吡呋喃酮可用于抗性管理策略，甚至是防治对新烟碱类杀虫剂具有代谢抗性的 Q 型和 B 型烟粉虱等刺吸式害虫。

应用 可用于防治蔬菜、果树、坚果、葡萄以及一些大田作物中的蚜虫、粉虱、叶蝉、蓟马等害虫。自 2007 年开始，研究人员在美国一年生和多年生作物上开展的生物有效性研究显示其对蚜虫、粉虱、叶蝉、牧草虫等多种害虫具良好药效。其特殊性质是在土壤和枝叶上应用时的强力快速效果。它通过吸入和接触产生效果，在害虫的蛹和卵阶段就发挥效用；能从根部吸入或从枝叶渗入发挥药性，对益虫伤害较低。该产品在 2012 年提交全球联合审查，并在多种一年生和多年生作物上进行登记。标签上标明该产品有 4 个小时的进入间隔期。

其作用快，具有良好的内吸作用，对温血动物低毒，对有益生物和生态环境安全，在全球进行叶用、浇灌和种子处理应用开发，特别是用于防治多种农业和园艺作物的刺吸式口器害虫，对抗新烟碱类杀虫剂的害虫防效极好，可用于抗性管理策略。在最新版本的国际杀虫剂抗性行动委员会作用机理分类系统中，氟吡呋喃酮被分为新的化学类别即 4D（丁烯羟酸内酯）。

专利与登记

专利名称 Preparation of 4-[(pyridin-3-ylmethyl)amino]-5*H*-furan-2-ones as insecticides

专利号 DE 102006015467 专利申请日 2006-03-31

专利拥有者 Bayer CropScience A.-G., Germany

在其他国家申请的化合物专利 AR 60185、TW 386404、AU 2007236295、WO 2007115644、EP 2004635、CN 101466705、JP 2009531348、JP 5213847、EP 2327304、BR 2007010103、CN 102336747、IN 2008DN08020、MX 2008012350、ZA 2008008376、PH 12008502197、KR 2008108310、US 20090253749、US 8106211、US 20120157498、US 8404855、US 20130123506、AU 2013224672、US 8546577 等。

制备专利 CN 105503708、JP 2013213026、WO 2013058392、US 20110152534、WO 2011020564、WO 2010105779、EP 2230237、WO 2010105772、WO 2009036899、DE 102006015467、DE 102006015468 等。

拜耳将推出新型杀虫剂氟吡呋喃酮作为吡虫啉替代品，在 2015 年完成登记并以商品名 Sivanto 推向市场，对蜜蜂无害，并不受花期限制。

合成方法 通过如下反应制得目的物：

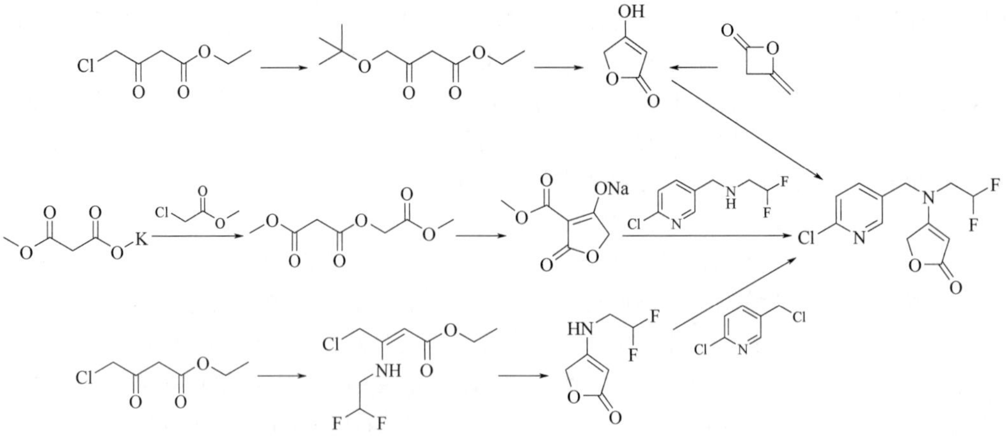

其中二氟乙基吡啶苄胺合成如下：

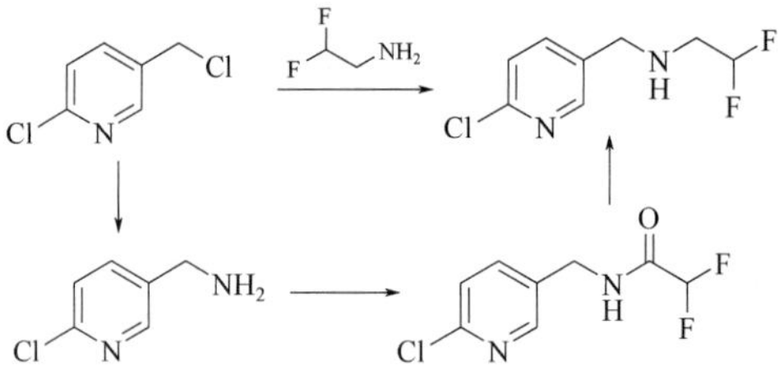

参考文献

[1] 曹庆亮，赵雪松，谢欣. 现代农药. 2013,12(1): 26-27+36.

[2] 杨吉春，吴峤，宋玉泉，等. 农药, 2013(8): 561-562.

[3] 赵国建. 今日农药, 2014(10): 25-27.

[4] 刘瑞兵，郑怡倩，汪鲁焱，等. 武汉工程大学学报, 2018, 40(6): 610-613.

[5] 张翼翘. 世界农药. 2015,37(6): 62-63.

[6] The Pesticide Manual. 17th edition: 528.

flupyrimin

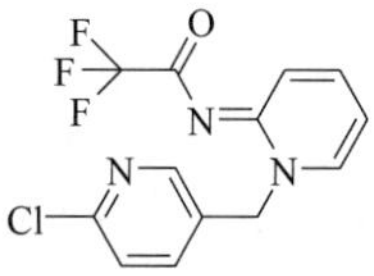

315.7，$C_{13}H_9ClF_3N_3O$，1689566-03-7

flupyrimin（试验代号：ME5382）为日本明治 Seika 制药公司新开发的杀虫剂。

化学名称　N-[(E)-1-(6-氯-3-吡啶甲基)吡啶-2(1H)-亚基]-2,2,2-三氟乙酰胺。英文化学名称为 N-{(E)-1-[(6-chloro-3-pyridyl)methyl]pyridin-2(1H)-ylidene}-2,2,2-trifluoroacetamide。美国化学文摘系统名称为[N(E)]-N-[1-[(6-chloro-3-pyridinyl)methyl]-2(1H)-pyridinylidene]-2,2,2-tri-fluoroacetamide。CA 主题索引名称为 acetamide—, N-[1-[(6-chloro-3-pyridinyl)methyl]-2(1H)-pyridinylidene]-2,2,2-trifluoro-[N(E)]-。

生态效应　具有良好的植物耐受性和环境耐受性。

作用机理与特点　作用于烟碱乙酰胆碱受体。

应用 具有对抗吡虫啉水稻害虫防效高以及对传粉昆虫安全等独特的生物学特性。

专利与登记

专利名称 Preparation of amine compounds as noxious organism control agents

专利号 JP 2012140449 **专利公开日** 2012-07-26

专利申请日 2012-02-29 **优先权日** 2010-08-31

专利拥有者 Meiji Seika Pharma Co., Ltd., Japan

在其他国家申请的化合物专利 WO 2012029672、CA 2808144、CN 102892290、IL 224592、AU 2011297160、CN 103254125、EP 2628389、EP 2631235、KR 2013130719、KR 1442445、KR 2013132775、SG 196386、ZA 2013001156、IL 232581、CN 103960242、EP 2789237、NZ 607939、EP 2959775、AP 3539、EP 2984930、ES 2563461、EA 22848、BR 112013004818、NZ 703862、NZ 703964、NZ 722021、MY 163072、ES 2693089、TW I538620、TW I554210、JP 4993641、CA 2844916、CA 3024817、WO 2013031671、IL 230737、AR 87683、AU 2012302922、CN 103781764、KR 2014054004、EP 2749555、NZ 623022、ZA 2014000602、NZ 709742、AP 3749、TW I554501、CN 106117132、JP 6092778、BR 112014004268、EP 3318554、IN 2012KN 04123、PH 12013500237、US 20130150414、US 9073866、US 20130165482、US 8957214、MX 2013002233、HK 1188595、MX 2014000588、IN 2014CN 00854、US 20140213791、US 9357776、AU 2014250649、US 20150105427、US 9328068、US 20160205933、US 9717242、US 20160242415、US 9883673、JP 2017125026、JP 6335348、US 20170360041、US 10085449、IN 201848032031。

制备专利 WO 2013031671、EP 2633756、EP 2634174、WO 2015137216、WO 2016005276、WO 2018052115 等。

合成方法 合成路线如下：

flupyrimin

参考文献

[1] 姜静，李宇森，马镜博，等. 世界农药，2017, 39(6): 16-22.

[2] 张宁，柳爱平，任叶果，等. 精细化工中间体，2018, 48(6): 12-14.

第八节
噁二嗪类杀虫剂

一、茚虫威的创制经纬

其先导化合物是Ⅶ（RH 3421），而化合物Ⅶ来源于化合物Ⅴ，化合物Ⅴ来源于苯甲酰脲类杀虫剂Ⅰ。具体创制经纬如下：

苯甲酰脲类杀虫剂 I 是一类重要的杀虫剂，作者猜想 Philips-Duphar 公司在 I 的基础上运用生物等排理论，将 I 变为 II，后将结构 II 变为环状结构 III，在 III 中 A, Z 可为多种基团，同其他原子一起组成五元或六元环，为了便于合成将环状结构 III 优化为 IV，对化合物 IV 进行进一步优化研究得到化合物 V（PH 60-42），可能由于不适宜的残留等原因，不能满足登记要求，未能工业化。

Richard Jacobson 博士（罗门哈斯公司）约于 1980 年开始针对化合物 V 进行研究，通过多年优化研究，大约于 1985 年发现化合物 VII（RH 3421）。该化合物不仅对鳞翅目、鞘翅目害虫具有很好的活性，而且具有较适宜的残留活性，如在较低剂量下对棉铃虫即具有很好的防治效果，且具有新的作用机理，为钠离子通道抑制剂，与苯甲酰脲类杀虫剂的作用机理完全不同。尽管其性能优良，但由于生物积蓄毒性，而未能工业化。

由于化合物 VII 具有独特的作用机理，因此引起了杜邦公司 Thomas Stevenson 等的注意，他们大约于 1986 年前后开始对此类化合物进行了研究，在化合物 VII 和 VIII 的基础上，将 1 位上的 N 原子和 3 位上的 C 原子交换，得到化合物 IX，之后合成一些化合物，离体生测结果表明具有较好的活性，但温室和田间试验结果表明残留活性较差，因此就放弃了对化合物Ⅸ的进一步研究。已知化合物Ⅷ的 X 衍射结构为ⅩⅥ或Ⅷ，可能是由于氢键的缘故。杜邦公司的 Thomas Stevenson 等就设想将化合物ⅩⅥ中吡唑 4 位的一个取代基如 R^2 和 3 位苯环邻位合环即变为结构ⅩⅦ或Ⅸ的化合物。

$$\text{Ⅷ} \qquad \text{ⅩⅥ} \qquad \text{ⅩⅧ}$$

通过合成生测发现化合物ⅩⅨ的活性优于ⅩⅧ的。同时还对吡唑开环化合物Ⅺ进行了研究，并发现 B^1 为 CH_2 的活性好于 B^1 为 CH_2CH_2 的化合物，但合成的化合物在活性谱以及残留活性等方面均不令人满意，需要改进。通过结构活性分析他们发现环的大小直接影响生物活性，并将化合物结构 Ⅹ 和 Ⅺ 进行组合优化为Ⅻ。通过研究发现化合物ⅩⅩ在 10～20 g(a.i.)/hm² 剂量下对鳞翅目害虫具有很好的防治效果，但残留时间过长。

$$\text{ⅩⅧ} \qquad \text{ⅩⅨ} \qquad \text{ⅩⅩ}$$

对大量的实验数据进行（ⅩⅢ）分析即结构活性分析：B^1 以 CH_2 为佳，而 B^2 为 CH_2 或 CH_2CH_2 均有不足之处，R_a 和 R_b 同样需要优化。经过进一步优化研究（设计合成生测），发现化合物ⅩⅣ（ⅩⅢ中的一个 CH_2 用 O 替换）具有很好的杀虫活性、适宜的残留活性和较好的生态性能，但对哺乳动物等具有相对高的毒性。经再进一步研究发现了理想的前导杀虫剂茚虫威（ⅩⅤ），尽管化合物ⅩⅤ本身活性较弱，但可被害虫快速代谢为活性很高的化合物ⅩⅣ。

二、主要品种

该类化合物仅茚虫威（indoxacarb）1 个。

茚虫威（indoxacarb）

527.8，$C_{22}H_{17}ClF_3N_3O_7$，144171-61-9(DPX-JW062和DPX-MP062)，
173584-44-6(DPX-KN128)

茚虫威（试验代号：DPX-JW062、DPX-MP062、DPX-KN128、DPX-KN127，商品名称：Advion、Ammate、Amsac、Avatar、Avaunt、Daksh、Dhawa、Fego、Provaunt、Rumo、Steward，其他名称：安打、全垒打、安美）是美国杜邦公司开发的新型噁二嗪类(oxadiazine)杀虫剂。

化学名称　(S)-N-[7-氯-2,3,4a,5-四氢-4a-(甲氧基羰基)茚并[1,2-e][1,3,4-]噁二嗪-2-羰基]-4'-(三氟甲氧基)苯氨基甲酸甲酯。英文化学名称为 methyl(S)-N-[7-chloro-2,3,4a,5-tetrahydro-4a-(methoxycarbonyl)indeno[1,2-e][1,3,4]oxadiazin-2-ylcarbonyl]-4'-(trifluoromethoxy)carbanilate。美国化学文摘系统名称为 methyl(4aS)-7-chloro-2,5-dihydro-2-[[(methoxycarbonyl)[4-(trifluoromethoxy)phenyl]amino]carbonyl]indeno[1,2-e][1,3,4]oxadiazine-4a(3H)-carboxylate。CA 主题索引名称 indeno[1,2-e][1,3,4]oxadiazine-4a(3H)-carboxylicacid —, 7-chloro-2,5-dihydro-2-[[(methoxycarbonyl)[4-(trifluoromethoxy)phenyl]amino]carbonyl]-methylester,(4aS)-。

组成　DPX-KN128 为 S 异构体；DPX-KN127(IN-KN127)为 R 异构体；DPX-JW062 S 异构体（活性成分）和 R 异构体（非活性成分）的比例为 1∶1；DPX-MP062 S 异构体和 R 异构体的比例为 3∶1。工业品 S 异构体含量≥62.8%。

理化性质　白色粉状固体，熔点 88.1℃（DPX-KN128），140～141℃（DPX-JW062），87.1～141.5℃（DPX-MP062）。蒸气压 $2.5×10^{-5}$ mPa（25℃）。相对密度 1.44（20～25℃）。$\lg K_{ow}$ 4.65。Henry 常数 $6.0×10^{-5}$ Pa·m^3/mol。水中溶解度（mg/L，20～25℃）0.20（DPX-KN128），15.0（DPX-JW062），0.0225（DPX-MP062）。有机溶剂中溶解度（g/L，20～25℃）：正辛醇 14.5，甲醇 103，乙腈 139，丙酮＞250（DPX-KN128），正庚烷 1.72，甲醇 103，正辛醇 14.5，邻二甲苯 117，二氯甲烷、丙酮和 N,N-二甲基甲酰胺中均＞250（DPX-MP062）。水溶液稳定性 DT_{50}（25℃）：1 年（pH 5），22 d（pH 7），0.3 h（pH 9）（DPX-KN128 和 DPX-MP062）。

毒性　DPX-JW062　大鼠急性经口 LD_{50}：雄、雌＞5000 mg/kg。大鼠急性经皮 LD_{50}：雄、雌＞5000 mg/kg，本品对皮肤无刺激，对豚鼠无致敏，对兔眼睛有刺激性，大鼠吸入 LC_{50} 雄＞5.4 mg/L，雌 4.2 mg/L。

DPX-KN128　大鼠急性经口 LD_{50}：雄 843 mg/kg，雌 179 mg/kg。大鼠急性经皮 LD_{50}：雄、雌＞5000 mg/kg，本品对兔眼睛和皮肤无刺激，对豚鼠致敏。

DPX-MP062　大鼠急性经口 LD_{50}：雄 1732 mg/kg，雌 268 mg/kg。大鼠急性经皮 LD_{50}＞5000 mg/kg，本品对兔眼睛和皮肤无刺激，对豚鼠致敏。NOEL 值：2mg/(kg·d)。ADI/RfD（JMPR）0.01 mg/kg bw（2005，2006），（EC）0.006 mg/kg bw（2006），（EPA）最低 aRfD 0.02 mg/kg，cRfD 0.02 mg/kg（2000）。其他 Ames 试验均为阴性。

生态效应　DPX-KN128　虹鳟鱼 LC_{50}（96 h）＞0.17 mg/L，水蚤 EC_{50}（48 h）＞0.17 mg/L（最大水溶性）。DPX-KN128 在 30～50 g/hm^2 剂量下对 4 类生物研究表明具有很少或无副作用。

DPX-MP062　山齿鹑急性经口 LD_{50} 98 mg/kg。饲喂（5 d）LC_{50}：野鸭＞1803 mg/(kg·d)，山齿鹑 340 mg/(kg·d)。大翻车鱼 LC_{50}（96 h）0.9 mg/L，虹鳟鱼 LC_{50}（96 h）0.65 mg/L。水蚤 LC_{50}（48 h）0.60 mg/L。海藻 EC_{50}（96 h）＞0.11 mg/L。蜜蜂 LD_{50}（μg/只）0.26（经口），0.094（接触）。蚯蚓 LC_{50}（14 d）＞1250 mg/kg。

环境行为　使用 DPX-JW062 和 DPX-MP062，在大鼠经口药剂后研究代谢情况。多数药剂在 96 h 后分解。大多代谢可产生众多的副代谢物。在尿液中，代谢物大多为裂解产物（二氢化茚或者三氟甲氧基苯环产物），同时，在排泄物中，大多数代谢物仍是这些部分。主要的代谢反应包括：二氢化茚环的羟基化，氨基氮上羧酸甲酯基团的水解，噁二嗪环的开环等反应都会产生裂解产物。在淤泥土壤中 DT_{50} 17 d。茚虫威属中度持久：需氧下 DT_{50} 3～23 d，厌氧下

DT_{50} 186 d。流动性差，其 K_{oc} 3300～9600 mL/g。K_d 26～95L/kg。水中光解 DT_{50} 3 d（pH 5.0）。

制剂 乳油、水分散粒剂、30%可湿性粉剂、15%悬浮剂。

主要生产商 Atul、FMC、海利尔药业集团股份有限公司、湖北仙隆化工股份有限公司、江苏建农植物保护有限公司、江苏省南通施壮化工有限公司、江苏优嘉植物保护有限公司、江苏中旗科技股份有限公司、京博农化科技有限公司、联化科技（德州）有限公司、美国富美实公司、宁波三江益农化学有限公司、榆林成泰恒生物科技有限公司等。

作用机理与特点 钠通道抑制剂。主要是阻断害虫神经细胞中的钠离子通道，使神经细胞丧失功能，导致靶标害虫麻痹、协调差，最终死亡。药剂通过触杀和摄食进入虫体，0～4 h 内昆虫即停止取食，因麻痹、协调能力下降，故从作物上落下，一般在药后4～48 h 内麻痹致死，对各龄期幼虫都有效。害虫从接触药液或食用含有药液的叶片到其死亡会有一段时间，但害虫此时已停止对作物取食，即使此时害虫不死，对作物叶片或棉蕾也没有损害作用。由于茚虫威具有较好的亲脂性，仅具有触杀和胃毒作用，虽没有内吸活性，但具有较好的耐雨水冲刷性能。试验结果表明 DPX-KN128 与其他杀虫剂如菊酯类、有机磷类、氨基甲酸酯类等均无交互抗性。对鱼类、哺乳动物、天敌昆虫包括螨类安全，因此是可用于害虫的综合防治和抗性治理的理想药剂。

应用

（1）适用作物 蔬菜如甘蓝、芥蓝、花椰类、番茄、茄子、辣椒、瓜类（如黄瓜等）、莴苣等，果树如苹果、梨树、桃树、杏、葡萄等，作物如棉花、甜玉米、马铃薯。

（2）防治对象 鳞翅目害虫如棉铃虫、菜青虫、烟青虫、小菜蛾、甜菜夜蛾、斜纹夜蛾、甘蓝夜蛾、银纹夜蛾、粉纹夜蛾、卷叶蛾类、苹果蠹蛾、叶蝉、葡萄小食心虫、葡萄长须卷叶蛾、金刚钻、棉大卷叶螟、牧草盲蝽、马铃薯块茎蛾、马铃薯甲虫、田间红火蚁等。

（3）残留量与安全施药 为了安全、减少残留，在作物收获前 3 d（蔬菜）、14 d（棉花）和 28 d（果树）禁止使用茚虫威。应用间隔时间大多数蔬菜 3 d、番茄 5 d、棉花 5 d。果树每季最多用三次，其他用四次。由于茚虫威毒性低，在施药 12 h 后，若人进入施药田即很安全。具体残留标准如下：动物（牛、羊、马、猪）脂肪（0.75 mg/L），动物（牛、羊、马、猪）肉（0.03 mg/L），动物（牛、羊、马、猪）其他加工品（0.02 mg/L），玉米（食用、种子、饲料、茎叶）（0.02～15 mg/L），棉织品（15 mg/L），棉花种子（2.0 mg/L），牛奶（0.10 mg/L），苹果（1.0 mg/L），苹果汁（3.0 mg/L），其他水果蔬菜（0.20～0.50 mg/L）。

（4）应用技术 为防止害虫抗性出现，可在防治棉铃虫、小菜蛾等害虫时与其他杀虫剂交替使用。使用茚虫威时可加入 0.1%～0.2%（容积比）表面活性剂，可降低用药量。喷液量每亩人工 20～50 L，拖拉机 7～10 L，飞机 1～2 L。施药应选早晚风小、气温低时进行。气温高于 28℃、空气相对湿度低于 65%、风速大于 5 m/s 时应停止施药。

（5）使用方法 在世界范围内茚虫威推荐使用剂量为 12.5～125 g(a.i.)（DPX-KN128）/hm²，使用方法为茎叶喷雾处理。蔬菜、甜玉米等使用剂量为 28～74 g(a.i.)（DPX-KN128）/hm²，苹果、梨等使用剂量为 28～125 g(a.i.)（DPX-KN128）/hm²，棉花使用剂量为 72～125 g(a.i.)（DPX-KN128）/hm²。

在我国推荐使用情况如下：防治菜青虫，每亩用 30%茚虫威 4.4～8.8 g[19.5～39 g(a.i.)/hm²]或每亩用 15%茚虫威 8.8～13.3 mL［19.5～30 g(a.i.)/hm²］。防治小菜蛾和甜菜夜蛾等，每亩用 30%茚虫威 4.4～8.8 g [19.5～39 g(a.i.)/hm²]或每亩用 15%茚虫威 8.8～17.6 mL［19.5～39 g(a.i.)/hm²］。根据害虫危害的严重程度，可采取连续 2～3 次施药，每次间隔 5～7 d。防治棉铃虫，每亩用 30%茚虫威 6.6～8.8 g 或 15%茚虫威 13.3～17.6 mL[30～39 g(a.i.)/hm²]。

依棉铃虫危害的轻重，以间隔 5～7 d 连续 2～3 次施药。

专利与登记

专利名称　Arthropodicidal carboxanilides

专利号　WO 9211249　　　　　专利公开日　1992-07-09

专利申请日　1991-12-17　　　　优先权日　1990-12-21

专利拥有者　Du Pont（US）

在其他国家申请的化合物专利　AT 125801、AU 659121、AU 9127091、BG 61264、BG 97888、BR 9107246、CA 2098612、DE 69111827、EP 0565574、ES 2077392、GR 3017869、HU 213635、IL 100429、JP 6504777、KR 0178062、NZ 241072、RU 2096409、TR 25739、US 5462938 等。

制备专利　WO 9211249、WO 2018178982、CN 107915692、CN 107235926、CN 107043360、CN 104230838、CN 104193696、IN 2013MU00140、CN 102391261、IN 2005MU00530、US 5869657 等。

在 2006 年美国杜邦公司在国内首先登记 94%茚虫威原药和 70.3%茚虫威母药，以及 150 g/L 茚虫威悬浮剂（Avatar®），登记用于棉花棉铃虫、十字花科蔬菜菜青虫、小菜蛾、甜菜夜蛾。150 g/L 安打（Avatar®）悬浮剂产品外观为白色液体，相对密度 1.039，常温贮存稳定，保质期 2 年。

国内登记情况　94%、95%、96%、98%原药，15%、150 g/L 悬浮剂，15%、30%水分散粒剂，6%微乳剂等，登记作物为水稻、甘蓝、十字花科蔬菜、棉花等，防治对象为稻纵卷叶螟、小菜蛾、菜青虫、棉铃虫、甜菜夜蛾等。美国富美实公司、美国默赛技术公司在中国登记情况见表 2-57、表 2-58。

表 2-57　美国富美实公司在中国登记情况

商品名	登记号	含量	剂型	登记作物	防治对象	用药量	施用方法
茚虫威	PD20101870	150 g/L	乳油	茶树	茶小绿叶蝉	17～22 mL/亩	喷雾
				甘蓝	小菜蛾	10～18 mL/亩	喷雾
				棉花	棉铃虫	15～18 mL/亩	喷雾
				水稻	稻纵卷叶螟	12～16 mL/亩	喷雾
茚虫威	PD20060019	150 g/L	悬浮剂	棉花	棉铃虫	10～18 mL/亩	喷雾
				十字花科蔬菜	菜青虫	5～10 mL/亩	喷雾
				十字花科蔬菜	甜菜夜蛾	10～18 mL/亩	喷雾
				十字花科蔬菜	小菜蛾	10～18 mL/亩	喷雾
茚虫威	PD20060018	70.3%	母药				
茚虫威	PD20060017	94%	原药				

表 2-58　美国默赛技术公司在中国登记情况

商品名	登记号	含量	剂型	登记作物	防治对象	用药量	施用方法
茚虫威	PD20170502	15%	乳油	棉花	棉铃虫	9～15 mL/亩	喷雾
茚虫威	PD20142240	20%	乳油	棉花	棉铃虫	9～15 mL/亩	喷雾
茚虫威	PD20141879	30%	水分散粒剂	水稻	稻纵卷叶螟	6～8 g/亩	喷雾
茚虫威	PD20121613	76.2%	母药				

合成方法　经如下反应制得茚虫威：

方法 1：先在低温下与水合肼反应生成席夫碱，在酸催化的条件下缩合成环，再与对三氟甲氧基异氰酸酯加成，最后在强碱氢化钠条件下与氯甲酸甲酯反应得到最终产物茚虫威。

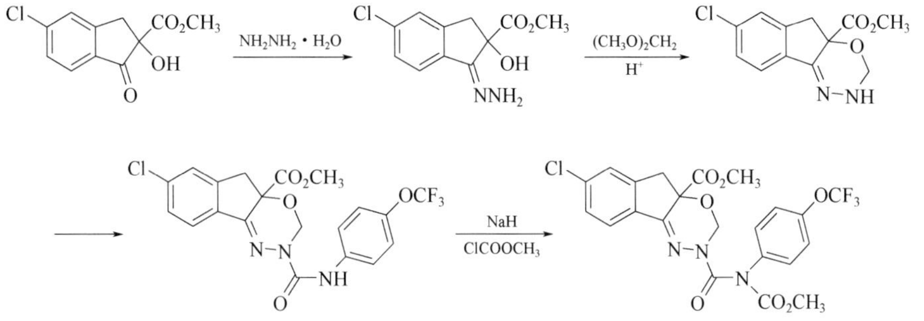

方法 2：方法 2 与方法 1 类似，只是成环与加成 2 步对调，最终得到产物茚虫威。

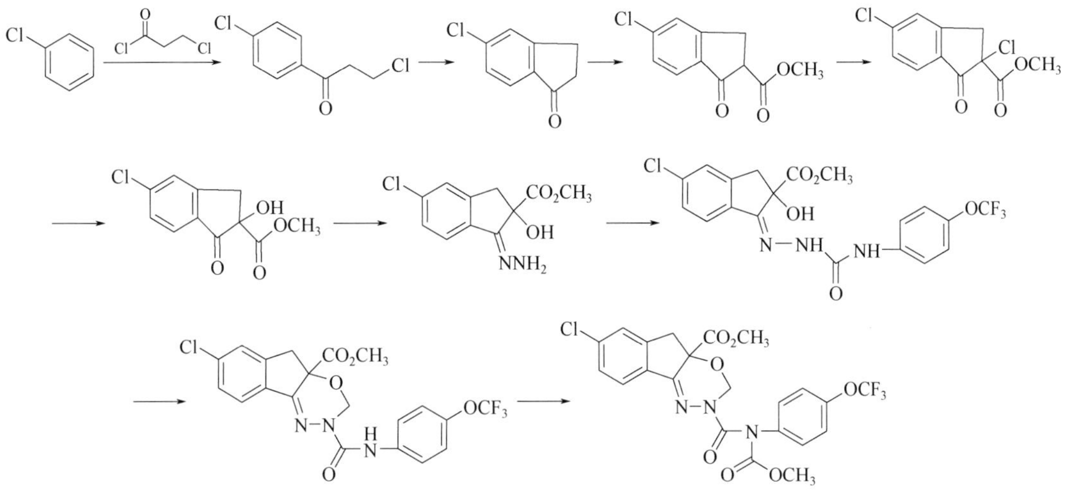

方法 3：先与肼基甲酸苄酯反应得到席夫碱，席夫碱再于酸性条件催化下缩合成环，再用钯碳作为催化剂加氢脱去保护剂苄氧羰基，最后通过与 **4** 进行取代反应得到最终产物茚虫威。该路线虽然较前 2 者路线长，但各步收率较好，中间体易分离提纯，是目前工业化的路线；综上，选取的最佳茚虫威合成路线是以中间体 **1** 为起始原料，通过甲醇钠/DMC 条件得到中间体 **2**，然后以辛可宁为手性催化剂、TBHP 为氧化剂，不对称氧化为中间体 **3**，同时，以对三氟甲氧基苯胺为原料，先后经 2 步酰化反应得到中间体 **4**，最后按照保护基路线合成出茚虫威。

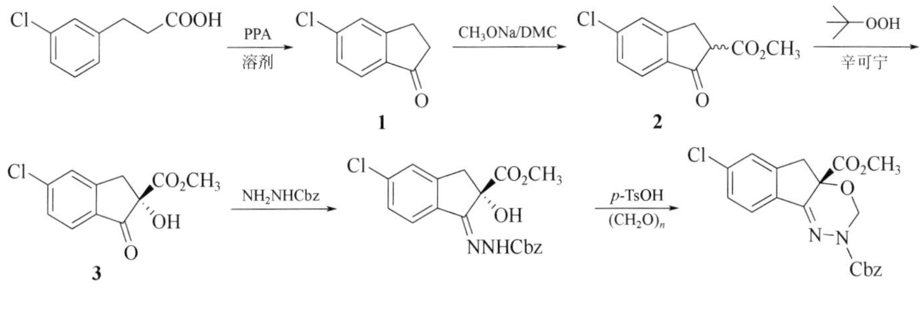

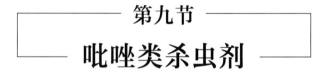

参考文献

[1] The Pesticide Manual. 17th edition: 639-641.

[2] 华乃震. 世界农药, 2019(1): 39-44.

[3] 班华卓, 张大永. 农药, 2018, 57(12): 864-869.

第九节
吡唑类杀虫剂

一、创制经纬

从专利检索中可以看到，在 1985 年前后，众多公司都在进行具有生物活性的吡唑类化合物的研究，如 May & Baker Ltd、Bayer、Takeda Chem Ind、American Cyanamid Co、lilly Co Eli、Du Pont、Dow Chemical Co、Hokko Chem Ind Co、Hoechst Ag、Mitsubishi Chem Ind、Rhone Poulenc 等，但大多数公司都是在研究吡唑类化合物的除草活性或医药活性，结构通式及代表化合物结构如下：

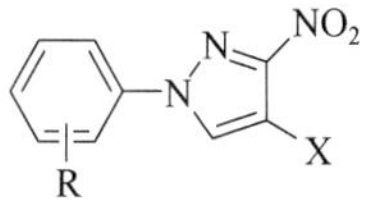

9

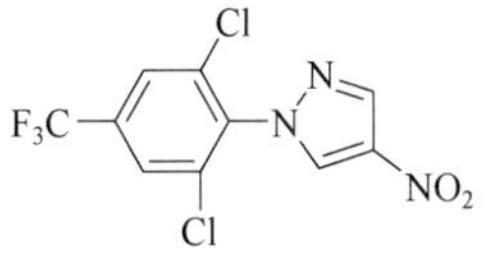

10

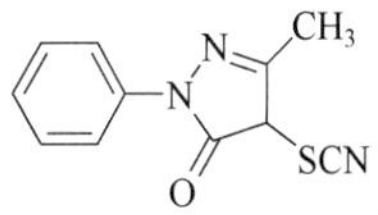

11

有关公司报道的化合物 **1**～**11** 均具有除草活性；其中化合物 **9** 还有一定的抗菌活性或抗寄生虫活性；化合物 **10** 同时具有杀虫活性；化合物 **11** 还具有杀菌和杀虫活性。

关于该类化合物具有杀虫活性的研究的公司主要是拜耳公司和 May & Baker 公司。

拜耳公司 1985 年 5 月 17 日申请的吡唑类化合物专利，涉及具有杀虫、杀螨和杀线虫活性的如下通式化合物及有关具体化合物：

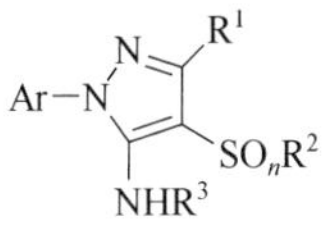

12

R^1 = H,烷基,haloalkyl;
R^2 = 烷基,haloalkyl,等;
R^3 = H,烷基,等;
Ar = 取代Ph或吡啶基;
n = 0,1,2。

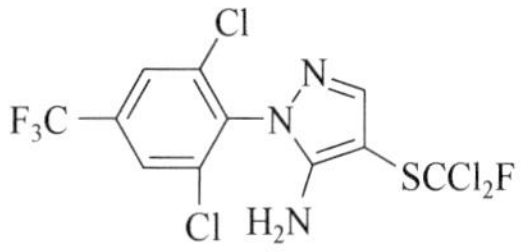

13

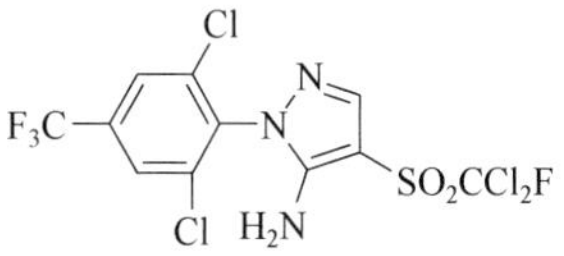

14

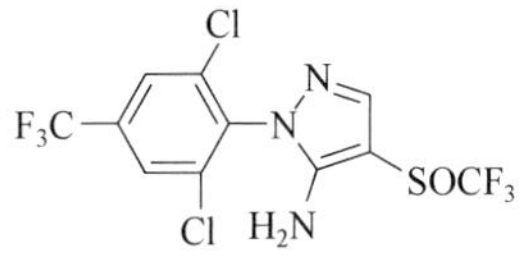

15

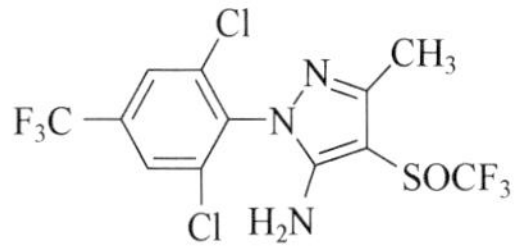

16

May & Baker 公司 1985 年 12 月 20 日申请了具有杀虫、杀螨、杀线虫和杀节肢动物活性的吡唑类化合物专利，通式化合物及有关具体化合物如下：

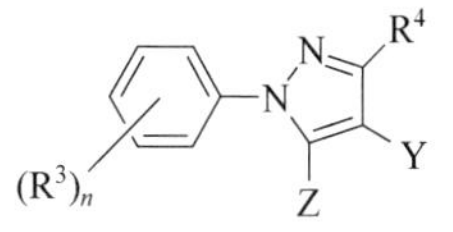

17

Y = halo,CN,NO_2,RSO_2,RSO,RS; R = C_1～C_6烷基,haloalkyl,等;
Z = H,NR^1R^2,alkylsulfenylamino,alkoxymethyleneamino,等;
R^1,R^2 = H,烷基,等;
R^3 = halo,烷基,alkoxy,alkylthio,alkylsulfinyl,NO_2,CN,等;
R^4 = halo,CN,NO_2,烷基,等;
n = 1～5。

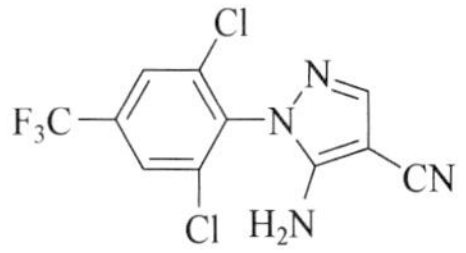

18

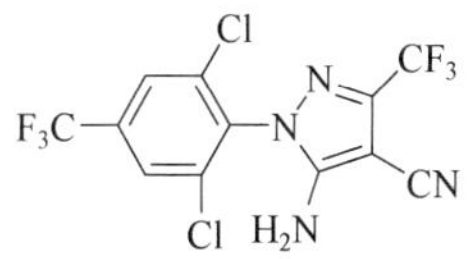

19

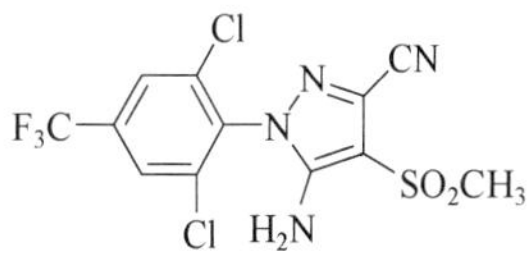

20

May & Baker 公司 1987 年 6 月 12 日申请了具有杀虫、杀螨、杀线虫和杀节肢动物活性的吡唑类化合物专利，通式化合物及有关具体化合物如下：

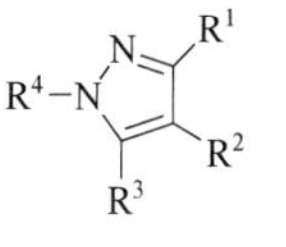

21

R^1 = cyano,NO_2,halo,Ac,等;
R^2 = $R^5S(O)_n$; n = 0,1,或2;
R^3 = H,NR^6R^7,halo,等;
R^4 = 2-或6-halo-或4-straight-或branched-chain (Cl-或Br-substituted)alkyl-或alkoxy-substitutedphenyl;
R^5 = (halo-substituted)straight-或branched-chainalkyl,等;
R^6,R^7 = H,等。

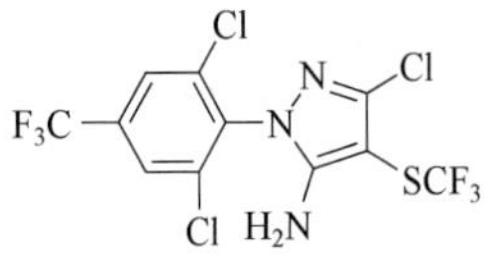

22

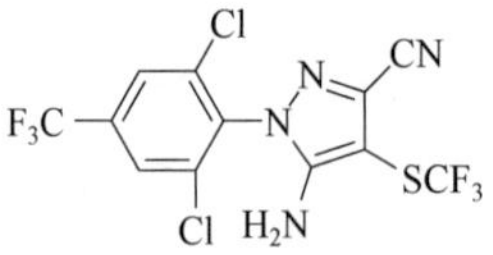

23

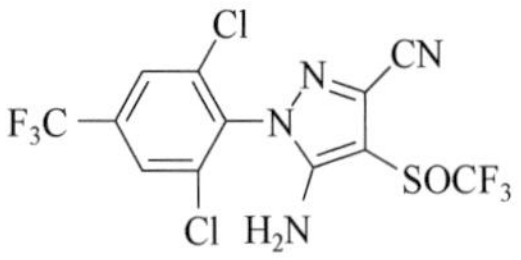

24

根据专利检索推测，杀虫剂氟虫腈（fipronil）是 May & Baker 公司（后被罗纳普朗克收购，后者经兼并组合最后归属目前的拜耳公司）科研人员在除草剂研究的基础上，经过普筛发现化合物 **8**（或 **18**）也即 **M&B 39279** 不仅具有除草活性，同时也具有杀虫活性。然后经进一步研究发现吡唑 4 位取代基为含硫的化合物，具有较好的杀虫活性，并于 1985 年 12 月 20 日申请了专利，但该专利虽然包含了化合物 **24** 但并没有具体公开；后经过进一步优化研究发现了化合物 **24** 即氟虫腈（fipronil），于 1987 年 6 月 12 日重新申请了专利。同时说明了新农药创新研究，想法是非常重要的，尽管拜耳公司也在研究此类化合物，申请专利的时间也比 May & Baker 公司早，估计有关化合物性能没有氟虫腈好（尽管如此，通过兼并组合，氟虫腈最后的专利权还是归属于拜耳公司）。

乙酰虫腈、乙虫腈、pyrafluprole、pyriprole、丁烯氟虫腈、nicofluprole 等均是氟虫腈的类似物，是在氟虫腈的基础上通过结构修饰或衍生而开发的杀虫剂品种。

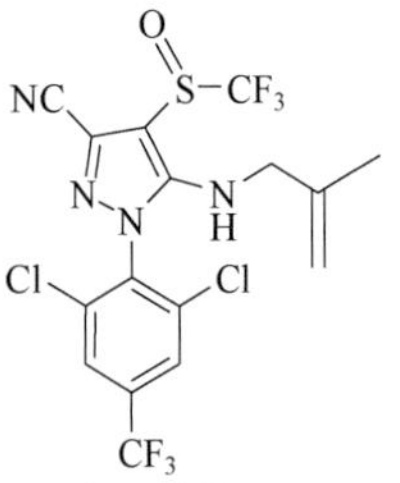

丁烯氟虫腈

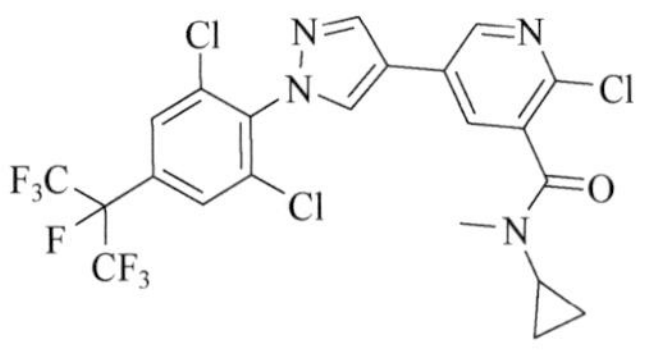

nicofluprole

tyclopyrazoflor 是陶氏益农（科迪华）开发的吡啶基吡唑类杀虫剂。2011 年 2 月日产化学率先申请了具有杀虫活性通式 **25** 的化合物（代表化合物 **26**），陶氏仅比日产公司晚了 8 个月，但也只能放弃该类化合物的申请，仅能申请类似组合物和制备方法的专利，但陶氏并未放弃对该类化合物的优化研究，在其基础上对酰胺链部分做了大量的衍生研究，最终发现了 tyclopyrazoflor，并获得专利授权。tyclopyrazoflor 主要防治棉粉虱、棕榈象甲等害虫，并且对观赏植物、瓜类、柿子椒以及茄科植物上的蚜虫、粉虱具有不错的防效。该化合物结构新颖，与现有的鱼尼丁类杀虫剂存在较大差异。

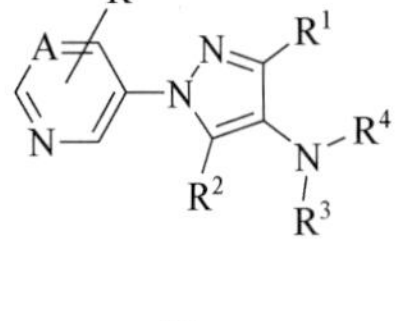

25

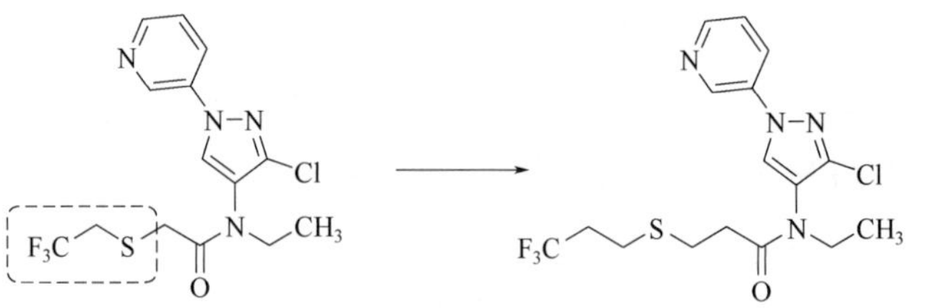

26 tyclopyrazoflor

dimpropyridaz 是巴斯夫开发的吡唑甲酰胺类杀虫剂，为 4-吡唑酰胺，该中间体是杀菌剂中常见的活性结构，而吡唑酰胺类杀虫剂的羧基一般都是在 5 位。巴斯夫经过多年研究于 2009 年公布了 3-吡啶基-4-吡唑酰胺类化合物的杀虫活性（如代表化合物 **6**），dimpropyridaz 可能是在化合物 **6** 的基础上使用哒嗪环对吡啶基进行替换，后通过优化而得的。该药剂对鳞翅目、鞘翅目、双翅目和半翅目的蚜虫、粉虱、蓟马、叶蝉和菜蛾均有较好的防治效果。

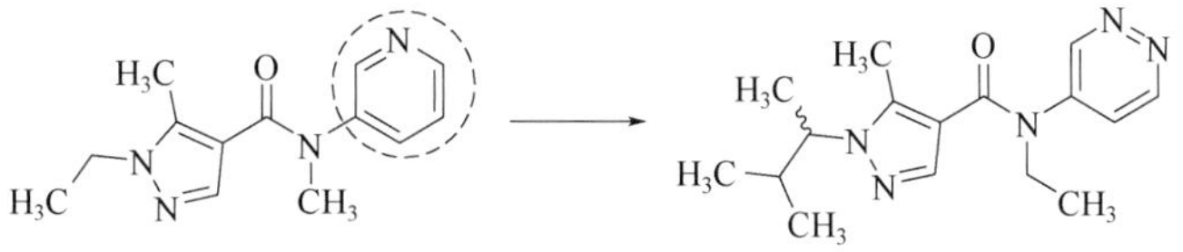

化合物**6**　　　　　　　　　　　dimpropyridaz

二、主要品种

吡唑类杀虫剂（pyrazole insecticides）包括芳基吡唑、吡唑酰胺及吡唑氨基甲酸酯共三类，目前在开发或已商品化品种共有 16 个：acetoprole、ethiprole、fipronil、pyrafluprole、pyriprole、flufiprole、chlorantraniliprole、cyantraniliprole、vaniliprole、tolfenpyrad、pyrolan、isolan、dimpropyridaz、tyclopyrazoflor、nicofluprole 及 dimetilan。

此处介绍 acetoprole、ethiprole、fipronil、pyrafluprole、pyriprole、flufiprole、tolfenpyrad、nicofluprole、dimpropyridaz 和 tyclopyrazoflor 10 个品种。chlorantraniliprole、cyantraniliprole 已在前面介绍，tebufenpyrad、pyrolan、isolan 及 dimetilan 将在本书其他部分介绍。仅有 vaniliprole 没有商品化而不作介绍，仅列出其化学名称和 CAS 登录号供参考：

vaniliprole：(*E*)-1-(2,6-dichloro-α,α,α-trifluoro-*p*-tolyl)-5-(4-hydroxy-3-methoxybenzylideneamino)-4-trifluoromethylthiopyrazole-3-carbonitrile，145767-97-1。

乙酰虫腈（acetoprole）

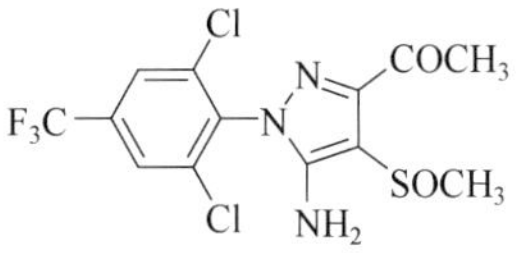

400.2，$C_{13}H_{10}Cl_2F_3N_3O_2S$，209861-58-5

乙酰虫腈（试验代号：RPA-115782）是法国罗纳-普朗克公司开发的新型吡唑类杀虫剂。

化学名称　1-[5-氨基-1-(2,6-二氯-α,α,α-三氟-对-甲苯基)-4-(甲基亚磺酰基)-吡唑-3-基]乙酮。英文化学名称 1-[5-amino-1-(2,6-dichloro-α,α,α-trifluoro-*p*-tolyl)-4-(methylsulfinyl)pyrazol-3-yl]ethanone。美国化学文摘系统名称为 1-[5-amino-1-[2,6-dichloro-4-(trifluoromethyl)phenyl]-4-methylsulfinyl-1*H*-pyrazol-3-yl]ethanone。CA 主题索引名称为 ethanone —，1-[5-amino-1-[2,6-dichloro-4-(trifluoromethyl)phenyl]-4-(methylsulfinyl)-1*H*- pyrazol-3-yl]-。

理化性质　纯品为白色结晶固体，熔点 166℃。

作用机理与特点　乙酰虫腈是一个广谱杀虫剂，其杀虫机制在于阻碍昆虫 γ-氨基丁酸（GABA）控制的氯化物代谢。

应用

（1）适用作物　葡萄园、观赏植物、人造林、树木、谷物、棉花、蔬菜、甜菜、大豆、油菜、玉米、高粱、核果、柑橘类果园等。

（2）防治对象　在公共卫生区域，对防治许多昆虫（特别是家蝇或其他双翅目害虫，如家蝇、螫蝇、水虻、骚扰角蝇、斑虻、蠓、墨蚊或蚊子）有用。

在保护贮存物品方面，可用于防治节足害虫（尤其是甲虫，包括象鼻虫、蛀虫或螨）的侵害。

在农业上，防治鳞翅目（蝴蝶和蛾）的成虫、幼虫和虫卵，如烟芽夜蛾等；防治鞘翅目（甲虫）的成虫和幼虫，如棉铃象甲、马铃薯甲虫等；防治异翅目（半翅目和同翅目），如木虱、粉虱、蚜、根瘤蚜、叶蝉等。

专利与登记

专利名称　Pesticidal 1-arylpyrazoles

专利号　WO 9828277　　　　专利公开日　1998-06-02

专利申请日　1996-12-24　　　　专利拥有者　Rhone Poulenc Agrochimie

在其他国家申请的化合物专利　AP 1237、AU 746514、AU 5857598、BG 64857、BG 103590、BR 9714181、CA 2275635、CN 1099415、CN 1242002、CO 5031287、CZ 294766、DE 69738328、DK 0948486、EA 002085、EE 9900321、EG 21715、EP 0948486、ES 2297867、HK 1024476、HR 970703、HU 0000583、JP 2001506664、NO 313458、NZ 336418、PT 948486、SK 285866、TR 9901473、US 6087387、ZA 9711590 等。

制备专利　JP 2004018487、US 6350771、WO 9840358、WO 9828278 等。

合成方法　经如下反应制得乙酰虫腈：

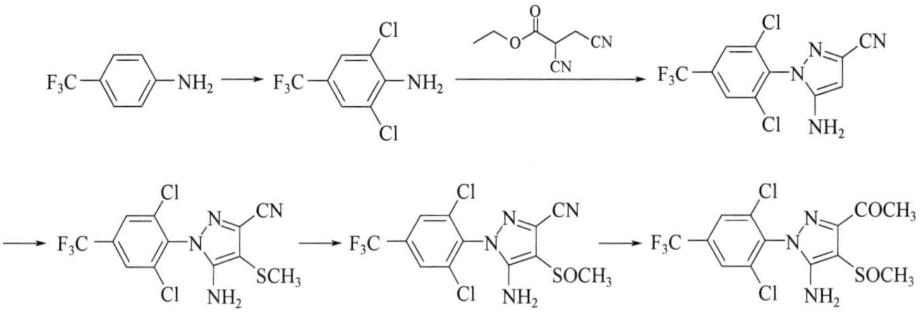

参考文献

[1] 狄凤娟. 今日农药, 2015(8): 34-36.

乙虫腈（ethiprole）

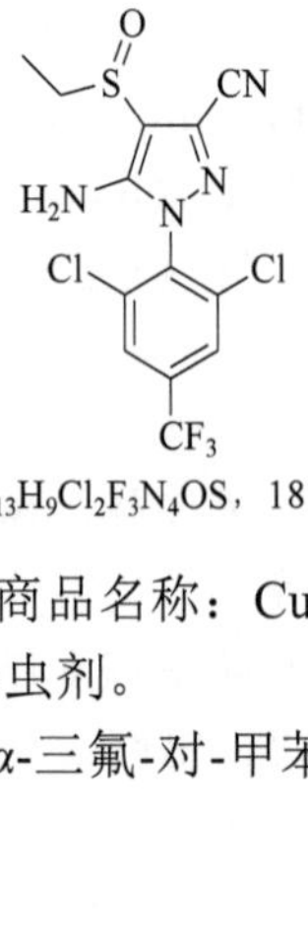

397.2，$C_{13}H_9Cl_2F_3N_4OS$，181587-01-9

乙虫腈（试验代号：RPA 107382，商品名称：Curbix、Kirappu、Kirapu）是罗纳-普朗克公司（现属 Bayer AG）开发的吡唑类杀虫剂。

化学名称　5-氨基-1-(2,6-二氯-α,α,α-三氟-对-甲苯基)-4-乙基亚磺酰基吡唑-3-腈。英文化学名称为 5-amino-1-(2,6-dichloro-α,α,α-trifluoro-p-tolyl)-4-ethylsulfinylpyrazole-3-carbonitrile。美国化学文摘系统名称为 5-amino-1-[2,6-dichloro-4-(trifluoromethyl)phenyl]-4-(ethylsulfinyl)-1H-pyrazole-3-carbonitrile。CA 主题索引名称为 1H-pyrazole-3-carbonitrile —, 5-amino-1-[2,6-dichloro-4-(trifluoromethyl)phenyl]-4-(ethylsulfinyl)-。

理化性质　纯品外观为白色无特殊气味晶体粉末，蒸气压（25%）9.1×10^{-8} Pa，水中溶解度（20℃）9.2 mg/L，$\lg K_{ow}$ 2.9（20℃），中性和酸性条件下稳定。原药含量≥94%，外观为浅褐色结晶粉，有机溶剂中溶解度（g/L，20℃）：丙酮 90.7，甲醇 47.2，乙腈 24.5，乙酸乙酯 24.0，二氯甲烷 19.9，正辛醇 2.4，甲苯 1.0，正庚烷 0.004。

毒性　大鼠急性经口 $LD_{50} > 7080$ mg/kg，急性经皮 $LD_{50} > 2000$ mg/kg，大鼠吸入 $LC_{50} > 5.21$ mg/L；对兔皮肤和眼睛无刺激性；豚鼠皮肤无致敏性；大鼠 90 d 亚慢性喂养毒性试验最大无作用剂量：雄大鼠为 1.2 mg/(kg·d)，雌大鼠为 1.5 mg/(kg·d)；致突变试验：Ames 试验、小鼠骨髓细胞微核试验、体外哺乳动物细胞基因突变试验、体外哺乳动物细胞染色体畸变试验等 4 项致突变试验结果均为阴性。100 g/L 悬浮剂大鼠急性经口和经皮 $LD_{50} > 5000$ mg/kg，大鼠吸入 $LC_{50} > 4.65$ mg/L；对兔皮肤和眼睛均无刺激性；对豚鼠皮肤无致敏性。兔 NOAEL（23 d）0.5 mg/(kg·d)。ADI（FSC）0.005 mg/kg。

生态效应　100 g/L 悬浮剂：虹鳟鱼 LC_{50}（96 h）2.4 mg/L，鹌鹑 $LD_{50} > 1000$ mg/kg，蜜蜂接触 LD_{50}（48 h）0.067 μg(a.i.)/只，经口 LD_{50}（48 h）0.0151 μg(a.i.)/只，家蚕 LD_{50}（二龄，96 h）21.7 mg/L，蚯蚓 LC_{50}（14 d）> 1000 mg(制剂)/kg 土壤。

环境行为　①动物。大鼠口服后主要通过粪便快速代谢，代谢途径主要包括砜基的氧化和还原以及氰基水解。②土壤/环境。含氧丰富的土壤中 DT_{50} 5 d；在需氧层中主要是通过亚砜基团氧化成砜类衍生物降解，亚砜化合物逐渐减少。在需氧土壤中，淤泥和沙壤土中 DT_{50} 为 71 d 和 30 d；主要是通过亚砜的氧化和腈基的水解降解，形成甲酰胺类衍生物。在厌氧土壤中，DT_{50} 11.2 d，在 4 种土壤类型中，降解主要是通过亚砜基团的减少和腈基的水解作用，K_{ads} 1.56～5.56，K_{oc} 50.5～163，K_f 1.48～5.93 和 K_{foc} 53.9～158。

制剂　0.5%颗粒剂、10%悬浮剂。

主要生产商　BASF、Bayer、拜耳作物科学（中国）有限公司、辽宁氟托新能源材料有限公司、山东潍坊润丰化工股份有限公司、上海赫腾精细化工有限公司等。

作用机理与特点　乙虫腈是一个广谱杀虫剂，其杀虫机制在于阻碍昆虫 γ-氨基丁酸（GABA）控制的氯化物代谢，干扰氯离子通道，从而破坏中枢神经系统（CNS）正常活动，使昆虫致死。对某些品系的白蝇也有效，对螨类害虫有很强的活性。在日本，蚜虫和蓟马对现有杀虫剂已开始产生抗性，而乙虫腈与主要产品没有交互抗性。在害虫抗性管理计划中，可把它作为其他杀虫剂的配伍品种。可用于种子处理或叶面喷洒。

应用

（1）适用作物　水稻、果树、蔬菜、棉花、苜蓿、花生、大豆和观赏植物。

（2）防治对象　在低用量下对多种咀嚼口器与刺吸口器害虫有效，可有效防治蓟马、木虱、盲蝽、象甲、橘潜叶蛾、蚜虫、光蝉和蝗虫等。

（3）使用方法　用药剂量为 45～60 g(a.i.)/hm²，于稻飞虱低龄若虫高峰期进行稻株部位全面喷雾，施药次数 1～2 次。该药的速效性较差，持效期可达 14 d 左右。推荐剂量下对作物安全，未见药害产生。对捕食性天敌，如小花蝽、龟文瓢虫等基本无影响。

在日本正在开发两种剂型。一种是 10%悬浮剂，用于水稻防治螨和光蝉，苹果、梨和柑橘防治蚜虫、蓟马和螨，茶防治蓟马，用于马铃薯、茄子、黄瓜和番茄防治蚜虫，使用 1000～

2000 倍稀释液。另一种剂型是 0.5%颗粒剂，使用量为 60～90 kg/hm²，用于萝卜防治土壤传播害虫和跳甲，用于甜菜、马铃薯防治土壤传播害虫。

此外，乙虫腈也可用于非农业市场，例如贮存谷物和家用市场，目前进一步试验正在进行中。

专利与登记

专利名称　Preparation of 5-amino-1-aryl-3-cyano-4-ethylsulfinylpyrazoles as presticides

专利号　DE 19653417　　　专利公开日　1997-06-26

专利申请日　1996-12-20　　优先权日　1995-12-20

专利拥有者　Rhône-Poulenc Agrochimie(FR)

在其他国家申请的化合物专利　AP 831、AT 406676、AT 191612、AU 9646269、AU 712368、AU 713216、AU 1302497、BE 1013999、BG 64177、BG 102577、BR 9607096、BR 9612247、CA 2211105、CA 2239081、CH 691844、CN 1169656、CN 1071994、CN 1091765、CN 1204322、CO 4750758、CZ 289416、CZ 291911、DK 143796、EA 000973、EG 21471、EG 21903、EP 806895、ES 2124668、ES 2144724、FI 965115、FR 2729824、FR 2729825、FR 2742747、GR 96100438、HK 1002587、HR 960596、HU 9801279、GB 2308365、GR 3033227、ID 16749、IE 80872、IE 960912、IL 124855、IL 116947、IT MI 962693、JP 10513169、JP 3825471、JP 3986085、JP 2000502095、LU 88858、MA 24034、NL 1004863、NO 310190、NZ 325791、OA 10699、PA 8423701、PL 184514、PL 186301、PT 806895、PT 101950、RO 116548、RO 116990、RU 2159039、SE 9604636、SE 517612、SI 9600373、SK 282730、SK 285456、SV 1996000114、TR 9801127、TW 328045、TW 539536、US 5952358、US 6077860、UY 24553、WO 9722593、ZA 9600692 等。

制备专利　CN 101168529、CN 107629005、CN 106866537、CN 106614605、CN 106187896、CN 105732505、CN 105712933、CN 105693612、CN 105541821、CN 105503731、IN 2014MU00330、CN 104370818、CN 104230810、IN 2011CH01222、WO 2011120312 等。

国内登记情况　95%原药，30%悬乳剂等，登记作物为水稻等，防治对象为稻飞虱等。德国拜耳作物科学公司在中国登记了 94%原药和 100 g/L 悬浮剂，用于防治水稻田稻飞虱，使用剂量为 45～60 g/hm²。

合成方法　经如下反应制得 ethiprole：

（1）路线 1：

（2）路线 2：

参考文献

[1] 农药科学与管理, 2009, 30(5): 58.

[2] The Pesticide Manual.17th edition: 424-425.

氟虫腈（fipronil）

437.2，$C_{12}H_4Cl_2F_6N_4OS$，120068-37-3

氟虫腈（试验代号：MB 46030，RPA-030，BAS 350 I，商品名称：Adonis、Agenda、Ascend、Blitz、Chipco Choice、Cosmos、Fipridor、Fiprosun、Frontline、Gard、Garnet、Goldor Bait、Goliath、Icon、Maxforce、Metis、Prince、Regent、Taurus、Termidor、Texas、Top Choice、Vi-nil、Violin、锐劲特，其他名称：氟苯唑、威灭）是 Rhone-Poulenc 于 1987 年发现，F.Colliot 等人报道其活性，由 Rhône-Poulenc Agrochimie(现属 Bayer AG)商品化的新型吡唑类杀虫剂。

化学名称　(±)-5-氨基-1-(2,6-二氯-α,α,α,-三氟-对-甲苯基)-4-三氟甲基亚磺酰基吡唑-3-腈。英文化学名称为(±)-5-amino-1-(2,6-dichloro-α,α,α-trifluoro-p-tolyl)-4-trifluoromethylsulfinylpyrazole-3-carbonitrile。美国化学文摘系统名称 5-amino-[2,6-dichloro-4-(trifluoromethyl)phenyl]-4-(trifluoromethylsulfinyl)-1H-pyrazole-3-carbonitrile。CA 主题索引名称 1H-pyrazole-3-carbonitrile —, 5-amino-1-[2,6-dichloro-4-(trifluoromethyl)phenyl]-4-[(trifluoro methyl)sulfinyl]-。

理化性质　纯品为白色固体，熔点 203℃。蒸气压 0.002 mPa（25℃）。相对密度 1.477～1.705（20～25℃）。lgK_{ow} 4.0。Henry 常数 $2.31×10^{-4}$ Pa・m³/mol（计算）。水中溶解度（mg/L，20～25℃）：1.9（蒸馏水），1.9（pH 5），2.4（pH 9）。有机溶剂中溶解度（20～25℃，g/L）：丙酮545.9，二氯甲烷22.3，甲苯3.0，己烷0.028。稳定性：在 pH 5、7 的水中稳定，在 pH 9 时缓慢水解（DT_{50} 约 28 d）。加热仍很稳定。在太阳光照射下缓慢降解（持续光照 12 d，分解 3%左右），但在水溶液中经光照可快速分解（DT_{50} 约 0.33 d）。

毒性　急性经口 LD_{50}：大鼠 92 mg/kg。急性经皮 LD_{50}：大鼠＞2000 mg/kg，兔 354 mg/kg。本品对兔眼睛和皮肤无刺激，对豚鼠无致敏性。大鼠吸入 LC_{50}（4 h）0.39 mg/L（原药，仅限于鼻子）。NOEL 值：大鼠（2 年）0.5 mg/kg 饲料（0.019 mg/kg），小鼠（18 月）0.5 mg/kg 饲料，狗（52 周）0.2 mg/(kg・d)。ADI/RfD 值（JMPR）0.0002 mg/kg，（EFSA）0.0002 mg/kg，（EPA）0.0002 mg/kg。无"三致"。

生态效应　急性经口 LD_{50}（mg/kg）：山齿鹑 11.3，野鸭＞2000，鸽子＞2000，野鸡 31，红腿松鸡 34，麻雀 1120。野鸭饲喂 LC_{50}（5 d）＞5000 mg/kg，山齿鹑饲喂 LC_{50}（5 d）为 49 mg/kg。鱼急性 LC_{50}（96 h，μg/L）：大翻车鱼 85，虹鳟 248，欧洲鲤鱼 430。水蚤 LC_{50}（4 h）0.19 mg/L，隆线溞 LC_{50}（48 h）3.8 mg/L。藻类：栅藻 EC_{50}（96 h）0.068 mg/L，羊角月

牙藻 EC_{50}（120 h）＞0.16 mg/L，鱼腥藻 EC_{50}（96 h）＞0.17 mg/L。对蜜蜂高毒（触杀和胃毒），但本品用于种子处理或土壤处理对蜜蜂无害。对蚯蚓无毒。

环境行为 本品在植物、动物和环境中代谢物为砜、亚砜和胺，除了胺外，亚砜、砜和其本身的光解产物均作用于 GABA 接受点。动物一旦吸收，代谢很快，其代谢物砜和未代谢的本品主要通过粪便排出，代谢物在动物组织中残留 7 d，如砜残留在山羊和鸡的组织中。用本品进行土壤处理的棉花、玉米、甜菜或向日葵，在成熟期，在植物中主要的残留物为本品、砜和胺，喷雾处理的棉花、白菜、水稻和马铃薯，残留物主要是本品和光解产物。本品在土壤中的主要降解物为砜和胺（需氧），亚砜和胺（厌氧）。光解产物是砜和胺的混合物。本品及其代谢物在土壤中的流动性差。

制剂 5%、20%胶悬剂，0.3%、1.5%、2.0%颗粒剂，5%、60%悬浮种衣剂。

主要生产商 Adama、BASF、安徽华星化工有限公司、拜耳作物科学（中国）有限公司、大连九信精细化工有限公司、海利尔药业集团股份有限公司、河北三农农用化工有限公司、江苏富鼎化学有限公司、江苏托球农化股份有限公司、江苏优嘉植物保护有限公司、江苏云帆化工有限公司、江苏长青农化股份有限公司、江苏中旗科技股份有限公司、连云港埃森化学有限公司、南通泰禾化工股份有限公司、内蒙古佳瑞米精细化工有限公司、内蒙古莱科作物保护有限公司、宁波三江益农化学有限公司、山东省青岛凯源祥化工有限公司、沈阳科创化学品有限公司、顺毅南通化工有限公司、一帆生物科技集团有限公司、浙江富农生物科技有限公司等。

作用机理与特点 通过阻碍 γ-氨基丁酸（GABA）调控的氯化物传递而破坏中枢神经系统内的中枢传导。安全高效、无交互抗性。本品以触杀和胃毒作用为主，当作为种衣剂时可以防治昆虫。在水稻上有较强的内吸活性，击倒活性为中等。与现有杀虫剂无交互抗性，对有机磷、环戊二烯类杀虫剂、氨基甲酸酯、拟除虫菊酯等有抗性的或敏感的害虫均有效。持效期长。

专利与登记

专利名称 *N*-Phenylpyrazole derivatives as pesticides for plants, animals and their preparation, compositions, and use

专利号 EP 295117　　　　　专利公开日 1988-11-14

专利申请日 1987-06-12　　　优先权日 1987-06-12

专利拥有者 May and Baker Ltd.

在其他国家申请的化合物专利 AT 307118、AT 191479、AU 1755488、AU 618266、AU 8817554、AU 618266、BR 8803258、CA 1330089、CN 88103601、CN 1027341、CZ 285151、DD 281174、DE 3856585、DE 3856402、DK 8803140、DK 175070、EG 19113、EP 0295117、ES 2251806、ES 2144390、FI 8802735、FI 100329、GR 3033663、HK 1005289、HU 48875、HU 203729、HU 210668、HU 9500470、IE 20020481、IL 86492、JP 63316771、KR 970001475、IL 05138、MA 21292、MX 11842、NL 350001、NO 8802551、NO 175367、NZ 224979、OA 8880、PH 26895、PL 153478、PT 87697、RO 100612、RO 106496、RU 2051909、SG 63529、SK 278972、TR 23696、ZA 8804179、ZW 7388 等。

制备专利 CN 110256352、CN 109134375、EP 3412659、EP 3412658、CN 107963993、CN 107629005、CN 107382969、CN 107353251、CN 106866710、CN 106417329、CN 106187896、CN 106188011、CN 105949126、IN 2014CH05762、CN 105732505、CN 105712933、CN 105693612、CN 105646359、CN 105541821、CN 105503731、IN 2013MU02392、CN 104926729、

CN 104557713、CN 104430503、CN 103910678、IN 2011MU02790、CN 103749491、IN 2012CH 03583、CN 103360316、WO 2013037291 等。

已在世界上 88 个国家登记，具有 57 种不同用途。国内登记情况：95%、96%、98%、99%原药，5%、8%悬浮种衣剂，25 g/L 乳油，2.5%、50 g/L 悬浮剂等，登记作物为玉米、花生等，防治对象为金针虫、蛴螬等。拜耳作物科学（中国）有限公司及拜耳有限责任公司在中国登记情况见表 2-59、表 2-60。

表 2-59　德国拜耳作物科学公司在中国登记情况（仅供出口，不得在国内销售）

登记名称	登记证号	含量	剂型
氟虫腈	PD20070143	50 g/L	种子处理悬浮剂
氟虫腈	PD20060186	95%	原药

表 2-60　拜耳有限责任公司在中国登记情况

登记名称	登记证号	含量	剂型	登记作物	防治对象	用药量	施用方法
杀蟑胶饵	WP20130016	0.05%	胶饵	室内	德国小蠊	$0.03 \sim 0.09 \ g/m^2$	投饵
				室内	美洲大蠊	$0.09 \sim 0.18 \ g/m^2$	投饵
氟虫腈	WP20100012	25 g/L	乳油	建筑物	白蚁	$120 \sim 180 \ mL/m^2$	喷洒或灌穴

合成方法　经如下反应制得氟虫腈：

参考文献

[1] The Pesticide Manual.17th edition: 480-482.

[2] 蒋富国, 邓君山, 顾保权, 等. 上海化工, 2007, 32(7): 17-19.

[3] 农药大典. 北京：中国三峡出版社, 2006: 379-380.

[4] 陈叶娜. 广州化工, 2009, 37(2): 48-49.

[5] 徐恒涛, 张彦祥, 王洪东, 等. 化工设计通讯, 2017, 43(12): 174+195.

吡嗪氟虫腈（pyrafluprole）

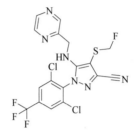

477.3，C$_{17}$H$_{10}$Cl$_2$F$_4$N$_6$S，315208-17-4

吡嗪氟虫腈（试验代号 V3039）是由日本三菱化学公司研制的苯基吡唑类杀虫剂。

化学名称　1-(2,6-二氯-α,α,α-三氟-对-甲苯基)-4-(氟甲硫基)-5-[(吡嗪甲基)氨基]吡唑-3-甲腈。英文化学名称为 1-(2,6-dichloro-α,α,α-trifluoro-p-tolyl)-4-(fluoromethylthio)-5-[(pyrazinyl-methyl)amino]-pyrazole-3-carbonitrile。美国化学文摘系统名称为 1-[2,6-dichloro-4-(trifluoro-methyl)phenyl]-4-[(fluoro-methyl)thio]-5-[(pyrazinylmethyl)-amino]-1*H*-pyrazole-3-carbonitrile。CA 主题索引名称为 1*H*-pyrazole-3-carbonitrile ——, 1-[2,6-dichloro-4-(trifluoromethyl)phenyl]-4-[(fluoromethyl)thio]-5-[(pyrazinyl-methyl)amino]-。

理化性质　熔点 119～120℃。

作用机理与特点　通过阻碍 γ-氨基丁酸（GABA）调控的氯化物传递而破坏中枢神经系统内的中枢传导。

应用

（1）适用作物　水稻。

（2）防治对象　用于防治半翅目和鞘翅目害虫，如蚜虫、跳蚤、绿豆象、褐稻虱、斜纹夜蛾、小菜蛾等。

专利与登记

专利名称　Preparation of 4-amino-1-phenyl-3-cyanopyrazole derivatives and process for producing the same, and pesticides containing the same as the active ingredient

专利号　WO 2001000614　　　　　专利公开日　2001-01-04

专利申请日　2000-06-28　　　　　优先权日　1999-06-29

专利拥有者　Mitsubishi Chemical Corporation

在其他国家申请的化合物专利　AT 372333、AU 763625、BR 2000011992、CA 2377236、CN 1160349、EP 1197492、JP 2001072676、KR 784746、MX 2001013211、NZ 516415、RU 2256658、US 20030060471、US 6849633、ZA 2001010520 等。

制备专利 JP 2002338547、WO 2002066423 等。

合成方法 经如下反应制得目的物：

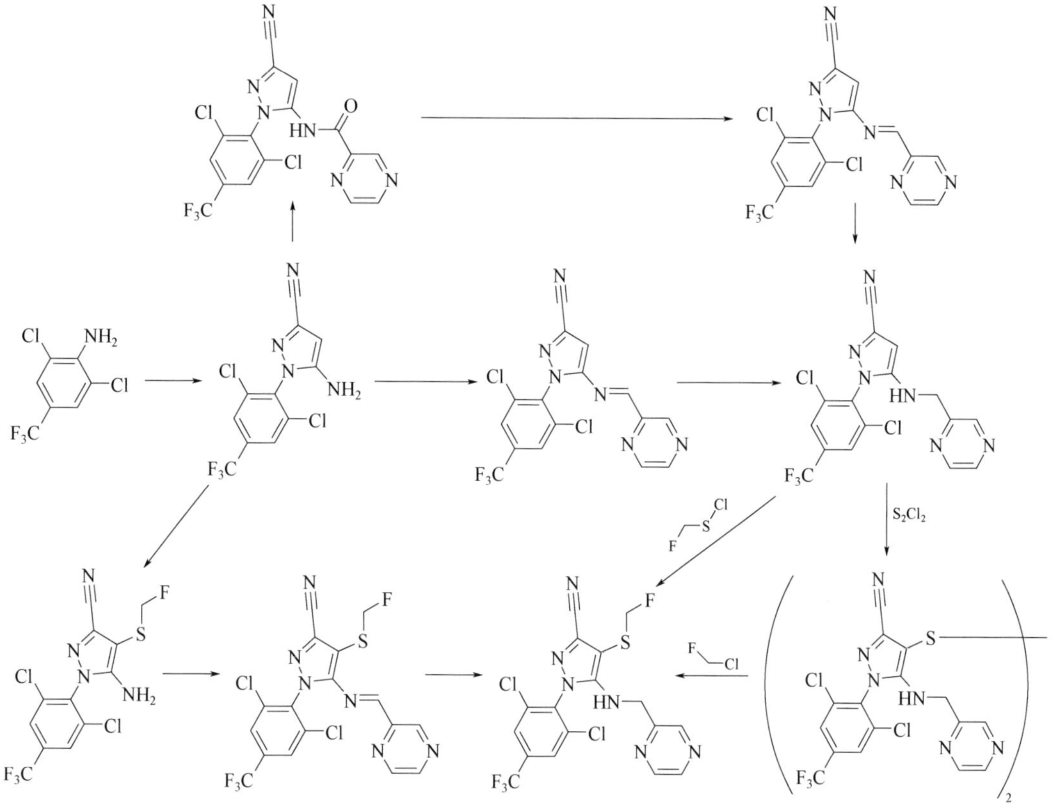

吡唑虫啶（pyriprole）

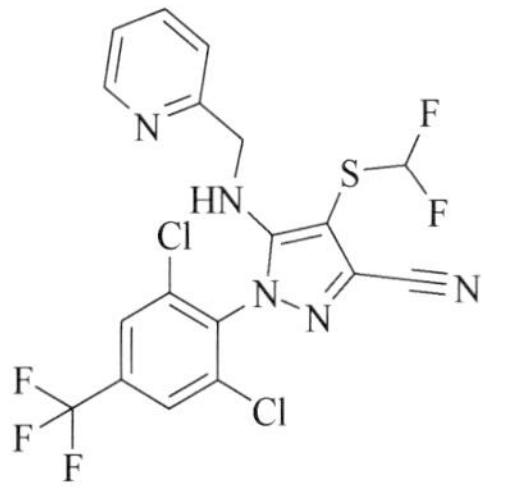

494.3，C₁₈H₁₀Cl₂F₅N₅S，394730-71-3

吡唑虫啶（试验代号 V 3086）是由日本三菱化学公司（Mitsubishi Chemical Corporation）研制的苯基吡唑类杀虫剂。

化学名称 1-(2,6-二氯-α,α,α-三氟-对甲苯基)-4-(二氟甲基硫基)-5-[(2-吡啶基甲基)氨基]吡唑-3-甲腈。英文化学名称为 1-(2,6-dichloro-α,α,α-trifluoro-p-tolyl)-4-(difluoromethylthio)-5-[(2-pyridyl-methyl)amino]pyrazole-3-carbonitrile。美国化学文摘系统名称为 1-[2,6-dichloro-4-(trifluoromethyl)-phenyl]-4-[(difluoromethyl)thio]-5-[(2-pyridinylmethyl)amino]-1H-pyrazole-3-carbonitrile。CA 主题索引名称为 1H-pyrazole-3-carbonitrile —, 1-[2,6-dichloro-4-(trifluoromethyl)phenyl]-4-[(difluoromethyl)-thio]-5-[(2-pyridinylmethyl)amino]-。

理化性质　熔点 117～120℃。耐光性好，不易光解。

毒性　对大鼠急性经口为中等毒性，大鼠急性经皮为低毒，兔急性经皮为中等毒性。对大鼠经口无作用剂量为 0.3 mg/(kg·d)（28 d），0.1 mg/(kg·d)（90 d）。对大鼠经皮无作用剂量为 60 mg/(kg·d)（28 d）。大鼠一代繁殖试验，无作用剂量 0.3 mg/(kg·d)。大鼠致畸性试验，无作用剂量为 8 mg/(kg·d)。对兔皮肤无刺激作用，对兔眼睛有轻微刺激作用。

生态效应　对水中生物具有毒性。

主要生产商　Nihon Nohyaku。

作用机理与特点　通过阻碍 γ-氨基丁酸（GABA）调控的氯化物传递而破坏中枢神经系统内的中枢传导。

应用

（1）适用作物　水稻。

（2）防治对象　用于防治半翅目和鞘翅目害虫，如蚜虫、跳蚤、绿豆象、褐稻虱、斜纹夜蛾、小菜蛾等。

专利与登记

专利名称　Preparation process of pyrazole derivatives in pest controllers containing the same as the active ingredient

专利号　WO 2002010153　　　　　　专利公开日　2002-02-07

专利申请日　2001-07-30　　　　　　优先权日　2000-07-31

专利拥有者　Mitsubishi Chemical Corporation

在其他国家申请的化合物专利　AT 318808、AU 2001276698、BR 2001012880、CA 2417369、EP 1310497、ES 2259329、IL 154149、IN 2003DN00117、JP 2002121191、MX 2003000982、NZ 523844、RU 2265603、US 7371768、US 20040053969、ZA 2003000832 等。

制备专利　US 7371768、WO 2002066423 等。

合成方法　经如下反应制得 pyriprole：

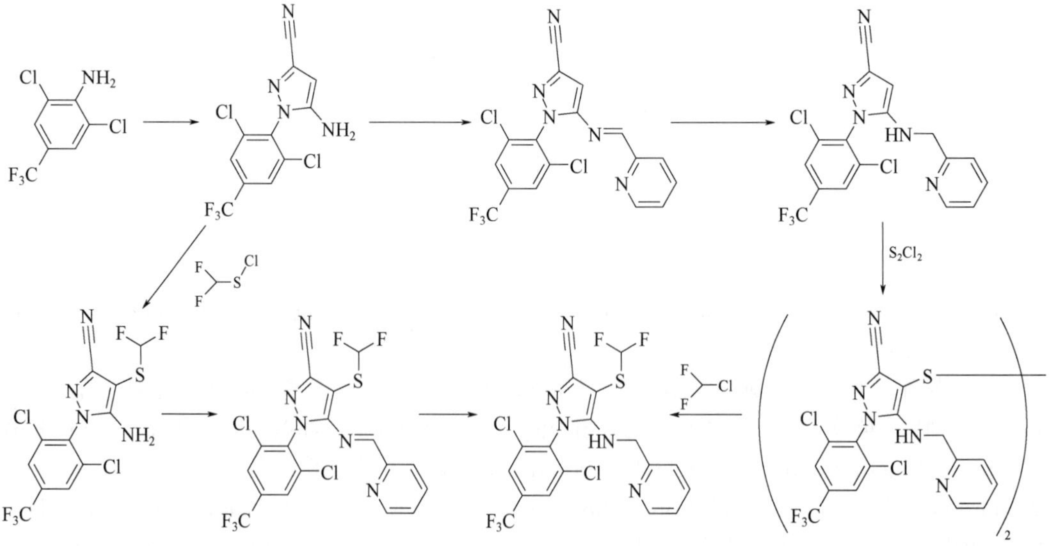

中间体的其他合成方法：

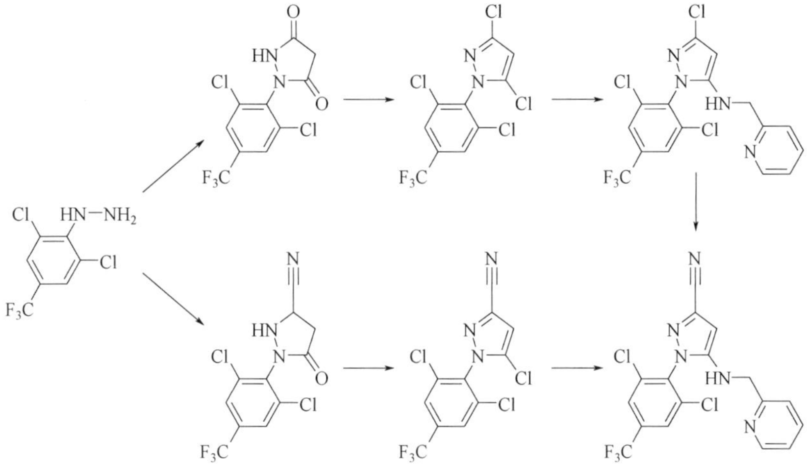

丁烯氟虫腈（flufiprole）

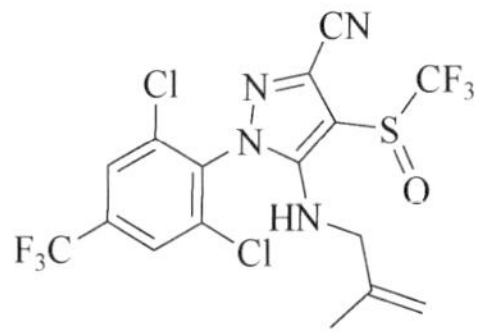

491.2，C₁₆H₁₀Cl₂F₆N₄OS，704886-18-0

491.2，$C_{16}H_{10}Cl_2F_6N_4OS$，704886-18-0

丁烯氟虫腈是大连瑞泽农药股份有限公司在氟虫腈基础上研制开发的吡唑类杀虫剂。

化学名称　1-(2,6-二氯-α,α,α-三氟-对-甲苯基)-5-甲代烯丙基氨基-4-(三氟甲基亚磺酰基)吡唑-3-腈。英文化学名称为　1-(2,6-dichloro-α,α,α-trifluoro-p-tolyl)-5-(2-methylallylamino)-4-(trifluoromethylsulfinyl)pyrazole-3-carbonitrile。美国化学文摘系统名称为　1-[2,6-dichloro-4-(trifluoromethyl)phenyl]-5-[(2-methyl-2-propen-1-yl)amino]-4-[(trifluoromethyl)sulfinyl]-1H-pyrazole-3-carbonitrile。CA 主题索引名称为 1H-pyrazole-3-carbonitrile ——, 1-[2,6-dichloro-4-(trifluoromethyl)phenyl]-5-[(2-methyl-2-propen-1-yl)amino]-4-[(trifluoromethyl)sulfinyl]-。

理化性质　原药含量≥96.0%，外观为白色疏松粉末。熔点为 172～174℃。溶解度（g/L，20～25℃）：水 0.02，乙酸乙酯 260，微溶于石油醚、正己烷，易溶于乙醚、丙酮、三氯甲烷、乙醇、DMF。$\lg K_{ow}$ 3.7。常温下稳定，在水及有机溶剂中稳定，在弱酸、弱碱及中性介质中稳定。5%乳油外观为均相透明液体。无可见悬浮物和沉淀。乳液稳定性（稀释 200 倍）合格。产品质量保证期为 2 年。

毒性　原药和 5%乳油大鼠急性经口 LD_{50}>4640 mg/kg，急性经皮 LD_{50}>2150 mg/kg。原药对大耳白兔皮肤、眼睛均无刺激性，对豚鼠皮肤无致敏性；5%乳油对大耳白兔皮肤无刺激性，眼睛为中度刺激性；对豚鼠皮肤无致敏性。原药大鼠 13 周亚慢性毒性试验最大无作用剂量［mg/(kg·d)］：雄性 11，雌性 40。Ames 试验、小鼠骨髓细胞微核试验、小鼠显性致死试验均为阴性，未见致突变作用。

生态效应　丁烯氟虫腈 5%乳油　对斑马鱼 LC_{50}（96 h）19.62 mg/L，鹌鹑急性经口 LD_{50}>2000 mg/kg，蜜蜂接触 LD_{50} 为 0.56 μg/只，家蚕 LC_{50}>5000 mg/L。该药对鱼、家蚕低毒，对

鸟中等毒或低毒（以有效成分的量计算），对蜜蜂为高毒，高风险性。

制剂 5%乳油。

主要生产商 大连瑞泽农药股份有限公司。

作用机理与特点 药剂兼有胃毒、触杀及内吸等多种杀虫方式，主要是阻碍昆虫 γ-氨基丁酸控制的氯化物代谢。

应用

（1）适用作物 水稻、蔬菜等作物。

（2）防治对象 稻纵卷叶蛾、稻飞虱、二化螟、三化螟、椿象、蓟马等鳞翅目、蝇类和鞘翅目害虫。

（3）应用技术 与其他杀虫剂没有交互抗性，可以混合使用。经田间药效试验结果，丁烯氟虫腈5%乳油对甘蓝小菜蛾的防治效果较好。甘蓝小菜蛾用药量为 $15\sim30$ g(a.i.)/hm² （折成5%乳油商品量为 $20\sim40$ mL/亩，一般加水 $50\sim60$ L 稀释）。于小菜蛾低龄幼虫 $1\sim3$ 龄高峰期，采用喷雾法均匀施药 1 次。对作物安全，未见药害发生。

防治水稻田二化螟、稻飞虱、蓟马每亩可用 5%丁烯氟虫腈乳油 $30\sim50$ mL，防治稻纵卷叶螟可用 $40\sim60$ mL 于卵孵化高峰、低龄幼虫、若虫高峰期两次施药，即在卵孵盛期或水稻破口初期第 1 次施药，此后 1 周第 2 次施药。防治蔬菜小菜蛾、甜菜夜蛾、蓟马每亩可用 5%丁烯氟虫腈 $30\sim50$ mL，在 $1\sim3$ 龄幼虫高峰期施药。每亩所用药剂对水 $20\sim30$ kg，摇匀后均匀喷施水稻植株或菜心、菜叶正反两面。

专利与登记

专利名称 *N*-Phenyl pyrazole derivative pesticide

专利号 CN 1398515　　　　　专利公开日 2003-02-26

专利申请日 2002-07-30　　　　优先权日 2002-07-30

专利拥有者 王正权等

在其他国家申请的化合物专利 AU 2003242089、CN 1204123、JP 2005534683、KR 20050016663、WO 2004010785、IN 2005DN 00467、IN 240659 等。

国内登记情况 96%原药，80%水分散粒剂，5%乳油，0.2%饵剂等，登记作物为水稻、甘蓝等，防治对象为稻化螟、小菜蛾等。

合成方法 丁烯氟虫腈是在氟虫腈的基础上经过优化筛选得到的，可由如下方法制得：

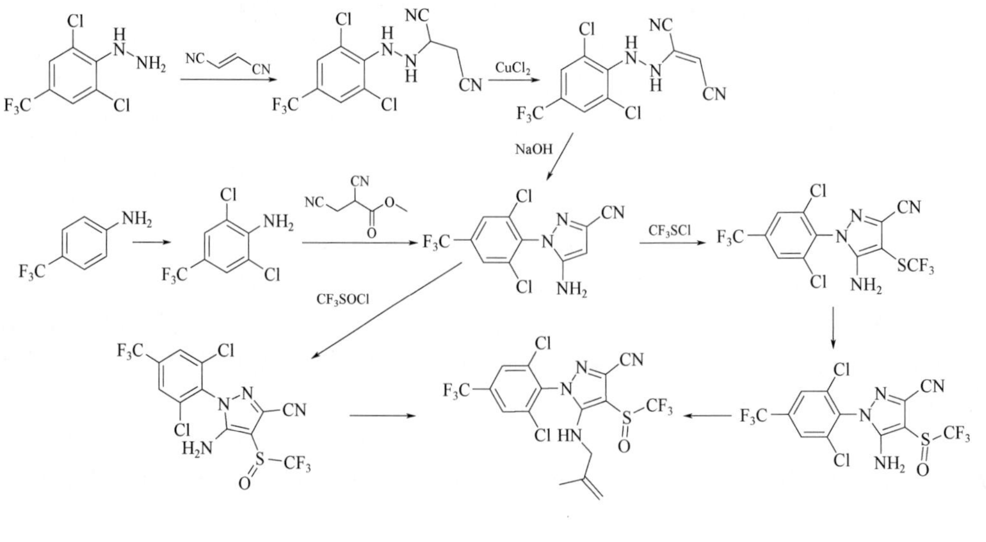

参考文献

[1] 农药科学与管理, 2008, 29(9): 58.

[2] 大连瑞泽农药股份有限公司. 世界农药, 2005, 27(5): 49.

[3] 农药大典. 北京：中国三峡出版社, 2006: 379-380.

[4] The Pesticide Manual. 17th edition: 509.

[5] 王振宏. 新农业, 2011, 4: 48.

唑虫酰胺（tolfenpyrad）

383.9，$C_{21}H_{22}ClN_3O_2$，129558-76-5

唑虫酰胺（试验代号：OMI-88，商品名称：Hachi-hachi）是 Mitsubishi Chemical Corporation 发现，T.Kukuchi 等人报道其活性，由 Mitsubishi 和 Otsuka Chemical Co.共同开发的新型吡唑类杀虫、杀螨剂。

化学名称 4-氯-3-乙基-1-甲基-N-(4-(对-甲基苯氧基)苄基)-1H-吡唑-5-酰胺。英文化学名称为 4-chloro-3-ethyl-1-methyl-N-(4-(p-tolyloxy)benzyl)-1H-pyrazole-5-carboxamide。美国化学文摘系统名称为 4-chloro-3-ethyl-1-methyl-N-[[4-(4-methylphenoxy)phenyl]methyl]-1H-pyrazole-5-carboxamide。CA 主题索引名称为 1H-pyrazole-5-carboxamide —, 4-chloro-3-ethyl-1-methyl-N-[[4-(4-methylphenoxy)phenyl]methyl]-。

理化性质 原药含量≥98.0%，白色粉末，熔点 87.8～88.2℃，蒸气压＜5.0×10^{-4} mPa（25℃）。相对密度 1.18（20～25℃）。lgK_{ow} 5.61。Henry 常数 0.0022 Pa·m³/mol（计算）。水中溶解度（20～25℃）0.087 mg/L。有机溶剂中溶解度（g/L，20～25℃）：正己烷 7.41，甲苯 366，甲醇 59.6，丙酮 368，乙酸乙酯 339。在 pH 4～9（50℃）能存在 5 d。

毒性 急性经口 LD$_{50}$（mg/kg）：雄大鼠 260～386，雌大鼠 113～150，雄小鼠 114，雌小鼠 107；急性经皮 LD$_{50}$（mg/kg）：雄大鼠＞2000，雌大鼠＞3000。本品对兔皮肤和眼睛有轻微刺激，对豚鼠皮肤无刺激。大鼠吸入 LC$_{50}$（mg/L）：雄 2.21，雌 1.50。NOEL 值（mg/kg bw）：雄大鼠（2 年）0.516，雌大鼠（2 年）0.686，雄小鼠（78 周）2.2，雌小鼠（78 周）2.8，狗（1 年）1。ADI/RfD（FSC）0.0056 mg/kg bw（2004）。无致畸、致癌、致突变。

生态效应 对水生生物毒性较高，鲤鱼 LC$_{50}$（96 h）0.0029 mg/L。水蚤 LC$_{50}$（48 h）0.0010 mg/L。绿藻 E$_b$C$_{50}$（72 h）＞0.76 mg/L。对天敌的影响：以 1000 倍的 15%乳油稀释液喷洒于野外桑园中，隔一定时间采集后饲喂 4 龄蚕幼虫，结果发现影响时间在 50 d 以上。对有益蜂、有益螨等多种有益昆虫该药剂均有一定的影响，影响时间从 1～59 d 不同。

环境行为 ①动物。大鼠口服后，≥80%主要通过粪便排出体外。唑虫酰胺可以快速代谢成多种代谢物，主要的代谢途径为酰胺的水解、烷基链的氧化以及它们的组合。②植物。在甘蓝中唑虫酰胺无内吸性，在植物中多代谢为小的代谢物，主要的代谢途径为酰胺的水解、烷基的氧化以及它们的组合。③土壤/环境。DT$_{50}$（需氧）3～5 d，（厌氧）127～179 d（2 种土壤）；降解主要是对甲基苯甲基或乙基的氧化，对甲基苯氧基苄基的断裂以及酰胺的断裂，最终形成 CO$_2$。K_{ads} 722～1522，K_{oc} 15.1×10³～149×10³。

制剂 15%乳油、15%悬浮剂。

主要生产商 Nihon Nohyaku、海利尔药业集团股份有限公司。

作用机理与特点 作用机制为阻止昆虫的氧化磷酸化作用，还具有杀卵、抑食、抑制产卵及杀菌作用。该药杀虫谱很广，对各种鳞翅目、半翅目、甲虫目、膜翅目、双翅目害虫及螨类具有较高的防治效果，该药还具有良好的速效性，一经处理，害虫马上死亡。广泛用于蔬菜。

应用

（1）适用作物 甘蓝、大白菜、黄瓜、茄子、番茄等蔬菜，水果，观赏植物等。

（2）防治对象 唑虫酰胺的杀虫谱甚广，对鳞翅目、半翅目、甲虫目、膜翅目、双翅目、缨翅目、蓟马及螨类等害虫均有效。此外，该药剂对黄瓜的白粉病等真菌病害也有相当的效果。

唑虫酰胺的杀虫谱如下：

鳞翅目 菜蛾、甘蓝夜蛾、斜纹夜蛾、瓜绢螟、甜菜夜蛾、茶细蛾、金纹细蛾、桃小食心虫、桃蛀野螟、野螟、桃潜蛾。

半翅目 桃蚜、棉蚜、菜缢管蚜、绣线菊蚜、温室粉虱、康氏粉蚧、日本粉蚧、朱绿蝽、褐飞虱。

蓟马目 稻黄蓟马、橘黄蓟马、花蓟马、烟蓟马、茶黄蓟马。

甲虫目 黄条桃甲、大二十八星瓢虫、酸浆瓢豆、黄守瓜、星天牛。

膜翅目 菜叶蜂。

双翅目 茄斑潜蝇、豌豆潜叶蝇、豆斑潜蝇。

螨类 茶半附线螨、橘锈螨、梨叶锈螨、茶橙叶螨、番茄叶螨。

（3）使用方法 目前，该药剂被推荐用于甘蓝、大白菜、黄瓜、茄子、番茄和菊花上，使用剂量为15%乳油稀释1000～2000倍，通常喷洒次数为2次。现正在申请于萝卜、西瓜、茶树等作物上应用。使用剂量为75～150 g(a.i.)/hm^2。

（4）注意事项 ①本品对水生动物毒性较高，使用时务必不可流入水流系统。②对有益蜂、有益螨等多种有益昆虫该药剂均有一定的影响，故在养蚕地区使用时务必慎重。同时由于对多种天敌也有影响，使用时也应注意。③该药剂对黄瓜、茄子、番茄、白菜的幼苗可能有药害，使用时亦应注意。另外，在使用时也要慎防对周边地区作物（如萝卜、芜菁幼苗、木兰等软弱蔬菜）的药害。

专利与登记

专利名称 Pyrazole amides and insecticide and miticide containing them as active ingredient

专利号 EP 365925 专利公开日 1990-05-02

专利申请日 1989-10-11 优先权日 1988-10-14

专利拥有者 Mitsubishi Kasei Corp

在其他国家申请的化合物专利 DE 68923528、EP 365925、ES 2075026、JP 03081266、KR 960010341、US 5039693 等。

制备专利 CN 104145964、CN 103351340、CN 103193708、CN 103102307、JP 2002220374、JP 2002220375 等。

国内登记情况 98%原药，15%、20%悬乳剂等，登记用于防治甘蓝小菜蛾。

合成方法 经如下反应制得唑虫酰胺：

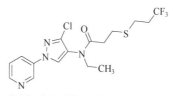

参考文献

[1] The Pesticide Manual.17th edition: 1115-1116.

[2] 张一宾. 世界农药, 2003, 25(6): 45.

[3] 范文政, 顾保权, 朱伟清, 等. 现代农药, 2005(2): 9-11.

tyclopyrazoflor

406.8，C~16~H~18~ClF~3~N~4~OS，1477919-27-9

406.8，$C_{16}H_{18}ClF_3N_4OS$，1477919-27-9

tyclopyrazoflor（开发代号 X12317607 和 XDE-607）是陶氏益农公司开发的吡啶基吡唑 (pyridylpyrazole)类杀虫剂。

化学名称 N-[3-氯-1-(3-吡啶基)-1H-吡唑-4-基]-N-乙基-3-[(3,3,3-三氟丙基)硫代]丙酰 胺。英文化学名称为 N-[3-chloro-1-(3-pyridyl)-1H-pyrazol-4-yl]-N-ethyl-3-[(3,3,3-trifluoropro-pyl)thio]propanamide。CA 主题索引名称为 propanamide—, N-[3-chloro-1-(3-pyridinyl)-1H-pyra-zol-4-yl]-N-ethyl-3-[(3,3,3-trifluoropropyl)thio]-。

应用 可用于防治棉粉虱、棕榈象甲。

专利与登记

专利名称 Preparation of pyridinylpyrazolamine derivatives as pesticides and their pesti-cidal compositions

专利号 US 20130291227　　　　专利公开日 2013-10-31

专利申请日 2013-03-07　　　　优先权日 2012-04-27

专利拥有者 Dow AgroSciences LLC, USA

在其他国家申请的化合物专利 WO 2013162715、CA 2870090、US 20130291227、IL

235322、KR 2015017709、EP 2852284、JP 2015518488、JP 6463670、CN 104822266、NZ 700595、CN 105732579、CN 105732580、NZ 715920、RU 2623233、BR 112014026746、ZA 2014008647、ZA 2014008645、RU 2651369、AU 2013201628、AU 2013201636、AR 90867、AR 90868、TW I574955、TW I594994、TW I622585、TW I630202、IN 2014DN08804、PH 12014502398、PH 12014502397、MX 2014013071、AU 2015201987、AU 2015203318、US 20150335022、US 9591857、JP 2017137308、JP 2018058872 等。

制备专利　WO 2018125815、WO 2018125819、WO 2018125816、WO 2015058024、WO 2015058020、WO 2015058028、US 20160060245、US 20150111926、US 20150111736、US 20150111745、US 20150111743、US 20150111744、US 20150111741、US 20150111742、US 20150111740、US 20150111739、US 20150111737、US 20150111746、US 20150111738、WO 2013162715、WO 2018125820、WO 2015058021、WO 2015058022、WO 2018125818、WO 2015058023、WO 2015058026、US 9085552 等。

合成方法　经如下反应制得 tyclopyrazoflor：

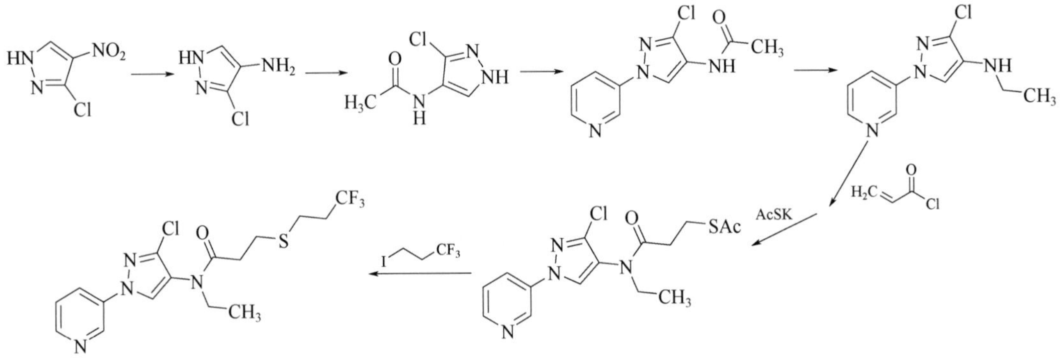

dimpropyridaz

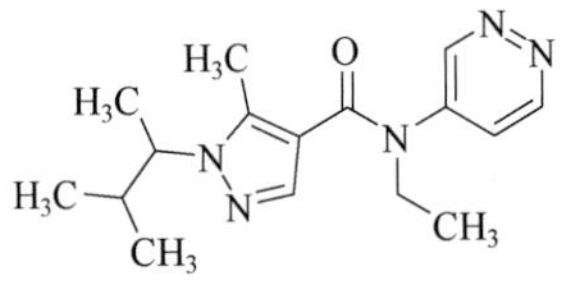

301.4，$C_{16}H_{23}N_5O$，1403615-77-9

dimpropyridaz 是巴斯夫公司开发的新型吡唑酰胺类杀虫剂。该杀虫剂为含有一个手性中心的外消旋体，其化学结构新颖，作用机理尚未见报道。

化学名称　1-[(1RS)-1,2-二甲基丙基]-N-乙基-5-甲基-N-吡嗪-4-基-1H-吡唑-4-酰胺。英文化学名称为 1-[(1RS)-1,2-dimethylpropyl]-N-ethyl-5-methyl-N-pyridazin-4-yl-1H-pyrazole-4-carboxamide。美国化学文摘系统名称为 1-(1,2-dimethylpropyl)-N-ethyl-5-methyl-N-4-pyridazinyl-1H-pyrazole-4-carboxamide。CA 主题索引名称为 pydiflumetofen—，1-(1,2-dimethylpropyl)-N-ethyl-5-methyl-N-4-pyridazinyl-。

应用　dimpropyridaz 对多种无脊椎动物害虫均有较好防除效果，对全虫态的蚜虫有特效，可用于棉花、蔬菜和水果等农作物防治害虫。

专利与登记

专利名称　Novel pyrazole compounds as pesticides and their preparation

专利号　WO 2012143317　　　　专利公开日　2012-10-26
专利申请日　2012-04-16　　　　优先权日　2011-04-21
专利拥有者　BASF SE，Germany

在其他国家申请的化合物专利　CA 2830138、IL 228345、AU 2012244846、CN 103492378、EP 2699563、KR 2014025469、KR 1911974、JP 2014517822、JP 5937199、ES 2574414、BR 112013024708、EA 24737、AR 86474、TW I600651、WO 2013156318、MX 2013010493、IN 2013CN 07605、IN 318567、US 20140045690、US 9198422、ZA 2013008600、US 20160050927、US 9439427 等。

合成方法　经如下反应制得 dimpropyridaz：

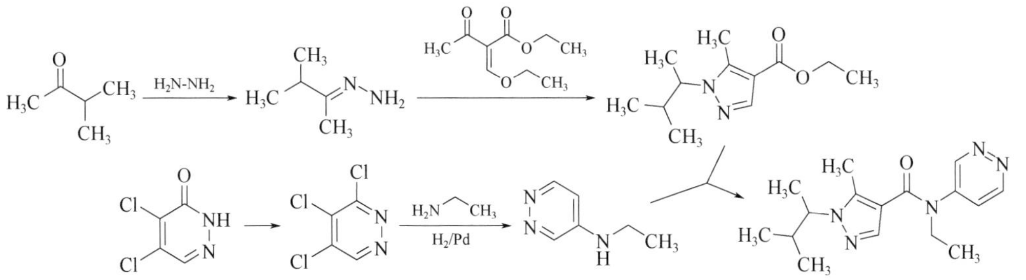

参考文献

[1] 谭海军. 农药科学与管理, 2020, 41(5): 15-25.

nicofluprole

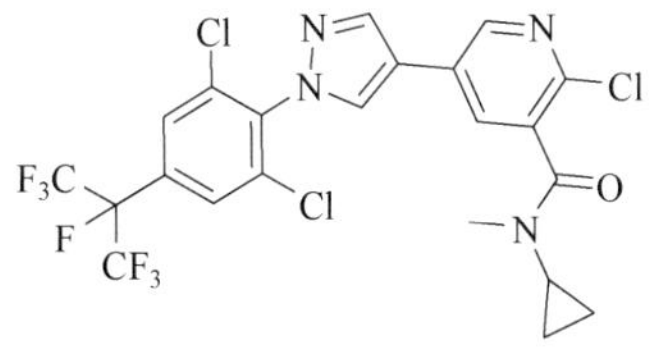

589.7，$C_{22}H_{14}Cl_3F_7N_4O$，1771741-86-6

nicofluprole 是拜耳公司开发的新型吡唑类杀虫剂。

化学名称　2-氯-N-环丙基-5-(1-{2,6-二氯-4-[1,2,2,2-四氟-1-(三氟甲基)乙基]苯基}-1H-吡唑-4-基)-N-甲基吡啶-3-甲酰胺。英文化学名称为 2-chloro-N-cyclopropyl-5-(1-{2,6-dichloro-4-[1,2,2,2-tetrafluoro-1-(trifluoromethyl)ethyl]phenyl}-1H-pyrazol-4-yl)-N-methylpyridine-3-carb-oxamide 或 2-chloro-N-cyclopropyl-5-(1-{2,6-dichloro-4-[1,2,2,2-tetrafluoro-1-(trifluoromethyl)ethyl]phenyl}-1H-pyrazol-4-yl)-N-methylnicotinamide。美国化学文摘系统名称为 2-chloro-N-cyclopropyl-5-[1-[2,6-dichloro-4-[1,2,2,2-tetrafluoro-1-(trifluoromethyl)ethyl]phenyl]-1H-pyrazol-4-yl]-N-methyl-3-pyridinecarboxamide。CA 主题索引名称为 3-pyridinecarboxamide—, 2-chloro-N-cyclopropyl-5-[1-[2,6-dichloro-4-[1,2,2,2-tetrafluoro-1-(trifluoromethyl)ethyl]phenyl]-1H-pyrazol-4-yl]-N-methyl-。

应用　用于防治节肢动物。

专利与登记

专利名称　Preparation of substituted benzamides for treating arthropodes

专利号　WO 2015067646　　　　专利公开日　2015-05-14

专利申请日　2014-11-05　　　　优先权日　2013-11-05

专利拥有者　Bayer CropScience AG，Germany

在其他国家申请的化合物专利　CA 2929390、AR 98310、AR 98312、AU 2014345593、IL 245353、KR 2016079097、CN 105873906、EP 3066079、JP 2016536363、ZA 2016003127、ES 2683445、TW I640507、TW I648260、RU 2712092、IN 201617014851、MX 2016005861、PH 12016500830、CR 20160209、ZA 2016003095、US 20160297765、US 10150737、JP 2020011964、JP 2020015738 等。

参考文献

[1]　WO 2015067646.

第十节
嘧啶胺类杀虫剂

嘧啶胺类杀虫剂（pyrimidinamine insecticides）主要有 2 个品种：flufenerim、pyrimidifen；均在此介绍。

嘧虫胺（flufenerim）

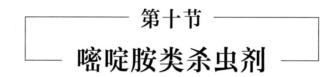

363.7，C₁₅H₁₄ClF₄N₃O，170015-32-4

嘧虫胺（试验代号：UR-50701、S-1560，商品名称：Miteclean）是日本宇部兴产在继杀螨剂嘧螨醚(pyrimidifen)开发之后，推出的又一个新型嘧啶类杀虫剂，现由住友化学开发。

化学名称　{5-氯-6-[(*RS*)-1-氟乙基]嘧啶-4-基} [4-(三氟甲氧基)苯乙基]胺。英文化学名称为{5-chloro-6-[(*RS*)-1-fluoroethyl]pyrimidin-4-yl}[4-(trifluoromethoxy)phenethyl]amine。美国化学文摘系统名称为 5-chloro-6-(1-fluoroethyl)-*N*-[2-[4-(trifluoromethoxy)phenyl]ethyl]-4-pyrimidinamine。CA 主题索引名称为 4-pyrimidinamine —，5-chloro-6-(1-fluoroethyl)-*N*-[2-[4-(trifluoromethoxy)phenyl]ethyl]-。

作用机理与特点　推测作用机理与嘧螨醚、唑虫酰胺、吡螨胺一致，均为线粒体电子传递抑制剂（METI），可作为抗性治理品种使用。

应用　用于番茄、胡椒、菠萝、蔬菜等作物防治象甲、蚧类害虫。对小菜蛾、褐飞虱、黑尾叶蝉、二斑叶螨和南方根结线虫具有较好的防治效果。

专利与登记

专利名称　Preparation of 4-(phenethylamino)pyrimidines as pesticides

专利号　EP 665225　　　　专利公开日　1995-08-02

专利申请日　1995-01-27　　　　优先权日　1994-02-01

专利拥有者　Ube Industries(JP)

在其他国家申请的化合物专利　JP 07258223、JP 2995726、US 5498612 等。

制备专利　JP 11049759、JP 3887893、JP 11012253、JP 10251105、JP 10036355 等。

合成方法　可通过以下反应制得嘧虫胺:

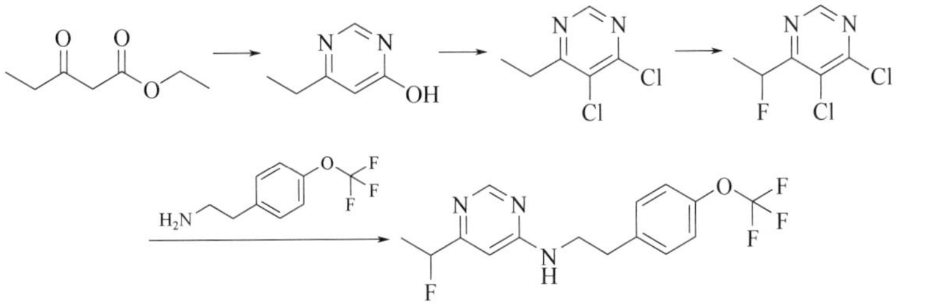

中间体的制备如下:

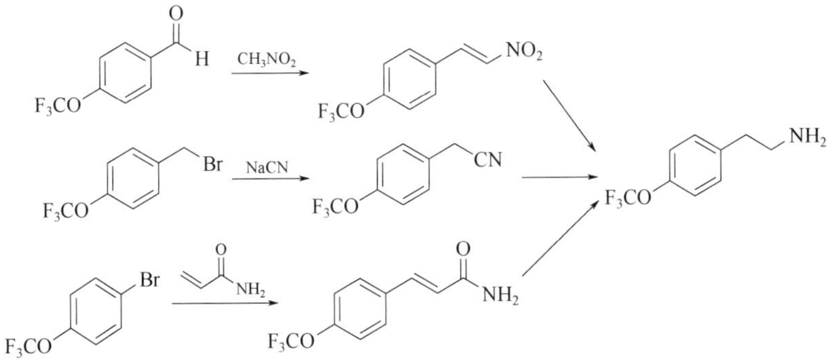

参考文献

[1] 王立增, 孙旭峰, 宋玉泉, 等. 农药, 2013, 52(9): 639-641.

[2] The Pesticide Manual. 17th edition: 506.

嘧螨醚（pyrimidifen）

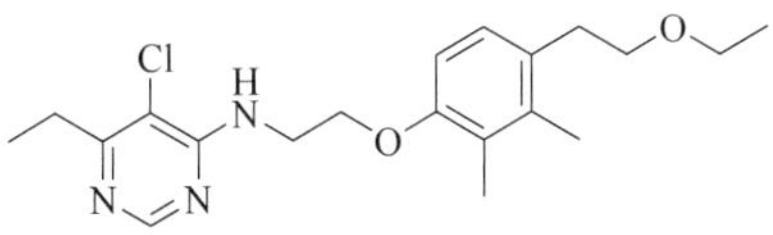

377.9，$C_{20}H_{28}ClN_3O_2$，105779-78-0

嘧螨醚（试验代号:E-787、SU-8801、SU-9118,商品名称:Miteclean）是由日本三共公司与宇部工业公司于 1995 年联合开发的嘧啶胺类杀虫剂。

化学名称　5-氯-N-{2-[4-(2-乙氧基乙基)-2,3-二甲基苯氧基]乙基}-6-乙基嘧啶-4-胺。英文化学名称为 5-chloro-N-{2-[4-(2-ethoxyethyl)-2,3-dimethylphenoxy]ethyl}-6-ethylpyrimidin-4-amine。美国化学文摘系统名称为 5-chloro-N-[2-[4-(2-ethoxyethyl)-2,3-dimethylphenoxy]ethyl]-6-ethyl-4-pyrimidinamine。CA 主题索引名称为 4-pyrimidinamine —, 5-chloro-N-[2-[4-(2-ethoxyethyl)-2,3-dimethylphenoxy]ethyl]-6-ethyl-。

理化性质　纯品为无色晶体。熔点 69.4~70.9℃。蒸气压 $1.6×10^{-4}$ mPa（25℃）。$\lg K_{ow}$ 4.59。

Henry 常数 2.79×10^{-5} Pa·m^3/mol（25℃，计算）。相对密度 1.22（20～25℃）。水中溶解度（25℃）2.17 mg/L。在酸性或碱性条件下稳定。

毒性 急性经口 LD$_{50}$（mg/kg）：雄大鼠 148，雌大鼠 115，雄小鼠 245，雌小鼠 229。雌、雄大鼠急性经皮 LD$_{50}$＞2000 mg/kg。

生态效应 野鸭急性经口 LD$_{50}$ 445 mg/kg。野鸭 LC$_{50}$＞5200 mg/L。鲤鱼 LC$_{50}$（48 h）0.093 mg/L。蜜蜂 LD$_{50}$（μg/只）：经口 0.638，接触 0.660。

制剂 悬浮剂、可湿性粉剂。

主要生产商 Mitsui Chemicals。

应用 主要用于防治果树、梨树、蔬菜、茶等的叶螨。对蔬菜中的小菜蛾也有很好的活性。

专利与登记

专利名称 Phenoxyalkylaminopyrimidine derivatives and insecticidal and acaricidal compositions containing them

专利号 EP 196524　　　　　　专利公开日 1986-10-14

专利申请日 1986-03-14　　　　优先权日 1985-06-14

专利拥有者 Sankyo Co(JP)，Ube Industries(JP)

在其他国家申请的化合物专利 AU 8654908、AU 589409、CA 1272483、HU 41221、HU 200330、JP 61286373、JP 05080471、JP 62000067、JP 02051549、JP 02209874、JP 06051685、US 4845097、ZA 8601906 等。

制备专利 JP 03005466、JP 2588969、DE 19647317 等。

合成方法 可通过以下反应制得嘧螨醚：

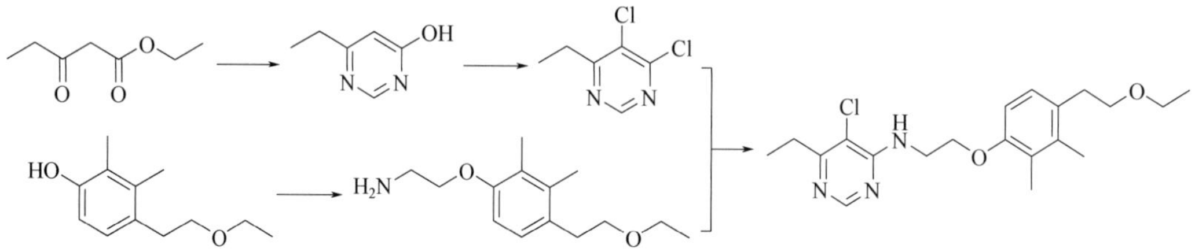

参考文献

[1] The Pesticide Manual.17th edition: 979-980.

第十一节
吡咯类杀虫剂

一、溴虫腈的创制经纬

1987 年美国氰胺公司的科研人员从 *Streptomyces fumanus* 中分离出具有杀虫活性化合物 dioxapyrrolomycin（**1**），同时日本的两个研究部门明治制果（Meiji Seika）和 SS 药业（SS Pharmaceutical）也在独立研究具有抗菌活性的 *Streptomyces* 代谢物。

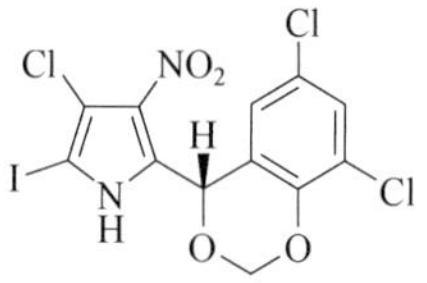

1
dioxapyrrolomycin

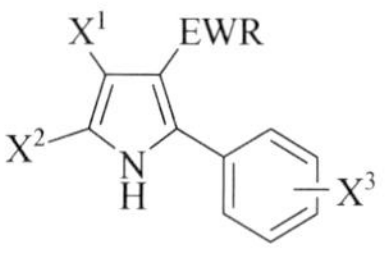

2
EWR：CN,NO$_2$,SO$_2$CF$_3$;
X^1,X^2,X^3：Cl,Br,CF$_3$

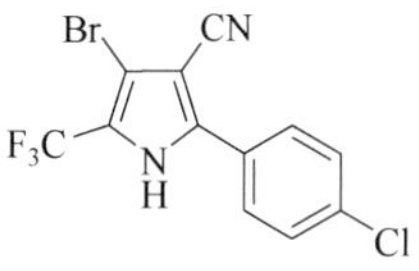

3

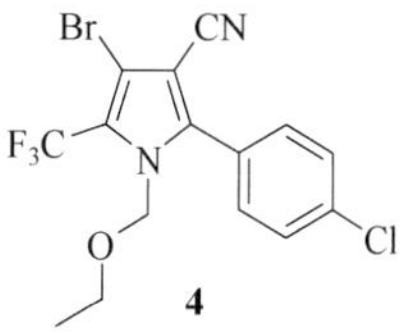

4
chlorfenapyr

尽管化合物 **1** 毒性高，但氰胺公司的科研人员理解所从事研究工作的困难性，旨在发现一种毒性低而活性好的类似物。通过对先导化合物即天然产物 **1** 结构的简化，设计了一系列 2-芳基吡咯类化合物 **2**，并对吡咯环上的 5 个取代基的考虑十分周密，进行了系统的合成和杀虫活性比较。研究表明，3-位上被亲电子基团取代的 2-芳基吡咯，当其吡咯环的其他所有位置均被取代时则显示良好的杀虫、杀螨活性。

进一步的优化试验，对溴虫腈及其同系物的结构活性关系有了较清晰的了解，当 X^1、X^2 为溴或氯时，其活性相似，但以 X^1 为溴或氯、X^2 为三氟甲基最佳；亲电子基团 EWR 是氰基、硝基或三氟甲基磺酰基时，其活性相仿；苯环上的取代基要求为亲电子基团，最好是氯、溴或三氟甲基，尤以 4-位取代为佳；N-未取代的吡咯衍生物（R ＝ H）的作用方式为作为前体农药，N-取代基以烷氧基烷基最为适宜。

在所有化合物中，化合物 **3** 活性最高，但是化合物 **3** 及其类似物对作物均有难以容忍的药害，通过进一步研究发现，化合物 **3** 的前体化合物 **4**，在昆虫吸收后代谢为具有活性的化合物 **3**。化合物 **4** 即 chlorfenapyr 与 **1** 相比不仅毒性低，且杀虫活性更高，已商品化。

天然产物 dioxapyrrolomycin（**1**）和化合物 **3** 是线粒体氧化磷酰化的解偶联剂。但前体化合物 **4**（如果不转化为 **3**）就没有这种活性。

溴虫腈高效广谱，具有胃毒和一定的触杀作用及内吸活性，且在作物上有中等持效，对钻蛀、刺吸和咀嚼式害虫以及螨类的防效优异，具有新的作用方式，且与其他杀虫剂无交互抗性，对抗性害虫防效卓越，对作物安全。

二、主要品种

吡咯类杀虫剂，现在已商品化或正在开发中的品种有 3 个：氯溴虫腈、氯溴虫腈（chlor-fenapyr）、tralopyril，在此介绍。

氯溴虫腈

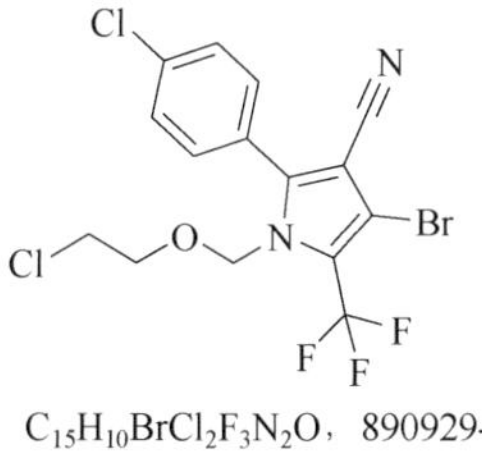

442.0，C$_{15}$H$_{10}$BrCl$_2$F$_3$N$_2$O，890929-78-9

氯溴虫腈（试验代号：HNPC-A3061）是湖南化工研究院自主设计、合成创制出的具有自主知识产权的吡咯类新型杀虫剂，于 2003 年发现，2015 年获农业部农药临时登记。

化学名称 4-溴-1-((2-氯乙氧基)甲基)-2-(4-氯苯基)-5-三氟甲基-1H-吡咯-3-腈。英文化学名称为 4-bromo-1-((2-chloroethoxy)methyl)-2-(4-chlorophenyl)-5-(trifluoromethyl)-1H-pyrrole-3-carbonitrile。

理化性质 白色结晶固体。熔点 109.5～110.0℃。易溶于丙酮、乙醚、二甲苯、四氢呋喃等有机溶剂，不溶于蒸馏水，对光和热稳定。

毒性 大鼠（雌、雄）急性经口 LD_{50}＞681 mg/kg，大鼠（雌、雄）急性经皮 LD_{50}＞2000 mg/kg，大鼠（雌、雄）急性吸入 LD_{50}＞2000 mg/kg。对兔眼、兔皮肤无刺激性。对豚鼠无致敏性。大鼠亚慢（急）性毒性最大无作用剂量为 5 mg/(kg·d)（雌）和 2.5 mg/(kg·d)（雄）。Ames、微核、染色体试验结果均为阴性。

生态效应 斑马鱼 LC_{50}（72 h）0.49 mg/L，蜜蜂 LC_{50}（48 h）13.54 mg/L，蜜蜂 LD_{50}（48 h）0.68 μg/只，鹌鹑 LC_{50}（8 d）＞2030 mg/kg，鹌鹑 LD_{50}（7 d）640 mg/kg，家蚕 LC_{50}（96 h）64.63 mg/L，斜生栅藻 EC_{50}（72 h）10.10 mg/L，蚯蚓急性毒性 LC_{50}（14 d）＞100 mg/kg 干土，土壤微生物急性毒性为最低，赤眼蜂急性毒性（24 h）安全系数 2.15。

制剂 10%悬浮剂。

主要生产商 湖南海利化工股份有限公司。

作用机理与特点 氯溴虫腈具有较强的胃毒和一定的触杀作用及内吸活性。

应用

（1）适用作物 萝卜、白菜、甘蓝等。

（2）防治对象 对鳞翅目、同翅目、鞘翅目等目中的 70 多种害虫都有极好的防效，尤其对蔬菜抗性害虫中的小菜蛾、甜菜夜蛾、斜纹夜蛾、美洲斑潜蝇、豆野螟、蓟马、红蜘蛛等特效。

（3）使用方法 氯溴虫腈田间推荐使用剂量因作物种类和防治对象不同而异，通常为 12～120 g(a.i.)/hm²。氯溴虫腈在田间条件下稳定，持效期因作物而异，一般为 7～20 d。

专利与登记

专利名称 具杀虫、杀螨、杀真菌生物活性的芳基吡咯类化合物及其制备方法

专利号 CN 1670016A   专利公开日 2005-09-21

专利申请日 2005-04-05   优先权日 2005-04-05

专利拥有者 湖南化工研究院

在其他国家申请的化合物专利 CN 100579962、CN 101323584 等。

制备专利 CN 101591284 等。

目前湖南海利化工股份有限公司在国内登记了原药及其 10%悬浮剂，可用于防治斜纹夜蛾（12～18 g/hm²）。

合成方法 经如下反应制得氯溴虫腈：

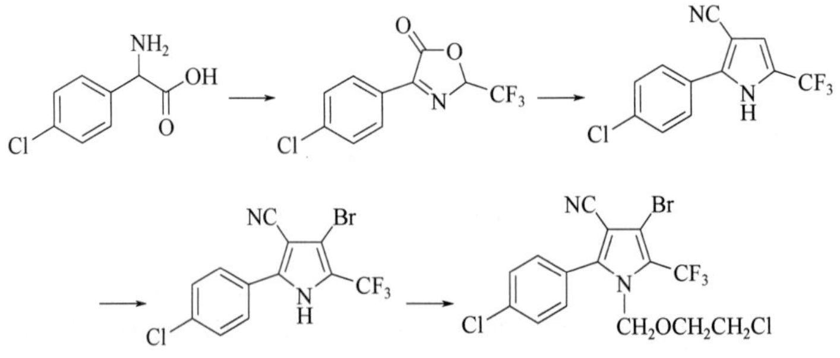

参考文献

[1] 欧晓明. 第七届全国新农药创制学术交流会. 2007, 7-12.

溴虫腈（chlorfenapyr）

407.6，$C_{15}H_{11}BrClF_3N_2O$，122453-73-0

溴虫腈（试验代号：AC 303630、BAS 306 I、CL 303630、MK-242，商品名称：Alert、Bombora、Chu-Jin、Grizli、Intrepid、Kotetsu、Lepido、Mythic、Phantom、Pylon、Pirate、Pylonga、Rampage、Secure、Stalker、除尽，其他名称：虫螨腈、咯虫尽、溴虫清、氟唑虫清）是由美国 American Cyanamid Co.(现属 BASF SE)开发的新型杂环类杀虫、杀螨、杀线虫剂。

化学名称 4-溴基-2-(4-氯苯基)-1-(乙氧基甲基)-5-(三氟甲基)吡咯-3-腈。英文化学名称为 4-bromo-2-(4-chlorophenyl)-1-ethoxymethyl-5-trifluoromethylpyrrole-3-carbonitrile。美国化学文摘系统名称为 4-bromo-2-(4-chlorophenyl)-1-(ethoxymethyl)-5-(trifluoromethyl)-1H-pyrrole-3-carbonitrile。CA 主题索引名称为 1H-pyrrole-3-carbonitrile—, 4-bromo-2-(4-chlorophenyl)-1-(ethoxymethyl)-5-(trifluoromethyl)-。

理化性质 白色固体，熔点为 101～102℃。蒸气压＜0.012 mPa（20℃）。lgK_{ow} 4.83。相对密度 0.355（20～25℃）。水中溶解度（20～25℃，pH 7）0.14 mg/L。有机溶剂中溶解度（g/L，20～25℃）：己烷 8.9，甲醇 70.9，乙腈 684，甲苯 754，丙酮 1140，二氯甲烷 1410。稳定性：在空气中稳定，DT$_{50}$ 0.88 d（10.6 h，计算）；水中（直接光降解）DT$_{50}$ 4.8～7.5 d，在水中稳定（pH 4、7 和 9）。

毒性 急性经口 LD$_{50}$（mg/kg）：雄大鼠 441，雌大鼠 1152，雄小鼠 45，雌小鼠 78。兔急性经皮 LD$_{50}$＞2000 mg/kg。对兔眼睛有中等刺激，对兔皮肤无刺激。大鼠吸入 LC$_{50}$ 1.9 mg/L空气（原药）。NOEL 值［mg/(kg·d)］：慢性经口和致癌性 NOAEL（80 周）2.8（20 mg/L），大鼠饲喂毒性 NOAEL（52 周）2.6（60 mg/L）。ADI（ECCO）0.015 mg/kg（1999），（EPA）RfD 0.003 mg/kg（1997）。Ames、CHO/HGPRT、大鼠微核以及程序外 DNA 合成试验等均为阴性。

生态效应 急性经口 LD$_{50}$（mg/kg）：野鸭 10、美洲鹑 34。鸟 LC$_{50}$（8 d，mg/L）：野鸭9.4，美洲鹑 132。鱼 LC$_{50}$（μg/L）：鲤鱼 500（48 h），虹鳟鱼 7.44（96 h），大翻车鱼 11.6（96 h）。水蚤 LC$_{50}$（96 h）6.11 μg/L。羊角月牙藻 EC$_{50}$ 132 μg/L。蜜蜂 LD$_{50}$ 0.2 μg/只。蚯蚓NOEC（14 d）8.4 mg/kg。

环境行为 ①动物。在大鼠体内 24 h 60%以上的溴虫腈主要通过粪便排出。被吸收的部分经由 N-脱烷基化作用、脱卤作用、羟基化和共轭作用进行代谢。原药和少量的代谢物在鸡蛋、牛奶以及脂肪和肝脏等组织中被发现。在母鸡和山羊中的新陈代谢与大鼠相似，然而，在这些物种中，80%的溴虫腈能迅速排出体外，未被排出的残留物存在于肾脏和肝脏中。在饮食规定的最大剂量中，所有残留物均小于 0.01 mg/L。溴虫腈是唯一有效的残留成分。②植物。在棉花、柑橘、番茄、莴苣和马铃薯中，溴虫腈通过脱烷基或者脱溴产生较小的有毒代谢物。母体代谢物是主要的残渣。③土壤。溴虫腈是主要的残留物，通过脱溴作用产生低毒代谢物是降解的主要路线，脱烷基化作用不是土壤中的主要降解路线。$K_{oc} > 10000$ mL/g，表明溴虫腈主要存在于土壤中。

制剂 10%、20%乳油、5%、10%、24%悬浮剂等。

主要生产商 BASF、海利尔药业集团股份有限公司、河北省衡水北方农药化工有限公司、河北兴柏农业科技有限公司、江苏维尤纳特精细化工有限公司、江苏中旗科技股份有限公司、开封博凯生物化工有限公司、山东省联合农药工业有限公司、山东潍坊润丰化工股份有限公司、山东潍坊双星农药有限公司、山东新龙集团生物工程有限公司、陕西美邦药业集团股份有限公司、石家庄瑞凯化工有限公司等。

作用机理与特点 主要是以胃毒和触杀作用的杀虫剂和杀螨剂。在植物中表现出良好的传导性，但是内吸性较差。溴虫腈是一种杀虫剂前体，其本身对昆虫无毒杀作用。昆虫取食或接触溴虫腈后，在昆虫体内溴虫腈在多功能氧化酶的作用下转变为具体杀虫活性化合物，其靶标是昆虫体细胞中的线粒体。使细胞合成因缺少能量而停止生命功能，打药后害虫活动变弱，出现斑点，颜色发生变化，活动停止，昏迷，瘫软，最终导致死亡。

应用

（1）适用作物 棉花、蔬菜、甜菜、大豆、甘菊、葡萄、茶树、果树及观赏作物等，推荐剂量下对作物无药害。

（2）防治对象 对钻蛀、吮吸和咀嚼式害虫以及螨类有优异的防治效果，尤其对抗性小菜蛾和甜菜夜蛾等有特效，其中包括对氨基甲酸酯、有机磷和菊酯类杀虫剂产生抗性的害虫和害螨。实验室和田间试验表明，该药剂对 1 龄、3 龄拟除虫菊酯抗性烟蛾保持两个世系的活性。可有效地防治棉花、番茄、茄子、马铃薯、芹菜和糖用甜菜作物的豆卫矛蚜、棉铃虫、潜蝇属、马铃薯块茎蛾、甜菜夜蛾、棉红蜘蛛和棉叶波纹夜蛾、夜蛾科、番茄蠹蛾等害虫。除对番茄蠹蛾、夜蛾科为 0.25 kg/hm² 外，其余均以 0.125 kg/hm² 用量防治。日本主要用于蔬菜、茶树、果树上的鳞翅目、半翅目及朱砂叶螨及抗性严重害虫的防治，50 mg/L 浓度下即可获得满意的杀螨效果，并具有良好的持效性。

（3）杀虫活性 实验室试验结果表明，溴虫腈防治亚热带黏虫三龄幼虫和烟芽夜蛾一龄幼虫的效果与氟氰菊酯相当，而防治烟芽夜蛾三龄幼虫和棉红叶螨成螨的效果优于氟氰菊酯（表 2-61）。室内浸叶试验，溴虫腈防治西方马铃薯叶蝉混合群体的活性约为氟氰菊酯的二分之一。

表 2-61 溴虫腈和氟氰菊酯对鳞翅目幼虫、叶蝉和螨的活性

药剂处理	亚热带黏虫（三龄）	烟芽夜蛾（一龄）	烟芽夜蛾（三龄）	马铃薯叶蝉（混合群体）	普通红叶螨（成螨，有机磷抗性）
溴虫腈	2.6	2.2	3.2	0.92	1.58
氟氰菊酯	3.0	1.3	9.4	0.52	>10

（4）杀螨活性 通过药剂前处理和后处理螨的侵染试验，比较溴虫腈与三环锡的杀螨活性（表 2-62）。侵染前处理的 LC_{50} 值表明，溴虫腈的杀螨活性为三环锡的 3.5 倍。侵染后处理结果表明，溴虫腈杀螨活性为三环锡的 2.5 倍左右。结果还表明：该化合物对防治有机磷抗性普通红叶螨是高效的。

表 2-62 溴虫腈和三环锡在豆叶上对有机磷抗性普通叶螨的活性

药剂处理	侵染前	侵染后
溴虫腈	1.0	1.9
三环锡	3.5	4.7

药害：溴虫腈原药溶于丙酮和水溶液中（1∶1），试验浓度 1000 mg/L 时，对棉苗和利马豆无药害。

（5）作物内吸活性　溴虫腈用于水稻防治草地夜蛾一龄幼虫与克百威（呋喃丹）相比有较好的根内吸活性。水稻秧裸根浸渍在含溴虫腈和克百威的 Hoagland's 培养液内（另含 1%丙酮和 0.1%EMU-LPHOR*EL620 乳化剂），置于有高强度光照的温室中，经 7～15 d 后，将叶子切离并置于 9 cm 塑料培养皿中，皿底内放有湿润的 Watman 一号滤纸，然后加入 10 条一龄草地夜蛾幼虫，3 d 后检查死亡率。在上述条件下，溴虫腈的活性高于克百威的活性（表 2-63）。它还具有较好的内吸残留活性，浓度 5 mg/L，吸收 15 d 后防效达 100%；而克百威仅 4%。

表 2-63 水稻秧裸根浸药后对一龄草地夜蛾幼虫的活性

浓度/(mg/L)	死亡率/%			
	溴虫腈（吸收天数）		呋喃丹（吸收天数）	
	7	15	7	15
100	100	100	97	79
30	100	100	69	68
10	100	97	67	32
5	54	100	14	4

（6）田间药效　对抗小菜蛾幼虫的活性：小菜蛾幼虫在世界上许多地区对主要杀虫剂如有机氯、有机磷、氨基甲酸酯、拟除虫菊酯、苯甲酰苯基脲类和苏云金杆菌等已经产生抗性。在菲律宾，用溴虫腈在甘蓝上对小菜蛾幼虫（通常商品杀虫剂已不能防治）进行了田间药效评价。溴虫腈施药量 0.1 kg(a.i.)/hm² 的防治效果优于 teflubenzuron+溴氰菊酯［施药量 0.045 kg(a.i.)/hm²+0.025 kg(a.i.)/hm²］（表 2-64）。施 teflubenzuron+溴氰菊酯的小区，幼虫虫口密度平稳增加；而经各种剂量溴虫腈处理的小区，幼虫虫口密度呈下降趋势，每植株幼虫数小于 1。

表 2-64 在菲律宾甘蓝上有溴虫腈防治抗性小菜蛾的效果

药剂处理	施药量/[kg(a.i.)/hm²]	每植株幼虫数		
		处理前	第一次施药后 6 d	第二次施药后 3 d
溴虫腈	0.1	2.1	0.7	0.2
	0.2	2.1	0.7	0.1
	0.4	1.6	0.3	0.0
teflubenzuron+溴氰菊酯	0.045	1.0	1.5	1.9
	+0.025			
对照	—	1.5	4.6	4.3

对莴苣上鳞翅目幼虫的活性：溴虫腈室内研究的卓越性能，在美国加利福尼亚田间防治几种鳞翅目幼虫试验中也得到了证实。该化合物被配成 240 g/L 乳油，对莴苣叶面施药，使

用单嘴顶端喷雾器，每公顷施药 375 L。相同剂量时，溴虫腈防治甜菜夜蛾和烟芽夜蛾的效果优于氯氰菊酯；对甘蓝粉纹夜蛾的防效与氯氰菊酯相当（表 2-65）。由施药后至少 10 d 的数据也可证实溴虫腈具有中等的残留活性。

表 2-65 溴虫腈在加利福尼亚莴苣上防治鳞翅目幼虫的效果

药剂处理	施药量 /[kg(a.i.)/hm²]	幼虫/20 株植株，10 d		
		粉纹夜蛾	甜菜夜蛾	烟芽夜蛾
溴虫腈	0.1	0	1	2
	0.2	0	0	0
氯氰菊酯	0.1	0	5	4
对照	—	14	7	10

专利与登记

专利名称 Preparation of arylpyrrole molluscicides

专利号 EP 312723   专利公开日 1989-04-26

专利申请日 1988-08-10   优先权日 1987-10-23

专利拥有者 American Cyanamid Co.

在其他国家申请的化合物专利 AT 98840、AU 8824187、AU 603011、DK 8805883、ES 2061573、JP 01135701、JP 2703580、US 4929634、ZA 8807902 等。

制备专利 CN 110218170、CN 109169668、CN 109006824、CN 109006823、WO 2018166819、CN 106614605、CN 106632270、AU 2016102018、CN 104892482、CN 104381288、CN 104370985、CN 104016899、CN 102617439、CN 102584667、CN 102432517、CN 101591284、CN 101348454、CN 1891688、CN 1439634、US 5359090、JP 04095068、EP 491136 等。

国内登记情况 94.5%、95%原药，10%、21%、30%悬浮剂，10%微乳剂等，登记作物为甘蓝、黄瓜、苹果、茄子、茶树等，防治对象为小菜蛾、朱砂叶螨、斜纹夜蛾、蓟马、金纹细蛾、甜菜夜蛾、茶小绿叶蝉等。表 2-66、表 2-67 为巴斯夫欧洲公司、巴斯夫植物保护（江苏）有限公司在国内登记情况。

表 2-66 巴斯夫欧洲公司在国内登记情况

登记名称	登记证号	含量	剂型	登记作物	防治对象	用药量	施用方法
虫螨腈	WP20130065	240 g/L	悬浮剂	木材	白蚁	2 mL/m²	涂抹或浸渍
				土壤	白蚁	25～50 mL/m²	喷洒
虫螨腈	PD20130533	240 g/L	悬浮剂	茶树	茶小绿叶蝉	20～30 mL/亩	喷雾
				甘蓝	甜菜夜蛾	25～33.3 mL/亩	喷雾
				甘蓝	小菜蛾	25～33.3 mL/亩	喷雾
				黄瓜	斜纹夜蛾	30～50 mL/亩	喷雾
				梨树	梨木虱	1250～2500 倍液	喷雾
				苹果	金纹细蛾	4000～6000 倍液	喷雾
				茄子	蓟马	20～30 mL/亩	喷雾
				茄子	朱砂叶螨	20～30 mL/亩	喷雾
虫螨腈	PD20080477	10%	悬浮剂	甘蓝	甜菜夜蛾	33～50 mL/亩	喷雾
				甘蓝	小菜蛾	33～50 mL/亩	喷雾
虫螨腈	PD20080476	94.5%	原药				

表 2-67 巴斯夫植物保护（江苏）有限公司在国内登记情况

登记名称	登记证号	含量	剂型	登记作物	防治对象	用药量	施用方法
虫螨腈	PD20170025	240 g/L	悬浮剂	茶树	茶小绿叶蝉	25～30 mL/亩	喷雾
				甘蓝	甜菜夜蛾	25～33.3 mL/亩	喷雾
				甘蓝	小菜蛾	25～33.3 mL/亩	喷雾
				黄瓜	斜纹夜蛾	40～50 mL/亩	喷雾
				梨树	木虱	1500～2000 倍液	喷雾
				苹果树	金纹细蛾	4000～5000 倍液	喷雾
				茄子	蓟马	20～30 mL/亩	喷雾
				茄子	朱砂叶螨	20～30 mL/亩	喷雾
虫螨腈	PD20161598	10%	悬浮剂	甘蓝	甜菜夜蛾	33～67 mL/亩	喷雾
				甘蓝	小菜蛾	33～67 mL/亩	喷雾

合成方法 制备溴虫腈主要有如下四种方法：

（1）路线一：

（2）路线二：

（3）路线三：

（4）路线四：

参考文献

[1] The Pesticide Manual.17th edition: 178-180.

[2] 陶贤鉴, 谭本祝. 农药译丛, 1998, 20(5): 15-17.

[3] 程绎南, 谢桂英, 孙淑君, 等. 农药, 2010, 49(8): 560-562+580.

[4] 徐尚成, 蒋木庚, 俞幼芬, 等. 南京农业大学学报, 2004, 27(2): 105-108.

[5] 戴佳亮, 陈明炎, 项文勤, 等. 有机氟工业, 2019(2): 45-49.

[6] 谢建武, 王梦雪, 鲍家馨, 等. 浙江师范大学学报(自然科学版), 2015(2): 185-189.

[7] 李海屏. 农药研究与应用, 2012, 16(4): 46-48.

溴代吡咯腈（tralopyril）

349.5，$C_{12}H_5BrClF_3N_2$，122454-29-9

溴代吡咯腈（试验代号：AC 303268，商品名称：Econea、Trilux 44）是由巴斯夫公司报道的灭钉螺剂。

化学名称 4-溴-2-(4-氯苯基)-5-三氟甲基-1H-吡咯-3-甲腈。英文化学名称为 4-bromo-2-(4-chlorophenyl)-5-(trifluoromethyl)-1H-pyrrole-3-carbonitrile。美国化学文摘系统名称为 4-bromo-2-(4-chlorophenyl)-5-(trifluoromethyl)-1H-pyrrole-3-carbonitrile。CA 主题索引名称为 1H-pyrrole-3-carbonitrile —, 4-bromo-2-(4-chlorophenyl)-5-(trifluoromethyl)-。

理化性质 浅棕色粉末，熔点 253.3～253.4℃，分解温度高于 400℃，相对密度 1.74（20℃，pH 5.16），解离常数 pK_a 7.08（25℃），蒸气压：$1.9×10^{-8}$ Pa（20℃）、$4.6×10^{-8}$ Pa（25℃）。lgK_{ow} 3.5，蒸馏水中溶解度（20℃，pH 4.9）0.17 mg/L；海水中溶解度（25℃，pH 8.1）0.16 mg/L。有机溶剂中溶解度（mg/L，20℃）：丙酮 300.5，乙酸乙酯 236.0，甲醇 109.1，正辛醇 85.2，正己烷 7.2，二甲苯 5.6。具有非常好的热稳定性，而且可以与氧化亚铜、硫氰酸亚铜及所有的有机或有机金属的抗菌剂以及氧化锌和氧化铁稳定存在。可以在水中水解。在常温下可以稳定保存 5 年。

毒性 经口毒性比较高，吸入毒性中等，经皮毒性为低毒。对大鼠皮肤和眼睛有轻微刺激，对豚鼠皮肤无致敏性。饲喂大鼠无作用剂量［mg/(kg·d)］：雄性 16.2（90 d），雌性 6.3（90 d）。雄大鼠经皮 300（90 d）；在最高剂量 1000 mg/(kg·d)下未有全身中毒症状。雌老鼠经过鼻子吸入进行嗅觉器官毒性测试的最低剂量（90 d）为 20 mg/m³；通过对神经系统的毒性测试，降低其活动反应能力的雄大鼠的最低剂量为 40 mg/m^3，导致雌大鼠身体某部位神经突出的最低剂量为 80 mg/m^3；且对雄大鼠和雌大鼠的 NOEL 分别为 20 mg/m^3 和 40 mg/m^3；对大鼠胎儿体重减少的最低剂量为 10 mg/(kg·d)，NOEL 为 5 mg/(kg·d)；而同时雌大鼠的症状表现为经常分泌唾液，其最低剂量为 10 mg/(kg·d)，NOEL 5 mg/(kg·d)。

应用 可用于防治软体动物。

专利与登记

专利名称 Preparation of arylpyrrole molluscicides

专利号 EP 312723 专利公开日 1989-04-26

专利申请日 1988-08-10 优先权日 1987-10-23

专利拥有者 American Cyanamid

在其他国家申请的化合物专利 AT 98840、AU 8824187、AU 603011、ES 2061573、DK 8805883、US 4929634、JP 01135701、JP 2703580、ZA 8807902 等。

制备专利 CN 110218170、CN 110183926、CN 109776376、CN 109369498、CN 109169668、CN 109006824、WO 2018166819、WO 2017143872、AU 2016102018、CN 105622598、CN 104016899、CN 102746208、CN 102731363、CN 102617439、CN 102432517、CN 101591284、CN 101348454、JP 06279402、US 5359090、JP 04095068、EP 600157、EP 492093、EP 491136 等。

2008 年在澳大利亚取得登记。2009 年在美国加利福尼亚登记主要用于防污漆。

合成方法 通过如下方法制得目的物：

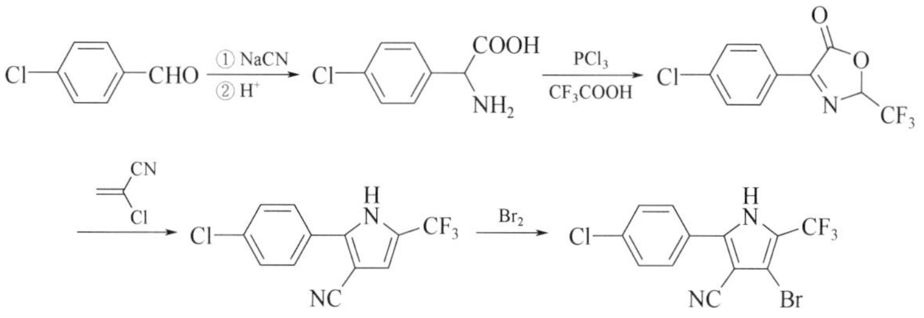

参考文献

[1] The Pesticide Manual. 17th edition: 1123-1124.

第十二节
季酮酸酯类杀虫（螨）剂

一、创制经纬

季酮酸类杀虫杀螨剂（tetronic acid insecticides）是拜耳公司在筛选除草剂的基础上发现的一类新型杀虫杀螨剂。在研究合成具有复环-烯丙基结构的原卟啉原氧化酶（PPO）抑制类除草剂时，为了发现活性更高的除草剂，将化合物 **1**（对阔叶杂草具有较好防除效果）中 N-芳基中氮用碳原子替换，有趣的是衍生物 **2** 对阔叶杂草以外的其他杂草表现了很好的防除效果，其作用机理与化合物 **1** 不同。通过生物学研究，得知这类衍生物具有抑制乙酰辅酶 A 羧化酶（ACCase）的作用。更令人兴奋的是化合物 **2A** 对二斑叶螨具有较好的防治效果，为了提高其杀螨活性，对芳基做了大量的修饰，最后发现三甲基取代的苯基（化合物 **3** 和 **3A**）对二斑叶螨具有很好的防除效果，但是对苹果红蜘蛛的活性并不令人满意。为了进一步提高对苹果红蜘蛛的生物活性，对化合物 **3** 的左半部分进行了大量的合成筛选，发现吡咯环上二甲基取代的化合物 **4** 和 **4A** 对前面所提的螨虫具有很好的防除效果，但同时对作物产生了药害。

为了提高对作物的安全性，同时要保持其活性，因此采用生物等排原理，用呋喃环替换母体吡咯环（使内酰胺结构变为内酯结构），得到的季酮酸类化合物 **5**，特别是化合物 **5A**，具有很好的杀螨活性，并明显提高了对作物的安全性，尽管如此，对核果如桃、李、杏和葡萄等作物仍具有较严重的药害。鉴于此，创制人员在保持主结构呋喃环不变的基础上，对苯环取代基进行了修饰，发现化合物 **6** 不仅对二斑叶螨、苹果红蜘蛛等具有很好活性，同时进一步提高了对作物的安全性。随后对化合物 **6** 进行了优化，从很多酰基化反应化合物中选择了化合物 **7** 进行开发，即螺螨酯。

在螺螨酯的研制过程中，曾发现部分化合物对粉虱等具有较好防除效果，创制人员在此基础上开始新一轮的优化，开发出第二个季酮酸类化合物即杀虫剂螺虫酯 **8**，可有效防治叶螨和粉虱的卵和幼虫。在螺虫酯研制中，又发现部分化合物对蚜虫有一定活性，这引起科研人员的注意，进而对前两个品种进行优化，开发出一个新杀虫剂品种螺虫乙酯 **9**，螺虫乙酯主要用于防治刺吸式口器害虫，对重要益虫如瓢虫、食蚜蝇和寄生蜂具有良好的选择性。

spiropidion（开发代号：SYN546330）是先正达以螺虫乙酯为先导，使用哌啶基对螺环部分的环己烷进行替换，并进一步优化筛选得到的螺杂环季酮酸类杀虫剂。该药剂可用于防治危害棉花和多种果蔬作物的蚜虫。

螺虫乙酯(spirotetramat)　　　　　　　　spiropidion

二、主要品种

季酮酸酯类杀虫剂，目前已开发了 4 个品种：spirodiclofen、spiromesifen、spirotetramat、spiropidion，均在此介绍。

螺虫乙酯（spirotetramat）

373.5，$C_{21}H_{27}NO_5$，203313-25-1

螺虫乙酯（试验代号：BYI 08330，商品名称：Movento、Ultor、亩旺特）是由拜耳作物科学公司开发的季酮酸衍生物类杀虫剂。

化学名称　顺-4-(乙氧基羰基氧基)-8-甲氧基-3-(2,5-二甲苯基)-1-氮杂螺[4.5]-癸-3-烯-2-酮。英文化学名称为 *cis*-4-(ethoxycarbonyloxy)-8-methoxy-3-(2,5-xylyl)-1-azaspiro[4.5]dec-3-en-2-one。美国化学文摘系统名称为 *cis*-3-(2,5-dimethylphenyl)-8-methoxy-2-oxo-1-azaspiro[4.5]dec-3-en-4-yl ethylcarbonate。CA 主题索引名称为 carbonic acid —, *cis*-3-(2,5-dimethylphenyl)-8-methoxy-2-oxo-1-azaspiro[4.5]dec-3-en-4-yl ethyl ester。

理化性质　原药≥96.0%，外观为白色粉末，无特别气味，制剂外观为具芳香味白色悬浮液。熔点 142℃，235℃分解。蒸气压 $5.6×10^{-6}$ mPa（20℃）。$\lg K_{ow}$ 2.51（pH 4 和 7），2.50（pH 9）。Henry 常数（Pa·m^3/mol，计算）$6.24×10^{-8}$（pH 4），$6.99×10^{-8}$（pH 7），$1.09×10^{-7}$（pH 9）。相对密度 1.23。水中溶解度（20~25℃，pH 7）29.9 mg/L。有机溶剂中溶解度（g/L，20~25℃）：正己烷 0.055，二氯甲烷＞600，二甲基亚砜 200~300，甲苯 60，丙酮 100~120，乙酸乙酯 67，乙醇 44。在 30℃稳定性≥1 年。水解 DT_{50}（25℃）：32.5 d（pH 4），8.6 d（pH 7），0.32 d（pH 9），形成相应的更不易水解的烯醇。pK_a（20~25℃）10.7。

毒性　大鼠急性经口 LD_{50}＞2000 mg/kg。大鼠急性经皮 LD_{50}＞2000 mg/kg。大鼠吸入 LC_{50}＞4.183 mg/L。对兔皮肤无刺激作用，对兔眼睛有刺激作用。对豚鼠皮肤有致敏性。NOEL [mg/(kg·d)]：大鼠母体和发育毒性 NOAEL 140，兔母体毒性 10，兔发育毒性 160，雄性大鼠慢性毒性 13.2。ADI（EPA）aRfD 1.0 mg/kg bw，cRfD 0.05 mg/kg bw（2008）。无基因毒性和致畸性。

生态效应　山齿鹑急性经口 LD_{50}＞2000 mg/kg，野鸭饲喂 LC_{50}（5 d）＞475 mg/(kg·d)。

鱼 LC$_{50}$（96 h，mg/L）：虹鳟鱼 2.54，大翻车鱼 2.20。水蚤 EC$_{50}$（4 h）＞42.7 mg/L。羊角月牙藻 E$_r$C$_{50}$（72 h）8.15 mg/L。摇蚊幼虫 LC$_{50}$（48 h）1.38 mg/L。蜜蜂 LD$_{50}$（48 h，μg/只）：107.3（经口），＞100（接触）。蚯蚓 LC$_{50}$（14 d）＞1000 mg/kg 干土。有益生物 LR$_{50}$（g/hm^2）：捕食螨 0.333，寄生蜂 114.7。

环境行为 环境友好，根据推荐的方法使用，对环境无副作用。①动物。大鼠、产蛋鸡和哺乳羊经口吸收快且完全，排泄主要通过肾脏，迅速而且完全。在大鼠器官组织中，与螺虫乙酯相关的残留物浓度很低，在牛奶、鸡蛋以及可食用的牲畜器官组织中没有残留。在大鼠和牲畜体内代谢方法相似，酯基断裂形成的烯醇是主要的代谢物，其他可以识别的代谢物是由烯醇衍生的，通过与甘氨酸结合或氧化脱掉 8-甲氧基上的甲基。②植物。在所有调查的作物（苹果、棉花、生菜和马铃薯）中的代谢方式是类似的，在苹果的果实和树叶、棉绒、生菜和马铃薯叶中的主要残留物是母体化合物，在棉花籽和马铃薯茎中的主要残留物是螺虫乙酯水解的烯醇，其他重要的代谢物包括烯醇与葡糖苷酸的结合物，酮羟基和单羟基代谢物。多年土壤残留，在每个轮作作物（小麦、瑞士甜菜、大头菜）的吸收和代谢本质上是相似的，但在靶标作物上的残留是相当不同的，酮羟基代谢物是主要被吸收的残留物，代谢得到酮羟基乙醇、脱甲基酮羟基、脱甲基二羟基及与葡萄糖结合物。代谢物的化学结构及名称见 EPA Fact Sheet。③土壤/环境。土壤中 DT$_{50}$：＜1 d（螺虫乙酯），5～23 d（代谢物）。母体化合物及代谢物对地下水无污染。对微生物矿化无副作用。水中 DT$_{50}$（有氧的）＜1 d，（厌氧的）3 d。水中光解 DT$_{50}$ 3 d。土壤 K_d 4.39 mg/L，K_{oc} 289 mg/L，中等移动性。

制剂 22.4%悬浮剂、14.5%悬浮剂、15.3%乳油。

主要生产商 Bayer、河北兰升生物科技有限公司、河北威远生物化工有限公司、河北兴柏农业科技有限公司、佳木斯黑龙农药有限公司、江苏建农植物保护有限公司、江苏云帆化工有限公司、江苏中旗科技股份有限公司、江西汇和化工有限公司、美国默赛技术公司、内蒙古灵圣作物科技有限公司、青岛中达农业科技有限公司、山东海利尔化工有限公司、陕西美邦药业集团股份有限公司、新沂市永诚化工有限公司、榆林成泰恒生物科技有限公司等。

作用机理与特点 一种新型季酮酸衍生物类杀虫剂，杀虫谱广，持效期长。它是通过干扰昆虫的脂肪生物合成导致幼虫死亡，降低成虫的繁殖能力。由于其独特的作用机制，可有效地防治对现有杀虫剂产生抗性的害虫，同时可作为烟碱类杀虫剂抗性管理的重要品种。螺虫乙酯是迄今唯一具有在木质部和韧皮部双向内吸传导性能的现代杀虫剂。该化合物可以在整个植物体内向上向下移动，抵达叶面和树皮，从而防治如生菜和白菜内叶上隐藏及果树皮上的害虫。这种独特的内吸性可以保护新生芽、叶和根部，防止害虫的卵和幼虫生长。双向内吸传导性意味着害虫没有安全的可以隐藏的地方，防治作用更加彻底。

应用 螺虫乙酯 240 g/L 悬浮剂经田间药效试验对柑橘介壳虫有较好的防效，用药量：有效成分浓度 48～60 mg/kg（制剂稀释 4000～5000 倍液）。使用方法为喷雾。表现较好的速效性，持效期 30 d 左右。在推荐的使用剂量范围内对作物安全，未见药害发生。合理使用建议：在＜60 mg/kg 剂量下，最多施药 1 次，安全间隔期为 40 d。

螺虫乙酯可用于多种作物包括棉花、大豆、柑橘、热带果树、坚果、葡萄、啤酒花、马铃薯和蔬菜等防治各种刺吸式口器害虫，如蚜虫、蓟马、木虱、粉蚧、粉虱和介壳虫等。例如蔬菜上的烟粉虱、温室粉虱、棉蚜、桃蚜、甘蓝蚜，仁果类核果类果树上的玫瑰苹果蚜、豆蚜、桃蚜、光管舌尾蚜、苹果绵蚜、榆蛎蚧、梨园蚧、桑白蚧、猕猴桃松突圆蚧、草莓蚜虫、大戟长管蚜。其对重要益虫如瓢虫、食蚜蝇和寄生蜂具有良好的选择性。

螺虫乙酯在蔬菜和大田作物上的应用见表 2-68；在多年生作物上的应用见表 2-69。

表 2-68　螺虫乙酯在蔬菜和大田作物上的应用

作物	害虫	剂量/[g(a.i.)/hm²]
结实的蔬菜：番茄、辣椒、茄子、黄瓜、西瓜、甜瓜	西瓜烟粉虱、温室白粉虱、桃蚜、棉蚜、番茄木虱	45～90
芸薹属蔬菜：花椰菜、青花菜、抱子甘蓝、甘蓝	甘蓝蚜、桃蚜、萝卜蚜、欧洲甘蓝粉虱	55～90
生菜（外地和温室）	莴苣蚜、桃蚜、茶藤苦菜蚜、囊柄瘿绵蚜、茄粗额蚜	55～90
青豆（温室）	蚜虫、粉虱	75～144
洋葱	葱蓟马	75
块茎蔬菜：马铃薯、草莓（外地和温室）	蚜虫、木虱、粉虱、马铃薯块茎蛾	66～90
棉花	蚜虫、白粉虱、螨类、棉蚜、烟粉虱	90

表 2-69　螺虫乙酯在多年生作物上的应用

作物	害虫	剂量/[g(a.i.)/hm²]
柑橘类：橙子、橘子、柠檬、酸橙	红圆蚧、康片蚧、丝绒粉蚧、橘粉蚧、常春藤圆盾蚧	60～175
梨果水果：苹果、梨、柑橘	玫瑰苹果蚜、豆蚜、苹果绵蚜、榆蛎蚧、梨园蚧、梨木虱、梨黄木虱	45～175
核果类：桃、杏、油桃、李子、樱桃	光管舌尾蚜、桃蚜、桑白蚧、梨园蚧、玫瑰苹果蚜	45～175
坚果	蚜虫、粉介壳虫、根瘤蚜	88～154
啤酒花	蛇麻疣额蚜、二斑叶螨	90～150
葡萄	粉介壳虫、根瘤蚜	75～132
热带水果：芒果、鳄梨、荔枝、木瓜、番石榴	刺吸害虫、芒果白轮蚧	288
香蕉	介壳虫、粉虱	60～225
猕猴桃	盾蚧	96

专利与登记

专利名称　Preparation of 3-phenylheterocycloalkyl-2,4-dione enols as herbicides and pesticides

专利号　DE 19602524　　　专利公开日　1997-01-02

专利申请日　1996-01-25　　　优先权日　1995-06-28

专利拥有者　Bayer A.-G.

在其他国家申请的化合物专利　AU 9663042、AU 709848、BR 9609250、CN 1198154、CN 1173947、EP 837847、ES 2180786、HU 9802866、IN 1996、DE 01402、IN 222589、JP 11508880、JP 4082724、RU 2195449、TW 476754、US 6110872、US 6511942、US 20030171219、US 6933261、US 20050038021、US 7256158、WO 9701535、ZA 9605465 等。

制备专利　WO 2018188356、CN 107857722、AU 2017202401、CN 107445883、WO 2017191001、CN 107304181、WO 2011098440、CN 102010362、DE 10239479、DE 102005008021、DE 102006022821、DE 102006057037、WO 9736868、WO 9805638、WO 9948869、WO 2001074770、DE 10231333 等。

螺虫乙酯已在 69 个国家和地区提交登记。2008 年螺虫乙酯已成功在美国、加拿大、奥地利、新西兰、摩洛哥、土耳其和突尼斯登记。国内登记情况：22.4%悬浮剂等，登记作物为柑橘树、番茄等，防治对象为烟粉虱、介壳虫等。德国拜耳作物科学公司在中国登记情况见表 2-70。

表 2-70 德国拜耳作物科学公司在中国登记情况

登记名称	登记证号	含量	剂型	登记作物	防治对象	用药量	施用方法
螺虫乙酯	PD20110281	22.4%	悬浮剂	番茄	烟粉虱	72～108 g/m²	喷雾
				柑橘树	红蜘蛛	48～60 mg/kg	喷雾
				柑橘树	介壳虫	48～60 mg/kg	
				柑橘树	木虱	48～60 mg/kg	
				梨树	梨木虱	48～60 mg/kg	
				苹果树	绵蚜	36～48 mg/kg	
螺虫乙酯	PD20110188	96%	原药				
螺虫·噻虫啉	PD20171840	22%	悬浮剂	番茄	烟粉虱	108～144 g/hm²	喷雾
				黄瓜	烟粉虱	108～144 g/hm²	喷雾
				辣椒	烟粉虱	108～144 g/hm²	喷雾
				梨树	梨木虱	36～60 mg/kg	喷雾
				苹果树	黄蚜	36～60 mg/kg	喷雾
				西瓜	烟粉虱	108～144 g/hm²	喷雾
				香蕉	蓟马	36～60 mg/kg	喷雾

合成方法 经如下反应制得螺虫乙酯：

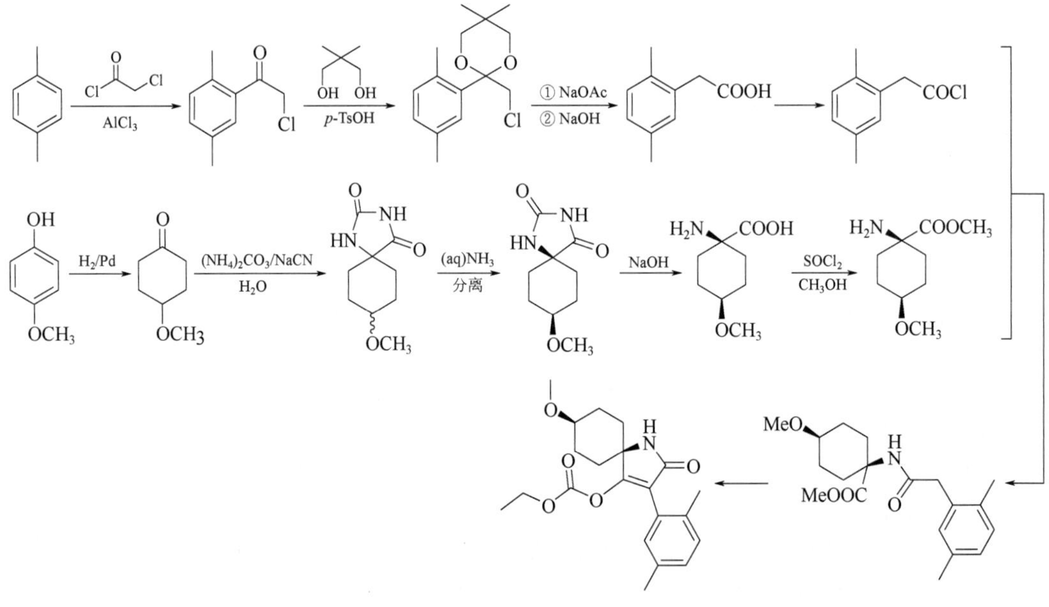

参考文献

[1] The Pesticide Manual. 17th edition: 1032-1034.

[2] 张贤赛, 肖园, 李晓林, 等. 农药, 2020, 59(7): 477-480.

[3] 张庆宽. 农药, 2009, 48(6): 445-447.

[4] 李洋, 孙克, 张敏恒. 农药, 2013, 52(4): 306-308.

[5] 李杜, 闫强, 李红云, 等. 农药科学与管理, 2010, 31(5): 58.

[6] 师文娟, 廖道华, 杨芳, 等. 农药, 2010, 49(4): 250-251.

[7] 农药科学与管理, 2012, 33(8): 18-21.

螺虫酯（spiromesifen）

370.5，$C_{23}H_{30}O_4$，283594-90-1

螺虫酯（试验代号：BSN2060，商品名：Abseung、Cleazal、Danigetter、Forbid、Oberon、Judo，其他名称：螺螨酮酯、特虫酮酯）是 R.Nauen 等报道其活性，由 Bayer CropScience 开发的季酮酸酯（tetronic acid）类杀虫剂。

化学名称　3-(2,4,6-三甲苯基)-2-氧代-1-氧杂螺[4.4]-壬-3-烯-4-基-3,3-二甲基丁酸酯。英文化学名称为 3-mesityl-2-oxo-1-oxaspiro[4.4]non-3-en-4-yl-3,3-dimethylbutyrate。美国化学文摘系统名称为 2-oxo-3-(2,4,6-trimethylphenyl-1-oxaspiro[4.4]non-3-en-4-yl)-3,3-dimethylbuta-noate。CA 主题索引名称为 butanoic acid —, 3,3-dimethyl-2-oxo-3-(2,4,6-trimethylphenyl)-1-oxaspiro[4.4]non-3-en-4-yl ester。

理化性质　原药纯度≥96.5%，外观为无色晶体，熔点 96.7～98.7℃。蒸气压 0.007 mPa（20℃）。$\lg K_{ow}$ 4.55。Henry 常数 0.02 Pa·m³/mol（20℃，计算）。相对密度 1.13（20～25℃）。水中溶解度（20～25℃，pH 4～9）0.13 mg/L。有机溶剂中溶解度（g/L，20～25℃）：正庚烷 23，异丙醇 115，正辛醇 60，聚乙二醇 22，二甲亚砜 55，二甲苯、1,2-二氯乙烷、丙酮、乙酸乙酯和乙腈中均>250。水解 DT_{50}（25℃）：53.3 d（pH 4），24.8 d（pH 7），4.3 d（pH 9）；水解 DT_{50}（50℃）2.2 d（pH 4），1.7 d（pH 7），2.6 h（pH 9）。

毒性　雌、雄大鼠急性经口 LD_{50}>2500 mg/kg。雌、雄大鼠急性经皮 LD_{50}>2000 mg/kg。对兔皮肤、眼睛无刺激，对皮肤有致敏性。大鼠吸入 LC_{50}（4 h）>4.87 mg/L。NOAEL 小鼠（90 d 和 18 月）分别为 3.2 mg/(kg·d)和 3.3 mg/(kg·d)。ADI/RfD（EC）0.03mg/kg bw（2007）。无神经毒性及致突变性。

生态效应　山齿鹑急性经口 LD_{50}>2000 mg/kg，山齿鹑、野鸭饲喂 LC_{50}（5 d）>5000 mg/kg。鱼经口 LC_{50}（96 h，mg/L）：虹鳟鱼 0.016，大翻车鱼>0.034。水蚤 EC_{50}（48 h）>0.092 mg/L。羊角月牙藻 E_bC_{50} 及 E_rC_{50}（96 h）>0.094 mg/L。摇蚊 NOEC（28 d）0.032 mg/L。蜜蜂 LD_{50}（μg/只）：>790（经口），>200（接触）。蚯蚓 LC_{50}>1000 mg/kg 干土。对捕食性螨有轻微至中等毒性。对瓢虫无害。

环境行为　①动物。在动物体内迅速被吸收，但是不能被完全吸收（48%）。分布广泛、代谢迅速，在 72 h 内几乎全部被排泄。②植物。最初通过螺虫酯烯醇去酯化，随后羟基化和螯合。残留主要是螺虫酯及螺虫酯烯醇。③土壤/环境。土壤中，DT_{50} 2.6～17.9 d，降解过程首先为去酯化，接着为 4-甲基基团的氧化而得到羧酸代谢物；在一些环境下，这些代谢物比螺虫酯降解更为缓慢，DT_{50} 分别为 8.8～101.6 d 和 1.7～224 d。浓度计测量表明母分子没有浸出问题，K_{oc} 30900 mL/g；两个代谢物的流动性好像非常好，K_{oc} 分别为 1.2～8.3 和 3。然而，沉积物中耗散的主要途径是吸收螺虫酯。土壤、地下水的残留物主要是螺虫酯、螺虫酯烯醇和代谢物；沉积物中的残留物主要是螺虫酯及其烯醇。

制剂　240 g/L 悬浮剂，可湿性粉剂。

主要生产商　Bayer。

作用机理与特点 类脂生物合成抑制剂。抑制白粉虱、螨类发育和繁殖的非内吸性杀虫、杀螨剂，同时具有杀卵作用。影响粉虱和螨虫的生长及变态相关的生长调节体系，破坏脂质的生物合成，尤其对幼虫阶段有较好的活性，同时还可以产生卵巢管闭合作用，降低螨虫和粉虱成虫的繁殖能力，大大减少产卵数量，对成虫施药后致死需要 3～4 d。螺虫酯能有效地防治对吡丙醚产生抗性的粉虱，与灭虫威复配能有效地防治具有抗性的粉虱。与任何常用的杀虫剂、杀螨剂无交互抗性。通过室内和田间试验证明螺虫酯对有益生物是安全的，并且适合害虫综合防治，残效优异，植物相容性好，对环境安全。

应用

（1）适用作物 主要用于棉花、玉米、葫芦、胡椒、番茄、草莓、甘蓝和其他蔬菜、观赏植物。

（2）防治对象 粉虱（白粉虱）和叶螨等。

（3）使用剂量 100～150 g(a.i.)/hm^2。

（4）交互抗性 在棉花田里用 2 龄的粉虱幼虫作抗性的生物测定。螺虫酯与吡虫啉相比对棉粉虱的 2 龄幼虫更有效。螺虫酯与有机磷酸酯类、氨基甲酸酯类、除虫菊酯类等杀虫剂无交互抗性。对吡丙醚产生抗性的棉粉虱并不对螺虫酯产生抗性。以二斑叶螨为靶标，进行交互抗性研究，结果表明螺虫酯与常用的杀螨剂如哒螨酮、唑螨酯、阿维菌素、噻螨酮、四螨嗪、有机磷酸酯类等杀螨剂没有交互抗性。

（5）室内试验 粉虱（如棉粉虱）和叶螨（如二斑叶螨）属于对农业和园艺业危害很大的刺吸类害虫。它们对市售的多数杀虫剂和杀螨剂已产生了抗性。螺虫酯能有效地控制棉粉虱的各幼虫期，用很小的剂量就能控制 1～3 龄的幼虫。茎叶处理能显著地降低棉粉虱雌成虫的繁殖能力。试验结果显示：随着剂量的增加，产卵的数量急剧减少，8 μg/mL 可以减少 60% 的卵，较高浓度 40 μg/mL 可以减少 90% 的卵，200 μg/mL 可以减少 90%～98% 的卵。螺虫酯也显示了很好的杀螨活性，并能防治叶螨的各个发育期，对幼虫阶段的作用较成虫更明显。芸豆用螺虫酯进行茎叶处理，试验结果表明螺虫酯对二斑叶螨幼螨各发育阶段及卵孵化期（2 d、4 d）的 LC_{50} 为 0.1 mg/L，对休眠期和雌成虫的 LC_{50} 为 0.5～1.0 mg/L。

（6）田间试验 在世界各地的不同气候条件下进行田间试验，发现螺虫酯对粉虱和叶螨都有很好的防效。24% 螺虫酯悬浮剂对粉虱表现出很好的防治效果：处理剂量为 96 g(a.i.)/hm^2、120 g(a.i.)/hm^2、144 g(a.i.)/hm^2，第 3～7 d 对棉粉虱的防效分别为 75%、74%、80%，第 8～14 d 对棉粉虱的防效分别为 76%、77%、82%，第 15～21 d 对棉粉虱的防效分别为 70%、71%、90%。24% 螺虫酯悬浮剂对叶螨表现出很好的杀螨活性：处理剂量为 96 g(a.i.)/hm^2、144 g(a.i.)/hm^2、192 g(a.i.)/hm^2，第 3～7 d 对二斑叶螨的防效分别为 92%、92%、85%，第 8～14 d 对二斑叶螨的防效分别为 95%、95%、96%，第 15～21 d 对红蜘蛛的防效分别为 94%、98%、96%，第 22～28 d 对二斑叶螨的防效分别为 92%、97%、95%。

专利与登记

专利名称 Use of 2,3-dihydro-2-oxo-5,5-tetramethylene-3-（2,4,6-trimethylphenyl)-4-furyl 3,3-dimethylbutanoate to control whitefly

专利号 DE 19901943 专利公开日 2000-07-27

专利申请日 1999-01-20 优先权日 1999-01-20

专利拥有者 Bayer AG(Ger)

在其他国家申请的化合物专利 AT 249741、AU 2541500、BR 20007583、CN 1174676、CO 5210900、EP 1152662、ES 2202051、ID 30160、IL 143868、JP 2002535254、PT 1152662、

TR 200102120、US 6436988、WO 2000042850、ZA 200105107 等。

制备专利　CN 109020936、CN 101250174、CN 101250173、DE 102006016641、DE 102007001866、WO 2008083950、WO 2001068625 等。

首次在印度尼西亚和英国获准上市。在印度尼西亚登记防治茶叶和苹果短须螨属和红蜘蛛，英国已按照 EU 农药登记法令（90/414）临时批准用于温室番茄。目前正在世界各地开发，在美国准备登记的作物有棉花、玉米、葫芦、胡椒、番茄、草莓、甘蓝和其他蔬菜等。

合成方法　经如下反应制得螺虫酯：

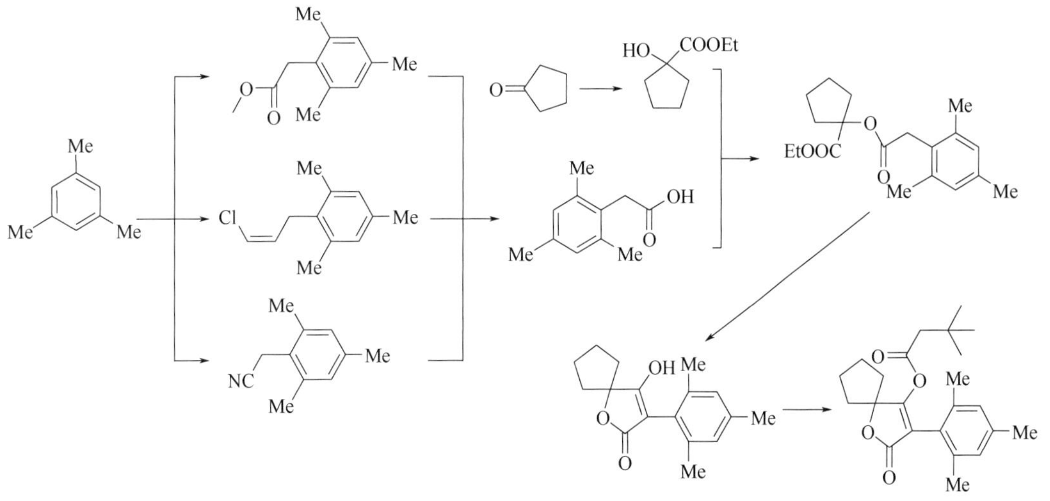

参考文献

[1] The Pesticide Manual.17th edition: 1031-1032.

[2] 柴宝山, 刘远雄, 杨吉春, 等. 农药, 2007, 46(12): 800-805.

[3] 陈康, 赵东江, 杨彬, 等. 精细化工中间体, 2010, 40(3): 18-21.

[4] 张明星, 刘长令, 张弘. 农药, 2005, 44(12): 559-560.

螺螨双酯（spirobudiclofen）

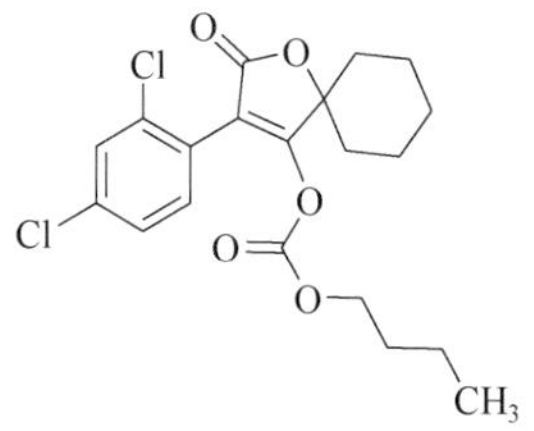

$C_{20}H_{22}Cl_2O_5$，413.29，1305319-70-3

螺螨双酯是青岛科技大学发现，由浙江宇龙开发的季酮酸酯类杀螨剂。

化学名称　3-(2,4-二氯苯基)-2-氧代-1-氧杂螺[4.5]-癸-3-烯-4-基碳酸丁酯。

理化性质　原药质量分数 95%，外观为白色粉末状固体，无刺激性异味。熔点：90.2～92.2℃，沸点：251℃，lgK_{ow} 4.9（pH 7，20℃）。溶解度（g/L，20℃）：水 9.3×10^{-5}，甲醇 31.9，N,N-二甲基甲酰胺 450.8，丙酮 420.2。24%螺螨双酯悬浮剂：pH 5.0～8.0；悬浮率≥90%；

倾倒后残余物≤5.0%；洗涤后残余物≤0.5%；湿筛试验（通过 75 μm 试验筛）≥98%；持久起泡性（1 min 后）≤40 mL。产品的低温稳定性、热贮稳定性和常温 2 年贮存均合格。

毒性 95%螺螨双酯原药对大鼠急性经口 LD_{50}＞5000 mg/kg，急性经皮 LD_{50}＞2000 mg/kg，急性吸入 LC_{50}＞2010 mg/m³；白兔皮肤无刺激性，白兔眼睛轻度刺激性；豚鼠皮肤（致敏性）试验结果为弱致敏性；原药大鼠亚慢性毒性试验经口给药最大无作用剂量（NOAEL）：雄性为 250 mg/kg 饲料，雌性为 250 mg/kg 饲料；4 项致突变试验：鼠伤寒沙门氏菌/回复突变试验、体外哺乳动物细胞基因突变试验、体外哺乳动物细胞染色体畸变试验、体内哺乳动物骨骼细胞微核试验结果均为阴性，未见致突变作用。

24%悬浮剂对大鼠急性经口 LD_{50}＞5000 mg/kg，急性经皮 LD_{50}＞2000 mg/kg。对白兔皮肤、白兔眼睛无刺激性；豚鼠皮肤（致敏性）试验结果为弱致敏性。

生态效应 24%螺螨双酯悬浮剂对斑马鱼 LC_{50}（96 h）16.74442 mg/L，鹌鹑 LD_{50}（7 d）＞947.369 mg/kg 体重，蜜蜂经口 LD_{50}（48 h）＞124.55 μg/蜂，接触 LD_{50}（48 h）＞100 μg/蜂，家蚕 LC_{50}（96 h）498.17909 mg/L，赤眼蜂 LR_{50}（24 h）7.07×10^{-3} mg/cm²；大型溞 EC_{50}（48 h）＞0.010 mg/L，羊角月牙藻 EC_{50}（72 h）＞0.045 mg/L，对蚯蚓 LC_{50}（14 d）＞100 mg/kg 干土。对藻类高毒。使用时注意，禁止在河塘等水域中清洗施药器具。

作用机理与特点 抑制害螨体内脂肪合成和阻断能量代谢，属于非内吸性杀螨剂，通过触杀和胃毒防治卵、弱螨和雌成螨。

应用

（1）防治对象 对全爪螨属、叶螨属、始叶螨属和瘿螨属等具有良好的防效，可用于柑橘、葡萄、茄子和辣椒等作物有害螨类的防治。

（2）适用作物 室内活性试验和田间药效试验结果表明，24%螺螨双酯悬浮剂对柑橘树红蜘蛛有较高的活性和较好防治效果，制剂用药量 3600～4800 倍液，于红蜘蛛为害早期施药，注意喷雾均匀，每季最多使用 1 次，安全间隔期为 25 d。在用药剂量范围内对作物安全，未见药害发生。对捕食天敌、寄生天敌低毒或无影响。

专利与登记

专利名称 一种新型螺螨酯类化合物及其制法与用途

专利号 CN 102060818　　　　专利公开日 2011-05-18

专利申请日 2011-01-07

专利拥有者 青岛科技大学

目前螺螨双酯产品仅浙江宇龙生物科技有限公司获得登记，为 95%螺螨双酯原药和 24%螺螨双酯悬浮剂，3600～4800 倍液 24%螺螨双酯悬浮剂登记用于防治柑橘红蜘蛛。

合成方法 经如下反应制得螺螨双酯：

参考文献

[1] 农药科学与管理, 2020(1): 54-55.

[2] 农药快讯, 2020 (6): 30.

螺螨酯（spirodiclofen）

411.3，$C_{21}H_{24}Cl_2O_4$，148477-71-8

螺螨酯（试验代号：BAJ2740，商品名称：Bolido、Daniemon、Ecomite、Envidor、Sinawi、螨危、螨威多）是拜耳公司研制并开发的季酮酸（tetronic acid）类杀螨剂。

化学名称 3-(2,4-二氯苯基)-2-氧代-1-氧杂螺[4.5]-癸-3-烯-4-基-2,2-二甲基丁酸酯。英文化学名称 3-(2,4-dichlorophenyl)-2-oxo-1-oxaspiro[4.5]dec-3-en-4-yl-2,2-dimethylbutyrate。美国化学文摘系统名称 3-(2,4-dichlorophenyl)-2-oxo-1-oxaspiro[4.5]dec-3-en-4-yl-2,2-dimethylbu-tanoate。CA 主题索引名称 butanoic acid —, 2,2-dimethyl-3-(2,4-dichlorophenyl)-2-oxo-1-oxas-piro[4.5]dec-3-en-4-yl ester。

理化性质 原药纯度≥96.5%，纯品为白色粉末，无特殊气味。熔点 94.8℃，蒸气压＜$3.0×10^{-4}$mPa（20℃）。lgK_{ow} 5.8（pH 4），5.1（pH 7）（室温）。Henry 常数 0.002 Pa·m^3/mol，相对密度 1.29（20～25℃）。水中溶解度（mg/L，20～25℃）：0.05（pH 4），0.19（pH 7）。有机溶剂中溶解度（g/L，20℃）：正庚烷 20，聚乙二醇 24，正辛醇 44，异丙醇 47，DMSO 75，丙酮、二氯甲烷、乙酸乙酯、乙腈和二甲苯＞250。水解 DT_{50}（20℃）：119.6 d（pH 4），52.1 d（pH 7），2.5 d（pH 9）。

毒性 大鼠急性经口 LD_{50}＞2500 mg/kg（雌、雄）。大鼠急性经皮 LD_{50}＞2000 mg/kg（雌、雄）。对兔眼、皮肤无刺激。对豚鼠皮肤有弱致敏性。大鼠吸入 LC_{50}（4 h）＞5 mg/L。对狗 NOAEL（12 个月）1.45 mg/kg bw。ADI/RfD（EC）0.015 mg/kg bw（2007），（EPA）cRfD 0.0065 mg/kg bw（2005）。对大鼠和兔无致畸作用。大鼠二代繁殖试验表明无繁殖毒性、基因毒性和致突变性。

生态效应 山齿鹑急性经口 LD_{50}＞2000 mg/kg，山齿鹑和野鸭饲喂 LC_{50}（5 d）＞5000 mg/kg 饲料。虹鳟鱼 LC_{50}（96 h）＞0.035 mg/L，水蚤 EC_{50}（48 h）＞0.051 mg/L。羊角月牙藻 E_bC_{50} 和 E_rC_{50}（96 h）＞0.06 mg/L。摇蚊幼虫 NOEC（28 d）0.032 mg/L。蜜蜂 LD_{50}（μg/只）：＞196（经口），＞200（接触）。蚯蚓 LC_{50}＞1000 mg/kg 干土。

环境行为 ①动物。迅速被动物体吸收，广泛分布动物体各部位，并在 48 h 内排出体外。在大鼠和反刍动物体内代谢首先发生酯键的断裂，然后羟基化为环己烷环。在大鼠体内，继续发生烯醇环断裂，从而形成 2,4-二氯扁桃酸环己酯，进一步进行代谢。残留物由螺螨酯烯醇组成。②植物。在应用的作物中，代谢较少，其发生方式与在大鼠体内一致。残留物主要为螺螨酯本身。③土壤/环境。DT_{50} 0.5～5.5 d，土壤代谢（有氧）DT_{50} 10～64 d。没有渗漏问题。K_{oc} 31037～238000。脱脂化（螺螨酯烯醇）形成的主要代谢产物流动性很强，然而模拟研究表明并不存在于地下水中。地表水和沉淀中残留物由螺螨酯和螺螨酯烯醇组成，土壤和地下水中残留物还包括由羟基化和还原呋喃环的代谢物以及 2,4-二氯苯甲酸。

制剂　悬浮剂、水分散粒剂和可湿性粉剂。

主要生产商　Bayer、安道麦安邦（江苏）有限公司、河北成悦化工有限公司、河北德瑞化工有限公司、河北冠龙农化有限公司、河北兴柏农业科技有限公司、江苏好收成韦恩农化股份有限公司、江苏剑牌农化股份有限公司、江苏蓝丰生物化工股份有限公司、江苏七洲绿色化工股份有限公司、江苏中旗科技股份有限公司、兰博尔开封科技有限公司、连云港纽泰科化工有限公司、联化科技（德州）有限公司、内蒙古百灵科技有限公司、宁夏泰益欣生物科技有限公司、山东海利尔化工有限公司、山东康乔生物科技有限公司、山东潍坊润丰化工股份有限公司、陕西康禾立丰生物科技药业有限公司、陕西美邦药业集团股份有限公司、石家庄瑞凯化工有限公司、新沂市永诚化工有限公司、印度联合磷化物有限公司、永农生物科学有限公司、榆林成泰恒生物科技有限公司、重庆农药化工（集团）有限公司等。

作用机理与特点　具有触杀作用，没有内吸性。主要抑制螨的脂肪合成，阻断螨的能量代谢，对螨的各个发育阶段都有效，杀卵效果特别优异，同时对幼若螨也有良好的触杀作用。虽然不能较快地杀死雌成螨，但对雌成螨有很好的绝育作用。雌成螨触药后所产的卵有 96% 不能孵化，死于胚胎后期。它与现有杀螨剂之间无交互抗性，适用于用来防治对现有杀螨剂产生抗性的有害螨类。低毒、低残留、安全性好。在不同气温条件下对作物非常安全，对人畜及作物安全、低毒。适合于无公害生产。

应用

（1）适用作物　柑橘、葡萄等果树和茄子、辣椒、番茄等茄科作物。

（2）防治对象　红蜘蛛、黄蜘蛛、锈壁虱、茶黄螨、朱砂叶螨和二斑叶螨等，对梨木虱、榆蛎盾蚧以及叶蝉类等害虫也有很好的兼治效果。

（3）应用技术　①均匀喷雾：该产品通过触杀作用防治害螨的卵、幼若螨和雌成螨，没有内吸性，因此药剂对水喷雾时，要尽可能喷雾均匀，确保药液喷施到叶片正反两面及果实表面，最大限度地发挥其药效。②施用时间：防治柑橘全爪螨，建议在害螨为害前期施用，以便充分发挥螺螨酯持效期长的特点。③施用次数：螺螨酯在柑橘生长季节内最好只施用一次，与其他不同杀螨机理的杀螨剂轮换使用，既能有效地防治抗性害螨，同时降低叶螨对螺螨酯产生抗性的风险。

春季用药方案 1：当红蜘蛛、黄蜘蛛的危害达到防治指标（每叶虫卵数达到 10 粒或每叶若虫 3~4 头）时，使用螺螨酯 4000~5000 倍（每瓶 100 mL 对水 400~500 kg）均匀喷雾，可控制红蜘蛛、黄蜘蛛 50 d 左右。此后，若遇红蜘蛛、黄蜘蛛虫口数量再度上升可使用一次速效性杀螨剂（如哒螨灵、炔螨特、阿维菌素等）即可。

春季用药方案 2：如红蜘蛛、黄蜘蛛发生较早达到防治指标时，先使用 1~2 次速效性杀螨剂（如哒螨灵、炔螨特、阿维菌素等），5 月上旬左右，使用螺螨酯 400~5000 倍液（每瓶 100 mL 对水 400~500 kg）喷施一次，可控制红蜘蛛、黄蜘蛛 50 d 左右。

秋季用药：9~10 月份红蜘蛛、黄蜘蛛虫口上升达到防治指标时，使用螺螨酯 4000~5000 倍液再喷施一次或根据螨害情况与其他药剂混用，即可控制到柑橘采收，直至冬季清园。

（4）注意事项　①如果在柑橘全爪螨为害的中后期使用，为害成螨数量已经相当大，由于螺螨酯杀卵及幼螨的特性，建议与速效性好、残效短的杀螨剂，如阿维菌素等混合使用，既能快速杀死成螨，又能长时间控制害螨虫口数量的恢复。②考虑到抗性治理，建议在一个生长季（春季、秋季），螺螨酯的使用次数最多不超过两次。③螺螨酯的主要作用方式为触杀和胃毒，无内吸性，因此喷药要全株均匀喷雾，特别是叶背。④建议避开果树开花时用药。

部分田间试验总结：

（1）江苏省防治柑橘全爪螨　由表 2-71 可见，24%螺螨酯悬浮剂防治柑橘全爪螨效果极好，明显优于 15%哒螨灵乳油 1∶1500 倍液，但各处理剂量间的差异不显著。因此在 2006 年（表 2-72）进一步稀释螺螨酯，其速效性较差，但持效性好，建议结合速效杀螨剂使用，将会取得更好的效果。

表 2-71　螺螨酯对柑橘全爪螨的防治效果（%）分析（2005 年）

药剂	稀释倍数	1 d	3 d	10 d	20 d	30 d
24%螺螨酯悬浮剂	8000	−23.73	90.17	99.15	99.37	99.75
24%螺螨酯悬浮剂	6000	5.47	91.55	99.47	99.72	98.9
24%螺螨酯悬浮剂	4000	38.20	95.70	98.75	99.60	96.40
15%哒螨灵乳油	1500	−16.96	65.59	78.97	97.50	75.69

表 2-72　螺螨酯对柑橘全爪螨的防治效果（%）分析（2006 年）

药剂	稀释倍数	1 d	3 d	10 d	20 d	30 d
24%螺螨酯悬浮剂	16000	46.35	62.87	98.42	97.57	99.80
57%炔螨特乳油	2500	66.67	83.00	95.19	99.68	99.35
10.8%阿维菌素乳油	2000	93.62	97.15	92.97	97.92	93.45
10%哒四螨悬浮剂	2500	34.65	53.47	86.25	93.67	98.10
30%哒螨灵乳油	4000	76.52	89.70	97.17	99.29	99.17
15%哒螨灵乳油	1500	82.85	93.69	94.69	96.20	93.57

（2）辽宁省防治苹果全爪螨　240 g/L 螺螨酯悬浮剂适于在苹果全爪螨发生初期使用，使用剂量以 4000～6000 倍液较为适宜（表 2-73）。在苹果生长季节内最好只施用 1 次，注意与其他杀螨剂轮换使用，降低产生抗性的风险。

表 2-73　240 g/L 螺螨酯悬浮剂对苹果全爪螨的防治效果

年份	药剂处理	药前叶均螨数	药后 7 d		药后 14 d		药后 28 d	
			叶均螨数	防效/%	叶均螨数	防效/%	叶均螨数	防效/%
2006	4000 倍液	3.20	0.20	95.80a	0.10	97.98a	0.09	99.54a
	5000 倍液	3.34	0.48	90.00b	0.20	96.90a	0.03	99.92a
	6000 倍液	2.98	0.36	91.15b	0.13	98.31a	0.03	99.89a
	15%哒螨灵乳油 3000 倍液	2.30	0.15	95.47a	0.25	94.51a	1.69	89.95b
	对照（不施药）	2.71	4.39		5.29		20.76	
2007	4000 倍液	3.24	0.55	94.56a	0.11	99.51a	0.25	99.31a
	5000 倍液	2.95	0.55	93.95a	0.11	99.30a	0.60	98.15ab
	6000 倍液	3.26	0.60	93.76a	0.33	98.37b	0.74	97.69b
	15%哒螨灵乳油 3000 倍液	2.68	0.15	98.18a	0.58	96.35c	3.08	88.93c
	对照（不施药）	3.08	9.78		18.88		32.65	

注：叶均螨数为 25 片叶上所有活动态螨的平均数；防效为校正防效，其后小写字母为 DMRT 法 5%差异显著性。

（3）山东省防治苹果全爪螨　螺螨酯药效迟缓，速效性较差，施药 3～7 d 后达到较好防效，持效期长，3 个浓度的防效差异不明显，对苹果树安全。建议在苹果树红蜘蛛发生初期使用，推荐使用浓度为 5000～6000 倍（表 2-74、表 2-75）。

表 2-74　240 g/L 螺螨酯悬浮剂防治苹果红蜘蛛的效果（2007 年）

处理	药后 1 d		药后 3 d		药后 7 d		药后 14 d		药后 21 d		药后 28 d	
	螨口减退率/%	防治效果/%	螨口减退率/%	防治效果/%	螨口减退率/%	防治效果/%	螨口减退率/%	防治效果/%	螨口减退率/%	防治效果/%	螨口减退率/%	防治效果/%
6000 倍液	28.37	17.81a	44.88	55.18b	94.17	96.88a	90.87	94.67a	99.18	98.45a	98.64	97.45a
5000 倍液	23.68	12.97a	67.25	73.50a	97.67	99.24a	93.48	96.32a	98.98	98.77a	96.71	92.78a
4000 倍液	32.46	32.42a	43.73	53.99b	97.63	98.50a	94.50	96.94a	99.51	99.27a	97.50	95.73a
20%四螨嗪悬浮剂 2000 倍液	34.51	22.80a	59.58	67.20ab	83.36	87.66b	47.66	70.87b	46.13	−2.41b	−31.12	−40.54c
对照（清水）	−7.80	0.00a	−22.42	0.00c	−30.82	0.00c	−82.71	0.00c	40.90	0.00b	14.74	0.00b

注：数字为 4 次重复的平均值，防治效果标有相同字母者差异不显著（$p = 0.05$），DMRT 测验。

表 2-75　240 g/L 螺螨酯悬浮剂防治苹果红蜘蛛的效果（2008 年）

处理	药后 1 d		药后 3 d		药后 7 d		药后 14 d		药后 21 d		药后 36 d	
	螨口减退率/%	防治效果/%	螨口减退率/%	防治效果/%	螨口减退率/%	防治效果/%	螨口减退率/%	防治效果/%	螨口减退率/%	防治效果/%	螨口减退率/%	防治效果/%
6000 倍液	77.72	86.90b	96.14	98.57a	76.79	88.72b	80.89	87.98ab	83.31	84.87a	82.02	73.10a
5000 倍液	72.08	82.91b	98.42	99.57a	70.74	85.60b	90.69	93.66a	79.08	83.52a	87.84	63.11a
4000 倍液	72.01	83.24b	98.02	99.28b	94.64	98.93a	79.67	87.76ab	67.72	78.41a	87.33	75.06a
15%哒螨灵乳油 2000 倍液	91.44	96.35a	100.00	100.00a	88.79	96.22ab	56.30	71.66b	49.50	81.30a	55.90	−5.45b
对照（清水）	−63.79	0.00c	−63.47	0.00b	−102.51	0.00c	−49.33	0.00c	−49.27	0.00b	70.44	0.00b

注：数字为 4 次重复的平均值，防治效果标有相同字母者差异不显著（$p = 0.05$），DMRT 测验。

专利与登记

专利名称　Preparation and insecticidal, acaricidal, herbicidal, and fungicidal activities of 3-aryl-4-hydroxy-3-dihydrofuranone and thiophenone derivatives

专利号　DE 4216814　　　　　　专利公开日　1993-01-21

专利申请日　1992-05-21　　　　优先权日　1991-07-16

专利拥有者　Bayer A.-G.

在其他国家申请的化合物专利　AU 9219599、AU 645701、BR 9202653、EP 528156、ES 2099770、JP 05294953、JP 3113078、KR 227884、US 5262383、ZA 9205260 等。

制备专利　CN 101235023、WO 2001068625、CN 109369587、CN 109053410、CN 108840846、WO 2017101515、US 20170166546、CN 104292197、CN 102372687、CN 101235023、WO 2001068625 等。

从 2002 年开始，已在多个国家登记注册，2006 年在加拿大登记用于防治果树害螨。2008 年便成功取代老牌杀螨剂炔螨特，以 10.7%的份额摘得杀螨剂市场的头名。2010 年，更是以 30%的增长率，迈入了亿万美元产品之列。在 2004 年至 2010 年的 6 年间，螺螨酯的复合年增长率高达 26%。出色的表现使得螺螨酯在上市十多年后依然抢手，2020 年 9 月 1 日，美国高文公司宣布其英国分公司高文作物保护有限公司已与拜耳达成协议，高文将收购拜耳螺螨酯包括产品登记和商标在内的全球权利。

　　2004 年螺螨酯在中国获得在柑橘上的临时登记（登记证号：LS20042173），当年在南方8 个省的柑橘区做了 18 个点的示范试验,结果证明它对柑橘全爪螨具有出色的防治效果。2005年螺螨酯开始在国内销售。国内登记情况：98%原药，20%、240 g/L 悬浮剂，40%水乳剂等，登记作物为柑橘树等，防治对象为红蜘蛛等。拜耳公司在中国登记情况见表 2-76。

表 2-76　拜耳股份公司、拜耳作物科学（中国）有限公司在中国登记情况

商品名	登记证号	含量	剂型	登记作物	防治对象	用药量	施用方法
螺螨酯	PD20070378	240 g/L	悬浮剂	柑橘树	红蜘蛛	40～60 mg/kg	喷雾
螺螨酯	PD20070353	95.5%	原药				
螺螨酯	PD20111312	240 g/L	悬浮剂	柑橘树	红蜘蛛	40～60 mg/kg	喷雾
				棉花	红蜘蛛	10～20mL/亩	喷雾
				苹果树	红蜘蛛	40～60 mg/kg	喷雾

合成方法　经如下反应制得螺螨酯：

参考文献

[1] Proceedings of the Brighton Crop Protection Conference—Pests and diseases. 2000, 1: 53.

[2] The Pesticide Manual.17th edition: 1029-1031.

[3] 陆一夫, 徐旭辉, 孙楠, 等. 精细化工中间体, 2009, 39(2): 19-21.

[4] 储春荣, 陈绍彬, 张春晓, 等. 现代农药, 2007, 6(5): 49-50.

[5] 张怀江, 仇贵生, 闫文涛, 等. 中国果树, 2008, 3: 40-41.

[6] 李晓军, 张勇, 亓彬, 等. 落叶果树, 2009, 41(2): 36-38.

[7] 赵贵民, 谢春艳, 张敏恒. 农药, 2013, 52(7): 540-541.

spiropidion

422.9，$C_{21}H_{27}ClN_2O_5$，1229023-00-0

spiropidion（开发代号：SYN546330）是先正达开发的螺杂环季酮酸类杀虫剂。

化学名称 3-(4-氯-2,6-二甲基苯基)-8-甲氧基-1-甲基-2-氧基-1,8-二氮杂螺[4.5]癸-3-烯-4-基碳酸乙酯。英文化学名称为 3-(4-chloro-2,6-dimethylphenyl)-8-methoxy-1-methyl-2-oxo-1,8-diazaspiro[4.5]dec-3-en-4-yl ethyl carbonate 或 3-(4-chloro-2,6-xylyl)-8-methoxy-1-methyl-2-oxo-1,8-diazaspiro[4.5]dec-3-en-4-yl ethyl carbonate。美国化学文摘系统名称为 3-(4-chloro-2,6-dimethylphenyl)-8-methoxy-1-methyl-2-oxo-1,8-diazaspiro[4.5]dec-3-en-4-yl ethyl carbonate。CA 主题索引名称为 carbonic acid, esters 3-(4-chloro-2,6-dimethylphenyl)-8-methoxy-1-methyl-2-oxo-1,8-diazaspiro[4.5]dec-3-en-4-yl ethyl ester。

应用 可用于防治危害棉花和多种果蔬作物的蚜虫。

专利与登记

专利名称 Spiroheterocyclic *N*-oxypiperidines as pesticides

专利号 WO 2010066780 　　　**专利公开日** 2010-06-17

专利申请日 2009-12-09 　　　**优先权日** 2008-12-12

专利拥有者 Syngenta Participations AG, Switz.; Syngenta Limited

在其他国家申请的化合物专利 AU 2009324389、CA 2746394、WO 2010066780、KR 2011094337、KR 1697192、EP 2369934、CN 102245028、JP 2012511541、JP 5662335、IL 213027、AP 2653、NZ 592999、EA 19495、PT 2369934、ES 2468215、TW I466634、MY 156319、AR 74581、IN 2011DN03762、IN 292378、ZA 2011003992、MX 2011005795、CR 20110303、PH 12011501124、CO 6390027、US 20110301031、US 9067892、US 20150259345、US 9771365、IN 201818002114 等。

合成方法 合成路线如下：

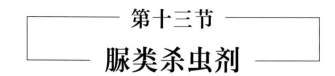

参考文献

[1] Michel M, Anke B, Werner Z, et al. Pest Management Science, 2020, 76(10): 3440-3450.

第十三节

脲类杀虫剂

脲类杀虫剂（urea insecticides），目前共开发了 3 个品种：diafenthiuron、chloromethiuron、sulcofuron-sodium，均在此介绍。

丁醚脲（diafenthiuron）

384.6，$C_{23}H_{32}N_2OS$，80060-09-9

丁醚脲（试验代号：CGA 106 630、CG-167，商品名称：Ferna、Pegasus、Diapol、Manbie，其他名称：杀螨隆）是先正达公司开发的新型硫脲类杀虫剂。

化学名称　1-叔丁基-3-(2,6-二异丙基-4-苯氧基苯基)硫脲。英文化学名称为 1-*tert*-butyl-3-(2,6-diisopropyl-4-phenoxyphenyl)thiourea。美国化学文摘系统名称为 N-[2,6-bis(1-methylethyl)-4-phenoxyphenyl]-N'-(1,1-dimethylethyl)thiourea。CA 主题索引名称为 thiourea —，N-[2,6-bis(1-methylethyl)-4-phenoxyphenyl]-N'-(1,1-dimethylethyl)-。

理化性质　原药含量≥95%。白色粉末，熔点 144.6～147.7℃，蒸气压＜0.002 mPa（25℃）。lgK_{ow} 5.76。Henry 常数＜0.0128 Pa·m^3/mol（计算）。相对密度 1.09（20～25℃）。水中溶解度（20～25℃）0.06 mg/L，有机溶剂中溶解度（g/L，20～25℃）：甲醇 47，丙酮 320，甲苯 330，正己烷 9.6，辛醇 26。对空气、水和光都稳定，水解 DT_{50}（25℃）3.6 d（pH 7），光解 DT_{50} 1.6 h（pH 7，25℃）。

毒性　大鼠急性经口 LD_{50} 2068 mg/kg，大鼠急性经皮 LD_{50}＞2000 mg/kg，对大鼠皮肤和眼睛均无刺激作用，对豚鼠皮肤无致敏。大鼠吸入 LC_{50}（4 h）0.558 mg/L。NOEL［90 d，mg/(kg·d)］：大鼠 4，狗 1.5。ADI/RfD 0.003 mg/kg bw。在 Ames 试验、DNA 修复和核异常测试中为阴性，无致畸性。

生态效应　山齿鹑和野鸭急性经口 LD_{50}＞1500 mg/kg，山齿鹑和野鸭饲喂 LC_{50}（8 d）＞1500 mg/kg。在田间条件下无急性危害。鱼类 LC_{50}（96 h，mg/L）：鲤鱼 0.0038，虹鳟鱼 0.0007，大翻车鱼 0.0024。在田间条件下，由于迅速降解成无毒代谢物，无明显危害。水蚤 LC_{50}（48 h）0.15 μg/L。羊角月牙藻 IC_{50}（72 h）＞50 mg/L。对蜜蜂有毒，LD_{50}（48 h，μg/只）：2.1（经口），1.5（接触）。田间条件下没有明显的危害。蚯蚓 LC_{50}（14 d）约 1000 mg/kg。

环境行为　①动物。对动物体内的吸收、分布和排泄研究表明大部分剂量通过粪便排出体外。该化合物降解产生其相应的亚胺，而亚胺又与水、脂肪酸这类亲核试剂反应形成尿素和脂肪酸衍生物。②植物。在所有研究植物（棉花、番茄和苹果）中丁醚脲显示了复杂的代谢模式，植物从土壤里吸收的残留活性低。③土壤/环境。丁醚脲和其主要代谢物显示了对土壤颗粒有很强的吸着力。土壤中降解很迅速，DT_{50}＜1 h 至 1.4 d。

制剂　18%、25%、40%、43.7%、50%悬浮剂，13%、15.6%、25%乳油，10%、18%微乳剂。

主要生产商　Meghmani、Syngenta、海利尔药业集团股份有限公司、江苏好收成韦恩农化股份有限公司、江苏常隆农化有限公司等。

作用机理与特点　在光和体内转化为线粒体呼吸抑制剂。对幼虫、成虫有触杀、胃毒作用，也显示出一些杀卵作用。具有内吸和熏蒸作用，低毒，但对鱼、蜜蜂高毒。可以控制蚜虫的敏感品系及对氨基甲酸酯、有机磷和拟除虫菊酯类产生抗性的蚜虫、大叶蝉等，还可以控制小菜蛾、菜粉蝶和夜蛾。该药可以和大多数杀虫剂和杀菌剂混用。

应用

（1）适用作物　棉花等多种田间作物、果树、观赏植物和蔬菜等多种作物。

（2）防治对象　棉花等多种田间作物、果树、观赏植物和蔬菜上的植食性螨（叶螨科、跗线螨科）、小菜蛾、菜青虫、粉虱、蚜虫和叶蝉科害虫；也可控制油菜作物（小菜蛾）、大豆（豆夜蛾）和棉花（木棉虫）上的食叶害虫。对花蝽、瓢虫、盲蝽科等益虫的成虫和捕食性螨（安氏钝绥螨、梨盲）、蜘蛛（微蛛科）、普通草蛉的成虫和处于未成熟阶段的幼虫均安全，对未成熟阶段的半翅目（花蝽、盲蝽科）昆虫无选择性。可与温室中粉虱螨生物防治兼容。还可防治对有机磷拟除虫菊酯产生抗性的害虫。

（3）使用方法　主要以可湿性粉剂配成药液喷雾使用，使用剂量为 $300\sim500$ g/hm²。

（4）应用技术　防治田间小菜蛾，在小菜蛾 1 龄幼虫孵化高峰期，25%丁醚脲乳油的使用量为 $600\sim900$ g/hm²，对水 900 kg/hm² 均匀喷雾防治 1 次；如田间虫量大时，施药后隔 7 d 再用药 1 次，可取得更好的防治效果。防治假眼茶小绿叶蝉，50%丁醚脲悬浮剂，$1000\sim1500$ 倍效果非常理想，药后第 7 d 防效仍在 94%以上。防治对菊酯产生抗性的小菜蛾，有效剂量 $150\sim300$ g/hm²，处理后 3 d 防效在 80.4%以上，处理后 10 d 防效在 90.6%以上，持效期 10 d 以上。防治棉叶螨用量为 $300\sim400$ g(a.i.)/hm²，持效 21 d。防治红蜘蛛，一般亩用有效成分 $20\sim30$ g，持效期 $10\sim15$ d。

专利与登记

专利名称　Phenoxyphenylisothioureas and use thereof in pest control

专利号　GB 2060626　　　　　专利公开日　1981-05-07

专利申请日　1980-29-15　　　优先权日　1979-09-19

专利拥有者　Ciba Geigy AG

在其他国家申请的化合物专利　AT 48509、AU 591147、AU 8660067、BE 888179、CA 1292682、CH 643826、CH 640830、CH 649990、CH 640831、CH 640830、DE 3034905、DK 162246、DK 8603307、EP 210487、FR 2465720、GB 2060626、IL 79360、JP 02005742、JP 08016044、JP 62019503、US 4328247、US 4962126、WO 8203390、ZA 8605203 等。

制备专利　CN 1911911、CN 107056668、IN 2014MU03234、CN 102993075、FR 2465720、CN 105152998、CN 103724213、CN 102993075、EP 2065356、EP 597382、US 4997967 等。

国内登记情况　95%、96%、97%原药，18%、25%、40%、43.7%、50%悬浮剂，13%、15.6%、25%乳油，10%、18%微乳剂等，登记作物为甘蓝、柑橘树等，防治对象为小菜蛾、红蜘蛛等。

合成方法　以 2,6-二异丙基苯胺与苯酚为初始原料经多步反应得到。反应式如下：

参考文献

[1] The Pesticide Manual.17th edition: 307-308.

[2] The Proceeding of the BCPC Conference—Pests&Disease. 1988, 25.

[3] 范登进, 宋玉泉, 何淑文, 等. 农药, 1996, 35(12): 9.

[4] 顾明浩, 陈琳, 李颖. 农药, 1998, 37(11): 38.

[5] 谢启强, 陈仕荣, 邵兴强, 等. 农技服务, 2009, 26(8): 86.

[6] 钱梦飞, 杨春, 王风云, 等.精细化工, 2015, 32(2): 159-162+170.

灭虫隆（chloromethiuron）

228.7, $C_{10}H_{13}ClN_2S$, 28217-97-2

灭虫隆（试验代号：CGA13 444、C-9140，商品名称：Dipofene、螟蛉畏，其他名称：灭虫脲）是由瑞士 Ciba-Geigy 公司开发的硫脲类杀螨剂。

化学名称　3-(4-氯邻甲苯基)-1,1-二甲基(硫脲)。英文化学名称为 3-(4-chloro-*o*-tolyl)-1,1-dimethyl(thiourea)。美国化学文摘系统名称为 *N*'-(4-chloro-2-methylphenyl)-*N*,*N*-dimethyl-thiourea。CA 主题索引名称为 thiourea —， *N*-(4-chloro-2-methylphenyl)-*N*,*N*-dimethyl-。

理化性质　纯品为无色晶体，熔点 175℃。蒸气压 0.0011 mPa（20℃）。Henry 常数 5.03×10^{-6} Pa·m³/mol（计算）。相对密度 1.34（20℃）。水中溶解度（20℃）50 mg/L。有机溶剂中溶解度（g/kg，20℃）：丙酮 37，二氯甲烷 40，己烷 0.05，异丙醇 5。水溶液稳定性 DT_{50} 1 年（5＜pH＜9）。

毒性　大鼠急性经口 LD_{50} 2500 mg/kg，大鼠急性经皮 LD_{50}＞2150 mg/kg，对兔皮肤无刺激，对眼睛有刺激。NOEL（90 d，mg/kg 饲料）：大鼠 10 [1 mg/(kg·d)]，狗为 50 [2 mg/(kg·d)]。

生态效应　虹鳟、大翻车鱼、鲤鱼 LC_{50}（96 h）＞49 mg/L。

作用机理与特点　几丁质抑制剂，通过干扰几丁质的合成进而影响真菌的生长。

应用

（1）防治对象　一种高效、低毒、广谱的杀虫剂。主要用于防治家畜身上的扁虱，包括对其他杀螨剂产生抗性的扁虱。对蜱螨、水稻二化螟、棉铃虫、红铃虫也有很好的防治效果。

（2）使用方法　以 1.8 g(a.i.)/L 浸洗牛、羊、马和狗，可防治各种扁虱。

专利与登记

专利名称　Pesticidal preparations

专利号　GB 1138714　　　　专利公开日　1969-01-01

专利申请日　1966-03-09　　优先权日　1965-03-30

专利拥有者　Ciba-Geigy

在其他国家申请的化合物专利　CH 448606、DE 1542848、NL 6604132、US 3395233、US 3801635、FR 1482914 等。

制备专利　CH 602624、GB 2007094、CN 107056668 等。

合成方法　有如下两种方法可制得灭虫隆：

参考文献

[1] 齐立权,尚尔才,黄治清, 等. 农药, 1987(3): 31-33.

sulcofuron-sodium

544.2，$C_{19}H_{11}Cl_4N_2NaO_5S$，3567-25-7，24019-05-4(酸)

sulcofuron-sodium（商品名称：Mitin）是由 Ciba-Geigy AG 公司开发的防蛀剂。

化学名称 5-氯-2-[4-氯-2-[3-(3,4-二氯苯基)脲]苯氧基]苯磺酸钠。英文化学名称为 sodium 5-chloro-2-[4-chloro-2-[3-(3,4-dichlorophenyl)ureido]phenoxy]benzenesulfonate。美国化学文摘系统名称为 sodium 5-chloro-2-[4-chloro-2-[[[(3,4-dichlorophenyl)amino]carbonyl]amino] phenoxy]benzenesulfonate。CA 主题索引名称为 benzenesulfonic acid —, 5-chloro-2-[4-chloro-2-[[[(3,4-dichlorophenyl)amino] carbonyl]amino]phenoxy]-。

理化性质 白色无味粉末。熔点 216～231℃（OECD 102）。蒸气压 1.9×10^{-6} mPa（25℃）。lgK_{ow} 1.89（未指明 pH）。相对密度 1.69（20℃），水中溶解度（20℃，pH 6.9）1.24 g/L。水中稳定性：25℃稳定（DT_{50}>31 d，pH 5、7 和 9），闪点>150℃。

毒性 大鼠急性经口 LD_{50} 645 mg/kg。雌和雄大鼠急性经皮 LD_{50}>2000 mg/kg。对兔皮肤和眼睛无刺激，对豚鼠皮肤无致敏。大鼠吸入 LC_{50}（4 h）4.82 mg/L。大鼠 NOEL 3.1 mg/kg bw。皮肤 NOEL（90 d）100 mg/kg bw。ADI 经口 0.0031 mg/kg bw，皮肤摄入量 0.1 mg/kg bw。

生态效应 鸟类急性经口 LD_{50}（mg/kg）：野鸭（14 d）>2150，山齿鹑（21 d）966。鱼类 LC_{50}（96 h，mg/L）：斑马鱼 14.5，虹鳟鱼 6.8。水蚤 LC_{50}（48 h）9.3 mg/L。栅藻 EC_{50}（72 h）2.8 mg/L。

作用机理与特点 对食毛虫幼虫有胃毒作用，抑制消化。

应用 防治对象 谷蛾科和皮蠹科幼虫，作为防蛀剂，防治能破坏羊毛和毛混织品的谷蛾科和皮蠹科的幼虫。

专利与登记

专利名称 Process for protecting nitrogenous fibre materials against attack by textile pests

专利号 GB 941269 专利公开日 1963-11-06

专利申请日 1961-09-12 优先权日 1960-08-12

专利拥有者 Ciba Ltd

制备专利　WO 9929640、US 5912270 等。

合成方法　以对氯苯酚、2,5-二氯硝基苯为起始原料经下列步骤制得。

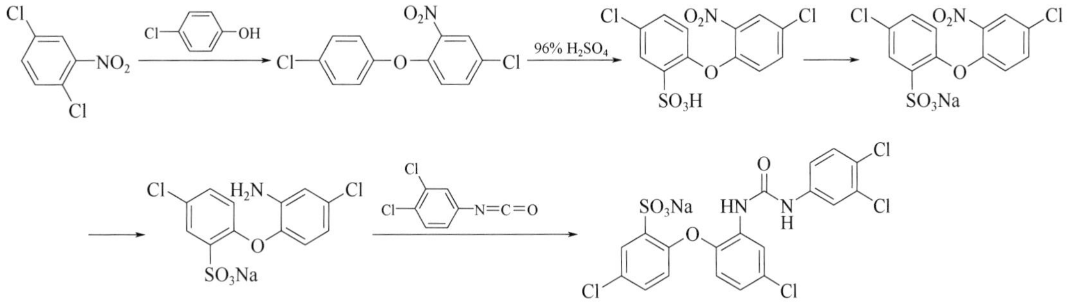

参考文献

[1]　http://www.chemicalbook.com/ProductChemicalPropertiesCB4498481.htm.

——— 第十四节 ———

亚胺类杀虫剂

亚胺类化合物至今已有 6 个品种商品化或在开发中：amitraz、formetanate、chlordimeform、formparanate、medimeform、semiamitraz。此处仅介绍了 amitraz、formetanate，其他化合物因应用范围小或不再作为杀虫剂使用或没有商品化等原因，本书不予介绍，仅列出化学名称及 CAS 登录号供参考。

chlordimeform：(EZ)-N^2-(4-chloro-o-tolyl)-N^1,N^1-dimethylformamidine，6164-98-3。

formparanate：4-[(EZ)-dimethylaminomethyleneamino]-m-tolyl methylcarbamate，17702-57-7。

medimeform：(EZ)-N-dimethylaminomethylene-2,4-xylidine hydrochloride 或 (EZ)-N^1,N^1-dimethyl-N^2-(2,4-xylyl)formamidine hydrochloride，69618-84-4。

semiamitraz：(EZ)-N-methylaminomethylene-2,4-xylidine 或 (EZ)-N^1-methyl-N^2-(2,4-xylyl)formamidine，33089-74-6。

伐虫脒（formetanate）

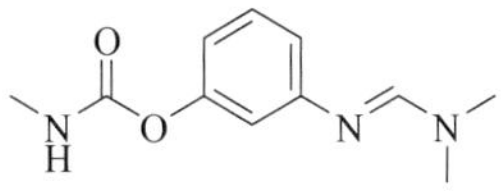

221.3，$C_{11}H_{15}N_3O_2$，22259-30-9，23422-53-9(盐酸盐)

伐虫脒（试验代号：ENT27566、EP-332、SN 36056、ZK 10970，其他名称：威螨脒、敌克螨、敌螨脒、灭虫威）和伐虫脒盐酸盐（试验代号：Hoe 132807、SN 36056HCl，通用名称：formetanate hydrochloride，商品名称：Carzol、Dicarzol，其他名称：杀螨脒）这二者是由拜耳公司研制的一种杀虫杀螨剂。

化学名称 伐虫脒 3-[(*EZ*)-二甲氨基亚甲基亚氨基苯基甲基氨基甲酸酯。英文化学名称为 3-[(*EZ*)-dimethylaminomethyleneamino]phenyl methylcarbamate。美国化学文摘系统名称为 *N*,*N*-dimethyl-*N'*-[3-[[(methylamino)carbonyl]oxy]phenyl]methanimidamide。CA 主题索引名称为 methanimidamide —, *N*,*N*-dimethyl-*N'*-[3-[[(methylamino)carbonyl]oxy]phenyl]-。

伐虫脒盐酸盐化学名称 3-二甲氨基亚甲基亚氨基苯基甲基氨基甲酸酯盐酸盐。英文化学名称为 3-[(*EZ*)-dimethylaminomethyleneamino]phenyl methylcarbamate hydrochloride。

理化性质 伐虫脒 pK_a 为 8.0（20～25℃），弱碱性。伐虫脒盐酸盐分子量为 257.8，纯品为无色晶体粉末，熔点 200～202℃（分解），蒸气压 0.0016 mPa（25℃）。lgK_{ow} -2.7（pH 7～9），Henry 常数 $5.0×10^{-10}$ Pa·m³/mol。密度 0.5 g/cm³（20～25℃）。水中溶解度（20～25℃）$8.22×10^5$ g/L，有机溶剂溶解度（g/L，20～25℃）：丙酮 0.074，二氯甲烷 0.303，乙酸乙酯 0.001，正己烷＜0.0005，甲醇 283，甲苯 0.01。稳定性：室温下至少可稳定存在 8 年，在 200℃左右时分解。水解 DT_{50}（22℃）：62.5 d（pH 5），23 h（pH 7），2 h（pH 9）。在水溶液中光解，DT_{50} 1333 h（pH 5），17 h（pH 7），2.9 h（pH 9）。不可燃。

毒性 急性经口 LD_{50}：大鼠 14.8～26.4 mg/kg，小鼠 13～25 mg/kg，狗 19 mg/kg。急性经皮 LD_{50}：大鼠＞5600 mg/kg，兔＞10200 mg/kg，对眼睛有刺激，豚鼠对其敏感。大鼠吸入 LC_{50}（4 h）0.15 mg/L。NOEL 值为：（2 年）大鼠 10 mg/kg [0.52 mg/(kg·d)]，小鼠 50 mg/kg [8.2 mg/(kg·d)]，（1 年）狗 10 mg/kg [0.37 mg/(kg·d)]。ADI/RfD（EC）0.004 mg/kg bw（2007）；（EPA）aRfD 和 cRfD 0.00065 mg/kg bw（2006）。其他：会致癌、致畸和诱导突变。

生态效应 急性经口 LD_{50}（mg/kg）：母鸡 21.5，鸭子 12，鹌鹑 42。对动物进行饲喂试验 LC_{50}（mg/kg，5 d）：山齿鹑 3963，鸭子 2086。鱼 LC_{50}（96 h，mg/L）：虹鳟鱼 4.42，大翻车鱼 2.76。水蚤 LC_{50}（48 h）0.093 mg/L，海藻 E_bC_{50}（96 h）1.5 mg/L，其他的水生动物如牡蛎 EC_{50}（96 h）为 2.5 mg/L。蜜蜂急性 LD_{50} 为 14 μg/只（接触），9.21 μg/只（经口）。蚯蚓 LC_{50}（14 d）为 1048 mg/kg 土壤。

环境行为 在动物体内裂解成甲氨基甲酸和 *N*,*N*-二甲基 *N'*-(3-羟基苯基)甲脒。也在氨基氮的部位裂解，生成 3-甲酰氨基苯酚氨基甲酸酯，随后失去甲氨基甲酸生成 3-甲酰氨基苯酚，3-甲酰氨基苯酚进一步降解成 3-氨基苯酚，3-氨基苯酚又被乙酰化成 3-乙酰氨基苯酚并被脱毒。在植物体内水解机制是降解的主要途径，在动物体内、水及土壤中代谢物相似。在土壤中能很快降解，在实验室和田间 DT_{50} 均为 1～9 d（需氧和厌氧），土壤表面光解 DT_{50} 为 16.3 h，在氨基甲酸部位发生裂解。4 种土壤 K_d 1.49～3.00（K_{oc} 140～620）。

制剂 25%、50%、82%、92%可溶粉剂，均为盐酸盐制剂。

主要生产商 Gowan。

作用机理与特点 胆碱酯酶抑制剂，作为一种杀虫和杀螨剂对害虫有触杀和胃毒作用。

应用

（1）适用作物 观赏植物、梨果、核果类、柑橘类水果、蔬菜和苜蓿，以及豌豆、蚕豆、大豆、花生、茄子、黄瓜。

（2）防治对象 叶螨，以及双翅目害虫、半翅目害虫、鳞翅目害虫、缨翅目害虫尤其是西花蓟马。

（3）使用方法 苹果叶螨、苹果蚜虫、柑橘红蜘蛛、柑橘飞虱、梨椿象等的用药量约 23 g/亩，防治苹果树红蜘蛛的用量为 28 g/亩，在温室防治玫瑰红蜘蛛以 25 g/100 L 喷雾，在菊花上以 47.5 g/100 L 两次喷雾。

专利与登记

专利名称 Mittel mit insektizider und akarizider wirkung

专利号 DE 1169194　　　　专利公开日 1964-04-30

专利申请日 1962-08-02　　　　优先权日 1962-08-02

专利拥有者 拜耳公司

在其他国家申请的化合物专利 BE 635767、CH 449320、GB 987381、NL 296165、US 3336186 等。

制备专利 FR 2589325、WO 2007110801、WO 2007009661 等。

合成方法 经如下反应制得伐虫脒：

参考文献

[1] The Pesticide Manual.17 th edition: 560-561.

双甲脒（amitraz）

293.4，$C_{19}H_{23}N_3$，33089-61-1

双甲脒（试验代号：BTS 27 419、OMS 1820、ENT 27967，商品名称：Akaroff、Bemisit、Byebye、Dani-cut、Manfe、Mit、Mitisan、Mitac、Opal、Parsec、Rotraz、Sender、Sunmitraz、Tac Plus、Taktic、Teomin、Tetranyx、Tudy、Vapcozin、Wrest、阿米拉兹、三亚螨，其他名称：双虫脒、双二甲咪、果螨杀、杀伐螨）是 1973 年由 Boots Company Ltd(现属拜耳公司)开发的杀螨剂。

化学名称 N'-(2,4-二甲基苯基)-N-{[(2,4-二甲基苯基)亚氨基]甲基}-N'-甲基亚甲氨基胺或 N-甲基双(2,4-二甲苯亚氨基甲基)胺。英文化学名称为 N-methylbis(2,4-xyliminomethyl)amine。美国化学文摘系统名称为 N'-(2,4-dimethylphenyl)-N-[[(2,4-dimethylphenyl)imino]methyl]-N-methylmethanimidamide。CA 主题索引名称为 methanimidamide—, N-butyl-N'-(4-chloro-2-methylphenyl)-N-methyl-。

理化性质 本品为白色或淡黄色晶体，熔点为 86～88℃，蒸气压 0.34 mPa（25℃）。$\lg K_{ow}$ 5.5（pH 5.8），Henry 常数 1.0 Pa·m³/mol（测量），相对密度 1.128（20～25℃）。水中溶解度（20～25℃）＜0.1 mg/L，有机溶剂中溶解度（g/L，20～25℃）：丙酮、甲苯、二甲苯＞300。稳定性：水解 DT_{50}（25℃）2.1 h（pH 5），22.1 h（pH 7），25.5 h（pH 9），紫外线对稳定性几乎无影响，pK_a（20～25℃）4.2（弱碱性）。

毒性 急性经口 LD_{50}（mg/kg）：大鼠 650，小鼠＞1600。急性经皮 LD_{50}（mg/kg）：兔＞200，大鼠＞1600。大鼠吸入 LD_{50}（6 h）65 mg/L。NOEL 值：在 2 年的饲养试验中，大鼠无害作用剂量 50～200 mg/L 饲料，狗 0.25 mg/(kg·d)。对人的 NOEL 值＞0.125 mg/(kg·d)。

ADI/RfD（SCFA）0.003 mg/kg bw（2003）。（JMPR）0.01 mg/kg bw（1998）；（EPA）aRfD 0.0125 mg/kg bw（2006），cRfD 0.0025 mg/kg bw（1988）。在环境中迅速降解，但在饮用水中在可测量浓度下不会降解。毒性等级：WHO(a.i.)Ⅲ，EPA（制剂）Ⅲ。

生态效应 鸟类：山齿鹑 LD_{50} 788 mg/kg，野鸭 LC_{50}（8 d）7000 mg/kg，日本鹌鹑 LC_{50}（8 d）1800 mg/kg。鱼类 LC_{50}（96 h）：虹鳟鱼 0.74 mg/kg，大翻车鱼 0.45 mg/L；由于双甲脒很容易水解，在水体系中毒性很低。水蚤 LC_{50}（48 h）0.035 mg/L。羊角月牙藻 EC_{50}＞12 mg/L。对蜜蜂和肉食性昆虫低毒。蜜蜂 LD_{50}（接触）为 50 μg/只（制剂）。蚯蚓 LC_{50}（14 d）＞1000 mg/kg 土壤。

环境行为 在动物体内能快速降解，以 4-氨基-3-甲基苯甲酸和少量的 *N*-(2,4-二甲苯基)-*N*′-甲基甲脒的形式代谢；在植物体内能快速地降解为 *N*-(2,4-二甲苯基)-*N*′-甲基甲脒和少量的 *N*-(2,4-二甲苯基)甲酰胺；在土壤中能很快地进行有氧代谢，在土壤中 DT_{50}＜1 d，在酸性土壤中降解更迅速，并且非常容易被土壤吸附。K_{oc} 1000～2000。

制剂 20%乳油。

主要生产商 Adama、Arysta LifeScience、河北新兴化工有限责任公司、江苏恒隆作物保护有限公司、江苏省常州华夏农药有限公司、江苏天容集团股份有限公司、内蒙古百灵科技有限公司、上虞颖泰精细化工有限公司等。

作用机理与特点 双甲脒为广谱杀螨剂，主要是抑制单胺氧化酶的活性。具有触杀、拒食、驱避作用，也有一定的内吸、熏蒸作用。

应用

（1）适用作物 主要用于果树、蔬菜、茶叶、棉花、大豆、甜菜等作物。

（2）防治对象 防治叶螨和瘿螨等多种害螨，对同翅目害虫如梨黄木虱、橘黄粉虱等也有良好的药效，还可对梨小食心虫及各类夜蛾科害虫的卵有效。对蚜虫、棉铃虫、红铃虫等害虫，有一定的效果。对成、若螨、夏卵有效，对冬卵无效。在兽用方面主要用于防治家畜、狗、山羊和绵羊的蛛形纲、蠕形螨科、蚤目、兽羽虱科和蜜蜂的大蜂螨，包括对其他兽用杀蜱螨剂产生抗性的蜱螨也十分有效。该药在毛发中可保持很长时间，可防治所有生育期的寄生虫。

（3）残留量与安全施药 在柑橘收获前 21 d 停止使用，最高使用量 1000 倍液。棉花收获前 7 d 停止使用，最高使用量 200 mL（20%双甲脒乳油）/亩。如皮肤接触后，应立即用肥皂和水冲洗净。

（4）应用技术 双甲脒在高温晴朗天气使用，气温低于 25℃时，药效较差。不宜和碱性农药（如波尔多液、石硫合剂等）混用。在温度较高时使用，对辣椒和梨可能产生药害。使用方法与在我国推荐使用情况：

① 果、茶树害螨的防治 苹果叶螨、柑橘红蜘蛛、柑橘锈螨、木虱，用 20%乳油 1000～1500 倍液喷雾。

② 茶树害螨的防治 防治茶半跗线螨，用有效浓度 150～200 mg/kg 药液喷雾。

③ 蔬菜害螨的防治 茄子、豆类红蜘蛛，用 20%乳油 1000～2000 倍液喷雾。西瓜、冬瓜红蜘蛛，用 20%乳油 2000～3000 倍液喷雾。

④ 棉花害螨的防治 防治棉花红蜘蛛，用 20%乳油 1000～2000 倍液喷雾。同时对棉铃虫、红铃虫有一定兼治作用。

⑤ 牲畜体外蜱螨及其他害螨的防治 牛、羊等牲畜蜱螨处理药液 50～1000 mg/kg。牛疥癣病用药液 250～500 mg/kg 全身涂擦、刷洗。环境害螨用 20%乳油 4000～5000 倍液喷雾。

专利与登记

专利名称 Pesticidal 1,5-diphenyl-3-methyl-1,3,5-triazapenta-1,4-dienes

专利号　DE 2061132　　　　　　专利公开日　1971-06-16

专利申请日　1970-12-11　　　　优先权日　1969-12-12

专利拥有者　Boots Co., Ltd.（现属拜耳公司）

在其他国家申请的化合物专利　CA 976564、CH 523011、ES 386361、HU 163081、JP 49022686、GB 1327935、IL 35759、US 3781355、FR 2073091、CS 161120、NL 163504、ZA 7008374、SU 403165、AT 314897、AT 319914、PL 81425、US 3864497、US 3884968 等。

制备专利　CN 107778200、RO 119542 等。

该药已在阿根廷、日本、美国、瑞士、英国、丹麦等 20 多个国家的柑橘、棉花等作物上登记。国内登记情况：95%、97%、98%原药，10%、20%、200 g/L 乳油等，登记作物为柑橘树、梨树、苹果树、棉花等，防治对象为螨、红蜘蛛、梨木虱、介壳虫、苹果叶螨等。日本爱利思达生命科学株式会社在中国登记情况见表 2-77。

表 2-77　日本爱利思达生命科学株式会社在中国登记情况

商品名	登记证号	含量	剂型	登记作物	防治对象	用药量	施用方法
双甲脒	PD9-85	200 g/L	乳油	柑橘树	螨	130～200 mg/kg	喷雾
				苹果树	山楂红蜘蛛	130～200 mg/kg	喷雾
				梨树	梨木虱	166～250 mg/kg	喷雾
				棉花	棉红蜘蛛	60～120 g/hm^2	喷雾
				柑橘树	介壳虫	130～200 mg/kg	喷雾
				苹果树	苹果叶螨	130～200 mg/kg	喷雾

合成方法　经如下反应制得双甲脒：

（1）单甲脒法

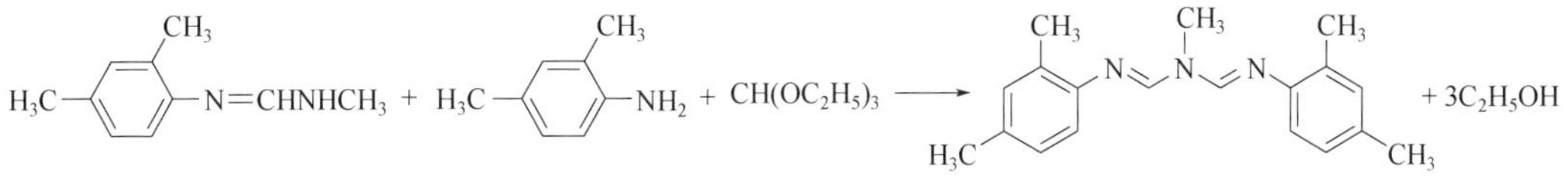

（2）亚胺酸酯法

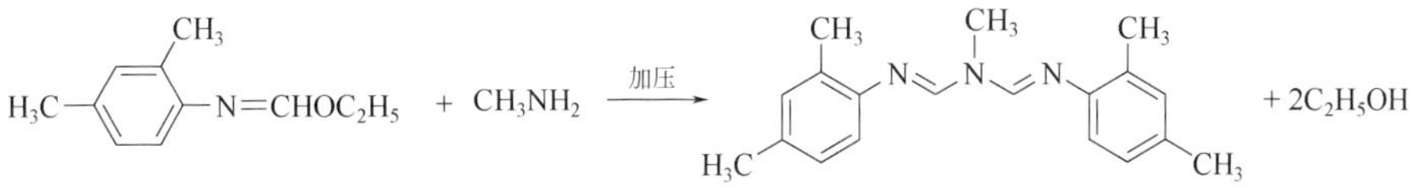

（3）酰替苯胺法

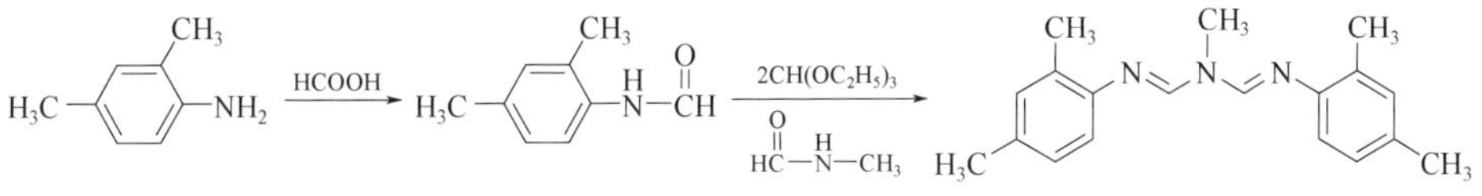

（4）一步法

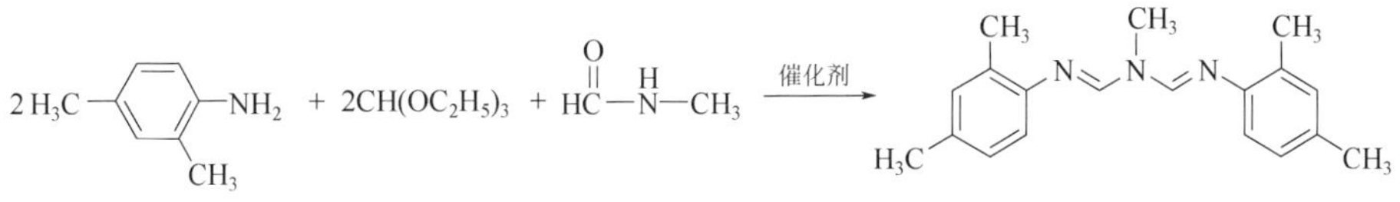

参考文献

[1] The Pesticide Manual. 17th edition: 43-45.

[2] 许丹倩, 严巍, 徐振元. 浙江工业大学学报, 1995, 23(1): 8-15.

[3] 石鸿昌, 陈邦和, 陈凤恩. 农药, 1999, 38(2): 9-11.

第十五节
拟除虫菊酯类杀虫剂

一、创制经纬

1. 先期的研究

拟除虫菊酯类杀虫剂（pyrethroid insecticides）是以天然产物为先导化合物开发成功的农药品种中最典型的实例。它是以具有生物活性的天然产物除虫菊素为先导化合物，进行进一步合成优化得到的用于卫生和农作物保护的一类杀虫剂，目前这类杀虫剂已有几十个品种。为拟除虫菊酯类杀虫剂研究做出巨大贡献的是在英国的 Rothamsted 实验中心和日本住友公司工作的科研人员如 Elliott 等。该类化合物的研究已有很多综述供参考，值得提及的是 Henrick、Elliott 和 Matsuo 撰写的。

除虫菊素（**1**）来自菊花 *Tanacetum cinerariifolium*（也称作 *Chrysanthemum cinerariifolium* 或 *Pyrethrum cinerariifolium*）或其萃取物，目前仍用于防治公共卫生害虫。除虫菊素共有六个组分，其中 P1 有触杀活性，P2 有击倒活性。由于所有组分对光和空气都不稳定，因此这些天然产物不适宜在农业中应用。Staudinger 和 Ruzicka 在 1910～1916 年间进行了开拓性研究工作，确定了化合物 P1 和 P2 酸部分的结构分别为 (1R)-*trans*-chrysanthemic acid 和 (1R)-*trans*-pyrethric acid，他们还合成了许多除虫菊素类似物，并得出初步结论：酸部分和醇部分均可以用对应相似的结构替换，并保持杀虫活性。尽管他们合成的所有类似物活性都低于天然产物，但这种开拓性的研究工作为以后发现高活性、光稳定的化合物奠定了基础，是非常重要的。

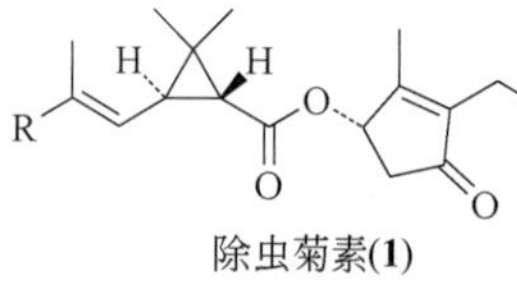

除虫菊素(**1**)

组分	名称	R	R¹	含量/%
P1	pyrethrin Ⅰ	CH₃	CH=CH₂	35
P2	pyrethrin Ⅱ	COOCH₃	CH=CH₂	32
P3	cinerin Ⅰ	CH₃	CH₃	10
P4	cinerin Ⅱ	COOCH₃	CH₃	14
P5	jasmolin Ⅰ	CH₃	CH₂CH₃	5
P6	jasmolin Ⅱ	COOCH₃	CH₂CH₃	4

美国农业部和英国 Rothamstead 实验站的科研人员也对此类化合物进行了研究，随后住友化学和 Roussel-Uclaf 也进行了该方面的研究，之后，还有其他的公司也从事了该领域的研究。最早的结构修饰是替代 P1 和 P2 的醇部分(S)-pyrethrolon，得到化合物烯丙菊酯（allethrin），是第一个商品化的拟除虫菊酯类杀虫剂，其结构与 pyrethrin Ⅰ（P1）很接近。随后 Roussel-Uclaf 发现了活性更高的异构体 S-生物烯丙菊酯（S-bioallethrin）。住友化学用很简单的基团替代了天然产物 pyrethrolone 中醇部分得到胺菊酯（tetramethrin）。由于苄呋菊酯（resmethrin）和生物苄呋菊酯（bioresmethrin）不仅活性高于天然除虫菊素（natural pyrethrins），且毒性也比天然产物低得多，因此当时认为此研究是最成功的。

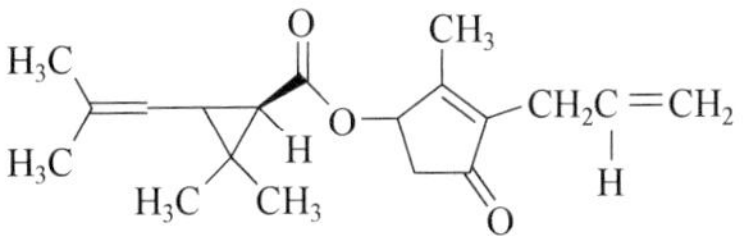

allethrin 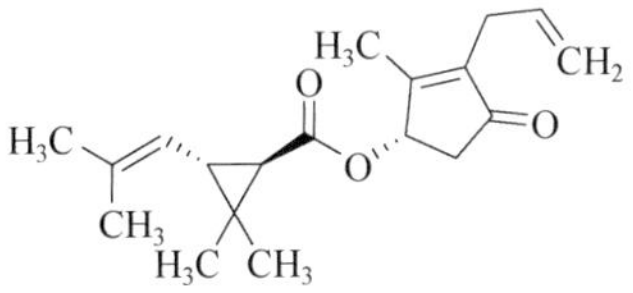 S-bioallethrin 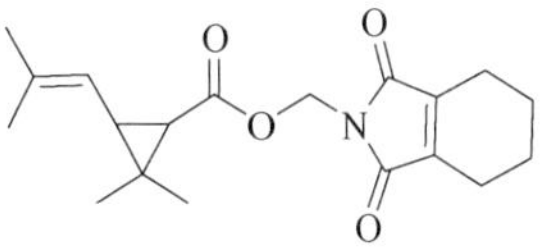 tetramethrin

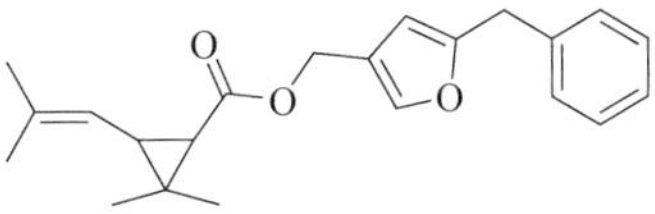

resmethrin 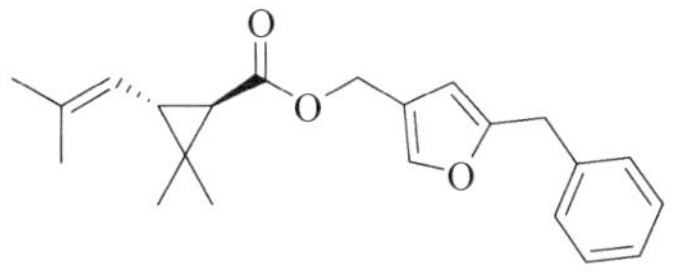 bioresmethrin

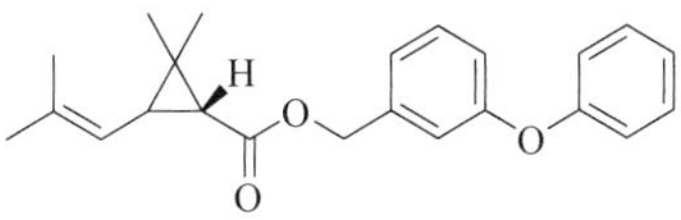

phenothrin 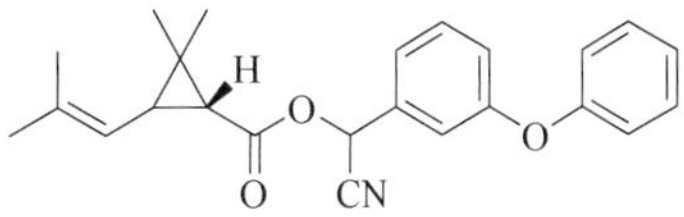 cyphenothrin

住友的科研人员在 phenothrin 中引入了 3-苯氧基苄酯，在 cyphenothrin 中引入了 α-氰基，对以后发现重要的光稳定性拟除虫菊酯是极其重要的。尽管如此，以上合成的化合物对光还是不够稳定，因此不能直接用于作物保护，但可以用于防治环境公共卫生和家用害虫。

2. 第一个商品化、真正对光稳定的化合物

由于对光不稳定的天然除虫菊素醇部分已有很好的替代基团，所以集中精力研究酸部分。住友化学突破性发现，用取代的苯乙酸替换得到第一个商品化、真正对光稳定的化合物氰戊菊酯（fenvalerate）。其中的活性最高异构体高效氰戊菊酯（esfenvalerate）也已商品化。随后美国氰胺公司（现属巴斯夫公司）在氰戊菊酯的基础上研制了具有更长残留活性的氟氰戊菊酯（flucythrinate）。

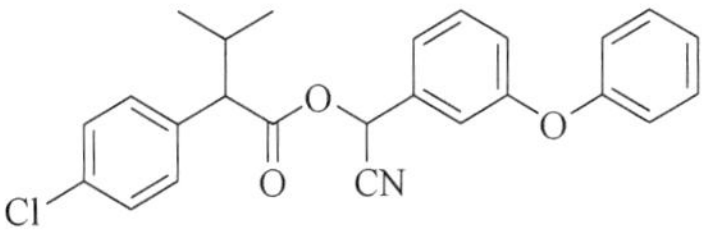

fenvalerate 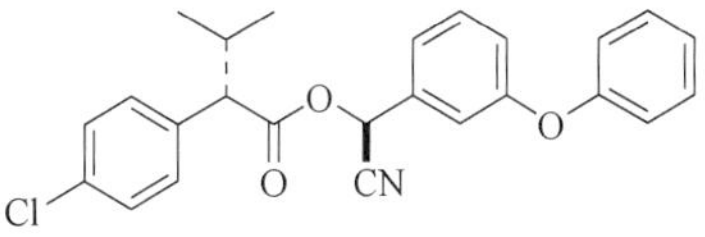 esfenvalerate

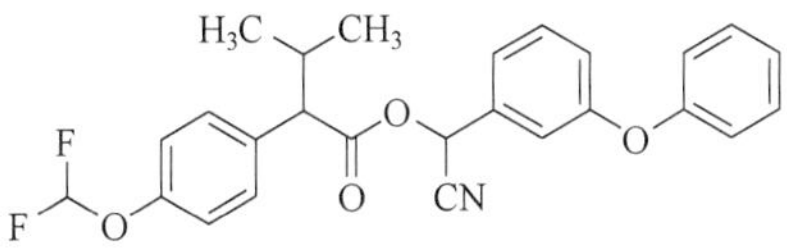

flucythrinate

3. 高活性菊酯的研究

早在 1958 年捷克科学家也对天然菊酸部分进行了研究，并用 3-二氯乙烯替换了 3-二甲基乙烯，活性并没有消失。10 多年后英国 Elliot（ Elliot's Rothamstead group）等对菊酸部分的替换进行了详细的研究，在住友化学和捷克科学家研究成果的基础上，研制开发了多个品种：氯菊酯（permethrin）、氯氰菊酯（cypermethrin）和溴氰菊酯（deltamethrin），并有重大突破，即研制的化合物不仅对光稳定，而且活性更高，在农业上应用的剂量仅为 2.5～12.5 g(a.i.)/hm²。发现化合物中(1R)-cis-[α](S)-异构体的活性最高。氟氯氰菊酯（cyfluthrin）和 lambda-cyhalothrin 是在氯氰菊酯基础上开发的，所有化合物都具有高效、广谱的杀虫和杀螨活性，可用于多种作物，主要是棉花。七氟菊酯（tefluthrin）是第一个开发的用于土壤处理的该类杀虫剂。在这些结构中，目前有溴氰菊酯和精三氟氯氰菊酯（gamma-cyhalothrin）为单一光学异构体，进入市场。

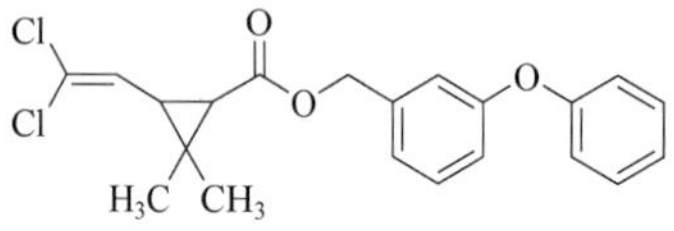

permethrin

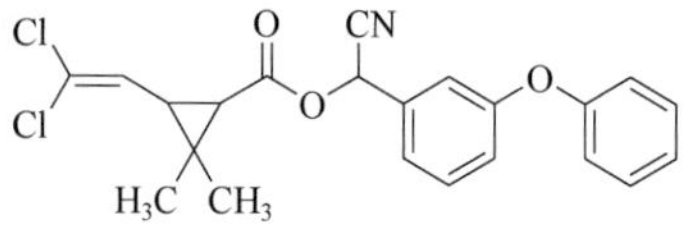

cypermethrin

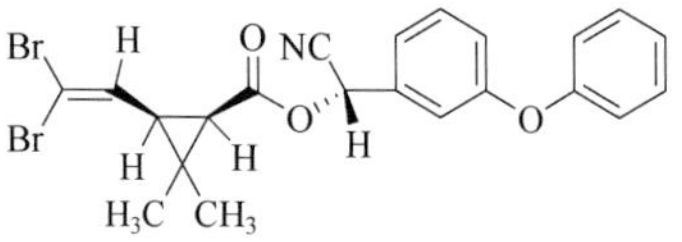

deltamethrin

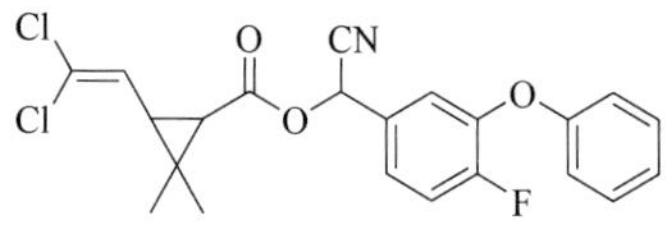

cyfluthrin

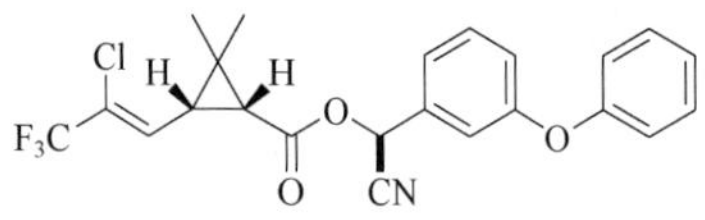

（外消旋体）
lambda-cyhalothrin

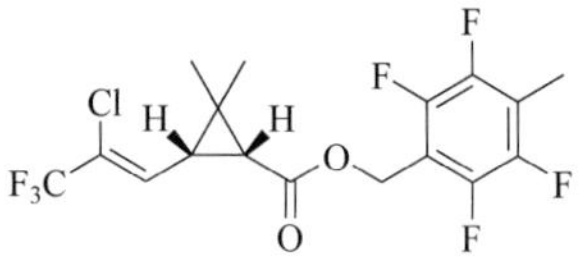

（外消旋体）
tefluthrin

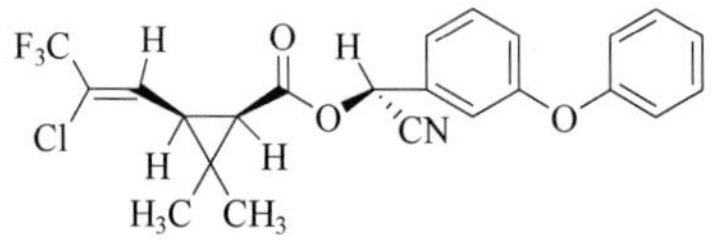

gamma-cyhalothrin

还有两个商品化品种乙氰菊酯（cycloprothrin）和氟胺氰菊酯（tau-fluvalinate）均是在住友化学的氰戊菊酯的基础上开发的，乙氰菊酯对鱼和哺乳动物毒性很低，氟胺氰菊酯具有很好的杀虫、杀螨活性，且对蜜蜂安全，因此可以用于防治寄生在蜜蜂上的害螨。

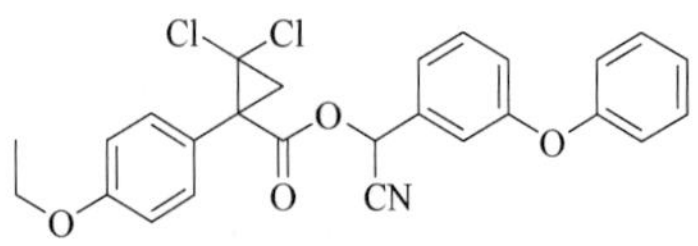

cycloprothrin

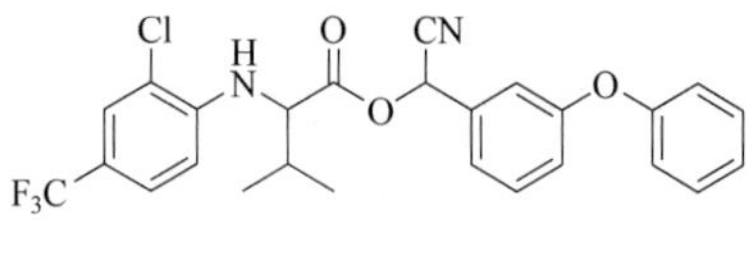

tau-fluvalinate

4. 非酯类化合物的研究

在拟除虫菊酯研究中另一重要的发现是三井东亚的科学家研制了非酯类的化合物如醚菊酯（etofenprox）对鱼和哺乳动物很安全，是第一个（1987 年）商品化的非酯类化合物。其化学结构与天然除虫菊素相差很多，其发现是对天然结构进行不断研究的结果。化合物 **1** 也是一样，由捷利康公司（现属先正达公司）报道。丙苯烃菊酯（protrifenbute）是由 FMC 公司开发的非酯类也即烃类菊酯，对鱼类特别安全；可用于防治众多的昆虫如螟虫、黏虫、蚜虫和螨类等。化合物氟硅菊酯（silafluofen）是由安万特公司（现属拜耳公司）开发，对哺乳动物和鱼类特别安全，主要用于水田防治多种害虫。肟醚类化合物也是在类似研究中发现的。

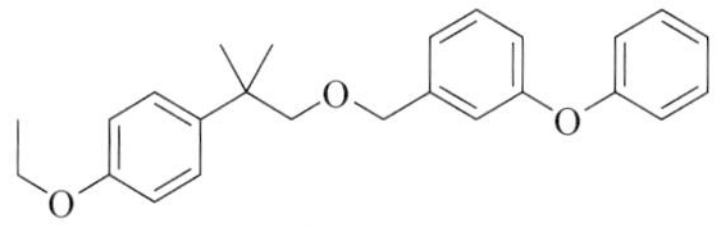

etofenprox

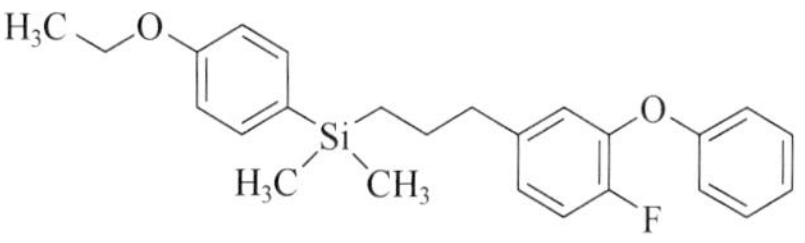

氟硅菊酯

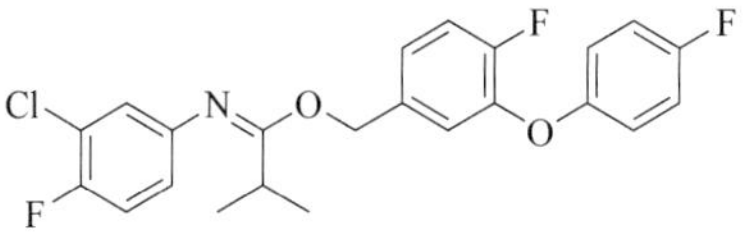

1 (Zeneca)

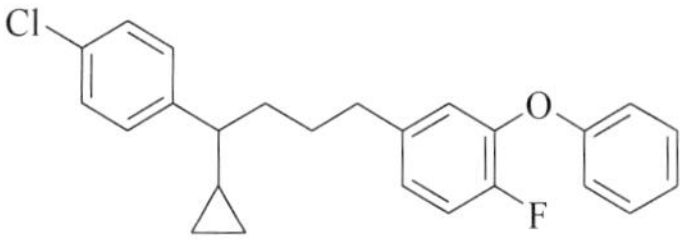

丙苯烃菊酯

5. 近期研制的新化合物

丙氟菊酯（profluthrin）、甲氧苄氟菊酯（metofluthrin）、momfluorothrin 和 *epsilon*-momfluo-rothrin 均由日本住友化学公司报道，具有很好的杀虫活性。

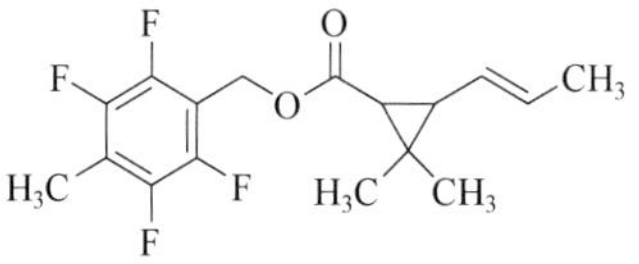

丙氟菊酯

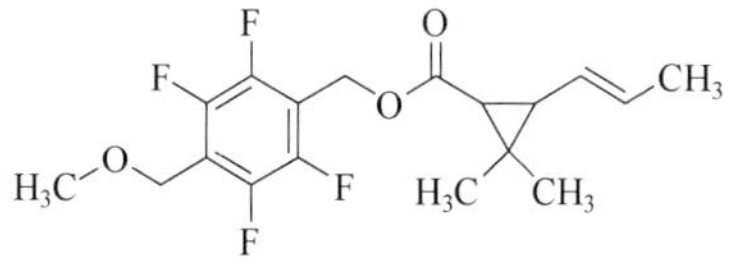

甲氧苄氟菊酯

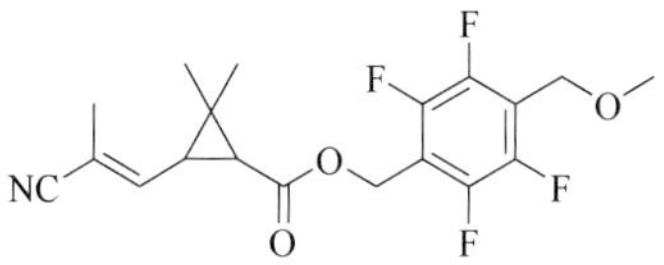

momfluorothrin

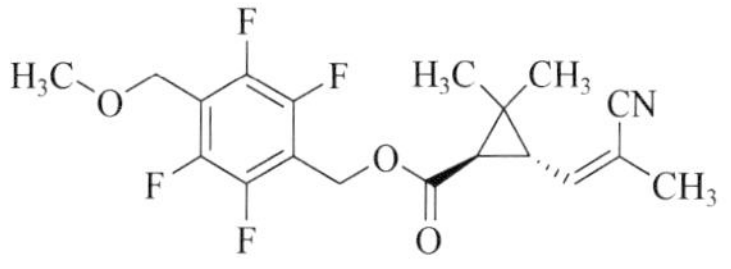

epsilon-momfluorothrin

大日本除虫菊株式会社报道的新型化合物 K-3043，具有很好的活性，对对菊酯产生抗性的害虫也有活性。

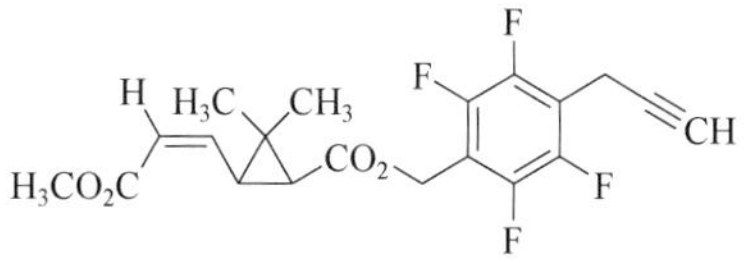

K-3043

heptafluthrin 是江苏优士化学开发的新型菊酯类杀虫剂。右旋反式氯丙炔菊酯（chloroprallethrin），是江苏扬农化工股份有限公司自行创制、开发的拟除虫菊酯类新型杀虫剂，于 1999 年发现，2013 年获农业部农药正式登记。

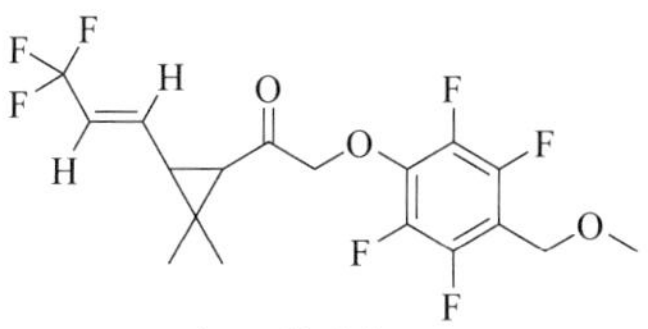

heptafluthrin

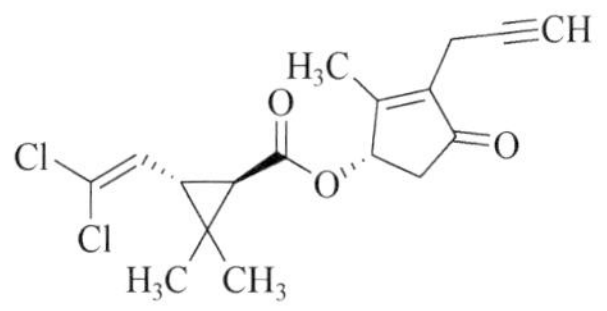

chloroprallethrin

6．市场

由于合成的化合物即拟除虫菊酯类杀虫剂不仅对光稳定，而且药效好，因此具有很好的市场，销售好的品种有 fenvalerate、esfenvalerate、cypermethrin、deltamethrin、cyfluthrin 和 *lambda*-cyhalothrin 等。

7．作用机理

拟除虫菊酯类杀虫剂的作用机理已被进行了广泛的研究，主要干扰神经膜中钠离子通道，导致该通道打开时间过长（prolonged channel opening），从而阻碍神经信号的传输，最终导致虫螨死亡。

二、主要品种

截至 2020 年 10 月各公司研制开发的拟除虫菊酯类杀虫剂共有如下 77 个品种：acrinathrin、allethrin、bioallethrin、esdépalléthrine、barthrin、bifenthrin、bioethanomethrin、brofenvalerate、brofluthrinate、bromethrin、butethrin、chlorempenthrin、cyclethrin、cycloprothrin、cyfluthrin、*beta*-cyfluthrin、cyhalothrin、*gamma*-cyhalothrin、*lambda*-cyhalothrin、cypermethrin、*alpha*-cypermethrin、*beta*-cypermethrin、*theta*-cypermethrin、*zeta*-cypermethrin、cyphenothrin、deltamethrin、dimefluthrin、dimethrin、empenthrin、*d*-fanshilvquebingjuzhi、fenfluthrin、fenpirithrin、fenpropathrin、fenvalerate、esfenvalerate、flucythrinate、fluvalinate、*tau*-fluvalinate、furamethrin、furethrin、imiprothrin、japothrins、kadethrin、meperfluthrin、methothrin、metofluthrin、pentmethrin、permethrin、biopermethrin、*trans*-permethrin、phenothrin、prallethrin、profluthrin、proparthrin、pyresmethrin、resmethrin、bioresmethrin、cismethrin、tefluthrin、terallethrin、tetramethrin、tetramethylfluthrin、tralocythrin、tralomethrin、transfluthrin、valerate、etofenprox、flufenprox、halfenprox、protrifenbute、silafluofen、sulfoxime、thiofluoximate、momfluorothrin、heptafluthrin、chloroprallethrin、*epsilon*-momfluorothrin。

此处介绍了绝大多数品种。如下化合物因应用范围小或不再作为杀虫剂使用或没有商品化等原因，本书不予介绍，仅列出化学名称及 CAS 登录号供参考：

esdépalléthrine：(*S*)-3-allyl-2-methyl-4-oxocyclopent-2-enyl(1*R*,3*R*)-2,2-dimethyl-3-(2-methylprop-1-enyl)cyclopropanecarboxylate 或(*S*)-3-allyl-2-methyl-4-oxocyclopent-2-enyl(1*R*)-*trans*-2,2-dimethyl-3-(2-methylprop-1-enyl)cyclopropanecarboxylate，28434-00-6。

barthrin：(6-chloro-1,3-benzodioxol-5-yl)methyl(1*RS*,3*RS*;1*RS*,3*SR*)-2,2-dimethyl-3-(2-methylprop-1-enyl)cyclopropanecarboxylate 或(6-chloro-1,3-benzodioxol-5-yl)methyl(±)-*cis-trans*-chrysanthemate，70-43-9。

bioethanomethrin：5-benzyl-3-furylmethyl(1*R*,3*R*)-3-cyclopentylidenemethy-2,2-dimethylcyclopropanecarboxylate 或 5-benzyl-3-furylmethyl(1*R*)-*trans*-3-cyclopentylidenemethy-2,2-dimethylcyclopropanecarboxylate，22431-62-5。

brofenvalerate：(*αRS*)-3-(4-bromophenoxy)-*α*-cyanobenzyl(2*RS*)-2-(4-chlorophenyl)-3-methylbutyrate，65295-49-0。

brofluthrinate：(*αRS*)-3-(4-bromophenoxy)-*α*-cyanobenzyl(2*RS*)-2-[4-(difluoromethoxy)phenyl]-3-methylbutyrate，160791-64-0。

bromethrin：5-benzyl-3-furylmethyl(1*RS*,3*RS*;1*RS*,3*SR*)-3-(2,2-dibromovinyl)-2,2-dimethylcyclopropanecarboxylate 或 5-benzyl-3-furylmethyl(1*RS*)-*cis,trans*-3-(2,2-dibromovinyl)-2,2-dimethylcyclopropanecarboxylate，42789-03-7。

butethrin：(*EZ*)-3-chloro-4-phenylbut-2-en-1-yl(1*RS*,3*RS*;1*RS*,3*SR*)-2,2-dimethyl-3-(2-methyl-1-propenyl)cyclopropanecarboxylate 或(*EZ*)-3-chloro-4-phenylbut-2-en-1-yl(1*RS*)-*cis-trans*-2,2-dimethyl-3-(2-methyl-1-propenyl)cyclopropanecarboxylate 或 3-chloro-4-phenylbut-2-en-1-yl(±)-*cis-trans*-chrysanthemate，28288-05-3。

chlorempenthrin：(1*RS*,2*EZ*)-1-ethynyl-2-methylpent-2-enyl(1*RS*,3*RS*;1*RS*,3*SR*)-3-(2,2-dichlorovinyl)-2,2-dimethylcyclopropanecarboxylate 或(1*RS*,2*EZ*)-1-ethynyl-2-methylpent-2-enyl(1*RS*)-*cis-trans*-3-(2,2-dichlorovinyl)-2,2-dimethylcyclopropanecarboxylate，54407-47-5。

cyclethrin：(*RS*)-3-[(*RS*)-cyclopent-2-en-1-yl]-2-methyl-4-oxocyclopent-2-en-1-yl(1*RS*,3*RS*;1*RS*,3*SR*)-2,2-dimethyl-3-(2-methylprop-1-enyl)cyclopropanecarboxylate 或(±)-3-cyclopent-2-en-1-yl-2-methyl-4-oxocyclopent-2-en-1-yl(±)-*cis-trans*-chrysanthemate，97-11-0。

dimethrin：2,4-dimethylbenzyl(1*RS*,3*RS*;1*RS*,3*SR*)-2,2-dimethyl-3-(2-methylprop-1-enyl)cyclopropanecarboxylate 或 2,4-dimethylbenzyl(1*RS*)-*cis,trans*-2,2-dimethyl-3-(2-methylprop-1-enyl)cyclopropanecarboxylate 或 2,4-dimethylbenzyl(±)-*cis,trans*-chrysanthemate，70-38-2。

d-fanshilvquebingjuzhi：(1*S*)-2-methyl-4-oxo-3-prop-2-ynylcyclopent-2-enyl(1*RS*,3*RS*;1*RS*,3*SR*)-3-(2,2-dichlorovinyl)-2,2-dimethylcyclopropanecarboxylate 或(1*S*)-2-methyl-4-oxo-3-prop-2-ynylcyclopent-2-enyl(1*RS*)-*cis-trans*-3-(2,2-dichlorovinyl)-2,2-dimethylcyclopropanecarboxylate。

fenfluthrin：2,3,4,5,6-pentafluorobenzyl(1*R*,3*S*)-3-(2,2-dichlorovinyl)-2,2-dimethylcyclopropanecarboxylate 或 2,3,4,5,6-pentafluorobenzyl(1*R*)-*trans*-3-(2,2-dichlorovinyl)-2,2-dimethylcyclopropanecarboxylate，75867-00-4。

fenpirithrin：(*RS*)-α-cyano-3-phenoxybenzyl 2,2,3,3-tetramethylcyclopropanecarboxylate，39515-41-8。

fluvalinate：(*RS*)-α-cyano-3-phenoxybenzyl *N*-(2-chloro-α,α,α-trifluoro-*p*-tolyl)-DL-valinate，69409-94-5。

furamethrin：5-prop-2-ynylfurfuryl(1*RS*,3*RS*;1*RS*,3*SR*)-2,2-dimethyl-3-(2-methylprop-1-enyl)cyclopropanecarboxylate 或 5-prop-2-ynylfurfuryl(1*RS*)-*cis,trans*-2,2-dimethyl-3-(2-methylprop-1-enyl)cyclopropanecarboxylate 或 5-propargylfurfuryl(±)-*cis-trans*-chrysanthemate，23031-38-1。

furethrin：(*RS*)-3-furfuryl-2-methyl-4-oxocyclopent-2-enyl(1*RS*,3*RS*;1*RS*,3*SR*)-2,2-dimethyl-3-(2-methylprop-1-enyl)cyclopropanecarboxylate 或 (*RS*)-3-furfuryl-2-methyl-4-oxocyclopent-2-enyl(1*RS*)-*cis-trans*-2,2-dimethyl-3-(2-methylprop-1-enyl)cyclopropanecarboxylate 或 3-furfuryl-2-methyl-4-oxocyclopent-2-enyl(±)-*cis-trans*-chrysanthemate，17080-02-3。

japothrins：5-allylfurfuryl(1*RS*,3*RS*;1*RS*,3*SR*)-2,2-dimethyl-3-(2-methylprop-1-enyl)cyclopropanecarboxylate 或 5-allylfurfuryl(1*RS*)-*cis,trans*-2,2-dimethyl-3-(2-methylprop-1-enyl)cyclopropanecarboxylate 或 5-allylfurfuryl(±)-*cis-trans*-chrysanthemate，10597-73-6。

kadethrin：5-benzyl-3-furylmethyl(1*R*,3*S*)-3-[(*E*)-(dihydro-2-oxo-3(2*H*)-thienylidene)methyl]-2,2-dimethylcyclopropanecarboxylate 或 5-benzyl-3-furylmethyl(1*R*)-*cis*-3-[(*E*)-(dihydro-2-oxo-3(2*H*)-thienylidene)methyl]-2,2-dimethylcyclopropanecarboxylate，58769-20-3。

methothrin：4-(methoxymethyl)benzyl(1*RS*,3*RS*;1*RS*,3*SR*)-2,2-dimethyl-3-(2-methylprop-1-enyl)cyclopropanecarboxylate 或 4-(methoxymethyl)benzyl(1*RS*)-*cis,trans*-2,2-dimethyl-3-(2-methylprop-1-enyl)cyclopropanecarboxylate 或 4-(methoxymethyl)benzyl(±)-*cis-trans*-chrysanthemate，34388-29-9。

　　pentmethrin：(1*RS*,2*EZ*)-1-cyano-2-methylpent-2-en-1-yl(1*RS*,3*RS*;1*RS*,3*SR*)-3-(2,2-dichlorovinyl)-2,2-dimethylcyclopropanecarboxylate 或(1*RS*,2*EZ*)-1-cyano-2-methylpent-2-en-1-yl(1*RS*)-*cis-trans*-3-(2,2-dichlorovinyl)-2,2-dimethylcyclopropanecarboxylate，79302-84-4。

　　biopermethrin：3-phenoxybenzyl(1*R*,3*S*)-3-(2,2-dichlorovinyl)-2,2-dimethylcyclopropanecarboxylate 或 3-phenoxybenzyl(1*R*)-*trans*-3-(2,2-dichlorovinyl)-2,2-dimethylcyclopropanecarboxylate，51877-74-8。

　　trans-permethrin：3-phenoxybenzyl(1*RS*,3*SR*)-3-(2,2-dichlorovinyl)-2,2-dimethylcyclopropanecarboxylate 或 3-phenoxybenzyl(1*RS*)-*trans*-3-(2,2-dichlorovinyl)-2,2-dimethylcyclopropanecarboxyla，52341-32-9。

　　profluthrin：2,3,5,6-tetrafluoro-4-methylbenzyl(*EZ*)-(1*RS*,3*RS*;1*RS*,3*SR*)-2,2-dimethyl-3-prop-1-enylcyclopropanecarboxylate 或 2,3,5,6-tetrafluoro-4-methylbenzyl(*EZ*)-(1*RS*)-*cis-trans*-2,2-dimethyl-3-prop-1-enylcyclopropanecarboxylate，223419-20-3。

　　proparthrin：[2-methyl-5-(prop-2-ynyl)furan-3-yl]methyl(1*RS*,3*RS*;1*RS*,3*SR*)-2,2-dimethyl-3-(2-methylprop-1-enyl)cyclopropanecarboxylate 或[2-methyl-5-(prop-2-ynyl)furan-3-yl]methyl(1*RS*)-*cis-trans*-2,2-dimethyl-3-(2-methylprop-1-enyl)cyclopropanecarboxylate 或(2-methyl-5-propargyl-furan-3-yl)methyl(±)-*cis-trans*-chrysanthemate，27223-49-0。

　　pyresmethrin：5-benzyl-3-furylmethyl(*E*)-(1*R*,3*R*)-3-(2-methoxycarbonylprop-1-enyl)-2,2-dimethylcyclopropanecarboxylate 或 5-benzyl-3-furylmethyl(*E*)-(1*R*)-*trans*-3-(2-methoxycarbonyl-prop-1-enyl)-2,2-dimethylcyclopropanecarboxylate 或 5-benzyl-3-furylmethyl pyrethrate，24624-58-6。

　　terallethrin：(*RS*)-3-allyl-2-methyl-4-oxocyclopent-2-enyl 2,2,3,3-tetramethylcyclopropanecarboxylate，15589-31-8。

　　tralocythrin：(*RS*)-α-cyano-3-phenoxybenzyl(1*RS*,3*RS*;1*RS*,3*SR*)-3-[(*RS*)-1,2-dibromo-2,2-dichloroethyl]-2,2-dimethylcyclopropanecarboxyate 或(*RS*)-α-cyano-3-phenoxybenzyl(1*RS*)-*cis-trans*-3-[(*RS*)-1,2-dibromo-2,2-dichloroethyl]-2,2-dimethylcyclopropanecarboxyate，66481-26-7。

　　valerate：3-phenoxybenzyl(2*RS*)-2-(4-chlorophenyl)-3-methylbutyrate，51630-33-2。

　　etofenprox：2-(4-ethoxyphenyl)-2-methylpropyl 3-phenoxybenzyl ether，80844-07-1。

　　flufenprox：3-(4-chlorophenoxy)benzyl(*RS*)-2-(4-ethoxyphenyl)-3,3,3-trifluoropropyl ether，107713-58-6。

　　halfenprox：2-(4-bromodifluoromethoxyphenyl)-2-methylpropyl 3-phenoxybenzyl ether，111872-58-3。

　　protrifenbute：(*RS*)-5-[4-(4-chlorophenyl)-4-cyclopropylbutyl]-2-fluorophenyl phenyl ether，119544-94-4。

　　sulfoxime：(*RS*)-[1-(4-chlorophenyl)-2-(methylthio)-1-propanone](*EZ*)-*O*-(3-phenoxybenzyl)oxime。

　　thiofluoximate：1-(4-chloro-3-fluorophenyl)-2-(methylthio)ethanone(*EZ*)-*O*-[(2-methylbiphenyl-3-yl)methyl]oxime。

胺菊酯（tetramethrin）

331.4，C$_{19}$H$_{25}$NO$_4$，7696-12-0

胺菊酯（试验代号：FMC9260、SP1103、OMS1011，商品名称：Duracide 15、Multi-Fog DTP、Neo-Pynamin、Phthalthrin、Py-Kill、Trikill、诺毕那命，其他名称：拟虫菊、似菊酯、四甲菊酯、酞胺菊酯、酞菊酯）是由日本住友化学株式会社开发的拟除虫菊酯类杀虫剂。

化学名称　环-1-己烯-1,2-二甲酰亚氨基甲基(1RS,3RS;1RS,3SR)-2,2-二甲基-3-(2-甲基丙-1-烯基)环丙烷羧酸酯或(1RS,3RS;1RS,3SR)-2,2-二甲基-3-(2-甲基丙-1-烯基)环丙烷羧酸-环 1-己烯-1,2-二甲酰亚氨基甲酯，环-1-己烯-1,2-二甲酰亚氨基甲基 (1RS)-cis-trans-2,2-二甲基-3-(2-甲基丙-1-烯基)环丙烷羧酸酯或(1RS)-cis-trans-2,2-二甲基-3-(2-甲基丙-1-烯基)环丙烷羧酸-环-1-己烯-1,2-二甲酰亚氨基甲酯。英文化学名称 cyclohex-1-ene-1,2-dicarboximidomethyl (1RS,3RS;1RS,3SR)-2,2-dimethyl-3-(2-methylprop-1-enyl)cyclopropanecarboxylate 或 cyclohex-1-ene-1,2-dicarboximidomethyl (1RS)-cis-trans-2,2-dimethyl-3-(2-methylprop-1-enyl)cyclopropane-carboxylate 或 cyclohex-1-ene-1,2-dicarboximidomethyl (±)-cis-trans-chrysanthemate。美国化学文摘系统名称为(1,3,4,5,6,7-hexahydro-1,3-dioxo-2H-isoindol-2-yl)methyl 2,2-dimethyl-3-(2-me-thyl-1-propenyl)cyclopropanecarboxylate。CA 主题索引名称 cyclopropanecarboxylic acid —, (1,3,4,5,6,7-hexahydro-1,3-dioxo-2H-isoindol-2-yl) methyl ester。

组成　工业品约含92%的纯品。混合物中(1RS)-顺与(1RS)-反的比例为1：4。

理化性质　无色晶体（工业品为无色到浅黄棕色液体），有淡淡的除虫菊的气味，熔点68～70℃（工业品60～80℃），闪点200℃（开杯），蒸气压2.1 mPa（25℃），lgK_{ow} 4.6，相对密度1.1（20～25℃），Henry 常数 0.38 Pa·m³/mol（25℃，计算）。水中溶解度（20～25℃）1.83 mg/L，有机溶剂中溶解度（g/L，20～25℃）：丙酮、乙醇、甲醇、正己烷和正辛醇＞20。对碱和强酸敏感，DT$_{50}$：16～20 d（pH 5），1 d（pH 7），＜1 h（pH 9）。约50℃下储藏稳定，在丙酮、氯仿、二甲苯等溶剂中稳定，在无机载体中的稳定性随载体不同而有所不同。

毒性　大鼠急性经口 LD$_{50}$＞5000 mg/kg。兔急性经皮 LD$_{50}$＞2000 mg/kg。对兔皮肤和眼睛无刺激。大鼠吸入 LC$_{50}$（4 h）＞2.73 mg/L 空气。NOEL：在剂量为5000 mg/kg 情况下对狗进行喂食试验，13 周无不良反应，用大鼠作同样的试验在剂量 1500 mg/kg 下喂食 6 个月无不良反应。无致癌性。

生态效应　山齿鹑急性经口 LD$_{50}$＞2250 mg/kg。山齿鹑和野鸭饲喂 LC$_{50}$＞5620 mg/L。鱼 LC$_{50}$（96 h，μg/L）：虹鳟鱼3.7，大翻车鱼16。水蚤 EC$_{50}$（48 h）0.11 mg/L。对蜜蜂有毒。

环境行为　在水和空气中快速降解，在哺乳动物体内快速代谢，在体内没有富集。①动物。对老鼠进行喂食，在 5 d 内95%的原药代谢物通过尿液和粪便被排出，代谢物主要为3-羧基环己烷-1,2-二酰胺。②土壤/环境。通过酯键的断裂降解，生成菊酸衍生物和苯氧基苯甲酸。这些代谢物通过羟基化和共轭作用进一步被代谢。

制剂　气雾剂、粉剂、乳油、水分散粒剂、油剂等。

主要生产商　Sumitomo Chemical、江苏优嘉植物保护有限公司、江苏省南通宝叶化工有限公司、广东立威化工有限公司、湖南沅江赤蜂农化有限公司、江苏丰登作物保护股份有限公司、中山凯中有限公司等。

作用机理与特点 主要是阻断害虫神经细胞中的钠离子通道，使神经细胞丧失功能，导致靶标害虫麻痹、协调差，最终死亡。本品为非内吸性杀虫剂，作用方式为触杀，可快速击倒害虫。胺菊酯对蚊、蝇等卫生害虫具有快速击倒的效果，但致死性能差，有复苏现象，因此要与其他杀虫效果好的药剂混配使用。

应用

（1）防治对象　蚊、蝇、蜚蠊、温带臭虫、蟑螂等。

（2）残留量与安全施药　避免阳光直射，应储存在阴凉通风处。储存期为 2 年。

（3）使用方法　胺菊酯对家蝇、温带臭虫、蠊等的毒力和致死剂量见表 2-78。

表 2-78　胺菊酯对家蝇、温带臭虫、蠊等的毒力和致死剂量

害虫名称	毒力 LD$_{50}$/(μg/g)	100%致死剂量/(g/m^2)
家蝇	8～10.7	0.05
温带臭虫	5.6～10	0.3～0.5
褐大蠊	15～17.3	0.58
黑蠊	24～27	—

胺菊酯的煤油喷射剂用量，一般是 0.5～2.0 mg(a.i.)/m^2，乳油通常用水稀释 40～80 倍喷洒。

专利与登记

专利名称　Chrysanthemum monocarboxylates

专利号　JP 40008535　　　　专利公开日　1965-03-04

专利申请日　1963-11-11　　　优先权日　1963-11-11

专利拥有者　Sumitomo Chemical

在其他国家申请的化合物专利　有 BE 646399、FR 1400450、JP 40008535、US 3268398、EP 521781、US 2007231413、WO 2010005692、WO 2009099929、WO 2008015185、WO 9818329、FR 2905230、GB 2440664、JP 2009173608、JP 2006117538、WO 2006063848 等。

制备专利　CN 109651183、JP 2017145201、WO 2010087419、CN 1218030 等。

胺菊酯在国内仅登记了 92%原药及混剂，日本住友化学株式会社在中国登记情况见表 2-79。

表 2-79　日本住友化学株式会社在中国登记情况

商品名	登记证号	含量	剂型	登记作物	防治对象	用药量	施用方法
胺菊酯	WP59-98	92%	原药				
右旋胺菊酯	WP51-98	92%	原药				
苯氰·右胺菊	WP41-97	160 g/L	乳油	卫生	蚊	0.0375 mL/m^3	喷雾
					蝇	0.0375 mL/m^3	喷雾
					蜚蠊	1.25 mL/m^2	滞留喷雾

合成方法 主要有如下三种：

（1）胺醇-菊酰氯法

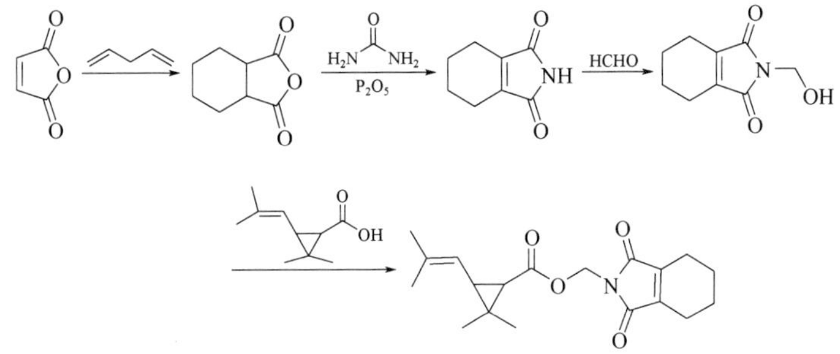

（2）氯甲基亚胺-菊酸钠法

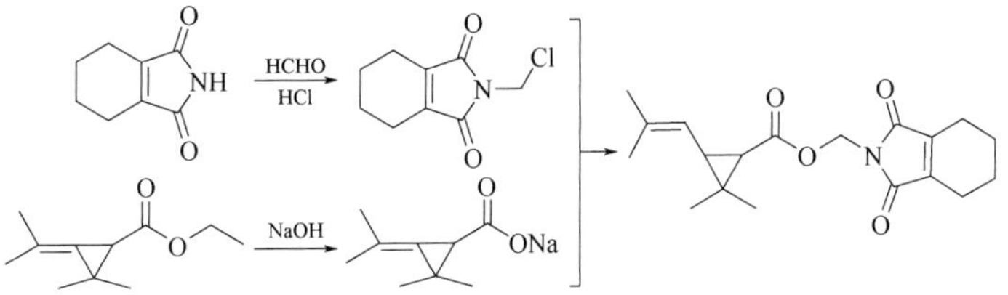

（3）叔胺-季铵盐法

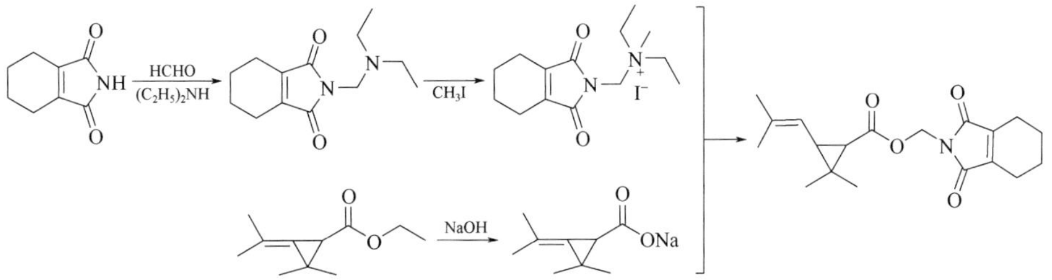

中间体的合成

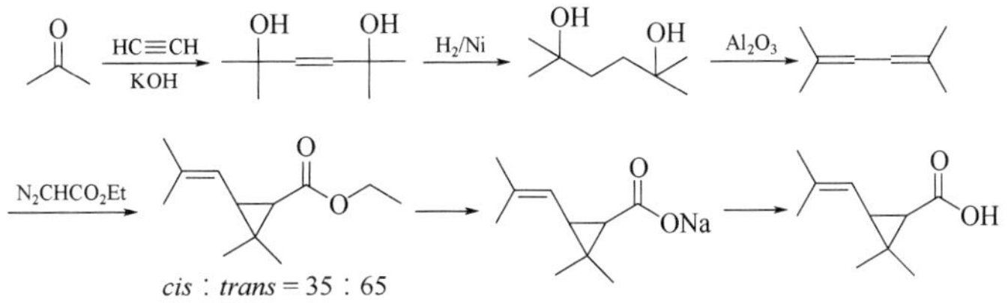

cis：*trans* = 35：65

参考文献

[1] 农药商品大全. 北京：中国商业出版社, 1996: 182-184.

[2] The Pesticide Manual. 17 th edition: 1082-1083.

苯醚菊酯（phenothrin）

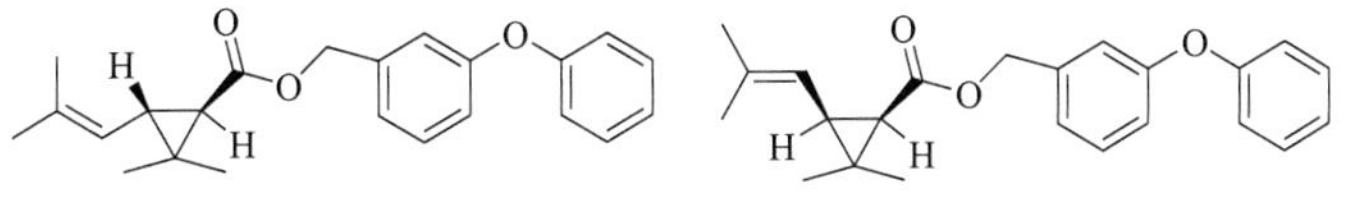

(1R)-*trans*- (1R)-*cis*-

350.5，$C_{23}H_{26}O_3$，26046-85-5[(1R)-*trans*-isomer]，
51186-88-0[(1R)-*cis*-isomer]，26002-80-2[(1RS)-*cis-trans*-isomers]

苯醚菊酯 {试验代号：S-2539、S-8100、OMS1809、OMS1810[(1R)-cis-trans- isomers]、ENT27972[(1R)-cis-trans- isomers]，商品名称：Sumithrin、Duracide B、Neopitroid、ULV1500、ULV 500、ULV500、速灭灵，其他名称：d-phenothrin for(1R)-rich grade} 最初由 K. Fujimoto 等报道，由日本住友化学公司推广的拟除虫菊酯类杀虫剂，于 1976 年首次在日本登记。

化学名称 3-苯氧基苄基 (1RS,3RS;1RS,3SR)-2,2-二甲基-3-(2-甲基丙-1-烯基)环丙甲酸酯或 3-苯氧基苄基 (1RS)-cis-trans-2,2-二甲基-3-(2-甲基丙-1-烯基)环丙甲酸酯。英文化学名称为 3-phenoxybenzyl (1RS,3RS;1RS,3SR)-2,2-dimethyl-3-(2-methylprop-1-enyl)cyclopropane-carboxylate；或 3-phenoxybenzyl (±)-cis-trans-chrysanthemate 或 3-phenoxybenzyl (1RS)-cis-trans-2,2-dimethyl-3-(2-methylprop-1-enyl)cyclopropanecarboxylate。美国化学文摘系统名称为 (3-phenoxyphenyl)methyl-2,2-dimethyl-3-(2-methyl-1-propenyl)cyclopropanecarboxylate。CA 主题索引名称为 cyclopropanecarboxylic acid —, 2,2-dimethyl-3-(2-methyl-1-propenyl)-cyano(3-phenoxyphenyl)methyl ester。

组成 (1RS)-顺反异构体的混合物。右旋苯醚菊酯中(1R)-异构体≥95%，其中顺式异构体含量≥75%。

理化性质 纯品为淡黄色或棕黄色液体，具有轻微特征性臭味。沸点＞301℃（1.01×10^5 Pa），蒸气压 0.019 mPa（21.4℃），lgK_{ow} 6.8。Henry 常数＞0.675 Pa·m^3/mol（计算），相对密度 1.06（20~25℃）。水中溶解度（20~25℃）＜0.0097 mg/L，有机溶剂中溶解度（g/L，20~25℃）正己烷＞4960，甲醇＞5000，还溶于异丙醇、二乙醚、二甲苯、环己烷等。光照条件下，在大多数有机溶剂和无机缓释剂中是稳定的，但遇强碱分解。在正常储存条件下稳定，室温下放置黑暗 1 年后不分解，在中性及弱酸性条件下以稳定，碱性条件下水解。闪点 107℃（闭杯）。

毒性 大鼠急性经口 LD$_{50}$＞5000 mg/kg。大鼠急性经皮 LD$_{50}$＞2000 mg/kg。大鼠吸入 LC$_{50}$（4 h）＞2.1 mg/L。狗 NOEL 值（1 年）300 mg/L（7.1 mg/kg bw）。对大鼠、小鼠长期饲药试验，无有害影响。致癌、致畸和三代繁殖研究，亦未出现异常。ADI/RfD（JMPR）0.07 mg/kg bw（d-phenothrin）（1988）；（EPA）aRfD 0.03 mg/kg bw；cRfD 0.007 mg/kg bw（d-phenothrin）（2008）。

生态效应 山齿鹑急性经口 LD$_{50}$＞2500 mg/kg。鱼类 LC$_{50}$（96 h，μg/L）：虹鳟鱼 2.7，大翻车鱼 16。水蚤 EC$_{50}$（48 h）0.0043 mg/L，对蜜蜂有毒。

环境行为 ①动物。大鼠用苯醚菊酯一次或者多次经口或者经皮处理，在 3~7 d 内苯醚菊酯大部分很快地经尿或者粪便代谢排出。主要代谢途径是反式的苯醚菊酯的酯分解和 4′-位氧化成醇，或者异丁烯部分氧化成酸。酯代谢的产物主要通过尿液排出。②土壤/环境。主要是光氧化降解。

制剂 气雾剂、乳油、油剂。

主要生产商 Sumitomo Chemical、江苏丰登作物保护股份有限公司、江苏优嘉植物保护有限公司、中山凯中有限公司等。

作用机理与特点 主要作用于害虫的神经系统，与钠离子通道相互作用而干扰其神经功能。非内吸性杀虫剂，对昆虫具有触杀和胃毒作用，杀虫作用比除虫菊素高，对光比烯丙菊酯、苄呋菊酯等稳定，但对害虫的击倒作用要比其他除虫菊酯差。

应用

（1）防治对象 适用于防治卫生害虫如蟑螂、蝇、蚊、飞蛾、跳蚤等，也可以用于贮藏谷物的保护。

（2）残留量与安全施药　在水稻上施本品 0.375 kg（a.i）/hm² 6 次后，7 d 和 14 d 测定其最大残留量，在稻秆中为 1.58 mg/kg，谷壳中为 0.078 mg/kg。

（3）使用方法　防治家蝇、蚊子，每立方米用 10%水基乳油 4～8 mL［2～3 mg(a.i.)/m²］喷雾；防治蜚蠊，每立方米用 10%水基乳油 40 mL［20 mg(a.i.)/m²］喷雾；在防治贮藏害虫方面，本品对敏感腐食酪螨和法嗜皮螨均有较好效果；在防治贮粮害虫方面，本品对敏感品系和抗性品系的谷蠹都很有效；对米象和谷象的效力比生物苄氟菊酯稍差，且对拟谷盗成虫的药效不是很高，如以 4 mg/kg 本品加 12 mg/kg 杀螟松，或 2 mg/kg 本品加 10 mg/kg 增效醚和 12 mg/kg 杀螟松的复配制剂，即可防治全部害虫，且持效期可达 9 个月以上。在防治稻田害虫方面，本品对黑尾叶蝉击倒快、杀伤力强，但对稻褐飞虱的防效不高，如以 0.8%本品和 2.0%速灭威或 0.8%本品和 2.0%仲丁威的复配粉剂，剂量为 300 g（粉剂）/hm²，即可同时防治。

专利与登记

专利名称　Cyclopropanecarboxylic acids esters

专利号　DE 1926433　　　　专利公开日　1969-10-04

专利申请日　1969-05-23　　　优先权日　1968-05-31

专利拥有者　Sumitomo Chemical Co, Ltd.

在其他国家申请的化合物专利　BE 733836、BR 6909345、CS 164831、CH 515209、DE 1926433、DK 127469、FR 2013334、GB 1243858、IL 32315、JP 1027088、NL 6908247、PL 80059、PL 83184、SU 368722、SE 361033、US 3934028 等。

制备专利　JP 2017145201、WO 2014058744、US 20130231371、CN 102550592、JP 2011225541、IN 186349、EP 1227077、JP 2000264861、WO 9818329、JP 09020718、US 4800230、EP 217342、JP 62077355、US 4358607、JP 57046937、EP 8867、US 4220640、US 4087523 等。

日本住友化学株式会社在中国登记情况见表 2-80。

表 2-80　日本住友化学株式会社在中国登记情况

商品名	登记证号	含量	剂型	登记作物	防治对象	用药量	施用方法
右旋苯醚菊酯	WP57-98	92%	原药				
	WP12-93	10%	水乳剂	卫生	蚊	0.02～0.04 g/m²	喷雾
					蝇	0.02～0.04 g/m²	
					蜚蠊	0.2 g/m²	

合成方法

（1）菊酸合成方法

① 重氮乙酸酯法　以丙酮、乙炔为原料进行反应，再经还原、脱水生成 2,5-二甲基-2,4-己二烯，然后与重氮乙酸酯反应、皂化、调酸即得菊酸。

② 二环辛酮法　二环辛酮与羟氨反应得到相应的肟，再用五氯化磷开环脱水生成腈，经水解制得菊酸。

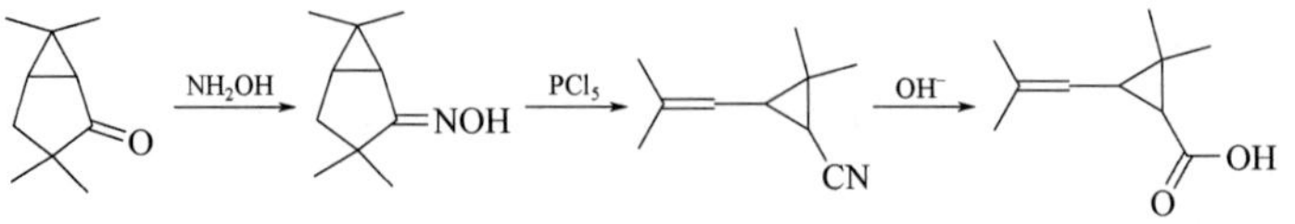

③ 原乙酸三乙酯法　异丁酰氯与异丁烯在三氯化铝催化下反应，在经硼氢化钠还原，然后与原乙酸三乙酯反应得到 3,3,6-三甲基庚烯-[4]-酸乙酯，再加卤素，脱氯化氢成环得到菊酸乙酯，并以反式构体为主。

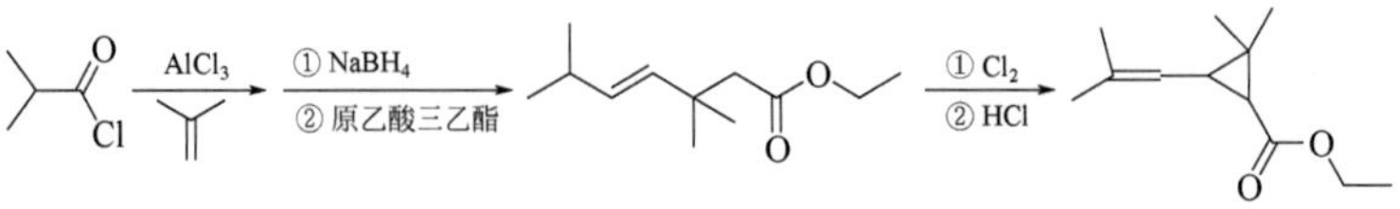

④ 甲基丙烯醇法　在-10℃下，将 2-氯-2-甲基-1-丁炔加到 2-甲基丙烯醇和叔丁醇钾的混合溶液中，并在此温度下反应 3 h，得到 45%环化产物，该产物溶于乙醚中，于金属钠和液氨中还原。在 0℃下，将还原产物与三氧化铬一起加到干燥的吡啶中，在 15～20℃反应 24 h，然后滴加几滴水，将反应混合物再搅拌 4 h，得到 75% 3∶1（反式∶顺式）菊酸。

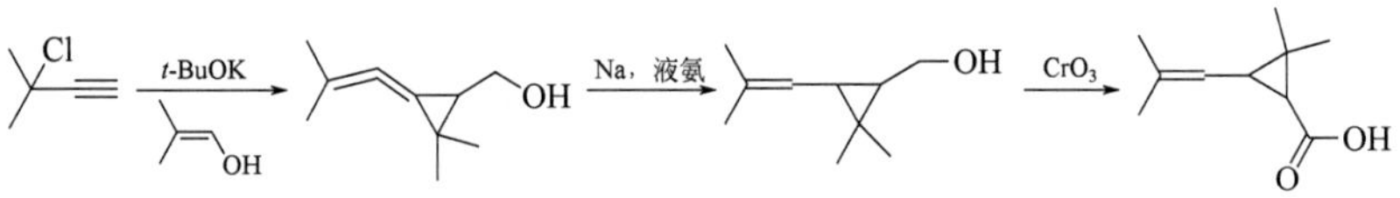

⑤ Witting 合成方法

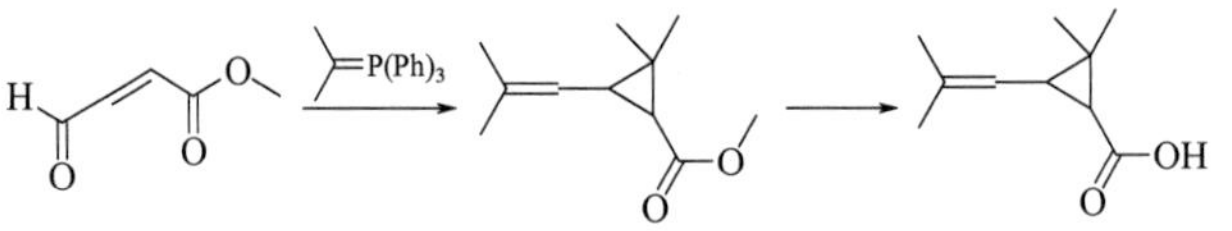

⑥ Corey 路线　利用二苯硫异亚丙基和不饱和羰基化合物在-20～70℃与氮气保护下反应，使异亚丙基加成到碳碳双键上形成环丙烷类衍生物，得到（±）反式菊酸酯。

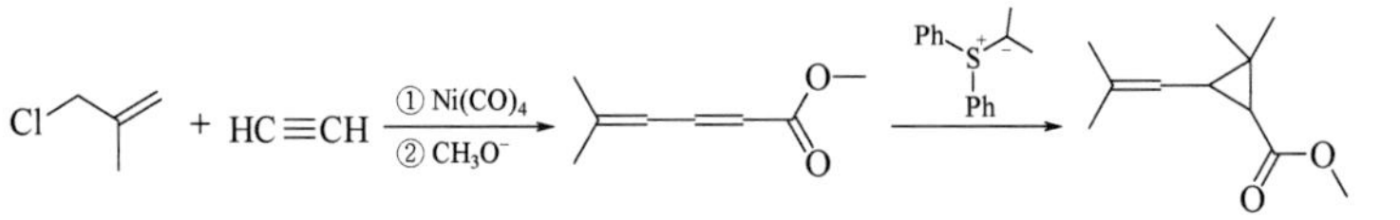

⑦ 其他合成方法

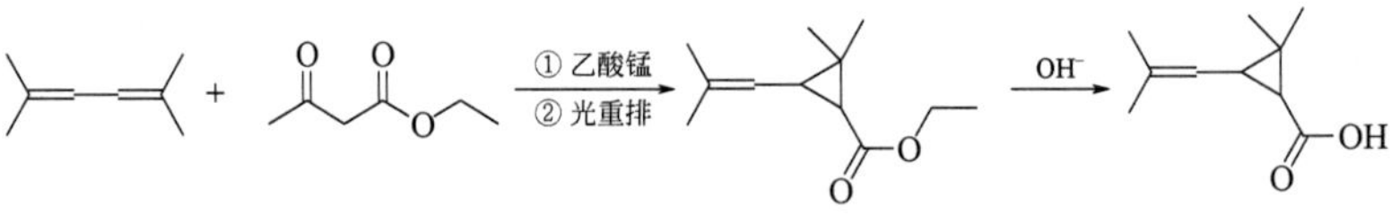

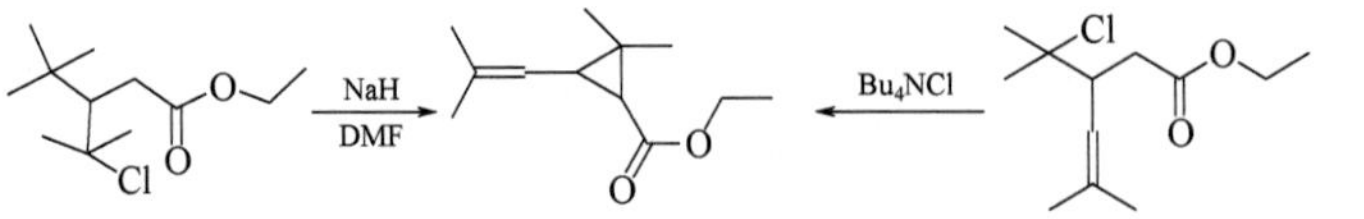

（2）苯醚菊酯合成方法

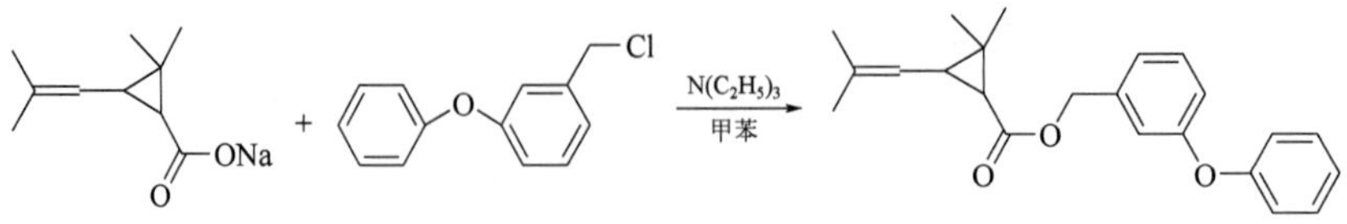

或

参考文献

[1] Proceedings of the BCPC—Pests and diseases, 1996, 307.

[2] The Pesticide Manual.17 th edition: 863-864.

[3] 农药商品大全. 北京: 中国商业出版社, 1996: 123.

苯醚氰菊酯（cyphenothrin）

(1R)-trans-   (1R)-cis-

375.5，$C_{24}H_{25}NO_3$，39515-40-7

苯醚氰菊酯（试验代号：S-2703 Forte、OMS 3032，商品名称：Gokilaht、Red-Earth-G-8-F、赛灭灵，其他名称：d-cyphenothrin、苯氰菊酯、右旋苯氰菊酯、右旋苯醚氰菊酯）是由日本住友化学工业公司开发的拟除虫菊酯类杀虫剂。

化学名称 (RS)-α-氰基-3-苯氧苄基(1RS,3RS;1RS,3SR)-2,2-二甲基-3-(2-甲基-1-丙烯基)环丙烷羧酸酯，或者(RS)-α-氰基-3-苯氧苄基(1R)-顺-反-2,2-二甲基-3-(2-甲基-1-丙烯基)环丙烷羧酸酯。英文化学名称为(RS)-α-cyano-3-phenoxybenzyl (1RS,3RS;1RS,3SR)-2,2-dimethyl-3-(2-methylprop-1-enyl)cyclopropanecarboxylate；或 (RS)-α-cyano-3-phenoxybenzyl(1R)-cis-trans-2,2-dimethyl-3-(2-methylprop-1-enyl)cyclopropanecarboxylate。美国化学文摘系统名称为 cyano(3-phenoxyphenyl) methyl 2,2-dimethyl-3-(2-methyl-1-propenyl)cyclopropanecarboxylate。CA 主题索引名称为 cyclopropanecarboxylic acid —, 2,2-dimethyl-3-(2-methyl-1-propen-1-yl)-, cyano(3-phenoxyphenyl)methyl ester。

组成 苯醚氰菊酯由(RS, 1RS)-顺-反-混合异构体构成。

理化性质 工业品为黏稠黄色液体，有微弱的特殊气味，沸点为241℃（13.3 Pa），闪点130℃。蒸气压：0.12 mPa（20℃），0.4 mPa（30℃）。相对密度1.08（20～25℃），lgK_{ow} 6.29。水中溶解度（20～25℃）0.00901 mg/L，有机溶剂中溶解度（g/L，20～25℃）：正己烷31.7，甲醇73.2。常温下可稳定保存至少2年，对热相对稳定。

毒性 急性经口 LD_{50}（mg/kg）：雄大鼠318，雌大鼠419（在玉米油中）。大鼠急性经皮LD_{50}＞5000 mg/kg。对眼睛和皮肤无刺激，大鼠吸入 LC_{50}（3 h）＞1.85 mg/L。

生态效应 山齿鹑 LC_{50}＞5620 mg/L，虹鳟鱼 LC_{50}（96 h）0.00034 mg/L。

环境行为　本品的降解包括酯的水解和氧化。

制剂　气雾剂、乳油、热雾剂、超低容量剂、可湿性粉剂（均可用于工业和公共卫生），气雾剂和熏蒸剂用于室内。

主要生产商　Sumitomo Chemical、湖南沅江赤蜂农化有限公司、江苏丰登作物保护股份有限公司、江苏优嘉植物保护有限公司、中山凯中有限公司等。

作用机理与特点　钠通道抑制剂。主要是阻断害虫神经细胞中的钠离子通道，使神经细胞丧失功能，导致靶标害虫麻痹、协调差，最终死亡。药剂通过触杀和摄食进入虫体。有快速击倒的性能和拒食性。

应用

（1）适用作物与场所　木材、织物、住宅、工业区、非食品加工地带。

（2）防治对象　木材和织物的卫生害虫，家庭、公共卫生和工业的蝇、蚊虫、蟑螂等害虫等。

（3）残留量与安全施药　产品贮放在低温、干燥和通风良好的房间，勿与食物和饲料混置，勿让孩童接近。本品无专用解毒药，出现中毒症状时对症医治。

本品具有较强的触杀力、胃毒和残效性，击倒活性中等，适用于防治家庭、公共场所、工业区等卫生害虫。对蟑螂特别高效（尤其是体型较大的蟑螂，如烟色大蠊、美洲大蠊等），并有显著驱赶作用。本品在室内以 0.005%～0.05%分别喷洒，对家蝇有明显驱赶作用，而当浓度降至 0.0005%～0.001%时，又有引诱作用。本品处理羊毛可有效防治袋谷蛾、幕谷蛾等，药效优于氯菊酯、甲氰菊酯、氰戊菊酯、炔丙菊酯和右旋苯醚菊酯。本品是拟除虫菊酯类中唯一无毒产品，是美国唯一准许用于民航的杀虫剂，是世界卫生组织推荐的杀虫剂之一。对昆虫具有触杀及胃毒作用，杀虫谱广，对害虫的致死力较除虫菊酯类高 8.5～20 倍，对光比丙烯苄呋稳定，但对害虫击倒作用差。故需与胺菊酯、Es-丙烯等击倒性强的复配使用，可广泛用于家居、仓储、公共卫生、工业区害虫的防治。

专利与登记

专利名称　Cycloproanecarboxylic acid esters

专利号　JP 53098938　　　　专利公开日　1978-08-29

专利申请日　1977-02-04　　　优先权日　1977-02-04

专利拥有者　Sumitomo Chemical Co.

在其他国家申请的化合物专利　AT 7807567、AT 366022、AT 8005730、AT 367732、FR 2407200、FR 2424249、FR 2432011、FR 2432016、JP 53098938、JP 54070242、JP 63047702 等。

制备专利　EP 217342、EP 521779、WO 9202492、US 20130231371、CN 102550592、JP 2011225541、WO 9818329、US 4800230、JP 62077355 等。

日本住友化学株式会社在中国登记情况见表 2-81。

表 2-81　日本住友化学株式会社在中国登记情况

登记名称	登记证号	含量	剂型	登记用途	防治对象	用药量	施用方法
右旋苯醚氰菊酯	WP76-2001	10%	微囊悬浮剂	卫生	蟑螂	0.5～1 g/m²	喷雾
右旋苯醚氰菊酯	WP53-98	92%	原药				
苯氰·右胺菊	WP41-97	160 g/L	乳油	卫生	蚊	0.0375 mL/m³	喷雾
				卫生	蝇	0.0375 mL/m³	
				卫生	蟑螂	1.25 mL/m²	滞留喷雾

合成方法

（1）菊酸的制备

① 乙酰丙酸乙酯与甲代烯丙醇在对甲苯磺酸存在下反应，得到甲代烯丙基乙酰丙酸乙酯，该化合物与碘化钾基镁反应，得到 4-甲基-3-甲代烯丙基-γ-戊酸内酯，后者与氯化亚砜反应，然后再与氢化钠在二甲基甲酰胺或叔丁醇钠在苯中反应，反应产物水解，即制得菊酸。反应如下：

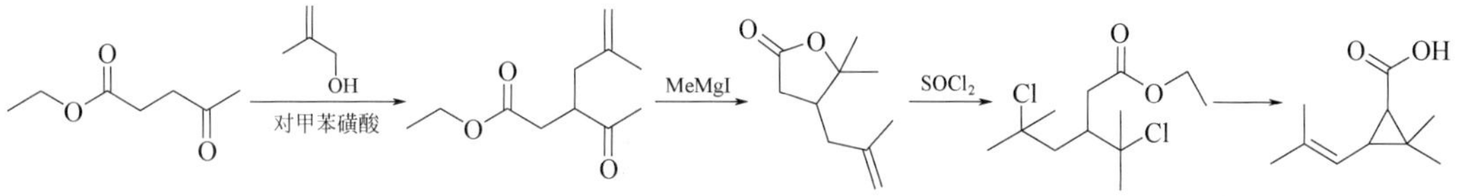

② 在 $-10\sim0℃$ 下，将 3-氯-3-甲基-1-丁炔加入 2-甲基-1-丙烯-1-醇和叔丁醇钾的混合液中，并在此温度下反应 3 h，得到 45% 环化产物，该产物溶于乙醚中，与 Na-NH$_3$ 反应，得到 90% 3∶1 反式-顺式的还原产物。在 0℃ 下与 CrO$_3$ 一起加入经干燥的吡啶中，反应混合物在 $15\sim20℃$ 反应 24 h，然后加 5 滴水，反应混合物再搅拌 4 d，得到 75% 3∶1 反式-顺式菊酸。反应如下：

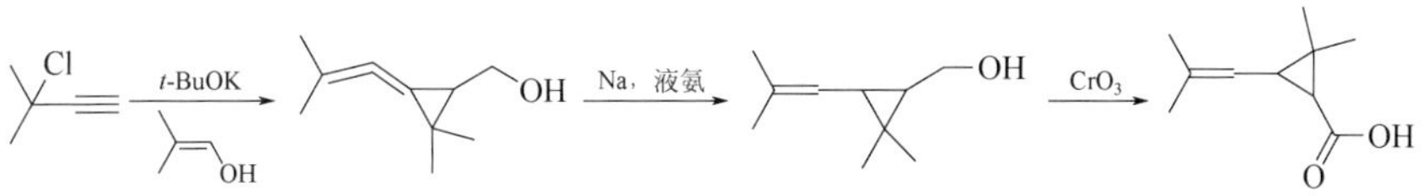

③ 通过维蒂希反应得到菊酸甲酯，然后用氢氧化钾-甲醇水解，即制得菊酸。反应如下：

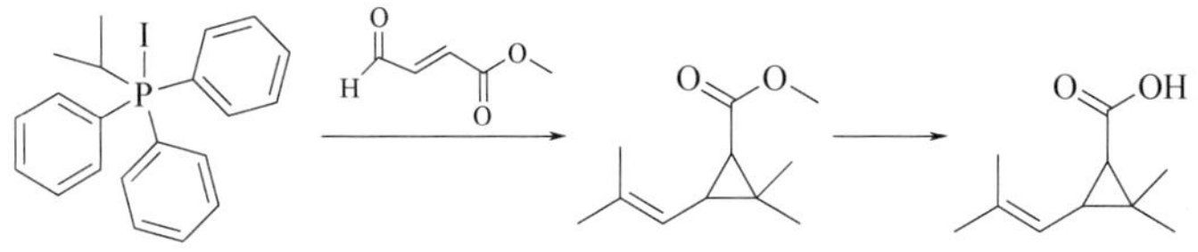

（2）苯醚氰菊酯的合成

① 间苯氧基苯甲醛与氰化钠和醋酸反应得到相应的苄醇，然后与菊酸在苯中加入对甲苯磺酸回流 4 h，并除去生成的水，即得到产品，反应如下：

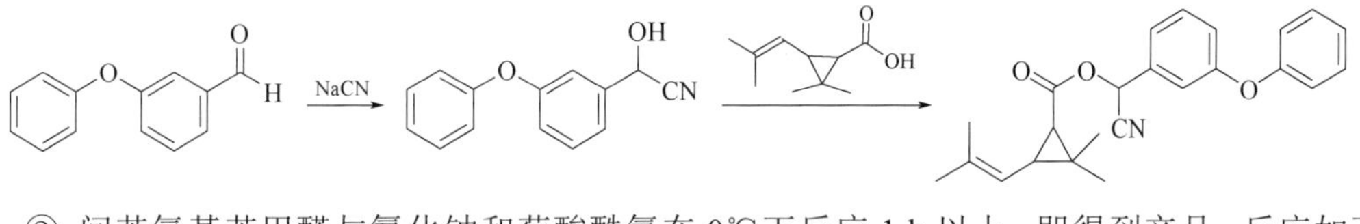

② 间苯氧基苯甲醛与氰化钠和菊酸酰氯在 0℃ 下反应 1 h 以上，即得到产品，反应如下：

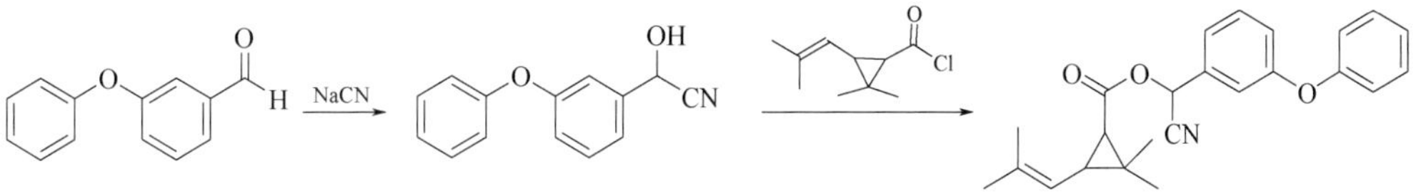

参考文献

[1] The Pesticide Manual. 17 th edition: 276-277.

[2] 农药商品大全. 北京: 中国商业出版社, 1996: 163-165.

苄呋菊酯（resmethrin）

338.4，C$_{22}$H$_{26}$O$_3$，10453-86-8

苄呋菊酯［试验代号：NRDC 104、FMC 17 370、NRDC 119、SBP 1382(Penick)、OMS 1206、OMS 1800，商品名称：Benzofurolin、Chrysron、Derringer、Forsyn、Termout、灭虫菊］的杀虫活性首次由 M. Elliott 等报道，后先后被 FMC Corp.、Mitchell Cotts Chemicals、Penick Corp. 和 Sumitomo Chemical Co., Ltd.等公司引入开发。

化学名称　5-苄基-3-呋喃甲基 (1*RS*,3*RS*;1*RS*,3*SR*)-2,2-二甲基-3-(2-甲基丙-1-烯基)环丙烷羧酸酯或(1*RS*,3*RS*;1*RS*,3*SR*)-2,2-二甲基-3-(2-甲基丙-1-烯基)环丙烷羧酸-5-苄基-3-呋喃甲酯，5-苄基-3-呋喃甲基 (1*RS*)-顺-反-2,2-二甲基-3-(2-甲基丙-1-烯基)环丙烷羧酸酯或(1*RS*)-顺-反-2,2-二甲基-3-(2-甲基丙-1-烯基)环丙烷羧酸-5-苄基-3-呋喃酯。英文化学名称为5-benzyl-3-furylmethyl (1*RS*,3*RS*;1*RS*,3*SR*)-2,2-dimethyl-3-(2-methylprop-1-enyl)cyclopropanecarboxylate 或 5-benzyl-3-furylmethyl(1*RS*)-*cis-trans*-2,2-dimethyl-3-(2-methylprop-1-enyl)cyclopropanecarboxylate 或 5-benzyl-3-furylmethyl (±)-*cis-trans*-chrysanthemate。美国化学文摘系统名称为 [5-(phenylmethyl)-3-furanyl]methyl 2,2-dimethyl-3-(2-methyl-1-propenyl)cyclopropanecarboxylate。CA 主题索引名称为 cyclopropanecarboxylic acid —, 2,2-dimethyl-3-(2-methyl-1-propenyl)-[5-(phenylmethyl)-3-furanyl]methyl ester。

组成　为两个异构体的混合物，其中含 20%～30%(1*RS*)-顺-异构体和 70%～80%(1*RS*)-反-异构体。工业品两异构体总含量 84.5%。

理化性质　纯品为无色晶体，工业品为黄色至褐色的蜡状固体，熔点为 56.5℃［纯(1*RS*)-反-异构体］，分解温度＞180℃，蒸气压＜0.01 mPa（25℃），lgK_{ow} 5.43（25℃），Henry 常数＜8.93×10^{-2} Pa·m^3/mol，相对密度为 0.958～0.968（20℃）、1.035（30℃）。水中溶解度（25℃）37.9 μg/L，有机溶剂中溶解度（质量体积比，20℃）：丙酮30%，氯仿、二氯甲烷、乙酸乙酯、甲苯＞50%，二甲苯＞40%，乙醇、正辛醇6%，正己烷10%，异丙醚25%，甲醇3%。耐高温、耐氧化，但暴露在空气和阳光下会迅速分解（比除虫菊酯分解慢）。比旋光度[α]$_D$ = −1°～+1°。闪点 129℃。

毒性　大鼠急性经口 LD$_{50}$＞2500 mg/kg。大鼠急性经皮 LD$_{50}$＞3000 mg/kg。对皮肤和眼睛没有刺激性，对豚鼠皮肤无致敏性。大鼠吸入 LC$_{50}$（4 h）＞9.49 g/m^3 空气。大鼠 NOEL（90 d）＞3000 mg/kg。对兔每天 100 mg/kg、小鼠每天 50 mg/kg、大鼠每天 8 mg/kg 进行饲喂，无致畸性。对大鼠以 500 mg/L 进行 112 周饲喂、小鼠以 1000 mg/L 进行 85 周饲喂均无致癌性。ADI cRfD 0.035 mg/kg。无致癌性、致突变性及致畸性。

生态效应　加利福尼亚鹌鹑急性经口 LD$_{50}$＞2000 mg/kg。鱼 LC$_{50}$（96 h，μg/L）：黄鲈2.36，红鲈11，大翻车鱼17。水蚤 LC$_{50}$（48 h）3.7 μg/L，基围虾 LC$_{50}$（96 h）1.3 μg/L。对蜜蜂有毒，LD$_{50}$（μg/只）：经口 0.069，接触 0.015。

环境行为　①动物。在母鸡体内的代谢主要通过酯的水解、氧化及其螯合作用。②植物。^{14}C 标记的苄呋菊酯在温室种植的番茄、莴苣，野外种植的小麦体内代谢表明，其能迅速降解，在施药 5 d 后完全降解，没有残留。观测到降解产物的量很少。

主要生产商　Sumitomo Chemical。

作用机理与特点　通过作用于钠离子通道来干扰神经作用。有强烈触杀作用，杀虫谱广，杀虫活性高，例如对家蝇的毒力，比除虫菊素高约 2.4 倍，对淡色库蚊的毒力，比烯丙菊酯高约 3 倍。对哺乳动物的毒性比除虫菊酯低，但对天然除虫菊素有效的增效剂对这些化合物则无效。

应用　防治对象与使用方法　适用于家庭、畜舍、园林、温室、工厂、仓库等场所，能有效防治蝇类、蚊虫、蟑螂、蚤虱、蛀蛾、谷蛾、甲虫、蚜虫、蟋蟀、黄蜂等害虫。用于空间喷射防治飞翔昆虫，使用浓度为 200～1500 mg/kg；滞留喷射防治爬行昆虫和园艺害虫，使用浓度为 0.2%～0.5%；防治羊毛织品的谷蛾科等害虫的浓度为 50～500 mg/kg。

专利与登记

专利名称　Stabilization of insecticidal 5-benzyl-3-furylmethyl chrysanthemate

专利号　DE 2003548　　　　　公开日期　1970-08-06

申请日　1970-01-27　　　　　优先权日　1969-01-28

拥有者　Sumitomo Chemical Co., Ltd.

在其他国家申请的化合物专利　DE 2003548、FR 2029524、ES 375501、GB 1297361、CH 549007、NL 7001153 等。

制备专利　JP 2005239657、EP 1227077、JP 57035540 等。

合成方法　经如下反应制得：

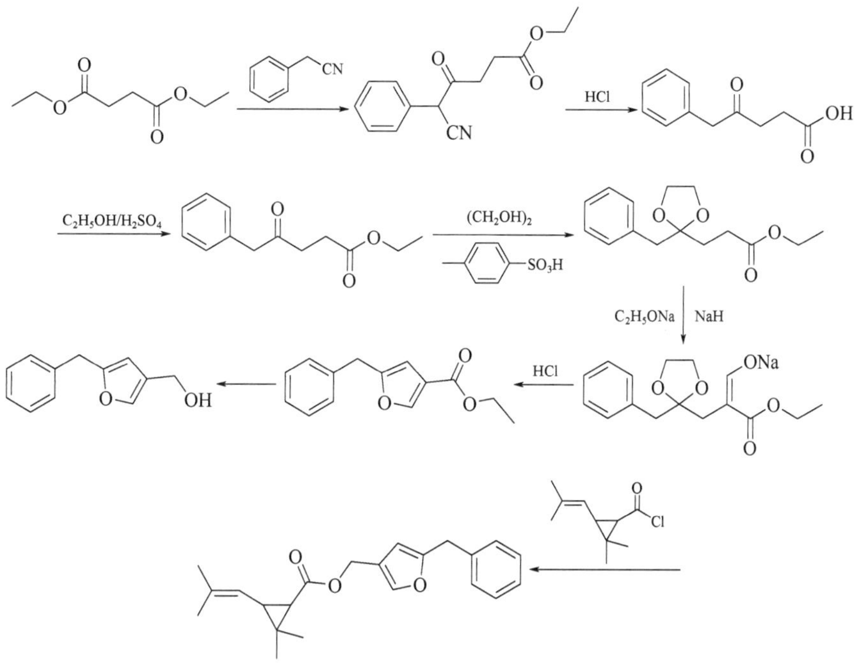

参考文献

[1] The Pesticide Manual. 17 th edition: 1003-1005.

[2] 农药商品大全. 北京: 中国商业出版社, 1996: 119-121.

生物苄呋菊酯（bioresmethrin）

338.4，C₂₂H₂₆O₃，28434-01-7

生物苄呋菊酯（试验代号：NRDC 107、FMC 18 739、RU11 484、OMS 3043、ENT 27 622、AI3-27 622，其他通用名称：*d-trans*-resmethrin，商品名称：Chrysron Forte、Isathrine，其他名称：*d*-resmethrin、(+)-*trans*-resmethrin、右旋反式灭菊酯、右旋反式苄呋菊酯、右旋反灭虫菊酯）是由 M. Elliott 等报道，由 Fisons Ltd、FMC Corp、Roussel Uclaf (现属 Bayer CropScience) 及 Wellcome Foundation 开发的拟除虫菊酯类杀虫剂。

化学名称 5-苄基-3-呋喃基甲基 (1*R*,3*R*)2,2-二甲基-3-(2-甲基丙-1-烯基)环丙烷羧酸酯或 (1*R*,3*R*)2,2-二甲基-3-(2-甲基丙-1-烯基)环丙烷羧酸-5-苄基-3-呋喃基甲酯。英文化学名称为 5-benzyl-3-furylmethyl (1*R,3R*)-2,2-dimethyl-3-(2-methylprop-1-enyl)cyclopropanecarboxylate 或 5-benzyl-3-furylmethyl (+)-*trans*-chrysanthemate 或 5-benzyl-3-furylmethyl (1*R*)-*trans*-2,2-di-methyl-3-(2-methylprop-1-enyl) cyclopropanecarboxylate。美国化学文摘系统名称为[5-(phenyl-methyl)-3-furanyl]methyl (1*R*,3*R*)-2,2-dimethyl-3-(2-methyl-1-propen-1-yl)cyclopropanecarboxy-late。CA 主题索引名称为 cyclopropanecarboxylic acid —, 2,2-dimethyl-3-(2-methyl-1-propenyl)-[5-(phenylmethyl)-3-furanyl] methyl ester, (1*R*,3*R*)-。

组成 纯品纯度（两个异构体总量）≥93%，其中（1*R*）反式异构体含量≥90%，顺式异构体含量≤3%。右旋苄呋菊酯含有≥95%（1*R*）异构体，反式异构体含量≥75%。

理化性质 工业品是一种黏性的黄褐色液体，静置后变成固体。工业右旋苄呋菊酯是无色至黄色液体，室温下部分为晶体。熔点 32℃，分解温度＞180℃，蒸气压为 18.6 mPa（25℃）。相对密度 1.05（20～25℃）。lgK_{ow}＞4.7。水中溶解度（20～25℃）＜0.3 mg/L，可溶于乙醇、丙酮、氯仿、二氯甲烷、乙酸乙酯、甲苯和正己烷，在乙二醇中＜11 g/L（20～25℃）。在紫外线下，高于180℃分解，在碱性条件下容易水解，易被氧化。旋光率[α]$_D^{20}$ = −9°～−5°（c = 10，乙醇）。闪点约 92℃。

毒性 急性经口 LD₅₀（mg/kg）：大鼠 7070～8000；工业品生物苄呋菊酯：雄大鼠 450，雌大鼠 680。急性经皮 LD₅₀（mg/kg）：雌大鼠＞10000，兔＞2000。大鼠吸入 LC₅₀（mg/L）：大鼠 5.28（4 h），0.87（24 h），工业品生物苄呋菊酯（4 h）1.56。NOEL（mg/kg 饲料）：大鼠 1200（90 d），狗＞500（90 d），大鼠 50（2 年）[3 mg/(kg·d)]。在 4000 mg/kg 饲喂条件下，大鼠耐受60 d。在每天 200 mg/kg 剂量下，喂养妊娠的大鼠 6～15 d，没有发现有畸形和胎儿毒死现象。同样在每天 240 mg/kg 剂量下，喂养妊娠的白兔 6～18 d，也没有发现上述现象。母体 NOEL 大鼠 100 mg/kg，兔 60 mg/kg。ADI/RfD 0.03 mg/kg bw。无致癌性、致突变性及致畸性。

生态效应 鸡急性经口 LD₅₀＞10000 mg/kg。鱼 LC₅₀（96 h，mg/L）：虹鳟鱼 0.00062，大翻车鱼 0.0024，哈利鱼 0.014，（48 h）哈利鱼 0.018，古比鱼 0.5～1.0。尽管实验室测试表明对鱼类高毒，但在一定剂量下没有表现出对环境的伤害，这归功于在土壤中它能迅速降解。水蚤 LC₅₀（48 h）0.0008 mg/L，对蜜蜂高毒：LD₅₀（经口）2 μg/只，（接触）6.2 μg/只。

环境行为 ①动物。在大鼠体内的代谢通过氧化作用、酯裂解及螯合作用分解为异丁基甲基基团。②植物。在番茄、黄瓜表面上检测到很少的生物苄呋菊酯的降解产物，而且生物苄呋菊酯在黄瓜表面降解比在番茄表面降解得快。③土壤/环境。可被土壤强烈吸收。

制剂　乳油、油剂、可溶液剂、气雾剂。

主要生产商　Agro-Chemie、Bayer、Sumitomo Chemical。

作用机理与特点　通过作用于钠离子通道来干扰神经作用。作用方式为触杀。

应用　本品杀虫活性高，对哺乳动物极低毒。对家蝇的毒力，要比除虫菊酯高 55 倍，比二嗪磷高 5 倍。一般来说，它比苄呋菊酯的其他 3 个异构体（左旋反式体、右旋顺式体和左旋顺式体）的活性都高，稳定性亦好。

（1）防治对象　主要用于防治卫生害虫蚊、蝇、蟑螂，粮食害虫，果树和浆果害虫等。

（2）应用技术　防治蚊成虫，飞机喷射 0.5%柴油剂，50 mL/hm^2；防治家蝇，室内喷射 2 mg/m^2；防治蟑螂，0.3%油剂接触喷射；防治粉虱、桃蛾等用量 2 mg/m^2。

专利与登记

专利名称　Furyl chrysanthemate insecticides

专利号　GB 1168797　　　　　公开日期　1969-10-29

申请日　1965-12-09　　　　　优先权日　1965-12-09

拥有者　National Research Development Corp.

在其他国家申请的化合物专利　FR 1503260、IL 26910、DK 128607、SE 325582、SE 353719、SE 353906、US 3465007、NL 6617119、NO 118155、CH 507931、CH 513587、CH 515899、CH 524593、BE 690984、AT 279599、NO 136299、DK 136036、DK 136035、NO 134052、US 3542928、NL 6917481、NL 6917482 等。

日本住友化学株式会社在国内登记了 88%右旋苄呋菊酯原药。

合成方法　经如下反应制得：

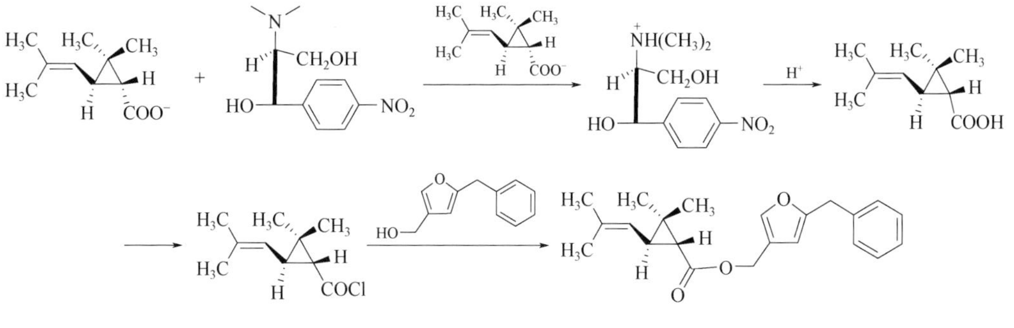

参考文献

[1] The Pesticide Manual. 17th edition: 113-114.

[2] 朱嘉年, 樊天霖, 陈良, 等. 农药, 1982(4): 6-10+21.

[3] 农药商品大全. 北京: 中国商业出版社, 1996: 158-159.

顺式苄呋菊酯（cismethrin）

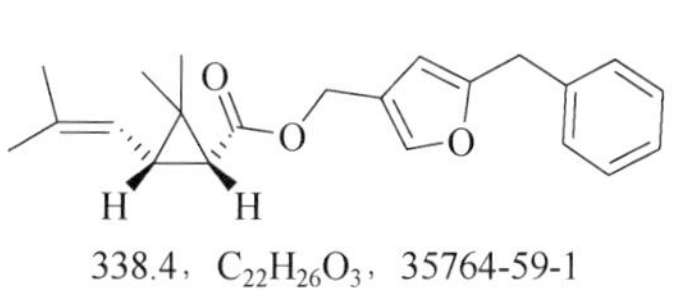

338.4，C$_{22}$H$_{26}$O$_3$，35764-59-1

顺式苄呋菊酯（试验代号：FMC 17 370、NRDC 104、NRDC 119、OMS 1206、OMS 1800、SBP 1382，商品名称：Chrysron、Scourge、Stald-Chok、Termout）是由 M. Elliott 报道的具有很好杀虫活性的拟除虫菊酯类杀虫剂。

化学名称 5-苄基-3-呋喃甲基-(1*R*,3*S*)-2,2-二甲基-3-(2-甲基丙-1-烯基)环丙烷羧酸酯或 (1*R*,3*S*)-2,2-二甲基-3-(2-甲基丙-1-烯基)环丙烷羧酸-5-苄基-3-呋喃甲酯，5-苄基-3-呋喃甲基-(1*R*)-*cis*-2,2-二甲基-3-(2-甲基丙-1-烯基)环丙烷羧酸酯或(1*R*)-*cis*-2,2-二甲基-3-(2-甲基丙-1-烯基)环丙烷羧酸-5-苄基-3-呋喃甲酯。英文化学名称为 5-benzyl-3-furylmethyl (1*R*,3*S*)-2,2-dimethyl-3-(2-methylprop-1-enyl)cyclopropanecarboxylate 或 5-benzyl-3-furylmethyl (1*R*)-*cis*-2,2-dimethyl-3-(2-methylprop-1-enyl)cyclopropanecarboxylate。美国化学文摘系统名称为[5-(phenyl-methyl)-3-furanyl]methyl (1*R*,3*S*)-2,2-dimethyl-3-(2-methyl-1-propen-1-yl)cyclopropanecarboxy-late。CA 主题索引名称为 cyclopropanecarboxyli cacid —, 2,2-dimethyl-3-(2-methyl-1-propen-1-yl) [5-(phenylmethyl)-3-furanyl]methyl ester, (1*R*,3*S*)-。

组成 20%～30% (1*RS*)-*cis*-和 70%～80% (1*RS*)-*trans*- isomers。

理化性质 纯品为无色晶体，工业品为黄褐色蜡状固体。熔点 56.5℃［纯(1*RS*)-反式异构体］，分解温度>180℃，蒸气压<0.01 mPa（25℃），lgK_{ow} 5.43（25℃），Henry 常数<$8.93×10^{-2}$ Pa·m³/mol（计算），相对密度 0.958～0.968（20～25℃），1.035（30℃）。水中溶解度（20～25℃）37.9 µg/L，有机溶剂中溶解度（质量体积比，20～25℃）：丙酮约 30%，在氯仿、二氯甲烷、乙酸乙酯、甲苯中>50%，二甲苯>40%，乙醇、正辛醇中约 6%，正己烷约 10%，异丙醚约 25%，甲醇约 3%。耐高温、耐氧化，暴露在空气中、光照下会迅速分解，比除虫菊酯分解慢。碱性条件下不稳定。旋光度$[\alpha]_D = -1°～+1°$，闪点 129℃。

毒性 大鼠急性经口 LD_{50}>2500 mg/kg。大鼠急性经皮 LD_{50}>3000 mg/kg。对皮肤和眼睛无刺激性。对豚鼠皮肤无致敏性。大鼠吸入 LC_{50}（4 h）>9.49 g/m³ 空气。大鼠 NOEL（90 d）>3000 mg/kg。按 100 mg/(kg·d)剂量饲喂兔，50 mg/(kg·d)剂量饲喂小鼠或 80 mg/(kg·d)剂量饲喂大鼠，没有发现致畸现象。对大鼠进行 112 周高达 5000 mg/L 的试验，没有发现致癌作用；对小鼠进行 85 周高达 1000 mg/L 的试验，没有发现致癌作用。ADI 0.035 mg/kg。无致癌、致畸及致突变性。

生态效应 加利福尼亚鹌鹑急性经口 LD_{50}>2000 mg/kg。对鱼类有毒，LC_{50}（96 h, µg/L）：黄鲈 2.36，红鲈 11，大翻车鱼 17。水蚤 LC_{50}（48 h）3.7 µg/L，基围虾 LC_{50}（96 h）为 1.3 µg/L。对蜜蜂有毒，LD_{50}：（经口）0.069 µg/只，（接触）0.015 µg/只。

环境行为 ①动物。顺式苄呋菊酯在母鸡体内的新陈代谢主要是酯水解、氧化作用及其螯合作用。②植物。^{14}C 标记的顺式苄呋菊酯在温室番茄、温室莴苣及大田小麦体内的新陈代谢表明其可快速降解，施药 5 d 后无残留，多数代谢产物残留量很低。

制剂 0.1%油剂。

主要生产商 Agro-Chemie、Bharat、Sumitomo Chemical 等。

作用机理与特点 通过作用于钠离子通道来干扰神经作用。作用方式为触杀，无内吸作用。

应用 顺式苄呋菊酯和生物苄呋菊酯作为触杀气雾，对带喙伊蚊、埃及伊蚊、尖音库蚊、四斑按蚊和淡色按蚊雌虫成虫的毒力，一般要高出有机磷类杀虫剂 1～2 个数量级。以轻油为介质作非热气雾喷射，可有效地防治黑斑伊蚊成虫。以本品 0.01 mg/kg 浓度，可防治埃及伊蚊、尖音库蚊和淡色按蚊的 4 龄幼虫。在大田水池中，以 0.28 kg/hm² 的剂量，则能防治环喙库蚊的幼虫和蛹。在实验柜中喷 0.1%本品油剂，对成蚊的 KT_{50} 为 3.7min，24 h 的死亡率为

98%。本品和氯菊酯对血红扇头蜱若虫最为有效，浸在药液中 24 h 的平均致死浓度，前者为
0.30 mg/kg，后者为 0.47 mg/kg，药效高于氯菊酯。

专利与登记

专利名称　Insecticidal 5-benzyl-3-furylmethyl *cis*-3,3-dimethyl-2-vinylcyclopropane-1-
carboxylates

专利号　DE 2005489　　　　　公开日期　1971-01-21
申请日　1970-02-06　　　　　优先权日　1969-02-07
拥有者　Roussel-UCLAF

在其他国家申请的化合物专利　FR 2031793 等。

合成方法　经如下反应制得：

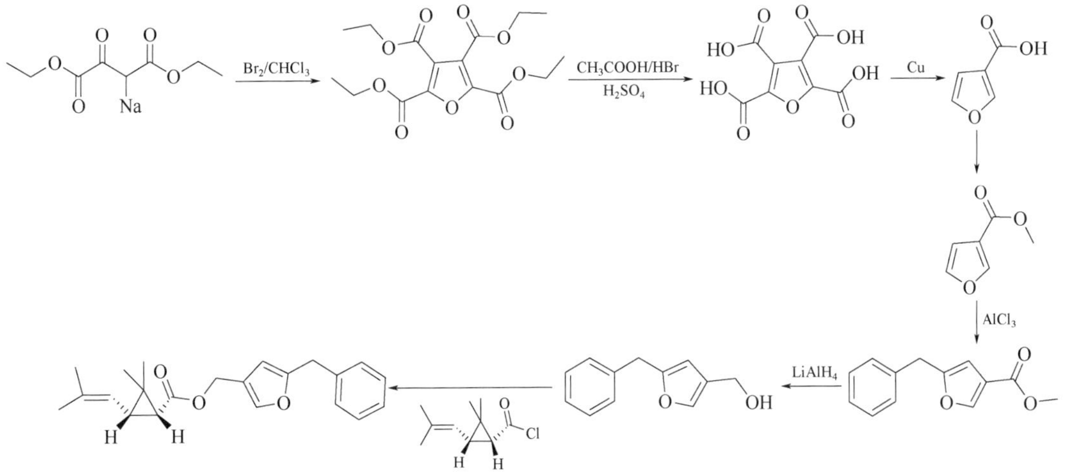

参考文献

[1] 农药商品大全. 北京: 中国商业出版社, 1996: 121.

氟胺氰菊酯（*tau*-fluvalinate）

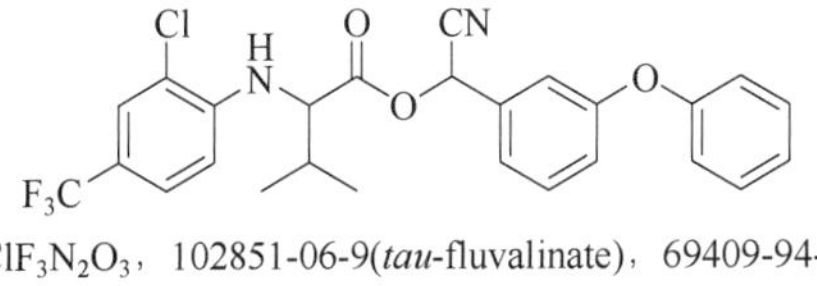

502.9，$C_{26}H_{22}ClF_3N_2O_3$，102851-06-9(*tau*-fluvalinate)，69409-94-5(消旋异构体)

氟胺氰菊酯（试验代号：SAN527I、MK128，商品名称：Apistan、Kaiser、Klartan、Mavrik、
Mavrik Aquaflow、Spur、Talita、福化利、马扑立克）是美国 Zoecon(现属先正达公司)公司开
发的拟除虫菊酯类(pyrethroids)杀虫剂。

化学名称　(*RS*)-α-氰基-3-苯氧基苄基-*N*-(2-氯-对三氟甲基苯基)-D-缬氨酸酯。英文化学
名称为(*RS*)-a-cyano-3-phenoxybenzyl-*N*-(2-chloro-a,a,a-trifluoro-*p*-tolyl)-D-valinate。美国化学
文摘系统名称为 cyano(3-phenoxyphenyl)methyl *N*-[2-chloro-4-(trifluoromethyl)phenyl]-D-vali-
nate。CA 主题索引名称为 D-valine —, *N*-[2-chloro-4-(trifluoromethyl)phenyl]-cyano(3-phenoxy-
phenyl) methyl ester。

组成 氟胺氰菊酯产品为(R)-α-氰基-,2-(R)-和(S)-α-氰基-,2-(R)-非对映异构体 1∶1 的混合物。

理化性质 原药为黏稠的琥珀色油状液体，工业品略带甜味。沸点 164℃（9.31 Pa）（工业品），蒸气压 9×10^{-8} mPa（20℃）。lgK_{ow} 4.26。Henry 常数 4.04×10^{-5} Pa·m³/mol。相对密度 1.262（20～25℃）。水中溶解度（20～25℃，pH 7）0.00103 mg/L，有机溶剂中溶解度（g/L，20～25℃）：易溶于甲苯、乙腈、异丙醇、二甲基甲酰胺、正辛醇、异辛烷（108）。工业品在室温（20～28℃）条件下，稳定期为 2 年。日光暴晒降解，DT$_{50}$：9.3～10.7 min（水溶液，缓冲至 pH 5），1 d（玻璃薄膜），13 d（油表面）。9 μg/L 水溶液的水解 DT$_{50}$：48 d（pH 5），38.5 d（pH 7），1.1 d（pH 9）。闪点 90℃（工业品）（闭杯）。

毒性 大鼠急性经口 LD$_{50}$（mg/kg）：雌性 261，雄性 282（在玉米油中）。兔急性经皮 LD$_{50}$＞2000 mg/kg，对兔皮肤有轻微刺激作用，对兔眼中等刺激。大鼠吸入 LC$_{50}$（4 h）＞0.56 mg/L 空气（240 g/L 水乳剂）。大鼠 NOAEL 0.5 mg/(kg·d)。ADI/RfD（BfR）0.005 mg/kg bw（1995）；（EPA）aRfD 0.005 mg/kg bw；cRfD 0.005 mg/kg bw（2005）。

生态效应 山齿鹑急性经口 LD$_{50}$＞2510 mg/kg，山齿鹑和野鸭饲喂 LC$_{50}$（8 d）＞5620 mg/kg 饲料。鱼 LC$_{50}$（96 h，mg/L）：大翻车鱼 0.0062，虹鳟鱼 0.0027，鲤鱼 0.0048。水蚤 LC$_{50}$（48 h）0.001 mg/L。羊角月牙藻 LC$_{50}$＞2.2 mg/L，蜜蜂 LD$_{50}$（24 h）6.7 μg/只（接触），163 μg/只（经口）。蚯蚓 LC$_{50}$（14 d）＞1000 mg/L。通常除了对蜘蛛、捕食螨、一些瓢虫和蠖虫毒性较强外，对有益昆虫显示中等毒性，基本安全。

环境行为 ①动物。大鼠摄食该药品后，90%的药品代谢产物在 4 d 内排出体外。其中20%～40%的代谢产物通过尿液排出，60%～80%的代谢产物通过粪便排出。苯胺酸、3-苯氧基苯甲酸（3-PBA）、4'-3-PBA 为该产品主要的粪便代谢产物，4'-3-PBA、3-PBA 和 3-苯氧基苄醇为主要的尿液代谢产物。②植物。在施用氟胺氰菊酯后，植物上的残留物 90%为该药剂，剩余的残留物包括：苯胺酸、4'-羟基-3-苯氧基苯甲酸等。降解半衰期 DT$_{50}$ 为 2～6 周。③土壤/环境。在实验室有氧条件下，在土壤中的降解半衰期 DT$_{50}$ 为 12～92 d。主要的降解产物为相应的苯胺酸和苯胺，K_{oc}（吸附）＞110000，（解吸附）＞39000。

制剂 乳油、水乳剂、超低容量液剂、熏蒸剂，如 240 g/L 乳油，240 g/L 悬浮剂，240 g/L 水乳剂。

主要生产商 Adama。

作用机理与特点 通过钠离子通道的相互作用扰乱神经的功能，作用于害虫的神经系统。具有触杀和胃毒作用的杀虫、杀螨剂。该药剂杀虫谱广，还有拒食和驱避活性，除具有一般拟除虫菊酯农药的特点外，并能歼除多数菊酯类农药所不能防治的螨类。即使在田间高温条件下，仍能保持其杀虫活性，且有较长残效。对许多农作物没有药害。

应用

（1）适用作物 棉花、烟草、果树、观赏植物、蔬菜、树木和葡萄。

（2）防治对象 蚜虫、叶蝉、鳞翅目害虫、缨翅目害虫、温室粉虱和叶螨等，如烟芽夜蛾、棉铃虫、棉红铃虫、波纹夜蛾、蚜虫、盲蝽、叶蝉、烟天蛾、烟草跳甲、菜粉蝶、菜蛾、甜菜夜蛾、玉米螟、苜蓿叶象甲等。

（3）残留量与安全施药 10%氟胺氰菊酯乳油对棉花每季最多使用次数为 3 次，安全间隔期为 14 d。对叶菜每季最多使用次数为 3 次，安全间隔期为 7 d。我国登记残留标准：甘蓝类蔬菜 0.5 mg/kg，棉籽油 0.2 mg/kg。

（4）应用技术 高广谱叶面喷施的杀虫、杀螨剂。本品不可与碱性物质混用，以免分解失效。因对鱼、虾、蚕有毒性，使用时避免污染中毒。

（5）使用方法　防治谷物、油菜和马铃薯上的害虫和害螨使用有效浓度为 36～48 g/hm²，防治葡萄、蔬菜和向日葵的害虫和害螨最高使用有效浓度为 72 g/hm²。防治苹果树、葡萄树上的蚜虫，使用有效浓度 25～75 mg/L。防治桃树和梨树上的害螨使用有效浓度 100～200 mg/L。防治棉花蚜虫和棉铃虫，用 20%乳油 195～375 mL/hm² 对水喷雾，防治棉红铃虫和棉红蜘蛛，用 20%乳油 375～450 mL/hm² 对水喷雾，持效期 10 d 左右。防治柑橘潜叶蛾和红蜘蛛，用 20%乳油 2500～5000 倍液喷雾，防治潜叶蛾一周后再喷 1 次为好。对桃小食心虫和山楂叶螨，用 20%乳油 1600～2000 倍液喷雾，防治效果良好。防治蔬菜上的蚜虫、菜青虫，每公顷用 20%乳油 225～375 mL，小菜蛾每公顷用 300～375 mL 喷雾，防治效果达 80%以上。可以防治室内和室外观赏植物，也可利用其控制蜂箱内的蜂螨。

专利与登记

专利名称　Substituted amino acids

专利号　US 4243819　　　　专利公开日　1981-06-06

专利申请日　1978-02-16　　　优先权日　1977-03-21

专利拥有者　Zoecon Corp. (US)

在其他国家申请的化合物专利　AU 7834253、AU 519047、CA 1147745、GB 1588111、IN 148104A1、IL 54293、ZA 7801173 等。

制备专利　CN 102321694 等。

日本农药株式会社仅在中国登记了 90%原药，已过期。

合成方法　氟胺氰菊酯的制备有三条路线：

① α-氨基异戊酸经重氮化溴代，生成相应的 α-溴代异戊酸，再用二氯亚砜或草酰氯氯化，然后与取代的氰醇反应，最后与取代苯胺缩合得到氟胺氰菊酯。

② α-氨基异戊酸经重氮化溴代，生成相应的 α-溴代异戊酸，其与对三氟甲基苯胺反应，然后经 NCS 氯化，再生成酰氯，随后与取代苯甲醛、氰化钠反应得到氟胺氰菊酯。

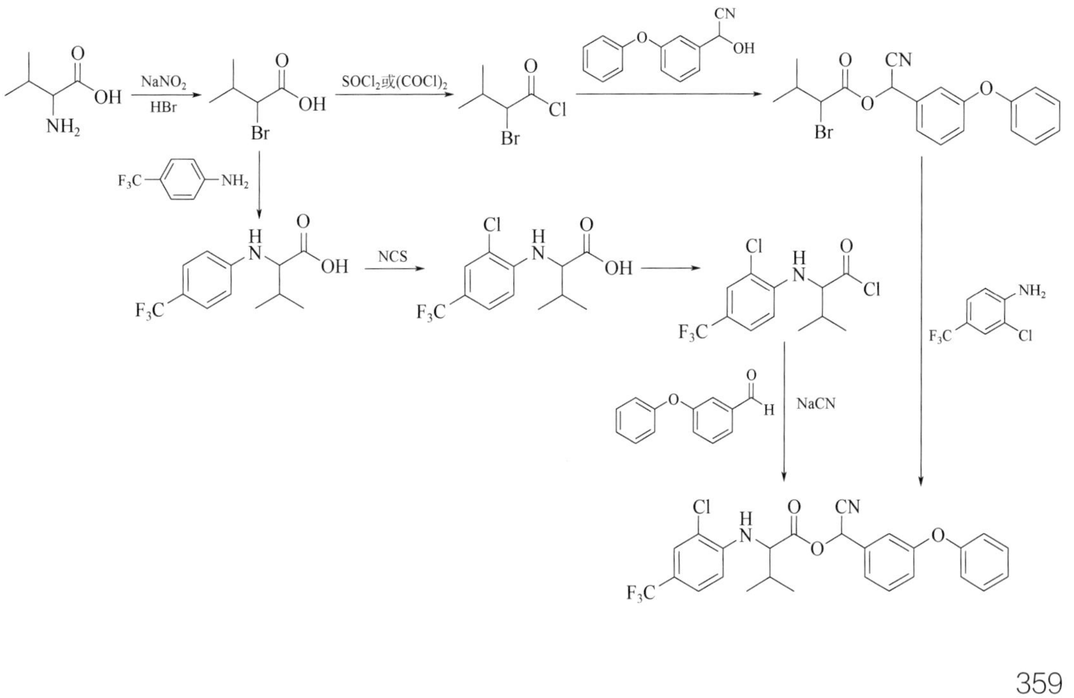

③ 取代甘氨酸与4-CF₃-1,2-二氯苯缩合反应，再与取代氰醇反应生成氟胺氰菊酯。

参考文献

[1] 农药商品大全. 北京: 中国商业出版社, 1996: 146.

[2] The Pesticide Manual.17th edition: 1051-1053.

[3] 祝捷, 方维臻, 陆群. 农药, 2011(7): 487-488+491.

[4] 严传鸣. 现代农药, 2003(1): 13-15.

[5] 方维臻, 党乐, 冯海婷, 等. 安徽农业科学, 2009, 37(28): 3678-3679+3696.

氟丙菊酯（acrinathrin）

541.4，$C_{26}H_{21}F_6NO_5$，101007-06-1

氟丙菊酯（试验代号：AEF 076003、HOE 07600、NU 702、RU38702，商品名称：Ardent、Azami Buster、Orytis、Rufast，其他名称：氟酯菊酯、罗速、罗速发、杀螨菊酯）是由 Roussel Uclaf(现属 Bayer CropScience)公司开发的拟除虫菊酯类杀虫剂。

化学名称　(S)-α-氰基-3-苯氧基苄基 (Z)-(1R,cis)-2,2-二甲基-3-[2-(2,2,2-三氟-1-三氟甲基乙氧基羰基)乙烯基]环丙烷羧酸酯，(S)-α-氰基-3-苯氧基苄基 (Z)-(1R,3S)-2,2-二甲基-3-[2-(2,2,2-三氟-1-三氟甲基乙氧基羰基)乙烯基]环丙烷羧酸酯。英文化学名称为((S)-α-cyano-3-phenoxybenzyl (Z)-(1R,3S)-2,2-dimethyl-3-[2-(2,2,2-trifluoro-1-trifluoromethylethoxy-carbonyl)vinyl]cyclopropanecarboxylate，(S)-α-cyano-3-phenoxybenzyl (Z)-(1R-cis)-2,2-dimethyl 3-[2-(2,2,2-trifluoro-1-trifluoromethylethoxycarbonyl)vinyl]cyclopropanecarboxylate。美国化学文摘系统名称为(S)-cyano(3-phenoxyphenyl)methyl (1R,3S)-2,2-dimethyl-3-[(1Z)-3-oxo-3-[2,2,2-trifluoro-1-(trifluoromethyl)ethoxy]-1-propenyl]cyclopropanecarboxylate。CA 主题索引名称为(1R,3S)-cyclopropanecarboxylic acid —, 2,2-dimethyl-3-[(1Z)-3-oxo-3-[2,2,2-trifluoro-1-(trifluoromethyl)ethoxy]-1-propenyl]-(S)-cyano(3-phenoxy phenyl)methyl ester。

理化性质　单一的异构体，纯度≥97%。白色粉状固体（工业品），熔点：81.5℃。蒸气压 $4.4×10^{-5}$ mPa（20℃）。lgK_{ow} 5.6。Henry 常数 0.048 Pa・m³/mol（计算）。水中溶解度（20～25℃）≤0.02 mg/L，有机溶剂中溶解度（g/L，20～25℃）：在丙酮、氯仿、二氯甲烷、乙酸乙酯和 DMF 中均＞500，二异丙醚 170，乙醇 40，正己烷和正辛醇 10。在酸性介质中稳定，但在 pH＞7 时，水解和差向异构更明显。DT_{50}＞1 年（pH 5，50℃），30 d（pH 7，30℃），15 d（pH 9，20℃），1.6 d（pH 9，37℃）。在 100 W 的灯光下可稳定存在 7 d。比旋光度 $[\alpha]_D^{20}=$ +17.5°。

毒性　大、小鼠急性经口 LD_{50}＞5000 mg/kg（工业品，在玉米油中），大鼠急性经皮 LD_{50}＞2000 mg/kg。对兔眼睛和皮肤无刺激，对豚鼠皮肤无致敏性。大鼠吸入 LC_{50}（4 h）为 1.6 mg/L。NOEL 值（mg/kg bw）：雄大鼠 2.4、雌大鼠 3.1（90 d）；狗 3（1 年）。无致突变性和致畸作用量［mg/(kg·d)］：大鼠 2，兔 15。ADI/RfD（BfR）0.016 mg/kg bw（2006），（EU）0.01 mg/(kg·d) bw。在水中溶解度低、土壤中吸收值高，所以在实验室条件下 LC_{50} 或 LD_{50} 值低并不说明田间不会有危险。

生态效应　鸟类急性经口 LD_{50}（mg/kg）：山齿鹑＞2250，野鸭＞1000。鸟类 LC_{50}（8 d，mg/kg 饲料）：山齿鹑 3275，野鸭 4175。鱼类 LC_{50}（mg/L）：虹鳟鱼 5.66，鲤鱼为 0.12。水蚤 EC_{50}（48 h）22 ng/L。绿藻 EC_{50}（72 h）＞35 μg/L。蜜蜂 LC_{50}（48 h，μg/只）：0.15（经口），0.2（接触）。蚯蚓 LC_{50}（14 d）＞1000 mg/kg，生物质 NOEC 值 1.6 mg/kg。有益物种梨盲走螨 LR_{50}（48 h）0.006 g/hm²。

环境行为　对动物的代谢物检测，母体化合物的含量＞10%，对植物而言主要残留为母体化合物。在环境中被土壤强烈地吸附和固定（与 pH 和有机质含量无关），K_d：2460～2780，K_{oc}：127500～319610。土柱淋溶，发现氟丙菊酯在渗滤液中的残留量＜1%。DT_{50} 5～100 d（4 种土壤类型）。在需氧条件下（pH 6.2，有机质含量 3.1%）DT_{50} 52 d。

制剂　2%、6%、15%乳油，3%可湿性粉剂，2%、150 g/L 乳油。

主要生产商　FMC、江苏辉丰生物农业股份有限公司、江苏优嘉植物保护有限公司等。

作用机理与特点　钠通道抑制剂。主要是阻断害虫神经细胞中的钠离子通道，使神经细胞丧失功能，导致靶标害虫麻痹、协调差，最终死亡。属于低毒农药。对人、畜十分安全。对害螨害虫的作用方式主要是触杀和胃杀作用，并能兼治某些害虫，无内吸及传导作用。触杀作用迅速，具有极好的击倒作用。

应用

（1）适用作物　大豆、玉米、棉花、梨果、葡萄、核果类、柑橘类、果树、茶树、蔬菜、观赏植物等。

（2）防治对象　叶螨科和细须螨的幼、若和成螨以及蛀果害虫初孵幼虫，刺吸式口器的害虫及鳞翅目害虫。

（3）残留量与安全施药　对人、畜十分安全，属于低毒农药。①该药不宜与波尔多液混用，避免减效。②该药主要是触杀作用，喷药力求均匀周到，使叶、果全面着药才能见效。③该药对人有较大的刺激作用，施药时应戴口罩、手套，注意防护，勿喝水和取食食物。④中性、碱性溶液中易分解，因此，不易与碱性药剂混用。

（4）使用方法

① 防治桃小食心虫　在第一代初孵幼虫蛀果前施用 2%氟丙菊酯乳油 1000 倍液，药后10 d 内可有效控制幼虫蛀果，其药效优于 20%甲氰菊酯（灭扫利）乳油 3000 倍液。

② 防治豆类、茄子豆类、茄子上的螨类　用 2%乳油 1000～1500 倍液喷雾。

③ 防治果树上多种螨类　用 2%乳油 500～2000 倍液喷雾，可兼治绣线菊蚜、潜叶蛾、柑橘蚜虫、桃小食心虫等果树害虫。

④ 防治棉叶螨　每公顷用 2%乳油 100～500 mL，对水 50～75 kg 喷雾，可兼治棉蚜。

⑤ 防治茶树害虫　用 2%乳油 1333～4000 倍液喷雾，可防治茶小绿叶蝉、茶短须螨，施药时用注意顾及茶树的中、下部叶面背面。

专利及登记

专利名称　Insecticidal cyclopropanecarboxylic acid serivatives with unsaturated side chain

专利号　US 4542142　　　　　专利公开日　1985-09-17

专利申请日　1983-11-08　　　优先权日　1981-06-30

专利拥有者　Roussel-Uclaf, Fr.

在其他国家申请的化合物专利　AU 8541977、AU 580770、FR 2536392、FR 2539956、US 4542142、US 4732903、US 4883806 等。

制备专利　EP 573361、JP 2006298785、WO 2010005692、WO 2009099929、WO 2008071674、JP 2006298785、WO 9719040、IN 2001DE 00492A 等。

国内登记情况　95%原药，0.4%气雾剂等，登记类别为卫生杀虫剂，防治对象为蝇、蚊等。

合成方法　在四氢呋喃中，溴代羧酸酯与丁基锂在−60℃下反应，然后通二氧化碳气体，得到相应的烯丙羧酸，该羧酸与六氟异丙醇反应，得到相应的酯，再在甲苯中与对甲苯磺酸回流 1 h，得到的水解产物与(S)-氰基-3-苯氧基苄醇、吡啶、二氯甲烷反应 1.5 h，即制得目的物。反应式如下：

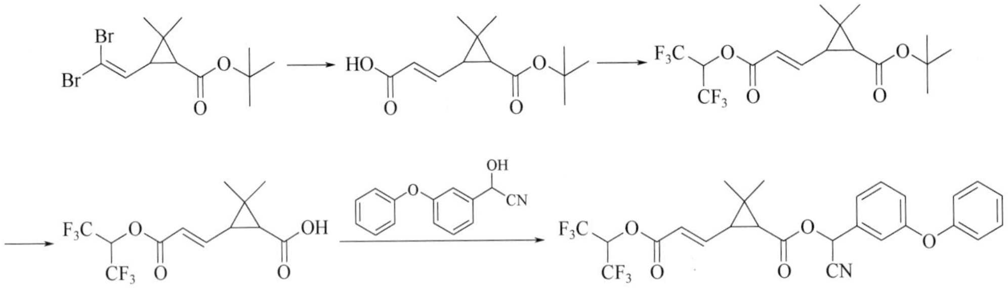

参考文献

[1] The Pesticide Manual.17 th edition: 17-19.

[2] 李本长, 谢兴华, 朱若凯, 等. 江西医药, 2018(6): 546-549+560.

氟硅菊酯（silafluofen）

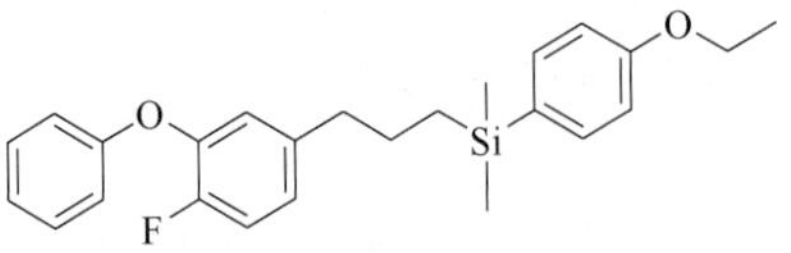

408.6，$C_{25}H_{29}FO_2Si$，105024-66-6

氟硅菊酯（试验代号 AE F084498、Hoe 084498、Hoe 498，商品名：Mr Joker、Joker，其他名称：Silatop、Silonen、硅百灵、施乐宝）是 1986 年在日本申请专利，并通过赫斯特(现 Bayer CropScience)于 1987 年在欧洲作为杀虫剂介绍、通过 Dainihon Jochugiku Co., Ltd.于 1996 年在日本作为杀白蚁剂介绍。

化学名称　(4-乙氧基苯基)[3-(4-氟-3-苯氧基苯基)丙基](二甲基)硅烷。英文化学名称 (4-ethoxyphenyl)[3-(4-fluoro-3-phenoxyphenyl)propyl](dimethyl)silane。美国化学文摘系统名称为(4-ethoxyphenyl)[3-(4-fluoro-3-phenoxyphenyl)propyl]dimethylsilane。CA 主题索引名称为 quinoxaline—, (4-ethoxyphenyl)[3-(4-fluoro-3-phenoxyphenyl)propyl]dimethyl-。

理化性质　液体。400℃以上分解，蒸气压 0.0025 mPa（20℃）。$\lg K_{ow}$ 8.2。Henry 常数 1.02 Pa·m^3/mol（计算值）。相对密度 1.08（20～25℃）。水中溶解度（20～25℃）0.001 mg/L，溶于大多数有机溶剂。20℃稳定；容器密闭可保存 2 年。闪点>100℃（闭杯）。

毒性　大鼠急性经口 LD_{50}>5000 mg/kg，大鼠急性经皮 LD_{50}>5000 mg/kg。大鼠吸入 LC_{50}（4 h）>6.61 mg/L 空气。无致畸和致突变。

生态效应　日本鹌鹑、野鸭急性 LD_{50}>2000 mg/kg。鲤鱼、虹鳟鱼 LC_{50}（96 h）>1000 mg/L。水蚤 LC_{50}（3 h）7.7 mg/L，（24 h）1.7mg/L。蜜蜂经口 LD_{50}（24 h）0.5μg/只。蚯蚓 LD_{50}>1000 mg/kg。

制剂　水乳剂、乳油、可湿性粉剂、粉剂、油乳剂、颗粒剂等。

主要生产商　Bayer、江苏省南通宝叶化工有限公司、江苏优嘉植物保护有限公司等。

作用机理与特点　作用于昆虫神经系统，通过与钠离子通道相互作用干扰神经元。具有胃毒和触杀作用。

应用　可用于防治鞘翅目、双翅目、同翅目、等翅目、鳞翅目、直翅目和缨翅目害虫。其在茶、果树、水稻田上有较多的应用，可防治飞虱类、叶蝉类、椿象类、稻纵卷叶螟、蝗虫类、稻弄蝶、水稻负泥虫、稻水象虫、荨麻大螟、金龟子类等，家用方面用作白蚁防除剂、害虫防除剂、衣料用防虫剂。用量一般为 50～300 g/hm^2（水稻）、100～200 g/hm^2（大豆）、100 g/m^3（茶树）、50～200 g/hm^2（蔬菜）、100～200 g/hm^2（草坪）、20～70 g/hm^2（落叶果树，包括柿子和柑橘）。可与波尔多液或敌稗混用，兼容性好。

专利与登记　1986 年在日本申请专利，并通过赫斯特（现 Bayer CropScience）于 1987 年在欧洲作为杀虫剂介绍、通过 Dainihon Jochugiku Co., Ltd.于 1996 年在日本作为杀白蚁剂介绍。

专利名称　Arylalkylsilicon compounds as insecticides and miticides

专利号　JP 61087687　　　　　专利公开日　1986-05-06

专利申请日　1984-10-05　　　　优先权日　1984-10-05

专利拥有者　Japan

在其他国家申请的化合物专利　JP 63052035、JP 63170386、JP 03051717。

专利名称　Synergistic insecticide mixtures containing silanes

专利号　DE 3810378　　　　　专利公开日　1989-10-05

专利申请日　1988-03-26　　　　优先权日　1988-03-26

专利拥有者　Hoechst A.-G., Fed. Rep. Ger.

在其他国家申请的化合物专利　EP 335225、ES 2074449、ZA 8902204、JP 01283203、US 5139785 等

制备专利　CN 103719144、US 4883789、DE 3731609 等。

江苏省南通宝叶化工有限公司、江苏优嘉植物保护有限公司在国内仅登记了 93%的原药。

合成方法　一般有如下两种方法合成氟硅菊酯：

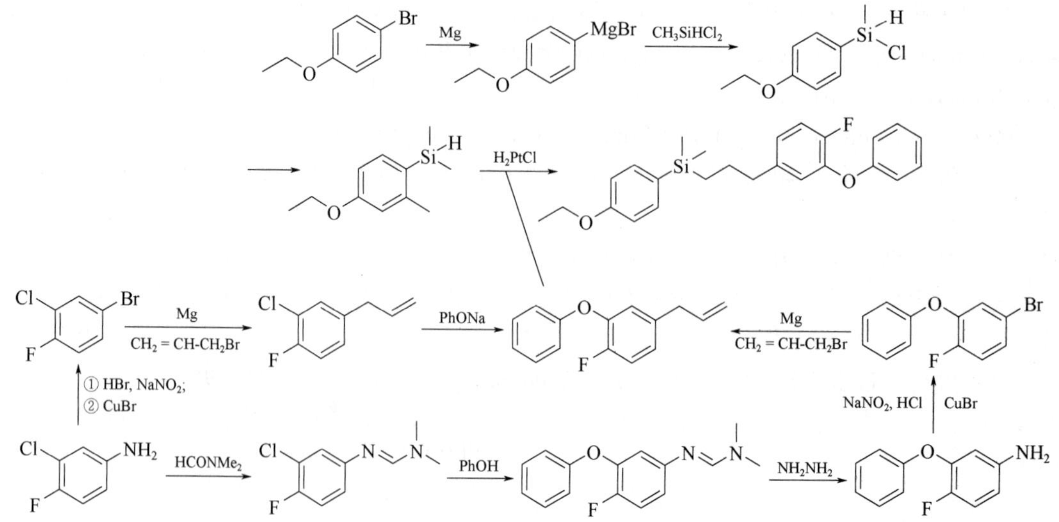

或

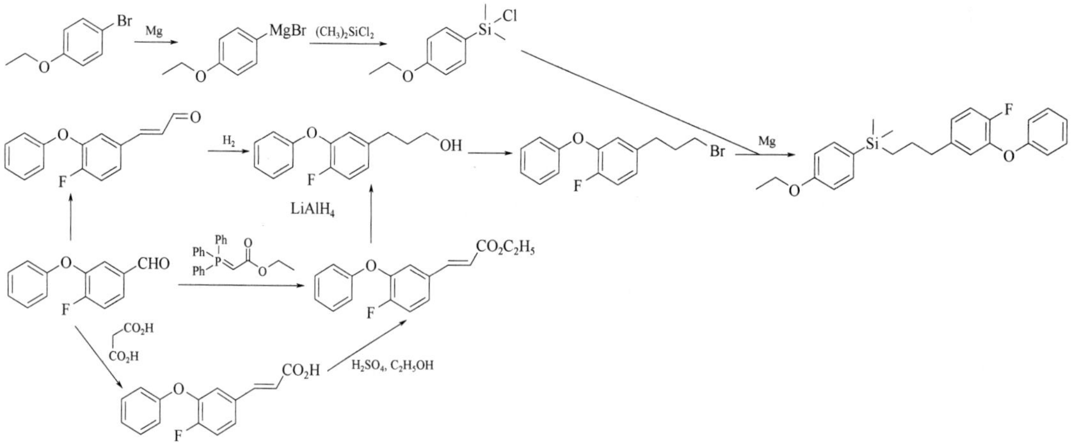

参考文献

[1] 丛彬等. 第六届全国农药交流会论文集, 106-109.

[2] The Pesticide Manual. 17 th edition: 1015-1016.

氟氯氰菊酯（cyfluthrin）

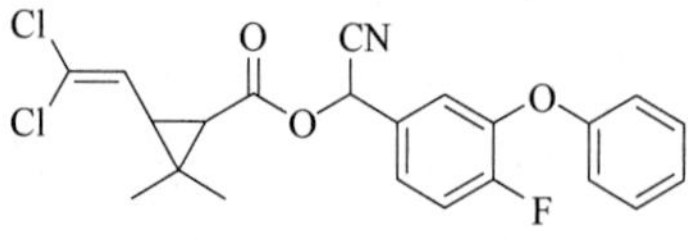

434.3，$C_{22}H_{18}Cl_2FNO_3$，68359-37-5(混合异构体)，86560-92-1(非对映异构体Ⅰ)，
86560-93-2(非对映异构体Ⅱ)，86560-94-3(非对映异构体Ⅲ)，86560-95-4(非对映异构体Ⅳ)

氟氯氰菊酯（试验代号：BAY FCR 1272、OMS 2012，商品名称：Aztec、Baygon aerosol、Bayofly、Baythroid、Blocus、Bourasque、Decathlon、Hunter、Keshet、Leverage、Luthrate、

Renounce、Solfac、Suncyflu、Tempo、Tombstone、Torcaz、Vapcothrin、Zapa、百树德、赛扶宁，其他名称：百树菊酯、百治菊酯、氟氯氰醚菊酯）是由拜耳公司开发的拟除虫菊酯类（pyrethroids）杀虫剂。

化学名称　(RS)-氰基-4-氟-3-苯氧基苄基(1RS,3RS;1RS,3SR)-3-(2,2-二氯乙烯基)-2,2-二甲基环丙烷羧酸酯。英文化学名称为(RS)-cyano-4-fluoro-3-phenoxybenzyl(1RS,3RS;1RS,3SR)-3-(2,2-dichlorovinyl)-2,2-dimethylcyclopropanecarboxylate 或 (RS)-cyano-4-fluoro-3-phenoxybenzyl(1RS)-cis-trans-3-(2,2-dichlorovinyl)-2,2-dimethylcyclopropanecarboxylate。美国化学文摘系统名称为 cyano(4-fluoro-3-phenoxyphenyl)methyl 3-(2,2-dichloroethenyl)-2,2-dimethylcyclopropane-carboxylate(unstated stereochemistry)。CA 主题索引名称为 cyclopropanecarboxylic acid —,3-(2,2-dichloroethenyl)-2,2-dimethylcyano(4-fluoro-3-phenoxyphenyl)methyl ester。

组成　氟氯氰菊酯由四种非对映异构体组成，分别为：Ⅰ (R)-cyano-4-fluoro-3-phenoxy-benzyl(1R)-cis-3-(2,2-dichlorovinyl)-2,2-dimethylcyclopropanecarboxylate+(S)-,(1S)-cis-，Ⅱ (S)-,(1R)-cis-+(R)-,(1S)-cis-，Ⅲ (R)-,(1R)-trans-+(S)-,(1S)-trans-，Ⅳ (S)-,(1R)-trans-+(R)-,(1S)-trans-。其中非对映异构体Ⅰ为：23%~27%，Ⅱ为 17%~21%，Ⅲ为 32%~36%，Ⅳ为 21%~25%。

理化性质　无色晶体（工业品为棕色油状物或含有部分晶体的黏稠物），熔点为：（Ⅰ）64℃，（Ⅱ）81℃，（Ⅲ）65℃，（Ⅳ）106℃（工业品为 60℃）。沸点>220℃时分解。蒸气压（mPa，20℃）：（Ⅰ）$9.6×10^{-4}$，（Ⅱ）$1.4×10^{-5}$，（Ⅲ）$2.1×10^{-5}$，（Ⅳ）$8.5×10^{-5}$。$\lg K_{ow}$（20℃）：（Ⅰ）6.0，（Ⅱ）5.9，（Ⅲ）6.0，(IV) 5.9。Henry 常数（Pa·m³/mol）：（Ⅰ）0.19，（Ⅱ）0.0032，（Ⅲ）0.0042，（Ⅳ）0.0013。相对密度 1.28（20~25℃）。水中溶解度（mg/L，20~25℃）：异构体Ⅰ　0.0025（pH 3），0.0022（pH7）；异构体Ⅱ　0.0021（pH 3），0.0019（pH 7）；异构体Ⅲ　0.0032（pH 3），0.0022（pH 7）；异构体Ⅳ　0.0043（pH 3），0.0039（pH 7）。有机溶剂中溶解度（g/L，20~25℃）：异构体Ⅰ　二氯甲烷、甲苯>200；正己烷 10~20，异丙醇 20~50；异构体Ⅱ　二氯甲烷、甲苯>200，正己烷 10~20，异丙醇 5~10；异构体Ⅲ　二氯甲烷、甲苯>200，正己烷、异丙醇 10~20；异构体Ⅳ　二氯甲烷>200，甲苯 100~200，正己烷中 1~2，异丙醇 2~5。室温热力学稳定。在水中 DT_{50}（d，22℃，pH 分别为 4、7、9）：非对映异构体Ⅰ：36，17，7；Ⅱ：117，20，6；Ⅲ：30，11，3；Ⅳ：25，11，5。闪点 107℃（工业品）。

毒性　大鼠急性经口 LD_{50}（mg/kg）：约 500（二甲苯），约 900（PEG 400），约 20（水/聚氧乙基代蓖麻油）；狗急性经口 LD_{50}>100 mg/kg。雌和雄大鼠急性经皮 LD_{50}（24 h）>5000 mg/kg。对兔皮肤无刺激作用，对眼睛中度刺激。雌和雄大鼠吸入 LC_{50}（4 h）为 0.5 mg/L（烟雾剂）。NOEL（mg/kg 饲料）：大鼠（2 年）50（2.5 mg/kg bw），小鼠（2 年）200，狗（1 年）160。ADI/RD（JMPR）0.04 mg/kg bw（氟氯氰菊酯和 β-氟氯氰菊酯）（2006，2007）；（EC）0.003 mg/kg bw（2003）；（JECFA）0.02 mg/kg bw（1997），（EPA）cRfD 0.008 mg/kg bw（1997）。

生态效应　山齿鹑急性经口 LD_{50}>2000 mg/kg。鱼类 LD_{50}（96 h，mg/L）：金黄圆腹雅罗鱼 0.0032，虹鳟鱼 0.00047，大翻车鱼 0.0015。水蚤 LC_{50}（48 h）0.00016 mg/L。羊角月牙藻 E_rC_{50}>10 mg/L。对蜜蜂有毒。蚯蚓 LC_{50}（14 d）>1000 mg/kg 干土。

环境行为　①动物。摄入动物体内的氟氯氰菊酯会被快速大量地排出体外，其中有 97%的摄入物是在 48 h 后通过尿液和粪便排出。②植物。由于氟氯氰菊酯对植物没有内吸性，不会渗透入植物组织，不会转移到植物的其他部分。③土壤/环境。氟氯氰菊酯在各种土质中降解很快。在土壤中的溶淋行为很慢。氟氯氰菊酯最终被土壤中的微生物代谢为 CO_2。

制剂 气雾剂、乳油、油乳剂、种子处理乳剂、水乳剂、颗粒剂、超低容量剂、可湿性粉剂。主要产品或制剂有 10%可湿性粉剂，43%、57%、50 g/L 乳油。

主要生产商 Adama、Amvac、Bayer、广东立威化工有限公司、江苏春江润田农化有限公司、江苏润泽农化有限公司、江苏省南通宝叶化工有限公司、江苏优嘉植物保护有限公司、中山凯中有限公司等。

作用机理与特点 神经轴突毒剂，通过与钠离子通道作用可引起昆虫极度兴奋、痉挛、麻痹，最终可导致神经传导完全阻断，也可以引起神经系统以外的其他组织产生病变而死亡。药剂以触杀和胃毒作用为主，无内吸及熏蒸作用。杀虫谱广，作用迅速，持效期长。具有一定的杀卵活性，并对某些成虫有拒避作用。

应用

（1）适用作物 棉花、小麦、玉米、蔬菜、苹果、柑橘、葡萄、油菜、大豆、烟草、甘薯、马铃薯、草莓、啤酒花、咖啡、茶、苜蓿、橄榄、观赏植物等。

（2）防治对象 棉铃虫、红铃虫、棉蚜、菜青虫、桃小食心虫、金纹细蛾、小麦蚜虫、黏虫、玉米螟、葡萄果蠹蛾、马铃薯甲虫、蚜虫、尺蠖、烟青虫等。

（3）残留量与安全施药 5.7%氟氯氰菊酯乳油对棉花每季最多使用次数为 2 次，安全间隔期为 21 d。对甘蓝每季最多使用次数为 2 次，安全间隔期为 7 d。在棉籽中的残留标准为 0.05 mg/kg。在甘蓝中的残留标准为 0.5 mg/kg。

（4）应用技术 棉花、大豆、蔬菜等作物喷液量每亩人工一般 20～50 L，拖拉机 7～10 L，飞机 1～3 L，根据喷雾器械来确定喷液量。另外，空气相对湿度低用较高喷液量。晴天应选早晚气温低、风小时施药，晴天上午 8 时至下午 5 时、空气相对湿度低于 65%、气温高于 28℃ 时停止施药。

氟氯氰菊酯可防治对其他杀虫剂已经产生抗性的害虫。对作物上的红蜘蛛等有一定抑制作用，在一般情况下，使用该药剂后，不易引起红蜘蛛等再猖獗。因其对螨类抑制作用小于甲氰菊酯、联苯菊酯和三氟氯氰菊酯，当红蜘蛛已经严重发生时，使用氟氯氰菊酯就不能控制危害，必须使用其他杀螨剂。产品为 5%、5.7%乳油（50 g/L）。对害虫的毒力与高效氯氰菊酯相当，一般亩用有效成分 1～2.5 g，即 5.7%乳油 20～50 mL，防治果林害虫用 5.7%乳油 2000～3000 倍液喷雾。

① 棉花害虫 对棉蚜、棉蓟马亩用 5.7%乳油 10～20 mL，对棉铃虫、红铃虫、金刚钻、玉米螟等亩用 30～50 mL，对水喷雾。可兼治其他一些鳞翅目害虫，对红蜘蛛有一定抑制作用。对其他拟除虫菊酯杀虫剂已经产生抗性的棉蚜，使用本剂的防治效果不好。

② 蔬菜害虫 对菜蚜、菜青虫用 5.7%乳油 2000～3000 倍液喷雾。对小菜蛾、斜纹夜蛾、甜菜夜蛾、烟青虫、菜螟等，在 3 龄幼虫盛发期，用 5.7%乳油 1500～2000 倍液喷雾。对拟除虫菊酯杀虫剂已经产生轻度抗性的小菜蛾，使用本剂时应适当提高药液浓度或停用。

③ 果树害虫 对柑橘潜叶蛾，在新梢初期，用 5.7%乳油 2500～3000 倍液喷雾。可兼治橘蚜。对苹果蠹蛾、袋蛾用 5.7%乳油 2000～3000 倍液喷雾。对梨小食心虫、桃小食心虫，在卵孵化盛期、幼虫蛀果之前，或卵果率在 1%左右时，用 5.7%乳油 1500～2500 倍液喷雾。

④ 茶尺蠖、木橑尺蠖、茶毛虫 在 2～3 龄幼虫盛发期，用 5.7%乳油 3000～5000 倍液喷雾，可兼治茶蚜、刺蛾等。

⑤ 大豆食心虫 在卵孵化盛期或大豆开花结荚期，亩用 5.7%乳油 30～50 mL，对水喷雾。

⑥ 烟青虫 亩用 5.7%乳油 20～35 mL，对水喷雾。

⑦ 旱粮作物害虫 对蚜虫、玉米螟、黏虫、地老虎、斜纹夜蛾等，亩用 5.7%乳油 20～

40 mL，对水喷雾。

专利与登记

专利名称 Insecticidal and acaricidal substituted phenoxybenzyloxycarbonyl derivatives

专利号 DE 2709264 专利公开日 1978-09-07

专利申请日 1977-03-03 优先权日 1977-03-03

专利拥有者 Bayer A.-G.

在其他国家申请的化合物专利 AU 7833677、AU 3367778、AT 356457、AU 520876、AT 7801531、AU 8178574、AU 527142、BR 7801265、BE 864488、CH 640819、CS 196422、CH 649980、CA 1113477、CS 196423、DK 9000943、DK 94390、DK 162516、DE 2709264、DK 162516、DK 7800923、DD 136694、DK 159678、ES 467494、EG 13224、FR 2382426、FR 2541268、GB 1565932、GR 65230、GB 1565933、HU 19190、HU 176922、HU 27358、HK 54382、HU 185174、IL 54149、IT 1093503、JP 57171935、JP 60043054、JP 57009731、JP 62015541、JP 53108942、JP 57057025、KE 3245、MY 1384、NL 7802311、NL 930027、NZ 186580、NL 183822、OA 5900、PT 67719、PL 204990、PH 13469、PL 114925、SE 7802379、SE 442995、SU 691063、TR 20779、US 4261920、US 4218469、ZA 7801218 等。

制备专利 CN 1244521、CN 1244524、CN 1508124、CS 257094、WO 8806151、WO 9107379、JP 2017145201、CN 103420872、CN 102550592、DE 3139314 等。

国内登记情况 92%、93%、98%原药，10%可湿性粉剂，43%、57%、50 g/L 乳油等，登记作物为棉花、甘蓝等，防治对象为菜青虫、棉铃虫、蚜虫等。德国拜耳作物科学公司在中国登记情况见表 2-82。

表 2-82 德国拜耳作物科学公司在中国登记情况

登记名称	登记证号	含量	剂型	登记场所/用途	防治对象	用药量	施用方法
氟氯氰菊酯	WP33-96	10%	可湿性粉剂	卫生	蚊、蝇、蜚蠊（玻璃）	0.075～0.15 g/m²	滞留喷洒
					蚊、蝇、蜚蠊（木）	0.15～0.225 g/m²	
					蚊、蝇、蜚蠊（水泥）	0.45 g/m²	
氟氯氰菊酯	WP31-96	50 g/L	水乳剂	室内	跳蚤	0.2～1.2 mL/m²	滞留喷洒
				室内	蚊	0.03 mL/m²	超低容量喷雾；热雾
				室内	蝇	0.03 mL/m²	超低容量喷雾；热雾
				室外	蚊	0.06 mL/m²	超低容量喷雾；热雾
				室外	蝇	0.06 mL/m²	超低容量喷雾；热雾
				卫生	蚊、蝇、蜚蠊	0.2～1.2 mL/m²	滞留喷洒
氟氯·吡虫啉	WP20180096	31%	悬浮剂	室内	臭虫	0.1～0.2 mL/m²	滞留喷洒
				室内	蚂蚁	0.1～0.2 mL/m²	滞留喷洒
				室内	跳蚤	0.1～0.2 mL/m²	滞留喷洒
				室内	蚊、蝇、蜚蠊	0.1～0.2 mL/m²	滞留喷洒
				室外	蚂蚁	稀释 250～500 倍液	喷洒
				室外	蝇	稀释 250～500 倍液	喷洒
氟氯氰菊酯	PD250-98	92%	原药				

合成方法 氟氯氰菊酯可由 3-苯氧基-4-氟苯甲醛与二氯菊酰氯反应而得，关键是二氯菊酸和 3-苯氧基-4-氟苯甲醛的制备。

中间体二氯菊酸的合成方法：

（1）模拟法 3-甲基-2-丁烯醇与原乙酸酯在磷酸催化下于 140～160℃缩合，并进行 Claisen 重排，生成 3,3-二甲基-戊烯酸乙酯，再与四氯化碳在过氧化物存在下反应生成 3,3-二甲基-4,6,6,6-四氯己酸乙酯，然后在甲醇钠存在下脱氯化氢，环合生成二氯菊酸乙酯，在经皂化反应生成菊酸。

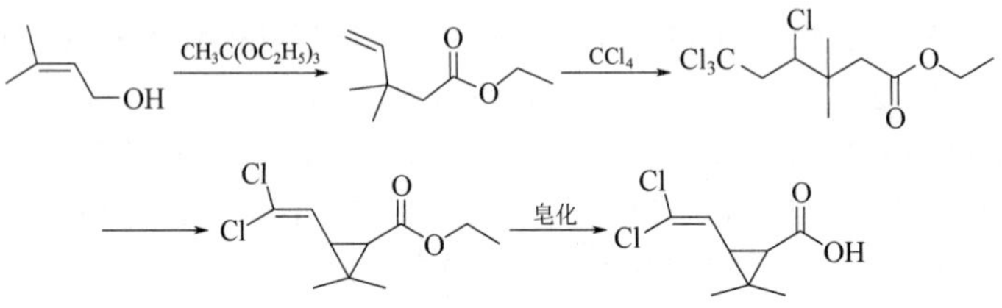

（2）Farkas 法 三氯乙醛与异丁烯反应生成 1,1,1-三氯-4-甲基-3-戊烯-2-醇和 1,1,1-三氯-4-甲基-4-戊烯-2-醇。该混合物在与乙酸酐反应经乙酰化，锌粉还原，对甲基苯磺酸催化异构化得到含共轭双键的 1,1-二氯-4-甲基-1,3-戊二烯，再与重氮乙酸乙酯在催化剂存在下反应，生成二氯菊酸酯。

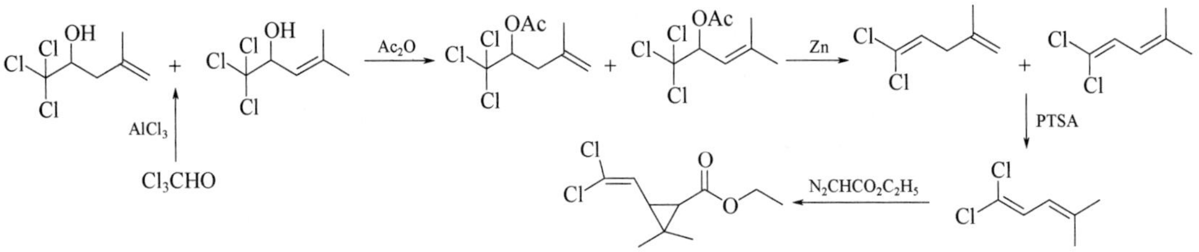

（3）Sagami-Kuraray 法 此方法是 Sagami-Kuraray 法与 Farkas 法的结合。

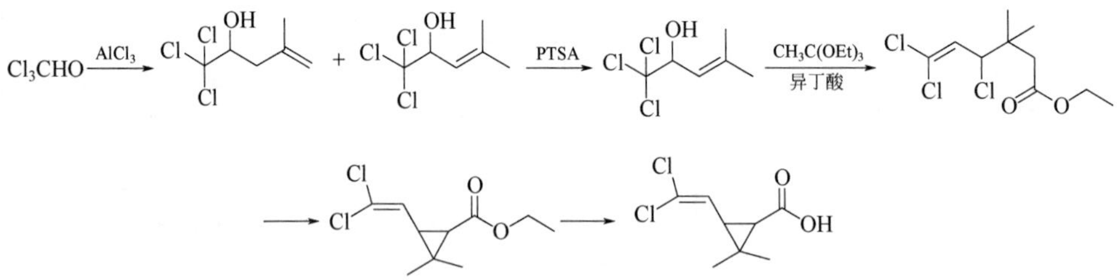

（4）该路线是利用 Witting 试剂与相应的菊酸甲醛衍生物反应，得到二氯菊酸酯，再经皂化反应得到二氯菊酸。

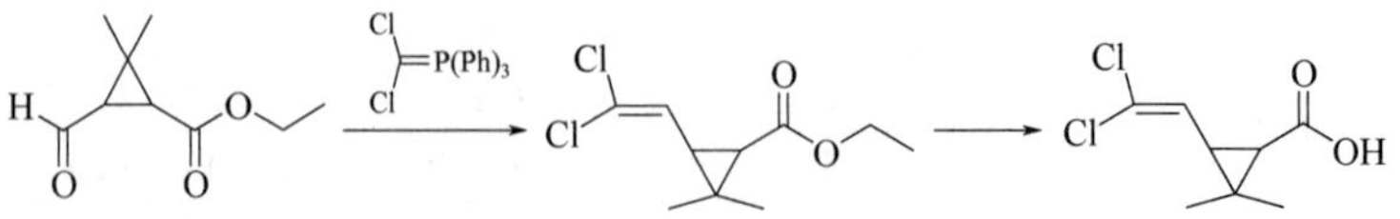

3-苯氧基-4-氟苯甲醛的制备有三条路线，分别以氟苯、4-甲基苯胺、4-甲基氯苯为起始原料，其中以 4-甲基苯胺为原料路线较简便：

（1）以氟苯为原料

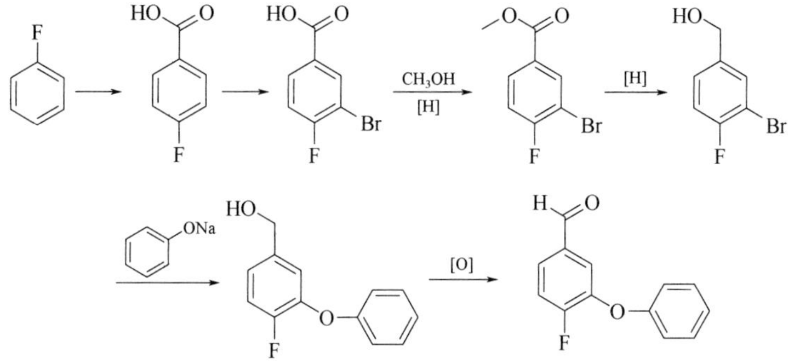

（2）以对甲苯胺为原料

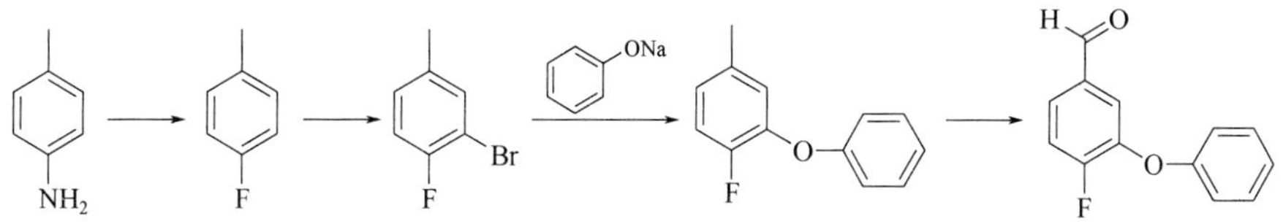

（3）以对氯甲苯为原料

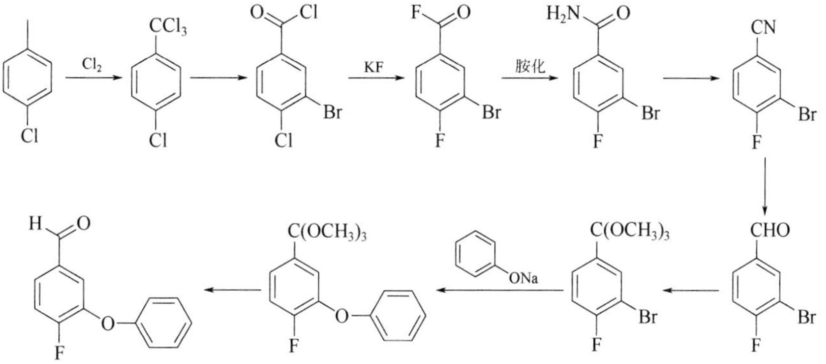

氟氯氰菊酯的合成方法：

（1）将二氯菊酰氯和 3-苯氧基-4-氟苯甲醛在 20～25℃下滴加到氰化钠、水、正己烷及相转移催化剂四丁基溴化铵的混合物中，然后混合物在室温下反应 4 h，经常规处理得到氟氯氰菊酯，收率 76%。

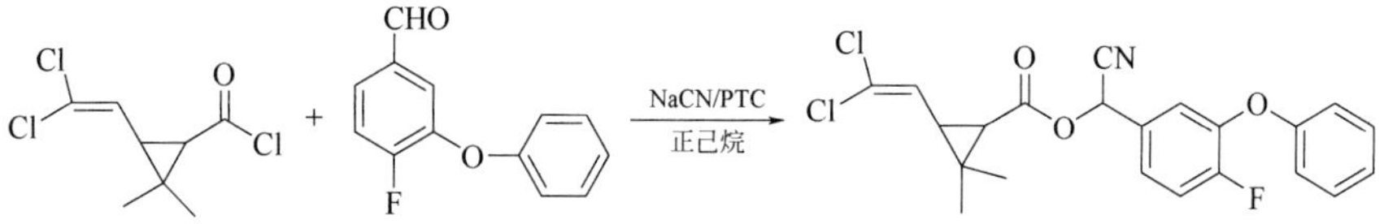

（2）3-苯氧基-4-氟苯甲醛和亚硫酸氢钠反应得到相应的磺酸钠盐，再与氰化钠及二氯菊酰氯反应，制得氟氯氰菊酯，收率 95%。

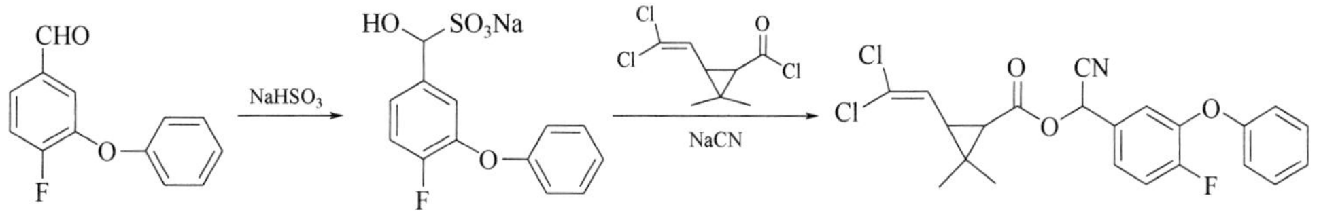

参考文献

[1] 农药商品大全. 北京: 中国商业出版社, 1996, 138.

[2] The Pesticide Manual.17 th edition: 264-266.

[3] 张梅凤, 唐永军, 杨朝晖, 等. 农药, 2006, 45(8): 529-530.

[4] 张夕林, 张谷丰, 钱允辉. 农药, 1993, 32(1): 39-40.

[5] 毕富春, 汪清民, 黄润秋. 现代农药, 2008(3): 50-51.

[6] 张梅凤, 唐永军, 杨朝晖, 等. 农化新世纪, 2006(11): 13-15.

[7] 精细化学品大全——农药卷. 杭州: 浙江科学技术出版社, 2000, 180-181.

高效氟氯氰菊酯（*beta*-cyfluthrin）

Ⅰ　　　　Ⅱ　　　　Ⅲ　　　　Ⅳ

434.3，$C_{22}H_{18}Cl_2FNO_3$，68359-37-5(混合异构体)，86560-92-1(非对映异构体Ⅰ)，86560-93-2(非对映异构体Ⅱ)，86560-94-3(非对映异构体Ⅲ)，86560-95-4(非对映异构体Ⅳ)

高效氟氯氰菊酯（试验代号：FCR 4545、OMS 3051，商品名称：Batnook、Bulldock、Responsar、Chinook、Enduro、Monarca、Temprid、Modesto、Baythroid XL、Beta-Baythroid、Cajun、Ducat、Full）是拜耳公司开发的拟除虫菊酯类杀虫剂。

化学名称　(*S*)-α-氰基-4-氟-3-苯氧苄基 (1*R*)-*cis*-3-(2,2-二氯乙烯基)-2,2-二甲基环丙烷羧酸酯(Ⅰ)、(*R*)-α-氰基-4-氟-3-苯氧苄基 (1*S*)-*cis*-3-(2,2-二氯乙烯基)-2,2-二甲基环丙烷羧酸酯(Ⅱ)、(*S*)-α-氰基-4-氟-3-苯氧苄基 (1*R*)-*trans*-3-(2,2-二氯乙烯基)-2,2-二甲基环丙烷羧酸酯(Ⅲ)和(*R*)-α-氰基-4-氟-3-苯氧苄基 (1*S*)-*trans*-3-(2,2-二氯乙烯基)-2,2-二甲基环丙烷羧酸酯(Ⅳ)。英文化学名称为(含两对对应异构体的反应混合物)，(*S*)-α-cyano-4-fluoro-3-phenoxybenzyl (1*R*)-*cis*-3-(2,2-dichlorovinyl)-2,2-dimethylcyclopropane carboxylate(Ⅰ) 和 (*R*)-α-cyano-4-fluoro-3-phenoxybenzyl (1*S*)-*cis*-3-(2,2-dichlorovinyl)-2,2-dimethylcyclopropanecarboxylate(Ⅱ)；(*S*)-α-cyano-4-fluoro-3-phenoxybenzyl (1*R*)-*trans*-3-(2,2-dichlorovinyl)-2,2-dimethylcyclopropane-carboxylate(Ⅲ) 和 (*R*)-α-cyano-4-fluoro-3-phenoxybenzyl (1*S*)-*trans*-3-(2,2-dichlorovinyl)-2,2-dimethylcyclopropanecarboxylate(Ⅳ)，比例为1∶2。美国化学文摘系统名称为cyano(4-fluoro-3-phenoxyphenyl)methyl 3-(2,2-dichloroethenyl)-2,2-dimethylcyclopropanecarboxylate。CA 主题索引名称为cyclopropanecarboxylic acid —, 3-(2,2-dichloroethenyl)-2,2-dimethylcyano(4-fluoro-3-phenoxyphenyl)methyl ester。

组成　高效氟氯氰菊酯含有两对对应异构体。工业品中Ⅰ含量＜2%，Ⅱ含量为 30%～40%，Ⅲ含量＜3%，Ⅳ含量为53%～67%。

理化性质　纯品外观为无色无臭晶体，工业品为有轻微气味的白色粉末，熔点（Ⅱ）81℃，（Ⅳ）106℃。分解温度＞210℃。蒸气压（Ⅱ）$1.4×10^{-5}$ mPa，（Ⅳ）$8.5×10^{-5}$ mPa（均在 20℃）。

$\lg K_{ow}$ 5.9（Ⅱ）、5.9（Ⅳ）（均在 20℃）。Henry 常数（Pa·m³/mol）：0.0032（Ⅱ），0.013（Ⅳ）。密度为 1.34 g/cm³（20～25℃）；水中溶解度（mg/L，20～25℃）：0.0019（Ⅱ），0.0029（Ⅳ）；有机溶剂中溶解度（g/L，20～25℃）：正己烷 10～20，异丙醇 5～10（均为Ⅱ）。稳定性：在 pH 4、7 时稳定，pH 9 时，迅速分解。

毒性　急性经口 LD_{50}（mg/kg）：大鼠 380（在聚乙二醇中），211（在二甲苯中），11（聚氧乙烯蓖麻油/水）；雄小鼠 91，雌小鼠 165。大鼠急性经皮 LD_{50}（24 h）>5000 mg/kg。对皮肤无刺激，对兔眼睛有轻微刺激，对豚鼠无致敏作用。大鼠吸入 LC_{50}（4 h）大约 0.1 mg/L（气雾），0.53 mg/L（粉尘）。NOEL（90 d）：大鼠为 125 mg/kg，狗 60 mg/kg。ADI/RD（JMPR）0.04 mg/kg bw（氟氯氰菊酯和 β-氟氯氰菊酯）（2006，2007）；（EC）0.003 mg/kg bw（2003）；（拜耳）0.02 mg/kg bw（1994）。毒性等级：WHO（a.i.）Ⅱ，EPA（制剂）Ⅱ。

生态效应　日本鹌鹑急性经口 LD_{50}>2000 mg/kg。鱼类 LC_{50}（96 h）：虹鳟鱼 89 μg/L，大翻车鱼 280 μg/L。水蚤 EC_{50}（48 h）0.3 μg/L。藻类 E_rC_{50}（96 h）<0.01 mg/L。蜜蜂 LD_{50}<0.1 μg/只。蚯蚓 LC_{50}>1000 mg/kg 土壤。

环境行为　①动物。高效氟氯氰菊酯会迅速并大量降解，98%的高效氟氯氰菊酯会在 48 h 后经尿液、粪便降解掉。②植物。高效氟氯氰菊酯不会作用在整个植物生态系统，它只会微弱地渗透到特定植物的器官，并且浓度非常低，完全可以忽略，更重要的是它不会转移到其他植物中去。③土壤。在不同的土壤中都会迅速降解。代谢产物易被微生物进一步降解成 CO_2。

制剂　乳油、悬浮种衣剂、颗粒剂、悬浮剂、超低容量剂，具体如 1.25%、2.5%、7.5% 悬浮剂，1.3%、2.5%、2.8%乳油。

主要生产商　Adama、Amvac、Bayer、安徽华星化工有限公司、广东立威化工有限公司、江苏优嘉植物保护有限公司、浙江威尔达化工有限公司等。

作用机理与特点　是一种合成的拟除虫菊酯类杀虫剂，具有触杀和胃毒作用，无内吸作用和渗透性。本品杀虫谱广，击倒迅速，持效期长，除对咀嚼式口器害虫如鳞翅目幼虫或鞘翅目的部分甲虫有效外，还可用于刺吸式口器害虫，如梨木虱的防治。若将药液直接喷洒在害虫虫体上，防效更佳。植物对高效氟氯氰菊酯有良好的耐药性。该药为神经轴突毒剂，可以引起昆虫极度兴奋、痉挛与麻痹，还能诱导产生神经毒素，最终导致神经传导阻断，也能引起其他组织产生病变。

应用

（1）适用作物　棉花、小麦、玉米、蔬菜、苹果、柑橘、葡萄、油菜、大豆、烟草、观赏植物等。

（2）防治对象　棉铃虫、棉红铃虫、菜青虫、桃小食心虫、金纹细蛾、小麦蚜虫、甜菜夜蛾、黏虫、玉米螟、葡萄果蠹蛾、马铃薯甲虫、蚜虫、烟青虫等。

（3）应用技术　可见表 2-83。

表 2-83　高效氟氯氰菊酯的应用技术

作物	害虫	施药量及操作
棉花	棉铃虫	棉田一代棉铃虫发生期，一类棉田百株卵量超过 200 粒或低龄幼虫 35 头，一般棉田百株卵量 80～100 粒，低龄幼虫 10～15 头时应防治。棉田三代棉铃虫发生时，当卵量突然上升或百株幼虫 8 头时进行防治。每亩用 2.5%高效氟氯氰菊酯乳油 25～35 mL［0.63～0.88 g（a.i.）］，对水喷雾
	棉红铃虫	防治棉红铃虫主要是压低虫源基数，重点在防治第二、三代红铃虫，通常要连续施药 3～4 次，间隔 10～15 d 喷 1 次。每亩用 2.5%高效氟氯氰菊酯乳油 25～35 mL［0.63～0.88 g（a.i.）］，对水喷雾

作物	害虫	施药量及操作
蔬菜	菜青虫	平均每株甘蓝有虫 1 头即应进行防治。用 2.5%高效氟氯氰菊酯乳油每亩 26.8～33.2 mL［0.67～0.83 g（a.i.）］，对水喷雾
	潜叶蛾	在成虫盛期或卵盛期用药。用 2.5%高效氟氯氰菊酯乳油 1500～2000 倍液或每 100 L 加入 2.5%高效氟氯氰菊酯 50～66.7 mL（有效浓度 12.5～16.7 mg/L）喷雾
果树	桃小食心虫	根据相关单位颁布实施的桃小食心虫防治指标进行防治。用 25%高效氟氯氰菊酯乳油 2000～4000 倍液或每 100 L 加入 2.5%高效氟氯氰菊酯 25～50 mL（有效浓度 6.25～12.5 mg/L）喷雾
小麦	蚜虫	在主要进行穗期蚜虫防治的地区，在小麦扬花灌浆期，百株蚜量 500 头以上（麦长管蚜为主），或 4000 头（禾缢管蚜为主）以上时进行防治。每亩用 25%高效氟氯氰菊酯乳油 16.7～20 mL［0.42～0.5 g（a.i.）］，对水喷雾

棉花、小麦、蔬菜喷液量每亩人工 20～50 L，拖拉机 7～10 L，飞机 1～3 L。施药应选早晚风小气温低时进行。晴天上午 8 时至下午 5 时、空气相对湿度低于 65%、气温高于 28℃ 时应停止施药。

（4）中毒解救　在动物试验中，大剂量可引起舞蹈手足徐动症和流涎，当接触较高浓度的药剂时，可引起呼吸道黏膜感觉异常和兴奋，但常规剂量下不会引起不适。目前，尚无特效药进行治疗。若药剂溅入眼睛，应用大量清水冲洗。如出现中毒症状时，应迅速脱去被污染的衣服，用肥皂和清水冲洗被污染皮肤，并尽快送医院就医。若与有机磷农药共同中毒，应先解决有机磷农药中毒问题。

（5）注意事项　①喷药时应将药剂喷洒均匀。②不能与碱性药剂混用。不能在桑园、养蜂场或河流、湖泊附近使用。③菊酯类药剂是负温度系数药剂，即温度低时效果好，因此，应在温度较低时用药。④药剂应贮藏在儿童接触不到的通风、凉爽的地方，并加锁保管。⑤喷药时应穿防护服，向高处喷药时应戴风镜。喷药后应尽快脱去防护服，并用肥皂和清水洗净手、脸。⑥目前，尚未制定高效氟氯氰菊酯的安全合理使用准则，但可参考氟氯氰菊酯（百树得）的指标，其规定在棉花上每季最多使用 2 次，安全间隔期为 21 d，在棉籽中的最高残留限量（MRL 值）为 0.05 mg/kg。

专利与登记

专利名称　Insecticidal and acaricidal substituted phenoxybenzyloxycarbonyl derivatives

专利号　DE 2709264　　　　　专利公开日　1978-09-07

专利申请日　1977-03-03　　　　专利拥有者　拜耳

在其他国家申请的化合物专利　DE 2709264、US 4218469、SU 691063、AU 7833677、AU 520876、GB 1565932、GB 1565933、JP 53108942、JP 57057025、DD 136694、CS 196422、CS 196423、PL 114925、CH 640819、CH 649980、BE 864488、SE 7802379、SE 442995、NL 183822、FR 2382426、BR 7801265、ZA 7801218 、HU 19190、HU 176922、CA 1113477、HU 27358、AT 7801531、AT 356457、US 4261920、JP 57009731、JP 62015541、AU 8178574、AU 527142 等。

制备专利　CN 103420872、JP 2017145201、CN 102550592、CN 1508124、CN 1244524、DE 3139314 等。

国内登记情况　95%原药，1.25%、2.5%、7.5%悬浮剂，1.3%、2.5%、2.8%乳油等，登记作物为辣椒、小麦、茶树、番茄等，防治对象为白粉虱、蚜虫、茶小绿叶蝉、棉铃虫等。德国拜耳在中国登记情况见表 2-84。

表 2-84　德国拜耳在中国登记情况

登记证号	含量	剂型	登记作物	防治对象/场所	用药量	施用方法
WP20180096	31%	悬浮剂	臭虫	室内	0.1～0.2 mL/m²	滞留喷洒
			蚂蚁		0.1～0.2 mL/m²	滞留喷洒
			跳蚤		0.1～0.2 mL/m²	滞留喷洒
			蚊、蝇、蜚蠊		0.1～0.2 mL/m²	滞留喷洒
			蚂蚁		稀释 250～500 倍液	喷洒
			蝇		稀释 250～500 倍液	喷洒
PD20060025	25 g/L	乳油	甘蓝	菜青虫	27～40 mL/亩	喷雾
			棉花	红铃虫	30～50 mL/亩	
			棉花	棉铃虫	30～50 mL/亩	
			苹果树	金纹细蛾	1500～2000 倍液	
			苹果树	桃小食心虫	2000～3000 倍液	
PD20060024	95%	原药				

合成方法　高效氟氯氰菊酯可由 3-苯氧基-4-氟苯甲醛与二氯菊酰氯反应而得，关键是 3-苯氧基-4-氟苯甲醛的制备。3-苯氧基-4-氟苯甲醛的制备有三条路线：

（1）以氟苯为原料

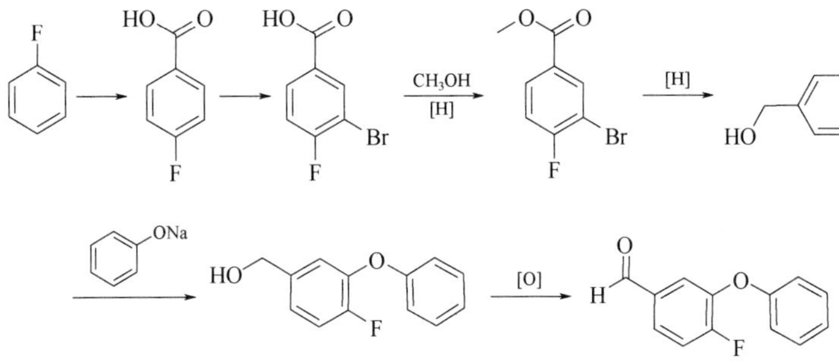

（2）以对甲苯胺为原料

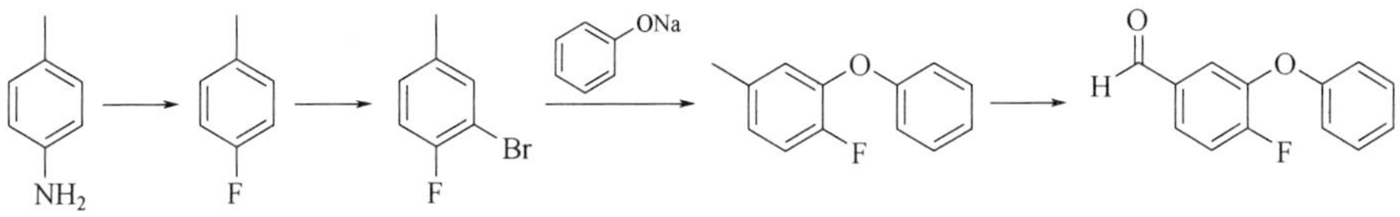

（3）以对氯甲苯为原料

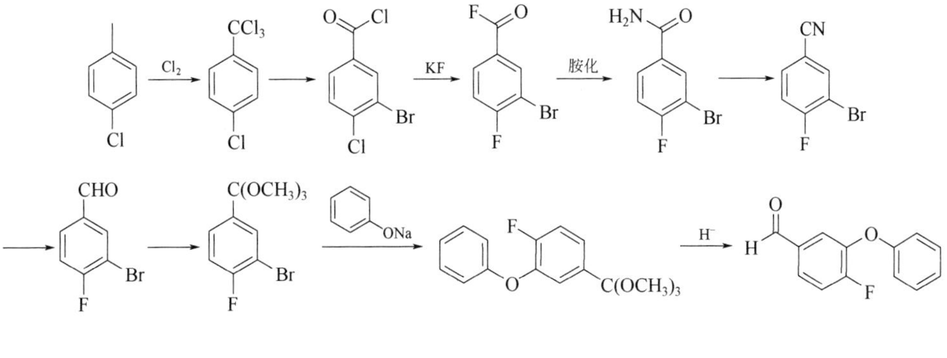

高效氟氯氰菊酯的合成如下所示：

参考文献

[1] The Pesticide Manual.17 th edition: 97-99.

[2] 农药大典. 北京: 中国三峡出版社农业科教出版中心, 2006: 142-144.

[3] 刘慧, 褚宏亮, 刘大鹏, 等. 应用昆虫学报, 2015(4): 901-905.

氟氰戊菊酯（flucythrinate）

451.5，$C_{26}H_{23}F_2NO_4$，915101-98-3

氟氰戊菊酯（试验代号：AC222705、CL222705、BAS 329 Ⅰ、OMS2007、AI3-29391，商品名称：Cybolt、Pay-off、保好鸿、护赛宁，其他名称：氟氰菊酯、中西氟氰菊酯、甲氟菊酯）是美国氰氨公司(现属巴斯夫)开发的拟除虫菊酯类(pyrethroids)杀虫剂。

化学名称　(RS)-α-氰基-3-苯氧基苄基(S)-2-(4-二氟甲氧基苯基)-3-甲基丁酸酯。英文化学名称为(RS)-a-cyano-3-phenoxybenzyl(S)-2-(4-difluoromethoxyphenyl)-3-methylbutyrate。美国化学文摘系统名称为 cyano(3-phenoxyphenyl)methyl 4-(difluoromethoxy)-α-(1-methylethyl)benzeneacetate。CA 主题索引名称为 benzeneacetic acid —, 4-(difluoromethoxy)-α-(1-methyle-thyl)-cyano(3-phenoxyphenyl)methyl ester,(αS)-。

理化性质　工业品为深琥珀色黏稠液体，具有微弱的酯类气味。沸点 108℃（46.55 Pa）。蒸气压 0.0012 mPa（25℃）。$\lg K_{ow}$ 4.74。Henry 常数 $1.08×10^{-3}$ Pa·m³/mol（计算）。相对密度 1.19（20～25℃）。水中溶解度（20～25℃）0.096 mg/L，有机溶剂中溶解度（g/L，20～25℃）：丙酮、甲醇、甲苯＞250，二氯甲烷 250，乙酸乙酯 200～250，正庚烷 67～80。稳定性：碱性水溶液中迅速降解，但中性或酸性条件下降解较慢；DT_{50}（27℃）：约 40 d（pH 3），52 d（pH 5），6.3 d（pH 9）；在 37℃条件下稳定 1 年以上，在 25℃稳定 2 年以上。在土壤里光照条件下 DT_{50} 约为 21 d，其水溶液的 DT_{50} 约为 4 d。闪点 45℃（闭杯）。

毒性　急性经口 LD_{50}：雄大鼠 81 mg/kg，雌大鼠 67 mg/kg，雌小鼠 76 mg/kg；兔急性经皮 LD_{50}（24 h）＞1000 mg/kg；对兔皮肤和眼睛无刺激作用，对豚鼠皮肤无致敏性；大鼠吸入毒性 LC_{50}（4 h）4.85 mg/L（烟雾剂）；大鼠 NOEL（2 年）60 mg/kg 饲料；ADI 值 0.02 mg/kg bw（1985）；在大鼠的 3 代繁殖试验中，以 30 mg/kg 饲料饲喂，对其繁殖无影响。对大鼠和兔无致畸作用，对大鼠无致突变作用。

生态效应　鸟急性经口 LD_{50}（mg/kg）：野鸭＞2510，山齿鹑＞2708。鸟饲喂毒性 LC_{50}（14 d，mg/kg 饲料）：野鸭 4885，山齿鹑 3443。鱼 LC_{50}（μg/L，96 h）：大翻车鱼 0.71，叉尾鮰0.51，虹鳟鱼 0.32，红鲈鱼 1.6；因用药量低且在土壤中移动性小，故对鱼的危险很小。

水蚤 LC_{50}（48 h）8.3 µg/L。蜜蜂 LD_{50} 0.078 µg/只（触杀、粉剂），0.3 µg/只（触杀）。

环境行为　大鼠食入药剂后，药剂主要通过粪便和尿液排出体外，其中 60%～70%的药剂会在 24 h 内排出体外，8 d 内＞95%的药剂排出体外。在粪便中，主要以原药存在，但是在尿液和体内组织中主要以几种代谢物形式存在。药剂主要是通过水解后羟基化的形式降解的；在土壤中移动性小，无渗漏性，DT_{50} 约 2 个月。

制剂　乳油、水分散粒剂、可湿性粉剂。

主要生产商　Agro-Kanesho

作用机理与特点　通过与钠离子通道的作用扰乱神经的功能，作用于昆虫的神经系统。作用方式为非内吸性，具有触杀、胃毒作用。该药剂主要是改变昆虫神经膜的渗透性，影响离子的通道，从而抑制神经传导，使害虫运动失调、痉挛、麻痹以致死亡。对害虫主要是触杀作用，也有胃毒和杀卵作用，在致死浓度下有忌避作用，但无熏蒸和内吸作用。对害虫的毒力为滴滴涕的 10～20 倍。

应用

（1）适用作物　玉米、梨果、核果、葡萄树、草莓、柑橘类、香蕉、菠萝、橄榄树、咖啡树、可可豆、蔬菜、大豆、谷类、甜菜、向日葵、烟草、观赏植物。

（2）防治对象　玉米上的螟蛉、棉树叶虫、刺吸式昆虫、粉虱、甲虫等；梨果和核果树上的鳞翅目、同翅目、鞘翅目昆虫等。

（3）残留量与安全施药　氟氰戊菊酯在我国的具体残留标准如下：豆类（干）0.05 mg/kg，红茶、绿茶 20 mg/kg，甘蓝类蔬菜 0.5 mg/kg，棉籽油 0.2 mg/kg，果菜类蔬菜 0.2 mg/kg，梨果类水果 0.5 mg/kg，块根类蔬菜 0.05 mg/kg。

（4）使用方法　通常使用剂量为 22.5～52.5 g(a.i.)/hm^2，即 10%乳油 225～525 mL/hm^2。喷雾使用。防治螨类时用 10%乳油 525～600 mL/hm^2，当虫口密度大时，要用 50 mL 才能控制危害，最好与杀螨剂混用，可将害虫和害螨同时杀死。

（5）应用技术　氟氰戊菊酯属负温度系数农药，即气温低要比气温高时药效好，因此在午后、傍晚施药为宜。该药剂在指导用量下对作物无药害。在玉米、果树等特定植物上使用时，可使叶子着色深化，可改善植物外观。使用该药剂时应该注意以下几点：①该药剂对眼睛、皮肤刺激性较大，施药人员要做好劳动保护；②不能在桑园、鱼塘、养蜂场所使用；③因无内吸和熏蒸作用，故喷药要周到细致、均匀；④用于防治钻蛀性害虫时，应在卵孵期或孵化前 1～2 d 施药；⑤不能与碱性农药混用，不能做土壤处理使用；⑥连续使用时害虫易产生抗药性。

专利与登记

专利名称　Phenoxybenzyl esters of aralkanoic acids and their use as insecticidal and acaricidal agents

专利号　GB 1582775　　　　专利公开日　1981-01-14

专利拥有者　American Cyanamid Co（US）

在其他国家申请的化合物专利　BG 28238、BG 28695、BR 7706474、CH 638774、DK 434777、GB 1596903、GR 72107、JP 53044540、PL 201198、SU 1082782、TR 22094、YU 233577 等。

制备专利　CN 1063681、US 4506097、US 4377531 等。

合成方法　氟氰戊菊酯的制备共有四条路线，如下所示：

参考文献

[1] The Pesticide Manual.17th edition: 501-502.

甲氰菊酯（fenpropathrin）

349.4，$C_{22}H_{23}NO_3$，39515-41-8，64257-84-7(消旋体)

甲氰菊酯（试验代号：S-3206、OMS 1999，商品名称：Danitol、Fenprodate、Herald、Meothrin、Rody、Vapcotol、Vimite、灭扫利、芬普宁、灭虫螨、农螨丹，其他名称：杀螨菊酯）是由日本住友化学工业公司开发的拟除虫菊酯类杀虫剂。

化学名称 (RS)-α-氰基-3-苯氧基苄基-2,2,3,3-四甲基环丙烷羧酸酯。英文化学名称为 (RS)-α-cyano-3-phenoxybenzyl-2,2,3,3-tetramethylcyclopropanecarboxylate。美国化学文摘系统名称为 cyano(3-phenoxyphenyl)methyl 2,2,3,3-tetramethylcyclopropanecarboxylate。CA 主题索引名称为 cyclopropanecarboxylic acid—, 2,2,3,3-tetramethyl—, cyano(3-phenoxyphenyl)methyl ester。

理化性质 工业品为黄色到棕色固体，熔点 45～50℃。蒸气压为 0.73 mPa（20℃）。lgK_{ow} 6（20℃）。相对密度 1.15（20～25℃）。水中溶解度（20～25℃）0.0141 mg/L。有机溶剂中溶解度（g/L，20～25℃）：环己酮 950、甲醇 267、二甲苯 860。稳定性：在碱性溶液中分解，暴露在阳光和空气下导致氧化和失去活性。

毒性 急性经口 LD_{50}：雄大鼠 70.6 mg/kg，雌大鼠 66.7 mg/kg（玉米油中）。急性经皮 LD_{50}（mg/kg）：雄大鼠 1000，雌大鼠 870，兔＞2000。对兔皮肤无刺激作用，对兔眼睛有中度刺激作用。对皮肤无致敏性。大鼠吸入 LC_{50}（4 h）＞0.096 mg/L。狗 NOAEL 值（1 年）100 mg/L [2.5 mg/(kg·d)]。ADI/RfD 值（JMPR）0.03 mg/kg bw（1993，2006），（EPA） cRfD 0.025 mg/kg bw（1994）。无致畸性。

生态效应　绿头鸭急性经口 LD_{50} 1089 mg/kg。山齿鹑和绿头鸭饲喂 LC_{50}（8 d）＞10000 mg/kg 饲料。大翻车鱼 LC_{50}（48 h）1.95 μg/L。

环境行为　本品主要由光降解，在淡水中 DT_{50} 2.7 周，在土壤中的活性时间为 1～5 d。

制剂　10%、20%、30%乳油，5%可湿性粉剂，2.5%、10%悬浮剂，10%微乳剂。

主要生产商　LG Chemical、Sumitomo Chemical、江苏常隆农化有限公司、江苏皇马农化有限公司、南京红太阳股份有限公司、日本住友化学株式会社、山东大成生物化工有限公司、新加坡利农私人有限公司、浙江省东阳市金鑫化学工业有限公司、中山凯中有限公司等。

作用机理与特点　杀虫活性高，属神经毒剂，具有触杀和胃毒作用，无内吸作用，有一定的驱避作用，无内吸传导和熏蒸作用。残效期较长，对防治对象有过敏刺激作用，驱避其取食和产卵，低温下也能发挥较好的防治效果。杀虫谱广，对鳞翅目、同翅目、半翅目、双翅目、鞘翅目等多种害虫有效，对多种害螨的成螨、若螨和螨卵有一定的防治效果，可虫、螨兼治。

应用

（1）适用作物　棉花、蔬菜、果树、茶树、花卉等。

（2）防治对象　蚜虫、棉铃虫、棉红铃虫、菜青虫、甘蓝夜蛾、桃小食心虫、柑橘潜叶蛾、茶尺蠖、茶毛虫、茶小绿叶蝉、花卉介壳虫、毒蛾等。

（3）残留量与安全施药　①可兼治多种害螨，因易产生抗药性，不作为专用杀螨剂使用。施药时喷雾要均匀，对钻蛀性害虫应在幼虫蛀入作物前施药。②中毒症状：属神经毒剂，接触部位皮肤感到刺痛，但无红斑，尤其在口、鼻周围。很少引起全身性中毒。接触量大时也会引起头痛、头昏、恶心呕吐、双手颤抖，重者抽搐或惊厥、昏迷、休克。急救治疗：无特殊解毒剂，可对症治疗；大量吞服时可洗胃；不能催吐。当发现中毒时，应立即抬离施药现场，脱去被污染的衣物，用肥皂和清水洗净皮肤。若溅入人眼睛时用清水冲洗，必要时送医院治疗。若误服，注意不要催吐，要让病人静卧，迅速送医院治疗。治疗时可用 30～50 g 活性炭放入 85～120 mL 水中服用，然后用硫酸钠或硫酸镁按 0.25 g/kg 体重的剂量加入 30～170 mL 水中作为泻药服用。③由于该药无内吸作用，所以喷药要均匀周到，包括叶的背面等都要毫无遗漏地喷到药液，才能有效消灭害虫。气温低时使用更能发挥其药效。④不要与碱性物质（如波尔多液、石硫合剂等）混合使用，以免降低药效。⑤此药虽有杀螨作用，但不能作为专用杀螨剂使用，只能做替代品种或用于虫螨兼治。⑥施药要避开蜜蜂采蜜季节及蜜源植物，不要在池塘、水源、桑田、蚕室近处喷药。⑦为延缓抗药性产生，提倡尽可能减少用药次数（一年中在一种作物上喷药最多不超过 2 次），或与有机磷等其他杀虫剂、杀螨剂轮换使用或混合使用。⑧安全间隔期：棉花 21 d，苹果 14 d。苹果、柑橘、茶叶中容许残留量为 5 mg/kg。

（4）使用方法

① 防治棉花害虫　a. 棉铃虫于卵盛孵期施药，每亩用20%乳油 30～40 mL[6～8 g(a.i.)]，对水 75～100 L，均匀喷雾，持效期 10 d 左右。b. 棉红铃虫于第二、三代卵盛孵期施药，使用剂量及使用方法同棉铃虫。每代用药 2 次，持效期 7～10 d。同时可兼治伏蚜、造桥虫、卷叶虫、棉蓟马、玉米螟、盲蝽等其他害虫。c. 棉红蜘蛛于成、若螨发生期施药，使用剂量及使用方法同棉铃虫。

② 防治果树害虫　a. 桃小食心虫于卵盛期，卵果率达 1%时施药，用 20%乳油 2000～3000 倍［67～100 mg(a.i.)/L］喷雾，施药次数为 2～4 次，每次间隔 10 d 左右。b. 桃蚜于发

生期施药，用 20%乳油 4000～10000 倍 [20～50 mg(a.i.)/L] 喷雾。也可用于防治苹果瘤蚜和桃粉蚜。c. 山楂红蜘蛛、苹果红蜘蛛于害螨发生初盛期施药，用 20%乳油 2000～3000 倍液 [67～100 mg(a.i.)/L]，持效期 10 d 左右。d. 柑橘潜叶蛾在新梢放出初期 3～6 d，或卵孵化期施药，用 20%乳油 8000～10000 倍液 [20～25 mg(a.i.)/L] 喷雾。根据蛾卵量隔 10 d 左右再喷 1 次，杀虫、保梢效果良好。e. 柑橘红蜘蛛于成、若蛾发生期施药，用 20%乳油 2000～3000 倍液 [67～100 mg(a.i.)/L] 喷雾。在低温条件下使用，能提高杀螨效果和延长持效期。f. 橘蚜新梢有蚜株率达 10%时施药，用 20%乳油 4000～8000 倍液 [25～50 mg(a.i.)/L] 喷雾，持效期 10 d 左右。g. 荔枝椿象于 3 月下旬至 5 月下旬，成虫大量活动产卵期和若虫盛发期各施药 1 次，用 20%乳油 3000～4000 倍液 [50～67 mg(a.i.)/L] 喷雾。

③ 防治蔬菜害虫　a. 小菜蛾于 2 龄幼虫发生期施药，每亩用 20%乳油 20～30 mL [4～6 g(a.i.)]，对水 30～50 L，均匀喷雾，持效期 7～10 d。b. 菜青虫成虫高峰期一周以后，幼虫 2～3 龄期为防治适期，用药量及使用方法同小菜蛾。c. 温室白粉虱于若虫盛发期施药，每亩用 20%乳油 10～25 mL [2～5 g(a.i.)]，对水 80～120 L，均匀喷雾。残效期 10 d 左右。d. 二点叶螨于茄子、豆类等作物上的成、若螨盛发期施药，使用剂量与防治方法同小菜蛾。

④ 防治茶树害虫　防治茶尺蠖，于幼虫 2～3 龄前施药，用 20%乳油 8000～10000 倍 [20～25 mg(a.i.)/L] 喷雾，此剂量还可防治茶毛虫及茶小绿叶蝉。

⑤ 防治花卉害虫　防治花卉介壳虫、榆蓝金花虫、毒蛾及刺蛾幼虫，在害虫发生期用 20%乳油 2000～8000 倍 [25～100 mg(a.i.)/L] 均匀喷雾。施药应在早晚气温低、风小时进行，晴天上午 8 时至下午 5 时，空气相对湿度低于 65%，温度高于 28℃时应停止施药。

专利与登记

专 利 名 称　Acaricidal and insecticidal *m*-phenoxy- and *m*-benzyl-*α*-cyanobenzyl cyclopropanecarboxylates

专利号　DE 2231312　　　　　专利公开日　1973-01-11

专利申请日　1972-06-26　　　　优先权日　1971-06-29

专利拥有者　Sumitomo Chemical Co., Ltd. (JP)

在其他国家申请的化合物专利　JP 51005450、US 3835176、GB 1356087、BE 785523、NL 7208898、NL 158173、FR 2143820、IT 958637、AU 7243986、CA 978544、SU 648084、CH 578515、CH 578322、CH 589051、CA 988533、SU 648086、SU 738493、SU 633470、SU 634662 等。

制备专利　CN 104513178、CN 101709040、CN 1137091、CN 1093532、CN 1030527、CN 1070186、JP 2017145201、CN 106376591、CN 104513178、CN 1357538、JP 09003029、JP 08337565、CN 1062348、CN 101709040、JP 58128344、US 4358607、EP 56271、GB 2062620A、US 4220640、US 4087523 等。

国内登记情况　10%、20%乳油，92%、94%、95%原药等，登记作物为甘蓝和苹果树等，防治对象菜青虫、桃小食心虫和红蜘蛛等。日本住友化学株式会社在中国登记情况见表 2-85。

表 2-85　日本住友化学株式会社在中国登记情况

商品名	登记证号	含量	剂型	登记作物	防治对象	用药量	施用方法
甲氰菊酯	PD77-88	20%	乳油	茶树	茶尺蠖	7.5～9.5 g/亩	喷雾
				甘蓝	菜青虫	25～30 g/亩	
				甘蓝	小菜蛾	25～30 g/亩	

商品名	登记证号	含量	剂型	登记作物	防治对象	用药量	施用方法
甲氰菊酯	PD77-88	20%	乳油	柑橘树	红蜘蛛	2000～3000 倍液	喷雾
				柑橘树	潜叶蛾	8000～10000 倍液	
				棉花	红铃虫	30～40 g/亩	
				棉花	红蜘蛛	30～40 g/亩	
				棉花	棉铃虫	30～40 g/亩	
				苹果树	山楂红蜘蛛	2000 倍液	
				苹果树	桃小食心虫	2000～3000 倍液	
甲氰菊酯	PD255-98	91%	原药				
甲氰菊酯	PD20140386	10%	水乳剂	柑橘树	红蜘蛛	500～1000 倍液	喷雾

合成方法 主要有如下三种制备方法：

（1）2,2,3,3-四甲基环丙烷羧酸酰氯在相转移催化剂存在下，在正庚烷-水中，与 3-苯氧基苯甲醛、氰化钠反应，即制得甲氰菊酯。反应如下：

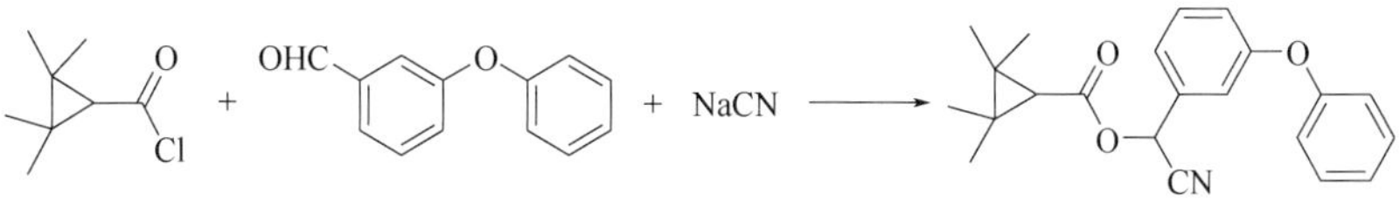

（2）2,2,3,3-四甲基环丙烷羧酸用碳酸钾制成钾盐，而后在相转移催化剂存在下，在甲苯中，与 α-氰基-3-苯氧基溴苄反应，即制得甲氰菊酯。反应如下：

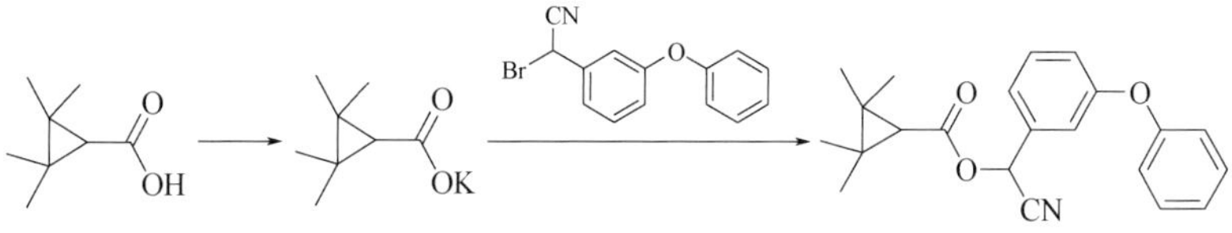

（3）2,2,3,3-四甲基-4-氯环丁酮与 3-苯氧基苯甲醛、氰化钾在庚烷-水中，65℃反应，即制得甲氰菊酯。反应如下：

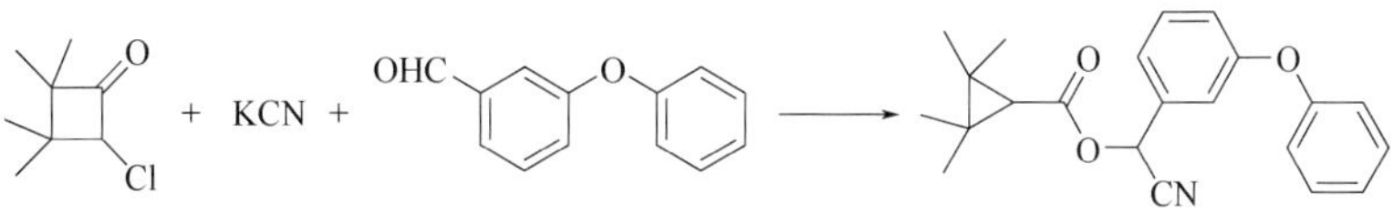

参考文献

[1] 农药商品大全. 北京: 中国商业出版社, 1996: 168-171.

[2] The Pesticide Manual. 17 th edition: 463-464.

[3] 李劭彤, 李朝阳, 李巧玲, 等. 江苏农业科学, 2015(11): 17-20.

[4] 杨国华, 郭昊, 翟凤俊. 山东化工, 2015(10): 92-94.

[5] 穆瑞珍, 姚荣华, 张丽清, 等. 农药, 2011, 50(10): 724-725.

[6] 金学文,潘国民. 江苏化工, 2001(5): 51.

[7] 王学勤, 王磊, 刘玉枫. 化学世界, 2000(6): 300-302.

[8] 周焰西, 田承权. 四川农业科技, 1998(1): 3-5.

[9] 张江, 周焰西. 四川农业科技, 1997(1): 24.

[10] 精细化工信息, 1987(3): 33.

甲氧苄氟菊酯（metofluthrin）

360.4，C$_{18}$H$_{20}$F$_4$O$_3$，240494-70-6

甲氧苄氟菊酯（试验代号：S-1264，商品名称：SumiOne、Eminence、Deckmate）是日本住友化学开发的拟除虫菊酯类(pyrethroids)杀虫剂。

化学名称 2,3,5,6-四氟-4-(甲氧基甲基)苄基-3-(1-丙烯基)-2,2-二甲基环丙烷羧酸酯。英文化学名称2,3,5,6-tetrafluoro-4-(methoxymethyl)benzyl (*EZ*)(1*RS*,3*RS*;1*RS*,3*SR*)-2,2-dimethyl-3-prop-1-enylcyclopropanecarboxylate。美国化学文摘系统名称[2,3,5,6-tetrafluoro-4-(methoxy-methyl)phenyl]methyl 2,2-dimethyl-3-(1-propenyl) cyclopropanecarboxylate。CA 主题索引名称 cyclopropanecarboxylic acid —, 2,2-dimethyl-3-(1-propenyl)-[2,3,5,6-tetrafluoro-4-(methoxymethyl) phenyl]methyl ester。

组成 工业品原药含量 93.0%～98.8%，＞95%(1*R*)-isomers，＞98% *trans*-isomers，＞86% (*Z*)-isomers。物化数据与组成有关。

理化性质 浅黄色透明油状液体。沸点 334℃（1.01×10^5 Pa），蒸气压 1.96 mPa（25℃）。lgK_{ow} 5.0。相对密度 1.21（20～25℃）。水中溶解度（20～25℃，pH 7）0.73 mg/L。在乙腈、二甲基亚砜、甲醇、乙醇、丙酮、正己烷中能快速溶解。稳定性：在紫外线下分解，在碱性溶液中水解。旋光度[α]$_D^{20}$ = –23.7°（c = 0.02，乙醇）。闪点＞110℃。

毒性 雄（雌）性大鼠急性经口 LD$_{50}$＞200 mg/kg。雄（雌）性大鼠急性经皮 LD$_{50}$＞2000 mg/kg。对皮肤和眼睛无刺激性，无致敏性。雄（雌）性大鼠吸入毒性 LD$_{50}$ 1～2 mg/L。

生态效应 野鸭和北山齿鹑：急性经口 LD$_{50}$＞2250 mg/kg，饲喂 LD$_{50}$（8 d）＞5620 mg/L。鲤鱼 LC$_{50}$（96 h）3.06 μg/L。水蚤 EC$_{50}$（48 h）4.7 μg/L。藻类 E$_r$C$_{50}$（72 h）0.37 mg/L。

环境行为 甲氧苄氟菊酯的水解半衰期（25℃）：pH 4～7 药物稳定，（pH 9）33 d。光解半衰期（pH 4）6 d。

制剂 甲氧苄氟菊酯可通过与固体载体、液体载体和气体载体或饵剂进行配制加工，或浸渍进入蚊香或用于电热熏蒸的蚊香片的基料中，可加工成油溶剂，乳油，可湿性粉剂，悬浮剂，颗粒剂，粉剂，气雾剂，挥发性剂型如电热器上用的蚊香、蚊香片和电热器上用的液剂，热熏蒸剂如易燃的熏蒸剂、化学熏蒸剂和多孔的陶瓷熏蒸剂，涂敷于树脂或纸上的不加热挥发性剂型，烟型，超低容量喷布剂和毒饵。

主要生产商 Sumitomo Chemical。

作用机理与特点 钠通道抑制剂。主要是通过与钠离子通道作用，使神经细胞丧失功能，导致靶标害虫死亡。对媒介昆虫具有紊乱神经的作用。以接触毒性杀虫，具有快速击倒的性能。

应用

（1）防治对象 家庭卫生害虫，特别对蚊有效。

（2）残留量与安全施药 含有甲氧苄氟菊酯的树脂制剂至少在 8 周内能稳定发挥药效。

（3）应用技术　甲氧苄氟菊酯最大的特点是其在常温的蒸散性高于现有的 *d-*烯丙菊酯和右旋炔丙菊酯。根据其特点，可以加工成风扇式和自然蒸散式制剂。风扇式制剂为依靠风扇的风力在室温下即可使有效成分挥散的一种剂型，只需风扇的转动即可。自然蒸散式制剂将有效成分保持于纸或树脂内，无需加热或动力即可使有效成分自然蒸散。由于甲氧苄氟菊酯具有常温蒸散性好、活性高、对人畜十分安全等特点，十分适宜加工成此类剂型。

专利与登记

专利名称　Ester of 2,2-dimethyl-cyclopropanecarboxylic acid and their use as pesticides

专利号　EP 939073　　　　　专利公开日　1999-09-01

专利申请日　1999-02-24　　　优先权日　1998-02-26

专利拥有者　Sumitomo Chemical Company, Japan

在其他国家申请的化合物专利　AU 1214099、AU 9912140、AU 744432、BR 9900788、CN 1229791、CN 1151116、DE 69904249、EP 939073、ES 2189296、ID 22013、KR 2004098611、MX 2000001035、TW 462963、US 6225495、ZA 9900680 等。

制备专利　WO 2018050213、JP 2017145201、JP 2017122054、JP 2013199448、WO 2013027865、JP 5012095、CN 102584592、CN 102550592、WO 2011122507、WO 2011105524、CN 102153474、WO 2011099645、CN 102134195、JP 2011144152、CN 102020564、CN 101967097、CN 101880243、CN 101878776、WO 2010117072、WO 2010110178、CN 101830805、CN 101792392、CN 101735104、IN 2009MU01461、CN 101671251、CN 101638367、JP 2010001245、WO 2009087941、CN 101381306、CN 101367722、CN 101367730、CN 101348437、CN 101323571、WO 2008111627、CN 1648119、US 20050113581、JP 2004269507、US 20030195119、EP 1227077、JP 2002212138、WO 9932426、DE 4321972 等。

该产品在世界 30 余个国家和地区进行了登记，并已获得美国等 20 多个国家的登记。目前，作为理想的蚊虫防治药剂，正获得越来越多的国家和地区认可。日本住友化学株式会社在中国的登记了 92.6%原药、10%防蚊网，用于悬挂于室内通风处防治蚊子。

合成方法　经如下三种路线反应制得甲氧苄氟菊酯：路线一是经 Witting 反应得到甲氧苄氟菊酯，路线二是常规的酯化反应，路线三是经酯交换反应得到产品。

参考文献

[1] 张一宾. 世界农药, 2008, 30(2): 1-4.

[2] 张梅凤, 崔蕊蕊, 张秀珍. 山东农药信息, 2008, 6: 47.

[3] The Pesticide Manual.17 th edition: 759-760.

[4] 郑土才, 吾国强. 精细化工中间体, 2010, 40(2): 7-12.

[5] 袁建忠, 黄健波. 中华卫生杀虫药械, 2014(1): 82-84+87.

[6] 张梅凤, 吕秀亭, 来庆利. 今日农药, 2015(6): 38-40.

ε-甲氧苄氟菊酯（*epsilon*-metofluthrin）

360.4，$C_{18}H_{20}F_4O_3$，240494-71-7

ε-甲氧苄氟菊酯为住友化学工业株式会社开发的拟除虫菊酯类杀虫剂。

化学名称 2,3,5,6-四氟-4-(甲氧基甲基)苄基(1*R*,3*R*)-3-[(*Z*)-1-丙烯基]-2,2-二甲基环丙烷羧酸酯或2,3,5,6-四氟-4-(甲氧基甲基)苄基(1*R*)-trans-3-[(*Z*)-1-丙烯基]-2,2-二甲基环丙烷羧酸酯。英文化学名称为 2,3,5,6-tetrafluoro-4-(methoxymethyl)benzyl (1*R*,3*R*)-3-[(*Z*)-prop-1-enyl]-2,2-dimethylcyclopropanecarboxylate 或 2,3,5,6-tetrafluoro-4-(methoxymethyl) benzyl (1*R*)-*trans*-3-[(*Z*)prop-1-enyl]-2,2-dimethylcyclopropanecarboxylate。美国化学文摘系统名称[2,3,5,6-tetrafluoro-4-(methoxymethyl)phenyl]methyl (1*R*,3*R*)-3-[(*Z*)-1-pro-pen-1-yl]-2,2-dimethylcyclopropanecarboxylate。CA 主题索引名称为[2,3,5,6-tetrafluoro-4-(methoxymethyl)phenyl] methyl esterdimefluthrin—, 2,2-dimethyl-3-[(*Z*)-1-propen-1-yl]-[2,3,5,6-tetrafluoro-4-(methoxymethyl)phenyl]methyl ester, (1*R*,3*R*)-。

主要生产商 Sumitomo Chemical。

应用 主要用于防治室内外飞行和爬行昆虫，作用于害虫的神经系统。

专利与登记

专利名称 Method for the preparation of cyclopropanecarboxylic acid ester

专利号 WO 2010110178　　专利公开日 2010-09-30

专利申请日 2010-03-12　　优先权日 2009-03-23

专利拥有者 Sumitomo Chemical Company, limited , Japan

在其他国家申请的化合物专利 KR 2011130489、EP 2412702、CN 102361851、ZA 2011005996、IL 214511、JP 2010248177、JP 5585146、US 20120029227、IN 2011CN07574 等。

制备专利 WO 2010117072、WO 2011099645、WO 2020112390 等。

合成方法 合成路线如下：

参考文献

[1] The Pesticide Manual.17th edition: 411.

[2] 芦志成, 李慧超, 关爱莹, 等. 农药, 2020, 59(2): 79-90.

联苯菊酯（bifenthrin）

(Z)-(1R)-cis-　　(Z)-(1S)-cis-

422.9，$C_{23}H_{22}ClF_3O_2$，82657-04-3

联苯菊酯（试验代号：FMC 54800、OMS 3024，商品名称：Annex、Aripyreth、Astro、Bifenquick、Bifenture、Milord、SmartChoice、Sun-bif、Talstar、Wudang 等，其他名称：氟氯菊酯、天王星、虫螨灵、毕芬宁）是 FMC 公司开发的拟除虫菊酯类杀虫剂。

化学名称 (Z)-(1RS,3RS)-2,2-二甲基-3-(2-氯-3,3,3-三氟-1-丙烯基)环丙烷羧酸-2-甲基-3-苯基苄酯 或(Z)-(1RS)-cis-2,2-二甲基-3-(2-氯-3,3,3-三氟-1-丙烯基)环丙烷羧酸-2-甲基-3-苯基苄酯。英文化学名称 2-methylbiphenyl-3-ylmethyl (Z)-(1RS,3RS)-3-(2-chloro-3,3,3-trifluoroprop-1-enyl)-2,2-dimethylcyclopropanecarboxylate；2-methylbiphenyl-3-ylmethyl (Z)-(1RS)-cis-3-(2-chloro-3,3,3-trifluoroprop-1-enyl)-2,2-dimethylcyclopropanecarboxylate。美国化学文摘系统名称为(2-methyl[1,1'-biphenyl]-3-yl)methyl 3-(2-chloro-3,3,3-trifluoro-1-propenyl)-2,2-dimethylcyclopropanecarboxylate。CA 主题索引名称为 cyclopropanecarboxylic acid —, 3-[(1Z)-2-chloro-3,3,3-trifluoro-1-propenyl]-2,2-dimethyl-(2-methyl[1,1'-biphenyl]-3-yl)methyl ester,(1R,3R)-rel。

组成 产品中顺式异构体含 97%，反式异构体含量 3%。

理化性质 黏稠液体、结晶或蜡状固体。熔点 57～64.6℃，沸点 320～350℃（1.01×10⁵ Pa）。蒸气压 0.00178 mPa（20℃），lgK_{ow}>6.0，相对密度 1.21（20～25℃）。水中溶解度（mg/L，20～25℃）：<0.001，溶于丙酮、氯仿、二氯甲烷、乙醚和甲苯，微溶于庚烷和甲醇。稳定性：在 25℃和 50℃可稳定贮存 2 年（工业品）。在自然光下，DT$_{50}$ 为 255 d。pH 5～9（21℃）条件下，可稳定贮存 21 d。闪点 165℃（敞口杯），151℃（闭口杯）。

毒性 大鼠急性经口 LD$_{50}$ 为 53.4 mg/kg。兔急性经皮 LD$_{50}$>2000 mg/kg。对兔皮肤无刺激作用，对兔眼睛轻度刺激，对豚鼠皮肤不致敏。大鼠吸入 LC$_{50}$（4 h）1.01 mg/L。NOEL（1 年）：狗 1.5 mg/(kg·d)，大鼠≤2 mg/(kg·d)，兔 8 mg/(kg·d)，无致畸作用。ADI/RfD（JMPR）0.02 mg/kg bw（1992），（EC）0.015 mg/kg bw（2008），（EPA）cRfD 0.015 mg/kg bw（1988），毒性等级：WHO（原药）Ⅱ，EPA（制剂）Ⅱ。

生态效应 鸟类急性经口 LD$_{50}$（mg/kg）：山齿鹑>1800，野鸭>2150。饲喂 LC$_{50}$（8 d）（mg/kg）：山齿鹑为 4450，野鸭 1280。鱼类 LC$_{50}$（96 h）（mg/L）：大翻车鱼 0.000269，虹鳟鱼 0.00015。水蚤 LC$_{50}$（48 h）0.00016 mg/L。在水中溶解度小，但对土壤的亲和力大，所以在田间对水生生物系统影响很小。水藻 EC$_{50}$ 和 E$_r$C$_{50}$>8 mg/L。摇蚊幼虫 NOEC（28 d）0.00032 mg/L。蜜蜂 LD$_{50}$（μg/只）：经口 0.1，接触 0.01462。蚯蚓 LC$_{50}$>16 mg/kg 干土。其他有益物种 LR$_{50}$（g/hm²）：蚜茧蜂 7.5，草蛉 5.1。

环境行为 ①动物。动物口服后药物大部分可以排泄掉，48 h 内可以排泄完全。发生广泛的代谢、羟基化和螯合。②植物。体内广泛代谢，其中 50%～80%被水解。最主要的代谢物是 4'-羟基联苯菊酯。③土壤/环境。土壤 DT$_{50}$（实验室）53～192 d（平均 106 d），K_{oc} 1.31×10⁵～3.02×10⁵。

制剂 乳油、悬浮种衣剂、水乳剂、可湿性粉剂、颗粒剂、悬浮剂、超低容量剂，如 4%、18%、20%微乳剂，2.5%、25 g/L 乳油。

主要生产商 Adama、Amvac、Bharat Rasayan、FMC、安徽广信农化股份有限公司、安徽新北卡化学有限公司、彬州西大华特生物科技有限公司、广东广康生化科技股份有限公司、邯郸市瑞田农药有限公司、河北赛丰生物科技有限公司、江苏拜克生物科技有限公司、江苏常隆农化有限公司、江苏春江润田农化有限公司、江苏丰登作物保护股份有限公司、江苏皇马农化有限公司、江苏辉丰生物农业股份有限公司、江苏联化科技有限公司、江苏润泽农化有限公司、江苏省南通宝叶化工有限公司、江苏省南通正达农化有限公司、江苏省农用激素工程技术研究中心有限公司、江苏省盐城南方化工有限公司、江苏天容集团股份有限公司、江苏优嘉植物保护有限公司、美国富美实公司、南京红太阳股份有限公司、青岛润农化工有限公司、山东省联合农药工业有限公司、陕西一简一至生物工程有限公司、绍兴上虞新银邦生化有限公司、潍坊润农化学有限公司、印度联合磷化物有限公司、榆林成泰恒生物科技有限公司等。

作用机理与特点 作用于害虫的神经系统，通过作用于钠离子通道来干扰神经作用。联苯菊酯是拟除虫菊酯类杀虫、杀螨剂，具有触杀、胃毒作用。无内吸、熏蒸作用。杀虫谱广，作用迅速，在土壤中不移动，对环境较为安全，持效期较长。

应用

（1）适用作物 棉花、果树、蔬菜、茶树等。

（2）防治对象 潜叶蛾、食心虫、卷叶蛾、尺蠖等鳞翅目幼虫，粉虱、蚜虫、叶蝉、叶蛾、瘿螨等害虫、害螨。具体应用技术见表 2-86。

表 2-86　具体应用技术

作物	害虫	施药量及具体操作
棉花	棉铃虫	卵孵盛期施药，每亩用 2.5%乳油 80～140 mL[2～3.5 g(a.i.)]，药后 7～10 d 内杀虫保蕾效果良好。此剂量也可用于防治棉红铃虫，防治适期为第二、三代卵孵盛期，每代用药 2 次
	棉红蜘蛛、棉蚜、造桥虫、卷叶虫、蓟马等（专用于防治棉蚜，剂量可减半）	成、若蛾发生期施药，每亩用 2.5%乳油 120～160 mL［3～4 g(a.i.)]，持效期 12 d 左右
果树	桃小食心虫	卵孵盛期施药，用 2.5%乳油 833～2500 倍液或每 100 L 水加 2.5%联苯菊酯 40～120 mL（有效浓度 10～30 mg/L）喷雾，整季喷药 3～4 次，可有效控制其危害，持效期 10 d 左右
	苹果红蜘蛛	苹果花前或花后，成、若螨发生期施药，当每片叶平均达 4 头螨时施药，用 2.5%乳油 833～2500 倍液或每 100 L 水加 2.5% 40～120 mL（有效浓度 10～30 mg/L）喷雾。在螨口密度较低的情况下，持效期为 24～28 d。东北果区于开花前施药，既控制叶螨，又能很好地控制苹果瘤蚜危害
	山楂红蜘蛛	在苹果树上，成、若螨发生期，当螨口密度达到防治指标时施药，用 2.5%乳油 833～1250 倍液或每 100 L 水加 2.5% 80～120 mL（有效浓度 20～30 mg/L）喷雾。可在 15～20 d 内有效控制其危害
	柑橘潜叶蛾	于新梢初期施药，用 2.5%乳油 833～1250 倍液或每 100 L 水加 2.5% 80～120 mL（有效浓度 20～30 mg/L）喷雾，新梢抽发不齐或蚜量大时，隔 7～10 d 再喷 1 次，可起到良好的杀虫保梢作用
	柑橘红蜘蛛	成、若螨发生初期施药，用 2.5%乳油 833～1250 倍液或每 100 L 水加 2.5% 80～120 mL（有效浓度 20～30 mg/L）喷雾，持效期 7 d 左右，低温下使用可延长持效期，而高温时防治效果不佳
蔬菜	茄子红蜘蛛	成、若螨发生期，每亩用 2.5%乳油 120～160 mL［3～4 g(a.i.)]，可在 10 d 内控制其危害
	白粉虱	白粉虱发生初期，虫口密度不高时（2 头左右/株）施药，温室栽培黄瓜、番茄每亩用 2.5% 80～100 mL[2～2.5 g(a.i.)]，露地栽培每亩用 2.5%联苯菊酯 100～160 mL［2.5～4 g(a.i.)]喷雾
	菜蚜、菜青虫、小菜蛾等多种食叶害虫	于发生期施药，每亩用 2.5%乳油 50～60 mL［1.25～1.5 g(a.i.)]喷雾。可控制蚜虫为害，持效期 15 d 左右
茶树	茶尺蠖、茶毛虫	于幼虫 2～3 龄发生期施药，每亩用 2.5%乳油 30～40 mL［0.75～1 g(a.i.)]对水喷雾。此剂量也可用于黑霉蛾的 4～5 龄幼虫防治
	茶小绿叶蝉	于发生期，每百叶有 5～6 头虫时施药，每亩用 2.5%乳油 80～100 mL［2～2.5 g(a.i.)]对水喷雾，持效期 7～10 d。此剂量也可在第一代卵孵化盛期末防治黑刺粉虱，效果较好
	茶短须螨、茶跗线螨	于成、若螨发生期，每叶 4～8 头螨时施药，每亩用 2.5%乳油 40～60 mL［1～1.5 g(a.i.)]对水喷雾

（3）注意事项　①施药时要均匀周到，尽量减少连续使用次数，尽可能与有机磷等杀虫剂轮用，以便减缓抗性的产生。②不要与碱性物质混用，以免分解。③对蜜蜂、家蚕、天敌、水生生物毒性高，使用时特别注意不要污染水塘、河流、桑园等。④低气温下更能发挥药效，故建议在春秋两季使用该药。⑤人体每日允许摄大量（ADI）为 0.04～0.05 mg/kg。在茶叶上，使用联苯菊酯应遵守中国控制茶叶上残留的农药合理使用准则（国家标准 GB 8321.2—2000《农药合理使用准则（二）》）。

专利与登记

专利名称　Biphenylylmethyl [(perhaloalkyl)vinyl]cyclopropanecarboxylates for control of acarids

专利号　GB 2085005　　　　专利公开日　1982-04-21

专利申请日　1981-10-06　　　　优先权日　1980-10-08

专利拥有者　FMC 公司

在其他国家申请的化合物专利　GB 2085005、US 4341796、IL 62335、JP 60023335、JP 60049620、GB 2143820 等。

制备专利　CN 109942710、JP 6517807、CN 109485564、CN 108218696、CN 107032997、CN 106674015、CN 102827003、JP 2018087151、CN 105707114、CN 104628569、CN 104628568、ES 2417380、CN 103319345、WO 2013126948、CN 103145558、CN 102827004 等。

国内登记情况　93%、94%、95%、96%原药，4%、18%、20%微乳剂，2.5%、25 g/L 乳油等，登记作物为茶树、小麦、棉花等，防治对象为茶小绿叶蝉、红蜘蛛、棉铃虫等。美国富美实公司在国内登记情况见表 2-87。

表 2-87　美国富美实公司在国内登记情况

登记证号	含量	剂型	登记作物	防治对象	用药量	施用方法
PD291-99	90%	原药				
PD96-89	25 g/L	乳油	茶树	茶尺蠖	20～40 mL/亩	喷雾
			茶树	茶毛虫	20～40 mL/亩	
			茶树	茶小绿叶蝉	80～100 mL/亩	
			茶树	粉虱	80～100 mL/亩	
			茶树	黑刺粉虱	80～100 mL/亩	
			茶树	象甲	120～140 mL/亩	
			番茄（保护地）	白粉虱	20～40 mL/亩	
			柑橘树	红蜘蛛	800～1250 倍液	
			柑橘树	潜叶蛾	2500～3500 倍液	
			棉花	红铃虫	80～140 mL/亩	
			棉花	棉红蜘蛛	120～160 mL/亩	
			棉花	棉铃虫	80～140 mL/亩	
			苹果树	桃小食心虫	800～1250 倍液	
			苹果树	叶螨	800～1250 倍液	
PD81-88	100 g/L	乳油	茶树	茶尺蠖	5～10 mL/亩	喷雾
			茶树	茶毛虫	5～10 mL/亩	
			茶树	茶小绿叶蝉	20～25 mL/亩	
			茶树	粉虱	20～25 mL/亩	
			茶树	象甲	30～35 mL/亩	
			番茄（保护地）	白粉虱	5～10 mL/亩	
			柑橘树	红蜘蛛	3350～5000 倍液	
			柑橘树	潜叶蛾	10000～13500 倍液	
			棉花	红铃虫	20～35 mL/亩	
			棉花	红蜘蛛	30～40 mL/亩	
			棉花	棉铃虫	20～35 mL/亩	
			苹果树	桃小食心虫	3300～5000 倍液	
			苹果树	叶螨	3300～5000 倍液	

合成方法　通过如下反应即可制得目的物：

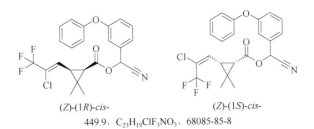

参考文献

[1]　The Pesticide Manual.17 th edition: 107-108.

[2]　张晓杰, 汪霞, 龚进先, 等. 安徽农学通报, 2017(21): 74-76.

[3]　刘刚. 农药市场信息, 2016(29): 53.

[4]　王爱芬, 李小鹰. 白蚁科技, 2000(2): 3-10.

氯氟氰菊酯（cyhalothrin）

(Z)-(1R)-cis-　　　　　　　(Z)-(1S)-cis-

449.9，C₂₃H₁₉ClF₃NO₃，68085-85-8

氯氟氰菊酯（试验代号：PP563、ICI 146814、OMS 2011，商品名称：Cyhalon、Grenade、功夫、空手道，其他名称：功夫菊酯、三氟氯氰菊酯）是先正达公司开发的拟除虫菊酯类杀虫剂。

化学名称　(RS)-α-氰基-3-苯氧苄基 (Z)-(1RS,3RS)-3-(2-氯-3,3,3-三氟丙烯基)-2,2-二甲基环丙烷羧酸酯 或(Z)-(1RS,3RS)-3-(2-氯-3,3,3-三氟丙烯基)-2,2-二甲基环丙烷羧酸-[(RS)-α-氰基-3-苯氧苄基]酯，(RS)-α-氰基-3-苯氧苄基 (Z)-(1RS)-cis-3-(2-氯-3,3,3-三氟丙烯基)-2,2-二甲基环丙烷羧酸酯或(Z)-(1RS)-cis-3-(2-氯-3,3,3-三氟丙烯基)-2,2-二甲基环丙烷羧酸-[(RS)-α-氰基-3-苯氧苄基]酯。英文化学名称为(RS)-α-cyano-3-phenoxybenzyl(Z)-(1RS,3RS)-3-(2-chloro-3,3,3-trifluoroprop-1-enyl)-2,2-dimethylcyclopropanecarboxylate，(RS)-α-cyano-3-phenoxybenzyl (Z)-(1RS)-cis-3-(2-chloro-3,3,3-trifluoropropenyl)-2,2-dimethylcyclopropanecarboxylate。美国化学文摘(CA)系统名称为[1,3(Z)]-(±)-cyano(3-phenoxyphenyl)methyl 3-(2-chloro-3,3,3-trifluorol-propenyl)-2,2-dimethylcyclopropanecarboxylate。CA 主题索引名称为 cyclopropanecarboxylic acid —，3-[(1Z)-2-chloro-3,3,3-trifluoro-1-propenyl]-2,2-dimethylcyano(3-phenoxyphenyl)methyl ester, (1R,3R)-rel。

组成　工业品纯度90%，为两个异构体组成，其中顺式异构体含量95%。

理化性质　黄色到褐色黏稠液体（工业品）。大气压条件下不能沸腾，蒸气压 0.0012 mPa

（20℃），lgK_{ow} 6.9（20℃）。Henry 常数 $1×10^{-1}$ Pa·m³/mol（20℃，计算值）。pK_a（20～25℃）＞9.0（分解），相对密度 1.25（20～25℃）。水中溶解度（20～25℃，pH 5.0）0.0042 mg/L。有机溶剂中溶解度（g/L，20～25℃）：丙酮、二氯甲烷、甲醇、乙醚、乙酸乙酯、正己烷、甲苯＞500。稳定性：在黑暗中50℃条件下，储存4年不会变质，不发生构型转变。对光稳定，光下储存20个月损失小于10%。在275℃下分解。光照下在pH 7～9的水中会缓慢水解，pH＞9时，水解更快。闪点为204℃（工业品，Pensky-Martens闭口杯）。

毒性　急性经口 LD$_{50}$（mg/kg）：雄大鼠 166，雌大鼠 144，豚鼠＞5000，兔＞1000。急性经皮 LD$_{50}$（mg/kg）：雄大鼠 1000～2500，雌大鼠 200～2500，兔＞2500。对眼睛有中度刺激作用。对兔的皮肤无刺激作用，对豚鼠皮肤中度致敏。大鼠吸入 LC$_{50}$（4 h）＞0.086 mg/L。NOEL：在 2.5 mg/(kg·d)剂量下饲喂大鼠2年，饲喂狗0.5年，无明显作用。ADI：（EMEA）0.005 mg/kg bw（2001）；（JECFA）0.005 mg/kg bw（2004）；（JMPR）0.02 mg/kg bw（1984）；（EPA）cRfD 0.005 mg/kg bw（1988）。其他：无证据表明其有致癌、诱变或干扰生殖作用。没有发现其对胎儿有影响。可能会引起使用者面部过敏，但是是暂时的，可以完全治愈。

生态效应　野鸭急性经口 LD$_{50}$＞5000 mg/kg；虹鳟鱼 LC$_{50}$（96 h）0.00054 mg/L；水蚤 LC$_{50}$（48 h）0.38 μg/L。蜜蜂 LD$_{50}$（接触）0.027 μg/只。

环境行为　①动物。大鼠经口氟氯氰菊酯会迅速从尿液和粪便中排出。醚结构水解的两部分都形成极性复合物。②土壤/环境。土壤中 DT$_{50}$ 4～12 周，河水中日光下 DT$_{50}$ 约 20 d。氟氯氰菊酯在土壤中溢出及降解产物均极微量。

制剂　10%水乳剂，20%微乳剂，26%、25 g/L、50 g/L 乳油，可湿性粉剂等。

主要生产商　湖北沙隆达股份有限公司及 Syngenta 等。

作用机理与特点　氟氯氰菊酯是新一代低毒高效拟除虫菊酯类杀虫剂，具有触杀、胃毒作用，无内吸作用。同其他拟除虫菊酯类杀虫剂相比，其化学结构式中增添了3个氟原子，使氟氯氰菊酯杀虫谱更广、活性更高，药效更为迅速，并且具有强烈的渗透作用，增强了耐雨性，延长了持效期。氟氯氰菊酯药效迅速，用量少，击倒力强，低残留，并且能杀灭那些对常规农药（如有机磷）产生抗性的害虫。对人、畜及有益生物毒性低，对作物安全，对环境安全。害虫对氟氯氰菊酯产生抗性缓慢。

应用

（1）适用作物　大豆、小麦、玉米、水稻、甜菜、油菜、烟草、瓜类、棉花等多种作物及果树、蔬菜、林业等。

（2）防治对象　氟氯氰菊酯可防治鳞翅目、双翅目、鞘翅目、缨翅目、半翅目、直翅目的麦蚜、大豆蚜、棉蚜、瓜蚜、菜蚜、烟蚜、烟青虫、菜青虫、小菜蛾、草地螟、大豆食心虫、棉铃虫、棉红铃虫、桃小食心虫、苹果卷叶蛾、柑橘潜叶蛾、茶尺蠖、茶小绿叶蝉、水稻潜叶蝇等30余种主要害虫，对害螨也有较好的防效，但对螨的使用剂量要比常规用量增加1～2倍。

（3）残留量与安全施药　由于氟氯氰菊酯亩用量少，喷液最低，雾滴直径小，因此施药时应选择无风或微风、气温低时进行；飞机作业更应注意选择微风时施药，避免大风天及高温时施药，药液飘移或挥发降低药效而造成无效作业。若虫情紧急，施药时气温高，应适当加大用药量及喷液量，保证防虫效果。人工喷液量每亩 15～30 L，拖拉机喷液量 7～10 L，飞机喷液量 1～3 L。若天气干旱、空气相对湿度低时用高量；土壤水分条件好、空气相对湿度高时用低量。喷雾时空气相对湿度应大于65%、温度低于30℃、风速小于4 m/s，空气相对湿度小于65%时应停止作业。

应用技术详见表 2-88。

表 2-88　三氟氯氰菊酯应用技术

作物	害虫	施药量及操作
棉花	棉铃虫、红铃虫	于 2～3 代卵孵盛期施药，每亩用 2.5%氟氯氰菊酯乳油 25～60 mL [0.63～1.5 g(a.i.)]，对水喷雾。根据虫口发生量，每代可连续喷药 3～4 次，持效期 7～10 d，同时可兼治棉盲蝽、棉角甲
	棉蚜	于蚜虫发生期，苗期蚜虫每亩用 2.5%氟氯氰菊酯乳油 10～20 mL [0.25～0.5 g(a.i.)]，伏蚜用 2.5%氟氯氰菊酯乳油 20～30 mL [0.5～0.75 g(a.i.)]，持效期 7～10 d
	棉红蜘蛛	于成、若螨发生期施药，按上述常规用药量可以控制红蜘蛛的发生量，如每亩用 [1.5～3 g(a.i.)] 的高剂量，可以在 7～10 d 之内控制叶螨的危害，但效果不稳定。一般不要将此药作为专用杀螨剂，只能在杀虫的同时兼治害螨
果树	柑橘潜叶蛾	于新梢初放期或潜叶蛾卵盛期施药，用 2.5%氟氯氰菊酯乳油 4000～8000 倍液（有效浓度 3.13～6.25 mg/L）喷雾。当新叶被害率仍在 10%时，每隔 7～10 d 施药 1 次，一般 2～3 次即可控制潜叶蛾危害，保梢效果良好，并可兼治卷叶蛾
	柑橘介壳虫、柑橘矢尖蚧、吹绵蚧	若虫发生期施药，用 2.5%氟氯氰菊酯乳油 1000～3000 倍液（有效浓度 8.3～25 mg/L）对水喷雾
	柑橘蚜虫	于发生期施药，用 2.5%氟氯氰菊酯乳油 5000～10000 倍液（有效浓度 2.5～5 mg/L），均匀喷雾，持效期一般可达 7～10 d
	柑橘叶螨	于发生期，用 2.5%氟氯氰菊酯乳油 1000～2000 倍液（有效浓度 12.5～25 mg/L）喷雾，一般可以控制红蜘蛛、锈蜘蛛的危害，但持效期短。由于天敌被杀伤，药后虫口很快回升，故最好不要专用于防治叶螨
	苹果蠹蛾	低龄幼虫始发期或开花坐果期，用 2.5%氟氯氰菊酯乳油 2000～4000 倍液（有效浓度 6.25～12.5 mg/L）喷雾，还可以防治小卷叶蛾
	桃小食心虫	卵孵盛期，用 2.5%氟氯氰菊酯乳油 3000～4000 倍液（有效浓度 6.3～8.3 mg/L）对水均匀喷雾，每季 2～3 次，还可以防治苹果上的蚜虫
蔬菜	小菜蛾、甘蓝夜蛾、斜纹夜蛾、烟青虫、菜螟	1～2 龄幼虫发生期，每亩用 2.5%氟氯氰菊酯乳油 20～40 mL [0.5～1 g(a.i.)] 对水喷雾
	菜青虫	2～3 龄幼虫发生期，每亩用 2.5%氟氯氰菊酯乳油 15～25 mL [0.375～0.62 g(a.i.)] 对水均匀喷雾，持效期在 7 d 左右
	菜蚜	蚜虫发生期，每亩用 2.5%氟氯氰菊酯乳油 8～20 mL [0.2～0.5 g(a.i.)]，均可控制叶菜蚜虫、瓜蚜的危害，持效期 7～10 d
	茄红蜘蛛、辣椒跗线螨	每亩用 2.5%氟氯氰菊酯乳油 30～50 mL[0.75～1.25 g(a.i.)]，对水均匀喷雾，可以起到一定抑制作用，但持效期短，药后虫口数量回升较快
茶树	茶尺蠖、茶毛虫、茶小卷叶蛾、茶小绿叶蝉（防治此虫要用稍高剂量）	2～3 龄幼虫发生期，用 2.5%氟氯氰菊酯乳油 4000～10000 倍液（有效浓度 2.5～6.25 mg/L）对水喷雾，或 2.5%乳油 10～40 mL [0.25～1 g(a.i.)] 对水喷雾。持效期 7 d 左右
	茶叶瘿螨、茶橙瘿螨	发生期施药，用 2.5%氟氯氰菊酯乳油 2000～3000 倍（有效浓度 8.3～12.5 mg/L）对水喷雾，可以起到一定抑制作用，但持效期短，且效果不稳定
大田作物	玉米螟	防治时期为玉米抽穗期，防治指标是 100 株有卵 30 块以上，每亩用 2.5%氟氯氰菊酯乳油 15～25 mL [0.375～0.625 g(a.i.)]，对水 10～15 L 喷雾
	大豆食心虫	防治时期为成虫盛发期，连续 3 d 100 m（双行）蛾量达 100 头以上。每亩用 25%氟氯氰菊酯乳油 20～30 mL [0.5～0.75 g(a.i.)]，对水 10～15 L 喷雾
	大豆蚜虫	防治时期为蚜虫盛发期，防治指标是每株有蚜 10 头以上，每亩用 25%氟氯氰菊酯乳油 10～20 mL [0.25～0.5 g(a.i.)]，对水 10～15 L 喷雾
	黏虫、草地螟	防治关键时期为幼虫 3 龄以前，防治指标是 1～2 龄幼虫每平方米 10 头以上，3～4 龄幼虫每平方米 30 头以上，每亩用 2.5%氟氯氰菊酯乳油 10～20 mL [0.25～0.5 g(a.i.)]，对水 10～15 L 喷雾

（4）注意事项　①此药为杀虫剂，兼有抑制害螨作用，因此不要作为杀螨剂专用于防治害螨。②由于在碱性介质及土壤中易分解，所以不要与碱性物质混用以及作土壤处理使用。③对鱼、虾、蜜蜂、家蚕高毒，因此使用时不要污染鱼塘、河流、蜂场、桑园。④氟氯氰菊酯的人体每日允许摄入量（ADI）为 0.02 mg/kg，比利时规定在作物中的最高残留量（MRL）分别为：棉籽、马铃薯 0.01 mg/kg，蔬菜 1.0 mg/kg。

专利与登记

专利名称　Halogenated cyclopropane carboxylic acid esters

专利号　GB 2000764　　　　专利公开日　1979-01-17

专利申请日　1978-06-21　　　优先权日　1977-03-23

专利拥有者　先正达

在其他国家申请的化合物专利　AU 521136、US 4183948、EP 106469、AU 8319117、AT 24894、AU 555544、US 4510098、US 4510160、CA 1212686、DK 8304625、HU 193185、ZA 8306964、IL 69774、DK 174188、HU 32778、SU 1225483、CS 252465、JP 59088455、JP 03037541、CS 252483、JP 03072452、JP 06060146 等。

制备专利　CN 109111373、CN 101723856、CN 104649933、CN 103232367、WO 2012150206、WO 2012150207 等。

国内登记情况　10%水乳剂，20%微乳剂，26%、25 g/L、50 g/L 乳油等，登记作物为棉花、茶树、烟草等，防治对象为烟青虫、棉铃虫、茶小绿叶蝉、蚜虫等。

合成方法　经如下方法合成：

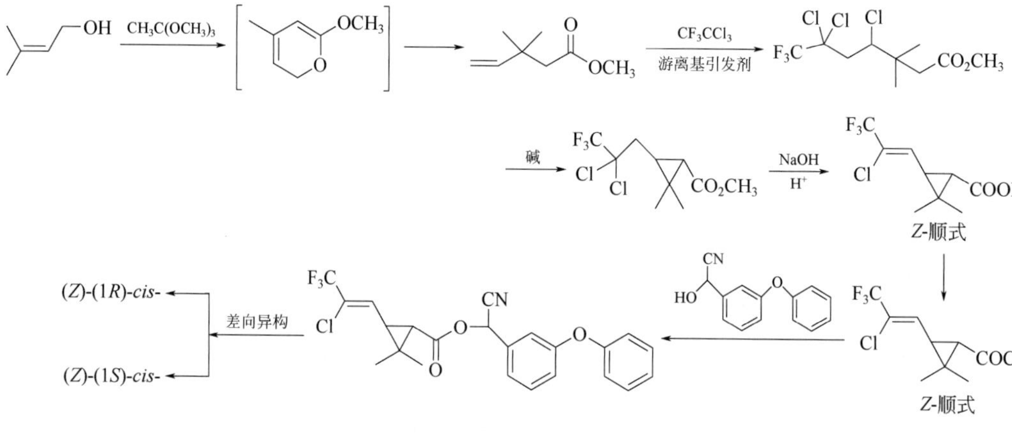

参考文献

[1] The Pesticide Manual.17 th edition: 269-270.

[2] 崔茹平, 林跃华, 吴皑璐. 广东化工, 2001(6): 22-23.

[3] 农药商品大全. 北京: 中国商业出版社, 1996: 149-151.

[4] 刘雷, 高善兵, 朱秀红. 长江蔬菜, 2000(11): 25-26.

[5] 卢洁, 刘艺, 王童彤, 等. 南开大学学报(自然科学版), 2019, 52(2): 44-50.

高效氯氟氰菊酯（*lambda*-cyhalothrin）

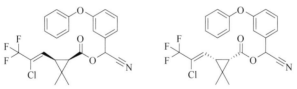

449.9，C₂₃H₁₉ClF₃NO₃，91465-08-6

高效氯氟氰菊酯［试验代号：PP321、ICIA0321(both ICI)、OMS 3021，商品名称：Aakash、Cyhalosun、Icon、Jayam、Kalatt、Karate、Lambdathrin、Marathon、Phoenix、Pyrister、SFK、Warrior、功夫，其他名称：γ-三氟氯氰菊酯］是英国 ICI 公司开发的拟除虫菊酯类杀虫剂。

化学名称　本品是一个混合物，含等量的(S)-α-氰基-3-苯氧基苄基 (Z)-(1R,3R)-3-(2-氯-3,3,3-三氟丙烯基)-2,2-二甲基环丙烷羧酸酯和(R)-α-氰基-3-苯氧基苄基 (Z)-(1S,3S)-3-(2-氯-3,3,3-三氟丙烯基)-2,2-二甲基环丙烷羧酸酯，或者含等量的(S)-α-氰基-3-苯氧基苄基 (Z)-(1R)-cis-3-(2-氯-3,3,3-三氟丙烯基)-2,2-二甲基环丙烷羧酸酯和(R)-α-氰基-3-苯氧基苄基 (Z)-(1S)-cis-3-(2-氯-3,3,3-三氟丙烯基)-2,2-二甲基环丙烷羧酸酯。英文化学名称为(S)-α-cyano-3-phenoxybenzyl (Z)-(1R,3R)-3-(2-chloro-3,3,3-trifluoroprop-1-enyl)-2,2-dimethylcyclopropanecarboxylate 和(R)-α-cyano-3-phenoxybenzyl (Z)-(1S,3S)-3-(2-chloro-3,3,3-trifluoroprop-1-enyl)-2,2-dimethylcyclopropanecarboxylate 或(S)-α-cyano-3-phenoxybenzyl (Z)-(1R)-cis-3-(2-chloro-3,3,3-trifluoropropenyl)-2,2-dimethylcyclopropanecarboxylate 和 (R)-α-cyano-3-phenoxybenzyl(Z)-(1S)-cis-3-(2-chloro-3,3,3-trifluoropropenyl)-2,2-dimethylcyclopropanecarboxylate。美国化学文摘系统名称为(R)-cyano(3-phenoxyphenyl)methyl (1S,3S)-rel-3-[(1Z)-2-chloro-3,3,3-trifluoro-1-propen-1-yl]-2,2-dimethylcyclopropanecarboxylate。CA 主题索引名称为 cyclopropanecarboxylic acid —, 3-[(1Z)-2-chloro-3,3,3-trifluoro-1-propenyl]-2,2-dimethyl—, (R)-cyano(3-phenoxyphenyl)methyl ester, (1S,3S)-rel-。

理化性质　该药剂为无色固体（工业品纯度为 81%，深棕或深绿色含固体黏稠物）。熔点 49.2℃（工业品为 47.5～48.5℃）。在常压下不会沸腾。蒸气压 2×10⁻⁴ mPa（20℃）。lgK_{ow} 7.0。Henry 常数 0.02 Pa·m³/mol。密度 1.33 g/cm³（20～25℃）。水中溶解度（20～25℃，pH 6.5）0.005 mg/L。其他溶剂中溶解度（g/L，20～25℃）：在丙酮、甲醇、甲苯、正己烷、乙酸乙酯中均大于 500。稳定性：对光稳定。在 15～25℃条件下储藏，至少可稳定存在 6 个月。pK_a（20～25℃）＞9（水解）。闪点 83℃（工业品）。

毒性　急性经口 LD₅₀（mg/kg）：雄大鼠 79，雌大鼠 56。大鼠急性经皮 LD₅₀（24 h）632～696 mg/kg。对兔皮肤无刺激作用，对兔眼睛有轻微的刺激作用。对豚鼠皮肤无致敏作用；大鼠吸入 LC₅₀（4 h）0.06 mg/L 空气（完全成小颗粒）；NOEL 数值（1 年）：狗 0.5 mg/(kg·d)；ADI/RfD（EC）值 0.005 mg/kg bw（2000）；（EPA）cRfD 0.001 mg/kg bw（1997）；（JMPR）0.02 mg/(kg·d)（2006）。在 Ames 试验中无致突变作用。

生态效应　野鸭急性经口 LD₅₀＞3950 mg/kg。山齿鹑饲喂 LC₅₀＞5300 mg/kg。在卵或组织中无残留；鱼类 LC₅₀（96 h）：大翻车鱼 0.21 μg/L，虹鳟鱼 0.36 μg/L；水蚤 EC₅₀（72 h）水中 0.26 μg/L、水/沉积物中 0.36 μg/L；羊角月牙藻 E_rC₅₀（96 h）＞1000 μg/L；由于该药剂在水中能够被快速地吸附、降解，所以使它对水生生物的毒性大为降低。蜜蜂 LD₅₀（mg/只）：

0.038（接触）、0.909（经口）；蚯蚓 LC_{50}＞1000 mg/kg 土壤。对一些非靶标生物有毒性。在田间条件下毒性降低，并能快速恢复正常。

环境行为 ①动物。大鼠食入该药剂后，很快随尿液和粪便排出。药物酯官能团水解后形成的两大基团形成结合的极性基团。②植物。高效氯氟氰菊酯在棉花和大豆叶子中的代谢机理参见 French D A, Leahey J P. Proc. Br. Crop Prot. Conf. —Pests Dis., 1990, 3: 1029-1034。③土壤/环境。该药剂在土壤中快速降解。微生物降解 DT_{50} 为 23～82 d，土壤中 DT_{50} 为 6～40 d。土壤对其有很强的吸附作用，且在有机物质中会大量沉积，K_{oc} 330000。高效氯氟氰菊酯及其降解产物在土壤中的溶淋作用很低。在水生态系统中快速消散。在实验室水沉降系统中，水表面药剂消散 DT_{50} 为 5～11 h。在围隔试验中 DT_{50}＜3 h。原药会在水生态系统中快速大量降解。在实验室水沉降系统中，DT_{50} 为 7～15 h，在围隔试验中 DT_{50}＜3 h，DT_{90}＜3 d。

制剂 微囊悬浮剂、乳油、水乳剂、超低容量剂、水分散粒剂、可湿性粉剂，如 24%、52%可湿性粉剂，2.5%、20%、26%乳油，2.5%、13%、24%微囊悬浮剂。

主要生产商 Adama、Bharat Rasayan、Heranba、Meghmani、Rallis、Syngenta、Tagros、邯郸市瑞田农药有限公司、河北瑞宝德生物化学有限公司、河北赛丰生物科技有限公司、湖南国发精细化工科技有限公司、江苏常隆农化有限公司、江苏丰登作物保护股份有限公司、江苏富鼎化学有限公司、江苏恒隆作物保护有限公司、江苏皇马农化有限公司、江苏辉丰生物农业股份有限公司、江苏龙灯化学有限公司、江苏润泽农化有限公司、江苏省南通正达农化有限公司、江苏苏滨生物农化有限公司、江苏长青农化股份有限公司、连云港市华通化学有限公司、美国默赛技术公司、宁夏泰益欣生物科技有限公司、山东省联合农药工业有限公司、山东潍坊润丰化工股份有限公司、石家庄瑞凯化工有限公司、潍坊润农化学有限公司、英国先正达有限公司、榆林成泰恒生物科技有限公司、中山凯中有限公司等。

作用机理与特点 该药剂作用于昆虫神经系统,通过与钠离子通道作用破坏神经元功能，杀死害虫。其具有触杀和胃毒作用，无内吸作用，对害虫具有驱避作用，且能够快速击倒害虫，持效期长。

应用

（1）适用作物 谷物、啤酒花、观赏植物、蔬菜（如白菜）、大麦、马铃薯、棉花等。

（2）防治对象 蚜虫、科罗拉多甲虫、蓟马、鳞翅目幼虫、鞘翅目幼虫和成虫、公共卫生害虫等。

（3）残留量与安全施药 欧盟登记具体残留标准如下：杏 0.2 mg/kg、大麦 0.05 mg/kg、豆 0.02 mg/kg(可食部分、无核、无皮)、椰菜 0.1 mg/kg、芽甘蓝 0.05 mg/kg、结球甘蓝 0.2 mg/kg、花椰菜 0.1 mg/kg、芹菜 0.3 mg/kg、谷物 0.02 mg/kg（其他除外）、黄瓜 0.1 mg/kg、（无核）葡萄干 0.1 mg/kg、茄子 0.5 mg/kg、水果 0.02 mg/kg（其他除外）、醋栗莓 0.1 mg/kg、柚子 0.1 mg/kg、葡萄 0.2 mg/kg、柠檬 0.2 mg/kg、莴苣 1 mg/kg、中国柑橘 0.2 mg/kg、瓜类（西瓜除外）0.05 mg/kg、油桃 0.2 mg/kg、橙子 0.1 mg/kg、桃子 0.2 mg/kg、豌豆 0.20 mg/kg（全果）、豌豆 0.20 mg/kg（可食部分、无核、无皮）、甜椒 0.1 mg/kg、仁果类水果 0.1 mg/kg、马铃薯 0.02 mg/kg（所有异构体之和）、南瓜 0.05 mg/kg、核果类水果 0.10 mg/kg（其他除外）、草莓 0.5 mg/kg、番茄 0.1 mg/kg、蔬菜 0.02 mg/kg（其他除外）、笋瓜 0.05 mg/kg。

本品对鱼和蜜蜂剧毒，远离河塘等水域施药，周围蜜源作物花期禁用，蚕室及桑园附近禁用，天敌放飞区域禁用。

（4）应用技术 本品对以昆虫为媒介的植物病毒有良好的控制作用，用量为 2～5 g/hm²。同时也用于公共卫生害虫的防治。本品还可用于防治鳞翅目幼虫、鞘翅目幼虫和成虫。在防治棉铃虫时连续使用本品易产生抗性，要注意与其他作用机制不同农药交替和轮换使用，防止棉铃虫抗性的增强。应在棉铃虫卵孵盛期或低龄幼虫盛发期施药，以后视虫情发生情况，7 d 后可再施药 1 次。二龄棉铃虫的卵多产在棉株顶部的嫩叶上，喷药时应以保护棉株顶尖为重点，集中喷在顶部的叶片上。四龄棉铃虫的卵多产在边心上，应重点施药在群尖上，以保护幼蕾不受害为主。不得与碱性农药等物质混用。

（5）使用方法

① 棉虫和棉花苗期蚜虫　亩用 2.5%乳油 10～20 mL，伏蚜用 25～35 mL，对棉铃虫、红铃虫、玉米螟、金刚钻等用 40～60 mL，对水喷雾，同时可兼治棉小造桥虫、卷叶蛾、棉象甲、棉盲蝽，能控制棉红蜘蛛的发生数量不急剧增加。但对拟除虫菊酯杀虫剂已经产生较高抗性的棉蚜、棉铃虫等效果不佳。

② 蔬菜害虫　对菜蚜亩用 2.5%乳油 10～20 mL，对菜青虫亩用 2.5%乳油 15～25 mL，对黄守瓜亩用 2.5%乳油 30～40 mL，对小菜蛾（非抗性种群）、斜纹夜蛾、甜菜夜蛾、甘蓝夜蛾、烟青虫、菜螟等亩用 2.5%乳油 40～60 mL，对水喷雾。目前我国南方很多菜区的小菜蛾对该药已有较高耐药性，一般不宜再用该剂防治。对温室白粉虱，用 2.5%乳油 1000～1500 倍液喷雾。对茄红蜘蛛、辣椒跗线螨用 2.5%乳油 1000～2000 倍液喷雾，可起到一定抑制作用，但持效期短，药后虫口回升较快。

③ 果虫　对果树各种蚜虫用 2.5%乳油 4000～5000 倍液喷雾。防治柑橘潜叶蛾，在新梢初放期或卵孵盛期，用 2.5%乳油 2000～4000 倍液喷雾，可兼治橘蚜和其他食叶害虫；隔 10 d 再喷药 1 次。防治介壳虫，在 1～2 龄若虫期，用 2.5%乳油 1000～2000 倍液喷雾。防治苹果蠹蛾、小卷叶蛾、袋蛾和梨小食心虫、桃小食心虫、桃蛀螟等，用 2.5%乳油 2000～3000 倍液喷雾。防治果树上的叶螨、锈螨，使用低浓度药液喷雾只能抑制其发生数量不急剧增加，使用 2.5%乳油 1500～2000 倍液喷雾，对成、若螨的药效期约 7 d，但对卵无效。应与杀螨剂混用，防效更佳。

④ 茶尺蠖、茶毛虫、刺蛾、茶细蛾、茶蚜等　用 2.5%乳油 4000～6000 倍液喷雾。对茶小绿叶蝉，在若虫期用 2.5%乳油 3000～4000 倍液喷雾。对茶橙瘿螨、叶瘿螨，在螨初发期用 1000～1500 倍液喷雾。

⑤ 麦田蚜虫　亩用 2.5%乳油 15～20 mL；对黏虫亩用 2.5%乳油 20～30 mL，对水喷雾。

⑥ 大豆食心虫、豆荚螟、豆野螟　在大豆开花期、幼虫蛀荚之前，亩用 2.5%乳油 20～30mL，对水喷雾。防治造桥虫、豆天蛾、豆芫菁等害虫，亩用 2.5%乳油 40～60 mL，对水喷雾。防治油菜蚜虫、甘蓝夜蛾、菜螟，用 2.5%乳油 3000～4000 倍液喷雾，亩喷药液 30～50 kg。防治红花蚜虫，亩用 2.5%乳油 15～20 mL，对水 20～30 kg 喷雾。

⑦ 烟草蚜　亩用 2.5%乳油 30～40 mL，对水喷雾。

专利与登记

专利名称　Insecticidal product and preparation thereof

专利号　EP 107296　　　　　专利公开日　1984-05-02

专利申请日　1983-08-31　　　优先权日　1982-10-18

专利拥有者　ICI(UK)

在其他国家申请的化合物专利　AU 1911883、AU 8319118、AU 555545、AT 28324、CS 251767、CA 1208656、DK 8304626、DK 174170、DK 462683、EP 0107296、ES 8600222、GB 2128607、HU 192856、HU 206488、HU 32777、IL 69775、JP 59088454、JP 03036828、JP 03072451、NZ 205562、US 4512931、ZA 8306965 等。

制备专利　CS 268475、GB 2143823、WO 2009138373、WO 9427942、WO 9620203、WO 8806151 等。

国内登记情况　95%、96%、98%原药，24%、52%可湿性粉剂，2.5%、20%、26%乳油，2.5%、13%、24%微囊悬浮剂等，登记作物为柑橘树、棉花、玉米、甘蓝、烟草、玉米、小麦等，防治对象为潜叶蛾、茶尺蠖、蚜虫、棉铃虫、黏虫、烟青虫等。先正达有限公司在中国登记情况见表2-89。

表 2-89　英国、瑞士先正达有限公司在中国登记情况

登记名称	登记证号	含量	剂型	登记作物/用途	防治对象	用药量或作用方式	施用方法
高效氯氟氰菊酯	WP62-99	25 g/L	微囊悬浮剂	卫生	蚊	0.4～0.8 mL/m²	滞留喷洒
					蝇		
					蜚蠊		
高效氯氟氰菊酯	PD80-88	25 g/L	乳油	茶树	茶尺蠖	10～20 mL/亩	喷雾
				茶树	茶小绿叶蝉	40～80 mL/亩	
				大豆	食心虫	15～20 mL/亩	
				柑橘树	潜叶蛾	4000～6000 倍液	
				果菜	菜红蜘蛛	常规用量下抑制作用	
				果菜	菜青虫	2000～4000 倍液	
				果菜	蚜虫	2500～4150 倍液	
				梨树	红蜘蛛	常规用量下抑制作用	
				梨树	梨小食心虫	3000～5000 倍液	
				荔枝树	椿象	2000～4000 倍液	
				棉花	红铃虫	20～60 mL/亩	
				棉花	棉红蜘蛛	常规用量下抑制作用	
				棉花	棉铃虫	20～60 mL/亩	
				棉花	棉蚜	10～20 mL/亩	
				苹果树	红蜘蛛	常规用量下抑制作用	
				苹果树	桃小食心虫	4000～5000 倍液	
				小麦	麦蚜	12～20mL/亩	
				小麦	黏虫	12～20 mL/亩	
				烟草	烟青虫	3400～4500 倍液	
				叶菜	菜红蜘蛛	常规用量下抑制作用	
				叶菜	菜青虫	2000～4000 倍液	
				叶菜	蚜虫	2500～4150 倍液	
高效氯氟氰菊酯	PD218-97	81%	原药				
噻虫·高氯氟	PD20173283	22%	微囊悬浮-悬浮剂	茶树	茶尺蠖	4～6 mL/亩	喷雾
				茶树	小绿叶蝉	4～6 mL/亩	
				大豆	蚜虫	4～6 mL/亩	

登记名称	登记证号	含量	剂型	登记作物/用途	防治对象	用药量或作用方式	施用方法
噻虫·高氯氟	PD20173283	22%	微囊悬浮-悬浮剂	大豆	造桥虫	4～6 mL/亩	喷雾
				甘蓝	菜青虫	5～10 mL/亩	
				甘蓝	蚜虫	5～10 mL/亩	
				辣椒	白粉虱	5～10 mL/亩	
				马铃薯	蚜虫	5～15 mL/亩	
				棉花	棉铃虫	5～10 mL/亩	
				棉花	蚜虫	5～10 mL/亩	
				苹果树	蚜虫	5000～10000 倍	
				小麦	蚜虫	4～6 mL/亩	
				烟草	蚜虫	5～10 mL/亩	
				烟草	烟青虫	5～10 mL/亩	
氯虫·高氯氟	PD20121230	14%	微囊悬浮-悬浮剂	大豆	食心虫	10～20 mL/亩	喷雾
				番茄	棉铃虫	10～20 mL/亩	
				番茄	蚜虫	10～20 mL/亩	
				姜	甜菜夜蛾	10～20 mL/亩	
				辣椒	蚜虫	10～20 mL/亩	
				辣椒	烟青虫	10～20 mL/亩	
				棉花	棉铃虫	10～20 mL/亩	
				苹果	桃小食心虫	3000～5000 倍液	
				苹果	小卷叶蛾	3000～5000 倍液	
				玉米	玉米螟	10～20 mL/亩	
				豇豆	豆荚螟	10～20 mL/亩	
噻虫·高氯氟	WP20200003	15.1%	微囊悬浮-悬浮剂	室外	蝇	115～230 倍液	喷洒

合成方法　高效氯氟氰菊酯是通过分离氯氟氰菊酯得到的,分离方法参见 EP 107296A1。
氯氟氰菊酰氯的合成方法:

氯氟氰菊酯的合成方法:

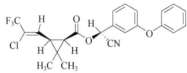

差相异构 →

参考文献

[1] The Pesticide Manual.17 th edition: 677-679.

[2] 农药科学与管理, 2008, 7: 21-23.

[3] 何翠娟, 毛明华, 赵胜荣. 世界农药, 2010, 32(2): 36-40.

[4] 朱运华, 王玉清, 张贱根. 蚕桑茶叶通讯, 2002(3): 29.

[5] 高丽, 吴晓燕, 王金福. 宁夏农林科技, 2007, 1: 26.

[6] 张兆林.农药科学与管理, 2009 ,30(5): 42-44.

[7] 王素芳, 李艳红, 李侠, 等. 现代农业科技, 2008, 3: 79+81.

精高效氯氟氰菊酯（*gamma*-cyhalothrin）

449.9，$C_{23}H_{19}ClF_3NO_3$，76703-62-3

精高效氯氟氰菊酯（试验代号：GCH、XR-225、XDE-225、DE-225，商品名称：Archer Plus、Declare、Fentrol、Fighter Plus、Nexide、Proaxis、Prolex、Vantex、Rapid、Stallion、Trojan、普乐斯）是 20 世纪 80 年代初期开发的拟除虫菊酯类杀虫剂。

化学名称 (S)-α-氰基-3-苯氧基苄基(Z)-(1R,3R)-3-(2-氯-3,3,3-三氟丙烯基)-2,2-二甲基环丙烷羧酸酯。英文化学名称(S)-α-cyano-3-phenoxybenzyl(Z)-(1R,3R)-3-(2-chloro-3,3,3-trifluoro-prop-1-enyl)-2,2-dimethylcyclopropanecarboxylate。美国化学文摘系统名称[1R-[1(S*),3(Z)]]-cyano(3-phenoxyphenyl)methyl 3-(2-chloro-3,3,3-trifluoro-1-propenyl)-2,2-dimethylcyclopropane-carboxylate。CA 主题索引名称 cyclopropanecarboxylic acid —, 3-[(1Z)-2-chloro-3,3,3-trifluoro-1-propenyl]-2,2-dimethyl-,(S)-cyano(3-phenoxyphenyl)methyl ester,(1R,3R)-。

理化性质 工业品中含量≥98%。白色晶体，熔点为 55.6℃。蒸气压为 3.45×10^{-4} mPa（20℃）。lgK_{ow} 4.96。相对密度（20～25℃）1.32。水中溶解度（20～25℃）0.0021 mg/L。在245℃时分解。DT$_{50}$ 1155 d（pH 5），136 d（pH 7），1.1 d（pH 9）。水中光解 DT$_{50}$ 10.6 d（北纬40°夏季）。

毒性 急性经口 LD$_{50}$（mg/kg）：雄大鼠＞50，雌大鼠 55。急性经皮 LD$_{50}$（mg/kg）：雄大鼠＞1500，雌大鼠 1643。对豚鼠皮肤有致敏性。大鼠吸入 LC$_{50}$（mg/L）：雄大鼠 0.040，雌大鼠 0.028。ADI/RfD（BfR）0.005 mg/kg（2006）。

生态效应 山齿鹑急性经口 LD$_{50}$＞2000 mg/kg，饲喂 LC$_{50}$（mg/kg 饲料）：野鸭4430，山齿鹑 2644。鱼 LC$_{50}$（96 h，mg/L）：虹鳟鱼 72.1～170，大翻车鱼 35.4～63.1。水蚤 EC$_{50}$

（48 h）45～99 mg/L。羊角月牙藻 EC_{50}（96 h）＞285 mg/L。蜜蜂 LD_{50}（接触）0.005 μg/只。蚯蚓 LC_{50}（14 d，mg/kg 土壤）：60 g/L＞1300，150 g/L＞1000。

环境行为 精高效氯氟氰菊酯对鸟、蚯蚓和水生植物毒性相对较低，但是对鱼类和水生无脊椎动物有剧毒。精高效氯氟氰菊酯是在所有采样时的首要残留部分，酯裂解是主要的机理，其代谢物在植物中形成。酯裂解被认为是一个解毒的过程，所形成的代谢产物具有生物活性归因于精高效氯氟氰菊酯。在土壤中，精高效氯氟氰菊酯在有氧条件下容易降解，主要降解产物为矿物质，不易浸出，并通过酯裂解形成，因此不考虑有关的毒性，DT_{50}（281 g/hm²施用量）32 d（壤土）、51 d（粉土壤）；DT_{50}（401 g/hm²）：37 d（壤土）、28 d（粉土壤）。K_d（平均）346，K_{oc}（平均）86602。在水中，K_d 和 K_{oc} 值表明精高效氟氯氰菊酯将吸附在沉积物/水体系中，DT_{50} 27 d（天然水）、136 d（pH 7）、1.1 d（pH 9）；在 pH 5 时稳定。有氧水中代谢（沉积物和池塘水系统，25℃）DT_{50} 40 d。

制剂 1.5%微囊悬浮剂。

主要生产商 美国富美实公司等。

作用机理与特点 钠通道抑制剂。主要是阻断害虫神经细胞中的钠离子通道，使神经细胞丧失功能，导致靶标害虫麻痹、协调差，最终死亡。具有触杀和胃毒作用，无内吸作用。

应用 本品为拟除虫菊酯类杀虫剂，防治多种作物上的多种害虫，特别是咀嚼式和内吸式昆虫如控制鳞翅目幼虫、鞘翅目幼虫和成虫、蚜虫和蓟马；也可防治动物身上的寄生虫。

专利与登记

专利名称 Insecticidal product

专利号 EP 106469 　　　　专利公开日 1984-04-25

专利申请日 1982-10-11 　　　优先权日 1982-10-11

专利拥有者 Imperial Chemical Industries PLC

在其他国家申请的化合物专利 AT 24894、AU 8319117、AU 555544、CA 1212686、EP 106469、JP 59088455、JP 03037541、JP 03072452、JP 06060146、US 4510098、US 4510160 等。

制备专利 WO 2010005692、WO 2007123855 等。

国内登记情况 98%原药，1.5%微囊悬浮剂等，登记作物为甘蓝等，防治对象为菜青虫等。美国富美实公司在中国登记了 98%原药和 1.5%微囊悬浮剂，登记用于防除甘蓝、苹果树的菜青虫、桃小食心虫，用药量 5.625～7.875 g/hm²。

合成方法 通过如下反应即可制得目的物：

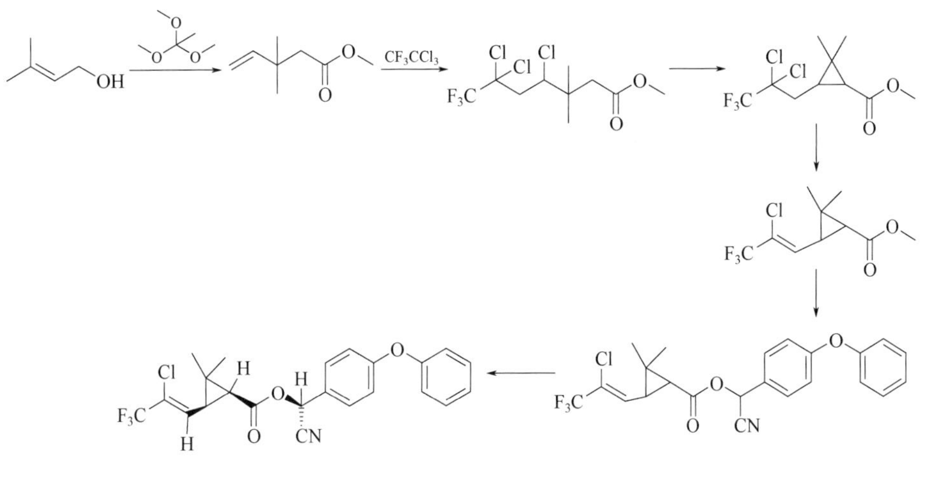

参考文献

[1] 农药商品大全. 北京: 中国商业出版社, 1996: 148-151.
[2] The Pesticide Manual.17 th edition: 572-573.

氯氟醚菊酯（meperfluthrin）

415.2，$C_{17}H_{16}Cl_2F_4O_3$，915288-13-0

氯氟醚菊酯是江苏扬农和优士化学共同开发的拟除虫菊酯类杀虫剂。

化学名称 2,3,5,6,-四氟-4-甲氧甲基苄基(1R,3S)-3-(2,2-二氯乙烯基)-2,2-二甲基环丙烷羧酸酯。英文化学名称为 2,3,5,6-tetrafluoro-4-(methoxymethyl)benzyl(1R,3S)-3-(2,2-dichlorovinyl)-2,2-dimethylcyclopropanecarboxylate 或 2,3,5,6-tetrafluoro-4-(methoxymethyl)benzyl(1R)-*trans*-3-(2,2-dichlorovinyl)-2,2-dimethylcyclopro-panecarboxylate。美国化学文摘系统名称为 [2,3,5,6-tetrafluoro-4-(methoxymethyl)phenyl]methyl(1R,3S)-3-(2,2-dichloroethenyl)-2,2-dimethylcyclopropanecarboxylate。CA 主题索引名称为 cyclopropanecarboxylic acid —, 3-(2,2-dichloroethenyl)-2,2-dimethyl [2,3,5,6-tetrafluoro-4-(methoxymethyl)phenyl]methyl ester,(1R,3S)-。

理化性质 纯品为淡灰色至淡棕色固体，熔点 72～75℃，蒸气压 $4.75×10^{-5}$ Pa（25℃）、686.2 Pa（200℃），密度 1.2329 g/mL，难溶于水，易溶于甲苯、氯仿、丙酮、二氯甲烷、二甲基甲酰胺等有机溶剂中。在酸性和中性条件下稳定，但在碱性条件下水解较快。在常温下可稳定贮存 2 年。

毒性 大鼠急性经口 $LD_{50}>500$ mg/kg，属低毒。

主要生产商 江苏优嘉植物保护有限公司。

应用

（1）用途 本品为吸入和触杀型杀虫剂，对蚊、蝇等卫生害虫具有卓越的击倒和杀死活性。

（2）使用方法 将本品于高于其熔点的温度（80℃）加热保温，待其熔化后，取 1 kg 原药加入 49 kg 煤油或乙醇等溶剂（根据需要可不加增效剂），配成 2%浓度的原药溶液。取用 200～300 g 配制的溶液喷涂于空白盘香上制作成蚊香，烘干或晾干后包装。一般每盒蚊香（60盘，10 kg 坯料）需用原药 5 g 左右，对蚊虫具有很高的击倒活性。或者加入二甲苯或酯类有机溶剂和适量乳化剂（根据需要可添加适量增效剂），制成 15%左右的可溶液剂（SL）或乳油（EC）等制剂，按需取用可用于制作杀虫喷雾剂或蚊香和电热蚊香液。

（3）残留量与安全施药

① 操作时应佩戴防毒口罩，穿戴防护服等，工作现场禁止吸烟、进食和饮水。密闭操作，局部排风。

② 不可用中碳钢、镀锌铁皮材料装载。

③ 如出现泄漏，隔离泄漏污染区，周围设警告标志，不要直接接触泄漏物，用砂土吸收，铲入铁桶，运至废物处理场所。被污染地面用肥皂或洗涤剂刷洗，经稀释的污水放入

废水系统。

④ 皮肤接触应立即脱去污染的衣物，用肥皂及清水彻底冲洗。

⑤ 误入眼中应立即拉开眼睑，用流动的清水冲洗 15 min，就医。

⑥ 吸入，立即转移至空气清新处，严重者给予吸氧并就医。

⑦ 误服立即送医院。

⑧ 本品尚无特效解毒剂，若摄入量大，病人十分清醒，可用吐根糖浆诱吐，还可在服用的活性炭泥中加入山梨醇。

⑨ 贮存于阴凉、通风的仓库内。远离火种、热源，专人保管防止受潮和雨淋，防止阳光曝晒。

⑩ 保持容器密封，不能与食物、种子、饲料等混装、混运。

⑪ 操作现场不得吸烟、饮水、进食。搬运时要轻装轻卸，防止包装及容器损坏。分装和搬运作业要注意个人防护。

专利与登记

专利名称 Process for preparation of optical active pyrethroids compound and its application for prevention and control of sanitary insect pests

专利号 CN 101306997　　　　专利公开日 2008-11-19

专利申请日 2008-07-07　　　　专利拥有者 江苏扬农和优士化学

在其他国家申请的化合物专利 CN 100545144、WO 2009132526。

制备专利 IN 6974CHE2015、CN 104628571、WO 2018050213、CN 105646228、WO 2015107540、CN 104628570、IN 2013MU04121、CN 102584592、CN 101792392、CN 101747198、CN 101735104、CN 101648869、CN 101580471、CN 101508647、CN 101306997 等。

国内登记情况 5%、6%母药，90%原药等。

合成方法 通过如下反应即可制得目的物：

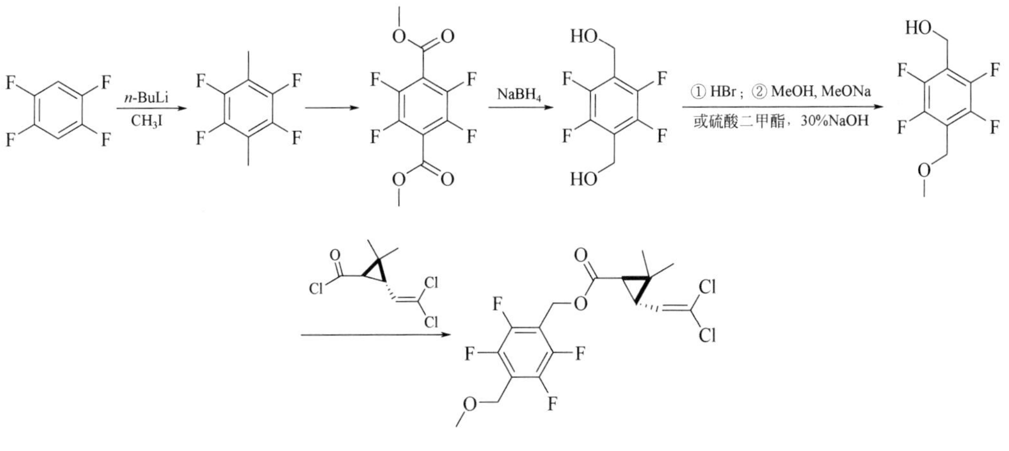

参考文献

[1] 戚明珠, 周景梅, 姜友法, 等. 中华卫生杀虫药械, 2010(3): 172-174.

[2] 吕杨, 戚明珠, 周景梅, 等. 世界农药, 2014, 36(6): 25-28.

[3] The Pesticide Manual.17 th edition: 714-715.

氯菊酯（permethrin）

391.3，$C_{21}H_{20}Cl_2O_3$，52645-53-1

氯菊酯（试验代号：FMC 33297、PP557、WL43479、NRDC 143、LE79-519、OMS 1821，商品名称：Agniban、Ambush、Dragnet、Dragon、Eksmin、Mikrem、Onesol、Outflank、Perate、Perkill、Permetiol、Permit、Permost、Persect、Pounce、Prelude、Sanathrin、Signor、Sunper、Talcord、克死诺、百灭灵、神杀、毕诺杀、闯入者）是 FMC 公司开发的拟除虫菊酯类杀虫剂。

化学名称　3-苯氧基苄基(1RS,3RS;1RS,3SR)-3-(2,2-二氯乙烯基)-2,2-二甲基环丙烷羧酸酯。英文化学名称为 3-phenoxybenzyl(1RS,3RS;1RS,3SR)-3-(2,2-dichlorovinyl)-2,2-dimethyl cyclopropanecarboxylate 或 3-phenoxybenzyl(1RS)-cis-trans-3-(2,2-dichlorovinyl)-2,2-dimethyl-cyclopropanecarboxylate。美国化学文摘系统名称为(3-phenoxyphenyl)methyl 3-(2,2-dichloroethenyl)-2,2-dimethylcyclopropanecarboxylate。CA 主题索引名称为 cyclopropanecarboxylic acid—, 3-(2,2-dichloroethenyl)-2,2-dimethyl-(3-phenoxyphenyl)methyl ester。

理化性质　氯菊酯是两个异构体的混合物，通常情况下，顺反异构比例约为 40∶60，但在一些产品中也有顺反异构比例约为 25∶75。工业品为黄棕色至棕色液体，在室温下有时析出部分结晶，熔点 34～35℃，顺-异构体熔点为 63～65℃，反-异构体熔点为 44～47℃，沸点：200℃（13.3 Pa）；>290℃（$1.01×10^5$ Pa）。蒸气压 0.003 mPa（25℃）。lgK_{ow} 6.1。Henry 常数：顺-异构体为 0.0058 Pa·m^3/mol（计算），反-异构体为 0.0028 Pa·m^3/mol（计算）。相对密度为 1.29（20～25℃）。水中溶解度（20～25℃，pH 7）：0.006 mg/L。有机溶剂中溶解度（g/L，25℃）：正己烷>650，甲醇 204，二甲苯>900。稳定性：对热稳定（在 50℃稳定存在 2 年以上），在酸性介质比在碱性介质中更稳定。25℃，pH 5、7 时，稳定。其最适 pH 约为 4，DT_{50} 为 50 d（pH 9）。在实验室研究中，发现有一些光化学降解现象，但田间数据表明不影响其生物活性。闪点>131℃（闭杯）。

毒性　氯菊酯的经口 LD_{50} 值取决于如下因素：载体、顺/反比例、实验品系及其性别、年龄和发育阶段等，故报道的值有明显的不同。顺/反异构比例约为 40∶60 的经口 LD_{50}（mg/kg）：大鼠 430～4000，小鼠 540～2690；比例约为 20∶80 的经口 LD_{50}（mg/kg）约 6000。急性经皮 LD_{50}（mg/kg）：大鼠>2500，兔>2000。对兔的眼睛和皮肤有轻微刺激性，对皮肤中等程度的致敏。大鼠和小鼠大鼠吸入 LC_{50}（3 h）>0.685 mg/L。NOEL 值（2 年）100 mg/kg 饲料［5 mg/(kg·d)］。ADI/RfD（JMPR）0.05 mg/kg bw（1999，2002）；（EPA）aRfD 0.25 mg/kg bw，cRfD 0.25 mg/kg bw（2006）。无致突变、致畸、致癌作用。

生态效应　鸟类顺/反异构比例约为 40∶60 的经口 LD_{50}（mg/kg）：鸡>3000，野鸭>9800，日本鹌鹑>13500；鱼类 LC_{50}（μg/L）：虹鳟鱼 2.5（96 h），虹鳟鱼 5.4（48 h），大翻车鱼 1.8（48 h）；水蚤 LC_{50}（48 h）0.6 μg/L；对蜜蜂有毒，LD_{50}（24 h）0.098 μg/只（经口），0.029 μg/只（接触）。

环境行为　在推荐量下氯菊酯对环境是低毒的，在哺乳动物中其酯键水解，变成糖苷而被降解掉，它在土壤和水中迅速降解，土壤中 DT_{50}<38 d（pH 4.2～7.7）。

制剂 10%、24%乳油，5%超低容量剂，25%可湿性粉剂。

主要生产商 Amvac、Atul、BASF、Bharat Rasayan、Bilag、Coromandel、Dow、Heranba、Meghmani、Sumitomo Chemical、Syngenta、Tagros、UPL、广东立威化工有限公司、湖南沅江赤蜂农化有限公司、江苏丰登作物保护股份有限公司、江苏功成生物科技有限公司、江苏蓝丰生物化工股份有限公司、江苏省南通宝叶化工有限公司、江苏省农药研究所股份有限公司、江苏优嘉植物保护有限公司、辽宁升联生物科技有限公司、美国富美实公司、内蒙古佳瑞米精细化工有限公司、印度 TAGROS 公司、印度禾润保工业有限公司、印度联合磷化物有限公司、中山凯中有限公司等。

作用机理与特点 氯菊酯是研究较早的一种不含氰基结构的拟除虫菊酯类杀虫剂，是菊酯类农药中第一个出现的适用于防治农业害虫的光稳定性杀虫剂。其作用方式以触杀和胃毒为主，并有杀卵和拒避活性，无内吸熏蒸作用。杀虫谱广，在碱性介质及土壤中易分解失效。

应用

（1）适用范围 棉花、蔬菜、茶叶、果树以及公共卫生和牲畜。

（2）防治对象 棉花害虫：棉蚜、棉叶蝉、棉铃虫等；果树害虫：桃蚜、橘蚜、梨小食心虫、桃小食心虫等；蔬菜：菜青虫、菜蚜虫、小菜蛾、黄条跳甲、猿叶虫等；茶、烟草害虫：茶蔗蚜、烟夜蛾、茶尺蠖、茶黄毒蛾、茶小卷夜蛾、茶蚕等；林木害虫：马尾松松毛虫、槐蚜、白杨尺蛾、杨树金花虫等。

（3）残留量与安全施药 棉花中的鳞翅目、鞘翅目害虫施药剂量为 100~150 g/hm²，对于果树施药剂量为 25~50 g/hm²，蔬菜类施药剂量为 40~70 g/hm²，烟草和其他作物施药剂量为 50~200 g/hm²。在 200 mg(a.i.)/m² 能有效地杀死动物皮外寄生虫，后效控制期＞60 d。剂量为 200 mg/kg 羊毛时，它能作为羊毛的防腐剂。在 100 mg(a.i.)/m² 下它能有效地控制蜚蠊目、双翅目、膜翅目害虫和其他的蠕虫等，后效控制期＞120 d。其使用对植物本身没有危害，除了对某些观赏性植物可能有害。应用技术相见表 2-90。

表 2-90 氯菊酯应用技术

类别	害虫	施药量
棉花	棉铃虫、红铃虫、造桥虫、卷叶虫	用 10%乳油 1000~1250 倍液喷雾
	棉蚜	于发生期用 10%乳油 2000~4000 倍液喷雾，可有效控制苗蚜。防治伏蚜需增加使用剂量
蔬菜	菜青虫、小菜蛾	于 3 龄前进行防治，用 10%乳油 1000~2000 倍液喷雾。同时可兼治菜蚜
果树	柑橘潜叶蛾	于放梢初期用为 10%乳油 1250~2500 倍液喷雾，同时可兼治橘等的柑橘害虫，对柑橘害螨无效
	桃小食心虫	于卵孵盛期、当卵果率达 1%时进行防治，用 10%乳油 1000~2000 倍液喷雾。同样剂量，同样时期，还可以防治梨小食心虫，同时兼治卷叶蛾及蚜虫等果树害虫，但对叶螨无效
茶树	茶尺蠖、茶细蛾、茶毛虫、茶刺蛾	于 2~3 龄幼虫盛发期，以 2500~5000 倍液喷雾，同时兼治绿叶蝉、蚜虫
烟草	桃蚜、烟青虫	于发生期用 10~20 mg/kg 药液均匀喷雾
卫生害虫	家蝇	于栖息场所用 10%乳油 0.01~0.03 mL/m³ 喷洒。可有效杀灭家蝇
	蚊子	在蚊子活动场所用 10%乳油 0.01~0.03 mL/m³ 喷雾。对于幼蚊，可将 10%乳油对成 1 mg/L，在幼蚊滋生的水坑内喷洒，可有效杀灭孑孓
	蟑螂	于蟑螂活动场所的表面作滞留喷雾，使用剂量为 0.008 g/m²
	白蚁	于易受白蚁危害的竹、木器表面作滞留喷雾，或灌注蚁穴，使用 10%乳油 800~1000 倍液

专利与登记

专利名称　3-Substituted-2,2-dimethyl-cyclopropane carboxylic acid esters their preparation and their use in pesticidal compositions

专利号　GB 1413491　　　　专利公开日　1975-11-12

专利申请日　1972-05-25　　　优先权日　1972-05-25

专利拥有者　英国蓝德公司（NRDC）

在其他国家申请的化合物专利　AU 7586439、BE 835615、BE 699868、BR 6790601、BR 7507574、CH 488394、DE 2551257、DK 7505157、FR 2290842、FR 1565335、GB 1191658、IL 28102、JP 50064422、JP 50058237、JP 51073131、NL 7513326、NL 6708673、NO 119197、US 3944666、US 3652741、US 3709988、US 3885031、ZA 7507170 等。

制备专利　US 20190194118、IN 253251、EP 206149、NZ 248247、AR 247727、KR 19940021494、DE 3665170、WO 2018042461、CN 105454280、CN 105211091、CN 105175281、CN 104447405、ES 2417380、CN 103688990、IN 2012CH00530、CN 102885073、CN 102757363、CN 102746191、IN 2010CH03621、CN 102550592、IN 2010CH00121、IN 2006MU01693、IN 186349、US 20020052525、EP 1061065、EP 992479、JP 2000095729、WO 9818329、IN 170448、CS 265008、CS 257093、CS 257094、DE 3619294、JP 61068458、JP 61050954、EP 109681、JP 57046939、US 4323685、US 4322535、US 4308279、JP 55164608、EP 6354、DE 2539895 等。

国内登记情况　90%、94%、95%原药，10%、24%乳油，5%超低容量剂，25%可湿性粉剂等，登记对象为室内，防治对象蚊、蝇等。美国富美实公司在国内登记了92%原药和380 g/L 乳油，用于防治跳蚤，用药量150～300 mg/m²。日本住友化学株式会社在国内登记了90%原药、12%母药、2%长效蚊帐，用于室内防治蚊子。拜耳有限责任公司在国内登记了氯菊·烯丙菊水乳剂（氯菊酯102.6 g/L 和 S-生物烯丙菊酯1.4 g/L），用于室内防治蚊子，用药量1.3 mg/m³。美国德瑞森有限公司在国内登记了1%超低容量液剂，用于室内防治蚊、蝇，用药量1.5 mL/m³。日本狮王株式会社在国内登记了5%烟雾剂，用于室内防治蜚蠊、螨。

合成方法　经如下反应制得：

参考文献

[1] The Pesticide Manual.17th edition: 857-858.

[2] 农药商品大全. 北京: 中国商业出版社, 1996: 184-188.

[3] 闻雅. 农业灾害研究, 2012, 2(3): 42-44+48.

氯氰菊酯（cypermethrin）

416.3、$C_{22}H_{19}Cl_2NO_3$、52315-07-8

氯氰菊酯（试验代号：FMC30980、LE79-600、NRDC149、OMS2002、PP383、WL43467，商品名称：Agrotrina、Alfa、Arrifo、Arrivo、Basathrin、Cekumetrin、Cymbush、Cymperator、Cynoff、Cyperguard、Cypersan、Cypra、Cyproid、Cyrux、Cythrine、Devicyper、Drago、Grand、Hilcyperin、Kecip、Kruel、Lacer、Mortal、Ranjer、Ripcord、Rocyper、Signal、Starcyp、Sunmerin、Suraksha、Termicidin、Visher、灭百可、兴棉宝、安绿宝、赛波凯、保尔青、轰敌、多虫清、百家安）是由 M. E. Elliott 最先报道，Ciba-Geigy AG、ICI Agrochemicals、Mitchell Cotts 和 Shell International Chemical Co.Lod.开发的杀虫剂。

化学名称　(RS)-α-氰基-(3-苯氧苄基) (1RS,3RS;1RS,3SR)-3-(2,2-二氯乙烯基)-2,2-二甲基环丙烷羧酸酯，或者(RS)-α-氰基-(3-苯氧苄基) (1RS)-顺-反-3-(2,2-二氯乙烯基)-2,2-二甲基环丙烷羧酸酯。英文化学名称(RS)-α-cyano-3-phenoxybenzyl-(1RS,3RS;1RS,3SR)-3-(2,2-dichlorovinyl)-2,2-dimethylcyclopropanecarboxylate 或 (RS)-α-cyano-3-phenoxybenzyl-(1RS)-cis-trans-3-(2,2-dichlorovinyl)-2,2-dimethylcyclopropanecarboxylate。美国化学文摘系统名称为 cyano(3-phenoxyphenyl)methyl 3-(2,2-dichloroethenyl)-2,2-dimethylcyclopropanecarboxylate。CA 主题索引名称为 cyclopropanecarboxylic acid —, 3-(2,2-dichloroethenyl)-2,2-dimethyl—, cyano(3-phenoxyphenyl)methyl ester。

理化性质　该产品为无味晶体（工业品纯度 90%，室温条件下为棕黄色的黏稠液体），熔点 61～83℃（根据异构体的比例），蒸气压 $2.0×10^{-4}$ mPa（20℃）。$\lg K_{ow}$ 6.6。Henry 常数 0.02 Pa·m^3/mol。相对密度 1.24（20～25℃）。水中溶解度（20～25℃，pH 7）0.004 mg/L，有机溶剂中溶解度（g/L，20～25℃）：丙酮、氯仿、环己酮、二甲苯＞450，乙醇 337，己烷 103。在中性和弱酸性条件下相对稳定，在 pH 4 条件下相对最稳定。在碱性条件下分解。DT_{50} 1.8 d（pH 9，25℃），在 pH 5～7（20℃）稳定。在光照条件下相对稳定。在 220℃以下热力学稳定。不易燃易爆。

毒性　急性经口 LD_{50}（mg/kg）：大鼠 250～4150，小鼠 138。急性经皮 LD_{50}（mg/kg）：大鼠＞4920，兔＞2460。对兔皮肤和眼睛有轻度刺激性，对皮肤有弱致敏性。大鼠吸入 LC_{50}（4 h）2.5 mg/L。NOEL 数值（2 年，mg/kg bw）：狗 5，大鼠 5。ADI/RfD：（JMPR）0.02 mg/kg bw（2006）；（EC）0.05 mg/kg bw（2005）；（JECFA）0.05 mg/kg bw（1996）；（JMPR）0.05 mg/kg bw（1981）；（EPA）aRfD 0.1 mg/kg bw，cRfD 0.06 mg/kg bw（2006）。已报道的氯氰菊酯急性经口数值根据载体、样品的顺反异构比例、性别、年龄、进食程度等的不同而明显不同。

生态效应　鸟类急性经口 LD_{50}（mg/kg）：野鸭＞10000，野鸡＞2000。山齿鹑亚慢饲喂 LC_{50}（5 d）＞5620 mg/kg 饲料。鱼类 LC_{50}（96 h，μg/L）：虹鳟鱼 0.69，红鲈鱼 2.37；正常的农药用量对鱼不存在危害。水蚤 LC_{50}（48 h）0.15 μg/L。实验室测试对蜜蜂高毒，但是在推荐使用剂量下不存在对蜜蜂危害，LD_{50}（24 h，μg/只）：0.035（经口），0.02（接触）。蚯蚓 LC_{50}＞100 mg/kg 土壤。对弹尾类动物无毒。

环境行为 生物降解快，并且降解物在土壤和水的表面浓度非常低。在土壤中 DT_{50} 60 d（细沙壤土），先水解掉酯键，在进一步水解和氧化降解。在田地里耗散很快，与 pH 无关，K_{oc} 26492～144652，K_f 821～1042。在河流水中，快速降解，DT_{50} 5 d；在空气中光氧化降解 DT_{50} 3.47 h。

制剂 乳油、颗粒剂、乳剂和可湿性粉剂。

主要生产商 Atanor、Atul、BASF、Bharat Rasayan、Bilag、Coromandel、Dow、Gharda、Heranba、Meghmani、Nortox Sumitomo、Sinon、Syngenta、Tagros、UPL、布拉特树农（印度）有限公司、广东广康生化科技股份有限公司、广东立威化工有限公司、河北临港化工有限公司、河北赛丰生物科技有限公司、湖南沅江赤蜂农化有限公司、江苏丰登作物保护股份有限公司、江苏丰山集团股份有限公司、江苏皇马农化有限公司、江苏蓝丰生物化工股份有限公司、江苏省南通宝叶化工有限公司、江苏省农药研究所股份有限公司、江苏优嘉植物保护有限公司、开封博凯生物化工有限公司、美国富美实公司、南京红太阳股份有限公司、内蒙古百灵科技有限公司、山东大成生物化工有限公司、山东华阳农药化工集团有限公司、新加坡利农私人有限公司、印度 TAGROS 公司、印度格达化学有限公司、印度禾润保工业有限公司、印度联合磷化物有限公司、印度万民利有机化学有限公司、允发化工（上海）有限公司、中山凯中有限公司等。

作用机理与特点 作用于昆虫的神经系统，通过阻断钠离子通道来干扰神经系统的功能。此药具有触杀和胃毒作用，也有拒食作用。在处理过的作物上降解物也有好的活性。杀虫谱广、药效迅速，对光、热稳定，对某些害虫的卵具有杀伤作用。用此药防治对有机磷产生抗性的害虫效果良好，但对螨类和盲蝽防治效果差。该药残效期长，正确使用时对作物安全。

应用 作为杀虫剂应用范围较广，特别是用来防治水果（葡萄）、蔬菜（土豆，黄瓜，莴苣，辣椒，番茄）、谷物（玉米，大豆）、棉花、咖啡、观赏性植物、树木等作物类的鳞翅目、鞘翅目、双翅目、半翅目和其他类的害虫。也用来防治蚊子、蟑螂、家蝇和其他的公共卫生害虫。也用作动物体外杀虫剂，用来防治甲虫、蚜虫和棉花、水果、蔬菜等田地间农作物以及观赏性植物上的鳞翅目害虫。此产品同样用于森林和公共健康方面。剂量从 7.5 g/hm^2 到 30 g/hm^2 不等。对鳞翅目幼虫效果良好，对同翅目、半翅目等害虫也有较好防效，但对螨类无效，适用于棉花、果树、茶树、大豆、甜菜等作物。

使用方法

（1）棉花害虫的防治 棉蚜发生期，用 10%乳油对水喷雾，使用剂量为每亩 15～30 mL。棉铃虫于卵孵盛期，棉红铃虫于第二、三代卵孵盛期进行防治，使用剂量为每亩 30～50 mL。

（2）蔬菜害虫的防治 菜青虫、小菜蛾于 3 龄幼虫前进行防治，使用剂量为 20～40 mL，或者用 2000～5000 倍药液。使用剂量为每亩 30～50 mL。

（3）果树害虫的防治 柑橘潜叶蛾于放梢初期或卵孵盛期，用 10%乳油 2000～4000 倍液对水喷施。同时可兼治橘蚜、卷叶蛾等。苹果桃小食心虫在卵果率 0.5%～1%或卵孵盛期，用 10%乳油 2000～4000 倍液进行防治。

（4）茶树害虫的防治 茶小绿叶蝉于若虫发生期、茶尺蠖于 3 龄幼虫期前进行防治，用 10%氯氰菊酯乳油对水 2000～4000 倍喷洒。

（5）大豆害虫的防治 用 10%乳油，每亩 35～40 mL，可以防治豆天蛾、大豆食心虫、造桥虫等，效果较理想。

（6）甜菜害虫的防治 防治对有机磷类农药和其他菊酯类农药产生抗性的甜菜夜蛾，用 10%氯氰菊酯乳油 1000～2000 倍液防治效果良好。

（7）花卉害虫的防治 10%乳油使用浓度 15～20 mg/L 可以防治月季、菊花上的蚜虫。

注意事项 ①不要与碱性物质混用。②药品中毒参见溴氰菊酯。③注意不可污染水域及饲养蜂蚕场地。④氯氰菊酯对人体每日允许摄入量为 0.6 mg/(kg·d)。

专利与登记

专利名称 Insecticidal pyrethrin derivatives

专利号 DE 2326077 专利公开日 1974-01-03

专利申请日 1973-05-18 优先权日 1973-05-18

专利拥有者 National Research Development Corp.

在其他国家申请的化合物专利 AU 7356105、BR 7303782、BE 800006、CA 1008455、DD 111279、DD 108073、DE 2326077、DK 139573、FI 58630、FR 2185612、GB 1413491、HU 170866、IT 990577、JP 03055442、JP 51063158、JP 57035854、JP 52142045、JP 58029292、JP 57016806、JP 60011018、JP 58146503、NL 7307130、SE 418080、US 4622337、US 4024163、US 5004822、ZA 7303528 等。

制备专利 US 4962233、CN 1014890、JP 56057756、CN 107340397、JP 2017145201、CN 105454280、CN 105211091、CN 105175281、CN 104447405、ES 2417380、CN 103688990、CN 103420872、IN 2012CH 00530、CN 102885073、CN 102757363、CN 102746191、IN 2010CH 03621、CN 102550592、CN 1508124、CN 1244524、WO 9818329、IN 170448、CS 265008、CS 257093、CS 257094、JP 61068458、JP 61050954、EP 109681、DE 3139314、US 4323685、US 4322535、US 4308279、JP 55164608、DE 2547534 等。

先正达有限公司在中国登记情况见表 2-91。

表 2-91 瑞士先正达有限公司在中国登记情况

登记名称	登记证号	含量	剂型	登记作物	防治对象	用药量	施用方法
氯氰菊酯	PD314-99	90%	原药				
氯氰·丙溴磷	PD214-97	440 g/L	乳油	棉花	红铃虫	65～100 mL/亩	喷雾
				棉花	棉铃虫	65～100 mL/亩	
				棉花	棉蚜	30～60 mL/亩	

合成方法

（1）中间体二氯菊酸的合成方法

① 模拟法 3-甲基-2-丁烯醇与原乙酸三甲酯在磷酸催化下于 140～160℃缩合，并进行 Claisen 重排，生成 3,3-二甲基-戊烯酸甲酯，再与四氯化碳在过氧化物存在下反应生成 3,3-二甲基-4,6,6,6-四氯己烯酸甲酯，然后在甲醇钠存在下脱氯化氢，环合生成二氯菊酸甲酯，再经皂化反应生成菊酸。

② Farkas法 三氯乙醛与异丁烯反应生成1,1,1-三氯-4-甲基-3-戊烯-2-醇和1,1,1-三氯-4-甲基-4-戊烯-2-醇。该混合物与乙酸酐反应经乙酰化，锌粉还原，对甲基苯磺酸催化异构化得到含共轭双键的 1,1-二氯-4-甲基-1,3-戊二烯，再与重氮乙酸乙酯在催化剂存在下反应，生成二氯菊酸酯。

③ Sagami-Kuraray 法　此方法是 Sagami-Kuraray 法与 Farkas 法的结合。

④ 该路线是利用 Witting 试剂与相应的菊酸甲醛衍生物反应，得到二氯菊酸酯，再经皂化反应得到二氯菊酸。

（2）氯氰菊酯的合成方法

① 二氯菊酸与二氯亚砜反应生成菊酰氯，再与 α-氰基-间苯氧基苄醇作用得到氯氰菊酯。

② 将间苯氧基苯甲醛，二氯菊酰氯溶于适量的溶剂中，剧烈搅拌下，保持温度在 20℃以下，滴加氰化钠，碳酸钠和相转移催化剂的水溶液，滴毕升温 45～50℃反应 5 h，得到相应的氯氰菊酯。

③ 间苯氧基苯甲醛与亚硫酸氢钠反应生成相应的磺酸盐，然后与菊酰氯、氰化钠，在相转移催化剂条件下反应生成氯氰菊酯。

④ 间苯氧基苯乙腈与溴作用得到相应的 α-溴代取代乙腈，再与二氯菊酸盐反应生成氯氰菊酯。

参考文献

[1] 农药品种大全. 北京: 中国商业出版社, 1996: 173-175.

[2] The Pesticide Manual.17th edition: 274-275.

[3] 精细化学品大全——农药卷. 杭州: 浙江科学技术出版社, 2000: 204-205.

[4] 俞明兴. 安徽大学学报(自然科学版), 1992(4): 69-72.

[5] 沙鸿, 俞明兴, 张朝章. 安徽大学学报(自然科学版), 1984(1): 46-50.

[6] 俞明兴, 沙鸿飞. 安徽大学学报(自然科学版), 1985(2): 54-57.

[7] 高立国, 宋小利. 化学试剂, 2017, 39(2): 183-186.

顺式氯氰菊酯（*alpha*-cypermethrin）

(*S*)(1*R*)-*cis*-　　　　　(*R*)(*S*)-*cis*-

416.3，$C_{22}H_{19}Cl_2NO_3$，67375-30-8

顺式氯氰菊酯（试验代号：WL85871、FMC63318、FMC39391、BAS 310 I、OMS3004，商品名称：Bestox、Concord、Fastac、Fendona、Renegade、快杀敌、高效安绿宝、奋斗呐、高效灭百可、虫毙王、奥灵、百事达，其他名称：alfoxylate、alphamethrin、alfamethrin、高效氯氰菊酯）是壳牌国际化工有限公司(现属 BASF 公司)开发的拟除虫菊酯类(pyrethroids)杀虫剂。

化学名称　由消旋体(*S*)-α-氰基-3-苯氧苄基-(1*R*,3*R*)-3-(2,2-二氯乙烯基)-2,2-二甲基环丙烷羧酸酯和(*R*)-α-氰基-3-苯氧苄基-(1*S*,3*S*)-3-(2,2-二氯乙烯基)-2,2-二甲基环丙烷羧酸酯组成，或者由消旋体(*S*)-α-氰基-3-苯氧苄基-(1*R*)-顺-3-(2,2-二氯乙烯基)-2,2-二甲基环丙烷羧酸酯和(*R*)-α-氰基-3-苯氧苄基-(1*S*)-顺-3-(2,2-二氯乙烯基)-2,2-二甲基环丙烷羧酸酯组成。英文化学名称 为 (*S*)-α-cyano-3-phenoxybenzyl(1*R*,3*R*)-3-(2,2-dichlorovinyl)-2,2-dimethylcyclopropanecarboxylate 和(*R*)-α-cyano-3-phenoxybenzyl(1*S*,3*S*)-3-(2,2-dichlorovinyl)-2,2-dimethylcyclopropane-carboxylate 或(*S*)-α-cyano-3-phenoxybenzyl(1*R*)-*cis*-3-(2,2-dichlorovinyl)-2,2-dimethylcyclopro-panecarboxylate 和(*R*)-α-cyano-3-phenoxybenzyl(1*S*)-*cis*-3-(2,2-dichlorovinyl)-2,2-dimethylcyclo-propanecarboxylate。美国化学文摘系统名称为[1(*S**),3]-(±)-cyano(3-phenoxyphenyl)methyl 3-(2,2-dichloroethenyl)-2,2-dimethylcyclopropanecarboxylate。CA 主题索引名称为 cyclopropane-carboxylic acid —, 3-(2,2-dichloroethenyl)-2,2-dimethyl —, (*R*)-cyano(3-phenoxyphenyl)methyl ester,(1*S*,3*S*)-。

组成 工业顺式氯氰菊酯含量＞90%，通常的含量＞95%。

理化性质 本品为无色晶体（工业品白色至灰色粉末，具有微弱的芳香气味）。熔点 81.5℃，沸点 200℃（9.31 Pa），蒸气压 0.023 mPa（20℃）。lgK_{ow} 6.94（pH 7）。Henry 常数 6.9×10^{-2} Pa•m^3/mol（计算）。相对密度 1.28（20～25℃）。水中溶解度（mg/L，20～25℃）6.7×10^{-4}（pH 4）、0.00125（蒸馏）、0.00397（pH 7）、0.00454（pH 9）。有机溶剂中溶解度（g/L，20～25℃）丙酮＞1000、二氯甲烷＞1000、乙酸乙酯 584、正己烷 6.5、异丙醇 9.6、甲醇 21.3、甲苯 596。在中性或酸性介质中非常稳定，在强碱性介质中水解；稳定性 DT$_{50}$ 分别超过 10 d（pH 4，50℃），101 d（pH 7，20℃），7.3 d（pH 9，20℃）。高于 220℃分解。田间数据表明实际上对空气是稳定的。

毒性 大鼠急性经口 LD$_{50}$ 57 mg/kg（在玉米油中）。急性经皮 LD$_{50}$：大鼠＞2000 mg/kg，兔＞2000 mg/kg；对兔眼睛有轻微的刺激作用。大鼠吸入毒性 LC$_{50}$（4 h，经鼻呼吸）＞2.29 mg/L。狗 NOEL 数值（1 年）＞60 mg/kg［1.5 mg/(kg•d)］。ADI/RfD：（JMPR）0.02 mg/kg bw（2006）；（JECFA）0.02 mg/kg bw（1996）；（EC）0.015 mg/kg bw（2004）。其他，无诱变作用。对中枢神经系统和周围神经运动有毒性。3 d 内在一定剂量下引起的神经行为改变是可逆的。急性大鼠实验中 NOAEL 为 4 mg/kg bw（玉米油中）；4 周大鼠经口实验中 NOAEL 数值 10 mg/kg bw（DMSO 中）。该药剂可能导致感觉异常。

生态效应 山齿鹑性急经口 LD$_{50}$＞2025 mg/kg。对山齿鹑的生殖毒性 NOEC（20 周）150 mg/kg 饲料；虹鳟鱼 LC$_{50}$（96 h）2.8 μg/L。在田间条件下，由于在水中快速分解，对鱼类无毒害的影响。早期生命阶段测试中 NOEC（34 d）为 0.03 μg/L；水蚤 EC$_{50}$（48 h）为 0.1～0.3 μg/L；水藻 EC$_{50}$（96 h）＞100 μg/L；摇蚊属幼虫 NOEC（28 d）0.024 μg/L。小鼠艾氏腹水癌（EAC）为 0.015 μg/L。蜜蜂 LD$_{50}$（24 h）0.059 μg/只。蚯蚓 LD$_{50}$（14 d）＞100 mg/kg。300 g/hm^2 处理剂量下对蚯蚓繁殖无影响。对其他有益生物的影响，死亡率（施药剂量）：梨盲走螨＞85%（15 g/hm^2），豹蛛属＜30%（0.21 g/hm^2 和 0.6 g/hm^2），60%（1.5 g/hm^2），100%（30 g/hm^2）；隐翅虫 21%（1.2 g/hm^2），在 0.7 g/hm^2 下，无影响。LR$_{50}$：花蝽 0.1 g/hm^2，溢管蚜茧蜂 0.9 g/hm^2。

环境行为 虽然对鱼高毒，但在田间条件下，由于药剂在水中快速消散，所以对鱼无毒性。①动物。见氯氰菊酯。清除时间 7.8 d。经过 28 d 净化，在有机组织中残留量为最高值的 8%。②土壤/环境。在土壤中降解，在肥沃的土壤中 DT$_{50}$ 13 周。

制剂 乳油、悬浮剂、超低容量剂、可湿性粉剂等，如 10%乳油（防治棉红铃虫、棉铃虫、甘蓝菜青虫等），5%种子处理可分散粉剂（防治蚊、蝇、虫等卫生害虫），5%乳油（百事达，防治鳞翅目、同翅目等多种害虫），5%悬浮剂（可以杀灭蟑螂、蚊、蝇等多种有害生物）。

主要生产商 Atabay、BASF、Bharat Rasayan、Bilag、Coromandel、Gharda、Heranba、Meghmani、Tagros、UPL、拜耳瓦比有限公司、布拉特树农（印度）有限公司、广东广康生

化科技股份有限公司、江苏皇马农化有限公司、江苏省农用激素工程技术研究中心有限公司、美国富美实公司、南京红太阳股份有限公司、新加坡利农私人有限公司、印度 TAGROS 公司、印度格达化学有限公司、印度禾润保工业有限公司、印度联合磷化物有限公司、印度万民利有机化学有限公司、中山凯中有限公司等。

作用机理与特点　通过阻断神经末梢的钠离子通道的钠离子信号传递到神经冲动，从而阻断蛋白运动到轴突。通常这种中毒导致快速击倒和死亡。非内吸性的具有触杀和胃毒作用的杀虫剂。以非常低的剂量作用于中央和周边的神经系统。神经轴突毒剂，可引起昆虫极度兴奋、痉挛、麻痹，并产生神经毒素，最终可导致神经传导完全阻断，也可引起神经系统意外的其他细胞组织产生病变而死亡。该药剂具有触杀和胃毒作用，无内吸作用，在低剂量下作用于昆虫中央和外周神经。具有杀卵活性。在植物上有良好的稳定性，能耐雨水冲刷，顺式氯氰菊酯为一种生物活性较高的拟除虫菊酯类杀虫剂，它是有氯氰菊酯的高效异构体组成。其杀虫活性为氯氰菊酯的 1～3 倍，因此单位面积用量更少，效果更高。

应用

（1）适用作物　棉花、大豆、玉米、甜菜、小麦、果树、蔬菜、茶树、花卉、烟草等。

（2）防治对象　刺吸式和咀嚼式害虫特别是鳞翅目、同翅目、半翅目、鞘翅目等多种害虫，也用于公共卫生害虫蟑螂、蚊等，还用作动物体外杀虫剂。

（3）残留量与安全施药　5%顺式氯氰菊酯乳油对棉花每季最多使用次数为 3 次，安全间隔期为 14 d。对茶叶每季最多使用次数为 1 次，安全间隔期为 7 d；10%顺式氯氰菊酯乳油对棉花每季最多使用次数为 3 次，安全间隔期为 7 d。对菜叶每季最多使用次数为 3 次，安全间隔期为 3 d。对黄瓜每季最多使用次数为 2 次，安全间隔期为 3 d。对柑橘每季最多使用次数为 3 次，安全间隔期为 7 d。

欧盟登记具体残留标准如下：杏 2 mg/kg（所有异构体之和），芦笋 0.1 mg/kg（所有异构体之和），大麦 0.2 mg/kg（所有异构体之和），豆 0.50 mg/kg（全果/所有异构体之和），茎果 0.5 mg/kg（所有异构体之和），谷物 0.05 mg/kg（其他除外/所有异构体之和），樱桃 1 mg/kg（所有异构体之和），柑橘类植物 2 mg/kg（所有异构体之和），葫芦科类 0.2 mg/kg（所有异构体之和），水果 0.05 mg/kg（其他除外/所有异构体之和），果菜（茄科）0.5 mg/kg（所有异构体之和），大蒜 0.1 mg/kg（所有异构体之和），葡萄 0.5 mg/kg（所有异构体之和），芸薹 0.05 mg/kg（所有异构体之和），莴苣 2 mg/kg（所有异构体之和），油桃 2 mg/kg（所有异构体之和），燕麦 0.2 mg/kg（所有异构体之和），洋葱 0.1 mg/kg（所有异构体之和），桃子 2 mg/kg（所有异构体之和），豌豆 0.50 mg/kg（全果/所有异构体之和），李子 1 mg/kg（所有异构体之和），仁果类水果 1 mg/kg（所有异构体之和），蔬菜 0.05 mg/kg（其他除外/所有异构体之和）。

（4）应用技术

① 防治棉花害虫　蚜虫，于发生期，每亩用 5%顺式氯氰菊酯乳油 20～30 mL ［1.0～1.5 g(a.i.)］对水喷雾，间隔 10 d 喷药 1 次，连续喷 2～3 次即可控制蚜虫。棉铃虫，于卵盛孵期，每亩用 5%顺式氯氰菊酯乳油 25～40 mL ［1.25～2.0 g(a.i.)］对水喷雾。棉红铃虫，于第二、三代卵盛孵期，每亩用 5%顺式氯氰菊酯乳油 20～40 mL ［1.0～2.0 g(a.i.)］对水喷雾。每代喷药 2～3 次，每次间隔 10 d 左右。棉盲蝽、二十八星瓢虫，于害虫发生期用 5%顺式氯氰菊酯乳油对水均匀喷雾，使用剂量为每亩 20～40 mL ［1.0～2.0 g(a.i.)］。

② 防治大豆食心虫　在大豆食心虫成虫发生盛期每亩用 5%顺式氯氰菊酯乳油 20～30 mL ［1.0～1.5 g(a.i.)］对水喷雾，可有效防治大豆食心虫。用此方法还可有效防治大豆卷叶螟。

③ 防治蔬菜害虫　a.菜蚜，于发生期每亩用 5%顺式氯氰菊酯乳油 10～20 mL［0.5～1.0 g(a.i.)］对水喷雾，持效期 10 d 左右。b.菜青虫，3 龄幼虫盛发期，每亩用 5%顺式氯氰菊酯乳油 10～20 mL［0.5～1.0 g(a.i.)］对水喷雾，持效期 7～10 d。c.小菜蛾，2 龄幼虫盛发期，每亩用 5%顺式氯氰菊酯乳油 10～20 mL［0.5～1.0 g(a.i.)］对水喷雾。d.黄守瓜，每亩用 5%顺式氯氰菊酯乳油 10～20 mL［0.5～1.0 g(a.i.)］对水喷雾，可以防治黄守瓜、黄曲条跳甲、菜螟等害虫，效果显著。

④ 防治果树害虫　a.柑橘潜叶蛾，于新梢发出 5 d 左右，用 5%顺式氯氰菊酯乳油 5000～10000 倍液或每 100 L 水加 5%顺式氯氰菊酯 10～20 mL［5～10 mg(a.i.)/L］喷雾，隔 5～7 d 再喷 1 次，保梢效果良好。b.柑橘红蜡蚧，若虫盛发期，用 5%顺式氯氰菊酯乳油 1000 倍液或每 100 L 水加 5%顺式氯氰菊酯 100 mL［50 mg(a.i.)/L］喷雾，防效一般可达 80%以上。c.荔枝椿象，在成虫交尾产卵前和若虫发生期各施一次药，用 5%乳油 2500～4000 倍液或每 100 L 水加 5%顺式氯氰菊酯 25～50 mL［12.5～20 mg(a.i.)/L］均匀喷雾。如采用飞机喷药，每亩用 5%乳油 15～25 mL 对水 2～3 L，航速 160～170 km/h，距树冠 5～10 m 高度作业。d.荔枝蒂蛀虫，荔枝收获前 10～20 d 施药 2 次，地面喷雾用 5%顺式氯氰菊酯乳油 2000～3000 倍液或每 100 L 水加 5%顺式氯氰菊酯 33～50 mL（有效浓度 16.7～25 mg/L）。飞机施药则每亩用 5%顺式氯氰菊酯 16 mL［0.8 g(a.i.)］，按飞机常规喷药。e.桃小食心虫，卵盛孵期，用 5%乳油 3000 倍液或每 100 L 水加 5%顺式氯氰菊酯 33 mL（有效浓度 16.7 mg/L）喷雾。根据发生情况，间隔 15～20 d 喷 1 次。梨小食心虫用同样方法进行防治。亦可兼治其他叶面害虫。f.桃蚜，于发生期用 5%顺式氯氰菊酯乳油 1000 倍液或每 100 L 水加 5%顺式氯氰菊酯 100 mL［50 mg(a.i.)/L］喷雾。

⑤ 防治茶树害虫　a.茶尺蠖，于 3 龄幼虫前，用 5%顺式氯氰菊酯乳油 5000～10000 倍液或每 100 L 水加 5%顺式氯氰菊酯 10～20 mL［5～10 mg(a.i.)/L］喷雾。用同样有效浓度还可以防治茶毛虫、茶卷叶蛾、茶刺蛾等。b.茶小绿叶蝉，若虫盛发期前，用 5%顺式氯氰菊酯乳油 3400～5000 倍液或每 100 L 水加 5%顺式氯氰菊酯 20～30 mL［10～15 mg(a.i.)/L］喷雾。

⑥ 防治花卉害虫　防治菊花、月季花等花卉蚜虫，用 5%顺式氯氰菊酯乳油 5000～10000 倍液或每 100 L 水加 5%顺式氯氰菊酯 10～20 mL［5～10 mg(a.i.)/L］喷雾。

棉花、大豆、蔬菜喷液量每亩人工 20～50 L，拖拉机 10 L，飞机 1～3 L。施药选早晚气温低、风小时进行。晴天上午 8 时至下午 5 时、空气相对湿度低于 65%、温度高于 28℃时停止施药。

专利与登记

专利名称　Cyanobenzyl cyclopropane carboxylates

专利号　EP 67461　　　　专利公开日　1982-10-22

专利申请日　1982-05-06　　　优先权日　1981-05-26

专利拥有者　Shell Internationale Research Maatschappij B. V.（Neth.）

在其他国家申请的化合物专利　BR 8203010、CA 1162561、DK 8202337、DK 156828、DK 233782、EP 67461、IN 158971、JP 57200347、US 4409150、ZA 8203581 等。

国内登记情况　90%、92%、93%、95%、97%原药，5%、10%水乳剂，3%、50 g/L、100 g/L 乳油等，登记作物为棉花、荔枝树、甘蓝、豇豆等，防治对象为棉铃虫、菜青虫、大豆卷叶螟、蒂蛀虫等。巴斯夫欧洲公司在中国登记情况见表 2-92。

表 2-92　巴斯夫欧洲公司在中国登记情况

登记名称	登记证号	含量	剂型	登记作物/用途	防治对象	用药量	施用方法
顺式氯氰菊酯	WP29-96	15 g/L	悬浮剂	卫生	蚊	0.67～1.33 mL/m²	滞留喷雾
				卫生	蝇	0.67～1.33 mL/m²	
				卫生	蜚蠊	1.33～2 mL/m²	
驱蚊帐	WP20110135	0.67%	驱蚊帐	卫生	蚊		悬挂
顺式氯氰菊酯	WP20080030	100 g/L	悬浮剂	卫生	蚊	0.1～0.2 mL/m²	滞留喷雾
				卫生	蝇	0.1～0.2 mL/m²	
				卫生	蜚蠊	0.2～0.3 mL/m²	
顺式氯氰菊酯	WP121-90	5%	可湿性粉剂	卫生	蚊	0.2～0.6 g/m²	滞留喷雾
				卫生	蝇	0.2～0.6 g/m²	
				卫生	蜚蠊	0.2～0.6 g/m²	
顺式氯氰菊酯	PD39-87	100 g/L	乳油	甘蓝	菜青虫	5～10 mL/亩	喷雾
				甘蓝	小菜蛾	5～10 mL/亩	
				柑橘树	潜叶蛾	10000～20000 倍液	
				黄瓜	蚜虫	5～10 mL/亩	
				棉花	红铃虫	6.5～13 mL/亩	
				棉花	棉铃虫	6.5～13 mL/亩	
				豇豆	大豆卷叶螟	10～13 mL/亩	
顺式氯氰菊酯	PD20080229	93%	原药				

合成方法　经如下反应制得顺式氯氰菊酯：

合成方法一：

（1）合成 (±)-顺反二氯菊酸

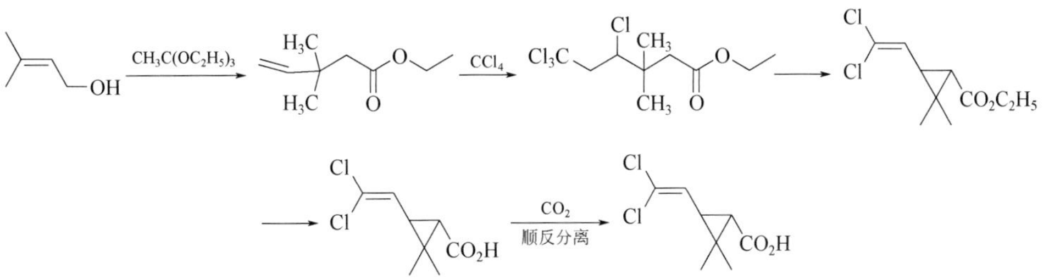

[(±)-*cis*-二氯菊酸]

或以异丁烯、四氯化碳、丙烯酸为原料制得 α-卤代环丁酮，再于碱性物质存在下发生 Favorskii 重排生成顺式二氯菊酸。

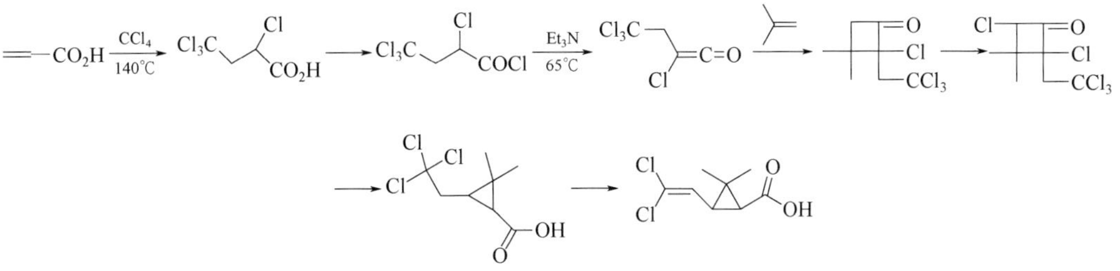

（2）合成(±)-顺式氯氰菊酯

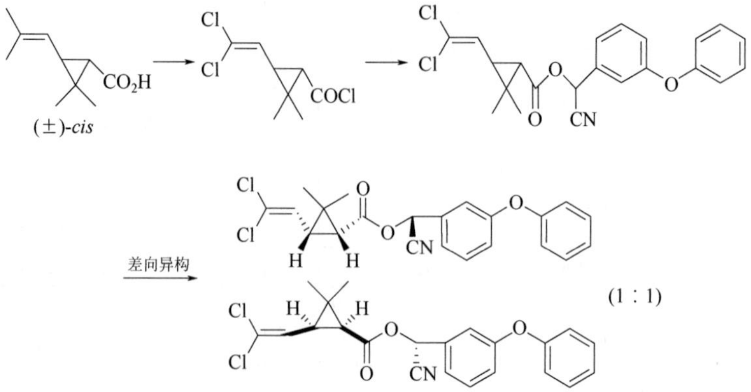

(±)-cis

差向异构 ────→

(1∶1)

合成方法二：

3-(2,2-二氯乙烯基)-2,2-二甲基环丙烷羧酸(Ⅰ)(顺∶反 = 1∶1)分别经碘/碳酸氢钠、锌/乙酸处理，得到顺式-Ⅰ，即顺-3-(2,2-二氯乙烯基)-2,2-二甲基环丙烷羧酸。其与 α-氰基-3-苯氧基苄醇或者 α-氰基-3-苯氧基对甲苯磺酸酯反应得到顺式氯氰菊酯，即外消旋体顺式混合物。反应式如下：

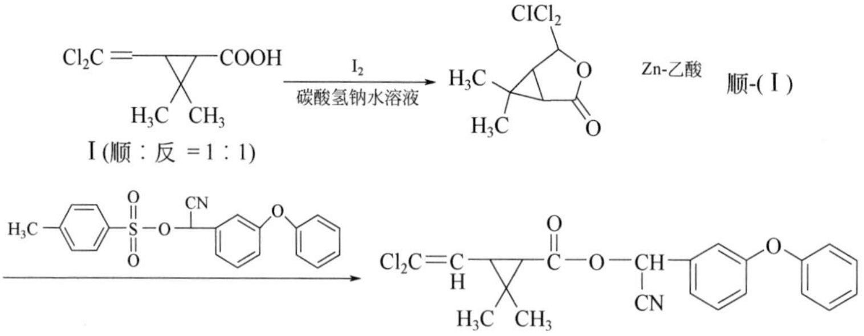

Ⅰ(顺∶反 =1∶1)

外消旋体顺式混合物 1(R,S)-顺-α(R,S)4 个；外消旋体顺式混合物结晶拆分，得 1R-顺-α-(S) 和 1S-顺-α(R) 的 1∶1 产物。

参考文献

[1] The Pesticide Manual.17th edition: 31-33.

[2] 农药商品大全. 北京: 中国商业出版社, 1996: 136.

[3] 梁修存，张道升，康蕾，等. 安徽农业科学, 2003, 31(3): 469.

高效氯氰菊酯（*beta*-cypermethrin）

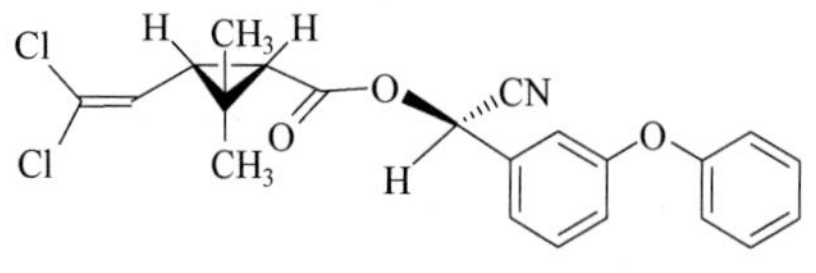

(R)-alcohol (1S)-*cis*-acid

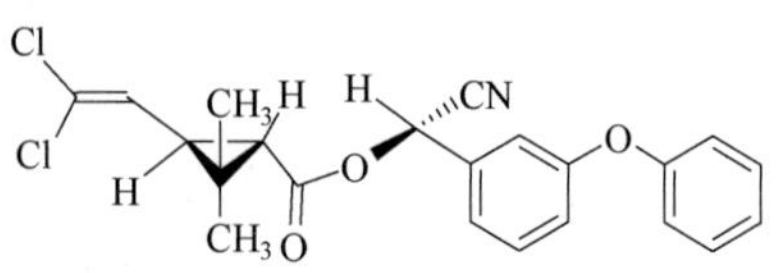

(R)-alcohol (1S)-*trans*-acid

(S)-alcohol (1R)-cis-acid　　　　　(S)-alcohol (1R)-trans-acid

416.3，$C_{22}H_{19}Cl_2NO_3$，65731-84-2

高效氯氰菊酯（试验代号：CHINOIN0619200、AT0IABO3、OMS3068，商品名称：Akito、Betamethrate、Chinmix、Kuaikele、Cyperil S、Greenbeta、高灭灵、三敌粉、无敌粉、卫害净，其他名称：asymethrin、乙体氯氰菊酯）是 Chinoin Pharmaceutical & Chemical Works Co., Ltd 开发的拟除虫菊酯类杀虫剂。

化学名称　对映体(R)-α-氰基-3-苯氧苄基-(1S,3S)-3-(2,2-二氯乙烯基)-2,2-二甲基环丙烷羧酸酯和(S)-α-氰基-3-苯氧苄基-(1R,3R)-3-(2,2-二氯乙烯基)-2,2-二甲基环丙烷羧酸酯以及对映体(R)-α-氰基-3-苯氧苄基-(1S,3R)-3-(2,2-二氯乙烯基)-2,2-二甲基环丙烷羧酸酯和(S)-α-氰基-3-苯氧苄基-(1R,3S)-3-(2,2-二氯乙烯基)-2,2-二甲基环丙烷羧酸酯按2∶3组成的混合物；对映体(S)-α-氰基-3-苯氧苄基-(1R)-顺-3-(2,2-二氯乙烯基)-2,2-二甲基环丙烷羧酸酯和(R)-α-氰基-3-苯氧苄基-(1S)-顺-3-(2,2-二氯乙烯基)-2,2-二甲基环丙烷羧酸酯以及(S)-α-氰基-3-苯氧苄基-(1R)-反-3-(2,2-二氯乙烯基)-2,2-二甲基环丙烷羧酸酯和(R)-α-氰基-3-苯氧苄基-(1S)-反-3-(2,2-二氯乙烯基)-2,2-二甲基环丙烷羧酸酯按2∶3组成的混合物。英文化学名称对映体(R)-α-cyano-3-phenoxybenzyl(1S,3S)-3-(2,2-dichlorovinyl)-2,2-dimethylcyclopropanecarboxylate 和(S)-α-cyano-3-phenoxybenzyl(1R,3R)-3-(2,2-dichlorovinyl)-2,2-dimethylcyclopropanecarboxylate 以及对映体(R)-α-cyano-3-phenoxybenzyl(1S,3R)-3-(2,2-dichlorovinyl)-2,2-dimethylcyclopropanecarboxylate 和 (S)-α-cyano-3-phenoxybenzyl(1R,3S)-3-(2,2-dichlorovinyl)-2,2-dimethylcyclopropanecarboxylate 比例为 2∶3 或对映体(S)-α-cyano-3-phenoxybenzyl(1R)-cis-3-(2,2-dichlorovinyl)-2,2-dimethylcyclopropanecarboxylate 和(R)-α-cyano-3-phenoxybenzyl(1S)-cis-3-(2,2-dichlorovinyl)-2,2-dimethylcyclopropanecarboxylate 以及(S)-α-cyano-3-phenoxybenzyl(1R)-trans-3-(2,2-dichlorovinyl)-2,2-dimethylcyclopropanecarboxylate 和(R)-α-cyano-3-phenoxybenzyl(1S)-trans-3-(2,2-dichlorovinyl)-2,2-dimethylcyclopropanecarboxylate 比例为 2∶3。美国化学文摘系统名称为 cyano(3-phenoxyphenyl)methyl 3-(2,2-dichloroethenyl)-2,2-dimethylcyclopropanecarboxylate，2 parts of enantiomer pair [(1R)-1α(S*),3α] 和[(1S)-1α(R*),3α] with 3 parts of enantiomer pair [(1R)-1α(S*),3β] and [(1S)-1α(R*),3β]。其他名称 asymethrin*(rejected common name proposal)。CA 主题索引名称为 cyclopropanecarboxylic acid —, 3-(2,2-dichloroethenyl)-2,2-dimethyl —, cyano(3-phenoxyphenyl)methyl ester。

组成　对映体(S)(1R)-cis 和(R)(1S)-cis 以及对映体(S)(1R)-trans 和(R)(1S)-trans 按2∶3组成的混合物。工业级高效氯氰菊酯含量为95%（一般＞97%）相应立体异构体。

理化性质　工业品为白色到浅黄色晶体，熔点63.1～69.2℃（异构体比例即使变化1%，熔点都有所不同）。沸点286.1℃（9.7×10^4 Pa），蒸气压1.8×10^{-4} mPa（20℃），lgK_{ow} 4.7。相对密度1.336（20～25℃）。水中溶解度（mg/L，pH 7）：0.0515（5℃），0.0934（20～25℃），0.276（35℃）。有机溶剂中溶解度（g/mL，20～25℃）：异丙醇11.5，二甲苯349.8，二氯甲烷3878，丙酮2102，乙酸乙酯1427，石油醚13.1。稳定性：在150℃对空气和太阳光稳定，在中性和弱酸性的介质中稳定，在强碱性的介质中水解。DT$_{50}$（外推算）：50 d（pH 3、5、6），40 d（pH 7），20 d（pH 8），15 d（pH 9）（25℃）。

毒性 急性经口 LD$_{50}$（mg/kg）：雌大鼠 166，雄大鼠 178，雌小鼠 48，雄小鼠 43。大鼠急性经皮 LD$_{50}$＞5000 mg/kg，对皮肤和眼睛有轻微刺激，对豚鼠皮肤无致敏性。大鼠吸入 LC$_{50}$（4 h）＞1.97 mg/L。大鼠 NOEL 数值（mg/kg 饲料）：250（2 年）、100（90 d）。对大鼠无致畸性，对 3 代繁殖的大鼠的 NOEL 数值 350 mg/kg，在 2 年的致癌性研究中，大鼠 NOEL 数值 500 mg/kg 饲料。ADI 值 0.05 mg/kg。在 Ames、姐妹染色单体交换（SCE）和微核试验中无致突变作用。

生态效应 急性经口 LD$_{50}$（mg/kg）：山齿鹑 8030（5%制剂），野鸡 3515（5%制剂）。用 5%制剂饲喂野鸡和山齿鹑，其 LC$_{50}$（8 d）＞5000 mg/kg 饲料。5%制剂鱼毒 LC$_{50}$（mg/L，96 h）：鲤鱼 0.028，鲇鱼 0.015，草鲤 0.035。在正常田间条件下，对鱼没有危害。水蚤 LC$_{50}$（96 h）0.00026 mg/kg（5%制剂）。羊角月牙藻 LC$_{50}$ 56.2 mg/L。蜜蜂经口 LD$_{50}$（48 h）1.8 μg(a.i.)/只（5%制剂），但在田间条件下，采用正常剂量，对蜜蜂无伤害。

环境行为 土壤 DT$_{50}$ 10 d。水中 DT$_{50}$ 1.2 d。

制剂 悬浮剂、乳油、乳胶、微乳剂、微囊悬浮剂、超低容量剂。主要产品或制剂有乳油（4.5%）、可湿性粉剂（5.0%）、胶悬剂以及气雾剂等。

主要生产商 安道麦股份有限公司、安徽丰乐农化有限责任公司、安徽华星化工有限公司、广东广康生化科技股份有限公司、广东立威化工有限公司、广西易多收生物科技有限公司河池农药厂、河北临港化工有限公司、河北中保绿农作物科技有限公司、衡水市聚明化工科技有限公司、湖北仙隆化工股份有限公司、江苏常隆农化有限公司、江苏蓝丰生物化工股份有限公司、江苏省农药研究所股份有限公司、江苏优嘉植物保护有限公司、山东大成生物化工有限公司、印度 TAGROS 公司、印度联合磷化物有限公司、浙江省东阳市金鑫化学工业有限公司、中山凯中有限公司等。

作用机理与特点 作用于神经系统的杀虫剂，通过作用于钠离子通道扰乱神经的功能。作用方式为非内吸性的触杀和胃毒。

应用 用作公共卫生杀虫剂和兽用杀虫剂。杀虫谱广、击倒速度快，杀虫活性较氯氰菊酯高。

（1）适用作物 苜蓿、谷物、棉花、葡萄、玉米、油菜、仁果类作物、马铃薯、大豆、甜菜、果树、茶树、森林、烟叶和蔬菜。

（2）防治对象 在植物保护中，能有效地防治鞘翅目和鳞翅目害虫，对直翅目、双翅目、半翅目和同翅目害虫也有较好的防效。

（3）应用技术 防治各种松毛虫、杨树舟蛾和美国白蛾：在 2～3 龄幼虫发生期，用 4.5%乳油 4000～8000 倍液喷雾，飞机喷雾每公顷用量 60～150 mL。防治成蚊及家蝇成虫：每平方米用 4.5%可湿性粉剂 0.2～0.4 g，加水稀释 250 倍，进行滞留喷洒。防治蟑螂，在蟑螂栖息地和活动场所每平方米用 4.5%可湿性粉剂 0.9 g，加水稀释 250～300 倍，进行滞留喷洒。防治蚂蚁：每平方米用 4.5%可湿性粉剂 1.1～2.2 g，加水稀释 250～300 倍，进行滞留喷洒。

（4）注意事项 高效氯氰菊酯中毒后无特效解毒药，应对症治疗。对鱼及其他水生生物高毒，应避免污染河流、湖泊、水源和鱼塘等水体。对家蚕高毒，禁止用于桑树上。

专利与登记

专利名称 Insecticidal pyrethrin derivatives

专利号 DE 2326077　　　　专利公开日 1974-01-03

专利申请日 1973-05-18　　　专利拥有者 National Research Development Corp.

在其他国家申请的化合物专利　AR 223447、AU 7356105、BR 7303782、BE 800006、CS 241452、CS 241457、CH 583513、CH 585177、CA 1008455、DE 2326077、DD 108073、DD 111279、DK 139573、EG 10960、FI 7902437、FI 8003915、FR 2185612、FI 58630、GB 1413491、HU 170866、IN 139246、IL 42347、IT 990577、JP 52142045、JP 58029292、JP 60011018、JP 58146503、JP 03006122、JP 51063158、JP 57035854、JP 53028968、JP 03115206、JP 03055442、JP 57016806、JP 58012247、NL 7307130、NL 176939、PH 15066、PL 94276、PL 94156、SE 418080、SU 584759、US 4622337、US 4024163、US 5004822、ZA 7303528 等。

制备专利　CN 1022406、HU T62554、CN 1014890、CN 1013371、CN 102757363、IN 1588CHE2013 等。

国内登记情况　10%水乳剂，95%、97%、99%原药，4.5%乳油等，登记作物为棉花和蔬菜等，防治对象棉蚜、棉铃虫、菜青虫、小菜蛾和菜蚜等。安道麦股份有限公司登记情况见表 2-93。

表 2-93　安道麦股份有限公司登记情况

登记名称	登记证号	含量	剂型	登记作物	防治对象	用药量	施用方法
高效氯氰菊酯	PD20093393	95%	原药				
高效氯氰菊酯	PD20050027	4.5%	微乳剂	甘蓝	菜青虫	20～40 g/亩	喷雾
高效氯氰菊酯	PD20050026	4.5%	乳油	棉花	红铃虫	30～50 mL/亩	喷雾
				棉花	棉铃虫	50～60 mL/亩	喷雾
				棉花	棉蚜	20～40 mL/亩	喷雾
				十字花科蔬菜	菜青虫	20～30 mL/亩	喷雾
				十字花科蔬菜	小菜蛾	30～50 mL/亩	喷雾

合成方法　由普通氯氰菊酯在催化剂存在条件下经差向异构而得，普通氯氰菊酯合成方法如下：

（1）二氯菊酸与二氯亚砜反应生成菊酰氯，再与 α-氰基-间苯氧基苄醇作用得到氯氰菊酯。

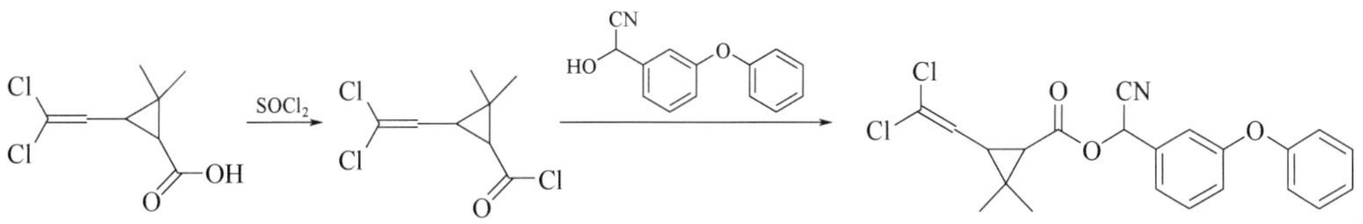

（2）将间苯氧基苯甲醛、二氯菊酰氯溶于适量的溶剂中，剧烈搅拌下，保持温度在 20℃以下，滴加氰化钠、碳酸钠和相转移催化剂的水溶液，滴毕升温 45～50℃反应 5 h，得到相应的氯氰菊酯。

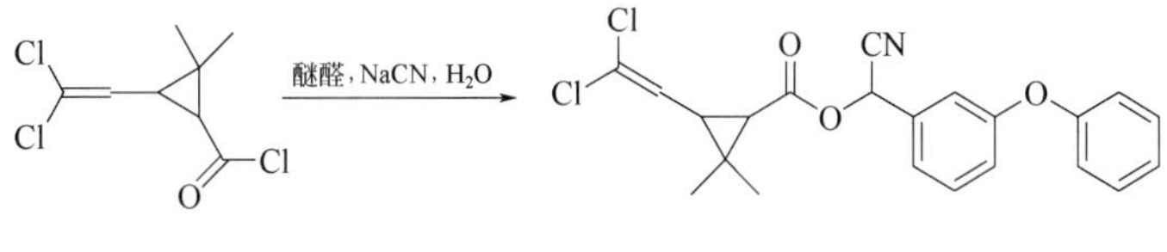

（3）间苯氧基苯甲醛与亚硫酸氢钠反应生成相应的磺酸盐，然后与菊酰氯、氰化钠、相转移催化剂反应生成氯氰菊酯。

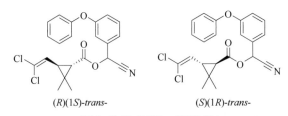

（4）间苯氧基苯乙腈与溴作用得到相应的 α-溴代取代乙腈，再与二氯菊酸盐反应生成氯氰菊酯。

参考文献

[1] 李会芹，李鹏. 化工中间体, 2009, 5(7): 37-39.

[2] The Pesticide Manual.17th edition: 99-101.

[3] 钟焕开. 广东农业科学, 2006, 5: 94-95.

高效反式氯氰菊酯（*theta*-cypermethrin）

(R)(1S)-*trans*-　　　　(S)(1R)-*trans*-

416.3，C$_{22}$H$_{19}$Cl$_2$NO$_3$，71697-59-1

83860-32-6：[(1R)-1α(S*), 3β]异构体或(R)(1S)-反式异构体

65732-07-2：[(1S)-1α(R*), 3β]异构体或(S)(1R)-反式异构体

高效反式氯氰菊酯［试验代号：SK 80，商品名称：Neostomosan（Agro-Chemie），其他名称：*sigma*-cypermethrin、*tau*-cypermethrin］是 20 世纪 80 年代初期开发的拟除虫菊酯类（pyrethroids）杀虫剂。

化学名称　对映体(R)-α-氰基-3-苯氧基苄基(1S,3R)-3-(2,2-二氯乙烯基)-2,2-二甲基环丙烷羧酸酯和(S)-α-氰基-3-苯氧基苄基(1R,3S)-3-(2,2-二氯乙烯基)-2,2-二甲基环丙烷羧酸酯按 1∶1 组成，或者对映体(R)-α-氰基-3-苯氧基苄基(1S)-反-3-(2,2-二氯乙烯基)-2,2-二甲基环丙烷羧酸酯和(S)-α-氰基-3-苯氧基苄基(1R)-反-3-(2,2-二氯乙烯基)-2,2-二甲基环丙烷羧酸酯按 1∶1 组成。英文化学名称为对映体(R)-α-cyano-3-phenoxybenzyl(1S,3R)-3-(2,2-dichlorovinyl)-2,2-dimethylcyclopropanecarboxylate 和(S)-α-cyano-3-phenoxybenzyl(1R,3S)-3-(2,2-dichlorovinyl)-2,2-dimethylcyclopropanecarboxylate 比例 1∶1，或 (R)-α-cyano-3-phenoxybenzyl(1S)-*trans*-3-(2,2-dichlorovinyl)-2,2-dimethylcyclopropanecarboxylate 和(S)-α-cyano-3-phenoxybenzyl(1R)-*trans*-3-(2,2-dichlorovinyl)-2,2-dimethylcyclopropanecarboxylate 比例 1∶1。美国化学文摘系统名称

为[1(S^*),3]-(±)-cyano(3-phenoxyphenyl)methyl 3-(2,2-dichloroethenyl)-2,2-dimethylcyclopropanecarboxylate。CA 主题索引名称为 cyclopropanecarboxylic acid —, 3-(2,2-dichloroethenyl)-2,2-dimethyl —, (R)-cyano(3-phenoxyphenyl)methyl ester, (1S,3R)-rel。

组成　本品由高效反式氯氰菊酯的消旋体(S)(1R)-反式异构体和(R)(1S)-反式异构体按 1∶1 组成。工业品中异构体含量＞95%(一般＞97%)相应立体异构体。

理化性质　白色结晶粉状固体，熔点 81～87℃。蒸气压为 $1.8×10^{-4}$ mPa（20℃）。相对密度 0.66（晶体粉末）（20～25℃）。水中溶解度（20～25℃，pH 7）0.1146 mg/L。有机溶剂中溶解度（g/mL，20～25℃）：异丙醇为 18.0，二异丙醚为 55.0，正己烷为 8.5。在 150℃以下均稳定，在水中 DT_{50}（25℃）：50 d（pH 3、5、6），20 d（pH 7），18 d（pH 8），10 d（pH 9）。

毒性　急性经口 LD_{50}（mg/kg）：雄大鼠 7700，雌大鼠 3200～7700，雄小鼠 136，雌小鼠 106。大鼠急性经皮 LD_{50}＞5000 mg/kg。对兔眼睛和皮肤有轻度刺激，对豚鼠皮肤无致敏性。无致突变作用。

生态效应　山齿鹑急性经口 LD_{50} 98 mg/kg。LC_{50}（5 d，mg/L）：野鸭 5620，山齿鹑 808。虹鳟鱼 LC_{50}（96 h）0.65 mg/L。蜜蜂 LD_{50}（48 h，μg/只）：经口 23.33，接触 1.34。蚯蚓 LC_{50}（14 d）＞1250 mg/kg 土壤。在 30～50 g(a.i.)/hm² 剂量下对有益生物、动物等很少或无副作用。

制剂　乳油（4.5%）、可湿性粉剂（5.0%）、胶悬剂以及气雾剂等。

主要生产商　南京红太阳股份有限公司等。

作用机理与特点　钠通道抑制剂。主要是阻断害虫神经细胞中的钠离子通道，使神经细胞丧失功能，导致靶标害虫麻痹、协调差，最终死亡。

应用　高效反式氯氰菊酯是氯氰菊酯的高效反式异构体。毒性低，杀虫效力高。加工为乳油或其他剂型，用于防治蚊、蝇、蜚蠊等卫生害虫和牲畜害虫以及蔬菜、茶树等多种农作物上的多种害虫。

专利与登记

专利名称　Insecticidal pyrethrin derivatives

专利号　DE 2326077　　　　　　**专利公开日**　1974-01-03

专利申请日　1973-05-18　　　　**专利拥有者**　National Research Development Corp.

在其他国家申请的化合物专利　AU 7356105、BE 800006、BR 7303782、CA 1008455、CH 583513、CH 585177、CS 241452、CS 241457、DD 108073、DD 111279、DE 2326077、DK 139573、FI 7902437、FI 58630、FI 8003915、FR 2185612、GB 1413491、HU 170866、IL 42347、IN 139246、IT 990577、JP 51063158、JP 57035854、JP 52142045、JP 58029292、JP 57016806、JP 58012247、JP 60011018、JP 58146503、JP 03006122、JP 03115206、JP 03055442、NL 7307130、NL 176939、PL 94276、PL 94156、SE 418080、US 4024163、US 4622337、US 5004822、ZA 7303528 等。

国内登记情况　5%、20%乳油，95%原药等，登记作物为棉花和十字花科蔬菜等，防治对象蚜虫、菜蚜和棉铃虫等，用药量 15～80mL/亩。

参考文献

[1] The Pesticide Manual.17 th edition: 1087-1088.

zeta-氯氰菊酯（*zeta*-cypermethrin）

416.3，C_{22}H_{19}Cl_2NO_3，1315501-18-8

zeta-氯氰菊酯（试验代号：FMC 56701、F56701、F701，商品名称：Furia、Furie、Fury、Minuet、Mustang Max、Mustang、Respect、百家安，其他名称：*Z*-氯氰菊酯、六氯氰菊酯）是富美实公司开发的拟除虫菊酯类杀虫剂。

化学名称 (*S*)-α-氰基-3-苯氧苄基(1*RS*,3*RS*;1*RS*,3*SR*)-3-(2,2-二氯乙烯基)-2,2-二甲基环丙烷羧酸酯立体异构体的混合物，*S*-(1*RS*,3*RS*)异构体与 *S*-(1*RS*,3*SR*)异构体的组成比从 45～55 到 55～45。或者(*S*)-α-氰基-3-苯氧苄基(1*RS*)-顺-反-3-(2,2-二氯乙烯基)-2,2-二甲基环丙烷羧酸酯(异构体的比例同前)。英文化学名称为立体异构体的混合物(*S*)-α-cyano-3-phenoxybenzyl(1*RS*,3*RS*;1*RS*,3*SR*)-3-(2,2-dichlorovinyl)-2,2-dimethylcyclopropanecarboxylate *S*-(1*RS*,3*RS*)异构体与 *S*-(1*RS*,3*SR*)异构体的组成比从 45～55 到 55～45，或立体异构体的混合物(*S*)-α-cyano-3-phenoxybenzyl(1*RS*)-*cis-trans*-3-(2,2-dichlorovinyl)-2,2-dimethylcyclopropanecarboxylate(异构体的比例同前)。美国化学文摘系统名称为(*S*)-cyano(3-phenoxyphenyl)methyl(±)-*cis-trans*-3-(2,2-dichloroethenyl)-2,2-dimethylcyclopropanecarboxylate。CA 主题索引名称为 cyclo-propanecarboxylic acid —, 3-(2,2-dichloroethenyl)-2,2-dimethyl —, (*S*)-cyano(3-phenoxyphenyl)methyl ester。

组成 (*S*)-(1*RS*,3*RS*)异构体与(*S*)-(1*RS*,3*SR*)异构体组成比例为（45∶55）～（55∶45）。

理化性质 本品为深棕色黏稠液体，熔点-22.4℃，在分解之前沸腾，沸点>360℃（1.01×10^5 Pa），闪点181℃（密闭）。蒸气压为 2.5×10^{-4} mPa（25℃）。lgK_{ow} 6.6。Henry 常数为 0.00231 Pa·m^3/mol。相对密度为 1.219（20～25℃）。水中溶解度（20～25℃）0.045 mg/L，易溶于大多数的有机溶剂。在 50℃可稳定保存 1 年。光解 DT_{50}（水溶液）20.2～36.1 d（pH 7）。水解 DT_{50}：稳定（pH 5），25 d（pH 7，25℃），1.5 h（pH 9，50℃）。

毒性 大鼠急性经口 LD_{50} 269～1264 mg/kg，兔急性经皮 LD_{50}>2000 mg/kg。雌大鼠吸入 LC_{50}（4 h）2.5 mg/L。狗 NOEL 值（1 年）5 mg/(kg·d)。ADI/RfD（JMPR）0.02 mg/kg bw（2006）；（EC）0.04 mg/kg bw（2008）；（BfR）0.05 mg/kg bw（2004）。

生态效应 野鸭急性经口 LD_{50}>10248 mg/kg，鱼 LC_{50} 0.69～2.37 μg/L（与鱼的种类有关）。水蚤 EC_{50}（48 h）0.14 μg/L，伪蹄形藻 E_rC_{50}>0.248 mg/L。摇蚊幼虫 NOEC 值（28 d）0.0001 mg/L。野外条件下对蜜蜂无毒。正常条件下对蚯蚓无毒，LC_{50}（14 d）75 mg/kg 土壤。

环境行为 对于哺乳动物，在 24 h 之后78%通过尿液和粪便排出，在 96 h 之后97%被排出。在一般的肥沃情况下 DT_{50} 31.1 d。无流动性，能强烈地吸附在有机物上，K_{oc} 18326～285652。

制剂 乳油、水乳剂、乳剂和可湿性粉剂。

主要生产商 江苏蓝丰生物化工股份有限公司、美国富美实公司、内蒙古佳瑞米精细化工有限公司等。

作用机理与特点 作用于昆虫的神经系统,通过阻断钠离子通道来干扰神经系统的功能。此药具有触杀和胃毒作用。杀虫谱广、药效迅速,对光、热稳定,对某些害虫的卵具有杀伤作用。用此药防治对有机磷产生抗性的害虫效果良好,但对螨类和盲蝽防治效果差。该药残效期长,正确使用时对作物安全。

应用

(1) 适用范围 棉花、果树、茶树、大豆、甜菜等作物,以及森林和公共健康方面。

(2) 防治对象 鞘翅目害虫、蚜虫和小菜蛾等,森林和卫生害虫。

(3) 使用剂量 7.5～30 g(a.i.)/hm^2。

(4) 残留量与安全施药 Z-氯氰菊酯残留的许可限量(mg/L):琉璃苣种 0.2;蓖麻植物精油 0.4;蓖麻植物籽 0.2;木樟树种精油 0.2;干橘浆 1.8;柑橘油 4.0;海甘蓝籽 0.2;萼距花(*Cuphea*)种 0.2;蓝蓟(*Echium*)种 0.2;大戟种精油 0.4;大戟(*Euphorbia*)种 0.2;晚樱草精油 0.4;晚樱草种 0.2;亚麻种 0.2;柑橘果 10 种 0.35;金合欢种 0.2;兔耳芥末种 0.2;荷荷芭精油 0.4;荷荷芭种 0.2;*Lesquerella* 种 0.2;银扇草(*Lunaria*)种 0.2;绣丝菊籽种 0.2;马利筋种 0.2;芥末子 0.2;*Niger* 种精油 0.4;*Niger* 种 0.2;蓝花子种 0.2;黄秋葵 0.2;罂粟种 0.2;野稻谷 1.5;玫瑰果精油 0.4;玫瑰果子 0.2;红花种 0.2;芝麻子 0.2;紫苑(*Stokes aster*)精油 0.4;紫苑(*Stokes aster*)子精油 0.2;花萝卜种 0.2;西门木精油 0.4;西门木种 0.2;茶油料植物精油 4;茶油料植物种 0.2;铁鸠菊属(*Vernonia*)植物精油 0.4;铁鸠菊属(*Vernonia*)植物种 0.2。

专利与登记

专利名称 Insecticidal pyrethrin derivatives

专利号 DE 2326077　　　　专利公开日 1974-01-03

专利申请日 1973-05-18　　　专利拥有者 National Research Development Corp.

在其他国家申请的化合物专利 AU 7356105、BE 800006、BR 7303782、CA 1008455、CH 583513、CH 585177、CS 241457、CS 241452、DD 108073、DD 111279、DE 2326077、DK 139573、FI 8003915、FI 7902437、FI 58630、FR 2185612、GB 1413491、HU 170866、IN 139246、IL 42347、IT 990577、JP 52142045、JP 58029292、JP 51063158、JP 57035854、JP 57016806、JP 58012247、JP 60011018、JP 58146503、JP 03006122、JP 03115206、JP 03055442、NL 7307130、NL 176939、PL 94156、PL 94276、SE 418080、US 4024163、US 4622337、US 5004822、ZA 7303528 等。

国内登记情况 3%水乳剂、180 g/L 水乳剂、181 g/L 乳油、88%原药等,登记作物为棉花和十字花科蔬菜等,防治对象蚜虫和棉铃虫等。美国富美实公司在中国登记情况见表 2-94。

表 2-94　美国富美实公司在中国登记情况

登记名称	登记证号	含量	剂型	登记作物/用途	防治对象	用药量	施用方法
zeta-氯氰菊酯	WP20090032	180 g/L	水乳剂	卫生	蚊	56～112 mg/m^2	滞留喷雾
					蝇	56～112 mg/m^2	
					蜚蠊	83～139 mg/m^2	
zeta-氯氰菊酯	PD20060031	181 g/L	乳油	棉花	棉铃虫	17～22 mL/亩	喷雾
				十字花科蔬菜	蚜虫	17～22 mL/亩	
zeta-氯氰菊酯	PD20050157	88%	原药				

参考文献

[1] The Pesticide Manual.17th edition: 1174-1175.

[2] 农药商品大全. 北京: 中国商业出版社, 1996: 135-138.

七氟菊酯（tefluthrin）

(Z)-(1R)-cis

(Z)-(1S)-cis

418.7，C$_{17}$H$_{14}$ClF$_7$O$_2$，79538-32-2

七氟菊酯（试验代号：PP993、ICIA0993，商品名称：Force、Fireban，其他商品名称：Evict、Forca、Force、Force ST、Forza、Imprimo、Traffic）是由 A. R. Jutsum 等报道，由 ICI 公司(现属先正达)开发的菊酯类杀虫剂。

化学名称　2,3,5,6-四氟-4-甲基苄基 (1RS,RS)-3-[(Z)-2-氯-3,3,3-三氟丙-1-烯基]-2,2-二甲基环丙烷羧酸酯或 2,3,5,6-四氟-4-甲基苄基 (1RS)-cis-3-[(Z)-2-氯-3,3,3-三氟丙-1-烯基]-2,2-二甲基环丙烷羧酸酯。英文化学名称为 2,3,5,6-tetrafluoro-4-methylbenzyl (1RS,3RS)-3-[(Z)-2-chloro-3,3,3-trifluoroprop-1-enyl]-2,2-dimethylcyclopropanecarboxylate 或 2,3,5,6-tetrafluoro-4-methylbenzyl (1RS)-cis-3-[(Z)-2-chloro-3,3,3-trifluoroprop-1-enyl]-2,2-dimethylcyclopropanecarboxylate。美国化学文摘(CA)系统名称为 (2,3,5,6-tetrafluoro-4-methylphenyl)methyl (1R,3R)-rel-3-[(1Z)-2-chloro-3,3,3-trifluoro-1-propen-1-yl]-2,2-dimethylcyclopropanecarboxylate。CA 主题索引名为 cyclopropanecarboxylic acid —, 3-[(1Z)-2-chloro-3,3,3-trifluoro-1-propen-1-yl]-2,2-dimethyl (2,3,5,6-tetrafluoro-4-methylphenyl)methyl ester,(1R,3R)-rel-, (1R,3R)-rel。

理化性质　纯品为无色固体，工业品为白色，纯度约92%。纯品熔点 44.6℃，沸点 156℃（133 Pa）。蒸气压 8.4 mPa（20℃），50 mPa（40℃）。lgK_{ow} 6.4，Henry 常数 2×10^2 Pa·m^3/mol（计算），相对密度 1.48（20～25℃）。水中溶解度（20～25℃，pH 5、9）0.02 mg/L，有机溶剂中溶解度（g/L，20～25℃）丙酮、二氯甲烷、乙酸乙酯、正己烷、甲苯＞500，甲醇263。在 15～25℃时，稳定 9 个月以上；在 50℃时，稳定＞84 d 以上。在 pH 5～7 时，水解＞30 d；在 pH 9 时，30 d 水解28%，在 pH 7 时，暴露到日光下，31 d 分解27%～30%。pK_a（20～25℃）＞9，闪点 124℃。

毒性　急性经口 LD$_{50}$（mg/kg）：雄大鼠 22，雌大鼠 35。急性经皮 LD$_{50}$（mg/kg）：雄大鼠 316，雌大鼠 177。对兔眼睛和皮肤有轻微刺激，对豚鼠皮肤无致敏性。吸入 LC$_{50}$（4 h，mg/L）：雄大鼠 0.05，雌大鼠 0.04。狗 NOEL（1 年）0.5 mg/(kg·d)。ADI/RfD（BfR）0.005 mg/kg bw（2011）；（EPA）0.005 mg/kg bw（2010）；EU 0.005 mg/(kg·d)。

生态效应　急性经口 LD$_{50}$（mg/kg）：野鸭＞3960，山齿鹑 730。亚急性饲喂 LC$_{50}$（5 d，mg/kg）：野鸭 2317，山齿鹑 10500。鱼 LC$_{50}$（96 h，mg/L）：虹鳟鱼 60，大翻车鱼 130。

水蚤 EC_{50}：70 mg/L（48 h），羊角月牙藻 EC_{50}＞1.05 mg/L。蜜蜂 LD_{50} 0.28 μg/只（接触），1.88 μg/只（经口）。蚯蚓 LC_{50}（28 d）2.0 mg/kg 土壤。

环境行为 ①动物。参照七氟菊酯在山羊体内的代谢情况（Pestic. Sci., 1989, 25: 375）。②植物。在推荐量下（最小检出量 0.01 mg/kg），在主要作物中都没有残留。③土壤/环境。DT_{50} 150 d（5℃）、24 d（20℃）、17 d（30℃），主要取决于其挥发性。在土壤中有很强的吸附性，七氟菊酯及其代谢物在土壤中不会溢出，不易水解，在水生体系中会迅速分散，在水-沉积物的水表层 DT_{50}＜1 d。

制剂 微囊悬浮剂、颗粒剂。

主要生产商 Syngenta。

作用机理与特点 通过与钠离子通道的交互作用扰乱神经功能，为触杀和熏蒸类杀虫剂，也可以用作一些成年鞘翅目类昆虫的驱避剂。

应用

（1）防治对象 防治鞘翅目和栖息在土壤中的鳞翅目和某些双翅目害虫。在 12～150 g(a.i.)/hm² 剂量下，可广谱地防治土壤节肢动物，包括南瓜十二星叶甲、金针虫、跳甲、金龟子、甜菜隐食甲、地老虎、玉米螟、瑞典麦秆蝇等土壤害虫。

（2）使用方法 颗粒剂和液剂用于玉米和甜菜。施药方法灵活，可用普通设备撒粒剂，用于表土和沟施或种子处理。

玉米中防治长角叶甲时按主要标准药剂特丁磷、克百威施用量的 1/10 施用，其药效就与标准药剂相等。以 112 g/hm² 粒剂撒施。

小麦中防治麦种蝇和瑞典麦秆蝇，以 0.4～0.6 g/kg 种子剂量处理种子。

七氟菊酯对鳞翅目害虫玉米螟的防治，粒剂对几个国家的玉米螟都有良好的防效。对双翅目害虫的防治，七氟菊酯以 0.2 g(a.i.)/kg 种子剂量处理种子，可显著减少麦种蝇和瑞典麦秆蝇对小麦的危害，以 0.4～0.6 g(a.i.)/kg 种子剂量处理种子，可增加玉米出苗率和减少种蝇的危害。

（3）注意事项 产品贮于低温通风房间，勿与食品、饲料等混置，勿让孩童接近。使用时戴护目镜和面罩，避免皮肤接触和吸入粉尘。处理后要用水冲洗眼睛和皮肤；如有刺激感，可敷药物治疗。发生误服，给患者饮 1～2 杯温开水，以手指探喉催吐，并送医院诊治。

专利与登记

专利名称 Substituted benzyl esters of cyclopropane carboxylic acids and their praparation compositions containing them and methods of combating insect pests therewith, and substitutes benzyl alcohols

专利号 EP 31199　　　　公开日期 1981-7-01

申请日 1979-12-21　　　　拥有者 ICI（现属先正达公司）

在其他国家申请的化合物专利 AU 545220、AU 2771584、AU 537917、AU 6491780、CA 1146582、ES 8200858、EP 0031199、GB 2066810、HU 187100、IL 61652、JP 56097251、JP 2000125、NL 971015、US 4405640、ZM 11180、ZW 29880 等。

制备专利 TW 201900594、AU 2017203635、CN 1213992、JP 4685779、CN 101125816、CN 100366591、CN 100358858、WO 2018218896、AR 74164、CN 102584592、CN 101643414、CN 101638367、WO 2009138373、CN 101348437、CN 101323571、CN 1760168、WO 2005035474、RD 478004、WO 2003053905、WO 2002100525、WO 2002034707、WO 2002034706、WO 2002006202、FR 2667313、EP 498724、EP 302612、EP 302626 等。

合成方法 以 CF₃CCl₃ 为原料，与 CH₂=CHC(CH₃)₂CH₂CO₂C₂H₅ 加成反应后，经环合、脱氯化氢、水解转变成酰氯化合物，最后与 2,3,5,6-四氟-4-甲基苄醇反应，即制得七氟菊酯。反应式如下：

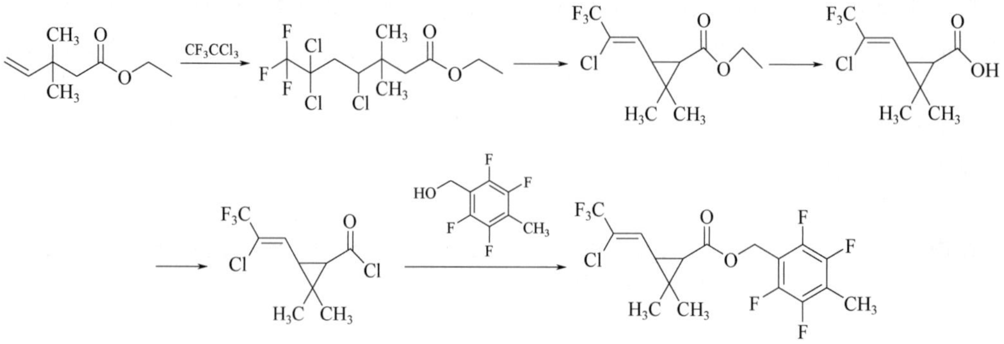

参考文献

[1] The Pesticide Manual. 17th edition: 1066-1067.

[2] 农药商品大全. 北京: 中国商业出版社, 1996: 197-199.

[3] 罗守进. 农业灾害研究, 2013, 3(5): 19-21.

氰戊菊酯（fenvalerate）

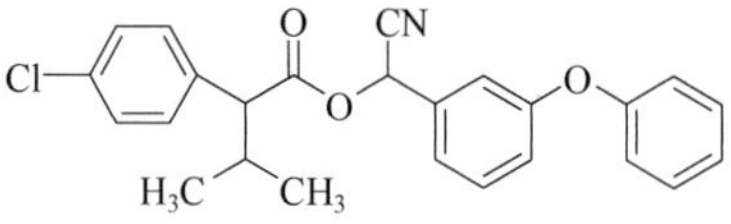

419.9，$C_{25}H_{22}ClNO_3$，51630-58-1

氰戊菊酯（试验代号：S-5602、WL 43775、OMS2000，商品名称：Agrocidin、Cegah、Devifen、Fencur、Fendust、Fenero、Fenirate、Fen X、First、Fenkill、Fenny、Fenrate、Fenval、Fist、Fyrate、Gilfen、Hilfen、Kilpes、Krifen、Molfen、Newfen、Parryfen、Parry Fen、Sanvalerate、Shamiethrin、Starfen、Suarate、Sumicidin、Sumitox、Tatafen、Tribute、Triumphcard、Valor、Valour、Vapcocidin、Vifenva、Vapcolerate、杀灭速丁、百虫灵、速灭杀得、丰收苯、虫畏灵、分杀、芬化利、军星 10 号、杀灭虫净，其他名称：速灭菊酯、杀菊酯、中西杀灭菊酯、敌虫菊酯、异戊氰菊酯、戊酸氰醚酯、速灭菊酯）是日本住友公司开发的拟除虫菊酯类（pyrethroids）杀虫剂。

化学名称 (RS)-α-氰基-3-苯氧苄基(RS)-2-(4-氯苯基)-3-甲基丁酸酯。英文化学名称为 (RS)-α-cyano-3-phenoxybenzyl(RS)-2-(4-chlorophenyl)-3-methylbutyrate。美国化学文摘系统名称为 cyano(3-phenoxyphenyl)methyl 4-chloro-α-(1-methylethyl)benzeneacetate。CA 主题索引名称为 benzeneacetic acid —, 4-chloro-α-(1-methylethyl) —, cyano(3-phenoxyphenyl)methyl ester。

理化性质 氰戊菊酯工业品为黏稠黄色或棕色液体，在室温条件下，有时会出现部分晶体。熔点 39.5～53.7℃。蒸馏时分解。蒸气压 0.0192 mPa（20℃）。$\lg K_{ow}$ 5.01。相对密度 1.175（20～25℃）。水中溶解度（20～25℃）＜0.010 mg/L。有机溶剂中溶解度（g/L，20～25℃）：

正己烷 53、二甲苯＞200、甲醇 84。对水和热稳定。在酸性介质中相对稳定，但在碱性介质中迅速水解。闪点 230℃。

毒性　大鼠急性经口 LD_{50} 451 mg/kg。急性经皮 LD_{50}（mg/kg）：兔 1000～3200，大鼠＞5000。对兔皮肤和眼睛有轻微刺激作用；大鼠吸入 LC_{50}＞0.101 mg/L；大鼠 NOEL 值（2 年）250 mg/kg 饲料；ADI/RfD（EMEA）0.0125 mg/kg bw（2002）；（JMPR）0.02 mg/kg bw（1986）；（EPA）cRfD 0.025 mg/kg bw（1992）。

生态效应　鸟类急性经口 LD_{50}（mg/kg）：家禽＞1600，野鸭 9932。饲喂 LC_{50}（mg/kg）：山齿鹑＞10000，野鸭 5500。虹鳟鱼 LC_{50}（96 h）0.0036 mg/L。对蜜蜂有毒，LD_{50}（触杀）0.23 μg/只。对一些非靶标生物有毒性。

环境行为　原药及其降解产物的快速降解和分解作用，降低了它们的毒性以及在土壤中的溶淋作用。虽然在试验室条件下药剂对鱼和蜜蜂高毒，但是在田间条件下由于沉积物的吸附作用及药品的驱避作用，其对生物的影响显著减小。该报告的结论是在建议条件下使用此药剂对环境的风险不大；在哺乳动物体内，经口给药后，氰戊菊酯迅速降解。在 6～14 d 内高达 96%的降解产物通过粪便排到体外。在植物中，氰戊菊酯通过酯键裂解成两部分，接着在苯氧的 2 位和 4 位羟基化，同时氰基水解成酰胺和羧基。形成酸和酚的大多数转化为苷；在水介质中，化合物酯键断裂。在光照条件下，发生脱羧反应，并伴随离去基团重组。土壤中 DT_{50} 为 75～80 d。

制剂　乳油、悬浮剂、可湿性粉剂、超低容量液剂。

主要生产商　Atul、BASF、Bharat Rasayan、Coromandel、Gharda、Isagro、Rallis、Sinon、Sumitomo Chemical、UPL、重庆农药化工（集团）有限公司、绩溪县庆丰天鹰生化有限公司、江苏常隆农化有限公司、江苏春江润田农化有限公司、江苏耕耘化学有限公司、江苏皇马农化有限公司、江苏润泽农化有限公司、江苏省农用激素工程技术研究中心有限公司、开封博凯生物化工有限公司、南京保丰农药有限公司、南京红太阳股份有限公司、山东大成生物化工有限公司、中山凯中有限公司等。

作用机理与特点　该药剂为拟除虫菊酯类杀虫剂和杀螨剂。主要作用于神经系统，为神经毒剂，通过与钠离子通道作用，破坏神经元的功能。该药剂具有触杀和胃毒作用，无内吸和熏蒸作用。杀虫谱广，能够作用于对有机氯杀虫剂、有机磷杀虫剂和氨基甲酸酯类杀虫剂产生抗性的害虫。

应用

（1）适用作物　水果（如葡萄、橄榄）、啤酒花、坚果、蔬菜、瓜类、棉花、油菜、向日葵、苜蓿、谷类（如玉米、高粱）、马铃薯、甜菜、花生、大豆、烟草、甘蔗、观赏植物等。

（2）防治对象　防治咀嚼、刺吸和钻蛀类害虫（鳞翅目、双翅目、直翅目、半翅目和鞘翅目等），如玉米螟、蚜虫、油菜花露尾甲、甘蓝夜蛾、菜粉蝶、苹果蠹蛾、苹蚜、棉蚜、桃小食心虫等。还用于防治飞行和爬行的公共卫生害虫、家畜圈内害虫及动物体外寄生物。

（3）残留量与安全施药　20%氰戊菊酯乳油对棉花每季最多使用次数为 3 次，安全间隔期为 7 d。对叶菜每季最多使用次数为 3 次，安全间隔期为 12 d。对大豆每季最多使用次数为 1 次，安全间隔期为 10 d。对苹果每季最多使用次数为 3 次，安全间隔期为 14 d。对柑橘每季最多使用次数为 3 次，安全间隔期为 7 d。对茶叶每季最多使用次数为 1 次，安全间隔期为 10 d。氰戊菊酯在中国具体残留标准如下：甘蓝类蔬菜 0.5 mg/kg，棉籽油 0.1 mg/kg，水果 0.2 mg/kg，果菜类蔬菜 0.2 mg/kg，叶菜类蔬菜 0.5 mg/kg，瓜菜类蔬菜 0.2 mg/kg，花生 0.1 mg/kg，块根类蔬菜 0.05 mg/kg，大豆 0.1 mg/kg，小麦粉 0.2 mg/kg。

（4）应用技术　在害虫、害螨并发的作物上使用此药，由于对螨无效，对天敌毒性高，易造成害螨猖獗，所以要配合杀螨剂；不要与碱性农药等物质混用；对蜜蜂、鱼虾、家蚕等毒性高，使用时注意不要污染河流、池塘、桑园、养蜂场所。

（5）使用方法

① 棉花害虫的防治　棉铃虫于卵孵盛期、幼虫蛀蕾铃之前施药，每亩用 20%乳油 25～50 mL 水喷雾。棉红铃虫在卵孵盛期也可用此浓度进行有效防治。同时可兼治红蜘蛛、小造桥虫、金刚钻、卷叶虫、蓟马、盲蝽等害虫。棉蚜每亩用 20%乳油 10～25 mL，对伏蚜则要增加用量。

② 果树害虫的防治　柑橘潜叶蛾在各季新梢放梢初期施药，用 20%乳油 5000～8000 倍喷雾。同时兼治橘蚜、卷叶蛾、木虱等。柑橘介壳虫于卵孵盛期用 20%乳油 2000～4000 倍液喷雾。

③ 蔬菜害虫的防治　菜青虫 2～3 龄幼虫发生期施药，每亩用 20%乳油 10～25 mL。小菜蛾在 3 龄前用 20%乳油 15～30 mL/亩进行防治。

④ 大豆害虫的防治　防治食心虫于大豆开花盛期、卵孵高峰期施药，每亩用 20%乳油 20～40 mL，能有效防治豆荚被害，同时可兼治蚜虫、地老虎。

⑤ 小麦害虫的防治　防治麦蚜、黏虫，于麦蚜发生期、黏虫 2～3 龄幼虫发生期施药，用 20%乳油 3000～4000 倍液喷雾。

⑥ 防治枣树、苹果等果树的桃小食心虫、梨小食心虫、刺蛾、卷叶虫等　在成虫产卵期间，于初孵幼虫蛀果前喷洒 3000 倍 20%氰戊菊酯乳油，可杀灭虫卵、幼虫，防止蛀果，其残效期可维持 10～15 d，保果率高。

⑦ 防治蟆蛾、叶蛾等　在幼虫出蛰危害初期喷洒 2000～3000 倍 20%氰戊菊酯乳油，杀虫保叶效果好，还可兼治蚜虫、木虱等。

⑧ 防治叶蝉、潜叶蛾等　在成虫产卵初期喷布 4000～5000 倍 20%乳油，杀虫保叶效果良好。

⑨ 防治枣树、苹果等果树的食叶性害虫刺蛾类、天幕毛虫、苹果舟蛾等　在低龄幼虫盛发期、集中危害时喷洒 20%乳油 2000～5000 倍液。

在我国推荐使用情况见表 2-95。

表 2-95　氰戊菊酯在我国推荐使用情况

登记作物	防治对象	用药量	施用方法
小麦	蚜虫	187.5～262.5 g/hm²	喷雾
十字花科蔬菜	菜青虫	90～120 g/hm²	喷雾
苹果树	桃小食心虫	80～100 mg/kg	喷雾
棉花	害虫	75～150 g/hm²	喷雾
柑橘树	潜叶蛾	16～25 mg/kg	喷雾
大豆	豆荚螟	60～120 g/hm²	喷雾
大豆	食心虫	60～90 g/hm²	喷雾

登记作物	防治对象	用药量	施用方法
大豆	蚜虫	30～60 g/hm²	喷雾
叶菜类蔬菜	害虫	60～120 g/hm²	喷雾
苹果树	桃小食心虫	50～100 mg/kg	喷雾
甘蓝	菜青虫	150～225 g/hm²	喷雾
玉米	玉米螟	300～375 g/hm²	喷雾

专利与登记

专利名称　Substituted phenylacetic acid ester insecticides

专利号　GB 1439615（US 4062968）　　专利公开日　1975-07-10

专利申请日　1973-07-11　　优先权日　1972-07-11

专利拥有者　Sumitomo Chemical Co., Ltd.（JP）

在其他国家申请的化合物专利　AT 341510、AU 475379、AU 5799673、AT 7306086、AU 7357996、BE 801946、BG 21174、CA 1023370、CS 207554、CH 585688、DE 2335347、DE 2365555、DK 153467、DD 108737、EG 11383、ES 416790、FI 66346、FR 2216919、FI 8102079、FI 78294、FI 7403537、FI 66345、FR 2241533、HU 28633、GB 1439616、HK 12677、HU 184524、HU 185369、HU 30052、HU 173393、HU 184524、IN 138895、IL 42703、IT 989803、JP 49126826、JP 56004522、JP 51033612、JP 49026425、KE 2717、MY 16777、NL 166009、NO 141752、NL 7309483、NL 7908482、NL 171803、NL 171804、PH 13884、PL 104464、RO 68448、SE 412228、SU 627749、US 4016179、US 3996244、US 4031235、US 4039680、US 4266074、US 4531008、YU 186773、ZA 7304462 等。

制备专利　CN 106278944、CN 102675149、CN 1239473、CN 107673996、CN 101058532、WO 2006010994、CN 1609099、JP 07070040、JP 06271514、JP 61050954、EP 109681、JP 58183662、US 4360689、EP 40991、DE 2737297、DE 2365555 等。

国内登记情况　20%、25%、40%乳油等，登记作物为棉花和十字花科蔬菜，防治对象菜青虫、蚜虫和棉铃虫等。日本住友化学株式会社在中国登记情况见表 2-96。

表 2-96　日本住友化学株式会社在中国登记情况

登记名称	登记证号	含量	剂型	登记作物	防治对象	用药量	施用方法
氰戊菊酯	PD17-86	20%	乳油	大豆	豆荚螟	20～40 g/亩	喷雾
				大豆	食心虫	20～30 g/亩	
				大豆	蚜虫	10～20 g/亩	
				柑橘树	潜叶蛾	8000～12500 倍液	
				棉花	害虫	25～50 g/亩	
				苹果树	桃小食心虫	2000～4000 倍液	
				叶菜类蔬菜	害虫	20～40 g/亩	
氰戊菊酯	PD253-98	95.6%	原药				

合成方法　经如下反应制得氰戊菊酯：

方法一：α-异丙基对氯苯乙酸用氯化试剂氯化，然后与 3-苯氧基苯甲醛及氰化钠水溶液反应制得氰戊菊酯。国外有文献报道一步法采用正庚烷、石油醚、苯、甲苯作溶剂，使用相转移催化剂 TEBA 等，国内采用无溶剂法。

方法二：α-羟基磺酸盐法。由 3-苯氧基苯甲醛与亚硫酸氢钠反应生成相应磺酸盐，该磺酸盐直接与氰化钠水溶液作用生成氰醇，并随即与 α-异丙基对氯苯乙酰氯反应，生成氰戊菊酯。

参考文献

[1] The Pesticide Manual.17 th edition: 475-477.

[2] 农药商品大全. 北京: 中国商业出版社, 1996: 132.

[3] 王苗儿, 吴海滨, 娄全强. 杭州化工, 2005, 35(4): 23-24.

[4] 黄雄英, 周小毛. 农药科学与管理, 2007, 11: 39-40.

[5] 李婷. 农业灾害研究, 2013, 3(5): 15-18+21.

[6] 陈华仕. 农业灾害研究, 2011, 1(2): 34-36.

高氰戊菊酯（esfenvalerate）

419.9，$C_{25}H_{22}ClNO_3$，66230-04-4

高氰戊菊酯（试验代号：S-1844、DPX-YB656、OMS 3023，商品名称：Asana、Adjourn、Fast、Halmark、Mandarin、Stella、Sumi-alfa、Sumi-alpha、Sumidan、Vifen alpha、白蚁灵、来福灵、霹杀高、强福灵、强力农、双爱士，其他名称：fenvalerate-U、alpha-fenvalerate、高效氰戊菊酯、顺式氰戊、S-氰戊菊酯）是由日本住友化学工业公司开发的拟除虫菊酯类(pyrethroids)杀虫剂。

化学名称 (S)-α-氰基-3-苯氧基苄基(S)-2-(4-氯苯基)-3-甲基丁酸酯。英文化学名称为(S)-

α-cyano-3-phenoxybenzyl(S)-2-(4-chlorophenyl)-3-methylbutyrate。美国化学文摘系统名称为 [S-(R*,R*)]-cyano(3-phenoxyphenyl)methyl 4-chloro-2-(1-methylethyl)benzeneacetate。CA 主题索引名称为 benzeneacetic acid—,4-chloro-α-(1-methylethyl)—,(S)-cyano(3-phenoxyphenyl) methyl ester,(αS)-。

组成　工业品中总异构体量 98%和 75%的(S,S)-异构体。

理化性质　无色晶体，工业品为黄棕色黏稠状液体或固体（23℃），熔点 38~54℃，沸点>360℃（$1.01×10^5$ Pa），闪点 256℃。蒸气压为 $1.17×10^{-6}$ mPa（20℃）。lgK_{ow} 6.24（pH 7，25℃）。相对密度 1.26（20~25℃）。Henry 常数 $4.20×10^{-2}$ Pa·m³/mol（计算）。水中溶解度（20~25℃）0.002 mg/L，有机溶剂中溶解度（g/L，20~25℃）：二甲苯、丙酮、氯仿、甲醇、乙醇、N,N-二甲基甲酰胺、己烯乙二醇>450，正己烷 77。对光和热较稳定，在 pH 5、7、9 时水解（25℃）。旋光度 $[α]_D^{25}$ = −15.0（c = 2，甲醇）。

毒性　大鼠急性经口 LD_{50}：75~88 mg/kg，急性经皮 LD_{50}（mg/kg）：兔>2000，大鼠>5000。本品对兔眼睛中度刺激，对兔皮肤轻度刺激。对豚鼠皮肤致敏。大鼠 NOEL 2 mg/kg bw。ADI/RfD：（JMPR）0.02 mg/kg bw（2002）；（EC）0.02 mg/kg bw（2000）；（EPA）0.02 mg/kg bw（1996）。急性 LD_{50} 值随工具、浓度、路线以及物种种类等的不同而有所不同，有时 LD_{50} 值差异显著。动物试验测试表明无致癌性、无发育和繁殖毒性。

生态效应　山齿鹑急性经口 LD_{50} 381 mg/kg，鸟类 LC_{50}（mg/L，8 d）：山齿鹑>5620，野鸭 5247。对水生动物剧毒，鱼 LC_{50}（96 h，μg/L）：黑头呆鱼 0.690，大翻车鱼 0.26，虹鳟鱼 0.26。水蚤 EC_{50}（48 h）0.9 μg/L，水藻 E_rC_{50} 10 μg/L。蜜蜂 LD_{50}（接触）0.017 μg/只。

环境行为　①动物。在大鼠和其他动物体内发生快速代谢和消除，主要的代谢作用包括 2′位和 4′位羟基的羟基化作用、酯断裂、醇的羟基化和氧化作用、氰基的氧化，以及硫酸、甘氨酸和葡萄糖醛酸和酸性代谢物的共轭。同时在苯氧基环的 2′位和 4′位羟基的羟基化作用和氰基水解成酰胺与羧基。大多数的羧酸和酚还生成络合物。②植物。在植物中主要代谢物是脱羧氰戊菊酯。酯断裂，氰基水解成酰胺和羧酸，苯氧基 2′位和 4′位羟基的羟基化作用，苯氧基 2′位和 4′位上的羟基转化为 3-苯氧基苯甲酸和 3-苯氧基苄醇，和由此产生的羧酸和醇糖共轭。③土壤/环境。在沙地（0.38%土壤有机质）中 K_d（25℃）4.4；沙壤土（pH 7.3，1.1%土壤有机质）中 K_d（25℃）6.4，DT_{50} 88 d；粉沙壤土（pH 5.3，2.0%土壤有机质）中 K_d（25℃）71，DT_{50} 114 d；黏壤土（pH 5.7，0.2%土壤有机质）DT_{50} 287 d；黏壤土（pH 6.4，1.5%土壤有机质）K_d（25℃）105，K_{oc} 5300。

制剂　悬浮剂、超低容量液剂、乳油。

主要生产商　BASF、DuPont、Ihara、Sumitomo Chemical、Valent、江苏耕耘化学有限公司、江苏皇马农化有限公司、江苏润泽农化有限公司、江苏省激素研究所股份有限公司、江苏省农用激素工程技术研究中心有限公司、日本住友化学株式会社、山东华阳农药化工集团有限公司等。

作用机理与特点　钠通道抑制剂。具有触杀和胃毒作用的杀虫剂。它是氰戊菊酯所含 4 个异构体中最高效的一个，杀虫活性比氰戊菊酯高约 4 倍，同时在阳光下较稳定，且耐雨水淋洗。

应用

（1）适宜作物　棉花、玉米、马铃薯、冬小麦、春大麦、油菜、啤酒花、黄瓜、番茄、苹果、梨。

（2）防治对象　玉米螟、蚜虫、油菜花露尾甲、甘蓝夜蛾、菜粉蝶、苹果蠹蛾、茶尺蠖、苹蚜、棉蚜、桃小食心虫、棉铃虫、红铃虫、大豆芽、菜青虫、豆野螟、小绿叶蝉等多种害虫、害螨。

（3）残留量与安全施药　本品不宜与碱性物质混用。喷药应均匀周到，尽量减少用药次数及用药量，而且应与其他杀虫剂交替使用或混用，以延缓抗药性的产生，用药时不要污染河流、池塘、桑园和养蜂场等。

（4）使用方法　该药剂属于拟虫菊酯类杀虫剂，具有广谱触杀和胃毒特性，无内吸和熏蒸作用，对光稳定，耐雨水冲刷。

（5）应用技术　以喷雾方式使用。①防治棉铃虫和红铃虫，应在卵孵化盛期施药，每亩用5%乳油25～35 mL，根据虫情可每隔7～10 d喷药一次。②防治桃小食心虫，在卵孵化盛期或是根据测报，在成虫高峰后2～3 d施药，用5%乳油1500～2500倍液喷雾，间隔10～15 d连喷2～3次。③防治潜叶蛾用5%乳油4000～6000倍，间隔7～10 d连喷2次。④防治菜青虫和小菜蛾，在幼虫3龄期前喷药，每亩用5%乳油15～30 mL。⑤防治豆野螟在卵孵化盛期施药，每亩用5%乳油20～30 mL对水喷雾。⑥防治大豆蚜虫，在发生期喷药，每亩用5%乳油10～20 mL。防治茶尺蠖、茶毛虫和小绿叶蝉等，在幼虫和若虫发生期施用5%乳油5000～8000倍液喷雾，持效期10～15 d，本剂对有机氯、有机磷和氨基甲酸酯类杀虫剂产生抗性的害虫也有效。

专利与登记

专利名称　Pesticidal aromatic and alicyclic substituted acetates

专利号　DE 2335347　　　　　专利公开日　1974-02-14

专利申请日　1973-06-11　　　　优先权日　1973-06-11

专利拥有者　Sumitomo Chemical Co. Ltd.（JP）

在其他国家申请的化合物专利　BE 801946、DE 2335347、JP 49026425、JP 56004522、JP 49126826、JP 51033612、US 3996244、US 4016179、US 4031235、US 4039680、US 4266074、US 4531008、ZA 7304462等。

制备专利　CN 107673996、CN 106278944、CN 102675149、CN 101058532、WO 2006010994、CN 1609099、JP 07070040、JP 06271514、JP 61050954、EP 109681、JP 58183662、US 4360689、EP 40991、DE 2737297、DE 2365555等。

国内登记情况　5%、50 g/L乳油，90%、93%、97%原药，5%、50 g/L水乳剂等，登记作物为甘蓝、苹果树、棉花和小麦等，防治对象桃小食心虫、蚜虫、棉铃虫和菜青虫等。日本住友化学株式会社在中国登记情况见表2-97。

表2-97　日本住友化学株式会社在中国登记情况

登记名称	登记证号	含量	剂型	登记作物	防治对象	用药量	施用方法
S-氰戊菊酯	PD252-98	83%	原药				
	PD20080532	50 g/L	水乳剂	甘蓝	菜青虫	18～30 mL/亩	喷雾
				苹果	桃小食心虫	2000～4000倍液	
				烟草	烟青虫	12～24 mL/亩	
				烟草	烟蚜	12～24 mL/亩	
	PD118-90	50 g/L	乳油	大豆	食心虫	10～20 mL/亩	喷雾
				大豆	蚜虫	10～20 mL/亩	
				甘蓝	菜青虫	10～20 mL/亩	

续表

登记名称	登记证号	含量	剂型	登记作物	防治对象	用药量	施用方法
S-氰戊菊酯	PD118-90	50 g/L	乳油	柑橘树	潜叶蛾	7150～8350 倍液	喷雾
				棉花	害虫	25～35 mL/亩	
				苹果树	桃小食心虫	2000～3125 倍液	
				森林	松毛虫	6250～10000 倍液	
				甜菜	甘蓝夜蛾	10～20 mL/亩	
				小麦	蚜虫	10～15 mL/亩	
				小麦	黏虫	10～15 mL/亩	
				烟草	蚜虫	10～15 mL/亩	
				烟草	烟青虫	10～15 mL/亩	
				玉米	黏虫	10～20 mL/亩	

合成方法 高氰戊菊酯可由外消旋混合物，即氰戊菊酯拆分制得。将高氰戊菊酯与其光学异构体混合物溶于热的庚烷-甲苯混合溶剂中，然后将溶液冷却至 23～30℃，加入甲醇，混合物再冷却至-16℃，投入高纯的高氰戊菊酯，并通入氨气，混合物在-16℃下搅拌，并经后处理，得到纯的高氰戊菊酯。

酸部分以 4-氯苯乙腈为原料，在相转移催化剂和氢氧化钠存在下，与 2-氯代丙烷进行烷基化反应，然后水解，制得 3-甲基-2-(对氯苯基)丁酸，反应如下：

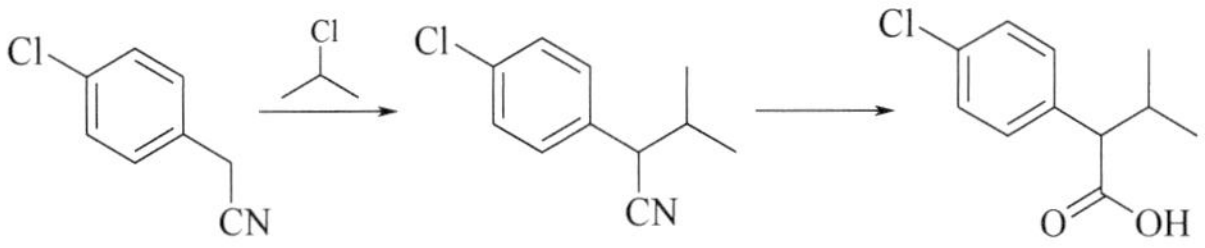

3-苯氧基甲苯氯化后，在六亚甲基四胺存在下，在水溶液或醇中回流，得到间苯氧基苯甲醛，该化合物与氰化钠和醋酸反应，得到间苯氧基-α-羟基苯乙腈。

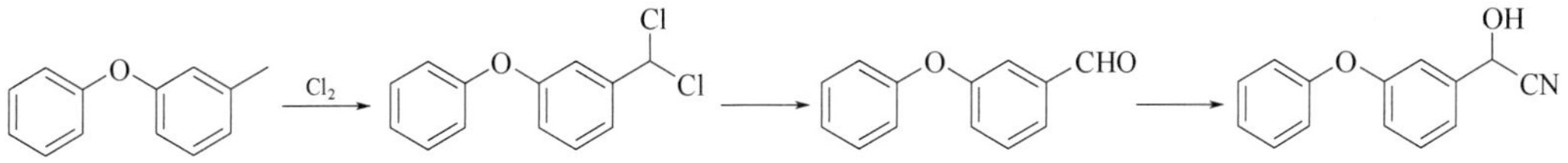

将上述两个中间体继续反应即可得到氰戊菊酯，然后经拆分就可得到高氰戊菊酯。

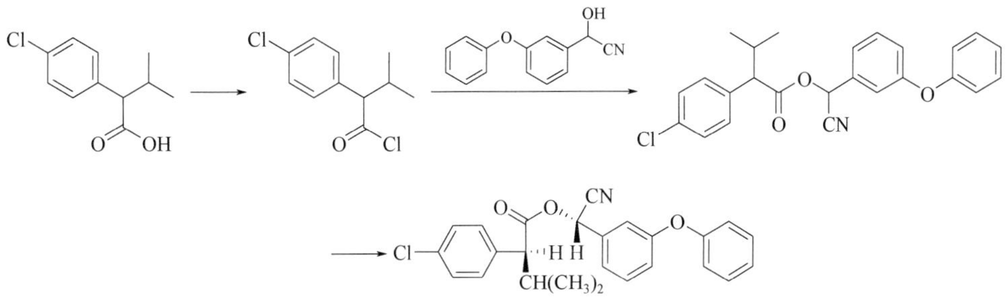

参考文献

[1] The Pesticide Manual. 17 th edition: 414-415.

[2] 农药商品大全. 北京: 中国商业出版社, 1996: 129-132.

炔丙菊酯（prallethrin）

300.4，$C_{19}H_{24}O_3$，23031-36-9

炔丙菊酯（试验代号：S-4068SF、OMS3033，商品名称：Etoc、益多克）是 Sumitomo 公司开发的拟除虫菊酯类杀虫剂。

化学名称 (RS)-2-甲基-4-氧代-3-(丙-2-炔基)-环戊-2-烯基(1RS,3RS;1RS,3SR)-2,2-二甲基-3-(2-甲基丙-1-烯基)环丙烷羧酸酯或(1RS,3RS;1RS,3SR)-2,2-二甲基-3-(2-甲基丙-1-烯基)环丙烷羧酸-(RS)-2-甲基-4-氧代-3-(丙-2-炔基)-环戊-2-烯酯或(RS)-2-甲基-4-氧代-3-(丙-2-炔基)-环戊-2-烯基(1RS)-cis-trans-2,2-二甲基-3-(2-甲基丙-1-烯基)环丙烷羧酸酯或(1RS)-cis-trans-2,2-二甲基-3-(2-甲基丙-1-烯基)环丙烷羧酸-(RS)-2-甲基-4-氧代-3-(丙-2-炔基)-环戊-2-烯基酯。英文化学名称为(RS)-2-methyl-4-oxo-3-prop-2-ynylcyclopent-2-enyl (1RS,3RS;1RS,3SR)-2,2-dimethyl-3-(2-methylprop-1-enyl)cyclopropanecarboxylate 或(RS)-2-methyl-4-oxo-3-prop-2-ynylcyclopent-2-enyl (1RS)-cis-trans-2,2-dimethyl-3-(2-methylprop-1-enyl)cyclopropanecarboxylate。美国化学文摘系统名称为 2-methyl-4-oxo-3-(2-propyn-1-yl)-2-cyclopenten-1-yl-2,2-dimethyl-3-(2-methyl-1-propen-1-yl)cyclopropanecarboxylate。CA 主题索引名称为 cyclopropanecarboxylic acid—, 2,2-dimethyl-3-(2-methyl-1-propenyl)- 2-methyl-4-oxo-3-(2-propynyl)-2-cyclopenten-1-yl ester。

理化性质 产品为黄色至黄棕色的液体，沸点为 313.5℃（1.01×10⁵ Pa），蒸气压＜0.013 mPa（23.1℃），相对密度 1.03（20～25℃），$\lg K_{ow}$ 4.49，Henry 常数＜$4.8×10^{-4}$ Pa • m³/mol。水中溶解度（20～25℃）8.0 mg/L，有机溶剂中溶解度（g/L，20～25℃）正己烷＞330、甲醇＞400、二甲苯＞430。在通常的储存条件下能稳定存在至少 2 年。闪点 133℃。

毒性 急性经口 LD_{50}(mg/kg)：雄大鼠 640，雌大鼠 460。大鼠急性经皮 LD_{50}＞5000 mg/kg，对兔眼和皮肤无刺激作用，对豚鼠皮肤无致敏性。大鼠吸入 LC_{50}（4 h，mg/L）：雄大鼠 0.855，雌大鼠 0.658。狗 NOEL（1 年）5 mg/kg bw，ADI/RfD（EPA）0.05 mg/kg bw（1994）。

生态效应 鸟类急性经口 LD_{50}（mg/kg）：山齿鹑 1171，野鸭＞2000。山齿鹑、野鸭饲喂 LC_{50}＞5620 mg/L。鱼类 LC_{50}（96 h，mg/L）：虹鳟鱼 0.012，大翻车鱼 0.022。水蚤 EC_{50}（48 h）0.0062 mg/L。水藻 E_bC_{50}（72 h）2.0mg/L。

环境行为 能够被土壤迅速吸收。在阳光下土壤中的降解半衰期为 25 d，水中的降解半衰期为 13.6 h。

制剂 气雾剂、乳油、水乳剂、蚊香、油剂。

主要生产商 Sumitomo Chemical、江苏丰登作物保护股份有限公司、江苏优嘉植物保护有限公司、中山凯中有限公司等。

作用机理与特点 通过作用于钠离子通道来干扰神经作用。该产品是一种高效、低毒、低残留的卫生用拟除虫菊酯杀虫剂，具有强烈触杀和击倒作用，致死活性比同构型烯丙菊酯高 4 倍以上，对蟑螂有突出的驱赶作用。

应用

（1）防治对象　主要用于防治家蝇、蚁、蚊虫、虱、蟑螂等家庭害虫，还适用于防治猫、狗等宠物身体上寄生的跳蚤、体虱等害虫，也可和其他药剂混配作农场、畜舍、牛奶房喷射剂，用于防治飞翔害虫。

（2）使用方法　加工成蚊香、电热蚊香、液体蚊香和喷雾剂，防治家蝇、蚊虫、虱、蟑螂等家庭害虫，推荐使用量如下：（以有效成分计）蚊香，含本品 0.05%；电热蚊香，含本品 10 mg/片，控制电加热器中心温度 125～135℃；液体蚊香，含本品 0.66%，配加适量稳定剂、缓释剂；气雾剂，含本品 0.05%～0.2%，配加适量增效剂和乳化剂。

（3）使用贮存注意事项　①避免与食品、饲料混置。②处理原油最好用口罩、手套防护，处理完毕后立即清洗，若药液溅上皮肤，用肥皂及清水清洗。③用后空桶不可在水源、河流、湖泊洗涤，应销毁掩埋或用强碱液浸泡数天后清洗回收使用。④本品应在避光、干燥、阴冷处保存。

专利与登记

专利名称　Insecticide containing chrysanthemum monocarboxylic acid esters

专利号　DE 2348930　　　　　公开日期　1974-04-11

申请日　1973-09-28　　　　　优先权日　1972-09-29

拥有者　Sumitomo Chemical Co., Ltd.

在其他国家申请的化合物专利　JP 49054529、JP 55016402、NO 138318、ZA 7307516、IN 138685、US 3934023、GB 1443533、FR 2201036、CH 595062、CH 595063、DK 139702、SU 664529、FI 56475、SE 417267、BE 805442、NL 7313373、DD 106775、AT 7308360、AT 332679、CA 1007564、CS 203967、HU 177749、PL 98702、PL 99484、RO 71392、SU 572171、CS 203968、NL 7608016、NL 178476、SE 7610860、SE 430298、DK 7700437、DK 149423、DK 8104495、DK 151403 等。

制备专利　KR 100142415、WO 2018050213、JP 2017145201、WO 2011122508、JP 2010173953、WO 2010087418、IN 2008MU00024、EP 1227077 等。

日本住友化学株式会社在国内登记了 10% 母药、90% 原药。

合成方法　经如下反应合成：以 2-甲基呋喃为原料，经甲酰化反应、格氏反应、两步重排和酯化反应制得。

参考文献

[1] The Pesticide Manual. 17th edition: 899-900.

[2] 谢维跃, 蒋佑清, 李芸, 等. 中华卫生杀虫药械, 2001, 3(7): 26-27.

[3] 赵发祥, 陶敏, 李国镇. 化学世界, 1990(2): 78-82.

炔咪菊酯（imiprothrin）

318.4，C₁₇H₂₂N₂O₄，72963-72-5

炔咪菊酯（试验代号：S-41311，商品名称：Pralle、捕杀雷、强力，其他名称：脒唑菊酯）是日本住友化学开发的拟除虫菊酯类杀虫剂。

化学名称　(1R,S)-顺,反式菊酸-[2,5-二氧-3-(2-丙炔基)]-1-咪唑烷基甲基酯，(1R,S)-顺反式-2,2-二甲基-3-(2-甲基-1-丙烯基)环丙烷羧酸-[2,5-二氧-3-(2-丙炔基)]-1-咪唑烷基甲基酯。英文化学名称为混合物 20%的 2,5-dioxo-3-prop-2-ynylimidazolidin-1-ylmethyl(1R,3S)-2,2-dimethyl-3-(2-methylprop-1-enyl)cyclopropane-carboxylate 和 80%的 2,5-dioxo-3-prop-2-ynylimidazolidin-1-ylmethyl(1R,3R)-2,2-dimethyl-3-(2-methylprop-1-enyl)cyclopropanecarboxylate。美国化学文摘系统名称[2,5-dioxo-3-(2-propynyl)-1-imidazolidinyl]methyl 2,2-dimethyl-3-(2-methyl-1-propenyl) cyclopropanecarboxylate。CA 主题索引名称为 cyclopropanecarboxylic acid —,2,2-dimethyl-3-(2-methyl-1-propenyl)-[2,5-dioxo-3-(2-propynyl)-1-imidazolidinyl]methyl ester,(1R)-。

理化性质　工业品为琥珀色黏稠液体，略微有甜味。蒸气压 0.0018 m Pa（25℃）。lgK_{ow} 2.9。Henry 常数 6.33×10⁻⁶ Pa·m³/mol。相对密度 1.1（20～25℃）。水中溶解度（20～25℃）93.5 mg/L。稳定性：水解 DT₅₀<1 d（pH 9），59 d（pH 7），稳定（pH 5）。在 6 r/min 和 12 r/min 黏度为 60 mPa·s。闪点 141℃。

毒性　急性经口 LD₅₀：雄大鼠 1800 mg/kg，雌大鼠 900 mg/kg；雄大鼠和雌大鼠急性经皮 LD₅₀>2000 mg/kg。对兔皮肤和眼睛无刺激作用。对豚鼠皮肤无致敏性；雄大鼠和雌大鼠吸入毒性 LC₅₀（4 h）>1.2 mg/L；NOEL：大鼠（13 周）100 mg/kg 饲料，兔 30mg/kg bw；Ames 试验显示此药剂无诱变作用；毒性等级 EPA（制剂）Ⅲ。

生态效应　野鸭和山齿鹑饲喂毒性 LC₅₀（8 d）>5620 mg/L；鱼 LC₅₀（96 h）：大翻车鱼 0.07 mg/L，虹鳟鱼 0.038 mg/L；水蚤 EC₅₀（48 h）0.051 mg/L。水藻 E$_b$C₅₀（72 h）3.1 mg/L。

制剂　剂型有气雾剂。主要产品或制剂为 50.5%炔咪菊酯母液。

主要生产商　Sumitomo Chemical、江苏优嘉植物保护有限公司、中山凯中有限公司等。

作用机理与特点　该药剂作用于昆虫神经系统，通过与钠离子通道作用扰乱神经元功能，杀死害虫。最突出的作用特点就是对卫生害虫具有速效性，即卫生害虫一接触到药液，就会立刻被击倒，尤其对蟑螂有非常优异的击倒作用，兼治蚊、蝇。其击倒效果高于传统的拟除虫菊酯如胺菊酯（是胺菊酯的 10 倍）和炔丙菊酯（是炔丙菊酯的 4 倍）等。

应用

（1）防治对象　主要用于防治蟑螂、蚊、家蝇、蚂蚁、跳蚤、尘螨、衣鱼、蟋蟀、蜘蛛等害虫和有害生物。

（2）应用技术　炔咪菊酯单独使用时杀虫活性不高，当与其他拟除虫菊酯类的致死剂（例如苯氰菊酯、苯醚菊酯、氯菊酯、氯氰菊酯等）混配时，能大大提高其杀虫活性。在高档的气雾剂配方中是首选原料。可作单独的击倒剂并配合致死剂使用,通常用量为 0.03%~0.05%;个别使用至 0.08%~0.15%,可广泛与常用的拟除虫菊酯类配合使用,如苯氰菊酯、苯醚菊酯、氯氰菊酯、炔丙菊酯、S-生物丙烯等。本品主要用于气雾剂和喷射剂等卫生杀虫剂的配制,在气雾剂中建议用 95%以上的 PBO 及十四烷酸异丙酯作增效剂和助溶剂。

专利与登记

专利名称　Insecticidal aerosol sprays containing pyrethrins

专利号　GB 2224654　　　　　　专利公开日　1990-05-16

专利申请日　1989-10-06　　　　　优先权日　1988-11-11

专利拥有者　Sumitomo Chemical Co., Ltd., Japan

在其他国家申请的化合物专利　AU 4149089、AU 8941490、AU 611590、BR 8905776、CN 1042642、CN 1040498、CH 679825、DE 68905149、DK 564189、DK 8905641、EG 18877、ES 2018736、EP 370321、FR 2638941、GR 1002530、GR 89100734、GB 2224654、HK 105992、HU 51854、HU 205822、JP 02288811、JP 2782821、IT 1237477、KR 0132427、LT 3605、LV 10021、MX 18151、NZ 230699、TR 24625、RU 2027365、SG 107592、US 5137713、YU 204989、ZA 8907350 等。

制备专利　CN 101265310、JP 2000302612、JP 03176409、JP 2004215662、JP 10045513、JP 2002316906、WO 2011122509、WO 2010087419、WO 2008032585、DE 3312738 等。

国内登记情况　50%、50.5%母药,90%、93%原药等。日本住友化学株式会社在中国登记了 93%原药和 50%母药。

合成方法　菊酸合成方法:

(1)重氮乙酸酯法　以丙酮、乙炔为原料反应,在经还原、脱水生成 2,5-二甲基-2,4-己二烯,然后与重氮乙酸酯反应、皂化、调酸即得菊酸。

(2)二环辛酮法　二环辛酮与羟氨反应得到相应的肟,再用五氯化磷开环脱水生成腈,经水解制得菊酸。

(3)原醋酸乙酯法　异丁酰氯与异丁烯在三氯化铝催化下反应,再经硼氢化钠还原,然后与原醋酸乙酯反应得到 3,3,6-三甲基庚烯-[4]-酸乙酯,再加卤素,脱氯化氢成环得到菊酸乙酯,且以反式构体为主。

(4)甲基丙烯醇法　在-10℃下,将 3-氯-3-甲基-1-丁炔加到 2-甲基丙烯醇和叔丁醇钾的混合溶液中,并在此温度下反应 3 h,得到 45%环化产物,该产物溶于乙醚中,于金属钠和液氨中还原。在 0℃下，将还原产物与三氧化铬一起加到干燥的吡啶中，在 15～20℃反应 24 h，然后滴加几滴水，将反应混合物再搅拌 4 h，得到 75% 3∶1（反式∶顺式）菊酸。

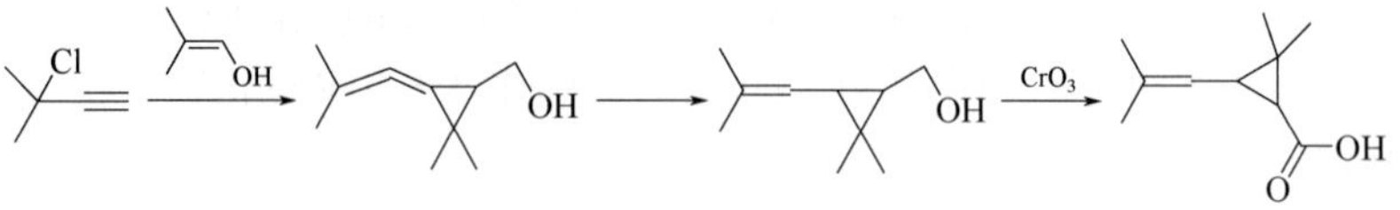

（5）Witting 合成方法

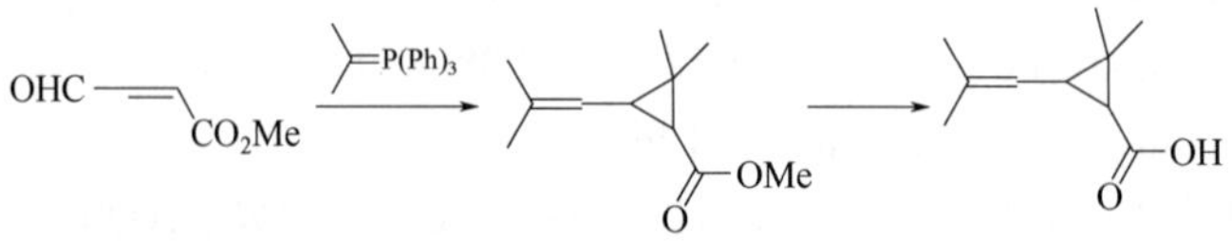

（6）Corey 路线　利用二苯硫异亚丙基和不饱和羰基化合物在−20～70℃于氮气保护下反应，使异亚丙基加成到碳碳双键上形成环丙烷类衍生物，得到（±）反式菊酸酯。

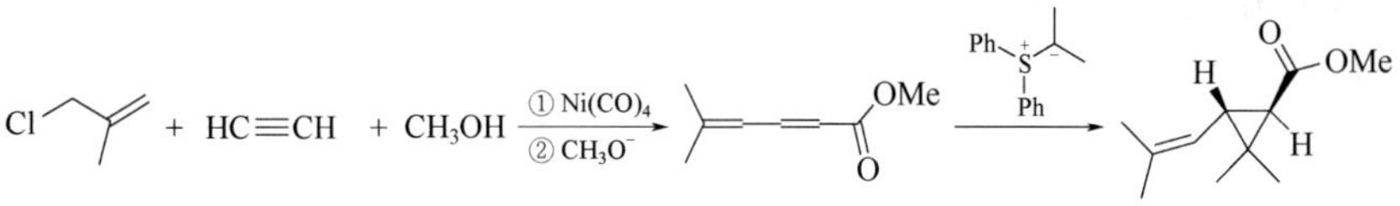

（7）其他合成方法

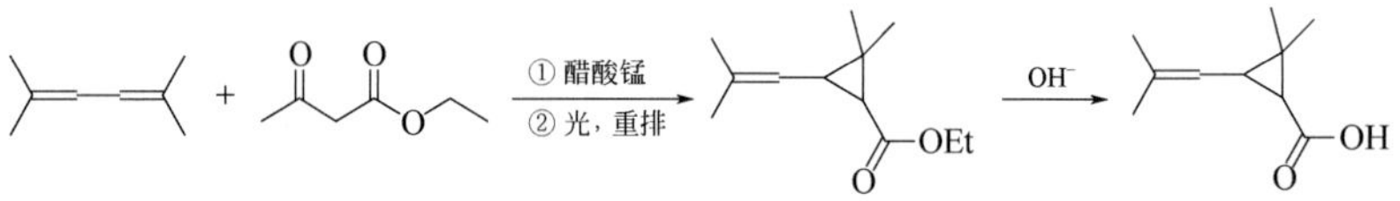

炔咪菊酯经如下反应制得：1 mol A 和 1.2 mol B 用丙酮溶解后，向其中滴加 1.6 mol 三乙胺，搅拌，控制温度在 15～20℃。滴加完后反应回流 2 h 至反应完全。冷却后，过滤掉三乙胺盐酸盐。向滤液中加入三倍量的苯，拌样后过柱得产品。

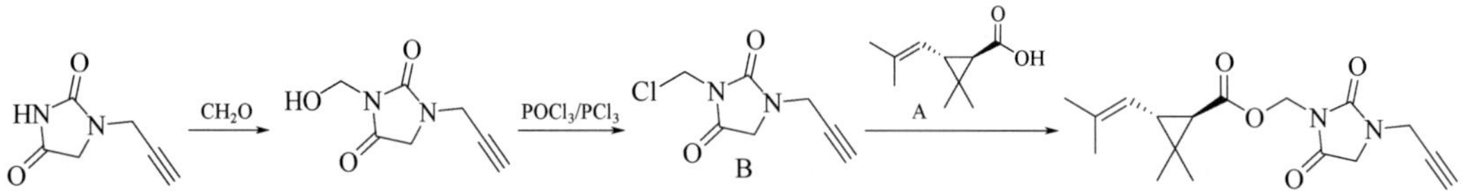

参考文献

[1] The Pesticide Manual.17th edition: 634.

四氟苯菊酯（transfluthrin）

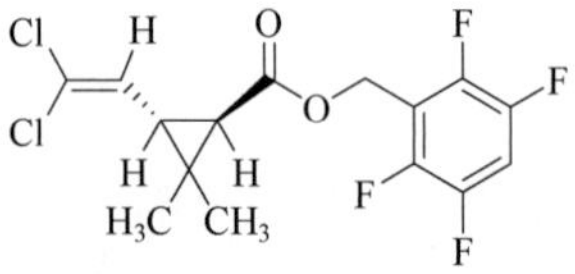

371.1，$C_{15}H_{12}Cl_2F_4O_2$，118712-89-3

四氟苯菊酯（试验代号：NAK4455，商品名称：Bayothrin、Baygon，其他名称：benfluthrin）是拜耳公司开发的拟除虫菊酯类杀虫剂。

化学名称 2,3,5,6-四氟苄基 (1*R*,3*S*)-3-(2,2-二氯乙烯基)-2,2-二甲基环丙烷羧酸酯或(1*R*,3*S*)-3-(2,2-二氯乙烯基)-2,2-二甲基环丙烷羧酸-2,3,5,6-四氟苄酯,2,3,5,6-四氟苄基(1*R*)-*trans*-3-(2,2-二氯乙烯基)-2,2-二甲基环丙烷羧酸酯或(1*R*)-*trans*-3-(2,2-二氯乙烯基)-2,2-二甲基环丙烷羧酸-2,3,5,6-四氟苄酯。英文化学名称为2,3,5,6-tetrafluorobenzyl (1*R*,3*S*)-3-(2,2-dichlorovinyl)-2,2-dimethylcyclopropanecarboxylate 或 2,3,5,6-tetrafluorobenzyl (1*R*)-*trans*-3-(2,2-dichlorovinyl)-2,2-dimethylcyclopropanecarboxylate。美国化学文摘系统名称为(2,3,5,6-tetra-fluorophenyl)methyl (1*R*,3*S*)-3-(2,2-dichloroethenyl)-2,2-dimethylcyclopropanecarboxylate。CA主题索引名称为cyclopropanecarboxylic acid —, 3-(2,2-dichloroethenyl)-2,2-dimethyl- cyano(4-fluoro-3-phenoxyphenyl)methyl ester (2,3,5,6-tetrafluorophenyl)methyl ester, (1*R*,3*S*)-。

理化性质 产品为无色晶体,纯品纯度≥92%,熔点为32℃,沸点为135℃（10 Pa）,蒸气压0.4 mPa（20℃）,lgK_{ow} 5.46,Henry常数2.6 Pa·m^3/mol。相对密度1.5072（20~25℃）。水中溶解度（20~25℃）0.057 mg/L,溶于大部分有机溶剂中。比旋光度[α]$_D^{29}$ = +15.3°（c = 0.5,CHCl$_3$）。在200℃加热5 h没有分解。在纯净水中DT$_{50}$（25℃）:>1年（pH 5）,>1年（pH 7）,14 d（pH 9）。

毒性 急性经口LD$_{50}$（mg/kg）:雄/雌大鼠>5000,雄小鼠583,雌小鼠688。雄/雌大鼠急性经皮LD$_{50}$（24 h）>5000 mg/kg。雌雄大鼠吸入LC$_{50}$（4 h）>0.513 mg/L空气。NOEL（2年,mg/L）:雄/雌大鼠20,雄/雌小鼠100。

生态效应 鸟类急性经口LD$_{50}$（mg/kg）:鹌鹑和金丝雀>2000,母鸡>5000。鱼类LC$_{50}$（96 h,μg/L）:圆腹雅罗鱼1.25,虹鳟0.7。水蚤LC$_{50}$（48 h）0.0017 mg/L,羊角月牙藻EC$_{50}$（96 h）>0.1 mg/L。

环境行为 ①动物。四氟苯菊酯能降解成酸和苄醇。②土壤/环境。四氟苯菊酯能降解成酸和苄醇,在水中DT$_{50}$:2 d（光照）,8 d（黑暗）。

制剂 超低容量液剂、烟剂、电热蚊香液、蚊香、熏蒸剂等。

主要生产商 Bayer、贵阳中精科技有限公司、湖北中灏科技有限公司、江苏丰登作物保护股份有限公司、江苏维尤纳特精细化工有限公司、江苏优嘉植物保护有限公司、印度联合制药科技有限公司、中山凯中有限公司等。

作用机理与特点 作用于神经末梢的钠离子通道,从而引起害虫的死亡。作用特点为吸入、触杀。

应用 四氟苯菊酯属于广谱杀虫剂,能有效地防治卫生害虫和储藏害虫,对双翅目昆虫如蚊类有快速击倒作用,且对蟑螂、臭虫有很好的残留效果。可用于蚊香、气雾杀虫剂、电热片蚊香等多种制剂中。

专利与登记

专利名称 Cyclopropancarbonsaeureester von halogenierten benzylalkoholen

专利号 DE 2714042 专利公开日 1978-10-12

优先权日 1977-03-30 专利拥有者 Bayer CropScience

在其他国家申请的化合物专利 AT 367733、AT 7906672、AT 360801、AT 7709237、AU 517439、AU 7731839、BR 7708541、CA 1129434、CH 630237、DK 156426、DK 7704893、DD 134475、FI 66588、FI 7703866、FR 2379506、GB 1567820、HU 180202、HU 22702、IL 53653、JP 62021777、JP 53079845、JP 62149606、JP 61218542、NL 7714072、NO 148185、NO 7704214、SE 441264、SE 7714606、US 4183950、US 4275250等。

制备专利　IN 2631MUM2012、IN 322MUM2005、IN 898MUM2007、CN 1900037、CN 1277806 等。

国内登记情况　1.5%电热蚊香液，92%、98.5%原药，登记用于卫生性杀虫，防治对象蚊。拜耳有限责任公司、印度联合制药科技有限公司在我国仅登记 98.5%原药，日本阿斯制药株式会社在我国登记了 120 mg/片驱蚊片、500 mg/个防蚊网用于卫生防蚊。日本大日本除虫菊株式会社在我国登记了 1000 mg/个防蚊网用于卫生防蚊。美国庄臣公司在我国登记了 0.45%烟片用于卫生防蚊。

合成方法　以四氯苯二甲腈为起始原料合成产品四氟苯菊酯，路线如下：

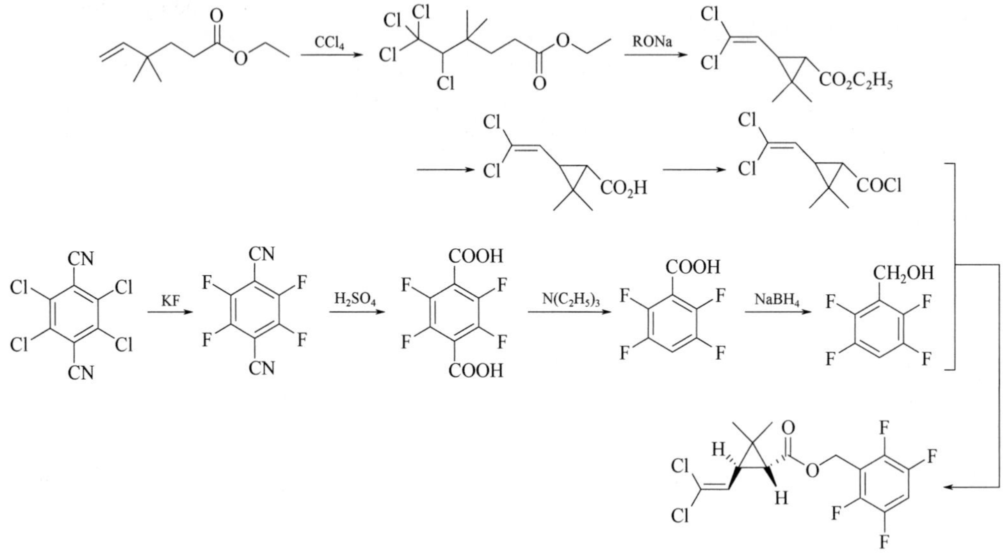

参考文献

[1] The Pesticide Manual. 17 th edition: 1124-1125.

[2] 高旭东, 吕咏梅. 有机氟工业, 2011(3): 51-53.

[3] 陈建海. 农药, 2005, 44(7): 312-313.

[4] 中国拟除虫菊酯发展 30 年学术研讨会, 2003, 105-107.

[5] 何上虹, 梁铁麟, 梁箴理. 上海预防医学杂志, 2000, 12(11): 518-519.

[6] 陆阳, 张兆明, 徐珏, 等. 农化新世纪, 2008(7): 15.

[7] 周小柳, 霍天雄, 唐忠锋, 等. 中华卫生杀虫药械, 2008(4): 246-249.

四氟甲醚菊酯（dimefluthrin）

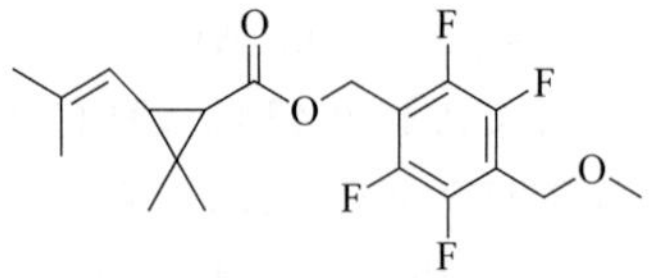

374.4，$C_{19}H_{22}F_4O_3$，271241-14-6

四氟甲醚菊酯（试验代号：S-1209）是日本住友化学开发的拟除虫菊酯类杀虫剂。

化学名称　2,3,5,6-四氟-4-(甲氧基甲基)苄基(1*RS*,3*RS*;1*RS*,3*SR*)-2,2-二甲基-3-(2-甲基-1-丙烯基)环丙烷羧酸酯或 2,3,5,6-四氟-4-(甲氧基甲基)苄基(1*RS*)-*cis,trans*-2,2-二甲基-3-(2-甲基-1-丙烯基)环丙烷羧酸酯。英文化学名称为 2,3,5,6-tetrafluoro-4-(methoxymethyl)benzyl(1*RS*,3*RS*;1*RS*,3*SR*)-2,2-dimethyl-3-(2-methylprop-1-enyl)cyclopropanecarboxylate 或 2,3,5,6-tetrafluoro-4-(methoxymethyl)benzyl(1*RS*)-*cis,trans*-2,2-dimethyl-3-(2-methylprop-1-enyl)cyclopropanecarboxylate。美国化学文摘系统名称[2,3,5,6-tetrafluoro-4-(methoxymethyl)phenyl]methyl 2,2-dimethyl-3-(2-methyl-1-propen-1-yl)cyclopropanecarboxylate。CA 主题索引名称为 cyclopropanecarboxylic acid —, 2,2-dimethyl-3-(2-methyl-1-propenyl)-[2,3,5,6-tetrafluoro-4-(methoxymethyl)phenyl]methyl ester。

理化性质　原药外观为淡黄色透明液体，具有特异气味。沸点为 134～140℃（26.7 Pa）。密度为 1.18 g/mL。蒸气压为 0.91 mPa（25℃）。易与丙酮、乙醇、己烷、二甲基亚砜混合。

毒性　急性经口 LD_{50}：雄大鼠 2036 mg/kg，雌大鼠 2295 mg/kg。大鼠急性经皮 LD_{50} 2000 mg/kg。无致癌作用。

生态效应　本品对于鱼类、蜂和蚕毒性高，蚕室及其附近禁用。

制剂　5%、6%和 8%母药，0.015%、0.03%蚊香。

主要生产商　Sumitomo Chemical。

作用机理与特点　该药剂为拟除虫菊酯类杀虫剂。主要作用于神经系统，为神经毒剂，通过与钠离子通道作用，破坏神经元的功能。

应用

（1）防治对象　淡色库蚊、家蝇等。

（2）安全施药　使用时注意通风，注意防火安全；避光、避高温、避潮；勿与食品、种子、饮料、饲料及易燃易爆品混放。在我国推荐使用电热加温或点燃来防蚊。

专利与登记

专利名称　Pyrethroid compounds and composition for controlling pest containinf the same

专利号　EP 1004569　　　　　　专利公开日　2000-05-31

专利申请日　1999-10-13　　　　优先权日　1998-11-20

专利拥有者　Sumitomo Chemical company, limited chuo-ku, Osaka（JP）

在其他国家申请的化合物专利　BR 9905640、CN 1092490、CN 1254507、DE 69906014、EG 21991、EP 1004569、ES 2190164、ID 25752、IN 206172、JP 3690215、JP 2001011022、KR 2000035232、TW 529911、MX 9909958、US 6294576 等。

工艺及制备专利　JP 2017145201、JP 2017122054、JP 2013199448、CN 102584592、WO 2011122507、WO 2011099645、JP 2011144152、CN 102020564、CN 101878776、WO 2010117072、WO 2010110178、CN 101792392、CN 101735104、JP 2010001245、WO 2009087941、US 20050113581、US 20030195119、EP 1227077 等。

国内登记情况　5%、6%母药，95%原药等。日本住友化学株式会社在中国登记了 95%原药，5%、6%和 8%母药，0.015%、0.03%蚊香（用于防蚊）。

合成方法　经如下反应制得四氟甲醚菊酯：

参考文献

[1] The Pesticide Manual.17th edition: 355.

[2] 陈建海，吴小燕. 农药, 2005, 44(9): 405-406.

[3] 精细化学品大全——农药卷. 杭州: 浙江科学技术出版社, 2000: 164-166.

四氟醚菊酯（tetramethylfluthrin）

348.3，$C_{17}H_{20}F_4O_3$，84937-88-2

　　四氟醚菊酯（商品名称：尤士菊酯）是最早由英国帝国化学报道，我国江苏扬农公司开发的一种菊酯类杀虫剂。

　　化学名称　　2,2,3,3-四甲基环丙烷羧酸-2,3,5,6-四氟-4-甲氧甲基苄基酯。英文化学名称为2,3,5,6-tetrafluoro-4-(methoxymethyl)benzyl 2,2,3,3-tetramethyl-cyclopropanecarboxylate。美国化学文摘系统名称为[2,3,5,6-tetrafluoro-4-(methoxymethyl)phenyl]methyl 2,2,3,3-tetramethyl-cyclopropanecarboxylate。CA主题索引名称为cyclopropanecarboxylic acid—, 2,2,3,3-tetramethyl [2,3,5,6-tetrafluoro-4-(methoxymethyl)phenyl]methyl ester。

　　理化性质　　工业品为淡黄色透明液体，沸点为110℃（0.1 mPa），闪点为138.8℃，熔点为 10℃，相对密度 d_4^{28} 为 1.5072，难溶于水，易溶于有机溶剂。在中性、弱酸性介质中稳定，但遇强酸和强碱能分解，对紫外线敏感。

主要生产商　江苏省南通宝叶化工有限公司、江苏优嘉植物保护有限公司。

应用　该产品为吸入和触杀型杀虫剂，也用作驱避剂，是速效杀虫剂，对蚊虫有卓越的击倒效果，其杀虫毒力是右旋烯丙菊酯的 17 倍以上。可防治蚊、蝇、蟑螂和白粉虱。在盘式蚊香中的含量为 0.02%～0.05%。

专利与登记

专利名称　Fluorobenzyl cyclopropanecarboxylates, their compositions and use as insecticides

专利号　EP 60617　　　　　　专利公开日　1982-09-22

专利申请日　1982-02-09　　　优先权日　1981-03-18

专利拥有者　ICI PLC(UK)

在其他国家申请的化合物专利　AU 8280529、GB 2097384、JP 57165343 等。

制备专利　CN 102134194、JP 2010024212、CN 1631868 等。

国内登记情况　5%母药，90%原药及 0.6%热雾剂，0.05%蚊香等，用于室外防治蚊、蝇等。

合成方法　可经如下方法制得四氟醚菊酯。

参考文献

[1] 新编农药商品手册. 北京: 化学工业出版社, 2006: 370.

[2] 贺书泽. 现代农药, 2014(6): 22-24.

[3] The Pesticide Manual. 17 th edition: 1085.

四溴菊酯（tralomethrin）

665.0，$C_{22}H_{19}Br_4NO_3$，66841-25-6

四溴菊酯（试验代号：NU831、RU25474、OMS3048、HAG107，商品名称：Saga、Scout、Scout-Xtra、Stryker、Tracker、Tralate、Tralox）是 Roussel Uclaf 公司（现属拜耳公司）开发的一种拟除虫菊酯类杀虫剂。

化学名称　(S)-α-氰基-3-苯氧苄基　(1R,3S)-2,2-二甲基-3-[(RS)-1,2,2,2-四溴乙基]环丙烷羧酸酯。英文化学名称为(S)-α-cyano-3-phenoxybenzyl (1R,3S)-2,2-dimethyl-3-[(RS)-1,2,2,2-tetrabromoethyl]cyclopropanecarboxylate 或(S)-α-cyano-3-phenoxybenzyl (1R)-cis-2,2-dimethyl-3-[(RS)-1,2,2,2-tetrabromoethyl]cyclopropanecarboxylate。美国化学文摘系统名称为(S)-cyano(3-phenoxyphenyl)methyl (1R,3S)-2,2-dimethyl-3-(1,2,2,2-tetrabromoethyl)cyclopropanecarboxylate。CA 主题索引名称为 cyclopropanecarboxylic acid —, 2,2-dimethyl-3-(1,2,2,2-tetrabromoethyl) (S)-cyano(3-phenoxyphenyl)methyl ester, (1R,3S)-。

组成　一对活性非对应异构体比例为 60：40。

理化性质　工业品为黄色至米黄色树脂状固体。熔点为 138～148℃，蒸气压 4.8×10^{-6} mPa（25℃），相对密度 1.7（20～25℃），$\lg K_{ow}$ 约 5.0。水中溶解度 0.08 mg/L（20～25℃）。有机溶剂中溶解度（g/L，20～25℃）：丙酮、二氯甲烷、甲苯、二甲苯＞1000，二甲基亚砜＞500，乙醇＞180。旋光度 $[\alpha]_D$ = +21°～+27°（c =5，甲苯），在 50℃时能稳定存在 6 个月，在酸性介质中能减少水解和差向异构化。

毒性　急性经口 LD_{50}（mg/kg）：大鼠 99～3000，狗＞500。兔急性经皮 LD_{50}＞2000 mg/kg，对兔皮肤和眼睛中度刺激。大鼠吸入 LC_{50}（4 h）＞0.40 mg/L 空气。NOEL［2 年，mg/(kg •d)]：大鼠 0.75，小鼠 3，狗 1。ADI/RfD（EPA）cRfD 0.0075 mg/kg bw（1990）。对大鼠和兔无致诱变性和致畸性。

生态效应　鹌鹑急性经口 LD_{50}＞2510 mg/kg。鸟饲喂 LC_{50}（8 d，mg/kg 饲料）：野鸭 7716，鹌鹑 4300。鱼类 LC_{50}（96 h，mg/L）：虹鳟 0.0016，大翻车鱼 0.0043。水蚤 LC_{50}（48 h）38 mg/L。蜜蜂 LD_{50}（接触）0.12 µg/只。在田间对蜜蜂无明显伤害。

环境行为　①动物/植物。四溴菊酯能够转变为溴氰菊酯，从而进一步降解。②土壤/环境。在土壤中极易被吸收，DT_{50} 64～84 d，K_d 197～8784，K_{oc} 43796～675667，在各种土壤中十分稳定，不易流动。

制剂　乳油、悬浮剂、可湿性粉剂等。

主要生产商　Bayer 等。

作用机理与特点　为拟除虫菊酯类杀虫剂，具有触杀和胃毒作用，性质稳定，持效长，在对个别害虫的毒力活性上，甚至高于溴氰菊酯。

应用

（1）适用作物　大麦、小麦、大豆、咖啡、棉花、果树（苹果、梨、桃树等）、玉米、油菜、水稻、烟草、蔬菜（茄子、白菜、黄瓜等）。

（2）防治对象　鞘翅目、同翅目、直翅目及鳞翅目等害虫。如草地夜蛾、棉叶夜蛾、玉米螟、梨豆夜蛾、烟蚜、菜蚜、菜青虫、黄地老虎、温室粉虱、苹果小卷蛾、蚜虫、灰翅夜蛾等。

（3）残留量与安全施药　用量为 7.5～20 g/hm²。如果在危害时期使用，可以保护大多数作物不受半翅目害虫危害。土壤表面喷洒 5～10 g/hm² 可以防治地老虎和切根害虫。本品可有效地防治家庭卫生害虫、仓储害虫以及侵蚀木材害虫。

（4）应用技术　在棉花、甜玉米、油料作物和其他作物上使用时，为在数周内将昆虫的虫口密度保持在控制水平以下，需要多次用药，并建议在最初的第 1 和第 2 次用药时，应采用中到偏高于推荐的剂量。这将使得在植物上持留的药剂，足以防治严重的害虫。当虫害密度已处于控制水平以下时，通常使用低于推荐的剂量，就足以防治轻到中度的害虫（见表 2-98）。

表 2-98 四溴菊酯应用技术

作物	害虫	用量（有效成分）
棉花	棉叶夜蛾	5.0～7.5 g/m²
	草地夜蛾	21.0 g/hm²
	棉铃虫	14.4～17 g/hm²
果树	苹果小卷夜蛾、苹果蚜等	0.75～1.25 g/hm²
	梨木虱、梨潜蛾	0.75～3.25 g/hm²
	桃潜蛾、桃蚜、梨小食心虫等	0.5～2.25 g/hm²
	橘斑花金鱼	0.37～0.75 g/hm²
蔬菜	实夜蛾属、灰翅夜蛾属	10.0～14.5 g/hm²
	木薯粉虱	18.0～21.0 g/hm²
	菜蚜虫	17.5～22.5 g/hm²
	温室粉虱	18.75 g/hm²
其他作物	麦长管蚜、麦云卷蛾	7.0～12.5 g/hm²
	草地夜蛾	10.8 g/hm²
	高粱瘦蝇	6.3～7.2 g/hm²

专利与登记

专利名称 Nouveaux esters d'acides cyclopropane, carboxyliques comportant un substituant polyhalogene, procedes de preparation et compositions insecticides les renfermant

专利号 FR 2364884 专利公开日 1978-04-14
专利申请日 1977-07-25 优先权日 1976-09-21
专利拥有者 Roussel Uclaf 公司（现属 Bayer CropScience）

在其他国家申请的化合物专利 AU 7728989、AT 7706772、AU 7728990、BE 858894、BE 858895、BR 7706313、BR 7706314、CA 1140589、CA 1242733、DE 2742546、DK 7704144、DK 7704145、FR 2364884、FR 2398041、FI 7702745、HU 20918、HU 22149、JP 53040743、JP 60011689、JP 53040744、JP 60011404、NO 7703224、NO 148184、NL 7710327、SE 7709800、SE 446527、SE 7709801、SE 441179、SU 858559、US 4179575、US 4257978、ZA 7705669 等。

合成方法 经如下反应制得：

参考文献

[1] The Pesticide Manual. 17 th edition: 1122-1123.

[2] 农药商品大全. 北京: 中国商业出版社, 1996: 194-195.

烯丙菊酯（allethrin）

302.4，$C_{19}H_{26}O_3$，584-79-2，231937-89-6(顺式异构体)

烯丙菊酯（试验代号：OMS 468、ENT 17510；商品名称：Pynamin Forte、Pynamin、毕那命、亚烈宁，其他名称：丙烯除虫菊、右旋反式烯丙菊酯）是由 Sumitomo 公司开发的拟除虫菊酯类杀虫剂。

化学名称 (R,S)-2-甲基-3-烯丙基-4-氧代-环戊-2-烯基 (1R,3R;1R,3S)-2,2-二甲基-3-(2-甲基丙烯-1-基)-环丙烷羧酸酯。英文化学名称为(RS)-3-allyl-2-methyl-4-oxocyclopent-2-enyl (1R,3R;1R,3S)-2,2-dimethyl-3-(2-methylprop-1-enyl)cyclopropanecarboxylate；(RS)-3-allyl-2-methyl-4-oxocyclopent-2-enyl (+)-cis-trans-chrysanthemate；(RS)-3-allyl-2-methyl-4-oxocyclopent-2-enyl (1R)-cis-trans-2,2-dimethyl-3-(2-methylprop-1-enyl)cyclopropanecarboxylate。美国化学文摘系统名称为 2-methyl-4-oxo-3-(2-propenyl)-2-cyclopenten-1-yl 2,2-dimethyl-3-(2-methyl-1-propen-1-yl)cyclopropanecarboxylate。CA 主题索引名称为 cyclopropanecarboxylic acid —，2,2-dimethyl-3-(2-methyl-1-propenyl)-2-methyl-4-oxo-3-(2-propenyl)-2-cyclopenten-1-yl ester。

组成 右旋烯丙菊酯由 95%顺式异构体和 75%反式异构体组成。

理化性质 工业品是淡黄色液体，沸点为 281.5℃（$1.01×10^5$ Pa）。蒸气压为 0.16 mPa（21℃）。lgK_{ow} 4.96。相对密度 1.01（20～25℃）。难溶解于水，有机溶剂中溶解度（g/L，20～25℃）：正己烷 655，甲醇 73000。稳定性：在紫外灯下分解，在碱性介质中易水解。闪点为 130℃。

毒性 急性经口 LD_{50}：雄大鼠为 2150 mg/kg，雌大鼠为 900 mg/kg；急性经皮 LD_{50}：雄兔 2660 mg/kg，雌兔 4390 mg/kg。大鼠吸入 LC_{50}＞3.875 mg/L。

生态效应 野鸭和山齿鹑 LC_{50}（8 d）均为 5620 mg/kg。鲤鱼 LC_{50}（96 h）0.134 mg/L。水蚤 LC_{50}（48 h）8.9 μg/L。绿藻 E_bC_{50}（72 h）2.9 μg/L。

环境行为 在哺乳动物的肝脏和昆虫的体内，菊酸部分末端的两个甲基之一，可以被氧化成羟基，并进一步变成羧基，仅发现有少量酯键断裂。

制剂 主要产品或制剂有 0.19%～0.2%烯丙菊酯气雾剂、0.05%～0.1%烯丙菊酯气雾剂，在制剂中一般加入适当的增效剂除此之外还有油剂、粉剂、可湿性粉剂、乳油、油剂或水剂喷射剂。能与增效剂和其他杀虫剂混用，做成飞机喷雾剂、气溶胶以及蚊香、电热蚊香片等。

主要生产商 Sumitomo Chemical、江苏丰登作物保护股份有限公司、江苏优嘉植物保护有限公司、中山凯中有限公司等。

作用机理与特点 通过扰乱昆虫体内的神经元与钠通道之间的相互作用而作用于昆虫的

神经系统，因而引起激烈的麻痹作用，倾仰落下，直至死亡。属于具有触杀、胃杀和内吸性的非系统性杀虫剂。具有强烈的触杀作用，击倒快。

应用

（1）防治对象　用于防治家蝇、蚊虫、蟑螂、臭虫、虱子等家庭害虫，也可与其他药剂混配作为农场、畜舍和奶牛喷射剂，以及防治飞翔和爬行昆虫。还适用于防治猫、狗等寄生在体外的跳蚤和体虱。

（2）残留量与安全施药　本药剂为扰乱轴突传导的神经毒剂。①接触部位皮肤感到刺痛，但无红斑，尤其在口、鼻周围。很少引起全身性中毒。接触量大时也会引起头痛，头昏，恶心呕吐，双手颤抖，重者抽搐或惊厥、昏迷、休克。②无特殊解毒剂，可对症治疗；大量吞服时可洗胃；不能催吐。③对鱼有毒，不要在池塘、湖泊或小溪中清洗器具或处理剩余物。在原粮中烯丙菊酯残留量规定为 2 mg/kg。

（3）使用方法　现场大规模喷射，剂量为 0.55 kg(a.i.)/hm^2，家庭用气雾剂喷雾，剂量为 21 g/m^3，蚊香配方中本品含量一般在 0.3%～0.6% 之间。制剂中添加增效剂后，可提高杀虫活性。

专利与登记

专利名称　Synthetic insecticide

专利号　JP 5201921　　　　　专利公开日　1951-11-30

专利拥有者　Nissin Chemical Industries Co.

在其他国家申请的化合物专利　JP 28004949、JP 5201921、JP 29002100、JP 9008450、US 764517、US 755218 等。

制备专利　WO 2008071674、JP 2007137870、JP 2006298785、CN 109354810、WO 2018050213、US 9487471B1、US 20130109076、WO 2011122508、IN 2007MU00897 等。

国内登记情况　0.2%、0.8% 气雾剂，0.2%、0.3% 蚊香等，登记用于卫生性除虫，防治对象为蚊、蝇、蜚蠊等。日本住友化学株式会社仅在国内登记了 90% 原药。

合成方法　将 2,2-二甲基-3-(2,2-二甲基乙烯基)-环丙烷羧酰氯与 2-烯丙基-4-羟基-3-甲基环戊-2-烯-1-酮在吡啶等缚酸剂存在下，在溶剂中反应制得烯丙菊酯。

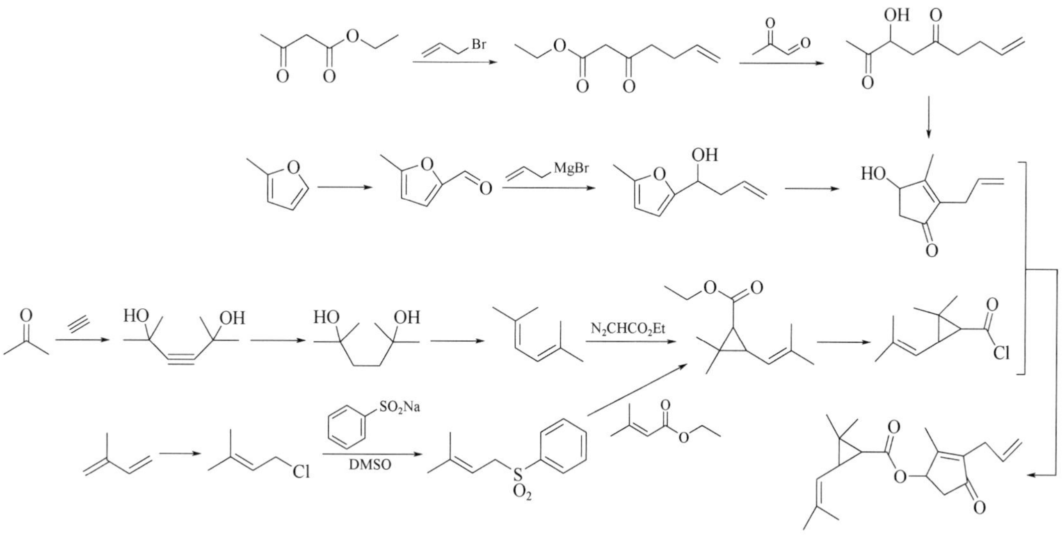

参考文献

[1] The Pesticide Manual.17th edition: 27-28.

生物烯丙菊酯（bioallethrin）

302.4，C₁₉H₂₆O₃，584-79-2，260359-57-7

生物丙烯菊酯（试验代号：EA 3054、RU11705、ENT 16 275、OMS 3044、OMS 3034，其他通用名称：*d-trans*-allethrin；商品名称：Allevol、Bioallethrine、Contra Insect Universal、Delicia Delifog Py-Aerosol、Delicia Delifog Py-Aerosol 611）是由拜耳公司开发的拟除虫菊酯类杀虫剂。

化学名称　(*R,S*)-3-烯丙基-2-甲基-4-氧代环戊-2-烯基(1*R*,3*R*)-2,2-二甲基-3-(2-甲基-1-丙烯基)环丙烷羧酸酯。英文化学名称为(*RS*)-3-allyl-2-methyl-4-oxocyclopent-2-enyl(1*R*,3*R*)-2,2-dimethyl-3-(2-methylprop-1-enyl)cyclopropanecarboxylate；(*RS*)-3-allyl-2-methyl-4-oxocyclopent-2-enyl(+)-*trans*-chrysanthemate；(*RS*)-3-allyl-2-methyl-4-oxocyclopent-2-enyl(1*R*)-*trans*-2,2-dimethyl-3-(2-methylprop-1-enyl)cyclopropanecarboxylate。美国化学文摘系统名称为 2-methyl-4-oxo-3-(2-propenyl)-2-cyclopenten-1-yl 2,2-dimethyl-3-(2-methyl-1-propenyl) cyclopropanecarboxylate。CA 主题索引名称为(1*R*,3*R*)-cyclopropanecarboxylic acid —，2,2-dimethyl-3-(2-methyl-1-propenyl)-2-methyl-4-oxo-3-(2-propenyl)-2-cyclopenten-1-yl ester。

组成　生物烯丙菊酯中总异构体量含量93%（质量比），其中反式异构体含量≥90%，顺式异构体含量≤3%。D-Trans 中90%（质量比）是生物烯丙菊酯。

理化性质　生物烯丙菊酯是一种橙黄色黏稠液体，D-Trans 是琥珀色黏稠液体。熔点＜−40℃，沸点165～170℃（20 Pa）。蒸气压为43.9 mPa（25℃）。lgK_{ow} 4.68。Henry 常数为2.89 Pa·m³/mol（计算）。相对密度1.012（20～25℃）。水中溶解度（20～25℃）4.6 mg/L，能与丙酮、乙醇、氯仿、乙酸乙酯、己烷、甲苯、二氯甲烷完全互溶（20～25℃）。稳定性：遇紫外线分解。在水溶液中 DT₅₀：1410.7 d（pH 5）、547.3 d（pH 7）、4.3 d（pH 9）。比旋光度$[\alpha]_D^{20}$ = −22.5°～−18.5°（*c* = 5，甲苯）。闪点为87℃。

毒性　急性经口 LD₅₀：雄大鼠709 mg/kg，雌大鼠1042 mg/kg；雄大鼠425～575 mg(D-Trans)/kg，雌大鼠845～875 mg(D-Trans)/kg。兔急性经皮 LD₅₀＞3000 mg/kg。大鼠吸入 LC₅₀（4 h）2.5 mg/L 空气。大鼠 NOEL（90 d）750 mg/kg。ADI/RfD（EPA）0.005 mg/kg bw（1987）。无致突变、致癌、致胚胎中毒或致畸作用。

生态效应　山齿鹑急性经口 LD₅₀ 2030 mg/kg。对鱼类高毒，LC₅₀（96 h）（静态试验，流动试验）：银鲑22.2 μg/L，9.40 μg/L；硬头鳟17.5 μg/L，9.70 μg/L；叉尾鮰＞30.1 μg/L，27.0 μg/L，黄金鲈鱼9.90 μg/L。水蚤 LC₅₀（96 h）0.0356 mg/L。

环境行为　[¹⁴C-酸]-生物烯丙菊酯在单一剂200 mg/kg或100 mg/kg下施药于大鼠，在处理后2～3 d内很容易被代谢至尿液和粪便中。[¹⁴C-醇]-生物烯丙菊酯在 pH 5 的缓冲剂中降解成 allethrolene、dihydroxyallethrolene、二氧化碳和一系列低产率极性产品作为光解化学进程的结果。没有观察到 *cis/trans* 异构体。光照和黑暗条件下样品的实际和推算 DT_{50} 分别为 48.8 h 和 1447 h。

制剂 油剂、乳油、气雾剂、熏蒸剂、蚊香等。美国 MGK 公司的商品生物烯丙菊酯为含有 90%(a.i.)的浓制剂，用以加工喷射剂和气雾剂。

主要生产商 江苏优嘉植物保护有限公司、中山凯中有限公司等。

作用机理与特点 钠通道抑制剂。主要是阻断害虫神经细胞中的钠离子通道，使神经细胞丧失功能，导致靶标害虫麻痹、协调差，最终死亡。无内吸作用，具有触杀、胃杀作用。

应用 生物烯丙菊酯是一种强接触、非系统、无残留的杀虫剂，具有快速击倒性，主要用于防治家庭害虫（蟑螂，蚊和蝇科害虫），亦可用于杀虫线圈中 [0.15%～0.20%(a.i.)]、垫子（40 mg/个）和电热汽化器下 [3%～5%(a.i.)30 mL/30 夜]，应用时与其他杀虫剂和胡椒基丁醚混合使用。(*S*)-环戊烯基异构体是更有效的形式。主要用于住房、餐厅等喷杀蝇蚊使用，此外亦可以用以制造蚊香和电热蚊香片。

残留量与安全施药 在处理工业原油或高含量的制剂时，需佩戴护目镜、手套和口罩；但在车间或室内接触一般制剂时，不需要防护。

专利与登记

专利名称 Cyclopropanecarboxylic acid esters of cyclopentenolones

专利号 GB 678230　　　　专利公开日 1952-08-27

专利申请日 1950-01-18　　优先权日 1950-01-18

专利拥有者 National Distillers Products Corp.

在其他国家申请的化合物专利 GB 678230 等。

制备专利 JP 2006298785 等。

国内登记情况 总酯含量93%，右旋反式体含量90%原药；总酯93%，有效体含量90%原药；0.4%、0.48%、0.65%气雾剂；0.3%蚊香；50mg/片电热蚊香片等，登记用于卫生性除虫等，防治对象为蚊、蝇、蜚蠊、蚂蚁等。

合成方法 生物烯丙菊酯可由如下方法制得：

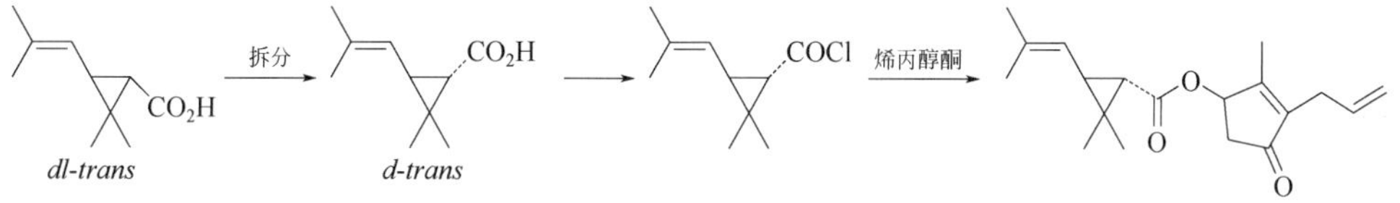

参考文献

[1] The Pesticide Manual.17 th edition: 110-111.

S-生物烯丙菊酯(*S*-bioallethrin)

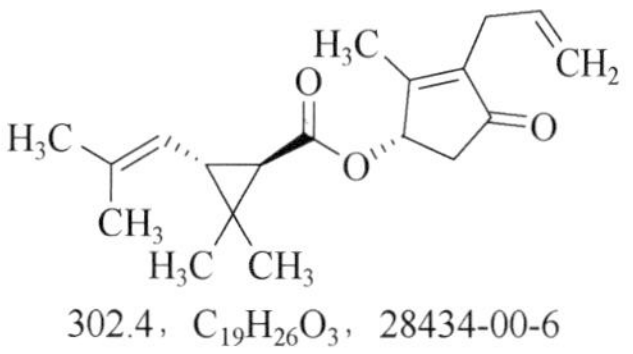

302.4，$C_{19}H_{26}O_3$，28434-00-6

S-生物丙烯菊酯［试验代号：RU 3054、RU16121(for OMS 3046)、RU 27436(for OMS 3045)、AI3-29024、OMS 3046(Esbiol)、OMS 3045(Esbiothrin)；通用名称：esdepalléthrine；其他名称Esbiol］是由拜耳公司开发的拟除虫菊酯类杀虫剂。

化学名称　(S)-3-烯丙基-2-甲基-4-氧代环戊-2-烯基 (1R,3R)-2,2-二甲基-3-(2-甲基-1-丙烯基)环丙烷羧酸酯；(S)-3-烯丙基-2-甲基-4-氧代环戊-2-烯基 (1R)-$trans$-2,2-二甲基-3-(2-甲基-1-丙烯基)环丙烷羧酸酯。英文化学名称为(S)-3-allyl-2-methyl-4-oxocyclopent-2-en-1-yl (1R,3R)-2,2-dimethyl-3-(2-methylprop-1-enyl)cyclopropanecarboxylate；(S)-3-allyl-2-methyl-4-oxocyclopent-2-en-1-yl (1R)-$trans$-2,2-dimethyl-3-(2-methylprop-1-enyl)cyclopropanecarboxylate。美国化学文摘系统名称为(1S)-2-methyl-4-oxo-3-(2-propen-1-yl)-2-cyclopenten-1-yl (1R,3R)-2,2-dimethyl-3-(2-methyl-1-propen-1-yl)cyclopropanecarboxylate。CA 主题索引名称为(1R,3R)-cyclopropanecarboxylic acid —, 2,2-dimethyl-3-(2-methyl-1-propenyl)-2-methyl-4-oxo-3-(2-propenyl)-2-cyclopenten-1-yl ester。

组成　Esbiol（OMS 3046）总异构体量含量≥95%，其中≥90%为 S-bioallethrin；Esbiothrin（OMS 3045）总异构体量含量≥93%，其中≥72%为 S-bioallethrin；R-异构体含量<3%。

理化性质　S-生物烯丙菊酯是一种橙黄色黏稠液体。熔点<-40℃，沸点 165～170℃（20 Pa）。蒸气压为 44.0 mPa（25℃）。lgK_{ow} 4.68。Henry 常数为 1.0 Pa·m^3/mol（计算）。相对密度 1.01（20～25℃）。水中溶解度（20～25℃）4.6 mg/L，能与丙酮、乙醇、氯仿、乙酸乙酯、己烷、甲苯、二氯甲烷完全互溶（20～25℃）。稳定性：遇紫外线分解。在水溶液中 DT$_{50}$：1410.7 d（pH 5）、547.3 d（pH 7）、4.3 d（pH 9）。比旋光度 $[\alpha]_D^{20}$ 为-55°～-47.5°（c = 5，甲苯）。闪点为 113℃（开杯）。

毒性　大鼠急性经口 LD$_{50}$（mg/kg）：雄 784，雌 1545；Esbiol：雄 432 mg/kg，雌 378；Esbiothrin：雄 574.5，雌 412.9。NOEL：（0.5 年）大鼠 1000 mg/kg 饲料；Esbiothrin：（2 年）大鼠 500 mg/kg，非致癌剂量 4500 mg/kg 饲料；（2 年）小鼠 250 mg/kg，非致癌剂量 1250 mg/kg 饲料；（1 年）狗 400 mg/kg。无致突变、致癌、致胚胎中毒或致畸作用。

生态效应　野鸭和山齿鹑急性经口 LD$_{50}$>5000 mg/kg，小鸡>5000 mg/kg。野鸭和山齿鹑 LC$_{50}$（8 d）>5000 mg/kg 饲料。鱼类 LC$_{50}$（96 h）：虹鳟鱼 0.01 mg/L，大翻车鱼 0.033 mg/L。LC$_{50}$（96 h，静态试验）胖头鱼 0.08 mg/L，黄金鲈鱼 0.0078 mg/L。

制剂　油剂、气雾剂、熏蒸剂、超低容量剂。

主要生产商　江苏丰登作物保护股份有限公司、江苏优嘉植物保护有限公司、日本住友化学株式会社等。

作用机理与特点　钠通道抑制剂。主要是阻断害虫神经细胞中的钠离子通道，使神经细胞丧失功能，导致靶标害虫麻痹、协调差，最终死亡。无内吸作用，具有触杀、胃杀作用。

应用　S-生物烯丙菊酯与生物烯丙菊酯基本一致，S-生物烯丙菊酯是更有效的形式。

主要用于住房、餐厅等喷杀蝇蚊，此外亦可以用以制造蚊香和电热蚊香片。

残留量与安全施药　在处理工业原油或高含量的制剂时，需佩戴护目镜、手套和口罩；但在车间或室内接触一般制剂时，不需要防护。

专利与登记

专利名称　Cyclopropanecarboxylic acid esters of cyclopentenolones

专利号　GB 678230　　　　　专利公开日　1952-08-27

专利申请日　1950-01-18　　　优先权日　1950-01-18

专利拥有者　National Distillers Products Corp.

在其他国家申请的化合物专利　GB 678230 等。

制备专利　JP 2006298785 等。

国内登记情况　总酯含量 93%，右旋反式体含量 90% 的原药；右旋体 89%，总酯 95% 的原药；18 mg/片电热蚊香片等，登记用于卫生性杀虫等，防治对象为蚊、蝇等。拜耳有限责任公司在中国登记情况见表 2-99。

表 2-99　拜耳有限责任公司在中国登记情况

登记名称	登记证号	含量	剂型	登记场所	防治对象	有效成分用药量	施用方法
氯菊·烯丙菊	WP20080090	104 g/L	水乳剂	室内	蚊	$0.0125 \ mL/m^3$	超低量喷雾
				室内	蝇	$0.025 \ mL/m^3$	超低量喷雾

合成方法　生物烯丙菊酯可由如下方法制得：

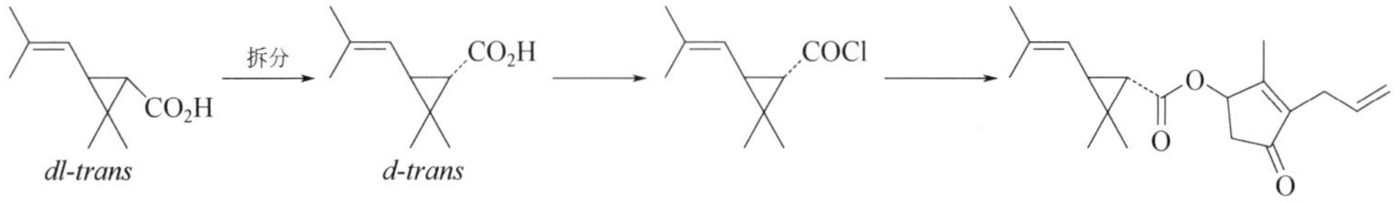

参考文献

[1]　The Pesticide Manual.17 th edition: 111-112.

溴氰菊酯（deltamethrin）

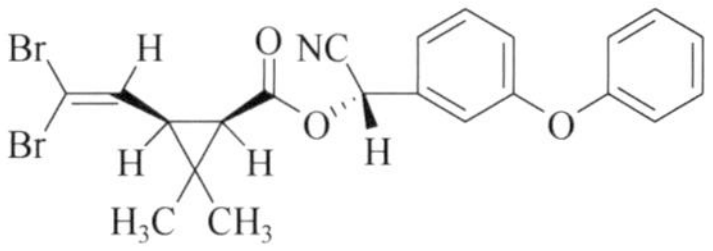

505.2，$C_{22}H_{19}Br_2NO_3$，52918-63-5

溴氰菊酯（试验代号：AE F032640、OMS1998、NRDC 161、RU22 974，商品名称：Butox、Decasyn、Decis、Delta、Deltajet、Deltamix、Deltarin、Keshet、Kordon、K-Othrine、Rocket、Shastra、Sundel、Thrust、Videci、K-Othrine Pronto Uso、凯素灵、敌杀死，其他名称：Decamethrin）是 Roussel Uclaf(现属 Bayer CropScience AG)开发的拟除虫菊酯类杀虫剂。

化学名称　(S)-α-氰基-3-苯氧基苄基(1R,3R)-3-(2,2-二溴乙烯基)-2,2-二甲基环丙烷羧酸酯，或者(S)-α-氰基-3-苯氧基苄基(1R)-顺-3-(2,2-二溴乙烯基)-2,2-二甲基环丙烷羧酸酯。英文化学名称为(S)-α-cyano-3-phenoxybenzyl(1R,3R)-3-(2,2-dibromovinyl)-2,2-dimethylcyclopropanecarboxylate 或(S)-α-cyano-3-phenoxybenzyl(1R)-cis-3-(2,2-dibromovinyl)-2,2-dimethylcyclopropanecarboxylate。美国化学文摘系统名称为[1R-[1(S*),3]]-cyano(3-phenoxyphenyl)methyl 3-(2,2-dibromoethenyl)-2,2-dimethylcyclopropanecarboxylate。CA 主题索引名称为 cyclopropanecarboxylic acid —，3-(2,2-dibromoethenyl)-2,2-dimethyl -, (S)-cyano(3-phenoxyphenyl)methyl ester,(1R,3R)-。

理化性质　原药含量为 98.5%，只有一个异构体。纯品为无色晶体，熔点 100～102℃。

蒸气压 $1.24×10^{-5}$ mPa（25℃），Henry 系数 0.0313 Pa·m^3/mol，相对密度 0.55（20～25℃），lgK_{ow} 4.6，水中溶解度（20～25℃）$<2.0×10^{-4}$ mg/L，有机溶剂中溶解度（g/L，20～25℃）：1,4-二氧六环 900，环己酮 750，二氯甲烷 700，丙酮 500，苯 450，二甲基亚砜 450，二甲苯 250，乙醇 15，异丙醇 6。在空气中稳定（温度<190℃稳定存在），在紫外线和日光照射下酯键发生断裂并且脱去溴。其在酸性介质中比在碱性介质中稳定。DT_{50} 31 d（pH 8），2.5 d（pH 9），比旋光度$[\alpha]_D = +57.4°$（$c = 4$，甲苯）。

毒性 急性经口 LD_{50}（mg/kg）：大鼠 87～5000（取决于载体及研究条件），狗>300。大鼠和兔的急性经皮 LD_{50}>2000 mg/kg，对皮肤无刺激性，对兔的眼睛中度刺激。大鼠吸入 LC_{50}（6 h）为 0.6 mg/L 空气。NOEL 值（2 年，mg/kg bw）：小鼠 16，大鼠 1，狗 1。ADI/RfD：（EC）0.01 mg/kg bw（2003）；（JMPR）0.01 mg/kg bw（2000）；（EPA）0.01 mg/kg bw（1987）。对小鼠、大鼠、兔无致畸、致突变作用。

生态效应 山齿鹑急性经口 LD_{50}>2250 mg/kg，山齿鹑饲喂 LC_{50}（8 d）>5620 mg/kg 饲料。鸟 NOEL [mg/(kg·d)]：野鸭 70，山齿鹑 55。实验室条件下对鱼有毒，LC_{50}（96 h，μg/L）：虹鳟 0.91，大翻车鱼 1.41；自然条件下对鱼无毒。水蚤 LC_{50}（48 h）0.56 μg/L。羊角月牙藻 EC_{50}（96 h）>9.1 mg/L。对蜜蜂有毒，LD_{50}（μg/只）：经口 0.023，接触 0.012。蚯蚓 LC_{50}（14 d）>1290 mg/kg 土壤。在实验室得出的低的 LD_{50} 和 LC_{50} 值，对野外生态系统没有危害。

环境行为 ①动物。经口进入大鼠体内的本品被迅速吸收并且在 24 h 内完全排出，等量的溴氰菊酯排到尿液和粪便中，在器官、组织和酮体中残留低，脂肪中残留高，无迹象表明有富集作用。苯环被羟基化，酯键水解，酸部分被降解为葡萄糖苷酸和甘氨酸。②植物。植物叶和根对其没有吸收，在植物体中没有主要代谢物。③土壤/环境。在 1～4 周之内被微生物降解，实验室 DT_{50}（实验室有氧条件下，25℃）18～35 d，（厌氧条件下，25℃）DT_{50} 32～105 d；DT_{90}（实验室有氧条件下，25℃）58～117 d，在田间 DT_{50} 8～28 d。土壤光解 DT_{50} 9 d。对土壤微生物系统和氮循环没有影响。K_d 3790～30000，K_{oc} $4.6×10^5$～$1.63×10^7$ cm^3/g，证实土壤胶体对其有很强的吸附而且不会有渗出的危险。在天然光敏性物质存在的水体表面容易迅速降解，DT_{50} 4 d。在水/沉淀系统中，从水到沉淀中的吸收是最重要的耗散路线，DT_{50}（耗散）<1 d，DT_{50}（整个系统，实验室条件下，pH 8.0～9.1）40～90 d。在天然水体中降解或耗散的主要路线是悬浮固体以及水生植物的沉淀吸收，通过化学或光化学转变成不活泼的立体异构体，水解后再氧化转型产品。

制剂 粉剂、乳油、水分散粒剂、悬浮剂、水乳剂、颗粒剂、可溶液剂、乳粒剂、超低容量液剂、热雾剂、油悬浮剂、气泡制剂等。

主要生产商 Adama、Bayer、Bharat Rasayan、Gharda、Heranba、Meghmani、Sinon、Tagros、江苏常隆农化有限公司、江苏丰登作物保护股份有限公司、江苏省南通宝叶化工有限公司、江苏优嘉植物保护有限公司、南京红太阳股份有限公司、内蒙古佳瑞米精细化工有限公司、新加坡利农私人有限公司、印度 TAGROS 公司、印度格达化学有限公司、印度禾润保工业有限公司等。

作用机理与特点 溴氰菊酯具有很强的杀虫活性，以触杀和胃毒作用为主，无内吸及熏蒸作用，但对害虫有一定的驱避与拒食作用。它杀虫谱广，击倒速度快，对鳞翅目幼虫杀伤力大，但对螨类基本无效。

应用

（1）适用作物 粮、棉、油、果、蔬、茶各种农作物及经济林木。

（2）防治对象 可防治鳞翅目、鞘翅目、直翅目、半翅目等260多种常见农林害虫。在中国主要用于防治棉铃虫、棉红铃虫、小地老虎、菜青虫、斜纹夜蛾、桃小食心虫、苹果卷叶蛾、茶尺蠖、小绿叶蝉、大豆食心虫、黏虫、蚜虫、柑橘潜叶蛾、荔枝椿象、甘蔗螟虫、蝗虫、松毛虫等近30种重要农林害虫。

（3）残留量与安全施药 表2-100中作物喷洒药液量每亩人工喷洒为30~50 L，拖拉机7~10 L，飞机1~3 L。也可以用低容量喷雾。喷药时应选择早、晚、风小、气温低时进行。晴天上午8点至下午5点，空气相对湿度低于65%，气温高于28℃时应停止喷药，否则效果不好。

溴氰菊酯应用技术可见表2-100。

表2-100 溴氰菊酯应用技术

作物	害虫	用药量及具体操作
棉花	棉铃虫、棉红铃虫、棉盲蝽、棉蚜	每亩用2.5%乳油30~50 mL [0.75~1.25 g(a.i.)]，对水45~60 L喷雾。若与有机磷杀虫剂进行桶混，用量可减半。棉铃虫发生季节内最好用2~3次，杀虫保铃（蕾）效果好
蔬菜	菜青虫、非抗性小菜蛾幼虫等	每亩用2.5%乳油25~40 mL [0.63~1.0 g(a.i.)]，对水30~45 L，能有效控制其为害，控制期长达10~15 d。同时能较好地兼治斜纹夜蛾、蚜虫、黄条跳甲、黄守瓜等害虫
果树	桃小食心虫、梨小食心虫和桃蛀螟	卵孵盛期和幼虫蛀果前，即卵果率达到1%~1.5%时，用2500倍稀释液或每100 L水加2.5%溴氰菊酯40 mL（有效浓度10 mg/L）喷雾防治。每亩苹果树的用水量不少于150 L。第一次喷药后隔7~10 d再喷1次，可有效控制食心虫类害虫的蛀果率在0.5%以下
	荔枝椿象	在其越冬出蛰后到第一代成虫出现前，用2.5%溴氰菊酯2500~3000倍液或每100 L水加2.5%溴氰菊酯32~40 mL（有效浓度8~10 mg/L）喷雾，要求喷雾周到
	柑橘潜叶蛾	新梢放梢初期（3 cm长）施药，用2.5%溴氰菊酯1666~2500倍液或每100 L水加25%溴氰菊酯40~60 mL（有效浓度10~15 mg/L）喷雾。若为害严重，隔7~10 d再喷1次
茶树	茶尺蠖、茶毛虫	在幼虫2~3龄用2.5%溴氰菊酯3000倍液或每100 L水加2.5%溴氰菊酯33 mL（有效浓度8 mg/L）喷雾，此剂量还可防治茶小卷叶蛾、茶蓑蛾、扁刺蛾、茶蚜等
	茶小绿叶蝉	在成、若虫盛发期，用2.5%溴氰菊酯2500~3000倍液或每100 L水加2.5%溴氰菊酯32~40 mL（有效浓度8~10 mg/L）喷雾
烟草	烟青虫	低龄幼虫发生期，每亩用2.5%溴氰菊酯25~40 mL [0.63~1.0 g(a.i.)]喷雾，能有效防治烟青虫的危害
旱粮及其他作物	小麦、玉米、高粱上的黏虫	于3龄幼虫前施药，每亩用2.5%溴氰菊酯20~40 mL [0.5~1.0 g(a.i.)]
	麦蚜	在穗蚜发生初期，每亩用2.5%溴氰菊酯15 mL（有效成分0.38 g）喷雾
	大豆食心虫、豆荚螟	在大豆开花结荚期或卵孵化高峰期用药，每亩用2.5%溴氰菊酯25~40 mL [0.63~1.0 g(a.i.)]
	玉米螟	玉米抽雄率10%、每100株有玉米螟卵30块时施药。每亩用2.5%溴氰菊酯20 mL [0.5 g(a.i.)]
	大豆蚜虫、蓟马	大豆每株有蚜虫10头以上，2~3片复叶每株有蓟马20头或顶叶皱缩时，每亩用2.5溴氰菊酯15~20 mL [0.38~0.5 g(a.i.)]
	水稻负泥虫	水稻苗期，见到成虫在叶上为害时，每亩用2.5%溴氰菊酯20~30 mL [0.5~0.75 g(a.i.)]
	大豆、甜菜、亚麻、向日葵、苜蓿等作物的草地螟	每百株有幼虫30~50头时，大部分幼虫在3龄期，每亩用2.5%溴氰菊酯15~20 mL [0.38~0.5 g(a.i.)]

作物	害虫	用药量及具体操作
旱粮及其他作物	甜菜、油菜跳甲	在甜菜、油菜拱土出苗期，每亩用 2.5%溴氰菊酯 15～20 mL［0.38～0.5 g(a.i.)］
	甘蓝夜蛾	最佳防治时期是在甘蓝夜蛾幼虫 3 龄以前，每亩用 2.5%溴氰菊酯 15～20 mL［0.38～0.5 g(a.i.)］。对 3 龄以上的幼虫，用量增加到每亩 20～25 mL［0.5～0.63 g(a.i.)］
	松毛虫	每亩用 2.5%溴氰菊酯 25～60 mL［0.63～1.5 g(a.i.)］
	东亚飞蝗	在 3～4 龄蝗蝻期，每亩荒滩（河滩）用 2.5%溴氰菊酯 20～25 mL［0.5～0.63 g(a.i.)］

专利与登记

专利名称　3-Substituted-2,2-dimethyl-cyclopropane carboxylic acid esters their preparation and their use in pesticidal compositions

专利号　GB 1413491　　　　　专利公开日　1975-11-12

专利申请日　1972-05-25　　　　优先权日　1972-05-25

专利拥有者　Roussel Uclaf

在其他国家申请的化合物专利　AU 7472249、BE 818811、CA 1045632、CH 608941、CH 611593、DE 2439177、DK 7306287、FR 2240914、GB 1448228、JP 50070518、JP 55021010、NL 7410838、NL 178590、SE 422201、SE 7315772、US 4622337 等。

制备专利　CN 106942266、CN 105594730、IN 2002DE 00766、WO 2013126948、CN 102550592、IN 189300、IN 190839、RU 2248965、WO 9818329、DE 2825615 等。

国内登记情况　2.5%、0.6%乳油，98%、98.5%原药等，登记作物为苹果树和十字花科蔬菜等，防治对象蚜虫和桃小食心虫等。拜耳有限责任公司在国内登记情况见表 2-101。

表 2-101　拜耳有限责任公司在中国登记情况

商品名	登记证号	含量	剂型	登记作物场所或用途	防治对象	用药量	施用方法
溴氰菊酯	WP6-93	25 g/L	悬浮剂	卫生	蝇	0.4 mL/m²	滞留喷雾
				卫生	蜚蠊	0.6 mL/m²	
	WP20140164	2%	水乳剂	室外	蚊	50 mL/10000 m²	超低容量喷雾或热雾
				室外	蝇	100 mL/10000 m²	
	WP120-90	2.5%	可湿性粉剂	卫生	臭虫	0.6 g/m²	滞留喷雾
				卫生	蚊	0.2 g/m²	
				卫生	蝇	0.4 g/m²	
				卫生	蜚蠊	0.4～0.6 g/m²	
	PD136-91	25 g/L	乳油	稻谷原粮	仓储害虫	20～40 mL/1000 kg 原粮	喷雾或拌糠
				小麦原粮	仓储害虫	20～40 mL/1000 kg 原粮	

合成方法　经如下反应制得：

差向异构

参考文献

[1] 农业灾害研究, 2012(3): 45-48.

[2] The Pesticide Manual. 17th edition: 302-304.

[3] 现代农药, 2003(6): 5-6.

[4] 化工文摘, 2001(5): 56.

[5] 广西大学学报(自然科学版), 2017(5): 1907-1913.

乙氰菊酯（cycloprothrin）

482.4，$C_{26}H_{21}Cl_2NO_4$，63935-38-6

乙氰菊酯（试验代号：GH-414、NK-8116、OMS 3049，商品名称：Cyclosal、赛乐收，其他名称：杀螟菊酯、稻虫菊酯）是由澳大利亚联邦科学和工业研究组织研究开发的拟除虫菊酯类杀虫剂。

化学名称　(R,S)-α-氰基-3-苯氧苄基(RS)-2,2-二氯-1-(4-乙氧基苯基)环丙烷羧酸酯。英文化学名称为 (RS)-α-cyano-3-phenoxybenzyl(RS)-2,2-dichloro-1-(4-ethoxyphenyl)cyclopropane-carboxylate。美国化学文摘系统名称为 cyano(3-phenoxyphenyl)methyl-2,2-dichloro-1-(4-ethoxy-phenyl)cyclopropanecarboxylate。CA 主题索引名称为 cyclopropanecarboxylic acid —, 2,2-dichloro-1-(4-ethoxyphenyl)-cyano(3-phenoxyphenyl)methyl ester。

理化性质　原药为黄色至棕色黏稠液体，熔点 1.8℃，沸点为 140～145℃（0.133 Pa）。蒸气压为 0.0311 mPa（80℃）。lgK_{ow} 4.19。相对密度 1.3419（20～25℃）。水中溶解度（20～25℃）0.32 mg/L，易溶解于大多数有机溶剂，微溶于脂肪烃。在≤150℃时可稳定存在，对光稳定。

毒性　大、小鼠急性经口 LD_{50}>5000 mg/kg，大鼠急性经皮 LD_{50}>2000 mg/kg。工业品对眼睛和皮肤无刺激作用，2%颗粒剂和1%粉剂中度刺激。大鼠吸入 LC_{50}（4 h）>1.5 mg/L。大鼠 NOEL（101 周）20 mg/L。在大鼠生命期内无致畸、致癌、致突变及繁殖毒性。

生态效应　鸟类急性经口 LD_{50}（mg/kg）：日本鹌鹑>5000，母鸡>2000。鲤鱼 LC_{50}（96 h）>7.7 mg/L。水蚤 LC_{50}（48 h）0.27 mg/L。水藻 EC_{50}（72 h）2.38 mg/L。蜜蜂 LD_{50}（48 h，μg/只）：经口 0.321，接触 0.432。

环境行为　①动物。连续给大鼠喂饲本药品的试验表明，乙氰菊酯能迅速、完全地由尿液和粪便排出。②植物。在植物体内没有积累。③土壤/环境。当乙氰菊酯在模拟水稻田应用时，水稻植株对它的吸收随时间增加而增加，在 7 d 内达到最大值。当浓度非常低时，在粮食中未发现没反应的乙氰菊酯。

制剂　10%浓乳剂，0.5%、1.0%粉剂，2.0%颗粒剂，10%乳油。

主要生产商 Nippon Kayaku。

作用机理与特点 钠通道抑制剂。主要是阻断害虫神经细胞中的钠离子通道，使神经细胞丧失功能，导致靶标害虫麻痹、协调差，最终死亡。是一种低毒拟除虫菊酯类杀虫剂，以触杀作用为主，有一定的胃毒作用，无内吸和熏蒸作用。本品杀虫谱广，除主要用于水稻害虫的防治外，还可用于其他旱地作物、蔬菜和果树等害虫的防治，具有驱避和拒食作用，对植物安全。

应用

（1）适用作物　水稻、蔬菜、果树、茶树等作物。

（2）防治对象　水稻象甲、蚬虫、黑尾叶蝉、菜青虫、斜纹夜蛾、蚜虫、大豆食心虫、茶小卷叶蛾、茶黄蓟马、果树食心虫、柑橘潜叶蛾、桃小食心虫、棉铃虫等鳞翅目、鞘翅目、半翅目、缨翅目等多种害虫。

（3）残留量与安全施药　该药为触杀性杀虫剂，对蜜蜂、蚕有毒，施药时应注意避免在桑园、养蚕区施药。

（4）应用技术　日本化药公司开发的新型颗粒剂最适合用于防治水稻象甲，施药后先沉于稻田底部，又很快浮至水面，颗粒剂中的载体和黏着剂溶解后，释放出有效成分，在水面上杀死水稻象甲成虫和新孵化的幼虫，几天后有效成分沉至水层底部，在土壤表面形成一有效成分层，能杀死转至水稻根部的水稻象甲幼虫。

乙氰菊酯应用技术可见表 2-102。

表 2-102　乙氰菊酯应用技术

适用范围	防治对象	用药量
水稻	水稻二化螟、稻苞虫、黑尾叶蝉、稻根象、稻负泥虫、稻鳞象甲	50～300 g(a.i.)/hm^2
玉米	玉米螟、黏虫、根蚜	100～200 g(a.i.)/hm^2
马铃薯	叶甲、二十八星瓢虫、长管蚜	50～200 g(a.i.)/hm^2
白菜	小菜蛾、黏虫、银纹夜蛾、菜蚜	50～200 g(a.i.)/hm^2
大豆	小卷蛾、豆荚斑螟、茎瘿蚊、豆绿蝽	100～200 g(a.i.)/hm^2
棉花	埃及金刚钻、阳蓟马属、棉红铃虫、夜蛾类、棉粉虱、棉小叶蝉	50～200 g(a.i.)/hm^2
茶	褐带卷蛾、茶黄蓟马、茶长卷蛾、茶细蛾	50～100 g(a.i.)/hm^2
苹果	潜叶蝇、桃小食心虫、梨小食心虫、棉褐带卷蛾、菜绿蚜	100 mg/kg
梨	桃小食心虫、梨潜蛾、二叉蚜	100 mg/kg
柑橘	橘潜叶蛾、茶黄蓟马	50～100 mg/kg
羊	绿蝇属	2 g/头

专利与登记

专利名称　Cyclopropane derivatives with insecticidal properties

专利号　DE 2653189　　　　**专利公开日**　1977-06-08

专利申请日　1976-11-23　　　　**优先权日**　1975-11-26

专利拥有者　Commonwealth Scientific and Industrial Research Organization, Australia

在其他国家申请的化合物专利　US 4220591、DE 2660606、JP 52083354、JP 59021858、CH 634816、US 4262014、JP 54070423、JP 55021011、US 4309350、JP 56142237、JP 60021574、CH 634817、CH 634818。

制备专利　CN 1970535、CN 1332930 等

合成方法　3-苯氧基苯甲醛与过量的丙酮氰醇在四氯化碳中，三乙胺存在下于 20℃反应 1 h，得到 3-苯氧基-α-氰基苄醇，然后与 1-(4-乙氧基苯基)-2,2-二氯环丙烷羧酸在吡啶中与氯化亚砜反应生成的酰氯反应，制得乙氰菊酯：

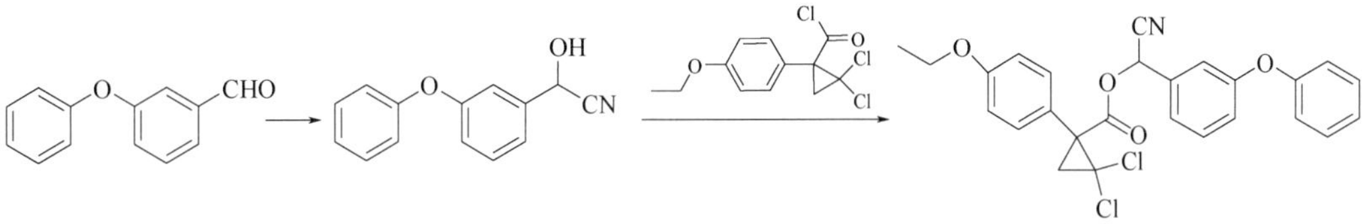

1-(4-乙氧基苯基)-2,2-二氯环丙烷羧酸按下列反应制备：

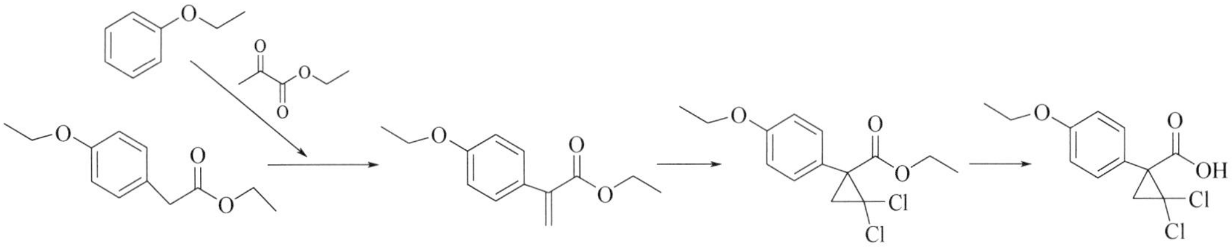

参考文献

[1]　The Pesticide Manual. 17th edition: 256-257.

[2]　Shigek K，马晓芳. 农药, 1989, 28(4): 40.

右旋反式氯丙炔菊酯（chloroprallethrin）

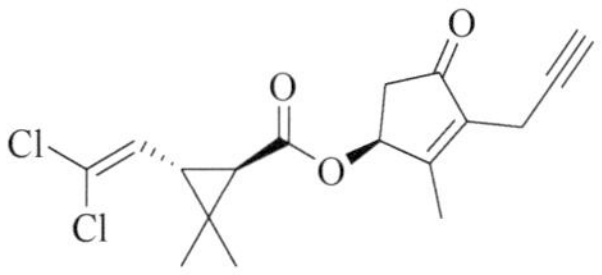

341.2，C$_{17}$H$_{18}$Cl$_2$O$_3$，399572-87-3或250346-55-5

右旋反式氯丙炔菊酯，是江苏扬农化工股份有限公司自行创制、开发的拟除虫菊酯类新型杀虫剂，于 1999 年发现，2013 年获农业部农药正式登记。

化学名称　右旋-2,2-二甲基-3-反式-(2,2-二氯乙烯基)环丙烷羧酸-(S)-2-甲基-3-(2-炔丙基)-4-氧代-环戊-2-烯基酯。英文化学名称(1S)-2-methyl-4-oxo-3-(prop-2-ynyl)cyclopent-2-en-1-yl (1R,3S)-3-(2,2-dichlorovinyl)-2,2-dimethylcyclopropanecarboxylate 或 rothamsted-style stereo-descriptors: (1S)-2-methyl-4-oxo-3-(prop-2-ynyl)cyclopent-2-en-1-yl (1R)-trans-3-(2,2-dichloro-vinyl)-2,2-dimethylcyclopropanecarboxylate。美国化学文摘系统名称为(1S)-2-methyl-4-oxo-3-(2-propyn-1-yl)-2-cyclopenten-1-yl (1R,3S)-3-(2,2-dichloroethenyl)-2,2-dimethylcyclopropane-carboxylate。CA 主题索引名称为 (1S)-2-methyl-4-oxo-3-(2-propyn-1-yl)-2-cyclopenten-1-yl ester, (1R,3S)-。

理化性质　浅灰黄色晶体。熔点 90℃。易溶于甲苯、丙酮、环己烷等众多有机溶剂，不溶于水及其他羟基溶剂。其对光、热均稳定，在中性及微酸性介质中亦稳定，但在碱性条件下易分解。

毒性 大鼠急性经口 LD_{50} 为 794 mg/kg（雌、雄），大鼠（雌、雄）急性经皮 $LD_{50} > 5000$ mg/kg，对兔眼、兔皮肤无刺激性。对豚鼠致敏性试验为无致敏性。大鼠（雌、雄）急性吸入 LC_{50} 为 4.3 mg/L。大鼠亚慢性毒性最大无作用剂量为 10 mg/(kg·d)（雌）和 60 mg/(kg·d)（雄）。Ames 试验结果为阴性，并无致畸、致癌性。

制剂 0.1%、0.13%、0.15%、0.21%、0.34%、0.35%、0.46%、0.55%、0.58%气雾剂，0.21%水基气雾剂，6.8%水乳剂。

主要生产商 江苏省南通宝叶化工有限公司、江苏优嘉植物保护有限公司等。

应用 作为气雾剂对蚊、蝇、蜚蠊等卫生害虫试验发现，该药剂具有卓越的击倒活性，效果优于右旋炔丙菊酯，为胺菊酯的 10 倍以上。以 0.035%的右旋反式氯丙炔菊酯气雾剂防治蚊虫，结果与 0.12%的右旋炔丙菊酯、0.5%胺菊酯效果相当；其对家蝇的击倒活性与 0.1%的右旋炔丙菊酯及 0.4%胺菊酯效果相当。在常规浓度下，其对蚊虫的活性是胺菊酯的 14 倍，对蝇的活性是胺菊酯的 12 倍。但是，与右旋炔丙菊酯和胺菊酯一样，右旋反式氯丙炔菊酯对蚊、蝇的致死活性较差，故应与氯菊酯、苯醚菊酯复配使用为宜。

专利与登记

专利名称 一种拟除虫菊酯类化合物及其制备方法和应用

专利号 CN 1303846 　　　　　　专利申请日 1999-12-13

专利拥有者 江苏扬农化工股份有限公司

国内登记了 96%原药，同时也登记了 0.1%、0.13%、0.15%、0.21%、0.34%、0.35%、0.46%、0.55%、0.58%气雾剂，0.21%水基气雾剂，6.8%水乳剂，主要作为卫生杀虫剂，用于防治蚊、蝇、蜚蠊等。

合成方法 经如下反应制得右旋反式氯丙炔菊酯：

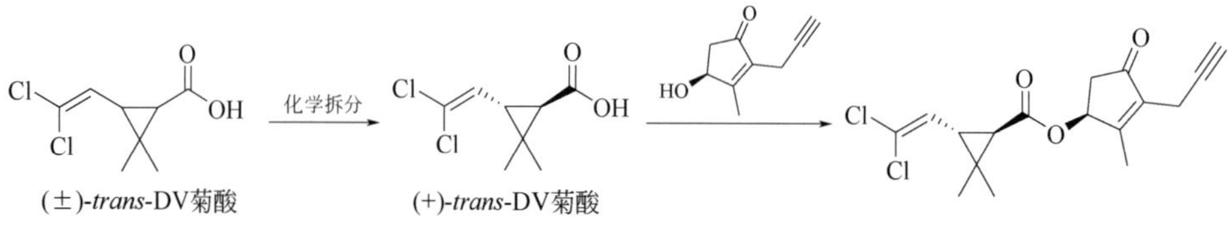

（±）-*trans*-DV菊酸 　　　　　　（+）-*trans*-DV菊酸

参考文献

[1] 林彬, 黄明高, 林永慧, 等. 中华卫生杀虫药械, 2004, 10(4): 211-213.

[2] The Pesticide Manual. 17 th edition: 196.

右旋烯炔菊酯（empenthrin）

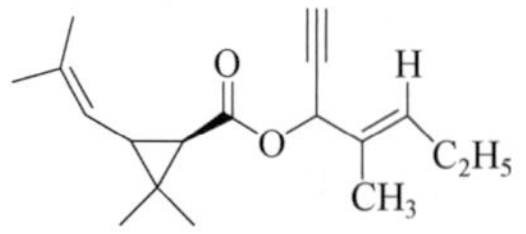

274.4，$C_{18}H_{26}O_2$，54406-48-3

右旋烯炔菊酯（试验代号：S-2852，商品名称：Vaporthrin、百扑灵）是日本住友化学工业公司在烯炔菊酯的基础上开发的拟除虫菊酯类杀虫剂。

化学名称 (*E*)-(*RS*)-1-乙炔基-2-甲基-2-戊烯基(1*R*,3*RS*;1*R*,3*SR*)-2,2-二甲基-3-(2-甲基-1-丙烯基)环丙烷羧酸酯,或(*E*)-(*RS*)-1-乙炔基-2-甲基-2-戊烯基(1*R*)-顺-反-2,2-二甲基-3-(2-甲基-1-丙烯基)环丙烷羧酸酯。英文化学名称为(*E*)-(*RS*)-1-ethynyl-2-methylpent-2-enyl(1*R*,3*RS*;1*R*,3*SR*)-2,2-dimethyl-3-(2-methylprop-1-enyl)cyclopropanecarboxylate 或 (*E*)-(*RS*)-1-ethynyl-2-methylpent-2-enyl(1*R*)-*cis-trans*-2,2-dimethyl-3-(2-methylprop-1-enyl)cyclopropanecarboxylate。美国化学文摘系统名称为 1-ethynyl-2-methyl-2-pentenyl(1*R*)-*cis-trans*-2,2-dimethyl-3-(2-methyl-1-propenyl)cyclopropanecarboxylate。CA 主题索引名称为 cyclopropanecarboxylic acid —,2,2-dimethyl-3-(2-methyl-1-propen-1-yl) -, (2*E*)-1-ethynyl-2-methyl-2-penten-1-yl ester。

组成 右旋烯炔菊酯是(*E*)-(*RS*)(1*RS*)-顺-反-异构体的混合物,但是实际上使用的右旋烯炔菊酯是(*EZ*)-(*RS*)(1*R*)-顺-反-异构体的混合物。

理化性质 右旋烯炔菊酯为黄色液体。沸点 295.5℃（$1.01×10^5$ Pa），蒸气压 14.0 mPa（23.6℃）。相对密度 0.927（20～25℃）。水中溶解度（20～25℃）0.111 mg/L，与己烷、丙酮、甲醇互溶。在通常条件下至少可以稳定保存 2 年。闪点 107℃。

毒性 急性经口 LD_{50}（mg/kg）：雄大鼠＞5000，雌大鼠＞3500。大鼠急性经皮 LD_{50}＞2000 mg/kg。对兔皮肤无刺激作用，但对兔眼睛有极小刺激作用。大鼠吸入 LC_{50}（4 h）＞4.61 mg/L。

生态效应 山齿鹑、野鸭急性经口 LD_{50}＞2250 mg/kg。山齿鹑和野鸭饲喂 LC_{50}＞5620 mg/kg。虹鳟鱼 LC_{50}（96 h）0.0017 mg/L。水蚤 EC_{50}（48 h）0.02 mg/L，水藻 E_bC_{50}（72 h）0.19 mg/L。

环境行为 进入哺乳动物体内后能迅速排出，不会在动物组织内积累，对排泄物所做的检测表明，本品在体内极易分解。它在水中的光分解半衰期为 2～5 h，避光下为 11～15 d；在土壤中半衰期为 4 d，故不会在环境中长期残留。

主要生产商 Sumitomo Chemical、江苏优嘉植物保护有限公司、中山凯中有限公司等。

作用机理与特点 该药剂为神经毒剂，主要通过与钠离子通道作用，破坏神经元的功能。该药剂具有触杀作用，在高温下具有很高的蒸气压，因此对飞行类昆虫也有很好的活性，且对昆虫具有高杀死活性与拒避作用。对袋衣蛾的杀伤力可与敌敌畏相当，且对多种皮蠹科甲虫有突出的阻止取食作用。

应用

（1）防治对象 蝇、黑皮蠹等卫生害虫，特别是飞蛾、毛毛虫和其他的破坏纤维的害虫。

（2）使用方法 加热或不加热熏蒸剂用于家庭或禽舍防治蚊、蝇等害虫；或以防蛀蛾带代替樟脑丸悬挂于密闭空间或衣柜中，防治谷蛾科和皮蠹科害虫。一般在 0.7 m^3 西装柜中悬挂防蛀蛾带 2 条，能有效地杀死袋衣蛾的初龄幼虫和卵，防治可达半年之久。加工成不含溶剂的加压喷射液，在图书馆、标本室、博物馆等室内喷射，可以保护书籍、文物、标本等不受虫害。

专利与登记

专利名称 Insecticidal cyclopropanecarboxylates

专利号 DE 2418950　　　　　专利公开日 1974-10-31

专利申请日 1974-04-19　　　优先权日 1973-04-20

专利拥有者　Sumitomo Chemical Co., Ltd.（日本）

在其他国家申请的化合物专利　AR 217225、AU 475303、AU 6799474、AU 7467994、BR 7403124、CS 196253、CH 611129、CA 1061351、DK 139212、DK 7603465、DE 2418950、ES 425399、FR 2226383、GB 1424170、HU 171179、IT 1049276、IL 44667、JP 49132230、JP 55042045、JP 50005530、JP 55021009、JP 50012232、NL 7405313、NL 179202、PH 11381、SE 422051、SU 1255048、US 4118505、US 4003945、US 4263463、ZA 7402520 等。

国内仅登记了90%、93%原药。日本住友化学株式会社在中国也仅登记了93%原药。

合成方法　右旋烯炔菊酯经如下反应制得：丙醛在氢氧化钠条件下发生自身缩合反应得到2-甲基-戊烯-2-醛，再与乙炔的格式试剂反应得到1-乙炔基-2-甲基-戊烯-2-醇，该醇溶于甲苯中，在吡啶存在条件下，与菊酰氯在室温下反应过夜，即得到烯炔菊酯。

参考文献

[1] 农药商品大全. 北京: 中国商业出版社, 1996: 125.

[2] The Pesticide Manual. 17 th edition: 400-401.

heptafluthrin

414.1，$C_{18}H_{17}F_7O_3$，1130296-65-9

heptafluthrin 是江苏优士化学开发的新型菊酯类杀虫剂。

化学名称　2,2-二甲基-3-[(1Z)-3,3,3-三氟丙-1-烯基]环丙酸-2,3,5,6-四氟-4-(甲氧基甲基)苯乙酯。英文化学名称为 2,3,5,6-tetrafluoro-4-(methoxymethyl)benzyl (1RS,3RS;1RS,3SR)-2,2-dimethyl-3-[(1Z)-3,3,3-trifluoroprop-1-enyl]cyclopropanecarboxylate。美国化学文摘系统名称为 [2,3,5,6-tetrafluoro-4-(methoxymethyl)phenyl]methyl 2,2-dimethyl-3-[(1Z)-3,3,3-trifluoro-1-propen-1-yl]cyclopropanecarboxylate。CA 主题索引名称为 cyclopropanecarboxylic acid —, 2,2-di-methyl-3-[(1Z)-3,3,3-trifluoro-1-propen-1-yl]-[2,3,5,6-tetrafluoro-4-(methoxymethyl)phenyl]methyl ester。

应用　杀虫剂。

专利与登记

专利名称　Pyrethroid compound, its preparation process and application as pesticide for prevention and controlling mosquito, musca and german cockroach

专利号　CN 101381306　　　　　　专利申请日　2008-10-14

专利拥有者　扬农化工集团

在其他国家申请的化合物专利 WO 2010043121 等。

制备专利 CN 101638367、WO 2018050213、CN 102584592、CN 102153474、CN 102134195、CN 101967097、CN 101792392、CN 101735104、CN 101671251、CN 101381306、CN 101367722、CN 101367730 等。

合成方法 通过如下反应制得目的物：

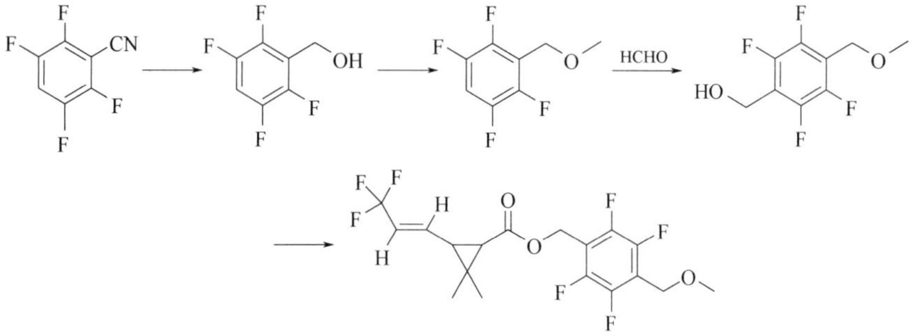

参考文献

[1] 宋玉泉, 冯聪. 现代农药, 2014, 13(5): 1-5+11.

momfluorothrin

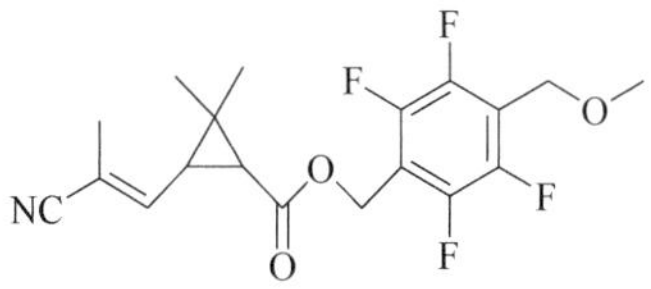

385.4, $C_{19}H_{19}F_4NO_3$, 609346-29-4

momfluorothrin（试验代号 S-1563）是日本住友化学株式会社开发的拟除虫菊酯类杀虫剂。

化学名称 [2,3,5,6-四氟-4-(甲氧基甲基)苄基] 3-(2-氰基-1-丙烯-1-基)-2,2-二甲基环丙基羧酸酯。英文化学名称为 2,3,5,6-tetrafluoro-4-(methoxymethyl)benzyl (EZ)-(1RS,3RS;1RS,3SR)-3-(2-cyanoprop-1-enyl)-2,2-dimethylcyclopropanecarboxylate 或 2,3,5,6-tetrafluoro-4-(methoxy-methyl)benzyl(1RS)cis-trans-3-[(EZ)-2-cyanoprop-1-enyl]-2,2-dimethylcyclopropanecarboxylate。美国化学文摘系统名称为 [2,3,5,6-tetrafluoro-4-(methoxymethyl)phenyl]methyl 3-(2-cyano-1-propen-1-yl)-2,2-dimethylcyclopropanecarboxylate。CA 主题索引名称为 cyclopropanecarboxylic acid—, 3-[(1Z)-2-cyanoprop-1-en-1-yl]-2,2-dimethyl-[2,3,5,6-tetrafluoro-4-(methoxymethyl)phenyl]methyl ester, (1R,3R)-epsilon-。

毒性 对大鼠急性经口毒性 LD_{50}（雌）300～2000 mg/kg bw、LD_{50}（雄）>2000 mg/kg bw，急性经皮毒性 LD_{50}>2000 mg/kg bw，急性吸入毒性 LC_{50}（4 h）>2000 mg/L。对兔皮肤无刺激性，对兔眼有轻微刺激性，对豚鼠皮肤无致敏性。

生态效应 对鸟类和哺乳动物安全，对鱼、水生和陆地无脊椎动物高毒，原药对虹鳟鱼和黑头呆鱼急性 LC_{50}（96 h）分别为 1.2 μg/L、7.6 μg/L，水蚤 EC_{50}（48 h）7.8 μg/L，膨胀浮萍 IC_{50}（7 d）>2.5 mg/L。蜜蜂觅食期禁止使用以降低对传粉昆虫的风险。

制剂 15.7%乳胶。

作用机理与特点 在 IRAC 作用机制分类中归为 3A 组——钠离子通道调节剂。该剂具有轴突毒性，使神经元膜钠离子通道保持打开状态，导致过度兴奋和瘫痪。

应用 施用后能迅速使大多数害虫失去行动能力，从而减少了靶标害虫药后移动的距离，有利于更容易地杀死害虫。该剂可用于住宅区和商业区室内户外现场以及缝隙处理，包括用于室内周边和床垫，防治多种卫生害虫，如蝇类、蚊类、黄蜂、马蜂、小黄蜂、蜚蠊、蜱、臭虫、蜈蚣、蝎子以及某些种类的蚂蚁和蜘蛛等飞行、爬行和叮咬昆虫及其他节肢害虫。

专利与登记

专利名称 Preparation of a pesticidal cyclopropanecarboxylic acid ester

专利号 JP 2004002363 专利申请日 2003-04-02

专利拥有者 Sumitomo Chemical Company, Limited

在其他国家申请的化合物专利 BR 2003000949、CN 1451650、ES 211358、US 20030195119 等。

制备专利 CN 101878776、WO 2010110178、US 20030195119 等。

合成方法 通过如下反应制得目的物：

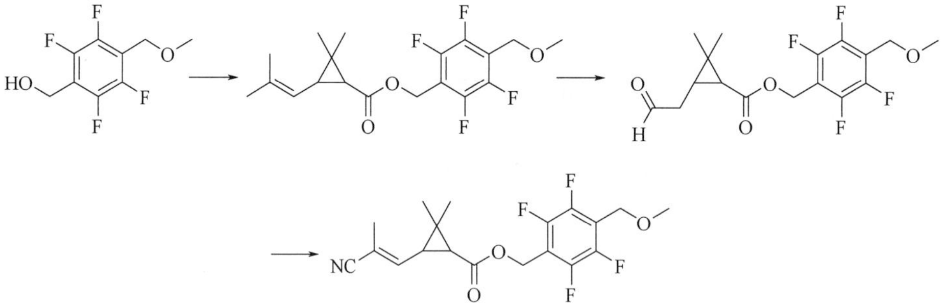

参考文献

[1] The Pesticide Manual. 17 th edition: 778.

[2] 何秀玲. 世界农药, 2016, 38(1): 61.

第十六节
氨基甲酸酯类杀虫剂

一、创制经纬

在 1926 年发现毒扁豆生物碱（physostigmine）具有杀虫活性，且作用机理与有机磷相似后，美国联合碳化公司（后为罗纳普朗克，现属拜耳公司）和汽巴-嘉基公司（后为诺华，现属先正达公司）就开始以毒扁豆生物碱为先导化合物进行杀虫剂的研究，并发现了甲萘威

（carbaryl）、吡唑威（pyrolan）、异索威（isolan）等（后来成为一大类杀虫剂即氨基甲酸酯类杀虫剂），并开发了与天然结构相差很大的灭多威（methomyl）、涕灭威（aldicarb）等。

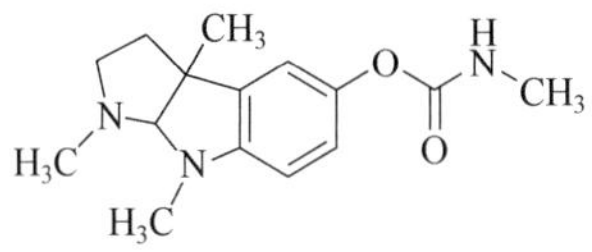

毒扁豆生物碱 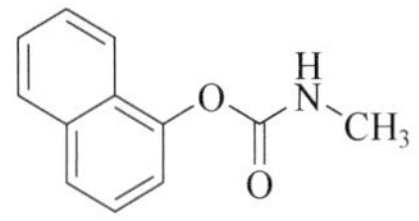 甲萘威 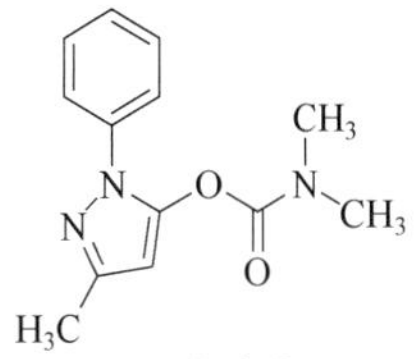 吡唑威

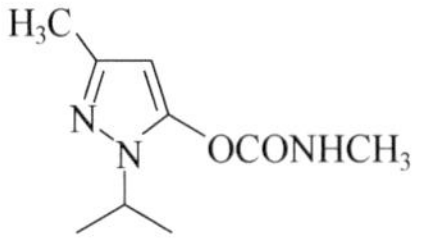

异索威 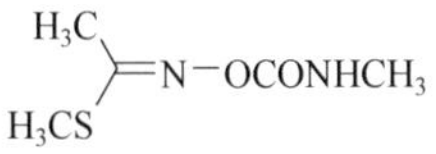 灭多威 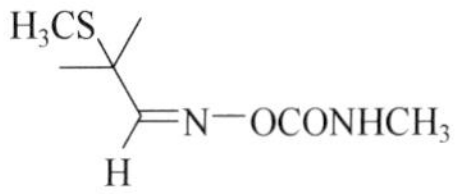 涕灭威

到目前为止，甲萘威在氨基甲酸酯类杀虫剂中所占销售额比例是最大的，其次是灭多威，涕灭威排第三，FMC 公司发现的克百威（carbofuran）排第四，其应用也很广，这是因为它不仅具有杀虫活性，还具有杀螨、杀线虫活性；不仅具有触杀活性，还有内吸活性；但由于高毒，应用受到限制。为了降低它的毒性，已开发了低毒的前提杀虫剂丁硫克百威（carbosulfan）等。尽管如此，涕灭威与克百威等终因高毒，将会从市场上慢慢消失。

值得提及的品种噁虫威（bendiocarb），因低毒，目前在卫生方面得到广泛的应用。目前氨基甲酸酯类杀虫剂研究比较少，但 1996 年巴斯夫公司报道的有机磷与氨基甲酸酯相结合的化合物磷虫威（phosphcarb），具有很好的生物活性。

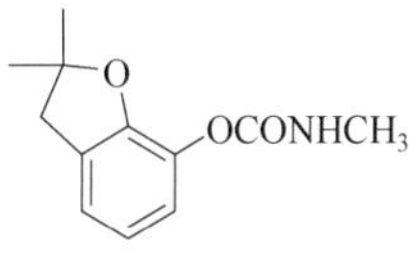

克百威 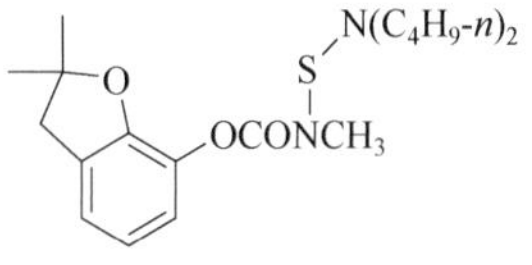 丁硫克百威 噁虫威 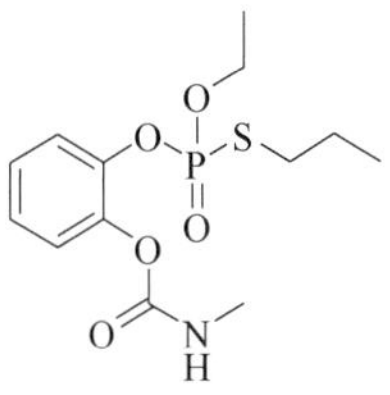 磷虫威

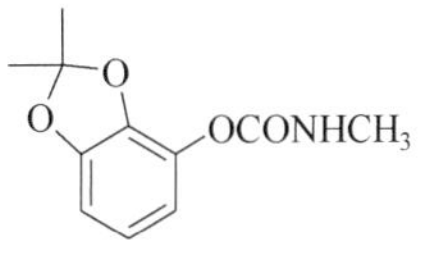

二、主要品种

已开发的氨基甲酸酯类化合物共四类：苯并呋喃甲氨基甲酸酯、二甲氨基甲酸酯、肟醚氨基甲酸酯、苯基甲基氨基甲酸酯，共有如下 50 个品种：bendiocarb、carbaryl、benfuracarb、carbofuran、carbosulfan、decarbofuran、furathiocarb、dimetan、dimetilan、hyquincarb、isolan、pirimicarb、pyramat、pyrolan、alanycarb、aldicarb、aldoxycarb、butocarboxim、butoxycarboxim、methomyl、nitrilacarb、oxamyl、tazimcarb、thiocarboxime、thiodicarb、thiofanox、allyxycarb、aminocarb、bufencarb、butacarb、carbanolate、cloethocarb、CPMC、dicresyl、dimethacarb、dioxacarb、EMPC、ethiofencarb、fenethacarb、fenobucarb、isoprocarb、methiocarb、metolcarb、mexacarbate、promacyl、promecarb、propoxur、trimethacarb、XMC、xylylcarb。

此处介绍了部分品种。如下化合物因应用范围小或不再作为杀虫剂使用或没有商品化等原因，本书不予介绍，仅列出化学名称及 CAS 登记号供参考：

decarbofuran：(RS)-2,3-dihydro-2-methylbenzofuran-7-yl methylcarbamate，1563-67-3。

dimetan：5,5-dimethyl-3-oxocyclohex-1-enyl dimethylcarbamate，122-15-6。

dimetilan：1-dimethylcarbamoyl-5-methylpyrazol-3-yl dimethylcarbamate，644-64-4。

hyquincarb：5,6,7,8-tetrahydro-2-methyl-4-quinolyl dimethylcarbamate，56716-21-3。

isolan：1-isopropyl-3-methylpyrazol-5-yl dimethylcarbamate，119-38-0。

pyramat：6-methyl-2-propylpyrimidin-4-yl dimethylcarbamate，2532-49-2。

pyrolan：3-methyl-1-phenylpyrazol-5-yl dimethylcarbamate，87-47-8。

aldoxycarb：(EZ)-2-mesyl-2-methylpropionaldehyde O-methylcarbamoyloxime，1646-88-4。

nitrilacarb：(EZ)-4,4-dimethyl-5-(methylcarbamoyloxyimino)valeronitrile 或(EZ)-4,4-dimethyl-5-(methylcarbamoyloxyimino)pentanenitrile，29672-19-3。

tazimcarb：(EZ)-N-methyl-1-(3,5,5-trimethyl-4-oxo-1,3-thiazolidin-2-ylideneaminooxy)formamide 或(EZ)-3,5,5-trimethyl-2-methylcarbamoyloxyimino-1,3-thiazolidin-4-one，40085-57-2。

thiocarboxime：(EZ)-3-[1-(methylcarbamoyloxyimino)ethylthio]propiononitrile，25171-63-5。

allyxycarb：4-diallylamino-3,5-xylyl methylcarbamate，6392-46-7。

aminocarb：4-dimethylamino-m-tolyl methylcarbamate，2032-59-9。

bufencarb：(RS)-3-(1-methylbutyl)phenyl methylcarbamate and 3-(1-ethylpropyl)phenyl methylcarbamate，8065-36-9。

butacarb：3,5-di-tert-butylphenyl methylcarbamate，2655-19-8。

carbanolate：6-chloro-3,4-xylyl methylcarbamate，671-04-5。

cloethocarb：2-[(RS)-2-chloro-1-methoxyethoxy]phenyl methylcarbamate，51487-69-5。

CPMC：2-chlorophenyl methylcarbamate，3942-54-9。

dicresyl：cresyl methylcarbamate，58481-70-2。

dimethacarb：xylyl methylcarbamate。

dioxacarb：2-(1,3-dioxolan-2-yl)phenyl methylcarbamate，6988-21-2。

EMPC：4-ethylthiophenyl methylcarbamate，18809-57-9。

fenethacarb：3,5-diethylphenyl methylcarbamate，30087-47-9。

mexacarbate：4-dimethylamino-3,5-xylyl methylcarbamate，315-18-4。

promacyl：5-methyl-m-cumenyl butyryl(methyl)carbamate 或 3-isopropyl-5-methylphenyl butyryl(methyl)carbamate，34264-24-9。

promecarb：5-methyl-m-cumenyl methylcarbamate 或 3-isopropyl-5-methylphenyl methylcarbamate，2631-37-0。

butocarboxim：(EZ)-3-(methylthio)butanone O-methylcarbamoyloxime，34681-10-2。

thiofanox：(EZ)-3,3-dimethyl-1-methylthiobutanone O-methylcarbamoyloxime 或(EZ)-1-(2,2-dimethyl-1-methylthiomethylpropylideneaminooxy)-N-methylformamide，39196-18-4。

metolcarb：m-tolyl methylcarbamate，1129-41-5。

trimethacarb：3,4,5-trimethylphenyl methylcarbamate(Ⅰ) 和 2,3,5-trimethylphenyl methylcarbamate(Ⅱ)，12407-86-2。

XMC：3,5-xylyl methylcarbamate，2655-14-3。

xylylcarb：3,4-xylyl methylcarbamate，2425-10-7。

丙硫克百威（benfuracarb）

410.5，C$_{20}$H$_{30}$N$_2$O$_5$S，82560-54-1

丙硫克百威（试验代号：OK-174，商品名称：Furacon、Laser、Nakar、Oncol，其他名称：丙硫威、呋喃威）是由日本大冢株式会社开发的一种杀虫剂。

化学名称 *N*-[2,3-二氢-2,2-二甲基苯并呋喃-7-基氧基羰基(甲基)氨基硫代]-*N*-异丙基-*β*-氨基丙酸乙酯。英文化学名称 ethyl *N*-[2,3-dihydro-2,2-dimethylbenzofuran-7-yloxycarbonyl (methyl)aminothio]-*N*-isopropyl-*β*-alaninate。美国化学文摘系统名称为 2,3-dihydro-2,2-dime-thyl-7-benzofuranyl 2-methyl-4-(1-methylethyl)-7-oxo-8-oxa-3-thia-2,4-diazadecanoate（曾用名称 ethyl *N*-[[[[(2,3-dihydro-2,2-dimethyl-7-benzofuranyl)oxy]carbonyl]methylamino]thio]-*N*-(1-methylethyl)-*β*-alaninate)。CA 主题索引名称为 *β*-alanine —, *N*-[[[[(2,3-dihydro-2,2-dimethyl-7-benzofuranyl)oxy]carbonyl]methylamino]thio]-*N*-(1-methylethyl)- ethyl ester。

理化性质 原药为红褐色黏滞液体，沸点＞190℃（1.01×10^5 Pa）。蒸气压＜0.01 mPa（20℃，气体饱和法）。相对密度 1.1493（20～25℃）。lgK_{ow} 4.22。Henry 常数＜5×10^{-4} Pa·m^3/mol（计算）。水溶解度（20～25℃，pH 7）8.4 mg/L，有机溶剂中溶解度（g/L，20～25℃）：苯、二甲苯、乙醇、丙酮、二氯甲烷、正己烷、乙酸乙酯＞1000。在中性或弱碱性介质中稳定，在酸或强碱性介质中不稳定。200℃分解。闪点为 154.4℃。

毒性 急性经口 LD$_{50}$（mg/kg）：雄大鼠 222.6，雌大鼠 205.4，小鼠 175，狗 300。大鼠急性经皮 LD$_{50}$＞2000 mg/kg，对皮肤无刺激作用，对兔眼睛有轻微刺激，对豚鼠皮肤无致敏性。大鼠吸入 LC$_{50}$（4 h）0.34 mg/L。NOEL（2 年）25 mg/kg 饲料。无诱变性、无致突变、无致畸和无致癌性。ADI/RfD 0.01 mg/kg bw（2006）。

生态效应 山齿鹑急性经口 LD$_{50}$（mg/kg）：雄 48.3，雌 39.9。鲤鱼 LC$_{50}$（96 h）0.103 mg/L。水蚤 EC$_{50}$（48 h）9.9 μg/L。海藻 E$_r$C$_{50}$（0～72 h）＞2.2 mg/L。蜜蜂 LD$_{50}$（接触）0.16 μg/只。

环境行为 ①动物。对于老鼠丙硫克百威迅速在体内代谢，7 d 之内几乎完全随尿和粪便排出。在粪便中的主要代谢产物是克百威、克百威苯酚、3-羟基克百威、3-羟基苯酚和 3-羰基苯酚。尿中的代谢物以 *β*-葡（萄）糖苷酸结合物形式存在。②植物。在植物体内，首先是 N—S 键断裂，产生的克百威代谢成 3-羟基克百威。主要的水解产物是克百威苯酚、3-羟基苯酚和 3-羰基苯酚，所有产生这些物质以植物结合体形式存在。③土壤/环境。土壤中 DT$_{50}$是 4～28 h。地表以上丙硫克百威分解成克百威，地表以下主要降解为克百威苯酚。

制剂 乳油、颗粒剂、悬浮剂、可湿性粉剂。

主要生产商 OAT Agrio、湖南海利化工股份有限公司、吉林省八达农药有限公司、日本欧爱特农业科技株式会社等。

作用机理与特点 内吸性和接触性杀虫剂，具有胃毒和触杀作用。

应用

（1）适用作物 水稻、玉米、大豆、马铃薯、甘蔗、棉花、蔬菜、果树等。

（2）防治对象　长角叶甲、跳甲、玉米黑独角仙、苹果蠹蛾、马铃薯甲虫、金针虫、小菜蛾、稻象甲和蚜虫等。

（3）残留量　丙硫克百威5%颗粒剂在水稻中最高残留限量（日本）为0.5 mg/kg。

（4）应用技术　喷液量人工每亩20～50 L，拖拉机每亩10～13 L。施药选早晚气温低、风小时进行。晴天上午9时至下午4时，温度超过28℃，风速超过4 m/s，空气相对湿度低于65%应停止施药。

（5）使用方法　主要作土壤处理，玉米用0.5～2.0 kg(a.i.)/hm²，蔬菜用1.0～2.5 kg/hm²，甜菜用0.5～1.0 kg/hm²；也可用作种子处理，每100 kg种子用0.4～0.5 kg；蔬菜和果树也可进行茎叶喷雾，剂量为0.3～1.0 kg/hm²；育苗箱移植水稻，每箱1.5～4.0 g处理。

在我国推荐使用情况如下：

5%丙硫克百威粒剂应用技术

① 防治水稻害虫　a. 二化螟。防治二化螟造成枯心及白穗，枯心可在卵孵始盛期至高峰期用药，每亩用5%颗粒剂2 kg（有效成分100 g）撒施。b. 三化螟。防治三化螟造成白穗，在孵卵盛期，每亩用5%颗粒剂2 kg（有效成分100 g）撒施。c. 褐飞虱。在水稻孕穗期，3龄若虫盛发期，每亩用5%颗粒剂2 kg（有效成分100 g）撒施。

② 防治棉花害虫　防治棉蚜，在棉苗移栽时施于棉株穴内，每亩用5%颗粒剂1.2～2 kg（有效成分60～100 g），防治效果在施药后30 d达90%，40 d为70%左右。或在棉花播种前，种子按常规浸、闷催芽处理，用药量按有效成分计算，每亩有效用量60～90 g。施药方法是在播种耧安装一个颗粒剂施药部件，使颗粒剂与棉花种子同步施入土中或穴施点播。治蚜持续药效在30～35 d，可达到确保苗安全度过三叶期的目的。用颗粒剂处理的棉田，棉苗长势好，并且有利于棉田天敌资源的保护利用，且能确保施药人员的安全。

③ 防治甘蔗害虫　在甘蔗苗期防治第一代蔗螟发生初期，每亩用5%丙硫克百威3 kg（有效成分150 g），条施于蔗苗基部并覆薄土盖药，对甘蔗螟虫为害枯心苗防治效果达80%左右，同时对甘蔗苗期黑色蔗龟为害枯心苗亦有兼治效果。

④ 防治玉米害虫　在玉米生长心叶末期和授粉期的玉米螟第二、三代卵孵盛期，每亩用5%颗粒剂2～3 kg（有效成分100～150 g），各施药1次。

20%丙硫克百威乳油应用技术

① 防治苹果害虫　防治蚜虫类（苹果蚜、苹果瘤蚜、黄蚜、绣线菊蚜等）用20%乳油2000～3000倍液（有效浓度66.7～100 mg/L）。

② 防治棉花害虫　防治蚜虫类（棉蚜等）每亩用50～67 mL（有效成分10～13.4 g）。

③ 防治烟草害虫　防治蚜虫类（烟草蚜、桃蚜等）每亩用20～30 mL（有效成分4～6 g）。

喷液量人工每亩20～50 L，拖拉机每亩10～13 L。施药选早晚气温低、风小时进行。晴天上午9时至下午4时，温度超过28℃，风速超过4 m/s，空气相对湿度低于65%应停止施药。

专利与登记

专利名称　Insecticidal, acaricidal or nematocidal carbamate derivatives and compositions containing them

专利号　FR 2489329　　　　　专利公开日　1982-03-05

专利申请日　1981-09-01　　　优先权日　1980-09-01

专利拥有者　Otsuka Chemical Co., Ltd., Japan

在其他国家申请的化合物专利　JP 57045172、JP 61003340、JP 57200376、JP 60049637、JP 57200377、JP 60049638、ZA 8105744、IN 155624、CA 1170662、GB 2084134、BE 890162、SE 8105139、SE 451327、HU 31531、HU 188690、AU 8174812、AU 539995、DE 3134596、CH 649765、DD 201968、DD 206779、CS 227026 等。

制备专利　CN 106674169、CN 102786503、CN 104529963、CN 102731453、IN 186426、IN 183840、US 5387702、CN 1048217、JP 61130282、US 4463184、JP 59082377、EP 90976、CN 104277022、CN 104017011、WO 2012173842、CN 101979387、CN 101844975、CN 101838279、CN 101475547、CN 101445497、CN 101423525、CN 101418008、CN 101402649、CN 101037426、CN 1860874、IN 183839、WO 9747615、US 5387702、CN 1048217、DE 3526510、JP 59108775 等。

日本欧爱特农业科技株式会社（原日本大冢药品工业株式会社）在中国登记了94%原药。

合成方法　2,3-二氢-2,2-二甲基苯并呋喃-7-甲基氨基甲酸酯与二氯化硫、N-异丙基-β-丙氨酸乙酯反应，即制得丙硫克百威。反应式如下：

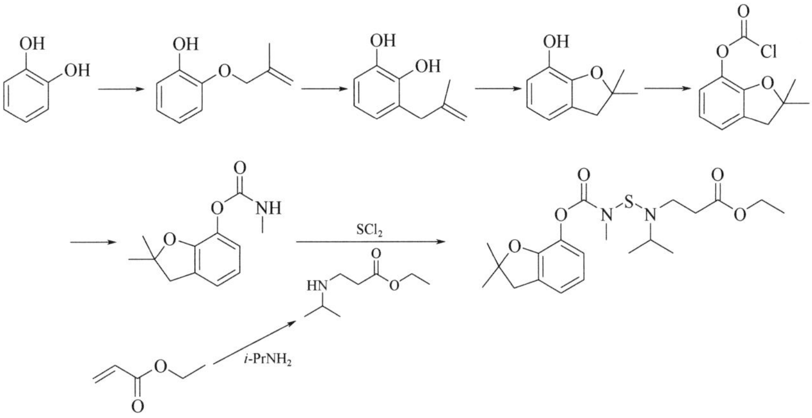

参考文献

[1]　The Pesticide Manual. 17 th edition: 77-78.

[2]　进口农药应用手册. 北京：中国农业出版社，2000: 8-12.

[3]　杨海松. 科技创新与生产力，2016(5): 118-120.

残杀威（propoxur）

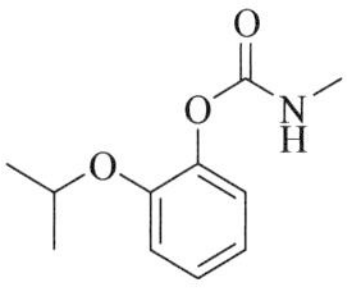

209.2，$C_{11}H_{15}NO_3$，114-26-1

残杀威（试验代号：Bayer 39007、BOQ 5812315、OMS33、ENT25671，商品名称：Baygon、Bingo、Insectape、Kerux、Mitoxur、No-Bay、Sunsindo、Vector、Blattanex、Larva Lur、Pilargon、

Prenbay、Propoxan、Propyon、Prygon、安丹、拜高，其他名称：残虫畏、残杀畏）是由 Bayer AG 开发的氨基甲酸酯类杀虫剂。

化学名称　2-异丙氧基苯基甲基氨基甲酸酯。英文化学名称为 2-isopropoxyphenyl methylcarbamate。美国化学文摘系统名称为 2-(1-methylethoxy)phenyl N-methylcarbamate。CA 主题索引名称为 phenol —, 2-(1-methylethoxy)-N-methylcarbamate。

理化性质　本品为无色结晶（工业品为白色至有色膏状晶体）。熔点 87.5℃，90℃（二态晶型）。沸点蒸馏时分解。蒸气压 1.3 mPa（20℃），2.8 mPa（25℃）。相对密度 1.17（20～25℃）。lgK_{ow} 1.56。Henry 常数 $1.5×10^{-4}$ Pa·m³/mol。水中溶解度（20～25℃）1750 mg/L，有机溶剂中溶解度（g/L，20～25℃）：异丙醇＞200，甲苯 94，正己烷 1.3。在水中当 pH 7 时稳定，强碱性水解，DT$_{50}$（22℃）：1 年（pH 4），93 d（pH 7），30 h（pH 9）。DT$_{50}$（20℃）40min（pH 10）。光解 DT$_{50}$ 5～10 d，加入腐植酸后会加速光解，DT$_{50}$ 88 h。

毒性　雌、雄大鼠急性经口 LD$_{50}$ 约为 50 mg/kg，大鼠急性经皮 LD$_{50}$（24 h）＞5000 mg/kg，对皮肤无刺激，对兔的眼睛轻微刺激。大鼠吸入 LC$_{50}$（4 h）：＞0.5 mg/L（气雾剂），0.654 mg/L（粉剂）。NOEL（mg/kg 饲料）：（2 年）大鼠 200，小鼠 500；狗（1 年）200。ADI/RfD（JMPR）0.02 mg/kg bw（1989），（EPA）cRfD 0.005 mg/kg bw（1997）。

生态效应　鸟饲喂 LC$_{50}$（5 d，mg/kg 饲料）：山齿鹑 2828，野鸭＞5000。鱼毒 LC$_{50}$（96 h，mg/L）：大翻车鱼 6.2～6.6，虹鳟鱼 3.7～13.6，金色圆腹雅罗鱼 12.4。水蚤 LC$_{50}$（48 h）0.15 mg/L。对蜜蜂高毒。

环境行为　①动物。在鼠体内主要的代谢产物为 2-羟基-N-氨基甲酸甲酯和 2-异丙氧基苯酚，微量的产谢产物包括 5-羟基残杀威和 N-羟甲基残杀威。消除速度很快，96%随尿液排出。②植物。主要代谢产物为脱甲基残杀威（最大量为 2.7%～3.6%）。③土壤/环境。残杀威在土壤中运动速度相对较快，在各种土壤中降解速度很快。

制剂　可湿性粉剂、乳油、粉剂、颗粒剂、气雾剂、烟剂、超低容量液剂和毒饵。

主要生产商　安徽广信农化股份有限公司、湖南海利化工股份有限公司、江苏常隆农化有限公司、江苏功成生物科技有限公司等。

作用机理与特点　非内吸性杀虫剂，具有触杀和胃毒作用。快速击倒，持效期长。在进入动物体内后，能抑制胆碱酯酶的活性。

应用

（1）适用作物　果树、蔬菜、水稻、玉米、大豆、棉花、甜菜、可可等。

（2）防治对象　蟑螂、蚊、蝇、蚁、蚤、虱和臭虫、水稻飞虱、叶蝉等。

（3）使用方法　使用时采用一般防护，避免药液接触皮肤，勿吸入液雾或粉尘。以 1～2 g(a.i.)/m² 剂量，喷 1%悬浮液防治猎蝽，效果显著。使用剂量 2 g/m² 滞留喷洒用于室内灭蚊蝇，其残效期可达 2～4 个月，对蟑螂有优良的击倒力和致死作用，其击倒力明显优于氯菊酯。用 1%乳剂（1～2 g/m²）灭蟑螂，1 h 内全部击倒并可持效 2 个月以上。

① 防治水稻叶蝉、稻飞虱　花期前后防治是防治的关键。用 20%残杀威乳油 300 倍药液（合有效浓度 666 mg/kg）喷雾。

② 防治棉蚜（又名瓜蚜）　防治棉蚜的指标为：大面积有蚜株率达到 30%，平均单株蚜数近 10 头，以及卷叶株率不超过 50%。每亩用 20%残杀威乳油 250 mL［合(a.i.)50 g/亩］，对水 100 kg，喷雾。

③ 防治棉铃虫（俗称青虫、钻桃虫）　在黄河流域棉区，当二、三代棉铃虫发生时，如百株卵量骤然上升至 15 粒，或者百株幼虫达到 5 头即开始防治。用药量和使用方法同棉蚜。

专利与登记

专利名称　Carbamic acid derivatives

专利号　DE 1108202　　　　专利公开日　1961-06-08

专利申请日　1959-07-31　　　优先权日　1959-07-31

专利拥有者　Farbenfabriken Bayer A.-G.

在其他国家申请的化合物专利　GB 894004、US 3111539 等

制备专利　CN 109384692、CN 102060736、CN 1616482、IN 186426、IN 179735、IN 170908、US 5066819、EP 446514、PL 114891 等。

国内登记情况　8%可湿性粉剂，97%原药，20%原药等，登记用于卫生性杀虫，防治对象蚊和蝇等。拜耳公司在中国登记主要用于卫生用药（表 2-103）。

表 2-103　拜耳公司在中国登记情况（卫生用药）

登记名	登记证号	含量	剂型	防治对象	用药量/(g/m²)	施用方法
残杀威	WP32-96	200 g/L	乳油	蜚蠊（玻璃）	0.25～0.5	滞留喷洒
				蜚蠊（木）	0.5～0.75	
				蜚蠊（水泥）	1～1.5	
				蚊	1～1.5	
				蝇	1～1.5	

合成方法　以邻异丙氧基苯酚为原料与甲基异氰酸酯反应，或先与光气或固体光气反应得到氯甲酸酯，再与甲胺反应即可得到目的物。反应式如下：

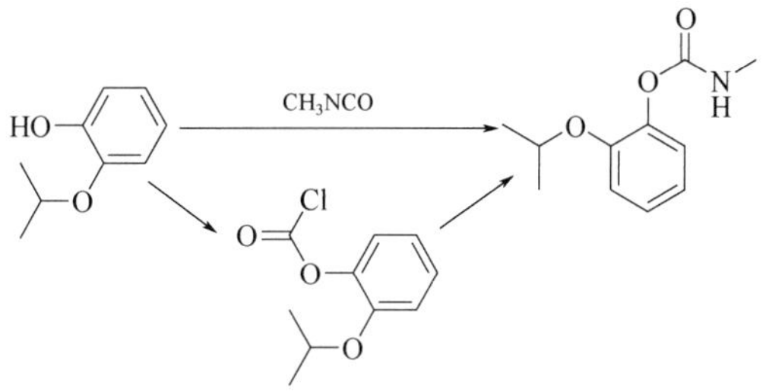

邻异丙氧基苯酚可由如下反应制得：

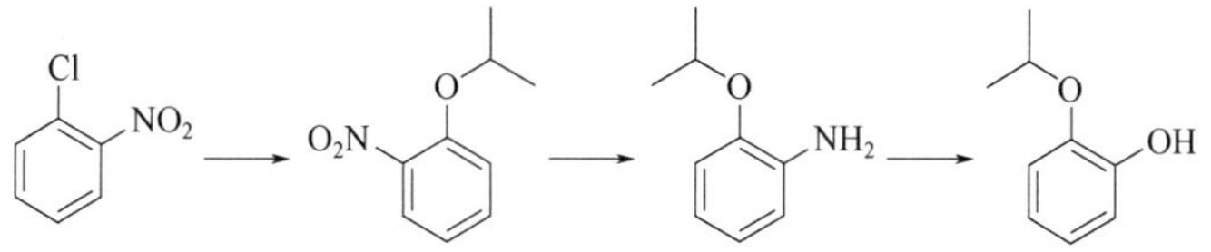

参考文献

[1] The Pesticide Manual. 17 th edition: 933-935.

[2] 梁跃华. 精细化工中间体, 2001, 31(2): 25-26.

[3] 吴志广, 邹志深, 黄汝骐, 等. 农药, 1989, 28(3): 3-4.

丁硫克百威（carbosulfan）

380.6，$C_{20}H_{32}N_2O_3S$，55285-14-8

丁硫克百威（试验代号：FMC35001、OMS 3022，商品名称：Aayudh、Advantage、Agrostar、Beam、Bright、Carbagrim、Combicoat、Electra、Gazette、General、Marshal、Pilarsufan、Posse、Sheriff、Spi、Sunsulfan、丁呋丹、丁基加保扶、丁硫威、好安威、好年冬及克百丁威）是由富美实公司开发的一种杀虫剂。

化学名称　2,3-二氢-2,2-二甲基苯并呋喃-7-基(二丁基氨基硫)甲基氨基甲酸酯。英文化学名称为 2,3-dihydro-2,2-dimethylbenzofuran-7-yl(dibutylaminothio)methylcarbamate。美国化学文摘系统名称为 2,3-dihydro-2,2-dimethyl-7-benzofuranyl *N*-[(dibutylamino)thio]-*N*-methylcarbamate。CA 主题索引名称为 carbamic acid —, *N*-[(dibutylamino)thio]-*N*-methyl- 2,3-dihydro-2,2-dimethyl-7-benzofuranyl ester。

理化性质　橙色到亮褐色黏稠液体，减压蒸馏时热分解（$8.6×10^3$ Pa）。蒸气压 0.0358 mPa（25℃）。相对密度 1.056（20～25℃）。$\lg K_{ow}$ 5.4。Henry 常数 0.00466 Pa·m³/mol（计算）。水中溶解度（20～25℃）3.0 mg/L。与多数有机溶剂，如二甲苯、己烷、氯仿、二氯甲烷、甲醇、乙醇、丙酮互溶。在水介质中易水解，在纯水中的 DT_{50}：0.2 h（pH 5），11.4 h（pH 7），173.3 h（pH 9）。闪点 96℃（闭杯）。

毒性　大鼠急性经口 LD_{50}（mg/kg）：雄 250，雌 185。兔急性经皮 $LD_{50}>2000$ mg/kg，对眼睛无刺激作用，对皮肤具有中等的刺激作用。大鼠吸入 LC_{50}（1 h，mg/L 空气）：雄 1.53，雌 0.61。大鼠 NOEL（2 年）为 20 mg/kg。ADI/RfD（JMPR）0.01 mg/kg bw（1986，2003），（EFSA）0.01 mg/kg bw（2006），（EPA）cRfD 0.01 mg/kg bw（1988）。

生态效应　鸟类急性经口 LD_{50}（mg/kg）：野鸭 10，鹌鹑 82，野鸡 20。鱼 LC_{50}（96 h，mg/L）：大翻车鱼 0.015，鳟鱼 0.042。水蚤 LC_{50}（48 h）1.5 μg/L。水藻 EC_{50}（96 h）20 mg/L。对蜜蜂有毒，LD_{50}（24 h，经口）1.046 μg/只，（24 h，接触）0.28 μg/只。对蚯蚓无毒。对其他益虫有潜在危害。

环境行为　①动物。对于老鼠，丁硫克百威经口迅速通过水解、氧化和络合形成配合物形式而完成代谢，代谢产物是克百威甲醇、克百威苯酚，或是它们的 3-羟基和 3-羰基衍生物，代谢物很快排出体外。②植物。代谢产物是克百威，3-羟基克百威。③土壤/环境。在有氧或绝氧条件下都能迅速降解，DT_{50} 是 3～30 d，主要的代谢产物是克百威。在田间里，克百威、丁硫克百威一般不会渗入到地下水中。

制剂　微囊悬浮剂、粉剂、乳油、颗粒剂、悬浮种衣剂、种子处理干粉剂等。

主要生产商　FarmHannong、FMC、Sinon、安道麦股份有限公司、大连九信精细化工有限公司、衡水市聚明化工科技有限公司、湖南国发精细化工科技有限公司、湖南海利化工股份有限公司、江苏常隆农化有限公司、江苏嘉隆化工有限公司、江苏蓝丰生物化工股份有限公司、美国富美实公司、山东华阳农药化工集团有限公司、浙江禾田化工有限公司等。

作用机理与特点 内吸性杀虫剂，具有触杀及胃毒作用。

应用

（1）适用作物 谷物、棉花、甜菜、玉米、水稻。

（2）防治对象 蚜虫、螨、金针虫、甜菜隐食甲、甜菜跳甲、介壳虫、潜叶蛾、蓟马、稻瘿蚊及地下害虫等。

（3）应用技术 作土壤处理，可防治地下害虫（倍足亚纲、叩甲科、综合纲）和叶面害虫（蚜科），作物为水稻、甜菜等。剂量：甜菜为 $0.35\sim1.0\ kg/hm^2$，水稻为 $0.15\sim0.5\ kg/hm^2$。

20%丁硫克百威乳油在我国使用情况：

① 防治小麦蚜虫 发生期每亩用 20%丁硫克百威乳油 30～50 mL（有效成分 6～10 g），对水 30～50 L 喷雾。

② 防治水稻飞虱 发生期每亩用 20%丁硫克百威乳油 150 mL（有效成分 30 g），对水 30～50 L 喷雾。

35%丁硫克百威作为种子处理剂：

防治稻蓟马、稻瘿蚊 用常规方法浸种，催芽后用 35%丁硫克百威种子处理剂拌种，用药量为每 1 kg 干种子用 17～22.8 mL（有效成分 6～8 g）。若仅防治稻蓟马，用量可降低至每 1 kg 干种子用 6～11.4 mL（有效成分 2.1～4 g）。

专利与登记

专利名称 Insecticidal benzofuranyl（aminosulfenyl）carbamates

专利号 DE 2433680   专利公开日 1975-01-30

专利申请日 1974-07-12   优先权日 1973-07-12

专利拥有者 University of California

在其他国家申请的化合物专利 US 4006231、AU 7470558、ZA 7404424、BE 817517、JP 50048137、JP 53039487、AT 7405709、AT 336947、RO 70061、FR 2236865、DK 7403724、DK 142933、BR 7405724、HU 170494、CA 1041527、CH 609343、SU 652893、NL 7409447、NL 179478、GB 1439112、ES 428234、CS 180639、SU 655281 等。

专利名称 Pesticidal N-（aminothio）carbamates

专利号 DE 2655212   专利公开日 1977-07-14

专利申请日 1976-12-06   优先权日 1976-01-02

专利拥有者 Upjohn Co., USA

在其他国家申请的化合物专利 CA 1100981、ZA 7607319、AU 7620494、AU 514440、CH 625209、JP 52085107、BR 7608752、BE 850036、GB 1528840 等。

专利 DE 2433680、DE 2655212 均早已过专利期，不存在专利权问题。

制备专利 CN 106674169、CN 102786503、CN 104628687、CN 104628691、CN 104418827、CN 104628690、CN 104529963、US 5387702、IN 183840、IN 186426、CN 102731453、CN 1048217、JP 61130282、US 4463184、JP 59082377、EP 90976 等。

国内登记情况 20%悬浮剂，5%颗粒剂，90%原药，5%、20%乳油，20%悬浮种衣剂，

35%种子处理干粉剂，登记作物为甘蔗和水稻等，防治对象蚜虫、根结线虫、蔗螟、蔗龟和稻水象甲等。表 2-104 为美国富美实公司在中国登记情况。

表 2-104　美国富美实公司在中国登记情况

登记名	登记证号	含量	剂型	登记作物	防治对象	用药量	施用方法
丁硫克百威	PD194-94	200 g/L	乳油	棉花	蚜虫	30～60 mL/亩	喷雾
				水稻	褐飞虱	200～250 mL/亩	喷雾
				水稻	三化螟	200～250 mL/亩	喷雾
丁硫克百威	PD20060030	5%	颗粒剂	甘蔗	蔗龟	3000～5000 g/亩	沟施、撒施
				甘蔗	蔗螟	3000～4000 g/亩	沟施
				水稻	稻水象甲	2000～3000 g/亩	撒施
丁硫克百威	PD284-99	35%	种子处理干粉剂	水稻	稻蓟马	600～1142 g/100 kg 种子	拌种
				水稻	稻瘿蚊	1714～2285 g/100 kg 种子	拌种
丁硫克百威	PD342-2000	86%	原药				

合成方法　合成有如下两种方法：

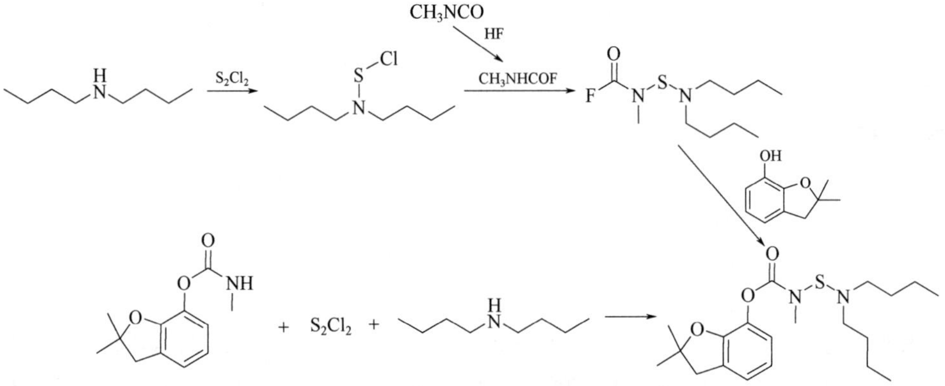

参考文献

[1]　The Pesticide Manual. 17 th edition: 164-165.

[2]　新编农药手册(续集). 北京：中国农业出版社, 1997: 19-22.

[3]　进口农药应用手册. 北京：中国农业出版社, 2000: 30-34.

[4]　曾宪泽, 段湘生, 杨联耀. 农药, 1995, 34(6): 12-13.

丁酮砜威（butoxycarboxim）

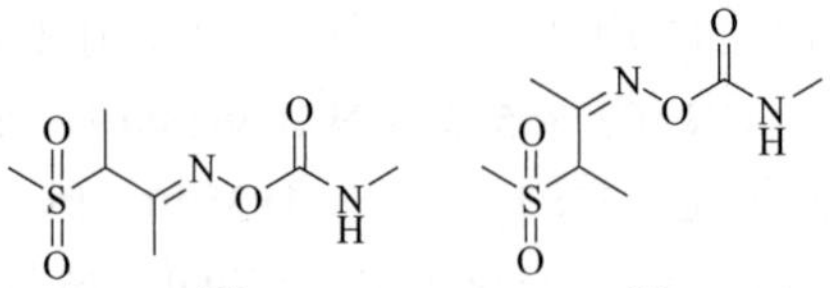

(E)-　　　　(Z)-

222.3，$C_7H_{14}N_2O_4S$，34681-23-7

丁酮砜威（试验代号：Co 859，商品名称：Plant Pin、Bellasol）是由 M. Vulic 和 H. Bräunling 报道其活性，由 Wacher Chemie GmbH 开发的杀虫剂。

化学名称 3-甲磺酰基丁酮-O-甲基氨基甲酰肟。英文化学名称 3-methylsulfonylbutanone O-methylcarbamoyloxime。美国化学文摘系统名称为 3-(methylsulfonyl)-2-butanone-O-[(methyl-lamino)carbonyl]oxime。CA 主题索引名称 2-butanone —, 3-(methylsulfonyl)- O-[(methylamino)carbonyl]oxime。

理化性质 丁酮砜威含(E)-和(Z)-异构体(85～90)：(15～10)，无色晶体。熔点 85～89℃，纯的(E)-异构体 83℃。蒸气压 0.266 mPa（20℃）。密度 1.21 g/cm^3（20～25℃）。Henry 常数 2.83×10^{-7} Pa·m^3/mol。水中溶解度（20～25℃）2.09×10^5 mg/L，有机溶剂中溶解度（g/L，20～25℃）：丙酮 172，四氯化碳 5.3，氯仿 186，环己烷 0.9，庚烷 0.1，异丙醇 101，甲苯 29。对光稳定，≤100℃热稳定。水溶液水解 DT$_{50}$ 501 d（pH 5）、18 d（pH 7）、16 d（pH 9）。对紫外线稳定。

毒性 急性经口 LD$_{50}$（mg/kg）：大鼠 458，兔 275。大鼠急性经皮 LD$_{50}$＞2000 mg/kg。NOEL 值（90 d）：饲喂大鼠 300 mg/kg，而饲喂 1000 mg/kg 对红细胞和血浆胆碱酯酶有轻微抑制作用。胶纸板黏着制剂对大鼠的经口 LD$_{50}$＞5000 mg/kg，雌鼠急性经皮 LD$_{50}$ 288 mg/kg。丁酮砜威是丁酮威在动植物组织中的代谢产物，因此对后者的毒性试验包括部分丁酮砜威。

生态效应 母鸡急性经口 LD$_{50}$ 367 mg/kg。鱼 LC$_{50}$（96 h，mg/L）：鲤鱼 1750，虹鳟鱼 170。水蚤 LC$_{50}$（96 h）500 μg/L。对蜜蜂无毒副作用。

环境行为 ①动物。经口进入动物体内的本品随着尿液以原有状态和代谢物形式排出。组织内无累积。②土壤/环境。在土壤中 DT$_{50}$ 为 41～44 d（20℃）。丁酮砜威 2 d 内从薄板钉扩散到土壤中，3 d 出现活性，7～14 d 活性达到最大，药效期 4～8 周，直到薄板钉腐蚀。

制剂 特等纸板黏着剂，40 mm×8 mm，含有效成分 50 mg。

主要生产商 Wacker。

作用机理与特点 胆碱酯酶抑制剂，具有触杀和胃毒作用的内吸性杀虫剂。根部吸收后向顶部迁移。

应用

（1）适用作物 观赏性植物。

（2）防治对象 蚜虫、叶螨等。

（3）使用方法 对蚜虫和食植性螨类有内吸杀虫活性。黏着剂附着在生长着观赏植物的土壤中（盆或容器）。施用后 2～5 d 见效，持效期 35～42 d。

专利与登记

专利名称 Pesticidal α-alkyl(or aryl)thio ketone O-carbamoyloximes and their S-oxides

专利号 DE 2036491 专利公开日 1972-01-27

专利申请日 1970-07-23 优先权日 1970-07-23

专利拥有者 Consortium fuer Elektrochemische Industrie G.m.b.H.

在其他国家申请的化合物专利 GB 1353202、ES 393246、ZA 7104700、US 3816532、BE 770184、CA 953733、NL 7110122、FR 2099543、DD 95487、AT 309898、CH 553537、IL

37365、AU 7131574、JP 49022685 等。

制备专利　CN 106699603 等。

合成方法　由丁酮威氧化合成：

(E)-　　+　　(Z)-　　→　　(E)-　　+　　(Z)-

参考文献

[1] The Pesticide Manual. 17 th edition: 147-148.

噁虫威（bendiocarb）

223.2，$C_{11}H_{13}NO_4$，22781-23-3

噁虫威［试验代号：NC6897(Fisons)、OMS 1394，商品名称：Ficam、苯噁威、高卫士、快康，其他名称：bencarbate］，由 R. W. Lemon 和 P. J. Brooker 报道，后由 Fisons 开发，并由 Schering Agrochemicals 在作物保护、动物及公共卫生的应用上推广使用，现在由拜耳公司开发和销售。

化学名称　2,2-二甲基-1,3-苯并二氧代环戊烷-4-基甲基氨基甲酸酯或甲基氨基甲酸-2,2-二甲基-1,3-苯并二氧代环戊烷-4-基酯。英文化学名称为 2,2-dimethyl-1,3-benzodioxol-4-yl methylcarbamate。美国 CA 系统名称为 2,2-dimethyl-1,3-benzodioxol-4-yl-N-methylcarbamate。CA 主题索引名称为 1,3-benzodioxol-4-ol —, 2,2-dimethyl- N-methylcarbamate。

理化性质　纯品外观为无色无味结晶固体，纯度＞99%，熔点 129℃，蒸气压 4.6 mPa（25℃）。相对密度 1.29（20～25℃）。$\lg K_{ow}$ 1.72（pH 6.55）。水中溶解度（20～25℃，pH 7）280 mg/L。有机溶剂中溶解度（g/L，20～25℃）：二氯甲烷 200～300，氯仿、二氧六环 200，甲醇 75～100，丙酮 150～200，乙酸乙酯 60～75，苯、乙醇 40，邻二甲苯 10，对二甲苯 11.7，正己烷 0.225，煤油＜1。稳定性：在碱性介质中快速水解，在中性和酸性介质中水解缓慢。DT_{50} 为 2 d（25℃，pH 7），形成 2,2-二甲基-1,3-苯并二氧代环戊烷-4-酚、甲胺和二氧化碳。对光和热稳定。pK_a 8.8。

毒性　急性经口 LD_{50}（mg/kg）：大鼠 25～156，小鼠 28～45，豚鼠 35，兔 35～40。大鼠急性经皮 LD_{50} 566～800 mg/kg，对皮肤和眼睛无刺激。大鼠吸入 LC_{50}（4 h）0.55 mg/L。大鼠 90 d 和 2 年饲喂试验的无作用剂量为 10 mg/kg，在 90 d 的试验中，大鼠饲喂 250 mg/kg，除了对胆碱酯酶有不可逆抑制作用外,无致病作用。ADI/RfD:（JMPR）0.004 mg/kg bw（1984），（EPA）aRfD 0.00125 mg/kg bw，cRfD 0.00125 mg/kg bw（1999）。

生态效应　鸟类急性经口 LD_{50}（mg/kg）：野鸭 3.1，山齿鹑 19，母鸡 137。鱼 LC_{50}（96 h，mg/L）：红鲈 0.86，大翻车鱼 1.65，虹鳟 1.55。水蚤 EC_{50}（48 h）0.038 mg/L。对蜜蜂有毒。蚯蚓 LC_{50}（14 d）188 mg/kg 土壤。

环境行为　①动物。对老鼠和其他的动物，能很快通过口腔和吸入方式被吸收，但不能通过皮肤吸收。能很快解毒，可以在 24 h 内能完全以硫酸盐以及主要代谢物 2,2-二甲基-1,3-苯二氧代-4-酚和葡萄糖苷酸结合物形式排除。②土壤/环境。噁虫威在土壤中能迅速降解，主要是通过甲基氨基甲酸和杂环的水解、氧化成极性的残留物以及苯环的矿化，最终产生二氧化碳。噁虫威降解速率由 pH 决定，在酸性条件下降解缓慢。噁虫威在农田中的 DT_{50} 降解变化范围为 0.5～10 d，此外与土壤类型、湿度、温度都有关。在噁虫威吸附/解吸的研究中，它被水解成 2,2-二甲基-1,3-苯二氧代-4-酚。噁虫威和 NC7312 被吸附得很少（K_{oc} 28～40）。由于噁虫威很容易降解，噁虫威不用除去。

制剂　粉剂、颗粒剂、悬浮剂、可湿性粉剂、悬浮种衣剂。

主要生产商　Bayer、湖南海利化工股份有限公司、江苏常隆农化有限公司、撒尔夫（河南）农化有限公司等。

作用机理与特点　具有胃毒和触杀作用，具有击倒速度快、持效时间长等特点。

应用

（1）适用作物　蔬菜、瓜类、柑橘、马铃薯、水稻、玉米及高粱等。

（2）防治对象　公共卫生、工业和仓库害虫，例如蚊虫、苍蝇、蟑螂、蚂蚁等。

（3）残留量与安全施药　直接应用无残留，不能用于薄荷科植物。

（4）注意事项　不可与强碱物质混用，使用时现用现配，勿长时间静置或隔夜使用。

（5）使用方法　20%噁虫威可湿性粉剂防治节瓜蓟马，在若虫盛孵期施药，每公顷用商品量 600～1200 g（有效成分 120～240 g），加水 1125 L 均匀喷雾，可有效地控制蓟马的危害，残效期可达 7～10 d。第一次喷药后，间隔 7～14 d 再重复喷雾或者在有需要时喷药。

在我国推荐使用情况如下：可通过叶面喷雾控制缨翅目和其他害虫，也可以作为种子处理剂和颗粒剂控制土壤害虫。灭蟑螂：0.125%～0.5%浓度药液喷洒，持效数周，无驱避作用。灭蚊：0.5 g/m² 药液喷洒，对淡色库蚊持效 6 个月。灭蚁：0.25%～0.5% 粉剂散布或溶剂喷洒。灭蚤：0.25% 溶剂喷洒。

专利与登记

专利名称　Substituted benzodioxoles

专利号　GB 1220056　　　　专利公开日　1971-01-20

专利申请日　1967-02-21　　优先权日　1967-02-21

专利拥有者　Fisons Pest Control LTD

在其他国家申请的化合物专利　AR 215000、AT 266277、AU 513641、AU 2422077、BE 853702、BG 35900、BG 61666、CA 1098063、CH 639422、CS 207397、CY 1114、DD 137727、DE 2717040、DK 146514、ES 457932、FR 2348970、GB 1573955、GR 63128、HK 38481、HU 179041、IE 44822、IL 51854、IT 1106424、JP 1593733、KE 3141、LU 77152、MY 8782、NL 188859、NL 950005、NL 971001、NO 148856、NZ 183847、OA 5638、PL 108004、PT 66445、RO 71785、SE 434277、SE 7703592、SU 716524、US 4310519、US 4429042、YU 100177、ZA 7702345、ZM 3677 等。

制备专利　CN 110054609、ES 2417380、JP 2014065857、CN 1176739、CN 101586133、CN 1281900、CN 1294197、CN 101429536、CN 1923840、US 5077398、CN 1069979、RU 2070799、US 5314506、WO 9424862、US 5399717、WO 9856939、WO 9945012、AU 694016、DE 3602276、DE 3624910、DE 19519007、EP 125155、EP 750907、EP 930077、EP 413538、EP 717993、EP 242502、EP 501026、EP 535734、GB 2306886、JP 59199616、JP 60214715、JP 01025706、WO 9202233、WO 9427598、WO 9505812、US 5436355、WO 9625852、WO 9711709、WO 9740692、WO 9746204、WO 9806407、WO 9818463、WO 9823158、WO 9902182、WO 9925188、WO 9927906、ZA 840256 等。

国内登记情况　98%原药，20%、80%可湿性粉剂等，登记用途为卫生性杀虫，防治对象蚊、蝇等。拜耳有限责任公司在中国登记情况见表 2-105。

表 2-105　拜耳有限责任公司在中国登记情况

登记名	登记证号	含量	剂型	登记用途	防治对象	用药量/(mg/m²)	施用方法
噁虫威	WP20080089	80%	可湿性粉剂	卫生	蝇	80～120	滞留喷洒
				卫生	蚊	80～120	滞留喷洒
				卫生	蜚蠊	160～300	滞留喷洒
噁虫威	WP20080088	98%	原药				

合成方法　噁虫威是由焦性没食子酸同 2,2-二甲氧基丙烷反应，再同甲基异氰酸酯，或光气、甲胺反应制成，反应式如下：

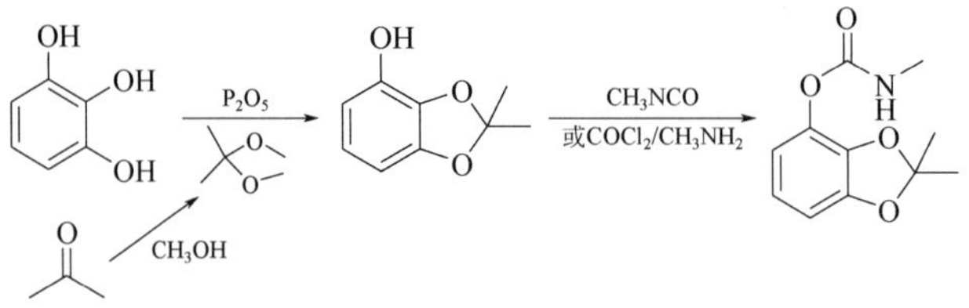

参考文献

[1] The Pesticide Manual. 17 th edition:74-75.

[2] 马福波, 柯峰, 陈健, 等. 贵州化工, 2003, 28(1): 11-13.

[3] 新编农药手册(续集). 北京: 中国农业出版社, 1997: 27-29.

呋线威（furathiocarb）

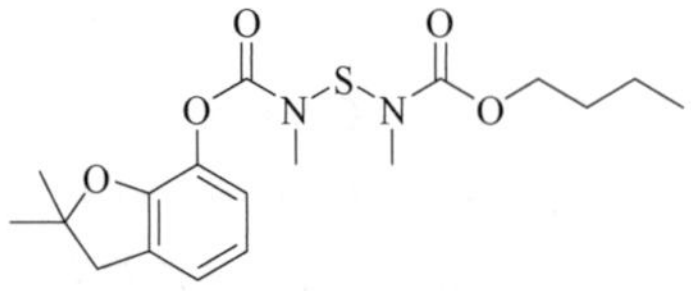

382.5，$C_{18}H_{26}N_2O_5S$，65907-30-4

呋线威（试验代号：CGA73102，商品名称：Deltanet、Promet、保苗）是由 Ciba-Geigy AG（现属先正达公司）开发的一种杀虫剂。

化学名称　2,3-二氢-2,2-二甲基苯并呋喃-7-基-*N,N'*-二甲基-*N,N'*-硫代二氨基甲酸丁酯。英文化学名称为 butyl 2,3-dihydro-2,2-dimethylbenzofuran-7-yl-*N,N'*-dimethyl-*N,N'*-thiodicarbamate。美国化学文摘系统名称为 2,3-dihydro-2,2-dimethyl-7-benzofuranyl 2,4-dimethyl-5-oxo-6-oxa-3-thia-2,4-diazadecanoate。CA 主题索引名称为 6-oxa-3-thia-2,4-diazadecanoic acid —,2,4-dimethyl-5-oxo- 2,3-dihydro-2,2-dimethyl-7-benzofuranyl ester。

理化性质　纯品为黄色液体，沸点＞250℃（$1.01×10^5$ Pa）。蒸气压 0.0039 mPa（25℃）。相对密度 1.148（20～25℃）。$\lg K_{ow}$ 4.6。Henry 常数 $1.36×10^{-4}$ Pa·m^3/mol。水中溶解度（20～25℃）11.0 mg/L，易溶解于常见的有机溶剂，例如丙酮、甲醇、异丙醇、正己烷、甲苯等。加热至 400℃稳定，在水中的 DT_{50}（pH 9）为 4 d。

毒性　急性经口 LD_{50}（mg/kg）：大鼠 53，小鼠 327。大鼠急性经皮 LD_{50}＞2000 mg/kg。对兔皮肤和眼睛中度刺激。大鼠吸入 LC_{50}（4 h）0.214 mg/L。大鼠 NOEL 0.35 mg/(kg·d)。ADI（Belgium）0.0035 mg/kg bw（1999）。

生态效应　野鸭和鹌鹑急性经口 LD_{50}＜25 mg/kg。虹鳟鱼、大翻车鱼及鲤鱼 LC_{50}（96 h）0.03～0.12 mg/L。水蚤 LC_{50}（48 h）1.8 μg/L。对蜜蜂有毒。

环境行为　①动物。在鼠体内通过快速、完全的水解、氧化和配合作用进行代谢转化。主要通过肾进行排泄。②植物。植物体内代谢成克百威和它的羟基以及酮衍生物。③土壤/环境。土壤中快速分解成克百威并成为最终代谢产物。在实验室和大田条件下，呋线威不会产生飘移现象。主要的降解产物克百威在土壤中有流动性。

制剂　微胶囊缓释剂、干拌种剂、乳油、颗粒剂。

主要生产商　Mitsubishi Chemical 和 Saeryung。

作用机理与特点　内吸性杀虫剂，具有触杀和胃毒作用。

应用

（1）适用作物　玉米、油菜、高粱、甜菜、向日葵和蔬菜。

（2）防治对象　土壤栖息害虫。

（3）在我国推荐使用情况　防治土壤栖息害虫的内吸杀虫剂，在播种时施用 0.5～2.0 kg(a.i.)/hm^2，可保护玉米、油菜、甜菜和蔬菜的种子和幼苗不受危害，时间可达 42 d。种子处理和茎叶喷雾均有效。

专利与登记

专利名称　2,3-Dihydro-2,2-dimethyl benzofuran-7-yl derivatives and their use as insecticides

专利号　GB 1583713　　　　专利公开日　1981-01-28

专利申请日　1978-03-23　　　优先权日　1977-03-25

专利拥有者　Ciba-Geigy AG（现属先正达公司）

在其他国家申请的化合物专利　AR 215000、AT 266277、AU 513641、AU 2422077、BE 853702、BG 35900、BG 61666、CA 1098063、CH 639422、CS 207397、CY 1114、DD 137727、DE 2717040、DK 146514、ES 457932、FI 57781、FR 2348970、GB 1573955、GR 63128、HK 38481、HU 179041、IE 44822、IL 51854、IT 1106424、JP 1593733、KE 3141、LU 77152、MY 8782、NL 188859、NL 950005、NL 971001、NO 148856、NZ 183847、OA 5638、PL 108004、PT 66445、RO 71785、SE 434277、SE 7703592、SU 716524、US 4310519、US 4429042、YU 100177、ZA 7702345、ZM 3677、EP 443733 等。

制备专利 JP 2011106857、JP 2002114612、EP 302824、JP 62221606、EP 214936、JP 61260003、JP 61024506、EP 121498、DE 2812622、CN 104529963、US 5387702、IN 183840、IN 186426、CN 102731453、CN 1048217、JP 61130282、US 4463184、JP 59082377、EP 90976 等。

合成方法 正丁醇与甲基异腈酸酯反应，生成的甲基氨基甲酸正丁酯与二氯化硫反应，生成 $ClSN(CH_3)CO_2C_4H_9\text{-}n$，然后再与 2,3-二氢-2,2-二甲基-7-苯并呋喃-N-甲基氨基甲酸酯反应，即得产品。反应式如下：

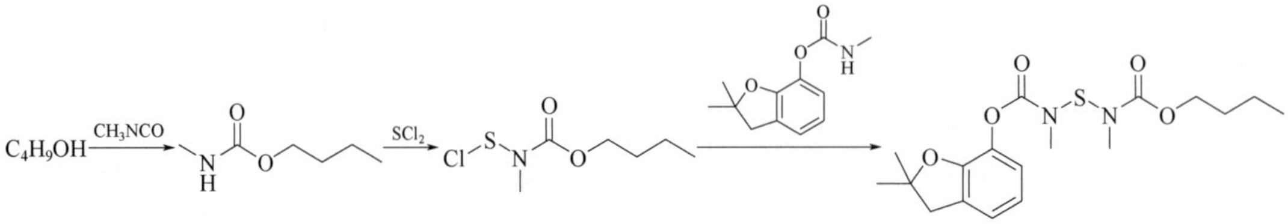

参考文献

[1] The Pesticide Manual. 17 th edition: 569-570.

[2] 曾辉，卢桂琴，陈琅琅，等. 湖南化工，2000, 30(1): 16-17.

甲硫威（methiocarb）

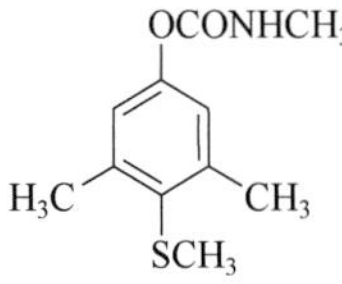

225.3，$C_{11}H_{15}NO_2S$，2032-65-7

甲硫威（试验代号：Bayer37334、ENT 25 726、H 321、OMS93，其他通用名称：mercapto-dimethur，商品名称：Cobra、Decoy Wetex、Draza、Exit、Huron、Karan、Lupus、Master、Mazda、Mesurol、Rivet、灭赐克、灭旱螺，其他名称：metmercapturon、灭虫威、灭梭威）由 Bayer AG 开发。

化学名称 4-甲硫基-3,5-二甲苯基甲基氨基甲酸酯。英文化学名称 4-methylthio-3,5-xylyl methylcarbamate。美国化学文摘系统名称为 3,5-dimethyl-4-(methylthio)phenyl N-methylcarbamate。CA 主题索引名称 phenol —, 3,5-dimethyl-4-(methylthio)- methylcarbamate。

理化性质 本品无色结晶，有苯酚气味，熔点 119℃。蒸气压：0.015 mPa（20℃），0.036 mPa（25℃）。相对密度 1.236（20～25℃）。lgK_{ow} 3.08。Henry 常数 $1.2×10^{-4}$ Pa·m³/mol。水中溶解度（20～25℃）27.0 mg/L，有机溶剂中溶解度（g/L，20～25℃）：二氯甲烷＞200，异丙醇 53，甲苯 33，己烷 1.3。在强碱介质中不稳定，水解 DT_{50}（22℃）：＞1 年（pH 4），＜35 d（pH 7），6 h（pH 9）。在环境中通过光照可完全降解，DT_{50} 为 6～16 d。

毒性 急性经口 LD_{50}（mg/kg）：雄大鼠约 33，雌大鼠约 47，小鼠 52～58，豚鼠 40，狗 25。雌雄大鼠急性经皮 LD_{50}＞2000 mg/kg，对兔的皮肤和眼睛无刺激。大鼠吸入 LC_{50}（4 h）：＞0.3 mg/L 空气（气雾剂），0.5 mg/L（粉剂）。NOAEL（2 年，mg/kg 饲料）：狗 60（1.5 mg/kg 体重），大鼠 200，小鼠 67。ADI（mg/kg）：（EFSA）0.013（2006），（JMPR）0.02（1998，2005），（EPA）RfD 0.005（1993）。

生态效应　鸟类急性经口 LD_{50}（mg/kg）：雄野鸭 7.1～9.4，日本鹌鹑 5～10。鸟类对甲硫威有排斥作用。鱼毒 LC_{50}（96 h，mg/L）：大翻车鱼 0.754，虹鳟鱼 0.436～4.7，金色圆腹雅罗鱼 3.8。水蚤 LC_{50}（48 h）0.019 mg/L。羊角月牙藻 E_rC_{50} 1.15 mg/L。对蜜蜂无毒。蚯蚓 LC_{50}＞200 mg/kg 干土。

环境行为　①动物。经口摄入后在狗和小鼠体内快速被吸收，然后大部分随着尿液，小部分随着粪便被排出体外。代谢机制包括水解、氧化和羟基化，接着代谢产物以自由和络合物形式排出。在所有器官中活性持续降低。②植物。甲硫基被氧化成亚砜和砜，水解成相应的苯硫酚、甲基亚砜苯酚和甲基砜苯酚。③土壤/环境。土壤中快速降解，主要的代谢物为甲基亚砜苯酚和甲基砜苯酚。

制剂　可湿性粉剂 [500 g(a.i.)/kg 或 750 g(a.i.)/kg]、粉剂（20 g/kg）、毒饵（10～40 g/kg）、悬浮剂、种子处理剂、颗粒剂、拌种或种衣悬浮剂。

主要生产商　Bayer。

作用机理与特点　具有触杀和胃毒作用的非内吸性杀虫和杀螨剂。可作用于软体害虫的神经系统，进入动物体内后，可抑制胆碱酯酶而杀死害虫。

应用

（1）适用作物　谷类作物、柑橘类的水果、油菜、观赏植物、仁果类水果、马铃薯、核果、糖甜菜和蔬菜。

（2）防治对象　植食性的蜱螨目、鞘翅目、双翅目和半翅目害虫。

（3）应用技术　本品为非内吸性杀虫和杀螨剂，以 50～100 g(a.i.)/hm² 对植食性的蜱螨目、鞘翅目、双翅目和半翅目害虫有防效。它也是一个强的杀软体动物剂，以 200 g(a.i.)/hm² 颗粒剂可防治蛞蝓和蜗牛，并且可拌种驱避鸟，以防种子损失。

专利与登记

专利名称　Termite-resistant carbamates

专利号　DE 1148107　　　　专利公开日　1963-05-02

专利申请日　1961-06-02　　　优先权日　1961-06-02

专利拥有者　Farbenfabriken Bayer A.-G.

合成方法　可按如下方法合成：

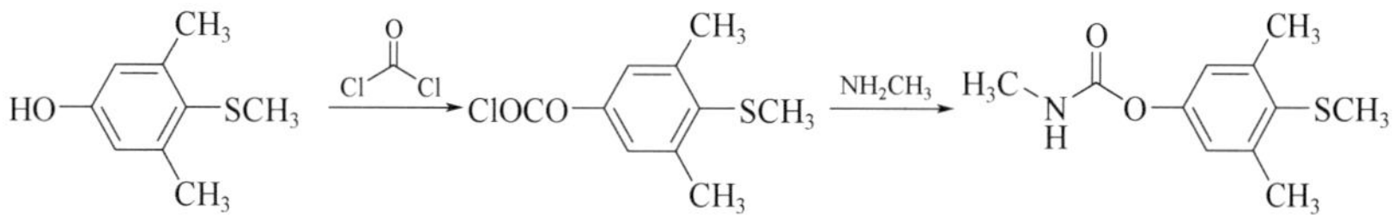

或

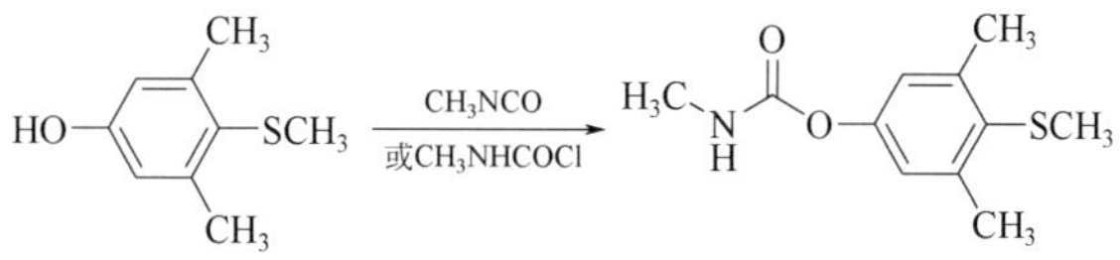

参考文献

[1] The Pesticide Manual. 17 th edition: 741-743.

[2] 郑鹏, 杜晓华, 徐振元. 农药, 2005, 44(8): 361-362.

甲萘威（carbaryl）

$$201.2，C_{12}H_{11}NO_2，63-25-2$$

甲萘威［试验代号：UC7744（Union Carbide）、OMS 29、OMS 629、ENT 23 969，其他通用名称：sevin，商品名称：Laivin、Parasin-G、Raid、Sevin、SunSin、Sevidol、西维因、加保利、巴利，其他名称：NMC、胺甲萘、胺甲苯、胺苯萘］是由 H. L. Haynes 报道后由 Union Carbide Corp（现属 Bayer CropScience）开发的。

化学名称　1-萘基甲基氨基甲酸酯。英文化学名称为 1-naphthyl methylcarbamate。美国化学文摘系统名称为 1-naphthalenyl methylcarbamate 或 1-naphthalenol methylcarbamate。CA 主题索引名称为 1-naphthalenyl methylcarbamate。

理化性质　本品为无色至浅棕褐色结晶体，纯度＞99%。熔点 142℃，蒸气压 0.141 mPa（23.5℃），$\lg K_{ow}$ 1.85，Henry 常数 $7.39×10^{-5}$ Pa·m³/mol，相对密度 1.232（20～25℃）。水中溶解度（20～25℃）120.0 mg/L，有机溶剂中溶解度（g/L，20～25℃）：二甲基甲酰胺 380～475，二甲基亚砜 440～550，丙酮 160～235，环己酮 190～240，异丙醇 79，二甲苯 86。在中性和弱酸性条件下稳定，碱性介质中分解为 1-萘酚，DT_{50} 12 d（pH 7），3.2 h（pH 9）。对光和热稳定。闪点 193℃。

毒性　急性经口 LD_{50}（mg/kg）：雄大鼠为 264，雌大鼠为 500，兔 710。急性经皮 LD_{50}（mg/kg）：大鼠＞4000，兔＞2000。对兔眼有轻微的刺激，对兔皮肤有中度刺激性。大鼠吸入 LC_{50}（4 h）＞3.28 mg/L 空气。大鼠 NOEL（2 年）200 mg/kg 饲料［9.6 mg/(kg·d)］。ADI/RfD（EFSA）0.0075 mg/kg bw（2006），（JMPR）0.008 mg/kg bw（2001），（EPA）aRfD 0.01 mg/kg bw。

生态效应　鸟类急性经口 LD_{50}（mg/kg）：雏野鸭＞2179，雏野鸡＞2000，日本鹌鹑 2230，鸽子 1000～3000。鱼毒 LC_{50}（96 h，mg/L）：虹鳟鱼 1.3，食蚊鱼 2.2，大翻车鱼 10。水蚤 LC_{50}（48 h）0.006 mg/L。海藻 EC_{50}（5 d）1.1 mg/L。其他水生物 LC_{50}（mg/L）：糠虾（96 h）0.0057，牡蛎（48 h）2.7。对蜜蜂有毒，LD_{50}（接触）1 μg/只，LD_{50}（经口）0.18 μg/只。蚯蚓 LC_{50}（28 d）106～176 mg/kg 土壤。对有益的昆虫有毒。

环境行为　①动物。甲萘威在动物器官内不会产生积聚，能够迅速代谢成无毒物质 1-萘酚，该物质能和葡萄糖醛酸结合随尿液和粪便排出。②植物。代谢产物是 4-羟基甲萘威、5-羟基甲萘威和羟甲基甲萘威。③土壤/环境。在有氧状态下，1 mg/L 甲萘威在沙质土壤中的 DT_{50} 是 7～14 d，黏土土壤中是 14～28 d。

制剂　粉剂、颗粒剂、油悬浮剂、毒饵、悬浮剂、可湿性粉剂等。

主要生产商　Atul、Tessenderlo Kerley、安道麦股份有限公司、湖南海利化工股份有限公司、江苏常隆农化有限公司、江苏嘉隆化工有限公司、江苏快达农化股份有限公司、江苏蓝丰生物化工股份有限公司、江西省海利贵溪化工农药有限公司等。

作用机理与特点　为触杀性、胃毒性杀虫剂，有轻微的内吸特征。

应用

（1）适用作物 应用范围极广，应用作物在 120 种以上。包括芒果、香蕉、草莓、坚果、葡萄树、橄榄树、黄秋葵、葫芦、花生、大豆、棉花、水稻、烟草、谷类、甜菜、玉米、高粱、苜蓿、马铃薯、观赏植物、树木等。

（2）防治对象 鳞翅目、鞘翅目、跳甲亚科、叶蝉科、革翅目、盲蝽科、大蚊属等害虫。也可防治蚯蚓和动物体外的寄生虫，用作苹果的生长调节剂。

（3）残留量与安全施药 直接使用时无残留，在一定条件下，对某些种类的梨和苹果产生药害。

（4）使用方法

① 水稻害虫的防治 a．防治三化螟在成虫羽化高峰后 3～5 d，每亩用 25%可湿性粉剂 200～300 g（有效成分 50～75 g），对水 40～60 kg 喷雾 1～2 次，效果良好。b．防治稻叶蝉、稻蓟马、稻飞虱等用 25%可湿性粉剂 250 倍（有效成分 40～60 g/hm²）喷雾。

② 旱粮作物害虫的防治 a．黏虫可用 25%可湿性粉剂稀释 500 倍（有效成分 20～30 g/hm²）喷雾。b．麦叶蜂用 25%可湿性粉剂稀释 200 倍（有效成分 50～75 g/hm²）喷雾。c．吸浆虫每亩用 5%可湿性粉剂 1.5～2.5 kg（有效成分 75～125 g）喷粉。d．玉米螟用 25%可湿性粉剂 500 g（有效成分 125 g），拌细土 7.5～10 kg，撒施于玉米喇叭口。每株施毒土 1 g，或用可湿性粉剂对水稀释 200 倍灌心叶，每株灌 10 mL。

③ 甜菜害虫的防治 防治甜菜夜蛾用 25%可湿性粉剂稀释 400 倍（有效浓度 625 mg/L）喷雾或每亩用 5%粉剂 1.5～2.5 kg（有效成分 75～125 g）喷粉。

④ 棉花害虫的防治 a．棉蚜用 25%可湿性粉剂稀释 500 倍（有效成分 20～30 g/hm²）喷雾，需直接喷洒到虫体上。b．棉铃虫、红铃虫用 25%可湿性粉剂稀释 100～200 倍（有效成分 187 g/hm²）喷雾。c．棉叶蝉用 25%可湿性粉剂稀释 200～300 倍（有效成分 93.7～62.4 g/hm²）喷雾。

⑤ 稻蓟马、造桥虫的防治 25%可湿性粉剂稀释 400～600 倍（有效成分 46.8～31.2 g/hm²）喷雾。

⑥ 蔬菜害虫的防治 防治菜青虫用 25%可湿性粉剂稀释 150 倍（有效成分 66.7 g/hm²）喷雾。

⑦ 果树害虫的防治 a．刺蛾用 25%可湿性粉剂稀释 200 倍（有效浓度 125 mg/L）喷雾。b．梨小食心虫和桃小食心虫用 25%可湿性粉剂稀释 400 倍（有效浓度 625 mg/L）喷雾。c．梨蚜、枣尺蠖可用 25%可湿性粉剂稀释 400～600 倍（有效浓度 312～216 mg/L）喷雾。d．柑橘潜夜蛾用 25%可湿性粉剂稀释 600～800 倍（有效浓度 312～416 mg/L）喷雾。e．枣龟蜡蚧用 50%可湿性粉剂稀释 500～800 倍（有效浓度 625～1000 mg/L）喷雾。

专利与登记

专利名称 *alpha*-Naphthol bicyclic aryl esters of *N*-substituted carbamic acids

专利号 US 2903478　　　　专利公开日 1959-09-08

专利申请日 1958-08-07　　　优先权日 1958-08-07

专利拥有者 Union Carbide Corp

在其他国家申请的化合物专利 AR 215000、AT 266277、AU 513641、AU 2422077、BE 853702、BG 35900、BG 61666、CA 1098063、CH 639422、CS 207397、CY 1114、DD 137727、DE 2717040、DK 146514、ES 457932、EP 443733、FI 57781、FR 2348970、GB 1573955、GR 63128、HK 38481、HU 179041、IE 44822、IL 51854、IT 1106424、JP 1593733、KE 3141、

LU 77152、MY 8782、NL 188859、NL 950005、NL 971001、NO 148856、NZ 183847、OA 5638、PL 108004、PT 66445、RO 71785、SE 434277、SE 7703592、SU 716524、US 4310519、US 4429042、YU 100177、ZA 7702345、ZM 3677 等。

制备专利　WO 2000014057、IT 2005MI1284、WO 2019073484、WO 201711036319、RO 103441、CN 103073457、CN 105409987、IN 186426、IN 179735、IN 170908、IN 173865、US 5066819、EP 446514、RO 86791、RO 80031、DE 3040633 等。

国内登记情况　90%、93%、95%、99%原药，25%、85%可湿性粉剂等，登记作物为棉花、烟草、豆类和水稻等，防治对象红铃虫、蚜虫、烟青虫、飞虱、叶蝉和造桥虫等。表 2-106 为安道麦股份有限公司在中国登记情况。

表 2-106　安道麦股份有限公司在中国登记情况

登记名	登记证号	含量	剂型	登记作物	防治对象	用药量	施用方法
甲萘威	PD20084204	85%	可湿性粉剂	棉花	棉铃虫	100～150 g/亩	喷雾
甲萘威	PD20142588	98%	原药				

合成方法　甲萘威可按如下方法合成：

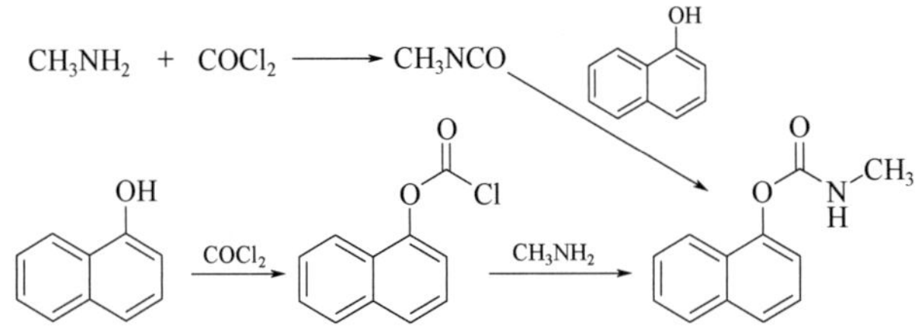

参考文献

[1]　The Pesticide Manual. 17 th edition: 157-159.

[2]　新编农药手册. 北京: 农业出版社, 1989: 90-93.

[3]　徐建飞, 卢伟京, 杜晓宁. 化学试剂, 2013, 35(9): 845-848+850.

抗蚜威（pirimicarb）

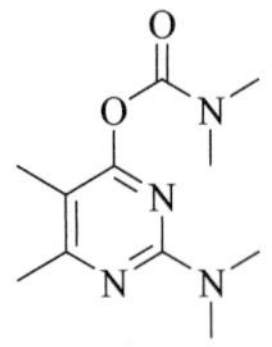

238.3，$C_{11}H_{18}N_4O_2$，23103-98-2

抗蚜威（试验代号：ENT27766、OMS 1330、PP062，商品名称：Abol、Aphox、Okapi、Panzher、Phantom、Piriflor、Pirimor、Tomba、派烈脉、派嘧威、比加普、辟蚜雾，其他名称：抗芽威、灭定威）是由 ICI Agrochemicals(现属先正达公司)开发的一种杀虫剂。

化学名称　2-二甲氨基-5,6-二甲基嘧啶-4-基二甲基氨基甲酸酯。英文化学名称 2-dimethylamino-5,6-dimethylpyrimidin-4-yl dimethylcarbamate。美国化学文摘系统名称 2-(di-methylamino)-5,6-dimethyl-4-pyrimidinyl dimethylcarbamate。CA 主题索引名称 carbamic acid, —,

2-(dimethylamino)-5,6-dimethyl-4-pyrimidinyl ester。

理化性质　工业品纯度 95%。原药为白色无臭结晶体，熔点 91.6℃。蒸气压 0.43 mPa（20℃）。相对密度（20～25℃）1.18，1.21（原药）。lgK_{ow} 1.7。Henry 常数（Pa·m^3/mol）：2.9×10^{-5}（pH 5.2），3.3×10^{-5}（pH 7.4、pH 9.3）。水中溶解度（mg/L，20～25℃）：3600.0（pH 5.2），3100.0（pH 7.4），3100.0（pH 9.3），有机溶剂中溶解度（g/L，20～25℃）：丙酮、甲醇、二甲苯＞200。在一般的储藏条件下稳定性＞2 年，pH 4～9（25℃）不发生水解，水溶液对紫外线不稳定，DT$_{50}$＜1 d（pH 5、7 或 9），pK_a 为 4.44（20～25℃），弱碱性。

毒性　急性经口 LD$_{50}$（mg/kg）：雌大鼠 142，小鼠 107。急性经皮 LD$_{50}$（mg/kg）：大鼠＞2000，兔＞500。对兔皮肤和眼睛有微弱刺激。对豚鼠皮肤有中度致敏性。雌大鼠吸入 LC$_{50}$（4 h）0.86 mg/L。NOEL［mg/(kg·d)］：狗慢性 NOEL 3.5，雄大鼠 3.7，雌大鼠 4.7。无致癌性，无繁殖毒性。ADI/RfD（EC）0.035 mg/kg bw（2006）；（JMPR）0.02 mg/kg bw（1982，2004，2006）。

生态效应　鸟类急性经口 LD$_{50}$（mg/kg）：野鸭 28.5，山齿鹑 20.9。鱼毒 LC$_{50}$（96 h，mg/L）：虹鳟鱼 79，大翻车鱼 55，黑头呆鱼＞100。水蚤 EC$_{50}$（48 h）0.017 mg/L。水藻 EC$_{50}$（96 h）140 mg/L。其他水生生物 EC$_{50}$（48 h，mg/L）：静水椎实螺 19，对钩虾 48，摇蚊 60。对蜜蜂无毒性，LD$_{50}$（24 h，μg/只）：4（经口），53（接触）。蚯蚓 LC$_{50}$（14 d）＞60 mg/kg，对弹尾目无毒。

环境行为　①动物。动物体内主要代谢产物为 2-二甲氨基-5,6-二甲基-4-羟基嘧啶，2-甲氨基-5,6-二甲基-4-羟基嘧啶，2-氨基-5,6-二甲基-4-羟基嘧啶和 2-二甲氨基-6-羟甲基-5-甲基-4-羟基嘧啶。②土壤/环境。土壤 DT$_{50}$ 29～143 d（实验室）、1～13 d（田地），太阳光加速其在土壤和水中的降解。在酸性、中性和碱性的条件下稳定，地表水 DT$_{50}$ 36～55 d（实验室），从土壤和叶子中挥发出的物质能有效地被空气中的氧化物质光解。

制剂　气雾剂、粉剂、乳油、烟剂、水分散粒剂、可湿性粉剂等。

主要生产商　Syngenta、安徽华星化工有限公司、河南金鹏化工有限公司、湖南海利化工股份有限公司、泰州百力化学股份有限公司等。

作用机理与特点　选择性杀虫剂，具有触杀、胃毒和破坏呼吸系统的作用。植物根部吸收，通过木质部转移。可由叶子渗透，但不会发生大面积扩散。

应用

（1）适用作物　大豆、小麦、玉米、甜菜、油菜、烟草等多种作物及果树、蔬菜、林业等。

（2）防治对象　蚜虫。

（3）残留量与安全施药　FAO/WHO 规定的最高残留限量如下：蔬菜 1.0 mg/kg，谷类 0.05 mg/kg，果树 0.05～1 mg/kg，马铃薯 0.05 mg/kg，大豆 1.0 mg/kg，油菜籽 0.2 mg/kg。收获前停止用药的安全间隔期为 7～10 d。

（4）应用技术　由于抗蚜威对温度敏感，当 20℃以上时有熏蒸作用；15℃以下时，基本上无熏蒸作用，只有触杀作用；15～20℃之间，熏蒸作用随温度上升而增强。因此在低温时，喷雾更要均匀周到，否则影响防治效果。抗蚜威用量少、雾滴直径小，喷药时应选无风、温暖的天气，以提高药效。避免大风天施药，药液飘移或挥发降低药效。人工喷液量每亩 30～50 L，拖拉机喷液量每亩 7～13 L，飞机喷液量每亩 15～50 L。若天气干旱、空气相对湿度低时用高量；土壤水分条件好、空气相对湿度高时用低量。喷雾时空气相对湿度应大于 5%，温度低于 30℃、风速小于 4 m/s、空气相对湿度小于 65%时应停止作业。

50%抗蚜威可湿性粉剂的使用方法：

① 蔬菜蚜虫的防治　防治白菜、甘蓝、豆类蔬菜上的蚜虫，每亩用 50%可湿性粉剂 10～18 g（有效成分 5～9 g），对水 30～50 kg 喷雾。

② 烟草蚜虫的防治　防治烟草、麻苗上的蚜虫，每亩用 50%可湿性粉剂 10～18 g（有效成分 5～9 g），对水 30～60 kg 喷雾。

③ 油料作物上蚜虫的防治　防治油菜、花生、大豆上的蚜虫，每亩用 50%可湿性粉剂 6～8 g（有效成分 3～4 g），对水 30～60 kg 喷雾。

④ 粮食作物上蚜虫的防治　防治小麦、高粱上的蚜虫，每亩用 50%可湿性粉剂 6～8 g（有效成分 3～4 g），对水 50～100 kg 喷雾。

在我国推荐使用情况：选择性防治禾谷、果树、观赏植物和蔬菜上的蚜虫，并可有效地防治对有机磷产生抗性的桃蚜。本品具有速效性和熏蒸、内吸作用，从根部吸收转移到木质部。

专利与登记

专利名称　Pyrimidine derivatives and compositions containing them

专利号　GB 1181657　　　　专利公开日　1970-02-18

专利申请日　1966-03-31　　　优先权日　1966-03-31

专利拥有者　ICI Agrochemicals

在其他国家申请的化合物专利　AR 215000、AT 266277、AU 513641、AU 2422077、BE 853702、BG 35900、BG 61666、CA 1098063、CH 639422、CS 207397、CY 1114、DD 137727、DE 2717040、DK 146514、ES 457932、EP 443733、FI 57781、FR 2348970、GB 1573955、GR 63128、HK 38481、HU 179041、IE 44822、IL 51854、IT 1106424、JP 1593733、KE 3141、LU 77152、MY 8782、NL 188859、NL 950005、NL 971001、NO 148856、NZ 183847、OA 5638、PL 108004、PT 66445、RO 71785、SE 434277、SE 7703592、SU 716524、US 4310519、US 4429042、YU 100177、ZA 7702345、ZM 3677 等。

制备专利　CN 103193720、CN 110204497、CN 102174023、WO 2010003184 等。

国内登记情况　95%、96%原药，25%、50%可湿性粉剂，25%、50%水分散粒剂等，登记作物为甘蓝、小麦和烟草等，防治对象蚜虫和烟蚜等。英国先正达有限公司在中国登记情况见表 2-107。

表 2-107　英国先正达有限公司在中国登记情况

登记名	登记证号	含量	剂型	登记作物	防治对象	用药量	施用方法
抗蚜威	PD20120830	96%	原药				

合成方法　由石灰氮制单氰胺，再同二甲胺盐酸盐制 1,1-二甲基胍。将乙酰乙酸乙酯甲基化可得 α-甲基乙酰乙酸乙酯，再按下列反应制备：

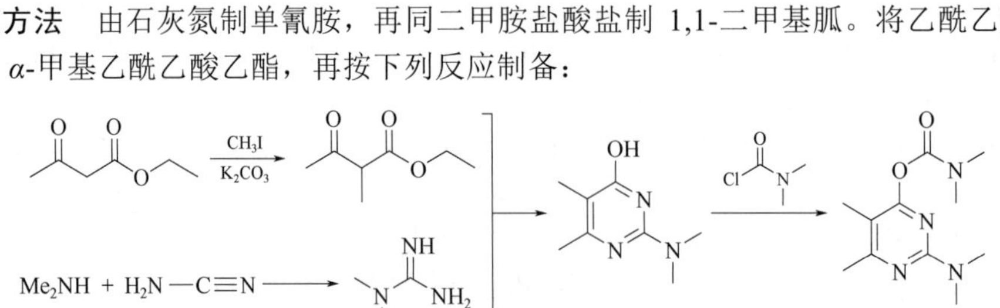

参考文献

[1] The Pesticide Manual. 17 th edition: 893-895.

[2] 进口农药应用手册. 北京：中国农业出版社, 2000: 21-23.

[3] 新编农药手册. 北京：农业出版社, 1989: 107-109.

[4] 王胜得, 赵东江, 彭鹏, 等. 今日农药, 2015(3): 21-23.

[5] 王胜得, 赵东江, 彭鹏, 等. 精细化工中间体, 2014(6): 20-22+34.

克百威（carbofuran）

221.3, $C_{12}H_{15}NO_3$, 1563-66-2

克百威（试验代号：BAY70143、D1221、ENT 27 164、FMC10242、OMS864，商品名称：Agrofuran、Anfuran、Carbodan、Carbosect、Carbosip、Cekufuran、Chinufur、Curaterr、Diafuran、Furacarb、Furadan、Fury、Huifuran、Kunfu、Lucarfuran、Pilarfuran、Pilfuran、Rampar、Reider、Sunfuran、Terrafuran、Vapcodan、Victor、Vifuran、Weldan、呋喃丹、大扶农、咔吧呋喃）是由 FMC 和拜耳公司共同开发的一种杀螨、杀虫、杀线虫剂。

化学名称 甲基氨基甲酸(2,3-二氢-2,2-二甲基苯并呋喃-7-基)酯。英文化学名称为 2,3-dihydro-2,2-dimethylbenzofuran-7-yl methylcarbamate。美国化学文摘(CA)系统名称为 2,3-dihydro-2,2-dimethyl-7-benzofuranyl *N*-methylcarbamate。CA 主题索引名称为 7-benzofuranol —, 2,3-dihydro-2,2-dimethyl- methylcarbamate。

理化性质 纯品为无色结晶，熔点 153～154℃。相对密度（20℃）1.18。蒸气压 0.031 mPa（20℃），0.072 mPa（25℃）。lgK_{ow} 1.52。水中溶解度：320.0 mg/L（20℃），351.0 mg/L（25℃）。有机溶剂中溶解度（g/L，20～25℃）：二氯甲烷＞200，异丙醇 20～50，甲苯 10～20。在碱性介质中不稳定，在酸性、中性介质中稳定，150℃以下稳定，水解 DT_{50}（22℃）＞1 年（pH 4），121 d（pH 7），31 h（pH 9）。

毒性 急性经口 LD_{50}（mg/kg）：雄、雌大鼠约 8，狗 15，小鼠 14.4。雄、雌大鼠急性经皮 LD_{50}（24 h）＞2000 mg/kg，对兔皮肤和眼睛具有中度刺激性。雄、雌大鼠吸入 LC_{50}（4 h）0.075 mg/L（喷雾）。NOEL（mg/kg 饲料）：大鼠和小鼠（2 年）20，狗（1 年）10［0.5 mg/(kg·d) bw］。ADI/RfD（JMPR）0.001 mg/kg bw（2008）；（EFSA）0.001 mg/kg bw（2006）；（EPA）aRfD 0.00024 mg/kg bw（2008）。水 GV 0.7μg/L（GV 指饮用水指导值）。

生态效应 日本鹌鹑急性经口 LD_{50} 2.5～5 mg/kg，日本鹌鹑 LC_{50} 60～240 mg/kg，原药 LC_{50} 0.7～8 mg/kg，取决于载体。鱼 LC_{50}（96 h，mg/L）：虹鳟鱼 22～29，大翻车鱼 1.75，金鱼 107～245；原药 LC_{50} 7.3～362.5μg/L，取决于载体。水蚤 LC_{50}（48 h）38.6 μg/L，对蜜蜂有毒。

环境行为 ①动物。克百威在大鼠体内主要通过水解和氧化代谢，喂饲大鼠 24 h 后，72% 通过尿，2% 通过粪便排出体外，其中 43% 是通过水解代谢的。尿中 95% 是以键合物的形式代谢的，主要的代谢物是没有氨基甲酸酯的 3-克百威乙酮酚以及 3-羟基克百威，这些代谢物都是以自由基形式存在的。②植物。克百威快速代谢为 3-羟基克百威以及克百威乙酮。③土壤/环境。土壤中 DT_{50} 30～60 d，通过土壤中微生物降解，主要代谢物为二氧化碳，K_{oc} 22。

制剂 悬浮种衣剂、颗粒剂、悬浮剂、可湿性粉剂等。

主要生产商 Adama、Bayer、Crystal Crop Care、Dow、FarmHannong、FMC、Rallis、

Sinon、湖南国发精细化工科技有限公司、湖南海利化工股份有限公司、江苏常隆农化有限公司、江苏嘉隆化工有限公司、江苏蓝丰生物化工股份有限公司、美国富美实公司、山东华阳农药化工集团有限公司等。

作用机理与特点 克百威是氨基甲酸酯类广谱性内吸杀虫、杀线虫剂，具有触杀和胃毒作用。其毒理机制为抑制乙酰胆碱酯酶，但与其他氨基甲酸酯类杀虫剂不同的是，它与胆碱酯酶的结合不可逆，因此毒性高。克百威能被植物根系吸收，并能输送到植株各器官，以叶部积累较多，特别是叶缘，在果实中含量较少，当害虫咀嚼和刺吸带毒植物的叶汁或咬食带毒组织时，害虫体内乙酰胆碱酯酶受到抑制，引起害虫神经中毒死亡。在土壤中半衰期为 $30\sim60$ d。稻田水面撒药，残效期较短，施于土壤中残效期较长，在棉花田药效可维持 40 d 左右。

应用

（1）适宜作物 棉花、大豆、谷物（如水稻、玉米）、烟草等。

（2）防治对象 对多种刺吸口器和咀嚼口器害虫有效，如稻螟、稻飞虱、稻蓟马、稻叶蝉、稻瘿蚊、水稻潜叶蝇、水稻象甲、稻蚊、棉蚜、棉蓟马、地老虎、烟草夜蛾、烟蚜、烟草根结线虫、烟草潜叶蛾、蔗螟、金针虫、大豆蚜、大豆根潜蝇、大豆胞囊线虫、花生蚜、斜纹夜蛾、根结线虫、甜菜等多种作物幼苗期跳甲、象甲等。

（3）应用技术 在稻田施用克百威，不能与敌稗、灭草灵等除草剂同时混用，施用敌稗应在施用克百威前 $3\sim4$ d 进行，或在施用克百威 1 个月后施用。

（4）使用方法

① 防治大豆害虫包括大豆胞囊线虫可在播种沟内施药，每亩用 3%颗粒剂 $2.2\sim4.4$ kg，施药后覆土。3%克百威颗粒剂在北方可与肥料混合，与大豆种子分箱进行条播，对大豆安全，可有效地防治地老虎、蛴螬、潜根蝇、跳甲等害虫。在大豆胞囊线虫中等以下发生地块用克百威颗粒剂对第一代胞囊线虫有好的驱避作用，表现出明显的增产效果，但连续使用大豆胞囊线虫数量会明显增加，当胞囊线虫发生达中等以上时，克百威不能再用，最有效的办法是轮作。

② 防治花生蚜、斜纹夜蛾及根结线虫可在播种期采取带状施药的方法，带宽 $30\sim40$ cm，每亩用 3%颗粒剂 $4\sim5$ kg，施药后翻入 $10\sim15$ cm 中。在花生成株期，可侧开沟施药，每 10 m 长沟内施 3%颗粒剂 33 g，然后覆土。

③ 防治棉花棉蚜、棉蓟马、地老虎及线虫等可根据各地区的条件可选用以下方法：a. 播种沟施药在棉花播种时，每亩用 3%颗粒剂 $1.5\sim2.0$ kg，与种子同步施入播种沟内，使用机动播种机带有定量下药装置施药，则既准确又安全。b. 根侧追施一般采用沟施或穴施方法进行追施，沟施每亩用 3%颗粒剂 $2\sim3$ kg，距棉株 $10\sim15$ cm 沿垄开沟，深度为 $5\sim10$ cm，施药后即覆土。穴施以每穴施 3%颗粒剂 $0.5\sim1.0$ g 为宜，在追施后如能浇水，效果更好，一般在施药 $4\sim5$ d 后才能发挥药效。c. 种子处理棉种要先经硫酸或泡沫硫酸脱绒，每千克棉种用 35%克百威种子处理剂 28 mL（有效成分 9.8 g）加水混合拌种。

④ 防治烟草夜蛾、烟蚜、烟草根结线虫以及烟草潜叶蛾等，并防治小地老虎、蝼蛄等地下害虫。a. 苗床期施药每平方米用 3%颗粒剂 $15\sim30$ g，均匀撒施于苗床上面，然后翻入土中 $8\sim10$ cm，移栽烟苗前 1 周，须再施药 1 次，施于土面，然后浇水以便把克百威有效成分淋洗到烟苗根区，可保护烟苗移栽后早期不受虫危害。b. 本田施药移栽烟苗时在移栽穴内施 3%颗粒剂 $1\sim1.5$ g。

⑤ 防治水稻害虫如稻螟、稻飞虱、稻蓟马、稻叶蝉、稻瘿蚊、水稻潜叶蝇、稻水象甲、稻摇蚊等，可采用以下方法：a. 根区施药在播种或插秧前，每亩用 3%颗粒剂 $2.5\sim3.0$ kg，

残效期可达 40～50 d。亦可在晚稻秋田播种前施用，对稻瘿蚊防治效果尤佳。b．水面施药每亩用 3%颗粒剂 1.5～2.0 kg，掺细土 15～20 kg 拌匀，均匀撒施水面，保持浅水，同时可兼治蚂蟥。为增加撒布的均匀度，可将上述用药量的克百威颗粒剂与 10 倍量的半干土混合均匀，配制成毒土，随配随用，均匀撒施于水面。在保水好时，持效期可达 30 d。c．播种沟施药在陆稻种植区，3%颗粒剂与稻种同步施入播种沟内，每亩用药量为 2.0～2.5 kg。d．旱育秧水稻在插秧前 7～10 d 向秧田撒施 3%颗粒剂，每亩用（秧田）7～10 kg，即每平方米秧田撒施 3%颗粒剂 10～15 g，可防治本田发生的水稻潜叶蝇。

⑥ 防治玉米、甜菜害虫可用 3%颗粒剂，于玉米喇叭口期按照 3～4 粒/株的剂量逐株滴入玉米叶心（喇叭口），可达到良好的防虫效果。玉米每千克种子用 35%克百威种子处理剂 28 mL（有效成分 9.8 g），加水 30 mL 混合拌种，可有效地防治地下害虫。

35%克百威种子处理剂用于甜菜等多种作物拌种，防治幼苗期跳甲、象甲等多种害虫。具有黏着力强、展着均匀、不易脱落、成膜性好、干燥快、有光泽、缓释等优点。35%克百威种子处理剂拌甜菜种子每千克种子用 23～28 mL，加 40～50 mL 水混合均匀后拌种。用水量多少根据甜菜种子表面而定，甜菜种子经过加工表面光滑时少用水，未经加工表面粗糙时多加水，以拌均匀为标准。如兼防甜菜立枯病可加 50%福美双可湿性粉剂 8 g 加 70%噁霉灵（土菌消）可湿性粉剂 5 g 加增产菌浓缩液 5 mL 混合拌种。拌药最好用拌药机，操作员一定要穿戴防护用具。

专利与登记

专利名称　New pesticides

专利号　US 3474170　　　　　专利公开日　1965-07-26

专利申请日　1965-01-12　　　优先权日　1964-01-23

专利拥有者　FMC（US）

在其他国家申请的化合物专利　AT 276851、BR 6566371、CS 154559、CH 478525、DK 117775、IL 22718、NL 6500340、SE 346205、SE 300725、US 3474171 等。

制备专利　CN 104529963、US 5387702、IN 183840、IN 186426、CN 102731453、CN 1048217、JP 61130282、US 4463184、JP 59082377、EP 90976 等。

国内登记情况　3%颗粒剂，75%母药，96%、97%、98%原药，90%母粉，10%悬浮种衣剂，登记作物为棉花、水稻、玉米和花生，防治对象蚜虫和根结线虫等。美国富美实公司在中国的登记情况见表 2-108。

表 2-108　美国富美实公司在中国的登记情况

登记名	登记证号	含量	剂型	登记作物	防治对象	用药量	施用方法
克百威	PD11-86	3%	颗粒剂	花生	根结线虫	4000～5000 g/亩	条施、沟施
				棉花	蚜虫	1500～2000 g/亩	条施、沟施
				水稻	害虫	2000～3000 g/亩	撒施
克百威	PD78-88	350 g/L	悬浮种衣剂	棉花	蚜虫	1∶35（药种比）	种子处理
				甜菜	地下害虫	1∶35（药种比）	种子处理
				玉米	地下害虫	1∶（30～50）（药种比）	种子处理
克百威	PD234-98	85%	母药				
克百威	PD289-99	95%	原药				

合成方法 可通过如下反应制得产品：

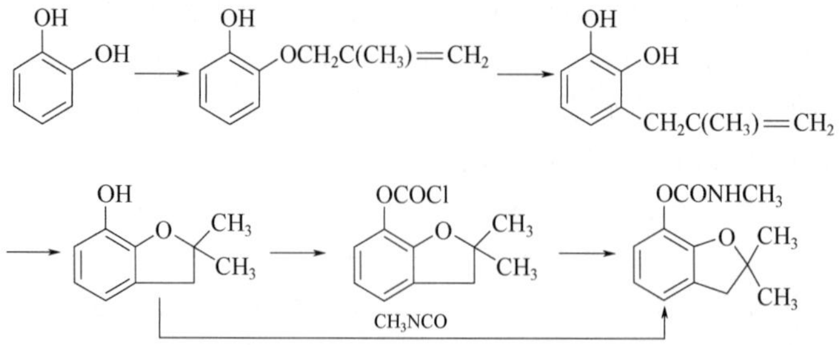

或

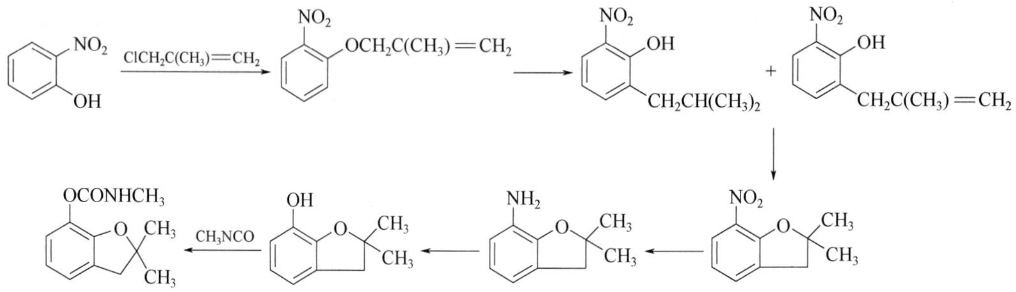

参考文献

[1] The Pesticide Manual. 17 th edition: 162-164.

[2] 王际方. 河北农业科学, 2010(4): 85-87.

[3] 兰世林, 刘源, 徐健, 等. 精细化工中间体, 2014(4): 32-34.

硫双威（thiodicarb）

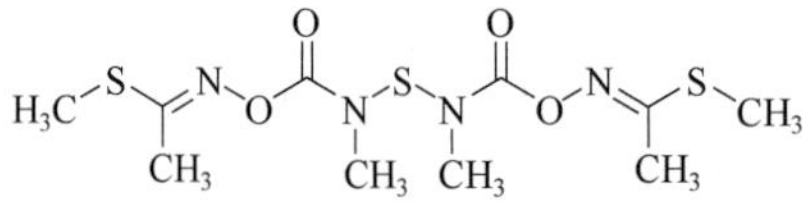

354.5，$C_{10}H_{18}N_4O_4S_3$，59669-26-0

　　硫双威（试验代号：AI3-29311、CGA 45156、OMS 3026、RPA 80600 M、UC 80502、UC 51762，商品名称：EXP3、Fluxol、Futur、Larbate、Larvin、Minavin、Securex、Semevin、Skipper、Spiro、Sundicarb、Toro、灭索双、拉维因，其他名称：硫敌克、硫双灭多威、双灭多威）由 Union Carbide（现属 Bayer CropScience）开发。

　　化学名称　(3*EZ*,12*EZ*)-3,7,9,13-四甲基-5,11-二氧杂-2,8,14-三硫代-4,7,9,12-四氮杂十五烷-3,12-二烯-6,10-二酮。英文化学名称 (3*EZ*,12*EZ*)-3,7,9,13-tetramethyl-5,11-dioxa-2,8,14-trithia-4,7,9,12-tetraazapentadeca-3,12-diene-6,10-dione。美国化学文摘系统名称为 dimethyl *N,N*′-[thiobis[(methylimino)carbonyloxy]]bis(ethanimidothioate)。CA 主题索引名称 ethanimido-thioic acid —, *N,N*-[thiobis[(methylimino)carbonyloxy]]bis- dimethyl ester。

　　理化性质　外观为无色结晶，工业品含量 94%，浅褐色晶体。熔点 172.6℃。蒸气压 0.00227 mPa（25℃）。相对密度 1.47（20～25℃）。lgK_{ow} 1.62。Henry 常数 0.0431 Pa·m³/mol。

水中溶解度（25℃）0.02219 mg/L，有机溶剂中溶解度（g/L，20～25℃）：丙酮 5.33，甲苯 0.92，乙醇 0.97，二氯甲烷 200～300。在 60℃以下稳定，其水悬液在日光照射下分解，pH 6 稳定，pH 9 迅速水解，pH 3 缓慢水解（DT_{50} 约 9 d）。

毒性　急性经口 LD_{50}（mg/kg）：大鼠 66（水中）、120（玉米油中），狗＞800，猴子＞467。兔急性经皮 LD_{50}＞2000 mg/kg，对兔的皮肤和眼睛有轻度刺激。大鼠吸入 LC_{50}（4 h）0.32 mg/L 空气。NOEL［2 年，mg/(kg·d)］：大鼠 3.75，小鼠 5.0。ADI/RfD（EFSA）0.01 mg/kg bw（2005）；（JMPR）0.03 mg/kg bw（2000）；（EPA）RfD 0.03 mg/kg bw（1998）。

生态效应　日本鹌鹑急性经口 LD_{50} 2023 mg/kg。野鸭 LC_{50} 5620 mg/kg 饲料。鱼毒 LC_{50}（96 h，mg/L）：大翻车鱼 1.4，虹鳟鱼＞3.3。水蚤 LC_{50}（48 h）0.027 mg/L。若直接喷到蜜蜂上稍有毒性，但喷药残渣干后无危险。

环境行为　①动物。在大鼠体内快速降解为灭多威，继而快速转化为灭多威肟、亚砜和砜肟，这些不稳定中间体转化成乙腈和二氧化碳后通过呼吸和随着尿液排出；一小部分乙腈进一步降解为乙酰胺、醋酸和二氧化碳。②植物。主要代谢产物为灭多威、乙腈和二氧化碳。③土壤/环境。土壤中在有氧和绝氧条件下通过水解和光解形式进行多种降解。主要降解产物为灭多威和灭多威肟。土壤中硫双威 DT_{50} 3～8 d（视土壤种类而异）。

制剂　悬浮剂、水分散粒剂、可湿性粉剂、颗粒剂、粉剂、悬浮种衣剂、干拌剂、毒饵、可溶粒剂等。

主要生产商　Bayer、安道麦股份有限公司、安徽广信农化股份有限公司、河北宣化农药有限责任公司、河南金鹏化工有限公司、湖南比德生化科技股份有限公司、湖南国发精细化工科技有限公司、湖南海利化工股份有限公司、江苏常隆农化有限公司、江苏辉丰生物农业股份有限公司、江苏嘉隆化工有限公司、江苏龙灯化学有限公司、江苏绿叶农化有限公司、江苏瑞邦农化股份有限公司、江苏省南通施壮化工有限公司、江苏省盐城南方化工有限公司、江西众和生物科技有限公司、连云港埃森化学有限公司、南龙（连云港）化学有限公司、内蒙古百灵科技有限公司、宁波三江益农化学有限公司、撒尔夫（河南）农化有限公司、山东华阳农药化工集团有限公司、山东潍坊润丰化工股份有限公司、山东中石药业有限公司、潍坊海邦化工有限公司、张掖市大弓农化有限公司等。

作用机理与特点　胆碱酯酶抑制剂，主要是胃毒作用，并具有一定的触杀作用。

应用

（1）适用作物　棉花、果树、蔬菜、谷物（如水稻、玉米）等。

（2）防治对象　棉铃虫、红铃虫、卷叶蛾类、食心虫类、菜青虫、夜盗虫、斜纹夜蛾、甘蓝夜蛾、马铃薯块茎蛾、茶细蛾、茶小卷叶蛾等。

（3）残留量与安全施药　对高粱和棉花的某些品种有轻微药害。

（4）应用技术　为了防止棉铃虫在短时间内对该药剂产生抗药性，应注意避免连续使用该药，或与灭多威交替使用。建议每一季棉花上使用最多不超过 3 次。对蚜虫、螨类、蓟马等刺吸式口器害虫作用不显著，如同时防治这类害虫时，可与其他有机磷、菊酯类等农药混用，但要严格掌握不能与碱性物质混合使用。

在棉铃虫产卵比较集中、孵化相对整齐的情况下，在卵孵化盛期施药，以发挥其优秀杀卵活性的特点。每亩每次用 75%硫双威可湿性粉剂 20～30 g 或 37.5%硫双威悬浮剂 40～60 mL（有效成分 15～22.5 g），对水进行常规喷雾，7 d 后根据田间残虫情况确定是否进行二次用药。在棉铃虫发生不整齐的情况下，应根据幼虫虫口、虫龄调查结果，掌握在防治指标上下的低龄幼虫期用药，每亩每次用 75%硫双威可湿性粉剂 30～45 g 或 37.5%硫双威悬浮剂 60～90 mL

（有效成分 22.5～33.8 g），对水进行常规喷雾，施药后 5～7 d 调查残生量，确定二次用药间隔期。二代棉铃虫发生期间，防治重点是保护生长点，喷雾时应注意喷头罩顶。

（5）使用方法　棉铃虫、棉红铃虫的防治：于卵孵盛期进行防治，每亩用 75%可湿性粉剂 50～100 g，对水 50～100 kg 喷雾。二化螟、三化螟的防治：每亩用 75%可湿性粉剂 100～150 g，对水 100～150 kg 喷雾。

在我国推荐使用情况如下：0.23～1.0 kg/hm² 剂量能防治棉花、大豆、玉米等作物上的棉铃虫、黏虫、卷叶蛾等，作为种子处理剂用量 2.5～10 g/kg，持效期 7～10 d。

专利与登记

专利名称　Pesticidal bis[(*O*-1-alkylthioethylimino)-*N*-methylcarbamic acid] *N,N*′-sulfides

专利号　DE 2530439　　　　　专利公开日　1976-04-01

专利申请日　1975-07-08　　　优先权日　1974-07-11

专利拥有者　Ciba-Geigy A.-G., Switz.

在其他国家申请的化合物专利　CH 596757、NL 7508197、NL 181357、FR 2277818、US 4004031、BE 831212、ZA 7504421、BR 7504396、GB 1486969、JP 51038417、JP 55037966 等。

专利名称　Symmetrical insecticidal bis-carbamate compounds

专利号　US 4382957　　　　　专利公开日　1983-05-10

专利申请日　1975-12-01　　　优先权日　1975-12-01

专利拥有者　Union Carbide Corp

在其他国家申请的化合物专利　AR 215000、AT 266277、AU 513641、AU 2422077、BE 853702、BG 35900、BG 61666、CA 1098063、CH 639422、CS 207397、CY 1114、DD 137727、DE 2717040、DK 146514、ES 457932、EP 443733、FI 57781、FR 2348970、GB 1573955、GR 63128、HK 38481、HU 179041、IE 44822、IL 51854、IT 1106424、JP 1593733、KE 3141、LU 77152、MY 8782、NL 188859、NL 950005、NL 971001、NO 148856、NZ 183847、OA 5638、PL 108004、PT 66445、RO 71785、SE 434277、SE 7703592、SU 716524、US 4310519、US 4429042、YU 100177、ZA 7702345、ZM 3677 等。

制备专利　CN 108047106、DE 2654331 等。

国内登记情况　95%原药，350 g/L，375 g/L 悬浮剂，25%、75%可湿性粉剂，80%水分散粒剂，登记作物为甘蓝和棉花等，防治对象菜青虫和棉铃虫等。德国拜耳作物科学公司在中国登记情况见表 2-109。

表 2-109　德国拜耳作物科学公司在中国登记情况

登记号	登记证号	含量	剂型	登记作物	防治对象	用药量/(g/hm²)	施用方法
硫双威	PD173-93	75%	可湿性粉剂	棉花	棉铃虫	337.5～506.25	喷雾
硫双威	PD248-98	375 g/L	悬浮剂	棉花	棉铃虫	337.5～506.25	喷雾
硫双威	PD231-98	95%	原药				

合成方法　目标物可通过如下三种方法合成：

方法一：也可用 SCl₂ 或 SCl₂-S₂Cl₂ 作原料，收率达 91.3%。

方法二：收率 92%。

方法三：收率 60%。

参考文献

[1] The Pesticide Manual. 17 th edition: 1103-1105.

[2] 刘刚. 农药市场信息, 2016(24): 35-36.

[3] 段湘生, 杨联耀, 叶萍. 农药, 1998(3): 7-8.

[4] 进口农药应用手册. 北京: 中国农业出版社, 2000: 74-76.

[5] 刘刚. 农药市场信息, 2010(19): 26.

[6] 新编农药手册(续集). 北京: 中国农业出版社, 1997: 22-24.

棉铃威（alanycarb）

399.5，$C_{17}H_{25}N_3O_4S_2$，83130-01-2

　　棉铃威（试验代号：OK-135，商品名称：Onic、Rumbline、Aphox、Pirimor、Orion、Onic、农虫威）的杀蚜活性最初由 F.L.C. Baranyovits&R.Ghosh 报道，后由先正达公司引进，在 1970 年商品化。

　　化学名称　(Z)-N-苄基-N-[[甲基(1-甲硫基亚乙基氨基-氧羰基)氨基]硫]-β-丙氨酸乙酯。英文化学名称　ethyl (Z)-N-benzyl-N-[[methyl(1-methylthioethylideneaminooxycarbonyl)amino] thio]-β-alaninate。美国化学文摘系统名称为 ethyl (3Z)-3,7-dimethyl-6-oxo-9-(phenylmethyl)-5-oxa-2,8-dithia-4,7,9-triazadodec-3-en-12-oate。CA 主题索引名称为 5-oxa-2,8-dithia-4,7,9-triaza-dodec-3-en-12-oic acid —, 3,7-dimethyl-6-oxo-9-(phenylmethyl)- ethyl ester, (3Z)-。

　　理化性质　纯品为晶体（工业品为浅黄色固体），熔点 46.6～47.0℃。蒸气压＜0.0047 mPa（20℃），相对密度 1.29（20～25℃），lgK_{ow} 3.57，水中溶解度（20～25℃）29.6 mg/L，有机溶剂中溶解度（g/L，20～25℃）：丙酮、二氯甲烷、乙酸乙酯、甲醇、甲苯＞1000。稳定性：132℃下分解，54℃时 30 d 分解 0.2%～1.0%，中性和弱碱条件下稳定，酸性和强碱性下不稳定，在日光下的玻璃板上的 DT_{50} 为 6 h。

　　毒性　雄大鼠急性经口 LD_{50} 440 mg/kg。雄大鼠急性经皮 LD_{50}＞2000 mg/kg，对兔眼睛轻度刺激，对兔皮肤无刺激性，对豚鼠皮肤无致敏性。大鼠吸入 LC_{50}（4 h）＞0.205 mg/L。

NOEL（2 年）大鼠 30 mg/kg 饲料，ADI/RfD 0.011 mg/kg bw。无致癌、致畸和致突作用。

生态效应 鸟类 LC_{50}（8 d, mg/L）：山齿鹑 3553，野鸭＞5000。鲤鱼 LC_{50}（48 h）2.19 mg/L。水蚤 EC_{50}（48 h）0.0185 mg/L。藻类：E_rC_{50}（0～72 h）＞19.9 mg/L。蜜蜂 LD_{50} 0.674 μg/只（接触）。

环境行为 ①动物。棉铃威在老鼠体内可以直接或通过灭多威快速代谢成灭多威肟，该物质会继续分解为不稳定的中间体。这些中间体被转化成乙腈和二氧化碳后通过呼吸和随着尿液排出。②植物。N—S 键断裂产生的灭多威经过中间体灭多威肟进一步代谢成醋酸和乙腈，最终降解为二氧化碳。③土壤/环境。土壤中 DT_{50} 1～2 d。经化学或微生物作用棉铃威快速降解成灭多威，形成的灭多威进一步降解成为灭多威肟，最终分解成二氧化碳。

制剂 乳油和可湿性粉剂等。

主要生产商 OAT Agrio。

作用机理与特点 具有触杀、胃毒作用。

应用

（1）适用作物 蔬菜、葡萄、棉花、烟草、蔓生植物、柑橘。

（2）防治对象 鞘翅目、缨翅目、半翅目、缨翅目和鳞翅目害虫。

（3）使用方法 防治棉铃虫，每亩用 40%棉铃威乳油 50～100 g 对水 50～100 kg 均匀喷雾。防治蔬菜上蚜虫、烟草上的烟青虫，推荐剂量为每亩用 40%乳油 50～100 g，对水 50～100 kg 均匀喷雾。

在我国推荐使用情况如下：

可作叶面喷雾、土壤处理和种子处理。对葡萄上的鞘翅目、半翅目、鳞翅目和缨翅目害虫有效。防治蚜虫喷雾 300～600 g(a.i.)/hm^2，葡萄缀穗蛾喷雾 400～800 g/hm^2，仁果（蚜虫）和烟草（烟青虫）喷雾 300～600 g/hm^2，蔬菜土壤处理 0.9～9.0 kg/hm^2，种子处理为 0.4～1.5 kg/100 kg 种子。防治棉铃虫、大豆毒蛾、卷叶蛾、小地老虎和甘蓝夜蛾用 300～600 g/hm^2。

专利与登记

专利名称 Carbamate derivative and insecticidal, miticidal or nematocidal compositions containing these derivatives

专利号 BE 892302　　　　　专利公开日 1982-06-16

专利申请日 1981-11-27　　　优先权日 1981-11-27

专利拥有者 日本大冢化学公司

在其他国家申请的化合物专利 AR 215000、AT 266277、AU 513641、AU 2422077、BE 853702、BG 35900、BG 61666、CA 1098063、CH 639422、CS 207397、CY 1114、DD 137727、DE 2717040、DK 146514、ES 457932、EP 443733、FI 57781、FR 2348970、GB 1573955、GR 63128、HK 38481、HU 179041、IE 44822、IL 51854、IT 1106424、JP 1593733、KE 3141、LU 77152、MY 8782、NL 188859、NL 950005、NL 971001、NO 148856、NZ 183847、OA 5638、PL 108004、PT 66445、RO 71785、SE 434277、SE 7703592、SU 716524、US 4310519、US 4429042、YU 100177、ZA 7702345、ZM 3677 等。

制备专利 JP 03031252、CN 102060743、CN 105712926、US 4444768、JP 8924144 等。

合成方法 $CH_3C(SCH_3)$-NOC(O)NHCH$_3$ 与 ClSN(CH$_2$CH$_2$COOC$_2$H$_5$)CH$_2$C$_6$H$_5$ 及三乙胺在二氯甲烷中反应 2 h，即制得棉铃威。反应式如下：

$$CH_3CCl=NOH + NaSMe \longrightarrow HO-N=\overset{\overset{\displaystyle SMe}{|}}{C}-Me \xrightarrow{MeNCO}$$

参考文献

[1] The Pesticide Manual. 17 th edition: 24-25.

[2] 黄硕, 胡莉蓉, 黄明智. 精细化工中间体, 2006, 36(2): 36-37.

[3] 黄明智. 湖南化工, 2000, 30(2): 13-14+27.

灭多威（methomyl）

162.2，$C_5H_{10}N_2O_2S$，16752-77-5

灭多威（试验代号：DPX-X1179、OMS1196，商品名称：Agrinate、Astra、Avance、Dunet、Killon、Kuik、Lannate、Lann WDK、Matador、Metholate、Methomex、Methosan、Moscacid、Nudrin、Pilarmate、Sathomyl、Sutilo、快灵、灭虫快、灭多虫、纳乃得、万灵，其他名称：乙肟威、灭索威）是 G. A. Roodhans & N. B. Joy 报道，由 E. I. du Pont de Nemours & Co.开发的杀虫剂。

化学名称　S-甲基-N-(甲基氨基甲酰氧基)硫代乙酰胺。英文化学名称 S-methyl N-(methyl-carbamoyloxy)thioacetimidate。美国化学文摘系统名称为 methyl N-[[(methylamino)carbonyl]oxy]ethanimidothioate。CA 主题索引名称 ethanimidothioic acid —, N-[[(methylamino) carbonyl]oxy]- methyl ester。

理化性质　本品为(Z)-和(E)-异构体的混合物（前者占优势），无色结晶，稍带硫黄臭味。熔点 78～79℃，蒸气压 0.72 mPa（25℃），相对密度 1.2946（20～25℃），lgK_{ow} 0.093，Henry 常数 $2.1×10^{-6}$ Pa·m^3/mol。水溶解度（20～25℃）$5.79×10^4$ mg/L，有机溶剂中溶解度（g/L，20～25℃）：丙酮 570，乙醇 330，异丙醇 170，甲醇 800，甲苯 26，微溶于碳氢化合物。在 pH 5 和 7，25℃可稳定 30 d，水溶液中 DT_{50} 30 d（pH 9，25℃），140℃下稳定。在日光下暴露 120 d 稳定。

毒性　大鼠急性经口 LD_{50}（mg/kg）：雄性 34，雌性 30。雄兔和雌兔急性经皮 $LD_{50}>2000$ mg/kg。对兔眼睛中度刺激，对豚鼠皮肤无致敏性。对大鼠的吸入毒性 LC_{50}（4 h）0.258 mg/L。NOEL（2 年，mg/kg 饲料）：大鼠 100，小鼠 50，狗 100（2.5mg/kg bw）。ADI/RfD（JMPR）0.02 mg/kg bw（2001，2004），（EFSA）0.0025 mg/kg bw（2006），（EPA）cRfD 0.008 mg/kg bw（1998）。在活体上进行测试没有发现致突变、致癌及影响生殖性。

生态效应 鹌鹑急性经口 LD_{50} 24.2 mg/kg，LC_{50}（8 d，mg/kg 饲料）：鹌鹑 5620，野鸭 1780。鱼毒 LC_{50}（96 h，mg/L）：虹鳟鱼 2.49，大翻车鱼 0.63。水蚤 LC_{50}（48 h）17 μg/L。羊角月牙藻 EC_{50}（72 h）＞100 mg/L。对蜜蜂有毒，LD_{50}（μg/只）：经口 0.28，接触 0.16，但是药干后，对蜜蜂无害。蚯蚓 LC_{50}（14 d）21 mg/kg 干土。直接使用时对无脊椎动物没有危害。

环境行为 ①动物。进入动物体内的本品被迅速吸收和转化为羟甲基灭多威、肟、亚砜、亚砜肟，这些不稳定的中间体转化为乙腈和二氧化碳，可以通过呼吸和尿液排出体外。代谢途径主要为谷胱甘肽 S-甲基的取代以及转化成硫醚氨基酸衍生物；以及灭多威氨基甲酸酯水解成肟醚，并进一步代谢成二氧化碳；以及肟进行贝克曼重排形成乙腈。另外的一些小代谢物还有乙酸、乙酰胺、硫氰酸盐以及硫酸盐的共轭肟。②植物。在叶子上的 DT_{50} 是 3～5 d，与天然植物组分结合迅速降解为乙腈和二氧化碳。近期研究表明其代谢与在动物中相似。③土壤/环境。在土壤中迅速降解，20℃下在湿度为 pF 2～2.5，酸度为 pH 5.1～7.8 和 pH 1.2～3.6 的土壤中 DT_{50} 4～8 d，在地下水中样品 DT_{50}＜0.2 d。K_{oc} 72。

制剂 可溶粉剂［900 g(a.i.)/kg］，可溶液剂（220 g/L），可湿性粉剂。

主要生产商 Adama、BASF、Corteva、Sinon、安徽华星化工有限公司、河北临港化工有限公司、湖南海利化工股份有限公司、江苏常隆农化有限公司、江苏省盐城利民农化有限公司、美国杜邦公司、南龙（连云港）化学有限公司、山东华阳农药化工集团有限公司、西安近代科技实业有限公司等。

作用机理与特点 胆碱酯酶抑制剂，具有胃毒和触杀作用的内吸性杀虫剂和杀螨剂。

应用

（1）适用作物 禾谷类作物、柑橘、棉花、大田作物、葡萄、观赏植物、仁果类、甜菜和蔬菜等。

（2）防治对象 跳甲亚科、蚜科、半翅目、双翅目、同翅目、鞘翅目和鳞翅目害虫。

（3）残留量与安全施药 由于灭多威施用后降解快，经 4～5 d 测不到残留。

（4）应用技术 灭多威挥发性强，有风天气不要喷药，以免飘移，引起中毒。不要与碱性物质混用。

（5）使用方法 用 90%水溶粉剂防治蚜虫及鳞翅目害虫的幼虫时，应用浓度为 3000～4000 倍，即 5 g 灭多威制剂加水 15 kg；若用 20%乳油，浓度为 1000～2000 倍，于害虫为害初期对茎叶喷施，每亩喷施药液量为 50～70 kg，每隔 5～7 d 喷施一次，根据作物的生长情况，喷施 2～3 次。

在我国推荐使用情况如下：棉花推荐使用剂量 90～120 mL/hm²；蔬菜推荐使用剂量 90～120 mL/hm²；花生、大豆推荐使用剂量 100～300 mL/hm²；甜菜推荐使用剂量 100～300 mL/hm²（均为 20%乳油对水 100～300 kg 喷雾）。

专利与登记

专利名称　Carbamyl hydroxamate insecticides

专利号　FR 1467548　　　　　专利公开日　1967-01-27

专利申请日　1966-01-07　　　优先权日　1966-01-07

专利拥有者　du Pont de Nemours, E. I., and Co.

在其他国家申请的化合物专利　GB 1138347、GB 1138348、GB 1138349 等。

制备专利 WO 2018099203、AU 2016265996、AU 2016102051、CN 104529846、CN 104529847、CN 104418781、CN 104418780、CN 103719144、CN 103524389、CN 102924354、IL 89641、IL 73750、WO 8905805、EP 286964、DE 3707687、DE 3520943、US 4454134、US 4427687、US 4323578 等。

国内登记情况 24%可溶液剂，98%原药，20%、40%、90%可溶粉剂，10%可湿性粉剂，20%乳油，登记作物为烟草和水稻等，防治对象烟青虫、棉铃虫、烟蚜和棉蚜等。美国杜邦公司在中国登记情况见表 2-110。

表 2-110 美国杜邦公司在中国登记情况

登记名	登记证号	含量	剂型	登记作物	防治对象	用药量	施用方法
灭多威	PD133-91	24%	水溶性液剂	茶树	茶小绿叶蝉	342～450 g/hm²	喷雾
				烟草	烟蚜	180～270 g/hm²	喷雾
				棉花	棉蚜	270～360 g/hm²	喷雾
				柑橘树	橘蚜	120～240 mg/kg	喷雾
				甘蓝	菜青虫	300～360 g/hm²	喷雾
				柑橘树	潜叶蛾	200～300 mg/kg	喷雾
				棉花	棉铃虫	270～360 g/hm²	喷雾
				烟草	烟青虫	180～270 g/hm²	喷雾
				甘蓝	蚜虫	300～360 g/hm²	喷雾
灭多威	PD280-99	98%	原药				

合成方法 主要原料是乙醛肟、甲硫醇、甲基异氰酸酯、液氯。其制备过程如下：

参考文献

[1] The Pesticide Manual. 17 th edition: 744-745.

杀线威（oxamyl）

219.3，C₇H₁₃N₃O₃S，23135-22-0

219.3，$C_7H_{13}N_3O_3S$，23135-22-0

杀线威（试验代号：DPX-D1410，商品名称：Fertiamyl、Oxamate、Sunxamyl、Vacillate、Vydate、Vydagro，其他名称：thioxamyl）是由杜邦公司开发的杀虫、杀螨、杀线虫剂。

化学名称 N,N-二甲基-2-甲基氨基甲酰氧基亚氨基-2-(甲硫基)乙酰胺。英文化学名称为 N,N-dimethyl-2-methylcarbamoyloxyimino-2-(methylthio)acetamide。美国化学文摘(CA)系统名称为 methyl 2-(dimethylamino)-N-[[(methylamino)carbonyl]oxy]-2-oxoethanimidothioate。CA 主题索引名称为 ethanimidothioic acid —, 2-(dimethylamino)-N-[[(methylamino)carbonyl]oxy]-

2-oxo-methyl ester。

理化性质 纯品为略带硫臭味的无色结晶，熔点 100～102℃，108～110℃（双晶型）。相对密度（20～25℃）0.97。蒸气压 0.051 mPa（25℃）。$\lg K_{ow}$ -0.44（pH 5）。Henry 常数 3.9×10^{-8} Pa·m³/mol。水中溶解度 2.8×10^5 g/L（20～25℃），有机溶剂中溶解度（g/L，20～25℃）：丙酮 530，乙醇 260，甲醇 1140，甲苯 8.7。固态和制剂稳定，水溶液分解缓慢。在通风、阳光及在碱性介质和升高温度条件下，可加速其分解速度。DT_{50}＞31 d（pH 5），8 d（pH 7），3 h（pH 9）。

毒性 急性经口 LD_{50}（mg/kg）：雄大鼠 3.1，雌大鼠 2.5。急性经皮 LD_{50}（mg/kg）：雄兔 5027，雌兔＞2000。对兔皮肤无刺激性，对豚鼠皮肤无致敏性。大鼠吸入 LC_{50}（4 h）0.056 mg/L（颗粒悬浮液）。NOEL（2 年，mg/kg 饲料）：大鼠 50 [2.5 mg/(kg·d)]，狗 50。ADI/RfD（JMPR）0.009 mg/kg bw（2002），（EC）0.001 mg/kg bw（2006），（EPA）aRfD 0.001 mg/kg bw（2010）。无致突变、致癌性，亦无繁殖和发育毒性。

生态效应 鸟急性经口 LD_{50}（mg/kg）：雄野鸭 3.83，雌野鸭 3.16，山齿鹑 9.5。鸟饲喂 LC_{50}（8 d，mg/L）：山齿鹑 340，野鸭 766。鱼毒 LC_{50}（96 h，mg/L）：虹鳟鱼 4.2，大翻车鱼 5.6。水蚤 LC_{50}（48 h）0.319 mg/L。羊角月牙藻 EC_{50}（72 h）3.3 mg/L。对蜜蜂有毒，LD_{50}（μg/只）：经口 0.078～0.11，接触 0.27～0.36。蚯蚓 LC_{50}（14 d）112 mg/L。残留物对蚜茧蜂、梨盲走螨、小花蝽无害，在土壤中浓度≤3 mg/L 对隐翅虫、椿象、豹蛛有不到 30%的危害。

环境行为 ①动物。在大鼠体内，水解为肟的代谢物（methyl *N*-hydroxy-*N'*,*N'*-dimethyl-1-thiooxamimidate）或经 *N*,*N*-二甲基-1-氰基甲酰胺代谢为 *N*,*N*-二甲基草酸乙酯，其中 70%的代谢物以尿液和粪便的形式排除。②植物。在植物体内，本品水解为相应的肟类代谢物，接着和葡萄糖结合，最终分解为天然产品。③土壤/环境。在土壤中快速降解，DT_{50} 约为 7 d，在地下水 DT_{50}（实验室研究条件）：20 d（厌氧条件），20～400 d（需氧条件）。K_{oc} 25。

制剂 24%可溶液剂，10%颗粒剂。

主要生产商 Corteva 等。

作用机理与特点 通过根部或叶部吸收，在作物叶面喷药可向下疏导至根部，其杀虫作用是抑制昆虫体内的乙酰胆碱酯酶。

应用

（1）适宜作物 马铃薯、柑橘、大豆、蔬菜、花生、烟草、棉花、甜菜、草莓、苹果及观赏植物等。

（2）防治对象 蚜科、叶甲科、叶蝉科、鳞翅目、斑潜蝇属、叶螨科、缨翅目、根疣线虫属等害虫。

（3）使用方法 叶面喷雾，使用剂量为 0.28～1.12 kg(a.i.)/hm²。土壤处理，使用剂量为 3.0～6.0 kg(a.i.)/hm²。

专利与登记

专利名称 Alkyl 1-carbamoyl-*N*-（substituted-carbamoyloxy）thioformimidates as pesticides

专利号 US 3530220　　　　专利公开日 1970-09-22

专利申请日 1967-06-19　　　优先权日 1967-06-19

专利拥有者 du Pont de Nemours, E. I., and Co.

在其他国家申请的化合物专利 ZA 6803629、DE 1768623、FR 1570906、GB 1181023、US 3658870、US 3763143 等。

制备专利 WO 2018099203、AU 2016265996、AU 2016102051 等。

合成方法 可通过如下反应表示的方法制得目的物：

参考文献

[1] The Pesticide Manual. 17 th edition: 823-825.

[2] 齐慧芹, 刘福军. 化工中间体, 2008(11): 37-40.

[3] 刘志立, 刘智凌, 王艾琳, 等. 精细化工中间体, 2003, 33(3): 48-49.

[4] 郭胜, 刘福军, 赵贵民, 等. 农药, 2003, 42(1): 11.

[5] 唐晓密, 彭书国. 湖南化工, 1997, 27(1): 7-10.

涕灭威（aldicarb）

190.3，$C_7H_{14}N_2O_2S$，116-06-3

涕灭威［试验代号：UC21149、OMS 771、ENT 27093、AI3-27093，商品名称：Temik、Bolster、铁灭克(Temik)、丁醛肟威］是由 Union CarbiDE Corp(现属拜耳公司)开发的杀虫、杀螨、杀线虫剂。

化学名称　(EZ)-2-甲基-2-(甲硫基)丙醛-O-甲基氨基甲酰基肟。英文化学名称为(EZ)-2-methyl-2-(methylthio)propionaldehyde O-methylcarbamoyloxime。美国化学文摘（CA）系统名称为 2-methyl-2-(methylthio)propanal O-[(methylamino)carbonyl]oxime。CA 主题索引名称为 propanal ——, 2-methyl-2-(methylthio)-O-[(methylamino)carbonyl]oxime。

理化性质　纯品为无色结晶固体，有轻微的硫黄气味，熔点 98~100℃（原药）。蒸气压 3.87 mPa（24℃）。$\lg K_{ow}$ 1.15。Henry 常数 $1.23×10^{-4}$ Pa·m³/mol。相对密度（20~25℃）1.2。水中溶解度（20~25℃，pH 7）4930 mg/L，有机溶剂中溶解度（g/L，20~25℃）：丙酮 275、苯 131、二氯甲烷 398、二甲苯 43，几乎不溶于正庚烷、矿物油中。稳定性：在中性、酸性和弱碱性介质中稳定，遇强碱分解，100℃以上分解，遇氧化剂迅速转变为亚砜，而再进一步氧化为砜很慢。

毒性　大鼠急性经口 LD_{50} 0.93 mg/kg。雄兔急性经皮 LD_{50} 20 mg/kg。大鼠吸入 LD_{50}（4 h）0.0039 mg/L，NOEL 0.03 mg/kg bw，ADI/RfD（JMPR）0.003 mg/kg bw（1995），（EPA）cRfD 0.001 mg/kg bw（1993）。

生态效应　鸟急性经口 LD_{50}（mg/kg）：野鸭 1.0，山齿鹑 71（8 d）。鱼 LC_{50}（96 h）：虹鳟＞0.56 mg/L，翻车鱼 72 µg/L。水蚤 LC_{50}（21 d）0.18 mg/L，NOAEL 35 µg/L。藻类（Scenedesmus subspicatus）：E_rC_{50}（96 h）1.4 mg/L。蜜蜂 LD_{50} 0.285 µg/只（接触），但是在使用时由于该化合物做成产品后剂型为粒剂，和土壤混在一起，不会和蜜蜂接触，因此不会对蜜蜂造成伤害。蚯蚓 LC_{50}（14 d）16 mg/kg 土壤。

环境行为　①动物。在大鼠、狗、牛体内迅速被完全吸收，24 h 内超过 80%含量的涕灭威以尿液的形式被排出体外，而在 3~4 d 内则有超过 96%含量的涕灭威被排出体外。在进一步的新陈代谢中，涕灭威被氧化为相应的砜和亚砜。②植物。在植物体内，涕灭威被氧化为相应的砜和亚砜，由于亚砜在植物体内具有很高的可溶性，因此它的活性（胆碱酯酶抑制剂）往往要比涕灭威高出 $10\sim20$ 倍，再进一步代谢，涕灭威最终会变成为肟、腈、酰胺、酸以及醇类物质，而这些物质仅仅以共轭的形式存在于植物体内。③土壤/环境。实验室环境下，涕灭威被氧化成亚砜，以及进一步氧化成砜，其 DT_{50} $2\sim12$ d，田间试验中，涕灭威以及亚砜、砜类化合物的 DT_{50} $0.5\sim2$ 个月，DT_{90} $2.5\sim4.7$ 个月。实验室进行吸附研究，涕灭威 K_{oc} $21\sim68$，其亚砜化合物 K_{oc} $13\sim48$，其砜类化合物 K_{oc} $11\sim32$，这表明这三种物质都较难进入到地下水。涕灭威的水解很难发生，因为在 pH 为 8.5，15℃下，其半衰期仅有 170 d。光解 DT_{50} = 4.1 d（25℃），在水沉淀系统中，DT_{50}（涕灭威及其砜、亚砜）= 5.5 d，其主要途径是氨基甲酸酯基团的丢失，而涕灭威的亚砜和砜化合物则为次要产物（<3%），并且在水沉淀系统中迅速降解，其 DT_{50} 分别为 5 d 和 4 d。由于涕灭威气压较低并且迅速被土壤吸收，因此不可能通过空气为介质污染环境。

制剂 颗粒剂。

主要生产商 Bayer CropScience、Dow、山东华阳农药化工集团有限公司等。

作用机理与特点 抑制昆虫乙酰胆碱酯酶，具有触杀、胃毒和内吸作用。涕灭威施于土壤中，通过作物根部吸收，经木质部传导到植物地上部各组织和器官而起作用。涕灭威进入动物体内，由于其结构上的甲氨基甲酰肟和乙酰胆碱类似，能阻碍胆碱酯酶的反应，因而，涕灭威是一种强烈的胆碱酯酶抑制剂。昆虫或蛾接触了涕灭威后，表现出典型的胆碱酯酶受阻症状，但对线虫的作用机制目前尚不完全清楚。

应用

（1）适宜作物 甜菜、马铃薯、棉花、玉米、花生、甘薯、观赏植物和林木等。

（2）防治对象 蚜虫、蓟马、叶蝉、椿象、螨类、粉虱和线虫等。

（3）应用技术 涕灭威属于高毒农药，只限于作物沟施或穴施，在播种时施用或出苗后根侧土中追施。

（4）使用方法 播种沟、带或全面处理（种植前或种植时均可）以及芽后旁施处理。使用剂量为 $0.34\sim11.25$ kg(a.i.)/hm^2。具体如下：

① 防治蚜虫、螨类等 a. 沟施法。在作物移栽或播种前，每亩用 15%涕灭威颗粒剂 $300\sim400$ g，掺细沙土 $5\sim10$ kg，拌匀后按垄开沟，将药沙均匀施入沟内，然后播种或移苗、覆土。b. 穴施法。在作物移栽或播种前，每亩用 15%涕灭威颗粒剂 $250\sim300$ g，掺细沙 2 kg，在作物苗移栽时，先将药沙用勺施入穴中，然后将苗移入，并覆土、浇水。c. 根侧追施法。在作物生长期间，每亩用 15%涕灭威颗粒剂 $400\sim800$ g 与细土混匀，撒播在距植株 $20\sim40$ cm 周围，用耙将药粒耙入土内，再用水浇灌。

② 防治花生根结线虫 每亩用 15%涕灭威颗粒剂 $1.1\sim1.3$ kg 与细土混匀，在花生播种时开沟施用，沟深 $10\sim12$ cm，将药均匀施于沟内，覆薄土后播种，避免种子与药剂直接接触而产生药害。

③ 防治大豆胞囊线虫 每亩用 15%涕灭威颗粒剂 $670\sim1000$ g 与细土混匀，在大豆播种前开沟施用。如土壤过干，应预先浇水整地后再施药。

④ 防治柑橘根结线虫 将柑橘树冠下表土耙开 $3\sim5$ cm，每亩用 15%涕灭威颗粒剂 $4\sim6$ kg 与细土混匀后均匀撒施，覆土、浇水。

专利与登记

专利名称 *2-Alkylthiopropionaldehyde N-alkylcarbamoyloximes*

专利号 FR 1377474 　　专利公开日 1964-11-06

专利申请日　1963-09-23　　　优先权日　1962-09-25

专利拥有者　Union Carbide Corp.

在其他国家申请的化合物专利　BE 637723、NL 298378、GB 1046407、US 3217036、US 3217037 等。

制备专利　WO 2008129302、US 6476055、US 4847413、EP 255984、EP 158496、US 4536207、DE 3224787、JP 57050955 等。

国内登记情况　80%原药、5%颗粒剂等，登记作物为棉花、花生、甘薯、烟草和月季等，防治对象红蜘蛛、蚜虫、烟蚜和茎线虫病等。

合成方法　可通过如下反应表示的方法制得目的物：

$$ClC(CH_3)_2CH_2NO \xrightarrow{CH_3SNa} CH_3SC(CH_3)_2C\underset{H}{=}NOH \xrightarrow{CH_3NCO} H_3CS\underset{CH_3}{\overset{CH_3}{=}}=NOCONHCH_3$$

参考文献

[1] The Pesticide Manual. 17 th edition: 25-27.

[2] 宋稳成, 周蔚, 武丽辉, 等. 农药科学与管理, 2013, 34(6): 6-9.

乙硫苯威（ethiofencarb）

225.3，$C_{11}H_{15}NO_2S$，29973-13-5

乙硫苯威（试验代号：HOX 1901、BAY 108594，商品名称：Arylmate、Croneton，其他名称：治蚜威、乙硫甲威、苯虫威、杀虫丹）由 J. Hammann & H. Hoffmann 报道其活性，1974 年由 Bayer AG 开发。

化学名称　α-乙硫基邻甲苯基甲氨基甲酸酯。英文化学名称 α-ethylthio-o-tolyl methylcarbamate。美国化学文摘系统名称为 2-[(ethylthio)methyl]phenyl methylcarbamate。CA 主题索引名称 phenol —, 2-[(ethylthio)methyl]- methylcarbamate。

理化性质　无色结晶固体（工业品为带有类似硫醇气味黄色油状物）。熔点 33.4℃，蒸馏时分解。蒸气压（mPa）：0.45（20℃），0.94（25℃），26.0（50℃）。相对密度 1.231（20～25℃）。$\lg K_{ow}$ 2.04。Henry 常数 $5.63×10^{-5}$ Pa·m³/mol。水中溶解度（20～25℃）1800.0 mg/L，有机溶剂中溶解度（g/L，20～25℃）：二氯甲烷、异丙醇、甲苯>200，正己烷 5～10。中性和酸性介质中稳定，碱性条件下水解。在异丙醇/水（1:1）体系中，DT_{50}（37～40℃）：330 d（pH 2），450 h（pH 7），5 min（pH 11.4）。水溶液在光照下快速光解。闪点 123℃。

毒性　急性经口 LD_{50}（mg/kg）：雌雄大鼠约 200，雌雄小鼠约 240，母狗>50。大鼠急性经皮 LD_{50} 为>1000 mg/kg，对兔皮肤和眼睛无刺激，对豚鼠皮肤无致敏性。大鼠吸入 LC_{50}（4 h）>0.2 mg/L（气雾剂）。NOEL（2 年，mg/kg 饲料）：大鼠 330，小鼠 600，狗 1000。ADI/RfD 值（JMPR）0.1 mg/kg bw（1982）。

生态效应　急性经口 LD_{50}（mg/kg）：日本鹌鹑 155，野鸭 140～275。鱼毒 LC_{50}（96 h， mg/L）：虹鳟鱼 12.8，金色圆腹雅罗鱼 61.8。水蚤 LC_{50}（48 h）0.22 mg/L。羊角月牙藻 E_rC_{50} 43 mg/L。对蜜蜂有毒。蚯蚓 LC_{50} 262 mg/kg 干土。

环境行为 ①动物。动物体内 ^{14}C-乙硫苯威被快速排出。主要代谢产物是乙硫苯威亚砜和砜，乙硫苯威苯酚及相应的亚砜和砜。②植物。植物体内代谢产物包括乙硫苯威亚砜和砜以及水解产物乙硫苯威苯酚亚砜和砜，这些物质以络合物形式存在。③土壤/环境。在土壤中乙硫苯威具有相对较快的迁移速率，但很快被降解为它的亚砜和砜结构以及水解为相应的苯酚乙硫苯威。

制剂 乳油［500 g(a.i.)/L］、水乳剂（100 g/L）、颗粒剂（50 mg/kg 和 100 mg/kg）。

主要生产商 Bayer。

作用机理与特点 胆碱酯酶抑制剂，具有触杀和胃毒作用的内吸性杀虫剂。可被叶片和根部吸收。

应用

（1）适用作物 小麦、果树、蔬菜、甜菜、啤酒花、马铃薯、观赏植物等。

（2）防治对象 各种蚜虫。

（3）应用技术 乙硫苯威最后一次施药距收获期为桃、梅 30 d，苹果、梨 21 d，大豆、萝卜、白菜 7 d，黄瓜、茄子、番茄、辣椒 4 d，柑橘 100 d。此药有良好的选择性，对一些寄生蜂无影响，对多种作物安全，可以和大多数杀虫剂及杀菌剂混用。

（4）使用方法

① 25%乙硫苯威乳油防治小麦蚜虫在小麦孕穗期，当虫茎率达 30%、百茎虫口在 150 头以上，应立即进行田间喷药。每公顷用商品量 1250～1500 mL（有效成分 312.5～375 g），对水 750～900 L，进行常规喷雾，持效期 5～7 d，两次用药间隔期以 10 d 为宜。

② 25%乙硫苯威乳油防治桃蚜在桃树发芽后至开花前，蚜虫越冬卵大部分孵化时喷第一药；落花后，蚜虫迁飞扩散大量繁殖前，喷第二次药；秋季 10 月间，蚜虫迁回果树产卵前再喷一次药。用 25%灭蚜威乳油 500～1000 倍（有效浓度 250～500 mg/kg）喷雾，持效期可维持 5～7 d，若连续两次施药，间隔期以 7 d 为宜。该药对蚜虫天敌毒性低。

防治马铃薯、烟草、菊花蚜虫，每亩用 10%颗粒剂。66～100 kg 行施或沟施进行土壤处理。防治蔬菜蚜虫，每亩用 10%颗粒剂 1.3～2.0 kg 沟施或行施。防治萝卜蚜虫，每亩用 2%粉剂 2～2.66 kg 喷粉。防治其他各种作物上的蚜虫，用 50%乳油 1000 倍液进行喷雾。

在我国推荐使用情况如下：土壤和叶面施用的内吸性杀虫剂，以约 50 g(a.i.)/hm² 对蚜科特别有效。可在禾谷类作物、棉花、果树、观赏植物、马铃薯、糖甜菜、烟草和蔬菜上使用。

专利与登记

专利名称 Substituted phenylcarbamic acid ester, process for its preparation, and its useas insecticide

专利号 DE 1910588　　　　专利公开日 1970-09-17

专利申请日 1969-03-01　　　优先权日 1969-03-01

专利拥有者 Bayer AG

在其他国家申请的化合物专利 AR 215000、AT 266277、AU 513641、AU 2422077、BE 853702、BG 35900、BG 61666、CA 1098063、CH 639422、CS 207397、CY 1114、DD 137727、DE 2717040、DK 146514、ES 457932、EP 443733、FI 57781、FR 2348970、GB 1573955、GR 63128、HK 38481、HU 179041、IE 44822、IL 51854、IT 1106424、JP 1593733、KE 3141、LU 77152、MY 8782、NL 188859、NL 950005、NL 971001、NO 148856、NZ 183847、OA 5638、

PL 108004、PT 66445、RO 71785、SE 434277、SE 7703592、SU 716524、US 4310519、US 4429042、YU 100177、ZA 7702345、ZM 3677 等。

合成方法　以苯酚为原料，经如下反应即可制得目的物：

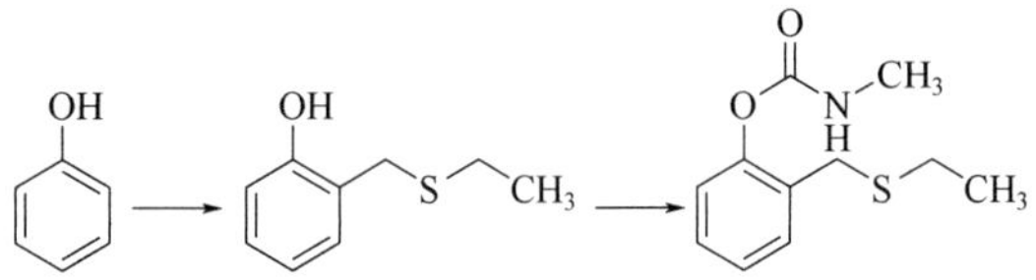

参考文献

[1] The Pesticide Manual. 17th edition: 422-423.

[2] 郭胜, 张弘, 朱铨龄. 湖北化工, 1996(4): 21-22.

[3] 新编农药手册(续集). 北京：中国农业出版社, 1997: 25-26.

异丙威（isoprocarb）

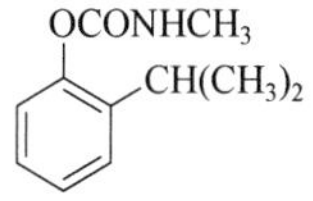

193.2，$C_{11}H_{15}NO_2$，2631-40-5

异丙威（试验代号：BAY 105807、Bayer KHE 0145、ENT 25 670、OMS 32，其他通用名称：MIPC，商品名称：Etrofolan、Hytox、Isso、Mipcin、Vimipc、灭必虱、灭扑散、叶蝉散，其他名称：灭扑威、异灭威）由拜耳公司和日本三菱化学株式会社开发。

化学名称　邻异丙基苯基甲基氨基甲酸酯或2-异丙基苯基-N-甲基氨基甲酸酯。英文化学名称 o-cumenyl methylcarbamate 或 2-isopropylphenyl methylcarbamate。美国化学文摘系统名称为 2-(1-methylethyl)phenyl N-methylcarbamate。CA 主题索引名称 phenol —, 2-(1-methylethyl)-methylcarbamate。

理化性质　本品为无色结晶固体，熔点 92.2℃，沸点 128~129℃（2660 Pa），蒸气压 2.8 mPa（20℃），相对密度 0.62（20~25℃），lgK_{ow} 2.30，Henry 常数 0.002 Pa·m^3/mol。水中溶解度（20~25℃）270.0 mg/L，有机溶剂中溶解度（g/L，20~25℃）：正己烷 1.50，甲苯 65，二氯甲烷 400，丙酮 290，甲醇 250，乙酸乙酯 180。在碱性介质中水解。

毒性　急性经口 LD_{50}（mg/kg）：雄大鼠 188，雌大鼠 178，雄小鼠 193，雌小鼠 128。大鼠急性经皮 LD_{50}>2000 mg/kg。对兔眼睛和皮肤有轻度刺激作用。对豚鼠皮肤无致敏性。大鼠吸入 LC_{50}（4 h）>2.09 mg/L。NOEL 值 [2 年，mg/(kg·d) bw]：雄大鼠 0.4，雌大鼠 0.5，公狗 8.7，母狗 9.7。

生态效应　野鸭急性经口 LD_{50} 834 mg/kg。鱼 LC_{50}（96 h，mg/L）：鲤鱼 22，金色圆腹雅罗鱼 20~40。水蚤 EC_{50}（48 h）0.024 mg/L。羊角月牙藻 E_bC_{50}（72 h）21 mg/L。对蜜蜂有害。

环境行为　①动物。代谢产物是 2-异丙基苯酚和 2-(1-羟基-1-甲基乙基)-苯基 N-氨基甲酸甲酯。②植物。代谢产物同动物一样。③土壤/环境。在稻田中的 DT_{50} 是 3~20 d，K_{oc} 21~58。

制剂　粉剂、乳油、可湿性粉剂、热雾剂、颗粒剂。

主要生产商　Nihon Nohyaku、安道麦股份有限公司、安徽广信农化股份有限公司、湖南国发精细化工科技有限公司、湖南海利化工股份有限公司、江苏常隆农化有限公司、江苏嘉隆化工有限公司、江西省海利贵溪化工农药有限公司、山东华阳农药化工集团有限公司等。

作用机理与特点 具有触杀和胃毒作用的杀虫剂。作用迅速，残留时间适当。

应用

（1）适用作物 水稻、可可树、甜菜、甘蔗、蔬菜和其他农作物。

（2）防治对象 叶蝉、蚜虫、稻飞虱、臭虫等。

（3）残留量与安全施药 防治叶蝉为 900～1200 g/hm^2。

（4）使用方法

① 水稻害虫的防治 用 20%乳剂 150～200 mL，对水 75～100 kg，均匀喷雾。防治飞虱、叶蝉，每亩用 2%粉剂 2～2.5 kg（有效成分 40～50 g），直接喷粉或混细土 15 kg，均匀撒施。

② 甘蔗害虫的防治 防治甘蔗飞虱，每亩用 2%粉剂 2.0～2.5 kg（有效成分 40～50 g），混细沙土 20 kg，撒施于甘蔗心叶及叶鞘间，防治效果良好。

③ 柑橘害虫的防治 防治柑橘潜叶蛾，用 20%乳油对水 500～800 倍喷雾。

专利与登记

专利名称 Carbamate derivatives

专利号 JP 43016973 专利公开日 1968-07-17

专利申请日 1965-11-13 优先权日 1965-11-13

专利拥有者 Mitsubishi Chemical Industries Co., Ltd.

在其他国家申请的化合物专利 DE 1668409 等。

制备专利 CN 104012557、CN 103719144、US 20090068242、IN 186426、IN 179735、IN 170908、CN 107324975、EP 2497760、IN 2007MU 01870、CN 1481931、US 5175375、CS 262756、CS 260173、EP 169359、DE 3414928 等。

国内登记情况 30%悬浮剂，20%乳油，2%、4%粉剂，10%烟剂等，登记作物为水稻等，防治对象稻飞虱和叶蝉等。

合成方法 可按如下方法合成：

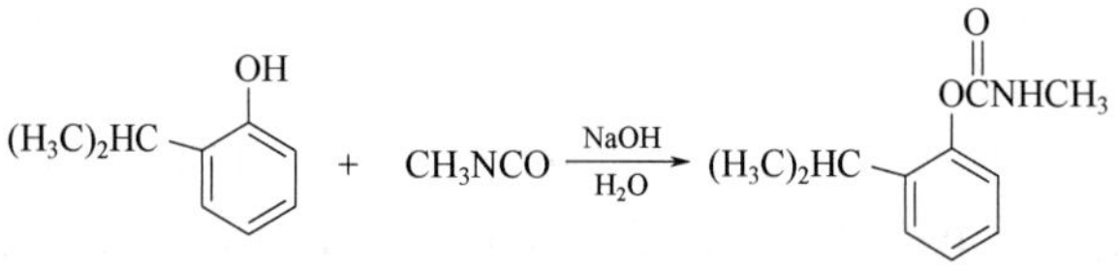

参考文献

[1] The Pesticide Manual. 17 th edition: 655-656.

[2] 过戌吉. 农药市场信息, 2005(13): 19.

[3] 新编农药手册. 北京: 农业出版社, 1989: 100-103.

[4] 辽宁化工, 1977(6): 32-33.

仲丁威（fenobucarb）

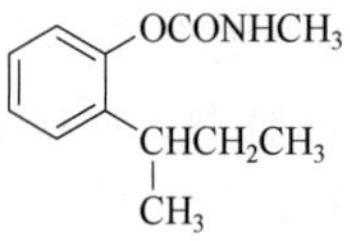

207.3，C$_{12}$H$_{17}$NO$_2$，3766-81-2

仲丁威［试验代号：Bayer 41367c，商品名称：Osbac（住友）、Bassa（组合）、Baycarb（Bayer）、Merlin（Nagarjuna Agrichem）、Sunocarb（Sundat）、Vibasa（Vipesco）、巴沙（三菱）、丁苯威、丁基灭必虱（台）、扑杀威］是 R. L. Metcalf 等报道其活性，由住友化学公司、组合化学公司、三菱化成工业公司和拜耳公司开发。

化学名称 (RS)-2-仲丁基苯基甲基氨基甲酸酯。英文化学名称 (RS)-2-sec-butylphenyl methyl carbamate。美国化学文摘系统名称为 2-(1-methylpropyl)phenyl N-methylcarbamate。CA 主题索引名称为 phenol —, 2-(1-methylpropyl)- methylcarbamate。

理化性质 纯品为无色固体（工业品为无色到黄褐色液体或固体），熔点 31.4℃（工业品 26.5～31℃），沸点 115～116℃（2.66 Pa）。蒸气压（20℃）为 $9.9×10^{-3}$ Pa。相对密度 1.088（20℃），lgK_{ow} 2.67（25℃）。Henry 常数 $4.9×10^{-3}$ Pa·m³/mol（计算）。水中溶解度（mg/L）：420（20℃）、610（30℃），有机溶剂中溶解度（kg/L，20℃）：丙酮 930、正己烯 74、甲苯 880、二氯甲烷 890、乙酸乙酯 890。在一般储藏条件下稳定，热稳定< 150℃，碱性条件下水解，DT_{50} 7.8 d（pH 9，25℃）。闪点 142℃（密闭体系）。

毒性 急性经口 LD_{50}（mg/kg）：雄大鼠 524，雌大鼠 425，雄小鼠 505，雌小鼠 333。雌、雄大鼠急性经皮 LD_{50}＞2000 mg/kg。对兔的眼睛和皮肤有轻微的刺激作用。对豚鼠皮肤无致敏。大鼠吸入 LD_{50}（14 d）＞2500 mg/m³ 空气。NOEL 值（2 年）：大鼠为每天饲喂 4.1 mg/kg。毒性等级 WHO(a.i.) Ⅱ；EPA（制剂）Ⅱ。

生态效应 鸟急性经口 LD_{50}（mg/kg）：雄野鸭 226，雌野鸭 491。野鸭 LC_{50}（5 d）＞5500 mg/kg 饲料，山齿鹑 LC_{50} 为 5417 mg/kg 饲料。鲤鱼 LC_{50}（96 h）25.4 mg/L。水蚤 EC_{50}（48 h）0.0103 mg/L。羊角月牙藻 E_bC_{50}（72 h）28.1 mg/L。对中国桑蚕的安全期为 10 d。

环境行为 ①动物。动物体内一个代谢产物是 2-(2-羟基-1-甲基丙基)-苯基 N-氨基甲酸甲酯。②植物。同动物。③土壤/环境。土壤 K_{om} 125（Utsunomia 土壤，5.2%有机质），661（Niigata 土壤，1.8%有机质）。在稻田和丘陵地 DT_{50} 分别为 6～30 d 和 6～14 d。

制剂 乳油［500 g(a.i.)/L］，粉剂（20 g/kg）、微粒剂（30 g/kg）。

主要生产商 FarmHannong、Jin Hung Fine Chemical、Sinon、Sumitomo Chemical、安道麦股份有限公司、湖南国发精细化工科技有限公司、湖南海利化工股份有限公司、江苏常隆农化有限公司、江苏嘉隆化工有限公司、山东华阳农药化工集团有限公司等。

作用机理与特点 非内吸性杀虫剂，具有触杀作用。

应用

（1）适用作物 水稻、茶叶、甘蔗、小麦、葫芦、南瓜、紫茄和辣椒等。

（2）防治对象 叶蝉、蓟马、稻飞虱、蚜虫及象鼻虫等害虫，还可防治棉花上的蟓蛉虫和棉蚜虫以及蚊、蝇等卫生害虫。

（3）残留量与安全施药 防治棉花上的蟓蛉虫和棉蚜虫 0.5～1.0 kg/hm²，防治叶蝉 0.6～1.2 kg/hm²。对温室种植的葫芦，有轻微的药害。

（4）应用技术 不能与碱性农药混用；在稻田施药的前后 10 d，避免使用仲丁威，以免发生药害。对温室种植的葫芦，有轻微的药害。

（5）使用方法

① 稻害虫的防治 a. 飞虱、稻蓟马、稻叶蝉 每亩用 25%乳油 100～200 mL（有效成分 25～50 g），对水 100 kg 喷雾。b. 三化螟、稻纵卷叶螟 于卵孵化高峰初盛期，每亩用 25%乳油 200～250 mL（有效成分 50～62.5 g），对水 100～150 kg 喷雾。

② 卫生害虫的防治 防治蚊、蝇及蚊幼虫，用 25%乳油加水稀释成 1%的溶液，按 1～

$3 \ mL/m^2$ 喷洒。

在我国推荐使用情况如下：本品是防治刺吸式害虫的杀虫剂，用于防治水稻 [$500 \ g(a.i.)/hm^2$]、甘蔗、蔬菜和小麦上的二点黑尾叶蝉、稻褐飞虱、螟虫和缨翅目害虫。

专利与登记

专利名称　Verfahren zur herstellung von carbaminsaeureestern

专利号　DE1159929　　　　　专利公开日　1963-12-27

专利申请日　1959-12-01　　　　优先权日　1959-12-01

专利拥有者　Farbenfabriken Bayer Aktiengesellschaft

制备专利　CN 103719144、IN 179735、IN 170908、IN 173865、CN 1234395、JP 2011016747、CN 101318882、RO 114604、SU 1525139、EP 169359 等。

合成方法　可按如下方法合成：

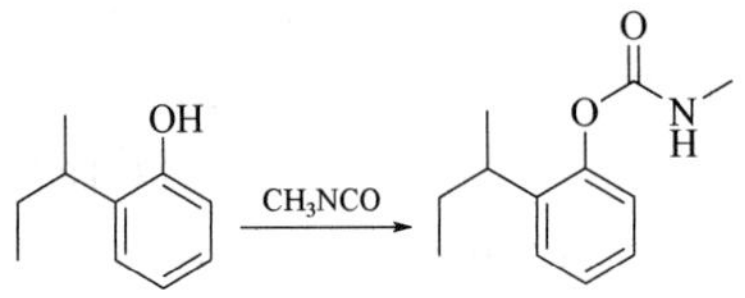

参考文献

[1] The Pesticide Manual. 17 th edition: 455-456.

[2] 新编农药手册. 北京: 农业出版社, 1989: 93-95.

[3] 唐子龙, 许栋梁, 刘汉文, 等. 华中师范大学学报(自然科学版), 2009, 43(4): 593-597.

[4] 陈明, 陶贤鉴, 曾辉. 精细化工中间体, 2001, 31(2): 37-38.

第十七节
二硝基酚类杀虫剂

二硝基酚类杀虫剂（dinitrophenol insecticides）有 4 个品种：dinex、dinoprop、dinosam、DNOC。dinex、dinoprop、dinosam 这三个品种由于应用范围小或不再作为杀虫剂使用或没有商品化等原因，本书不予介绍，仅列出化学名称及 CAS 登录号供参考：

dinex：2-cyclohexyl-4,6-dinitrophenol，131-89-5。

dinoprop：4,6-dinitro-*o*-cymen-3-ol，7257-41-2。

dinosam：(*RS*)-2-(1-methylbutyl)-4,6-dinitrophenol，4097-36-3。

二硝酚（DNOC）

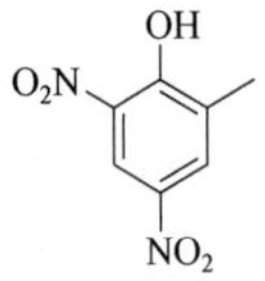

198.1，$C_7H_6N_2O_5$，534-52-1；5787-96-2(钾盐)；2312-76-7(钠盐)

二硝酚（试验代号：ENT 154，其他名称：DNC、二硝甲酚、4,6-二硝基邻甲酚、4,6-二硝基邻甲苯酚，商品名称：Hektavas，其亦以铵盐形式商品化，商品名称：Abc、Trifinox、Trifocide）由 Bayer AG 于 1892 年作为杀虫剂报道，1932 作为除草剂由 G. Truffaut et Cie 公司报道。

化学名称 4,6-二硝基邻甲酚。英文名称 4,6-dinitro-*o*-cresol。美国化学文摘系统名称为 2-methyl-4,6-dinitrophenol。CA 主题索引名称为 phenol —, 2-methyl-4,6-dinitro-。

理化性质 纯品为黄色结晶（非工业品），干燥时具有爆炸性，工业品纯度 95%～98%，熔点 88.2～89.9℃，蒸气压（25℃）16.0 mPa，相对密度 1.58（20～25℃），lgK_{ow} 0.08（pH 7），Henry 常数 $2.41×10^{-7}$ Pa·m³/mol（计算）。水中溶解度（20～25℃，pH 7）6940 mg/L，有机溶剂中溶解度（g/L，20～25℃）：丙酮 514，二氯甲烷 503，乙酸乙酯 338，甲苯 251，甲醇 58.4，己烷 4.03。其钠盐、钾盐、钙盐和铵盐均易溶于水。在水中，降解很慢，DT_{50}＞1 年，光解 DT_{50} 约 253 h（20℃）。在干燥的条件下，其钠盐易爆炸，一般向其成品中加入 10% 的水分，以便降低爆炸的风险。pK_a 4.48（20～25℃）。

毒性 急性经口 LD_{50}（mg/kg）：大鼠 25～40，小鼠 16～47，猫 50，绵羊 200。急性经皮 LD_{50}（mg/kg）：大鼠 200～600，兔 1000，小鼠 187。对皮肤有刺激，可通过皮肤吸收致命剂量。NOEL 值（6 个月，mg/kg 饲料）：大鼠和兔＞100，狗 20；大鼠（28 d）13。对人具有强的累积毒性，通过不断吸收产生慢性中毒。

生态效应 鸟类急性经口 LD_{50}（mg/kg）：日本鹌鹑 15.7（14 d），鸭 23，鹧鸪 20～25，野鸡 6～85。日本鹌鹑 LC_{50} 为 637 mg/kg 饲料。鱼毒 LC_{50}（mg/L）：鲤鱼 6～13，虹鳟鱼 0.45，大翻车鱼 0.95。水蚤 LC_{50}（24 h）5.7 mg/L。水藻 LC_{50}（96 h）6 mg/L。蜜蜂 LD_{50} 约 1.8 mg/只。在农田中呈中等毒性到低毒。蚯蚓 LC_{50}（14 d）15 mg/kg 土壤。

环境行为 ①动物。哺乳动物经口，DNOC 在体内代谢，代谢产物是葡萄糖苷酸与 2-甲基-4,6-二氨基苯酚的共轭物。②植物。在植物体内硝基基团被还原为氨基基团。③土壤/环境。在土壤中，硝基基团被还原为氨基基团。在土壤中 DT_{50} 0.1～12 d（20℃），15 d（5℃）。在水中 DT_{50} 3～5 周（20℃）。

制剂 糊剂、水溶性浓缩剂、可湿性粉剂、悬浮剂。可以以游离酸或盐的形式获得（例如铵盐、钾盐或钠盐）多种剂型，例如水溶性浓缩剂、悬浮浓缩剂、乳化的（水型或油型）浓缩剂、糊剂、可湿性粉剂或膏剂。

作用机理与特点 具有触杀和胃毒作用的非内吸性杀虫剂和杀螨剂，通过氧化磷酸化的解偶联导致膜破坏而起作用。

应用

（1）适用作物 果树、谷物（如玉米）、马铃薯、亚麻、豆类等。

（2）防治对象 蚜虫（包括虫卵）、介壳虫、螨类、真菌（如拟茎点霉）、病毒的传播媒介及其他吸食性害虫、蜱螨类（如葡萄瘿螨）以及其他病害。

（3）使用方法 推荐使用的剂量范围为 840～8400 g(a.i.)/hm²，每年一次。在果园和葡萄园中用于越冬喷雾。对马铃薯喷施 DNOC 铵盐可防治可能污染块茎的传染性或病毒性疾病的蔓延。推荐的施药量为 2500～5600 g(a.i.)/hm²，每年二次，作为除草剂，也可作为马铃薯茎秆的干燥剂。

喷洒果树（苹果树、核果类、葡萄）以便防治蚜虫（包括虫卵）、介壳虫、螨类、真菌（如拟茎点霉）、病毒的传播媒介及其他吸食性害虫、蜱螨类（如葡萄瘿螨）以及其他病害。3.75～6 kg/hm² 在作物苗后茎叶处理，亚麻地苗后处理的用量为 1.5～2 kg/hm²。浓乳剂作马铃薯、大豆等作物收获前的催枯剂。可用于荒地上或某些作物休眠期防治某些害虫如蝗虫等，具胃毒和触杀作用。

专利与登记

专利名称　Weed killers; insecticides

专利号　GB 425295　　　　　专利公开日　1935-02-28

专利申请日　1933-05-29

在其他国家申请的化合物专利　CN 101805264、WO 2018096152、JP 2018062492、CN 107840774、CN 107324975、IN 201621004348、CN 108383690、WO 2017187189、WO 2017138015、KR 2017059824、CN 106518628、CN 106518627 等。

合成方法　以邻甲基苯酚为原料，经硝化得到：

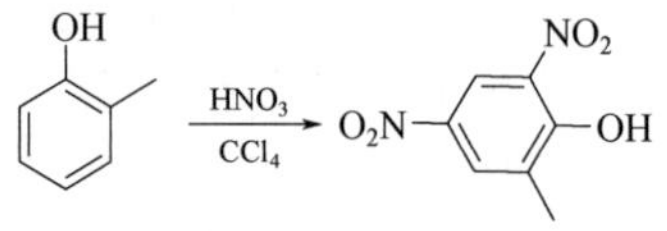

参考文献

[1]　The Pesticide Manual. 17 th edition: 392-393.

[2]　张禾茂, 黄建炎. 安徽化工, 2004(4): 10-11.

第十八节
氟化物类杀虫剂

氟化物类杀虫剂（fluorine insecticides）有 6 个品种：barium hexafluorosilicate、cryolite、flursulamid、sodium fluoride、sodium hexafluorosilicate、sulfluramid。此处仅介绍 cryolite，sulfluramid 现已被禁用，其他品种由于应用范围小或不再作为杀虫剂使用或没有商品化等原因，本书不予介绍，仅列出化学名称及 CAS 登录号供参考：

barium hexafluorosilicate：barium hexafluorosilicate(2−)，17125-80-3。

flursulamid：N-butylperfluorooctane-1-sulfonamide。

sodium fluoride：sodium fluoride，7681-49-4。

sodium hexafluorosilicate：disodium hexafluorosilicate(2−)，16893-85-9。

冰晶石（cryolite）

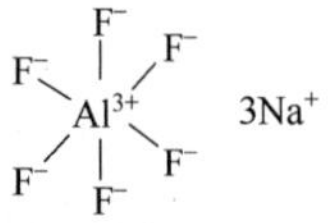

209.9，AlF₆Na₃，15096-52-3(矿物)，13775-53-6(化学品)

冰晶石商品名称：Kryocide、Prokil，其他名称：sodium fluoaluminate、sodium alumino-fluoride、aluminium trisodium hexafluoride、六氟铝酸三钠。

化学名称　六氟合铝酸三钠。英文化学名称 trisodium hexafluoroaluminate(3−)。美国化学文摘系统名称为 cryolite [Na$_3$(AlF$_6$)] (矿物)或 trisodium hexafluoroaluminate(化学)。CA 主题索引名称为 aluminate (3−) —, hexafluoro- trisodium, (*OC*-6-11)-。

理化性质 本品为白色无味粉末，熔点 1000℃。相对密度 0.890（20～25℃）。水中溶解度（20～25℃）250.0 mg/L，不溶于有机溶剂。在热碱液中分解。

毒性 大鼠急性经口 LD$_{50}$>5000 mg/kg。兔急性经皮 LD$_{50}$>2000 mg/kg，对皮肤无刺激性。大鼠吸入 LC$_{50}$>2 mg/L 空气。NOEL（mg/L）：大鼠 250（28 d）（25 mg/kg bw），大鼠 25（1.3 mg/kg bw）（2 年）（EPA RED, 1996），狗 3000（1 年）。没有生殖影响或致畸作用。

生态效应 山齿鹑急性经口 LD$_{50}$>2000 mg/kg，野鸭 LC$_{50}$（8 d）>10000 mg/kg。

环境效应 ①动物。产生自由氟离子。②土壤/环境。在土壤中不会产生明显飘移，在水中，会随着 pH 变化产生自由氟离子。

制剂 粉剂、可湿性混剂、毒饵。

作用机理与特点 主要作用方式是胃毒。

应用 用于防治蔬菜和水果的鳞翅目和鞘翅目害虫，用量 5～30 kg/hm^2。

专利与登记

专利名称 Insecticide

专利号 US 2392455 　　　　专利公开日 1946-01-08

专利申请日 1941-06-09 　　　优先权日 1941-06-09

专利拥有者 Clauder Wickard

在其他国家申请的化合物专利 WO 2019167022、CN 109851132、CN 109809431、CN 109796034、CN 109665551、CN 109231247、CN 108996531、CN 108975369、CN 108862346、CN 108821320、CN 108706619、WO 2018130497、WO 2018125976、WO 2018080705、CN 108179421、CN 108083309、CN 108059178、CN 108018465、CN 108017077、CN 107857286、CN 107840358、CN 107840357、CN 107777716、CN 107720795、CN 107697939、CN 107697938、CN 107098368、CN 106995216、CN 106830034、CN 106587122、CN 106315648、CN 106277005、CN 105692668、CN 105645449、CN 105502452、CN 105480997、CN 105271244、CN 204973896、RU 2572438、US 20130329116 等。

参考文献

[1] The Pesticide Manual. 17 th edition: 244.

第十九节
有机磷类杀虫剂

已开发的有机磷类杀虫剂（organophosphorus insecticides）主要有磷酸酯、一硫代磷酸酯、二硫代磷酸酯、膦酸酯，以及磷酰胺和硫代磷酰胺五类，共有 165 个品种：bromfenvinfos、calvinphos、chlorfenvinphos、crotoxyphos、dichlorvos、dicrotophos、dimethylvinphos、fospirate、heptenophos、methocrotophos、mevinphos、monocrotophos、naled、naftalofos、phosphamidon、propaphos、TEPP、tetrachlorvinphos、dioxabenzofos、fosmethilan、phenthoate、acethion、acetophos、amiton、cadusafos、chlorethoxyfos、chlormephos、demephion、demephion-*O*、demephion-*S*、 demeton、demeton-O、demeton-S、demeton-methyl、demeton-O-methyl、demeton-S-methyl、demeton-S-methylsulphon、disulfoton、ethion、ethoprophos、IPSP、isothioate、malathion、methacrifos、methylacetophos、oxydemeton-methyl、oxydeprofos、oxydisulfoton、phorate、sulfotep、terbufos、thiometon、amidithion、cyanthoate、dimethoate、ethoate-methyl、formothion、mecarbam、omethoate、prothoate、sophamide、vamidothion、chlorphoxim、phoxim、phoxim-methyl、azamethiphos、colophonate、coumaphos、coumithoate、dioxathion、endothion、menazon、morphothion、phosalone、pyraclofos、pyrazothion、pyridaphenthion、quinothion、dithicrofos、thicrofos、azinphos-ethyl、azinphos-methyl、dialifos、phosmet、isoxathion、zolaprofos、chlorprazophos、pyrazophos、chlorpyrifos、chlorpyrifos-methyl、butathiofos、diazinon、etrimfos、lirimfos、pirimioxyphos、pirimiphos-ethyl、pirimiphos-methyl、primidophos、pyrimitate、tebupirimfos、quinalphos、quinalphos-methyl、athidathion、lythidathion、methidathion、prothidathion、isazofos、triazophos、azothoate、bromophos、bromophos-ethyl、carbophenothion、chlorthiophos、cyanophos、cythioate、dicapthon、dichlofenthion、etaphos、famphur、fenchlorphos、fenitrothion、fensulfothion、fenthion、fenthion-ethyl、heterophos、jodfenphos、mesulfenfos、parathion、parathion-methyl、phenkapton、phosnichlor、profenofos、prothiofos、sulprofos、temephos、trichlormetaphos-3、trifenofos、硝虫硫磷(xiaochongliulin)、butonate、trichlorfon、mecarphon、fonofos、trichloronat、cyanofenphos、EPN、leptophos、crufomate、fenamiphos、fosthietan、mephosfolan、phosfolan、phosfolan-methyl、pirimetaphos、acephate、chloramine phosphorus、isocarbophos、isofenphos、isofenphos-methyl、methamidophos、phosglycin、propetamphos、dimefox、mazidox、mipafox、schradan。

此处介绍了部分品种。尽管有的化合物在我国已经淘汰，但在世界上还有销售市场的也做一介绍。如下化合物因应用范围小或不再作为杀虫剂使用或因毒性太大已被禁用或没有商品化等原因，本书不予介绍，仅列出化学名称及 CAS 登记号供参考：

bromfenvinfos：(*EZ*)-2-bromo-1-(2,4-dichlorophenyl)vinyl diethyl phosphate，33399-00-7。

calvinphos：2,2-dichlorovinyl dimethyl phosphate compound with calcium bis(2,2-dichlorovinyl methyl phosphate)(1∶1)，6465-92-5。

crotoxyphos：(*RS*)-1-phenylethyl 3-(dimethoxyphosphinoyloxy)isocrotonate，7700-17-6。

fospirate：dimethyl 3,5,6-trichloro-2-pyridyl phosphate，5598-52-7。

methocrotophos：(*E*)-2-(*N*-methoxy-*N*-methylcarbamoyl)-1-methylvinyl dimethyl phosphate 或 3-dimethoxyphosphinoyloxy-*N*-methoxy-*N*-methylisocrotonamide，25601-84-7。

TEPP：tetraethyl pyrophosphate，107-49-3。

dioxabenzofos：(*RS*)-2-methoxy-4*H*-1,3,2λ^5-benzodioxaphosphinine 2-sulfide 或(*RS*)-2-methoxy-4*H*-1,3,2λ^5-benzodioxaphosphorine 2-sulfide，3811-49-2。

fosmethilan：*S*-[*N*-(2-chlorophenyl)butyramidomethyl] *O*,*O*-dimethyl phosphorodithioate 或 2′-chloro-*N*-(dimethoxyphosphinothioylthiomethyl)butyranilide，83733-82-8。

acetophos：*S*-(ethoxycarbonylmethyl) *O*,*O*-diethyl phosphorothioate 或 ethyl(diethoxyphosphinoylthio)acetate，2425-25-4。

amiton：*S*-2-diethylaminoethyl *O*,*O*-diethyl phosphorothioate，78-53-5。

demephion：reaction mixture of *O*,*O*-dimethyl *O*-2-methylthioethyl phosphorothioate and *O*,*O*-dimethyl *S*-2-methylthioethyl phosphorothioate，8065-62-1。

demephion-*O*：*O*,*O*-dimethyl *O*-2-methylthioethyl phosphorothioate，682-80-4。

demephion-*S*：*O,O*-dimethyl *S*-2-methylthioethyl phosphorothioate，2587-90-8。

demeton：reaction mixture of *O,O*-diethyl *O*-2-ethylthioethyl phosphorothioate and *O,O*-diethyl *S*-2-ethylthioethyl phosphorothioate，8065-48-3。

demeton-*O*：*O,O*-diethyl *O*-2-ethylthioethyl phosphorothioate，298-03-3。

demeton-*S*：*O,O*-diethyl *S*-2-ethylthioethyl phosphorothioate，126-75-0。

demeton-methyl：reaction mixture of *O*-2-ethylthioethyl *O,O*-dimethyl phosphorothioate and *S*-2-ethylthioethyl *O,O*-dimethyl phosphorothioate，8022-00-2。

demeton-*O*-methyl：*O*-2-ethylthioethyl *O,O*-dimethyl phosphorothioate，867-27-6。

demeton-*S*-methyl：*S*-2-ethylthioethyl *O,O*-dimethyl phosphorothioate，919-86-8。

demeton-*S*-methylsulphon：*S*-2-ethylsulfonylethyl *O,O*-dimethyl phosphorothioate，17040-19-6。

IPSP：*S*-ethylsulfinylmethyl *O,O*-diisopropyl phosphorodithioate，5827-05-4。

isothioate：*S*-2-isopropylthioethyl *O,O*-dimethyl phosphorodithioate，36614-38-7。

methacrifos：methyl(*E*)-3-(dimethoxyphosphinothioyloxy)-2-methylacrylate 或(*E*)-*O*-2-methoxycarbonylprop-1-enyl *O,O*-dimethyl phosphorothioate，62610-77-9。

methylacetophos：*S*-(ethoxycarbonylmethyl) *O,O*-dimethyl phosphorothioate 或 ethyl(dimethoxyphosphinoylthio)acetate，2088-72-4。

oxydeprofos：(*RS*)-{*S*-[(1*RS*)-2-(ethylsulfinyl)-1-methylethyl] *O,O*-dimethyl phosphorothioate}，2674-91-1。

oxydisulfoton：*O,O*-diethyl *S*-2-ethylsulfinylethyl phosphorodithioate，2497-07-6。

amidithion：*S*-2-methoxyethylcarbamoylmethyl *O,O*-dimethyl phosphorodithioate，919-76-6。

cyanthoate：*S*-[*N*-(1-cyano-1-methylethyl)carbamoylmethyl] *O,O*-diethyl phosphorothioate 或 *N*-(1-cyano-1-methylethyl)-2-(diethoxyphosphinoylthio)acetamide，3734-95-0。

ethoate-methyl：*S*-ethylcarbamoylmethyl *O,O*-dimethyl phosphorodithioate 或 2-dimethoxyphosphinothioylthio-*N*-ethylacetamide，116-01-8。

formothion：*S*-[formyl(methyl)carbamoylmethyl] *O,O*-dimethyl phosphorodithioate 或 2-dimethoxyphosphinothioylthio-*N*-formyl-*N*-methylacetamide，2540-82-1。

prothoate：2-diethoxyphosphinothioylthio-*N*-isopropylacetamide 或 *O,O*-diethyl *S*-isopropylcarbamoylmethyl phosphorodithioate，2275-18-5。

sophamide：*S*-methoxymethylcarbamoylmethyl *O,O*-dimethyl phosphorodithioate 或 2-dimethoxyphosphinothioylthio-*N*-(methoxymethyl)acetamide，37032-15-8。

chlorphoxim：*O,O*-diethyl 2-chloro-α-cyanobenzylideneaminooxyphosphonothioate 或(*EZ*)-2-(2-chlorophenyl)-2-(diethoxyphosphinothioyloxyimino)acetonitrile，14816-20-7。

phoxim-methyl：*O,O*-dimethyl α-cyanobenzylideneaminooxyphosphonothioate 或(*EZ*)-2-(dimethoxyphosphinothioyloxyimino)-2-phenylacetonitrile，14816-16-1。

colophonate：*S*-5-chloro-1,3-thiazol-2-ylmethyl *O,O*-dimethyl phosphorodithioate，50398-69-1。

coumithoate：*O,O*-diethyl *O*-(7,8,9,10-tetrahydro-6-oxo-6*H*-benzo[*c*]chromen-3-yl) phosphorothioate，572-48-5。

dioxathion：*S,S'*-(1,4-dioxane-2,3-diyl) *O,O,O',O'*-tetraethyl bis(phosphorodithioate)，78-34-2。

endothion：*S*-5-methoxy-4-oxo-4*H*-pyran-2-ylmethyl *O,O*-dimethyl phosphorothioate 或 2-dimethoxyphosphinoylthiomethyl-5-methoxypyran-4-one，2778-04-3。

menazon：*S*-4,6-diamino-1,3,5-triazin-2-ylmethyl *O,O*-dimethyl phosphorodithioate，78-57-9。

morphothion：*O,O*-dimethyl *S*-morpholinocarbonylmethyl phosphorodithioate，144-41-2。

pyrazothion：*O,O*-diethyl *O*-3-methylpyrazol-5-yl phosphorothioate，108-35-0。

quinothion：*O,O*-diethyl *O*-2-methyl-4-quinolyl phosphorothioate，22439-40-3。

dithicrofos：*S*-[(*RS*)-6-chloro-3,4-dihydro-2*H*-1-benzothiin-4-yl] *O,O*-diethyl phosphorodithioate，41219-31-2。

thicrofos：*S*-[(*RS*)-6-chloro-3,4-dihydro-2*H*-1-benzothiin-4-yl] *O,O*-diethyl phosphorothioate，41219-32-3。

dialifos：*S*-(*RS*)-2-chloro-1-phthalimidoethyl *O,O*-diethyl phosphorodithioate 或 *N*-[(*RS*)-2-chloro-1-(diethoxyphosphinothioylthio)ethyl]phthalimide，10311-84-9。

zolaprofos：(*RS*)-(*O*-ethyl *S*-3-methyl-1,2-oxazol-5-ylmethyl *S*-propyl phosphorodithioate)或 (*RS*)-(*O*-ethyl *S*-3-methylisoxazol-5-ylmethyl *S*-propyl phosphorodithioate)，63771-69-7。

chlorprazophos：*O*-(3-chloro-7-methylpyrazolo[1,5-*a*]pyrimidin-2-yl) *O,O*-diethyl phosphorothioate，36145-08-1。

butathiofos：*O*-2-*tert*-butylpyrimidin-5-yl *O,O*-diethyl phosphorothioate，90338-20-8。

etrimfos：*O*-6-ethoxy-2-ethylpyrimidin-4-yl *O,O*-dimethyl phosphorothioate，38260-54-7。

lirimfos：*O*-6-ethoxy-2-isopropylpyrimidin-4-yl *O,O*-dimethyl phosphorothioate，38260-63-8。

pirimioxyphos：*O,O*-diethyl *O*-2-methoxy-6-methylpyrimidin-4-yl phosphorothioate。

pirimiphos-ethyl：*O*-2-diethylamino-6-methylpyrimidin-4-yl *O,O*-diethyl phosphorothioate，23505-41-1。

primidophos：*O,O*-diethyl *O*-2-*N*-ethylacetamido-6-methylpyrimidin-4-yl phosphorothioate *N*-(4-diethoxyphosphinothioyloxy-6-methylpyrimidin-2-yl)-*N*-ethylacetamide，39247-96-6。

pyrimitate：*O*-2-dimethylamino-6-methylpyrimidin-4-yl *O,O*-diethyl phosphorothioate，5221-49-8。

quinalphos-methyl：*O,O*-dimethyl *O*-quinoxalin-2-yl phosphorothioate，13593-08-3。

athidathion：*O,O*-diethyl *S*-2,3-dihydro-5-methoxy-2-oxo-1,3,4-thiadiazol-3-ylmethyl phosphorodithioate，19691-80-6。

lythidathion：*S*-5-ethoxy-2,3-dihydro-2-oxo-1,3,4-thiadiazol-3-ylmethyl *O,O*-dimethyl phosphorodithioate3-dimethoxyphosphinothioylthiomethyl-5-ethoxy-1,3,4-thiadiazol-2(3*H*)-one，2669-32-1。

prothidathion：*O,O*-diethyl *S*-2,3-dihydro-5-isopropoxy-2-oxo-1,3,4-thiadiazol-3-ylmethyl phosphorodithioate 或 3-diethoxyphosphinothioylthiomethyl-5-isopropoxy-1,3,4-thiadiazol-2(3*H*)-one，20276-83-9。

azothoate：*O*-4-[(*EZ*)-(4-chlorophenyl)azo]phenyl *O,O*-dimethyl phosphorothioate，5834-96-8。

bromophos：*O*-4-bromo-2,5-dichlorophenyl *O,O*-dimethyl phosphorothioate，2104-96-3。

bromophos-ethyl：*O*-4-bromo-2,5-dichlorophenyl *O,O*-diethyl phosphorothioate，4824-78-6。

carbophenothion：*S*-4-chlorophenylthiomethyl *O,O*-diethyl phosphorodithioate，786-19-6。

chlorthiophos：a reaction mixture of the three isomers:(Ⅰ) *O*-2,4-dichlorophenyl-5-methyl-thiophenyl *O,O*-diethyl phosphorothioate，(Ⅱ) *O*-2,5-dichlorophenyl-4-methylthiophenyl *O,O*-diethyl phosphorothioate(major component)，and(Ⅲ) *O*-4,5-dichlorophenyl-2-methylthiophenyl *O,O*-diethyl phosphorothioate，60238-56-4(mixture)，21923-23-9(major component)。

cythioate：*O,O*-dimethyl *O*-4-sulfamoylphenyl phosphorothioate，115-93-5。

dicapthon：*O*-2-chloro-4-nitrophenyl *O,O*-dimethyl phosphorothioate，2463-84-5。

dichlofenthion：*O*-2,4-dichlorophenyl *O,O*-diethyl phosphorothioate，97-17-6。

etaphos：(*RS*)-[*O*-2,4-dichlorophenyl *O*-ethyl *S*-propyl phosphorothioate]，38527-91-2。

fenchlorphos：*O,O*-dimethyl *O*-2,4,5-trichlorophenyl phosphorothioate，299-84-3。

fensulfothion：*O,O*-diethyl *O*-4-methylsulfinylphenyl phosphorothioate，115-90-2。

fenthion-ethyl：*O,O*-diethyl *O*-4-methylthio-*m*-tolyl phosphorothioate，1716-09-2。

heterophos：(*RS*)-(*O*-ethyl *O*-phenyl *S*-propyl phosphorothioate)，40626-35-5。

jodfenphos：*O*-2,5-dichloro-4-iodophenyl *O,O*-dimethyl phosphorothioate，18181-70-9。

mesulfenfos：*O,O*-dimethyl *O*-4-methylsulfinyl-*m*-tolyl phosphorothioate，3761-41-9。

phenkapton：*S*-2,5-dichlorophenylthiomethyl *O,O*-diethyl phosphorodithioate，2275-14-1。

phosnichlor：*O*-4-chloro-3-nitrophenyl *O,O*-dimethyl phosphorothioate，5826-76-6。

trichlormetaphos-3：(*RS*)-(*O*-ethyl *O*-methyl *O*-2,4,5-trichlorophenyl phosphorothioate)，2633-54-7。

trifenofos：(*RS*)-(*O*-ethyl *S*-propyl *O*-2,4,6-trichlorophenyl phosphorothioate)，38524-82-2。

butonate：(*RS*)-2,2,2-trichloro-1-(dimethoxyphosphinoyl)ethyl butyrate，126-22-7。

mecarphon：methyl(*RS*)-{[methoxy(methyl)phosphinothioylthio]acetyl}(methyl)carbamate 或 (*RS*)-[*S*-(*N*-methoxycarbonyl-*N*-methylcarbamoylmethyl) *O*-methylmethylphosphonodithioate]，29173-31-7。

fonofos：(*RS*)-(*O*-ethyl *S*-phenyl ethylphosphonodithioate)，944-22-9。

trichloronat：(*RS*)-(*O*-ethyl *O*-2,4,5-trichlorophenyl ethylphosphonothioate)，327-98-0。

cyanofenphos：(*RS*)-(*O*-4-cyanophenyl *O*-ethyl phenylphosphonothioate)，13067-93-1。

leptophos：(*RS*)-(*O*-4-bromo-2,5-dichlorophenyl *O*-methyl phenylphosphonothioate)，21609-90-5。

crufomate：(*RS*)-(4-*tert*-butyl-2-chlorophenyl methyl methylphosphoramidate)，299-86-5。

fosthietan：diethyl 1,3-dithietan-2-ylidenephosphoramidate，21548-32-3。

mephosfolan：diethyl [(2*EZ*,4*RS*)-4-methyl-1,3-dithiolan-2-ylidene]phosphoramidate 或(2*EZ*, 4*RS*)-2-(diethoxyphosphinoylimino)-4-methyl-1,3-dithiolane，950-10-7。

phosfolan：diethyl 1,3-dithiolan-2-ylidenephosphoramidate 或 2-(diethoxyphosphinoylimino)-1,3-dithiolane，947-02-4。

phosfolan-methyl：dimethyl 1,3-dithiolan-2-ylidenephosphoramidate 或 2-(dimethoxyphosphinoylimino)-1,3-dithiolane，5120-23-0。

pirimetaphos：(*RS*)-(2-diethylamino-6-methylpyrimidin-4-yl methyl methylphosphoramidate)，31377-69-2。

chloramine phosphorus：(*RS*)-[*O,S*-dimethyl(1*RS*)-2,2,2-trichloro-1-hydroxyethylphosphoramidothioate]。

isocarbophos：(*RS*)-(*O*-2-isopropoxycarbonylphenyl *O*-methyl phosphoramidothioate 或 isopropyl(*RS*)-*O*-(methoxyaminothiophosphoryl)salicylate，24353-61-5。

isofenphos-methyl：(*RS*)-(*O*-2-isopropoxycarbonylphenyl *O*-methyl isopropylphosphoramidothioate)或 isopropyl(*RS*)-*O*-[(isopropylamino)methoxyphosphinothioyl]salicylate，99675-03-3。

　　phosglycin：2-[(diethoxyphosphinothioyl)(ethyl)amino]-*N*,*N*-dipropylacetamide 或 *O*,*O*-diethyl(dipropylcarbamoylmethyl)(ethyl)phosphoramidothioate，105084-66-0。

　　dimefox：tetramethylphosphorodiamidic fluoride 或 bis(dimethylamino)fluorophosphine oxide，115-26-4。

　　mazidox：tetramethylphosphorodiamidic azide 或 tetramethylazidophosphonic diamide，7219-78-5。

　　mipafox：*N*,*N*′-diisopropylphosphorodiamidic fluoride，371-86-8。

　　schradan：octamethylpyrophosphoric tetraamide，152-16-9。

　　heptenophos：7-chlorobicyclo[3.2.0]hepta-2,6-dien-6-yl dimethyl phosphate，23560-59-0。

　　monocrotophos：dimethyl (*E*)-1-methyl-2-(methylcarbamoyl)vinyl phosphate 或 3-dimethoxyphosphinoyloxy-*N*-methylisocrotonamide，6923-22-4。

　　naftalofos：diethyl naphthalimidooxyphosphonate，1491-41-4。

　　propaphos：4-(methylthio)phenyl dipropyl phosphate，7292-16-2。

　　acethion：*S*-(ethoxycarbonylmethyl) *O*,*O*-diethyl phosphorodithioate 或 ethyl (diethoxyphosphinothioylthio)acetate，919-54-0。

　　phorate：*O*,*O*-diethyl *S*-ethylthiomethyl phosphorodithioate，298-02-2。

　　vamidothion：*O*,*O*-dimethyl *S*-2-(1-methylcarbamoylethylthio)ethylphosphorothioate 或 2-(2-dimethoxyphosphinoylthioethylthio)-*N*-methylpropionamide，2275-23-2。

　　isoxathion：*O*,*O*-diethyl *O*-5-phenyl-1,2-oxazol-3-yl phosphorothioate，18854-01-8。

　　parathion：*O*,*O*-diethyl *O*-4-nitrophenyl phosphorothioate，56-38-2。

　　parathion-methyl：*O*,*O*-dimethyl *O*-4-nitrophenyl phosphorothioate，298-00-0。

　　sulprofos：*O*-ethyl *O*-4-(methylthio)phenyl *S*-propyl phosphorodithioate，35400-43-2。

　　methamidophos：*O*,*S*-dimethyl phosphoramidothioate，10265-92-6。

　　cadusafos：*S*,*S*-di-*sec*-butyl *O*-ethyl phosphorodithioate，95465-99-9。

胺丙畏（propetamphos）

281.3，$C_{10}H_{20}NO_4PS$，31218-83-4

　　胺丙畏（试验代号：SAN521391、OMS1502，商品名称：Safrotin，其他名称：巴胺磷、赛福丁、烯虫磷）是 Leber 报道，由 Sandoz AG（现为先正达）开发的有机磷类杀虫剂。

　　化学名称　(*E*)-*O*-2-异丙氧羰基-1-甲基乙烯基-*O*-甲基-*N*-乙基硫代磷酰胺。英文化学名称为(*E*)-*O*-2-isopropoxycarbonyl-1-methylvinyl *O*-methyl ethylphosphoramidothioate。美国化学文摘系统名称为 1-methylethyl(*E*)-3-[[(ethylamino)methoxyphosphinothioyl]oxy]-2-butenoate。CA 主题索引名称为 2-butenoic acid—，3-[[(ethylamino)methoxyphosphinothioyl]oxy]-1-methylethyl ester, (2*E*)-。

　　理化性质　淡黄色油状液体（原药），沸点 87～89℃（0.67 Pa）。蒸气压 1.9 mPa（20℃）。相对密度 1.1294（20℃）。lgK_{ow} 3.82。水中溶解度（24℃）110 mg/L，与丙酮、乙醇、甲醇、

正己烷、乙醚、二甲基亚砜、氯仿和二甲苯互溶。在正常贮存条件下稳定 2 年以上（20℃），其水溶液（5 mg/L）光照 70 h 不分解。水解 DT_{50}（25℃）：11 d（pH 3）、1 年（pH 6）、41 d（pH 9）。pK_a 13.67（23℃）。

毒性　大鼠急性经口 LD_{50}（mg/kg）：雄 119，雌 59.5。大鼠急性经皮 LD_{50}（mg/kg）：雄 2825，雌＞2260。大鼠吸入 LC_{50}（4 h，mg/L 空气）：雄＞1.5，雌 0.69。NOEL：小鼠 NOAEL（4 周）0.05 mg/kg，大鼠（2 年）6 mg/kg 饲料。ADI（EPA）aRfD 0.0005 mg/kg，cRfD 0.0005 mg/kg（2006）。

生态效应　野鸭急性经口 LD_{50} 197 mg/kg。鱼 LC_{50}（96 h）：鲤鱼 7.0 mg/L，虹鳟鱼 4.6 mg/kg 饲料。水蚤 LC_{50}（48 h）14.5 μg/L。绿藻 LC_{50}（96 h）2.9 mg/L。

环境行为　胺丙畏在大鼠体内完全代谢并迅速通过尿和呼吸排出。通过磷酸酯和羧酸酯键的水解，继而共轭、氧化，胺丙畏最终转化为无毒的 CO_2。土壤室内残效期为 2～3 个月。

制剂　微囊悬浮剂、粉剂、乳油、水乳剂、可湿性粉剂等。主要产品或制剂有 20%、40%、50%乳油，1%、2%粉剂。

主要生产商　Nippon Kayaku。

作用机理与特点　胆碱酯酶的直接抑制剂，具有触杀和胃毒作用，还有使雄蜱不育的作用。具有长残留活性。

应用

（1）防治对象　蟑螂、苍蝇、跳蚤、蚂蚁、蚊子等家庭、家畜害虫、公共卫生害虫，也能防治虱蜱等家畜体外寄生螨虫类，还可以用于防治棉花蚜虫等。

（2）使用方法　防治棉花苗蚜、伏蚜：用 40%乳油 1000 倍液喷雾。对动物进行药浴或喷淋均可。

专利与登记

专利名称　Werkwijze voor het bereiden van een insecticide, acaricideof nematocideverbinding en preparaat

专利号　DE 2035103　　　　　专利公开日　1971-01-28

专利申请日　1970-07-15　　　优先权日　1969-07-18

专利拥有者　SANDOZ AG, BASEL(SCHWEIZ)

在其他国家申请的化合物专利　CH 526585、GB 1315708、NL 7010066、NL 171161、US 3758645、BE 753579、FR 2102407、IL 34939、ES 381927、SU 434637、PL 81290、SU 497779、RO 61454、CS 199225、RO 64797、ZA 7004936、AT 315199、JP 50016778、DK 133695、PL 81642、SU 539531、DK 129615、ES 410649、JP 56037207、CS 199226、CS 199227、JP 57131707 等。

制备专利　CN 105273003、CN 104585229、WO 2003055895、DE 2739310、US 2631142 等。

合成方法　有两条路线，经如下反应制得胺丙畏：

参考文献

[1] The Pesticide Manual. 15th edition: 950-951.

[2] 赵洪光, 方淑娟. 农药, 1986(6): 11.

[3] 农药商品大全, 北京: 中国商业出版社, 1996: 93-94.

[4] 陈国庆, 叶凤阁, 金虹, 等. 辽宁畜牧兽医, 1994, 3: 20-21.

[5] 成辉, 黄国梁, 谢玉春, 等. 中国兽医科技, 1994, 3: 34-35.

百治磷（dicrotophos）

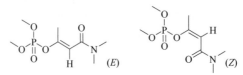

237.2，$C_8H_{16}NO_5P$，141-66-2，18250-63-0[(Z)-]，3735-78-2[(E)-+(Z)-]

百治磷（试验代号：C-709、ENT 24482、OMS 253、SD 3562，商品名称：Bidrin、Dicron、Dicole、Inject-a-cide B、必特灵、双特松，其他名称：Carbicron、Ektafos）先由汽巴-嘉基公司（现属 Syngenta AG）开发，后由壳牌公司（现属 Du Pont）开发。

化学名称 (E)-2-二甲基氨基甲酰-1-甲基乙烯基二甲基磷酸酯。英文化学名称(E)-2-dimethylcarbamoyl-1-methylvinyl dimethyl phosphate。美国化学文摘系统名称为(1E)-3-(di-methylamino)-1-methyl-3-oxo-1-propenyl dimethyl phosphate。CA 主题索引名称为 phosphoric acid, esters, (1E)-3-(dimethylamino)-1-methyl-3-oxo-1-propenyl dimethyl ester。

理化性质 本品为黄色液体。工业品为琥珀色液体，含量85%，沸点400℃（$1.01×10^5$ Pa）、130℃（13.3 Pa）。蒸气压 9.3 mPa（20℃），$\lg K_{ow}$ −0.5，相对密度 1.216（20～25℃）。不溶于水，溶于丙酮、乙醇、乙腈、氯仿、二氯甲烷和二甲苯，微溶入柴油、煤油（＜10 g/L）（20～25℃）。在酸性和碱性介质中相对稳定，DT_{50}（20℃）：88 d（pH 5），23 d（pH 9），受热分解。

毒性 急性经口 LD_{50}（mg/kg）：大鼠 17～22，小鼠 15。急性经皮 LD_{50}（mg/kg）：大鼠110～180，兔 224。对兔皮肤和眼睛轻度刺激。大鼠吸入 LC_{50}（4 h）约为 0.09 mg/L。NOEL（2 年，mg/kg 饲料）：大鼠 1.0 [0.05 mg/(kg·d)]，狗 1.6 [0.04 mg/(kg·d)]。大鼠三代研究 NOEL 为 2 mg/(kg·d)（0.1 mg/kg bw）。ADI/RfD：（EPA）aRfD 0.0017 mg/kg bw，cRfD 0.00007 mg/kg bw（2002）。

生态效应 鸟类急性经口 LD_{50} 1.2～12.5 mg/kg。对母鸡无神经刺激。鱼毒 LC_{50}（24 h，mg/L）：食蚊鱼 200，丑角鱼＞1000。对蜜蜂有毒，但由于表面残留快速下降，在应用中出现的影响不大。

环境行为 ①动物。大鼠和狗经口，几天后在动物体内完全代谢和消除。②土壤/环境。二甲胺基团转换为氮-氧化合物，随后转换为醇和醛基，最后甲基化及水解。

制剂 乳油，可溶液剂，超低容量液剂（240～500 g/L），24%可湿性粉剂，40%、50%乳剂。

主要生产商 Amvac 等。

作用机理与特点 胆碱酯酶抑制剂，内吸性杀虫、杀螨剂，具有触杀和胃毒作用，持效性中等。

应用

（1）适用作物 棉花、咖啡、山核桃、甘蔗、柑橘树、烟草、谷物（如水稻）、马铃薯、棕榈树等。

（2）防治对象 刺吸式、咀嚼式及钻蛀式害虫和螨类，同时也可作为动物的杀外寄生虫药使用。

（3）使用方法 （*E*)-异构体较（*Z*)-异构体活性好，本品为内吸性杀虫剂和杀螨剂，为中等防效。以 300～600 g(a.i.)/hm^2 剂量防治刺吸口器害虫是有效的；以 600 g(a.i.)/hm^2 剂量防治咖啡果小蠹螟、螟蛾科和潜叶科害虫有效。除某些种类的果树外，一般无药害。

专利与登记

专利名称 Insecticides containing methylenedioxy compounds

专利号 NL 6507824　　　　　　专利公开日 1965-08-25

专利申请日 1965-01-18　　　　优先权日 1964-07-24

专利拥有者 Shell Internationale Research Maatschappij NV

其他国家申请的化合物专利 BE 667263、FR 1441954、GB 1046209。

百治磷由美国的壳牌石油公司在 1964 年首次注册，作为触杀性杀虫剂而应用于棉花和各种作物。1986 年 10 月，壳牌石油公司转让百治磷给杜邦公司，1994 年 1 月，又转让给 Amvac 化学公司。

合成方法 由亚磷酸三甲酯与 *N*,*N*-二甲基-2-氯乙酰基乙酰胺反应制得。

参考文献

[1] The Pesticide Manual. 17 th edition: 337-338.

[2] 国外农药品种手册(新版合订本). 北京: 化工部农药信息总站, 1996: 44-45.

保棉磷（azinphos-methyl）

317.3，C$_{10}$H$_{12}$N$_3$O$_3$PS$_2$，86-50-0

保棉磷（试验代号：Bayer 17147、R 1582、E1582、ENT 23233、OMS 186，其他通用名称：metiltriazotion，商品名称：Acifon、Aziflo、Azín 200、Cotnion-Methyl、Gusathion M、Guthion、Mezyl、Romel、Supervelax，其他商品名称：谷硫磷、谷赛昂、谷速松等）是 E. E. Lvy、W. Lorenz 等报道其活性，Bayer AG 开发的有机磷类杀虫剂，此产品在欧洲的专利 2002 年由 Makhteshim-Agan 公司(现 Adama)得到。

化学名称 *S*-(3,4-二氢-4-氧代-1,2,3-苯并三嗪-3-基甲基 *O*,*O*-二甲基二硫代磷酸酯。英文化学名称为 *S*-3,4-dihydro-4-oxo-1,2,3-benzotriazin-3-ylmethyl *O*,*O*-dimethyl phosphorodithioate。美国化学文摘系统名称为 *O*,*O*-dimethyl *S*-[(4-oxo-1,2,3-benzotriazin-3(4*H*)-yl)methyl] phosphorodithioate。CA 主题索引名称为 phosphorodithioic acid, esters O,O-dimethyl S-[(4-oxo-1,2,3-benzotriazin-3(4H)-yl)methyl] ester。

理化性质　淡黄色结晶固体，熔点 73℃，蒸气压 $5×10^{-4}$ mPa（20℃）、0.001 mPa（25℃），相对密度 1.518（20～25℃），lgK_{ow} 2.96，Henry 常数 $5.7×10^{-6}$ Pa·m³/mol（计算）。水中溶解度（20～25℃）28.0 mg/L，有机溶剂中溶解度（g/L，20～25℃）：二氯乙烷、丙酮、乙腈、乙酸乙酯、二甲基亚砜＞250，正庚烷 1.2，二甲苯 170。在碱性和酸性介质中很快分解，DT$_{50}$（22℃）87 d（pH 4）、50 d（pH 7）、4 d（pH 9），在土壤表面和水中光解，200℃以上分解。

毒性　急性经口 LD$_{50}$（mg/kg）：大鼠约 9，雄豚鼠 80，小鼠 11～20，狗＞10。大鼠急性经皮 LD$_{50}$（24 h）150～200 mg/kg。本品对兔皮肤无刺激，对眼睛中度刺激。大鼠吸入 LC$_{50}$（4 h）0.15 mg/L（气溶胶）。NOEL 值（mg/kg 饲料）：大鼠和小鼠（2 年）5，狗（1 年）5。ADI 值（mg/kg bw）：（JMPR）0.03（2007），（EC）0.005（2006），（EPA）aRfD 0.003，cRfD 0.00149（2001）。

生态效应　山齿鹑急性经口 LD$_{50}$ 约 32 mg/kg，日本鹌鹑（5 d）LC$_{50}$ 935 mg/kg 饲料。鱼 LC$_{50}$（96 h，mg/L）：虹鳟鱼 0.02，金枪鱼 0.12。水蚤 LC$_{50}$（48 h）0.0011 mg/L，海藻 E$_r$C$_{50}$（96 h）7.15 mg/L。本品对蜜蜂有毒。蚯蚓 LC$_{50}$（14 d）59 mg/kg 土壤。保棉磷是高效杀虫剂，因此不能排除对非靶标节肢动物的影响，尤其是这些生物体被直接喷雾时影响更大。

环境行为　①动物。进入动物体内的本品，在 2 d 内，90%以上被代谢，并通过尿和粪便排出。主要代谢产物为单去甲基混合物和苯基联重氮亚胺。②植物。在植物内，降解物为苯基联重氮亚胺、硫甲基苯基联重氮亚胺硫化物和胱氨甲基苯基联重氮亚胺。③土壤/环境。本品在土壤中经氧化、脱甲基和氢解过程进行降解，根据 K_{oc} 值和浸出研究，确定本品在土壤中流动性很差，半衰期为数周。

制剂　200 g/L 乳油，20%、25%、40%、50%可湿性粉剂，粉剂，悬浮剂。

主要生产商　Adama、Bayer、Chemia、General Quimica、Isagro、Makhteshim-Agan、Papaeconomou 等。

作用机理与特点　胆碱酯酶的直接抑制剂，具有触杀和胃毒作用的非内吸性杀虫剂。

应用

（1）适用作物　果树、草莓、蔬菜、马铃薯、玉米、棉花、小麦、观赏植物、豌豆、烟草、水稻、咖啡、甜菜等。

（2）防治对象　鞘翅目、双翅目、同翅亚目、半翅目、鳞翅目和螨类等刺吸口器和咀嚼口器害虫，如棉铃虫、棉椿象、棉红铃虫、黏虫、棉铃象虫、介壳虫等。用量和敌百虫相当。

（3）安全性　乳油制品可能会使某些果树枯叶。

（4）残留量与安全施药　收获前禁用期为 14～21 d。最大允许残留量为 0.5 mg/L。

（5）使用方法　①番石榴。用 25%可湿性粉剂 800 倍液，每隔 10 d 施 1 次，连续 2～3 次，施药时叶片上、下面均匀喷洒，可防治介壳虫。采收前 6 d 应停止施药。近采收期发生时，为考虑残毒问题，建议改喷 40%可湿性粉剂 8000 倍，采收前 6 d 停止用药。②香草。在春梢萌发前，喷石硫合剂 1 次。春梢后，用 20%乳油 1000～1500 倍液均匀喷雾，可防治红蜘蛛。

专利与登记

专利名称　Derivatives of thiophosphoric acid

专利号　US 2758115　　　　专利公开日　1956-08-07

专利申请日　1955-02-10　　　优先权日　1955-02-10

专利拥有者　Farbenfabriken Bayer A.-G.

合成方法　经如下反应制得保棉磷：

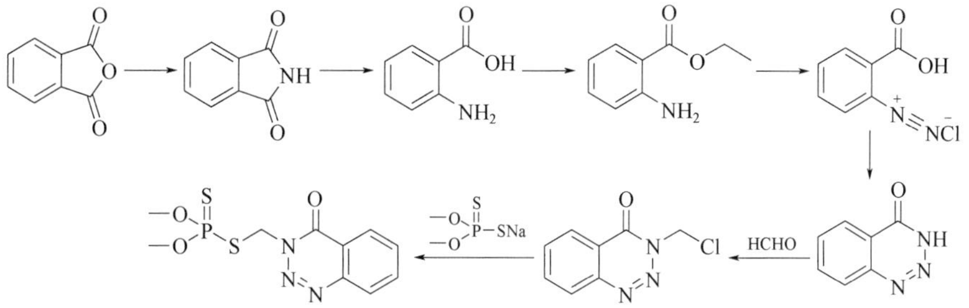

参考文献

[1] The Pesticide Manual. 17 th edition: 63-64.

[2] 杨光. 农药市场信息. 2012(24): 34.

倍硫磷（fenthion）

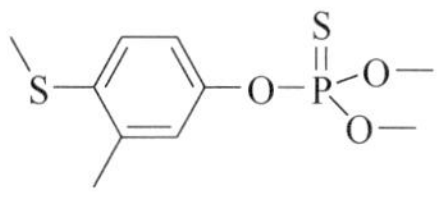

278.3，$C_{10}H_{15}O_3PS_2$，55-38-9

倍硫磷（试验代号：Bayer 29493、S 1752、E 1752、OMS2、ENT 25540，商品名称：Baycid、Baytex、Dragon、Grab、Lebaycid、Pilartex、Prestij，其他名称：百治屠、拜太斯、倍太克斯、番硫磷、芬杀松）是由 G.Schrader 报道，由 Bayer AG 开发的新型有机磷类杀虫剂。

化学名称　O,O-二甲基-O-4-甲硫基间甲苯基硫代磷酸酯。英文化学名称为 O,O-dimethyl-O-4-methylthio-m-tolyl phosphorothioate。美国化学文摘系统名称为 O,O-dimethyl O-[3-methyl-4-(methylthio)phenyl] phosphorothioate。CA 主题索引名称为 phosphorothioic acid, esters O,O-dimethyl O-[3-methyl-4-(methylthio)phenyl] ester。

理化性质　无色油状液体（工业品为棕色油状液体，具有硫醇气味），低至-80℃仍不凝固，沸点：90℃（1Pa）（计算）、117℃（10Pa）（计算）、284℃（$1.01×10^5$ Pa）（计算）。蒸气压：0.74 mPa（20℃）、1.4 mPa（25℃）。相对密度1.25（20℃）。lgK_{ow} 4.84。Henry 常数 $5×10^{-2}$ Pa•m^3/mol（20℃）。水中溶解度（20～25℃）4.2 mg/L，有机溶剂中溶解度（g/L，20～25℃）：二氯甲烷、甲苯、异丙醇均大于250，正己烷100。对光稳定，210℃以下稳定，在酸性条件下稳定，在碱性条件下比较稳定，DT_{50}（22℃）：223 d（pH 4），200 d（pH 7），151 d（pH 9）。闪点170℃（原药）。

毒性　雄和雌大鼠急性经口 LD_{50} 约 250 mg/kg。大鼠急性经皮 LD_{50}（24 h，mg/kg）：雄586，雌800。本品对兔眼睛和皮肤无刺激。雄、雌大鼠吸入 LC_{50}（4 h）约 0.5 mg/L 空气（气溶胶）。NOEL（mg/kg 饲料）：大鼠（2 年）<5，小鼠（2 年）0.1，狗（1 年）2。ADI（JMPR）0.007 mg/kg，（EPA）aRfD 0.0007 mg/kg，cRfD 0.00007 mg/kg。

生态效应　山齿鹑急性经口 LD_{50} 7.2 mg/kg，鸟饲喂 LC_{50}（5 d, mg/kg）：山齿鹑60，野鸭1259。鱼类 LC_{50}（96 h，mg/L）：大翻车鱼1.7，金枪鱼2.7，虹鳟鱼0.83。水蚤 EC_{50}（48 h）0.0057 mg/L。羊角月牙藻 E_rC_{50} 1.79 mg/L。蜜蜂 LD_{50} 0.16 μg/只（触杀）。蚯蚓 LC_{50} 375 mg/kg 干土。

环境行为　①动物。经口进入动物体内的本品，主要代谢物为倍硫磷亚砜和倍硫磷砜，并通过尿液排出，这些代谢物通过水解作用进一步降解，形成相应的酚类化合物。②植物。本品在植物体内降解为具有杀虫活性的砜和亚砜，之后经水解进一步降解为砜的磷酸盐。③土壤/环境。存在土壤中的本品 K_{oc} 1500。在沉积物/水体系中 DT_{50} 约 1.5 d。在需氧的条件下，本品迅速降解，形成砜和亚砜的代谢物，进一步降解为酚衍生物。

制剂　50%乳油，2%、3%粉剂，25%、40%、50%可湿性粉剂，2%、5%颗粒剂。

主要生产商　Bayer 公司、新沂市泰松化工有限公司、浙江嘉化集团股份有限公司、浙江省台州市黄岩永宁农药化工有限公司等。

作用机理与特点　胆碱酯酶抑制剂，具有触杀、胃毒和熏蒸作用的广谱、速效杀虫剂。渗透性强，水解稳定，低挥发性，持效期长，有一定的内吸作用。

应用

（1）适用作物　水稻、大豆、果树、蔬菜、棉花、烟草、甜菜、观赏植物等。

（2）防治对象　水稻二化螟、三化螟、稻叶蝉、稻苞虫、稻纵卷叶螟、棉红铃虫、棉铃虫、棉蚜、菜青虫、菜蚜、果树食心虫、介壳虫、柑橘锈壁虱、网椿象、茶毒蛾、茶小绿叶蝉、大豆食心虫及卫生害虫等。

（3）残留量与安全施药　不能与碱性农药混用，果树收获前 14 d、蔬菜收获前 10 d 禁止使用。由于本品对蜜蜂毒性大，作物开花期间不宜使用。本品对十字花科蔬菜的幼苗、梨树、樱桃易引起药害，使用时特别注意。

（4）使用方法　用 50%乳油 1000～1500 倍液喷雾，可有效防治水稻螟虫、叶蝉、飞虱、潜叶蝇、大豆食心虫、大豆蚜虫、菜青虫、棉蚜、棉红蜘蛛、禾谷类作物黏虫、果树蚜虫、卷叶虫等；用 50%乳油 1000 倍液喷雾，可防治小麦吸浆虫、稻摇蚊、二十八星瓢虫、梨实蝇、红蜡蚧、吸绵蚧等；用 50%乳油 1000～1500 倍液喷雾，可防治桃小食心虫、棉蚜、叶跳虫、茶叶蝉、棉红蜘蛛、棉造桥虫、椿象、菜蚜、负泥虫、豆天蛾、豆盾椿象、康氏粉蚧、甜菜潜叶蝇等；用 2%粉剂 30～40 kg/hm²，可防治大豆食心虫等，具有良好效果。此外，本品用于防治卫生害虫和牲畜寄生虫有优良效果，如能有效地防治牛蟒幼虫。

专利与登记

专利名称　Thionophosphoric acid esters

专利号　DE 1116656　　　　专利公开日　1961-11-09

专利申请日　1958-05-28　　　优先权日　1958-05-28

专利拥有者　Farbenfabriken Bayer A.-G.

在其他国家申请的化合物专利　BE 579006、BE 617000、GB 938850、GB 907475、SE 305437、SU 105444、SU 114748、US 3089807 等。

制备专利　WO 9905200、EP 127049、US 4439431、EP 62255、NL 7509202 等。

国内登记情况　50%乳油、5%颗粒剂、95%原药等，登记作物为蔬菜、果树、棉花、甜菜、水稻、小麦和大豆等，防治对象蚜虫、桃小食心虫、棉铃虫、蚜虫、螟虫和食心虫等。

合成方法　经如下反应制得倍硫磷：

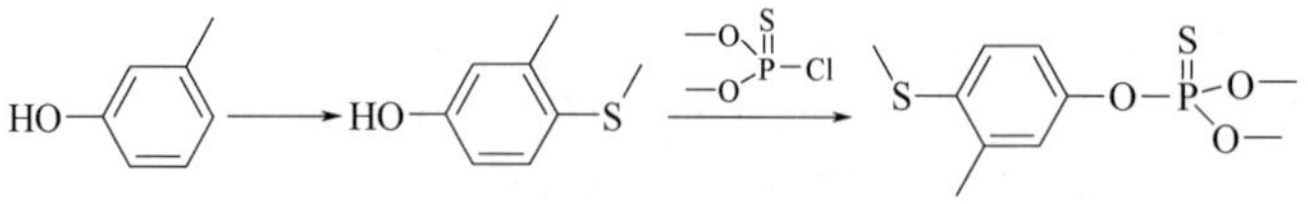

参考文献

[1] The Pesticide Manual. 17 th edition: 470-471.

[2] 新编农药手册. 北京: 农业出版社, 1989: 73-75.

[3] 农药大典. 北京: 中国三峡出版社, 2006: 60-61.

[4] 任响, 张小平, 王雨芬. 化学学报, 2019(4): 358-364.

苯硫膦（EPN）

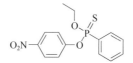

323.3，C$_{14}$H$_{14}$NO$_4$PS，2104-64-5

苯硫膦（试验代号：OMS219、ENT17298，商品名称：EPN、Veto）是 Du Pont Co 和 Nissan Chemical Industries, Ltd 开发的有机磷类杀虫剂。

化学名称 *O*-乙基-*O*-(4-硝基苯基)苯基硫代磷酸酯。英文化学名称为 *O*-ethyl *O*-4-nitrophenyl phenylphosphonothioate。美国化学文摘系统名称为 *O*-ethyl *O*-(4-nitrophenyl) phenylphosphonothioate。CA 主题索引名称为 phosphonothioic acid —, phenyl- *O*-ethyl *O*-(4-nitrophenyl) ester。

理化性质 黄色结晶固体（原药为琥珀色液体），熔点 34.5℃，沸点 215℃（665 Pa），蒸气压＜0.041 mPa（23℃），相对密度 1.27（20～25℃），lgK_{ow}＞5.02。水中溶解度（20～25℃）0.92 mg/L，溶于大多数有机溶剂，如苯、甲苯、二甲苯、丙酮、异丙醇、甲醇。稳定性：在中性、酸性介质中稳定，遇碱分解释放出对硝基苯酚。DT$_{50}$：70 d（pH 4）、22 d（pH 7）、3.5 d（碱性）。在封管中受热转化为 *S*-乙基异构体。

毒性 急性经口 LD$_{50}$（mg/kg）：雄大鼠 36，雌大鼠 24，雄小鼠 94.8，雌小鼠 59.4。大鼠急性经皮 LD$_{50}$（mg/kg）：雄 2850，雌 538。大鼠 NOEL 值（104 周）0.73 mg/(kg·d)。ADI/RfD（EPA）cRfD 0.00001 mg/kg bw（1991）。对母鸡有慢性神经毒性。

生态效应 急性经口 LD$_{50}$（mg/kg）：野鸡＞165，山齿鹑 220。鱼类 LC$_{50}$（48 h，mg/L）：鲤鱼 0.20，大翻车鱼 0.37，虹鳟鱼 0.21。水蚤 LC$_{50}$（3 h）0.0071 mg/L。

环境行为 本品在温血动物体内通过脱硫、脱去对硝基酚、硝基还原为氨基等方式降解，在植物中的主要代谢物为乙基苯基磷酸，在水稻田中 DT$_{50}$＜15 d。

制剂 粉剂、乳油。主要产品有 450 g/L、480 g/L 乳油，4%颗粒剂。

主要生产商 DooYang、Nissan 等。

作用机理与特点 胆碱酯酶的直接抑制剂，具有触杀和胃毒作用的非内吸性杀虫、杀螨剂。

应用

（1）适用作物 棉花、水稻、蔬菜、水果。

（2）防治对象 对鳞翅目幼虫有广谱杀虫活性，尤其对棉花作物上的棉铃虫、棉红铃虫，水稻上的二化螟，蔬菜和果树上的其他食叶幼虫有活性。

（3）残留量与安全施药 除某些品系的苹果之外，对作物无药害。收获前禁用期为 21 d。在棉籽上最大允许残留量为 0.5 mg/L，在梨、柑橘、番茄上最大残留量为 3 mg/L。

（4）使用方法 使用剂量为 0.5～1.0 kg(a.i.)/hm^2。

专利与登记

专利名称 Alkyl mono-nirophenyl thionobenzene-phosphonates and insecticidal composition containing the same

专利号　US2503390　　　　专利公开日　1950-04-11
专利申请日　1948-07-01　　　优先权日　1948-07-01
专利拥有者　Du Pont
制备专利　DE 1111629、JP 62081395 等。

合成方法　经如下反应制得苯硫膦：

参考文献

[1] The Pesticide Manual. 17 th edition: 408-409.

[2] 国外农药品种手册(新版合订本). 北京: 化工部农药信息总站, 1996: 100.

吡菌磷（pyrazophos）

373.4，C_{14}H_{20}N_3O_5PS，13457-18-6

吡菌磷（试验代号：Hoe02873，商品名称：Afugan，其他名称：吡嘧磷、克菌磷、完菌磷、定菌磷）是 F. M. Smit 报道其活性，由 Hoechst AG（现属 Bayer CropScience）开发的有机磷类杀虫剂。

化学名称　2-二乙氧基硫化磷酰氧基-5-甲基吡唑并[1,5-a]嘧啶-6-羧酸乙酯或 O-6-乙氧羰基-5-甲基吡唑并[1,5-a]嘧啶-2-基-O,O-二乙氧基硫代磷酸酯。英文化学名称为 ethyl 2-diethoxyphosphinothioyloxy -5-methylpyrazolo[1,5-a]pyrimidine-6-carboxylate 或 O,O-diethyl O-6-ethoxycarbonyl-5-methylpyrazolo [1,5-a] pyrimidin-2-yl phosphorothioate。美国化学文摘系统名称为 ethyl 2-[(diethoxyphosphinothioyl)oxy]-5-methyl pyrazolo[1,5-a] pyrimidine-6-carboxylate。CA 主题索引名称为 pyrazolo[1,5-a]pyrimidine-6-carboxylic acid —，2-[(diethoxyphos phino-thioyl)oxy]-5-methyl- ethyl ester。

理化性质　工业品纯度为≥94%。纯品为无色结晶状固体，熔点 51～52℃，闪点（34±2）℃，沸点 160℃（分解），蒸气压 0.22 mPa（50℃），相对密度 1.348（20～25℃），lgK_{ow} 3.8，Henry 常数 $2.578×10^{-4}$ Pa·m³/mol（计算）。水中溶解度（20～25℃）4.2 mg/L，有机溶剂中溶解度（g/L，20～25℃）：易溶于大多数有机溶剂，如二甲苯、苯、四氯化碳、二氯甲烷、三氯乙烯、丙酮（＞400）、甲苯（＞400）、乙酸乙酯（＞400）、正己烷（16.6）。稳定性：在酸碱性介质中易水解，在稀释状态下不稳定。

毒性　大鼠急性经口 LD_{50} 151～778 mg/kg（取决于性别和载体），大鼠急性经皮 LD_{50}＞2000 mg/kg，对兔皮肤无刺激作用，对兔眼睛有轻度刺激作用。大鼠吸入 LC_{50}（4 h）1.22 mg/L。大鼠 NOEL（2 年）5 mg/kg 饲料。以 50 mg/kg 饲料的浓度喂养大鼠所进行的 3 代试验，没有发现异常。ADI/RfD（JMPR）0.004 mg/kg bw。

生态效应 鹌鹑急性经口 LD_{50} 118～480 mg/kg（工业品）（取决于性别和载体）。饲喂 LC_{50}（14 d，mg/kg）：野鸭约 340，山齿鹑约 300。鱼 LC_{50}（96 h，mg/L）：鲤鱼 2.8～6.1，虹鳟鱼 0.48～1.14，大翻车鱼 0.28。水蚤 LC_{50}（48 h，μg/L）：0.36（软水），0.63（硬水），NOEL 0.18 μg/L（在硬水与软水中均如此）。羊角月牙藻 LC_{50}（72 h）65.5 mg/L。蜜蜂 LD_{50}（24 h，接触）0.25 μg/只。蚯蚓 LC_{50}（14 d）>1000 mg/kg 土壤。

环境行为 ①动物。在大鼠体内被快速吸收和分解，DT_{50} 为 4～5 h。主要代谢物为 2-羟基-5-甲基-6-吡唑[1,5-a]嘧啶羧酸乙酯，部分为硫酸盐螯合物，主要通过尿液排出。②植物。小麦叶 DT_{50} 约 19 d，随后水解为具有磷酸键、含 β-葡糖苷的吡唑并吡啶化合物。③土壤/环境。土壤降解通过磷酸基团的裂解、碳酸盐的皂化进行，并且可被进一步降解为杂环，最后为 CO_2，此过程会使土壤退化。退化比率随着土壤类型和特性不同而变化，但是和土壤性质没有直接的关联。DT_{50} 10～21 d，DT_{90} 111～235 d（野外）。能被土壤强烈吸收，K_{oc} 1332～2670（计算）。专题研究和浸出模型表明吡菌磷不会浸出。

制剂 30%乳油、30%可湿性粉剂。

作用机理与特点 抑制黑色素生物合成。具有治疗和保护作用的内吸性杀菌剂。通过叶、茎吸收并在植物体内传导。

应用

（1）适宜作物与安全性 禾谷类作物，蔬菜如黄瓜、番茄等，果树如苹果、核桃、葡萄等。推荐量下对作物安全（除了某些葡萄品种外）。

（2）防治对象 主要用于防治谷类、蔬菜、果树等各种作物的白粉病，并具有兼治蚜、螨、潜叶蝇、线虫的作用。

（3）使用方法 防治苹果、桃子白粉病，用 0.05%含量隔 7 d 喷 1 次；防治瓜类白粉病，用 0.03%～0.05%含量，7～10 d 喷 1 次；防治小麦、大麦白粉病，在发病初期，用 30%乳油 15～20 mL/100 m² 对水喷雾；防治黄椰菜、包心菜白粉病，每 100 m² 用 30%乳油 4～10 mL。

专利与登记

专利名称 Phosphoric and thiophosphoric acid derivatives of hydroxypyrazolo[1,5-a]pyrimidines

专利号 NL 6602131　　　　　　专利公开日 1966-08-22
专利申请日 1966-02-18　　　　优先权日 1965-02-20
专利拥有者 Farbwerke Hoechst A.-G.

在其他国家申请的化合物专利 DE 1545790、FR 1481094、GB 1145306、US 3496178、US 3632757。

合成方法 经如下反应制得吡菌磷：

参考文献

[1] The Pesticide Manual. 17 th edition: 959-960.

[2] 精细化工产品手册——农药. 北京: 化学工业出版社, 1998: 262.

吡唑硫磷（pyraclofos）

360.8，$C_{14}H_{18}ClN_2O_3PS$，77458-01-6，曾用89784-60-1

吡唑硫磷［试验代号：TIA-230(Takeda)、SC-1069、OMS 3040，商品名称：Boltage、Starlex、Voltage］是 Y.Kono 等人报道其活性，由日本 Takeda Chemical Industries Ltd(现属住友化学株式会社)开发的有机磷类杀虫剂。

化学名称　(RS)-[O-1-(4-氯苯基)吡唑-4-基]-O-乙基-S-丙基硫代磷酸酯。英文化学名称为 (RS)-[O-1-(4-chlorophenyl)pyrazol-4-yl O-ethyl S-propyl phosphorothioate]。美国化学文摘系统名称为(±)-O-[1-(4-chlorophenyl)-1H-pyrazol-4-yl] O-ethyl S-propyl phosphorothioate。CA 主题索引名称为 phosphorothioic acid, esters O-[1-(4-chlorophenyl)-1H-pyrazol-4-yl] O-ethyl S-propyl ester。

理化性质　淡黄色油状物，沸点164℃（1.33 Pa），蒸气压 $1.6×10^{-3}$ mPa（20℃），相对密度 1.271（28℃），lgK_{ow} 3.77（20℃），Henry 常数 $1.75×10^{-5}$ Pa·m³/mol（计算）。水中溶解度（20℃）33 mg/L，易溶于大多数有机溶剂。水解 DT_{50} 29 d（25℃，pH 7）。

毒性　急性经口 LD_{50}（mg/kg）：雄和雌大鼠均为 237，雄小鼠 575，雌小鼠 420。大鼠急性经皮 $LD_{50}>2000$ mg/kg。本品对兔眼睛和皮肤无刺激，对豚鼠皮肤无致敏现象。大鼠吸入 LC_{50}（mg/L）：雄大鼠 1.69，雌大鼠 1.46。NOEL 值［2 年，mg/(kg·d)］：雄大鼠 0.101，雌大鼠 0.120，雄小鼠 1.03，雌小鼠 1.28。对大鼠和小鼠无致癌性，对大鼠和兔无致畸性。

生态效应　鸟类急性经口 LC_{50}（mg/kg 饲料）：山齿鹑 164，野鸭 384。鱼 LC_{50}（72 h，mg/L）：鲤鱼 0.028，日本鳉鱼 1.9。刺裸腹溞 LC_{50}（3 h）0.052 mg/L。蜜蜂 LD_{50}（接触）0.953 μg/只。

环境行为　经口进入动物体内的本品，在 24 h 内，90%以上被代谢，并通过尿排出。土壤 DT_{50} 3～38 d（不同土壤类型）。

制剂　35%可湿性粉剂、500 g/L 乳油、6%颗粒剂。

主要生产商　Sumitomo Chemical。

作用机理与特点　胆碱酯酶的直接抑制剂。具有触杀、胃毒及熏蒸作用，几乎没有内吸活性。

应用

（1）适用作物　棉花、蔬菜、果树、观赏植物、大田作物。

（2）防治对象　鳞翅目、鞘翅目、蚜虫、双翅目和蜚蠊等多种害虫，对叶螨科螨、根螨属螨、蜱和线虫也有效。对已产生抗性的甜菜夜蛾、棕黄蓟马、根螨属的螨、家蝇、蚋属的 *Simulium sanctipauli* 和微小牛蜱也有效。可有效防治蔬菜上的鳞翅目害虫叶蛾属和棉花的埃及棉叶蛾、棉铃虫、棉斑实蛾、红铃虫、粉虱、蓟马，马铃薯的马铃薯甲虫、块茎蛾，甘薯的甘薯烦叶蛾、麦蛾，茶的茶叶细蛾、黄蓟马等。

（3）残留量与安全施药　本品对果树如苹果、日本梨、桃和柑橘依品种而定，略有轻微药害，本品对蚕有长期毒性，对鱼类影响较强，在桑树、河、湖、海域及养鱼池附近不要使用。防治甜菜的甘蓝叶蛾时，在生育前期（6～7月）施药，叶可产生轻微药斑。

（4）使用方法　使用剂量 0.25～1.5 kg(a.i.)/hm²。

在采摘前 14 d，用 750 倍液施药 2 次，可防治茶树（覆盖栽培除外）茶角纹小卷叶蛾。在收获前 21 d，用 1500 倍液施药 2 次，可防治甜菜甘蓝叶蛾。用 1500～2000 倍液均匀喷雾，可防治烟草甘蓝叶蛾。在收获前 7 d，用 1000～1500 倍液施药 3 次，可防治甘薯烦夜蛾、甘薯小蛾。在收获前 7 d，用 750 倍液施药 3 次，可防治马铃薯块茎蛾。用 1500 倍液均匀喷雾，可防治蚜虫类。

专利与登记

专利名称　Pyrazolyl phosphate esters

专利号　DE 3012193　　　　　专利公开日　1980-10-09

专利申请日　1980-03-28　　　优先权日　1979-03-30

专利拥有者　Takeda Chemical Industries, Ltd., Japan

在其他国家申请的化合物专利　JP 55130991、JP 60055075、IL 59601、FR 2452493、BR 8001838、GB 2047250、HU 29282、HU 186365、CH 648563、US 4474775、US 4621144。

制备专利　DE 3439347 等。

合成方法　经如下反应制得吡唑硫磷：

参考文献

[1] The Pesticide Manual. 17 th edition: 949-950.

[2] 钮利喜, 朱欣凯, 王萍. 山西农业大学学报(自然科学版), 2016(5): 357-363.

[3] 黄宏伟, 辛朝晖, 刘临. 江西化工, 2004(2): 126-128.

丙硫磷（prothiofos）

345.2，$C_{11}H_{15}Cl_2O_2PS_2$，34643-46-4

丙硫磷（试验代号：NTN 8629、OMS 2006，商品名称：Bideron、Tokuthion、Toyodan，其他名称：prothiophos）是 A.Kudamatsu 报道其活性，由日本 Nihon Tokushu Noyaku Seizo K.K.(现属 Nihon Bayer Agrochem K.K.)和 Bayer AG 开发的有机磷类杀虫剂。

化学名称　*O*-(2,4-二氯苯基)-*O*-乙基-*S*-丙基二硫代磷酸酯。英文化学名称为 *O*-2,4-dichlorophenyl *O*-ethyl *S*-propyl phosphorodithioate。美国化学文摘系统名称为 *O*-(2,4-dichlorophenyl) *O*-ethyl *S*-propyl phosphorodithioate。CA 主题索引名称为 phosphorothioic acid, esters *O*-(2,4-dichlorophenyl) *O*-ethyl *S*-propyl ester。

理化性质　无色液体，有微弱的、特殊的气味。沸点 125～128℃（13.3 Pa），蒸气压 0.3 mPa（20℃）、0.6 mPa（25℃），相对密度 1.31（20～25℃），lgK_{ow} 5.67，Henry 常数 1.48 Pa·m³/mol（计算）。水中溶解度（20～25℃）0.07 mg/L；有机溶剂中溶解度（g/L，20～25℃）：二氯甲烷、异丙醇、甲苯>200。水解 DT_{50}（22℃）：120 d（pH 4），280 d（pH 7），12 d（pH 9）。光降解 DT_{50} 13 h。闪点>110℃。

毒性　急性经口 LD_{50}（mg/kg）：雄大鼠 1569，雌大鼠 1390，小鼠约 2200。大鼠急性经皮 LD_{50}（24 h）>5000 mg/kg。本品对兔眼睛和皮肤无刺激，对豚鼠皮肤致敏。大鼠吸入 LC_{50}（4 h）>2.7 mg/L（气溶胶）。NOEL 值（2 年，mg/kg 饲料）：大鼠 5，小鼠 1，狗 0.4。ADI/RfD 值 0.0001 mg/kg bw。

生态效应　日本鹌鹑急性经口 LD_{50} 100～200 mg/kg。鱼类 LC_{50}（96 h，mg/L）：金枪鱼 4～8，虹鳟鱼 0.5～1.0（500 g/L 乳油）。水蚤 LC_{50}（48 h）0.014 mg/L。羊角月牙藻 E_rC_{50} 2.3 mg/L。本品在推荐剂量下使用对蜜蜂无害。

环境行为　①动物。进入大鼠体内的本品，迅速被吸收，在 72 h 内，98%被代谢，代谢途径为：氧化、水解为 2,4-二氯苯酚，本品及砜中丙基基团断裂，形成 2,4-二氯苯基乙基氢硫逐磷酸酯和 2,4-二氯苯基乙基氢磷酸酯。②植物。氢解为 2,4-二氯苯酚，进一步聚合，形成砜，同时丙基基团断裂。③土壤/环境。土壤对本品吸附力很强，在田间 DT_{50} 1～2 月。在土壤中，脱氯形成 4-氯丙硫磷，氧化为砜，氢解为 2,4-二氯苯酚，最后降解为二氧化碳。

制剂　50%乳油，32%、40%可湿性粉剂，2%粉剂，3%微粒剂。

主要生产商　Arysta LifeScience。

作用机理与特点　胆碱酯酶抑制剂。具有触杀和胃毒作用的广谱、非内吸性杀虫剂。

应用

（1）适用作物　蔬菜（如甘蓝）、水果（如柑橘）、甘蔗、茶树、烟草、观赏植物、烟草、菊花、樱花、草坪、玉米、甜菜、茶等。

（2）防治对象　对鳞翅目幼虫高效，尤其对氨基甲酸酯和其他有机磷杀虫剂产生交互抗性的蚜类、蓟马、粉虱、卷叶虫类和蠕虫类有良好效果，对多抗性品系的家蝇有较好的杀灭活性，如菜青虫、小菜蛾、甘蓝叶蛾、黑点银纹叶蛾、蚜虫、卷叶蛾、粉虱、斜纹叶蛾、烟青虫和美国白蛾等害虫。对鞘翅目害虫有效，对叶蝉科、盲蝽科和瓢虫科害虫弱效，对地下害虫的幼虫有明显的活性，可用于防治金针虫、地老虎和白蚁。

（3）残留量与安全施药　为了安全、减少残留，甘蓝安全间隔期为 21 d，柑橘安全间隔期为 45 d。

（4）使用方法　蔬菜田推荐剂量为 50～75 g(a.i.)/hm²。乳油通常 1000 倍液喷雾。

专利与登记

专利名称　Insecticidal *O*-ethyl *S*-propyl aryl phosporothioates

专利号 DE 2111414　　　　专利公开日 1971-09-30

专利申请日 1970-03-13　　　　优先权日 1970-03-13

专利拥有者 Bayer AG

在其他国家申请的化合物专利 AT 304934、BE 764116、CA 922728、CH 517782、CS 167917、ES 389200、FR 2081936、GB 1295418、HU 162202、IL 36221、JP 49024656、NL 7103349、NL 169881、PL 76334、RO 60626、SU 365891、TR 16921、US 3825636、US 3898334、US 3947529、US 4013793、ZA 7101085 等。

制备专利 JP 49086347 等。

合成方法 经如下反应制得丙硫磷：

参考文献

[1] The Pesticide Manual. 17th edition: 945-946.

[2] 农药商品大全. 北京: 中国商业出版社, 1996: 92.

[3] 农药大典. 北京: 中国三峡出版社, 2006: 88.

<h1 align="center">丙溴磷（profenofos）</h1>

373.6，C_{11}H_{15}BrClO_3PS，41198-08-7

丙溴磷（试验代号：CGA 15324、OMS 2004，商品名称：Ajanta、Curacron、Mardo、Profex、Progress、Selecron、Soldier，其他名称：布飞松、菜乐康、多虫清、多虫磷）是 F.Buholzer 报道其活性，由 Ciba-Geigy AG(现属 Syngenta AG)开发的有机磷类杀虫剂。

化学名称 O-4-溴-2-氯苯基-O-乙基-S-丙基硫代磷酸酯。英文化学名称为 O-4-bromo-2-chlorophenyl O-ethyl S-propyl phosphorothioate。美国化学文摘系统名称为 O-(4-bromo-2-chlorophenyl) O-ethyl S-propyl phosphorothioate。CA 主题索引名称为 phosphorothioic acid, esters O-(4-bromo-2-chlorophenyl) O-ethyl S-propyl ester。

理化性质 工业品纯度≥89%，淡黄色液体，具有大蒜气味，熔点-76℃，沸点 100℃（1.86 Pa）。蒸气压 0.124 mPa（25℃）。相对密度 1.455（20～25℃）。lgK_{ow} 4.44。Henry 常数 0.0028 Pa·m³/mol（计算）。水中溶解度（20～25℃）28.0 mg/L；易溶于大多数有机溶剂。稳定性：在中性、弱酸性介质中稳定，在碱性条件下分解，DT$_{50}$（计算，20℃）：93 d（pH 5）、14.6 d（pH 7）、5.7 h（pH 9）。闪点 124℃。

毒性 急性经口 LD$_{50}$（mg/kg）：大鼠 358，兔 700。急性经皮 LD$_{50}$（mg/kg）：大鼠约 3300，兔 472。本品对兔眼睛和皮肤中度刺激。大鼠吸入 LC$_{50}$（4 h）约 3 mg/L。NOEL（6 个月）狗 2.9 mg/kg bw（JMPR），0.005 mg/kg bw（EPA RED）；（2 年）大鼠 5.7 mg(a.i.)/kg 饲料（JMPR）；（生命周期研究）小鼠 4.5 mg/kg 饲料（JMPR）。ADI/RfD：（JMPR）0.03 mg/kg bw[2007]；（BfR）

0.005 mg/kg bw[2001]；（EPA）aRfD 0.005 mg/kg bw，cRfD 0.00005 mg/kg bw[2006]。

生态效应　鸟类 LC_{50}（8 d，mg/L）：山齿鹑 70～200，日本鹌鹑＞1000，野鸭 150～612。鱼类 LC_{50}（96 h，mg/L）：大翻车鱼 0.3，鲫鱼 0.09，虹鳟鱼 0.08。水蚤 EC_{50}（48 h）1.06 μg/L。羊角月牙藻 EC_{50}（72 h）1.16 mg/L。本品对蜜蜂有剧毒，蜜蜂 LD_{50}（48 h）0.102 μg/只（触杀）。软壳蟹 LC_{50} 33 μg/L。蚯蚓 LC_{50}（14 d）372 mg/kg 土壤。

环境行为　经口进入大鼠体内的本品能快速地以 ^{14}C-丙溴磷的形式排出，主要的代谢途径是脱烷基化作用和水解作用，然后结合。在棉花、甘蓝、莴苣中，本品被快速吸收和代谢。土壤中的半衰期（实验室和田间）约 1 周。

制剂　400 g/L、500 g/L、720 g/L 乳油，20%增效乳油，250 g/L 超低容量喷雾剂，3%、5%颗粒剂。

主要生产商　河北省衡水北方农药化工有限公司、湖北蕲农化工有限公司、江苏宝灵化工股份有限公司、宁夏永农生物科学有限公司、瑞士先正达作物保护有限公司、山东科源化工有限公司、山东美罗福农业科技股份有限公司、山东省联合农药工业有限公司、山东省烟台科达化工有限公司、山东潍坊润丰化工股份有限公司、山西绿海农药科技有限公司、四川省乐山市福华通达农药科技有限公司、苏州桐柏生物科技有限公司、威海韩孚生化药业有限公司、一帆生物科技集团有限公司等。

作用机理与特点　胆碱酯酶抑制剂。具有触杀和胃毒作用的广谱、非内吸性杀虫和杀螨剂，具有速效性，在植物叶上有较好的渗透性，同时具有杀卵性能。

应用

（1）适用作物　棉花、玉米、甜菜、大豆、马铃薯、烟草、水稻、蔬菜、小麦等。

（2）防治对象　刺吸式和咀嚼式害虫和螨类，棉蚜、红蜘蛛、棉铃虫、稻飞虱、稻纵卷叶螟、稻蓟马和麦蚜等。

（3）残留量与安全施药　为了安全、减少残留，在棉花上的安全间隔期为 5～12 d，本品在果园不宜使用，该药对苜蓿和高粱有药害。

（4）使用方法　使用剂量：刺吸式害虫和螨类为 250～500 g(a.i.)/hm^2，咀嚼式害虫为 400～1200 g(a.i.)/hm^2。

水稻　①稻飞虱：在水稻分蘖末期或圆秆期，若平均每丛稻（指每公顷有稻丛 60 万）有虫 1 头以上，用 50%乳油 1125～1500 mL/hm^2，对水 1125 kg 喷雾。②稻纵卷叶螟：在幼虫 1～2 龄高峰期，用 50%乳油 1125 mL/hm^2，对水 1500 kg 喷雾，一般年份用药一次，大发生年份用药 1～2 次，并适当提早第一次施药时间。③稻蓟马：在若虫卵孵盛期，用 50%乳油 750 mL/hm^2，对水 1125 kg 喷雾。

棉花　①棉蚜：防治苗蚜用 50%乳油 300～450 mL/hm^2，对水 750～1125 kg 叶背喷雾；防治伏蚜每次用 50%乳油 750～900 mL/hm^2，对水 1500 kg 叶背均匀喷雾。②棉红蜘蛛：在棉花苗期，根据红蜘蛛发生情况，用 50%乳油 600～900 mL/hm^2，对水 1125kg 均匀喷雾。③棉铃虫（俗称青虫、钻桃虫）：在黄河流域棉区，2～3 代棉铃虫发生时，如百株卵量骤然上升，超过 15 粒，或百株幼虫达到 5 头时，用 50%乳油 2 L/hm^2，对水 1500 kg 喷雾。

小麦　在麦田齐苗后，有蚜株率 5%，百株蚜量 10 头左右，冬季返青拔节前，有蚜株率 20%，百株蚜量 5 头以上，每次用 50%乳油 375～560 mL/hm^2，对水 75 kg 喷雾。

园艺作物　用 40%乳油 750～1500 mL/hm^2，对水 1000 倍喷雾，可防治小菜蛾及菜青虫；40%乳油 1000 倍，对水喷雾，可防治苹果绣线菊蚜。

专利与登记

专利名称 *O*-Aryl-*O*-ethyl-*S*-propylthiophosphates

专利号 DE 2249462 专利公开日 1973-04-19

专利申请日 1972-10-09 优先权日 1971-10-12

专利拥有者 Ciba-Geigy A.-G.

在其他国家申请的化合物专利 AR 195503、BG 19089、CA 1051915、CH 692595、CH 693621、CN 1268295、CY 887、DD 101541、DE 2249462、DE 3784520D、EA 2032、EP 0369612、EP 0765120、EP 0369614、EP 0369613、ES 407515、FR 2156230、GB 2162749、GB 1417116、HK 6277、IL 40476、IT 986856、JP 48044434、JP 7304614、KE 2694、MY 16077、NL 7212564、NL 161157、NZ 514000、OA 4201、SU 673138、TW 387791B、US 2003166618、US 2003153591、US 6514954、US 4374833、US 6486157、WO 0237964、WO 9963829、WO 9925188、WO 9925187、WO 9740691 等。

制备专利 CN 109836454、CN 106278802、CN 103588811、CN 102617636、CN 1042938 等。

国内登记情况 85%、89%、90%、94%原药，10%颗粒剂，20%、40%、50%乳油等，登记作物为甘蓝、水稻和棉花等，防治对象棉铃虫、小菜蛾和稻纵卷叶螟等。瑞士先正达作物保护有限公司在中国登记情况见表 2-111。

表 2-111 瑞士先正达作物保护有限公司在中国登记情况

登记名称	登记证号	含量	剂型	登记作物	防治对象	用药量	施用方法
丙溴磷	PD271-99	89%	原药				
氯氰·丙溴磷	PD214-97	440 g/L	乳油	棉花	红铃虫	65～100 mL/亩	喷雾
				棉花	棉铃虫	65～100 mL/亩	喷雾
				棉花	棉蚜	30～60 mL/亩	喷雾
丙溴磷	PD20080452	500 g/L	乳油	棉花	棉铃虫	75～125 g/亩	喷雾

合成方法 经如下反应制得丙溴磷：

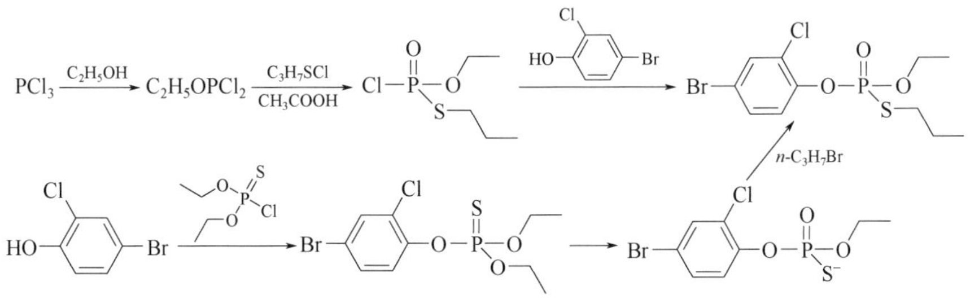

参考文献

[1] The Pesticide Manual. 17th edition: 909-910.

[2] Buholzer F. Proc. Br. Insectic. Fungic. Conf.. 8th. 1975, 2: 659.

[3] 农药商品大全. 北京: 中国商业出版社, 1996: 33-34.

[4] 农药大典. 北京: 中国三峡出版社, 2006: 28-29.

[5] 周立群. 农药研究与应用, 2012(5): 31-34.

[6] 新编农药手册. 北京: 农业出版社, 1989: 117-118.

哒嗪硫磷（pyridaphenthion）

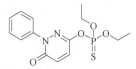

340.3，C₁₄H₁₇N₂O₄PS，119-12-0

哒嗪硫磷（试验代号：NC-250、CL 1250，商品名称：Ofunack，其他名称：除虫净、必芬松、苯哒磷、苯哒嗪硫磷、哒净硫磷、哒净松、杀虫净、打杀磷）是日本 Mitsu Toatsu Chemicals Inc.(现 Mitsui Chemicals)公司开发的有机磷类杀虫剂。

化学名称 O-(1,6-二氢-6-氧代-1-苯基-3-哒嗪基) O,O-二乙基硫代磷酸酯。英文化学名称为 O-(1,6-dihydro-6-oxo-1-phenylpyridazin-3-yl) O,O-diethyl phosphorothioate。美国化学文摘系统名称为 O-(1,6-dihydro-6-oxo-1-phenyl-3-pyridazinyl) O,O-diethyl phosphorothioate。CA 主题索引名称为 phosphorothioic acid, esters O-(1,6-dihydro-6-oxo-1-phenyl-3-pyridazinyl) O,O-diethyl ester。

理化性质 白色固体，熔点 55.7～56.7℃，180℃分解，蒸气压 0.00147 mPa（20℃），相对密度 1.334（20～25℃），lgK_{ow} 3.2，Henry 常数 5×10⁻⁶ Pa·m³/mol（计算）。水中溶解度（20～25℃）55.2 mg/L，有机溶剂中溶解度（g/L，20～25℃）：丙酮 930，环己烷 3.88，甲苯 812，二氯甲烷＞1000，甲醇＞1000，乙酸乙酯 785。150℃仍可保持稳定。水解 DT₅₀（25℃）：72 d（pH 5），46 d（pH 7），27 d（pH 9）。光解 DT₅₀（25℃）：19 d（无菌水）、7 d（自然水中）。

毒性 急性经口 LD₅₀（mg/kg）：雄大鼠 769，雌大鼠 850，雄小鼠 459，雌小鼠 555，狗＞12000。急性经皮 LD₅₀（mg/kg）：雄大鼠 2300，雌大鼠 2100。本品对兔皮肤与眼睛无刺激，对豚鼠皮肤无致敏现象。大鼠吸入 LC₅₀（4 h）＞1.13 mg/L。ADI（FSC）0.00085 mg/kg。对大鼠多代进行慢性毒性研究显示不会有致畸、致突变、致癌性等不良影响的变化。

生态效应 日本鹌鹑急性经口 LD₅₀ 为 68 mg/kg，鲤鱼 TLm（48 h）11 mg/L，水蚤 TLm（3 h）0.02 mg/L。对蜜蜂高毒。

环境行为 在小鼠和大鼠体内,本品代谢为 O-乙基-O-(3-氧代-2-苯基-2H-哒嗪基-6-)硫代磷酸酯和对应的磷酸酯；在水稻中，本品降解为苯基顺丁烯二酰肼，O,O-二乙基硫代磷酸和 PMH 苷。土壤 DT₅₀ 7～35 d（有氧和水生有氧野外条件下）。

制剂 20%乳油，2%粉剂，颗粒剂，可湿性粉剂，超低容量液剂等。

主要生产商 Mitsui Chemicals、Sipcam、安徽省池州新赛德化工有限公司等。

应用

（1）适用作物 水稻、小麦、棉花、杂粮、油菜、蔬菜、果树、森林等。

（2）防治对象 对多种咀嚼式口器和刺吸式口器害虫，均有较好的防治效果。尤其对稻螟虫、棉花红蜘蛛有卓效。对成螨、若螨、螨卵都有显著抑制作用。

（3）残留量与安全施药 对人、畜毒性低，属低毒杀虫剂。①不能与碱性农药混用，以免分解失效。②不能与 2,4-滴除草剂同时使用，或两药使用的间隔期不能太短，否则，易发生药害。

（4）使用方法

水稻 ①在卵块孵化高峰前 1～3 d，每亩用 20%乳油 200～300 mL，对水 10 kg 均匀喷雾，可防治二化螟、三化螟。②每亩用 20%乳油 200 mL，对水 100 kg 均匀喷雾，可有效防治稻苞虫、稻叶蝉、稻蓟马。③每亩用 20%乳油 200～250 mL，对水 75 kg 喷雾，或混细土 1.5～2.5 kg 撒施，可有效防治稻瘿蚊。

棉花　①用 20%乳油稀释 1000 倍液喷雾，可防治棉花叶螨，不仅能杀死成、若螨，对螨卵也有显著的抑制作用。②用 20%乳油 500～1000 倍均匀喷雾，或每亩用 2%粉剂 3 kg 喷粉，可有效防治棉蚜、棉铃虫、红铃虫、造桥虫，效果良好。③用 20%乳油 1000 倍液进行喷雾，可有效防治棉花叶蝉。

果树　用 20%哒嗪硫磷乳油 800～1000 倍液均匀喷雾，可防治枣树蚜虫、桃小食心虫等。

专利与登记

专利名称　Dialkyl pyridazinonyl phosphates and thiophosphates

专利号　US 2759937　　　　　专利公开日　1956-08-21

专利申请日　1955-03-21　　　　优先权日　1955-03-21

专利拥有者　American Cyanamid Co.

在其他国家申请的化合物专利　JP 55130991、JP 60055075、IL 59601、FR 2452493、BR 8001838、GB 2047250、HU 29282、HU 186365、CH 648563、US 4474775、US 4621144。

国内登记情况　20%乳油、98%原药等，登记作物为水稻、棉花、小麦、玉米、茶树、蔬菜、果树、大豆和林木等，防治对象叶蝉、蚜虫、螨、棉铃虫、螟虫、黏虫、玉米螟、松毛虫、食心虫、菜青虫和竹青虫等。

合成方法　经如下反应制得哒嗪硫磷：

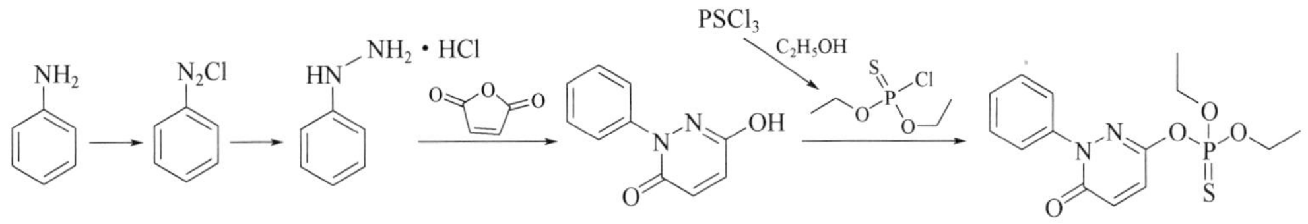

参考文献

[1] The Pesticide Manual. 17 th edition: 972-973.

[2] 赵锋，罗婧，王鸣华. 生态环境学报, 2012(4): 780-785.

[3] 宋玉曼. 河北农业科技, 1986(5): 19.

稻丰散（phenthoate）

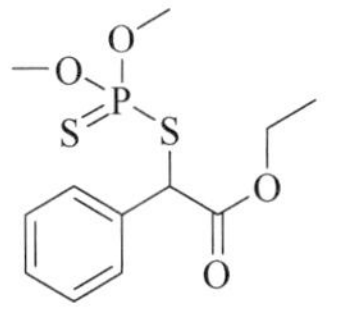

320.4，$C_{12}H_{17}O_4PS_2$，2597-03-7

稻丰散（试验代号：L561、ENT27386、S-2940、OMS1075，商品名称：Cidial、Elsan、Kiran、Papthion、Phenidal、Vifel、Aimsan、Amaze、Dhanusan、Genocide、爱乐散、益尔散，其他名称：dimephenthoate）是 Montecatini S.p.A.（现属 Isogro S.p.A.）开发的有机磷类杀虫剂。

化学名称 S-α-乙氧基羰基苄基-O,O-二甲基二硫代磷酸酯。英文化学名称为 S-α-ethoxy-carbonylbenzyl O,O-dimethyl phosphorodithioate 或 ethyl dimethoxyphosphinothioylthio(phenyl)acetate。美国化学文摘系统名称为 ethyl α-[(dimethoxyphosphinothioyl)thio]benzeneacetate。CA 主题索引名称为 benzeneacetic acid —, α-[(dimethoxyphosphinothioyl)thio]- ethyl ester。

理化性质 白色结晶固体（原药带有芳香、辛辣气味的黄色油状液体），熔点 17～18℃，沸点 186～187℃（665 Pa），蒸气压 5.3 mPa（40℃），$\lg K_{ow}$ 3.69，相对密度 1.226（20～25℃），水中溶解度（20～25℃）10.0 mg/L，有机溶剂中溶解度（g/L，20～25℃）：易溶于甲醇、乙醇、丙酮、苯、二硫化碳、氯仿、二氯乙烷、乙腈、正己烷（116）、煤油（340）、四氢呋喃、二甲苯等有机溶剂。180℃以下稳定，在酸性和中性介质中稳定，在碱性介质中水解。闪点 165～170℃。

毒性 急性经口 LD_{50}（mg/kg）：雄大鼠 270，雌大鼠 249，小鼠 350，狗＞500，豚鼠 377，兔 72。急性经皮 LD_{50}（mg/kg）：大鼠＞5000，雄小鼠 2620。对兔眼睛和皮肤无刺激，对豚鼠皮肤无致敏性。大鼠吸入 LC_{50}（4 h）3.17 mg/L 空气。NOEL（104 周）0.29 mg/(kg·d)。ADI/RfD（JMPR）0.003 mg/kg bw（1984）。

生态效应 鸟类急性经口 LD_{50}（mg/kg）：野鸡 218，鹌鹑 300。鱼 TLm（48 h，mg/L）：鲤鱼 2.5，金鱼 2.4。对蜜蜂有毒，LD_{50} 0.306 μg/只。

环境行为 在动物体内代谢为脱甲基化磷酸酯、脱甲基化磷酸、脱甲基化过氧化磷酸、O,O-二甲基二硫代磷酸和硫代磷酸，通过尿和粪便排出体外。在植物中先氧化为硫代磷酸酯，随后氢解为磷酸、二甲基磷酸和甲基磷酸。在土壤表面和土壤中 $DT_{50} \leqslant 1$ d，降解的产物为稻丰散酸。

制剂 50%、60%乳油，5%油剂，40%可湿性粉剂，2%颗粒剂，85%水溶粉剂，75%、90% 超低容量剂，3%粉剂。

主要生产商 Atul、Coromandel、Nissan、Sumitomo Chemical、江苏腾龙生物药业有限公司等。

作用机理与特点 乙酰胆碱酯酶抑制剂。为具有触杀和胃毒作用的速效、广谱二硫代磷酸酯类杀虫杀螨剂，具有杀卵活性。

应用

（1）适用作物 水稻、棉花、果树、蔬菜、茶树、油料、观赏植物、烟草、向日葵等作物。

（2）防治对象 可防治果树、蔬菜、棉花、水稻、油料、茶树、桑树等作物上的咀嚼式、刺吸式口器等害虫，如飞虱、叶螨、潜叶蝇、椿象、一些介壳虫、跳甲、二十八星瓢虫、二化螟、三化螟、稻纵卷叶螟、稻飞虱、叶蝉、棉铃虫、大豆食心虫、蚜虫、负泥虫、蝗虫、红蜘蛛、菜青虫。还可防治蚊子成虫、幼虫等卫生害虫。

（3）残留量与安全施药 对葡萄、桃、无花果和苹果的某些品种有药害。能使一些红皮品种的苹果果实褪色。茶树在采茶前 30 d，桑树在采叶前 15 d 内禁用。一般使用量对鱼类与蚧类影响小，但对鲻鱼、鳟鱼影响大。允许残留量：麦、杂谷 0.4 mg/kg，果实、蔬菜、茶 0.1 mg/kg，薯、豆类为 0.05 mg/kg。对作物安全。使用时不可与碱性物质混用。

（4）使用方法 以 0.5～1.0 kg(a.i.)/hm² 剂量施用，能保护棉花、水稻、果树、蔬菜及其他作物不受鳞翅目、叶蝉科、蚜类和软甲虫类的危害。

水稻害虫的防治，用 50%乳油 1.5～3 L/hm²，对水 900～1125 kg 喷雾，可防治二化螟、三化螟；或加细土 300～375 kg 拌匀撒施。此法也可用于防治稻飞虱、叶蝉、负泥虫。

棉花害虫的防治，用 50%乳油 2.24～3 L/hm²，对水 900～1125 kg，常量喷雾，可防治棉铃虫、蚜虫、叶蝉。

蔬菜害虫的防治，用 50%乳油 1.8～2.25 L/hm²，对水 750～900 kg，常量喷雾，或加水 75～150 kg 作低容量喷雾，可防治蚜虫、蓟马、菜青虫、小菜蛾、斜纹夜蛾、叶蝉。

果树害虫的防治，用 50%乳油 1000 倍液喷雾，可防治苹果卷叶蛾、介壳虫、食心虫、蚜虫、柑橘矢尖蚧、褐圆蚧、黑刺粉虱、柑橘矢尖疥、褐圆蚧、康片蚧、吹绵蚧等。在柑橘初开花期开始，间隔 10 d 再喷一次，可达到理想效果。

专利与登记

专利名称　　*α*-Substituted *O,O*-dialkyldithiophosphorylacetic esters

专利号　　GB 834814　　　　　　专利公开日　　1960-05-11

专利申请日　1956-06-06　　　　优先权日　　1956-06-06

专利拥有者　　"Montecatini" Societa generale per l'industria mineraria e chimica

制备专利　　CN 106632463 等。

国内登记情况　　50%、60%乳油，40%水乳剂，登记作物为水稻和柑橘树等，防治对象稻纵卷叶螟、二化螟和三化螟等。

合成方法　　文献报道了稻丰散的多种合成方法，但合成的路线大体相同，只是所用起始原料有所不同。路线一是由苄氯经两步反应生成苯乙酸，酯化后再 *α* 位氯代；路线二和三是苯乙酸在 *α* 位卤代再酯化反应，路线四是苯乙腈先在 *α* 位卤代，再酯化反应。

路线一：

路线二：

路线三：

路线四：

参考文献

[1] The Pesticide Manual. 17th edition: 864-865.

[2] 道邦. 农药市场信息, 2012(7): 41.

[3] 陈燕芳. 安徽农学通报, 2016(8): 70+124.

[4] 韩益民, 曹广宏. 农药, 1988, 27(5): 15-16.

[5] 陈寿宏. 农药, 2002, 41(4): 17-18.

[6] 沈建新, 张惠琴, 顾卫芬. 农药, 2002, 41(9): 1-4.

[7] 王玉国, 宋贤利, 孙艾萍. 现代农药, 2002, 3: 39-40.

[8] 精细化学品化学. 北京:化学工业出版社, 2004: 112-116.

敌百虫（trichlorfon）

257.4，$C_4H_8Cl_3O_4P$，52-68-6

敌百虫（试验代号：Bayer15922、BayerL13/59、OMS800、ENT19763，其他通用名称：chlorophos、metriphonate、DEP，商品名称：Dipterex、Saprofon、Susperex、毒霸、三氯松，其他名称：metrifonate）是 G.Unterstenhofer 报道其活性，首先由 W.Lorenz 制备，由 Bayer AG 开发的有机磷类杀虫剂。

化学名称 O,O-二甲基-(2,2,2-三氯-1-羟基乙基)磷酸酯。英文化学名称为 O,O-dimethyl 2,2,2-trichloro-1-hydroxyethylphosphonate。美国化学文摘系统名称为 dimethyl(2,2,2-trichloro-1-hydroxyethyl)phosphonate。CA 主题索引名称为 phosphonic acid —, (2,2,2-trichloro-1-hydrox-yethyl)-dimethyl ester。

组成 敌百虫为外消旋体，$(1R)$-和$(1S)$-对映异构体比例为 1：1。

理化性质 无色晶体，具有较淡的特殊气味。熔点 78.5～84℃。蒸气压：0.21mPa（20℃）、0.5mPa（25℃）。相对密度 1.73（20～25℃），lgK_{ow} 0.43，Henry 常数 $4.4×10^{-7}$ Pa·m^3/mol。水中溶解度（20～25℃）$1.2×10^5$ mg/L；有机溶剂中溶解度（g/L，20～25℃）：二氯甲烷、异丙醇＞200，正己烷 0.1～1，甲苯 20～50。易发生水解和脱氯化氢反应，在加热、pH＞6 时分解迅速，遇碱很快转化为敌敌畏，DT_{50}（22℃）：510 d（pH4）、46 h（pH7）、＜30min（pH9）。光解缓慢。

毒性 雄、雌大鼠急性经口 LD_{50} 约 250 mg/kg；雄、雌大鼠急性经皮 LD_{50}（24 h）＞5000 mg/kg。本品对兔眼睛和皮肤无刺激。雄和雌大鼠吸入 LC_{50}（4 h）＞2.3 mg/L（气溶胶）。NOEL 值：NOAEL 猴子 0.2 mg/kg bw（EPA RED）；NOEL 大鼠（2 年）100 mg/kg 饲料，小鼠（2 年）300 mg/kg 饲料，狗（4 年）50 mg/kg 饲料。ADI/RfD（EFSA）0.045 mg/kg bw（2006），（JECFA）0.002 mg/kg bw（2003，2006），（JMPR）0.01 mg/kg bw（1978），（EPA）aRfD 0.1 mg/kg bw，cRfD 0.002 mg/kg bw（2006）。

生态效应 鱼类 LC_{50}（96 h，mg/L）：虹鳟鱼 0.7，金色圆腹雅罗鱼 0.52。水蚤 LC_{50}（48 h）0.00096 mg/L。羊角月牙藻 E_rC_{50}＞10 mg/L。本品对蜜蜂和其他益虫低毒。

环境行为 本品对鱼类和鸟类中毒，对水栖节肢动物中到高毒，因而不适用于水域喷雾施药。本品进入动物体内后，被迅速吸收和代谢，并在 6 h 之内通过尿排出，其主要代谢物为二甲基磷酸、一甲基磷酸以及其二氯乙酸的共轭物。在植物内，本品被迅速氢解，其主要代谢物为二甲基磷酸、一甲基磷酸和二氯乙酸、二氯乙醇的共轭物。本品在土壤中流动很快，但迅速降解为二氧化碳。其中间物为二氯乙醇、二氯乙酸和三氯乙酸。K_{oc} 20（±10）。

制剂　25%、50%、80%、95%可湿性粉剂，250 g/L、500 g/L、750 g/L 超低容量液剂，50%、80%、95%可溶粉剂，2.5%、40%粉剂，3%、4.5%、5%颗粒剂，20%、30%、50%、60%乳油，25%油剂。

主要生产商　Adama、Cequisa、FarmHannong、UPL、广东省佛山市大兴生物化工有限公司、邯郸市新阳光化工有限公司、合肥合农农药有限公司、湖南沅江赤蜂农化有限公司、江苏省南通江山农药化工股份有限公司、辽宁氟托新能源材料有限公司、漯河市新旺化工有限公司、山东潍坊润丰化工股份有限公司等。

作用机理与特点　胆碱酯酶的直接抑制剂。高效、低毒、低残留、广谱性杀虫剂，以胃毒为主，兼有触杀作用，也有渗透活性。但无内吸传导作用。在有机体内转变为敌敌畏而发挥药效，但不稳定，很快失效。

应用

（1）适用作物　水稻、棉花、旱粮作物、蔬菜、果树、茶树、烟草、森林等。

（2）防治对象　双翅目、鳞翅目、鞘翅目、膜翅目、半翅目害虫，如黏虫、水稻螟虫、稻飞虱、稻苞虫、棉红铃虫、象鼻虫、叶蝉、金刚钻、玉米螟虫、蔬菜菜青虫、菜螟、斜纹叶蛾等，以及卫生害虫如苍蝇、蟑螂、跳蚤、臭虫、蠹虫、蚂蚁和家畜体外寄生虫。也可制成毒饵，诱杀农场和马、牛厩内的厩蝇和家蝇。

（3）残留量与安全施药　①为了安全，一般使用浓度0.1%左右，对作物无药害。玉米、苹果（曙光、元帅在早期）对本品较敏感，施药时应注意。高粱、豆类特别敏感，容易产生药害，不宜使用。烟草在收获前 10 d，水稻、蔬菜在收获前 7 d，停止使用。②忌用量过大。敌百虫用量过大，会造成中毒。无论是内服给药还是外用涂擦，一定要注意掌握好剂量。局部涂擦时，最好不要超过体表面积的 1/3，以防引起中毒。③忌与碱性药物配伍，敌百虫与碱性药物接触后，会变成敌敌畏，从而大大增加其毒性。④忌用于禽类，慎用于牛羊，禽类对敌百虫非常敏感，极易造成中毒，不适宜应用。牛对敌百虫亦较敏感，目前国内应用较少。山羊和细毛羊对敌百虫稍敏感，在应用时要控制好用量，防止中毒的发生。

（4）使用方法

水稻　用80%可溶粉剂2250～3000 g/hm²，对水 1000～1500 kg 喷雾，可防治二化螟、稻叶蝉、稻铁甲虫、稻苞虫、稻纵卷叶螟、稻叶蝉和稻蓟马等害虫。

旱粮　①小麦黏虫：用80%可溶粉剂2250 g/hm²，对水 250～1000 kg 喷雾，或5%粉剂1.8 kg/hm²喷粉。②大豆造桥虫、草地螟：用80%可湿性粉剂2250 g/hm²，对水 750～1500 kg 喷雾。③甜菜象甲：用80%可湿性粉剂2250 g/hm²，对水 750～1500 kg 喷雾。

棉花　用80%可溶粉剂2250～4500 g/hm²，对水 1000 kg 喷雾，可防治棉铃虫、棉金刚钻和棉叶蝉。

蔬菜　用80%可溶粉剂1200～1500 g/hm²，对水 750 kg 喷雾，可防治菜粉蝶、小菜蛾、甘蓝叶蛾。

茶叶　用 80%可溶粉剂 1000 倍液均匀喷雾，可防治茶毛虫（茶黄毒蛾、茶斑毒蛾、油茶毒蛾）、茶尺蠖。

果树　①荔枝蝽：于3月下旬至5月下旬，成虫交尾产卵前和若虫盛发期，用90%结晶

800～1000 倍液均匀喷雾一次。②荔枝蛀虫：于荔枝收获前约 25 d 和 15 d，用敌百虫有效浓度 1600 mg/L 加 25%杀虫双 500 倍液，均匀喷雾，若用飞机喷雾，则用敌百虫可溶粉剂加杀虫双水剂 600～900 mL/hm² 喷雾。

林业　用 25%乳剂 2250～3000 g/hm²，用超低容量喷雾器喷雾，可防治松毛虫。

地下害虫　用 750～1500 g(a.i.)/hm²，先以少量水将敌百虫溶解，然后与 60～75 kg 炒香的棉仁饼或菜籽饼搅匀，亦可与切碎鲜草 300～450 kg 拌匀成毒饵，在傍晚撒施于作物根部土表诱杀害虫。

家畜及卫生害虫　用 80%可溶粉剂 400 倍液洗刷，可防治马、牛、羊体皮寄生虫，如牛虱、羊虱、猪虱、牛瘤蝇蛆等；用 80%可溶粉剂 1：100 制成毒饵，可诱杀马、牛厩内的厩蝇和家蝇。

专利与登记

专利名称　β,β,β-Trichloro-α-hydroxyethylphosphonic dimethyl ester and insecticidal composition thereof

专利号　US 2701225　　　　　专利公开日　1955-02-01

专利申请日　1953-09-15　　　优先权日　1952-09-20

专利拥有者　Bayer AG

制备专利　CN 106665645、CN 106632473、CN 102464674、CN 102234292 等。

国内登记情况　80%、90%可溶粉剂，30%乳油，87%、90%、97%原药，登记作物为水稻、小麦、白菜、青菜、柑橘树、烟草、茶树、林木和大豆等，防治对象蚜虫、菜青虫、卷叶蛾和松毛虫等。表 2-112 为安道麦股份有限公司登记情况。

表 2-112　安道麦股份有限公司登记情况

登记名称	登记证号	含量	剂型	登记作物	防治对象	用药量	施用方法
敌百虫	PD85162-2	80%	可溶粉剂	茶树	尺蠖	700～1400 倍液	喷雾
				荔枝树	椿象	700 倍液	喷雾
				林木	松毛虫	1500～2000 倍液	喷雾
				蔬菜	斜纹夜蛾	1000 倍液	喷雾
				水稻	螟虫	700 倍液	喷雾
				小麦	黏虫	350～700 倍液	喷雾
				枣树	黏虫	700 倍液	喷雾
敌百虫	PD84108-9	90%	原药				
克百·敌百虫	PD20085274	3%	颗粒剂	棉花	蚜虫	2500～3000 g/亩	沟施或穴施
				水稻	二化螟	3000～4000 g/亩	撒施
				水稻	三化螟	3000～4000 g/亩	撒施
敌百虫	PD20082765	30%	乳油	十字花科蔬菜	菜青虫	100～150 g/亩	喷雾

合成方法　经如下反应制得敌百虫：

参考文献

[1] The Pesticide Manual. 17th edition: 1141-1142.

[2] 农药商品大全. 北京: 中国商业出版社, 1996: 88.

[3] 孟长春, 张海滨. 农药科学与管理, 2012(11): 9-11.

[4] 卓江涛, 李朝波. 山东化工, 2012(9): 58-59.

敌敌畏（dichlorvos）

221.0，$C_4H_7Cl_2O_4P$，62-73-7

敌敌畏（试验代号：Bayer 19149、C 177、OMS14、ENT 20 738，商品名称：Charge、Dash、Denkavepon、Dichlorate、Dix 50、Dodak、Hilvos、Mifos、Nuvan、Rupini、SunVos、Vapona、Vaportape、Winylofos 及二氯松）是由汽巴-嘉基公司(现属 Syngenta AG)、壳牌化学公司(现属 BASF)和拜耳公司以各自的技术开发生产的杀虫剂。

化学名称　2,2-二氯乙烯基二甲基磷酸酯。英文化学名称为 2,2-dichlorovinyl dimethyl phosphate。美国化学文摘系统名称为 2,2-dichloroethenyl dimethyl phosphate。CA 主题索引名称为 phosphoric acid, esters, 2,2-dichloroethenyl dimethyl ester。

理化性质　纯品为无色液体（工业品为芳香气味的无色或琥珀色液体），有挥发性，熔点＜−80℃，沸点：234.1℃（$1.01×10^5$ Pa），74℃（133 Pa）。蒸气压 2100.0 mPa（25℃）。lgK_{ow} 1.9（OECD 117）。Henry 常数 0.0258 Pa·m^3/mol。相对密度（20～25℃）1.425。水中溶解度（20～25℃）$1.8×10^4$ mg/L。溶于乙醇、芳香烃、氯代烃、柴油、煤油、异构烷烃、矿油中。在 185～280℃之间发生吸热反应，在 315℃时剧烈分解，在水和酸性介质中缓慢水解，在碱性介质中急剧水解成二甲基磷酸氢盐和二氯乙醛，DT_{50}（22℃）：31.9 d（pH 4），2.9 d（pH 7），2.0 d（pH 9）。闪点＞100℃，172℃（$1×10^5$ Pa）。

毒性　大鼠急性经口 LD_{50} 约 50 mg/kg，大鼠急性经皮 LD_{50} 224 mg/kg。对兔眼睛和皮肤轻度刺激。大鼠吸入 LC_{50}（4 h）0.23 mg/L，大鼠 NOEL（2 年）10 mg/kg 饲料，狗 LOAEL（1 年）0.1 mg/kg。ADI/RfD（EFSA）0.00008 mg/kg bw（2006），（BfR）0.001 mg/kg bw（2005），（JMPR）0.004 mg/kg bw（1993），（EPA）aRfD 0.008 mg/kg bw，cRfD 0.0005 mg/kg bw（1993，2006）。

生态效应　山齿鹑急性经口 LD_{50} 24 mg/kg，日本鹌鹑亚急性经口 LD_{50}（8 d）300 mg/kg。鱼毒 LC_{50}（96 h，mg/L）：虹鳟 0.2，圆腹雅罗鱼 0.45（0.5 μg/L 乳油）。水蚤 LC_{50}（48 h）0.19 μg/L。羊角月牙藻 EC_{50}（5 d）52.8 mg/L。对蜜蜂急性经口 LD_{50} 0.29 μg/只。蚯蚓 LC_{50}（7 d）15 mg/kg，LC_{50}（14 d）14 mg/kg。

环境行为　除了泄露外，对水生和陆地上的生物体不会构成威胁，由于对鸟和蜜蜂的剧毒所以应当谨慎使用。①动物。哺乳动物经口给药，在肝脏里通过水解和脱甲基化作用很快降解，半衰期为 25 min。②植物。在植物中很快分解。③土壤/环境。在大气中很快分解，在潮湿的环境中可以水解，形成磷酸和 CO_2。DT_{50} 约 10 h，在有生物活性的水和土壤体系中 DT_{50}＜1 d。

制剂 48%、50%、77.5%、80%乳油，22.5%油剂，90%可溶液剂、热雾剂、颗粒剂、气雾剂、冷雾剂。

主要生产商 Adama、Amvac、FarmHannong、FMC、Jin Hung Fine Chemical、Meghmani、UPL、安徽华星化工有限公司、安徽茂源生物科技有限公司、高密建滔化工有限公司、广西易多收生物科技有限公司河池农药厂、湖北仙隆化工股份有限公司、江苏省南通江山农药化工股份有限公司、漯河市新旺化工有限公司、山东大成生物化工有限公司、山东科源化工有限公司、山东潍坊润丰化工股份有限公司、吴桥农药有限公司等。

作用机理与特点 呼吸系统抑制剂，是具有触杀、胃毒和快速击倒作用的杀虫杀螨剂，抑制昆虫体内乙酸胆碱酯酶造成神经传导阻断而引起死亡。

应用

（1）适用作物 水果（如葡萄）、蔬菜、园林植物、茶树、水稻、棉花、蛇麻子等。

（2）防治对象 对咀嚼式口器和刺吸式口器的害虫均有效。

（3）使用方法 它可用于田间及家庭、公共场所，对双翅目害虫和蚊类尤其有效。以0.5～1 g(a.i.)/100m³浓度保护储藏产品，以300～1000 g(a.i.)/hm²剂量防治刺吸式口器和咀嚼式口器害虫，以便保护作物。除敏感的菊类植物外，它是没有药害的，也无持效。

田间使用 ①防治菜青虫、甘蓝夜蛾、菜叶蜂、菜蚜、菜螟、斜纹夜蛾，用80%乳油1500～2000倍液喷雾。②防治二十八星瓢虫、烟青虫、粉虱、棉铃虫、小菜蛾、灯蛾、夜蛾，用80%乳油1000倍液喷雾。③防治红蜘蛛、蚜虫用50%乳油1000～1500倍液喷雾。④防治小地老虎、黄守瓜、黄条跳虫甲，用80%乳油800～1000倍液喷雾或灌根。⑤防治温室白粉虱，用80%乳油1000倍液喷雾，可防始成虫和若虫，每隔5～7 d喷药1次，连喷2～3次，即可控制危害。也可用敌敌畏烟剂熏蒸，方法是：于傍晚收工前将保护地密封熏烟，亩用22%敌敌畏烟剂0.5 kg。或在花盆内放锯末，洒80%敌敌畏乳油，放上几个烧红的煤球即可，亩用乳油0.3～0.4 kg。⑥防治豆野螟，于豇豆盛花期（2～3个花相对集中时），在早晨8时前花瓣张开时喷洒80%敌敌畏乳油1000倍液，重点喷洒蕾、花、嫩荚及落地花，连喷2～3次。

公共场所及家庭使用 ①灭蛆：将原液（50%乳剂）1份加水500份，喷洒粪坑或污水面，每平方米用原液0.25～0.5 mL；②灭虱：将上述稀释液喷衣被，闷置2～3 h；③灭蚊蝇：原液2 mL，加水200 mL，泼于地面，关闭窗户1 h，或以布条浸原液挂在室内，每间房屋用3～5 mL，可保效3～7 d；④灭臭虫：原液1份，加水200份，用以刷涂缝隙。

专利与登记

专利名称 Pesticidal tetra-substituted ureas

专利号 GB 761474　　　　　专利公开日 1956-11-14

专利申请日 1954-05-07　　　优先权日 1954-05-07

专利拥有者 E. I. du Pont de Nemours & Co.

制备专利 CN 104892665、CN 100445291、CN 1064688、DD 285782等。

1948年首次登记。1988年美国环保署因其致癌、影响肝脏以及抑制胆碱酯酶而发出特殊声明。1995年建议修改标签而取消某些用途，从而降低风险。

国内登记情况 95%原药，48%、50%、77.5%、80%乳油，22.5%油剂，90%可溶液剂等，登记作物为棉花、林木和十字花科蔬菜等，防治对象松毛虫、黄甲跳虫、菜青虫和蚜虫等。安道麦股份有限公司登记情况见表2-113。

表 2-113 安道麦股份有限公司登记情况

登记名称	登记证号	含量	剂型	登记作物、场所或用途	防治对象	有效成分用药量	施用方法
敌敌畏	PD85105-18	80%	乳油	茶树	食叶害虫	50 g/亩	喷雾
				粮仓	多种储藏害虫	①400～500 倍液；②0.5～0.63 g/m³	①喷雾；②挂条熏蒸
				棉花	蚜虫	50～100 g/亩	喷雾
				棉花	造桥虫	50～100 g/亩	喷雾
				苹果树	小卷叶蛾	1600～2000 倍液	喷雾
				苹果树	蚜虫	1600～2000 倍液	喷雾
				青菜	菜青虫	50 g/亩	喷雾
				桑树	尺蠖	50 g/亩	喷雾
				卫生	多种卫生害虫	①300～400 倍液；②0.1 g/m³	①泼洒；②挂条熏蒸
				小麦	蚜虫	50 g/亩	喷雾
				小麦	黏虫	50 g/亩	喷雾
	PD85104-3	95%、92%	原药				
	PD20132692	90%	可溶液剂	观赏菊花	蚜虫	800～1000 倍液	喷雾

合成方法 经如下反应制得：

参考文献

[1] The Pesticide Manual. 17 th edition: 326-328.

[2] 李小东, 宗菲菲, 巨婷婷. 山东化工, 2019(16): 101+107.

[3] 杜辉. 现代农药, 2006(5): 20-21.

丁基嘧啶磷（tebupirimfos）

318.4，$C_{13}H_{23}N_2O_3PS$，96182-53-5

丁基嘧啶磷（试验代号：BAYMAT7484，商品名称：Aztec、Capinda、Defcon、HM-0446，其他名称：phostebupirim、丁嘧硫磷）是 J.Hartwig 等人报道其活性，1995 年由 Bayer Crop 公司开发的有机磷类杀虫剂。

化学名称 (RS)-[O-(2-叔丁基嘧啶-5-基)-O-乙基-O-异丙基硫逐磷酸酯]。英文化学名称为 (RS)-[O-(2-tert-butylpyrimidin-5-yl) O-ethyl O-isopropyl phosphorothioate]。美国化学文摘系统名称为 O-[2-(1,1-dimethylethyl)-5-pyrimidinyl] O-ethyl O-(1-methylethyl) phosphorothioate。CA

主题索引名称为 phosphorothioic acid, esters O-[2-(1,1-dimethylethyl)-5-pyrimidinyl] O-ethyl O-(1-methylethyl) ester。

理化性质 无色至琥珀色液体，沸点：135℃（199.5 Pa），152℃（1.01×10⁵ Pa）。蒸气压 5.0 mPa（20℃），Henry 常数 0.3 Pa·m³/mol（计算），lgK_{ow} 4.93。水中溶解度（20～25℃，pH 7）5.5 mg/L。溶于大多数有机溶剂，如醇类、酮类、甲苯。在碱性条件下分解。

毒性 急性经口 LD_{50}（mg/kg）：雄大鼠 2.9～3.6，雌大鼠 1.3～1.8，雄小鼠 14.0，雌小鼠 9.3。大鼠急性经皮 LD_{50}（mg/kg）：雄 31.0，雌 9.4。大鼠吸入 LC_{50}［4 h，mg/L（气溶胶）］：雄约 0.082，雌约 0.036。NOEL 值（2 年，mg/kg 饲料）：大鼠 0.3，小鼠 0.3，狗 0.7。狗 NOAEL（1 年）0.02 mg/kg bw。ADI/RfD（EPA）aRfD 0.002 mg/kg bw，cRfD 0.0002 mg/kg bw（2006）。本品无致癌、致畸、致突变作用。

生态效应 山齿鹑急性经口 LD_{50} 20.3 mg/kg。饲喂 LC_{50}（mg/kg，5 d）：山齿鹑 191，野鸭 577。鱼 LC_{50}（96 h，mg/kg）：虹鳟鱼 2250，金枪鱼 2550。水蚤 LC_{50}（96 h）0.078 μg/L。羊角月牙藻 E_rC_{50}（96 h，23℃）1.8 mg/L。

环境行为 在土壤中是稳定的，农场试验表明丁基嘧啶磷在深层土壤中并不富集。

制剂 颗粒剂。

主要生产商 Amvac。

作用机理与特点 胆碱酯酶的直接抑制剂。为具有触杀、胃毒作用及很好残留活性的杀虫剂。持效期长。

应用

（1）适用作物 玉米。

（2）防治对象 鞘翅目和双翅目害虫，特别是地下害虫如叶甲属中所有害虫、地老虎、切根虫等。

（3）使用方法 对于玉米根虫，用量为 1.25～1.5 g/100 m²，对于铁线虫，用量为 1.5～5.0 g/100 m²，对于双翅目蛆虫，用量为 1.0～2.0 g/100 m²，玉米地中，常与氯氟氰菊酯类混合使用。

专利与登记

专利名称 Pyrimidylphosphoric-acid derivatives and their use as pesticides

专利号 DE 3317824　　　　　专利公开日 1984-11-22

专利申请日 1983-05-17　　　优先权日 1983-05-17

专利拥有者 Bayer A.-G.

在其他国家申请的化合物专利 US 4666894、EP 128350、AT 31065、JP 59212481、JP 06033294、IL 71823、CA 1227206、DK 8402410、ZA 8403681、BR 8402324、HU 34039、HU 196604。

制备专利 CA 2118460、CA 2118461、CA 2118371 等。

合成方法 经如下反应制得丁基嘧啶磷：

参考文献

[1] The Pesticide Manual. 17th edition: 1060-1061.

[2] 农药大典. 北京: 中国三峡出版社, 2006: 111.

毒虫畏（chlorfenvinphos）

359.6，$C_{12}H_{14}Cl_3O_4P$，470-90-6[(Z)- +(E)-]，曾用2701-86-2，18708-87-7[(Z)-]，18708-86-6[(E)-]

毒虫畏（试验代号：AC 58085、BAS 188 I、C 8949、CGA 26351、ENT 24 969、GC 4072、OMS 1328、OMS 166、SD 7859，商品名称：Apachlor、Birlane、Supona、Vinylphate）是由 W.K.Chamberlain 等介绍其杀虫活性，由 Shell International Chemical Company Ltd.(现属 BASF)、Ciba AG(现属 Syngenta)和 Allied Chem 开发的有机磷类杀虫剂。

化学名称　(ZE)-2-氯-1-(2,4-二氯苯基)乙烯基二乙基磷酸酯。英文化学名称为(ZE)-2-chloro-1-(2,4-dichlorophenyl)vinyl diethyl phosphate。美国化学文摘系统名称为 2-chloro-1-(2,4-dichlorophenyl)ethenyl diethyl phosphate。CA 主题索引名称为 phosphoric acid, esters 2-chloro-1-(2,4-dichlorophenyl)ethenyl diethyl ester。

组成　毒虫畏为顺式和反式几何异构体混合物（工业品 Z 和 E 体总含量≥90%），Z、E 体含量比为8.6：1。

理化性质　纯品为无色液体（原药为琥珀色液体），熔点−23～−19℃，沸点 167～170℃（66.5 Pa）。蒸气压：1 mPa（25℃）、0.53 mPa（外推至 20℃）。lgK_{ow} 3.85（Z 体）、4.22（E 体）。相对密度1.36（20～25℃）。水中溶解度（mg/L，20～25℃）：121.0（Z 体）、7.3（E 体），易溶于大多数有机溶剂，如丙酮、己烷、乙醇、二氯甲烷、煤油、丙二醇、二甲苯。在中性、酸性和弱碱性水溶液中缓慢分解。遇强碱溶液分解更快，DT_{50}（38℃）>700 h（pH 1.1）、>400 h（pH 9.1）；（20℃）1.28 h（pH 13）。闪点>285℃。

毒性　急性经口 LD_{50}（mg/kg）：大鼠 10，小鼠 117～200，兔 300～1000，狗>12000。急性经皮 LD_{50}（mg/kg）：大鼠 31～108，兔 400～4700。对兔眼睛和皮肤无刺激。大鼠吸入 LC_{50}（4 h）约 0.05 mg/L 空气。大鼠和狗 NOEL（2 年）为 1 mg/kg 饲料 [0.05 mg/(kg·d)]。ADI：（JMPR）0.0005 mg/kg bw（1994），（BfR）0.001 mg/kg bw（2004）。

生态效应　鸟急性经口 LD_{50}（mg/kg）：雉 107，鸽子 16。鱼 LC_{50}（96 h，mg/L）：丑角鱼<0.32，古比鱼 0.3～1.6，罗非鱼 0.04。水蚤 EC_{50}（48 h）0.3 μg/L。海藻 EC_{50}（96 h）：对羊角月牙藻 1.6 mg/L。蜜蜂 LD_{50}（24 h，μg/只）：0.55（经口），4.1（接触）。蚯蚓 LC_{50}（14 d）217 mg/kg 土壤。

环境行为　①动物。在动物体内，首先通过酯化代谢为磷酸氢 2-氯-1-(2,4-二氯苯基)乙烯基乙基酯，最后代谢物为 2,4-二氯苯基乙二醇葡萄糖苷酸和 1-(2,4-二氯苯基)乙醇和 N-(2,4-二氯苯甲酰基)甘氨酸。②植物。本品在植物中的主要代谢产物为 1-(2,4-二氯苯基)乙醇，类似糖缀合物。③土壤/环境。在水中缓慢水解，DT_{50} 88 d（pH 9）、270 d（pH 7）[(Z)-异构体]；

71 d（pH 9）、275 d（pH 4）[(*E*)-异构体]，光照下（*Z*）型转化为（*E*）异构体，DT_{50} 482 h；在土壤中迅速分解，有氧条件下显著矿化，转化速率依土壤类型和温度而定，DT_{50}：8 d 沙壤土、161 d 沙土（20℃）。

制剂 24%、30%、44%、48%乳油，5%粉剂，10%颗粒剂，25%可湿性粉剂。

主要生产商 BASF。

作用机理与特点 胆碱酯酶的直接抑制剂。

应用

（1）适用作物 水稻、小麦、玉米、蔬菜（如番茄）、苹果、柑橘、甘蔗、棉花、大豆等。

（2）防治对象 二化螟、黑尾叶蝉、飞虱、稻根蛆、种蝇、萝卜蝇、葱蝇、菜青虫、小菜蛾、菜螟、黄条跳甲、二十八星瓢虫、柑橘卷叶虫、红圆疥、梨园钝疥、粉疥、矢尖疥、蚜虫、蓟马、茶卷叶蛾、茶绿叶蝉、马铃薯甲虫、地老虎等以及家畜的蜱螨、疥癣虫、蝇、虱、跳蚤、羊蜱蝇等。

（3）使用方法 作为土壤杀虫剂，用于土壤，防治根蝇、根蛆和地老虎，使用剂量 2～4 kg(a.i.)/hm²；作为茎叶杀虫剂，果树和蔬菜的用药量为 24%乳油 500～1000 倍液；以 200～400 g/hm² 防治马铃薯上的马铃薯甲虫和柑橘上的介壳虫；以 550～2200 g/hm² 防治玉米、水稻和甘蔗上的钻蛀性害虫；以 400～750 g/hm² 防治棉花上的白蝇，但对其寄生虫无效；以 0.3～0.7 g/L 可防治牛体外寄生虫，以 0.5 g/L 防治羊体外寄生虫。此外，还可用于公共卫生方面，防治蚊幼虫。

（4）注意事项 茶树必须在采茶前 20 d 停止施药，对于覆盖栽培的茶树则不能使用。

专利与登记

专利名称 Vinyl phosphate insecticides

专利号 US 3003916　　　　专利公开日 1961-10-10

专利申请日 1958-06-10　　　优先权日 1958-06-10

专利拥有者 Allied Chem

在其他国家申请的化合物专利 IT 632083、GB 888648、FR 1267967、DE 1215137、CA 693024、BE 647820、AU 260700 等。

合成方法 经如下反应制得毒虫畏：

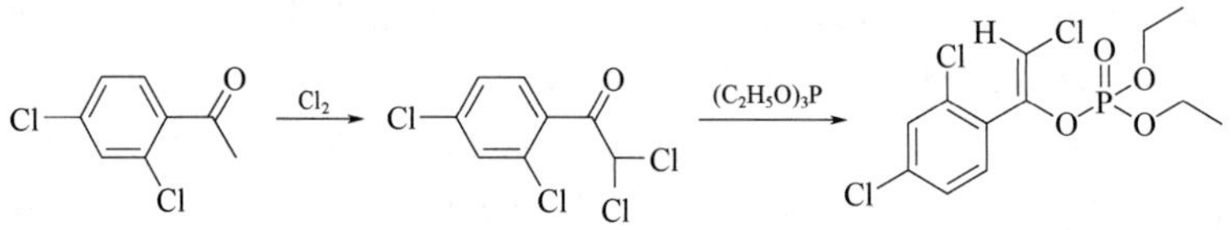

参考文献

[1] The Pesticide Manual.17 th edition: 180-182.

毒死蜱（chlorpyrifos）

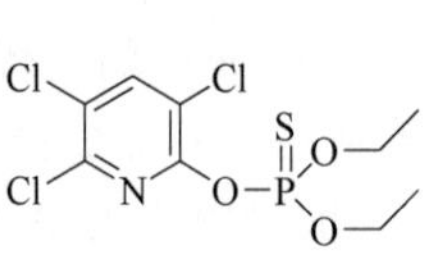

350.6，$C_9H_{11}Cl_3NO_3PS$，2921-88-2

毒死蜱（试验代号：Dowco179、OMS971、ENT27311，商品名称：Agromil、Akofos、Chlorofet、Chlorofos、Clarnet、Clinch Ⅱ、Cyren、Defender、Destroyer、Deviban、Dhanvan、Dorsan、Dursban、Exocide、Force、Fullback、Heraban、Hilban、Hollywood、Kirfos、Knocker、Lorsban、Mukka、Panda、Phantom、Pyriban、Pyrifoz、Pyrinex、Radar、Robon、Strike、Tafaban、Terraguard、Tricel、白蚁清、蓝珠、乐斯本、杀死虫、泰乐凯，其他名称：氯蜱硫磷、氯吡硫磷）是 E. E. Kenga 等人报道其活性，1965 年由 Dow Chemical Co.（现属 Dow AgroSciences）商品化的有机磷类杀虫剂。

化学名称　O,O 二乙基-O-(3,5,6-三氯-2-吡啶基)硫代磷酸酯。英文化学名称为 O,O-diethyl O-3,5,6-trichloro-2-pyridyl phosphorothioate。美国化学文摘系统名称为 O,O-diethyl O-(3,5,6-trichloro-2-pyridinyl) phosphorothioate。CA 主题索引名称为 phosphorothioic acid, esters O,O-diethyl O-(3,5,6-trichloro-2-pyridinyl) ester。

理化性质　工业品纯度≥97%，无色结晶固体，具有轻微硫醇气味，熔点 42～43.5℃，沸点＞400℃（$1.01×10^5$ Pa），蒸气压 2.7 mPa（25℃），相对密度 1.44（20～25℃），$\lg K_{ow}$ 4.7，Henry 常数 0.6761 Pa·m^3/mol（计算）。水中溶解度（20～25℃）约 1.4 mg/L，有机溶剂中溶解度（g/L，20～25℃）：丙酮 5100，二硫化碳 7400，苯 6900，氯仿 9200，乙醚 3600，异辛醇 660，甲醇 360，二甲苯 4300。其水解速率与 pH 有关，在铜和其他金属存在时生成螯合物，DT_{50} 1.5（水，pH 8，25℃）～100 d（磷酸盐缓冲溶液，pH 7，15℃）。

毒性　急性经口 LD_{50}（mg/kg）：大鼠 135～163，豚鼠 504，兔 1000～2000。急性经皮 LD_{50}（mg/kg）：兔＞5000，大鼠＞2000（工业品）。对兔皮肤、眼睛有较轻刺激。对豚鼠皮肤无致敏。大鼠吸入 LC_{50}（4～6 h）＞0.2 mg/L（14 μg/L）。NOEL 值［mg/(kg·d)］：大鼠（2 年）0.1，小鼠（1.5 年）0.7，狗（2 年）0.1。ADI：（JMPR）0.01 mg/kg（1999，2004）；（EC）0.01 mg/kg（2005）；（EPA）aRfD 0.005 mg/kg，cRfD 0.0003 mg/kg（2001）。无致畸作用，无遗传毒性。

生态效应　鸟急性经口 LD_{50}（mg/kg）：野鸭 490，麻雀 122，鸡 32～102。喂饲 LC_{50}（8 d，mg/L）：野鸭 180，山齿鹑 423。鱼 LC_{50}（96 h，mg/L）：大翻车鱼 0.002～0.010，虹鳟鱼 0.007～0.051，斜齿鳊 0.25，黑头呆鱼 0.12～0.54。水蚤 LC_{50}（48 h）1.7 μg/L。羊角月牙藻＞0.4 mg/L。巨指长臂虾 LC_{50} 0.05 μg/L。蜜蜂经口 LD_{50} 360 μg/只，接触 70 μg/只。蚯蚓 LC_{50}（14 d）210 mg/kg 土壤。对步行虫科和隐翅虫科有害，对弹尾目虫有毒害。

环境行为　经口进入大鼠、狗和其他动物体内的本品迅速代谢，并通过尿排出，其主要代谢物为 3,5,6-三氯吡啶-2-醇。本品在植物中不传导，根部不吸收，残余物被植物组织代谢为 3,5,6-三氯吡啶-2-醇，随后螯合、吸收。在土壤中首先降解为 3,5,6-三氯吡啶-2-醇，然后再降解为有机氯化物和二氧化碳。不同土壤 DT_{50} 1.5～33 d，DT_{90} 14～47 d，K_d 3.5～407mg/L，K_{oc} 1190～8100 mL/g。毒死蜱在水体中降解较慢，半衰期为 25.6 d；土壤具有较强的吸附毒死蜱农药的能力；该农药在土壤中的消解也较慢。毒死蜱浓度不同对土壤过氧化氢酶活性影响也不同，浓度越高，影响越强烈。在毒死蜱浓度为 10 μg/g、40 μg/g、80 μg/g 时，其影响过程为先抑制-再激活-最后恢复稳定，在试验初期低浓度表现激活作用，高浓度表现抑制，且浓度越高，抑制越强。随着时间的推移，各浓度均表现激活作用，且最大激活作用随毒死蜱浓度的增加而增加。毒死蜱的水解产物对供试土壤过氧化氢酶活性的影响均大于毒死蜱原药，而光解产物对土壤过氧化氢酶活性的影响小于毒死蜱原药。随着光照时间的延长，毒死蜱光解产物对土壤过氧化氢酶活性的影响减弱，即对供试土壤生态环境影响减弱。

制剂　25%可湿性粉剂，240 g/L、407 g/L、480 g/L 乳油，5%、7.5%、10%、14%颗粒

剂，240 g/L 超低容量喷雾剂。

主要生产商 Adama、AIMCO、Atanor、Bharat Rasayan、Coromandel、Corteva、DE Nocil、Excel Crop Care、FMC、Gharda、Heranba、Jubilant、Meghmani、Mitsui Chemicals、Redsun、Sinon、UPL、重庆华歌生物化学有限公司、爱普瑞（焦作）化学有限公司、安徽丰乐农化有限责任公司、安徽广信农化股份有限公司、安徽国星生物化学有限公司、安徽华星化工有限公司、安徽省池州新赛德化工有限公司、德州绿霸精细化工有限公司、广安利尔化学有限公司、广东广康生化科技股份有限公司、广东立威化工有限公司、邯郸市瑞田农药有限公司、河北万全力华化工有限责任公司、河南省濮阳市新科化工有限公司、湖北蕲农化工有限公司、湖北省阳新县泰鑫化工有限公司、湖北仙隆化工股份有限公司、江苏宝灵化工股份有限公司、江苏常隆农化有限公司、江苏丰山集团股份有限公司、江苏富鼎化学有限公司、江苏皇马农化有限公司、江苏辉丰生物农业股份有限公司、江苏克胜作物科技有限公司、江苏快达农化股份有限公司、江苏蓝丰生物化工股份有限公司、江苏绿叶农化有限公司、江苏润泽农化有限公司、江苏省激素研究所股份有限公司、江苏省南通江山农药化工股份有限公司、江苏省南通施壮化工有限公司、江苏新农化工有限公司、江苏长青农化股份有限公司、辽宁氟托新能源材料有限公司、辽宁升联生物科技有限公司、辽宁省葫芦岛凌云集团农药化工有限公司、美国默赛技术公司、美国陶氏益农公司、南京红太阳股份有限公司、南通雅本化学有限公司、内蒙古百灵科技有限公司、内蒙古犇星化学有限公司、内蒙古佳瑞米精细化工有限公司、内蒙古灵圣作物科技有限公司、宁夏泰益欣生物科技有限公司、宁夏新安科技有限公司、山东埃森化学有限公司、山东华阳和乐农药有限公司、山东华阳农药化工集团有限公司、山东绿霸化工股份有限公司、山东省联合农药工业有限公司、山东省青岛好利特生物农药有限公司、山东天成生物科技有限公司、山东潍坊润丰化工股份有限公司、山西三维丰海化工有限公司、石家庄瑞凯化工有限公司、四川先易达农化有限公司、新加坡利农私人有限公司、印度格达化学有限公司、印度科门德国际有限公司、印度奈特麦克斯公司、浙江大鹏药业股份有限公司、浙江东风化工有限公司、浙江富农生物科技有限公司、浙江新安化工集团股份有限公司、浙江新农化工股份有限公司、住友化学印度有限公司等。

作用机理与特点 胆碱酯酶的直接抑制剂。为具有触杀、胃毒和熏蒸作用的非内吸性、广谱杀虫剂。在叶片上残留期短，在土壤中残留期长。

应用

（1）适用作物 水稻、玉米、棉花、小麦、大豆、果树、茶树、甘蔗、烟草、观赏植物、向日葵等。

（2）防治对象 茶尺蠖、茶短须螨、茶毛虫、小绿叶蝉、茶橙瘿螨、棉蚜、棉红蜘蛛、稻飞虱、稻叶蝉、稻纵卷叶螟、豆野螟、大豆食心虫、柑橘潜叶蛾、黏虫、介壳虫、蚊、蝇、小麦黏虫以及牛、羊体外寄生虫和地下害虫。

（3）残留量与安全施药 为保护蜜蜂，应避开作物开花期使用，不能与碱性农药混用；在推荐量下对大多植物没有药害（对猩猩木、杜鹃花、山茶花、玫瑰可能有害）。作物收获前禁止使用毒死蜱的安全间隔期为：棉花 21 d，水稻 7 d，小麦 10 d，甘蔗 7 d，啤酒花 21 d，大豆 14 d，花生 21 d，玉米 10 d。最高残留限量：棉籽 0.05 mg/kg。

（4）使用方法

果树 ①柑橘潜叶蛾：在放梢初期、卵孵盛期，用 40.7%乳油 1000～2000 倍液喷雾。②红蜘蛛：在若虫盛发期，用 40.7%乳油 1000～2000 倍液喷雾。③桃小食心虫：在卵果率 0.5%，初龄虫蛀果之前，用 40.7%乳油 200～400 倍液喷雾。④山楂红蜘蛛、苹果红蜘蛛：在苹果开花前后，幼、若螨盛发期，用 40.7%乳油 200～400 倍液喷雾。

棉花　①棉蚜：一般用 40.7%毒死蜱乳油 75.0 mL/hm^2，对水 600 kg，均匀喷雾。②棉叶螨：在成螨期，用 40.7%毒死蜱乳油 1～1.5 L/hm^2，对水均匀喷雾，效果良好。在棉叶螨为害较重的棉田，施药两次基本上能控制为害。③棉铃虫、红铃虫：在低龄幼虫期，用 40.7%毒死蜱乳油 1.5～2.5 L/hm^2，对水 600 kg，均匀喷雾。

水稻　①稻纵卷叶螟、稻蓟马、稻瘿蚊：在稻纵卷叶螟初龄幼虫盛发期，稻蓟马、稻瘿蚊在发生盛期，用 40.7%乳油 1～1.5 L/hm^2，对水均匀喷雾。②稻飞虱、稻叶蝉：在若虫盛发期，用 40.7%乳油 1.2～1.8 L/hm^2，对水均匀喷雾。

大豆　在大豆食心虫卵孵盛期和斜纹叶蛾在 2～3 龄幼虫盛期，可用 40.7%乳油 1.5～2 L/hm^2，对水均匀喷雾防治。

小麦　①黏虫：用 40.7%毒死蜱乳油 600 mL/hm^2，对水 600～750 kg，均匀喷雾。②麦蚜：在 2～3 龄幼虫期，用 40.7%毒死蜱乳油 0.75～1 L/hm^2，对水 600～750 kg，均匀喷雾。

茶树　①茶尺蠖、茶细蛾、茶毛虫、丽绿刺蛾：在 2～3 龄幼虫期，用有效浓度 300～400 mg/L 喷雾。②茶叶瘿螨、茶橙瘿螨、茶短须螨：在幼若螨盛发期、扩散为害之前，用有效浓度 400～500 mg/L 喷雾。

甘蔗　①在 2～3 月份有翅成虫迁飞前，或 6～7 月份蚜虫大量扩散时，用 40.7%乳油 300 mL/hm^2，对水均匀喷雾，可有效防治甘蔗绵蚜。②在甘蔗下种时，用 14%颗粒剂 10～20 kg/hm^2，均匀撒在蔗苗上，然后覆土，或蔗龟成虫出土为害盛期，将颗粒剂撒施于蔗苗基部，覆盖土或淋上泥浆，可有效防治蔗龟。

玉米　用 40.7%乳油 200 mL/hm^2，喷雾或毒土施用，可防治玉米螟。

卫生害虫　①用有效浓度 100～200 mg/L 喷雾，可防治蚊成虫。②用有效浓度 15～20 mg/L 喷雾，可防治孑孓。③用有效浓度 200 mg/L 喷雾，可防治蟑螂。④用有效浓度 400 mg/L 喷雾，可防治跳蚤。⑤用有效浓度 100～200 mg/L 涂抹或洗刷，可防治家畜体表的微小牛蜱、蚤等。

花生　在金龟甲卵孵盛期（花生开花期），用 14%颗粒剂 22.5 kg 撒放于花生株基部，周围覆薄土，可减少花生虫害果及降低地下蛴螬虫口基数，且有较高的增产效果。

白蚁　毒死蜱 40%溶剂和表面活性剂 60%。可用于建筑物及周围土壤、电缆、土坝等防治白蚁。

专利与登记

专利名称　Phosphorylated pyridine derivatives

专利号　FR 1360901　　　　　　专利公开日　1964-05-15

专利申请日　1963-04-29　　　　优先权日　1962-04-30

专利拥有者　Dow Chemical Co.

在其他国家申请的化合物专利　GB 975046、US 3244586 等。

制备专利　CN 107805262、CN 109369717、CN 109320549、CN 107216351、CN 106366127、CN 104402926、CN 106008602、CN 105348323、CN 105037424、CN 102775443、CN 103467515、CN 103030663、CN 103030666、CN 102993236、CN 102977138、CN 102977139、CN 102977140、CN 102443024、CN 101709065、CN 101288409、CN 100420691、CN 1234714 等。

国内登记情况　40%水乳剂，50%微乳剂，25%颗粒剂，95%、97%原药，40%乳油等，登记对象为水稻和棉花等，防治对象棉铃虫和稻纵卷叶螟等。美国陶氏益农公司在中国登记情况见下表 2-114。

表 2-114　美国陶氏益农公司在中国登记情况

登记名称	登记证号	含量	剂型	登记作物	防治对象	用药量	施用方法
毒死蜱	PD20100417	15%	颗粒剂	花生	地下害虫	2250～3375 g/hm²	撒施
毒死蜱	PD47-87	480 g/L	乳油	柑橘树	红蜘蛛	1000～2000 倍液	喷雾
				柑橘树	矢尖蚧	1000～2000 倍液	喷雾
				柑橘树	锈壁虱	1000～2000 倍液	喷雾
				棉花	害虫	63～125 mL/亩	喷雾
				苹果树	绵蚜	1800～2400 倍液	喷雾
				苹果树	桃小食心虫	2000～3000 倍液	喷雾
				水稻	稻纵卷叶螟	42～85 mL/亩	喷雾
				水稻	稻瘿蚊	250～300 mL/亩	毒土法
				水稻	二化螟	50～80 mL/亩	喷雾
				水稻	飞虱	42～85 mL/亩	喷雾
				水稻	三化螟	50～80 mL/亩	喷雾
				小麦	蚜虫	15～25 mL/亩	喷雾
氯氰·毒死蜱	PD328-2000	氯氰菊酯 47.5 g/L、毒死蜱 475 g/L	乳油	大豆	蚜虫	20～25 mL/亩	喷雾
				柑橘树	潜叶蛾	950～1400 倍液	喷雾
				梨树	梨木虱	1500～2000 倍液	喷雾
				荔枝树	蒂蛀虫	1000～2000 倍液	喷雾
				龙眼	蒂蛀虫	1000～2000 倍液	喷雾
				棉花	棉铃虫	70～105 mL/亩	喷雾
				苹果树	食心虫	1400～1900 倍液	喷雾
				桃树	介壳虫	1500～2000 倍液	喷雾
毒死蜱	PD273-99	97%	原药				
氟啶·毒死蜱	PD20172310	氟啶虫胺腈 3.4%、毒死蜱 33.6%	悬乳剂	水稻	稻飞虱	70～90 mL/亩	喷雾
				小麦	蚜虫	20～25 mL/亩	喷雾
				小麦	黏虫	20～25 mL/亩	喷雾
毒死蜱	PD20142649	40%	水乳剂	柑橘树	介壳虫	660～1300 倍液	喷雾
				苹果树	绵蚜	880～1300 倍液	喷雾
				水稻	稻纵卷叶螟	90～120 mL/亩	喷雾

合成方法　经如下反应制得毒死蜱：

三氯吡啶酚的合成有以下几种方法：

吡啶法：

丙烯酰氯法：

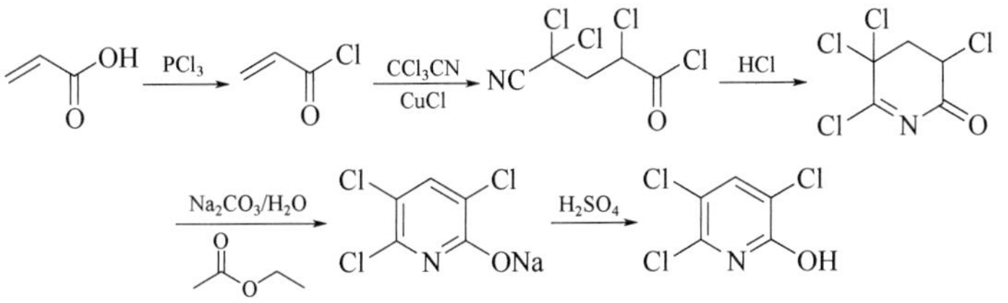

三氯乙酸苯酯法：

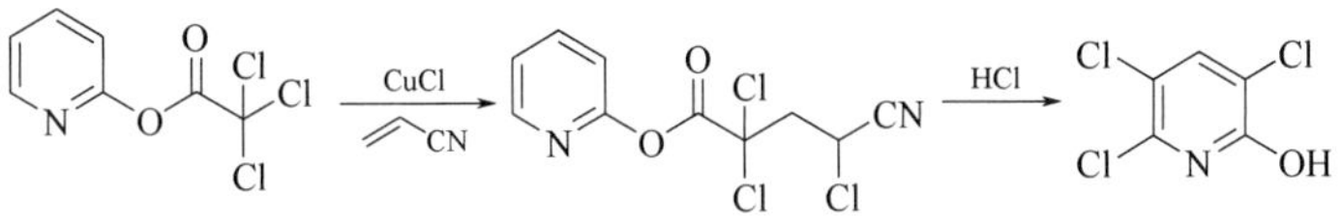

三氯乙酰氯法：

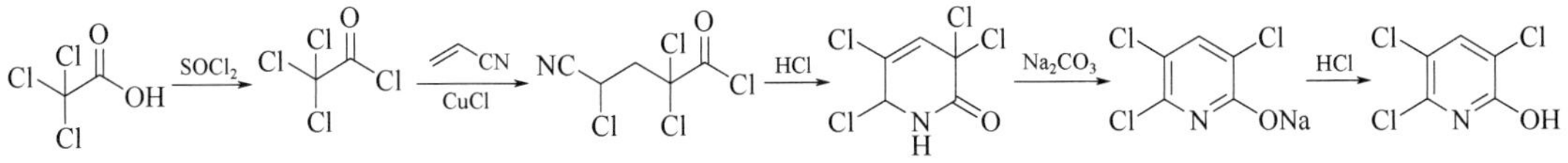

参考文献

[1] The Pesticide Manual. 17th edition: 202-204.

[2] 华乃震. 农药市场信息, 2019(10): 27-31.

[3] 精细化工产品手册——农药. 北京: 化学工业出版社, 1998: 31-33.

[4] 石利利, 林玉锁, 徐亦钢, 等. 土壤与环境, 2009, 9(1): 73-74.

[5] 郑闻天, 孙海霞. 现代农村科技, 2018(1): 98.

[6] 王晨. 精细与专用化学品, 2014(2): 12.

[7] 姜莉莉, 武玉国. 农药科学与管理, 2014(1): 29-34.

[8] 郑璐, 卢振兰. 轻工科技, 2013(1): 77+79.

二嗪磷（diazinon）

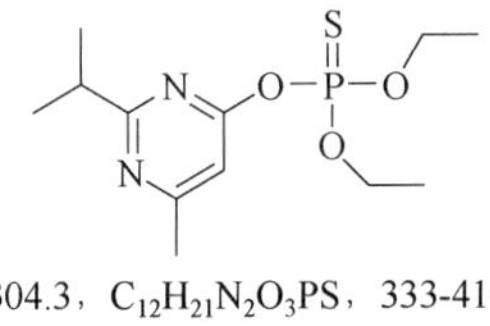

304.3，$C_{12}H_{21}N_2O_3PS$，333-41-5

　　二嗪磷（试验代号：G 24 480、OMS 469、ENT 19 507，其他通用名称：dimpylate，商品名称：Cekuzinon、Dianozyl、Diazate、Diazin、Diazol、Laidan、Sabion、Vibasu、Zak，其他名称：大利松、大亚仙农、地亚农、二嗪农）是 R. Gasser 报道其活性，由 J.R.Geigy S.A.(现属 Syngenta AG)开发的有机磷类杀虫剂。

　　化学名称　O,O-二乙基-O-2-异丙基-6-甲基嘧啶-4-基硫代磷酸酯。英文化学名称为 O,O-diethyl O-2-isopropyl-6-methylpyrimidin-4-yl phosphorothioate。美国化学文摘系统名称为 O,O-diethyl O-[6-methyl-2-(1-methylethyl)-4-pyrimidinyl] phosphorothioate。CA 主题索引名称为 phosphorothioic acid, esters O,O-diethyl O-[6-methyl-2-(1-methylethyl)-4-pyrimidinyl] ester。

理化性质　工业品纯度≥95%，无色液体（工业品为黄色液体），沸点：83～84℃（0.0266 Pa）、125℃（133 Pa）。蒸气压 12.0 mPa（25℃），相对密度 1.11（20～25℃），$\lg K_{ow}$ 3.3，Henry 常数 0.0609 Pa·m³/mol（计算）。水中溶解度（20～25℃）60.0 mg/L，与常用有机溶剂如酯类、醇类、苯、甲苯、正己烷、环己烷、二氯甲烷、丙酮、石油醚互溶。100℃以上易被氧化，在中性介质中稳定，在碱性介质中缓慢分解，在酸性介质中分解较快，DT_{50}（20℃）：11.77 h（pH 3.1），185 d（pH 7.4），6.0 d（pH 10.4）。120℃以上分解，pK_a（20～25℃）2.6（弱碱），闪点＞62℃。

毒性　急性经口 LD_{50}（mg/kg）：大鼠 1250，小鼠 80～135，豚鼠 250～355。急性经皮 LD_{50}（mg/kg）：大鼠＞2150，兔 540～650。本品对兔眼和皮肤无刺激。大鼠吸入 LC_{50}（4 h）＞2.33 mg/L。NOEL：大鼠（2 年）0.06 mg/kg bw；（1 年）狗 0.015 mg/(kg·d)，人 0.02 mg/kg bw。ADI/RfD（EFSA）0.0002 mg/kg bw（2006）；（JMPR）0.005 mg/kg bw（2006）；（EPA）aRfD 0.0025 mg/kg bw，cRfD 0.0002 mg/kg bw（2002）。

生态效应　鸟急性经口 LD_{50}（mg/kg）：野鸭 2.7，雏鸡 4.3。鱼 LC_{50}（96 h，mg/L）：大翻车鱼 16，虹鳟鱼 2.6～3.2，鲤鱼 7.6～23.4。水蚤 LC_{50}（48 h）0.96 μg/L。羊角月牙藻 EC_{50}＞1 mg/L。本品对蜜蜂高毒。对蚯蚓轻微毒。

环境行为　在动物体内的主要代谢物为二乙基硫代磷酸酯和二乙基磷酸酯。经 ^{14}C 标记研究本品在植物中被很快吸收、传导，代谢过程为氢解、羟基嘧啶降解为二氧化碳。本品在土壤中降解过程为：磷酸酯氧化、氢解。DT_{50} 11～21 d（实验室），土壤对本品吸附力很强，因此流动性很差，K_{om} 332 mg/g。

制剂　50%、60%乳油，2%、5%、10%颗粒剂，微囊悬浮剂，水乳剂，种衣剂。

主要生产商　Adama、Nippon Kayaku、Sudarshan、安达市海纳贝尔化工有限公司、安徽省池州新赛德化工有限公司、湖南海利化工股份有限公司、江苏禾本生化有限公司、江苏省南通江山农药化工股份有限公司、山东潍坊润丰化工股份有限公司、山东亿盛实业股份有限公司、新沂市泰松化工有限公司、浙江富农生物科技有限公司等。

作用机理与特点　胆碱酯酶的直接抑制剂。具有触杀、胃毒和熏蒸作用的非内吸性杀虫、杀螨剂。

应用

（1）适用作物　水稻、果树、香蕉、甜菜、葡萄园、甘蔗、玉米、烟草、马铃薯、咖啡、茶、棉花、园艺作物等。

（2）防治对象　主要用于防治刺吸式和咀嚼式昆虫和螨类。

（3）残留量与安全施药　本品不可与碱性农药和敌稗混合使用，在施用敌稗前后两周内不能使用本品，本品不能用铜罐、铜合金罐、塑料瓶盛装，贮存时应放置在阴凉干燥处。最高残留限量为 0.75 mg/L，收获前安全间隔期为 10 d。

（4）使用方法

水稻　①三化螟：在卵孵盛期，白穗在 5%～10%破口露穗期，用 50%乳油 750～1125 mL/hm²，对水 750～1125 kg 均匀喷雾。②二化螟：大发生年份，蚁螟孵化高峰前 3 d，用 50%乳油 750～1125 mL/hm²，对水 750～1125 kg 均匀喷雾，7～10 d 后再用药一次。③稻瘿蚊：在成虫高峰期至幼虫盛孵高峰期，用 50%乳油 750～1500 mL/hm²，对水 750～1050 kg 均匀喷雾。④稻飞虱、稻叶蝉、稻秆蝇：在害虫发生期，用 50%乳油 50～100 mL/hm²，对水 50～75 kg 均匀喷雾。

棉花　①棉蚜：在蚜株率达到 30%，平均单株蚜数近 10 头，以及卷叶株率 5%时，用 50% 乳油 600～900 mL/hm²，对水 600～900 kg 均匀喷雾。②棉红蜘蛛：在 6 月底前害虫发生期，用 50%乳油 900～1200 mL/hm²，对水 750 kg 均匀喷雾。

蔬菜　①菜青虫：在产卵高峰后 1 周，幼虫处于 2～3 龄期，用 50%乳油 750 mL/hm²，对水 600～750 kg 均匀喷雾。②菜蚜：在蚜虫发生期，用 50%乳油 750 mL/hm²，对水 600～ 750 kg 均匀喷雾。③圆葱潜叶蝇、豆类种蝇：用 50%乳油 750～1500 mL/hm²，对水 750～1500 kg 均匀喷雾。

玉米、高粱　用 50%乳油 7.5 L/hm²，加水 375 kg，拌种 4500 kg，拌匀闷种 7 h 后播种，可防治华北蝼蛄、华北大黑金龟子。

糯玉米　10%二嗪磷颗粒剂对小地老虎的最佳用量为 400～500 g/亩，药后 7 d 的防效达到 89%左右，21 d 时防效达到 100%，具有较好的速效性和持效性。

小麦　用 50%乳油 7.5 L/hm²，加水 375 kg，拌种 3750 kg，待种子把药液吸收，稍晾干后即可播种，可防治华北蝼蛄、华北大黑金龟子。

花生　用 2%颗粒剂 18.75 kg/hm²，穴施，可防治蛴螬。

此外还可用于防治温室蝇类，兽医用来防治蝇类和蜱类。

专利与登记

专利名称　Insecticidal phthalimidomethyl mono- and dithiophosphates

专利号　US 2767194　　　　　专利公开日　1956-08-16

专利申请日　1955-03-18　　　优先权日　1955-03-18

专利拥有者　Stauffer Chemical Co.

制备专利　CN 108997423、CN 103704254、CN 1528765、US 5231180、US 5034529、DE 4005191、EP 305840、DE 3445465、CH 638224 等。

国内登记情况　50%水乳剂，95%、96%、97%原药，25%、50%乳油，0.1%、4%、5%、10%颗粒剂等，登记作物为水稻、棉花和小麦等，防治对象二化螟、三化螟和蚜虫等。

合成方法　经如下反应制得二嗪磷：

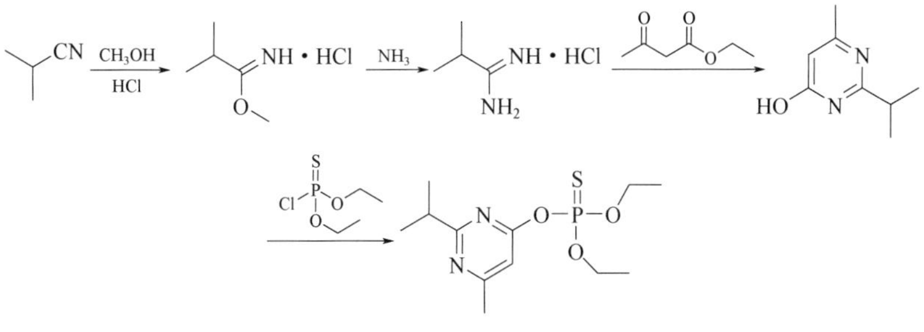

参考文献

[1] The Pesticide Manual. 17th edition: 309-311.

[2] 刘卫东, 张海滨. 安徽化工, 2006(5): 30-31.

[3] 精细化工产品手册——农药. 北京: 化学工业出版社, 1998: 17-18.

[4] 农药商品大全. 北京: 中国商业出版社, 1996: 30.

[5] 陆俊姣, 董锦花, 张瑞华. 山西农业大学学报(自然科学版), 2007, 27(4): 429-430.

[6] 陆亚平, 张海滨. 安徽化工, 2005(4): 37-38.

[7] 刘玉灿, 苏苗苗, 董金坤. 中国环境科学, 2019(4): 1602-1610.

二溴磷（naled）

380.8，C$_4$H$_7$Br$_2$Cl$_2$O$_4$P，300-76-5

二溴磷［试验代号：ENT 24 988、OMS 75、RE-4355(Chevron)，其他通用名称：dibrom、bromchlophos，商品名称：Dibrom(Amvac)、万丰灵］是 Chevron Chemical Company LLC 开发的有机磷类杀虫剂。

化学名称 O,O-二甲基-O-(1,2-二溴-2,2-二氯乙基)磷酸酯。英文化学名称为(RS)-1,2-dibromo-2,2-dichloroethyl dimethyl phosphate。美国化学文摘系统名称为 1,2-dibromo-2,2-dichloroethyl dimethyl phosphate。CA 主题索引名称为 phosphoric acid, esters 1,2-dibromo-2,2-dichloroethyl dimethyl ester。

理化性质 纯品为无色液体，带有轻微的辛辣气味，工业级纯度约为 93%。熔点 26～27.5℃。沸点 110℃（66.5 Pa），蒸气压 266.0 mPa（20℃）。相对密度 1.96（20～25℃）。水中溶解度（20～25℃）1.5 mg/L。易溶于芳香族或是带氯的溶剂，微溶于矿物油或是脂肪族溶剂。干燥条件下稳定，但是在水性介质中快速水解（室温条件下，48 h 下水解率大于 90%），在酸性或是碱性介质中水解速率更快，阳光下降解，在有金属或是还原剂存在的条件下，失去溴，生成敌敌畏。

毒性 大鼠急性经口 LD$_{50}$ 430 mg/kg。兔急性经皮 LD$_{50}$ 1100 mg/kg。对兔皮肤有刺激作用，灼伤眼睛。小鼠吸入 LC$_{50}$ 1.5 mg/L（6 h）。大鼠 NOEL 值（2 年）0.2 mg/(kg·d)。ADI/RfD（EPA）aRfD 0.01 mg/kg bw，cRfD 0.002 mg/kg bw（1995，2006）。

生态效应 野鸭、尖尾榛鸡、黑额黑雁急性经口 LD$_{50}$ 为 27～111 mg/kg。金鱼急性经口 LC$_{50}$（24 h）2～4 mg/L，施药浓度达 560 g/hm^2 时，食蚊鱼不会死亡，蟹急性经口 LD$_{50}$ 0.33 mg/L，施药浓度达 560 g/hm^2 时，蝌蚪不会死亡。对蜜蜂有毒。

环境行为 在动物中，二溴磷被快速水解为一些代谢物，包括敌敌畏、二氯溴乙醛、二甲基磷酸盐和氨基酸轭合物。在植物中，溴原子经蒸发或是快速水解断裂掉，发生裂解还原反应，形成敌敌畏。

制剂 50%乳油、5%颗粒剂、4%粉剂、超低容量液剂。

主要生产商 Amvac、Lucava 等。

作用机理与特点 胆碱酯酶抑制剂，活性可能来自生物体内发生脱溴作用生成的敌敌畏。本品为高效、低毒、低残留新型杀虫、杀螨剂。对昆虫具有触杀、熏蒸和胃毒作用，对家蝇击倒作用强。无内吸性。

应用

（1）防治对象 主要用于防治叶螨、蚜虫，还有一些生长于水果、蔬菜、花卉、甜菜、酒花、棉花、水稻、苜蓿、大豆、烟叶、蘑菇、温室作物或是树上的昆虫。还可以施药于动物窝棚或是公共场所，控制苍蝇、蚂蚁、跳蚤、蟑螂、蠹虫等，以及一些蚊科害虫。

（2）残留量与安全施药 残效期较短，常温下施药后1～2 d 就失效。

（3）使用方法 ①2400 倍液防治家蝇、800 倍液防治臭虫。可用 50%乳油 1000 倍液喷洒于物体表面，家蝇、蚊接触后 5 min 即中毒死亡。②防治蚜虫、红蜘蛛、叶跳虫、卷叶虫、蟓、尺蠖、粮食害虫及菜蚜、菜青虫等可用 50%乳油 1000～1500 倍喷雾；200 倍液防治金龟子、菜青虫、虱、蚤等。③10000 倍液防治天牛幼虫（灌洞）及毛织品、地毯的害虫。④二溴磷也有一些熏蒸作用，用于室温和蘑菇房，用量约为 32 mg/m²。⑤二溴磷 100 mg/kg 浓度能 100%抑制黄曲霉素的产生。

（4）注意事项　①水溶液易分解，要随配随用。②不能与碱性农药混用。③对人皮肤、眼睛等刺激性较强，使用时应注意保护。④本品在豆类、瓜类作物上易引起药害，使用时应慎重，最好改用其他杀虫剂。⑤对蜜蜂毒性强，开花期不宜用药。

专利与登记

专利名称　Dimethyl 1,2-dibromo-2,2-dichloroethyl phosphate and its application as a multifunctional pesticide

专利号　GB 855157　　　　　　专利公开日　1960-11-30

专利申请日　1958-08-31　　　　优先权日　1958-08-31

专利拥有者　California Spray-Chemical Corp.

在其他国家申请的化合物专利　US 2971882。

合成方法　经如下反应制得二溴磷：

参考文献

[1] The Pesticide Manual. 17th edition: 784-785.

[2] 国外农药品种手册(新版合订本). 北京: 化工部农药信息总站, 1996: 40-41.

[3] 农药商品大全. 北京: 中国商业出版社, 1996: 17-18.

伐灭磷（famphur）

325.3，$C_{10}H_{16}NO_5PS_2$，52-85-7

伐灭磷（试验代号：CL 38023、AC 38023、OMS 584，商品名称：Bo-Ana、Warbex，其他名称：氨磺磷、伐灭硫磷）是美国 American Cyanamid Co.(现属 BASF SE)开发的有机磷类杀虫剂。

化学名称　O-(4-((二甲基氨基)磺酰基)苯基) O,O-二甲基硫代磷酸酯。英文化学名称为 O-4-dimethylsulfamoylphenyl O,O-dimethyl phosphorothioate 或 4-dimethoxyphosphinothioy-loxy-N,N-dimethylbenzenesulfonamide。美国化学文摘系统名称为 O-[4-[(dimethylamino)sul-fonyl]phenyl] O,O-dimethyl phosphorothioate。CA 主题索引名称为 phosphorothioic acid, esters O-[4-[(dimethylamino)sulfonyl]phenyl] O,O-dimethyl ester。

理化性质　无色结晶粉末，熔点 52.5～53.5℃。溶解度：45%异丙醇水溶液 23 g/kg（20℃），二甲苯 300 g/kg（5℃），溶于丙酮、四氯化碳、氯仿、环己酮、二氯甲烷、甲苯，难溶于水和脂肪烃化合物。室温条件下贮存稳定 19 个月以上。

毒性 急性经口 LD_{50}（mg/kg）：雄大鼠 35，雌大鼠 62，雄小鼠 27。兔急性经皮 LD_{50} 2730 mg/kg。制剂（家畜泼浇剂）对兔眼睛和皮肤有刺激性。大鼠暴露在 24 mg/L 空气的环境中 7.5 h，无死亡现象。大鼠 NOEL（90 d）1 mg/L（0.05 mg/kg bw）。ADI 0.0005 mg/kg bw。

生态效应 鸡急性经口：LD_{50} 30 mg/kg。

制剂 143 g(a.i.)/L 泼浇剂，20%可湿性粉剂。

主要生产商 BASF。

作用机理与特点 胆碱酯酶的直接抑制剂，具有内吸性。

应用

（1）适用作物 蔬菜。

（2）防治对象 主要用于防治牲畜害虫，如肉蝇；蔬菜害虫，如螨类；用于防治虱，减少虱的侵染。

专利与登记

专利名称 Insecticidal sulfamoylphenyl esters of organic phosphorothioates

专利号 US 3005004　　　　专利公开日 1961-10-17

专利申请日 1959-06-01　　　优先权日 1959-06-01

专利拥有者 American Cyanamid Co.

在其他国家申请的化合物专利 DE 1171906、GB 917948 等。

合成方法 经如下反应制得伏灭磷：

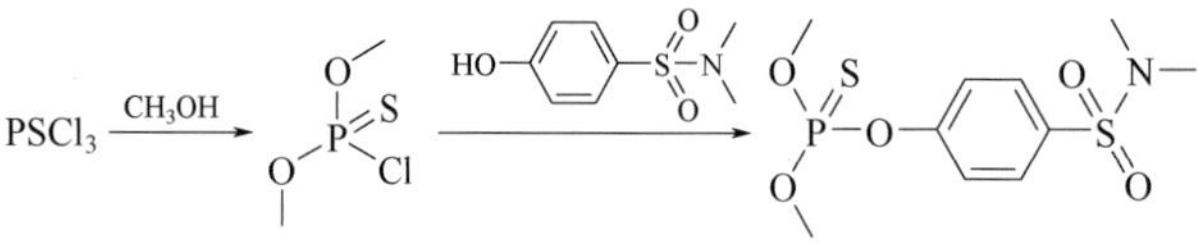

参考文献

[1] 国外农药品种手册(新版合订本). 北京: 化工部农药信息总站, 1996: 78-79.

[2] 农药大典. 北京: 中国三峡出版社, 2006: 66-67.

伏杀硫磷（phosalone）

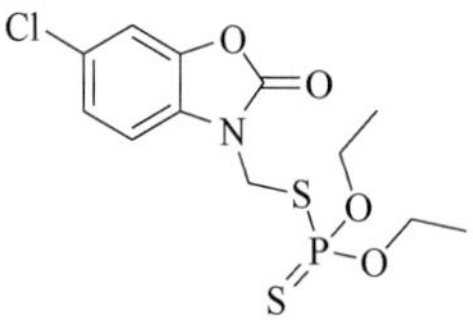

367.8，$C_{12}H_{15}ClNO_4PS_2$，2310-17-0

伏杀硫磷（试验代号：11974 RP、NPH 1090、ENT 27163，商品名称：Balance、Zolone，其他名称：benzphos、伏杀磷、佐罗纳）是 J. Desmoras 等报道其活性，由 Rhone-Poulenc Agrochimie(现属 Aventis CropScience)公司开发的有机磷类杀虫剂。

化学名称 *S*-6-氯-2,3-二氢-2-氧代-1,3-苯并噁唑-3-基甲基-*O*,*O*-二乙基二硫代磷酸酯。英文化学名称为 *S*-6-chloro-2,3-dihydro-2-oxo-1,3-benzoxazol-3-ylmethyl *O*,*O*-diethyl phosphorodithioate。美国化学文摘系统名称为 *S*-[(6-chloro-2-oxo-3(2*H*)-benzoxazolyl)methyl] *O,O*-diethyl phosphorodithioate。CA 主题索引名称为 phosphorodithioic acid, esters *S*-[(6-chloro-2-oxo-3(2*H*)-benzoxazolyl)methyl] *O,O*-diethyl ester。

理化性质 纯度为 930 g/kg（FAO Spec.），工业品纯度为 940 g/kg。无色晶体，带有大蒜味，熔点 46.9℃（99.5%）（工业品 42~48℃），蒸气压 $7.77×10^{-3}$ mPa（20℃，计算），相对密度 1.338（20℃），lgK_{ow} 4.01（20℃），Henry 常数 $2.04×10^{-3}$ Pa·m³/mol（计算）。水中溶解度（20℃）1.4 mg/L，有机溶剂中溶解度（g/L，20℃）：丙酮、乙酸乙酯、二氯甲烷、甲苯、甲醇均＞1000，正己烷 26.3，正辛醇 266.8。在强碱和酸性介质中分解，DT_{50} 9 d（pH 9）。

毒性 大鼠急性经口 LD_{50}：120 mg/kg，大鼠急性经皮 LD_{50}：1530 mg/kg。对豚鼠眼睛和皮肤中等刺激，对其皮肤有过敏现象。大鼠吸入 LC_{50}（4 h，mg/L）：雌大鼠 1.4，雌大鼠 0.7。NOEL 值［mg/(kg·d)］：大鼠（2 年）0.2，狗（1 年）0.9。ADI：（EFSA）0.01 mg/kg（2006）；（JMPR）0.02 mg/kg（1997，2001）；（EPA）最低 aRfD 0.01 mg/kg，cRfD 0.002 mg/kg（2006）。

生态效应 鸟类急性经口 LD_{50}（mg/kg）：家鸡 503，野鸭＞2150。饲喂 LC_{50}（8 d，mg/L 饲料）：山齿鹑 2033（约 233 mg/kg），绿头鸭 1659。鱼 LC_{50}（96 h，mg/L）：虹鳟鱼 0.63，鲤鱼 2.1。水蚤 EC_{50}（48 h）0.74 μg/L。羊角月牙藻 E_bC_{50}（72 h）1.1 mg/L。蜜蜂 LD_{50}（μg/只）：经口 103，接触 4.4。蚯蚓 LC_{50}（14 d）22.5 mg/kg。

环境行为 在动物体内迅速被吸收和代谢，并通过尿排出。在植物内，本品被快速氧化、裂解、氢解和脱氯化作用降解。本品可被土壤吸附，流动性小，吸附性强并很快降解，DT_{50} 1~5 d，K_{oc} 870~2680。

制剂 35%乳油，30%可湿性粉剂，2.5%、4%粉剂。

主要生产商 FMC、安徽华星化工有限公司等。

作用机理和特点 胆碱酯酶的直接抑制剂，触杀性杀虫、杀螨剂，无内吸作用，具有杀虫谱广、速效性好、残留量低等特点，代谢产物仍具杀虫活性。在植物上持效期为 2 周，对叶螨的持效期较短。正常使用下无药害。对作物有渗透作用。

应用

（1）适用作物 果树、棉花、水稻、蔬菜、茶树。

（2）防治对象 蚜虫、叶螨、木虱、叶蝉、蓟马及鳞翅目、鞘翅目害虫等，如卷叶蛾、苹果蝇、梨小食心虫、棉铃虫、油菜花露尾甲和象虫。

（3）残留量与安全施药 由于本品没有内吸性，喷药要均匀周到，对钻蛀性害虫应在幼虫蛀入作物之前施药。不要与碱性农药混用，生长季最多施用两次。安全间隔期为 7 d。茶叶中伏杀硫磷最大残留限量 0.5 mg/kg。世界卫生组织及联合国粮农组织规定的最大残留量：苹果 5 mg/kg、梨 2 mg/kg、葡萄 5 mg/kg、白菜 1 mg/kg。美国规定：苹果 10 mg/kg、梨 15 mg/kg、干茶叶 8 mg/kg、橘类 3 mg/kg、番茄 0.1 mg/kg、肉 0.25 mg/kg。

（4）使用方法

棉花 ①蚜虫 在棉苗卷叶之前，大面积有蚜虫率达到 30%，平均单株棉蚜数近 20 头，用 35%乳油 1.5~2 L/hm²，对水 750~100 kg，喷雾。②棉铃虫 在 2~3 代发生时，卵孵化盛期，用 35%乳油 3~4 L/hm²，对水 1000~1500 kg，均匀喷雾。③棉红铃虫 在各代红铃虫的发蛾及产卵盛期，每隔 10~15 d，用 35%乳油 3~4 L/hm²，对水 1000~1500 kg，喷药一次，一般用药 3~4 次。④棉盲蝽 在每年 6~8 月份，棉花嫩尖小叶上出现小黑斑点或幼蕾出现褐色被害状，新被害株率为 2%~3%时，用 35%乳油 3~4 L/hm²，对水 1000~1500 kg，均匀喷雾，施药重点部位为嫩尖及幼蕾。⑤棉红蜘蛛 在 6 月底以前，害螨扩散初期，用 35%乳油 3～4 L/hm²，对水 1000～1500 kg，均匀喷雾。

蔬菜 ①菜蚜 根据虫害发生情况，用 35%乳油 1.5～2 L/hm²，对水 900～1200 kg，在叶背和叶面均匀喷雾。②菜青虫 在成虫产卵高峰后 1 周左右，幼虫 3 龄期，用 35%乳油 1.5～2 L/hm²，对水 900～1200 kg，在叶背和叶面均匀喷雾。③小菜蛾 在 1～2 龄幼虫高峰期，用 35%乳油 2～3 L/hm²，对水 750～1000 kg，均匀喷雾。④豆野螟 在豇豆、菜豆开花初盛期，害虫卵孵化盛期，初龄幼虫钻蛀花柱、豆幼荚之前，用 35%乳油 2～3 L/hm²，对水 750～1000 kg，均匀喷雾。⑤茄子红蜘蛛 在若螨盛期，用 35%乳油 2～3 L/hm²，对水 750～1000 kg，均匀喷雾。

小麦 ①黏虫 在 2～3 龄幼虫盛发期，用 35%乳油 1.5～2 L/hm²，对水 750～1000 kg，均匀喷雾。②麦蚜 在小麦孕穗期，当虫茎率达 30%，百茎虫口在 150 头以上时，用 35%乳油 1.5～2 L/hm²，对水 750～1000 kg，均匀喷雾。

茶叶 ①茶尺蠖、木尺蠖、丽绿刺蛾、茶毛虫 在 2～3 龄幼虫盛期，用 35%乳油 1000～1400 倍液，均匀喷雾。②小绿叶蝉 在若虫盛发期，用 35%乳油 800～1000 倍液，主要在叶背面均匀喷雾。③茶叶瘿螨、茶橙瘿螨、茶短须螨 在茶叶非采摘期和害螨发生高峰期，用 35%乳油 700～800 倍稀释液均匀喷雾。

果树 ①苹果、梨 在初孵幼虫蛀果之前，用 35%乳油 700～800 倍液进行喷雾，可防治卷叶蛾、苹果实蝇、梨小食心虫、椿象、梨黄木虱、蚜虫和红蜘蛛。②柑橘 在放梢初期，橘树嫩芽长至 2～3 mm 或抽出嫩芽达 50%时，用 35%乳油 1000～1400 倍液均匀喷雾，可防治柑橘潜叶蛾。

专利与登记

专利名称 Phosphoric acid esters

专利号 BE 609209　　　　　专利公开日 1962-04-16

专利申请日 1960-10-20　　　优先权日 1960-10-20

专利拥有者 Rhone-Poulenc SA

国内登记情况 35%乳油，95%原药等，登记作物为棉花等，防治对象棉铃虫等。

合成方法 经如下反应制得伏杀硫磷：

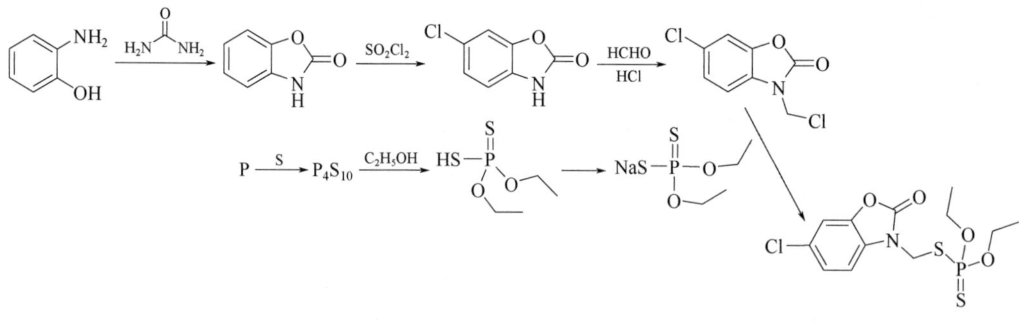

参考文献

[1] The Pesticide Manual. 17 th edition: 870-871.

[2] 沈德隆, 童南时, 吴永刚. 农药, 2002(10): 15-16.

甲基吡噁磷（azamethiphos）

324.7，$C_9H_{10}ClN_2O_5PS$，35575-96-3

甲基吡噁磷（试验代号：CGA 18809、GS 40616、OMS 1825，商品名称：Alfacron、SFB，其他名称：甲基吡啶磷、蟑螂宁、氯吡噁唑磷）是 1977 年由 R. Wyniger 等报道，Ciba-Geigy AG(后 Novartis Crop Protection AG)推出的有机磷杀虫、杀螨剂。

化学名称　O,O-二甲基-S-[(6-氯-2,3-二氢-2-氧-1,3-噁唑并[4,5-b]吡啶-3-基)甲基]硫代磷酸酯。英文化学名称为 S-6-chloro-2,3-dihydro-2-oxo-1,3-oxazolo[4,5-b]pyridine-3-ylmethyl O,O-dimethyl phosphorothioate。美国化学文摘系统名称为 S-[(6-chloro-2-oxooxazolo[4,5-b]pyridin-3(2H)-yl)methyl] O,O-dimethyl phosphorothioate。CA 主题索引名称为 phosphorothioic acid, esters S-[(6-chloro-2-oxooxazolo[4,5-b]pyridin-3(2H)-yl)methyl] O,O-dimethyl ester。

理化性质　含量＞95%，纯品为无色晶体。熔点 89℃，蒸气压为 0.0049 mPa（20℃），lgK_{ow} 1.05，Henry 常数 $1.45×10^{-6}$ Pa·m^3/mol（计算），相对密度 1.60（20～25℃）。水中溶解度（20～25℃，pH 7）1100.0 mg/L。有机溶剂中溶解度（g/L，20～25℃）：苯 110，二氯甲烷 810，甲醇 80，正辛醇 4.8。酸、碱性介质中不稳定，DT_{50}（20℃，计算值）：800 h（pH 5），260 h（pH 7），4.3 h（pH 9）。闪点＞150℃。

毒性　大鼠急性经口 LD_{50} 1180 mg/kg，急性经皮 LD_{50}＞2150 mg/kg。对兔皮肤无刺激作用，但对眼睛有轻微刺激作用。大鼠 LC_{50}（4 h）＞0.560 mg/L。NOEL（90 d，mg/kg 饲料）：大鼠 20［2 mg/(kg·d)］，狗 10［0.3 mg/(kg·d)］。ADI/RfD（EMEA）0.025 mg/kg bw（1999）。

生态效应　鸟 LD_{50}（mg/kg）：山齿鹑 30.2，野鸭 48.4。饲喂 LC_{50}（8 d，mg/kg）：山齿鹑 860，日本鹌鹑＞1000，野鸭 700。基于急性试验结果，甲基吡噁磷对鸟类高毒，然而亚致死剂量对鸟类有驱避作用，因此对鸟类的风险已大幅降低。鱼 LC_{50}（96 h，mg/L）：鲶鱼 3，鲫鱼 6，孔雀鱼 8，虹鳟鱼 0.115～0.2，红鲈 2.22。水蚤 LC_{50}（48 h）：0.67μg/L。对蜜蜂有毒，LD_{50}（24 h）：＜0.1μg/只（经口），10μg/只（接触）。

环境行为　①动物。在大鼠和山羊体内，2-氨基-3-羟基-5-氯代吡啶与葡萄糖醛酸的配合物是主要的代谢物，相当于 27%～48% 的摄入量，其次是相应的硫酸配合物，为 3%～20% 的摄入量。②土壤/环境。在沙壤土、有氧条件下，DT_{50} 约 6 h。

制剂　可湿性粉剂、气雾剂。

主要生产商　邯郸市赵都精细化工有限公司等。

作用机理与特点　有触杀和胃毒作用，具有内吸性，是广谱杀虫剂，其击倒作用快，持效期长。

应用　主要用在棉花、果树和蔬菜地以及卫生方面，防治苹果蠹蛾、螨、蚜虫、梨小食心虫、家蝇、蚊子、蟑螂等害虫。剂量为 0.56～1.12 kg/hm^2。卫生方面主要用于杀灭厩舍、鸡舍等处的成蝇，也用于居室、餐厅、食品工厂等地灭蝇、灭蟑螂。

专利与登记

专利名称 Organophosphorus compounds for combating animal and plant pests

专利号 DE 2131734　　　　**专利公开日** 1972-06-27

专利申请日 1971-06-25　　　　**优先权日** 1970-06-26

专利拥有者 Agripat S. A.

在其他国家申请的化合物专利 CH 536071、SE 370945、BE 769051、NL 7108840、NL 177408、FR 2103003、AT 306439、HU 162709、SU 382288、ES 392611、DD 102069、IL 37156、GB 1347373、GB 1347374、US 3808218、CA 947302、DK 133696、JP 55029048、US 435343、US 3919244、US 3886274、US 3929809 等。

制备专利 WO 2019229141、EP 3575305、CN 106905361、CN 203079888、CN 103073596、CN 103073595、CN 103073594、CN 103073593、CN 103073591 等。

国内仅邯郸市赵都精细化工有限公司登记了 98% 原药、10% 可湿性粉剂、1% 饵剂，作为卫生杀虫剂防治蝇、蟑螂。

合成方法 以 2-氨基-5-氯-3-吡啶酚为原料，经光气合环、羟基甲基化、氯化、缩合等反应制得甲基吡噁磷：

参考文献

[1] The Pesticide Manual. 17 th edition: 59-60.

甲基毒虫畏（dimethylvinphos）

331.5，C_{10}H_{10}Cl_3O_4P，2274-67-1

甲基毒虫畏（试验代号：SD 8280、SKI-13，商品名称：Rangado，其他名称：毒虫畏、杀螟畏）由 Shell Kagaku KK(现属 BASF)开发。

化学名称 (Z)-2-氯-1-(2,4-二氯苯基)乙烯基二甲基磷酸酯。英文化学名称(Z)-2-chloro-1-(2,4-dichlorophenyl)vinyl dimethyl phosphate。美国化学文摘系统名称为(1Z)-2-chloro-1-(2,4-dichlorophenyl)ethenyl dimethyl phosphate。CA 主题索引名称为 phosphoric acid, esters —, (1Z)-2-chloro-1-(2,4-dichlorophenyl)ethenyl dimethyl ester。

理化性质 本品由＞95.0%的 Z 式异构体和＜2.0%的 E 式异构体组成，灰白色的结晶固体，熔点 69～70℃。蒸气压 1.3 mPa（25℃）。相对密度（20～25℃）1.26。lgK_{ow} 3.12。水中溶解度（20～25℃）130.0 mg/L。有机溶剂中溶解度（g/L，20～25℃）：丙酮 350～400，环己酮 450～500，二甲苯 300～350。稳定性：DT$_{50}$ 40 d（pH 7.0，25℃），遇光不稳定。

毒性　急性经口 LD$_{50}$（mg/kg）：大鼠 155～210，小鼠 200～220。大鼠急性经皮 LD$_{50}$ 1360～2300 mg/kg，大鼠吸入 LD$_{50}$（4 h，mg/L）：雄大鼠 0.970～1.186，雌大鼠＞4.9。

生态效应　鲤鱼 LC$_{50}$（24 h）2.3 mg/L，水蚤 LC$_{50}$（24 h）0.002 mg/L。

制剂　2%粉剂、3%粒剂、2%微粒剂、25%乳油、50%可湿性粉剂。

作用机理与特点　胆碱酯酶抑制剂，具触杀和胃毒作用，持效中等。作为土壤杀虫剂，用于土壤防治根蝇、根蛆和地老虎，还可以防治牛、羊体外寄生虫，以及用于公共卫生方面防治蚊幼虫。

应用

（1）适用作物　水稻、玉米、甘蔗、蔬菜、柑橘、茶树等。

（2）防治对象　二化螟、黑尾叶蝉、飞虱、稻根蛆、种蝇、萝卜蝇、葱蝇、菜青虫、小菜蛾、菜螟、黄条跳甲、二十八星瓢虫、柑橘卷叶虫、红圆蚧等。

（3）使用方法　粉剂、微粒剂等制剂使用量为 30～40 kg/hm^2。乳油用水稀释 750～1500 倍，可湿性粉剂用水稀释 1500～2000 倍喷施。

专利与登记

专利名称　Insecticidal compositions

专利号　NL 6400529　　　　专利公开日　1964-07-27

专利申请日　1964-01-24　　　优先权日　1963-01-25

专利拥有者　Shell Internationale Research Maatschappij NV

在其他国家申请的化合物专利　BE 642918、FR 1410995、FR 1412322、GB 1011022。

制备专利　CN 101195636 等。

合成方法　通过如下反应即可制得目的物：

参考文献

[1] The Pesticide Manual.17 th edition: 370-371.

[2] 国外农药品种手册, 化工部农药信息总站, 1996 : 35.

<h1 style="text-align:center">甲基毒死蜱（chlorpyrifos-methyl）</h1>

322.5，C$_7$H$_7$Cl$_3$NO$_3$PS，5598-13-0

甲基毒死蜱（试验代号：Dowco214、OMS1155、ENT27520，商品名称：Fostox CM、Lino、Metidane、Reldan、Pyriban M、Runner M、Vafor，其他名称：甲基氯蜱硫磷、氯吡磷）是 R. H. Rigterink 和 E. E. Kenaga 报道其活性，由 Dow Chemical Co.(现属 Dow AgroSciences)开发的有机磷类杀虫剂。

化学名称　*O,O*-二甲基-*O*-3,5,6-三氯-2-吡啶基硫代磷酸酯。英文化学名称为 *O,O*-dimethyl O-3,5,6-trichloro-2-pyridyl phosphorothioate。美国化学文摘系统名称为 O,O-dimethyl O-(3,5,6-trichloro-2-pyridinyl) phosphorothioate。CA 主题索引名称为 phosphorothioic acid, esters, O,O-dimethyl O-(3,5,6-trichloro -2-pyridinyl) ester。

理化性质　纯品含量为 97%，白色结晶固体，具有轻微硫醇气味，熔点 45.5～46.5℃。蒸气压 3.0 mPa（25℃）。相对密度 1.64（20～25℃）。lgK_{ow} 4.24。Henry 常数 0.372 Pa·m³/mol（计算）。水中溶解度（20～25℃）2.6 mg/L，有机溶剂中溶解度（g/L，20～25℃）：丙酮＞310，甲醇 150，正己烷 80。水解 DT$_{50}$：27 d（pH 4），21 d（pH 7），13 d（pH 9）。水溶液光解 DT$_{50}$：1.8 d（6 个月），3.8 d（12 个月）。闪点 182℃。

毒性　急性经口 LD$_{50}$（mg/kg）：大鼠＞3000，小鼠 1100～2250，豚鼠 2250，兔 2000。急性经皮 LD$_{50}$（mg/kg）：大鼠＞3700，兔＞2000。本品对眼睛和皮肤无刺激。大鼠吸入 LC$_{50}$（4 h）＞0.67 mg/L。根据血浆胆碱酯酶含量，对狗和大鼠两年饲养试验的无作用剂量为 0.1 mg/（kg·d）。ADI/RfD（JMPR）0.01 mg/kg bw（2001，1992），（EC）0.01 mg/kg bw（2005），（EPA）aRfD 0.01 mg/kg bw，cRfD 0.001 mg/kg bw（2001）。

生态效应　鸟急性经口 LD$_{50}$（mg/kg）：野鸭＞1590，山齿鹑 923。野鸭饲喂 LC$_{50}$（8 d）2500～5000 mg/kg。鱼 LC$_{50}$（96 h，mg/L）：大翻车鱼 0.88，虹鳟鱼 0.41。水蚤 LC$_{50}$（24 h）0.016～0.025 mg/L。羊角月牙藻 EC$_{50}$（72 h）0.57 mg/L，小龙虾 LC$_{50}$（36 h）0.004 mg/L。蜜蜂 LD$_{50}$ 0.38 μg/只（接触）。蚯蚓 LC$_{50}$（15 d）182 mg/kg 土壤。

环境行为　经口进入大鼠和其他动物体内的本品迅速代谢，并通过尿排出，其主要代谢物为 3,5,6-三氯吡啶-2-酚。在植物中没有内吸性，不会通过土壤从根部吸收。在土壤中经微生物降解为 3,5,6-三氯吡啶-2-酚，然后再降解为有机氯化物和二氧化碳。依据不同的土壤和微生物的活性，其 DT$_{50}$ 1.5～33 d，DT$_{90}$ 14～47 d。土壤的类型不同，其 K_d 3.5～407 mL/g。K_{oc} 值比较固定为 1190～8100 mL/g。

主要生产商　Dow、江苏蓝丰生物化工股份有限公司、江苏新农化工有限公司等。

作用机理与特点　胆碱酯酶的直接抑制剂。具有触杀、胃毒和熏蒸作用的非内吸性、广谱杀虫、杀螨剂。

应用

（1）适用作物　果树、观赏植物、蔬菜、马铃薯、茶、水稻、棉花、葡萄、草莓等。

（2）防治对象　蚊、蝇，作物害虫，工业和公共卫生上使用可以防治蚊子和蠓虫，也可以用来防治疟疾等疾病。

（3）残留量与安全施药　储存谷物用量为 6～10 mL/t，叶面施药为 250～1000 g/hm²。

（4）使用方法　用 5～15 mg/L 剂量处理仓库储粮，能有效控制米象、玉米象、咖啡豆象、拟谷盗、锯谷盗、长角扁谷盗、土耳其扁谷盗、麦蛾、印度谷蛾等 10 多种常见害虫。但鉴于甲基毒死蜱对谷蠹效果不佳，因此，对易发生谷蠹的场所还应加入诸如菊酯类等对谷蠹有效的药剂，采用混用的办法来增加防治效果。施药量为 1000 kg 稻谷喷 1000 mL（有效浓度 10～20 mg/kg）的药物（或撒 1 kg 拌药的砻糠）。采用边倒粮食边喷（撒）药的方法。对谷蠹和螨类、虱的防治效果不理想。

专利与登记

专利名称　Phosphorylated pyridine derivatives

专利号　FR 1360901　　　　　专利公开日　1964-05-15

专利申请日　1963-04-29　　　优先权日　1962-04-30

专利拥有者　Dow Chemical Co.

在其他国家申请的化合物专利　GB 975046、US 3244586。

制备专利　IN 2009MU02539 等。

国内登记情况　95%、96%原药，40%乳油等，登记对象为棉花等，防治对象棉铃虫等。

美国陶氏益农公司在中国登记情况见表 2-115。

表 2-115　美国陶氏益农公司在中国登记情况

登记名称	登记证号	含量	剂型	登记作物	防治对象	用药量	施用方法
甲基毒死蜱	PD20070291	400 g/L	乳油	甘蓝	菜青虫	60~80 mL/亩	喷雾
				棉花	棉铃虫	100~175 mL/亩	喷雾
甲基毒死蜱	PD20070290	96%	原药				

合成方法　经如下反应制得甲基毒死蜱：

三氯吡啶酚的合成有以下几种方法：

① 吡啶法：

② 丙烯酰氯法：

③ 三氯乙酸苯酯法：

④ 三氯乙酰氯法：

参考文献

[1] The Pesticide Manual. 17 th edition: 204-205.

[2] 许龙，陈敏. 化学工程与装备，2018(3): 17-20.

[3] 王同涛. 化工中间体，2009(6): 47-49.

[4] 精细化工产品手册——农药. 北京：化学工业出版社，1998: 33-34.

[5] 陆耕林，汤尧庚，唐一鸣，等. 郑州工程学院学报，2000, 21(4): 82-84.

[6] 仵兆武. 广东化工，2006(3): 18-20.

甲基嘧啶磷（pirimiphos-methyl）

305.4，$C_{11}H_{20}N_3O_3PS$，29232-93-7

甲基嘧啶磷（试验代号：PP511、OMS1424，商品名称：Actell、Actellic、Giustiziere、Quest、Rocket、SunMiphos、Silo-San、Stomophos，其他名称：安得利、保安定、亚特松、甲基虫螨磷、虫螨磷、安定磷等）是 ICI Plant Protection Division(现属 Syngenta AG)开发的有机磷类杀虫剂。

化学名称 O,O-二甲基-O-(2-二乙氨基-6-甲基嘧啶-4-基)硫代磷酸酯。英文化学名称为 O-2-diethylamino-6-methylpyrimidin-4-yl O,O-dimethyl phosphorothioate。美国化学文摘系统名称为 O-[2-(diethylamino)-6-methyl-4-pyrimidinyl] O,O-dimethyl phosphorothioate。CA 主题索引名称为 phosphorothioic acid, esters —, O-[2-(diethylamino)-6-methyl-4-pyrimidinyl] O,O-dimethyl ester。

理化性质 工业品含量为88%，稻草色液体，熔点 20.8℃。蒸气压：2.0 mPa（20℃）。相对密度：1.17（20～25℃）。$\lg K_{ow}$ 4.2，Henry 常数 0.608 Pa·m³/mol（计算），水中溶解度（mg/L，20～25℃）：11.0（pH 5），10.0（pH 7），9.7（pH 9），与大多数有机溶剂如醇类、酮类、卤代烃互溶。在强酸和碱性中分解，DT_{50} 2～117 d（pH 4～9，在 pH 7 时最稳定）。其水溶液在阳光下 DT_{50}＜1 h。pK_a（20～25℃）4.3（弱碱）。

毒性 急性经口 LD_{50}（mg/kg）：大鼠 1414，小鼠 1180。大鼠急性经皮 LD_{50}＞2000 mg/kg。本品对兔皮肤有轻微刺激，对兔眼睛有中度刺激，对豚鼠皮肤中度致敏。大鼠吸入 LC_{50}（4 h）＞5.04 mg/L。NOEL［2 年，mg/(kg·d)］：大鼠 0.4，狗 0.5。无致畸性，在脂肪组织中不累积。ADI/RfD（JMPR）0.03 mg/kg bw（1992，2006）；（EFSA）0.004 mg/kg bw（2005）；（EPA）aRfD 0.015 mg/kg bw，cRfD 0.0002 mg/kg bw（2006）。

生态效应 鸟急性经口 LD_{50}（mg/kg）：山齿鹑 40，日本鹌鹑 140，野鸭 1695。鱼 LC_{50}（mg/L）：虹鳟鱼 0.64（96 h），镜鲤 1.4（48 h）。水蚤 EC_{50}（μg/L）：0.21（48 h），0.08（21 d）。水藻 EC_{50} 1.0 mg/L。蜜蜂 LD_{50}（μg/只）：0.22（经口），0.12（接触）。蚯蚓 LC_{50}（14 d）419 mg/kg。

环境行为 本品在动物体内代谢过程为：P—O 键断裂、N-脱烷基化和与嘧啶离去基团代谢物进一步螯合。本品在植物上迅速蒸发，2～3 d 后，本品在植物上残留不到10%，包括

降解物 *O*-2-乙基氨基-6-甲基嘧啶-4-基 *O,O*-二甲基硫代磷酸酯。在储存的谷物中 $DT_{50} > 2$ 个月。土壤 DT_{50} $4 \sim 10$ d（实验室，4 种土壤），K_{oc} $950 \sim 8500$ mL/g（6 种土壤，平均 3042 mL/g）。在酸性条件下迅速退化，在中性和碱性条件下相对退化较慢，DT_{50} 2 d（pH 4），7 d（pH 5），117 d（pH 7），75 d（pH 9）。在水溶液中迅速光解。在介质中挥发较慢，空气中在光催化氧化下迅速分解。

制剂　2%粉剂，8%、25%、50%乳油，500 g/L 超低容量液剂，200 g/L 微胶囊剂，可溶粒剂、烟剂、气雾剂、拌种或种衣用溶液、热雾剂等。

主要生产商　Syngenta、湖南海利化工股份有限公司、一帆生物科技集团有限公司、浙江富农生物科技有限公司等。

作用机理与特点　甲基嘧啶磷是一种对储粮害虫、害螨毒力较大的有机磷杀虫剂，作用机理是胆碱酯酶抑制剂，具有触杀和熏蒸作用的广谱性杀虫、杀螨剂，作用迅速，渗透力强，用量低，持效期长；也能浸入叶片组织，具有叶面输导作用。对防治甲虫和蛾类有较好效果，尤其是对防治储粮害螨药效较高。

应用

（1）适用作物　蔬菜、观赏植物、甜菜、玉米、水稻、马铃薯、黄瓜、高粱、橄榄、果树等。

（2）防治对象　谷象、米象、玉米象、锯谷盗、锈赤扁谷盗、谷蠹、赤拟谷盗、银谷盗、甲虫、象鼻虫、蛾类和螨类等，也可用于家庭及公共卫生害虫。

（3）残留量与安全施药　为了安全，除使用砻糠载体外，直接喷雾施药后，应间隔一段安全期后，才能加工供应，一般剂量在 10 mg/kg 以下者，间隔 3 个月，15 mg/kg 间隔 6 个月，20 mg/kg 间隔 8 个月后方能加工供应。谷物中允许残留量为 10 mg/kg。

（4）使用方法　施药方法主要有机械喷雾法、砻糠载体法、超低容量喷雾法、粉剂拌粮法。

作为粮食保护剂，施药剂量为 $5 \sim 10$ mg/kg，农户储粮应用，剂量可增加 50%。按每平方米有效成分 $250 \sim 500$ mg 的药量处理麻袋，6 个月内可使袋中粮食不受锯谷盗、赤拟谷盗、米谷蠹、粉斑螟和麦蛾的侵害，若以浸渍法处理麻袋，则有效期更长。以喷雾法处理的聚乙烯粮袋和建筑物都有良好的防虫效果。用本品处理种子，即使用药量高达 300 mg/kg，对稻谷、小麦、玉米、高粱的发芽率无影响。澳大利亚曾以硅藻土作为载体，按 $6 \sim 7$ mg/kg 的药量处理小麦，可有效地防治米象和玉米象 9 个月，以其乳油和粉剂处理粮食后，降解速度无明显差别。

专利与登记

专利名称　Pesticidal pyrimidine derivatives

专利号　ZA 6805808　　　　　专利公开日　1970-03-09

专利申请日　1967-09-21　　　优先权日　1967-09-21

专利拥有者　Imperial Chemical Industries Ltd.

在其他国家申请的化合物专利　DE 1795350。

制备专利　CN 101613373、IN 180510、CS 264735、CS 205961 等。

国内登记情况　90%原药，55%乳油，5%粉剂，20%水乳剂等，登记对象（用途）为稻谷原粮和卫生等，防治对象蚊、蝇、赤拟谷盗和玉米象等。英国先正达公司在中国登记情况见表 2-116。

表 2-116　英国先正达公司在中国登记情况

登记名称	登记证号	含量	剂型	登记作物/用途/场所	防治对象	用药量	施用方法
甲基嘧啶磷	WP85-88	500 g/L	乳油	卫生	蚊	①2 g/m² （室内）；②300 g/hm²（室外）	①滞留喷雾；②超低量喷雾
				卫生	蝇	2 g/m²	滞留喷雾
	WP20180108	30%	微囊悬浮剂	室内	蚊	3.3mL/m²	滞留喷洒
	PD85-88	500 g/L	乳油	稻谷原粮	玉米象	5～10 mg/kg	喷雾
				小麦原粮	玉米象	5～10 mg/kg	喷雾

合成方法　经如下反应制得甲基嘧啶磷：

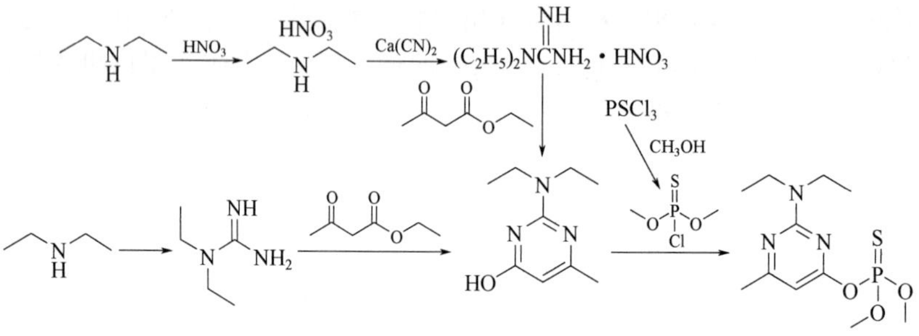

参考文献

[1] The Pesticide Manual. 17 th edition: 895-896.

[2] 聂萍, 孟建刚, 陈明, 等. 精细化工中间体, 2010(1): 18-20.

[3] 农药商品大全. 北京: 中国商业出版社, 1996: 77.

[4] 聂萍, 罗贞礼, 段湘生. 湖北化工, 1998(增刊), 103-104.

[5] 陆阳, 陶京朝, 冯世龙, 等. 四川化工, 2005(6): 5-7.

[6] 仇是胜, 牛安忠, 李祥志, 等. 现代农药, 2003(6): 20-27.

[7] 周玉昆, 于春海, 金敬东. 农药, 2002(1): 14-15.

甲基乙拌磷（thiometon）

246.3，$C_6H_{15}O_2PS_3$，640-15-3

　　甲基乙拌磷（试验代号：Bayer 23129、SAN 1831，其他名称：M-81）是 Bayer AG 和 Sandoz AG(现属于先正达公司)共同开发的有机磷类杀虫剂。

　　化学名称　S-2-乙硫基乙基-O,O-二甲基二硫代磷酸酯。英文化学名称为 S-2-ethylthioethyl O,O-dimethyl phosphorodithioate。美国化学文摘系统名称为 S-[2-(ethylthio)ethyl] O,O-dimethyl phosphorodithioate。CA 主题索引名称为 phosphorodithioic acid, esters —, S-[2-(ethylthio)ethyl] O,O-dimethyl ester。

　　理化性质　无色油状液体，具有特殊、含硫的有机磷酸酯气味，沸点 110℃（13.3 Pa）。蒸气压 39.9 mPa（20℃）。相对密度 1.209（20～25℃）。lgK_{ow} 3.15，Henry 常数 0.0284 Pa·m³/mol

（计算）。水中溶解度（20～25℃）200 mg/L，易溶于通用的有机溶剂，微溶于石油醚和矿物油。纯品不稳定，在非极性溶剂中非常稳定，在碱性介质中比在酸性介质中更不稳定，DT_{50}（5℃）：90 d（pH 3），83 d（pH 6），43 d（pH 9）。DT_{50}：（25℃）：25 d（pH 3），27 d（pH 6），17 d（pH 9）。20℃储存寿命大约 2 年。

毒性　大鼠急性经口 LD_{50}（mg/kg）：雄 73，雌 136。大鼠急性经皮 LD_{50}（mg/kg）：雄 1429，雌 1997。本品对豚鼠皮肤无刺激。大鼠吸入 LC_{50}（4 h）1.93 mg/L 空气。NOEL 值（2 年，mg/kg 饲料）：狗 6，大鼠 2.5。ADI/RfD（JMPR）0.003 mg/kg bw（1979）。

生态效应　急性经口 LD_{50}（14 d，mg/kg）：雄野鸭 95，雌野鸭 53，雄日本鹌鹑 46，雌日本鹌鹑 60。鱼 LC_{50}（96 h，mg/L）：鲤鱼 13.2，虹鳟 8.0（均在静态条件下）。水蚤 LC_{50}（24 h）8.2 mg/L。绿藻 EC_{50}（96 h）12.8 mg/L。本品对蜜蜂有毒，LD_{50}（经口）0.56 μg/只。蚯蚓 LC_{50}：（7 d）43.94 mg/kg 土壤，（14 d）19.92 mg/kg 土壤。

环境行为　本品在大鼠体内几乎全部被代谢并通过尿排出体外，代谢历程为将 P=S 键转化为 P=O 键、将硫化物氧化为亚砜和砜，然后水解为二甲基硫代磷酸。在植物中，经过氧化和氢解反应，主要代谢物是甲基乙拌磷的砜和亚砜，而 P=O 键变化很少。在土壤中，甲基乙拌磷代谢为甲基乙拌磷的亚砜和砜，甲基乙拌磷 K_{oc} 579 mL/g（低移动性），$DT_{50}<1$ d，甲基乙拌磷的砜 K_{oc} 52 mL/g（流动性很高），$DT_{50}<2$ d。正常情况下，本品及其代谢物在水中不累积，对地下水无影响。

制剂　25%、50%乳油，15%超低容量喷雾剂。

作用机理与特点　胆碱酯酶的直接抑制剂，具有触杀和胃毒作用的内吸性杀虫、杀螨剂。在使用浓度为 280～420 mL/hm² 剂量下，其内吸活性可持效 2～3 周。

应用

（1）适用作物　观赏植物、草莓、果树、芜菁、蔬菜、橄榄、葡萄、甜菜、烟草、棉花等。

（2）防治对象　刺吸性害虫，主要是蚜类和螨类，如蚜虫、蓟马和红蜘蛛等。

（3）残留量与安全施药　对苹果的最高残留限量 3 mg/kg。

（4）使用剂量　250～375 g/hm²。

专利与登记

专利名称　Neutral esters of dithiophosphoric acid

专利号　DE 917668　　　　　专利公开日　1954-09-09

专利申请日　1952-08-02　　　优先权日　1952-08-01

专利拥有者　Farbenfabriken Bayer A.-G.

制备专利　US 20040176629、DE 3301347 等。

合成方法　经如下反应制得：

$$P \xrightarrow{S} P_4S_{10} \xrightarrow{CH_3OH} \begin{array}{c} H_3CO \\ H_3CO \end{array}\!\!\!\!>\!\!\!P\!-\!SH \longrightarrow \begin{array}{c} H_3CO \\ H_3CO \end{array}\!\!\!\!>\!\!\!P\!-\!SNa \xrightarrow{ClCH_2CH_2SCH_2CH_3} \begin{array}{c} H_3CO \\ H_3CO \end{array}\!\!\!\!>\!\!\!P\!-\!SCH_2CH_2SCH_2CH_3$$

参考文献

[1] The Pesticide Manual. 17th edition: 1105-1106.

[2] 国外农药品种手册. 北京: 化学工业部农药情报中心站, 1980: 125.

喹硫磷（quinalphos）

$$298.3，C_{12}H_{15}N_2O_3PS，13593-03-8$$

喹硫磷（试验代号：Bay 77049、SAN 6538、SAN 6626、ENT 27394，商品名称：Deviquin、Hilquin、Max、Quinaal、Quinatox、Quinguard、Rambalux、Starlux、Vazra，其他名称：喹噁磷、喹噁硫磷、克铃死、爱卡士）是 K.J.Schmidt 和 L.hammann 报道其活性，由 Bayer AG 和 Sandoz AG(现属先正达公司)开发的有机磷类杀虫剂。

化学名称　O,O-二乙基-O-(2-喹喔啉基)硫代磷酸酯。英文化学名称为 O,O-diethyl O-quinoxalin-2-yl phosphorothioate。美国化学文摘系统名称为 O,O-diethyl O-2-quinoxalinyl phosphorothioate。CA 主题索引名称为 phosphorothioic acid, esters O,O-diethyl O-2-quinoxalinyl ester。

理化性质　无色结晶固体，熔点 $31\sim32℃$，沸点 142℃（0.04 Pa）（分解），蒸气压 0.346 mPa（20℃）。相对密度 1.235（$20\sim25℃$），$\lg K_{ow}$ 4.44。水中溶解度（$20\sim25℃$）17.8 mg/L，有机溶剂中溶解度（g/L，$20\sim25℃$）：正己烷 250，易溶于甲苯、二甲苯、乙醚、乙酸乙酯、丙酮、乙腈、甲醇、乙醇，微溶于石油醚。纯品在室温条件下稳定 14 d，液体原药在正常贮存条件下分解，必须放在含有稳定剂且适宜的非极性有机溶剂中。制剂是稳定的（在 25℃ 以下，保质期平均为 2 年）。易水解，DT_{50}（25℃，17 mg/L 和 2.5 mg/L）：23 d（pH 3），39 d（pH 6），26 d（pH 9）。

毒性　雄大鼠急性经口 LD_{50} 71 mg/kg，雄大鼠急性经皮 LD_{50} 1750 mg/kg，本品对兔眼睛和皮肤无刺激。大鼠吸入 LC_{50}（4 h）0.45 mg/L。大鼠 NOEL（2 年）3 mg/kg 饲料（基于胆碱酯酶的抑制剂）。ADI/RfD（EPA）cRfD 0.0005 mg/kg bw（1992）。对大鼠和兔无致畸作用，无致突变作用。在大鼠、小鼠和狗体内具有胆碱酯酶抑制剂的作用。

生态效应　鸟急性经口 LD_{50}（14 d，mg/kg）：日本鹌鹑 4.3，野鸭 37。饲喂 LC_{50}（8 d，mg/kg）：野鸭 220，鹌鹑 66。鱼 LC_{50}（96 h，mg/L）：鲤鱼 3.63，虹鳟鱼 0.005。水蚤 LC_{50}（48 h）0.66 μg/L。蜜蜂 LD_{50}（μg/只）：0.07（经口），0.17（接触）。蚯蚓 LC_{50}（mg/kg 土壤）：188（7 d），118.4（14 d）。

环境行为　经口进入大鼠体内的本品，被迅速吸收，代谢为 2-羟基喹喔啉（包括纯品和螯合物），并在很短的时间内排出，其中尿约 87%，胆汁约 13%。植物中，在 14 d 内，三分之一被叶面吸收，进入植物内，同时三分之二被蒸发掉。主要代谢物为 2-羟基喹喔啉（包括纯品和螯合物）。土壤中在有氧条件下迅速分解，DT_{50} 21 d（土壤有机质 2.6%，pH 6.8，$18\sim22℃$）。氢解产物为 2-羟基喹喔啉，其在土壤中不富积，进一步降解为极性代谢物和二氧化碳。Freundlich K $25\sim320$ mg/kg（土壤有机质 1.1%～35.5%）。

制剂　20%、48%乳油，25%可湿性粉剂，30%超低容量液剂，5%颗粒剂，1.5%粉剂。

主要生产商　Alchemie、Chinoin、Ficom、FMC、Gharda、Syngenta、UPL、浙江嘉化集团股份有限公司等。

作用机理与特点　胆碱酯酶的直接抑制剂。具有触杀、胃毒作用，无内吸和熏蒸作用，在植物上有良好的渗透性，杀虫谱广，有一定的杀卵作用，在植物上降解速度快，残效期短。

应用

（1）适用作物　水稻、柑橘、烟草、蔬菜、茶树、棉花、白菜、花生、豌豆、咖啡、观赏植物等。

（2）防治对象　二化螟、三化螟、稻苞虫、稻纵卷叶螟、稻叶蝉、稻飞虱、柑橘蚜、柑橘介壳虫、柑橘潜叶蛾、菜青虫、斜纹叶蛾、烟青虫、棉铃虫、小绿叶蝉、茶尺蠖、棉蚜、棉蓟马等。

（3）残留量与安全施药　允许最大残留量 2 mg/kg，在收获前 14 d 停止用药。

（4）使用方法　使用剂量：250～500 g(a.i.)/hm²（乳油），0.75～1.0 kg(a.i.)/hm²（颗粒剂）。

水稻　①稻纵卷叶螟　在卵盛孵期至幼龄期（低龄期），用 25%乳油 2.25～3 L/hm²，对水 750～900 kg，均匀喷雾。②二化螟：在螟卵孵化初盛期，用 25%乳油 1.5～2 L/hm²，对水 1125 kg，均匀喷雾；825～1125 g/hm² 拌细土 300～600 kg 均匀撒施。③三化螟：防治枯心苗掌握在卵孵化高峰前 1～2 d 施药，防治白穗在水稻破口露穗时用药，防治指标为 5%～10%破口露穗。用 25%乳油 1.65 L/hm²，对水 1125 kg，进行喷雾，三化螟卵块达 450～750 块/hm²的为防治对象田。④稻瘿蚊：中晚稻秧田在成虫盛发期内，播种后 6～8 d，用 25%乳油 2.25～3 L/hm²，对水 600～1350 kg，均匀喷雾，间隔 7～9 d 再施药一次，或用 5%颗粒剂 22.5 kg/hm²进行撒施，施药时，田中要有水层，若种田无水则要加大水量 2～3 倍喷雾。⑤稻飞虱、稻叶蝉：在若虫盛发高峰期及短翅成虫出现初期，用 25%乳油 1.5～2.1 L/hm²，对水 1050 kg，均匀喷雾，或用 5%颗粒剂 15～22.5 kg/hm²进行均匀撒施。⑥黏虫：在低龄幼虫期，用 25%乳油 1.8 L/hm²，对水 750 kg，均匀喷雾。⑦稻蓟马：在秧苗 4 叶期后每百株有虫 200 头以上，或叶尖初卷率达 5%～10%，本田分蘖期每百株有虫 300 头以上或叶尖的初卷率达 10%左右时，用 25%乳油 1.5～2 L/hm²，对水 1125 kg，均匀喷雾；825～1125 g/hm² 拌细土 300～600 kg 均匀撒施。

柑橘　①柑橘潜叶蛾：在成虫盛发期放梢后 3～7 d，新叶被害率约 10%时，用 25%乳油 600～700 倍液，加杀虫单结晶或杀螟丹（巴丹）原粉 2000～2500 倍液，或加 25%杀虫双水剂 700 倍液，均匀喷雾，间隔 5～7 d 再施药一次。②橘蚜：在新梢有蚜株率达 20%时，用 25%乳油 500～750 倍液，均匀喷雾，重点喷施有蚜植株。③介壳虫：在若、幼蚧盛发期，用 25%乳油 500～750 倍液，加 0.5%～1%机油乳剂或茶麸柴油乳膏喷雾。

烟草　在幼虫低龄期，用 25%乳油 2.1～2.55 L/hm²，对水 900～1125 kg，均匀喷雾，可防治烟青虫；对发生在烟草上的其他各种害虫，斜纹叶蛾等鳞翅目幼虫，均可用 25%乳油 2.1～2.55 L/hm²，对水 900～1125 kg，均匀喷雾，进行防治。

棉花　①棉蚜：在大面积平均有蚜株率达到 30%，平均单株蚜数 10 头，或蚜害卷叶株率达到 5%时，用 25%乳油 750～900 mL/hm²，对水 750 kg，均匀喷雾。②棉蓟马：在棉苗 4～6 片真叶时，百株有虫 15～30 头时，用 25%乳油 1～1.5 L/hm²，对水 900 kg，均匀喷雾。③棉铃虫：当百株卵量骤然上升，达到 15～20 粒以上，或百株有幼虫 5～10 头时，用 25%乳油 2～2.5 L/hm²，对水 1125 kg，均匀喷雾。

茶树　①小绿叶蝉：在若虫盛发期，用 25%乳油 700～1000 倍液，或用 25%乳油 2.25～3 L/hm²，对水 900～1125 kg，均匀喷雾。②茶尺蠖：在幼虫低龄期，用 25%乳油 700～1000 倍液，或用 25%乳油 2.25～3 L/hm²，对水 900～1125 kg，均匀喷雾。③长白蚧、红蜡蚧：在卵孵化盛末期，用 25%乳油 700～1000 倍液，或用 25%乳油 2.25～3 L/hm²，对水 900～1125 kg，均匀喷雾。

蔬菜　在幼虫低龄期，用 25%乳油 900～1200 mL/hm²，对水 750～900 kg，均匀喷雾可防治菜青虫、斜纹叶蛾。

专利与登记

专利名称 Phosphoric, phosphonic, thiophosphoric or -phosphonic acid esters of 2-hydroxy-quinoxaline

专利号 NL 6607054 　　　 专利公开日 1966-11-28

专利申请日 1966-05-23 　　　 优先权日 1965-05-26

专利拥有者 Farbenfabriken Bayer A.-G.

在其他国家申请的化合物专利 CA 939350、DE 1545817、FR 1481404、GB 1081249、US 3763160、US 3880997。

制备专利 CN 103704254、IN 186585、JP 03153695、JP 03153694 等。

国内登记情况 10%、25%乳油，70%原药等，登记作物为水稻和柑橘树等，防治对象介壳虫和稻种卷叶螟等。印度联合磷化物有限公司在中国登记了 25%乳油，防治棉花棉铃虫。

合成方法 经如下反应制得喹硫磷：

参考文献

[1] The Pesticide Manual. 17th edition: 990-991.

[2] 林屏璋. 农药, 2006(8): 520-521.

[3] 精细化工产品手册——农药. 北京: 化学工业出版社, 1998: 13-15.

[4] 高学祥, 苟小锋, 花成文, 等. 西北大学学报(自然科学版), 2006(2): 231-234.

[5] 万积秋, 李建强, 张雄, 等. 四川化工与腐蚀控制, 2001(6): 4-5.

[6] 李富新, 胡顺良, 张立征. 农药, 1999(11): 15-17.

乐果（dimethoate）

229.3，$C_5H_{12}NO_3PS_2$，60-51-5

乐果（试验代号：BAS 152I、CME 103、EI 12 880、ENT 24 650、L 395、OMS 94、OMS 111，商品名称：Alkedo、Bi 58、Danadim、Devigon、Diadhan、Dimethate、Dimezyl、Efdacon、Hermootrox、Killgor、Laition、Perfekthion、Robgor、Rogor、Romethoate、Stinger、Tara 909、Teeka、Vidithoate、大灭松）是 E.I. Hoegberg 和 J.T. Cassaday 报道其活性，由 American Cyanamid Co.、BASF AG、Boehringr Sohn(现属 BASF AG)、Montecatini S.p.A.(现属 Isagro S.p.A.)开发和生产的有机磷类杀虫剂。

化学名称 O,O-二甲基-S-甲基氨基甲酰甲基二硫代磷酸酯。英文化学名称为 O,O-dimethyl S-methylcarbamoylmethyl phosphorodithioate。美国化学文摘系统名称为 O,O-dimethyl

S-[2-(methylamino)-2-oxoethyl] phosphorodithioate。CA 主题索引名称为 phosphorodithioic acid, esters *O,O*-dimethyl *S*-[2-(methylamino)-2-oxoethyl] ester。

理化性质　原药含量 95%，无色结晶固体（工业品为白色固体球）。熔点 49～52℃，沸点 117℃（13.3 Pa），蒸气压 0.25 mPa（25℃）。相对密度 1.31（20～25℃）。lgK_{ow} 0.704。Henry 常数 1.42×10^{-6} Pa·m^3/mol。水中溶解度（20～25℃，pH 7）3.98×10^4 mg/L，有机溶剂中溶解度（g/L，20～25℃）：醇类、酮类>300，甲苯、苯>260，四氯化碳>80，氯仿、二氯甲烷>400，正辛醇>40，饱和烷烃>50。在 pH 2～7 介质中稳定，在碱性介质中分解，DT$_{50}$ 4.4 d（pH 9）。光稳定性 DT$_{50}$>175 d（pH 5）。受热分解为 *O,S*-二甲基类似物。pK_a（20～25℃）2.0（20℃）。

毒性　急性经口 LD$_{50}$（mg/kg）：大鼠 387，小鼠 16，兔 300，豚鼠 350。大鼠急性经皮 LD$_{50}$>2000 mg/kg。对兔眼睛和皮肤无刺激。大鼠吸入 LC$_{50}$（4 h）>1.6 mg/L 空气。NOEL [mg/(kg·d)]：大鼠（2 年）0.23，狗（1 年）0.2，人（39 d）0.2。ADI/RfD：（JMPR, PSD）0.002 mg/kg·bw（1996，2001，2003）；（EC）0.001 mg/kg·bw（2007）；（EPA）aRfD 0.013 mg/kg bw，cRfD 0.0022 mg/kg·bw（2006）。

生态效应　急性经口 LD$_{50}$（mg/kg）：野鸭 42，山齿鹑 10.5，日本鹌鹑 84，雉鸡 14.1。LC$_{50}$（mg/L）：野鸭 1011，山齿鹑 154，日本鹌鹑 346，雉鸡 396。鱼 LC$_{50}$（96 h，mg/L）：虹鳟 30.2，大翻车鱼 17.6。水蚤 EC$_{50}$（48 h）2 mg/L，NOEC（24 h）1 mg/L。羊角月牙藻 E$_b$C$_{50}$（72 h）90.4 mg/L，E$_r$C$_{50}$（72 h）90.4 mg/L，NOEC（72 h）30.5 mg/L。本品对蜜蜂有毒，LD$_{50}$（μg/只）：0.15（经口），0.2（接触）。蚯蚓 LC$_{50}$ 31 mg/kg 干土。对其他有益生物 LR$_{50}$（g/hm^2）：梨盲走螨（7 d）2.24，溢管蚜茧蜂（48 h）0.014。

环境行为　本品在土壤、水、植物中的半衰期很短，正常使用，对空气、食物或水污染很小。①动物。哺乳动物体内的降解规律与植物体内相同。②植物。在植物体内有以下代谢途径：氧化为氧乐果，氧乐果的 *O*-去甲基化和 *N*-去甲基化形成 *O*-去甲基 *N*-去甲基氧乐果，酰胺键水解形成乐果羧酸及进一步降解为 *O,O*-二甲基二硫代磷酸，去甲基化或重排为 *O*-去甲基乐果或 *O*-去甲基异乐果，氧乐果去甲基化反应生成 *O*-去甲基氧乐果，酰胺键进一步水解为 *O*-去甲基氧乐果羧酸。氧乐果被归类为有毒的强胆碱酯酶抑制剂，且在环境中表现出同乐果一样的快速降解效果。③土壤/环境。吸附和脱附常数与粉沙土含量呈现线性关系。K_{oc} 16.25～51.88（沙土/壤沙土）。需氧 DT$_{50}$ 2～4.1 d，光解 DT$_{50}$ 7～16 d（土壤表面）。污染地下水的可能性很小。

制剂　25%、40%、50%乳油，30%可溶粉剂、颗粒剂。

主要生产商　Atanor、BASF、FMC、Gowan、IpiCi、Nortox、Rallis、Sinon、Sumitomo、德州绿霸精细化工有限公司、广东广康生化科技股份有限公司、湖南海利常德农药化工有限公司、湖南沅江赤蜂农化有限公司、江苏蓝丰生物化工股份有限公司、江苏省连云港市东金化工有限公司、江苏腾龙生物药业有限公司、杭州颖泰生物科技有限公司等。

作用机理与特点　胆碱酯酶的直接抑制剂，杀虫谱广，对害虫和螨类有强烈的触杀和一定的胃毒作用，进入虫体内能氧化成毒性更高的氧化乐果，对害虫的毒力随气温升高而增强。持效期一般 4～5 d。

应用

（1）适用作物　观赏作物、谷类、咖啡、棉花、林木、橄榄树、根甜菜、马铃薯、豆类、烟草。

（2）防治对象　刺吸式口器、咀嚼式口器害虫及植食性螨类，包括蚜虫、叶螨、蓟马、叶蝉、飞虱、红蜘蛛、叶跳甲、粉虱、林木虱和潜叶蝇、实蝇等双翅目害虫以及水稻螟虫、棉盲蝽、介壳虫等。也用于畜舍中苍蝇的防治。

（3）残留量与安全施药　一般使用下对作物安全，但对某些品种的松树、啤酒花、棉花、高粱、烟草等作物有药害，对某些品种的花卉可引起锈斑。不同作物收获前禁用期不同，小麦、高粱等粮食作物不少于 10 d。本品对畜、禽经口毒性较高，喷过药剂的田边 7～10 d 内不可放牧；沾染药剂的种子不可喂饲家禽。乐果在土壤中半衰期只有 2～4 d，不宜用作土壤处理。

（4）应用技术　乐果可对农场建筑墙面滞留性喷雾，以防治家蝇，杀虫作用虽相对较慢，持效期可达 8 周。乐果纯品还能用于体表喷雾、肌肉注射或经口以防治家畜体内外双翅目寄生虫。

（5）使用方法

棉花　①在蚜株率达 30%，单株蚜数平均近 10 头，卷叶率达 5%时，用 40%乳油 750 mL/hm^2，或50%乳油 600 mL/hm^2，对水 900 kg 喷雾，可防治棉蚜；②在棉田 4～6 真叶时，100 株有虫 15～30 头时，用 40%乳油 750 mL/hm^2，或 50%乳油 600 mL/hm^2，对水 900 kg 喷雾，可防治蓟马；③在 100 株虫数达到 100 头以上，或棉叶尖端开始变黄时，用 40%乳油 750 mL/hm^2，或 50%乳油 600 mL/hm^2，对水 900 kg 喷雾，可防治棉叶蝉。防治蚜虫和红蜘蛛要重点喷洒叶背，使药液接触虫体才有效等。

水稻　每亩用 40%乐果乳油 75 mL，或用 50%乳油 50 mL，对水 75～100kg 喷雾。可有效防治灰飞虱、白背飞虱、褐飞虱、叶蝉、蓟马等害虫。

烟草　用 40%乳油 900 mL/hm^2，或 50%乳油 750 mL/hm^2，对水 900 kg 喷雾，可防治烟蚜虫、烟蓟马、烟青虫。

花卉　①用 30%可溶粉剂 1500～3000 倍液喷雾可防治瘿螨、木虱、实蝇、盲蝽；②用40%乳油 2000～3000 倍液喷雾，可防治介壳虫、刺蛾和蚜虫等。

专利与登记

专利名称　Carbamylalkyl phosphorodithioates

专利号　GB 791824　　　　专利公开日　1958-03-12

专利申请日　1956-02-15　　优先权日　1956-02-15

专利拥有者　"Montecatini" Societa generale per l'industria mineraria e chimica

制备专利　CN 107955034、DE 3528631、US 4415351、US 4385923、US 4283395、GB 2004187 等。

国内登记情况　40%、50%乳油，80%、85%、90%、96%、98%原药，1.5%粉剂等，登记作物为棉花和烟草等，防治对象为螨、蚜虫和鳞翅目幼虫等。

合成方法　经如下反应制得乐果：

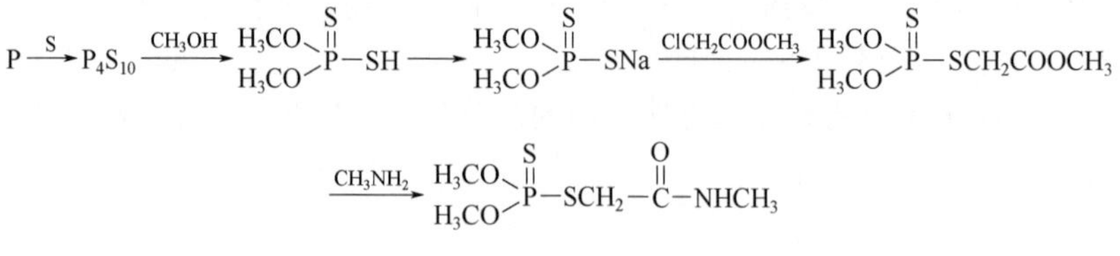

参考文献

[1] The Pesticide Manual. 17 th edition: 363-365.

[2] 国外农药品种手册. 北京: 化学工业部农药情报中心站, 1980: 139-140.

[3] 新编农药商品手册. 北京: 化学工业出版社, 2006: 104-107.

[4] 程晓兵, 王玉, 胡亚鹏. 山东化工, 2018(5): 51-52+54.

[5] 兰剑平. 当代化工, 2014(10): 2014-2015.

氯甲硫磷（chlormephos）

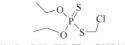

234.7，$C_5H_{12}ClO_2PS_2$，24934-91-6

氯甲硫磷（试验代号：MC2188，商品名称：Dotan）是 F.Colliot 等报道其活性，由 Murphy Chemical Ltd.和 Rhone-Poulenc Phytosanitaire（后属 Aventis CropScience）共同开发的有机磷类杀虫剂，并于 2000 年转让给 Calliope（现属 Arysta LifeScience Corporation）。

化学名称　S-氯甲基-O,O-二乙基二硫代磷酸酯。英文化学名称为 S-chloromethyl O,O-diethyl phosphorodithioate。美国化学文摘系统名称为 S-(chloromethyl) O,O-diethyl phosphoro-dithioate。CA 主题索引名称为 phosphorodithioic acid, esters S-(chloromethyl) O,O-diethyl ester。

理化性质　工业品纯度 90%～93%。无色液体，沸点 81～85℃（13.3 Pa）。蒸气压 7600.0 mPa（30℃）。相对密度 1.260（20～25℃）。水中溶解度（20～25℃）60 mg/L，与大多数有机溶剂互溶。室温条件下，在中性、弱酸性介质中稳定，但在 80℃条件下于稀酸、稀碱中分解。在碱性介质中迅速分解。

毒性　雌大鼠急性经口 LD_{50} 7 mg/kg。急性经皮 LD_{50}（mg/kg）：大鼠 27，兔＞1600。大鼠 NOEL（90 d）0.39 mg/kg 饲料。

生态效应　鹌鹑急性经口 LD_{50} 260 mg/kg。对鱼有毒，小丑鱼 LC_{50} 1.5 mg/L。对蜜蜂有毒。

环境行为　经口进入大鼠体内的本品，在 24 h 内，代谢完全，通过尿排出体外，代谢物为二乙基磷酸酯和二甲基硫代磷酸酯。在土壤中，本品转化为乙硫磷。

制剂　5%颗粒剂。

主要生产商　Aventis CropScience、Arysta LifeScience Corporation 等。

作用机理与特点　胆碱酯酶的直接抑制剂。具有触杀兼胃毒作用，无内吸活性。

应用

（1）适用作物　玉米、甘蔗、马铃薯、烟草、甜菜。

（2）防治对象　金针虫、蛴螬及倍足亚纲害虫等。

（3）具体应用　以 2～4 kg(a.i.)/hm² 剂量作土壤处理，撒施，能有效地防治金针虫、蛴螬和倍足亚纲害虫。以 0.3～0.4 kg(a.i.)/hm² 剂量施药，可防治玉米和甜菜田蛴螬和金针虫。

专利与登记

专利名称　Insecticidal S-chloromethyl phosphorothioates and phosphonothioates

专利号　DE 1925468　　　　专利公开日　1970-01-29

专利申请日　1969-05-19　　　优先权日　1968-05-27

专利拥有者　Murphy Chemical Co. Ltd.

在其他国家申请的化合物专利　GB 1258922、IL 32194、DK 127218、CS 172310、NL 6908051、NL 162293、FR 2009409、CH 536070、JP 52031414、CA 1000612。

制备专利　CS 215477、CS 215478、CS 197728 等。

合成方法　经如下反应制得氯甲硫磷：

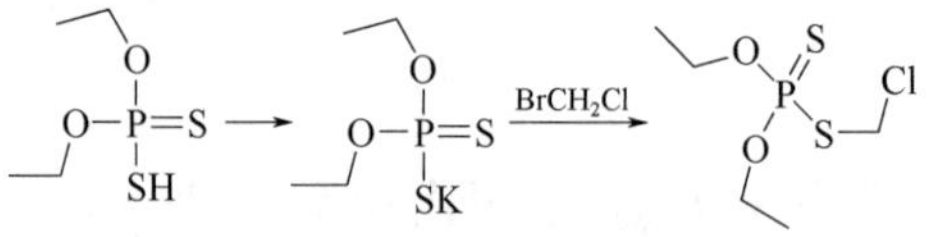

参考文献

[1] The Pesticide Manual. 17 th edition: 188.

[2] Phosphorus and Sulfur and the Related Elements, 1981, 10(2): 133-137.

[3] Phosphorus and Sulfur and the Related Elements, 1981, 10(2): 183-184.

[4] Phosphorus and Sulfur and the Related Elements, 1981, 11(3): 323-324.

氯氧磷（chlorethoxyfos）

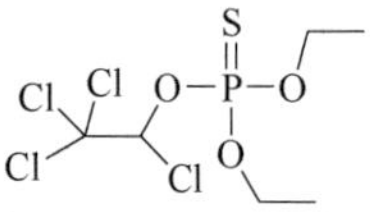

336.0，$C_6H_{11}Cl_4O_3PS$，54593-83-8

　　氯氧磷（试验代号：SD208304、WL208304、DPX43898，商品名称：Fortress、SmartChoice，其他名称：土虫磷、地虫磷）由 I.A.Watkinson 和 D.W.Sherrod 最初报道其活性，后由美国杜邦公司开发于 1995 年在美国登记，并于 2000 年转让给 Amvac Chemical Corp。

　　化学名称　O,O-二乙基-O-1,2,2,2-四氯乙基硫代磷酸酯。英文化学名称为$(\pm)O,O$-diethyl (RS)-O-(1,2,2,2-tetrachloroethyl) phosphorothioate。美国化学文摘系统名称为 O,O-diethyl O-(1,2,2,2-tetrachloroethyl) phosphorothioate。CA 主题索引名称为 phosphorothioic acid, esters O,O-diethyl O-(1,2,2,2-tetrachloroethyl) ester。

　　理化性质　原药含量88%，沸点 110～115℃（106.4 Pa），蒸气压约 106.0 mPa（20℃），$\lg K_{ow}$ 4.59，Henry 常数 35.0 Pa·m³/mol，相对密度 1.41（20～25℃）。水中溶解度（20～25℃）＜1 mg/L，溶于乙腈、氯仿、乙醇、正己烷、二甲苯。室温稳定 18 个月以上，55℃稳定 2 周，用含 504 mg/L Fe_2O_3 的洁净不锈钢贮存。DT_{50}（25℃）4.3 d（pH 5）、59 d（pH 7）、72 d（pH 9）。闪点＞230℃（原药，38℃）。

　　毒性　急性经口 LD_{50}（mg/kg）：雌大鼠 1.8，雄大鼠 4.8。急性经皮 LD_{50}（mg/kg）：雌兔 12.5，雄兔 18.5。对兔眼中度刺激，但眼睛接触为高毒。对兔皮肤无刺激，对豚鼠皮肤无致敏性。大鼠吸入 LC_{50}（4 h）0.008 mg/L，属于剧毒。NOEL［mg/(kg·d)］：雄小鼠 0.18，雌小鼠 0.21，雄大鼠 0.18，雌大鼠 0.25，雄狗 0.063，雌狗 0.065。ADI/RfD（EPA）aRfD 和 cRfD 0.0006mg/kg bw（2000）。无致畸性、致突变性和致癌性。

　　生态效应　山齿鹑急性经口 LD_{50} 28 mg/kg。鱼 LC_{50}（96 h，mg/L）：虹鳟鱼 0.10，大翻车鱼 0.0023，食蚊鱼 0.00047。水蚤 LC_{50}（48 h）0.00041 mg/L。

　　环境行为　进入动物体内的本品，主要代谢物为二氧化碳和生物合成中间体，如丝氨酸、甘氨酸及甘氨酸聚合物。在植物内降解为三氯乙酸和草酸。残留降解：土壤中 DT_{50}（25℃）（实验室研究）7 d，20 d；田间土壤中 DT_{50} 2～3 d，K_d 33～98。在某种情况下，分解非常迅速，杀虫剂几乎全被分解。从许多田块收集到的应用本品和其他杀虫剂并进行试验的土样，充分证明，本品在各种不同类型的土壤都不存在残留。杀虫剂的移动性：本品的水溶性比其他所有土壤颗粒剂都低，因此，本品在土壤中很少流动，不会污染环境，并可滞留在需要防治害虫的土层。

制剂 7.5%、20%颗粒剂。

主要生产商 Amvac、Gowan。

作用机理与特点 广谱土壤杀虫剂，具有熏蒸作用。

应用

（1）适用作物 玉米、蔬菜。

（2）防治对象 可防治玉米上的所有害虫，对叶甲、叶蛾、叩甲特别有效。在疏苗时，以低剂量施用，能有效防治南瓜十二星叶甲幼虫和小地老虎及金针虫。对蔬菜的各种蝇科有极好的活性。

（3）使用方法 防治叶甲害虫，用颗粒剂 0.56 kg/hm²，沟施或带施。防治小地老虎，用颗粒剂 3.7～4.5 kg/hm²，沟施或带施。

专利与登记

专利名称 Controlling soil pests using a phosphorothioate compound

专利号 EP 160344　　　　　　专利公开日 1985-11-06

专利申请日 1985-04-24　　　　优先权日 1985-04-24

专利拥有者 Shell Internationale Research Maatschappij B. V., Neth.

在其他国家申请的化合物专利 CA 1288687、AT 35207、AU 8541782、AU 566474、ZA 8503160、CN 85104636、CN 1020660、US 4866045。

工艺制备 EP160344 等。

合成方法 经如下反应制得氯氧磷：

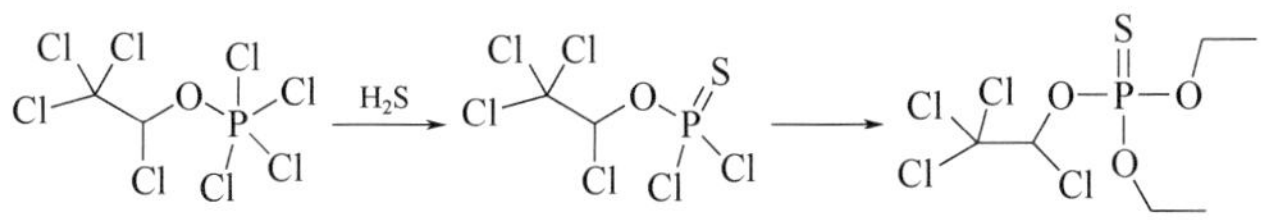

参考文献

[1] The Pesticide Manual. 17 th edition: 188.

氯唑磷（isazofos）

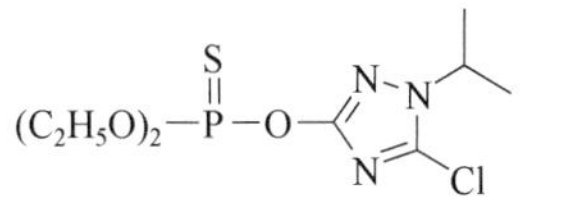

313.7，$C_9H_{17}ClN_3O_3PS$，42509-80-8

氯唑磷（试验代号：CGA12223，商品名称：Brace、Miral、Triumph、Victor，其他名称：米乐尔、异唑磷、异丙三唑硫磷）是由 Ciba-Geigy AG(现属先正达公司)开发的有机磷杀虫剂、杀线虫剂。

化学名称 O-5-氯-1-异丙基-1H-1,2,4-三唑-3-基-O,O-二乙基硫代磷酸酯。英文化学名称

为 *O*-5-chloro-1-isopropyl-1*H*-1,2,4-triazol-3-yl *O,O*-diethyl phosphorothioate。美国化学文摘（CA）系统名称为 *O*-[5-chloro-1-(1-methylethyl)-1*H*-1,2,4-triazol-3-yl] *O,O*-diethyl phosphorothioate。CA 主题索引名称为 phosphorothioic acid —, esters *O*-[5-chloro-1-(1-methylethyl)-1*H*-1,2,4-triazol-3-yl] *O,O*-diethyl ester。

理化性质　本品为黄色液体，熔点 120℃（36 Pa），相对密度 1.23（20℃），蒸气压 7.45 mPa（20℃），$\lg K_{ow}$ 2.99，Henry 常数 $1.39×10^{-2}$ Pa·m^3/mol。水中溶解度（20℃）168 mg/L，与有机溶剂如苯、氯仿、己烷和甲醇等互溶。在中性和弱酸性介质中稳定，在碱性介质中不稳定。水解 DT$_{50}$（20℃）：85 d（pH 5）、48 d（pH 7）、19 d（pH 9）。200℃以下稳定。

毒性　大鼠急性经口 LD$_{50}$ 40～60 mg/kg（原药）。急性经皮 LD$_{50}$（mg/kg）：雄大鼠＞3100，雌大鼠 118。对兔皮肤有中等刺激性，对兔眼睛有轻微刺激作用。大鼠吸入 LC$_{50}$（4 h）0.24 mg/L 空气。NOEL（90 d，mg/kg 饲料）：大鼠 2 [0.2 mg/(kg·d)]，狗 2 [0.05 mg/(kg·d)]。

生态效应　鸟急性经口 LD$_{50}$（mg/kg）：野鸭 61，山齿鹑 11.1。山齿鹑 LC$_{50}$（8 d）81 mg/L。鱼毒 LC$_{50}$（96 h，mg/L）：虹鳟鱼 0.008，鲤鱼 0.22，大翻车鱼 0.01。水蚤 LC$_{50}$（48 h）0.0014。对蜜蜂有毒。

环境行为　在动物、植物体内可通过尿液迅速排出体外，在土壤中 DT$_{50}$10 d。

制剂　2%、3%、5%、10%颗粒剂，50%微囊悬浮剂，50%乳油。

主要生产商　Ciba-Geigy、Novartis 等。

作用机理与特点　抑制乙酰胆碱酯酶的活性，主要干扰线虫神经系统的协调作用而死亡。具有内吸、触杀和胃毒作用。

应用

（1）适宜作物　水稻、甘蔗、烟草、豆类、花生、玉米、牧草、观赏植物等。

（2）防治对象　用于防治根结、胞囊、穿孔、半穿刺、茎、纽带、螺旋、刺、盘旋、针、长针、毛刺、矮化、肾形、剑、轮等线虫。此外，也可防治稻螟、稻飞虱、稻瘿蚊、稻蓟马、蔗螟、蔗龟、金针虫、玉米螟、瑞典麦秆蝇、地老虎、切叶蚁等害虫。

（3）使用方法　可作叶面喷洒，也可作土壤处理或种子处理，用来防治茎叶害虫及根部线虫。使用剂量为 0.5～2 kg(a.i.)/hm^2。具体如下：

① 防治甘蔗害虫　用 3%颗粒剂 60～90 kg/hm^2，在种植时沟施。

② 防治水稻螟虫　在螟虫盛孵期，或卵孵高峰到低龄若虫期，用 3%颗粒剂 15～18 kg/hm^2，直接撒施。

③ 防治花生线虫　用 3%颗粒剂 67.5～97.6 kg/hm^2，在种植时沟施。

专利与登记

专利名称　Triazolyl-organophosphorus derivatives and their use in pest control

专利号　GB 1419431　　　　　专利公开日　1975-12-24

专利申请日　1972-12-08　　　优先权日　1971-12-10

专利拥有者　Ciba Geigy AG

在其他国家申请的化合物专利　DE 2319518、FR 2181113、NL 7304929、JP 49018828、JP 52002889、DD 108527、BE 798293、US 3890393、CH 566978、CA 977355、SU 495836、IT 982790、GB 1419433 等。

制备专利　DE 3440913 等。

合成方法　可通过如下反应表示的方法制得目的物：

参考文献

[1] 柳庆先, 刘智忠, 韩顺宁. 农药. 1994, 33(4): 16-17.

[2] 刘刚. 农药市场信息, 2011(17): 30.

马拉硫磷（malathion）

330.3，$C_{10}H_{19}O_6PS_2$，121-75-5

马拉硫磷（试验代号：EI 4049、ENT 17 034、OMS 1，其他通用名称：mercaptothion、carbofos、maldison、mercaptotion、malathon，商品名称：Devimalt、Dustrin、Eagle、Hilmala、Hilthion、Kemavert、Malac、Malathane、Maltox、MLT、Sumady、Ultration、马拉松、防虫磷、粮虫净、粮泰安、马拉赛昂）是 G.A.Johnson 等人报道其活性，由 American Cyanamid Co. 开发的有机磷类杀虫剂。

化学名称 S-1,2-双(乙氧基羰基)乙基-O,O-二甲基二硫代磷酸酯。英文化学名称为 diethyl (dimethoxyphosphinothioylthio)succinate 或 S-1,2-bis(ethoxycarbonyl)ethyl O,O-dimethyl phosphorodithioate。美国化学文摘系统名称为 diethyl [(dimethoxyphosphinothioyl)thio]butanedioate。CA 主题索引名称为 butanedioic acid —, [(dimethoxyphosphinothioyl)thio]-diethyl ester。

理化性质 原药纯度约为95%，透明琥珀色液体，熔点2.85℃，沸点156～157℃（93.1 Pa），蒸气压 5.3 mPa（30℃），相对密度1.23（20～25℃），$\lg K_{ow}$ 2.75，Henry 常数 0.0121 Pa·m³/mol。水中溶解度（20～25℃）145.0 mg/L，与大多数有机溶剂互溶，如醇类、酯类、酮类、醚类、芳香烃类，不溶于石油醚和某些矿物油，庚烷中溶解度（20～25℃）65～93 g/L。在中性溶液介质中稳定，在强酸、碱性介质中分解。水解 DT_{50}（25℃）：107 d（pH 5），6 d（pH 7），0.5 d（pH 9）。闪点163℃。

毒性 急性经口 LD_{50}（mg/kg）：大鼠1375～5500，小鼠775～3320。急性经皮 LD_{50}（24 h，mg/kg）：兔4100～8800，大鼠>2000。大鼠吸入 LC_{50}（4 h）>5.2 mg/L。在大鼠2年喂养试验中，仅在 500 mg/L［29 mg/(kg·d)］时观察到对血浆和红细胞的胆碱酯酶的抑制作用。ADI/RfD：（EFSA）0.03 mg/kg bw（2006）；（JMPR）0.3 mg/kg bw（1997，2003）；（EPA）aRfD 0.14 mg/kg bw，cRfD 0.07 mg/kg bw（2006）。

生态效应 山齿鹑急性经口 LD_{50} 359 mg/kg，饲喂 LC_{50}（5 d，mg/kg 饲料）：山齿鹑3500，红颈野鸡4320。鱼 LC_{50}（96 h，μg/L）：大翻车鱼54，虹鳟鱼180，三刺鱼21.7。水蚤 EC_{50}（48 h）1.0 μg/L。水藻 EC_{50}（72 h）13 mg/L。对蜜蜂有毒，LD_{50} 0.27 μg/只（接触）。蚯蚓 LC_{50} 613 mg/kg 土壤。烟蚜茧蜂 LR_{50} 0.062 g/hm²。

环境行为 在环境中，马拉硫磷被迅速降解。本品进入动物体内后，在 24 h 内，大部分通过粪便和尿排出体外。在肝脏微粒体酶作用下，马拉硫磷通过氧化脱硫变为马拉氧磷，马拉硫磷和马拉氧磷被体内的羧酸酯酶水解。在昆虫体内，代谢涉及羧化物和二硫代磷酸酯的水解及氧化为马拉氧磷。进入植物体内以后，通过去酯化变为相应的单羧酸或二羧酸，然后裂解为琥珀酸，并随后纳入植物成分。在正常情况下，在 7 d 内，99%被分解，土壤 DT_{50} 约为 1 d，主要代谢物为马拉硫磷单羧酸、马拉硫磷二羧酸，其降解 $DT_{50} < 3$ d。

制剂 25%、45%、50%、70%乳油，1.2%、1.8%粉剂，可湿性粉剂，超低容量液剂，水乳剂。

主要生产商 Ficom、FMC、Gowan、Hindustan Insecticides、Rallis、Sumitomo、德州绿霸精细化工有限公司、广西金土地生化有限公司、河北金德伦生化科技有限公司、河北省衡水北方农药化工有限公司、湖北仙隆化工股份有限公司、江苏好收成韦恩农化股份有限公司、江苏恒隆作物保护有限公司、江苏省农用激素工程技术研究中心有限公司、江苏腾龙生物药业有限公司、连云港埃森化学有限公司、辽宁省葫芦岛凌云集团农药化工有限公司、南通雅本化学有限公司、宁波三江益农化学有限公司、山西绿海农药科技有限公司、吴桥农药有限公司、新沂市泰松化工有限公司、浙江嘉化集团股份有限公司等。

作用机理与特点 本品为高效、低毒、广谱有机磷类杀虫剂。具有触杀和胃毒作用，也有一定的熏蒸和渗透作用，对害虫击倒力强，无内吸作用，残效期短。进入虫体后氧化成马拉氧磷，从而更能发挥毒杀作用，马拉硫磷毒性低，残效期短，但其药效受温度影响较大，高温时效果好。

应用

（1）适用作物 水稻、小麦、棉花、蔬菜、茶树、果树、豆类、农田牧草、林木、烟草、桑树等作物上的害虫。

（2）防治对象 刺吸式和咀嚼式害虫，如飞虱、叶蝉、蓟马、蚜虫、黏虫、盲蝽、叶跳虫、黄条跳甲、象甲、长白蚧、椿象、食心虫、造桥虫、蝗虫、菜青虫、豆天蛾、豆芫菁、红蜘蛛、刺蛾、巢蛾、蠹蛾、粉蚧、茶树尺蠖、毛虫、介壳虫、松毛虫、杨毒蛾、尺蠖等，也可用于防治仓库害虫。

（3）残留量与安全施药 对高粱、瓜、豆类和梨、葡萄、樱桃等一些品种易发生药害，应慎用。对人、畜低毒，对作物安全，对鱼类中毒，对天敌和蜜蜂高毒。加拿大有害生物管理法规局（PMRA）已经决定，在居民区大规模使用有机磷杀虫剂马拉硫磷灭蚊对操作者和旁人不会产生风险，条件是采取一些预防。

（4）应用技术 气温低时马拉硫磷杀虫毒力下降，可适当提高施药量或用药浓度。马拉硫磷对多种叶面为害的咀嚼式口器和刺吸式口器害虫有良好效果，可采用乳油对水喷雾或粉剂喷粉，用于防治水稻、棉花、大豆、蔬菜、果树、茶树、桑树、林木等作物上的鳞翅目、鞘翅目幼虫、蚜、螨、蚧，以及水稻叶蝉、飞虱、蓟马，果树椿象，茶黑刺粉虱，油菜叶蜂等。PMRA 已经规定，在居民区只有马拉硫磷的超低容量喷雾剂（ULV）可以用于灭蚊。地面施用目前登记的最大用量为 60.8 g(a.i.)/hm²，空中施用必须限制在 260 g(a.i.)/hm²。由于旁人暴露的不可接受水平，不再允许使用非 ULV 剂型和更高的施用量。

（5）具体使用方法如下

① 蔬菜害虫的防治，每亩用 45%乳油 85～120 mL，对水均匀喷雾，可防治各种蔬菜蚜虫、黄条跳甲、茄子和菜豆红蜘蛛。使用时应注意高浓度时能对某些十字花科蔬菜、豇豆、瓜类蔬菜产生一定的药害。

② 水稻害虫的防治，用 45%乳油 1000 倍液喷雾，每亩喷液量 75～100 kg，防治稻叶蝉、稻飞虱。

③ 麦类、豆类作物害虫的防治，用 45%乳油 1000 倍液喷雾，防治麦类黏虫、蚜虫、麦

叶蜂，用 45%乳油 1000 倍液喷雾，每亩喷液量 75～100 kg，可防治大豆食心虫、大豆造桥虫、豌豆象、豌豆蚜、黄条跳甲。

④ 棉花害虫的防治，用 45%乳油 1500 倍液喷雾，可防治棉叶跳虫、盲椿象。

⑤ 果树害虫的防治，用 45%乳油 1500 倍液喷雾，可防治果树上各种刺蛾、巢蛾、粉介壳虫、蚜虫、瘤蚜、柑橘蚜、椿象、叶螨、叶蝉、木虱、刺蛾、卷叶蛾、食心虫、介壳虫、毛虫等害虫。用 50%乳油 1000 倍液喷雾，防治苹果、梨、桃树上的蚜虫，对叶蝉有特效。防治苹果黄蚜，用 45%马拉硫磷乳油 1200～1800 倍均匀喷雾，上述用量也可防治梨星毛虫等害虫。

⑥ 茶树害虫的防治，用 45%马拉硫磷乳油 500～800 倍液，可防治茶尺蠖、茶黄象甲、长白蚧、茶圆蚧，同时也可防治黑毒蛾等害虫。

⑦ 林木害虫的防治，用 25%马拉硫磷油剂 2250～3720 mL/hm²，进行超低容量喷雾或喷烟，可防治尺蠖、松毛虫、毒蛾等害虫。

⑧ 贮粮害虫，用 1.8%马拉硫磷粉剂按每吨粮食 1000～2000 g 粉剂撒施拌粮，可防治仓储原粮、种子上的玉米象、麦蛾、谷蠹、拟谷盗等害虫。

⑨ 菇棚害虫，用 50%马拉硫磷 1000～1500 倍液喷雾，可防治蓟马，防效可达 80%～90%。

⑩ 卫生害虫的防治，用 45%乳油 250 倍液，按 100～200 mL/m² 用药，可防治苍蝇；用 45%乳油 160 倍液按 100～150 mL/m² 用药，可防治臭虫；用 45%乳油 250 倍液按 50 mL/m² 用药可防治蟑螂。

专利与登记

专利名称　Adducts of diesters of dithiophosphoric acid and maleic and fumaric esters

专利号　US 2578652　　　　　专利公开日　1951-12-18

专利申请日　1950-03-02　　　　优先权日　1950-03-02

专利拥有者　American Cyanamid Co.

制备专利　IN 281140、WO 2012129142、CN 102336781、WO 2009007998、WO 2007005988、RO 88169 等。

国内登记情况　1.2%粉剂，45%乳油，90%原药等，登记作物为水稻、棉花、林木、豆类、茶树、牧草、小麦、果树和十字花科蔬菜等，防治对象黄条跳甲、长白蚧、象甲、食心虫、造桥虫、蚜虫和飞虱等，还可用于大麦、稻谷、小麦、高粱、玉米原粮防治仓储害虫。

合成方法　经如下反应制得马拉硫磷：

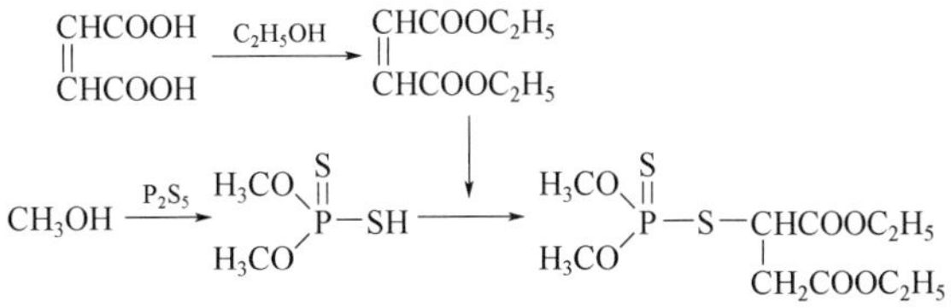

参考文献

[1] The Pesticide Manual. 17 th edition: 685-686.

[2] 赵静, 唐欣昀, 花日茂, 等. 安徽农学通报(上半月刊), 2011(11): 116-118.

[3] 国外农药品种手册. 北京: 化学工业部农药情报中心站, 1980: 121-128.

[4] 新编农药商品手册. 北京: 化学工业出版社, 2006: 113-114.

[5] 邱玉娥. 化工生产与技术, 1997, 13(1): 17-19.

[6] 孟祥波, 楼新伟, 刘伟. 山东化工, 2019(22): 138-139.

灭线磷（ethoprophos）

$$C_2H_5O-\overset{\overset{\displaystyle O}{\|}}{P}-(SC_3H_7\text{-}n)_2$$

242.3，$C_8H_{19}O_2PS_2$，13194-48-4

灭线磷（试验代号：VC9-104，商品名称：Ethop、Etoprosip、Mocagro、Mocap、Sanimul、Soccer、Vimoca、Yishoufeng、普伏松、益收宝，其他名称：灭克磷、丙线磷、茎线磷）是由 S.J.Locascio 报道其活性，由 Mobil Chemical Co.和 Rhone-Poulenc Agrochimie(现属 Bayer AG)先后开发的有机磷类杀虫剂。

化学名称　O-乙基-S,S-二丙基二硫代磷酸酯。英文化学名称为 O-ethyl S,S-dipropyl phosphorodithioate。美国化学文摘系统名称为 O-ethyl S,S-dipropyl phosphorodithioate。CA 主题索引名称为 phosphorodithioic acid, esters，O-ethyl S,S-dipropyl ester。

理化性质　淡黄色液体，沸点 86~91℃（26.6 Pa），蒸气压为 46.5 mPa（26℃），lgK_{ow} 3.59，相对密度 1.094（20~25℃）。水中溶解度（20~25℃）700.0 mg/L，有机溶剂中溶解度（g/L，20~25℃）：丙酮、环己烷、乙醇＞230，1,2-二氯乙烷＞370，乙醚＞210，乙酸乙酯＞270，石油醚＞300，二甲苯＞250。在中性、弱酸性介质中稳定，在碱性介质中分解很快。在水中 pH 7、100℃以下稳定。闪点 140℃（闭口）。

毒性　急性经口 LD$_{50}$（mg/kg）：大鼠 62，兔 55。兔急性经皮 LD$_{50}$ 26 mg/kg。对兔眼睛和皮肤有刺激。大鼠吸入 LC$_{50}$ 0.123 mg/L。ADI/RfD：（JMPR，EFSA）0.0004 mg/kg bw（1999，2004，2006）；（EPA）aRfD 0.00025 mg/kg bw，cRfD 0.0001 mg/kg bw（2001）。

生态效应　急性经口 LD$_{50}$（mg/kg）：野鸭 61，鸡 5.6。鱼 LC$_{50}$（96 h，mg/L）：虹鳟鱼 13.8，大翻车鱼 2.1，金鱼 13.6。当直接施用时对蜜蜂没有危害。

环境行为　在大鼠体内的主要代谢物是 O-乙基-S-丙基硫代磷酸，其毒性小于灭线磷本身。本品在植物（如扁豆和玉米）中代谢迅速，代谢物为无毒的甲基丙基硫醚、甲基丙基亚砜及甲基丙基砜。灭线磷无内吸性，它只停留在植物根部，不能传输到植物的地上部分。在含腐植酸的土壤（pH 4.5）中的 DT$_{50}$ 约为 87 d，在沙土（pH 7.2~7.3）中为 14~28 d。Freundlich K 1.08（壤土，有机质 1.0%），1.24（壤土，有机质 1.98%），2.10（粉壤土，有机质 2.3%），3.78（粉质黏壤土，有机质 4.1%）。

制剂　5%、10%、10.33%颗粒剂，40%乳油、乳胶。

主要生产商　Amvac、江苏丰山集团股份有限公司、山东省淄博市周村穗丰农药化工有限公司、浙江富农生物科技有限公司等。

作用机理与特点　胆碱酯酶的直接抑制剂，作用方式为触杀，为无内吸性的杀螨、杀虫剂。在土壤内或水层下可在较长时间内保持药效，不易流失分解，可杀灭线虫，迅速高效、残效期长，是一种优良的土壤杀虫剂。

应用

（1）适用作物　花生、大豆、甘薯等。

（2）防治对象　水稻稻瘿纹、花生根结线虫、红薯茎线虫病、蝼蛄、蛴螬、地老虎、金针虫、根蛆（韭蛆、葱蛆、蒜蛆）等各种根结线虫、胞囊线虫以及地下害虫，具有显著的杀灭作用。尤其在防治稻瘿蚊方面有特效。

（3）残留量与安全施药　施入土壤中作物的地上部位不存在农药残留。在我国蔬菜、果树、茶叶、中草药材上不得使用和限制使用。对玉米和饲料的允许残留量为 0.02 mg/L，日本对蔬菜中灭线磷农残标准为 0.005 mg/L。

（4）应用技术　对大多数作物的使用剂量为 1.6～6.6 kg(a.i.)/hm²。灌根在作物生长期，使用 40% 乳油对水稀释 1800～2800 倍顺根定向浇灌。土壤处理用 20% 颗粒剂拌半干细土，均匀搅拌成毒土，作物移栽时沟施或穴施。可防治花生根结线虫，水稻稻瘿蚊、二化螟、三化螟。

专利与登记

专利名称　Ethyl propyl phosphorodithioate

专利号　US 3268393　　　　专利公开日　1966-08-23

专利申请日　1961-10-24　　　优先权日　1961-10-24

专利拥有者　Mobil Oil Corp

制备专利　CN 106699807 等。

国内登记情况　95% 原药，5%、10% 颗粒剂，40% 乳油等，登记作物为花生、水稻和甘薯等，防治对象根结线虫、稻瘿蚊和茎线虫病等。

合成方法　经如下反应制得灭线磷：

$$C_2H_5OH \longrightarrow C_2H_5O-\overset{O}{\underset{Cl}{P}}\overset{Cl}{\underset{}{}} \xrightarrow{n\text{-}C_3H_7SH} C_2H_5O-\overset{O}{\underset{}{P}}-(SC_3H_7\text{-}n)_2$$

参考文献

[1] The Pesticide Manual. 17 th edition: 427-428.
[2] 农药, 1995, 34(10): 12-14.
[3] 安徽化工, 2000(6): 29-30.
[4] 国外农药品种手册. 北京: 化学工业部农药情报中心站, 1980: 114.
[5] 新编农药商品手册. 北京: 化学工业出版社, 2006: 113-114.
[6] 农药市场信息, 2006(19): 27.
[7] 现代农村科技, 2012(16): 55-56.

灭蚜磷（mecarbam）

329.4，$C_{10}H_{20}NO_5PS_2$，2595-54-2

灭蚜磷（试验代号：P474、MC474，商品名称：Murfotox，其他名称：灭蚜蜱）是由 M.Pianka 报道其活性，由 Murphy Chemical Ltd（现属 Dow AgroSciences）开发的有机磷类杀虫剂。

化学名称　S-(N-乙氧羰基-N-甲基氨基甲酰甲基) O,O-二乙基二硫代磷酸酯。英文化学名称为 S-(N-ethoxycarbonyl-N-methylcarbamoylmethyl) O,O-diethyl phosphorodithioate 或 ethyl(diethoxyphosphinothioylthio)acetyl(methyl)carbamate。美国化学文摘系统名称为 ethyl 6-ethoxy-2-methyl-3-oxo-7-oxa-5-thia-2-aza-6-phosphanonanoate 6-sulfide。CA 主题索引名称为 7-oxa-5-thia-2-aza-6-phosphanonanoic acid —, 6-ethoxy-2-methyl-3-oxo- ethyl ester, 6-sulfide。

理化性质　工业品纯度≥85%，淡黄色至浅棕色油状物（工业品是浅黄色到棕色油状物）。沸点 144℃（2.66 Pa）。室温条件蒸气压可以忽略不计，相对密度 1.222（20～25℃）。水中溶解度（20～25℃）＜1000.0 mg/L，芳烃化合物＜50 g/kg（室温），易溶于醇类、酯类、酮类和芳烃、卤代烃溶剂中（室温）。在 pH 3 以下水解。

毒性 急性经口 LD_{50}（mg/kg）：大鼠 36～53，小鼠 106。大鼠急性经皮 LD_{50}＞1220 mg/kg。大鼠吸入毒性 LC_{50}（6 h）0.7 mg/L 空气。NOEL：每天以 1.6 mg/kg 饲养大鼠 0.5 年，无致病影响，但每天以 4.56 mg/kg 喂养，其生长速度稍有减慢。ADI（JMPR）0.002 mg/kg bw（1986）。

生态效应 对蜜蜂有毒。

环境行为 本品在动物体内的代谢途径为氢解、氧化、羰酰基部分降解，O-脱乙基化作用是次要的代谢途径。本品在土壤中仅存 4～6 周。

制剂 400 g/L、500 g/L、680 g/L、900 g/L 乳油，25%可湿性粉剂，15 g/kg、40 g/kg 粉剂，5%石油油剂等。

作用机理与特点 胆碱酯酶的直接抑制剂。略有内吸性的杀虫、杀螨剂，具有触杀和胃毒作用，持效期长。

应用

（1）适用作物 果树、水稻、棉花、蔬菜、橄榄、柑橘、洋葱和胡萝卜等。

（2）防治对象 蚧科、半翅目害虫等。

（3）残留量与安全施药 欧盟关于茶叶中灭蚜磷最高残留限量为 0.05 mg/kg（1999 年）。收获前禁用期为 14 d。

（4）使用方法 以 0.6 g(a.i.)/100 L 剂量可防治蚧和其他半翅目、橄榄蝇和其他果蝇；以 15 g(a.i.)/100 L 剂量可防治叶蝉科、稻瘿蚊，以及甘蓝、葱、胡萝卜和芹菜的种蝇幼虫等。

专利与登记

专利名称 *O,O*-Diethyl *S*-(*N*-methyl-*N*-carbomethoxycarbamoylmethyl)phosphorodithioate

专利号 GB 867780 专利公开日 1961-05-10

专利申请日 1957-11-08 优先权日 1957-11-08

专利拥有者 Murphy Chemical Co. Ltd.

在其他国家申请的化合物专利 DE 1143052。

合成方法 经如下反应制得灭蚜磷：

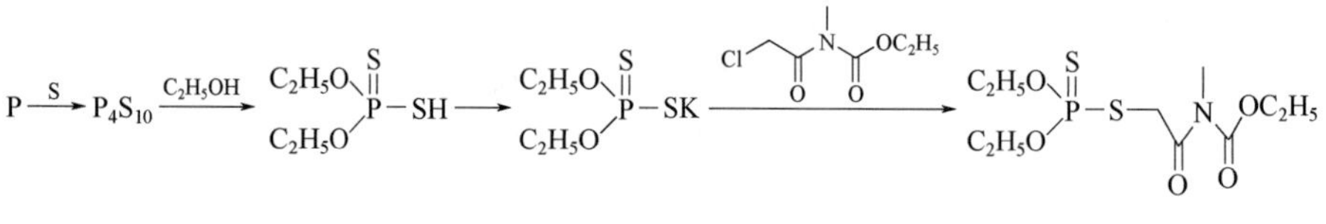

参考文献

[1] The Pesticide Manual. 17 th edition: 704-705.

三唑磷（triazophos）

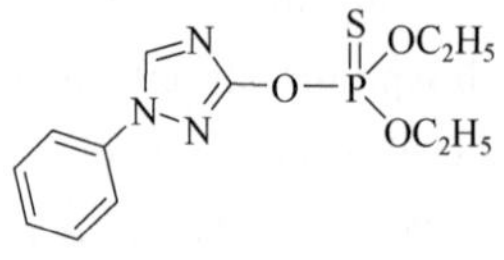

313.3，$C_{12}H_{16}N_3O_3PS$，24017-47-8

三唑磷（试验代号：Hoe 002960、AE F002960，商品名称：Current、Hostathion、March、Rider、Triumph、Try、特力克，其他名称：三唑硫磷）是 M.Vulic 等人报道其活性，由 Hoechst AG(现属 Bayer CropScience)开发，并于 1973 年商品化的有机磷类杀虫剂。

化学名称 O,O-二乙基 O-1-苯基-1H-1,2,4-三唑-3-基硫代磷酸酯。英文化学名称为 O,O-diethyl O-1-phenyl-1H-1,2,4-triazol-3-yl phosphorothioate。美国化学文摘系统名称为 O,O-diethyl O-(1-phenyl-1H-1,2,4-triazol-3-yl)phosphorothioate。CA 主题索引名称为 phosphorothioic acid, esters O,O-diethyl O-(1-phenyl-1H-1,2,4-triazol-3-yl) ester。

理化性质 工业品纯度≥92%，淡黄色至深棕色液体，有典型的磷酸酯气味。熔点 0～5℃，沸点 140℃（分解），蒸气压 0.39 mPa（30℃）。相对密度 1.24（20～25℃），lgK_{ow} 3.34。水中溶解度（20～25℃，pH 7）39.0 mg/L，有机溶剂中溶解度（g/L，20～25℃）：丙酮、二氯甲烷、甲醇、异丙醇、乙酸乙酯和聚乙烯醇>500，正己烷 11.1。对光稳定，在酸性和碱性介质中水解。

毒性 急性经口 LD$_{50}$［mg/(kg·d)］：大鼠 57～59，狗 320～500。大鼠急性经皮 LD$_{50}$>2000 mg/kg。本品对兔眼睛和皮肤无刺激。大鼠吸入 LC$_{50}$（4 h）0.531 mg/L。2 年饲养试验表明，大鼠的无作用剂量为 1 mg/kg 饲料，狗的无作用剂量为 0.3 mg/kg 饲料，但对胆碱酯酶有抑制作用。ADI/RfD（JMPR）0.001 mg/kg bw（2002，2007）。

生态效应 山齿鹑急性经口 LD$_{50}$ 8.3 mg/kg，LC$_{50}$（8 d）152 mg/kg 饲料。鲤鱼 LC$_{50}$（96 h）5.5 mg/L。水蚤 EC$_{50}$（48 h）0.003 mg/L。水藻 LC$_{50}$（96 h）1.43 mg/L。蜜蜂 LD$_{50}$ 0.055 μg/只（经口）。蚯蚓 LC$_{50}$（14 d）187 mg/kg 干土。

环境行为 进入动物体内的本品75%～94%主要通过尿排出，代谢物 DT$_{50}$<1 d；在棉花中，本品的降解物为 1-苯基-3-羟基-1,2,4-三唑。土壤中：DT$_{50}$（需氧）6～12 d，DT$_{90}$ 39～114 d；DT$_{50}$（实验室）7～46 d，DT$_{90}$ 109～181 d。水中：迅速降解，DT$_{50}$（在水中降解）<3 d，（在水中沉淀物中降解）<11 d，DT$_{90}$（生态系统降解）<47 d。

制剂 40%乳油，2%、5%颗粒剂。

主要生产商 Bayer、Meghmani、Sudarshan、安道麦股份有限公司、安徽生力农化有限公司、安徽天成基农业科学研究院有限责任公司、福建瓯农生物技术有限公司、福建三农化学农药有限责任公司、湖北省阳新县泰鑫化工有限公司、湖北仙隆化工股份有限公司、湖南海利化工股份有限公司、江苏好收成韦恩农化股份有限公司、江苏粮满仓农化有限公司、江苏长青农化股份有限公司、江西农喜作物科学有限公司、山东埃森化学有限公司、一帆生物科技集团有限公司、浙江东风化工有限公司、浙江富农生物科技有限公司、浙江新农化工股份有限公司等。

作用机理与特点 胆碱酯酶抑制剂，广谱、高效，具有触杀和胃毒作用的非内吸性杀虫、杀螨剂。并可渗透到植物组织内，持效期长。

应用

（1）适用作物 水稻、棉花、大豆、橄榄、油棕榈树、观赏植物、果树、油菜、玉米、豌豆、咖啡、草莓等。

（2）防治对象 鳞翅目和夜蛾科害虫，螟虫、棉铃虫、红蜘蛛、蚜虫等。尤其对植物线虫和松毛虫的作用更为显著。

（3）使用方法 防治果实上的蚜虫，使用剂量为 75～125 g(a.i.)/hm^2。

水稻 用 40%乳油 1.5 L/hm^2，对水 100 kg 喷雾水稻，可防治二化螟、三化螟、蓟马，药效可持续 7 d 以上。

棉花　用 40%乳油配制的有效浓度 0.1%的药液喷雾，可防治棉蚜、棉铃虫、棉红蜘蛛、红铃虫。

果树　用有效浓度 25 g(a.i.)/hm² 喷雾，可防治果树上的蚜虫。

谷类作物　用 40%乳油 320～600 g(a.i.)/hm²，可防治谷类作物上的蚜类。

在种植前，用 40%乳油 1～2 kg(a.i.)/hm² 混入土壤中，可防治地老虎和其他夜蛾。

专利与登记

专利名称　Insecticidal phosphoric acid esters of 3-hydroxy-1,2,4-triazoles

专利号　ZA 6803471　　　　专利公开日　1968-10-31

专利申请日　1967-06-03　　　　优先权日　1967-06-03

专利拥有者　Farbwerke Hoechst A.-G.

在其他国家申请的化合物专利　DE 1299924、FR 1567668、GB 1189931、US 3686200。

制备专利　CN 102964383、IN 2004MU00643、CN 1830988 等。

国内登记情况　15%微乳剂，20%、40%、60%乳油，85%、90%原药等，登记作物为棉花和水稻等，防治对象棉铃虫和二化螟等。安道麦股份有限公司的登记情况见表 2-117。

表 2-117　安道麦股份有限公司的登记情况

登记名称	登记证号	含量	剂型	登记作物	防治对象	用药量	施用方法
三唑磷	PD20050119	85%	原药				
三唑磷	PD20040807	20%	乳油	水稻	二化螟	100～150 mL/亩	喷雾
				水稻	三化螟	100～150 mL/亩	喷雾
氯氰·三唑磷	PD20040690	20%	乳油	棉花	红铃虫	60～100 mL/亩	喷雾
				棉花	棉铃虫	100～120 mL/亩	喷雾
				棉花	蚜虫	60～80 mL/亩	喷雾

合成方法　经如下反应制得三唑磷：

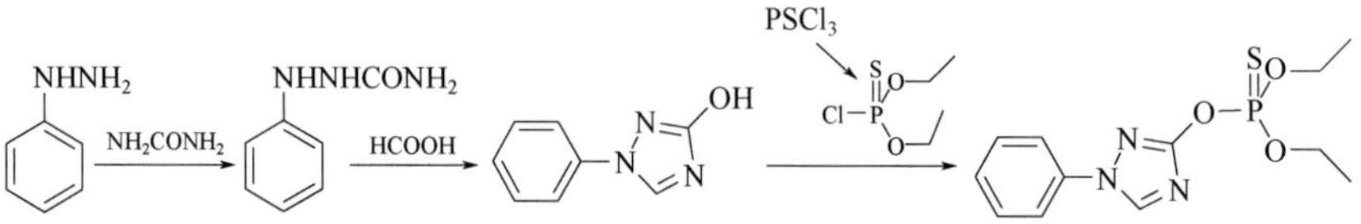

参考文献

[1] The Pesticide Manual. 17th edition: 1135-1136.
[2] 戴德江, 林荣华, 沈瑶. 农药市场信息, 2018(1): 29-32.
[3] 郑志明, 李立新, 俞汗兵, 等. 农药, 2001, 40(2): 14-21.
[4] 农药大典. 北京: 中国三峡出版社, 2006: 68-69.

杀虫畏（tetrachlorvinphos）

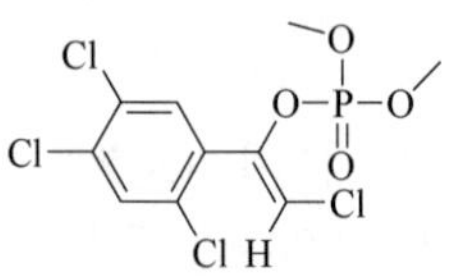

366.0，$C_{10}H_9Cl_4O_4P$，22248-79-9

杀虫畏（试验代号：SD 8447、OMS 595、ENT 25841，商品名称：Appex、Debantic、Gardcide、Gardona、Rabon、Rabond，其他名称：甲基杀螟威、杀虫威）是 R.R.Whetsone 报道，由美国 Shell Chemical Co.（现属 BASF 公司）开发的有机磷（organophosphorus）类杀虫剂。

化学名称　(Z)-2-氯-1-(2,4,5-三氯苯基)乙烯基磷酸二甲酯。英文化学名称为(Z)-2-chloro-1-(2,4,5-trichlorophenyl)vinyl dimethyl phosphate。美国化学文摘系统名称为(1Z)-2-chloro-1-(2,4,5-trichlorophenyl)ethenyl dimethyl phosphate。CA 主题索引名称为 phosphoric acid, esters (1Z)-2-chloro-1-(2,4,5-trichlorophenyl)ethenyl dimethyl ester。

组成　由 Z 体组成。

理化性质　无色结晶固体，工业品含量98%，熔点94～97℃。蒸气压 0.0056 mPa（20℃），Henry 常数 $1.86×10^{-4}$ Pa·m^3/mol（计算）。水中溶解度（20℃）11 mg/L，有机溶剂中溶解度（g/kg，20℃）：丙酮<200，氯仿、二氯甲烷 400，二甲苯<150。在<100℃稳定，缓慢氢解（50℃），DT_{50}：54 d（pH 3），44 d（pH 7），80 h（pH 10.5）。

毒性　急性经口 LD_{50}（mg/kg）：大鼠 4000～5000，小鼠 2500～5000。兔急性经皮 LD_{50}>2500 mg/kg。大鼠 NOAEL 4.23 mg/kg。NOEL（2 年，mg/kg 饲料）值：大鼠 125，狗 200。大鼠以 1000 mg/(kg·d)饲料饲养，对后代繁殖无影响。

生态效应　鸟类急性经口 LD_{50}（mg/kg）：石鸡鹧鸪和绿头鸭>2000，其他鸟类 1500～2600。鱼 LC_{50}（24 h）（不同种类的鱼）0.3～6.0 mg/L。对蜜蜂有毒。

环境行为　进入动物体内的本品，几天后即可降解完全，如在狗和大鼠的尿中，可测到本品的代谢物 2,4,5-三氯苯基乙二醇葡萄苷酸、葡萄苷酸衍生物、2,4,5-三氯苯乙醇酸和 2-氯-1-(2,4,5-三氯苯基)乙烯甲基氢磷酸酯。在动物奶中和身体组织中未发现本品及代谢物。

制剂　10%、20%乳油，50%、70%可湿性粉剂，70%悬浮剂，5%颗粒剂。

主要生产商　BASF。

作用机理与特点　胆碱酯酶的直接抑制剂，为触杀和胃毒作用的杀虫、杀螨剂，击倒速度快，无内吸性。

应用

（1）适用作物　棉花、玉米、水稻、小麦、烟草、豆类、亚麻、蔬菜、高粱、豌豆、南瓜、木槿、泡桐、万寿菊、果树和林木等。

（2）防治对象　对鳞翅目害虫和多种鞘翅目害虫防效高。也用于防治家蝇和外寄生虫及果树、林木类害虫。

（3）使用方法　①果树、林木。用 0.03%～0.1%浓度喷雾，可防治果树上鳞翅目和双翅目害虫，如松毛虫、国槐尺蛾幼虫、芒果横纹尾夜蛾、蚜虫、黄星蝗等。②粮食作物。防治棉花、水稻、玉米、豆类、小麦作物上的鳞翅目害虫，如水稻二化螟、蓟马、棉蚜、棉红蜘蛛、玉米黏虫、玉米螟、小麦黏虫、皮蓟马等，使用剂量为 0.75～2.0 kg(a.i.)/hm^2。③烟草。防治烟草上的鳞翅目害虫，如烟夜蛾，使用剂量为 0.5～1.5 kg(a.i.)/hm^2。④蔬菜。防治鳞翅目和鞘翅目害虫，如油菜种蝇，使用剂量为 240～960 g(a.i.)/hm^2。

专利与登记

专利名称　Vinyl esters of phosphorus acids

专利号　DE1903356　　　　专利公开日　1969-09-04

专利申请日　1969-01-23　　优先权日　1968-01-25

专利拥有者　Shell Internationale Research Maatschappij N. V.

在其他国家申请的化合物专利　GB 1185112、US 3658953、BE 727301、FR 2000713、CH 517120、BR 6905811、JP 52047454。

制备专利　CN 100569785、CN 101195636、US 3102842 等。

合成方法　中间体 **M** 的合成方法：方法一是二氯酰氯法，方法二是乙酰氯法。方法一的路线的步骤简单且合成收率高（49%）。经如下反应制得杀虫畏：

参考文献

[1] 肖传建, 胡自立. 湖北化工, 1996(1): 42-43.

[2] 黄锦霞, 胡自立, 史久豪. 农药, 1991(4): 21-23.

[3] Whetstone R R, Phillips D D, Sun Y P, et al. Journal of Agricultural and Food Chemistry, 1966, 14: 352-356.

[4] 肖传建, 胡自立. 湖北化工, 1996, 1: 2.

[5] 叶正君, 刘毓谷, 宋瑞琨. 卫生毒理学杂志, 1989, 3 (4): 196-199.

[6] 夏世钧, 高璞, 曾尔亢, 等. 武汉医学院学报, 1980, 2: 7-12.

[7] 杜昆梅, 訾昆昌. 云南化工, 1985, 1: 27-37.

杀螟腈（cyanophos）

243.2，$C_9H_{10}NO_3PS$，2636-26-2

杀螟腈［试验代号：S-4084、OMS 226、OMS 869，其他通用名称：CYAP，商品名称：Cyanox(Sumitomo)］是由 Y.Nishizawa 报道其活性，由 Sumitomo Chemical Co., Ltd 开发的有机磷类杀虫剂。

化学名称　O-(4-氰基苯基)-O,O-二甲基硫逐磷酸酯。英文化学名称为 O-4-cyanophenyl O,O-dimethyl phosphorothioate 或 4-(dimethoxyphosphinothioyloxy)benzonitrile。美国化学文摘系统名称为 O-(4-cyanophenyl) O,O-dimethyl phosphorothioate。CA 主题索引名称为 phosphorothioic acid, esters O-(4-cyanophenyl) O,O-dimethyl ester。

理化性质　黄色至略带红色液体，沸点 190℃（分解）。蒸气压 3.63 mPa（20℃）。相对密度 1.255～1.265（20～25℃）。$\lg K_{ow}$ 2.65。水中溶解度（30℃）46.0 mg/L。有机溶剂中溶解度（g/L，20～25℃）：甲醇、丙酮、氯仿＞500，正己烷 13.6。闪点 104℃。

毒性　大鼠急性经口 LD_{50}（mg/kg）：雄 710，雌 730。大鼠急性经皮 LD_{50}＞2000 mg/kg。大鼠吸入 LC_{50}（4 h）＞1.5 mg/L。

生态效应　鲤鱼 LC_{50}（96 h）8.2 mg/L。水蚤 EC_{50}（48 h）97 μg/L。水藻 EC_{50}（72 h）

4.8 mg/L。本品对蜜蜂有毒。

制剂　5%、50%乳油，40%可湿性粉剂，30%超低容量液剂，3%粉剂，1%液剂。

主要生产商　Sumitomo Chemical 等。

作用机理与特点　胆碱酯酶抑制剂，具有触杀、胃毒和内吸作用的杀虫剂，杀虫速度快，残效期长。

应用

（1）适用作物　水稻、蔬菜、茶、大豆、棉花、玉米、甜菜等。

（2）防治对象　稻纵卷叶螟、稻叶蝉、稻飞虱、蓟马、稻苞虫、黏虫、蚜虫、菜青虫、蝗虫、黄条跳甲、茶尺蠖、黑刺粉虱及红蜘蛛等。

（3）残留量与安全施药　对瓜类易产生药害，不宜使用。

（4）使用方法

① 水稻　在虫卵盛孵期，用50%乳油1.5～2 kg/hm²，加水750～1000 kg喷雾，可防治二化螟、三化螟、稻纵卷叶螟、稻苞虫、蓟马、叶蝉等害虫。或用2%粉剂10～15 kg配成毒土撒施，可很好防治稻苞虫、稻螟、稻叶蝉、稻蓟马等，或用2%粉剂30 kg/hm²拌匀撒施，对防治稻纵卷叶螟的4龄幼虫效果很好。

② 蔬菜　用50%乳油1.5～2 kg/hm²，加水750～1000 kg喷雾，可防治蔬菜蚜虫、菜青虫、黏虫、黄条跳甲、红蜘蛛等害虫。

③ 茶树　用50%乳油800～1200倍液喷雾，可防治小绿叶蝉、茶尺蠖、黑刺粉虱等害虫。

④ 森林　用50%乳油500倍液，灌注虫孔（每孔灌注3～10 mL）可防治木蠹蛾。

⑤ 大豆、棉花、玉米　用2%粉剂30～40 kg/hm²喷粉，可防治大豆食心虫、棉铃虫和玉米螟等。

⑥ 甜菜　用50%乳油800～1000倍液或者按照750～1000 kg/hm²喷施，可防治甜菜叶蛾。

此外，也可用来防治蟑螂、苍蝇、蚊子等卫生害虫。

专利与登记

专利名称　Phosphates

专利号　JP 37018184　　　　专利公开日　1962-11-20

专利申请日　1960-05-06　　　优先权日　1960-05-06

专利拥有者　SUMITOMO Chemical Industry Co., Ltd.

合成方法　经如下反应制得杀螟腈：

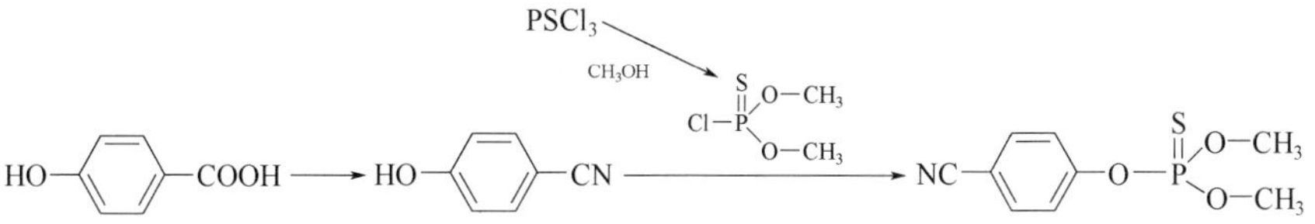

参考文献

[1] The Pesticide Manual. 17th edition: 249-250.

[2] 国外农药品种手册(新版合订本). 北京: 化工部农药信息总站, 1996: 77-78.

[3] 农药商品大全. 北京: 中国商业出版社, 1996: 71.

[4] 农药大典. 北京: 中国三峡出版社, 2006: 65-66.

杀螟硫磷（fenitrothion）

$$\text{277.2，} C_9H_{12}NO_5PS，122-14-5$$

杀螟硫磷（试验代号：AC 47 300、Bayer 41831、ENT 25 715、OMS 43、OMS 223、S-5660、S-1102A，商品名称：Cekutrotion、Fenhex、Fenicaps、Fentroth、Folithion、Rocstar、Shamel、Sumithion、Sunifen、Visumit，其他名称：杀虫松、杀螟松、速灭虫、速灭松、灭蟑百特、苏米硫磷、福利松、住硫磷、灭蛀磷、诺毕速灭松、扑灭松）是由 Y.Nishizawa 等人报道其活性，由 Sumitomo Chemical Co., Ltd 开发，随后由 Bayer AG 和 Amreican Cyanamid Co.相继投产的有机磷类杀虫剂。

化学名称　O,O-二甲基-O-4-硝基-间-甲苯基硫代磷酸酯。英文化学名称为 O,O-dimethyl O-4-nitro-m-tolyl phosphorothioate。美国化学文摘系统名称为 O,O-dimethyl O-(3-methyl-4-nitrophenyl) phosphorothioate。CA 主题索引名称为 phosphorothioic acid, esters O,O-dimethyl O-(3-methyl-4-nitrophenyl) ester。

理化性质　黄棕色液体，熔点 0.3℃，沸点 140～145℃（13.3 Pa）（分解），蒸气压 1.57 mPa（25℃），相对密度 1.325（20～25℃），$\lg K_{ow}$ 3.43。水中溶解度（20～25℃）19.0 mg/L，有机溶剂中溶解度（g/L，20～25℃）：正己烷 25，异丙醇 146，易溶于醇类、酯类、酮类、芳香烃类、氯化烃类有机溶剂。正常贮存稳定，DT_{50}（39℃）：62 d（pH 4.5），57 d（pH 7），18 d（pH 9）。闪点 157℃。

毒性　大鼠急性经口 LD_{50}（mg/kg）：雄 1700，雌 1720。大鼠急性经皮 LD_{50}（mg/kg）：雄 1260，雌 1910。本品对兔眼睛和皮肤无刺激。大鼠吸入 LC_{50}（4 h）>2.21 mg/L（气溶胶）。NOEL 值（mg/kg 饲料）：大鼠和小鼠（2 年）10，狗（1 年）50。ADI（mg/kg bw）：（JMPR）0.006，（EFSA）0.005，（EPA）aRfD 0.13，cRfD 0.0013。无"三致"。

生态效应　急性经口 LD_{50}（mg/kg）：鹌鹑 23，野鸭>259。LC_{50}（mg/L，96 h）：鲤鱼 3.55，大翻车鱼 2.5，虹鳟鱼 1.3。水蚤 EC_{50}（48 h）0.0045 mg/L。羊角月牙藻 EC_{50}（72 h）2.3 mg/L。对蜜蜂有毒。对非靶标节肢动物高毒。

环境行为　进入大鼠、兔和小鼠体内的本品，3 d 后，90%通过尿和粪便排出，其主要代谢物为杀螟硫磷过氧化物和 3-甲基-4-硝基苯酚。喷在植物上的本品，在 2 周内，70%～85%被代谢，DT_{50} 4 d，主要代谢物为 3-甲基-4-硝基苯酚、二甲基硫代磷酸和硫代磷酸。土壤 DT_{50} 12～28 d（土壤表面），DT_{50} 4～20 d（土壤下面），本品代主要谢物为：3-甲基-4-硝基苯酚和二氧化碳（土壤表面），杀螟硫磷氨基化物（土壤下面）。

制剂　50%、65%乳油，40%可湿性粉剂，2%、3%、5%粉剂，1.25 kg/L 超低容量液剂。

主要生产商　Adama、FMC、Rallis、Sinon、Sumitomo Chemical、江苏恒隆作物保护有限公司、江西卫农科技发展有限公司、连云港埃森化学有限公司、宁波三江益农化学有限公司、山东奥坤作物科学股份有限公司、新沂市泰松化工有限公司、浙江嘉化集团股份有限公司、浙江省台州市黄岩永宁农药化工有限公司等。

作用机理与特点　胆碱酯酶抑制剂，具有触杀、胃毒作用的非内吸性杀虫剂，杀虫谱广，亦有一定渗透作用。

应用

（1）适用作物　大麦、玉米、水稻、蔬菜、茶树、旱粮、果树、棉花、甜菜、观赏植物等。

（2）防治对象　玉米象、赤拟谷盗、锯谷盗、长角谷盗、锈赤扁谷盗、稻螟虫、稻飞虱、稻叶蝉、棉蚜、棉造桥虫、菜蚜、卷叶虫、大豆食心虫、茶小绿叶蝉、苹果叶蛾、桃小食心虫、柑橘潜叶蛾和介壳虫类，以及家庭卫生害虫和 WHO 所列的有害昆虫等。

（3）残留量与安全施药　联合国规定本品在苹果、莴苣等作物上的允许残留量为 0.5 mg/kg。本品对十字花科蔬菜和高粱作物较敏感，不宜使用。不能与碱性农药混用。

（4）使用方法

果树　①苹果叶蛾、梨星毛虫：在幼虫发生期，用 50%乳油 1000 倍液喷雾。②桃小食心虫：在幼虫始蛀期，用 50%乳油 1000～1500 倍液喷雾。③介壳虫类：在若虫期，用 50%乳油 800～1000 倍液喷雾。④柑橘潜叶蛾：用 50%乳油 2000～3000 倍液喷雾。

棉花　①棉蚜、棉造桥虫、金刚钻：用 50%乳油 0.75～1 L/hm²，对水 750～1000 kg 喷雾。②棉铃虫：于卵孵盛期，用 50%乳油 0.75～1.5 L/hm²，对水 750～900 kg 喷雾。

茶树　茶小绿叶蝉防治在生态茶结束后，若虫高峰期前，龟甲蚧在卵盛孵末期，用 50%乳油 0.75～1 L/hm²，对水 1000～1500 kg 喷雾。

水稻　防治稻螟虫、稻飞虱、稻叶蝉，用 50%乳油 0.75～1 L/hm²，对水 750～1000 kg 喷雾。

油料作物　防治大豆食心虫，在成虫盛发期到幼虫入荚前，用 50%乳油 0.9 L/hm²，对水 750～900 kg 喷雾。

蔬菜　防治菜蚜、卷叶虫，在虫发生期，用 50%乳油 0.75～1 L/hm²，对水 750～900 kg 喷雾。

旱粮作物　防治甘薯小象甲虫，在成虫发生期，用 50%乳油 1～1.5 L/hm²，对水 750～900 kg 喷雾。

专利与登记

专利名称　*O,O*-dimethyl-*O*-(3-methyl-4-nitrophenyl)thionophosphate

专利号　JP 37015147　　　　专利公开日　1962-09-26

专利申请日　1959-09-23

专利拥有者　Sumitomo Chemical Industry Co., Ltd.

在其他国家申请的化合物专利　US 3135780

制备专利　CN 107383089、CN 107266495、CN 104447857、CN 103704254、NL 7509202、CS 193288、CS 224015、CS 232121、CS 234889、CS 232630、CS 232631、CS 234890、CS 237717、JP 2012219054 等。

国内登记情况　75%、85%、93%原药，40%可湿性粉剂，45%、50%乳油等，登记作物为果树、茶树、棉花、水稻和甘薯等，防治对象卷叶蛾、毛虫、食心虫、小绿叶蝉、棉铃虫、红铃虫、螟虫、叶蝉和小象甲等。

合成方法　经如下反应制得杀螟硫磷：

参考文献

[1] The Pesticide Manual. 17 th edition: 453-455.

[2] 国外农药品种手册(新版合订本). 北京: 化工部农药信息总站, 1996: 68-69.

双硫磷（temephos）

$$\text{...结构式...}$$

466.5，$C_{16}H_{20}O_6P_2S_3$，3383-96-8

双硫磷（试验代号：AC52160、BAS 317 I、ENT27165、OMS786，商品名称：Abate、Abathion、Biothion、Emeltenmiddel、Lypor、Sunmephos、Temeguard、TIOK、Temetox、Temovap，其他名称：硫甲双磷、替美福司、硫双苯硫膦）是 American Cyanamid Co.（现属 BASF）开发的有机磷类杀虫剂。

化学名称　O,O,O',O'-四甲基-O,O'-硫代-双-对-苯亚基二硫代磷酸酯。英文化学名称为 O,O,O',O'-tetramethyl O,O'-thiodi-p-phenylene bis(phosphorothioate)，O,O,O',O'-tetramethyl O,O'-thiodi-p-phenylene diphosphorothioate。美国化学文摘系统名称为 O,O'-(thiodi-4,1-phenylene) bis(O,O-dimethyl phosphorothioate)。CA 主题索引名称为 phosphorothioic acid, esters O,O'-(thiodi-4,1-phenylene) O,O,O',O'-tetramethyl ester。

理化性质　原药纯品含量大于 90%。无色结晶固体（原药棕色黏稠液体），熔点 30.0～30.5℃。沸点 120～125℃（分解）。蒸气压 8×10^{-3} mPa（25℃）。相对密度 1.32（原药）。lgK_{ow} 4.91，Henry 常数 1.24×10^{-1} Pa·m³/mol（25℃，计算）。水中溶解度（25℃）0.03 mg/L；溶于常用的有机溶剂，如乙醚、芳香烃和卤代烃化合物，正己烷 9.6 g/L。在强酸和碱性条件下分解，在 pH 5～7 稳定，49℃以上分解。

毒性　大鼠急性经口 LD$_{50}$（mg/kg）：雄 4204，雌＞10000。急性经皮 LD$_{50}$（24 h，mg/kg）：兔 2181，大鼠＞4000。本品对兔眼睛和皮肤无刺激。大鼠吸入 LC$_{50}$（4 h）4.79 mg/L 空气。大鼠 NOEL 值（2 年）300 mg/kg 饲料。对人施以 256 mg/人、64 mg/人剂量在 5 d、28 d 后均无中毒现象。

生态效应　鸟饲喂 LC$_{50}$（5 d，mg/kg 饲料）：野鸭 1200，野鸡 170。虹鳟鱼 LC$_{50}$（mg/L）：（96 h）9.6，（24 h）31.8。直接接触对蜜蜂高毒，LD$_{50}$ 1.55 μg/只（接触）。

环境行为　本品在温血动物体内的降解很少，大部分未经变化从动物的尿和粪便中排出。尿中另一部分代谢物为硫酸酯的配合物。在植物上可氧化为亚砜，只有少量降解为砜、单正磷酸盐或双正磷酸盐，再进一步降解就较缓慢。本品在土壤中的半衰期为 12 d，它和亚砜的混合物在土壤中半衰期＜30 d。土壤吸附系数：肥沃沙地 73，沙壤土 130，粉沙壤土 244，肥土 541。

制剂　10%、20%、50%乳油，50%可湿性粉剂，1%、2%、5%颗粒剂，2%粉剂。

主要生产商　BASF、沧州蓝润生物制药有限公司、江苏功成生物科技有限公司等。

作用机理与特点　胆碱酯酶的直接抑制剂，无内吸性。具有强烈的触杀作用，它的最大特点是杀蚊和蚊蚋幼虫特效，残效期长。当水中药液浓度为 1 mg/kg 时，37 d 后，仍能在 12 h 后 100%杀死蚊幼虫。具有高度选择性，适于杀灭水塘、下水道、污水沟中的蚊蚋幼虫。稳定性好，残效期长。

应用

（1）适宜作物 水稻、棉花、玉米、花生等。

（2）防治对象 蚊虫、黑蚋、库蠓、摇蚊等的幼虫和成虫。对防治人体上的虱，狗、猫身上的跳蚤亦有效。还能防治水稻、棉花、玉米、花生等作物上的多种害虫，如黏虫、棉铃虫、稻纵卷叶螟、卷叶蛾、地老虎、小造桥虫和蓟马等。

（3）残留量与安全施药 ①本品对鸟类和虾有毒，养殖这类生物地区禁用；②本品对蜜蜂有毒，果树开花期禁用。

（4）使用方法 用 2%颗粒剂 3.75～7.5 kg/hm^2，可防治死水、浅湖、林区、池塘中的蚊类。用 2%颗粒剂 15 kg/hm^2，可防治沼泽地、湖水区含有机物较多的水源中或潮湿地上的蚊类。用 5%颗粒剂 7.5 kg/hm^2，可防治污染严重的水源中的蚊类。防治地老虎、柑橘上的蓟马和牧草上的盲蝽属害虫，每亩用 5%颗粒剂 1～1.5kg。用 50%乳油 45～75 g/hm^2，对水喷洒，可防治孑孓，但对有机磷抗性强的地区，应用高剂量，必要时重复喷洒。60%乳剂，将乳剂稀释为 0.2%浓度喷洒用，或按二百万分之一加入水中，1 h 后幼虫可全部死亡。遇强碱（如石灰等）易分解失效。

此外，用 50% 1000 倍液喷雾，还可防治黏虫、棉铃虫、卷叶虫、稻纵卷叶螟、小地老虎、小造桥虫等害虫，效果良好。

专利与登记

专利名称 Werkwijze ter bereiding van een insekticidepreparaat

专利号 BE 648531　　　　　　　专利公开日 1964-11-30

专利申请日 1964-5-28　　　　　优先权日 1963-06-12

专利拥有者 BASF

在其他国家申请的化合物专利 FR 1404700、GB 1039238、GB 1039239 等。

制备专利 CN 1289512、CN 1718581 等。

国内登记情况 90%原药，1%颗粒剂等，登记用于卫生性杀虫，防治对象孑孓。表 2-118 为巴斯夫欧洲公司在中国登记情况。

表 2-118 巴斯夫欧洲公司在中国登记情况

登记名称	登记证号	含量	剂型	登记用途	防治对象	用药量	施用方法
杀虫颗粒剂	WP20080054	1%	颗粒剂	卫生	孑孓	干净水 0.5～1 g/m^2，中度污染水 1～2 g/m^2，高度污染水 2～5 g/m^2	投入水中
双硫磷	WP20080053	90%	原药				

合成方法 经如下反应制得双硫磷：

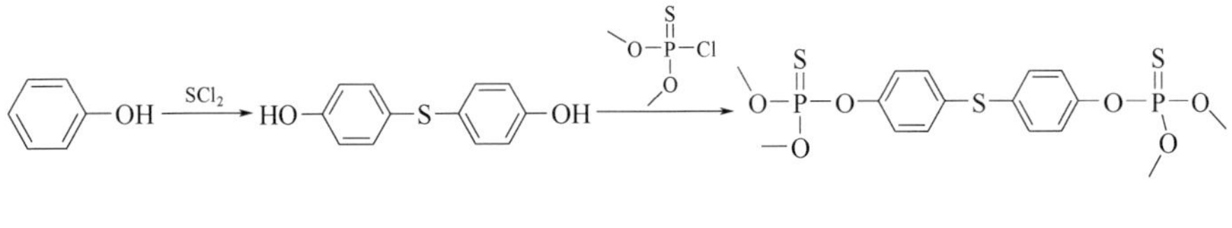

参考文献

[1] The Pesticide Manual. 17 th edition: 1069-1070.

[2] 农药商品大全. 北京: 中国商业出版社, 1996: 28.

[3] 杨达. 河北化工, 2007(8): 33-34+43.

速灭磷（mevinphos）

224.1，$C_7H_{13}O_6P$，7786-34-7[(Z)- +(E)-]，26718-65-0[(E)-]，338-45-4[(Z)-]

速灭磷（试验代号：ENT 22 374、OS-2046，商品名称：Phosdrin、灭虫螨未磷、磷君、美文松、自克威、免得烂）最初由美国壳牌化学公司(现属 BASF)开发，后在 2001 年由 Amvac Chemical 继续开发。

化学名称　(EZ)-3-(二甲氧基磷酰氧基)丁-2-烯酸甲酯。英文名称(EZ)-2-methoxycar-bonyl-1-methylvinyl dimethyl phosphate 或 methyl (EZ)-3-(dimethoxy-phosphinoyloxy) but-2-enoate。美国化学文摘系统名称为 methyl 3-[(dimethoxyphosphinyl)oxy]-2-butenoate。CA 主题索引名称为 2-butenoic acid—, 3-[(dimethoxyphosphinyl)oxy]- methyl ester。

理化性质　工业品含＞60%（E）-型体和大约 20%（Z）-型体。纯品无色液体，熔点（E）式 21℃，（Z）式 6.9℃。沸点 99～103℃（40 Pa），蒸气压（20℃）17.0 mPa，lgK_{ow} 0.127，相对密度（20～25℃）：1.24，（E）式 1.235，（Z）式 1.245。水中溶解度（20～25℃）6×10^5 mg/L。溶于乙醇、酮类、芳香烷烃、氯化烷烃，微溶于脂肪烷烃、石油醚、轻石油和二硫化碳。在室温下稳定，但是在碱性液中分解，DT$_{50}$：120 d（pH 6），35 d（pH 7），3 d（pH 9），1.4 h（pH 11）。

毒性　大鼠急性经口 LD$_{50}$（mg/kg）：大鼠 3～12，小鼠 7～18。急性经皮 LD$_{50}$（mg/kg）：大鼠 4～90，兔 16～33。对兔眼睛和皮肤中度刺激。大鼠吸入 LC$_{50}$（1 h）0.125 mg/L 空气。NOEL 值（2 年，mg/kg 饲料）：大鼠 4，狗 5。ADI/RfD：（JMPR）0.0008 mg/kg bw（1997），（EPA）aRfD 0.001 mg/kg bw，cRfD 0.00025 mg/kg bw（2000）。

生态效应　鸟类急性经口 LD$_{50}$（mg/kg）：野鸭 4.63，鸡 7.52，野鸡 1.37。鱼毒 LC$_{50}$（48 h，mg/L）：虹鳟鱼 0.017，大翻车鱼 0.037。对蜜蜂有毒，LD$_{50}$ 0.027 μg/只。

环境行为　①动物。哺乳动物经口，在 3～4 d 的时间内代谢物随尿液和粪便排出。②植物。在植物体内迅速降解为毒性较低的磷酸二甲酯和磷酸，其中(E)-异构体的转换比(Z)-异构体快。

制剂　乳油［300 g(a.i.)/L］、可湿性粉剂（500 g/kg）、粉剂（20 g/kg）、微粒剂（20 g/kg）、可溶液剂。

主要生产商　Amvac 等。

作用机理与特点　胆碱酯酶抑制剂，对各类害虫和螨类都具有触杀、胃毒和呼吸系统抑制作用，并具有内吸性、残效期短的特点。

应用

（1）适用作物　水稻、茶叶、水果。

（2）防治对象　叶蝉科、飞虱科和果树上的蚧科。

（3）使用方法　通常用量约为 40 g(a.i.)/L。防治棉蚜，每亩用 40%乳油 50～75 mL，对水 50～100 kg 喷雾。防治棉铃虫，每亩用 40%乳油 75～100 mL 对水 50～100 kg 喷雾。防治叶螨、菜青虫，用 40%乳油 2000 倍稀释液喷雾。

专利与登记

专利名称　Dimethyl 1-carbomethoxy-1-propen-2-yl phosphate insecticide

专利号　US 2685552　　　　　专利公开日　1954-08-03

专利申请日　1952-02-29　　　　优先权日　1952-02-29

专利拥有者　Shell Development Co.

合成方法　可按如下方法合成：

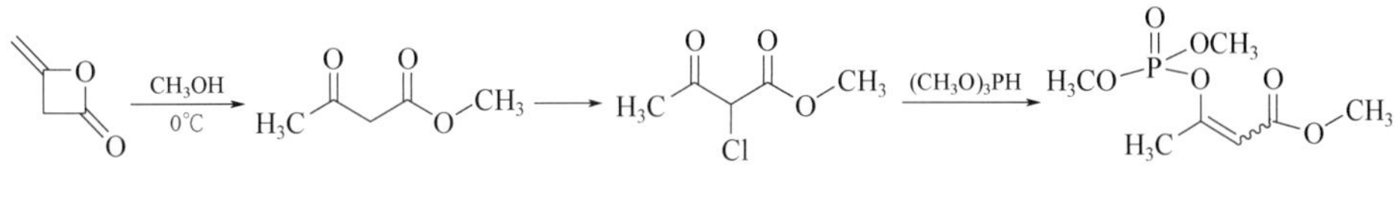

参考文献

[1] The Pesticide Manual.17th edition: 772-774.

硝虫硫磷（nitrophorus）

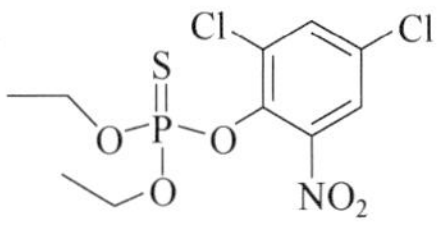

360.2，$C_{10}H_{12}Cl_2NO_5PS$，171605-91-7

硝虫硫磷（试验代号 89-1）是由四川省化学工业研究设计院研制的防治柑橘介壳虫的高效、低残留的有机磷杀虫剂，杀虫谱广，残留低。

化学名称　O,O-二乙基-O-(2,4-二氯-6-硝基苯基)硫代磷酸酯。英文化学名称为 O-2,4-dichloro-6-nitrophenyl O,O-diethyl phosphorothioate。

理化性质　纯品为无色晶体，熔点 31℃，原药为棕色油状液体，相对密度 1.4377，几乎不溶于水，水中溶解度（24℃）60 mg/kg，易溶于有机溶剂，如醇、酮、芳烃、卤代烷烃、乙酸乙酯及乙醚等溶剂。

毒性　原药大鼠急性经口 LD_{50} 212 mg/kg。无致突变、致癌、致畸作用。对鱼中等毒性，对鸟、蜂、蚕安全。

制剂　可以加工成乳剂、粉剂、糊剂、片剂等，也可以作为有效成分与其他助剂制成复合配方剂型等。

主要生产商　四川省化学工业研究设计院。

作用机理与特点　触杀、胃毒和强渗透杀虫作用。其作用机制是抑制昆虫体内乙酰胆碱酯酶，阻碍神经传导而导致死亡。

应用

（1）适用作物　小麦、棉花、茶叶、柑橘、蔬菜、水稻等农作物。

（2）防治对象　主要是用于防治柑橘介壳虫，尤其对防治柑橘矢尖蚧有特效，防效高达90%以上，速效性好，持效期长达 20 多天。还可防治柑橘矢尖蚧、红蜘蛛、水稻蓟马、飞虱、蔬菜烟青虫等 10 多种茶叶、柑橘、蔬菜、水稻等农作物的害虫。对作物安全。

（3）使用方法　在每年的 4～7 月柑橘矢尖蚧幼虫发生期，用 30%硝虫硫磷乳油稀释 750～1000 倍液喷雾，间隔 15 d 左右再施药 1 次，即可取得良好的防治效果。除碱性农药外，硝虫硫磷乳油可与其他多种农药混合使用。硝虫硫磷乳油虽属中毒农药品种，但在柑橘采收前 20 d 应停止用药。

（4）药效试验　硝虫硫磷对柑橘矢尖蚧的田间药效试验表明：30%硝虫硫磷乳油在幼蚧发生期施药对柑橘矢尖蚧有较好的防治效果，其防效与药剂浓度呈正相关，速效性好，持效期 3 周以上，对作物安全。

专利与登记

专利名称　*O,O*-二烷基-*O*-（2,4-二氯-6-硝基苯基）硫代磷酸酯化合物的合成及其制法和用途

专利号　CN 1089612　　　　专利公开日　1994-7-20

专利申请日　1993-01-12　　　　优先权日　1993-01-12

专利拥有者　四川省化学工业研究设计院

制备专利　CN 110041201、CN 101891646 等。

四川省化学工业研究设计院登记了 30%乳油，90%原药等。登记作物为柑橘树等，防治对象矢尖蚧。

合成方法　经如下反应制得硝虫硫磷：

采用酰化催化剂，以氢氧化钠作缚酸剂，将乙基氯化物与 2,4-二氯-6-硝基酚在甲苯溶液中进行缩合反应，生成硝虫硫磷，该工艺路线在 1000 L 反应中进行投料生产，合成收率在 95%～98%之间，产品纯度达 90%以上。

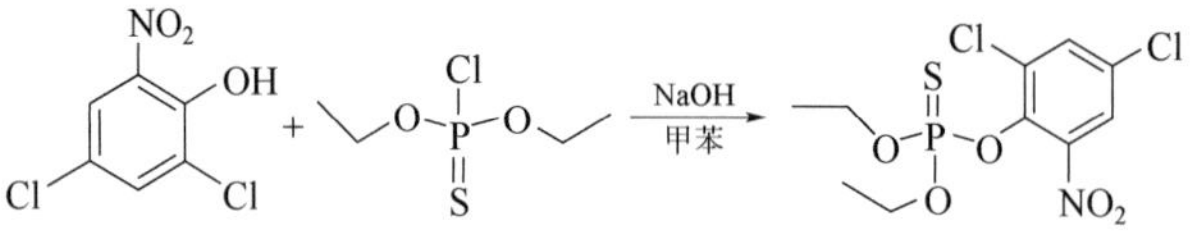

参考文献

[1] 马新刚, 刘钦胜. 今日农药, 2014(2): 42-43.

[2] 万积秋, 李建强, 张雄, 等. 现代农药, 2002, 18(1): 14-15.

辛硫磷（phoxim）

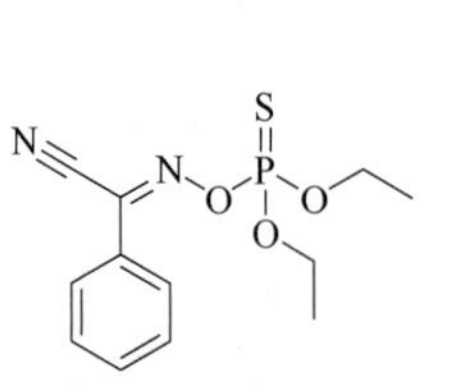

298.3，$C_{12}H_{15}N_2O_3PS$，14816-18-3

辛硫磷（试验代号：BAY 5621、Bayer 77 488、BAY SRA 7502、OMS 1170，商品名称：Baythion、Volaton、Nongshu、Valexon、Volathion、巴赛松，其他名称：拜辛松、倍腈松、倍氰松、仓虫净、腈肟磷、肟磷、肟硫磷）是 A. Wyboy 和 I. Hammann 报道其活性，由 Bayer AG 公司开发的有机磷类杀虫剂。

化学名称　*O,O*-二乙基-*α*-氰基苄基亚氨氧基硫代磷酸酯。英文化学名称为 *O,O*-diethyl *α*-

cyanobenzylideneaminooxyphosphonothioate 或(*EZ*)-2-(diethoxyphosphinothioyloxyimino)-2-phenyl-lacetonitrile。美国化学文摘系统名称 4-ethoxy-7-phenyl-3,5-dioxa-6-aza-4-phosphaoct-6-ene-8-nitrile 4-sulfide。CA 主题索引名称为 3,5-dioxa-6-aza-4-phosphaoct-6-ene-8-nitrile —, 4-ethoxy-7-phenyl- 4-sulfide。

理化性质　纯品为黄色液体（工业品为红棕色油状液体），熔点＜−23℃，蒸馏分解，蒸气压 0.18 mPa（20℃），相对密度 1.18（20℃），$\lg K_{ow}$ 4.104（非缓冲水），Henry 常数 $1.58×10^{-2}$ Pa·m³/mol（计算）。水中溶解度 3.4 mg/L，在二甲苯、异丙醇、乙二醇、正辛醇、乙酸乙酯、二甲基亚砜、二氯甲烷、乙腈、丙酮中均大于 250 g/L，正庚烷 136 g/L，微溶于脂肪烃、蔬菜油和矿物油。DT_{50}（22℃）：26.7 d（pH 4）、7.2 d（pH 7）、3.1 d（pH 9）。在正常贮存条件下分解缓慢，遇紫外线逐渐分解。

毒性　大鼠急性经口 LD_{50}＞2000 mg/kg，大鼠急性经皮 LD_{50}＞5000 μL/kg。本品对兔眼睛和皮肤无刺激。大鼠吸入 LC_{50}（4 h）＞4.0 mg/L 空气（气溶胶）。NOEL 值（mg/kg 饲料）：大鼠（2 年）15，小鼠（2 年）1，公狗（1 年）0.3，母狗（1 年）0.1。ADI（JECFA）值 0.004 mg/kg（1999）。

生态效应　母鸡急性经口 LD_{50} 40 mg/kg。鱼 LC_{50}（96 h，mg/L）：虹鳟鱼 0.53，大翻车鱼 0.22。水蚤 LC_{50}（48 h）0.00081 mg/L（80%预混料）。本品对蜜蜂通过接触和呼吸产生毒性。

环境行为　在动物体内降解很快，几乎 97%的代谢物（在 24 h 内产生）通过粪便和尿排出体外，在棉花上，通过光解，其降解物为 *O,O*-二乙基-*S*-α-氰基苄基亚氨基硫代磷酸酯和四乙基二磷酸酯。土壤中通过光解和异构化，代谢很快，最后代谢物为四乙基二磷酸酯和二硫代四乙基磷酸酯。

制剂　45%、50%乳油，1.5%、3%、4%、5%颗粒剂。

主要生产商　爱普瑞（焦作）化学有限公司、安徽茂源生物科技有限公司、河北万全力华化工有限责任公司、衡水明润科技有限公司、湖北仙隆化工股份有限公司、江苏宝灵化工股份有限公司、江苏好收成韦恩农化股份有限公司、江苏省连云港市东金化工有限公司、连云港立本作物科技有限公司、南京红太阳股份有限公司、内蒙古莱科作物保护有限公司、内蒙古灵圣作物科技有限公司、山东埃森化学有限公司、山东大成生物化工有限公司、山东省淄博市周村穗丰农药化工有限公司等。

作用机理与特点　胆碱酯酶抑制剂，高效、低毒、低残留、广谱的硫代磷酸酯类杀虫、杀螨剂。当害虫接触药液后，神经系统麻痹中毒停食导致死亡。对害虫具有强烈的触杀和胃毒作用，对卵也有一定的杀伤作用，无内吸作用，击倒力强，药效时间不持久，对磷翅目幼虫很有效。在田间因对光不稳定，很快分解，残留危险小，但在土壤中较稳定，残效期可达 1 个月以上，尤其适用于作土壤处理，杀灭地下部分幼虫。本品对黄条跳甲有特殊药效。

应用

（1）适用作物　小麦、水稻、玉米、棉花、谷物、果树、蔬菜、大豆、茶、桑、烟、林木等。

（2）防治对象　蚜虫、蓟马、叶蝉、根蛆、烟青虫、飞虱、粉虱、介壳虫、叶螨及多种鳞翅目幼虫，对大龄鳞翅目幼虫也有效。对多种地下害虫、贮粮害虫、多种卫生害虫有防效。

（3）残留量与安全施药　本品对高等动物低毒，对鱼有毒，对蜜蜂及害虫天敌赤眼蜂、瓢虫等毒性较强。对蜜蜂有接触、熏蒸毒性，对七星瓢虫的卵、幼虫、成虫均有杀伤作用。本品见光易分解，为避免有效成分在光照下分解，叶面施药应在夜晚或傍晚进行。不能与碱性物质混合使用。该药对一些蔬菜如黄瓜、菜豆等敏感，容易产生药害，所以使用时要注意作物安全。高粱对其敏感，不宜喷撒使用。玉米田只能用颗粒剂防治玉米螟，不要喷雾防治蚜虫、黏虫等。安全间隔期为 5 d。

（4）使用方法

① 茎叶喷雾　用 50%乳油 1000～1500 倍液喷雾，可防治小麦蚜虫、麦叶蜂、菜蚜、菜青虫、小菜蛾、棉蚜、棉铃虫、红铃虫、地老虎、蓟马、黏虫、稻苞虫、稻纵卷叶螟、叶蝉、大豆蚜虫、果树上的蚜虫、苹果小卷叶蛾、梨星毛虫、葡萄斑叶蝉、尺蠖、粉虱、烟青虫、松毛虫等。具体用法如每亩用 50%乳油 40～80 mL，对水喷雾，可防治棉田蚜虫；每亩用 40%乳油 75～100 mL，加水 45 kg 喷雾，或用 40%乳油 1000～1500 倍液喷雾，可防治烟草烟青虫；每亩用 20%乳油 600 倍喷雾，可防治稻苞虫、稻纵卷叶螟、叶蝉、飞虱、稻蓟马、棉铃虫、红铃虫、地老虎、小灰蝉、松毛虫等；用 50%乳油 2000 倍液喷洒，可防治苗木苗圃地下害虫。辛硫磷对烟青虫幼虫的毒力很强，特别对高龄幼虫仍有很高的毒力。用辛硫磷防治时应该注意的是，由于药剂见光分解快而药效期短，对卵的孵化还有刺激作用，所以在各代烟青虫发生盛期单独用辛硫磷防治效果并不好，可采用辛硫磷与其他药剂混用，以延长药效，提高防治效果。

② 拌种　a. 花生。用 50%乳油 500 g，加水 3～5 kg，拌种 250～500 kg，可防治蛴螬。b. 小麦。用 50%乳油 100～165 mL，对水 5～7.5 kg，拌麦种 50 kg，可防治蛴螬、蝼蛄。c. 玉米。用 50%乳油 100～165 mL，对水 3.5～5 kg，拌玉米种 50 kg，可防治蛴螬、蝼蛄，保苗效果好，可持续 20 d 以上。d. 拌种还用于高粱、谷子及其他作物种子，用于防治地下害虫。

③ 土壤处理　a. 花生。在花生生长期，用 50%乳油 1000 倍液，每墩灌浇 50 kg，可防治蛴螬。b. 水稻。用 50%乳油 3.75 kg/hm²，加适量水化开，拌 375～450 kg 细土施用，可防治稻田蚯蚓。c. 韭菜。每亩用 5%辛硫磷颗粒剂 2 kg，掺些细土撒于韭菜根附近再覆土，或 50%辛硫磷乳油 800 倍液灌根，或 50%辛硫乳油 800 倍液与 Bt 乳剂 400 倍液混合灌根均可，先扒开韭菜附近表土，将喷雾器的喷头去掉旋水片后对准韭根喷浇，随即覆土。如需结合灌溉施药，应适当增加用量，先将药剂稀释成母液后随灌溉水施入田里，可防治根蛆。d. 蔬菜。每亩 50%辛硫磷乳油 100 mL，对水 250 kg，于叶菜收获后播种整地前进行土壤淋湿处理，或采用 500～600 倍液灌根处理，可有效防治黄条跳甲。e. 用 50%辛硫磷乳油 800～1000 倍液灌根，可防治蔗龟等地下害虫。

④ 灌浇和灌心　a. 用 50%乳油 1000 倍液灌浇，可防治地老虎，15 min 后即有中毒幼虫爬出地面。b. 玉米用 50%乳油 500 倍液或 2000 倍液灌心，可防治玉米螟，或用 50%乳油 1 kg，拌直径 2 mm 左右的炉渣或河砂 15 kg，配成 1.6%毒砂，在玉米心叶末期，按 3.75～5 kg/hm² 毒砂施入喇叭口中，防治玉米螟效果好。c. 在花生生长期，用 50%乳油 1000～1500 倍液，每墩灌药液 50～100 mL 或墩旁沟施，可防治蛴螬，防效在 90%以上。d. 用 50%乳油 2000 倍液灌根，可防治茄科（定植缓苗后）、韭菜、葱、蒜等蔬菜田的蛴螬、根蛆等，效果也很好。

防治贮粮害虫时，将辛硫磷配成 1.25～2.5 mg/kg 药液均匀拌粮后堆放，可防治米象、拟谷盗等贮粮害虫。用 50%乳油 2 g，加水 1 kg，配成药液，以超低量电动喷雾，可喷仓 30～40 cm²，对米象、赤拟谷盗、长角谷盗、谷蠹等害虫均有很好的防效。

防治卫生害虫时，用 50%乳油 500～1000 倍液喷洒家畜厩舍，防治卫生害虫效果好，对家畜安全。

专利与登记

专利名称　Pesticides

专利号　　NL 6605907　　　　　专利公开日　　1966-12-27

专利申请日　1966-05-02　　　　优先权日　　1965-06-26

专利拥有者　Farbenfabriken Bayer A.-G.

在其他国家申请的化合物专利　DE 1238902、FR 1476428、GB 1072979、US 3591662、US 3689648。

制备专利　CN 1073445、CN 1154369 等。

国内登记情况　40%、70%乳油，1.5%、3%、5%、10%颗粒剂，87%原药等，登记作物为花生和棉花等，防治对象棉铃虫和地下害虫等。

合成方法　经如下反应制得辛硫磷：

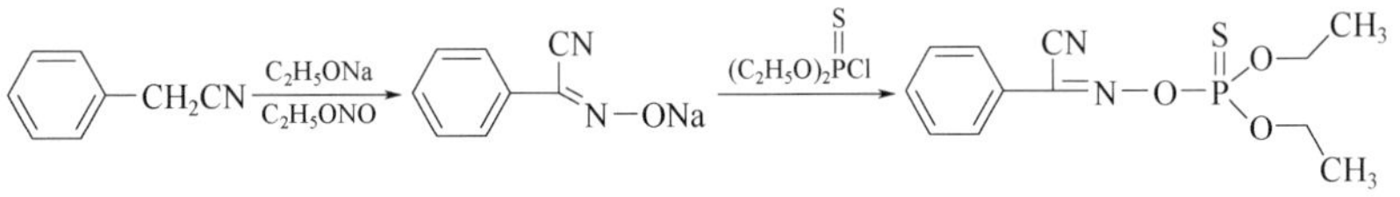

参考文献

[1] The Pesticide Manual. 17 th edition: 880-881.

[2] 王爱军，王玉环，袁从英，等. 河北化工，2004(5): 22-23.

[3] 张季，潘思竹，李春燕. 广州化工，2015(4): 118-120.

[4] 黄炳林. 农业研究与应用，2013(3): 69-70.

亚胺硫磷（phosmet）

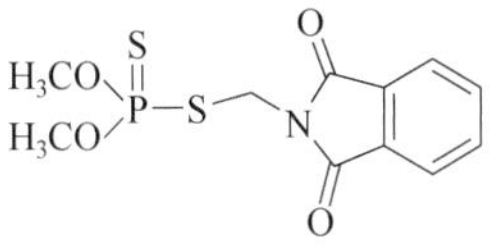

317.3，$C_{11}H_{12}NO_4PS_2$，732-11-6

亚胺硫磷（试验代号：R-1504、OMS 232、ENT 25 705，其他通用名称：phtalofos/phthalo-phos、PMP，商品名称：Barco、Faster、Fosdan、Foslete、Fosmedan、Imidan、Inovitan、Prolate、Suprafos，其他名称：亚胺磷、酞胺硫磷、益灭松）是 B. A. Butt 和 J. C. Keller 报道其活性，Staffer Chemical Co.（现属先正达公司）开发，现在由 Gowan Company 和其他公司销售的有机磷类杀虫剂。

化学名称　O,O-二甲基-S-酞酰亚氨基甲基二硫代磷酸酯，英文化学名称为 O,O-dimethyl S-phthalimidomethyl phosphorodithioate 或 N-(dimethoxyphosphinothioylthiomethyl)phthalimide。美国化学文摘系统名称为 S-[(1,3-dihydro-1,3-dioxo-$2H$-isoindol-2-yl)methyl] O,O-dimethyl phosphorodithioate。CA 主题索引名称为 phosphorodithioic acid, esters S-[(1,3-dihydro-1,3-di-oxo-$2H$-isoindol-2-yl)methyl] O,O-dimethyl ester。

理化性质　工业品纯度为 92%，无色结晶固体（工业品为灰白色或粉色蜡状固体），熔点 72.0~72.7℃，蒸气压 0.065 mPa（25℃），$\lg K_{ow}$ 2.95，Henry 常数 8.25×10^{-4} Pa·m³/mol（计算）。水中溶解度（20~25℃）25.0 mg/L，有机溶剂中溶解度（g/L，20~25℃）：丙酮 650，苯 600，甲苯 300，甲基异丁基酮 300，二甲苯 250，甲醇 50，煤油 5。在碱性介质中分解很快，在酸性介质中相对稳定，DT_{50}（20℃）：13 d（pH 4.5）、<12 h（pH 7）、<4 h（pH 8.3），

100℃以上分解，其水溶液或放置玻璃杯中遇光分解。闪点＞106℃。

毒性 大鼠急性经口 LD_{50}（mg/kg）：雄 113，雌 160。兔急性经皮 LD_{50}＞5000 mg/kg。对兔眼睛和皮肤中度刺激，对豚鼠皮肤无致敏。雄大鼠和雌大鼠吸入 LC_{50}（4 h）1.6 mg/L（70% 可湿性粉剂）。NOEL 值（2 年）大鼠和狗均为 40 mg/kg 饲料（2.0 mg/kg bw）。无致癌和致畸作用。ADI/RfD：（JMPR）0.01 mg/kg bw（1998，2003，2007），（EC）0.003 mg/kg bw（2007），（EPA）aRfD 0.045 mg/kg bw，cRfD 0.011 mg/kg bw（2006）。

生态效应 鸟 LC_{50}（5 d，mg/kg 饲料）：山齿鹑 507，野鸭＞5000。鱼 LC_{50}（96 h，mg/L）：大翻车鱼 0.07，虹鳟鱼 0.23。水蚤 LC_{50}（48 h）8.5 μg/L。蜜蜂 LD_{50} 0.001 mg/只。

环境行为 在动物体内，代谢为邻氨甲酰苯甲酸、酞酸及其酞酸衍生物，并通过尿排出。在植物中迅速降解为无毒代谢物。在土壤中迅速降解。

制剂 8% 可溶液剂，12.5%、50%、70% 可湿性粉剂，5% 粉剂，20%、25%、50% 乳油等。

主要生产商 Gowan、Inquinosa、Tekchem、湖北仙隆化工股份有限公司等。

作用机理与特点 胆碱酯酶的直接抑制剂。非内吸、触杀性有机磷杀虫、杀螨剂，对植物组织有一定的渗透性，残效期长。

应用

（1）适用作物 水稻、棉花、果树、蔬菜、大豆、柑橘、茶树、马铃薯、观赏植物、玉米等。

（2）防治对象 蚜虫、叶蝉、飞虱、粉虱、蓟马、潜蝇、盲椿象、一些介壳虫、鳞翅目害虫等多种刺吸式口器和咀嚼式口器害虫及叶螨类，对叶螨类的天敌安全。也可用于杀动物外寄生虫。

（3）残留量与安全施药 茶树收获前禁用期 10 d，其他作物 20 d。乳油低温贮存时常有结晶析出，施药前应置 40～50℃温水浴中加热溶解，摇匀后使用，一般不影响药效。

（4）使用方法 使用剂量 0.5～1.0 kg(a.i.)/hm²。

水稻 ①在水稻穗期，在幼虫 1～2 龄高峰期，用 25% 乳油 2 L/hm²，对水 750～1000 kg 均匀喷雾，可防治稻纵卷叶螟。②在若虫盛发期，用 25% 乳油 2 L/hm²，对水 750～1000 kg 均匀喷雾，可防治稻叶蝉、稻飞虱、稻蓟马。

棉花 ①用 25% 乳油 750 mL/hm²，对水 1000 kg 均匀喷雾，可防治棉蚜。②用 25% 乳油 1.5～2 L/hm²，对水 1000 kg 均匀喷雾，可防治棉铃虫、棉红蜘蛛、红铃虫。

果树 ①在果树开花前后，用 25% 乳油 1000 倍液，均匀喷雾，可防治苹果叶螨。②在幼虫发生期，用 25% 乳油 600 倍液，均匀喷雾，可防治苹果卷叶蛾、天幕毛虫。③在 1 龄若虫期，用 25% 乳油 600 倍液，均匀喷雾，可防治柑橘介壳虫。

蔬菜 ①用 25% 乳油 500 mL/hm²，对水 500～700 kg 均匀喷雾，可防治菜蚜。②在幼虫 3 龄期，用 25% 乳油 250 倍液浇根，可防治地老虎。

此外，还可用药液喷涂体表，防治羊虱、角蝇、牛皮蝇等家畜寄生虫。

专利与登记

专利名称 Insecticidal phthalimidomethyl mono- and dithiophosphates

专利号 US 2767194　　　　专利公开日 1956-10-16

专利申请日 1955-03-18　　　优先权日 1955-03-18

专利拥有者 Stauffer Chemical Co.

制备专利 CN 101538282、CS 253920 等。

国内登记情况 20% 乳油、95% 原药等，登记作物为水稻、大豆、柑橘树、棉花、白菜和玉米等，防治对象食心虫、棉铃虫、螨、蚜虫和菜青虫等。

合成方法 通过如下反应即可制得目的物：

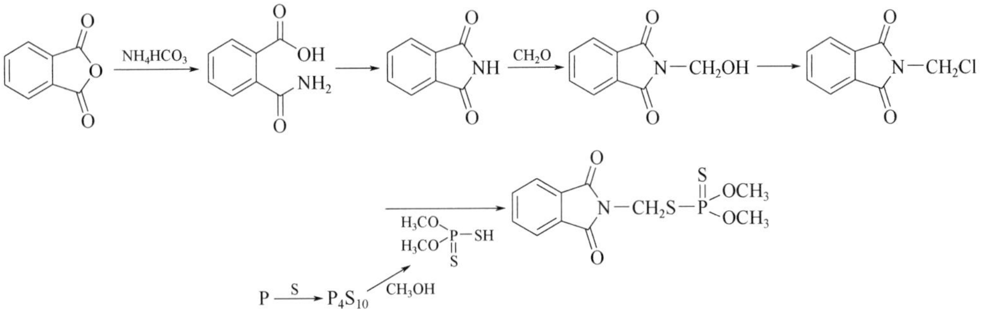

参考文献

[1] The Pesticide Manual. 17 th edition: 872-873.

[2] 葛玉, 刘冰, 王硕. 农产品加工(学刊), 2009(12): 4-6.

[3] 精细化工产品手册——农药. 北京: 化学工业出版社, 1998: 47-48.

亚砜磷（oxydemeton-methyl）

246.3，$C_6H_{15}O_4PS_2$，301-12-2

亚砜磷（试验代号：Bayer 21097、ENT 24964、R 2170，其他通用名称：metilmerkapto-fosoksid，商品名称：Aimcosystox、Dhanusystox，其他名称：emeton-S-methyl sulfoxide、ossi-demeton-metile、ODM、亚砜吸磷、砜吸硫磷、甲基内吸磷亚砜）是 G. Schrader 报道其活性，由 Bayer AG 开发的有机磷类杀虫剂。

化学名称 S-2-乙基亚磺酰基乙基-O,O-二甲基硫赶磷酸酯。英文化学名称为 S-2-ethyl-sulfinylethyl O,O-dimethyl phosphorothioate。美国化学文摘系统名称为 S-[2-(ethylsulfinyl)ethyl] O,O-dimethyl phosphorothioate。CA 主题索引名称为 phosphorothioic acid, esters S-[2-(ethyl-sulfinyl)ethyl] O,O-dimethyl ester。

理化性质 无色液体，熔点＜-20℃，沸点 106℃（1.33 Pa）。蒸气压 3.8 mPa（20℃）。相对密度 1.289（20～25℃）。$\lg K_{ow}$ -0.74。Henry 常数＜$1×10^{-5}$ Pa·m^3/mol（计算）。与水互溶，溶于大多数有机溶剂，不溶于石油醚。在酸性介质中分解很慢，在碱性介质中水解很快。DT_{50}（22℃）：107 d（pH 4），46 d（pH 7），2 d（pH 9）。闪点 113℃。

毒性 大鼠急性经口 LD_{50} 约 50 mg/kg，大鼠急性经皮 LD_{50} 约 130 mg/kg。对兔眼睛和皮肤中度刺激（50%甲基异丁基酮溶液）。雌大鼠吸入 LC_{50}（4 h）427 mg/m^3（50%甲基异丁基酮溶液）。NOEL：（2 年）大鼠 1 mg/kg 饲料，小鼠约 30 mg/kg 饲料；（1 年）狗 0.25 mg/kg bw。ADI/RfD：（EFSA）0.0003 mg/kg bw（2006）；（JMPR）0.0003 mg/kg bw（1989）；（EPA）aRfD 0.008 mg/kg bw，cRfD 0.00013 mg/kg bw（2006）。无胚胎毒性、无致突变性。

生态效应 山齿鹑 LD_{50} 34～37 mg/kg。鸟 LC_{50}（5 d，mg/kg 饲料）：野鸭＞5000，山齿鹑 434。鱼 LC_{50}（96 h，mg/L）：虹鳟鱼 17，金枪鱼 447.3，大翻车鱼 1.9。水蚤 LC_{50}（48 h）

0.19 mg/L。羊角月牙藻 E_rC_{50} 49 mg/L。对蜜蜂有毒。蚯蚓 LC_{50} 115 mg/kg 干土。

环境行为　在动物体内代谢很快，48 h 内几乎 99% 通过尿排出体外。在植物内通过氧化和氢解代谢也很快，除了氧化为具有活性的甲基内吸磷外，主要的代谢反应为水解及随后的二聚反应。在土壤中代谢途径为亚砜氧化为砜，以及侧链的氧化和氢解，很快代谢为二甲基磷酸和磷酸。

制剂　25% 乳油，50% 可溶液剂。

主要生产商　DooYang。

作用机理与特点　胆碱酯酶的直接抑制剂，是一种胃毒、触杀、内吸性杀虫剂，击倒速度快。

应用

（1）适用作物　蔬菜、谷物、果树、观赏植物。

（2）防治对象　叶蜂、刺吸式害虫（如蚜虫）。

（3）残留量与安全施药　收获前禁用期为 21 d，最大允许残留量为 0.75 mg/kg。对某些观赏植物可能会产生药害，尤其是当与其他农药混用时。

（4）使用方法　应用范围类似于甲基内吸磷，亚砜磷是甲基内吸磷的代谢产物，一般使用剂量为 0.3～0.8 kg/hm^2。

专利与登记

专利名称　Phosphoric and thiophosphoric esters containing SO radicals

专利号　DE 947368　　　　　专利公开日　1956-08-16

专利申请日　1954-11-07　　　优先权日　1954-11-07

专利拥有者　Farbenfabriken Bayer A. G.

因有生殖毒性，瑞典于 1996 年撤销登记，目前中国无登记产品。

合成方法　经如下反应制得亚砜磷：

$$C_2H_5SCH_2CH_2Cl + HS-\overset{\overset{O}{\|}}{P}\overset{OCH_3}{\underset{OCH_3}{}} \longrightarrow C_2H_5SCH_2CH_2S-\overset{\overset{O}{\|}}{P}\overset{OCH_3}{\underset{OCH_3}{}} \xrightarrow{H_2O_2} \overset{H_3C-O}{\underset{H_3C-O}{}}\overset{\overset{O}{\|}}{P}-SCH_2CH_2SC_2H_5$$

参考文献

[1] The Pesticide Manual. 17 th edition: 833-835.

[2] 国外农药品种手册. 北京: 化学工业部农药情报中心站, 1980: 111-112.

[3] 沈德隆, 曹耀艳, 朱凤香. 农药, 2002, 3: 17-18.

氧乐果（omethoate）

$$\overset{H_3CO}{\underset{H_3CO}{}}\overset{\overset{O}{\|}}{P}-SCH_2CONHCH_3$$

213.2，$C_5H_{12}NO_4PS$，1113-02-6

氧乐果（试验代号：Bayer 45432、S 6876，商品名称：Folimat、Dimethoxon、Le-mat、Safast、欧灭松、华果、克蚜灵，其他名称：dimethoate-met）是 R. Santi 和 P. dePietri-Tonelli 报道其活性，由 Bayer AG 开发的有机磷类杀虫剂。

化学名称　O,O-二甲基-S-甲基氨基甲酰基甲基硫赶磷酸酯。英文化学名称为 O,O-dimethyl S-methylcarbamoylmethyl phosphorothioate 或 2-dimethoxyphosphinoylthio-N-methylacetamide。美国化学文摘系统名称为 *O,O*-dimethyl *S*-[2-(methylamino)-2-oxoethyl] phosphorothioate。CA 主题索引名称为 phosphorothioic acid,esters *O,O*-dimethyl *S*-[2-(methylamino)-2-oxoethyl] ester。

理化性质　无色液体，具有硫醇气味，熔点-28℃（工业品），沸点约135℃（分解），闪点128℃（工业），蒸气压3.3 mPa（20℃），相对密度1.32（20℃）。lgK_{ow} -0.74（20℃）。与水、醇类、酮类和烃类互溶，微溶于乙醚，几乎不溶于石油醚。遇碱分解，在酸性介质中分解很慢，DT$_{50}$（22℃）：102 d（pH 4）、17 d（pH 7）、28 h（pH 9）。在135℃分解。

毒性　大鼠急性经口 LD$_{50}$约25 mg/kg。急性经皮 LD$_{50}$（24 h，mg/kg）：雄大鼠232，雌大鼠约145。本品对兔皮肤无刺激性，对兔眼睛有轻微刺激性。大鼠吸入 LC$_{50}$（4 h）约0.3 mg/L（气溶胶）。NOEL 值：大鼠（2 年）0.3 mg/L，小鼠（2 年）10 mg/L，狗（1 年）0.025 mg/kg。ADI 值（EFSA）0.0003 mg/kg（2006）。

生态效应　鸟类急性经口 LD$_{50}$（mg/kg）：雄日本鹌鹑79.7，雌日本鹌鹑83.4。鱼类 LC$_{50}$（96 h，mg/L）：金枪鱼30，虹鳟鱼9.1。水蚤 LC$_{50}$（48 h）0.022 mg/L。羊角月牙藻 E$_r$C$_{50}$ 167.5 mg/L。本品对蜜蜂有毒。蚯蚓 LC$_{50}$ 46 mg/kg 干土。

环境行为　本品在动物体内不累积，其主要代谢物 *O*-脱甲基氧乐果和 *N*-甲基-2-二硫代甲基乙酰胺通过尿排出。本品在植物内代谢很快，主要是 P—S 键的脱甲基化和氢解，代谢物为3-羟基-3-（（2-甲基氨基-2-氧代-乙基）硫代）丙酸及其氧化物。本品在土壤中流动很快，但降解也非常快。DT$_{50}$仅几天。主要代谢物是二氧化碳。

制剂　10%、40%乳油。

主要生产商　Arysta LifeScience、重庆农药化工（集团）有限公司、杭州颖泰生物科技有限公司、兰博尔开封科技有限公司、山东大成生物化工有限公司等。

作用机理与特点　胆碱酯酶的直接抑制剂，具有内吸、触杀和一定胃毒作用，具有击倒力快、高效、广谱、杀虫、杀螨等特点。在低温下仍能保持杀虫活性，特别适合于防治越冬的蚜虫、螨类、木虱和蚧类等。

应用

（1）适用作物　棉花、观赏植物、水稻、森林、果树、小麦、烟草和蔬菜等。

（2）防治对象　以咬食、刺吸、钻蛀、刺伤、产卵等方式危害粮、棉、果树、森林、蔬菜等的害虫以及螨、蚧等。对蚜虫、飞虱、叶蝉、介壳虫、鳞翅目幼虫有效，尤其对啤酒花上的害虫、小麦地种蝇特别有效。对乐果和其他有机磷农药产生了抗性的害虫有明显效果。对某些食叶性和钻蛀性害虫亦可防治。

（3）残留量与安全施药　本品为有机磷农药，不可与碱性物质混用。氧乐果对其他作物的药害与乐果相同，使用时务必注意。安全间隔为蔬菜10 d，茶叶6 d，果树15 d。氧乐果的杀虫作用与乐果有很多相似之处，但氧乐果的杀虫力更强：①氧乐果在低温条件下使用的效果比乐果好，适用于防治早期低温时烟草苗床的害虫。②氧乐果对害虫有很强的触杀和内吸作用，对人畜高毒，比乐果高4～5倍。使用时要严格操作。在常用浓度下对作物安全。啤酒花、菊科植物、高粱有些品种及烟草、枣树、桃、杏、梅树、橄榄、无花果等作物，对稀释倍数在1500倍以下的氧乐果乳剂敏感,使用时要先做药害试验,才能确定使用浓度。作物允许残留量为2 mg/L。

（4）使用方法

① 水稻　用40%乳油1500倍液喷雾，可防治稻叶蝉、稻飞虱、稻纵卷叶螟、稻蓟马等。

② 棉花　用40%乳油1500～2000倍液喷雾，可防治棉蚜、红蜘蛛、叶蝉、盲蝽。

③ 果树　用 40%乳油 1500～2000 倍液喷雾，可防治苹果瘤蚜、苹果蚜、苹果叶螨、山楂叶螨等果树害虫；用 40%乳油 1000～2000 倍液，可防治红蜘蛛；用 40%乳油 1000～1200 倍液喷雾，可防治矢尖蚧、糠片蚧、褐圆蚧。

④ 蔬菜　用 40%防治乳油 1500～2000 倍液喷雾，可防治菜蚜、红蜘蛛。

⑤ 烟草　用 40%氧乐果乳油加水 1200～2000 倍喷施，可防治烟蚜、烟草蛀茎蛾、烟蓟马、烟青虫等害虫。

⑥ 森林　在松树干离地 100 cm 处用镰刀刮去粗皮，宽 20 cm，随即每株用油刷将 40%乳油 4.7 mL 兑少量水涂在韧皮部上。也可在松树干离地 100 cm 处用木工凿打孔深达木质部，每株注入 40%乳油 2.3 mL，可防治松干介壳虫。

专利与登记

专利名称　Preparation of neutral phosphorus- and sulfur-containing compounds

专利号　US 2965664　　　　　专利公开日　1960-12-20

专利申请日　1956-04-09　　　　优先权日　1956-04-09

专利拥有者　Lubrizol Corp.

制备专利　CN 106905361 等。

国内登记情况　10%、18%、40%乳油，70%、92%原药等，登记作物为棉花、水稻、小麦和森林等，防治对象松毛虫、螨、蚜虫、飞虱和稻纵卷叶螟等。

合成方法　经如下反应制得氧乐果：

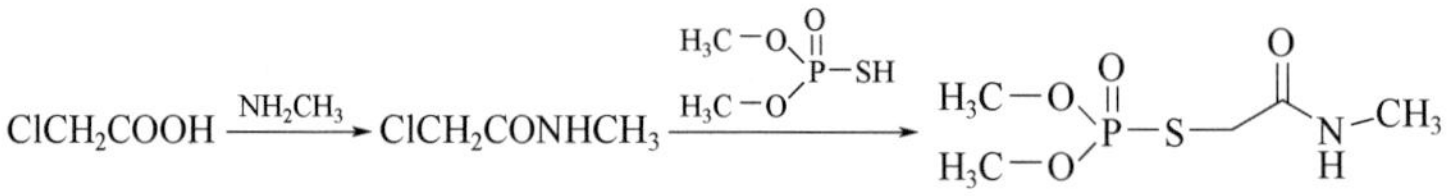

或

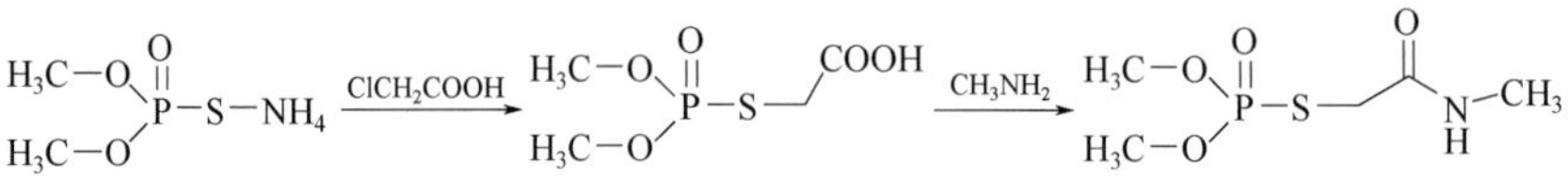

参考文献

[1] The Pesticide Manual. 17 th edition: 811-812.

[2] 张劲松, 张平. 农药, 1985(3): 26-28.

[3] 孙致远, 黄润秋, 陈其杰, 等. 农药, 1990(1): 2.

[4] 过戌吉. 农药市场信息, 2005(16): 20.

[5] 李华光. 河南化工, 2009(5): 40-41.

[6] 张为民, 陈平. 辽宁化工, 1993(5): 17-21.

[7] 郭春景, 王建忠, 李广, 等. 农学学报, 2018(5): 6-9.

乙拌磷（disulfoton）

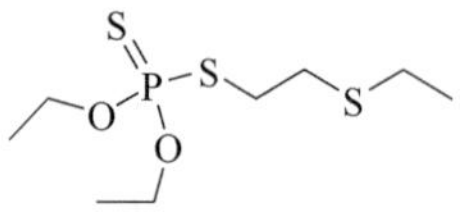

274.4，$C_8H_{19}O_2PS_3$，298-04-4

乙拌磷（试验代号：Bayer 19639、ENT 23347、S 276，商品名称：Disyston、Di-Syston，其他名称：dithiodemeton、dithiosystox、thiodemeton）是由 G. Schrader 报道其活性，由 Bayer 和 Sandoz(后属 Novartis Crop Protection AG)相继开发的有机磷类杀虫剂。

化学名称 O,O-二乙基-S-2-乙硫基乙基二硫代磷酸酯。英文化学名称为 O,O-diethyl S-2-ethylthioethyl phosphorodithioate。美国化学文摘系统名称为 O,O-diethyl S-[2-(ethylthio)ethyl] phosphorodithioate。CA 主题索引名称为 phosphorodithioic acid, esters O,O-diethyl S-[2-(ethyl-thio)ethyl] ester。

理化性质 无色油状物，带有特殊气味，工业品为淡黄色油状物，熔点<-25℃，沸点 128℃（133 Pa）。蒸气压 7.2 mPa（20℃）、13 mPa（25℃）、22 mPa（30℃）。lgK_{ow} 3.95。Henry 常数 0.079 Pa·m³/mol（20℃）。相对密度 1.144（20~25℃）。水中溶解度（20~25℃）25.0 mg/L，与正己烷、二氯甲烷、异丙醇、甲苯互溶。正常贮存稳定，在酸性、中性介质中很稳定，在碱性介质中分解，DT_{50}（22℃）：133 d（pH 4），169 d（pH 7），131 d（pH 9）。光照 DT_{50} 1~4 d。闪点 133℃（工业品）。

毒性 急性经口 LD_{50}（mg/kg）：雄、雌大鼠 2~12，雄、雌小鼠 7.5，母狗约 5。急性经皮 LD_{50}（mg/kg）：雄大鼠 15.9，雌大鼠 3.6。对兔眼睛和皮肤无刺激。大鼠吸入 LC_{50}（4 h，mg/L）：雄大鼠约 0.06，雌大鼠约 0.015（气溶胶）。NOEL（mg/kg bw）：大鼠急性饲喂 NOAEL（1 d）0.25，狗慢性饲喂 NOAEL（1 年）0.013。ADI：（JMPR）0.0003 mg/kg bw（1991，1996）；（EPA）aRfD 0.0025 mg/kg bw，cRfD 0.00013 mg/kg bw（2002）。

生态效应 山齿鹑急性经口 LD_{50} 39 mg/kg，饲喂 LC_{50}（5 d，mg/kg 饲料）：野鸭 692，山齿鹑 544。鱼 LC_{50}（96 h，mg/L）：翻车鱼 0.039，虹鳟鱼 3。水蚤 LC_{50}（48 h）0.013~0.064 mg/L。水藻 EC_{50}（72 h）>4.7 mg/L，对蜜蜂有毒，取决于使用剂量。

环境行为 ①动物。^{14}C 标记的乙拌磷会被迅速吸收、代谢，代谢物主要通过尿排出体外。主要的代谢物为乙拌磷的砜和亚砜，随后他们氧化成相应的类似物及二甲硫磷。②植物。乙拌磷会被迅速吸收代谢，主要代谢物与动物中相同。③土壤/环境。在土壤中乙拌磷快速降解，代谢物与植物和动物中相同，在土壤中不易流动。

制剂 5%、10%颗粒剂，50%干拌种剂。

主要生产商 Bayer CropScience、Fertiagro 等。

作用机理与特点 胆碱酯酶的直接抑制剂。具有内吸活性的杀虫、杀螨剂，通过根部吸收，传导到植物各部分，持效期长。

应用

（1）适用作物 马铃薯、蔬菜、玉米、水稻、烟草、果树、高粱、观赏植物、坚果。

（2）防治对象 蚜虫、蓟马、介壳虫、黄蜂等。

（3）使用方法 用 50%干拌种剂 0.5 kg，加水 25 kg，拌棉种 50 kg，堆闷 12 h 后播种；或用 50%干拌种剂 0.5 kg，加水 75 kg，搅匀后放入 45 kg 棉种，浸 14 h 左右，定时翻动几次，捞出、晾干后播种；或用 5%颗粒剂 30 kg/hm²，在棉苗 2~3 片真叶时开沟施入棉苗旁土中。高剂量使用会伤害种子。

专利与登记

专利名称 Insecticides

专利号 DE 850677　　　　专利公开日 1952-09-25

专利申请日 1949-10-11

专利拥有者 Farbenfabriken Bayer

制备专利　DE 917668、DE 947369、US 2759010、CN 1137526、EP 91052 等。

合成方法　经如下反应制得乙拌磷：

$$P \xrightarrow{S} P_4S_{10} \xrightarrow{C_2H_5OH} \underset{\text{SH}}{\overset{\text{O}}{\mid}}\text{P=S} \longrightarrow \underset{\text{SNa}}{\overset{\text{O}}{\mid}}\text{P=S} \xrightarrow{ClCH_2CH_2SC_2H_5} \underset{\text{S}}{\overset{\text{O}}{\mid}}\text{P=S} \cdots S \xleftarrow{NaSCH_2CH_2SC_2H_5} \underset{\text{Cl}}{\overset{\text{O}}{\mid}}\text{P=S}$$

参考文献

[1] The Pesticide Manual. 17 th edition: 386-387.

[2] 张学祖. 新疆农业科学, 1964, 8: 333.

乙硫磷（ethion）

384.5，$C_9H_{22}O_4P_2S_4$，563-12-2

乙硫磷（试验代号：FMC 1240、ENT24 105，商品名称：Challenge、Deviastra、Dhanumit、Ethanox、Heron、Match、MIT 505、Tafethion，其他名称：益赛昂、易赛昂、乙赛昂、蚜螨立死）是美国 FMC 开发的有机磷类杀虫剂。

化学名称　O,O,O',O'-四乙基-S,S'-亚甲基双(二硫代磷酸酯)。英文化学名称为 O,O,O',O'-tetraethyl S,S'-methylene bis(phosphorodithioate)。美国化学文摘系统名称为 S,S'-methylene bis(O,O-diethyl phosphorodithioate)。CA 主题索引名称为 phosphorodithioic acid, esters S,S'-methylene O,O,O',O'-tetraethyl ester。

理化性质　无色至琥珀色液体，熔点 -15～-12℃，沸点 164～165℃（39.9 Pa），蒸气压 0.2 mPa（25℃），$\lg K_{ow}$ 4.28。Henry 常数 0.0385 Pa·m³/mol（计算），相对密度 1.22（20～25℃）。水中溶解度（20～25℃）2.0 mg/L，溶于大多数有机溶剂，如丙酮、甲醇、乙醇、二甲苯、煤油、石油。在酸性、碱性溶液中易分解，DT_{50} 390 d（pH 9），暴露在空气中，被慢慢氧化。闪点 176℃。

毒性　急性经口 LD_{50}（mg/kg）：大鼠 208、21（工业品），小鼠和豚鼠 40～45。急性经皮 LD_{50}（mg/kg）：大鼠 838，豚鼠和兔子 915。大鼠吸入 LC_{50}（4 h）0.45 mg/L（工业品）。NOEL 数值［2 年，mg/(kg·d)］：大鼠 0.2，狗 0.06（2.5 mg/kg 饲料）。ADI/RfD：（JMPR）0.002 mg/kg bw（1990）；（EPA）急性/慢性 RfD 0.0005 mg/kg bw（1989，2001）。

生态效应　鸟类急性经口 LD_{50}（mg/kg）：鹌鹑 128，鸭＞2000。对鱼有毒，平均致死浓度 0.72 mg/L（24 h）、0.52 mg/L（48 h）。水蚤 EC_{50}（48 h）0.056 μg/L。对蜜蜂有毒。

环境行为　在动物体内代谢途径是先氧化成硫代磷酸酯，随后脱烷基化和氢解。在植物体内由水引起缓慢降解，而不是植物代谢降解。土壤中 DT_{50} 90 d。

制剂　480 g/L、960 g/L、50%乳油，25%可湿性粉剂，5%、8%、10%颗粒剂，4%粉剂，种子处理剂。

主要生产商　Bharat Rasayan、FMC、Meghmani、Rallis 等。

作用机理与特点　胆碱酯酶的直接抑制剂，非内吸性的杀虫、杀螨剂，具有触杀作用。可作为有机磷药剂中的轮换药剂。

应用

（1）适用作物　果树、水稻、蔬菜、观赏植物、棉花、玉米、高粱、葫芦、草莓。

（2）防治对象　蚜虫、红蜘蛛、棉蜘蛛、棉蚜、飞虱、叶蝉、黄蜂、蓟马、蝇、蚧类、鳞翅目幼虫、盲蝽等。对螨卵也有一定的杀伤作用。

（3）残留量与安全施药　为了安全、减少残留，在作物收获前 30～60 d 禁止使用本品，联合国粮农组织和世界卫生组织建议乙硫磷人体每日允许摄入量为 5 μg/kg，蔬菜种子允许残留量为 0.3 mg/kg，棉籽油 0.5 mg/kg，茶叶 3 mg/kg。

（4）具体应用如下

① 水稻害虫　用 50%乳油 2000～2500 倍液，于蓟马发生初期喷雾，可有效防治稻飞虱、稻蓟马。残效期 10 d 左右，安全间隔期应控制在 1 个月以上。

② 棉花害虫　用 50%乳油 1500～2000 倍液，于成、若螨发生期或螨卵盛孵期施药，可有效防治棉红蜘蛛、叶蝉、盲蝽等害虫，残效期 15 d 左右；用 1000～1500 倍液，于苗期蚜虫发生期施药，可有效防治棉蚜，持效期为 15～20 d。

③ 果树害虫　用 50%乳油 1000～1500 倍液喷雾，喷至淋洗状态，可防治食叶害虫、叶螨、木虱、柑橙锈壁虱等。

④ 茶树害虫　秋茶结束后，立即喷 50%乳油 1000～1200 倍液，可防治害螨类，如茶跗线螨、茶短须螨。

专利与登记

专利名称　Pesticidal phosphorus esters

专利号　US 2873228　　　　　专利公开日　1959-02-10

专利申请日　1956-07-16　　　　优先权日　1956-07-16

专利拥有者　Food Machinery and Chemical Corp.

合成方法　经如下反应制得乙硫磷：

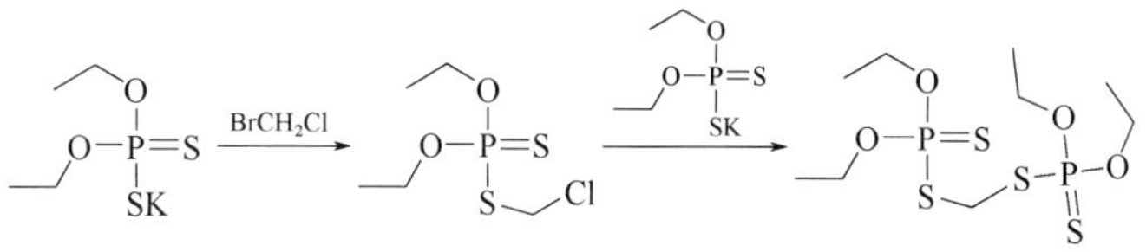

参考文献

[1] The Pesticide Manual. 17 th edition: 423-424.

[2] 浙江省宁波农药厂, 浙江省化工研究所. 农药, 1972(4): 1-14.

[3] 山西农学院昆虫教研组. 山西农业科学, 1966. (3): 30-33.

乙酰甲胺磷（acephate）

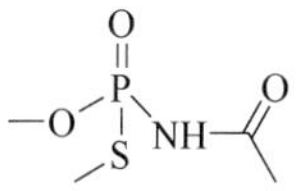

183.2，$C_4H_{10}NO_3PS$，30560-19-1

乙酰甲胺磷（试验代号：Ortho 12420、ENT 27822，商品名称：Aimthene、Amcothene、Asataf、Generate、Goldstar、Hilphate、Lancer、Matrix、Missile、Orthene、Ortran、Pace、

Rival、Saphate、Starthene、Tiffat、Torpedo、Viaphate，其他名称：高灭磷）是由 J.M.Grayson 介绍其杀虫活性，P.S.Magee 总结此类化合物构效关系，由 Chevron Chemical Co.开发的有机磷类杀虫剂。

化学名称 O,S-二甲基乙酰基硫代磷酰胺酯。英文化学名称为 O,S-dimethyl acetylphosphoramidothioate。美国化学文摘系统名称为 N-[methoxy(methylthio)phosphinoyl]acetamide。CA 主题索引名称为 phosphoramidothioic acid —, acetyl-O,S-dimethyl ester。

理化性质 原药纯品含量大于 97%。无色结晶（原药为无色固体），熔点 88～90℃。蒸气压 0.226 mPa（24℃）。相对密度 1.35（20～25℃）。lgK_{ow} −0.89。水中溶解度（20～25℃）$7.9×10^5$ mg/L；有机溶剂中溶解度（g/L，20～25℃）：丙酮 151，乙醇＞100，乙酸乙酯 35，甲苯 16，正己烷 0.1。水解 DT_{50} 50 d（pH 5～7，21℃），光解 DT_{50} 55 h（λ = 253.7 nm）。

毒性 大鼠急性经口 LD_{50}（mg/kg）：雄 1447，雌 1030。兔急性经皮 LD_{50}＞10000 mg/kg。本品对兔皮肤有轻微刺激，对豚鼠皮肤无致敏。大鼠吸入 LC_{50}（4 h）＞15 mg/L。NOEL [mg/(kg•d)]：狗（2 年）0.75，LOEL 大鼠 0.25。ADI/RfD：（JMPR）0.03 mg/kg bw（2005）；（EPA）aRfD 0.005 mg/kg bw，cRfD 0.0012 mg/kg bw（2001）。

生态效应 急性经口 LD_{50}（mg/kg）：野鸭 350，鸡 852，野鸡 140。鱼类 LC_{50}（96 h，mg/L）：大翻车鱼 2050，虹鳟鱼＞1000，斑点叉尾鮰2230，大口黑鲈 1725。水蚤 EC_{50}（48 h）67.2 mg/L，NOEC 值 43 mg/L。羊角月牙藻 E_rC_{50}（72 h）＞980 mg/L。龙虾 LC_{50}（96 h）750 mg/L。蜜蜂 LD_{50} 1.2 μg/只（接触）。蚯蚓 LC_{50}（14 d）22974 mg/kg 土壤，NOEC 值 10000 mg/kg。

环境行为 本品在动物和植物体内代谢为甲胺磷，在植物体中持效期为 10～15 d。在土壤中易生物降解，其主要代谢物为甲胺磷，DT_{50} 2（需氧）～7 d（厌氧）。其水溶液 DT_{50} 6.6 d（厌氧代谢）。

制剂 25%、50%、75%可溶粉剂，2.5 g/L、10 g/L 气雾剂，25%可湿性粉剂，30%、40% 乳油，97%水分散粒剂，70%种子处理可分散粉剂、微囊粒剂、可溶粒剂、颗粒剂。

主要生产商 Amvac、Arysta LifeScience、FarmHannong、FMC、Heranba、Hubei Sanonda、Meghmani、Nortox、Punjab Chemicals、Rallis、Sinon、Sabero、Sumitomo Chemical、UPL、安道麦股份有限公司、河北威远生物化工有限公司、河南科辉实业有限公司、湖北仙隆化工股份有限公司、湖南衡阳莱德生物药业有限公司、湖南沅江赤蜂农化有限公司、江苏恒隆作物保护有限公司、江苏莱科作物保护有限公司、江苏蓝丰生物化工股份有限公司、江苏省连云港市东金化工有限公司、洛阳天仓龙邦生物科技有限公司、山东华阳农药化工集团有限公司、山东潍坊润丰化工股份有限公司、上海沪联生物药业（夏邑）股份有限公司、新兴农化工（南通）有限公司、印度禾润保工业有限公司、印度联合磷化物有限公司、岳阳市宇恒化工有限公司、浙江嘉化集团股份有限公司、浙江菱化实业股份有限公司、浙江省台州市黄岩永宁农药化工有限公司、浙江泰达作物科技有限公司、重庆农药化工（集团）有限公司等。

作用机理与特点 胆碱酯酶的直接抑制剂。具广谱、低毒、持效期长，具有内吸、触杀和胃毒作用，并可杀卵，是缓效性有机磷杀虫剂，在施药后，初效作用缓慢，2～3 d 后效果显著，对一些鳞翅目害虫兼有一定的熏蒸和杀卵作用。残留活性长，持效期 10～21 d。使用浓度在 50～100 g(a.i.)/100L 的范围内，对多种作物安全，对红元帅可能有轻微叶片烧伤。

应用

（1）适用作物 棉花、大豆、坚果、水稻、烟草等作物。

（2）防治对象 蚜虫、蓟马、锯蝇、潜叶虫，以及叶蝉科、鳞翅目等多种咀嚼式、刺吸式口器官害虫和害螨。

（3）残留量与安全施药 不能与碱性农药混用，在蔬菜、瓜果、茶叶、菌类和中草药材作物上禁用。

（4）使用方法

① 棉花 a. 棉蚜、红蜘蛛：用 40%乳油 1.5 L/hm²，对水 800～1000 kg 均匀喷雾，施药后 2～3 d 防效上升很慢，施药 5 d 后，防效可达到 90%以上，有效控制期为 7～10 d。b. 棉小象甲、棉盲蝽：在两虫发生危害初期，用 40%乳油 0.75～1.5 L/hm²，对水 800～1000 kg 均匀喷雾。c. 棉铃虫：在 2～3 代卵孵盛期，用 40%乳油 3～4 L/hm²，对水 1000～1500 kg 均匀喷雾，有效控制期为 7 d 左右。但对棉红铃虫防效较差，不宜使用。

② 水稻 a. 二化螟：在卵孵高峰期，用 40%乳油 2.5～3 L/hm²，加常量水均匀喷雾，有效控制期为 5 d 左右。b. 三化螟引起的白穗：在水稻破口到齐穗期，用 40%乳油 2.5～3 L/hm²，对水均匀喷雾，防效可达 95%左右，在螟害严重的情况下，可将螟害率控制在 0.3%以下。但在螟虫发生期长、水稻抽穗又不整齐的情况下，5 d 后再喷一次药。由于本品对三化螟无触杀毒力，而且药效期较短，因而对三化螟引起的枯心防效较差，一般不宜使用。c. 稻纵卷叶螟：在水稻分蘖期，2～3 龄幼虫蔸虫量 45～50 头、叶被害率 7%～9%，孕穗抽穗期，2～3 龄幼虫蔸虫量 25～35 头、叶被害率 3%～5%时，用 40%乳油 2～3 L/hm²，对水 900～1000 kg 均匀喷雾。d. 稻飞虱：在水稻孕穗抽穗期，2～3 龄若虫高峰期，百蔸虫量 1300 头；乳熟期，2～3 龄若虫高峰期，百蔸虫量 2100 头时，用 30%乳油 1.5～2 L/hm²，对水 900～1000 kg 均匀喷雾；对稻叶蝉、稻蓟马等也有良好的兼治效果。

③ 花卉。a. 蚜虫、红蜘蛛、避债蛾、刺蛾：用 40%乳油 400 倍液常量喷雾。b. 介壳虫：在 1 龄若虫期，用 40%乳油 450～600 倍液均匀喷雾。

④ 玉米、小麦 防治玉米、小麦黏虫，在 3 龄幼虫期，用 40%乳油 1.5～2 L/hm²，对水 800～1000 kg 喷雾，并对蚜虫、麦叶蜂等有兼治作用。

⑤ 烟草 防治烟草烟青虫，在 3 龄幼虫期，用 30%乳油 1.5～3 L/hm²，对水 750～1500 kg 喷雾。

注意事项：①水稻、棉花、烟草、玉米和小麦的安全间隔期为 14 d，每季最多使用 1 次。②使用时均匀喷雾表面，以利于提高药效。③处理本品时要穿戴好防护用品，喷雾时应在上风，戴好口罩，勿吸入雾滴。用药后要用肥皂和清水冲洗干净。④本品不宜在桑、茶树上使用。⑤本品不可与碱性药剂混用，以免分解失效。⑥本品易燃，严禁火种。在运输和贮存过程中注意防火，远离火源。

专利与登记

专利名称 Insecticidal *N*-acylphosphoramidothioates

专利号 DE 2014027　　　　专利公开日 1970-12-03

专利申请日 1970-03-24　　　优先权日 1969-03-25

专利拥有者 Chevron Research Co.

在其他国家申请的化合物专利 US 3716600、IL 34067、FR 2039679、BE 747646、NL 7004055、NL 149181、GB 1266462、AT 301264、ES 377885、DK 130301、CH 552631、SE 369310、JP 51018502、CH 580639、US 3801680、US 3825634、US 3868449、US 3885032 等。

制备专利 CN 106146551、CN 104262390、CN 102993230、CN 102603795、CN 101816843、CN 102060872、CN 101289462、CN 101255174、CN 1931864、CN 101638417、CN 100506832 等。

国内登记情况 75%、90%、97%可溶粒剂，90%、95%、97%原药，20%、30%乳油等，登记作物为玉米和水稻等，防治对象稻纵卷叶螟和玉米螟等。表 2-119 为安道麦股份有限公司登记情况。

表 2-119　安道麦股份有限公司登记情况

登记名称	登记证号	含量	剂型	登记作物	防治对象	用药量	施用方法
乙酰甲胺磷	PD86176-4	30%	乳油	棉花	棉铃虫	100～200 mL/亩	喷雾
				棉花	蚜虫	100～200 mL/亩	
				水稻	螟虫	125～225 mL/亩	
				水稻	叶蝉	125～225 mL/亩	
				玉米	玉米螟	120～240 mL/亩	
				玉米	黏虫	120～240 mL/亩	
	PD86175-6	97%	原药				
	PD20110865	92%	可溶粒剂	棉花	蚜虫	40～50 g/亩	喷雾
				水稻	二化螟	50～60 g/亩	
	PD20101516	75%	可溶粉剂	观赏菊花	蚜虫	800～1000 倍液	喷雾
				棉花	蚜虫	40～80 g/亩	
				水稻	稻纵卷叶螟	70～100 g/亩	

合成方法　经如下反应制得乙酰甲胺磷：

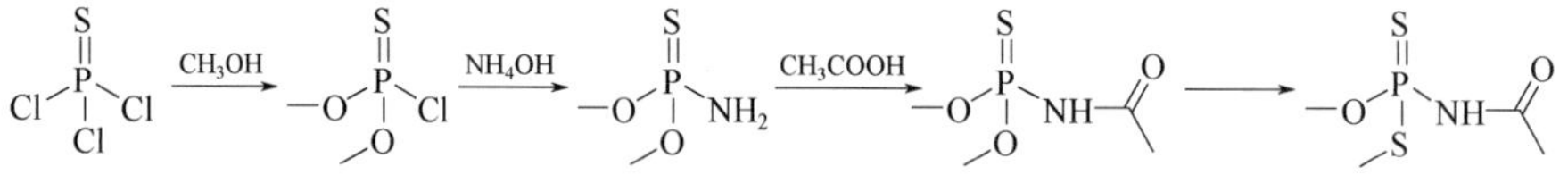

参考文献

[1] The Pesticide Manual. 15th edition: 6-7.

[2] 农药商品大全. 北京: 中国商业出版社, 1996: 108.

[3] 陈弘祥, 纪传武, 陆国平. 精细化工中间体, 2017(2): 35-36.

[4] 唐秋荣, 严大禹. 农药市场信息, 2018(15): 6-10.

[5] 华乃震. 世界农药, 2014(6): 11-16.

[6] 刘章伟, 毕亚凡, 李坚. 农药, 2012(4): 254-256.

异柳磷（isofenphos）

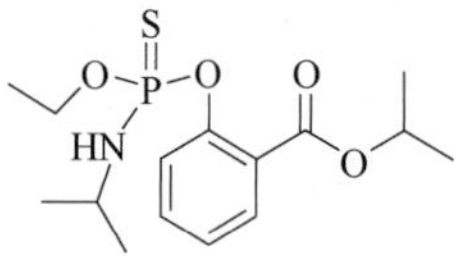

345.4，$C_{15}H_{24}NO_4PS$，25311-71-1

异柳磷（试验代号：BAY SRA 12869、BAY92114，商品名称：丙胺磷、丰稻松、水杨胺磷、亚芬松、乙基异柳磷、乙基异柳磷胺、异丙胺磷、地虫畏）是 B.Homeyer 报道，由 Bayer AG 开发的有机磷类杀虫剂。

化学名称　O-乙基-O-2-异丙氧基羰基苯基-N-异丙基硫代磷酰胺。英文化学名称为 O-ethyl O-2-isopropoxycarbonylphenyl N-isopropylphosphoramidothioate，isopropyl O-[ethoxy-N-isopropylamino(thiophosphoryl)]salicylate。美国化学文摘系统名称为 1-methylethyl 2-[[ethoxy[(1-methylethyl)amino]phosphinothioyl]oxy]benzoate。CA 主题索引名称为 benzoic acid —，

2-[[ethoxy[(1-methylethyl)amino]phosphinothioyl]oxy]-1-methylethyl ester。

理化性质 无色油状液体（原药具有特征气味），蒸气压 $2.2×10^{-4}$ Pa（20℃）、$4.4×10^{-4}$ Pa（25℃）。相对密度 1.313（20℃）。$\lg K_{ow}$ 4.04（21℃）。Henry 常数 $4.2×10^{-3}$ Pa·m³/mol（20℃）。水中溶解度（20℃）18 mg/L，有机溶剂中溶解度（g/L）：异丙醇、正己烷、二氯甲烷、甲苯＞200。水解 DT_{50}（22℃）：2.8 年（pH 4），＞1 年（pH 7），＞1 年（pH 9）。本品在实验室中土壤表面光解速度很快，在自然光下，光解速度相对较慢。闪点＞115℃。

毒性 大鼠急性经口 LD_{50} 21.52 mg/kg。大鼠急性经皮 LD_{50} 76.72 mg/kg。本品对兔眼睛和皮肤轻微刺激。大鼠吸入 LC_{50}（4 h）：雄约 0.5 mg/L 空气（气溶胶），雌约 0.3 mg/L 空气（气溶胶）。NOEL 值（2 年，mg/kg 饲料）：大鼠 1，狗 2，小鼠 1。无致畸和致突变性。

生态效应 急性经口 LD_{50}（mg/kg）：山齿鹑 8.7，野鸭 32～36。野鸭 LC_{50}（5 d）4908 mg/kg，山齿鹑 LC_{50}（5 d）145 mg/kg。鱼类 LC_{50}（96 h，mg/L）：金枪鱼 6.49，大翻车鱼 2.2，虹鳟 3.3（500 g/L 乳油）。水蚤 LC_{50}（48 h）0.0039～0.0073 mg/L。羊角月牙藻 E_rC_{50} 6.8 mg/L。本品对蜜蜂无害。蚯蚓 LC_{50} 404 mg/kg 土壤。

环境行为 通过对大鼠体内和肝脏微神经元系统的新陈代谢研究表明本品在动物体内代谢很快，24 h 内，约 95%通过粪便和尿排出。本品在植物中代谢物主要为水杨酸。本品在土壤中流动性不快，在不同的土壤中降解缓慢。

制剂 50%乳油，40%可湿性粉剂，20%拌种剂，5%颗粒剂。

主要生产商 湖北仙隆化工股份有限公司等。

作用机理与特点 胆碱酯酶的直接抑制剂，具有触杀和胃毒作用的内吸、传导性杀虫剂，在一定程度上可以经根部向植物体内输导。

应用

（1）适用作物 玉米、蔬菜、油菜、花生、香蕉、甜菜、柑橘等。

（2）防治对象 地下害虫，如蝼蛄、蛴螬、地老虎、金针虫、根蛆等以及水稻害虫如螟虫、稻飞虱、稻叶蝉和线虫等；残效期较长，可达 3～16 周。

（3）使用方法 以有效成分计，5 kg/hm² 剂量撒施能有效防治土栖害虫；50～100 g/100L 浓度能有效防治食叶害虫。防治地下害虫，每亩用 5%颗粒剂 5～7 kg 撒施，或 2～3 kg 沟施或穴施。用 0.05%拌花生种子或麦种防地下害虫，保苗率达 85%～98%。防治水稻害虫，每亩用 5%颗粒剂 1.33～2 kg 防治，或者用乳油配成有效浓度为 0.05%的药水喷雾防治。

专利与登记

专利名称 Amidothionophosphoric acid phenyl esters

专利号 ZA 6807378　　　　　　专利公开日 1969-04-23

专利申请日 1968-11-29　　　　优先权日 1967-11-30

专利拥有者 Bayer AG

在其他国家申请的化合物专利 ZA 6807378、DE 1930216、FR 1600932、EP 286963、DE 1668047、DE 1930216、FR 1600932 等。

制备专利 WO 2003055895 等。

国内登记情况 85%、90%、95%原药，2.5%、3%颗粒剂，35%、40%乳油等，登记作物为小麦、玉米、高粱、甘蔗、花生和甘薯等，防治对象吸浆虫、蔗龟和茎线虫病等。

合成方法 经如下反应制得异柳磷：

参考文献

[1] The Pesticide Manual. 15th edition: 670.

[2] 农药商品大全. 北京: 中国商业出版社, 1996: 80.

益棉磷（azinphos-ethyl）

345.4，$C_{12}H_{16}N_3O_3PS_2$，2642-71-9

益棉磷（试验代号：Bayer 16 259、R1513、E1513、ENT22 014，商品名称：Benthiona，其他商品名称：乙基谷硫磷、谷硫磷-A、乙基谷赛昂等）是 E. E. Lvy 等报道其活性，由 W. Lorenz 发现，Bayer AG 开发的有机磷类杀虫剂。

化学名称　S-3,4-二氢-4-氧代-1,2,3-苯并三嗪-3-基甲基-O,O-二乙基二硫代磷酸酯。英文化学名称为 S-3,4-dihydro-4-oxo-1,2,3-benzotriazin-3-ylmethyl O,O-diethyl phosphorodithioate。美国化学文摘系统名称为 O,O-diethyl S-[(4-oxo-1,2,3-benzotriazin-3(4H)-yl)methyl] phosphorodithioate。CA 主题索引名称为 phosphorodithioic acid, esters O,O-diethyl S-[(4-oxo-1,2,3-benzotriazin-3(4H)-yl)methyl] ester。

理化性质　无色针状结晶，熔点 50℃，沸点 147℃（1.33 Pa），蒸气压 0.32 mPa（20℃），相对密度 1.284（20～25℃），lgK_{ow} 3.18，Henry 常数 0.025 Pa·m³/mol（计算）。水中溶解度（20～25℃）约 4.0mg/L，有机溶剂中溶解度（g/L，20～25℃）：正己烷 2～5，异丙醇 20～50，二氯甲烷＞1000，甲苯＞1000。在碱性介质中迅速水解，在酸性介质中相对稳定。DT_{50}（22℃）约 3 h（pH 4）、270 d（pH 7）、11 d（pH 9）。

毒性　大鼠急性经口 LD_{50} 约 12 mg/kg，大鼠急性经皮 LD_{50}（24 h）约 500 mg/kg。本品对兔眼睛和皮肤无刺激。大鼠吸入 LC_{50}（4 h）约 0.15 mg/L。NOEL 值（mg/kg 饲料，2 年）：大鼠 2，狗 0.1，小鼠 1.4，猴 0.02。

生态效应　日本鹌鹑急性经口 LD_{50} 12.5～20 mg/kg。鱼 LC_{50}（96 h，mg/L）：金枪鱼 0.03，虹鳟鱼 0.08。水蚤 LC_{50}（48 h）0.0002 mg/L。本品对蜜蜂无毒（基于本品应用的方法）。

环境行为　进入动物体内的本品，在 2 d 内，90%以上被代谢，并通过尿和粪便排出，主要代谢产物为单去乙基混合物和苯基联重氮亚胺。在植物内，降解物为苯基联重氮亚胺、二甲基苯基联重氮亚胺硫化物和二甲基苯基联重氮亚胺二硫化物。根据 K_{oc} 值和浸出研究，确定本品在土壤中流动性很差，半衰期为几星期。在厌氧和需氧条件下，本品降解物为益棉磷去乙基钝化物，磺基甲基苯基联重氮亚胺，苯基联重氮亚胺甲基醚，甲基硫甲基砜和甲基硫甲基亚砜。

制剂　可湿性粉剂、乳油、超低容量液剂。

主要生产商　Bayer、Crystal、Sipcam Phyteurop 等。

作用机理与特点　胆碱酯酶的直接抑制剂。具有触杀、胃毒作用的非内吸性杀虫、杀螨剂。具有很好的杀卵特效和持效性。

应用

（1）适用作物　果树、蔬菜、马铃薯、玉米、烟草、棉花、咖啡、水稻、观赏植物、甜菜、油菜、麦类等，按说明用药时对作物没有损害，但一些乳剂制品可能会使某些果树枯叶。

（2）防治对象　主要防治咀嚼式和刺吸式虫、螨，用于大田、果园杀虫螨，对抗性螨也有效，对棉红蜘蛛的防效比保棉磷稍高。

（3）使用方法　用于大田、果园等杀虫、杀螨，对抗性螨也有效，对棉花红蜘蛛的防效比保棉磷稍高。使用剂量为 $500\sim750$ g(a.i.)/hm^2。

专利与登记

专利名称　Derivatives of thiophosphoric acid

专利号　US 2758115　　　　　专利公开日　1956-08-07

专利申请日　1955-02-10　　　优先权日　1955-02-10

专利拥有者　Farbenfabriken Bayer A.-G.

合成方法　经如下反应制得益棉磷：

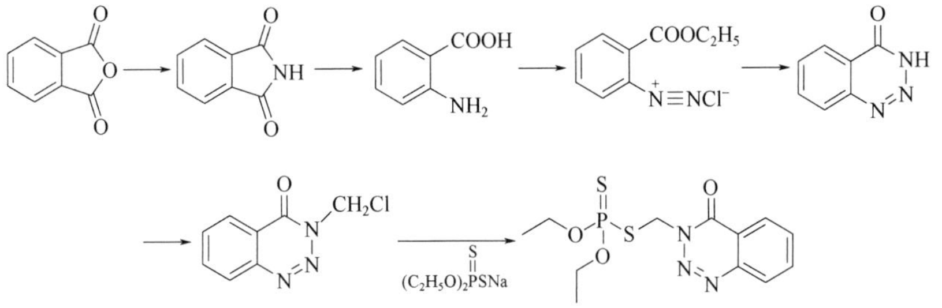

参考文献

[1] The Pesticide Manual. 17 th edition: 62-63.

[2] 农药商品大全. 北京: 中国商业出版社, 1996: 102.

第二十节
异噁唑啉类杀虫剂

异噁唑啉类杀虫剂（isoxazoline insecticides）到目前为止，已有 2 个产品商品化或即将商品化：fluxametamide、isocycloseram。

一、创制经纬

fluxametamide（开发代号：NC-515 和 A253）是日产化学株式会社开发的异噁唑啉类杀

虫剂，是以兽药弗雷拉纳（fluralaner）为先导发现的，主要用于蔬菜、果树、棉花和茶树等作物，防治蓟马、粉虱、潜叶蝇、甲虫等害虫和螨类，是一种 γ-氨基于酸（GABA）门控氯离子通道拮抗剂。

isocycloseram（开发代号：SYN547407）是先正达开发的一款异噁唑啉类杀虫剂。该化合物结构与 fluxametamide 相似，是 4 种活性异构体的混合物，其中（5S, 4R）型异构体活性最高。该化合物可能是以弗雷拉纳和 fluxametamide 为先导，使用异噁唑啉酮替换三氟甲基酰胺链，或者是通过合环衍生，最终优化得到。该产品对海灰翅夜蛾、烟夜蛾、小菜蛾、玉米根虫、葱蓟马、二斑叶螨等害虫具有良好的防效。

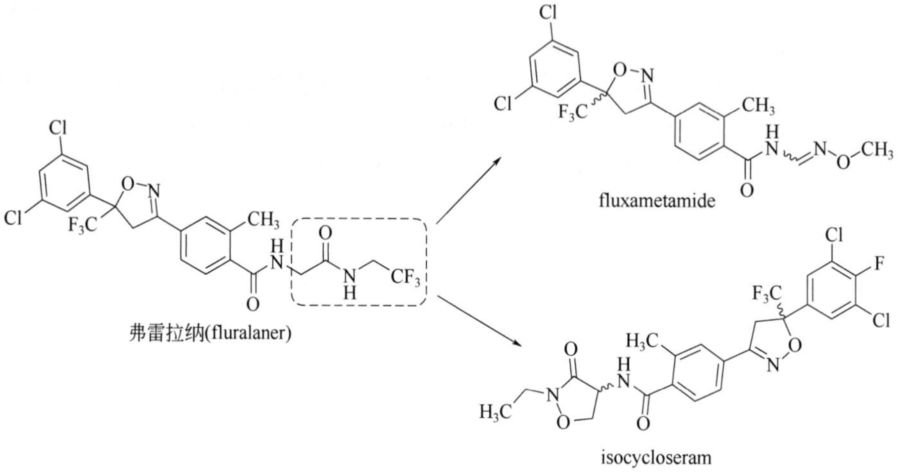

fluxametamide

isocycloseram

二、主要品种

fluxametamide

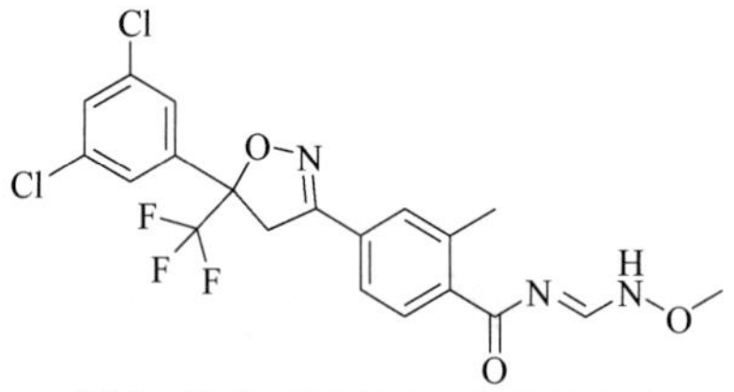

474.3，$C_{20}H_{16}Cl_2F_3N_3O_3$，928783-29-3

fluxametamide（试验代号：NC-515、A253）是由日本日产化学研发的一种新型杀虫剂。

化学名称 4-[(5RS)-5-(3,5-二氯苯基)-4,5-二氢-5-三氟甲基-1,2-噁唑-3-基]-N-[(EZ)-(甲氧亚胺)甲基]-邻甲苯酰胺。英文化学名称为 4-[(5RS)-5-(3,5-dichlorophenyl)-4,5-dihydro-5-(trifluoromethyl)isoxazol-3-yl]-N-[(EZ)-(methoxyimino)methyl]-2-methylbenzamide 或 4-[(5RS)-5-(3,5-dichlorophenyl)-4,5-dihydro-5-(trifluoromethyl)isoxazol-3-yl]-N-[(EZ)-(methoxyimino)methyl]-o-toluamide。美国化学文摘系统名称为 4-[5-(3,5-dichlorophenyl)-4,5-dihydro-5-(trifluoromethyl)-3-isoxazolyl]-N-[(methoxyamino)methylene]-2-methylbenzamide。CA 主题索引名称为 benzamide—, 4-[5-(3,5-dichlorophenyl)-4,5-dihydro-5-(trifluoromethyl)-3-isoxazolyl]-N-[(methoxyamino)methylene]-2-methyl-。

作用机理与特点　γ-氨基丁酸（GABA）门控氯离子通道拮抗剂。

应用　农用杀虫剂。主要用于蔬菜、果树、棉花和茶树等作物，对鳞翅目害虫有特效，可同时防治蓟马、粉虱、潜叶蝇、甲虫等害虫和螨类，活性成分可快速起效，能在作物受损前除掉害虫，持效期约两周，活性成分渗透至叶片中有助于对抗下部害虫，耐雨水冲刷，喷洒后降雨对防效影响不大，高温、低温条件下效果恒定。

专利与登记

专利名称　Preparation of isoxazoline-substituted benzamide compounds as pesticides

专利号　WO 2007026965　　　　　　**专利申请日**　2006-09-01

专利拥有者　日本日产化学工业有限公司

在其他国家申请的化合物专利　AU 2006285613、BR 2006017076、CA 2621228、EP 1932836、ES 2443690、JP 2007308471、JP 2013040184、JP 4479917、JP 5293921、JP 5594490、KR 1416521、KR 2008049091、RU 2435762、US 20110144334、US 20140135496、US 7951828、US 8673951、US 8987464 等。

日产化学株式会社旗下杀虫剂 GRACIA®（活性成分：fluxametamide）在日本上市，该产品 2021 年 1 月 22 日获批登记。在 2016 至 2021 年的中期业务计划中，日产化学将 GRACIA® 杀虫剂业务列为农化部门业绩增长来源之一，预期销售额为 100 亿日元。

合成方法　通过如下反应制得目的物：

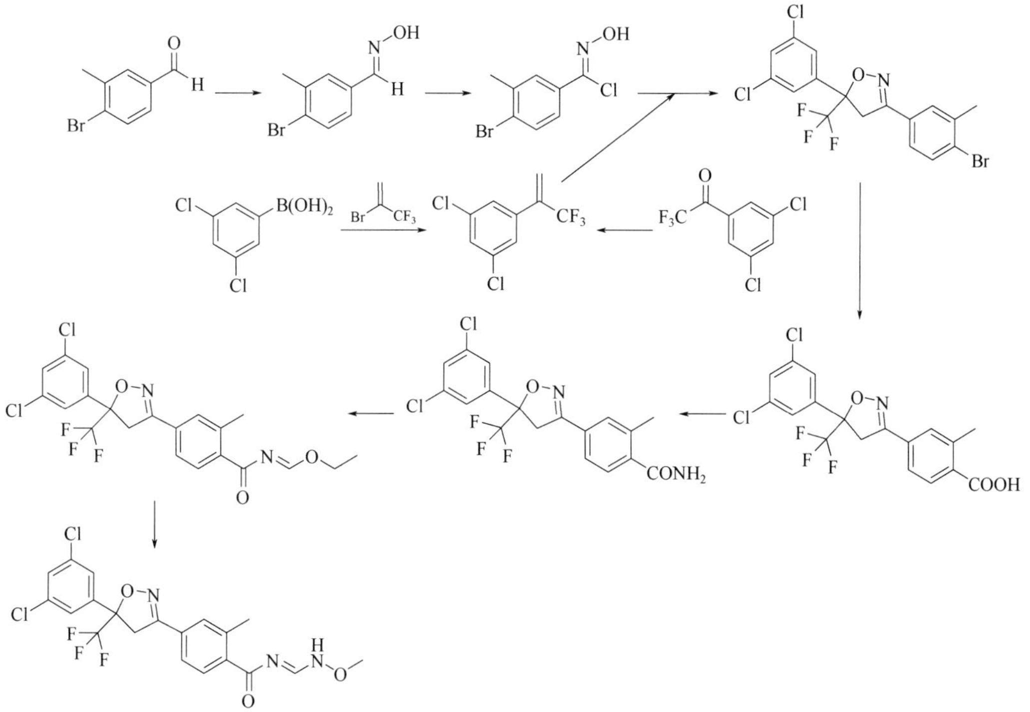

参考文献

[1] The Pesticide Manual. 17 th edition: 550.

isocycloseram

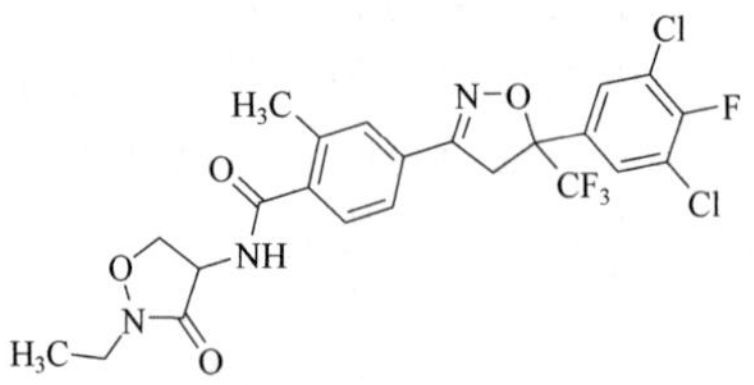

548.3，C$_{23}$H$_{19}$Cl$_2$F$_4$N$_3$O$_4$，2061933-85-3

isocycloseram（开发代号：SYN547407）是先正达开发的一款异噁唑啉类杀虫剂。

化学名称　4-[(5RS)-5-(3,5-二氯-4-氟苯基)-4,5-二氢-5-(三氟甲基)异噁唑-3-基]-N-[(4RS)-2-乙基-3-氧噁唑烷-4-基]-邻甲苯甲酰胺，含有 80%～100%的(5S,4R)-异构体，英文化学名称为 4-[(5RS)-5-(3,5-dichloro-4-fluorophenyl)-4,5-dihydro-5-(trifluoromethyl)isoxazol-3-yl]-N-[(4RS)-2-ethyl-3-oxoisoxazolidin-4-yl]-o-toluamide, containing 80%～100% of the (5S,4R)-isomer。美国化学文摘系统名称为 4-[5-(3,5-dichloro-4-fluorophenyl)-4,5-dihydro-5-(trifluoromethyl)-3-isoxa-zolyl]-N-(2-ethyl-3-oxo-4-isoxazolidinyl)-2-methylbenzamide。CA 主题索引名称为 difluoro-novi-flumuron—，4-[5-(3,5-dichloro-4-fluorophenyl)-4,5-dihydro-5-(trifluoromethyl)-3-isoxazolyl]-N-(2-ethyl-3-oxo-4-isoxazolidinyl)-2-methyl-。

制剂　10%可分散液剂。

应用　对海灰翅夜蛾、烟夜蛾、小菜蛾、玉米根虫、葱蓟马、二斑叶螨等害虫具有良好的防效。

专利与登记

专利名称　Preparation of isoxazoline-substituted benzamide compounds as pesticides

专利号　WO 2007026965　　　　　专利申请日　2006-09-01

专利拥有者　日本日产化学工业有限公司

在其他国家申请的化合物专利　AU 2006285613、BR 2006017076、CA 2621228、EP 1932836、ES 2443690、JP 2007308471、JP 2013040184、JP 4479917、JP 5293921、JP 5594490、KR 1416521、KR 2008049091、RU 2435762、US 20110144334、US 20140135496、US 7951828、US 8673951、US 8987464 等。

合成方法　通过如下反应制得目的物：

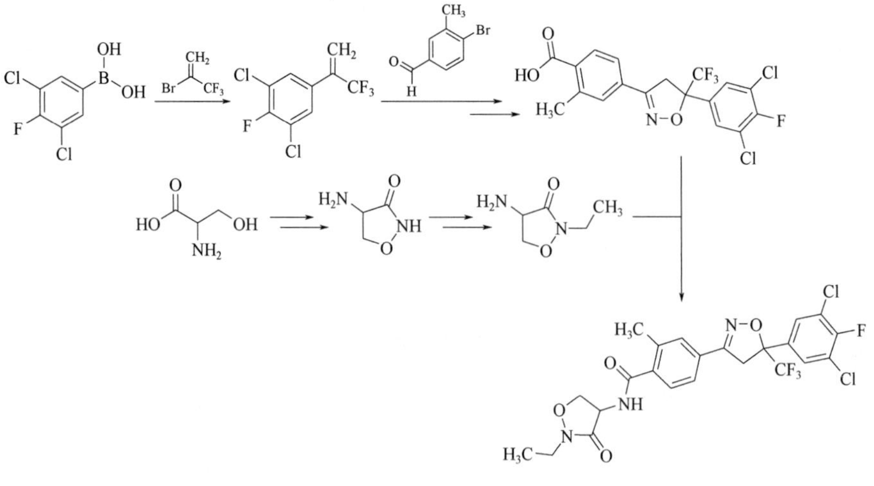

参考文献

[1] 农药, 2020, 59(8): 579-581.

── 第二十一节 ──
其他杀虫剂

其他杀虫剂（unclassified insecticides）主要有以下 18 个品种：coppernaphthenate、EXD、fenazaflor、fenoxacrim、hydramethylnon、benzpyrimoxan、jiahuangchongzong、malonoben、metaflumizone、nifluridide、plifenate、pyridaben、pyrifluquinazon、triarathene、triazamate、flometoquin、fluhexafon、oxazosulfyle。

此处介绍了部分品种。如下化合物因应用范围小或不再作为杀虫剂使用或没有商品化等原因，本书不予介绍，仅列出化学名称及 CAS 登记号供参考：

coppernaphthenate：coppernaphthenate，1338-02-9。

EXD：*O,O*-diethyldithiobis(thioformate)，502-55-6。

fenazaflor：phenyl 5,6-dichloro-2-trifluoromethylbenzimidazole-1-carboxylate，14255-88-0。

fenoxacrim：3′,4′-dichloro-1,2,3,4-tetrahydro-6-hydroxy-1,3-dimethyl-2,4-dioxopyrimidine-5-carboxanilide，65400-98-8。

甲磺虫腙（jiahuangchongzong）：α-[(*EZ*)-*sec*-butylidenehydrazono]-α-(4-chlorophenyl)-*p*-tolylmethanesulfonate。

malonoben：2-(3,5-di-*tert*-butyl-4-hydroxybenzylidene)malononitrile，10537-47-0。

nifluridide：6′-amino-α,α,α,2,2,3,3-heptafluoro-5′-nitropropion-*m*-toluidide，61444-62-0。

plifenate：(1*RS*)-2,2,2-trichloro-1-(3,4-dichlorophenyl)ethylacetate，21757-82-4。

triarathene：5-(4-chlorophenyl)-2,3-diphenylthiophene，65691-00-1。

一、创制经纬

1. 哒螨灵的创制经纬

日产科研人员在研究与氟草敏（norflurazon）具有相似作用机制的化合物 **1** 的过程中，发现化合物 **2** 对二斑叶螨具有一定的杀灭活性。于是，有关科研人员合成了一系列具有通式 **3** 结构的化合物，并对化学结构与杀螨活性之间的关系进行了研究。发现具有通式 **3** 结构且同时满足以下条件的化合物具有较强的杀螨活性：①哒嗪酮环 2 位上的 R 必须是叔丁基；②4 位上的 Y 建议选择氯或者甲基；③Z 优选硫原子，其次是氧原子；④建议 R^2 是氢，苄基位置 R^1 是氢或者甲基，X 为苯环 4-位取代且具有较强的疏水性的基团。综合考虑构效、残留及各种安全性因素，最终选择 pyridaben 作为最合适的化合物进行开发。

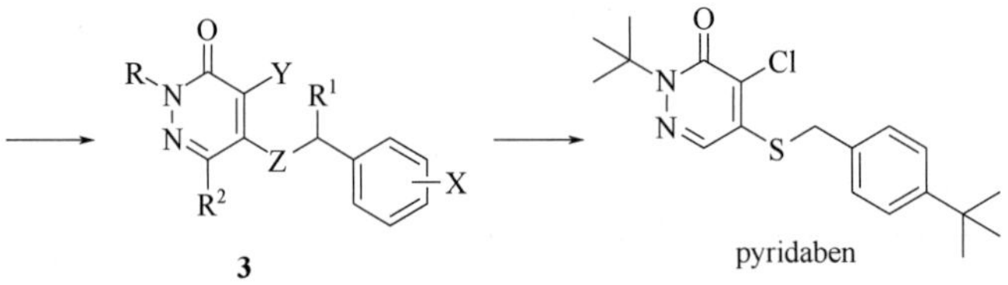

3　　　　　　　　　　pyridaben

2. 氰氟虫腙的创制经纬

氰氟虫腙是以苯甲酰脲类杀虫剂为先导化合物，经结构改造，然后再经优化研究，最终得到目的物。

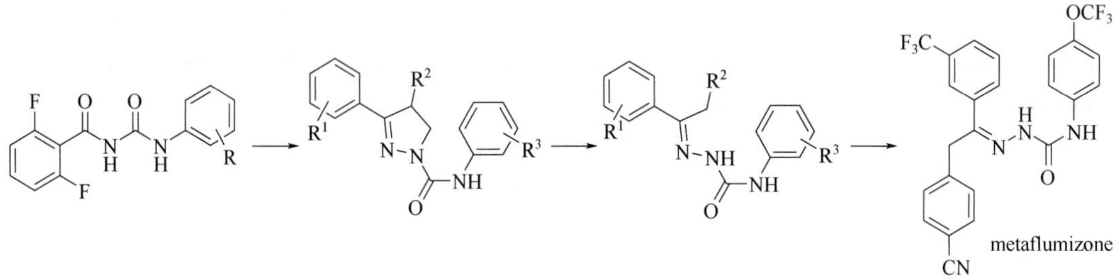

metaflumizone

3. oxazosulfyl 的创制经纬

oxazosulfyl（开发代号：S-1587）是日本住友化学公司开发的一种新型含乙砜基的苯并噁唑类杀虫剂。该化合物可能是以 1982 年日本熊本大学报道的具有杀虫活性的化合物（通式 1）为先导，通过对吡啶和苯并噁唑的取代基优化而得到。该产品结构新颖，主要应用于防控水稻病虫害，在低浓度下对褐飞虱和小菜蛾等害虫仍有较好的防效。

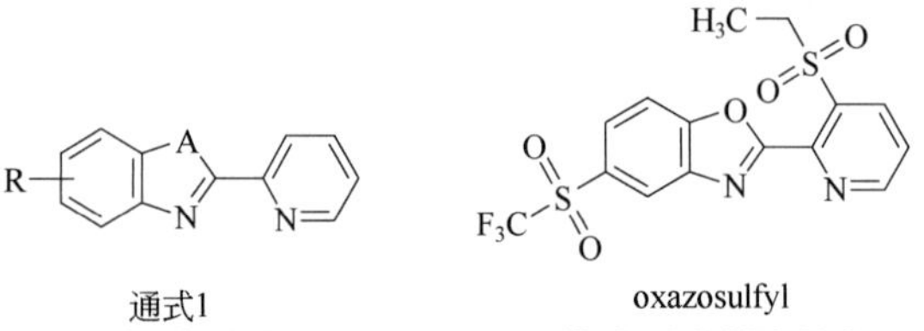

通式1　　　　　　　　　　oxazosulfyl
A＝S、O、NH　　　　　　　（CAS：1616678-32-0）

4. benzpyrimoxan 的创制经纬

benzpyrimoxan（开发代号：NNI-1501）是日本农药株式会社开发的杀虫剂。芳基烷氧基嘧啶类化合物的杀虫活性最早是由日本曹达公司进行报道（通式 1），日本农药株式会社以通式 1 为先导，对其结构中芳基 Ar 部分进行大量优化，使用各类杂环进行替换，最终筛选发现了 benzpyrimoxan。该药剂对稻飞虱和叶蝉具备非常好的防效，其与现有杀虫剂无交互抗性，可用于防治对现有杀虫剂产生抗性的害虫，该产品首先在日本和印度上市。

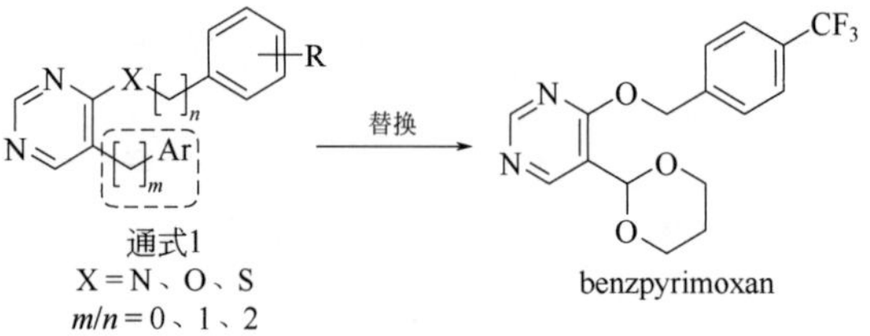

通式1
X＝N、O、S
m/n＝0、1、2

benzpyrimoxan

二、主要品种

哒螨灵（pyridaben）

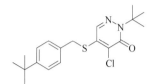

364.9，C$_{19}$H$_{25}$ClN$_2$OS，96489-71-3

哒螨灵（试验代号：NC-129、NCI-129、BAS-300I，商品名称：Agrimit、Dinomite、Pyromite、Sanmite、Tarantula，其他名称：达螨净、哒螨酮、牵牛星、速螨酮）由 K. Hirata 等报道，日本日产化学工业株式会社开发的哒嗪酮类杀虫、杀螨剂。

化学名称 2-叔丁基-5-(4-叔丁基苄硫基)-4-氯哒嗪-3(2H)-酮。英文化学名称为 2-*tert*-butyl-5-(4-*tert*-butylbenzylthio)-4-chloropyridazin-3(2H)-one。美国化学文摘系统名称为 4-chloro-2-(1,1-dimethylethyl)-5-[[[4-(1,1-dimethylethyl)phenyl]methyl]thio]-3(2H)-pyridazinone。CA 主题索引名称为 3(2H)-pyridazinone —，4-chloro-2-(1,1-dimethylethyl)-5-[[[4-(1,1-dimethylethyl)phenyl]methyl]thio]。

理化性质 本品为无色晶体。熔点 111～112℃，蒸气压＜0.01 mPa（25℃），lgK_{ow} 6.37，Henry 常数＜0.3 Pa·m³/mol（计算），相对密度 1.2（20～25℃）。水中溶解度（20～25℃）0.012 mg/L，有机溶剂中溶解度（g/L，20～25℃）：丙酮 460，苯 110，环己烷 320，乙醇 57，正辛醇 63，己烷 10，二甲苯 390。在 50℃稳定 90 d，对光不稳定。在 pH 5、7 和 9，25℃时，黑暗中 30 d 不水解。

毒性 急性经口 LD$_{50}$（mg/kg）：雄大鼠 1350，雌大鼠 820，雄小鼠 424，雌小鼠 383。大鼠和兔急性经皮 LD$_{50}$＞2000 mg/kg，对兔皮肤和眼睛无刺激作用，对豚鼠皮肤无致敏性。大鼠吸入 LC$_{50}$（mg/L 空气）：雄大鼠 0.66，雌大鼠 0.62。NOEL 值［mg/(kg·d)]：小鼠（78 周）0.81，大鼠（104 周）1.1。ADI/RfD（BfR）0.008 mg/kg bw（1992），（EPA）0.05 mg/kg bw（1995）。其他在染色体畸变试验（中国仓鼠）和微核试验（小鼠）中无诱变性。在 Ames 或 DNA 修复试验中无诱变性。

生态效应 鸟急性经口 LD$_{50}$（mg/kg）：山齿鹑＞2250，野鸭＞2500。鱼类 LC$_{50}$（μg/L）：（96 h）虹鳟鱼 1.1～3.1，大翻车鱼 1.8～3.3，鲤鱼（48 h）8.3。水蚤 EC$_{50}$（48 h）0.59 μg/L。不会明显影响羊角月牙藻生长速度。蜜蜂经口 LD$_{50}$ 0.55 μg/只。蚯蚓 LC$_{50}$（14 d）38 mg/kg 土壤。

环境行为 ①动物。大鼠、山羊、母鸡经口主要代谢到粪便中。代谢很复杂，至少有 30 种降解物。②植物。柑橘和苹果使用后哒螨灵逐渐光解，不会转移到果肉中。③土壤/环境。在有氧土壤中易被微生物降解。DT$_{50}$＜21 d；进一步降解成极性产物（含土壤结合的残留物）和 CO$_2$。天然水体 DT$_{50}$ 10 d（25℃，避光）。光解水 DT$_{50}$ 约 30 min（pH 7）。

制剂 乳油（150 g/L 或 200 g/L、15%），可湿性粉剂（200 g/kg、20%）和悬浮剂。

主要生产商 Nissan Chemical、安道麦股份有限公司、江苏克胜作物科技有限公司、江苏蓝丰生物化工股份有限公司、江苏维尤纳特精细化工有限公司、江苏优嘉植物保护有限公司、连云港立本作物科技有限公司、南京红太阳股份有限公司、内蒙古百灵科技有限公司、山东省联合农药工业有限公司、新沂市泰松化工有限公司、浙江新安化工集团股份有限公司等。

作用机理与特点　非系统性杀虫杀螨剂。作用迅速且残留活性长。对各阶段害虫都有活性，尤其适用于幼虫和蛹时期。

应用

（1）适用作物　柑橘、茶叶、棉花、蔬菜、梨、山楂及观赏植物。

（2）防治对象　本品属哒嗪酮类杀虫、杀螨剂，无内吸性，以 50～200 g/m³ 或 100～300 kg/hm² 防治果树、蔬菜、茶树、烟草及观赏植物上的粉螨、粉虱、蚜虫，以及叶蝉科和缨翅目害虫。对全爪螨、叶螨、小爪螨、始叶螨、跗线螨和瘿螨等一系列螨类均有效，而且对螨从卵、幼螨、若螨到成螨的不同生育期均有效，持效期 30～60 d，与苯丁锡、噻螨酮等常用杀螨剂无交互抗性。

（3）残留量与安全施药　对人畜有毒，不可吞食、吸入或渗入皮肤，不可入眼或污染衣物等。施药时应做好防护，施药后要用肥皂和清水彻底清洗手、脸等。如有误食应用净水彻底清洗口部或灌水两杯后用手指伸向喉部诱发呕吐。药剂应贮存在阴凉、干燥和通风处，不与食物混放。不可污染水井、池塘和水源。刚施药区禁止人、畜进入。花期使用对蜜蜂有不良影响。可与大多数杀虫、杀菌剂混用，但不能与石硫合剂和波尔多液等强碱性药剂混用。一年最多使用 2 次，安全间隔期为收获前 3 d。

（4）使用方法　使用剂量为 50～200 g/m³ 或 100～300 kg/hm² 时可控制大田作物、果树、观赏植物、蔬菜上的螨、粉虱、蚜虫、叶蝉和缨翅目害虫。柑橘红蜘蛛和四斑黄蜘蛛的防治：开花前每叶有螨 2 头、开花后和秋季每叶有螨 6 头时，用 20%可湿性粉剂 2000～4000 倍液或 15%乳油 2000～3000 倍液喷雾，防治效果很好，药效可维持 30～40 d 以上，但虫口密度高或气温高时，其持效期要短些。柑橘锈壁虱：5～9 月每视野有螨 2 头以上或果园内有极个别黑（受害）果出现时，用上述防治柑橘红蜘蛛的浓度喷雾，有很好防治效果，持效期可达 30 d 以上。苹果红蜘蛛和山楂红蜘蛛：在越冬卵孵化盛期或若螨始盛发期用 20%可湿性粉剂 2000～4000 倍液或 15%乳油 2000～3000 倍液喷雾，防治效果很好，持效期可达 30 d 以上。苹果、梨、黄瓜和茄子上的棉红蜘蛛：用 20%可湿性粉剂 1500～2000 倍液喷雾，防治效果良好。侧多食跗线螨：用 20%可湿性粉剂 2000～3000 倍液喷雾（尤其是喷叶背面），防治效果较好，持效期较长。葡萄上的鹅耳枥始叶螨：用 20%可湿性粉剂 1500～2000 倍液喷雾，防治效果较好，持效期可达 30 d 左右。茶橙瘿螨和神泽叶螨：用 20%可湿性粉剂 1500～2000 倍液喷雾，防治效果较好。茶绿叶蝉和茶黄蓟马：用 20%可湿性粉剂 1000～1500 倍液喷雾，防治效果很好。矢光蚧和黑刺粉虱两者的 1～2 龄若虫：用 20%可湿性粉剂 1000～2000 倍液喷雾，防治效果较好。棉蚜：用 20%可湿性粉剂 2000～2500 倍液喷雾，防治效果较好。葡萄叶蝉：用 20%可湿性粉剂 1000～1500 倍液喷雾，防治效果较好，持效期可达 15 d 以上。番茄上的温室粉虱：用 15%乳油 1000 倍液喷雾，防治效果较好，持效期可达 20 d 左右。玫瑰上的叶螨和跗线螨：用 15%乳油 1000～1500 倍液喷雾，防治效果较好。在春季或秋季害螨发生高峰前使用，浓度以 4000 倍液为宜。

专利与登记

专利名称　Pyridazinone derivative, its preparation and insecticidal, miticidal and fungicidal agent

专利号　JP 60004173　　　专利公开日　1985-01-10

专利申请日　1983-06-23　　　　　　优先权日　1983-06-23

专利拥有者　Nissan Chemical Ind Ltd

在其他国家申请的化合物专利　AT 36708、AU 572159、AU 8429852、BR 8403090、CA 1270830、CA 1255676、CS 249139、DD 225039、EP 239728、EP 134439、HU 194484、HU 34667、IL 72204、JP 04072830、JP 60004173、JP 61260018、PL 148603、SU 1817682、RO 92793、RU 2054422、RO 88951、US 5026850、US 4877787、ZA 8404762 等。

制备专利　CN 110483349、CN 1775750、JP 61112057、CA 1270830、CA 1255676、JP 62067076、JP 06000761、JP 60032774、JP 04072830、JP 60004173 等。

国内登记情况　20%可湿性粉剂，15%乳油，95%原药等，登记作物为棉花、苹果树和柑橘树等，防治对象红蜘蛛等。

合成方法　哒螨灵合成方法主要有二氯哒嗪酮法、呋喃酮法、氯巯基哒嗪酮法和 α-羰基二硫缩烯酮法等四种方法。

二氯哒嗪酮法：

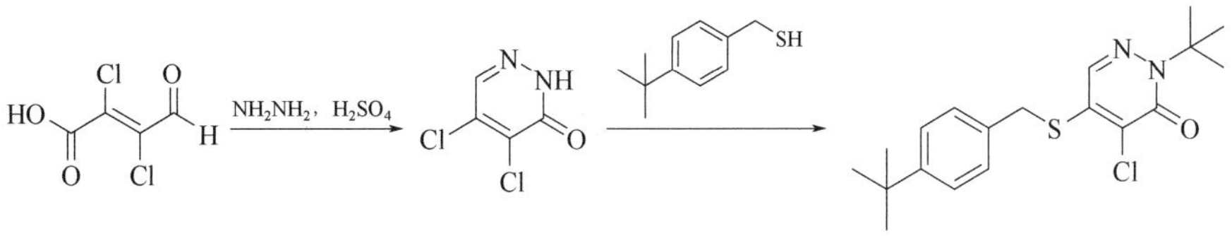

呋喃酮法：

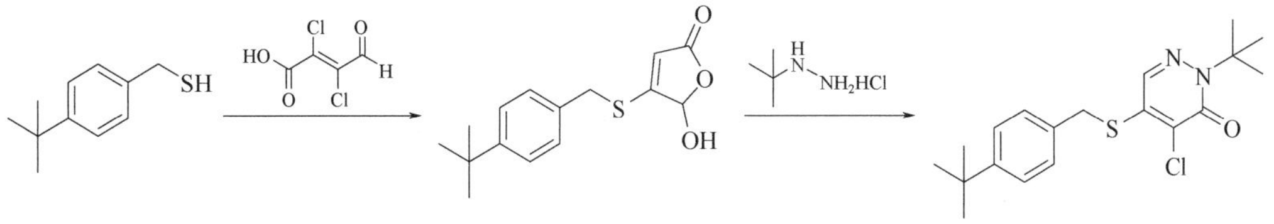

氯巯基哒嗪酮法：

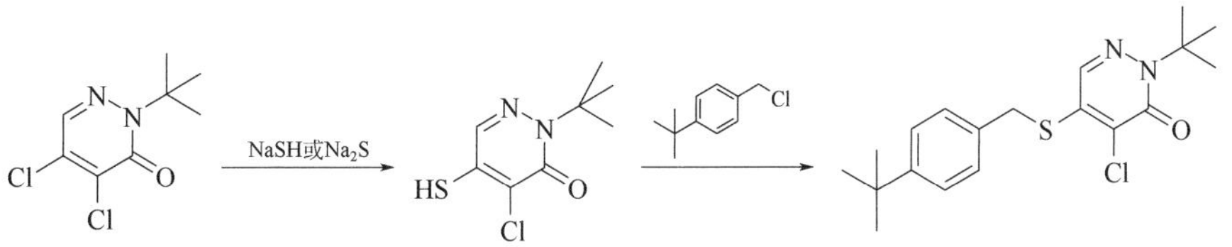

α-羰基二硫缩烯酮法：

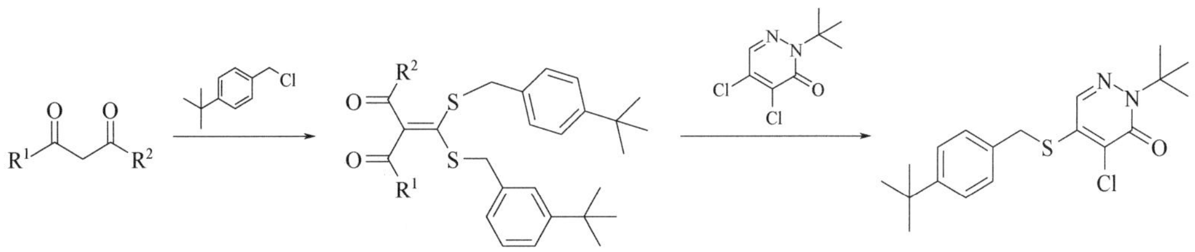

参考文献

[1] The Pesticide Manual. 17 th edition: 970-971.

[2] 国外农药品种手册(新版合订本). 北京: 化工部农药信息总站, 1996: 395.

[3] 农药商品大全. 北京: 中国商业出版社, 1996: 276.

[4] 龙胜佑. 农药译丛, 1991, 13(5): 60-61+55.

[5] 张权炳, 王雁, 何静, 等. 中国柑桔, 1993, 22(1): 37.

[6] 罗铁军, 龙胜佑, 杨晓明. 湖南化工, 1998, 28(3): 20-23.

[7] 吴兴业, 王崇磊. 化学与黏合, 2014(6): 430-432+437.

[8] 徐英, 庄占兴, 郭雯婷, 等. 山东化工, 2016(24): 34-38.

氟蚁腙（hydramethylnon）

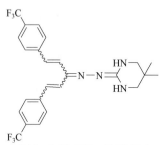

494.5，$C_{25}H_{24}F_6N_4$，67485-29-4

氟蚁腙（试验代号：AC 217300、BAS 315 I、CL 217300，商品名称：Amdro PRO、Combat、Siege Gel，其他名称：pyramdron、amidinohydrazone）是由氰胺公司（现属 BASF SE）推广的杀虫剂。

化学名称 5,5-二甲基全氢亚嘧啶-2-酮-4-三氟甲基-α-(4-三氟甲基苯乙烯基)亚肉桂基腙。英文名称为 5,5-dimethylperhydropyrimidin-2-one 4-trifluoromethyl-α-(4-trifluoromethyl-styryl)cinnamylidenehydrazone。美国化学文摘系统名称为 tetrahydro-5,5-dimethyl-2(1H)-pyri-midinone [3-[4-(trifluoromethyl)phenyl]-1-[2-[4-(trifluoromethyl)phenyl]ethenyl]-2-propenylidene] hydrazone。CA 主题索引名称为 2(1H)-pyrimidinone ——，tetrahydro-5,5-dimethyl-[3-[4-(trifluoro-methyl)phenyl]-1-[2-[4-(trifluoromethyl)phenyl]ethenyl]-2-propenylidene]hydrazone。

理化性质 原药含量 95%。黄色至棕褐色晶体。熔点 189～191℃，蒸气压＜0.0027 mPa（25℃），＜0.0008 mPa（45℃），lgK_{ow} 2.31，Henry 常数 $7.81×10^{-1}$ Pa·m³/mol（25℃，计算），相对密度 0.299（25℃），水中溶解度（25℃）0.005～0.007 mg/L，有机溶剂中溶解度（g/L，20℃）：丙酮 360，乙醇 72，1,2-二氯乙烷 170，甲醇 230，异丙醇 12，二甲苯 94，氯苯 390。原药在原装未开封容器中，25℃稳定 24 个月以上，37℃ 12 个月，45℃ 3 个月。见光分解（DT$_{50}$ 1 h）。水悬浮液 DT$_{50}$（25℃）：24～33 d（pH 4.9），10～11 d（pH 7.03），11～12 d（pH 8.87）。

毒性 急性经口 LD$_{50}$（mg/kg）：雄大鼠 1131，雌大鼠 1300。兔急性经皮 LD$_{50}$＞5000 mg/kg。对兔或豚鼠皮肤没有刺激，对兔眼睛有刺激，对豚鼠无皮肤致敏性。大鼠吸入 LC$_{50}$（4 h）＞5 mg/L 空气（气溶胶或粉尘）。NOEL（mg/kg 饲料）：大鼠（28 d）75，大鼠（90 d）50，大鼠（2 年）50，小鼠（18 个月）25；小猎犬（90 d）3.0 mg/(kg·d)，小猎犬（6 月）3.0 mg/(kg·d)。对大鼠和兔无致畸、无诱变性、无致突变性。

生态效应 急性经口 LD$_{50}$（mg/kg）：野鸭＞2510，山齿鹑 1828。因该化合物在水中溶解度低，且见光快速分解，所以在正常的野外条件下对鱼无毒。鱼类 LC$_{50}$（96 h，mg/L）：大翻车鱼 1.70，虹鳟鱼 0.16，斑点叉尾鮰 0.10，鲤鱼（24 h、48 h 以及 72 h）分别为 0.67 mg/L、0.39 mg/L 和 0.34 mg/L。水蚤 LC$_{50}$（48 h）1.14 mg/L，由于水中溶解度低，在田间条件下没有危害。粉尘在 0.03 mg/只时对蜜蜂无毒。

环境行为　①动物。大鼠经口后迅速排泄到尿和粪便中，在山羊（0.2 mg/kg 饲料，8 d）乳汁中没有检测到任何残留物。奶牛（0.05 mg/kg 持续 21 d）乳汁中无残留。②植物。使用 4 个月后杂草中的残余<0.01 mg/L。对种植萝卜、大麦和法国豆的土壤施药，3 个月后发现残留很少。③土壤/环境。见光迅速分解（DT_{50}<1 h），沙质土壤中 DT_{50} 7 d，混合到沙质土壤中 DT_{50} 28 d。饵剂在日光下迅速分解。低生物富集作用。

制剂　糊剂、饵剂。

主要生产商　巴斯夫欧洲公司韩国国宝药业有限公司、黑龙江省佳木斯市恺乐农药有限公司、江苏优嘉植物保护有限公司、江苏永泰丰作物科学有限公司、江西安利达化工有限公司、浙江天丰生物科学有限公司等。

作用机理与特点　胃毒作用非系统性杀虫剂。线粒体复合物Ⅲ的电子转移抑制剂（耦合位点Ⅱ），抑制细胞呼吸。也就是有效抑制蟑螂体内的代谢系统，抑制线粒体内 ADP 转换成 ATP 的电子交换过程，从而使能量无法转换，造成心跳变慢，呼吸系统衰弱，耗氧量减小，因为细胞得不到足够的能量，最终因弛缓性麻痹而死亡。

应用

（1）适用范围　主要用于牧场、草地、草坪和非作物区。选择性地用于控制农业蚁和家蚁（尤其弓背蚁属、虹臭蚁属、小家蚁属、火蚁属、农蚁属以及黑褐大头蚁），中华拟歪尾蠊（尤其蠊属、小蠊属、大蠊属以及夏柏拉蟑螂属），木白蚁科（尤其楹白蚁属）和鼻白蚁科（尤其散白蚁属，乳白蚁属以及异白蚁属）的诱饵。由于作用缓慢，可以被工蚁带到巢里杀死蚁后，使用浓度 16 g/hm²。

（2）防治对象　火蚁、蜚蠊。

（3）使用方法　饵剂用量为 1.12～1.68 kg/hm²。

专利与登记

专利名称　Pentadienone hydrazones as insecticides

专利号　US 4087525　　　　专利公开日　1978-05-02

专利申请日　1977-05-02　　　优先权日　1975-12-08

专利拥有者　American Cyanamid Co., USA

在其他国家申请的化合物专利　CA 1098905、GB 1591121、GB 1591122 等。

制备专利　CN 105481776、FR 2482592、AU 528550、AU 7948407、BR 7904960、CA 1098905、CA 1102800、EP 8854、FR 2402410、FR 2422646、GB 1591121、GB 1591122、IL 57655、IN 149726、JP 62056866、JP 55031084、JP 62016921、US 4152436、US 4087525、ZA 7903078、AU 524933、AU 7943563、BR 7900995、CA 1095043、DE 2908651、FR 2419287、JP 02009868、JP 54125686、US 4213988、US 4163102、US 4521629、ZA 7900181 等。

国内登记情况　0.73%饵剂，2%胶饵，95%、98%原药等，登记作为卫生杀虫剂防治红火蚁、德国小蠊、美洲大蠊等。巴斯夫欧洲公司在国内登记见表 2-120。

表 2-120　巴斯夫欧洲公司在中国登记情况

登记名称	登记证号	含量	剂型	登记用途	防治对象	用药量	施用方法
氟蚁腙	WP20060001	95%	原药				
杀蚁饵剂	WP20140140	0.73%	饵剂	卫生	红火蚁		投放
杀蟑胶饵	WP20060002	2%	胶饵	卫生	德国小蠊	0.25 g/m²	投放
				卫生	美洲大蠊	0.5 g/m²	投放

合成方法 4-三氟甲基甲苯侧链溴化后，得到一溴代和二溴代混合物，然后与六次甲基四胺反应，得到4-三氟甲基苯甲醛，再与丙酮缩合，缩合产物与氢化嘧啶基肼类化合物反应，即制得氟蚁腙。反应式如下：

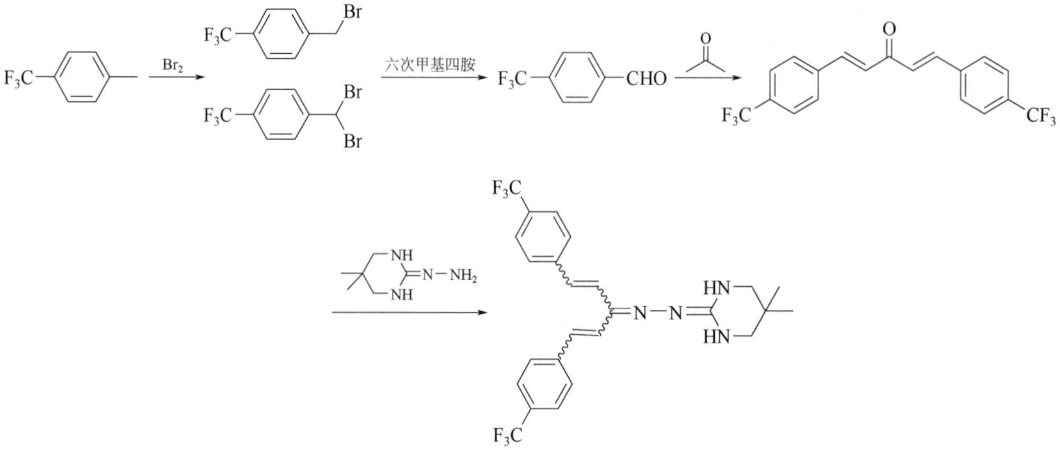

参考文献

[1] 农药商品大全. 北京: 中国商业出版社, 1996: 348.

[2] The Pesticide Manual. 17 th edition: 604-605.

[3] 刘茂华, 郑晗, 严胜骄. 云南民族大学学报(自然科学版), 2009, 18(4): 322-324.

[4] 郑晗, 刘茂华, 严胜骄, 等. 农药, 2009, 48(6): 391-393+434.

氰氟虫腙（metaflumizone）

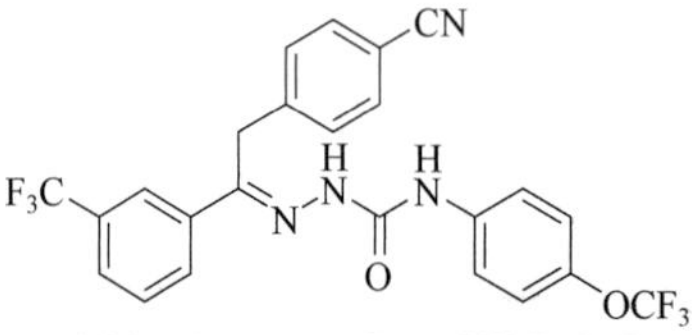

506.4，$C_{24}H_{16}F_6N_4O_2$，139968-49-3

氰氟虫腙（试验代号：BAS 3201、R-28153、NNI-0250，商品名称：Accel Flowable、Accel-King、Alverde、Siesta、Verismo）是德国巴斯夫公司和日本农药公司联合开发的一种全新的化合物，属于缩氨基脲类杀虫剂。

化学名称 (*E*+*Z*)-2-[2-(4-氰基苯)-1-(3-三氟甲基苯)亚乙基]-*N*-(4-三氟甲氧基苯)联氨羰草酰胺。英文化学名称为(*E*)-2′-[2-(4-cyanophenyl)-1-(*α,α,α*-trifluoro-*m*-tolyl)ethylidene]-4-(trifluoromethoxy)carbanilohydrazide 和 0～10% (*Z*)-2′-[2-(4-cyanophenyl)-1-(*α,α,α*-trifluoro-*m*-tolyl)ethylidene]-4-(trifluoromethoxy)carbanilohydrazide。美国化学文摘系统名称为 2-[2-(4-cyanophenyl)-1-[3-(trifluoromethyl)phenyl]ethylidene]-*N*-[4-(trifluoromethoxy)phenyl]hydrazinecarboxamide。CA 主题索引名称为 hydrazinecarboxamide —, 2-[2-(4-cyanophenyl)-1-[3-(trifluoromethyl)phenyl]ethylidene]-*N*-[4-(trifluoromethoxy)phenyl]-。

理化性质 组成原药含量≥94.5%（*E* 型异构体≥ 90%，*Z* 型异构体≤10%）。纯品为白色晶体粉末状。熔点：*E* 型异构体 197℃，*Z* 型异构体 154℃，*E* 型、*Z* 型异构体的混合物熔程介于 133～188℃之间。蒸气压（mPa）：1.24×10^{-5}（20℃），3.41×10^{-5}（25℃）。$\lg K_{ow}$ 5.1（E 型异构体），4.4（Z 型异构体）。Henry 常数：(EZ)-异构体 3.5×10^{-3} Pa·m³/mol（计算）。相对密度（20℃）：1.433。水中溶解度（mg/L，20℃）：1.79×10^{-3}。有机溶剂中溶解度（g/L，20℃）：正己烷 0.085，甲苯 4.0，二氯甲烷 98.8，丙酮 153.3，甲醇 14.1，乙酸乙酯 179.8，乙腈 63.0。水解 DT_{50}（25℃）：6.1 d（pH 4），29.3 d（pH 5），稳定（pH 7～9）。水中光解 DT_{50}（蒸馏水 25℃）3.7～7.1 d。

毒性　雌雄大鼠急性经口 $LD_{50}>5000$ mg/kg。雌雄大鼠急性经皮 $LD_{50}>5000$ mg/kg。对兔眼睛、皮肤无刺激性，对豚鼠皮肤无致敏性。大鼠吸入 $LC_{50}>5.2$ mg/L。雌雄大鼠 NOEL 值（2 年）30 mg/kg，AOEL 0.001 mg/(kg·d)。ADI（BfR）：0.12 mg/kg（2006），（EU）0.001 mg/(kg·d)（2011）。无致突变、无致畸、无致癌性。

生态效应　山齿鹑和野鸭急性经口 $LD_{50}>2025$ mg/kg，LC_{50}（5 d，mg/L）：山齿鹑 997，野鸭 1281。鱼类 LC_{50}（μg/L，96 h）：虹鳟鱼＞343，大翻车鱼＞349；斑点叉尾鮰和鲤鱼 LC_{50}（96 h，水/沉积物）：＞300μg/L（水），＞1 mg/L（沉积物）。水蚤 EC_{50}（48 h）＞331 μg/L。羊角月牙藻 E_bC_{50}（72 h）＞0.313 mg/L。糠虾 EC_{50}（96 h）＞289 μg/L。蜜蜂 LD_{50}（μg/只）：（96 h）经口＞2.43，接触（48 h）＞106（US EPA 议定书）；接触（96 h，EU 议定书）≥1.65。蚯蚓 LC_{50}（14 d）＞1000 mg/kg 土壤。对小花蝽、草蛉、赤眼蜂、姬猎蝽、长蝽以及捕植螨等这类重要的有益昆虫影响很小。

环境行为　①动物。在大鼠、哺乳期的山羊和蛋鸡中显示出低的内吸性生物利用度。经口后总吸收剂量小于服用剂量的 10%。主要的排出途径分别是粪便＞90%，胆汁＜5%，尿液＜0.5%。氰氟虫腙在体内分散得相对较快并且被广泛代谢。器官、脂肪或者肝脏中含有最高浓度的残留物，其次是肾脏和血液/血浆/肌肉。脂肪中排出的 $t_{1/2}$ 为 1～2 周。②植物。在棉花、番茄以及卷心菜的代谢研究中，母体化合物被认为是最重要的残留物。主要的降解产物通过水解断裂形成。③土壤/环境。在大多数情况下，氰氟虫腙在环境中降解相当迅速。在水中和地面降解的主要途径是光解。土壤吸收强，因而不易流动。有氧土壤代谢 DT_{50} 35.6～198 d（平均 78 d），陆地消散 DT_{50} 4.3～27 d，水 $DT_{50}<1$ d，沉淀物 $DT_{50}>378$ d，水中 DT_{50} 27 d。

制剂　240 g/L 悬浮剂、干拌剂。

主要生产商　BASF、Nihon Nohyaku、河北兴柏农业科技有限公司、佳木斯黑龙农药有限公司、京博农化科技有限公司等。

作用机理与特点　氰氟虫腙是一种全新作用机制的杀虫剂，通过附着在钠离子通道的受体上，阻碍钠离子通行，与菊酯类或其他种类的化合物无交互抗性。该药主要是通过害虫取食进入其体内发生胃毒作用杀死害虫，触杀作用较小，无内吸作用。该药对于各龄期的靶标害虫、幼虫都有较好的防治效果，昆虫取食后该药进入虫体，通过独特的作用机制阻断害虫神经元轴突膜上的钠离子通道，使钠离子不能通过轴突膜，进而抑制神经冲动使虫体过度放松、麻痹，15min 到 12 h 后，害虫开始瘫痪，即停止取食，1～72 h 内死亡。从表现症状到死亡的时间取决于害虫的种类。

氰氟虫腙虽然是一种摄食活性的杀虫剂，但是与所有的对照药剂相比，仍具有较好的初始活性（击倒作用）。温度对氰氟虫腙的活性没有直接的影响，但是有间接的影响，主要由于幼虫在温暖的条件下进食会更活跃，更多的活性成分会进入到害虫体内，因而氰氟虫腙杀虫的速度会快一些。该药具有良好的耐雨水冲刷性。药效试验表明，氰氟虫腙 240 g/L 悬浮剂在防治马铃薯叶甲时，施药后 1 h 就具有明显的耐雨水冲刷的效果。低蒸气压使得其在田间熏蒸作用效果很低。

田间试验表明，该药具有很好的持效性，持效期在 7～10 d。在一般的侵害情况下，氰氟虫腙 1 次施药就能较好地控制田间已有的害虫种群，在严重及持续的害虫侵害压力下，在第一次施药 7～10 d 后，需要进行第二次施药以保证对害虫的彻底防治。

氰氟虫腙能够以中等的速度穿入双子叶植物的角质层和薄片组织，大约有一半滞留在上表皮或表皮的蜡质层（角质）中，这表明该药剂没有表现出明显越层运动。试验分析表明氰氟虫腙不会从处理过的叶片传导到植物的其他部分，也没有在叶片的沉降点处表现出明显的向周边辐射扩散运动。因此氰氟虫腙在叶片表面只有中等的渗透活性，在植物的绿色组织及根部无内吸传导性。

对有益生物的选择性 在综合防治上，有益生物作为多种害虫的天敌发挥着重要的作用。评价杀虫剂好坏除看其对靶标害虫的效果外，对有益生物是否低毒也是一个重要的指标。氰氟虫腙在 110～196 g(a.i.)/hm^2 剂量范围内，对多种天敌非常安全，在推荐剂量 [240 g(a.i.)/hm^2] 下，对天敌也表现出毒性低、较安全的特点。氰氟虫腙对有益生物影响很小，低毒，对环境友好。

应用 氰氟虫腙可以广泛地防治鳞翅目和鞘翅目幼虫的所有生长阶段，而与使用剂量多少无明显的关系。大量的田间试验证实该药对鳞翅目和鞘翅目幼虫的所有生长阶段（也包括鞘翅目的成虫）都有很好的防治效果。因此氰氟虫腙可以被灵活地应用于害虫发生的所有时期。但对鳞翅目和鞘翅目的卵及鳞翅目的成虫无效。

氰氟虫腙应用剂量为 240 mg/L。每个生长季节最多使用两次，安全间隔期为 7 d，在辣椒、莴苣、白菜、花椰菜、黄瓜、番茄、菜豆等蔬菜上的安全间隔期为 0～3 d；在西瓜、朝鲜蓟上的安全间隔期为 3～7 d；在甜玉米上的安全间隔期为 7 d；在马铃薯、玉米、向日葵、甜菜上的安全间隔期为 14 d；在棉花上的安全间隔期为 21 d。

抗性 氰氟虫腙和现有的杀虫剂无交互抗性，与 IRAC 分类列表中的所有其他类别化合物均不同。茚虫威也是一种钠离子通道阻碍剂，这两种化合物在 IRAC 分类列表中同属 22 组。这两种化合物尽管作用机制相似但又不完全一样。氰氟虫腙和茚虫威分别属于不同的化合物类型，前者属于缩氨基脲类化合物，后者属于含杂环的羧酸酯类化合物。茚虫威是一种活性前体化合物，必须经过昆虫的代谢才能转化成为有活性的化合物；而氰氟虫腙本身具有杀虫活性，不需要昆虫代谢激活，在高抗害虫种群（包括对有机磷类、氨基甲酸酯类、菊酯类、吡唑类、苯甲酰脲类、吡咯类及茚虫威等有抗性的种群）进行试验表明，没有发现交叉抗性现象。氰氟虫腙在钠离子通道上的具体附着位点正在进一步的试验研究中。

初步的试验表明氰氟虫腙防治对菊酯类产生抗性的害虫种类比另外一种钠离子通道阻碍剂茚虫威更有效（见表 2-121），这表明尽管两种化合物都是钠离子通道阻碍剂，但氰氟虫腙和茚虫威的作用机制还是有差别。

表 2-121　氰氟虫腙和茚虫威对菊酯类产生抗性的虫害 LC$_{50}$/(mg/L)

害虫	药剂	菊酯类敏感品系（S）	菊酯类抗性品系（R）	药剂增加倍数（R/S）
烟芽夜蛾（3 龄虫，棉花浸叶法）	氰氟虫腙	0.23	0.29	不明显
	茚虫威	0.18	1.97	11
小菜蛾（3 龄虫，甘蓝浸叶法）	氰氟虫腙	3.2	5.2	不明显
	茚虫威	3.7	25.2	7
斜纹夜蛾（3 龄虫，甘蓝浸叶法）	氰氟虫腙	3.4	8.8	2
	茚虫威	0.7	41.5	60

氰氟虫腙对咀嚼和咬食的昆虫种类鳞翅目和鞘翅目具有明显的防治效果（表 2-122），如常见的种类有稻纵叶螟、甜菜夜蛾、棉铃虫、棉红铃虫、菜粉蝶、甘蓝夜蛾、小菜蛾、菜心野螟、小地老虎、水稻二化螟等，对卷叶蛾类的防效为中等；氰氟虫腙对鞘翅目害虫叶甲类如马铃薯叶甲防治效果较好，对跳甲类及种子象的防效为中等；氰氟虫腙对缨尾目、螨类及线虫无任何活性。该药用于防治蚂蚁、白蚁、红火蚁、蝇及蟑螂等非作物害虫方面很有潜力。

表 2-122 氰氟虫腙对部分害虫的生物活性谱

作物	防治对象	用药量/(mg/L)	防治效果
马铃薯	马铃薯叶甲	60	+++
辣椒/番茄	棉铃虫	220～240	+++
	甜菜夜蛾	240	+++
	弧翅夜蛾	240	+++
瓜类	甜菜夜蛾	240	++(+)
	棉铃虫	240	+++
	甘蓝夜蛾	240	+++
	菜心野螟	240	+++
莴笋	小地老虎	220～260	+++
	弧翅夜蛾	240	+++
	甜菜夜蛾	240	+++
	棉铃虫	220～240	+++
韭菜/豆类	弧翅夜蛾	220～240	+++
草莓	粗草莓根耳象	224	+++
棉花	棉铃虫	220～240	+++
	棉红铃虫	240	+++
甜菜	甘蓝夜蛾	220～240	+++
玉米	野螟	240	+++
烟草	毛跳甲	200	++(+)

注：+++防效好，++(+)防效中等到好。

专利与登记

专利名称　Preparation of phenylhydrazinecarboxamidederivatives as insecticides

专利号　EP 462456　　　　　专利公开日　1991-12-27

专利申请日　1991-06-06　　　优先权日　1990-06-16

专利拥有者　Nihon Nohyaku Co., Ltd

在其他国家申请的化合物专利　AU 9178332、AU 631995、CN 1057646、CN 1028524、CN 1103065、CN 1051300、ES 2089056、JP 05004958、JP 05017428、US 5543573、ZA 9104232。

制备专利　CN 108129358、CN 103193684、CN 102351740、CN 101774951、WO 2010000634、WO 2005047235、AR 47122、AT 409689、AU 2004289444、BR 2004016484、CA 2545011、CN 1878752、CN 100417642、EP 1687263、ES 2311880、HK 1099276、IN 236819、JP 2007511483、JP 4362517、KR 2006134930、MX 2006005193、US 20070135520、US 7371885、ZA 2006004804 等。

国内登记情况　22%悬浮剂，96%原药等，登记作物为甘蓝和水稻等，防治对象甜菜夜蛾、小菜蛾和稻纵卷叶螟等。巴斯夫欧洲公司在中国的登记情况见表 2-123。

表 2-123　巴斯夫欧洲公司在中国的登记情况

登记名称	登记证号	含量	剂型	登记作物	防治对象	用药量/(g/hm²)	施用方法
氰氟虫腙	PD20101191	22%	悬浮剂	甘蓝	甜菜夜蛾	216～288	喷雾
				甘蓝	小菜蛾	252～288	喷雾
				水稻	稻纵卷叶螟	108～180	喷雾
氰氟虫腙	PD20101190	96%	原药				

合成方法　通过如下反应制得目的物：

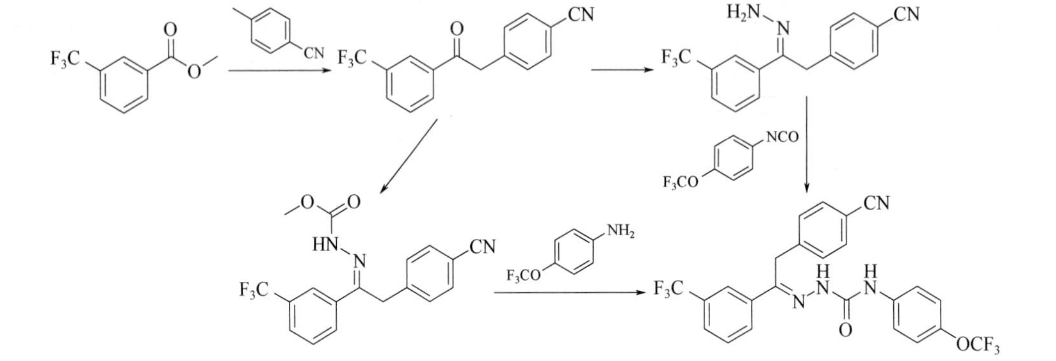

或

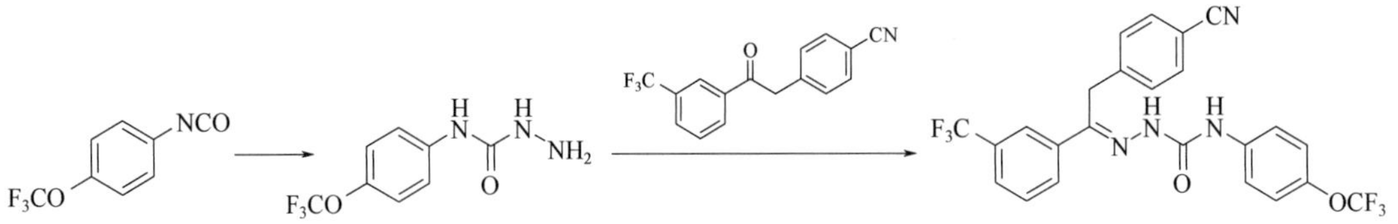

参考文献

[1] 李鑫. 农药, 2007, 46(11): 774-776.

[2] The Pesticide Manual. 17th edition: 722-724.

[3] 王冬生, 袁永达. 安徽农业科学, 2009, 37(18): 8572-8573.

[4] 辉胜. 农药市场信息, 2018(10): 34.

[5] 王卫霞, 诸昌武. 江苏农业科学, 2013, 41(12): 124-126.

[6] 陆阳, 陶京朝, 周志莲. 农药科学与管理, 2015(11): 30-34.

[7] 白丽萍, 孙克, 张敏恒. 农药, 2013(3): 228-230.

[8] 李爱军, 李仁红, 靳淑委. 农药, 2014, 53(7): 482-484.

唑蚜威（triazamate）

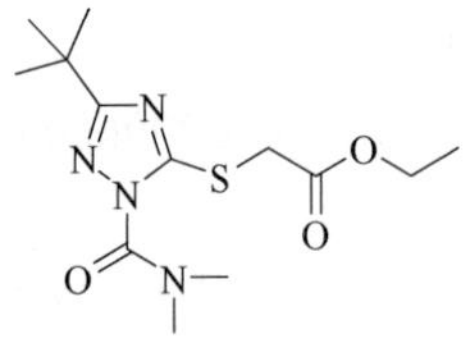

314.4，$C_{13}H_{22}N_4O_3S$，112143-82-5

唑蚜威［试验代号：RH-7988、RH-5798、WL145158、CL900050、AC900050(all Cyanamid)、BAS 323I(BASF)，商品名称：Aztec、Doctus］由 Dow AgroSciences 推广的三唑类杀虫剂。

化学名称　(3-叔丁基-1-二甲基氨基甲酰-1*H*-1,2,4-三唑-5-基硫代)乙酸乙酯。英文化学名称为 ethyl(3-*tert*-butyl-1-dimethylcarbamoyl-1*H*-1,2,4-triazol-5-ylthio)acetate。美国化学文摘系统名称为 ethyl [[1-[(dimethylamino)carbonyl]-3-(1,1-dimethylethyl)-1*H*-1,2,4-triazol-5-yl]thio] acetate。CA 主题索引名称为 acetic acid —, [[1-[(dimethylamino)carbonyl]-3-(1,1-dimethylethyl)-1*H*-1,2,4-triazol-5-yl]thio]-，ethyl ester。

理化性质　本品为白色到浅棕色结晶固体，带有轻微的硫黄气味。熔点 52.1～53.3℃，蒸气压 0.13 mPa（25℃）。lgK_{ow} 2.15（pH 7）。Henry 常数 1.26×10^{-4} Pa·m³/mol（计算）。相对密度 1.222（20～25℃）。水中溶解度（20～25℃，pH 7）399.0 mg/L，可溶于二氯甲烷和乙酸乙酯。在 pH≤7 及正常储存条件下能稳定存在，DT$_{50}$：220 d（pH 5），49 h（pH 7），1 h（pH 9）。pK_a：pH 2.7～10.2 不电离。闪点 189℃（闭杯）。表面张力（90%含水饱和度）46.5 mN/m（20℃）。

毒性　急性经口 LD$_{50}$（mg/kg）：雄大鼠 100～200，雌大鼠 50～100。大鼠急性经皮 LD$_{50}$＞5000 mg/kg。对兔皮肤轻度刺激，对兔眼睛有中度刺激。对豚鼠皮肤有致敏性。大鼠吸入 LC$_{50}$ 0.47 mg/L 空气。NOEL［mg/(kg·d)］：狗 0.023（雄，1 年），狗 0.025（雌，1 年）；雄大鼠 0.45（2 年），雌大鼠 0.58（2 年）；雄小鼠 0.13（18 个月），雌小鼠 0.17（18 个月）。ADI/RfD 0.0015 mg/kg bw（建议）。无突变、无遗传毒性、无致畸和无癌变。

生态效应　山齿鹑急性经口 LD$_{50}$ 8 mg/kg，饲喂 LC$_{50}$（8 d，mg/L）：野鸭 292，鹌鹑 411。鱼类 LC$_{50}$（96 h，mg/L）：大翻车鱼 0.74，虹鳟鱼 0.53。水蚤 LC$_{50}$（48 h）0.014 mg/L。羊角月牙藻 EC$_{50}$（72 h）240 mg/L，NOEC（72 h）38 mg/L。糠虾 LC$_{50}$（120 h）190 μg/L。对蜜蜂无毒，LD$_{50}$（96 h，μg/只）：41（经口），27（接触）。蚯蚓 LC$_{50}$（14 d）350 mg/kg，NOEC＜95mg/kg。在 140 g/hm² 剂量下对捕食性甲螨和隐翅虫无危害，对七星瓢虫有 87%的危害，对烟蚜茧有 20%的致死率，对普通草蛉有 60%的影响。

环境行为　在所有研究的生物系统中唑蚜威在酶催化水解和氧化下迅速被代谢。代谢物要么被进一步降解（土壤和植物），要么被排泄掉（脊椎动物）。①动物。在动物体内水解，随后进行去氨甲酰化作用；②植物。在植物体内水解，随后进行去氨甲酰化作用。③土壤/环境：DT$_{50}$ 2～6 h，K_{oc} 140～360（5 种土壤，25℃±1℃）。光解：水 DT$_{50}$ 150 d（pH 4）。渗滤液中发现的代谢产物对大型溞无毒。唑蚜威和其含二甲氨基甲酰基的代谢物在环境中无潜在的生物累积和持续性。短的有氧半衰期以及适当的土壤吸收使得唑蚜威不会浸出。

制剂　可湿性粉剂［250 g(a.i.)/kg］，乳油（240 g/L、480 g/L），水乳剂。

主要生产商　Corteva。

作用机理与特点　高选择性内吸杀蚜剂，胆碱酯酶抑制剂。通过蚜虫内脏壁的吸附作用和接触作用，对多种作物种群上的各种蚜虫均有效。用常规防治蚜虫的剂量对双翅目和鳞翅目害虫无效，对有益昆虫和蜜蜂安全。持效期可达 5～10 d。在推荐剂量下未见药害，对天敌较安全。

应用

（1）防治对象　使用剂量为 35～280 g/hm² 时，对多种作物上的各种蚜虫（含对氨基甲酸酯和有机磷类杀虫剂有抗性的蚜虫）均有效。室内和田间试验表明，可防治抗性品系的桃蚜。土壤用药可防治食叶性蚜虫，叶面施药可防治食根性蚜虫。由于在作物脉管中能形成向上、向下的迁移，因此能保护整个植物。

（2）残留量与安全施药　不能与碱性物质混合使用；使用时注意安全，若发生中毒，从速就医。

（3）使用方法　防治棉蚜、麦蚜可用 2000～3000 倍液作茎叶喷雾处理。15%唑蚜威乳油，在大豆田间使用过程中未发现药害现象，杀蚜谱广，有较强的内吸和双向传导作用，有较长的药效持效期，以每亩用药量 4～6 g 为宜；对烟草安全，田间使用中未发现药害，在防治烟草蚜虫时，建议使用 6 g/亩。

专利与登记

专利名称　1-Dimethylcarbamoyl-3-substituted-5-substituted-1H-1,2,4-triazoles

专利号　EP 0213718　　　　专利公开日　1987-03-11

专利申请日　1986-07-24　　　优先权日　1985-07-25

专利拥有者　Rohm & Haas

在其他国家申请的化合物专利　AT 64389、AU 592101、AU 8660236、BR 8603446、CA 1293505、CN 1031239、CN 86105384、DK 165979、DK 8603347、EP 213718、ES 2000933、HU 44416、HU 199246、IL 79414、JP 2525731、JP 2525730、JP 62070365、JP 07267807、US 5470984、US 5319092、US 4742072、ZA 8605446 等。

合成方法　叔丁基酰氯与氨基硫脲及氢氧化钠反应，生成酰化氨基硫脲，然后用氢氧化钠水溶液处理，生成 3-叔丁基-5-巯基-1,2,4-三唑。用氯代乙酸乙酯与该巯基三唑反应，生成烷基化产物，然后与二甲基氨基甲酰氯反应，或者先与光气反应，再与二甲胺反应，均可制得产品。反应式如下：

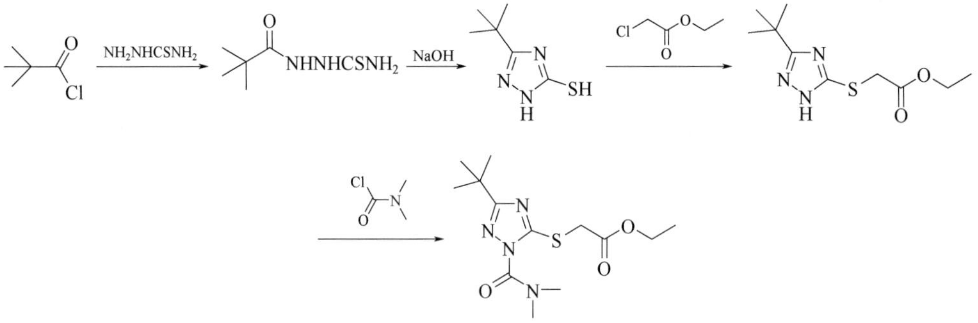

参考文献

[1] The Pesticide Manual. 17 th edition: 1133-1134.

[2] 国外农药品种手册(新版合订本). 北京: 化工部农药信息总站, 1996: 327.

[3] 农药商品大全. 北京: 中国商业出版社, 1996: 262.

[4] 吴炳芝, 孙毅民, 李春富. 大豆通报, 2001(2): 10.

[5] 吴晓波. 植物保护, 1997, 23(4): 41.

benzpyrimoxan

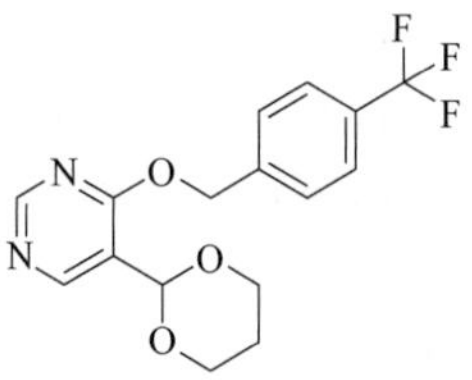

340.297，$C_{16}H_{15}F_3N_2O_3$，1449021-97-9

benzpyrimoxan（试验代号：NNI-1501）是日本农药株式会社开发的一种新颖杀虫剂。

化学名称 5-(1,3-二噁烷-2-基)-4-[4-(三氟甲基)苄氧基]嘧啶。英文化学名称为 5-(1,3-dioxan-2-yl)-4-[4-(trifluoromethyl)benzyloxy]pyrimidine。美国化学文摘系统名称为 5-(1,3-dioxan-2-yl)-4-[[4-(trifluoromethyl)phenyl]methoxy]pyrimidine。CA 主题索引名称为 pyrimidine—, 5-(1,3-dioxan-2-yl)-4-[[4-(trifluoromethyl)phenyl]methoxy]-。

理化性质 淡黄白色固体，熔点 121.1℃，蒸气压 1.39×10^{-5} Pa（25℃），水中溶解度（20℃）5.04 mg/L，有机溶剂中溶解度（g/L，20℃）：庚烷 1.95，甲醇 27.9，丙酮 114，乙酸乙酯 111，1,2-二氯乙烷 178，对二甲苯 55.8，$\lg K_{ow}$ 3.42（25℃）。

毒性 大鼠急性经口 $LD_{50} > 2000$ mg/kg（雄），大鼠急性吸入 $LD_{50} > 2000$ mg/kg（雌、雄）。Ames 试验阴性，表明无致突变性。对鲤鱼 LC_{50} 2.2 mg/L（96 h），蜜蜂经口/接触 $LD_{50} > 100 \mu g/$只（48 h），鹌鹑经口 $LD_{50} > 2000$ mg/kg 体重。

制剂 10%悬浮剂。

作用机理与特点 研究发现 benzpyrimoxan 与现有杀虫剂（氟虫腈、醚菊酯、噻嗪酮、吡虫啉等）无交互抗性，说明该剂可能拥有新颖的作用机理，研究发现，该产品对现有杀虫剂敏感性下降的害虫表现出较高的杀虫活性，与现有杀虫剂无交互抗性，可用于害虫的抗性治理以及有害生物的综合治理。

benzpyrimoxa 通过抑制飞虱和叶蝉的幼虫蜕皮，降低水稻田虫口基数。该产品具有较好的选择性，对授粉昆虫及天敌等非靶标生物影响小。

应用 该剂高效防治水稻稻飞虱和叶蝉，持效期长，且因具有独特的化学结构（嘧啶部分含有苄氧基和环状缩醛基），对抗其他杀虫剂的稻飞虱防效尤为显著，对授粉昆虫及天敌等非靶标生物影响小，是一个适用于杀虫剂抗性管理和病虫害综合治理的优良工具。此外，该剂对稻飞虱若虫防效高于成虫。

在室内测试中，benzpyrimoxan 对飞虱若虫活性很高，LC_{50} 低于 1 mg(a.i.)/L；对黑尾叶蝉的活性也较高，LC_{50} 为 3～10 mg(a.i.)/L。此外，由表 2-124 可知，该剂对其他半翅目昆虫的杀虫活性低于飞虱类，表明其对飞虱具有极高的选择性。该剂与现有杀虫剂无交互抗性，对褐飞虱抗性和敏感品系的活性一样高（表 2-125）。

benzpyrimoxan 对褐飞虱敏感品系 1～3 龄若虫的防效最高，其 LC_{50} 比醚菊酯高 10～30 倍，与噻嗪酮相当，且与噻嗪酮一样无杀成虫活性（表 2-126）。

表 2-124 benzpyrimoxan 的杀虫谱

种类	发育阶段	LC_{50}/[mg(a.i.)/L]
半翅目		
褐飞虱	若虫	0.1～0.3
灰飞虱	若虫	0.3～1
白背飞虱	若虫	0.3～1
黑尾叶蝉	若虫	3～10
棉蚜	混合虫态	30～100
Q 型烟粉虱	卵	30～100
Stenotus rubrovittatus	若虫	>100
鳞翅目		
小菜蛾	幼虫	>100

种类	发育阶段	$LC_{50}/[mg(a.i.)/L]$
斜纹夜蛾	幼虫	>100
缨翅目		
西花蓟马	若虫	>100
双翅目		
美洲斑潜蝇	卵	>100
蜱螨亚纲		
斑叶螨	二成虫	>100

表 2-125　benzpyrimoxan 对褐飞虱 3 龄若虫的生物活性

杀虫剂	$LC_{50}/[mg(a.i.)/L, 5 d]$		抗性因子（抗感比）
	抗性品系	敏感品系	
benzpyrimoxan	0.23	0.12	1.9
氟虫腈	1.67	0.31	5.4
醚菊酯	19.31	2.27	8.5
噻嗪酮	60.05	0.11	545.9
吡虫啉	34.81	0.02	1740.5

表 2-126　benzpyrimoxan 对不同发育阶段褐飞虱的活性

杀虫剂	$LC_{50}/[mg(a.i.)/L, 5 d]$		
	若虫		成虫
	1 龄	3 龄	
benzpyrimoxan	0.1~0.3	0.1~0.3	>100
噻嗪酮	0.1~0.3	0.1~0.3	>100
醚菊酯	1~3	1~3	1~3

在日本和印度进行的田间试验发现，在有效成分剂量为 50~75 g/hm² 时，该剂对常规杀虫剂出现抗性的褐飞虱和白背飞虱等重要稻田飞虱的防治效果极佳（表 2-127~表 2-131）。一旦在防治适期喷施，特别是褐飞虱卵期和 1 龄、2 龄和 3 龄若虫期，可有效控制种群增长，持效期长达 3 周以上。

表 2-127　benzpyrimoxan 对稻田褐飞虱的防效（2015 年日本）

杀虫剂	有效成分使用剂量/(g/hm²)	每 10 个山丘中的褐飞虱数量/头					防效/%			
		0 d	6 d	14 d	26 d	36 d	6 d	14 d	26 d	36 d
benzpyrimoxan	75	66	4	1	39	44	98	99	92	96
	50	128	20	10	53	159	95	96	94	93
吡蚜酮	150	143	25	6	16	25	94	98	98	99
	100	109	10	1	21	58	97	99	97	97
未处理对照	—	133	406	256	932	2235	0	0	0	0

表 2-128 benzpyrimoxan 对稻田褐飞虱的防效（2016 年日本）

杀虫剂	有效成分使用剂量/(g/hm²)	每 10 个山丘中的褐飞虱数量/头					防效/%			
		0 d	8 d	14 d	21 d	28 d	8 d	14 d	21 d	28 d
benzpyrimoxan	75	169	5	0	0	6	98	100	100	99
	50	204	6	1	10	25	98	99	96	95
吡蚜酮	150	283	5	1	0	17	99	99	100	98
未处理对照	—	249	310	138	280	606	0	0	0	0

表 2-129 benzpyrimoxan 对稻田白背飞虱的防效（2016 年日本）

杀虫剂	有效成分使用剂量/(g/hm²)	每 10 个山丘中的褐飞虱数量/头			防效/%	
		0 d	7 d	14 d	7 d	14 d
benzpyrimoxan	75	61	2	4	99	98
	50	92	12	16	95	94
吡蚜酮	150	39	14	8	87	93
	100	74	15	9	88	93
未处理对照	—	38	105	107	0	0

表 2-130 benzpyrimoxan 对稻田褐飞虱的防效（2016～2017 年印度 West Godavari）

杀虫剂	有效成分使用剂量/(g/hm²)	每 10 个山丘中的褐飞虱数量/头					防效/%			
		0 d	7 d	14 d	21 d	28 d	7 d	14 d	21 d	28 d
benzpyrimoxan	75	1145	163	23	8	4	94	99	100	98
	50	796	403	46	18	7	78	96	99	96
仲丁威	150	511	1405	903	990	67	0	0	38	43
氟虫腈	75	1052	1057	562	640	69	57	64	80	72
未处理对照	—	645	1503	957	2012	149	0	0	0	0

表 2-131 benzpyrimoxan 对稻田褐飞虱的防效（2016～2017 年印度 Nellore）

杀虫剂	有效成分使用剂量/(g/hm²)	每 10 个山丘中的褐飞虱数量/头				防效/%		
		0 d	7 d	14 d	21 d	7 d	14 d	21 d
benzpyrimoxan	75	114	86	11	5	90	97	91
	50	101	127	21	10	83	95	78
吡蚜酮	150	118	78	6	11	91	99	81
	100	115	173	19	11	80	96	79
未处理对照	—	128	969	487	61	0	0	0

专利与登记

专利名称 Preparation of arylalkyloxypyrimidine derivatives as agricultural and horticultural pesticides

专利号 WO 2013115391 专利公开日 2013-08-08

专利申请日 2013-02-01 优先权日 2012-02-01

专利拥有者 Nihon Nohyaku Co., Ltd.

在其他国家申请的化合物专利 TW I566701、CA 2863003、AU 2013215867、AR 89871、

KR 2014117680、KR 1648285、CN 104185628、EP 2810939、ZA 2014005673、JP 6147196、MY 166820、BR 112014019099、PH 12014501680、US 20150005257、US 9750252、MX 2014009310、IN 2014KN 01680、IN 302827 等。

2019 年，日本农药株式会社向日本和印度提交了基于 benzpyrimoxa 的两个产品 Orchestra Flowable 和 Orchestra Powder 的登记资料；2020 年 9 月，Orchestra Flowable 和 Orchestra Powder 获得日本登记，这是 benzpyrimoxan 在全球的首个登记。两者均用于防治水稻稻飞虱和叶蝉等。公司预计，上市后 5 年内，benzpyrimoxa 产品在日本市场的年峰值销售额可达 10.00 亿日元（940 万美元，按现行汇率计），在印度市场的年峰值销售额约为 60.00 亿日元（5660 万美元）。

日本农药株式会社正在开发 benzpyrimoxa 与多种杀虫剂、杀菌剂的复配产品。除日本和印度外，公司正考虑在东南亚国家开展登记，并计划在全球开发和推广。

日本农药株式会社十分注重产品研发，公司将其销售额的 10%用于研发，制定了每 3 年至少创制 1 个有效成分的目标，通过新产品的上市，推动公司业绩增长，以实现 1000 亿日元的年销售目标。

合成方法 经如下反应制得：

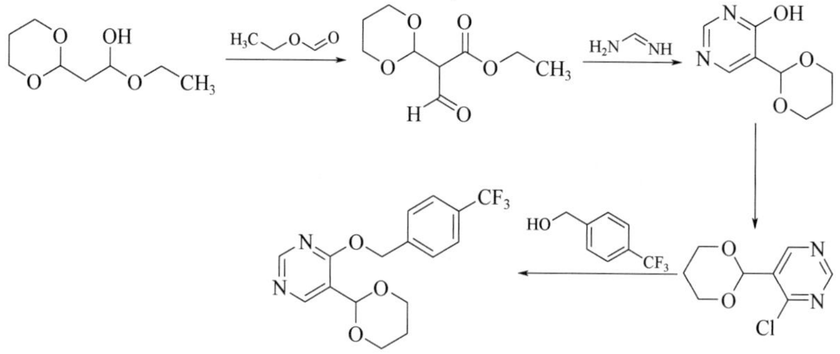

参考文献

[1] 筱禾. 世界农药, 2017(6): 59-61.

[2] https://mp.weixin.qq.com/s/vQdpVu76lKV6STQg4sjfjQ

flometoquin

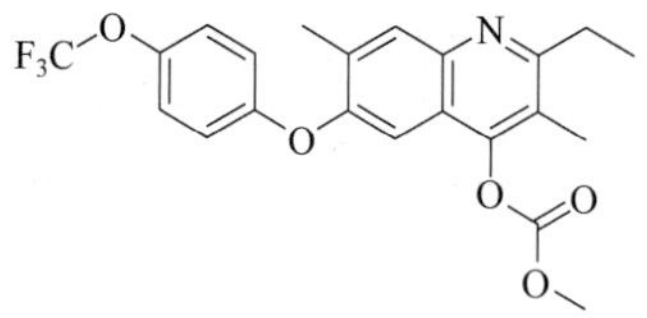

435.4，$C_{22}H_{20}F_3NO_5$，875775-74-9

flometoquin（试验代号：ANM-138）是日本 Meiji Seika Kaisha 与 Nippon Kayaku 共同开发的新型喹啉类杀虫剂。

化学名称 2-乙基-3,7-二甲基-6-[4-(三氟甲氧基)苯氧基]-4-喹啉基碳酸甲酯。英文化学名称为 2-ethyl-3,7-dimethyl-6-[4-(trifluoromethoxy)phenoxy]-4-quinolyl methyl carbonate。美国化学文摘系统名称为 2-ethyl-3,7-dimethyl-6-[4-(trifluoromethoxy)phenoxy]-4-quinolinyl methyl carbonate。CA 主题索引名称为 carbonic acid,2-ethyl-3,7-dimethyl-6-[4-(trifluoromethoxy)phe-noxy]-4-quinolinyl methyl ester。

理化性质 纯品为白色疏松粉末，略带芳香味，密度 0.304 g/cm³（21℃），熔点 116.6～118.3℃，蒸气压 9.04×10⁻⁹ Pa（25℃），沸点 248.1℃（2.23 kPa），270℃左右分解（100.1～101.4 kPa）。水解半衰期：pH 4 时，DT_{50} 2.0 d（25℃）；pH 7 时，DT_{50} 11 d（25℃）；pH 9 时，DT_{50} 2.1 d（25℃）。水中光解半衰期：DT_{50} 0.46～0.47 d（25℃，pH 7，47～48 W/m²，300～400 nm）。溶解度（g/L，20℃）：水 1.203×10⁻⁵，正己烷 11.1，甲苯 283，二氯甲烷＞500，丙酮 373，甲醇 33.7，乙酸乙酯 297。$\lg K_{ow}$ 5.41（室温）。

毒性 雌大鼠急性毒性经口 LD_{50}：50～300 mg/kg bw。大鼠急性毒性经皮 LD_{50}：雌、雄 933 mg/kg bw。大鼠急性毒性吸入 LC_{50}：雄 0.67 mg/L，雌 0.93 mg/L。对兔眼睛有刺激性，对兔皮肤无刺激性；对豚鼠皮肤有较强致敏性。ADI 0.008 mg/kg，aRfD 0.044 mg/kg。

环境行为 对鸟类和蜜蜂低毒，对有益生物安全，但对蚕和甲壳类水生生物有一定的影响。日本鹌鹑 LD_{50} 为 1630 mg/kg bw；鲤鱼 LC_{50}＞20 μg/L（96 h），大型溞 EC_{50} 0.23 μg/L（48 h），淡水虾 LC_{50}＞15 μg/L（96 h），淡水钩虾 LC_{50} 0.65 μg/L（96 h），绿藻 E_rC_{50}＞6.3 g/L（72 h）；蜜蜂急性经口和接触 LD_{50} 值（48 h）＞100 μg/蜂，家蚕急性经口 LC_{100} 值（24 h）为 100 mg/L。对丽草蛉、七星瓢虫、星豹蛛、智利小植绥螨、东亚小花蝽等有益昆虫和天敌安全，但对蚜茧蜂的毒性需要关注。

制剂 10%悬浮剂。

作用机理与特点 昆虫线粒体电子传递链复合物Ⅲ抑制剂，作用于复合物Ⅲ Qi 位点，属 IRAC 作用机制分类第 20 组。可用于作物的花蕾、果实和茎叶，对缨翅目害虫具有触杀和胃毒双重作用，但无内吸活性。其速效性优异，在质量浓度为 5 mg/L 时，30 min 内杀死全部的西花蓟马成虫；质量浓度为 50 mg/L 时，5.5 min 内杀死一半棕榈蓟马成虫。持效期长，14～20 d。

应用 可用于蔬菜、水果、谷物、茶叶和花卉，对缨翅目害虫如蓟马有特效，对半翅目、蜱螨目、膜翅目和鳞翅目类害虫也具有较高杀虫活性，其防治谱和使用方法如表 2-132 所示。

表 2-132 flometoquin 防治谱和使用方法

作物	适用害虫	稀释倍数	使用量	施药时期	使用次数	使用方法*
茄子	烟粉虱类	1000 倍	10～30 L/hm²	至收获前 1 d	不超过 3 次	喷雾
	蓟马类	1000～2000 倍				
番茄	蓟马类	1000～2000 倍	10～30 L/hm²	至收获前 1 d	不超过 3 次	喷雾
	烟粉虱类	1000 倍				
	番茄刺皮瘿螨					
青椒	蓟马类	1000～2000 倍	10～30 L/hm²	至收获前 1 d	不超过 3 次	喷雾
西瓜	蓟马类	1000～2000 倍	10～30 L/hm²	至收获前 1 d	不超过 3 次	喷雾
草莓	蓟马类	1000 倍	10～30 L/hm²	至收获前 1 d	不超过 3 次	喷雾
白菜	菜青虫	1000 倍	10～30 L/hm²	至收获前 7 d	不超过 2 次	喷雾
	小菜蛾	1000～2000 倍				
甘蓝	小菜蛾	1000～2000 倍	10～30 L/hm²	至收获前 3 d	不超过 2 次	喷雾
	菜青虫	1000 倍				
	蓟马类					

作物	适用害虫	稀释倍数	使用量	施药时期	使用次数	使用方法*
萝卜	小菜蛾	1000～2000 倍	10～30 L/hm²	至收获前 14 d	不超过 2 次	喷雾
葱	葱斑潜蝇	2000 倍	10～30 L/hm²	至收获前 3 d	不超过 2 次	喷雾
	蓟马类	1000～2000 倍				
洋葱	蓟马类	1000～2000 倍	10～30 L/hm²	至收获前 3 d	不超过 3 次	喷雾
菠菜	蓟马类	2000 倍	10～30 L/hm²	至收获前 14 d	不超过 2 次	喷雾
茶	茶细蛾	2000 倍	20～40 L/hm²	至采摘前 14 d	不超过 2 次	喷雾
	茶黄蓟马	1000～2000 倍				
柑橘	蓟马类	2000 倍	20～70 L/hm²	至收获前 7 d	不超过 2 次	喷雾
	柑橘锈螨	2000 倍				

* 该剂无渗透性，使用时应在叶片正反两面喷施。

专利与登记

专利名称　Preparation of quinoline derivatives as insecticides, acaricides, and nematocides

专利号　WO 2006013896　　　　　专利申请日　2005-08-03

专利拥有者　Meiji Seika Kaisha, Ltd., Japan; Nippon Kayaku Co., Ltd.

在其他国家申请的化合物专利　AU 2005268166、CA 2574095、EP 1780202、KR 2007053730、KR 1259191、CN 1993328、BR 2005014051、JP 4319223、RU 2424232、IL 180887、ES 2407813、US 20070203181、US 7880006、IN 2007DN 00491、IN 248459、JP 2009102312、JP 2009155340、JP 5128536、JP 2009221231、JP 5015203 等。

制备专利　WO 2013162716、WO 2013162715、WO 2013062981 等。

合成方法　通过如下反应制得目的物：

参考文献

[1] The Pesticide Manual. 17 th edition: 487-488.

[2] 刘安昌, 包洋, 黄时祥. 武汉工程大学学报, 2019, 41(3): 238-241.

[3] 谭海军. 现代农药, 2019(2): 45-49.

[4] 李微, 柳爱平, 刘兴平, 等. 精细化工中间体, 2016, 46(1): 27-29.

[5] 何秀玲. 世界农药, 2018, 40(4): 63-64.

[6] 李青, 焦爽, 柴宝山, 等. 农药, 2014, 53(1): 15-16.

fluhexafon

326.3，$C_{12}H_{17}F_3N_2O_3S$，1097630-26-6

fluhexafon（试验代号：S-1871）是日本住友开发的一种新颖杀虫剂。

化学名称　4-(甲氧基亚氨基)环己基[3,3,3-三氟(丙烷-1-磺酰基)]乙腈。英文化学名称为 4-(methoxyimino)cyclohexyl[3,3,3-trifluoro(propane-1-sulfonyl)]acetonitrile。美国化学文摘系统名称为 4-(methoxyimino)-α-[(3,3,3-trifluoropropyl)sulfonyl]cyclohexaneacetonitrile。CA 主题索引名称为 cyclohexaneacetonitrile—, 4-(methoxyimino)-α-[(3,3,3-trifluoropropyl)sulfonyl]-。

应用　对褐飞虱、棉蚜等具有较好的防除效果。

专利与名称

专利名称　Halogen-containing organosulfur compound and their preparation and use in controlling arthropoda pest

专利号　WO 2009005110　　　　　专利公开日　2009-06-08

专利申请日　2008-06-26　　　　　优先权日　2007-06-29

专利拥有者　Sumitomo Chemical Company, Limited, Japan

其他国家申请的化合物专利　AU 2008272066、CA 2690186、JP 2009256302、JP 5315816、EP 2162429、KR 2010031518、KR 1461696、CN 101790511、RU 2471778、BR 2008013457、ES 2569341、MY 157692、AR 70503、ZA 2009008674、MX 2009013763、IN 2009CN 07618、IN 285281、US 20100160422、US 8247596。

制备专利　WO 2020112390、WO 2020054712、WO 2019236274、WO 2019175713、JP 2019094290、JP 2019019124、JP 2018199664、WO 2018177970、WO 2018062082、WO 2016171053、WO 2015133603、DE 102014004684、DE 102014004683、WO 2014119494、JP 2011231040、JP 2011201822 等。

合成方法　通过如下反应制得目的物：

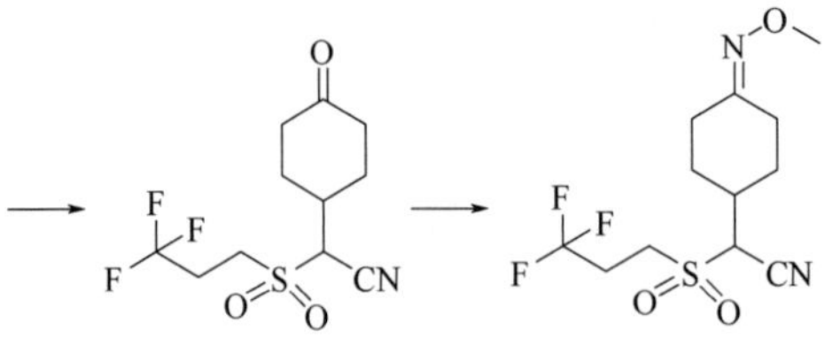

参考文献

[1] The Pesticide Manual. 17 th edition: 509.

oxazosulfyle

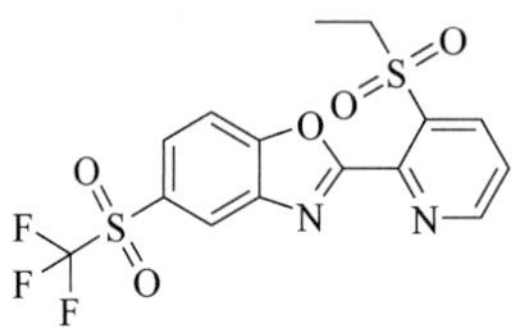

420.38，$C_{15}H_{11}F_3N_2O_5S_2$，1616678-32-0

oxazosulfyl（开发代号：S-1587，商品名：ALLES TM）是由日本住友化学株式会社最新研究开发的含乙磺酰基吡啶结构片段的首个新型苯并噁唑类杀虫剂。

化学名称　2-[3-(乙基磺酰基)-2-吡啶基]-5-[(三氟甲基)磺酰基]苯并[*d*] 噁唑。英文化学名称为 2-[3-(ethylsulfonyl)pyridin-2-yl]-5-[(trifluoromethyl)sulfonyl]benzo[*d*]oxazole。美国化学文摘系统名称为 2-[3-(ethylsulfonyl)-2-pyridinyl]-5-[(trifluoromethyl)sulfonyl]benzoxazole。CA 主题索引名称为 benzoxazole—, 2-[3-(ethylsulfonyl)-2-pyridinyl]-5-[(trifluoromethyl)sulfonyl]-。

应用　主要用于防控水稻病虫害，在低质量浓度下对褐飞虱和小菜蛾等害虫仍有较好的防效。

专利与登记

专利名称　Preparation of fused oxazolecompounds useful for pest control

专利号　WO 2014104407A1　　　专利公开日　2014-07-03

专利申请日　2013-12-26

专利拥有者　日本住友化学株式会社（Sumitomo Chemical Co., Ltd.）

制备专利　WO 2014104407、WO 2015198817、JP 201650636、WO 2017110729、WO 2017138237 和 JP 2017114787 等。

合成方法　oxazosulfyl 的合成主要有 2 种方法，即酰胺环化法和醛胺缩合法。

（1）酰胺环化法

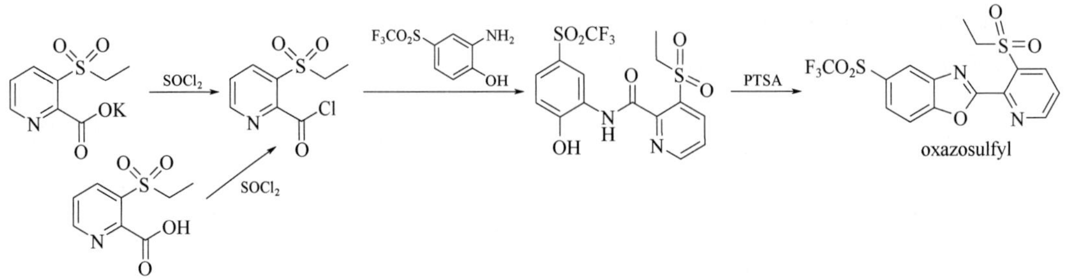

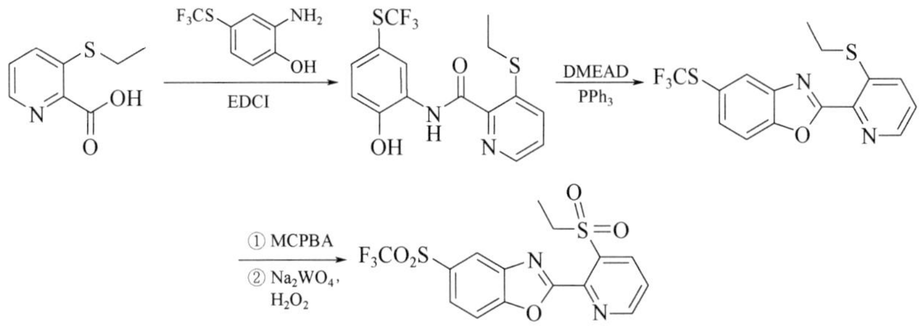

（2）醛胺缩合法

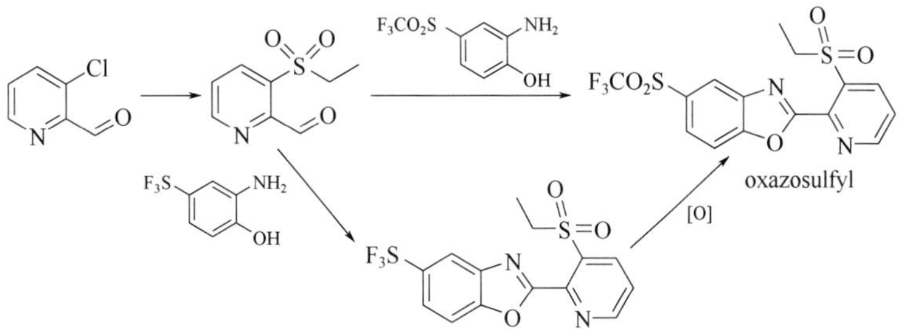

参考文献

[1] 农药, 2019, 58(7): 523-526.

[2] 安徽化工, 2019(6): 4-7.

pyrifluquinazon

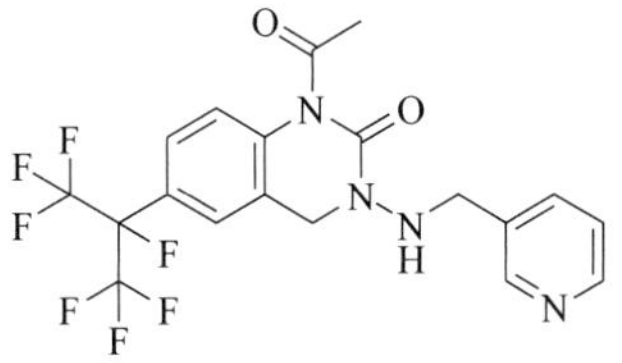

464.3，$C_{19}H_{15}F_7N_4O_2$，337458-27-2

pyrifluquinazon（试验代号：NNI-0101、R-40598，商品名称：colt）是日本农药公司开发的新喹唑啉类杀虫剂。

化学名称　1-乙酰基-1,2,3,4-四氢-3-[(3-吡啶甲基)氨基]-6-[1,2,2,2-四氟-1-(三氟甲基)乙基]-喹唑啉-2-酮。英文化学名称为 1-acetyl-1,2,3,4-tetrahydro-3-[(3-pyridylmethyl)amino]-6-[1,2,2,2-tetrafluoro-1-(trifluoromethyl)ethyl]quinazolin-2-one。美国化学文摘系统名称为 1-acetyl-3,4-dihydro-3-[(3-pyridinylmethyl)amino]-6-[1,2,2,2-tetrafluoro-1-(trifluoromethyl)ethyl]-2(1H)-quinazolinone。CA 主题索引名称为 2(1H)-quinazolinone —, 1-acetyl-3,4-dihydro-3-[(3-pyridinylmethyl)amino]-6-[1,2,2,2-tetrafluoro-1-(trifluoromethyl)ethyl]-。

理化性质　纯品为白色粉末。熔点 138~139℃。蒸气压 51.0 mPa（20℃），lgK_{ow} 3.12。相对密度（20~25℃）1.56，水中溶解度（20~25℃）12.1 mg/L，有机溶剂中溶解度（g/L，20~25℃）：正庚烷 0.215，二甲苯 20.2，甲醇 111，乙酸乙酯 170。对光稳定，在碱性条件下迅速分解，在 pH 7 和 9 时，DT_{50} 分别为 34.9 d 和 0.78 d。

毒性 雌大鼠急性经口 LD_{50} 300～2000 mg/kg。雌、雄大鼠急性经皮 LD_{50} ＞2000 mg/kg。对兔皮肤和眼睛无刺激性。大鼠吸入 LC_{50}（4 h）1.2～2.4 mg/L，ADI/RfD（FSC）0.005 mg/(kg·d) bw（2010）。

生态效应 山齿鹑急性经口 LD_{50} 1360 mg/kg，鲤鱼 LC_{50}（96 h）4.4 mg/L。水蚤 EC_{50}（48 h）0.0027 mg/L，水藻 E_rC_{50}（0～72 h）11.8 mg/L，蜜蜂 LD_{50}（接触）＞100 μg/只。

环境行为 在动物、植物及土壤中均通过去乙酰基化迅速代谢。DT_{50} 1.5～18.5 d。

主要生产商 Nihon Nohyaku。

作用机理与特点 阻止害虫进食，但作用方式还需进一步研究。此活性成分具有较高的选择性，适合于害虫的综合防治。

应用 主要用于防治蔬菜、果树和茶叶上半翅目、缨翅目害虫，推荐剂量 25～100 g/m^3。

专利与登记

专利名称 Substituted aminoquinazolinone(thione)derivatives or salts thereof, interme-diates thereof, and pest controllers and a method for using the same

专利号 EP 1097932 　　　　**专利公开日** 2001-05-09

专利申请日 2000-11-02 　　　　**优先权日** 1999-11-02

专利拥有者 Nihon Nohyaku Co., Ltd.

在其他国家申请的化合物专利 CN 1302801、CN 1666983、CN 101239973、CZ 301575、EG 22880、EP 1097932、ES 2338629、HU 2000004212、IL 139199、JP 4099622、JP 2001342186、KR 767229、KR 2007089108、TW 252850、US 6455535、ZA 2000006125 等。

制备专利 JP 2006036758、WO 2005123695 等。

合成方法 通过如下反应制得目的物：

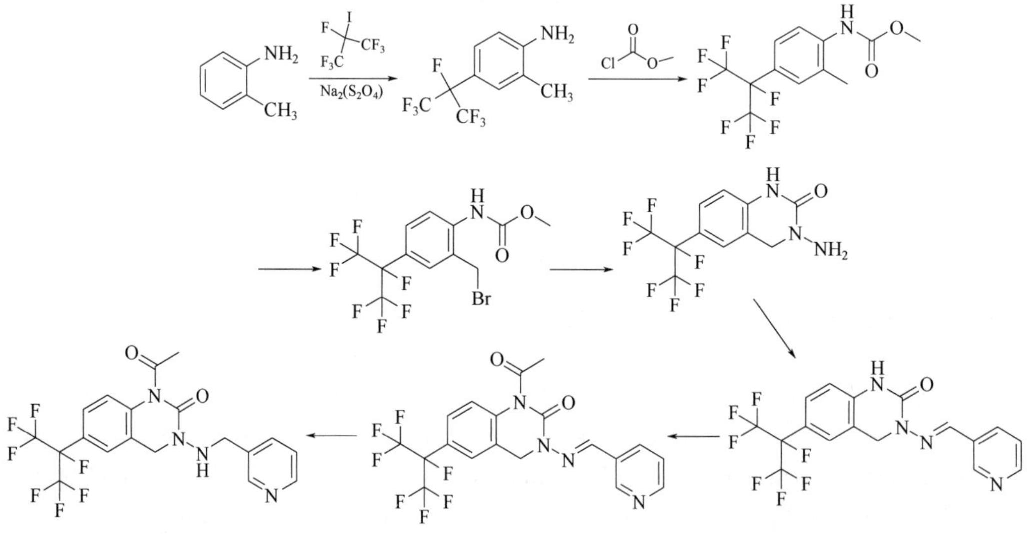

参考文献

[1] The Pesticide Manual. 17 th edition: 975-976.

[2] 张亦冰. 世界农药, 2011(4): 57-58.

第三章
杀螨剂主要类型与品种

第一节
杀螨剂研究开发的新进展与发展趋势

近几年世界各大农药公司开发的和在开发中的新化学杀螨剂主要有甲氧基丙烯酸酯类、季酮酸类、吡唑类、丙烯腈类、氰基羧酸酯类等。

1. 甲氧基丙烯酸酯类

甲氧基丙烯酸酯类杀菌剂是大家比较熟悉的，由于其作用机理是线粒体呼吸抑制剂，因此理应发现具有杀虫杀螨活性的化合物。

嘧螨酯（fluacrypyrim，商品名称：Titaron）是由 BASF 研制、日本曹达公司开发的第一个甲氧基丙烯酸酯类杀螨剂，已于 2001 年底在日本上市。它是在甲氧基丙烯酸酯类杀菌剂的基础上，随机合成，并经优化发现的。主要用于防治果树如苹果、柑橘、梨等中的多种螨类如苹果红蜘蛛、柑橘红蜘蛛等。使用剂量为 $10\sim200$ g(a.i.)/hm^2。嘧螨酯除对螨类有效外，在 250 mg/L 的剂量下对部分病害也有较好的活性。

嘧螨胺（试验代号：SYP-11277）是由沈阳化工研究院有限公司在嘧螨酯基础上，按照中间体衍生化方法研制开发的第二个甲氧基丙烯酸酯类杀螨剂，比嘧螨酯具有更优的杀螨活性。

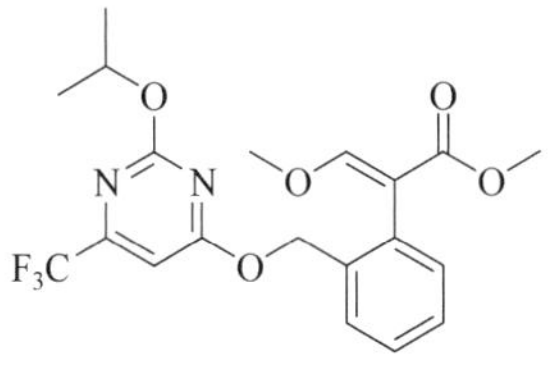

嘧螨酯 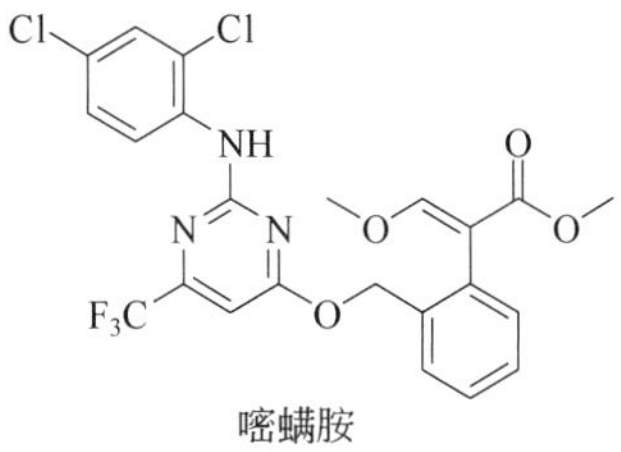   嘧螨胺

2. 季酮酸类

季酮酸类（tetronic acid）杀虫杀螨剂是拜耳公司在筛选除草剂的基础上发现的，拜耳先

后开发了杀虫剂螺螨酯（spirodiclofen）、螺虫酯（spiromesifen）和螺虫乙酯（spirotetramat），其中两个品种具有杀虫活性的同时，具有很好的杀螨活性：螺螨酯和螺虫酯。

螺螨酯是拜耳公司开发成功的第 1 个酮-烯醇类杀虫杀螨剂，该药已于 2003 年分别以 Daniemon 和 Envidor 商品名称在日本和荷兰获得批准。螺虫酯是拜耳公司继报道螺螨酯后开发的又一个季酮酸酯类杀虫杀螨剂；从 2003 年开始，已在多个国家登记注册，2006 年在巴西、墨西哥登记用于防治蔬菜、棉花、果树的害虫和害螨。螺螨双酯（spirobudiclofen）是青岛科技大学发现，由浙江宇龙开发的季酮酸酯类杀螨剂，对全爪螨属、叶螨属、始叶螨属和瘿螨属等具有良好的防效。

该类化合物在第二章杀虫剂中介绍。

3. 吡唑类

吡唑类杀螨剂如商品化的吡螨胺。最近开发的唑虫酰胺（tolfenpyrad）是三菱化学在吡螨胺基础上开发的杀虫杀螨剂，使用剂量为 75～200 g(a.i.)/hm^2。pyflubumide（试验代号 NNI-0711）是日本农药株式会社开发的吡唑类杀螨剂。2015 年 pyflubumide 与唑螨酯复配产品以商品名 Danicong flowable 及 Doubleface flowable 在日本取得批准登记，用于水果、蔬菜、葡萄、茶树及观赏性植物上螨的防治。

吡螨胺　　　　　　　　　唑虫酰胺　　　　　　　　　pyflubumide

4. 丙烯腈类

腈吡螨酯（cyenopyrafen）是日产化学公司于 2005 年报道的新型高活性杀螨剂，与现有杀虫剂无交互抗性，2010 年上市。乙唑螨腈（cyetpyrafen），是沈阳中化农药化工研发有限公司创制的新杀螨剂。

cyenopyrafen　　　　　　　　　cyetpyrafen

5. 氰基羧酸酯类

cyflumetofen 是由大冢化学公司于 2004 年报道的新型杀螨和杀线虫剂，与现有杀虫剂无交互抗性，对棉红蜘蛛和瘤皮红蜘蛛有效。主要用于果树、蔬菜和茶树。2010 年上市。

cyflumetofen

6. 桥环胺类

acynonapyr（开发代号：NA-89）是日本曹达株式会社开发的一种全新结构的桥环胺类

杀螨剂，与现有杀螨剂无交互抗性，对果树、蔬菜以及茶树上的二斑叶螨、柑橘全爪螨等害螨具有良好的防效，叶面喷雾施用。其结构新颖、作用独特，作用于抑制性谷氨酸受体，干扰害螨的神经传递，导致害螨行动失调，最终杀灭害螨。

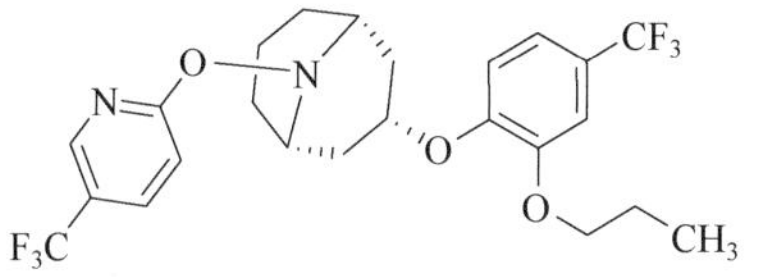

acynonapyr

7. 吡螨胺

日本三菱的冈田至在从事新型染料探索研究 11 年中，合成了各种作为杂环黄色染料偶联的吡唑类化合物。1981 年转到新型农药的探索研究，其对吡唑类除草剂 pyrazolate 感兴趣。吡唑环广泛用于染料、颜料、彩色照相、医药等，但用于农药仅几个；同时，冈田至对苄胺衍生物和酰胺键亦感兴趣。虽然苄胺衍生物比苯胺衍生物研究少，但已经有杀草隆（daimuron）等几种除草剂上市。而且苄胺衍生物比苯胺衍生物杀草隆安全性高（苯胺衍生物在体内代谢成 N-硝基亚苯胺体，经常发现有毒性，而苄胺衍生物在体内代谢解毒成苄醇和安息香酸体）。酰胺键则由受体和氢键起重要作用，在医药、农药中应用很多。另外，已有具有杀菌活性和除草活性 N-烷基或 N-苯基吡唑羧酰胺衍生物报道，但没有杀虫（杀螨）活性的吡唑羧胺衍生物报道（图 3-1）。为此，冈田至等以创制新型高活性农药为目标，进行了 N-苄基吡唑-5-羧酰胺衍生物的探索合成（图 3-2）。

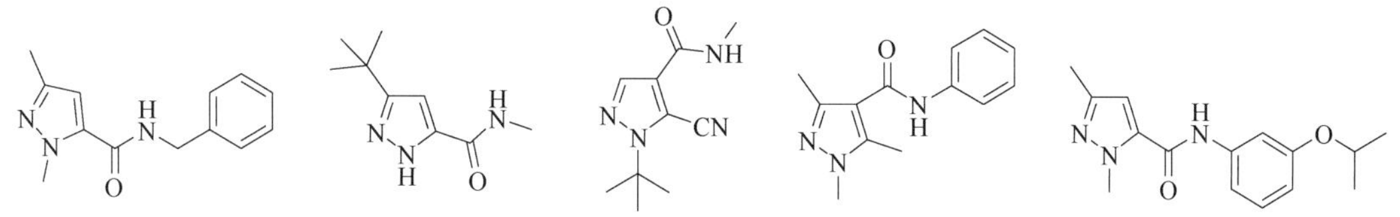

图 3-1 具有杀菌活性和除草活性的吡唑类化合物结构

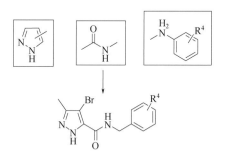

图 3-2 新农药的药物设计

1986 年 4 月以创制新农药为目标，开始吡唑-5-羧酰胺衍生物的合成。随机筛选的结果，虽然几乎所有化合物都没有活性，但化合物 **2** 对稻瘟病有弱的杀菌活性。为了提高这个化合物的杀菌活性，合成了在苯环上有各种取代基的吡唑衍生物，但活性没有提高。鉴于甲基取代为低活性，但立体的叔丁基农药有高活性，因此，合成了在苯环 4 位上有叔丁基的化合物 **3**。继续随机筛选发现化合物 **3** 有高的杀螨活性，但对叶螨的 LC_{50} 值是 60 mg/L，作为杀螨剂上市，则必须进一步提高活性。为了提高化合物的杀螨活性，以化合物 **3** 为先导展开优化。

首先，固定吡唑环，变换胺得到显著提高活性的化合物 **4A**，再将苄基氨基甲酰部位固定为 4-叔丁基苄基氨基甲酰基，变换吡唑环上 1 位、3 位和 4 位，终于发现了吡螨胺-化合物 **5A**。其后，更详细地讨论了苯环上的取代基。构效研究发现苯环上取代基以 4-位空间位阻大的叔丁基最适合，再长或短则活性降低；用吡啶环或噻唑环代替苯环也有较高的杀螨活性。为了提高活性合成了吡唑环（3）和（4）位缩合的二环式吡唑衍生物，得到更高活性的化合物 **5B**。

在高活性化合物的筛选中发现：对叶螨成虫以化合物 **5B** 和对卵以化合物 **5A** 活性最高。对柑橘叶螨成虫以化合物 **5B** 和对卵以化合物 **5A** 活性最高（表 3-1）。综合考虑认为化合物 **5A**（吡螨胺）最佳。再比较制造方法及制造成本等，选择吡螨胺为开发药剂，并已于 1987 年 10 月开发。

5A R^1 = Me, R^2 = Et, R^3 = Cl 吡螨胺；
5B R^1 = Me, R^2~R^3 = CH_2CH_2CH_2

4A
X = O, W = NH, R^4 = 4-t-Bu-PhCH_2

表 3-1　3,4-二取代-N-(4-叔丁苄基)-1-甲基吡啶-5-羧酰胺防治叶螨和柑橘叶螨 LC_{50} 值

序号	R^2	R^3	叶螨成虫 LC_{50}/(mg/L)	叶螨卵 LC_{50}/(mg/L)	柑橘叶螨成虫 LC_{50}/(mg/L)	柑橘叶螨卵 LC_{50}/(mg/L)
5A	C_2H_5	Cl	3.7	0.96	0.50	3.9
5B	CH_2CH_2CH_2		2.1	1.7	0.42	6.3
	CH_3	Cl	7.7	2.4	3.1	9.9
	CH_3	Br	9.8	3.0	4.0	17
	C_2H_5	Cl	7.1	1.4	0.59	10
	CH_3	CH_3	7.5	8.8	6.1	36

8. 其他类型的杀螨剂

磺胺螨酯（amidoflumet）是住友化学公司研制的新型磺酰胺类非农用杀螨剂，主要用于工业或公共卫生中防除害螨。

磺胺螨酯

参考文献

[1] 世界农药, 2002, 4: 44-45.

[2] 农药, 2003, 10: 1-4.

[3] 农药, 2006, 10: 712-715.

[4] 农药, 2007, 12: 800-805.

[5] 新农药, 2004, 2: 7-12.

[6] 农药学学报, 2010,12(4): 423-428.

[7] 世界农药新进展. 北京: 化学工业出版社, 2007.

[8] 世界农药, 2019, 41(1): 63-64.

第二节
桥键相连的二苯基杀螨剂

桥键相连的二苯基杀螨剂（bridged diphenyl acaricides）共有 23 个品种：azobenzene、benzoximate、benzylbenzoate、bromopropylate、chlorbenside、chlorfenethol、chlorfenson、chlorfensulphide、chlorobenzilate、chloropropylate、DDT、dicofol、diphenylsulfone、dofenapyn、fenson、fentrifanil、fluorbenside、genit、hexachlorophene、phenproxide、proclonol、tetradifon、tetrasul。其中 DDT 已被禁用不再介绍，其他化合物因应用范围小或不再作为杀虫剂使用或因毒性太大已被禁用或没有商品化等原因，本书不予介绍，仅列出化学名称及 CAS 登录号供参考：

azobenzene：azobenzene，103-33-3。

benzylbenzoate：benzylbenzoate，120-51-4。

chlorbenside：4-chlorobenzyl 4-chlorophenylsulfide，103-17-3。

chlorfenethol：1,1-bis(4-chlorophenyl)ethanol 或 4,4′-dichloro-α-methylbenzhydrylalcohol，80-06-8。

chlorfenson：4-chlorophenyl 4-chlorobenzenesulfonate，80-33-1。

chlorfensulphide：4-chlorophenyl (*EZ*)-2,4,5-trichlorobenzenediazosulfide，2274-74-0。

chlorobenzilate：ethyl 4,4′-dichlorobenzilate，510-15-6。

chloropropylate：isopropyl 4,4′-dichlorobenzilate，5836-10-2。

diphenylsulfone：diphenylsulfone，127-63-9。

dofenapyn：4-(pent-4-ynyloxy)phenylphenylether，42873-80-3。

fenson：4-chlorophenylbenzenesulfonate，80-38-6。

fentrifanil：*N*-(6-chloro-α,α,α-trifluoro-*m*-tolyl)-α,α,α-trifluoro-4,6-dinitro-*o*-toluidine 或 2′-chloro-2,4-dinitro-5′,6-bis(trifluoromethyl)diphenylamine，62441-54-7。

fluorbenside：4-chlorobenzyl 4-fluorophenylsulfide，405-30-1。

genit：2,4-dichlorophenylbenzenesulfonate，97-16-5。

hexachlorophene：2,2′-methylenebis(3,4,6-trichlorophenol)，70-30-04。

phenproxide：2-chloro-5-(4-nitrophenoxy)phenylpropylsulfoxide，49828-75-3。

proclonol：4,4′-dichloro-α-cyclopropylbenzhydrol，14088-71-2。

tetrasul：4-chlorophenyl 2,4,5-trichlorophenylsulfide，2227-13-6。

苯螨特（benzoximate）

$C_{18}H_{18}ClNO_5$，363.8，29104-30-1

苯螨特（试验代号：NA-53M，商品名称：Mitrazon、西斗星、西脱螨）是日本曹达公司1972年推广的杀螨剂。

化学名称　3-氯-α-乙氧亚氨基-2,6-二甲氧基苄基苯甲酸酯。英文化学名称为 3-chloro-α-ethoxyimino-2,6-dimethoxybenzyl benzoate 或 ethyl O-benzoyl-3-chloro-2,6-dimethoxybenzohydroximate。美国化学文摘系统名称为 benzoic acid anhydride with 3-chloro-N-ethoxy-2,6-dimethoxybenzenecarboximidic acid。CA 主题索引名为 benzoic acid, anhydrides anhydride with 3-chloro-N-ethoxy-2,6-dimethoxybenzenecarboximidic acid。

理化性质　纯品为无色结晶固体。熔点73℃，蒸气压为0.45 mPa（25℃），lgK_{ow} 2.4。相对密度1.30（20～25℃）。Henry 常数 5.46×10^{-3} Pa·m³/mol（计算）。水中溶解度（20～25℃）30 mg/L，有机溶剂中溶解度（g/L，20～25℃）：苯 650、二甲基甲酰胺 1460、己烷 80、二甲苯 710。稳定性：对水和光比较稳定；在酸性介质中稳定；在强碱性介质中分解。

毒性　急性经口 LD_{50}（mg/kg）：大鼠＞15000，Wistar 大鼠＞5000，雄小鼠 12000，雌小鼠 14500。大鼠和小鼠急性经皮 LD_{50}＞15000 mg/kg。在试验剂量内对动物无致突变、致畸和致癌作用。三代繁殖试验未见异常。90 d 亚慢性毒性无作用剂量 150 mg/(kg·d)。其他急性毒性 LD_{50}（mg/kg）：大鼠 4.2，雄小鼠 4.6，雌小鼠 4.3。NOEL 值：400 mg/kg 饲料喂养大鼠两年无危害。苯螨特为低毒杀螨剂。

生态效应　鲤鱼 LC_{50}（48 h）1.75 mg/L。对鸟类毒性低，日本鹌鹑急性经口 LD_{50}＞15000 mg/kg。在正常条件下，对蜜蜂无毒害作用。对天敌安全。

制剂　乳油。

作用机理与特点　苯螨特是一种新型杀螨剂，具有触杀和胃毒作用，无内吸和渗透传导作用。能用于防治各个发育阶段的螨，对卵和成螨都有作用。该药具有较强的速效性和较长的残效性，药后 5～30 d 内能及时有效地控制虫口增长；同时该药能防治对其他杀螨剂产生抗药性的螨，对天敌和作物安全。

应用

（1）适用作物　仁果类作物、核果类作物、葡萄和观赏植物、苹果、柑橘。

（2）防治对象　各个阶段的螨，特别是全爪螨、叶螨。

（3）残留量与安全用药　每人每日允许摄入量（ADI）为 0.067 mg/(kg·d)。作物中最高残留限量 5 mg/kg。最多使用一次。当使用浓度为 200 g(a.i.)/hm² 时，安全间隔期 21 d，作物中残留量＜0.01 mg/kg；当使用浓度为 133 g(a.i.)/hm² 时，安全间隔期 16 d，作物中的残留量＜0.01 mg/kg。不要让喷出的农药飞散或流入到河川、湖泊、养鱼塘内。使用后剩下的药液、洗涤液不要倒进水里，应妥善处理。装此农药的容器应焚烧或掩埋，勿用于装其他东西。勿与其他药剂混用。喷药后，将脸、手和暴露的皮肤洗净。万一误饮，应喝大量的水并催吐，保持安静，就医诊治。

（4）应用技术 本品为非内吸性杀螨剂，目前主要用于防治柑橘红蜘蛛和桑树红蜘蛛，也能防治对其他杀螨剂产生抗性的红蜘蛛，但对锈螨无效。一般用 50～66.7 mg/L 浓度药液，即 10%乳油 1500～2000 倍液。在春季螨害始盛期，平均每叶有螨 2～3 头时，进行喷雾防治。红蜘蛛类繁殖迅速，喷药要均匀。红蜘蛛易产生抗药性，本剂应一年只喷 1 次，并与其他杀螨剂轮换使用。

（5）使用方法 防治苹果树上的全爪螨和叶螨剂量为 400～600 g(a.i.)/hm^2，用于柑橘和葡萄上的剂量为 300～400 g/hm^2。不能与苯硫膦和波尔多液混用；喷药要均匀；此外，由于红蜘蛛易产生抗性，因此一年只应喷洒 1 次，并注意与其他杀螨剂轮换使用。防治柑橘红蜘蛛用 5%乳油或 10%乳油 1000～2000 倍液（有效成分 50～66.7 mg/kg）。

专利与登记

专利名称 Benzohydroxamates and processes for their preparation

专利号 DE 2012973 专利公开日 1970-10-01

专利申请日 1970-03-18 优先权日 1969-03-18

专利拥有者 Nippon Soda Co., Ltd

在其他国家申请的化合物专利 GB 1247817、ES 377631、FR 2035023、IL 33968、NL 7003866 等。

制备专利 US 3821402 等。

国内登记情况 5%乳油和 10%乳油曾在我国柑橘作物上获得登记，用于防治柑橘红蜘蛛，登记号为 PD191-94（10%乳油）和 PD192-94（5%乳油），登记厂家为日本曹达株式会社，已过期。

合成方法 经如下反应制得苯螨特：

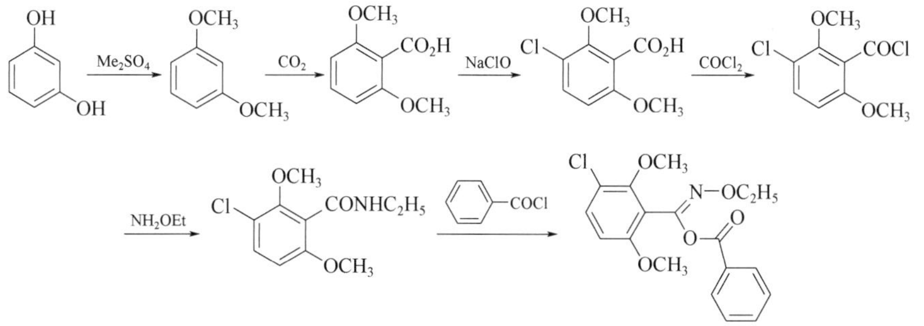

参考文献

[1] The Pesticide Manual. 17 th edition: 94-95.

三氯杀螨砜（tetradifon）

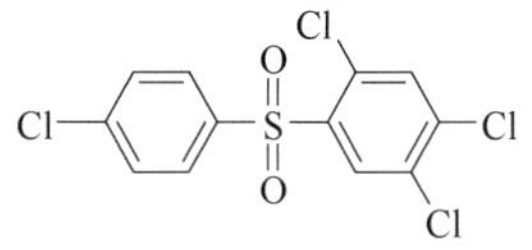

$C_{12}H_6Cl_4O_2S$，356.0，116-29-0

三氯杀螨砜（试验代号：ENT 23 737、V-18，商品名称：Suntradifon、涕滴恩、天地红、太地安、退得完）由 H. O. Huisman 于 1955 年报道的杀螨剂，后被 N. V. Philips-Roxane（现为 Chemtura Corp.）开发。

化学名称　4-氯苯基-2,4,5-三氯苯砜。英文化学名称为 4-chlorophenyl 2,4,5-trichlorophenyl sulfone。美国化学文摘系统名称为 1,2,4-trichloro-5-[(4-chlorophenyl)sulfonyl]benzene。CA 主题索引名称为 benzene —, 1,2,4-trichloro-5-[(4-chlorophenyl)sulfonyl]-。

理化性质　工业级纯度 95%。无色晶体（工业品为接近白色的粉末，有弱芳香气味）。熔点 146℃（纯品），工业品≥144℃。蒸气压 $9.4×10^{-7}$ mPa（25℃）。$\lg K_{ow}$ 4.61。Henry 常数 $1.46×10^{-4}$ Pa·m³/mol。相对密度 1.68（20～25℃）。水中溶解度（20～25℃）0.078 mg/L，有机溶剂中溶解度（g/L，20～25℃）：丙酮 67.3、甲醇 3.46、乙酸乙酯 67.3、己烷 1.52、二氯甲烷 297、二甲苯 105。稳定性：非常稳定，即使在强酸、强碱中，对光和热也稳定，耐强氧化剂。

毒性　雄大鼠急性经口 LD_{50}＞14700 mg/kg。兔急性经皮 LD_{50}＞10000 mg/kg。对皮肤无刺激，对眼睛有轻微刺激（兔）。大鼠吸入 LC_{50}（4 h）＞3 mg/L 空气。NOEL：2 年饲喂研究表明，大鼠 NOAEL 300 mg/kg。两代研究表明，大鼠繁殖 NOEL 200 mg/kg。对大鼠和兔无致畸作用。不会诱导有机体突变。ADI 0.015 mg/kg bw（2002），急性腹腔注射 LD_{50} 大鼠＞2500 mg/kg，小鼠＞500 mg/kg。

生态效应　鸟类山齿鹑、日本鹌鹑、野鸭饲喂 LC_{50}（8 d）＞5000 mg/kg。鱼 LC_{50}（96 h）：大翻车鱼 880 μg/L，河鲶 2100 μg/L，虹鳟鱼 1200 μg/L。水蚤 LC_{50}（48 h）＞2 mg/L。羊角月牙藻 EC_{50}（96 h）＞100 mg/L。按说明使用对蜜蜂不会有危险；蜜蜂 LD_{50}（接触）＞1250 μg/只。蚯蚓 LD_{50}＞5000 mg/kg。其他有益物种：正常含量下对红蜘蛛的天敌无害。

环境行为　环境卫生标准（EHC）报告称在建议剂量下使用对环境没有危险。①动物。大鼠单一剂量经口后，在 48 h 内 70%经胆随粪便排出。②植物。无内吸性；三氯杀螨砜在植物体内不能代谢。③土壤/环境。能和土壤/胡敏酸复合物形成强烈的不可逆转的键合作用；在土壤中几乎不能传导。

制剂　乳油。

作用机理与特点　氧化磷酸化抑制剂，ATP 形成的干扰物。非内吸性杀螨剂。通过植物组织渗入，持效期长。对卵和各阶段的非成螨均有触杀活性，也能使雌螨不育或导致卵不孵化而间接地发挥作用。

应用　对大量植食性螨类的幼虫和卵都有活性。可用于许多作物，包括柑橘、蔬菜、棉花、啤酒花、茶叶及花卉。对大多数农作物，推荐剂量为 0.0125%～0.015%活性成分；在棉花上的使用剂量为 150～300 g/hm²。除了对一些观赏植物如大丽花、榕树、西瑟斯、报春花、长寿和一些玫瑰品种有药害外，在推荐剂量下使用无药害。

注意事项：①不能用三氯杀螨砜杀冬卵。②当红蜘蛛为害重，成螨数量多时，必须与其他药剂混用，效果才好。③该药对柑橘锈螨无效。

专利与登记

专利名称　Polyhalodiphenyl sulfones, active against mites

专利号　NL 81359　　　　专利公开日　1956-05-15

专利拥有者　N. V. Philips' Gloeilampenfabrieken

在其他国家申请的化合物专利　DE 1060657 等。

制备专利　PL 133539、NL 81359、GB 868323、GB 926291、CS 108586、US 3057925、

DE 1092009、US 2812281 等。

合成方法　可通过如下反应制得目的物：

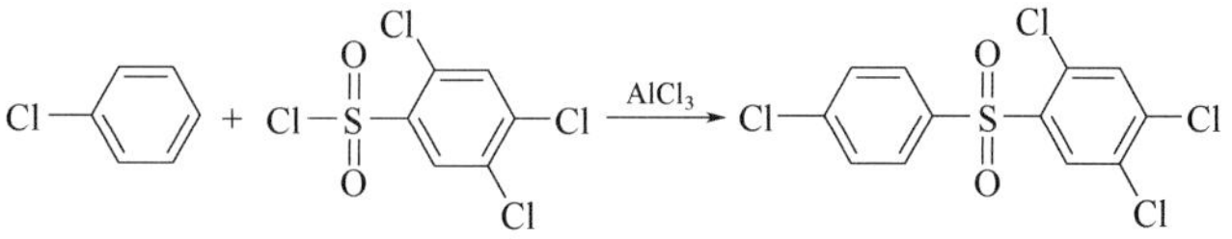

参考文献

[1] The Pesticide Manual. 17 th edition: 1081-1082.

[2] 国外农药品种手册(新版合订本). 北京: 化工部农药信息总站, 1996: 363.

[3] Pu Y M, Christesen A, Ku Y Y. Tetrahedron Letters, 2010, 51(2): 418-421.

溴螨酯（bromopropylate）

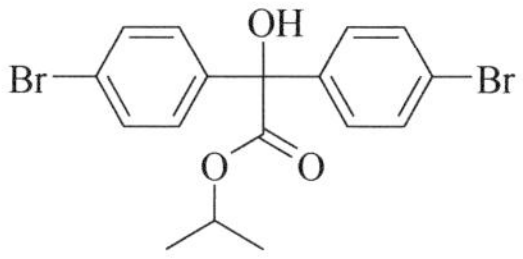

C₁₇H₁₆Br₂O₃，428.1，18181-80-1

溴螨酯（试验代号：ENT27552、GS19851，商品名称：Acarol、Bromolate、Folbex VA、Mitene、SunPropylate、螨代治），1967 年 H. Grob 等报道了其杀螨活性，J. R. Geigy S.A.（现属 Syngenta AG）将其商品化。

化学名称　4,4'-二溴二苯乙醇酸异丙酯。英文化学名称为 isopropyl 4,4'-dibromobenzilate。美国化学文摘系统名称为 1-methylethyl 4-bromo-α-(4-bromophenyl)-α-hydroxybenzeneace-tate。CA 主题索引名称为 benzeneacetic acid —, 4-bromo-α-(4-bromophenyl)-α-hydroxy-1- methylethyl ester。

理化性质　纯品为白色晶体。熔点 77℃。蒸气压 6.8×10⁻³ mPa（20℃）。lgK_{ow} 5.4，Henry 常数 <5.82×10⁻³ Pa·m³/mol（计算）。相对密度为 1.59（20~25℃）。水中溶解度（20~25℃）<0.5 mg/L，有机溶剂中溶解度（g/L，20~25℃）：丙酮 667、二氯甲烷 1286、二噁烷 896、苯 655、甲醇 221、二甲苯 456、异丙醇 71。稳定性：在中性或弱酸性介质中稳定。DT₅₀ 34 d（pH 9）。

毒性　大鼠急性经口 LD₅₀>5000 mg/kg。大鼠急性经皮 LD₅₀>4000 mg/kg，对兔皮肤有轻微刺激但对兔眼睛无刺激。大鼠吸入 LC₅₀>4.46 mg/L。NOEL 大鼠（2 年）500 mg/kg［约 25 mg/(kg·d)］，小鼠（1 年）为 1000 mg/kg［约 143 mg/(kg·d)］。ADI 0.03 mg/kg bw。

生态效应　日本鹌鹑急性经口 LD₅₀>2000 mg/kg。饲喂 LC₅₀（8 d）：北京鸭 600 mg/kg、日本鹌鹑 1000 mg/kg。鱼类 LC₅₀（96 h）：虹鳟鱼 0.35 mg/L，大翻车鱼 0.5 mg/L，鲤鱼 2.4 mg/L。水蚤 LC₅₀（48 h）0.17 mg/L。海藻 EC₅₀（72 h）>52 mg/L。对蜜蜂无毒，LC₅₀（24 h）183 μg/只。蚯蚓 LC₅₀（14 d）>1000 mg/kg 土壤。对落叶果树、柑橘属果树和酒花上的花蝽、盲蝽、瓢虫、草蛉、褐蛉、隐翅虫、步甲、食蚜蝇和长足虻的成虫和若虫安全。对肉食性螨的潜在危害可通过避免早季喷药降到最低。

环境行为　①动物。溴螨酯在动物体内被迅速有效的排泄。通过异丙基酯裂解和氧化成小分子进行代谢。氧化形成的代谢物为 3-羟基苯甲酸酯和结合物。②植物。对溴螨酯进行的 ^{14}C-标记研究表明几乎没有渗入叶片或果实。降解缓慢。③土壤/环境。在土壤中的主要代谢产物是 4,4-二溴二苯乙醇酸。在土壤中的传导性差。

制剂 乳油。

主要生产商 Syngenta、浙江禾本农药化学有限公司、宁波三江益农化学有限公司等。

作用机理与特点 氧化磷酸化作用抑制剂，干扰 ATP 的形成（ATP 合成抑制剂）。触杀、长效的非系统性杀螨剂。

应用

（1）可用于控制仁果、核果、柑橘类水果、葡萄、草莓、啤酒花、棉花、大豆、瓜类、蔬菜和花卉上的各个时期的叶螨、瘿螨；在 25～50 g/hm^2 下，应用于柑橘、仁果、核果、葡萄、茶、蔬菜和花卉上；而在 500～750 g/hm^2 下，应用于棉花。也可以用来控制蜂箱中的寄生螨。药害：对一些苹果、李子和观赏植物有轻微药害。

（2）残留量与安全施药 ①果树收获前 21 d 停止使用。②在蔬菜和茶叶采摘期禁止用药。③因该药无内吸作用，使用时药液必须均匀全面覆盖植株。④要贮于通风阴凉干燥处，温度不超过 35℃，贮藏期可达 3 年。⑤使用时应注意操作安全，避免药液溅到身上，使用后用清水清洗全身。如药液溅到眼里，应用大量的清水反复冲洗。⑥本品无专用解毒剂，应对症治疗。

（3）应用技术 本品为触杀剂。触杀性较强，无内吸作用。杀螨谱广，持效期长，对成、若螨和卵均有较好的触杀作用。

（4）使用方法 ①果树害螨的防治：柑橘红蜘蛛，在春梢大量抽发期，第一个螨高峰前，平均每叶螨数 3 头左右时，用 50%乳油 1500～2500 倍液喷雾。柑橘锈壁虱，当有虫叶片达到 20%或每叶平均有虫 2～3 头时开始防治，20～30 d 后螨密度有所回升时，再防治 1 次。用 50%乳油 2000 倍液喷雾，重点防治中心虫株。苹果红蜘蛛、山楂红蜘蛛，在苹果开花前后，成、若螨盛发期，平均每叶螨数 4 头以下，用 50%乳油 1000～1300 倍液，均匀喷雾。②棉花害螨的防治：在 6 月底以前，害螨扩散初期，每亩用 50%乳油 25～40mL，对水 50～75 kg，均匀喷雾。③蔬菜害螨的防治：防治为害各类蔬菜的叶螨，可在成、若螨盛发期平均每叶螨数 3 头左右，每亩用 50%乳油 20～30mL，对水 50～75kg，均匀喷雾。④茶叶害螨的防治：在害螨发生期用 50%乳油 2000～4000 倍液，均匀喷雾。⑤花卉害螨的防治：防治菊花二叶螨，于始盛发期用 50%乳油 1000～1500 倍液，均匀喷雾。

专利与登记

专利名称 Isopropyl 4,4'-dibromobenzilate pesticide

专利号 FR 1504969　　　　专利公开日 1967-12-08

专利申请日 1966-12-12　　　优先权日 1965-12-13

专利拥有者 Agripat S. A.

在其他国家申请的化合物专利 BE 691105、CY 685、CH 471065、DK 109973、DE 1568060、ES 334441、ES 334440、GB 1178850、IL 27041、MY 31573、NL 6617438、NL 130171、SE 338770、US 3639446、US 3784696 等。

制备专利 CN 101143825、DD 252292、SU 1699994、WO 2010070167、WO 2019106197、WO 2017092476、KR 2016065298、WO 2015014437 等。

国内登记情况 50%、500 g/L 乳油，原药。用于柑橘红蜘蛛，剂量为 500～2000 倍液。

合成方法 经如下反应制得目的物：

参考文献

[1] The Pesticide Manual. 17 th edition: 133-134.

[2] 王振荣. 农药商品大全. 北京: 中国商业出版社: 294-295.

[3] 张正红, 吕亮. 合成化学, 2009, 17(3): 392-393+396.

[4] 唐勇建, 陈华, 王进. 农药, 2008, 47(4): 257-258.

第三节

氨基甲酸酯类杀螨剂

氨基甲酸酯类杀螨剂（carbamate acaricides）主要有如下 13 个品种：benomyl、carbanolate、carbaryl、methiocarb、metolcarb、promacyl、propoxur、aldicarb、butocarboxim、oxamyl、thiocarboxime、thiofanox、fenothiocarb。其中 carbanolate、carbaryl、methiocarb、metolcarb、promacyl、propoxur、aldicarb、butocarboxim、oxamyl、thiocarboxime、thiofanox 在前面已有介绍，此处仅介绍 benomyl、fenothiocarb。

苯菌灵（benomyl）

$C_{14}H_{18}N_4O_3$，290.3，17804-35-2

苯菌灵（试验代号：T1991，商品名称：Benofit、Fundazol、Iperlate、Pilarben、Romyl、Sunomyl、Viben，其他名称：Benag、Benex、Benhur、Benosüper、Benovap、Cekumilo、Comply、Hector、Kriben、Pilben）是杜邦公司开发的杀菌剂。苯菌灵目前尽管已在美国等停止销售，但仍在多个国家使用。苯菌灵除了具有杀菌活性外，还具有杀螨、杀线虫活性。

化学名称 1-(丁氨基甲酰基)苯并咪唑-2-基氨基甲酸甲酯。IUPAC 名称：methyl [1-(butyl-carbamoyl)-1H-benzimidazol-2-yl]carbamate。美国化学文摘(CA)系统名称：methyl N-[1-[(but-ylamino)carbonyl]-1H-benzimidazol-2-yl]carbamate。CA 主题索引名称：carbamic acid —, N-[1-[(butylamino)carbonyl]-1H-benzimidazol-2-yl]-methyl ester。

理化性质 纯品为无色结晶，熔点 140℃（分解）。蒸气压＜$5.0×10^{-3}$ mPa（25℃）。分配

系数 $\lg K_{ow}$ 1.37。Henry 常数（Pa·m³/mol）：$<4.0\times10^{-4}$（pH 5），$<5.0\times10^{-4}$（pH 7），$<7.7\times10^{-4}$（pH 9）。相对密度 0.38。水中溶解度（mg/L，室温）：3.6（pH 5），2.9（pH 7），1.9（pH 9）；有机溶剂中溶解度（g/kg，20~25℃）：氯仿 94，二甲基甲酰胺 53，丙酮 18，二甲苯 10，乙醇 4，庚烷 0.4。水解 DT_{50}：3.5 h（pH 5），1.5 h（pH 7），<1 h（pH 9）。在某些溶剂中解离形成多菌灵和异氰酸酯。在水中溶解，并在各种 pH 下稳定，对光稳定，遇水及在潮湿土壤中分解。

毒性 大鼠急性经口 $LD_{50}>5000$ mg(a.i.)/kg。兔急性经皮 $LD_{50}>5000$ mg/kg，对兔皮肤轻微刺激，对兔眼睛暂时刺激。大鼠急性吸入 LC_{50}（4 h）>2 mg/L 空气。NOEL 数据（2 年，mg/kg 饲料）：大鼠>2500（最大试验剂量），没有证据表明其体内组织发生病变；狗 500。ADI 值 0.1 mg/kg。残留物的 ADI 值和环境评价与多菌灵一样。（EPA）cRfD 0.05 mg/kg。

生态效应 野鸭和山齿鹑饲喂 LC_{50}（8 d）>10000 mg/kg 饲料（50%可湿性粉剂）。鱼毒 LC_{50}（96 h，mg/L）：虹鳟鱼 0.27，金鱼 4.2；古比鱼 LC_{50}（48 h）3.4 mg/L。水蚤 LC_{50}（48 h）640 μg/L，藻 E_bC_{50}（mg/L）：2.0（72 h），3.1（120 h）。对蜜蜂无毒，LD_{50}（接触）>50 μg/只。蚯蚓 LC_{50}（14 d）10.5 mg/kg。

环境行为 尽管苯菌灵对水生生物高毒，但由于其在沉积物上附着残留较少，所以其对水生生物其实影响不大。田间施药后，蚯蚓种群可能需要 2 年才能恢复。①动物。脱去正丁氨基甲酰基团变成相对稳定的多菌灵，随后降解为无毒的 2-氨基苯并咪唑。也发生羟基化反应，主要代谢物 5-羟基苯并咪唑氨基甲酸酯转化成 O-和 N-偶合物，其他可能的代谢物包括 4-羟基-2 苯并咪唑甲基氨基甲酸酯。本品和它的代谢物在几天内通过尿和粪便排出，在动物组织中没有积累。②植物。正丁氨基甲酰基团脱去转变成相对稳定的多菌灵，随后降解为无毒的 2-氨基苯并咪唑。进一步的降解包括苯并咪唑的裂解。本品在香蕉皮表面稳定。③土壤/环境。在水和土壤中本品能迅速转换成多菌灵，DT_{50} 分别为 2 h 和 9 h。研究数据表明本品和多菌灵在评价环境影响方面是相关的。K_{oc} 1900。

制剂 50%可湿性粉剂、50%干油悬剂等。

主要生产商 Agrochem、Cheminova、Fertiagro、安徽丰乐农化有限责任公司、安徽华星化工股份有限公司、大连瑞泽农药股份有限公司、杜邦、江苏快达农化股份有限公司、江苏瑞邦农药厂有限公司、江苏瑞东农药有限公司、江苏扬农化工集团有限公司、捷马化工股份有限公司、龙灯集团、山东华阳农药化工集团有限公司、沈阳科创化学品有限公司及郑州沙隆达农业科技有限公司等。

作用机理与特点 高效、广谱、内吸性杀菌剂，具有保护、治疗和铲除等作用，对子囊菌亚门、半知菌亚门及某些担子菌亚门的真菌引起的病害有防效。

应用 苯菌灵除了具有杀菌活性外，也用于杀螨、杀线虫，主要以杀卵为主。还可以用于蔬菜、水果贮藏防止腐烂。主要作为杀菌剂使用，具体参看《世界农药大全——杀菌剂卷》。

专利与登记

专利名称 Fungicidal methyl 1-（butylcarbamoyl）-2-benzimidazolecarbamate

专利号 DE 1956157　　　　　专利公开日 1970-06-04

专利申请日 1969-11-07　　　　优先权日 1968-11-08

专利拥有者 杜邦公司

制备专利 DE 2154020、WO 2009055514、WO 2008135413、EP 1925339、ES 54923、JP 59204101、JP 59170002、FR 2497199、DE 2618853 等。

国内登记情况 95%原药、50%可湿性粉剂，登记作物分别为柑橘树、梨树、香蕉、苹果树和芦笋，防治对象疮痂病、茎枯病、黑星病、叶斑病等。

合成方法 具体合成方法如下：

参考文献

[1] The Pesticide Manual. 17 th edition: 79-80.

苯硫威（fenothiocarb）

$C_{13}H_{19}NO_2S$，253.4，62850-32-2

苯硫威（试验代号：KCO-3001、B1-5452，商品名称：Panocon）是由日本组合化学工业株式会社开发的氨基甲酸酯类杀螨剂。

化学名称 S-4-(苯氧基丁基)-N,N-二甲基硫代氨基甲酸酯。英文化学名称为 S-4-phenoxybutyl dimethylthiocarbamate。美国化学文摘系统名称为 S-(4-phenoxybutyl) N,N-dimethylcarbamothioate。CA 主题索引名称 carbamothioic acid—, N,N-dimethyl-S-(4-phenoxybutyl) ester。

理化性质 原药含量大于 96%。纯品为无色晶体。熔点 39.5℃。沸点 155℃（2.66 Pa），248.4℃（3.99×10^3 Pa）。蒸气压 2.68×10^{-1} mPa（25℃），$\lg K_{ow}$ 3.51（pH 7.1），相对密度 1.227（20～25℃）。水中溶解度（20～25℃）0.0338 mg/L，有机溶剂中溶解度（g/L，20～25℃）：环己酮 3800、乙腈 3120、丙酮 2530、二甲苯 2464、甲醇 1426、煤油 80、正己烷 47.1、甲苯＞500、二氯甲烷＞500、乙酸乙酯＞500。稳定性：150℃时对热稳定，水解 DT_{50}＞1 年（pH 4、7 和 9，25℃）。天然水中光解 DT_{50} 6.3 d，蒸馏水 6.8 d（25℃，50 W/m²，300～400 nm）。

毒性 急性经口 LD_{50}：大鼠（雄）1150 mg/kg，大鼠（雌）1200 mg/kg，小鼠（雄）7000 mg/kg，小鼠（雌）4875 mg/kg。急性经皮 LD_{50}：大鼠（雄）2425 mg/kg，大鼠（雌）2075 mg/kg，小鼠＞8000 mg/kg。大鼠吸入 LD_{50}（4 h）：大鼠＞1.79 mg/L。NOEL［2 年，mg/(kg・d)］：大鼠（雄）1.86，大鼠（雌）1.94；狗（雄）1.5，狗（雌）3.0。ADI 0.0075 mg/kg。

生态效应 鸟类急性经口 LD_{50}（mg/kg）：野鸭＞2000，鹌鹑（雌）878，鹌鹑（雄）1013。鱼 LC_{50}（96 h）：鲤鱼 0.0903 mg/L。水蚤 LC_{50}（48 h）2.4 mg/L。藻类：羊角月牙藻 E_bC_{50}（72 h）0.197 mg/L。蜜蜂（接触）LD_{50} 0.2～0.4 μg/只。其他有益物种 NOEL：家蚕（7 d）1 μg/幼虫，七星瓢虫（48 h）10 μg/幼虫。对智利小植绥螨有毒，LC_{50}＜30 g/1000 m²，绿草蛉成虫 LC_{50}＜10 g/1000 m²。

环境行为 ①动物。大鼠用放射性同位素示踪发现 48 h 内尿和粪便中排出来的药物大于 90%，发现了六种代谢产物。②植物。施用苯硫威后叶面肥迅速从柑橘的叶和果实中消失，发现了九种代谢产物。③土壤/环境。沙壤土 DT_{50} 8 d，沙土 15 d。K_{oc} 740～1495。

制剂 乳油。

作用机理与特点 触杀、有强的杀卵活性，对雌成螨活性不高，但在低浓度时能明显降低雌螨的繁殖能力，并进一步降低卵的孵化。

应用

（1）适用作物 施用于柑橘，大剂量施用时对某些苹果品种、棉花、桃子、瓜类、豆类、芸薹属等作物有药害。对柑橘、梨、茶树、番茄、青椒、黄瓜、甘蓝、大豆、菜豆可能略有轻微的药害。

（2）防治对象 对螨的各生长期有效，亦能杀卵。可防治全爪螨、柑橘红蜘蛛、苹果全爪螨，和其他柑橘属的卵和幼虫。

（3）残留量与安全施药 每季作物最多使用 2 次，最后一次施药距收获的天数（安全间隔期）为 7 d，最高残留限量（MRL）参考值：橘肉 0.5 mg/kg。苯硫威有满意的残留杀卵和杀成虫的活性，温室盆栽试验，对橘全爪螨的残留时间为 7 d 左右。虽然已证明苯硫威的哺乳动物毒性低，但仍必须注意下列安全防护措施：①打开容器及制剂称重或混合时必须戴手套。②穿附有橡皮手套的防护衣，戴护目镜和防毒面罩。③避免暴露于喷洒的雾滴之中。④操作完毕用肥皂与水彻底清洗。

（4）使用方法 ①柑橘全爪螨。35%乳油对水喷雾，用于防治柑橘全爪螨，每亩每次制剂稀释倍数（有效成分浓度）为 800～1000 倍液（350～438 mg/L）；日本官方试验的结果表明，在秋季喷雾为 5000 L/hm² 的苯硫威稀溶液（加水稀释 1000 倍，有效成分 1.8～1.2 kg/hm²）于果树上防治柑橘全爪螨能收到预期的良好效果，且没有药害。在夏季，其防治效果不及秋季。②苹果全爪螨。采用上述防治柑橘全爪螨的同样剂量的苯硫威来防治苹果全爪螨亦能收到极好的效果，但是在某些品种苹果树的叶片上出现了药害，因而必须在苹果园里进行细致的药害试验。为了避免药害问题，建议将苯硫威与其他杀螨剂混用，从而使苯硫威保持较低浓度。③红叶螨。苯硫威对红叶螨属显示了很大的杀卵活性（如表 3-2），然而其杀成螨活性很小，所以，将苯硫威与其他杀成螨剂混用预期可以满意地防治红叶螨。再则，苯硫威在某些蔬菜、豆类等作物上出现了药害，因而必须进行药害试验。④瘿螨科。苯硫威对柑橘锈壁虱显示了活性，但是尚未得到足够的数据。⑤其他使用剂量为 1.2～1.8 kg/hm²，施用于柑橘果实上，可防治全爪螨的卵和幼螨。以乳油对水喷雾，目前主要用于防治柑橘全爪螨，对抗苯螨特的品系也很有效，持效期 7 d 左右。对所有发育阶段的螨都有效，特别是对卵更有效。对雌螨活性不高，但在低浓度下有明显降低雌螨繁殖、降低卵孵化的功能，以 230～500 mg/L 浓度施于柑橘果实上，可防治全爪螨的卵和幼虫。

（5）注意事项 本品宜与其他杀螨剂轮换使用。不宜与石硫合剂混用，混用可能会导致药害；也不能与其他强碱药剂混配。

表 3-2 苯硫威对红叶螨属活性

药剂	实验室圆叶片法测得 LC_{50}/(mg/L)							
	柑橘全爪螨		普通红叶螨		神泽氏叶螨		朱砂红螨	
	卵	成螨	卵	成螨	卵	成螨	卵	成螨
苯硫威	5	81	32	418	45	458	61	910
三环锡	12	23	>1000	23	>500	21	—	—
溴螨酯	141	22	—	—	—	—	65	17

注：施药 48 h 后观察。

专利与登记

专利名称　Tickcide and fungicide

专利号　JP 52131537　　　　　专利公开日　1977-11-04

专利申请日　1976-04-27　　　　优先权日　1976-04-27

专利拥有者　Kumiai Chemical Industry Co.

制备专利　CH 616312、DE 2636620、FR 2320942、JP 52025024、JP 58011842、JP 53111022、JP 52131537、JP 58022033、SU 656509、JP 57002264、JP 57002265 等。

合成方法　按下述方法制得：

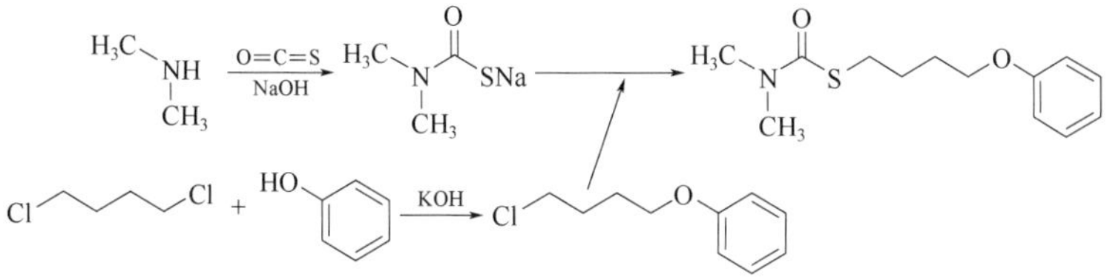

参考文献

[1] The Pesticide Manual. 17 th edition: 456-457.

[2] 龙胜佑, 聂萍, 任训和. 中国化工学会农药专业委员会第八届年会论文集, 1996: 163.

第四节

二硝基苯酚类杀螨剂

　　二硝基苯酚类杀螨剂（dinitrophenol acaricides）共有 11 个：binapacryl、dinex、dinobuton、dinocap、dinocap-4、dinocap-6、dinocton、dinopenton、dinosulfon、dinoterbon 及 DNOC。其中 dinex 及 DNOC 在前面已有介绍，如下化合物因应用范围小或不再作为杀虫剂使用或没有商品化等原因，本书不予介绍，仅列出化学名称及 CAS 登记号供参考：

binapacryl：(RS)-2-sec-butyl-4,6-dinitrophenyl 3-methylcrotonate，485-31-4。

dinocton：2(or 4)-isooctyl-4,6(or 2,6)-dinitrophenylmethylcarbonate，104078-12-8。

dinopenton：isopropyl(RS)-2-(1-methylbutyl)-4,6-dinitrophenylcarbonate，5386-57-2。

dinosulfon：S-methyl-O-(RS)-2-(1-methylheptyl)-4,6-dinitrophenylthiocarbonate，5386-77-6。

dinoterbon：2-tert-butyl-4,6-dinitrophenylethylcarbonate，6073-72-9。

二硝巴豆酚酯（dinocap）

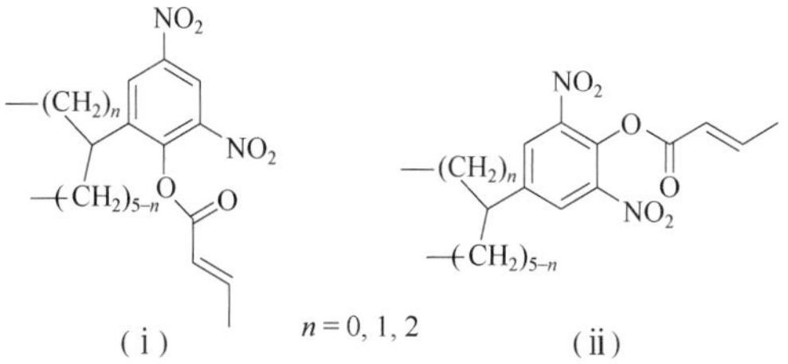

$C_{18}H_{24}N_2O_6$，364.4，39300-45-3

二硝巴豆酚酯（试验代号：CR-1693，商品名称：Karathane、Arcotan、Sialite）由 Rohm & Haas Co.（现属 Dow AgroSciences）推广，是二硝基苯酚类杀螨剂。

甲基二硝巴豆酚酯（试验代号：RH-23、163、DE-126，通用名称：meptyldinocap，商品名称：Karathane Star，其他名称：dinocap Ⅱ）由 Dow AgroSciences 于 2007 年推广的二硝基苯酚类杀螨剂。

化学名称 二硝巴豆酚酯 2,6-二硝基-4-辛基苯基巴豆酸酯和 2,4-二硝基-6-辛基苯基巴豆酸酯，其中辛基是 1-甲基庚基、1-乙基己基和 1-丙基戊基的混合物。英文化学名称为 2,6-dinitro-4-octylphenyl crotonates，CAS 登录号为[875690-85-0]；2,4-dinitro-6-octylphenyl crotonates，CAS 登录号为[875695-92-4]。美国化学文摘系统名称为 2(or 4)-isooctyl-4,6(or 2,6)-dinitrophenyl 2-butenoate。CA 主题索引名称为 2-butenoic acid —，2(or 4)-isooctyl-4,6(or 2,6)-dinitrophenyl ester。

甲基二硝巴豆酚酯 2-(1-甲基庚基)-4,6-二硝基苯基巴豆酸酯。英文化学名称为 (RS)-2-(1-methylheptyl)-4,6-dinitrophenyl crotonate。美国化学文摘系统名称为 2-(1-methylheptyl)-4,6-dinitrophenyl(2E)-2-butenoate。CA 主题索引名称为 2-butenoic acid —，2-isooctyl-4,6-dinitrophenyl ester。CAS 登录号为[131-72-6]。

组成 最初认为二硝巴豆酚酯结构 2-(1-甲基庚基)-4,6-二硝基苯基巴豆酸酯（i，$n=0$），现在确定商品化产品是 6-辛基异构体与 4-辛基异构体的比例为（2～2.5）∶1。

甲基二硝巴豆酚酯 根据巴豆酸原料中异构体比例得出甲基二硝巴豆酚酯中反式异构体与顺式异构体的比例为（22∶1）～（25∶1）。

理化性质 二硝巴豆酚酯 有刺激性气味的暗红色的黏稠液体，熔点-22.5℃，沸点 138～140℃（6.65 Pa），常压下超过 200℃时会分解。蒸气压 3.33×10^{-3} mPa（25℃），lgK_{ow} 4.54（20℃）。Henry 常数 1.36×10^{-3} Pa·m³/mol（计算）。相对密度 1.10（20～25℃）。水中溶解度（20～25℃）0.151 mg/L，有机溶剂中溶解度（g/L，20～25℃）：2,4-异构体：在丙酮、1,2-二氯乙烷、乙酸乙酯、正庚烷、甲醇和二甲苯>250；2,6-异构体：丙酮、1,2-二氯乙烷、乙酸乙酯和二甲苯>250、正庚烷 8.5～10.2、甲醇 20.4～25.3。稳定性：见光迅速分解，32℃以上就分解，对酸稳定，在碱性环境中碳基水解。闪点 67℃。

甲基二硝巴豆酚酯 黄色至棕色液体，熔点-22.5℃，蒸气压 7.92×10^{-3} mPa（25℃），lgK_{ow} 6.55（pH 7），相对密度 1.11（20～25℃），水中溶解度（20～25℃，pH 7）0.248 mg/L。甲醇水溶液中稳定性：DT$_{50}$（25℃）229 d（pH 5），56 h（pH 7），17 h（pH 9）。水中稳定性：稳定（pH 4），DT$_{50}$ 31 d（pH 7），9 d（pH 9），暗处 DT$_{50}$ 4～7 d（平均 6 d）。

毒性 二硝巴豆酚酯 急性经口 LD$_{50}$（mg/kg）：雄大鼠 990，雌大鼠 1212。兔急性经皮 LD$_{50}$≥2000 mg/kg，对兔皮肤有刺激性，对豚鼠皮肤致敏。大鼠吸入 LC$_{50}$（4 h）≥3 mg/L 空气。NOEL 值［mg/(kg·d)］：雌小鼠 2.7（1.5 年），雄小鼠 14.6（1.5 年），大鼠 6～8（2 年），狗 0.4。在啮齿类动物中无致癌作用。小鼠第三代出现致畸作用，相应的 NOAEL 0.4 mg/(kg·d)。

甲基二硝巴豆酚酯 小鼠急性经口 LD$_{50}$>2000 mg/kg，兔急性经皮 LD$_{50}$>2000 mg/kg。对兔皮肤和眼睛有轻微的刺激，对豚鼠皮肤致敏。无潜在的致癌、致畸、致突变作用。

生态效应 二硝巴豆酚酯 山齿鹑急性经口 LD$_{50}$>2150 mg/kg，饲喂 LC$_{50}$（8 d）：野鸭 2204 mg/L，山齿鹑 2298 mg/L。对鱼有毒 LC$_{50}$（μg/L）：虹鳟鱼 13，大翻车鱼 5.3，鲤鱼 14，黑头呆鱼 20。水蚤 LC$_{50}$（48 h）4.2 μg/L。藻类 EC$_{50}$（72 h）>105 mg/L。对摇蚊属昆虫 LC$_{50}$ 390 μg/L。对蜜蜂低毒，LC$_{50}$：29 μg/只（接触），6.5 μg/只（经口）。蚯蚓 LC$_{50}$（14 d）120 mg/kg

土壤。在实验室条件下二硝巴豆酚酯对蚜茧蜂和梨盲走螨有害，然而，在大田中由于快速分解而使得影响减小。二硝巴豆酚酯对捕食螨没有不利影响。

甲基二硝巴豆酚酯　实验室研究发现对鱼和无脊椎动物高毒，对藻类毒性中等。然而，甲基二硝巴豆酚酯与土壤结合很紧密，任何进入水生系统的物质会因微生物代谢、光降解和吸附泥沙而迅速消散。鱼类 LC_{50}（96 h）：虹鳟鱼 0.071 mg/L、大翻车鱼 0.062 mg/L。水蚤 EC_{50}（48 h）0.0041 mg/L，月牙藻 E_bC_{50}（72 h）4.6 mg/L。蜜蜂 LD_{50}（72 h，μg/只）：90.0（经口），84.8（接触）。蚯蚓 LC_{50}（14 d）302 mg/kg 土壤。实验室中梨盲走螨 LD_{50} 40.7 g/hm²，使用剂量为 840 g/hm² 时对溢管蚜茧蜂的致死率为 16.7%（对寄生溢管蚜茧蜂致死率 28.8%），在田间条件下对一些有益螨无害或者危害很小。

环境行为　二硝巴豆酚酯　二硝巴豆酚酯在作物、动物和环境中容易分解成 2,4- 和 2,6-二硝基苯酚（DNOP）。二硝巴豆酚酯和其残留物没有明显的浸出潜力并且对地下水没有危害。①动物。大鼠经口后几乎完全排泄到尿和粪便中。奶牛经口后二硝巴豆酚酯和其代谢物几乎完全排泄到粪便中，尿液中量很少。硝基经酶催化还原成氨基，还发生了酯水解生成 DNOP。②植物。与动物代谢路径相同。③土壤/环境。土壤 DT_{50}（实验室，厌氧，20℃）4～24 d；DT_{90} 13.5～113 d。DT_{50}（实验室，厌氧，20℃）8 d。主要的代谢产物是 DNOP，由酯水解形成，随后被微生物降解成 CO_2。K_{oc} 2889～310200，依据土壤的类型不同而不同。二硝巴豆酚酯和其残留物没有浸出潜力。水 DT_{50}（无菌，暗处，20℃）：＞1 年（pH 4），16～30 d（pH 7），3.6～9 d（pH 9）。水中光解更迅速：DT_{50}＜1 d（25℃，pH 4）。在黑水/沉积物体系中，迅速从水消散到沉积物中。DT_{50}（实验室）＜7 d，容易分解。在水生系统中，主要代谢产物是 DNOP。空气：使用中没有明显的挥发损失，出现在空气中的少量样品是按空气中 DT_{50} 1.9 h 来降解的。

甲基二硝巴豆酚酯　在土壤中通过水解和微生物降解，甲基二硝巴豆酚酯很容易降解。有氧 DT_{50} 4～24 d（平均 12 d，20℃），厌氧 DT_{50} 8 d，在田间土壤对其吸收强，DT_{50} 15 d，K_{oc} 2889～310220（平均 58245）。空气中 DT_{50}（计算）1.9 h。

制剂　可湿性粉剂［250 g(a.i.)/kg、500 g(a.i.)/kg 或 800 g(a.i.)/kg］。

主要生产商　二硝巴豆酚酯：Cequisa。甲基二硝巴豆酚酯：Corteva、Dow、Gowan。

作用机理与特点　非内吸性杀螨剂，具有一定的杀菌作用。

应用

（1）适用作物　苹果、柑橘、梨、葡萄、黄瓜、甜瓜、西瓜、南瓜、草莓、蔷薇和观赏植物等作物。酸性黏土或有机磺酸。

（2）防治对象　红蜘蛛和白粉病；对桑树白粉病和茄子红蜘蛛都有良好的防治效果。还有杀螨卵的作用，还可用作种子处理剂。

（3）使用方法　用药量为 70～1120 g(a.i.)/hm²。防治柑橘红蜘蛛，使用 19.5%可湿性粉剂 1000 倍液喷雾。防治葡萄、黄瓜、甜瓜、西瓜、南瓜、草莓等作物的白粉病或红蜘蛛，使用 19.5%可湿性粉剂 2000 倍液喷雾。防治苹果、梨的红蜘蛛，使用 37%乳油 1500～2000 倍液喷雾。防治花卉和桑树的白粉病或红蜘蛛，使用 37%乳油 3000～4000 倍液喷雾。

专利与登记

专利名称　Capryldintrophenyl crotonate

专利号　US 2526660　　　　专利公开日　1950-10-24

专利申请日　1946-07-06　　　优先权日　1946-07-06

专利拥有者　Rohm & Haas

制备专利 US 2810767、US 8557866、JP 5212988 等。

合成方法 通过如下反应制得目的物：

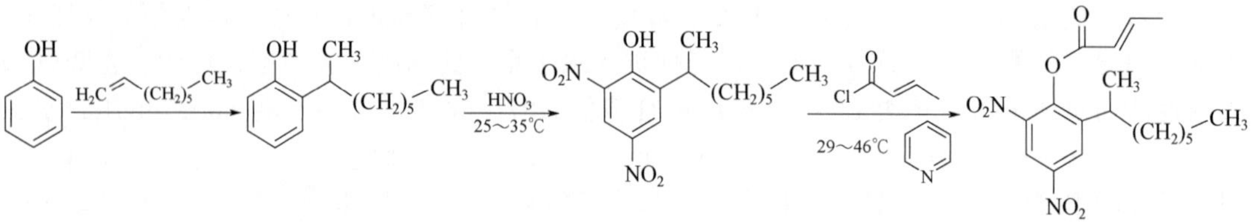

在硅钨酸和二氧化硅的催化下，苯酚和 1-辛烯反应生成 2-(1-甲基庚基)苯酚，然后再进行硝化，最后和巴豆酰氯反应得到甲基二硝巴豆酚酯。

参考文献

[1] Johansson C E. Pestic. Sci., 1975, 6: 97.

[2] 国外农药品种手册(新版合订本). 北京: 化工部农药信息总站, 1996: 542.

[3] 农药商品大全. 北京: 中国商业出版社, 1996: 288.

[4] The Pesticide Manual. 17 th edition: 376-379.

消螨通（dinobuton）

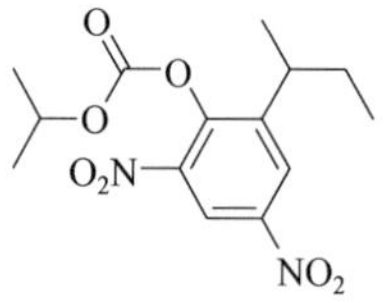

$C_{14}H_{18}N_2O_7$，326.3，973-21-7

消螨通（试验代号：ENT 27 244、MC 1053、OMS1056，商品名称：Acarelte）由 Murphy Chemical Ltd 推广，随后由 KenoGard AB(现为 Bayer AG)生产，是二硝基苯酚类杀螨剂。

化学名称 2-仲丁基-4,6-二硝基苯基异丙基碳酸酯。英文化学名称为 2-*sec*-butyl-4,6-dinitrophenyl isopropyl carbonate。美国化学文摘系统名称为 1-methylethyl 2-(1-methylpropyl)-4,6-dinitrophenyl carbonate。CA 主题索引名称为 carbamothioic acid —，1-methylethyl 2-(1-methylpropyl)- 4,6- dinitrophenyl ester。

理化性质 原药含量97%。本品为淡黄色结晶，熔点 61～62℃（原药 58～60℃），蒸气压＜1 mPa（20℃）。$\lg K_{ow}$ 3.038。Henry 系数＜3 Pa·m³/mol（20℃，calc.）。相对密度 0.9（20～25℃）。水中溶解度（20～25℃）0.1 mg/L，溶于脂肪烃、乙醇和脂肪油，极易溶于低碳脂肪酮类和芳香烃。稳定性：中性和酸性环境中稳定存在，碱性环境中水解。600℃以下稳定存在，不易燃。

毒性 急性经口 LD_{50}：小鼠 2540 mg/kg，大鼠 140 mg/kg。大鼠急性经皮 LD_{50}＞5000 mg/kg，兔急性经皮 LD_{50}＞3200 mg/kg。NOEL 值：狗 4.5 mg/(kg·d)，大鼠 3～6 mg/(kg·d)。作为代谢刺激剂而起作用，高剂量能引起体重的减轻。

生态效应 母鸡急性经口 LD_{50} 150 mg/kg。

环境行为 土壤中残留时间短。

制剂 50%可湿性粉剂（质量分数）、30%乳剂、50%（体积分数）水悬液、浓气雾剂。

作用机理与特点 对螨作用迅速，接触性杀螨剂、杀菌剂。

应用

（1）适用作物　苹果、梨、核果、葡萄、棉花、蔬菜（温室和大田的使用）、观赏植物、草莓等作物。

（2）防治对象　消螨通为非内吸性杀螨剂，也是防治白粉病的杀真菌剂。推荐用于温室和大田，防治红蜘蛛和白粉病（0.5%有效成分），但在此浓度，对温室的番茄、某些品种的蔷薇和菊花有药害。可防治柑橘、落叶果树、棉花、胡瓜、蔬菜等植食性螨类；还可防治棉花、苹果和蔬菜的白粉病。

（3）使用方法　用药量为 0.05%（有效成分）。防治柑橘红蜘蛛和锈壁虱，使用 50%可湿性粉剂 1500~2000 倍液喷雾，使用 50%水悬浮剂 1000~1500 倍液喷雾；防治落叶果树、棉花、胡瓜的红蜘蛛，使用 50%粉剂 1000~1500 倍液喷雾；棉花、苹果和蔬菜的白粉病，使用 50%粉剂或水剂 1500~2000 倍液喷雾。

专利与登记

专利名称　Novel compounds having herbicidal and fungicidal properties and herbicidal and fungicidal compositions containing the said compounds

专利号　GB 941709　　　　　　专利公开日　1963-11-13

专利申请日　1960-05-30　　　　优先权日　1960-05-30

专利拥有者　Vondelingen Plaat Bv

制备专利　DE 1204457、GB 1019451、US 3234082、ZA 8705150、BR 6237336、CS 134244、CS 134243、CS 143722、DE 1793643、DE 1793720、NL 7117684、SU 443023 等。

合成方法　通过如下反应制的目的物：

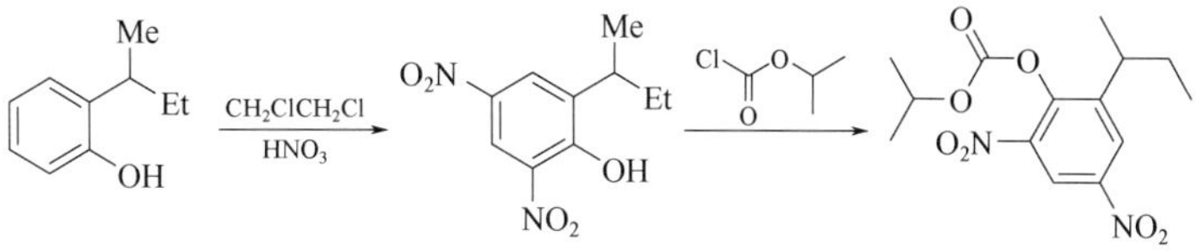

参考文献

[1] The Pesticide Manual. 17 th edition: 375-376.

[2] 国外农药品种手册(新版合订本). 北京: 化工部农药信息总站, 1996: 372.

[3] 农药商品大全. 北京: 中国商业出版社, 1996: 288.

第五节
螨类生长调节剂

螨类生长调节剂（mite growth regulators）共有 9 个：clofentezine、cyromazine、diflovidazin、dofenapyn、fluazuron、flubenzimine、flucycloxuron、flufenoxuron 和 hexythiazox，其中 cyromazine、dofenapyn、flucycloxuron 和 flufenoxuron 在前面已有介绍。flubenzimine 由于未商品化，故在此不详细介绍，仅列出英文名称和 CAS 登录号。

flubenzimine： $(2Z,4E,5Z)$-N^2,3-diphenyl-N^4,N^5-bis(trifluoromethyl)-1,3-thiazolidine-2,4,5-triimine，37893-02-0。

啶蜱脲（fluazuron）

$C_{20}H_{10}Cl_2F_5N_3O_3$，506.2，86811-58-7

啶蜱脲（试验代号：CGA 157 419，商品名称：Acatak，其他名称：吡虫隆）是先正达公司开发的一种苯甲酰脲类杀虫杀螨剂。

化学名称 1-[4-氯-3-(3-氯-5-三氟甲基-2-吡啶氧基)苯基]-3-(2,6-二氟苯甲酰)脲。英文化学名称为 1-[4-chloro-3-(3-chloro-5-trifluoromethyl-2-pyridyloxy)phenyl]-3-(2,6-difluorobenzoyl)urea。美国化学文摘系统名称为 N-[[[4-chloro-3-[[3-chloro-5-(trifluoromethyl)-2-pyridinyl]oxy]phenyl]amino]carbonyl]-2,6-difluorobenzamide。CA 主题索引名称为 benzamide —，N-[[[4-chloro-3-[[3-chloro-5-(trifluoromethyl)-2-pyridinyl]oxy]phenyl]amino]carbonyl]-2,6-difluoro。

理化性质 本品为灰白色至白色无味，良好的晶型粉末。熔点 219℃，蒸气压 1.2×10^{-7} mPa（20℃），水中溶解度（20~25℃）＜0.02 mg/L，有机溶剂中溶解度（g/L，20~25℃）：甲醇 2.4，异丙醇 0.9。稳定性：219℃以下稳定。DT_{50}（25℃）：14 d（pH 3），7 d（pH 5），20 h（pH 7），0.5 h（pH 9）。

毒性 急性经口 LD_{50}：大鼠＞5000 mg/kg，大鼠急性经皮 LD_{50}＞2000 mg/kg，大鼠吸入 LC_{50}（4 h）＞5.994 mg/L。在试验剂量内无致畸、致突变、致癌作用。NOEL［1 年，mg/(kg·d)］：狗 7.5，雌雄小鼠 4.5。在大鼠的二代繁殖试验中 NOEL 100 mg/L。无致癌、致畸、致突变作用。

生态效应 山齿鹑和野鸭急性经口 LD_{50}＞2000 mg/kg，LC_{50}（8 d）＞5200 mg/L。鱼类 LC_{50}（96 h，mg/L）：虹鳟＞15，鲤鱼＞9.1。水蚤 LC_{50} 0.0006 mg/L。藻类 NOEC 27.9 mg/L。对蜜蜂无毒。蚯蚓 LC_{50}（14 d）＞1000 mg/kg 土壤。

主要生产商 安徽广信农化股份有限公司、彬州西大华特生物科技有限公司、德州绿霸精细化工有限公司、江苏维尤纳特精细化工有限公司、江苏优嘉植物保护有限公司、南京华洲药业有限公司、内蒙古莱科作物保护有限公司、日本石原产业株式会社、山东科信生物化学有限公司、山东绿霸化工股份有限公司、陕西美邦药业集团股份有限公司、上海生农生化制品股份有限公司、浙江禾本科技股份有限公司等。

作用机理与特点 主要是胃毒及触杀作用，抑制昆虫几丁质合成，使幼虫蜕皮时不能形成新表皮，虫体成畸形而死亡。具有高效、低毒及广谱的特点。

应用

（1）适用作物 玉米、棉花、森林、水果和大豆等。

（2）防治对象 鞘翅目、双翅目、鳞翅目害虫。

专利与登记

专利名称 N-(pyridyloxyphenyl)urea derivatives as insecticides

专利号 JP 58072566　　　　专利公开日 1983-04-30

专利申请日 1981-10-28　　　优先权日 1981-10-28

专利拥有者 Nissan Chemical

专利名称　Phenylbenzoylureas as pesticides

专利号　EP 79311　　　　　专利公开日　1983-05-18

专利申请日　1982-11-04　　　优先权日　1981-11-10

专利拥有者　Ciba-Geigy

在其他国家申请的化合物专利　EP 79311、AT 25973、GB 2110672、AU 8290280、AU 563527、BR 8206502、ZA 8208196、GB 2155475、US 4677127、US 4687855、AU 8769574、AU 583711、US 4897486、US 5416102 等。

从上面专利可以看出，该化合物首先由日本日产化学株式会社发现，但仅在日本申请专利；而 Ciba-Geigy 同时间申请了专利，并在全世界范围内很多国家申请了专利。由于 Ciba-Geigy 在申请时，日产化学的专利并没有公开，且日产没有在更多国家申请专利，因此 Ciba-Geigy 在美国、英国等多国获得专利授权。

制备专利　WO 2008071674、JP 2006298785、CN 104876859、CN 101906070、CN 101209992 等。

合成方法　通过如下反应制的目的物：

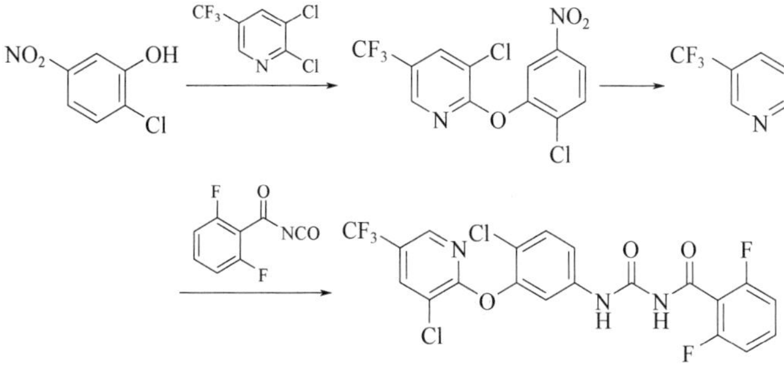

参考文献

[1] The Pesticide Manual.17 th edition: 495-496.

氟螨嗪（diflovidazin）

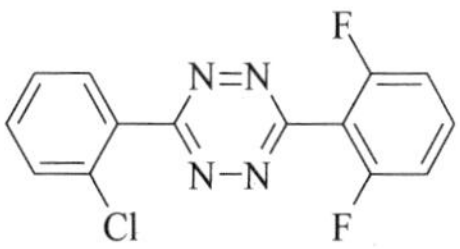

$C_{14}H_7ClF_2N_4$，304.7，162320-67-4

氟螨嗪（试验代号：SZI-121，商品名称：Flumite，其他名称：flufenzine）是由匈牙利的 Chinion 公司于 20 世纪 90 年代初开发出来的四嗪类杀螨剂。

化学名称　3-(2-氯苯基)-6-(2,6-二氟苯基)-1,2,4,5-四嗪英。英文化学名称为 3-(2-chlorophenyl)-6-(2,6-difluorophenyl)-1,2,4,5-tetrazine。美国化学文摘系统名称为 3-(2-chlorophenyl)-6-(2,6- difluorophenyl)-1,2,4,5-tetrazine。CA 主题索引名称为 1,2,4,5-tetrazine —， 3-(2-chlorophenyl)-6-(2,6-difluorophenyl)-。

理化性质　含量≥97.5%。纯品为洋红色结晶，熔点 185.4℃。沸点 211.2℃（$1.01×10^5$ Pa）。蒸气压<0.01 mPa（25℃）。lgK_{ow} 3.7。相对密度 1.574（20～25℃）。水中溶解度（20～25℃）

0.2 mg/L，有机溶剂中溶解度（g/L，20～25℃）：丙酮 24、甲醇 1.3、正己烷 168。稳定性：在光或空气中稳定，高于熔点时会分解。在酸性条件下稳定，但是 pH>7 时会水解。DT_{50} 60 h（pH 9，25℃，40%乙腈）。在甲醇、丙酮、正己烷中稳定。闪点 425℃（封闭）。

毒性 大鼠急性经口 LD_{50}（mg/kg）：雄 979，雌 594。雌、雄大鼠急性经皮 LD_{50}> 2000 mg/kg。大鼠吸入 LC_{50}>5 mg/L（4 h）。对兔皮肤无刺激，对兔眼睛轻微刺激。NOAEL [mg/(kg·d)]：大鼠 9.18（2 年，致癌性，喂食），狗 10（3 个月，致癌性，喂食），狗 500（28 d 皮肤注射）。ADI/RfD 0.098 mg/kg。在 Ames、CHO 以及微核试验中无突变。

生态效应 鹌鹑急性经口 LD_{50}>2000 mg/kg，鹌鹑饲喂毒性 LC_{50}（8 d）>5118 mg/L，野鸭饲喂毒性 LC_{50}>5093 mg/kg。虹鳟 LC_{50}（96 h）>400 mg/L。大型溞 LC_{50}（48 h）0.14 mg/L，对海藻无毒性。蚯蚓 LC_{50}>1000 mg/kg 干土。蜜蜂 LD_{50}>25 μg/只（经口或接触）。对丽蚜小蜂和捕食性螨虫无伤害。

环境行为 土壤/环境：DT_{50} 44 d（酸性沙质土壤）、30 d（棕褐色森林土壤）、38 d（表层为黑色石灰土）。

制剂 悬浮剂。

作用机理与特点 该化合物作用机理独特，是一种具有转移活性的接触性杀卵剂，不仅对卵及成螨有优异的活性，而且使害螨在蛹期不能正常发育。使雌螨产生不健全的卵，导致螨的灭迹，对其天敌及环境安全。

应用

（1）适用作物 果树、蔬菜。

（2）防治对象 柑橘全爪螨、锈壁虱、茶黄螨、朱砂叶螨和二斑叶螨等害螨。

（3）残留量与安全施药 低毒、低残留、安全性好。欧盟是农药控制最严格的区域，但是目前欧盟使用量最大的杀螨剂就是氟螨嗪。氟螨嗪在不同气温条件下对作物非常安全，对人畜及作物安全、低毒。适合于无公害生产。从生测试验中所做的破坏性试验中得出，稀释 150 倍（100 mL 喷雾器）不会对花和幼果造成任何伤害。正常防治各类害螨的稀释倍数在 6000 倍以上。

（4）应用技术 虽然氟螨嗪具有很好的触杀性，但是内吸性比较弱，只有中度的内吸性，所以喷雾要均匀，不能与碱性药剂混用。可与大部分农药（强碱性农药与铜制剂除外）现混现用。与现有杀螨剂混用，既可提高氟螨嗪的速效性，又有利于螨害的抗性治理。

（5）使用方法 使用剂量为 60～100 g(a.i.)/hm²。

专利与登记

专利名称 Preparation of acaricidal tetrazines.

专利号 EP 635499 　　　　专利公开日 1995-01-25

专利申请日 1994-07-20 　　　优先权日 1993-07-21

专利拥有者 Chinoingyogyszer Esvegyeszet（HU）

在其他国家申请的化合物专利 AU 9467578、AU 682366、AT 177087、BR 9402868、CZ 286600、CN 1105025、CN 1066722、ES 2130312、HU 68547、HU 212613、JP 07309848、JP 3662952、LV 10950、MX 9405572、PL 178152、RO 113988、RU 2142949、SK 281778、ZA 9405345 等。

制备专利 CA 2128378、HU 68547、HU 212613、US 5587370、US 5455237、CN 102702122、EP 635499 等。

合成方法 有如下两种方法：

（1）邻氯苯甲醛路线 以邻氯苯甲醛和 2,6-二氟苯甲醛为起始原料，邻氯苯甲醛首先与水合肼反应，再与 2,6-二氟苯甲醛缩合，然后氯化、闭环、氧化脱氢即得目的物，总收率可达 74%。反应式如下：

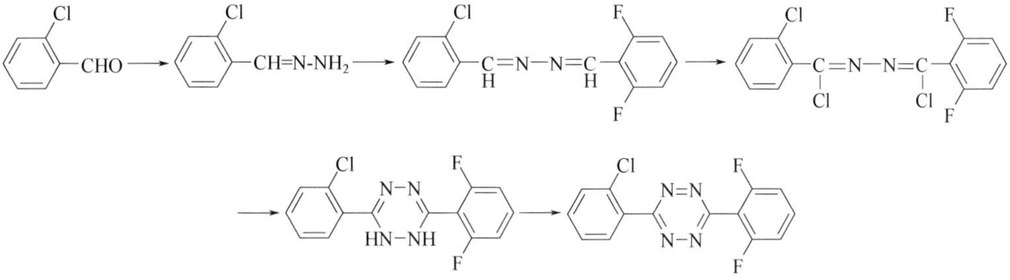

（2）邻氯苯甲酸路线　以邻氯苯甲酸和 2,6-二氟苯甲酸为起始原料制得 N-2-氯苯甲酰基-N'-2,6-二氟苯甲酰基肼，再经氯化、环合、脱氢后制得氟螨嗪。

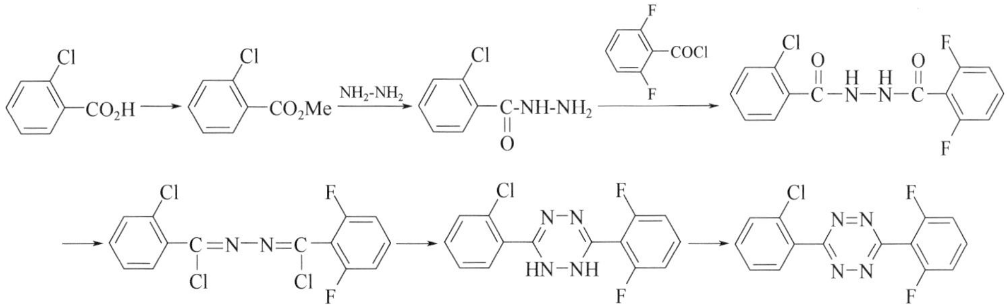

参考文献

[1] 吕冬华, 胡军, 张一宾. 现代农药, 2005, 4(1): 10-11.

[2] 江忠萍, 王霞. 山东农药信息, 2015(2): 26-29.

[3] The Pesticide Manual. 17 th edition: 346-347.

[4] 陈华, 潘光飞, 李冬良. 浙江化工, 2010, 41(5): 4-5.

噻螨酮（hexythiazox）

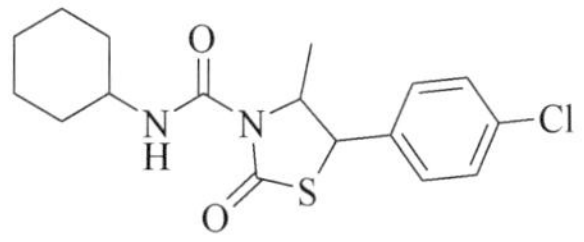

$C_{17}H_{21}ClN_2OS$，352.9，78587-05-0

噻螨酮（试验代号：NA-73，商品名称：Ferthiazox、Maiden、Matacar、Nissorun、Onager、Ordoval、Savey、Vittoria、Zeldox，其他名称：塞螨酮、除螨威、合赛多、己噻唑、尼索朗）最初由 T. Yamada 报道其杀螨活性，后由日本曹达公司引进，1985 年在日本获得注册。

化学名称　(4RS,5RS)-5-(4-氯苯基)-N-环己基-4-甲基-2-氧代-1,3-噻唑烷-3-羧酰胺。英文化学名称为(4RS,5RS)-5-(4-chlorophenyl)-N-cyclohexyl-4-methyl-2-oxo-1,3-thiazolidine-3-carboxamide。美国化学文摘系统名称为(4R,5R)-rel-5-(4-chlorophenyl)-N-cyclohexyl-4-methyl-2-oxo-3-thiazolidinecarboxamide。CA 主题索引名称为 3-thiazolidinecarboxamide —, 5-(4-chlorophenyl)-N-cyclohexyl-4-methyl-2-oxo-(4R,5R)-rel-。

理化性质　无色晶体，熔点 105.4℃。蒸气压 0.001333 mPa（20℃）。$\lg K_{ow}$ 2.75。Henry 常数 $1.19×10^{-2}$ Pa·m³/mol（计算）。相对密度 1.283（20～25℃）。水中溶解度（20～25℃）0.41 mg/L，有机溶剂中溶解度（g/L，20～25℃）：氯仿 1379，二甲苯 230，甲醇 17.6，丙酮 159，乙腈 34.5，己烷 4.64。对光、热、空气、酸碱稳定。温度低于 150℃时稳定。光照其水溶液 DT_{50} 51.0 d。水溶液在 pH 5、7、9 时稳定。

毒性　大鼠急性经口 LD_{50}＞2000 mg/kg。大鼠急性经皮 LD_{50}＞2000 mg/kg。对兔眼睛和皮肤无刺激，对豚鼠皮肤无致敏性。大鼠吸入 LC_{50}（4 h）＞3.829 mg/L（4 h）。NOEL（mg/kg）：大鼠（2 年）23.1，狗（1 年）2.87，大鼠（90 d）70。ADI（JMPR）0.03 mg/kg（1991），（EPA）cRfD 0.025 mg/kg（1988）。无致畸，无突变。

生态效应　鸟类急性经口 LD_{50}（mg/kg）：野鸭＞2510，日本鹌鹑＞5000。野鸭和山齿鹑 LC_{50}（8 d）＞5620 mg/kg。鱼类 LC_{50}（mg/L）：虹鳟鱼＞300（96 h），大翻车鱼 3.2（96 h），鲤鱼 14.1（48 h）。水蚤 LC_{50}（48 h）0.36 mg/L。藻类 E_rC_{50}（72 h）＞72 mg/L。对蜜蜂无毒，LD_{50}＞200 μg/只（接触）。

环境行为　①动物。在尿液及粪便中的主要代谢物为 5-(4-氯苯基)-N-(顺-4-羟基环己基)-4-甲基-反-2-氧代噻唑烷-3-羧酰胺。②植物。在植物体上残留主要成分仍是噻螨酮，还有少部分水解产物。③土壤/环境。在黏壤土中 DT_{50} 为 8 d（15℃）。在土壤中，经过氧化变为对应的含有羟基和羰基的化合物。K_{oc} 8449。

制剂　5%乳油、5%可湿性粉剂等。

主要生产商　Nippon Soda、江苏禾本生化有限公司、江苏克胜作物科技有限公司、江苏润泽农化有限公司、江苏茂期化工有限公司、浙江省湖州荣盛农药化工有限公司等。

作用机理与特点　本品是一种噻唑烷酮类新型的具有触杀和胃毒功能的非系统杀螨剂。对植物表皮层具有较好的穿透性，但无内吸传导作用。对多种植物害螨具有强烈的杀卵、杀幼螨的特性，对成螨无效，但对接触到药液的雌成虫所产的卵具有抑制孵化的作用。本品属于非感温型杀螨剂，在高温或低温时使用的效果无显著差异，持效期长，药效可保持 50 d 左右。由于没有杀成螨活性，故药效发挥较迟缓。该药对叶螨防效好，对锈螨、瘿螨防效较差。

应用

（1）适用作物　柑橘、苹果、棉花和山楂等。

（2）防治对象　红蜘蛛。

（3）应用技术　施药应选早晚气温低、风小时进行，晴天上午 9 时至下午 4 时应停止施药。气温超过 28℃、风速超过 4 m/s、空气相对湿度低于 65%应停止施药。

（4）使用方法　①防治柑橘红蜘蛛：在春季螨害始盛发期，平均每叶有螨 2～3 头时，用 5%乳油或 5%可湿性粉剂 1500～2500 倍液，相当于 20～33 mg(a.i.)/L，均匀喷雾。②防治苹果红蜘蛛：在苹果开花前后，平均每叶有螨 3～4 头时，用 5%乳油或 5%可湿性粉剂 1500～2000 倍液［25～33 mg(a.i.)/L］，均匀喷雾。③防治山楂红蜘蛛：在越冬成虫出蛰后或害螨发生初期防治，用药量及使用方法同防治苹果红蜘蛛。④防治棉花红蜘蛛：6 月底以前，在叶螨点片发生及扩散初期用药，每亩用 5%乳油 60～100 mL 或 5%可湿性粉剂 60～100 g，相当于 3～5 g 有效成分，对水 75～100 L，在发生中心防治或全面均匀喷雾。

（5）有关混剂的应用　①防治柑橘红蜘蛛：5%噻螨酮乳油 25～33.3 mg/kg，5%噻螨酮可湿性粉剂 20～33.3 mg/kg，7.5%甲氰·噻螨酮乳油 75～100 mg/kg，22.5%螨醇·噻螨酮乳油 150～225 mg/kg，12.5%甲氰·噻螨酮乳油 50～62.5 mg/kg，6.8%阿维·噻螨酮乳油 22.67～34 mg/kg，10%阿维·噻螨酮乳油 20～33.3 mg/kg，36%噻酮·炔螨特乳油 180～240 mg/kg。

②防治苹果树上红蜘蛛：22.5%螨醇·噻螨酮乳油 150～225 mg/kg，3%噻螨酮水乳剂 20～30 mg/kg。③防治苹果树上二斑叶螨：22%噻酮·炔螨特乳油 137.5～275 mg/kg，以上施药方式均为喷雾。

专利与登记

专利名称　Oxazolidone and thiazolidone derivatives

专利号　DE 3037105　　　　　　专利公开日　1981-04-09

专利申请日　1980-10-01　　　　优先权日　1979-10-03

专利拥有者　Nippon Soda Co.

在其他国家申请的化合物专利　AU 8062561、AU 518432、BR 8006295、BE 885486、CA 1152078、CA 1183536、CS 216542、CH 645886、FR 2466463、GB 2059961、HU 26611、HU 187312、IL 61016、JP 56051463、JP 63020230、JP 56156270、JP 02015545、NL 8005354、NL 188576、PL 125287、RO 80247、RO 84096、RO 84095、RO 85287、SU 1391489、SU 999970、SU 1075974、US 4431814、US 4442116、ZA 8005732 等。

制备专利　JP 58110577、JP 57050982、JP 62054425、JP 62270569、JP 03024472、CN 108558787、CN 106632131 等。

国内登记情况　95%、97%、98%原药；5%可湿性粉剂、水乳剂 1000～1500 倍液喷雾用于防治柑橘红蜘蛛等；可与阿维菌素、联苯菊酯、炔螨特、甲氰菊酯等混配。日本曹达公司在中国登记情况见表 3-3。

表 3-3　日本曹达公司在中国登记情况

登记名称	登记证号	含量	剂型	登记作物	防治对象	用药量	施用方法
噻螨酮	PD122-90	5%	乳油	柑橘树	红蜘蛛	2000 倍液	喷雾
				棉花	红蜘蛛	50～66 g/亩	喷雾
				苹果树	苹果红蜘蛛	1650～2000 倍液	喷雾
				苹果树	山楂红蜘蛛	1650～2000 倍液	喷雾
噻螨酮	PD123-90	5%	可湿性粉剂	柑橘树	红蜘蛛	1650～2000 倍液	喷雾
噻螨酮	PD311-99	97%	原药				

合成方法

（1）对氯苯甲醛路线　以对氯苯甲醛为起始合成原料，先制得赤式-1-对氯苯基-2-氨基丙醇，再与氯磺酸反应制得赤式-1-对氯苯基-2-氨基-丙基硫酸酯，然后赤式-1-对氯苯基-2-氨基-丙基硫酸酯与二硫化碳环合，所得产物经双氧水氧化制得反式-5-(4-氯苯基)-4-甲基噻唑烷酮，最后噻唑烷酮与环己基异氰酸酯缩合得到目标产物噻螨酮。

（2）对氯苯丙酮路线　以对氯苯丙酮为起始原料，先进行酮肟化反应生成肟化物，然后经催化氢化还原为醇胺物，再同二硫化碳、苄基氯经缩合和重排反应生成缩合物，再经环合反应而生成反式噻唑烷酮，后者再同异氰酸环己酯进行加成而得到最终产物噻螨酮。该合成工艺的总收率以对氯苯丙酮起算达 71%，所得原药含量达 98% 以上。

参考文献

[1] The Pesticide Manual.17 th edition: 603-604.

[2] 进口农药应用手册. 北京: 中国农业出版社, 2000: 167.

[3] 国外农药品种手册(新版合订本). 北京: 化工部农药信息总站, 1996: 390-391.

[4] 李冬良，廖文斌，潘光飞. 农药研究与应用, 2010(1): 16-17.

四螨嗪（clofentezine）

$C_{14}H_8Cl_2N_4$，303.1，74115-24-5

四螨嗪（试验代号：NC-21314，商品名称：Acaristop、Agristop、Antarctic、Apollo、Apollo Plus、Apor、Cara、Niagara、Saran、阿波罗，其他名称：bisclofentezin、克芬螨、螨死净、克落芬）最初由 K. M. G. Bryan 等人报道其杀螨活性，P. J. Brooker 等人报道其构效关系，由 FBC 公司（现为 Bayer CropScience 公司）引进，之后在 2001 年转让给 Makhteshim-Agan Industries。

化学名称 3,6-双(2-氯苯基)-1,2,4,5-四嗪。英文化学名称为 3,6-bis(2-chlorophenyl)-1,2,4,5-tetrazine。美国化学文摘系统名称为 3,6-bis(2-chlorophenyl)-1,2,4,5-tetrazine。CA 主题索引名称为 1,2,4,5-tetrazine —, 3,6-bis(2-chlorophenyl)-。

理化性质 洋红色晶体，熔点 183.0℃。蒸气压 $1.4×10^{-4}$ mPa（25℃）。lgK_{ow} 4.1（20～25℃）。相对密度 1.52（20～25℃）。水中溶解度（20～25℃，pH 5）0.0025 mg/L，有机溶剂中溶解度（g/L，20～25℃）：二氯甲烷 37、丙酮 9.3、二甲苯 5、乙醇 0.5、乙酸乙酯 5.7。稳定性：水解（22℃）。水溶液 DT_{50}：248 h（pH 5）、34 h（pH 7）、4 h（pH 9）。水溶液暴露在自然光下 1 周内即可完全光解。不易燃。

毒性 大鼠急性经口 $LD_{50}>5200$ mg/kg。大鼠急性经皮 $LD_{50}>2100$ mg/kg。对皮肤及眼无刺激。大鼠吸入 LC_{50}（4 h）>9 mg/L 空气。NOEL：大鼠（2 年）40 mg/kg 饲料（2 mg/kg bw）；狗（1 年）50 mg/kg 饲料（1.25 mg/kg bw）。ADI/RfD：（JMPR）0.02 mg/kg bw，（EC）0.02 mg/kg bw，（EPA）cRfD 0.013 mg/kg bw。

生态效应 野鸭急性经口 $LD_{50}>3000$ mg/kg，山齿鹑 $LD_{50}>7500$ mg/kg。野鸭、山齿鹑

和大鼠饲喂 LC_{50}（8 d）＞4000 mg/kg。鱼类 LC_{50}（96 h）：虹鳟＞0.015 mg/L，大翻车鱼＞0.25 mg/L。水蚤 LC_{50}（48 h）＞1.45 μg/L。蜜蜂 LD_{50}＞253 μg/只（经口），LC_{50}＞85 μg/只（接触）。对蚯蚓无毒，LC_{50}＞439 mg(a.i.)/kg 土壤。

环境行为　①动物。通过羟基化过程代谢，并以甲硫基取代环上的氯原子。口服后，于24～48 h 后经尿液或粪便排出。②植物。代谢研究发现，萃取液中主要的成分为未代谢的四螨嗪，少量（4%）的 2-氯苄腈，是四螨嗪光解的主要产物。③土壤/环境。在土壤中四螨嗪的主要降解产物为 2-氯苯甲酸，最终降解为二氧化碳；根据土壤的不同，四螨嗪在土壤中的 DT_{50} 16.8～132 d（15～25℃）。然而，在实验室中未发生浸出现象。在水中，四螨嗪的水解及光解产物为 2-氯苄腈及少量其他化合物。由于四螨嗪在水中的溶解度很低，很难测定其土壤吸收量。

制剂　悬浮剂、水分散粒剂、可湿性粉剂。

主要生产商　Adama、杭州颖泰生物科技有限公司、河北省石家庄市绿丰化工有限公司、江苏省南通宝叶化工有限公司、山西绿海农药科技有限公司、张家口长城农药有限公司等。

作用机理与特点　本品为触杀型有机氮杂环类杀螨剂，对人、畜低毒，对鸟类、鱼虾、蜜蜂及捕食性天敌较为安全。对螨卵有较好防效，对幼螨也有一定活性，对成螨效果差，持效期长，一般可达 50～60 d，但该药作用较慢，一般用药 2 周后才能达到最高杀螨活性，因此使用该药时应做好螨害的预测预报。

应用

（1）适用作物　果树、瓜类、棉花、茶树等作物。

（2）防治对象　害螨。

（3）残留量与安全施药　对天敌安全；对肉食性螨虫及有益昆虫无药效；会对温室玫瑰花有轻微损伤；会在白色或浅色花朵的花瓣上留下粉红色的印迹。

（4）应用技术　防治苹果叶螨应掌握在苹果开花前，越冬卵初孵期施药。防治山楂红蜘蛛，应在苹果落花后，越冬待成螨产卵高峰期施药。防治橘全爪螨，在早春柑橘发芽后，春梢长至 2～3cm，越冬卵孵化初期施药。防治锈壁虱应在发生初期施药。施药剂量上限为0.3 kg/hm²，施药量取决于当地实际的储水量。

（5）使用方法　防治苹果害螨，用20%悬浮剂2000～2500 倍液，或10%可湿性粉剂1000～1500 倍液［80～100 mg(a.i.)/kg］，一般施一次药即可控制螨害。防治柑橘害螨，用10%悬浮剂1600～2000 倍液，或10%可湿性粉剂800～1000 倍液［100～125 mg(a.i.)/kg］，持效期一般可达 30 d。10%可湿性粉剂和25%悬浮剂防治柑橘红蜘蛛的使用浓度为100～125 mg/L。防治苹果树叶螨、红蜘蛛的使用浓度为85～100 mg/L。另外，在西班牙、以色列、智利和新西兰可用于防治苹果和其他果树树冠上的螨类。在果园或葡萄园用 0.04%的 50%乳油在冬卵孵化前喷药，能防治整个季节的植食性叶螨。在 4 年大田试验中，按 500 g/L、400 g/L 剂量施2 次，可防治苹果和桃树的榆全爪螨。总之，该药对榆全爪螨（苹果红蜘蛛）有特效，持效期长，主要用作杀卵剂，对幼龄期有一定的防效，对捕食性螨和益虫无影响，用于苹果、观赏植物和豌豆、柑橘、棉花，在开花期前、后各施一次。

专利与登记

专利名称　Acaricidal, larvicidal and ovicidal tetrazine derivatives and compositions, processes for their preparation and methods of using them

专利号　EP 5912　　　　　　　专利公开日　1979-12-12

专利申请日　1979-05-03　　　　优先权日　1978-05-25

专利拥有者　Fisons Ltd.

在其他国家申请的化合物专利　AU 7947406、AU 527130、BR 7903187、CA 1102327、IL 57345、JP 54154770、JP 01027068、RO 78490、US 4237127、ZA 7902477 等。

制备专利　CS 269604、HU 68547、HU 212613、US 5587370、US 5455237、CN 102702122、CN 103012302、WO 2017093263、EP 635499 等。

国内登记情况　20%、40%、50%悬浮剂，95%、96%、98%原药，10%、20%可湿性粉剂等，可与联苯肼酯、阿维菌素、螺螨酯、三唑锡、苯丁锡、哒螨灵等混配。登记作物为柑橘树、苹果树和梨树等，防治对象红蜘蛛等。

合成方法　经如下反应制得四螨嗪：

（1）邻氯苯甲酰氯法

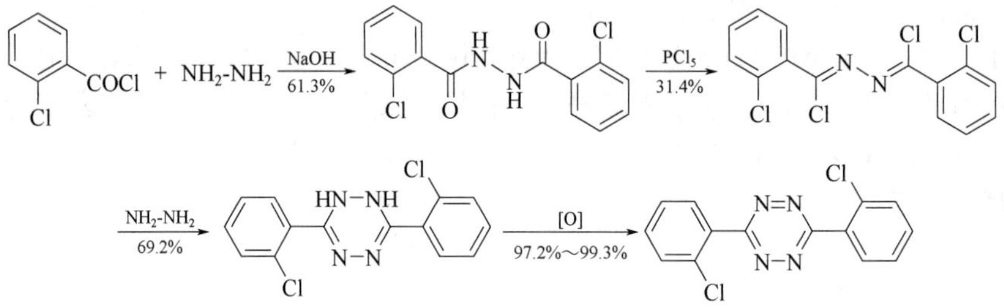

（2）邻氯苯甲醛法

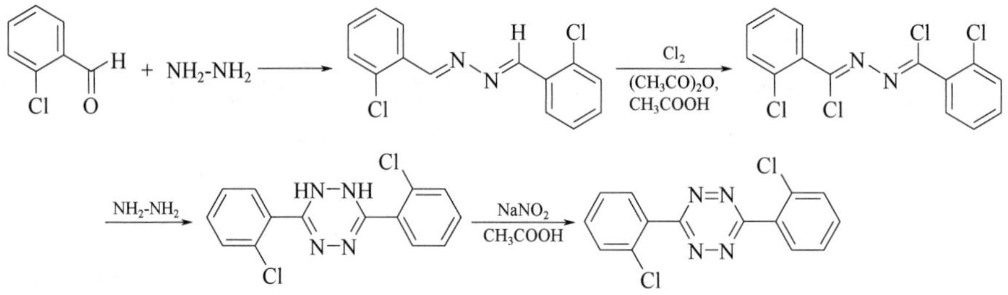

参考文献

[1] The Pesticide Manual. 17 th edition: 219-220.

[2] 农业部农药检定所. 新编农药手册(续集). 北京: 中国农业出版社, 1998: 72-74.

[3] 饶国, 武周欣, 杨忠愚. 农药, 2003, 42(2): 13-14.

[4] 王冬兰, 简秋, 李拥兵, 等. 江苏农业学报, 2012(6): 1439-1443.

第六节
有机锡类杀螨剂

有机锡类杀螨剂（organotin acaricides）共有 4 个：azocyclotin、cyhexatin、fenbutatin oxide、phostin。其中 phostin 由于没有商品化，仅列出英文名及 CAS 号：

phostin：tricyclohexyl(diethoxyphosphinothioylthio)stannane 或 *O,O*-diethyl *S*-tricyclohexyl-stannylphosphorodithiate。

苯丁锡（fenbutatin oxide）

$$\left[\left\langle \bigcirc \right\rangle - \underset{\underset{CH_3}{|}}{\overset{\overset{CH_3}{|}}{C}} - CH_2 \right]_3 Sn-O-Sn \left[CH_2 - \underset{\underset{CH_3}{|}}{\overset{\overset{CH_3}{|}}{C}} - \left\langle \bigcirc \right\rangle \right]_3$$

C$_{60}$H$_{78}$OSn$_2$，1052.7，13356-08-6

苯丁锡（试验代号：SD 14 114、ENT27 738，商品名称：Acanor、Norvan、Osadan、ProMite、Stucas、Torque、Vendex，其他名称：fenbutestan、fenbutaestan、hexakis、克螨锡、螨完锡）在美国由 Shell Chemical Co.(现为 DuPont Agricultural Products)，在别处由 Shell Interational Chemical Company Ltd(现为 BASF SE)开发。

化学名称　双[三(2-甲基-2-苯基丙基)锡]氧化物。英文化学名称为 bis[tris(2-methyl-2-phenylpropyl)tin]oxide。美国化学文摘系统名称为 1,1,1,3,3,3-hexakis(2-methyl-2-phenyl-propyl)distannoxane。CA 主题索引名称为 distannoxane —, hexakis(2-methyl-2-phenylpropyl)-。

理化性质　原药为无色晶体，有效成分含量为 97%。熔点 140~145℃。沸点 230~310℃。蒸气压 3.9×10^{-8} mPa（20℃）。lgK_{ow} 5.2。相对密度 1.29~1.33（20~25℃）。Henry 常数 3.23×10^{-3} Pa·m^3/mol。水中溶解度（20~25℃，pH 4.7~5.0）0.0152 mg/L，有机溶剂中溶解度（g/L，20℃）：丙酮 4.92、己烷 3.49、乙酸乙酯 11.4、甲苯 70.1、二氯甲烷 310、甲醇 182、异丙醇 25.3。稳定性：对光、热、氧气都很稳定。光稳定性 DT$_{50}$ 55 d（pH 7，25℃）。水可使苯丁锡转化为三(2-甲基-2-苯基丙基)锡氢氧化物，该产物在室温下慢慢地，在 98℃迅速地再转化为母体化合物。不能自燃，但在尘雾中点燃可爆炸。

毒性　据中国农药毒性分级标准，苯丁锡属低毒性杀螨剂。急性经口 LD$_{50}$：大鼠 3000~4400 mg/kg，小鼠 1450 mg/kg，狗＞1500 mg/kg。兔急性经皮 LD$_{50}$＞1000 mg/kg。对兔皮肤有刺激作用，对兔眼睛有严重刺激作用。大鼠吸入 LC$_{50}$ 0.46~0.072 mg/kg bw。在试验剂量范围内对动物未见蓄积毒性及致畸、致突变、致癌作用。在三代繁殖试验和神经试验中未见异常。ADI（JMPR）0.03 mg/kg bw。制剂：大鼠急性经口 LD$_{50}$ 为 2000 mg/kg，经皮 LD$_{50}$＞2000 mg/kg，大鼠吸入 LC$_{50}$ 0.3 mg/L。

生态效应　苯丁锡对鱼类高毒，大多数鱼类 LC$_{50}$ 0.002~0.540 mg/L，虹鳟鱼 LC$_{50}$（48 h）0.27 mg(a.i.)/L（可湿性粉剂）。对蜜蜂和鸟低毒，蜜蜂急性毒性 LD$_{50}$＞200 μg/只（接触或经口）。野鸭 LC$_{50}$（8 d）＞2000 mg/kg。山齿鹑 LC$_{50}$（8 d）5065 mg/kg。水蚤 LC$_{50}$（24 h）0.05~0.08 mg/L。藻类 LC$_{50}$（72 h）＞0.005 mg/L。对食肉和寄生的节肢动物无副作用。

环境行为　在土壤中苯丁锡代谢为二羟基-双（2-甲基-2-苯丙基）锡烷和 2-甲基-2-苯丙基锡酸，最终形成锡氧化物和锡酸。在土层测试中，苯丁锡氧化物有微小的移动，或其代谢物最深能达到 30 cm 深的土壤中。

制剂　可湿性粉剂［500 g(a.i.)/kg］、悬浮剂（550 g/L）。

主要生产商　BASF、Oxon、SePRO、UPL、广东省佛山市大兴生物化工有限公司、湖北华昕生物科技有限公司、江苏省无锡市稼宝药业有限公司、江西华兴化工有限公司、上海禾本药业股份有限公司、浙江禾本科技股份有限公司等。

作用机理与特点　氧化磷酰化抑制剂，阻止 ATP 的形成。对害螨以触杀和胃杀为主，非内吸性。苯丁锡是一种长效专性杀螨剂，对有机磷和有机氯有抗性的害螨不产生交互抗性。喷药后起始毒力缓慢，3 d 以后活性开始增强，到 14 d 达到高峰。该药持效期是杀螨剂中较长的一种，可达 2～5 个月。对幼螨和成、若螨的杀伤力比较强，但对卵的杀伤力不大。在作物各生长期使用都很安全，使用超过有效杀螨浓度 1 倍均未见有药害发生，对害螨天敌如捕食螨、瓢虫和草蛉等影响甚小。苯丁锡为感温型杀螨剂，当气温在 22℃ 以上时药效提高，22℃ 以下活性降低，低于 15℃ 药效较差，在冬季不宜使用。

应用

（1）适用作物　柑橘、苹果、梨、梅、李、桃、蔬菜、葡萄、茶、观赏型植物等。

（2）防治对象　螨类、锈壁虱。

（3）残留量与安全施药　苯丁锡人体每日允许摄入量（ADI）为 0.03 mg/kg。作物中最高残留限量（国际标准），柑橘中 5 mg/kg，番茄中 1 mg/kg，最多使用次数为 6 次，最高用药浓度为 1000 mg/L。最后一次施药距收获时间：柑橘 14 d 以上，番茄 10 d。

（4）使用方法　在世界范围内苯丁锡以 20～50 g(a.i.)/hm² 喷雾，可有效和持效地防治游动期的植食性螨类，主要是柑橘、葡萄、观赏植物、梨果、核果上的瘿螨科和叶螨科害螨等。

防治柑橘红蜘蛛，在 4 月下旬到 5 月用 50% 可湿性粉剂 2000 倍液（有效浓度 250 mg/L），均匀喷雾，夏秋季节降雨少可用 2500 倍液（有效浓度 200 mg/L）喷雾，持效期一般在 2 个月左右。防治柑橘锈螨，在柑橘上果期和果实上虫口增长期，用 50% 可湿性粉剂 2000 倍液（有效浓度 250 mg/L）喷雾，可收到很好的防治效果。防治苹果叶螨（包括山楂红蜘蛛和苹果红蜘蛛），用 50% 可湿性粉剂 1000～1500 倍液（有效浓度 333～500 mg/L）喷雾。防治茶橙、茶短须螨，在茶叶非采摘期，于发生中心进行点片防治，发生高峰期全面防治。用 50% 可湿性粉剂 1500 倍液（有效浓度 333 mg/L）喷雾，茶叶螨类大多集中在叶背和茶丛中下部为害，喷雾一定要均匀周到。防治菊花叶螨、玫瑰叶螨，在发生期防治，用 50% 可湿性粉剂 1000 倍液（有效浓度 500 mg/L），在叶面叶背均匀喷雾。防治蔬菜（辣椒、茄子、黄瓜、豆类）叶螨，用 50% 可湿性粉剂 1000～1500 倍液（有效浓度 333～500 mg/L）喷雾。

专利与登记

专利名称　Organo tinmiticides and method of using the same

专利号　DE 2115666　　　　　　专利公开日　1971-10-21

专利申请日　1971-03-31　　　　优先权日　1970-04-02

专利拥有者　Shell Oil Co.

在其他国家申请的化合物专利　BE 765058、CA 949450、CH 552335、FR 2085794、GB 1327336、JP 54006609、NL 7104274、NL 174798、US 3657451 等。

国内登记情况　25%、50% 可湿性粉剂，95%、96%、98% 原药，10% 乳油，20% 悬浮剂等，登记作物为柑橘树等，防治对象红蜘蛛和锈壁虱等。巴斯夫欧洲公司在中国登记了 98% 原药和 50% 可湿性粉剂，登记用于防治柑橘树上的红蜘蛛，用药量为 150～250 mg/kg，已过期。

合成方法　经如下反应制得苯丁锡：

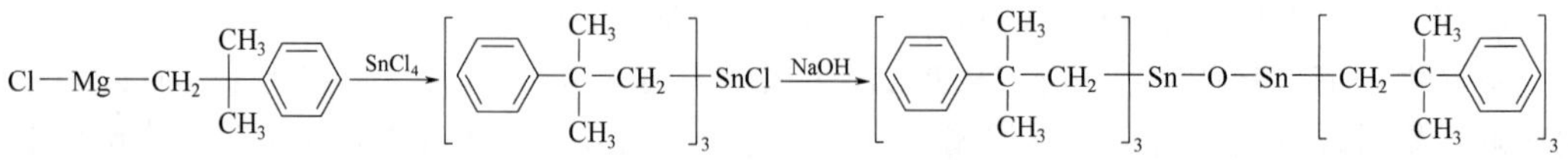

参考文献

[1] The Pesticide Manual.17 th edition: 448-449.

[2] 周小玲, 刘金泉, 肖艳, 等. 现代园艺, 2016(19): 18-19.

[3] 过戊吉. 农药市场信息, 2005(11): 20.

[4] 范登进. 植物保护, 1993(6): 51.

三环锡（cyhexatin）

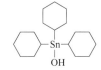

C₁₈H₃₄OSn，385.2，13121-70-5

三环锡（试验代号：Dowco 213、ENT27 395-X、OMS 3029，商品名称：Acarmate、Acarstin、Guaraní、Mitacid、Oxotin、Sipcatin、Sunxatin、Triran Fa、杀螨锡、普特丹）最早由 W.E.Allison 等于 1968 年报道其具杀螨活性，随后由 Dow Chemical Co.和 M&T Chemicals Inc.联合开发。由 Dow Chemical Co.推广。

化学名称 三环己基锡氢氧化物。英文化学名称为 tricyclohexyltin hydroxide。美国化学文摘系统名称为 tricyclohexylhydroxystannane。CA 主题索引名称为 stannane —, tricyclohexyl-hydroxy-。

理化性质 纯品为无色晶体。蒸气压可忽略（25℃）。水中溶解度（20～25℃）＜1.0 mg/L，有机溶剂中溶解度（g/L，20～25℃）：氯仿 316、甲醇 29、二氯甲烷 45、四氯化碳 44、苯 14、甲苯 8.7、二甲苯 3.1、丙酮 1.0。稳定性：水溶液在 100℃内的弱酸性（pH 6）至碱性条件下稳定；在紫外线作用下分解。

毒性 急性经口 LD_{50}（mg/kg）：大鼠 540，兔 500～1000，豚鼠 780。兔急性经皮 $LD_{50}＞$ 2000 mg/kg。本品对兔眼睛有刺激性。NOEL［mg/(kg·d)，2 年］：狗 0.75，小鼠 3，大鼠 1。ADI/RfD：（JMPR）0.003 mg/kg bw；（EPA）aRfD 0.005 mg/kg bw，cRfD 0.0025 mg/kg bw。

生态效应 小鸡急性经口 LD_{50} 650 mg/kg。野鸭饲喂 LC_{50}（8 d）3189 mg/kg，山齿鹑饲喂 LC_{50}（8 d）520 mg/kg 饲料。鱼类 LC_{50}（24 h）：大口鲈鱼 0.06 mg/kg，金鱼 0.55 mg/L。蜜蜂接触 LD_{50} 32 μg/只。在推荐剂量下对大部分捕食性螨和昆虫无害。

环境行为 在土壤中代谢生成二环己基锡氢氧化物、环己基氢氧化锡和无机锡化合物。紫外线能促进其分解。

制剂 25.5%可湿性粉剂、60%悬浮剂等。

主要生产商 Chemia、Sipcam-Oxon、UPL 等。

作用机理与特点 氧化磷酸化抑制剂，通过干扰 ATP 的形成而起作用。无内吸性的触杀性杀螨剂。

应用

（1）适用作物 用于防治仁果、核果、葡萄、坚果、草莓、蔬菜、番茄、葫芦及观赏植物等作物上的叶螨。

（2）防治对象 对大多植食性螨类的不同阶段（成幼螨）均有优异防效。

（3）残留量与安全施药 对落叶果树、藤类、蔬菜及户外观赏植物物无药害；对柑橘类（不成熟的果实和嫩叶）、温室观赏植物和蔬菜有轻微要害（通常形成局部斑点）。

（4）使用方法 一般使用剂量为 20～30 g(a.i.)/100 L，对有机磷抗性螨有效。

专利与登记

专利名称 Methods for the control of arachnids

专利号　US 3264177　　　　专利公开日　1966-08-02

专利申请日　1964-02-17　　　优先权日　1964-02-17

专利拥有者　Dow Chemical Co.

在其他国家申请的化合物专利　US 3264177。

制备专利　AT 379814、BE 883956、DE 3546313、DE 3435717、DE 2332206、EP 346506、JP 62039592、US 3402189、WO 9211249 等。

1992 年因对兔致畸列入 PIC 名单，Dow 公司生产的三环锡曾在我国获得登记，因其对实验动物有致畸作用而撤销登记。国内（1987 年）三环锡亦不予登记、生产。

合成方法　环己基氯与四氯化锡和金属钠反应得三环己基锡氯化物，再与碱反应即生成三环锡。

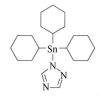

参考文献

[1] The Pesticide Manual. 17 th edition: 271-272.

[2] Allison W E, Doty A E, Hardy J L, et al. J. Econ. Entomol., 1968, 61: 1254.

[3] 农药商品大全. 北京: 中国商业出版社. 1996, 297-298.

[4] 国外农药品种手册(新版合订本). 北京: 化工部农药信息总站, 1996: 401-402.

[5] 宋顺祖. 新农业, 1987, 6: 28-29.

三唑锡（azocyclotin）

$$C_{20}H_{35}N_3Sn, 436.2, 41083-11-8$$

三唑锡（试验代号：BAY BUE 1452，商品名称：Caligur、Clairmait、Mulino、Peropal、倍乐霸）是由 W.Kolbe 报道，Bayer AG 公司开发杀螨剂。

化学名称　三(环己基)-1H-1,2,4-三唑-1-基锡。英文化学名称为 tri(cyclohexyl)-1H-1,2,4-triazol-1-yltin，1-tricyclohexylstannanyl-1H-[1,2,4]triazole。美国化学文摘(CA)名称为 1-(tricyclohexylstannyl)-1H-1,2,4-triazole。CA 主题索引名称为 1H-1,2,4-triazole —, 1-(tricyclohexyl-stannyl)-。

理化性质　纯品为无色晶体。熔点 210℃（分解）。相对密度 1.335（20～25℃）。蒸气压 2×10^{-8} mPa（20℃），6.0×10^{-8} mPa（25℃）。lgK_{ow} 5.3（20～25℃）。Henry 常数 3×10^{-7} Pa·m³/mol（计算）。水中溶解度（20～25℃）0.12 mg/L，有机溶剂中溶解度（g/L，20～25℃）：二氯甲烷 20～50、异丙醇 10～50、正己烷 0.1～1、甲苯 2～5。稳定性：DT$_{90}$（20℃）＜10 min（pH 4，7，9）。pK_a 5.36，弱碱性。

毒性　急性经口 LD_{50}（mg/kg）：雄大鼠 209，雌大鼠 363，豚鼠 261，小鼠 870～980。大鼠急性经皮 LD_{50} > 5000 mg/kg。对兔皮肤强刺激、兔眼睛腐蚀性刺激。大鼠（雄、雌）吸入 LC_{50}（4 h）0.02 mg/L 空气。NOEL（mg/kg 饲料，2 年）：大鼠 5、小鼠 15、狗 10。ADI/RfD（JMPR）0.003 mg/kg bw。

生态效应　日本鹌鹑急性经口 LD_{50}（mg/kg）：雄 144 mg/kg，雌 195 mg/kg。鱼类 LC_{50}（mg/L，96 h）：虹鳟 0.004，金雅罗鱼 0.0093。水蚤 LC_{50}（48 h）0.04 mg/L。海藻 EC_{50}（96 h）0.16 mg/L。对蜜蜂无毒，LD_{50} > 100 µg/只。蚯蚓 LC_{50}（28 h）806 mg/kg。

环境行为　①动物。通过水解代谢，形成 1,2,4-三唑和三环己基锡氢氧化物，可进一步氧化为二环己锡氧化物。②植物。其代谢产物包括 1,2,4-三唑、三环己基锡氢氧化物、二环己锡氧化物。③土壤/环境。在土壤中半衰期从几天到很多周不等，取决于土壤类型。

制剂　25%可湿性粉剂。

主要生产商　Arysta LifeScience、FarmHannong、湖北华昕生物科技有限公司、江西华兴化工有限公司、山东奥坤作物科学股份有限公司、山都丽化工有限公司、浙江禾本科技股份有限公司、招远三联化工厂有限公司。

作用机理与特点　三唑锡为氧化磷酰化抑制剂；阻止 ATP 的形成。为触杀作用较强的广谱性杀螨剂，可杀灭若螨、成螨和夏卵，对冬卵无效。

应用

（1）适用作物　苹果、柑橘、葡萄、蔬菜、棉花、蛇麻。

（2）防治对象　苹果全爪螨、山楂红蜘蛛、柑橘全爪螨、柑橘锈壁虱、二点叶螨、棉花红蜘蛛。

（3）残留量与安全用药　对光和雨水有较好的稳定性，持效期较长。在常用浓度下对作物安全。每季作物最多使用次数：苹果为 3 次，柑橘为 2 次。安全间隔期：苹果为 14 d，柑橘为 30 d。最高残留限量（MRL 值）均为 2 mg/kg。该药剂不可与碱性药剂如波尔多液或石硫合剂等药剂混用。亦不宜与百树菊酯混用。

药剂应贮藏在干燥、通风和儿童接触不到的地方。一般情况下，该药对使用者不会造成严重伤害。所以，只要按照安全操作规定用药，不会出现严重中毒现象。若不慎中毒，其症状为头痛、头晕、四肢麻木等。出现中毒时，应立即离开施药现场，脱去被污染的衣服，用清水和肥皂洗净皮肤，误服者应催吐、洗胃。

（4）应用技术　防治苹果红蜘蛛：该害螨危害新红星、富士、国光等苹果品种，在 7 月中旬以前，平均每叶有 4～5 头活动螨；或 7 月中旬以后，平均每叶有 7～8 头活动螨时即应防治。防治山楂红蜘蛛：防治重点时期是越冬雌成螨上芽危害和在树冠内膛集中的时期。防治指标为平均每叶有 4～5 头活动螨。防治柑橘全爪螨：当气温在 20℃时，平均每叶有螨 5～7 头时即应防治，喷雾处理。防治柑橘锈壁虱：在春末夏初害螨尚未转移危害果实前。防治葡萄叶螨：在叶螨始盛发期喷雾。防治茄子红蜘蛛：根据害螨发生情况而定。

（5）使用方法　防治苹果红蜘蛛用 25%三唑锡可湿性粉剂 1000～1330 倍液或每 100 L 水加 25%三唑锡 7～100 g（有效浓度 188～250 mg/L）喷雾。防治山楂红蜘蛛用 25%三唑锡可湿性粉剂 1000～1330 倍液或每 100 L 水加三唑锡 75～100 g（有效浓度 188～250 mg/L）喷雾。防治柑橘全爪螨用 25%三唑锡可湿性粉剂 1500～2000 倍液或每 100 L 水加 25%三唑锡可湿性粉剂 50～66.7 g（有效浓度 125～167 mg/L）。防治柑橘锈壁虱使用 25%三唑锡可湿性粉剂 1000～2000 倍液或每 100 L 水加 25%三唑锡可湿性粉剂 50～100 g（有效浓度 125～250 mg/L）喷雾。防治葡萄叶螨用 25%三唑锡可湿性粉剂 1000～1500 倍液或每 100 L 水加

25%三唑锡可湿性粉剂 66.7～100 g（有效浓度 166.7～250 mg/L）喷雾。防治茄子红蜘蛛每亩用 25%三唑锡可湿性粉剂 40～80 g（有效成分 10～20 g）。

专利与登记

专利名称　Insektizideund akarizide mittel

专利号　DE 2143252　　　　　　专利公开日　1973-03-01

专利申请日　1971-08-28　　　　优先权日　1971-08-28

专利拥有者　Bayer AG

在其他国家申请的化合物专利　AU 7245974、AT 322280、AT 323198、BE 788015、CA 1000610、CH 547312、CH 548154、DD 102276、DK 129756、DK 131941、FR 2150907、GB 1369147、GB 1369148、HU 165295、IL 40201、IT 964306、JP 49116067、JP 57020959、JP 48033030、JP 51042171、PL 89024、RO 61161、NL 7211640、NL 175695、US 3907818、US 3988449、ZA 7205862、ZA 7305461 等。

制备专利　DE 2261455、GB 1319889、CN 104628763、CN 104628764、CN 104628762、CN 104418881、CN 104418880、CN 104418878、CN 104418877、CN 104418882、CN 104418879 等。

国内登记情况　90%、95%原药；20%、25%、30%悬浮剂，1000～2500 倍液喷雾用于防治柑橘红蜘蛛，1500～3000 倍液用于防治苹果红蜘蛛；20%、25%、70%可湿性粉剂 1000～5000 倍液喷雾用于防治柑橘红蜘蛛；可与乙螨唑、阿维菌素、螺螨酯、四螨嗪、丁醚脲等混配。

合成方法　通过如下反应即可制得目的物：

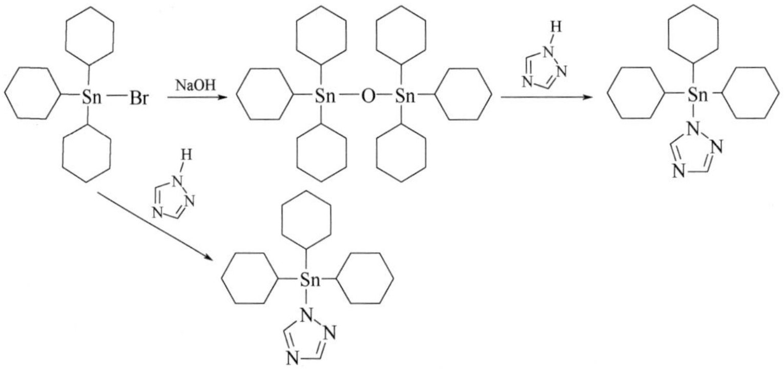

参考文献

[1] The Pesticide Manual. 17 th edition: 65-66.

[2] 马东升, 乐征宇, 黎勇. 黑龙江大学自然科学学报, 1997, 2: 90-91.

[3] 陈洁. 石河子科技, 2016(2): 1-2.

第七节
拟除虫菊酯类杀螨剂

可用作杀螨剂的拟除虫菊酯类杀螨剂（pyrethroid acaricides）品种共有如下 14 个：acrinathrin、bifenthrin、brofluthrinate、cyhalothrin、cypermethrin、*alpha*-cypermethrin、 fenpropathrin、fenvalerate、flucythrinate、flumethrin、fluvalinate、*tau*-fluvalinate、permethrin、halfenprox。其他品种前面均已介绍过了，故此处仅介绍 flumethrin。

氟氯苯菊酯（flumethrin）

$C_{28}H_{22}Cl_2FNO_3$，510.4，69770-45-2

氟氯苯菊酯（试验代号：BAY V1 6045、BAY Vq1950，商品名称：Bayticol、Bayvarol，其他名称：氟氯苯氰菊酯、氯苯百治菊酯）是由德国 Bayer AG 开发的杀虫杀螨剂。

化学名称 (*RS*)-α-氰基-(4-氟-3-苯氧基苄基)-3-(2-氯-2-(4-氯苯基)乙烯基)-2,2-二甲基环丙烷羧酸酯。英文化学名称 α-cyano-4-fluoro-3-phenoxybenzyl 3-(β,4-dichlorostyryl)-2,2-dime-thylcyclopropanecarboxylate 或 α-cyano-4-fluoro-3-phenoxybenzyl (1*RS*)-*cis*-*trans*-(*EZ*)-3-(β,4-dichlorostyryl)-2,2-dimethylcyclopropanecarboxylate。美国化学文摘系统名称为 cyano(4-fluoro-3-phenoxyphenyl)methyl 3-[2-chloro-2-(4-chlorophenyl)ethenyl]-2,2-dimethylcyclopropanecar-boxylate。CA 主题索引名称为 cyclopropane carboxylic acid —, 3-[2-chloro-2-(4-chlorophenyl)ethenyl]-2,2-dimethylcyano(4-fluoro-3-phenoxyphenyl)methyl ester。

理化性质 原药外观为淡黄色黏稠液体，沸点＞250℃（$1.01×10^5$ Pa）。在水中及其他含羟基溶剂中的溶解度很小，能溶于甲苯、丙酮、环己烷等大多数有机溶剂。对光、热稳定，在中性及微酸性介质中稳定，碱性条件下易分解。工业品为澄清的棕色液体，有轻微的特殊气味。相对密度 1.013，蒸气压 $1.33×10^{-8}$ Pa（20℃）。不溶于水，可溶于甲醇、丙酮、二甲苯等有机溶剂。常温贮存 2 年无变化。

毒性 雌大鼠急性经口 LD_{50} 584 mg/kg，雌大鼠急性经皮 LD_{50} 2000 mg/kg。中等毒。ADI（JMPR）0.004 mg/kg bw。对动物皮肤和黏膜无刺激作用。

制剂 喷雾剂（5%）、乳剂（7.5%）、气雾剂（0.0167%）。

主要生产商 Bayer、江苏优嘉植物保护有限公司等。

作用机理与特点 作用于害虫的神经系统，通过钠离子通道的作用扰乱神经系统的功能。本品属拟除虫菊酯类农药。主要用于禽畜体外寄生虫的防治，并抑制成虫产卵和抑制卵孵化的活性。对微小牛蜱的 Malchi 品系具有异乎寻常的毒力，比溴氰菊酯的毒力高 50 倍。

应用

（1）防治对象 适用于牲畜体外寄生动物的防治。用于防治扁虱、刺吸式虱子、痒螨病、皮螨病、疥虫，如微小牛蜱、具环方头蜱、卡延花蜱、扇头蜱属、玻眼蜱属的防治，30 mg/L 浓度对微小牛蜱的防效达 100%。

（2）作用方式 本品高效安全，适用于禽畜体外寄生虫的防治，并有抑制成虫产卵和抑制卵孵化的活性，但无击倒作用。曾发现本品的一个异构体（反式-Z Ⅱ）对微小牛蜱的 Malchi 品系具有异乎寻常的毒力，比顺式的氯氰菊酯和溴氰菊酯的毒力高 50 倍，这可能是本品能用泼浇法成功防治蜱类的一个原因。

（3）使用方法 以本品 30 mg/L 药液喷射或泼浇，即能 100%防治单寄生的微小牛蜱、具环牛蜱和褪色牛蜱；＜10 mg/L 能抑制其产卵。用 40 mg/L 亦能有效地防治多寄主的希伯来花蜱、彩斑花蜱、附肢扇头蜱和无顶玻眼蜱等，施药后的保护期均在 7 d 以上。剂量高过建议量的 30～50 倍，对动物无害。当喷药浓度≤200 mg/L 时，牛乳中未检测出药剂的残留量。本品还能用于防治羊虱、猪虱和鸡羽螨。

（4）注意事项　采用一般的注意和防护，可参考其他拟除虫菊酯。

专利与登记

专利名称　Insecticidal and acaricidal substituted phenoxybenzyloxycarbonyl derivatives

专利号　DE 2730515　　　　专利公开日　1979-01-18

专利申请日　1977-07-06　　　优先权日　1977-07-06

专利拥有者　Bayer A.-G., Fed. Rep. Ger.

在其他国家申请的化合物专利　AU 3778778、AU 520095、AT 361251、AR 227617、BR 7804334、CS 199214、DE 2730515、DK 160300、DD 139991、DD 146286、EP 0011695、ES 479021、ES 471461、EP 0000345、EG 13788、GR 71682、HU 176473、IL 55061、IT 1097465、JP 62048646、JP 54014946、PT 68252、PH 16779、TR 20790、US 4276306、US 4611009、ZA 7803869 等。

制备专利　CN 1693378、EP 48370、WO 9818329、DE 2802962、DE 3629387、US 4350640 等。

国内登记情况　90%原药，1%喷射剂，登记为卫生杀虫剂防治蚂蚁。

合成方法　通过如下反应即可制得目的物：

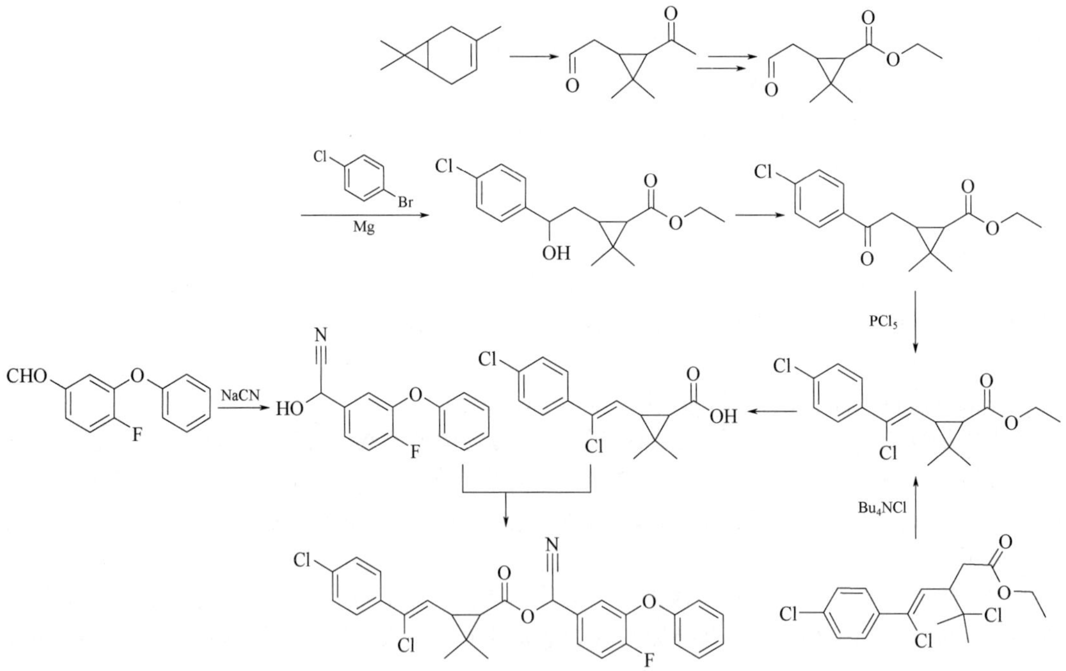

参考文献

[1] The Pesticide Manual. 17 th edition: 510.

[2] 农药商品大全. 北京: 中国商业出版社, 1996: 195-196.

[3] Bhosale S S, Kulkarni G H, Mitra R B. Indian Journal of Chemistry, Section B, 1985, 24B(5): 543-546.

[4] Funk R L, Olmstead T A, Parvez M. Journal of the American Chemical Society, 1988, 110(10): 3298-3300.

[5] 苏凤, 刘利锋, 江善祥. 中国兽药杂志, 2010, 44(4): 31-33.

[6] 沈育初. 中国蜂业, 2009, 12: 33-34.

[7] 陈小明. 广东化工, 2012(15): 57-58.

第八节
磺酸酯杀螨剂

磺酸酯杀螨剂（sulfite ester acaricide）共有两个：aramite 和 propargite。此处仅介绍了 propargite，aramite 仅列出了英文名和 CAS 号。

aramite：(*RS*)-2-(4-*tert*-butylphenoxy)-1-methylethyl-2-chloroethylsulfite，140-57-8。

炔螨特（propargite）

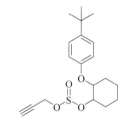

$C_{19}H_{26}O_4S$，350.5，2312-35-8

炔螨特（试验代号：DO 14、ENT27 226，商品名称：Akbar、Allmite、Dictator、Omite、SunGite，其他名称：力克螨、克螨特、奥美特、螨除净、丙炔螨特）是 Uniroyal Inc 公司（现属 Crompton Corp.）在 1969 年开发的有机硫杀螨剂。

化学名称 2-(4-叔丁基苯氧基)环己基丙-2-炔基亚硫酸酯。英文化学名称为(1*RS*,2*RS*; 1*RS*,2*SR*)-2-(4-*tert*-butylphenoxy)cyclohexyl prop-2-ynyl sulfite。美国化学文摘系统名称为 2-[[4-(1,1-dimethylethyl)phenoxy]hexy]2-propynyl sulfite。CA 主题索引名称为 sulfurous acid —, 2-[4-(1,1-dimethylethyl)phenoxy]cyclohexyl 2-propynyl ester。

理化性质 原药纯度＞87%，为深琥珀色油状黏性液体。常压下 210℃分解。蒸气压 0.04 mPa（25℃）。相对密度 1.12（20℃）。$\lg K_{ow}$ 5.70。Henry 常数 $6.4×10^{-2}$ Pa·m³/mol（计算）。水中溶解度（20~25℃）0.215 mg/L，易溶于甲苯、己烷、二氯甲烷、甲醇、丙酮等有机溶剂，不能与强酸、强碱相混。稳定性：水解 DT_{50}：66.30 d（25℃，pH 7），9.0 d（40℃，pH 7），1.1 d（25℃，pH 9），0.2 d（40℃，pH 9）；在 pH 4 时稳定；光解 DT_{50} 6 d（pH 5）；在空气中 DT_{50} 2.155 h。pK_a＞12。闪点 71.4℃。

制剂理化性质 由有效成分炔螨特、乳化剂和低脂肪醇组成。外观为浅至黑棕色黏性液体，相对密度 1.080，沸点 99℃，闪点 28℃，20℃时蒸气压 2666 Pa。易燃，乳化性良好，不宜与强酸、强碱类物质混合，通常条件下贮存 2 年不变质。

毒性 大鼠急性经口 LD_{50} 2843 mg/kg。兔急性经皮 LD_{50}＞4000 mg/kg。大鼠吸入 LC_{50}（4 h）为 0.05 mg/L。本品对兔眼睛和皮肤有严重刺激性。对豚鼠无皮肤致敏。大鼠亚急性经口无作用剂量为 40 mg/kg，大鼠慢性经口无作用剂量 300 mg/kg，狗慢性吸入无作用剂量为 900 mg/kg。无诱变性和致癌作用。NOEL（1 年）狗 4 mg/(kg·d)；LOAEL（2 年）

基于空肠肿瘤发生率，SD 大鼠 3 mg/(kg•d)，Wistar 大、小鼠未见肿瘤发生。NOAEL（28 d）SD 大鼠 2 mg/kg bw，表明细胞增殖是致癌的原因，而且有极限剂量。ADI（JMPR）0.01 mg/kg bw。

生态效应 野鸭急性经口 LD_{50}＞4640 mg/kg。野鸭饲喂 LC_{50}（5 d）＞4640 mg/kg，山齿鹑 3401 mg/kg。鱼类 LC_{50}（96 h）：虹鳟 0.043 mg/L、大翻车鱼 0.081 mg/L。水蚤 LC_{50}（48 h）0.014 mg/L。藻类 LC_{50}（96 h）＞1.08 mg/L（在测试最高浓度下没有影响）。草虾 LC_{50}（96 h）0.101 mg/L。蜜蜂 LD_{50}（48 h）48 μg/只（接触），＞100 μg/只（经口）。蚯蚓 LC_{50}（14 d）378 mg/kg 土壤。和田间几年的残留物接触一周或者一天的情况下，对安德森氏钝绥螨、小花蝽、赤眼蜂无副作用（因此对于人类无长期影响）；与叶子上的新的残留物接触，对普通草蛉无副作用。

环境行为 ①动物。在哺乳动物中，炔螨特在亚硫酸酯连接点水解为 1-[4-(1,1-二甲乙基)苯氧]-2-环己醇，然后其叔丁基侧链再进行水解。其代谢物也有叔丁基团的氧化物或硫酸盐，以及环己基团氧化物。②植物。虽然炔螨特无内吸和渗透传导作用，但也有一小部分剂量能渗入植物的外层，进行和动物体内相同的代谢过程。在大部分水果中，炔螨特主要停留在植物表面，随着叶子剥落，其含量降低。在果肉中只发现痕量的残留。③土壤。DT_{50} 40～67 d（需氧土壤，pH 6.0～6.9，有机碳 1.0%～2.55%，22～25℃），$\lg K_{oc}$ 3.6～3.9，在累积研究和田间分散研究中未发现过滤物。水-沉积物研究 DT_{50} 1.7～2.5 d（水相），18.3～22.5 d（整个系统）。空气 DT_{50} 2.155 h。

制剂 乳油（570 g/L、720 g/L 或 790 g/L）、可湿性粉剂（300 g/L）。

主要生产商 Arysta LifeScience、UPL、爱利思达生物化学品有限公司、湖北仙隆化工股份有限公司、江苏常隆农化有限公司、江苏丰山集团股份有限公司、江苏剑牌农化股份有限公司、江苏克胜作物科技有限公司、乐斯化学有限公司、山东麒麟农化有限公司、山东省青岛瀚生生物科技股份有限公司、新加坡利农私人有限公司、浙江东风化工有限公司、浙江禾本科技股份有限公司、浙江禾田化工有限公司等。

作用机理与特点 线粒体 ATPase 抑制剂，通过破坏正常的新陈代谢和修复从而达到杀螨目的。炔螨特是一种低毒广谱性有机硫杀螨剂，具有触杀和胃毒作用，无内吸和渗透传导作用。对成螨、若螨有效，杀卵效果差。炔螨特在世界各地已经使用了 30 多年，至今没有发现抗药性，这是由于螨类对炔螨特的抗性为隐性多基因遗传，故很难表现。炔螨特在任何温度下都是有效的，而且在炎热的天气下效果更为显著，因为气温高于 27℃时，炔螨特有触杀和熏蒸双重作用。炔螨特还具有良好的选择性，对蜜蜂和天敌安全，而且药效持久，毒性又很低，是综合防治的首选良药。炔螨特无组织渗透作用，对作物生长安全。

应用

（1）适用作物 苜蓿、棉花、薄荷、马铃薯、苹果、黄瓜、柑橘、杏、茄、园艺作物、大豆、无花果、桃、高粱、樱桃、花生、辣椒、葡萄、梨、草莓、茶、梅、番茄、柠檬、胡桃、谷物、瓜类、蔬菜等。

（2）防治对象 各种螨类，对其他杀螨剂较难防治的二斑叶螨（苹果白蜘蛛）、棉花红蜘蛛、山楂叶螨等有特效，可控制 30 多种害螨。

（3）残留量与安全施药 炔螨特除不能与波尔多液及强碱性药剂混用外，可与一般的其他农药混合使用。收获前 21 d（棉）、30 d（柑橘）停止用药。在炎热潮湿的天气下，幼嫩作物喷洒高浓度的炔螨特后可能会有轻微的药害，使叶片皱曲或起斑点，但这对作物的生长没有影响。炔螨特对皮肤有轻微刺激，无人体中毒报道。施药时要戴面罩及手套，以免接触大量药剂。当药物溅到皮肤或衣物上时，要用肥皂和清水冲洗，并换衣物。当溅到眼中时，应立即用大量清水冲洗。如误服，请饮大量牛奶、清水，并携本产品标签就医。本品无特殊解毒剂，可对症治疗。室内存放避免高温暴晒。

（4）应用技术 防治棉花害虫红蜘蛛，6月底以前，在害螨扩散初期施药。防治果树害虫柑橘红蜘蛛，于春季始盛发期施药，平均每叶有螨2～4头时施药，可重点挑治或全面防治。防治柑橘锈壁虱，当有虫叶片达20%或每叶平均有虫2～3头时开始防治，隔20～30 d再防治1次。炔螨特对柑橙新梢嫩幼果有药害，尤其对甜橙类较重，其次是柑类，对橘类较安全。因此，应避免在新梢期用药。在高温下用药对果实也容易产生日灼病，还会影响脐部附近褪绿。所以，用药要注意，不得随意提高浓度。防治苹果红蜘蛛、山楂红蜘蛛，在苹果开花前后、幼若螨盛发期，平均每叶螨数3～4头，7月份以后平均每叶螨数6～7头时施药。防治茶树害虫茶树瘿螨、茶橙瘿螨，在茶叶非采摘期施药，点片发生中心防治，发生高峰期全面防治。防治蔬菜害虫如茄、豇豆红蜘蛛，在害螨盛发期施药。

（5）使用方法 在世界范围内炔螨特在行间作物上推荐使用剂量为0.75～1.8 kg/hm^2，在多年生果树和坚果作物上叶面喷雾剂量为5.5 kg/hm^2。炔螨特是触杀性农药，无组织渗透作用，故需彻底喷洒作物叶片两面及整个果实表面。

防治棉花害虫红蜘蛛，每亩用73%炔螨特乳油40～80 mL（有效成分29～58 g），对水30～50 L均匀喷雾。防治果树害虫柑橘红蜘蛛用73%乳油2000～3000倍液或每100 L水加73%炔螨特33～50 mL（有效浓度243～365 mg/L）喷雾。防治柑橘锈壁虱用药量及使用方法同柑橘红蜘蛛。防治苹果红蜘蛛、山楂红蜘蛛用73%炔螨特乳油2000～3000倍液或每100 L水加73%炔螨特33～50 mL（有效浓度243～365 mg/L），均匀喷雾。药后7～10 d的防效在90%左右。防治茶树害虫茶树瘿螨、茶橙瘿螨用73%炔螨特乳油1500～2000倍液或每100 L水加73%炔螨特50～67 mL（有效浓度365～487 mg/L）喷雾，药效15 d左右。防治蔬菜害虫如茄、豇豆红蜘蛛每亩用73%炔螨特乳油30～50 mL（有效成分22～37 g），对水75～100 L，均匀喷雾。喷液量一般苹果树每亩250～300 L，柑橘树200～250 L。

专利与登记

专利名称 Cycloaliphatic sulfite esters

专利号 NL 6406854　　　　专利公开日 1965-01-19

专利申请日 1964-06-17　　　优先权日 1963-07-18

专利拥有者 US Rubber Co.

在其他国家申请的化合物专利 GB 1012496、US 3272854、BE 648821、FR 1404674等。

制备专利 CN 1190532、CN 1196352、CN 1830253等。

国内登记情况 85%、90%、90.5%、90.6%、91%、92%、95%原药；57%、73%乳油，1600～2300倍液喷雾用于防治柑橘红蜘蛛；20%、30%、40%、50%水乳剂，1000～1500倍液喷雾用于防治柑橘红蜘蛛、苹果二斑叶螨等；可与丙溴磷、阿维菌素、氟虫脲、哒螨灵、苯丁锡等混配。爱利思达生物化学品有限公司在中国登记情况见表3-4。

表3-4 爱利思达生物化学品有限公司在中国登记情况

登记名称	登记证号	含量	剂型	登记作物	防治对象	用药量	施用方法
炔螨特	PD102-89	57%	乳油	柑橘树	螨	243～365 mg/kg	喷雾
				棉花	螨	273.75～383.25 g/hm^2	喷雾
				苹果树	叶螨	243～365 mg/kg	喷雾

续表

登记名称	登记证号	含量	剂型	登记作物	防治对象	用药量	施用方法
炔螨特	PD29-87	73%	乳油	柑橘树	螨	243～365 mg/kg	喷雾
				棉花	螨	273.75～383.25 g/hm²	喷雾
				苹果树	叶螨	243～365 mg/kg	喷雾
炔螨特	PD261-98	90.6%	原药				

合成方法　经如下反应制得炔螨特：

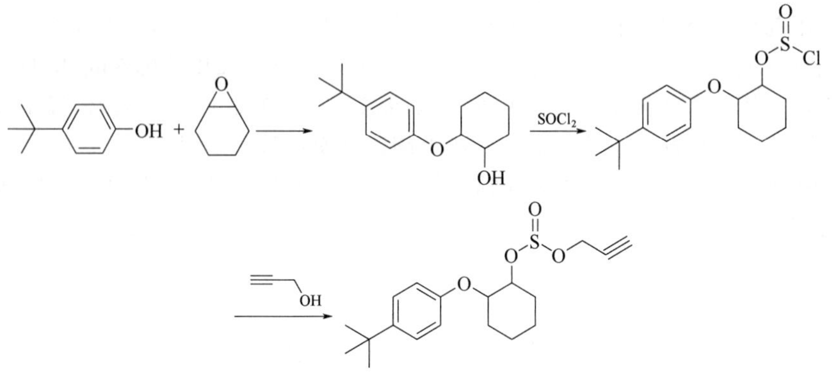

参考文献

[1] The Pesticide Manual. 17 th edition: 924-925.

[2] 黎金嘉. 农药市场信息, 2010(16): 15-17.

[3] 李伟男, 薛兆民. 山东教育学院学报, 2009(5): 77-79.

第九节
丙烯腈类杀螨剂

丙烯腈类杀螨剂（acrylonitrile acaricides）共有 2 个：cyenopyrafen、cyetpyrafen。

腈吡螨酯（cyenopyrafen）

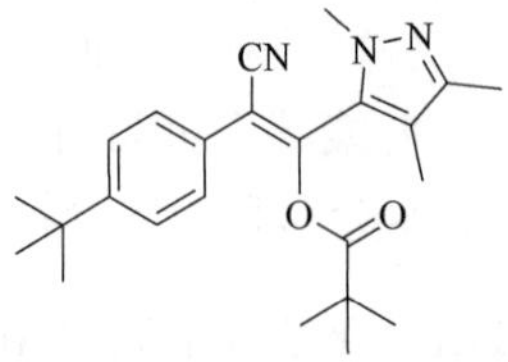

$C_{24}H_{31}N_3O_2$，393.5，560121-52-0

腈吡螨酯（试验代号：NC-512，商品名称：Starmite、Valuestar）是由日产化学公司研制的新型吡唑类杀螨剂，与现有杀虫剂无交互抗性，正在登记中。

化学名称　(*E*)-2-(4-叔-丁苯基)-2-氰基-1-(1,3,4-三甲基吡唑-5-基)乙烯基-2,2-二甲基丙酸酯。英文化学名称为(E)-2-(4-*tert*-butylphenyl)-2-cyano-1-(1,3,4-trimethylpyrazol-5-yl)vinyl 2,2-dimethylpropionate。美国化学文摘系统名称为(1E)-2-cyano-2-[4-(1,1-dimethylethyl)phenyl]-1-(1,3,4-trimethyl-1*H*-pyrazol-5-yl)ethenyl-2,2-dimethylpropanoate。CA 主题索引名称为 propa-noic acid —, dimethyl-(1*E*)-2-cyano-2-[4-(1,1-dimethylethyl)phenyl]-1-(1,3,4-trimethyl-1*H*-pyra-zol-5-yl)ethenylester。

理化性质 纯度>96%。白色固体，熔点 106.7～108.2℃。蒸气压 5.2×10^{-4} mPa（25℃）。lgK_{ow} 5.6。Henry 常数 3.8×10^{-5} Pa·m^3/mol（计算）。相对密度 1.11（20～25℃）。水中溶解度（20～25℃）0.30 mg/L。稳定性：54℃下 14 d 内稳定。水溶液 DT$_{50}$ 0.9 d（pH 9，25℃）。

毒性 大鼠急性经口 LD$_{50}$>5000 mg/kg。大鼠急性经皮 LD$_{50}$>5000 mg/kg。大鼠吸入 LC$_{50}$（4 h）>5.01 mg/L。大鼠 NOEL 5.1 mg/(kg·d)。大鼠 ADI/RfD 0.05 mg/kg。

生态效应 山齿鹑急性经口 LD$_{50}$>2000 mg/kg。虹鳟 LC$_{50}$（96 h）18.3 μg/L。水蚤 LC$_{50}$（48 h）2.94 μg/L。绿藻 E$_b$C$_{50}$（72 h）>0.03 mg/L。蜜蜂 LD$_{50}$（48 h）>100μg(a.i.)/只（经口和接触）。蚯蚓 LD$_{50}$（14 d）>1000 mg/kg 土壤。在 150 g/m^3 下对捕食螨、绿色草蛉、花臭虫、蜜蜂以及大黄蜂无活性。

环境行为 ①动物。在动物体内主要通过粪便迅速降解（120 h 内降解 95%～99%），没有生物富集作用。②植物。在植物体内缓慢降解。③土壤/环境。在土壤和水中迅速降解，田地土壤中的 DT$_{50}$ 2～5 d，DT$_{90}$ 5～15 d。K_{oc} 较高，在 4730～16900 范围内。

制剂 悬浮剂。

主要生产商 Nissan。

作用机理与特点 触杀型杀螨剂。通过代谢成羟基形式活化，产生药性。这种羟基形式在呼吸电子传递链上通过扰乱复合物Ⅱ（琥珀酸脱氢酶）达到抑制线粒体的效能。

应用 可有效控制水果、柑橘、茶叶、蔬菜上的各种害螨，施药剂量为 150 g/m^3，叶面喷施。

专利与登记

专利名称 Preparation of ethylene derivatives pesticides

专利号 US 6063734　　　　　专利公开日 2000-05-16

专利申请日 1998-10-23　　　　优先权日 1996-04-25

专利拥有者 Nissan Chemical Industries

在其他国家申请的化合物专利 CN 1763003、EP 1360901、JP 2003342262、JP 4054992、JP 2008001715、US 6462049、US 38188、US 20030216394、US 7037880、US 20070049495、US 7566683、WO 9740009、ZA 9703563 等。

制备专利 CN 1768042、CN 1763003、EP 1983830、JP 2009524620、JP 2003201280、US 20090221423、US 20060178523、US 6063734、WO 2007085565、WO 2004087674、WO 9740009、JP 2008007503、WO 2006048761、JP 2012097000、CN 108570008、CN 106187937 等。

日产化学株式会社在中国登记情况见表 3-5。

表 3-5 日产化学株式会社在中国登记情况

登记名称	登记证号	含量	剂型	登记作物	防治对象	用药量	施用方法
腈吡螨酯	PD20190053	95%	原药				
腈吡螨酯	PD20190052	30%	悬浮剂	苹果树	二斑叶螨	2000～3000 倍液	喷雾
				苹果树	红蜘蛛	2000～3000 倍液	喷雾

合成方法 4-叔丁基苯乙腈和1,3,4-三甲基吡唑-5-甲酸酯在醇钠的作用下发生缩合反应，然后在三乙胺的作用下再与新戊酰氯反应生成产品。

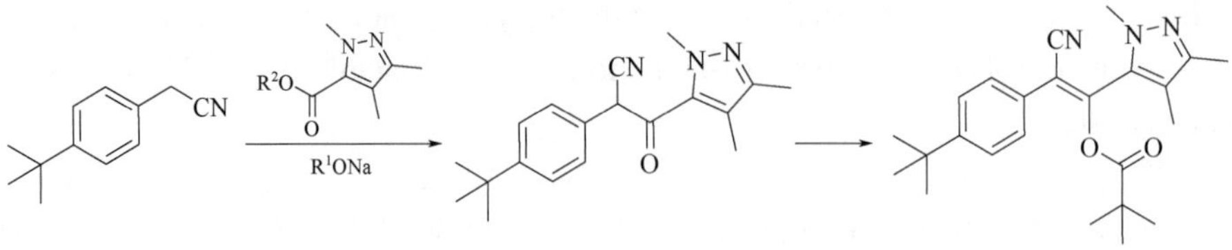

中间体的制备方法如下：

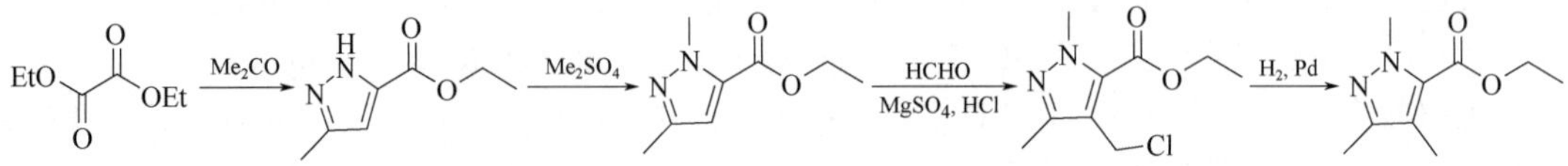

参考文献

[1] The Pesticide Manual. 17 th edition: 260-261.

[2] 程岩, 吴鸿飞, 罗艳梅, 等. 现代农药, 2019(3): 9-11.

[3] 刘瑞宾, 邓三, 黄时祥, 等. 现代农药, 2019(6): 22-24.

[4] 赵平, 严秋旭, 李新. 农药, 2012(10): 750-751.

乙唑螨腈（cyetpyrafen）

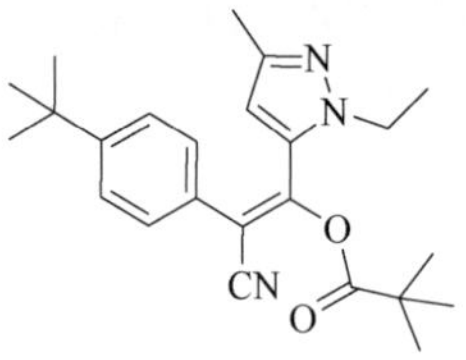

393.5，$C_{24}H_{31}N_3O_2$，1253429-01-4

乙唑螨腈（开发代号 SYP-9625，商品名：宝卓）是沈阳中化农药化工研发有限公司创制的新杀螨剂。

化学名称 (*Z*)-2-(4-叔丁基苯基)-2-氰基-1-(1-乙基-3-甲基-1*H*-吡唑-5-基)乙烯基三甲基乙酸酯。英文化学名称为(Z)-2-(4-*tert*-butylphenyl)-2-cyano-1-(1-ethyl-3-methyl-1*H*-pyrazol-5-yl)vinyl 2,2-dimethylpropionate。美国化学文摘系统名称为(1*E*)-2-cyano-2-[4-(1,1-dimethylethyl)phenyl]-1-(1,3,4-trimethyl-1*H*-pyrazol-5-yl)ethenyl 2,2-dimethylpropanoate。CA 主题索引名称为 propanoic acid—，2,2-dimethyl-(1*Z*)-2-cyano-2-[4-(1,1-dimethylethyl)phenyl]-1-(1-ethyl-3-methyl-1*H*-pyrazol-5-yl)ethenyl ester。

理化性质 原药为白色固体。熔点 92～93℃，易溶于二甲基甲酰胺、乙腈、丙酮、甲醇、乙酸乙酯、二氯甲烷等，可溶于石油醚、庚烷，难溶于水。

毒性 雌、雄大鼠急性经口 $LD_{50} > 5000$ mg/kg，急性经皮 $LD_{50} > 2000$ mg/kg，对家兔眼睛、皮肤均无刺激性，豚鼠皮肤变态反应试验为阴性，Ames 试验、小鼠骨髓细胞微核试验、小鼠睾丸细胞染色体畸变试验均为阴性。

生态效应 对蜜蜂、鸟、鱼、蚕低毒。

制剂 30%悬浮剂。

主要生产商　沈阳科创化学品有限公司。

作用机理与特点　乙唑螨腈属于非内吸性杀螨剂，主要通过触杀以及胃毒的作用杀死螨虫，对各类作物常见的害螨均有较好的防效。

应用

（1）适用作物　柑橘树、棉花、苹果树等。

（2）防治对象　红蜘蛛、叶螨。

（3）使用方法　棉花：防叶螨，5～10 mL/亩，喷雾。苹果：防叶螨，3000～6000 倍液，喷雾。柑橘：防红蜘蛛，3000～6000 倍液，喷雾。

专利与登记

专利名称　Preparation of pyrazole containing acrylonitriles as pesticides or acaricides

专利号　WO 2010124617　　　　专利公开日　2010-11-04

专利申请日　2010-04-27　　　　优先权日　2009-04-29

专利拥有者　Sinochem Corporation, Peop. Rep. China

其他国家申请的专利　CN 101875633、EP 2426110、CN 102395566、JP 2012525340、JP 5524328、ES 2441556、BR 2010011970、US 20120035236、US 8455532 等。

制备专利　CN 105801484、CN 102898373 等。

国内登记情况　98%原药，30%悬浮剂。登记作物为柑橘树、棉花和苹果树等，防治对象红蜘蛛和叶螨，登记单位为沈阳科创化学品有限公司。

合成方法　以对叔丁基苯乙腈为起始原料，正庚烷、乙二醇单乙醚为溶剂，滴加液体甲醇钠，回流条件下通过分水器除去甲醇。反应结束后降温，并将反应液倾入水中，酸化、萃取、有机层再经水洗、脱溶得到中间体羟基丙烯腈；羟基丙烯腈在碱的作用下再与特戊酰氯酯化得到乙唑螨腈。

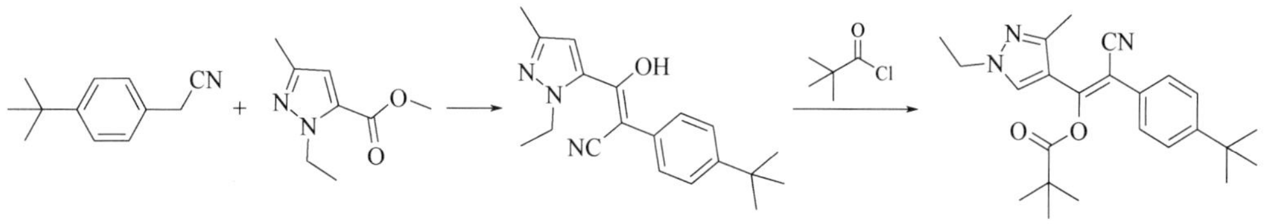

参考文献

[1] 武恩明, 于春睿, 于福强, 等. 农药. 2017, 56(8): 559-560.

[2] 李斌, 于海波, 罗艳梅, 等. 现代农药. 2016, 15(6): 15-16+20.

第十节

其他类的杀螨剂

其他类的杀螨剂（unclassified acaricides）共有 24 个：acequinocyl、acynonapyr、amidoflumet、arsenous oxide、bifenazate、chinomethionat、cycloprate、cyflumetofen、cymiazole、disulfiram、dichlofluanid、etoxazole、fenazaquin、fenpyroximate、fluacrypyrim、fluenetil、mesulfen、MNAF、sulfiram、sulfur、SYP-11277、pyflubumide、tebufenpyrad、thioquinox。此处仅介绍了大部分，如下化合物因应用范围小或不再作为杀虫剂使用或没有商品化等原因，

本书不予介绍，仅列出化学名称及 CAS 登录号供参考。

thioquinox：1,3-dithiolo[4,5-*b*]quinoxaline-2-thione，93-75-4。

chinomethionat：6-methyl-1,3-dithiolo[4,5-*b*]quinoxalin-2-one 或 *S*,*S*-(6-methylquinoxaline-2,3-diyl) dithiocarbonate，2439-01-2。

arsenous oxide：arsenic(Ⅲ)oxide 或 arsenic(3+)oxide 或 diarsenictrioxide，1327-53-3。

cycloprate：hexadecylcyclopropanecarboxylate，54460-46-7。

cymiazole：*N*-[(2*EZ*)-3-methyl-1,3-thiazol-2(3*H*)-ylidene]-2,4-xylidine，61676-87-7。

disulfiram：tetraethylthiuramdisulfide，97-77-8。

fluenetil：2-fluoroethylbiphenyl-4-ylacetate，4301-50-2。

mesulfen：2,7-dimethylthianthrene，135-58-0。

MNAF：2-fluoro-*N*-methyl-*N*-1-naphthylacetamide，5903-13-9。

sulfiram：tetraethylthiurammonosulfide，95-05-6。

一、创制经纬

1. 乙螨唑（etoxazole）的创制经纬

Yashima 公司的科研人员，在研究通式 **1** 的化合物中，发现化合物 **1** 具有除草和杀虫活性，在进一步优化中，设计了化合物 **2**，并经进一步优化发现化合物 **3** 具有杀卵活性；然后对该化合物进行优化研究，最终发现杀螨剂乙螨唑。

2. 联苯肼酯（bifenazate）的创制经纬

1990 年，Crompton 的科研人员在对具有杀菌活性的苯肼类化合物进行筛选时，发现该类化合物同时具有一定的杀螨活性，于是就开始了具有杀螨活性的肼基甲酸酯类化合物的研究。邻位联苯基取代肼化合物 **1**，具有微弱的杀螨活性（500 mg/kg，防效 90%）。该化合物的活性引起了研究人员的兴趣，因为之前的几个苯肼类化合物并未表现出杀螨活性，因此推测，导致该类化合物表现出杀螨活性的原因是邻位联苯基的存在。加之，该公司早期筛选 oxadia-zinone 类化合物的经验，在氮原子上引入邻联苯基取代基有助于提高化合物的活性。因此，促使研究人员合成了几个具有代表性的邻联苯基取代的苯肼类似物并进行了生物活性评价。

邻-联苯肼酯类似物　邻-联苯肼酯类化合物 **2**，与先导化合物 **1** 邻-联苯肼相比较，表现出更加显著的杀螨活性（100 mg/kg，防效 96%）。据报道，苯基肼酯类化合物具有杀菌活性，但是该专利中并没有描述联苯肼酯类化合物。邻-联苯肼酯类似物 **2** 所表现的杀螨活性取决于联苯基药效团的存在。因此，合成了一系列烷基邻-联苯肼酯类化合物 **3**，生测结果表明，当烷基为 C3 或者 C4 的直链或支链烷基时，活性最优（100 mg/kg，防效在 80%～100%）。

间-联苯肼酯类似物　合成了一系列烷基间-联苯肼酯类化合物 **4**，发现，间-联苯肼酯类化合物 **4** 与相应的邻-联苯肼酯类似物活性相当，当烷基为 C3 或者 C4 的烷基时，也表现出优秀的杀螨活性（100 mg/kg，防效在 80%～100%）。

进而以市售的中间体 4-溴-3-硝基联苯和 3-硝基-联苯-4-酚为原料，经过烷氧基化或者烷基化反应，再将硝基转化为肼基，从而得到了间-联苯肼酯类化合物 **5**，经过生物活性测定，从而发现了联苯肼酯（25 mg/kg，100%），活性是商品化品种炔螨特的 5 倍。

3. 杀螨剂嘧螨胺（SYP-11277）的创制经纬

沈阳化工研究院利用中间体衍生化方法成功开发了高效杀菌剂丁香菌酯（coumoxystrobin）和唑菌酯（pyraoxystrobin），这两个品种都是以 β-酮酸酯为起始原料，与酚、肼合成香豆素环、吡唑环，进而与 strobilurin 中间体氯苄缩合得到。杀螨剂嘧螨胺（SYP-11277）也是采用中间体衍生化方法研制的。

（1）先导化合物的发现 在前期工作中，以 β-酮酸酯为起始原料合成了很多含羟基的五元或六元杂环如香豆素、吡唑、异噁唑、嘧啶等化合物。我们利用这些中间体，通过中间体衍生化方法制得多种类型的新化合物，不仅成功开发了 strobilurin 类杀菌剂丁香菌酯和唑菌酯，还发现了具有杀螨活性的该类化合物 **1**。由于我们前期已经开发了两个 strobilurin 类杀菌剂品种，对于具有杀螨活性的该类化合物引起了我们的关注，因此选择化合物 **1** 作为杀螨先导化合物进行结构优化。

为了发现具有高杀螨活性化合物，并根据先导化合物 **1** 的结构特点，我们选择对母体结构的 A、B、C 三部分进行结构修饰。

（2）先导化合物 **1** 的结构优化　对先导化合物 1 的优化分 A、B、C 三部分进行：

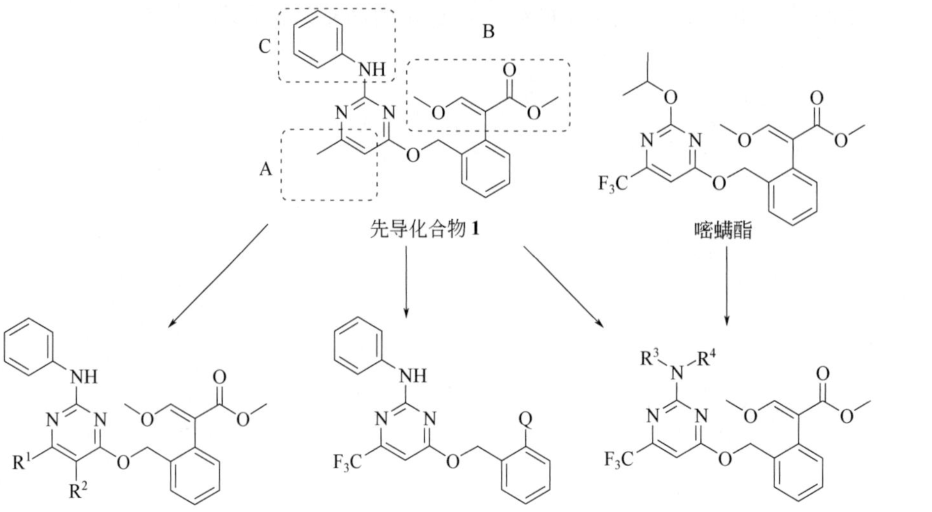

先导化合物 **1**　　　　嘧螨酯

4　　　　　　　**5**　　　　　　　**6**

首先对嘧啶环上 R^1、R^2（**A** 部分）展开了优化，合成了一系列结构如通式 **4** 所示的化合物，发现当保持 R^1 为 CH_3，将 R^2 位置的 H 替换为 CH_3、正丁基时，活性消失；当 R^1 位置的 CH_3 替换为 CF_3，或 R^1、R^2 形成五元、六元环时，杀螨活性有明显提高。对活性好的化合物进行活性、成本等方面的比较，最终选定 R^1 为 CF_3，R^2 为 H。

然后对 **B** 部分 Q 进行了结构修饰，引入一系列 strobilurin 亚结构替换 Q，合成了如通式 **5** 所示的化合物。其活性趋势为：

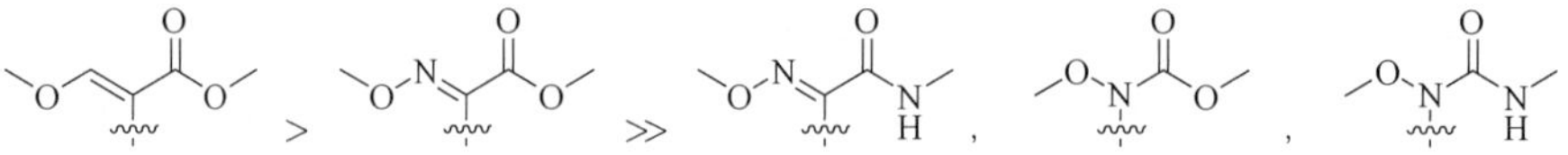

根据其结构活性关系，确定甲氧基丙烯酸甲酯结构为最优。

最后对 C 部分进行结构优化，参照嘧螨酯的结构特点，并根据生物等排原理，将一系列烷基胺引入替换苯胺，合成了一系列如通式 **6** 所示的化合物，尽管当 NR^3R^4 为环己胺时，其杀螨活性较好（10 mg/L 浓度，防效达 70%），但仍低于苯胺结构。因此，初步推测当 NR^3R^4 为芳香胺时，对提高杀螨活性有效，所以选定化合物 **2** 为新的先导化合物进行结构优化。

（3）先导化合物 **2** 的结构优化　根据前面得到的构效关系，在此我们主要开展对苯环结构进行修饰，不仅引入各种（吸、供电子）单取代基团，还合成了一些二取代、三取代基团化合物。生测结果表明：单取代基团化合物，在 10 mg/L 剂量下表现了较差的杀螨活性，而部分二取代化合物在 10 mg/L 剂量下的杀螨活性为 100%，其中化合物 SYP-11277 在 1.25 mg/L 剂量下杀螨活性仍达 90% 以上，而且表现了很好的杀卵活性。

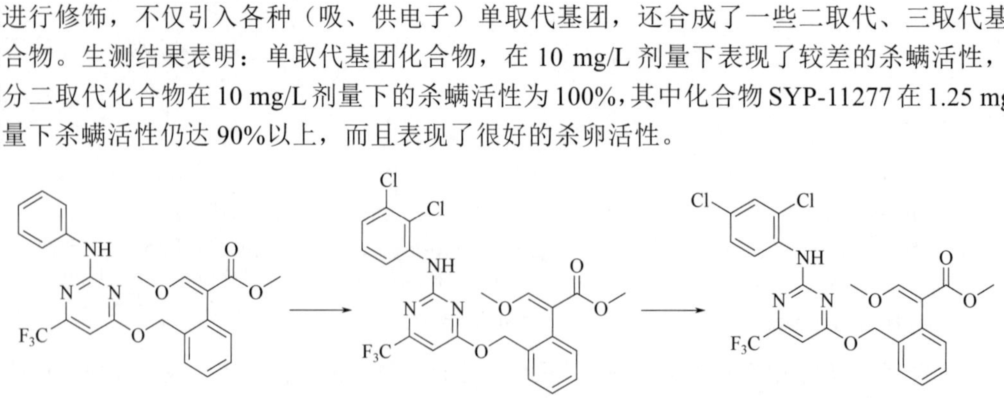

先导化合物 **2**　　　　SYP-10913　　　　嘧螨胺 (SYP-11277)

虽然我们已发现了具有良好活性的化合物 SYP-11277，但是为了进一步寻找最优结构，仍然进行了后续优化工作。

（4）寻找最优结构的深入优化　由于氟原子特有的理化性质，在农药、医药领域发挥了巨大的作用，往往由于氟原子的引入可以大大提高生物活性。鉴于此，我们引入氟原子替换苯环上的氯，发现 SYP-11992、SYP-11993 均具有优异的杀螨活性，在 0.625 mg/L 剂量下杀螨活性达到 90% 以上，明显优于 SYP-11277。但综合考虑活性和成本等因素，我们最终确定嘧螨胺（SYP-11277）为最优化合物进行产业化开发。

4. acynonapyr 的创制经纬

日本曹达公司 2004 年申请了桥环胺类化合物（通式 **1**）来控制有害生物的专利，该公司在其基础上进一步研究，使用替换法用吡啶氧基替换吡啶基，经过优化最终得到了 acynonapyr。其结构新颖、作用独特，作用于抑制性谷氨酸受体，干扰害螨的神经传递，导致害螨行动失调，最终杀灭害螨。与现有杀螨剂其无交互抗性，对果树、蔬菜以及茶树上的二斑叶螨、柑橘全爪螨等害螨具有良好的防效，叶面喷雾施用。

通式 **1**　　　　　　　　　acynonapyr

二、主要品种

苯氟磺胺（dichlofluanid）

$C_9H_{11}Cl_2FN_2O_2S_2$，333.2，1085-98-9

苯氟磺胺（试验代号：Bayer 47531、KUE 13032c，商品名称：Euparen，其他名称：抑菌灵、Delicia Deltox-Combi、Euparen Ramato）是拜耳公司开发的磺酰胺类杀菌剂。

化学名称　(*N*-氟二氯甲硫基)-*N'*,*N'*-二甲基-*N*-苯基磺酰胺。英文化学名称为 *N*-dichloro-fluoromethylthio-*N'*,*N'*-dimethyl-*N*-phenylsulfamide。美国化学文摘系统名称为 1,1-dichloro-*N*-[(dimethylamino)sulfonyl]-1-fluoro-*N*-phenylmethanesulfenamide。CA 主题索引名称为 methane-sulfenamide —, 1,1-dichloro-*N*-[(dimethylamino)sulfonyl]-1-fluoro-*N*-phenyl-。

理化性质　无色无味晶体粉末，熔点 106℃。蒸气压为 0.014 mPa（20℃）。分配系数 $\lg K_{ow}$ 3.7。Henry 常数 3.6×10^{-3} Pa·m³/mol（计算）。水中溶解度（20～25℃）1.3 mg/L；其他溶剂中溶解度（g/L，20～25℃）：二氯甲烷＞200、甲苯 145、二甲苯 70、甲醇 15、异丙醇 10.8、己烷 2.6。稳定性：本品对光敏感，但遇光变色后不影响其生物活性。遇强碱分解，也可被多硫化物分解。水解（22℃）DT_{50}＞15 d（pH 4），＞18 h（pH 7），＜10min（pH 9）。

毒性　大鼠急性经口 LD_{50}＞5000 mg/kg；大鼠急性经皮 LD_{50}＞5000 mg/kg。对兔皮肤有

轻微刺激，对其眼睛有中等刺激，对皮肤过敏。大鼠吸入 LC_{50}（4 h）：约 1.2 mg/L 空气（粉剂），>0.3 mg/L（气溶胶）。NOEL 值：大鼠（2 年）<180 mg/kg 饲料，小鼠（2 年）<200 mg/L 饲料，狗（1 年）1.25 mg/kg。ADI 值：（Bayer）0.0125 mg/kg bw，（JMPR）0.3 mg/kg bw。

生态效应　日本鹌鹑急性经口 LD_{50}>5000 mg/kg。鱼类 LC_{50}（96 h）：大翻车鱼 0.03 mg/L，金色圆腹雅罗鱼为 0.12 mg/L，虹鳟 0.01 mg/L。水蚤 LC_{50}（48 h）>1.8 mg/L（90%预混料）。藻类 E_rC_{50} 16 mL/L。对蜜蜂无毒。蚯蚓 LC_{50}>890 mg/kg 干土。

环境行为　苯氟磺胺进入大鼠体内后被迅速吸收，并主要通过尿液的形式排泄，且在器官和组织内无积累，以羟基化或去甲基化的形式进一步代谢，转化为二甲苯磺胺。在植物中，苯氟磺胺被代谢（通过去甲基化或羟基化）为二甲苯磺胺。苯氟磺胺在土壤中不稳定但不会浸入更深的土层之中。根据土壤母质和浸出研究发现，苯氟磺胺的主要代谢物为二甲苯磺胺，其进一步被分解且不会浸入更深的土层。

制剂　50%可湿性粉剂、7.5%粉剂。

作用机理与特点　非特异性硫醇反应物，抑制呼吸，是一种具有广谱性的保护性杀菌剂。

应用　主要用作杀菌剂使用，具体参看《世界农药大全——杀菌剂卷》。对某些螨类也有一定的活性，对益螨安全。

（1）适用作物　水果（如柑橘、葡萄、草莓）、蔬菜（如白菜、黄瓜、莴苣）、啤酒花等。

（2）防治对象　防治水果、蔬菜等真菌性病害。防治多种蔬菜作物灰霉病、白粉病。对白菜、黄瓜、莴苣、葡萄和啤酒花霜霉病有特效。用作喷雾时有杀灭红蜘蛛的作用。

（3）残留量与安全施药　①该药剂有一定的毒性，在收获前 7～14 d 应停止使用该药。②不要与石硫合剂、波尔多液等碱性农药混合使用。刚用过碱性农药的植物上也不宜使用苯氟磺胺。③使用浓度过高对核果类果树有药害，使用时请注意。

（4）使用方法　用作常规喷雾，也可涂抹水果防治杂菌侵入。在高容量使用时，有效成分含量为 0.075%～0.2%。

专利与登记

专利名称　N-（Dichlorofluoromethylthio）amines and imides

专利号　BE 609868　　　　专利公开日　1962-05-03

优先权日　1960-12-03　　　专利拥有者　Farbenfabriken Bayer AG

在其他国家申请的化合物专利　DE 1193498、 GB 927834、GB 927835、US 3285929 等。

制备专利　DE 1193498、RO 65410、CN 103755600 等。

合成方法　由磺酰氯依次与二甲胺和苯胺反应，生成二甲基苯基磺酰胺，再与氟二氯甲基硫氯化物反应制得。

参考文献

[1] The Pesticide Manual. 17 th edition, 2003: 317-318.

[2] 农药商品大全. 北京：中国商业出版社，1996: 485.

吡螨胺（tebufenpyrad）

333.9，C$_{18}$H$_{24}$ClN$_3$O，119168-77-3

吡螨胺（试验代号：AC 801757、MK-239、SAN 831A、BAS 318 I，商品名称：Acarifas、Comanché、Masaï、Oscar、Pyranica、Simar、心螨立克）是 Mitsubishi Kasei（现属 Mitsubishi Chemical Corp.）发现，与 American Cyanamid Co.(现属 BASF AG)共同开发的新型吡唑类杀螨剂。

化学名称 N-(4-叔丁基苄基)-4-氯-3-乙基-1-甲基吡唑-5-甲酰胺。英文化学名称为 N-(4-tert-butylbenzyl)-4-chloro-3-ethyl-1-methylpyrazole-5-carboxamide。美国化学文摘系统名称为 4-chloro-N-[[4-(1,1-dimethylethyl)phenyl]methyl]-3-ethyl-1-methyl-1H-pyrazole-5-carboxamide。CA 主题索引名称为 1H-pyrazole-5-carboxamide —，4-chloro-N-[[4-(1,1-dimethylethyl)phenyl]methyl]-3-ethyl-1-methyl-。

理化性质 工业品中含量≥98.0%。纯品为无色结晶，熔点 64～66℃。蒸气压＜0.01 mPa（25℃）。相对密度 1.0214（20～25℃）。lgK_{ow} 4.93。Henry 常数＜0.00125•Pa m^3/mol（计算）。水中溶解度（20～25℃）2.61 mg/L，有机溶剂中溶解度（g/L，25℃）：正己烷 255，甲苯 772，二氯甲烷 1044，丙酮 819，甲醇 818，乙腈 785。在 pH 4、7、9 时稳定不易水解，DT$_{50}$ 187 d（pH 7，25℃）。

毒性 急性经口 LD$_{50}$（mg/kg）：雄大鼠 595，雌大鼠 997，雄小鼠 224，雌小鼠 210。大鼠急性经皮 LD$_{50}$＞2000 mg/kg。本品对兔皮肤和眼睛无刺激，对豚鼠皮肤致敏。大鼠吸入 LC$_{50}$：雄 2.66 mg/L，雌＞3.09 mg/L。NOEL：NOAEL 狗 1 mg/(kg•d)，大鼠 20 mg/L [雄/雌 0.82/1.01 mg/(kg•d)]，小鼠 30 mg/L [雄/雌 3.6/4.2 mg/(kg•d)]。ADI/RfD（EC）0.01 mg/kg bw（2008）；（BfR）0.02 mg/kg bw（2006）。无致突变作用。

生态效应 山齿鹑急性经口 LD$_{50}$＞2000 mg/kg。野鸭和山齿鹑 LC$_{50}$（8 d）＞5000 mg/kg 饲料。鲤鱼 LC$_{50}$（96 h）0.018 mg/L，虹鳟鱼 LC$_{50}$（96 h，流过）0.030 mg/L。水蚤 LC$_{50}$（48 h）0.046 mg/L。藻类 E$_b$C$_{50}$（72 h）0.54 mg/L。本品对蜜蜂低毒。蚯蚓 LC$_{50}$（14 d）68 mg/kg。梨盲走螨 LR$_{50}$（7 d）＞5.0 g/hm^2。

环境行为 本品在动物体内迅速被吸收（＞80%，在 24 h 内）主要代谢为含有羟基和羧基的产品，如 N-[4-(1-羟基甲基-1-甲基乙基)苄基]-4-氯-3-(1-羟基乙基)-1-甲基吡唑-5-酰胺，并迅速排出体外（＞90%，在 7 d 内）。在植物体内与在动物体内非常相似。土壤 Nichino 数据：土壤 DT$_{50}$（试验）19～20 d，DT$_{50}$（野外）20～50 d。K_{oc} 1380～4930。BASF 数据：土壤 DT$_{50}$（试验）27～60 d，DT$_{50}$（野外）2～20 d，K_{oc} 1894～310。

制剂 10%、20%可湿性粉剂，20%乳油，10%水包油乳剂，60%水分散粒剂。

主要生产商 BASF、Nihon Nohyaku。

作用机理与特点 是一种快速高效的新型杀螨剂，作用机制为线粒体呼吸抑制剂。非系统性杀螨剂，具有触杀和内吸作用。通过阻碍 γ-氨基丁酸（GABA）调控的氯化物传递而破坏中枢神经系统内的中枢传导。对各种螨类和螨的发育全过程均有速效、高效、持效期长、毒性低、内吸性（有渗透性）特征，对目标物有极佳选择性，推荐剂量下对作物无药害。与苯丁锡、噻螨酮等无交互抗性。

应用

（1）适用作物　果树如苹果、梨、桃、柑橘，蔓生作物，棉花，蔬菜，观赏植物等。

（2）防治对象　对各种螨类和半翅目害虫具有卓效，如叶螨科（苹果全爪螨、柑橘全爪螨、棉叶螨、朱砂叶螨等）、跗线螨科（侧多跗线螨）、瘿螨科（苹果刺锈螨、葡萄锈螨等）、细须螨科（葡萄短须螨）、蚜科（桃蚜、棉蚜、苹果蚜）、粉虱科（木薯粉虱）。

（3）使用方法　在欧美和日本，以 50～200 mg(a.i.)/hm² 剂量可防治苹果、梨、桃和扁桃上的害螨（包括叶螨和全爪螨）；在日本、美国、意大利和西班牙，以 33～200 mg(a.i.)/hm² 剂量可防治柑橘的橘全爪螨和棉叶螨等；以 100 mg(a.i.)/hm² 剂量可防治葡萄栎始叶螨；在日本，以 100 mg(a.i.)/hm² 剂量可防治茶树的神泽叶螨；在欧洲和日本，以 25～200 mg(a.i.)/hm² 剂量可防治蔬菜上的各种螨类如棉叶螨、红叶螨和神泽叶螨；在西班牙和美国，以 250～750 mg(a.i.)/hm² 剂量可防治棉花上的叶螨和小爪螨。

（4）注意事项　①应遵守农药的安全使用操作规程，施药时工作人员要做好个人安全防护措施。②储存要远离火源和热源，存于小孩和家畜接触不到的地方，避免阳光直射。③对鱼类有毒，不能在鱼塘及其附近使用；清理设备和处理废液时不要污染水域。④皮肤接触药液部分要用大量肥皂水洗净；眼睛溅入药液后要先用水清洗 15min 以上，并迅速就医。⑤如出现中毒应立即送医院治疗。

专利与登记

专利名称　Pyrazole derivative, insecticidal or miticidal composition containing the same as the effective ingredient

专利号　EP 289879　　　　　专利公开日　1988-11-09

专利申请日　1988-4-21　　　优先权日　1987-04-21

专利拥有者　Mitsubishi Chem Ind

在其他国家申请的化合物专利　EP 289879、JP 02101064、JP 02049771、JP 03206079、JP 04001180、JP 2002220375、JP 2010155807、US 4950668、US 6204283 等。

制备专利　CN 104230809、CN 103360314、CN 103004839、CN 102659679、CN 1919838、JP 2002220374 等。

已在美国、日本、西班牙等多国作为"降低风险产品"（reduced-risk product）登记注册。

合成方法　以丁酮为起始原料，反应制得 4-氯-1-甲基-3-乙基吡唑-5-羧酸，再与氯化亚砜回流反应，生成相应的酰氯，然后与对叔丁基苄胺和三乙胺在甲苯中反应，即制得吡螨胺。反应式如下：

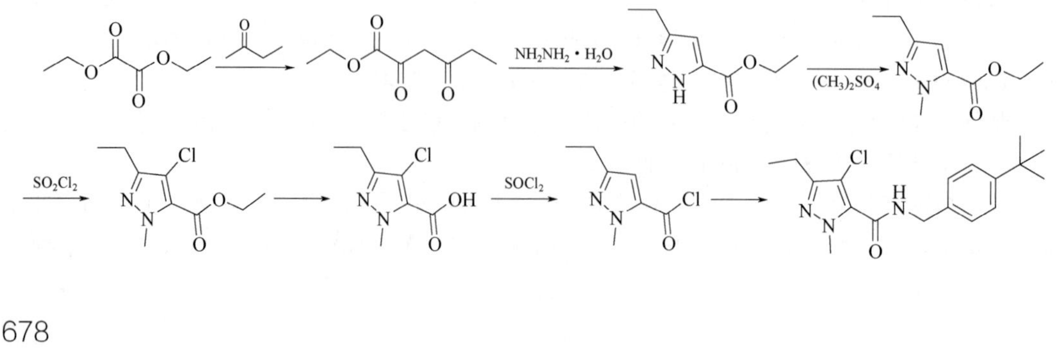

参考文献

[1] The Pesticide Manual.17th edition: 1058-1059.

[2] 程志明. 世界农药, 2001, 23(6): 18-23.

[3] 李海屏. 农药研究与应用, 2012(4): 49-50.

[4] 陶贤鉴, 庞怀林, 杨剑波. 农药研究与应用, 2007(2): 19-20.

丁氟螨酯（cyflumetofen）

$C_{24}H_{24}F_3NO_4$，447.5，400882-07-7

丁氟螨酯[试验代号：OK-5101，商品名称：Danisaraba(Otsuka)、赛芬螨]是由 N.Takahashi 等于 2006 年报道，由日本大冢化学公司开发的新型酰基乙腈类杀螨剂。

化学名称　2-甲氧乙基(R,S)-2-(4-叔-丁基苯基)-2-氰基-3-氧代-3-(α,α,α-三氟-邻甲苯基)丙酸酯。英文化学名称为 2-methoxyethyl (RS)-2-(4-tert-butylphenyl)-2-cyano-3-oxo-3-(α,α,α-trifluoro-o-tolyl)propionate。美国化学文摘系统名称为 2-methoxyethyl α-cyano-α-[4-(1,1-dimethylethyl)phenyl]-β-oxo-2-(trifluoromethyl)benzenepropanoate。CA 主题索引名称为 benzenepropanoic acid —, α-cyano-α-[4-(1,1-dimethylethyl)phenyl]-β-oxo-2-(trifluoromethyl)-2-methoxyethyl ester。

理化性质　纯品为白色固体。熔点 77.9~81.7℃，沸点 269.2℃（2.19×10³ Pa），蒸气压＜5.9×10⁻³ mPa（25℃）。lgK_{ow} 4.3。相对密度 1.229（20~25℃）。体积密度 1.21 g/mL。Henry 常数 3.86×10⁻⁵ Pa·m³/mol。水中溶解度（20~25℃，pH 7）0.0281 mg/L，有机溶剂中溶解度（g/L，20℃）：正己烷 5.23、甲醇 99.9、丙酮＞500、二氯甲烷＞500、乙酸乙酯＞500、甲苯＞500。稳定性：在弱酸性介质中稳定，但在碱性介质中不稳定，水中 DT₅₀（25℃）：9 d（pH 4），5 h（pH 7），12min（pH 9），293℃以下稳定。

毒性　雌大鼠急性经口 LD₅₀＞2000 mg/kg，大鼠急性经皮 LD₅₀＞5000 mg/kg，对兔眼睛和皮肤无刺激，对豚鼠皮肤致敏。大鼠吸入 LC₅₀＞2.65 mg/L。NOEL：大鼠 500 mg/kg 饲料，狗 30 mg/(kg·d)。ADI/RfD 0.092 mg/kg bw。无致畸（大鼠和兔），无致癌（大鼠），无生殖毒性（大鼠和小鼠），无致突变（Ames 试验，染色体畸变，微核试验）。

生态效应　鹌鹑急性经口 LD₅₀＞2000 mg/kg，鹌鹑 LC₅₀（5 d）＞5000 mg/kg。鱼类 LC₅₀（96 h，mg/L）：鲤鱼＞0.54，虹鳟鱼＞0.63。水蚤 EC₅₀（48 h）＞0.063 mg/L，海藻 E$_b$C₅₀（72 h）＞0.037 mg/L。蜜蜂 LD₅₀＞591 μg(制剂)/只（经口），＞102mg/只蜂（接触）。蚯蚓 LC₅₀（14 d）＞1020 mg/kg 土壤。在 5 mg/50 g 食物下对蚕没有影响，对蜱螨目、鞘翅目、膜翅目类的一些昆虫在 200 mg/L 剂量时没有观察到影响。

环境行为　由于丁氟螨酯在土壤和水中降解后代谢速度非常快，所以对环境（包括水和土壤）影响非常小。在土壤中 DT₅₀ 0.8~1.4 d。

制剂　20%悬浮剂。

主要生产商　OAT Agrio。

作用机理与特点　非内吸性杀螨剂，主要作用方式为触杀。成螨在 24 h 内被完全麻痹，同时具有部分杀卵作用，刚孵化的若螨能被全部杀死。

应用

（1）适用作物　主要用于防治果树、蔬菜、茶、观赏植物的害螨如棉红蜘蛛、神泽叶螨等叶螨属，柑橘叶螨、苹果叶螨等全爪螨属等，使用剂量为 $0.15 \sim 0.8 \ \text{kg/hm}^2$。对叶螨类的捕食天敌植绥螨类则无影响。

（2）防治对象　丁氟螨酯（20%悬浮剂）可防治各种植物寄生叶螨及其他各种害虫。由表 3-6 可见，其对叶螨属（*Tetranychus*）和全爪螨属（*Panonychus*）具有很高的活性，但对鳞翅目害虫、同翅目害虫和缨翅目害虫无活性。

表 3-6　丁氟螨酯（20%悬浮剂）的杀虫杀螨谱

分类	供试害虫	发育阶段	LC_{50}/(mg/L)
蜱螨目	二点叶螨	成螨	4.8
	神泽叶螨	成螨	1.1
	柑橘全爪螨	成螨	0.8
	苹果全爪螨	成螨	1.4
鳞翅目	斜纹夜蛾	2 龄幼虫	>200
	菜蛾	2 龄幼虫	>200
同翅目	桃蚜	1 龄幼虫	>200
	黑尾叶蝉	2 龄幼虫	>200
缨翅目	苜蓿花蓟马	2 龄幼虫	>200

对叶螨各生长阶段的效果　丁氟螨酯（20%悬浮剂）对棉红蜘蛛各生长阶段的防效（LC_{50}）。丁氟螨酯对各发育阶段的螨均有活性，但对幼螨的防效远高于成螨。如对二点叶螨成螨和幼螨的 LC_{50} 分别为 4.8 mg/L 和 0.9 mg/L。对神泽叶螨和柑橘全爪螨各发育阶段的 LC_{50} 均小于 5 mg/L（表 3-7）。

表 3-7　丁氟螨酯（20%悬浮剂）对各发育阶段螨的防效

发育阶段	LC_{50}/(mg/L)		
	二点叶螨	神泽叶螨	柑橘全爪螨
卵	2.5	3.8	2.5
幼螨	0.9	1.7	0.8
若蛹	0.8	1.4	1.0
第一若螨	1.0	2.1	0.9
第二蛹	2.0	2.4	1.4
第二若螨	1.9	2.8	2.4
隐停滞第三若螨	2.4	3.3	1.5
成螨	4.8	2.4	2.3

与其他杀螨剂的交互抗性　没有发现丁氟螨酯与其他杀螨剂之间有交互抗性（表 3-8）。丁氟螨酯对一些野生二点叶螨品系具有很好的防效，然而这些野生品系却对已存在的杀螨剂表现出抗性。

表 3-8　丁氟螨酯分别对敏感和抗性二点叶螨品系的活性

品系	已产生抗性的杀螨剂	LC$_{50}$/(mg/L)
敏感		4.8
Yamagata A	嘧螨酯	2.2
Yamagata B	弥拜菌素	2.4
Nara A	溴虫腈	5.9

田间试验　已对 20%丁氟螨酯（悬浮剂）在果树、蔬菜、茶和观赏作物上进行了田间试验。结果如表 3-9～表 3-14 所示。结果表明丁氟螨酯在 100～800 g(a.i.)/hm^2 剂量范围内对叶螨有效。按照常规使用剂量施用至少两次时未发现药害。

表 3-9　防治苹果上的二点叶螨（长野，日本，2004）

供试药剂	剂量/[g(a.i.)/hm^2]	施药后每 10 片叶上的卵和成螨数量					
		0（d）	4（d）	7（d）	14（d）	21（d）	31（d）
丁氟螨酯 20%悬浮剂	800	7.0	2.5	0.5	4.5	8.5	11.5
灭螨醌 15%悬浮剂	600	5.0	0.0	3.0	2.0	21.0	78.5
联苯肼酯 20%悬浮剂	800	11.7	1.0	2.5	1.0	7.5	26.0
嘧螨酯 30%悬浮剂	600	3.5	0.5	2.0	4.5	43.0	32.5
空白		3.5	13.0	19.0	69.0	272.5	170.5

表 3-10　防治苹果上的苹果全爪螨（长野，日本，2004）

供试药剂	剂量/[g(a.i.)/hm^2]	施药后每 10 片叶上的卵和成螨数量					
		0（d）	4（d）	7（d）	14（d）	21（d）	28（d）
丁氟螨酯 20%悬浮剂	800	2.3	0.0	0.3	0.3	0.0	0.8
灭螨醌 15%悬浮剂	600	6.8	0.3	2.0	7.8	20.8	9.0
联苯肼酯 20%悬浮剂	800	1.0	1.0	3.5	11.0	26.5	16.5
空白		2.0	7.0	20.0	29.0	150.0	25.0

表 3-11　防治柑橘上的柑橘全爪螨（静冈，日本，2004）

供试药剂	剂量/[g(a.i.)/hm^2]	施药后每 10 片叶上的成螨数量					
		0（d）	4（d）	7（d）	14（d）	21（d）	28（d）
丁氟螨酯 20%悬浮剂	800	2.8	0.0	0.0	0.1	1.0	0.7
	400	3.1	0.0	0.0	0.2	1.3	0.9
联苯肼酯 20%悬浮剂	800	3.2	0.0	0.0	0.4	3.3	10.0
空白		6.0	1.5	6.6	105.8	228.3	18.4

表 3-12　防治柑橘上的紫红短须螨（圣菲老索州，巴西，2002）

供试药剂	剂量/[g(a.i.)/hm^2]	防效/%					
		6（d）	14（d）	45（d）	75（d）	105（d）	135（d）
丁氟螨酯 20%悬浮剂	100	83	95	100	100	85	82
	200	81	93	100	100	94	90
三环锡 50%悬浮剂	250	70	83	99	98	83	80
噻螨酮	30	60	89	86	85	82	77

表 3-13　防治梨上的神泽叶螨（鸣门，日本，2003）

供试药剂	剂量/[g(a.i.)/hm²]	施药后每 10 片叶上的成螨数量				
		0（d）	5（d）	10（d）	20（d）	30（d）
丁氟螨酯 20%悬浮剂	800	3.0	0.0	0.0	0.1	0.8
联苯肼酯 20%悬浮剂	800	2.8	0.0	0.0	0.8	3.8
空白		2.4	7.8	10.6	17.1	45.6

表 3-14　防治茶上的神泽叶螨（鹿儿岛，日本，2002）

供试药剂	剂量/[g(a.i.)/hm²]	施药后每 10 片叶上的成螨数量			
		0（d）	8（d）	14（d）	21（d）
丁氟螨酯 20%悬浮剂	800	13.3	0.0	0.2	0.7
联苯肼酯 20%悬浮剂	800	25.5	8.9	15.4	7.4
弥拜菌素 1%乳油	40	14.6	12.4	14.3	21.1
空白		11.8	26.0	51.8	39.3

专利与登记

专利名称　Acylacetonitrile compound, method for producing the same and acaricide containing the same compound

专利号　JP 2002121181　　　　专利公开日　2002-04-23

专利申请日　2000-08-11　　　　优先权日　2000-08-11

专利拥有者　Otsuka Chemical Co. Ltd.

在其他国家申请的化合物专利　AU 2001277730、BR 200113180、CN 1446196、CA 2418770、CN 1193983、EP 1308437、ES 2296776、HK 1059254、JP 2002121181、JP 3572483、TW 591008、US 20030208086、US 6899886、WO 200214263 等。

制备专利　WO 2004007433、CN 102140071 等。

国内登记情况　日本欧爱特农业科技株式会社在中国登记 97%原药，登记证号 PD20130361；江苏省苏州富美实植物保护剂有限公司登记 20%悬浮剂，登记证号 PD20130410，1500～2500 倍液喷雾用于防治柑橘树红蜘蛛。

合成方法　丁氟螨酯可由下述方法制得：

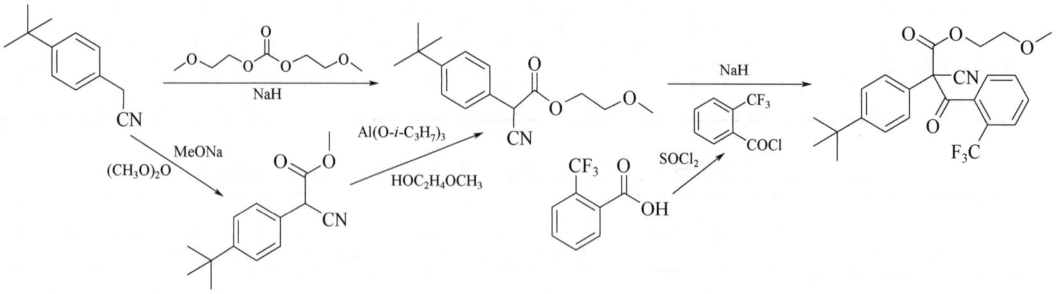

参考文献

[1] The Pesticide Manual. 17 th edition: 263-264.

[2] 刘安昌, 杜长峰, 沈乔, 等. 世界农药, 2013, 35(1): 24-25+33.

[3] 赵飞. 农村新技术, 2019(11): 43.

[4] 李爱军, 田红雨. 农药, 2015(11): 786-789.

磺胺螨酯（amidoflumet）

$C_9H_7ClF_3NO_4S$，317.7，84466-05-7

磺胺螨酯（试验代号：S-1955）是住友化学公司开发的新型苯甲酸酯类杀螨、灭鼠剂。

化学名称　5-氯-2-三氟甲磺酰氨基-苯甲酸甲酯。英文化学名称为 methyl 5-chloro-2-{[(trifluoromethyl)sulfonyl]amino}benzoate。美国化学文摘系统名称为 methyl 5-chloro-2-[[(trifluoromethyl)sulfonyl]amino]benzoate。CA 主题索引名称为 benzoic acid —, 5-chloro-2-[[(trifluoromethyl)sulfonyl]amino]-methyl ester。

理化性质　黄色或无色晶体。蒸气压 151.0 mPa。lgK_{ow}：−0.28（pH 9）、2.13（pH 5）、4.13（pH 1）。pK_a 3.8（20～25℃）。溶于丙酮、乙腈、DMF、乙醇、甲醇等有机溶剂。40℃，75%浓度溶液在黑暗中稳定性＞6 个月，在阳光下稳定。

毒性　急性经口 LD_{50}（mg/kg）：雄大鼠 200，雌大鼠 140。大鼠急性经皮 LD_{50}＞2000 mg/kg。对兔皮肤有轻微刺激性。对豚鼠无皮肤致敏。对兔眼有轻微刺激。大鼠吸入 LD_{50}＞5.44mg/L。Ames 试验阴性。

生态效应　鲤鱼 LC_{50}（48 h）6.0mg/L。

环境行为　在大鼠体内迅速吸收和代谢，雄大鼠主要通过尿液排泄，而雌大鼠则通过粪便排出体外。7 d 后两性大鼠的放射性标记几乎完全消除。主要代谢反应为先水解成乙基酯，再与葡萄糖醛酸和葡萄糖偶联生成苯甲酸衍生物。

应用

（1）适用范围　主要用于工业或公共卫生中防除害螨。

（2）防治对象　肉食螨和普通灰色家鼠，可用于防治毛毯、床垫、沙发、床单、壁橱等场所的南爪螨。

专利与登记

专利名称　Insecticide and acaricide containing trifluoromethanesulfon anilidederivative as an active ingredient

专利号　EP 778268　　　　　专利公开日　1997-06-11

专利申请日　1996-12-05　　　优先权日　1995-12-07

专利拥有者　Sumitomo Chemical Co.

在其他国家申请的化合物专利　JP 09216865、JP 10218857、US 5698591 等。

制备专利　WO 2000026161、JP 57156407 等。

合成方法　经如下反应制得磺胺螨酯：

参考文献

[1] The Pesticide Manual. 17 th edition: 37-38.

喹螨醚（fenazaquin）

C$_{20}$H$_{22}$N$_2$O，306.4，120928-09-8

　　喹螨醚（试验代号：DE436、EL-436、lilly 193136、XDE436、XRD-562，商品名称：Boramae、Demitan、Magister、Magus、Matador、Pride、Pride Ultra、Totem、Turkoise、螨即死）是由 C.Longhurst 等报道，由 DowElanco（现属 Dow AgroSciences）开发的喹唑啉类杀螨剂。

　　化学名称　4-叔-丁基苯乙基喹唑啉-4-基醚。英文名称为 4-*tert*-butylphenethyl quinazolin-4-yl ether。美国化学文摘系统名称为 4-[2[4-(1,1-dimethylethyl)phenyl]ethoxy]quinazoline。CA 主题索引名称为 quinazoline —, 4-[[4-(1,1-dimethylethyl)phenyl]ethoxy]-。

　　理化性质　纯品无色晶体，熔点 77.5～80℃，蒸气压 3.4×10^{-6} Pa（25℃）。相对密度 1.16（20～25℃）。lgK_{ow} 5.51。Henry 常数 4.74×10^{-3} Pa·m^3/mol（计算）。水中溶解度（mg/L，20～25℃）：0.102（pH 5，7），0.135（pH 9），有机溶剂中溶解度（g/L，20～25℃）：三氯甲烷＞500、甲苯 500、丙酮 400、甲醇 50、异丙醇 50、乙腈 33、正己烷 33。稳定性：水溶液中（pH 7，25℃）DT$_{50}$ 15 d。制剂外观为透明琥珀色液体，闪点 69℃，相对密度 0.99～1.01。有芳香烃气味，在酸性条件下不稳定。

　　毒性　急性经口 LD$_{50}$（mg/kg）：雄大鼠 134，雌大鼠 138，雄小鼠 2449，雌小鼠 1480。兔急性经皮 LD$_{50}$＞5000 mg/kg。对兔眼睛轻度刺激，对皮肤无刺激、致敏。大鼠吸入 LC$_{50}$（4 h）1.9 mg/L 空气。NOEL 0.5 mg/kg bw。ADI/RfD：（BfR）0.005 mg/kg bw；（EPA）aRfD 0.1 mg/kg，cRfD 0.05 mg/kg。无明显致突变、致畸、致癌性。

　　生态效应　鸟、禽急性经口 LD$_{50}$（mg/kg）：山齿鹑 1747，野鸭＞2000。山齿鹑、野鸭 LC$_{50}$＞5000 mg/L。鱼类 LC$_{50}$（96 h，μg/L）：鳟鱼 3.8，大翻车鱼 34.1。水蚤 LC$_{50}$（48 h）4.1 μg/L。蜜蜂 LD$_{50}$ 8.18 μg/只（接触）。蚯蚓 LC$_{50}$（14 d）1.93 mg/kg 土壤。

　　环境行为　①动物。经口后经过 168 h 大部分以粪便的形式排出体外，0.5%～1.6%留在动物尸体内，代谢涉及醚键的消除，形成 4-羟基喹啉及羧酸衍生物。其他在生物体内的转变包括烷基侧链上的甲基氧化为醇，随后通过羟基化代谢为烷基醚或羧酸，然后进一步通过喹啉环的 2 位进行羟基化。②土壤/环境。在土壤中 DT$_{50}$ 约 45 d。K_{oc}（标化分配系数）：沙质肥土 15800，黏质肥土 42100。K_d（土壤吸收系数）：沙土 54，黏质肥土 487。

　　制剂　10%乳油［100 g(a.i.)/L］。

主要生产商 Gowan。

作用机理与特点 喹螨醚是近年推出的新型专用杀螨剂。喹螨醚具有触杀及胃毒作用，可作为电子传递体取代线粒体中呼吸链的复合体 I，从而占据其与辅酶 Q 的结合位点导致害螨中毒。对成虫具有很好的活性，也具有杀卵活性，阻止若虫的羽化。在中国试验证明，喹螨醚对苹果害螨、柑橘红蜘蛛等害螨的各种螨态如夏卵、幼若螨和成螨都有很高的活性。药效发挥迅速，控制期长。

应用

（1）适用作物 扁桃（杏仁）、苹果、柑橘、棉花、葡萄和观赏植物以及蔬菜等。

（2）防治对象 喹螨醚有效地防治真叶螨、全爪螨和红叶螨，以及紫红短须螨。还可防治近年为害上升的苹果二斑叶螨（白蜘蛛），尤其对卵效果更好。目前已知可用来防治苹果红蜘蛛、山楂叶螨、柑橘红蜘蛛、枸始叶螨和加瘿叶螨等，在台湾等地喹螨醚主要用来防治二斑叶螨等。

（3）残留量与安全用药 在土壤中 DT_{50} 为 45 d。喹螨醚对蜜蜂和水生生物低毒，但最好避免在植物花期和蜜蜂活动场所施药。若误入眼睛，应立即用清水连续冲洗 15 min，咨询医务人员；若误服应立即就医，是否需要引吐，由医生根据病情决定；若粘在皮肤上，应立即用肥皂和清水冲洗 15 min，如仍有刺激感，立即就医。

（4）应用技术 施药应选早晚气温较低、风小时进行，要喷洒均匀。在干旱条件下适当提高喷液量有利于药效发挥。晴天上午 8 时至下午 5 时、空气相对湿度低于 65%、气温高于 28℃时应停止施药。使用剂量为 100～250 g/m^3。

（5）使用方法 在 10～25 g/hm^2 剂量下可有效防治扁桃（杏仁）、苹果、柑橘、棉花、葡萄和观赏植物上的真叶螨、全爪螨和红叶螨，以及紫红短须螨等。在我国使用情况：防治苹果红蜘蛛，在若螨开始发生时，用 10%喹螨醚 4000 倍液或每 100 L 水加 10%喹螨醚 25 mL（有效浓度 25 mg/L）喷雾，有效期 40 d。防治柑橘红蜘蛛，在若螨开始发生时，用 10%喹螨醚 2000～3000 倍液或每 100 L 水加 10%喹螨醚 33～50 mL（有效浓度 33～50 mg/L）喷雾。有效期 30 d 左右。

专利与登记

专利名称 Preparation and testing of quinazoline derivatives and agrochemical fungicides

专利号 EP 326329　　　　　专利公开日 1989-08-02

专利申请日 1988-01-25　　　优先权日 1988-01-29

专利拥有者 Eli Lilly Co.

在其他国家申请的化合物专利 AU 8928747、BR 8900365、CN 1035825、ES 2121737、HU 52471、JP 01226877、US 5411963 等。

制备专利 EP 380264、WO 2002048115、CN 108299315、CN 102558073、EP 326329 等。

英国高文作物保护有限公司在中国登记情况见表 3-15。

表 3-15　英国高文作物保护有限公司在中国登记情况

登记名称	登记证号	含量	剂型	登记作物	防治对象	用药量	施用方法
喹螨醚	PD20170660	18%	悬浮剂	茶树	红蜘蛛	25～35 mL/亩	喷雾
喹螨醚	PD20060037	99%	原药				
喹螨醚	PD20060036	95 g/L	乳油	苹果树	红蜘蛛	3800～4500 倍液	喷雾

合成方法 喹螨醚以邻氨基苯甲酸为原料，与甲酰胺回流制得 4-羟基喹唑啉，氯化得到

含 4-氯喹唑啉盐酸盐的混合物，然后与 4-叔丁基苯乙醇回流反应，得到 4-[2-(4-叔丁基苯基)乙氧基]喹唑啉盐酸盐，中和后即得本品。反应式如下：

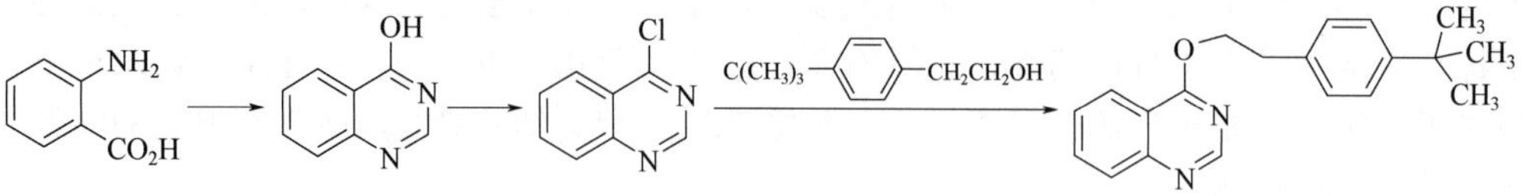

参考文献

[1] The Pesticide Manual. 17 th edition: 445-446.

[2] 周艳丽. 农药科学与管理, 2005(6): 33-34.

[3] 刘安昌, 刘长干, 周青, 等. 现代农药, 2012(6): 12-14.

联苯肼酯（bifenazate）

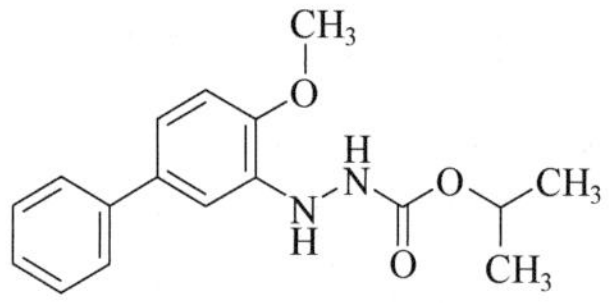

$C_{17}H_{20}N_2O_3$，300.4，149877-41-8

联苯肼酯（试验代号：D2341、NC-1111，商品名称：Acramite、Enviromite、Floramit、Mito-kohne、Vigilant）是由 M.A.Dekeyser 等于 1996 年报道，由 Uniroyal 公司发现并由 Uniroyal 公司和 Nissan 公司联合开发，于 2000 年上市的联苯肼类杀螨剂。

化学名称　异丙基-3-(4-甲氧基联苯基-3-基)肼基甲酸酯。英文化学名称为 isopropyl 3-(4-methoxybiphenyl-3-yl)carbazate。美国化学文摘系统命名名称为 1-methylethyl 2-(4-methoxy[1,1'-biphenyl]-3-yl)hydrazinecarboxylate。CA 主题索引名称为 hydrazinecarboxylic acid —, 2-(4-methoxy[1,1'-biphenyl]-3-yl)-1-methylethyl ester。

理化性质　工业纯>95%。纯品为白色、无味晶体。熔点 123～125℃。沸点 240℃。蒸气压 $3.8×10^{-4}$ mPa（25℃），相对密度 1.31，lgK_{ow} 3.4（pH 7），Henry 常数<0.00101 Pa·m³/mol。水中溶解度（20～25℃，pH 7）2.06 mg/L，有机溶剂中溶解度（g/L，20～25℃）：甲醇 50.7、乙腈 111、乙酸乙酯 113、甲苯 26.2、正己烷 0.232。稳定性：在 20℃，50%相对湿度下稳定（贮存期大于 1 年）；水溶液中 DT_{50}（25℃）：9.10 d（pH 4）；5.40 d（pH 5）；0.80 d（pH 7）；0.08 d（pH 9）；光照 DT_{50} 17 h（25℃，pH 5）。pK_a 12.94（23℃）。闪点>110℃（闭口杯法）。表面张力（22℃）64.9 mN/m。

毒性　大鼠急性经口 LD_{50}>5000 mg/kg。大鼠急性经皮 LD_{50}>5000 mg/kg；大鼠吸入 LC_{50}（4 h）>4.4 mg/L。本品对兔眼睛和皮肤轻微刺激。NOEL［90 d，mg/(kg·d)］：雄大鼠 2.7，雌大鼠 3.2，雄狗 0.9，雌狗 1.3；NOEL［1 年，mg/(kg·d)］：雄狗 1.014，雌狗 1.051；NOEL［2 年，mg/(kg·d)］：雄大鼠 1.0，雌大鼠 1.2；NOEL［78 周，mg/(kg·d)］：雄小鼠 1.5，雌小鼠 1.9。ADI/RfD（JMPR）0.01 mg/kg bw；（EC）0.01 mg/kg bw；（FSC）0.01 mg/kg bw。Ames 阴性，对大鼠、兔无致突变、致畸，对大鼠、小鼠无致癌性。

生态效应　山齿鹑急性经口 LD_{50} 1142 mg/kg；饲喂 LC_{50}（5 d，mg/kg）：山齿鹑 2298，野鸭 726。鱼类 LC_{50}（96 h，mg/L）：虹鳟 0.76，大翻车鱼 0.58。水蚤 EC_{50}（48 h）0.50 mg/L，

海藻 E_bC_{50}（72 h）0.30 mg/L。羊角月牙藻 EC_{50}（96 h）0.90 mg/L。东方牡蛎 EC_{50}（96 h）0.42 mg/L。蜜蜂 LD_{50}（48 h）：＞100 μg/只（经口），8.5 μg/只（接触）。蚯蚓 LC_{50}（14 d）＞1250 mg/kg 土壤。联苯肼酯对淡水鱼和软体动物高急性毒性。联苯肼酯对捕食螨如钝绥螨属等无药害。对草蛉、丽蚜小蜂和步行虫无药害。

环境行为　①动物。对于动物，该产品的生物药效率很低，大部分随粪便排泄掉。吸收量由使用剂量决定（10 mg/kg 为 80%～85%，1000 mg/kg 为 22%～29%），吸收的剂量发生氧化作用转化为相应的含氮化合物，水解掉的代谢物主要以硫酸盐或葡萄糖苷酸络合物的形式随尿液排掉。②植物。大部分残留物停留在植物的表面和皮层，在这里大部分不会被代谢，有痕量的残留物能穿透皮层而被代谢，这类似于动物。③土壤/环境。在需氧性土壤中 DT_{50} 为 7 h；在厌氧性土壤中 $DT_{50} < 1$ d。在各种类型的土壤介质中既没有联苯肼酯也没有其降解产物滤到，K_{oc} 1778。在天然水中 DT_{50} 为 45 min；在土壤中的扩散 $DT_{50} \leqslant 5$ d。由于联苯肼酯被认为在水中和土壤中不会转移或长期停留，所以对地下水和地表水的水体污染率极低。

制剂　悬浮剂、水分散粒剂等。

主要生产商　Arysta LifeScience、广东广康生化科技股份有限公司、河北兴柏农业科技有限公司、江苏省农药研究所股份有限公司、青岛润农化工有限公司、山东华程化工科技有限公司、陕西北农华绿色生物技术有限公司、上虞颖泰精细化工有限公司、绍兴上虞新银邦生化有限公司等。

作用机理与特点　联苯肼酯是一种新型选择性叶面喷雾用杀螨剂。非内吸性杀螨剂。它是一个专用杀螨剂，主要防治活动期叶螨，但对一些其他螨类，尤其对二斑叶螨具有杀卵作用。实验室研究表明，联苯肼酯对捕食性益螨没有负面影响。其作用机理为对螨类的中枢神经传导系统的一种 γ-氨基丁酸（GABA）受体的独特作用。对螨的各个发育阶段有效，具有杀卵活性和对成螨的击倒活性（48～72 h）。对捕食性螨影响极小，非常适合于害虫的综合治理。对植物没有毒，效力持久。

应用

（1）适宜作物　柑橘、葡萄、果树、蔬菜、棉花、玉米和观赏植物等。

（2）防治对象　食叶类螨虫如全爪螨、二点叶螨的各个阶段。

（3）残留量与安全用药　在需氧性土壤中 DT_{50} 为 7 h；在厌氧性土壤中 $DT_{50} < 1$ d；在天然水中 DT_{50} 为 45min。

（4）应用技术　本品为优良的杀螨剂，与其他杀虫剂无交互抗性。

（5）使用方法　在世界范围内联苯肼酯推荐使用剂量为 0.15～0.75 kg/hm²。用药后三天内对于靶标害螨有击倒效用，并能持续 30 d。本品不宜连续使用，建议与其他类型药剂轮换使用。

专利与登记

专利名称　Insecticidal phenylhydrazine derivatives

专利号　WO 9310083　　　　专利公开日　1993-05-272

专利申请日　1992-11-17　　　优先权日　1991-11-22

专利拥有者　Uniroyal Chem Co. Inc.

在其他国家申请的化合物专利　AU 670927、AU 9331374、AT 148104、BR 9206803、CA 2123885、CN 1075952、CN 1033699、EP 641316、ES 2097372、FI 942355、FI 9402355、FI 120340、HU 219189、HU 68639、IL 103828、JP 07502267、JP 2552811、NO 9401876、PL 171968B、RO 112860、RU 2109730、SK 282306、ZA 9208915、WO 9310083 等。

制备专利　WO 9817637、US 6093843、WO 2001032599、US 6706895、CN 104744311、CN 102344395、CN 107513027、CN 106831481、CN 106565532、WO 2002098841、US 6242647、US 6166243、US 5367093、US 5438123 等。

国内登记情况　97%、97.5%、98%原药；24%、43%、50%悬浮剂2000～3000倍液喷雾用于防治柑橘红蜘蛛；可与螺螨酯、哒螨灵、阿维菌素、四螨嗪、苯丁锡等混配。爱利思达生物化学品有限公司在中国登记情况见表3-16。

表 3-16　爱利思达生物化学品有限公司在中国登记情况

登记名称	登记证号	含量	剂型	登记作物	防治对象	用药量	施用方法
联苯肼酯	PD20096837	43%	悬浮剂	苹果树	红蜘蛛	160～240 mg/kg	喷雾
				草莓	二斑叶螨	10～25 mL/亩	喷雾
				观赏玫瑰	茶黄螨	20～30 mL/亩	喷雾
				辣椒	茶黄螨	20～30 mL/亩	喷雾
				木瓜	二斑叶螨	160～240 mg/kg	喷雾
联苯肼酯	PD20096836	97%	原药				

合成方法　联苯肼酯的合成可以联苯酚为原料，经硝化、甲基化、还原得到联苯胺，再经重氮化、还原得到联苯肼，最后与氯甲酸异丙酯反应即得产品：

参考文献

[1] The Pesticide Manual. 17 th edition: 104-105.

[2] 程杰. 南通职业大学学报, 2019(2): 91-93+104.

[3] 刘少武，班兰凤，冯聪. 农药, 2016, 55(3): 223-225.

[4] 刘安昌，邹晓东，杜长峰，等. 农药, 2014, 53(2): 102-103.

[5] 于福强，孙克，季剑峰. 农药, 2013, 52(5): 383-385+388.

[6] 王元元，高宁，李辉辉. 精细化工中间体, 2011(6): 8-10+13.

硫黄（sulfur）

S

S_x, 32.1，7704-34-9

硫黄（试验代号：BAS17501F、SAN7116，商品名称：Mastercop、Sulfacob、Triangle Brand 其他名称：AgriTec、Basic、Bioram、Calda Bordalesa、Comac、Copper-Z、Earthtec、Göztaşi、Kay Tee、King、Komeen、Phyton-27、Rice-Cop、Rifle 4-24 R、Siaram、Tennessee Brand）是由巴斯夫和先正达公司开发的杀菌、杀螨剂。

化学名称　硫。英文化学名称、美国化学文摘（CA）系统名称、CA主题索引名称均为

sulfur。

理化性质　纯品为黄色粉末，有几种同素异形体。熔点 114℃（斜方晶体 112.8℃，单斜晶体 119℃）。沸点 444.6℃（1.01×10^5 Pa）。蒸气压 0.098 mPa（20℃）。$\lg K_{ow}$ 5.68（pH 7）。Henry 常数 0.05 Pa·m^3/mol。相对密度 2.07（20～25℃）（斜方晶体）。水中溶解度（20℃，pH 7）0.063 mg/L。结晶状物溶于二硫化碳中，无定形物则不溶于二硫化碳中，不溶于乙醚和石油醚中，溶于热苯和丙酮中。稳定性：斜方晶体在常温下稳定但是在 94～119℃时会形成其他的同素异形体。DT_{50}（3.21 h，25℃，太阳光）80000。

毒性　大鼠急性经口 LD_{50}＞5000 mg/kg。大鼠急性经皮 LD_{50}＞2000 mg/kg，对兔皮肤和眼睛有刺激性。大鼠急性经口 LD_{50}（4 h）＞5430 mg/m^3。

生态效应　美洲鹑急性经口 LC_{50}（8 d）＞5000 mg/L。对鱼、蜜蜂及其他水生物没有毒性。藻类 EC_{50}（72 h）＞232 mg/L。蚯蚓 LC_{50}（14 d）＞1600 mg/L。

环境行为　在植物体内或者体外被微生物降解。在土壤中，不溶于水，因此不会进入地下水。当硫被氧化为硫酸时，其给出的硫酸根的杀虫效果与环境中的硫酸盐相比微不足道。

制剂　45%、50%悬浮剂。

作用机理与特点　呼吸抑制剂，作用于病菌氧化还原体系细胞色素 b 和 c 之间电子传递过程，夺取电子，干扰正常"氧化-还原"。具有保护和治疗作用。

应用

（1）适宜作物　小麦、甜菜、蔬菜（如黄瓜、茄子）等，果树如苹果、李、桃、葡萄、柑橘、枸杞等。

（2）防治对象　用于防治小麦白粉病、锈病、黑穗病、赤霉病，瓜类白粉病，柑橘锈病，苹果、李、桃黑星病，葡萄白粉病等，除了具有杀菌活性外，硫黄还具有杀螨作用，如用于防治柑橘锈螨等。

（3）使用方法　防治枸杞锈螨，每次用 1500 mg/L 浓度药液喷药，喷 4～6 次。

本品可以作杀菌剂使用，具体参看《世界农药大全——杀菌剂卷》。

参考文献

[1] The Pesticide Manual. 17 th edition: 1048-1049.

嘧螨胺（SYP-11277）

$C_{23}H_{18}Cl_2F_3N_3O_4$，528.3，1257598-43-8

嘧螨胺（SYP-11277）是由沈阳化工研究院研制的甲氧基丙烯酸酯类杀螨剂。

化学名称　(*E*)- 2-(2-((2-(2,4-二氯苯氨基)-6-(三氟甲基)嘧啶-4-基氧基)甲基)苯基)-3-甲氧基丙烯酸甲酯。英文化学名称为(*E*)-methyl 2-(2-((2-(2,4-dichlorophenylamino)-6-(trifluorome-thyl)pyrimidin-4-yloxy)methyl)phenyl)-3-methoxyacrylate。CA 主题索引名称为 benzeneacetic acid —, 2-[[[2-[(2,4-dichlorophenyl)amino]-6-(trifluoromethyl)-4-pyrimidinyl]oxy]methyl]-α-(me-thoxymethylene)-, methyl ester, (αE)-。

理化性质　原药为白色固体。熔点 120～121℃。

毒性　原药雌、雄大鼠急性经口 LD_{50}＞5000 mg/kg。雌、雄大鼠急性经皮 LD_{50}＞2000 mg/kg。对兔皮肤、眼睛无刺激作用。Ames 试验为阴性。

制剂　5%可湿性液剂。

应用　主要用于防治果树（如苹果、柑橘等）中的多种螨类如苹果红蜘蛛、柑橘红蜘蛛等。使用剂量为 10～100 g(a.i.)/hm^2。

专利与登记

专利名称　*E*-type phenyl acrylic ester compounds containing substituted anilino pyrimidine group and uses thereof

专利号　CN 101906075　　　　　**专利公开日**　2010-12-08

专利申请日　2009-06-05　　　　**优先权日**　2009-06-05

专利拥有者　沈阳化工研究院

在其他国家申请的化合物专利　WO 2010139271、CN 102395569、EP 2439199、JP 2012528803、JP 5416838、ES 2439052、BR 2010010756、US 20120035190、US 8609667 等。

合成方法　以 2,4-二氯苯胺为起始原料，与单氰胺反应制得取代苯胍，再与三氟乙酰乙酸乙酯合环得到嘧啶醇，然后与甲氧基丙烯酸甲酯的氯苄缩合得到嘧螨胺：

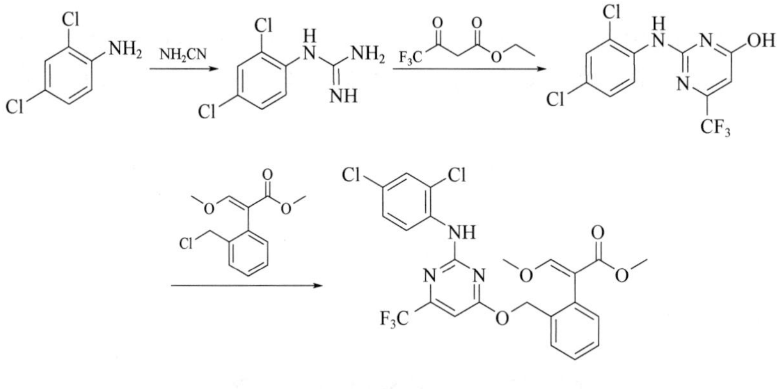

参考文献

[1] 柴宝山, 刘长令, 张弘, 等. 农药, 2011, 50(5): 325-326+335.

[2] 田慧霞, 李鸿筠, 冉春. 农药科学与管理, 2013(6): 58-60.

嘧螨酯（fluacrypyrim）

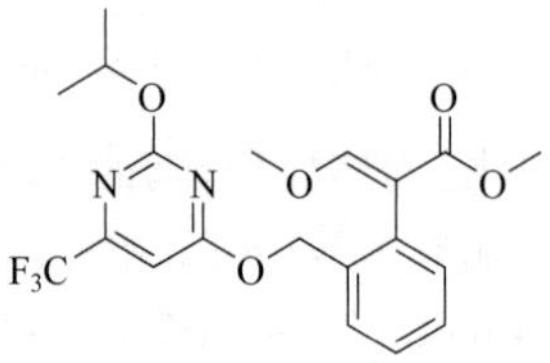

$C_{20}H_{21}F_3N_2O_5$，426.4，229977-93-9

嘧螨酯（试验代号：NA-83，商品名称：Titaron、天达农）是由巴斯夫公司研制、日本曹达公司开发的第一个甲氧基丙烯酸酯类杀螨剂。

化学名称 (*E*)-2-*α*-[2-异丙氧基-6-(三氟甲基)嘧啶-4-基氧基]-邻甲苯基-3-甲氧基丙烯酸甲酯。英文化学名称为 methyl(*E*)-2-{*α*-[2-isopropoxy-6-(trifluoromethyl)pyrimidin-4-yloxy]-*o*-tolyl}-3-methoxyacrylate。美国化学文摘系统名称为 methyl(*αE*)-*α*-(methoxymethylene)-2-[[2-(1-methylethoxy)-6-(trifluoromethyl)-4-pyrimidinyl]oxy]methyl]benzeneacetate。CA 主题索引名称为 benzeneacetic acid —, *α*-(methoxymethylene)-2-[[[2-(1-methylethoxy)-6-trifluoromethyl-4-pyrimidinyl]oxy]methyl]-methyl ester,(*αE*)-。

理化性质 原药为白色无味固体。熔点 107.2~108.6℃。蒸气压 $2.69×10^{-3}$ mPa（20℃）。lgK_{ow} 4.51（pH 6.8，25℃）。Henry 常数 $3.33×10^{-3}$ Pa·m^3/mol（20℃，计算）。相对密度 1.276。水中溶解度（pH 6.8，20℃）$3.44×10^{-4}$ g/L，有机溶剂中溶解度（g/L，20℃）：二氯甲烷 579、丙酮 278、二甲苯 119、乙腈 287、甲醇 27.1、乙醇 15.1、乙酸乙酯 232、正己烷 1.84、正庚烷 1.60。稳定性：在 pH 4 和 7 稳定，DT$_{50}$ 574 d（pH 9）。水溶液光解 DT$_{50}$ 26 d。

毒性 原药雌、雄大鼠急性经口 LD$_{50}$>5000 mg/kg。雌、雄大鼠急性经皮 LD$_{50}$>2000 mg/kg。对兔皮肤无刺激作用，对兔眼睛有轻微刺激作用。雌、雄大鼠吸入 LC$_{50}$（4 h）>5.09 mg/L。NOEL（mg/kg bw）：雄大鼠（2 年）5.9，雌大鼠（2 年）61.7；雄小鼠（1.5 年）20，雌小鼠（1.5 年）30；雌、雄狗（1 年）10。每日允许摄入量（日本）0.059 mg/kg bw。

生态效应 对鸟类低毒，山齿鹑急性经口 LD$_{50}$>2250 mg/kg，山齿鹑 LC$_{50}$>5620 mg/L。鲤鱼 LC$_{50}$（96 h）0.195 mg/L。水蚤 LC$_{50}$（48 h）为 0.094 mg/L。羊角月牙藻 E$_b$C$_{50}$（72 h）0.0173 mg/L，E$_r$C$_{50}$（72 h）0.14 mg/L。蜜蜂 LC$_{50}$>300 μg/L（经口），LD$_{50}$>10 μg/只（接触）。对蚯蚓 LC$_{50}$ 为 23 mg/kg 土壤。

制剂 30%水悬浮剂。

主要生产商 Nippon Soda。

作用机理与特点 线粒体呼吸抑制剂即通过抑制细胞色素 b 和 c$_1$ 间的电子传递从而抑制线粒体的呼吸。细胞核外的线粒体主要通过呼吸为细胞提供能量（ATP），若线粒体呼吸受阻，不能产生 ATP，细胞就会死亡。

应用 主要用于防治果树如苹果、柑橘、梨等中的多种螨类如苹果红蜘蛛、柑橘红蜘蛛等。在柑橘中应用的浓度为 30%水悬浮剂稀释 3000 倍，在苹果和其他果树如梨中应用的浓度为 30%水悬浮剂稀释 2000 倍，喷液量根据果树的不同、防治螨类的不同差异较大，使用剂量为 10~200 g(a.i.)/hm^2。在柑橘和苹果收获前 7 d 禁止使用，在梨收获前 3 d 禁止使用。嘧螨酯除对螨类有效外，在 250 mg/L 的剂量下对部分病害也有较好的活性。

专利与名称

专利名称 Preparation of methyl 2-[[[(2-alkoxy-6-trifluoromethylpyrimidin-4-yl)oxymethylene]phenyl]methoxyacrylate pesticides

专利号 DE 4440930　　　　专利公开日 1996-05-23
专利申请日 1994-11-17　　　优先权日 1994-11-17
专利拥有者 BASF AG.

在其他国家申请的化合物专利 AT 172196、AU 9538714、AU 698417、BG 63499、BR 9509786、CA 2204039、CN 1164228、CN 1100764、CZ 288259、EP 792267、ES 2124597、HU 77094、HU 215791、IL 115899、IN 1995MA 01449、JP 10508860、JP 3973230、PL 183426、RU 2166500、SK 281783、US 5935965、WO 9616047 等。

制备专利　JP 2001220382、WO 2000040537、US 20040152894、CN 109678804、JP 2001181234、CN 101269076、DE 4440930、WO 9944969 等。

合成方法　通过如下反应制得目的物：

参考文献

[1] 韩金涛. 今日农药, 2014(4): 37-39.

[2] 刘长令, 关爱莹, 刘振龙. 世界农药, 2002, 24(4): 44-45.

[3] 黄素青, 张志祥, 徐汉虹, 等. 农药, 2005, 44(2): 81-83.

[4] 刘若霖, 张金波, 李淼, 等. 农药, 2009, 48(3): 169-171.

[5] 陆阳, 陶京朝, 张志荣. 化工中间体, 2010(3): 47-51.

[6] 江镇海. 农药市场信息, 2010(9): 38.

灭螨醌（acequinocyl）

$C_{24}H_{32}O_4$，384.5，57960-19-7

灭螨醌（试验代号 AC-145、AKD-2023、DPX-3792、DPX-T3792，商品名称：Cantack、Kanemite、Shuttle，其他名称：亚醌螨）最早由 E.I. du Pont de Nemours 与 Agro-Kanesho Co. Ltd.于 1999 年在日本和韩国登记。

化学名称　3-十二烷基-1,4-二氢-1,4-二氧-2-乙酸萘酯。英文名称为 3-dodecyl-1,4-dihydro-1,4-dioxo-2-naphthyl acetate。美国化学文摘系统名称为 2-(acetyloxy)-3-dodecyl-1,4-naphthalenedione。CA 主题索引名称为 1,4-naphthalenedione —, 2-(acetyloxy)-3-dodecyl-。

理化性质　纯品为黄色粉末，原药含量≥96%，熔点 59.6℃，沸点＞200℃。蒸气压 0.00169 mPa（25℃）。相对密度 1.15（20~25℃）。$\lg K_{ow}$＞6.2。Henry 常数 $9.7×10^{-2}$ Pa·m³/mol。水中溶解度（20~25℃）6.69 μg/L，有机溶剂中溶解度（g/L，20~25℃）：正己烷 44、甲苯 450、二氯甲烷 620、丙酮 220、甲醇 7.8、DMF190、乙酸乙酯 290、异丙醇 29、乙腈 28、DMSO 25、辛醇 31、乙醇 23、二甲苯 730。稳定性：在 200℃时分解。水解 DT_{50}（暗处）74 d（pH 4，25℃），53 h（pH 7，25℃），76 min（pH 9，25℃）。水中光解 DT_{50} 14 min（pH 5，25℃）。

毒性　急性经口 LD_{50}（mg/kg）：大鼠＞5000，小鼠＞5000。大鼠急性经皮 LD_{50}＞2000 mg/kg。大鼠吸入 LC_{50}＞0.84 mg/L。对兔眼睛和皮肤有轻微刺激性。对豚鼠无皮肤致敏。NOEL 值［mg/(kg·d)］：大鼠 9.0，小鼠 2.7，狗 5。无生殖毒性（大鼠）、无发育影响（大鼠，兔）、无致癌（大鼠，小鼠）、无致突变性（Ames 试验 DNA 修复与染色体实验）。

生态效应　野鸭和日本鹌鹑急性经口 $LD_{50} \geqslant 2000$ mg/kg。野鸭和日本鹌鹑饲喂 LD_{50}（5 d）>5000 mg/L。鱼类 LC_{50}（96 h，mg/L）：鲤鱼>100，虹鳟鱼>33，红鲈鱼>10，大翻车鱼>3.3，斑马鱼>6.3。水蚤 LC_{50}（48 h）0.0039 mg/L。藻类 EC_{50}（72 h）抑制细胞增长>100 mg/L，EC_{50}（72 h）增长率减慢>100 mg/L。糠虾 LC_{50}（96 h）0.93 μg/L，蚊 LC_{50}（96 h）>100 mg/L。蜜蜂 LD_{50}（48 h）>100 μg/只（接触）。蚯蚓 $LC_{50}>1000$ mg/kg 土壤。对草蛉、蜘蛛、隐翅虫、甲壳虫、寄生蜂均无害。

环境行为　①动物。灭螨醌能很快地被胆汁吸收，但很快地被水解为葡萄糖共轭苷酸随粪便排出，灭螨醌及其代谢产物在老鼠的任何组织或器官没有积累。②植物。不向植物的组织内渗透，大部分残留在水果的表面或者皮上，主要残留物是母体化合物。③土壤/环境。能在土壤中迅速地通过脱去乙酰基进行代谢，最后氧化为 CO_2。DT_{50}（有氧）（pH 5.9~8.1，20℃）1.7~3.8 d，DT_{90} 5.8~14.4 d，K_{oc}（4 土壤类型）33900~123000。DT_{50} 在水中（pH 7.4，20℃）0.7 d；DT_{90} 2.4 d 研究表明，灭螨醌在土壤中的转移性能较差，不易渗透到地下水，从而污染水体。

制剂　悬浮剂，不能与碱性产品同时使用。

主要生产商　Agro-Kanesho、Arysta LifeScience。

作用机理与特点　本品为萘醌衍生物，主要为触杀型杀螨剂，兼具摄食毒性。在螨体内水解成 2-十二烷基-3-羟基-1,4-萘醌，并与线粒体中的电子转移通道上的 Q_o 位点相结合，从而抑制电子传递。

应用

（1）适用作物　用于柑橘、苹果、梨、桃、樱桃、甜瓜、黄瓜、茶、观赏性植物、蔬菜。

（2）防治对象　柑橘全爪螨，叶螨，瘿螨。

（3）应用技术　该杀螨剂无内吸性，对多种螨的卵、幼虫、若虫有卓效。

（4）使用方法　对玫瑰和凤仙花属植物可用 15.8%的悬浮剂稀释至 27.2 g(a.i.)/378 L 进行喷洒，喷洒应全面覆盖，且直到有"水滴"形成。或用 27.2~56.7 g(a.i.)对水 378 L 对其他果树进行施药。对玫瑰和凤仙花属一个生长周期内的最大用量是 136 g(a.i.)/hm^2；对其他果树的最大用量为 272 g(a.i.)/hm^2。为避免抗性的产生，不推荐连续用药。

（5）注意事项　不能通过灌溉法施药；储存或弃置时谨防误食或污染食物和水体；洗涤施药器具时避免污染水体。

专利与登记

专利名称　Alkoxycarbonyl naphthoquinone pesticide

专利号　DE 2520739　　　　　专利公开日　1975-11-20

专利申请日　1975-05-09　　　优先权日　1974-05-10

专利拥有者　Du Pont

在其他国家申请的化合物专利　AU 501452、AU 7580935、BR 7502659、CH 609533、CA 1070321、DE 2520739、FR 2345919、JP 50155620、JP 58026722、NL 7505470、PL 94768、US 4053634、US 4115584、US 4143157、US 4148918、ZA 7502180 等。

制备专利　DE 2641343、US 962009、US 4049705、US 2553647 等。

合成方法　灭螨醌可由如下反应制备：利用 4-取代的苯基乙酰乙酸乙酯在酸性条件下闭环得到萘环，氧化得醌，进一步与乙酰氯反应得到目标产物。

参考文献

[1] The Pesticide Manual. 17 th edition: 8-9.

乙螨唑（etoxazole）

$C_{21}H_{23}F_2NO_2$，359.4，153233-91-1

乙螨唑（试验代号：S-1283、YI 5301，商品名称：Baroque、Biruku、Bornéo、Paramite、Secure、Swing、Tetrasan、Zeal、Zoom、来福禄，其他名称：依杀螨）是由日本 Yashima Chemical 公司于 1994 年发现，由 T.Ishida 报道，并由 Yashima 和 Sumitomo 联合开发的杀螨剂。

化学名称　(RS)-5-叔丁基-2-[2-(2,6-二氟苯基)-4,5-二氢-1,3-噁唑-4-基]苯乙醚。英文化学名称为(RS)-5-*tert*-butyl-2-[2-(2,6-difluorophenyl)-4,5-dihydro-1,3-oxazol-4-yl]phenetole。美国化学文摘系统名称为 2-(2,6-difluorophenyl)-4-[4-(1,1-dimethylethyl)2-ethoxyphenyl]-4,5-dihydrooxazole。CA 主题索引名称为 oxazole —，2-(2,6-difluorophenyl)-4-[4-(1,1-dimethylethyl)-2-ethoxyphenyl]-4,5-dihydro-。

理化性质　工业纯度为 93%～98%。纯品为白色晶体粉末，熔点 101～102℃。蒸气压 $7.0×10^{-3}$ mPa（25℃）。相对密度 1.24（20～25℃）。lgK_{ow} 5.59，Henry 常数 $3.6×10^{-2}$ Pa·m³/mol（计算）。水中溶解度（20～25℃）75.4 μg/L，有机溶剂中溶解度（g/L，20～25℃）：甲醇 90、乙醇 90、丙酮 300、环己酮 500、乙酸乙酯 250、二甲苯 250、正庚烷 13、乙腈 80、四氢呋喃 750。稳定性：DT_{50}（20℃）9.6 d（pH 5），约 150 d（pH 7），约 190 d（pH 9）。在 50℃下贮存 30 d 不分解。闪点 457℃。

毒性　大鼠急性经口 $LD_{50}>5000$ mg/kg，小鼠急性经口 $LD_{50}>5000$ mg/kg。大鼠急性经皮 $LD_{50}>2000$ mg/kg。本品对兔眼睛和皮肤无刺激。对豚鼠无皮肤致敏。大鼠吸入 $LC_{50}>1.09$ mg/L。NOEL 值：大鼠（2 年）4.01 mg/(kg·d)。ADI/RfD（EC）0.04 mg/kg bw；（EPA）cRfD 0.046 mg/kg。无致突变性。

生态效应　野鸭急性经口 $LD_{50}>2000$ mg/kg。山齿鹑亚急性经口 LD_{50}（5 d）>5200 mg/L。鱼类 LC_{50}（mg/L）：大翻车鱼 1.4，日本鲤鱼>0.89（96 h），日本鲤鱼>20 mg/L（48 h），虹鳟鱼>40 mg/L。水蚤 LC_{50}（48 h）>0.0071 mg/L。海藻 $EC_{50}>1.0$ mg/L。蜜蜂 $LD_{50}>200$ μg/只（经口和接触）。对水生节肢动物的蜕皮有破坏作用。蚯蚓 NOEL（14 d）>1000 mg/L。

环境行为　动物施药 48 h 后，60%被吸收，在 7 d 内，通过粪便几乎完全被排出体外，代谢方式主要为 4-5-二氢噁唑环的羟基化，叔丁基侧链的裂解和羟基化。在日本的冲积土壤中，DT_{50} 19 d，DT_{90} 90 d。$K_{oc}>5000$。K_f 66～131，对四种土壤（0.6%～2.4%，pH 4.3～7.4）K_{foc} 4910～11000（平均 6650）。

制剂　10%悬乳剂。

主要生产商　Sumitomo Chemical、河北省石家庄市绿丰化工有限公司、湖南昊华化工有限责任公司、荆门金贤达生物科技有限公司、辽宁众辉生物科技有限公司、南通泰禾化工股份有限公司、山东华程化工科技有限公司、榆林成泰恒生物科技有限公司等。

作用机理与特点　触杀型杀螨剂。几丁质抑制剂。属于 2,4-二苯基噁唑衍生物类化合物，是一种选择性杀螨剂。主要是抑制螨卵的胚胎形成以及从幼螨到成螨的蜕皮过程，从而对螨从卵、幼虫到蛹不同阶段都有优异的触杀性。但对成虫的防治效果不是很好。实验证明，乙螨唑乳油稀释 2500 倍后对卵的孵化和一龄若虫的蜕皮都有抑制作用。孵化出的幼虫也在一至两天内死亡。实验结果表明，乙螨唑乳油对皮刺螨的药效长达 50 d 以上。

应用　乙螨唑对柑橘、棉花、苹果、花卉、蔬菜等作物的叶螨、始叶螨、全爪螨、二斑叶螨、朱砂叶螨等螨类有卓越防效。具有内吸性，对多种叶螨的卵、幼虫、若虫有卓效，对成螨无效，但能阻止成螨产卵。最佳的防治时间是害螨危害初期。本药剂耐雨性强，持效期长达 50 d。对环境安全，对有益昆虫及益螨无危害或危害极小。由于在碱性条件下易分解，不能和波尔多液混用。

使用方法　防治柑橘、仁果、蔬菜和草莓上食草类螨虫，使用剂量为 50 g/hm²。在茶叶上的使用剂量为 100 g/hm²。建议在螨数量较少时用药。在作物周期内或六个月内，最多施药两次。每次可用 10~20 g 有效成分用 380 L 水稀释后全面喷药。严禁采用灌溉或化学灌溉法施药。该药应与其他类的杀螨剂轮换使用来防治害虫。用药后 12 h 内，应禁止人员进入用药区。此外，乙螨唑对蚕毒性较高，在喷洒时应尽量防止飞散附着于桑树或相关场所。11%乙螨唑悬浮剂登记使用剂量 5000~7500 倍液。

专利与登记

专利名称　2-(2,6-Difluorophenyl)-4-(2-ethoxy-4-*tert*-butylphenyl)-2-oxazoline

专利号　EP 0639572　　专利公开日　1995-02-22

专利申请日　1992-04-28　　优先权日　1992-04-28

专利拥有者 Yashima Chemical Industry Co. Ltd.

在其他国家申请的化合物专利　BR 9207123、JP 3189011、US 5478855、WO 9322297、ES 2118816 等。

制备专利　CN 107556260、CN 108424400、CN 107365279、WO 9322297、CN 107954882 等。

国内登记情况　93%、95%、96%、97.5%原药；20%、30%、110 g/L 悬浮剂 9000~13600倍液喷雾用于防治柑橘红蜘蛛、枸杞瘿螨；可与阿维菌素、哒螨灵、螺虫乙酯、三唑锡等混配。日本住友化学株式会社在中国登记情况见表 3-17。

表 3-17　日本住友化学株式会社在中国登记情况

登记名称	登记证号	含量	剂型	登记作物	防治对象	用药量	施用方法
乙螨唑	PD20120215	110 g/L	悬浮剂	柑橘树	红蜘蛛	14.7~22 mg/kg	喷雾
				苹果树	红蜘蛛	14.7~22 mg/kg	喷雾
乙螨唑	PD20120251	93%	原药				

合成方法　乙螨唑可由如下反应制备：

参考文献

[1] The Pesticide Manual. 17 th edition: 435-436.

[2] 戴炜锷, 程志明. 浙江化工, 2009, (7): 7-9.

[3] 朱龙. 科技创新与生产力, 2016(11): 109-111.

[4] 丁成荣, 郭欣, 张国富. 农药, 2014(10): 715-717.

唑螨酯（fenpyroximate）

$C_{24}H_{27}N_3O_4$，421.5，134098-61-6

唑螨酯（试验代号：NNI-850，商品名称：Kiron、Ortus、霸螨灵、杀螨王，其他名称：Acaban、Akari、Danitoron、Danitron、Flash、FujiMite、Hivastan、Kendo、Manhao、Meteor、Miro、Naja、Sequel）是由 T.Konno 等于 1990 年报道，由日本农药株式会社开发的吡唑类杀螨剂。

化学名称　(E)-α-(1,3-二甲基-5-苯氧基吡唑-4-基亚甲基氨基氧)对甲苯甲酸叔丁酯。英文化学名称 tert-butyl (E)-α-(1,3-dimethyl-5-phenoxypyrazol-4-ylmethyleneamin-oxy)-p-toluate。美国化学文摘系统名称为 1,1-dimethylethyl (E)-4-[[[[(1,3-dimethyl-5-phenoxy-1H-pyrazol-4-yl)methylene]amino]oxy]methyl]benzoate。CA 主题索引名称为 benzoic acid —，　4-[[[[(1,3-dime-thyl-5-phenoxy-1H-pyrazol-4-yl)methylene]amino]oxy]methyl]-1,1-dimethylethyl ester (E)。

理化性质　工业纯度 97.0%，原药为白色晶体粉末。密度 1.25 g/cm^3（20～25℃）。熔点 101.1～102.4℃。蒸气压 $7.4×10^{-3}$ mPa（25℃）。lgK_{ow} 5.01，Henry 常数 0.135 Pa·m^3/mol（计算）。水中溶解度（pH 7，20～25℃）$2.31×10^{-2}$ mg/L，有机溶剂中溶解度（g/L，20～25℃）：正己烷 3.5、二氯甲烷 1307、三氯甲烷 1197、四氢呋喃 737、甲苯 268、丙酮 150、甲醇 15.3、乙酸乙酯 201、乙醇 16.5。稳定性：耐酸碱。

毒性　据 WHO 分级标准，唑螨酯属Ⅱ级；据中国农药毒性分级标准，唑螨酯属中等毒性杀螨剂。原药大鼠急性经口 LD_{50}（mg/kg）：雄 480，雌 245。大鼠急性经皮 LD_{50}＞2000 mg/kg。大鼠吸入 LC_{50}（4 h，mg/L）：雄 0.33，雌 0.36。大鼠 NOEL（mg/kg bw）：雄 0.97，雌 1.21。ADI/RfD：（JMPR）0.01 mg/kg bw；（EC）0.01 mg/kg bw；（EPA）0.01 mg/kg bw。对兔皮肤无刺激性，兔眼睛有轻微刺激性。在试验剂量内，对试验动物无致突变、致畸和致癌作用。90 d 饲喂试验：对大鼠的经口无作用剂量为 20 mg/kg，对狗的无作用剂量为 2 mg/kg。2 年慢性毒性饲喂试验：大鼠急性经口无作用剂量为 25 mg/kg。制剂雄大鼠急性经口 LD_{50}

9000 mg/kg，经皮＞2000 mg/kg，大鼠吸入 LC_{50} 4.8 mg/L。对兔眼睛和皮肤有轻微的刺激性。

生态效应 山齿鹑、野鸭 LD_{50}＞2000 mg/kg，山齿鹑、野鸭 LD_{50}（8 d）＞5000 mg/L。鲤鱼 LC_{50}（96 h）0.0055 mg/L。水蚤 EC_{50}（48 h）0.00328 mg/L。海藻 EC_{50}（72 h）9.98 mg/L。蜜蜂 LD_{50}（72 h）＞119 μg/只（经口）；＞15.8 μg/只（接触）。在 50 mg/L 浓度下，对家蚕的致死率为零。母鸡 LD_{50}＞5000 mg/kg。对食肉蜘蛛无毒。蚯蚓 LC_{50}（14 d）69.3 mg/kg 土壤。在 25～50 mg/L 剂量下对普通草蛉、异色瓢虫、茧蜂、三突花蛛、拟环纹狼蛛、小花蝽、蓟马等有轻度负影响。

环境行为 在土壤中 DT_{50} 为 26.3～49.7 d。光解半衰期 2.8～3.1 h。在水中半衰期 65.7 d（25℃）。

制剂 5%悬浮剂［50 g(a.i.)/L］。

主要生产商 Nihon Nohyaku、SePRO、池州万维化工有限公司、绩溪农华生物科技有限公司、江苏功成生物科技有限公司、江苏辉丰生物农业股份有限公司、江苏维尤纳特精细化工有限公司、山东省联合农药工业有限公司、山西绿海农药科技有限公司、石家庄瑞凯化工有限公司、新沂市永诚化工有限公司等。

作用机理与特点 线粒体膜电子转移抑制剂，为触杀、胃杀作用较强的广谱性杀螨剂。该药对多种害螨有强烈的触杀作用，速效性好，持效期较长，对害螨的各个生育期均有良好防治效果，而且对蛹蜕皮有抑制作用。但与其他药剂无交互抗性。该药能与波尔多液等多种农药混用，但不能与石硫合剂等强碱性农药混用。

应用

（1）适用作物 苹果、柑橘、梨、桃、葡萄等。使用剂量为 25～75 g/hm²。

（2）防治对象 红蜘蛛、锈壁虱、毛竹叶螨、跗线螨、细须螨、斯氏尖叶瘿螨。

（3）残留量与安全用药 在土壤中半衰期 42 d。光解半衰期 2.8～3.1 h。在水中半衰期 65.7 d（25℃）。唑螨酯每人每日允许摄入量（ADI）为 0.01 mg/(kg·d)。作物中（柑橘和苹果）最高残留限量为 1 μg/mL。全年最多使用次数 1 次，最低稀释倍数为 1000 倍。安全间隔期为 14 d。用接触本剂药液的桑叶喂蚕，蚕虽然不会死亡，但会产生拒食现象。在桑园附近施药时，应注意勿使药液飘移污染桑树（安全间隔期 25 d）。对鱼有毒，施药时避免药液飘移或者流入河川、湖泊、鱼池内。施药后，药械清洗废水或剩余药液不要倒入沟渠、鱼塘内。施药时应戴口罩、手套，穿长裤、长袖工作服，注意避免吸入药雾、溅入眼睛和沾染皮肤。应防止误饮水剂。在使用过程中，如有药剂溅到皮肤上，应立即用肥皂清洗。如药液溅入眼中，应立即用大量清水冲洗。如误服中毒，应立即饮 1～2 杯清水，并用手指压迫舌头后部催吐，然后送医院治疗。

（4）应用技术 防治苹果叶螨、苹果红蜘蛛，在苹果开花前后，越冬卵孵化高峰期施药。防治苹果红蜘蛛，于苹果开花初期，越冬成虫出蛰始盛期施药。也可在螨的各个发生期，当发生量达到一定防治指标时施药。防治柑橘害螨、橘全爪螨、锈壁虱，于卵孵盛期或幼、若螨发生期，当螨的数量达到当地防治指标时施药。可以和波尔多液以及主要的杀虫剂、杀菌剂混用。与石灰硫黄合剂混用会发生沉淀。与其他农药混合使用应先进行药效试验。

（5）使用方法 防治苹果、柑橘、梨、桃、葡萄等上的毛竹叶螨、跗线螨、细须螨、斯氏尖叶瘿螨等用量为 25～75 g/hm²。防治苹果叶螨、苹果红蜘蛛用 5%唑螨酯悬浮剂 2000～3000 倍液或每 100 L 水加 5%唑螨酯 33～50 mL（有效浓度 17～25 mg/L），持效期一般可达 30 d 以上。防治柑橘害螨等用 5%唑螨酯悬浮剂 1000～2000 倍液或每 100 L 水加 5%唑螨酯 50～100 mL（有效浓度 25～50 mg/L），可有效控制螨的为害。

专利与登记

专利名称　A pyrazole oxime derivative and its production and use

专利号　EP 0234045　　　　　专利公开日期　1987-09-02

专利申请日　1986-12-23　　　　优先权日　1985-12-27

专利拥有者　Nihon Nohyaku Co., Ltd., Japan

在其他国家申请的化合物专利　AR 245934、AU 568995、AU 6692186、BR 8606430、CA 1300137、CN 1061321、CN 1023287、CN 86108691、CN 1022919、EP 234045、ES 2046169、HU 43933、HU 201223、IL 81099、JP 63183564、JP 05043700、US 4843068 等。

制备专利　DE 4336307、KR 2004045982、ZA 09667、IN 280199、CN 101273720、CN 1844103、WO 2015191900、WO 2010019830、CN 101273720、CN 1907948 等。

国内登记情况　95%、96%、97%、98.5%原药；5%、10%、20%、28%悬浮剂，用于防治枸杞瘿螨，柑橘、苹果红蜘蛛；可与螺虫乙酯、苯丁锡、阿维菌素、三唑锡等混配。日本农药株式会社在中国登记情况见表 3-18。

表 3-18　日本农药株式会社在中国登记情况

登记名称	登记证号	含量	剂型	登记作物	防治对象	用药量	施用方法
唑螨酯	PD193-94	5%	悬浮剂	柑橘树	锈壁虱	25～50 mg/kg	喷雾
				柑橘树	红蜘蛛	25～50 mg/kg	喷雾
				苹果树	红蜘蛛	50～ 78 mg/kg	喷雾
唑螨酯	PD306-99	96%	原药				
唑酯·炔螨特	PD20060147	13%	水乳剂	柑橘树	红蜘蛛	65～97.5 倍液	喷雾
				苹果树	二斑叶螨	65～97.5 倍液	喷雾
				苹果树	红蜘蛛	97.5～130 倍液	喷雾

合成方法　以乙酰乙酸乙酯、甲基肼为原料，经如下反应制得 1,3-二甲基-5-苯氧基吡唑-4-甲醛肟，再与 4-溴甲基苯甲酸叔丁酯和碳酸钾在丙酮中回流 8 h，即制得本品。反应式如下：

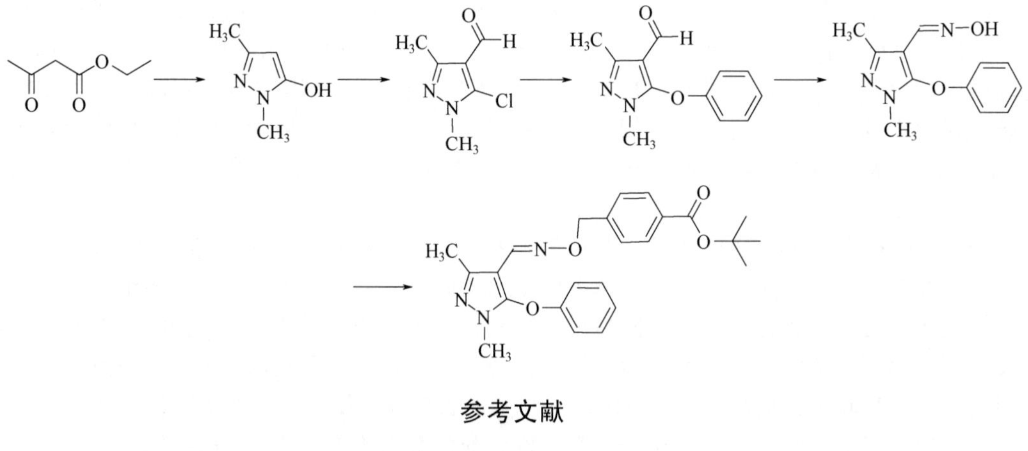

参考文献

[1] Konno T, Kuriyama K, Hamaguchi H, et al. Proc. Brighton Crop Prot.Conf.Pests Dis., vol. 1, 1990, 71-78.

[2] The Pesticide Manual. 17 th edition: 468-469.

[3] 姚志牛, 朱长武, 项瑞兵. 现代农药, 2015(6): 18-20.

[4] 吴家全, 李军民, 李凤明, 等. 农药研究与应用, 2008 (6): 16-19.

[5] 马洪亭, 李培凡, 魏云亭. 精细化工中间体, 2007 (4): 22-24.

acynonapyr

C$_{24}$H$_{26}$F$_6$N$_2$O$_3$，504.5，1332838-17-1

acynonapyr（开发代号：NA-89）是日本曹达株式会社开发的新颖杀螨剂，对果树、蔬菜以及茶树害螨具有良好的防效。

化学名称 3-内-[2-丙氧基-4-(三氟甲基)苯氧基]-9-[5-(三氟甲基)-2-吡啶氧基]-9-氮杂双环[3.3.1]壬烷。英文化学名称为{3-endo-[2-propoxy-4(trifluoromethyl)phenoxy]-9-[5-(trifluoromethyl)-2-pyridyloxy]-9-azabicyclo[3.3.1]nonane}。美国化学文摘系统命名称为{3-endo-3-[2-propoxy-4-(trifluoromethyl)phenoxy]-9-[[5(trifluoromethyl)-2-pyridinyl]oxy]-9-azabicyclo[3.3.1]nonane}。CA 主题索引名称为 9-azabicyclo[3.3.1]nonane—，3-[2-propoxy-4-(trifluoromethyl)phenoxy]-9-[[5-(trifluoromethyl)-2-pyridinyl]oxy]-(3-endo)-。

理化性质 原药为浅黄色粉末，略有芳香气味，熔点：77.2～78.8℃，165℃以上分解无法测定沸点，蒸气压<8.3×10^{-8} Pa（30℃），密度 1.5 g/cm^3（20℃），lgK_{ow} 6.5（25℃）。水中溶解度（μg/L，pH 6.0～6.5）：1.89（10℃），0.889（20℃），3.57（30℃）。

毒性 原药对大鼠急性经口 LD$_{50}$>2000mg/kg，急性经皮 LD$_{50}$>2000mg/kg，急性吸入LC$_{50}$>4.79mg/L；对兔眼睛有轻微刺激性，48 h 后消失，对兔皮肤无刺激性；对豚鼠皮肤无致敏性。

生态效应 鱼 LC$_{50}$（μg/L，96 h）：鲤鱼>70，大翻车鱼>41.8，虹鳟鱼>20.5μg/L。大型溞 EC$_{50}$（48 h）28 μg/L，摇蚊 EC$_{50}$（48 h）>160μg/L，羊角月牙藻 E$_r$C$_{50}$（72 h）>2.7μg/L。对有益昆虫、螨类天敌安全。

制剂 可湿性粉剂、悬浮剂和乳油。

作用机理与特点 acynonapyr 是一种具有环胺骨架的新颖杀螨剂，其作用于抑制性谷氨酸受体，干扰害螨的神经传递，导致害螨行动失调，最终杀灭害螨。

应用

（1）适宜作物 蔬菜、果树及茶树等。

（2）防治对象 可用于防治蔬菜、果树及茶树害螨。

（3）使用方法 叶面喷雾施用，适用范围及使用方法见表 3-19 和表 3-20。

表 3-19 20% acynonapyr 悬浮剂适用范围及使用方法

适用作物	防治对象	稀释倍数	用量	使用时期	使用次数	使用方法	农药使用总次数（包括 acynonapyr）
柑橘	柑橘红蜘蛛	2000～3000	20～70 L/hm^2	收获前 1 d	1 次	喷雾	1 次
苹果	螨类	1000～2000	20～70 L/hm^2	收获前 1 d	1 次	喷雾	1 次
梨、樱桃、小粒核果类	螨类	2000	20～70 L/hm^2	收获前 1 d	1 次	喷雾	1 次
草莓、茄子、西瓜	螨类	2000	10～30 L/hm^2	收获前 1 d	2 次以内	喷雾	2 次以内

表 3-20 20% acynonapyr 乳油适用范围及使用方法

适用作物	防治对象	稀释倍数	用量	使用时期	使用次数	使用方法	农药使用总次数（包括 acynonapyr）
茶	神泽叶螨	1000～2000	20～40 L/hm²	采摘前 14 d	1 次	喷雾	1 次

专利与登记

专利名称　Preparation of cyclic amine compounds as miticides

专利号　WO 2011105506　　　　专利公开日　2011-09-01

专利申请日　2011-02-24　　　　优先权日　2010-02-25

专利拥有者　Nippon Soda Co., Ltd., Japan

在其他国家申请的化合物专利　AR 81721、CA 2789645、AU 2011221128、IL 221208、KR 2012112809、KR 1431357、CN 102770430、EP 2540719、ZA 2012005767、NZ 601489、JP 5486674、TW I468408、AP 3214、PT 2540719、ES 2555163、EA 22807、BR 112012020986、IN 2012CN06948、IN 284625、PH 12012501612、MX 2012009681、US 20120309964、US 8980912 等。

制备专利　WO 2011105506、WO 2017018409 等。

acynonapyr 是一种具有新颖作用机制的杀螨剂，对危害果蔬作物和茶树的多种螨类具有优异防效。该剂可用于防治对常用杀螨剂产生抗性的害螨，有望成为害螨综合治理（IPM）的一个有力工具。

合成方法　可由如下反应制备：

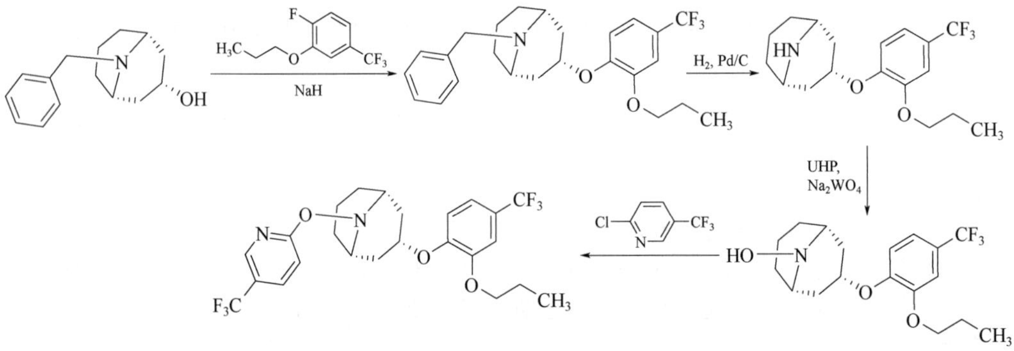

参考文献

[1] 何秀玲. 世界农药, 2019(1): 63-64.

pyflubumide

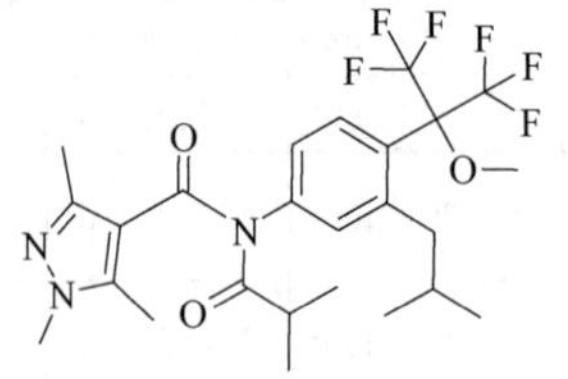

$C_{25}H_{31}F_6N_3O_3$，535.5，926914-55-8

pyflubumide（试验代号 NNI-0711，商品名称 Danikong）是日本农药株式会社开发的吡唑类杀螨剂。

化学名称 1,3,5-三甲基-*N*-(2-甲基-1-氧代丙基)-*N*-[3-(2-甲基丙基)-4-[2,2,2-三氟-1-甲氧基-1-(三氟甲基)乙基]苯基]-1*H*-吡唑-4-甲酰胺。英文化学名称为 1,3,5-trimethyl-*N*-(2-methyl-1-oxopropyl)-3′-(2-methylpropyl)-4′-[2,2,2-trifluoro-1-methoxy-1-(trifluoromethyl)ethyl]-1*H*-pyrazole-4-carboxanilide 或 3′-isobutyl-*N*-isobutyryl-1,3,5-trimethyl-4′-[2,2,2-trifluoro-1-methoxy-1-(trifluoromethyl)ethyl]pyrazole-4-carboxanilide。美国化学文摘系统命名称为 1,3,5-trimethyl-*N*-(2-methyl-1-oxopropyl)-*N*-[3-(2-methylpropyl)-4-[2,2,2-trifluoro-1-methoxy-1-(trifluoromethyl)ethyl]phenyl]-1*H*-pyrazole-4-carboxamide。CA 主题索引名称为 pydiflumetofen—, 1,3,5-trimethyl-*N*-(2-methyl-1-oxopropyl)-*N*-[3-(2-methylpropyl)-4-[2,2,2-trifluoro-1-methoxy-1-(trifluoromethyl)ethyl]phenyl]-。

应用 2015 年 pyflubumide 与唑螨酯复配产品以商品名 Danicong flowable 及 Doubleface flowable 在日本取得批准登记，用于水果、蔬菜、葡萄、茶树及观赏性植物上螨的防治。

专利与登记

专利名称 Preparation of pyrazolecarboxylic acids and substituted pyrazolecarboxylic acid anilide derivatives as agricultural and horticultural pesticides or acaricides

专利号 WO 2007020986 　　　　　**专利申请日** 2006-08-11

专利拥有者 Nihon Nohyaku Co., Ltd., Japan

在其他国家申请的化合物专利 TW 378921、AR 57974、AU 2006280672、CA 2618803、JP 2007308470、JP 5077523、EP 1925613、CN 101243049、ZA 2008002228、RU 2375348、KR 2010099356、BR 2006015003、IL 189394、PT 1925613、ES 2409832、MX 2008002076、EG 25684、IN 2008KN01030、KR 2008048031、KR 1001120、US 20090105325、US 8404861 等。

合成方法 通过如下反应制得目的物：

参考文献

[1] 筱禾. 世界农药, 2017(5): 59-62.

[2] 邓建玲. 世界农药, 2015(6): 14-18.

[3] Furuya T, Machiya K, Fujioka S, et al. Journal of pesticide science, 2017(3): 132-136.

[4] The Pesticide Manual. 17 th edition: 947.

第四章

昆虫驱避剂

昆虫驱避剂（insect repellents）主要有 20 个：butopyronoxyl、camphor、d-camphor、carboxide、dibutylphthalate、diethyltoluamide、dimethylcarbate、dimethylphthalate、dibutylsuccinate、ethohexadiol、hexamide、icaridin、methoquin-butyl、methylneodecanamide、2-(octylthio)ethanol、oxamate、quwenzhi、quyingding、rebemide 和 zengxiaoan。此处仅介绍 diethyltoluamide。其他品种因应用范围小或不再作为驱避剂或没有商品化等原因，本书不予介绍，仅列出化学名称及 CAS 登录号供参考：

butopyronoxyl：butyl 3,4-dihydro-2,2-dimethyl-4-oxo-2H-pyran-6-carboxylate，532-34-3。

camphor：(1RS,4RS)-1,7,7-trimethylbicyclo[2.2.1]heptan-2-one 或(±)-bornan-2-one，76-22-2。

d-camphor：(1R,4R)-1,7,7-trimethylbicyclo[2.2.1]heptan-2-one 或(+)-bornan-2-one，464-49-3。

carboxide：bis(perhydroazepin-1-yl)ketone 或 bis(azepan-1-yl)ketone，25991-86-0。

dibutylphthalate：dibutylphthalate，84-74-2。

dimethylphthalate：dimethylphthalate，131-11-3。

dibutylsuccinate：dibutylsuccinate，141-03-7。

ethohexadiol：(2RS,3RS;2RS,3SR)-2-ethylhexane-1,3-diol，94-96-2。

hexamide：perhydroazepin-1-ylphenylketone 或 azepan-1-ylphenylketone，3653-39-2。

icaridin：(RS)-sec-butyl(RS)-2-(2-hydroxyethyl)piperidine-1-carboxylate，119515-38-7。

methoquin-butyl：butyl 3-methylquinoline-4-carboxylate，19764-43-3。

2-(octylthio)ethanol：2-(octylthio)ethanol，3547-33-9。

oxamate：hexyl N,N-diethyloxamate，60254-65-1。

驱蚊酯(quwenzhi)：ethyl-N-acetyl-N-butyl-β-alaninate 或 ethyl 3-[acetyl(butyl)amino]propanoate，52304-36-6。

驱蝇啶(quyingding)：dipropylpyridine-2,5-dicarboxylate 或 di-n-propylisocinchomeronate，136-45-8。

rebemide：N,N-diethylbenzamide，1696-17-9。

增效胺(zengxiaoan)：N-(2-ethylhexyl)-8,9,10-trinorborn-5-ene-2,3-dicarboximide 或 N-(2-ethylhexyl)bicyclo[2.2.1]hept-5-ene-2,3-dicarboximide，113-48-4。

dimethylcarbate：dimethyl cis-5-norbornene-2,3-dicarboxylate，39589-98-5。

methylneodecanamide：2,2,2-trialkyl-*N*-methylacetamide，105726-67-8。

主要品种

避蚊胺（diethyltoluamide）

$C_{12}H_{17}NO$，191.3，134-62-3

避蚊胺商品名称：Metadelphene，简称 DEET。

化学名称　*N,N*-二乙基-3-甲苯甲酰胺。英文化学名称为 *N,N*-diethyl-*m*-toluamide。美国化学文摘系统名称为 *N,N*-diethyl-3-methylbenzamide。CA 主题索引名称为 benzamide —，*N,N*-diethyl-3-methyl。

理化性质　无色至琥珀色液体。熔点−45℃，沸点160℃（$2.53×10^3$ Pa），111℃（133 Pa）。相对密度 0.996；折射率 1.5206（25℃）。不溶于水，可与乙醇、异丙醇、苯、棉籽油等有机溶剂混溶。

毒性　大鼠急性经口 LD_{50} 约为 2000 mg/kg。大鼠 200 d 饲喂试验的无作用剂量为 10000 mg/kg。未稀释的化合物能刺激黏膜，但每天使用驱避浓度的避蚊胺涂在脸和手臂上，只能引起轻微的刺激。

环境行为　避蚊胺是一种非烈性化学杀虫药，其可能不适合在水源地及其周围使用。虽然避蚊胺不是人们所认为的生物蓄积物，但是它被发现对冷水鱼有轻微的毒性，如虹鳟鱼、罗非鱼。此外，实验表明它对一些淡水浮游物种也有毒性。由于避蚊胺产品的生产、使用，在一些水体中也能检测到高浓度的避蚊胺。

制剂　5%、7%、15%液剂，95%溶液（指间位异构体含量）、8%驱蚊油，35%醇溶液。

主要生产商　安徽富田农化有限公司、沧州磐希化工有限公司、湖南雪天精细化工股份有限公司、江苏省南通宝叶化工有限公司、江苏优嘉植物保护有限公司、美国凡特鲁斯有限责任公司、青岛三力本诺新材料股份有限公司、上海生农生化制品股份有限公司等。

作用机理与特点　雌蚊子需要吸食血液来产卵、育卵，而人类呼吸系统工作的时候所产生的二氧化碳以及乳酸等人体表面挥发物可以帮助蚊子找到我们，蚊虫对人体表面的挥发物是如此敏感，使它可以从 30 m 以外的地方直接冲向吸血对象。将含避蚊胺的驱避剂涂抹在皮肤上，避蚊胺通过挥发在皮肤周围形成气状屏障，这个屏障干扰了蚊虫触角的化学感应器对人体表面挥发物的感应。从而使人避开蚊虫的叮咬。

应用　避蚊胺是一种广谱昆虫驱避剂有效成分，将其喷洒在皮肤或衣服上，对各种环境下的多种叮人昆虫都有驱避作用。避蚊胺可驱赶刺蝇、蠓、黑蝇、恙螨、鹿蝇、跳蚤、蚋、马蝇、蚊子、沙蝇、小飞虫、厩蝇和扁虱。可用于制备驱蚊花露水、驱蚊香水、驱蚊香皂、气雾型膏霜类驱蚊产品，驱蚊效果好，用途相当广泛。

专利与登记

专利名称　Diethylbenzamideas an insect repellent

专利号　US 2408389　　　　　专利公开日　1946-10-01

专利申请日　1944-09-04　　　优先权日　1944-09-04

专利拥有者　Samuel I.Gertler Secretary of Agriculture, USA

制备专利　US 2932665、CN 107840805、IN 2011DE03142、WO 2013065059、WO 2016185177、CN 104418760、CN 101362707、WO 2009121484、WO 2011000459、RU 2057118、WO 2018068937、CN 104988725、CN 104418763、CN 101914034、WO 2002036559 等。

国内登记情况　95%、98%、98.5%、99%原药；3.5%、7%、10%、15%驱蚊液；2%、4%、4.5%、5%、7.5%驱蚊花露水等，用于防治卫生蚊虫等。美国庄臣公司在中国登记了 7.5%驱蚊乳，美国凡特鲁斯有限责任公司在中国登记了 95%原药。

合成方法　通过如下反应制得目的物：

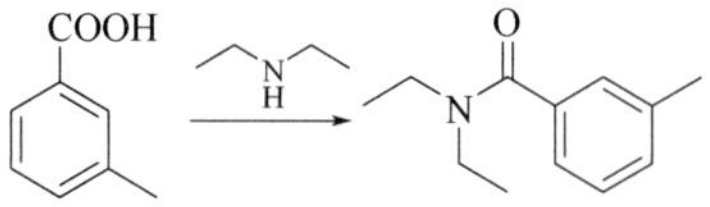

参考文献

[1] 国外农药品种手册(新版合订本). 北京: 化工部农药信息站, 1996: 291-292.

[2] 新编农药手册. 北京: 中国农业出版社, 1989: 210-212.

[3] 新编农药商品手册. 北京: 化学工业出版社, 2006: 373-375.

[4] 蔡照胜. 化学世界, 1994(2): 3.

第五章

拒食剂

主要类型与品种

拒食剂（antifeedants）主要有如下 4 个：chlordimeform、fentin、guazatine、pymetrozine；chlordimeform 由于不再使用，故不介绍。

chlordimeform：(*EZ*)-*N*^{2}-(4-chloro-*o*-tolyl)-*N*^{1},*N*^{1}-dimethylformamidine，6164-98-3。

吡蚜酮（pymetrozine）

$C_{10}H_{11}N_5O$，217.2，123312-89-0

吡蚜酮（试验代号：CGA215944，商品名称：Chess、Degital Bowe、Endeavor、Fulfill、Plenum、Sun-Cheer，其他名称：吡嗪酮）是 1988 年由瑞士诺华(现属先正达)开发，1993 年由 Ciba-Geigy(现属先正达)公司生产的三嗪酮类杂环新型高效杀虫剂。

化学名称　(*E*)-4,5-二氢-6-甲基-4-(3-吡啶亚甲基胺)-1,2,4-三嗪-3(2*H*)-酮。英文化学名称为(*E*)-4,5-dihydro-6-methyl-4-(3-pyridylmethyleneamino)-1,2,4-triazin-3(2*H*)-one。美国化学文摘系统名称为 4,5-dihydro-6-methyl-4-[(*E*)-(3-pyridylmethylene)amino]-1,2,4-triazin-3(2*H*)-one。CA 主题索引名称为 1,2,4-triazin-3(2*H*)-one —, 4,5-dihydro-6-methyl-4-[(*E*)-(3-pyridinylmethylene)amino]—。

理化性质　工业品纯度≥95%，纯品为无色结晶体，熔点 217℃，相对密度 1.36（20～25℃）。蒸气压＜4×10^{-6} Pa（25℃），lgK_{ow} -0.18（20～25℃）。水中溶解度（20～25℃，pH 6.5）290 mg/L，有机溶剂中溶解度（g/L，20～25℃）：乙醇 2.4、己烷＜0.001、甲苯 0.034、二氯甲烷 1.2、正辛醇 0.45、丙酮 0.94、乙酸乙酯 0.26。稳定性：在空气中稳定。在 25℃水解 DT$_{50}$为 5～12 d（pH 5），616～800 d（pH 7），510～1212 d（pH 9）。

毒性　原药大鼠急性经口 LD$_{50}$＞5000 mg/kg。大鼠急性经皮 LD$_{50}$＞2000 mg/kg。对兔皮肤和眼睛无刺激，对豚鼠皮肤无致敏。大鼠吸入 LC$_{50}$（4 h）＞1.8 mg/L。NOEL［mg/(kg·d)］：

大鼠（90 d）3.7，狗（90 d）3，狗（1年，经口）5.33。ADI：（EC）0.03 mg/kg；aRfD 0.1 mg/kg（2001）；（EPA）aRfD 0.01 mg/kg（雌性，年龄13～49），0.125 mg/kg（一般人群），cRfD 0.0038 mg/kg（2005）。5年的试验过程中无致突变性。

生态效应　鹌鹑、麻鸭急性经口 LD_{50} ＞2000 mg/kg，鹌鹑 LC_{50}（8 d）＞5200 mg/L。虹鳟、鲤鱼 LC_{50}（96 h）＞100 mg/L。水蚤 EC_{50}（48 h）87 mg/L。海藻 LC_{50}（72 h）47.1 mg/L；羊角月牙藻 LC_{50}（5 d）21.7 mg/L。蜜蜂 LD_{50}（48 h）＞117 μg/只（经口），蜜蜂 LD_{50}（48 h）＞200 μg/只（接触）。蚯蚓 LC_{50}（14 d）1098 mg/kg 土壤。

环境行为　①动物。迅速被吸收，24 h 内可吸收90%，高效迅速降解，能够迅速通过排泄物排出，在所有被试动物种类（鼠类及农田动物）体内均能代谢，在主要的动物食品中不累积。而且代谢过程相似。②植物。不同被试植物种类基本代谢的过程相似。吡蚜酮是唯一确定的残留物。③土壤/环境。在土壤中能够被快速而且强烈地吸收，无流动性，无过滤性。土壤中 DT_{50} 2～69 d（田间，7种土壤，中值14 d），DT_{90} 55～288 d（田间，7种土壤，中值185 d）。在弱酸性或光照的水中能快速降解，在水面 DT_{50}（标准值）7 d。轻微易挥发。能被直接光解和光化学氧化。

制剂　可湿性粉剂、乳剂、悬浮剂、水分散粒剂。

主要生产商　Syngenta、安道麦安邦（江苏）有限公司、安徽丰乐农化有限责任公司、安徽富田农化有限公司、广东广康生化科技股份有限公司、广东立威化工有限公司、海利尔药业集团股份有限公司、河北双吉化工有限公司、河北威远生物化工有限公司、湖南海利化工股份有限公司、黄龙生物科技（辽宁）有限公司、江苏好收成韦恩农化股份有限公司、江苏健谷化工有限公司、江苏克胜作物科技有限公司、江苏省南通施壮化工有限公司、江苏省农药研究所股份有限公司、江苏苏滨生物农化有限公司、江苏天容集团股份有限公司、江苏维尤纳特精细化工有限公司、江苏优嘉植物保护有限公司、江苏长青农化股份有限公司、江西核工业金品生物科技有限公司、兰博尔开封科技有限公司、兰州鑫隆泰生物科技有限公司、美国默赛技术公司、南京红太阳股份有限公司、平原倍斯特化工有限公司、山东省联合农药工业有限公司、山东潍坊润丰化工股份有限公司、山东焱农生物科技股份有限公司、陕西美邦药业集团股份有限公司、绍兴上虞新银邦生化有限公司、沈阳科创化学品有限公司、石家庄瑞凯化工有限公司、四川省乐山市福华通达农药科技有限公司、榆林成泰恒生物科技有限公司、浙江东风化工有限公司、浙江中山化工集团股份有限公司。

作用机理与特点　吡蚜酮属于吡啶类或三嗪酮类杀虫剂，是全新的非杀生性杀虫剂，最早由瑞士汽巴-嘉基公司于1988年开发，该产品对多种作物的刺吸式口器害虫表现出优异的防治效果。利用电穿透图（EPG）技术进行研究表明，无论是点滴、饲喂或注射试验，只要蚜虫或飞虱一接触到吡蚜酮几乎立即产生口针阻塞效应，立刻停止取食，并最终饥饿致死，而且此过程是不可逆转的。因此，吡蚜酮具有优异的阻断昆虫传毒功能。尽管目前对吡蚜酮所引起的口针阻塞机制尚不清楚，但已有的研究表明这种不可逆的"停食"不是由于"拒食作用"所引起。经吡蚜酮处理后的昆虫最初死亡率是很低的，昆虫"饥蛾"致死前仍可存活数日，且死亡率高低与气候条件有关。试验表明，药剂处理3 h 内，蚜虫的取食活动降低90%左右，处理后48 h，死亡率可接近100%。

吡蚜酮对害虫具有触杀作用，同时还有内吸活性。在植物体内既能在木质部输导也能在韧皮部输导；因此既可用作叶面喷雾，也可用于土壤处理。由于其良好的输导特性，在茎叶喷雾后新长出的枝叶也可以得到有效保护。

应用

（1）防治对象　本品可用于防治大部分同翅目害虫，尤其是蚜虫科、粉虱科、叶蝉科及飞虱科害虫，适用于蔬菜、水稻、棉花、果树及多种大田作物。

（2）适宜作物及对作物的安全性　蔬菜、园艺作物、棉花、大田作物、落叶果树和柑橘等；推荐剂量下对作物、环境安全、无药害；是害虫综合治理体系中理想的药剂。对已使用的杀虫剂敏感或产生抗性的蚜虫、粉虱和叶蝉等有特效。害虫在死亡之前，即停止进食。

（3）使用方法　使用剂量：马铃薯150 g(a.i.)/hm²，观赏植物、烟草、棉花200～300 g(a.i.)/hm²，用于蔬菜、水果等使用剂量为10～30 g(a.i.)/hm²。吡蚜酮可以用在蔬菜田和观赏植物上防治各种蚜虫和白粉虱，防治蚜虫的推荐剂量为10 g(a.i.)/hm²，防治白粉虱的推荐剂量为20 g(a.i.)/hm²。在烟草、棉花、马铃薯作物上可以用来防治棉蚜和桃蚜，推荐剂量为100～200 g(a.i.)/hm²。在水稻上，茎叶处理剂量为100～150 g(a.i.)/hm²，种子包衣1.5 g(a.i.)/hm²可以防治黑尾叶蝉。在柑橘和落叶果树上，使用剂量为5～20 g(a.i.)/hm²，可用于防治蚜虫。

专利与登记

专利名称　Preparation and testing of pyridylmethylaminotriazinones as insecticides, acaricides, and ectoparasiticides

专利号　EP 314615　　　　　专利公开日　1989-05-03

专利申请日　1988-10-07　　　优先权日　1987-10-16

专利拥有者　Ciba-Geigy AG., Switz.（Syngenta）

在其他国家申请的化合物专利　AT 121742、AU 8823789、AU 612415、AU 9173697、AU 621257、BR 8805315、CA 1325211、DK 8805733、DK 171936、ES 2070861、HU 49605、HU 200336、IL 102577、JP 01132580、JP 06062610、KR 128481、US 4931439、US 4996325、ZA 8807676 等。

制备专利　WO 2007123855、CN 1124736A、JP 6316575、US 5324842、US 4952701、CN 104860925、CN 103724327、CN 102558152、CN 108707137、EP 613895、CN 107266420、CN 105622534、CN 104844574、CN 104803980、CN 103275026、US 5384403 等。

国内登记情况　95%、96%、97%、98%、98.5%原药；50%、60%、70%水分散粒剂，12～16 g/亩喷雾用于防治水稻稻飞虱；可与烯啶虫胺、呋虫胺、氯虫苯甲酰胺、烯啶虫胺等混配。瑞士先正达作物保护有限公司在中国登记情况见表5-1。

表5-1　瑞士先正达作物保护有限公司在中国登记情况

登记名	登记证号	含量	剂型	登记作物	防治对象	用药量	施用方法
吡蚜酮	PD20094118	50%	水分散粒剂	观赏菊花	蚜虫	150～225 g/hm²	喷雾
				水稻	稻飞虱	90～150 g/hm²	喷雾
吡蚜酮	PD20081388	95%	原药				

1997年起，该药先后在土耳其、德国、巴拿马、马来西亚、日本、美国和南欧等国家和地区登记并陆续上市。现已在日本、美国、德国等国家广泛使用。2001年在欧盟农药登记条件附件1的7个新品种中，吡蚜酮榜上有名。

合成方法　经如下反应制得吡蚜酮：

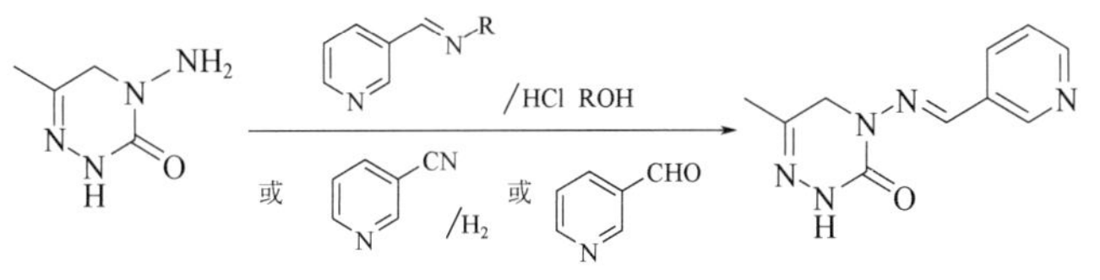

中间体氨基三嗪酮的制备方法如下：

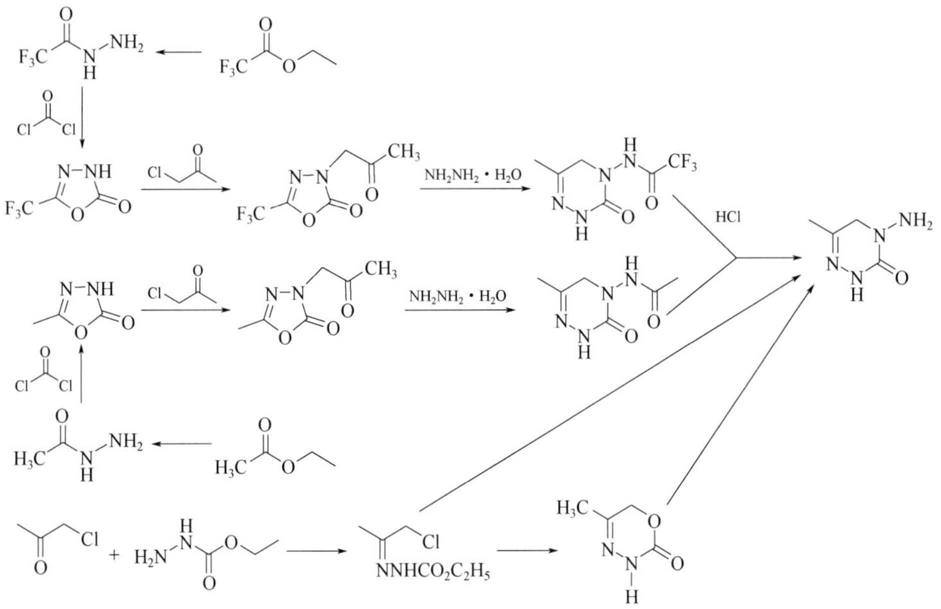

参考文献

[1] 国外新品农药手册(增补本). 北京: 全国农药信息站, 1996.

[2] The Pesticide Manual. 17 th edition: 948-949.

[3] 王胜得, 曾文平, 段湘生. 农药研究与应用, 2007(12): 23-24.

[4] 何茂华, 罗万春, 慕立义. 世界农药, 2002, 2: 46-47.

[5] 朱建民, 余神鎏, 李巧军. 农药科学与管理, 2015(9): 25-29.

三苯锡（fentin）

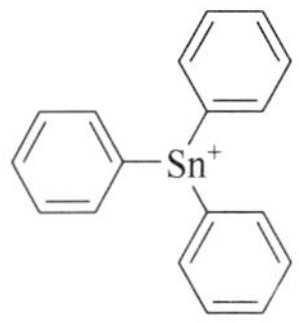

$C_{18}H_{15}Sn$，350.0，668-34-8

三苯锡（试验代号：VP 1940、Hoe 02824，商品名称：Brestan），化学名称为三苯基锡。英文化学名称为 triphenyltin。美国化学文摘系统名称为 triphenylstannylium，CA 主题索引名称为 stannylium-triphenyl。

另外三苯基锡还形成盐，结构如下所示：

三苯基乙酸锡 (fentin acetate)
$C_{20}H_{18}O_2Sn$，409.0，900-95-8

三苯基氢氧化锡 (fentin hydroxide)
$C_{18}H_{16}OSn$，367.0，76-87-9

三苯基乙酸锡，试验代号：HOE 002782、AE F002782；通用名称：fentin acetate，商品名称：Suzu、Brestan（与代森锰的混剂）。化学名称为三苯基锡乙酸盐。英文化学名称为triphenyltin(Ⅵ)acetate。美国化学文摘系统名称为（acetyloxy）triphenylstannane。CA 主题索引名称为 stannane（acetyloxy）triphenyl。

三苯基氢氧化锡，试验代号：AE F029664、HOE 029664；通用名称：fentin hydroxide，商品名称：Brestan、Super-Tin、Suzu-H。化学名称为羟基三苯锡。英文化学名称为triphenyltin(Ⅵ)hydroxide。美国化学文摘系统名称为 hydroxytriphenylstannane。CA 主题索引名称为 stannane hydroxytriphenyl。

理化性质 ①三苯基乙酸锡。工业品含量不低于 94%。无色结晶体，熔点 121～123℃（工业品为 118～125℃），蒸气压 1.9 mPa（50℃）。$\lg K_{ow}$ 3.54。Henry 常数 $2.96×10^{-4}$ Pa·m³/mol（20℃）。相对密度 1.5（20℃）。水中溶解度（pH 5，20℃）9 mg/L；其他溶剂中溶解度（g/L，20℃）：乙醇 22、乙酸乙酯 82、己烷 5、二氯甲烷 460、甲苯 89。稳定性：干燥时稳定。有水时转化为羟基三苯锡。对酸碱不稳定（22℃），DT_{50}<3 h（pH 5，7 或 9）。在日光或氧气作用下分解。闪点(185±5)℃（敞口杯）。②三苯基氢氧化锡。工业品含量不低于 95%。无色结晶体，熔点 123℃，蒸气压 $3.8×10^{-6}$ mPa（20℃）。$\lg K_{ow}$ 3.54。Henry 常数 $6.28×10^{-7}$ Pa·m³/mol（20℃）。相对密度 1.54（20℃）。水中溶解度（pH 7，20℃）1 mg/L，随 pH 减小溶解度增大；其他溶剂中溶解度（g/L，20℃）：乙醇 32、异丙醇 48、丙酮 46、聚乙烯乙二醇 41。稳定性：室温下黑暗处稳定。超过 45℃开始分子间脱水，生成二三苯锡基醚，二三苯锡基醚在低于250℃稳定。在光照条件下缓慢分解为无机锡及一苯或二苯基锡的化合物，在紫外线照射下分解速率加快。闪点 174℃（敞口杯）。

毒性 ①三苯锡。每日允许摄入量（JMPR）0.0005 mg/kg bw。②三苯基乙酸锡。大鼠急性经口 LD_{50} 140～298 mg/kg。兔急性经皮 LD_{50} 127 mg/kg；对皮肤及黏膜有刺激。大鼠吸入 LC_{50}（4 h）：雄 0.044 mg/L 空气；雌 0.069 mg/L 空气。NOEL（2 年）：狗 4 mg/kg。每日允许摄入量（JMPR）0.0004 mg/kg bw。鹌鹑 LD_{50} 77.4 mg/kg。呆鲦鱼 LC_{50}（48 h）0.071 mg/L。水蚤 LC_{50}（48 h）10 μg/L。水藻 LC_{50}（72 h）32 μg/L。制剂对蜜蜂无毒。蚯蚓 LD_{50}（14 d）128 mg/kg 土壤。③三苯基氢氧化锡。大鼠急性经口 LD_{50} 150～165 mg/kg。兔急性经皮 LD_{50} 127 mg/kg；对皮肤及黏膜有刺激。大鼠吸入 LC_{50}（4 h）0.06 mg/L 空气。大鼠 NOEL（2 年）4 mg/kg。每日允许摄入量（JMPR）0.0004 mg/kg bw。山齿鹑 LC_{50}（8 d）38.5 mg/kg。呆鲦鱼（黑头呆鱼）LC_{50}（48 h）0.071 mg/L。水蚤 LC_{50}（48 h）10 μg/L。水藻 LC_{50}（72 h）32 μg/L。对蜜蜂无毒。蚯蚓 LD_{50}（14 d）128 mg/kg 土壤。

环境行为 土壤/环境：在土壤中三苯基乙酸锡和三苯基氢氧化锡分解为无机锡及一苯或二苯基锡的化合物。DT_{50} 20 d（实验室）。

制剂 三苯基乙酸锡：可湿性粉剂。三苯基氢氧化锡：悬浮剂、可湿性粉剂。

主要生产商 Syngenta（Mertin）。

作用机理与特点　三苯基乙酸锡：多靶点抑制剂，能够阻止孢子成长，抑制真菌的代谢。三苯基氢氧化锡：非内吸性具有保护治疗作用的杀菌剂。

应用

使用方法　本品可以作拒食剂，也可用作杀菌剂（具体参看《世界农药大全——杀菌剂卷》）。防治马铃薯早、晚疫病（200～300 g/hm²），甜菜叶斑病（200～300 g/hm²）以及大豆炭疽病（200 g/hm²）。

专利与登记

专利名称　Agents and processes for combating fungi, yeasts, bacteria, protozoa and like micro-organisms

专利号　DE 950970　　　　　　专利公开日　1956-10-18

专利申请日　1952-06-01　　　优先权日　1951-06-09

专利拥有者　Cyril James Faulkner

在其他国家申请的化合物专利　GB 734119、NL 161846、NL 74766、US 3499086 等。

制备专利　CN 107915756、CN 103848861、CN 103848860、CN 1939925、CN 1763054、CN 102731562、CN 101353357、CN 1763054、CN 106259416 等。

合成方法　通过如下反应制得目的物：

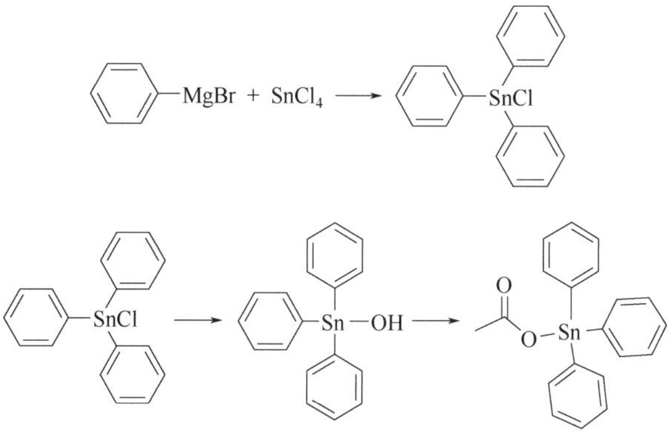

参考文献

[1] The Pesticide Manual. 17 th edition: 471-474.

[2] 国外农药品种手册(新版合订本). 北京: 化工部农药信息站, 1996: 479-481.

双胍辛盐（guazatine）

$$RNH—(CH_2)_8—N—[(CH_2)_8—N]_nH$$

（两个 N 上各带 R 取代基）

*n*可以是0，1，2等。R取代基可以是

—H(17%～23%) 或 —C=NH(77%～83%)（该 C 上带 NH₂）

108173-90-6(双胍辛盐)，115044-19-4(双胍辛乙酸盐)

双胍辛盐（其他通用名称：guazatine acetate，商品名称：Panoctine、派克定、培福朗、谷种定醋酸盐、Citropel、Kenopel、Ravine，其他名称：Ravine）和双胍辛乙酸盐（试验代号：

EM 379、MC 25）是由 W. S. Catling 等报道，安万特公司(现属拜耳公司)开发的拒食剂或杀菌剂。

化学名称 为混合物，没有固定的名称。英文化学名称为 a mixture of the reaction products from polyamines, comprising mainly octamethylenediamine, iminodi(octamethylene)diamine and octamethylenebis(imino-octamethylene)diamine, and carbamonitrile。美国化学文摘系统名称为 guazatine。CA 主题索引名称为 guazatine。

组成 双胍辛盐来自聚合胺反应的混合物，主要由 octamethylenediamine 和 iminodi(octamethylene)diamine、octamethylenebis(iminooctamethylene)diamine 以及 carbamonitrile 反应制得的化合物，没有固定的组成，但均有活性。实际应用的是双胍辛乙酸盐。

理化性质 双胍辛乙酸盐 黄褐色液体（原药）。蒸气压 $<1\times10^{-5}$ mPa（50℃）。$\lg K_{ow}$：-1.2（pH 3），-0.9（pH 10）。相对密度 1.09（20～25℃）。水中溶解度（20～25℃）>3 kg/L；有机溶剂中溶解度（g/L，20～25℃）：甲醇 510、N-甲基吡咯烷酮 1000、N,N-二甲基甲酰胺 500、乙醇约 200、二氯甲烷和正己烷 0.1，在二甲苯和其他的烃类溶剂中溶解度很小。稳定性：25℃时，pH 5，7 和 9 的条件下 1 个月后无明显的水解现象发生。pK_a 为碱性。在中性和酸性介质中稳定，在强碱中极易分解。本品对光亦稳定。

毒性 ①双胍辛盐。大鼠急性经口 LD_{50} 300 mg/kg。大鼠 NOEL（2 年）2.8 mg/(kg·d)。ADI/RfD 值（BfR）0.008 mg/kg bw。②双胍辛乙酸盐。大鼠急性经口 LD_{50} 360 mg/kg。大鼠急性经皮 $LD_{50}>1000$ mg/kg，兔急性经皮 LD_{50} 1176 mg/kg。对兔眼睛有刺激作用。大鼠吸入 LC_{50} 225 mg/L。大鼠 2 年饲喂试验无作用剂量为 17.5 mg/(kg·d)。狗 1 年饲喂试验无作用剂量为 0.9 mg/(kg·d)。对大鼠无致畸和致癌作用。

生态效应 ①双胍辛盐。野鸡 LD_{50} 308 mg/kg。②双胍辛乙酸盐。鸽子 LD_{50} 82 mg/kg 且有催吐效应。虹鳟鱼 LC_{50}（96 h）1.41 mg/L。水蚤 LC_{50}（48 h）0.15 mg/L。推荐剂量下对蜜蜂无毒，$LD_{50}>200$ μg/只（接触）。蚯蚓 LC_{50}（14 d）>1000 mg/kg 土壤。

环境行为 ①动物。经口进入大鼠体内的本品，被快速和完全降解，在 2～3 d 内以尿和粪便的形式排出体外。②土壤和环境。本品直接施用于土壤时，双胍辛盐只是暂时被强烈束缚，然后辛链分解，经矿化作用形成二氧化碳。在土壤中稳定，因此地下水中本品的含量不会超过 0.1 μg/L。

制剂 25%液剂，3%涂抹剂等。

主要生产商 Adama。

应用 本品可用作拒食剂。也可以作杀菌剂使用，具体参看《世界农药大全——杀菌剂卷》。

专利与登记

专利名称 Mixtures having antimicrobial or pesticidal effect

专利号 US 4092432　　　　　　专利公开日 1978-05-30

专利申请日 1976-10-22　　　　专利拥有者 KemaNord AB

在其他国家申请的化合物专利 AR 216638、AU 1855076、AU 505423、BR 7606992、CA 1072008、CH 625208、DD 128387、DE 2647915、DK 152081、DK 473376、FR 2328399、GB 1570517、HU 176545、IL 50649、IN 143379、IT 1121707、JP 1119495、JP 52051021、JP 57007605、MX 4511、NL 175816、NL 7611508、PL 106751、SE 417569、SE 7511852、SU 852169、ZA 7606127 等。

制备专利 SU 852169、EP 308894 等。

合成方法 以 1,8-辛二胺和 1,8-二溴辛烷为原料，经如下反应制得目的物：

参考文献

[1]　The Pesticide Manual. 17 th edition: 584-858.

第六章

鸟类驱避剂

鸟类驱避剂（bird repellents）主要有如下 9 个品种：anthraquinone、chloralose、copper oxychloride、diazinon、guazatine、methiocarb、thiram、trimethacarb、ziram。其中 diazinon、guazatine、methiocarb、trimethacarb 在前面已有介绍，copper oxychloride，CAS 号[1332-40-7]，可用作鸟类驱避剂，更多的作为杀菌剂使用，具体参看《世界农药大全——杀菌剂卷》。其他品种大多在下面介绍，thiram 由于应用少，仅介绍其英文名称和 CAS 号。

thiram：tetramethylthiuramdisulfide 或 bis(dimethylthiocarbamoyl)disulfide，137-26-8。

蒽醌（anthraquinone）

$C_{14}H_8O_2$，208.2，84-65-1

蒽醌（商品名称：Corbit、Morkit）是一种鸟类驱避剂。

化学名称　蒽醌。英文化学名称为 anthraquinone。美国化学文摘系统名称为 9,10-anthracendione。CA 主题索引名称为 9,10-anthracenedione。

理化性质　工业品为具有芳香气味的黄绿色晶体，熔点 286℃（升华）。沸点 377～381℃（1.01×10⁵ Pa）。蒸气压 5×10⁻³ mPa（20℃）、1×10⁻² mPa（25℃，OECD 104）。lgK_{ow} 3.52。Henry 常数 1.24×10⁻² Pa·m³/mol（计算）。相对密度 1.44（20～25℃）。水中溶解度（20～25℃）0.084 mg/L，有机溶剂中溶解度（g/kg，20～25℃）：氯仿 8.9，苯 2.3，乙醇 3.5，甲苯 2.6，乙醚 0.8。稳定性：在酸或碱性条件下稳定。

毒性　大鼠急性经口 LD₅₀＞5000 mg/kg。大鼠急性经皮 LD₅₀＞5000 mg/kg。对兔眼睛及皮肤无刺激。大鼠吸入 LC₅₀（4 h）＞1.3 mg/L 空气。大鼠 NOEL（90 d）15 mg/kg。无致畸，无致突变。

生态效应　日本鹌鹑 LD₅₀＞2000 mg/kg。鱼类 LC₅₀（96 h）：虹鳟鱼 72 mg/L，金鱼 44 mg/L。水蚤 LC₅₀（48 h）＞10 mg/L。水藻 E_rC₅₀＞10 mg/L。蚯蚓 LC₅₀＞1000 mg/kg 干土。

环境行为　①动物。96%的蒽醌能够在 48 h 内经过尿液及粪便排出。②植物。植物对蒽醌摄入很少，因为蒽醌只用于种子处理。③土壤/环境。在不同种土壤中能很快降解，DT_{50} 7～10 d，DT_{90} 22～53 d。在微生物的作用下，降解过程是很明显的。在水中蒽醌稳定而不水解；但是对光极为敏感，光照下蒽醌水溶液的 DT_{50} 为 9min。在固体表面上（硅胶），有 80%的蒽醌在 1 d 内消失。因此，蒽醌的光解作用能够使其在环境中不残留。蒽醌的蒸气压较低，不能蒸发到大气中。

制剂　干拌种剂、悬浮种衣剂、种子处理液剂、可湿性粉剂、湿拌种剂。

主要生产商　河北兴柏农业科技有限公司、江苏辉丰生物农业股份有限公司、江西禾益化工股份有限公司。

应用　用于谷类种子处理，驱避鸟类的攻击。经常同杀菌剂、杀虫剂混用。

专利与登记

专利名称　Anthrachinon from anthracene by means of chromic acid, and regeneration of the latter

专利号　DE 4570　　　**专利公开日**　1878-06-28

制备专利　CN 109503348、CN 109438209、CN 109134173、CN 108947789、CN 108558630、CN 108285412、CN 108238877、CN 108238885、CN 107935835、CN 107793557、CN 107625962、CN 106966884、CN 106008187、WO 2016071268、CN 202643600、CN 202643599、CN 102659551、CN 102241579、WO 2011141595、CN 101007755、IT 2001RM 0701、CN 1903819、CN 1683305、PL 169322 等。

合成方法　通过如下多种方法制备。

（1）蒽气相催化氧化法是以精蒽为原料，以空气作氧化剂，五氧化二钒为催化剂，进行气相催化氧化，反应器有固定床和流化床两种类型。我国蒽醌生产厂大多采用固定床反应器，用含量大于 90%的精蒽，熔化后用 300℃左右的热空气以 1560 m^3/h 的流速带出气化的精蒽，在热风管道中混合后通过固定床催化氧化的列管反应器，总收率达 80%～85%。

（2）以苯酐、苯为原料，以三氯化铝为催化剂，进行弗里德-克拉夫茨（Friedel-Crafts）反应，然后用浓硫酸脱水生成蒽醌。

（3）以萘醌和丁二烯为原料，以氯化亚铜为催化剂，进行缩合、脱氢后得蒽醌。由于石油化工的飞速发展，提供了此法所用的大量原料丁二烯和萘醌。该法具有消耗低、"三废"少等优点，在日本和美国萘醌法已达到相当规模，有发展前途。

（4）以苯为原料，经如下反应得到：

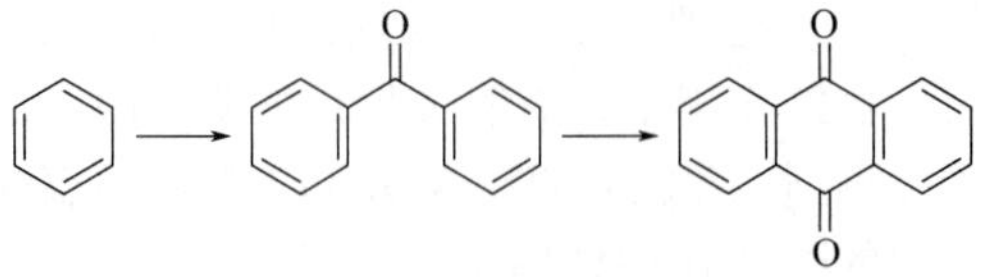

（5）由苯乙烯先进行二聚反应，然后氧化成邻苯酰基苯甲酸，再环合成蒽醌。该方法的优点是原料易得，没有苯酐法的铝盐废水引起的公害问题，产品成本较低。但反应条件较苛刻，技术复杂，设备要求高，是德国 BASF 研究的成果，但目前还未扩大到工业生产规模。

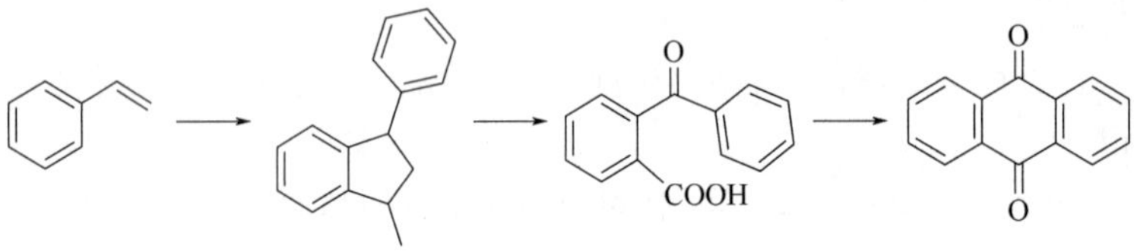

参考文献

[1] The Pesticide Manual. 17 th edition: 50-51.

福美锌（ziram）

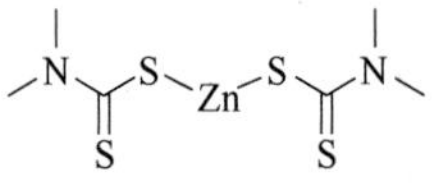

$C_6H_{12}N_2S_4Zn$，305.8，137-30-4

福美锌商品名称：Crittam、Mezene、Miram、Thionic、Ziram Granuflo。

化学名称　双-(二甲基硫代氨基甲酸)锌。英文化学名称为 zinc bis(dimethyldithiocarbamate)。美国化学文摘系统名称为(*T*-4)-bis(*N*,*N*-dimethylcarbamodithioato-$\kappa S,\kappa S'$)zinc。CA 主题索引名称为 zinc —, bis(dimethylcarbamodithioato-$\kappa S,\kappa S'$)-。

理化性质　纯品为无色粉末，熔点 246℃（工业品为 240~244℃）。蒸气压 1.8×10^{-2} mPa（99%，25℃）。lgK_{ow} 1.65。相对密度 1.66（20~25℃）。水中溶解度（20~25℃）65.0 mg/L，有机溶剂中溶解度（g/L，20~25℃）：丙酮 2.3、甲醇 0.11、甲苯 2.33、正己烷 0.77。稳定性：在酸性介质中很快降解，水解 DT_{50} 18 h（pH 7），<1 h（pH 5）。

毒性　大鼠急性经口 LD_{50} 2068 mg/kg；天竺鼠急性经口 LD_{50} 100~150 mg/kg。兔急性经口 LD_{50} 100~300 mg/kg。兔急性经皮 LD_{50}>2000 mg/kg。对黏膜有刺激，对眼睛有强烈刺激，对皮肤无刺激。大鼠吸入 LC_{50}（4 h）0.07 mg/L 空气。NOEL（mg/kg bw）：大鼠 5（1 年），100 mg/kg bw（30 d）；狗 1.6（52 周）。小猎犬饲喂（13 周）100 mg/L。每日允许摄入量（JMPR）0.003 mg/kg。

生态效应　山齿鹑急性经口 LD_{50} 97 mg/kg。虹鳟鱼 LC_{50}（96 h）>1.9 mg/L。水蚤 EC_{50}（48 h）0.048 mg/L。对蜜蜂无毒，LD_{50}>100 μg/只。蚯蚓 LC_{50}（7 d）190 mg/kg 土壤。福美锌对不同鸟类的毒性为无毒至中等毒性。对欧洲八哥及红翼山鸟的 LD_{50} 为 100 mg/kg。2 年的研究表明福美锌对鹌鹑的饮食 LC_{50} 为 3346 mg/L。对于鸡雏，有毒剂量为 56 mg/kg。福美锌能够使母鸡不能产蛋。在非特定条件下，福美锌能够给鸡雏的体重以及睾丸的发育带来负面影响。对唯一的被试物种——金鱼的研究表明，福美锌对鱼类为中等毒性。其对金鱼的 LC_{50}

（5 h）为 5～10 mg/L。由于福美锌在水中的溶解度低，所以它具有较低生物浓缩能力。

环境行为　①动物　大鼠经口后 1～2 d 内福美锌几乎全部降解，7 d 后有 1%～2% 的福美锌残留在大鼠的尸体内。②植物。在植物体内代谢的主要产物为二甲基氨基二硫代羧酸的二甲胺盐；此外还有四甲基硫脲、二硫化碳和硫。二甲基氨基二硫代羧酸能够以其酸的形式存在，以及代谢产物二甲基氨基二硫代羧-β-配糖体、二甲基氨基二硫代羧-α-氨基丁酸和二甲基氨基二硫代羧-α-丙氨酸。③土壤/环境。在土壤中 DT_{50}（有氧）42 h。

制剂　20%、50%、65%、72%、76% 可湿性粉剂，7%、10%、15% 粉剂。

主要生产商　Taminco、UPL、河北共好生物科技有限公司、河北冠龙农化有限公司等。

作用机理与特点　主要为接触活性，具有保护作用的杀菌剂。能够驱除鸟类及啮齿目动物。

应用　作为野生动物驱避剂。更多地用于防治水果及蔬菜等作物的斑点病、桃缩叶病、叶片穿孔病、锈病、黑腐病和炭疽病，具体参看《世界农药大全——杀菌剂卷》。

专利与登记

专利名称　Process for preparing zinc dithiocarbamates

专利号　US 2229562　　　　专利公开日　1941-01-21

专利申请日　1939-02-15　　　　优先权日　1939-02-15

专利拥有者　Wingfoot Corp.

制备专利　CN 1935788、RU 2215743、SU 1493639、IN 153029、IN 149456、US 2492314、CN 105732451、CN 1935788、CN 108558722、CN 108239006、CN 102295592、CN 107141510 等。

国内登记情况　90%、95% 原药；72% 可湿性粉剂 400～600 倍液喷雾用于苹果炭疽病；多与福美双混配用于防治黄瓜炭疽病等。

合成方法　通过如下反应制得目的物：

参考文献

[1] The Pesticide Manual. 17 th edition: 1177-1178.

[2] 国外农药品种手册(新版合订本). 北京: 化工部农药信息站, 1996: 529-530.

[3] 新编农药商品手册. 北京: 化学工业出版社, 2006: 575.

[4] 周学良. 精细化学品大全. 杭州: 浙江科学技术出版社, 2000: 303-304.

[5] 朱思成. 山东师范大学学报(自然科学版), 2005(3): 50-51.

氯醛糖（chloralose）

$C_8H_{11}Cl_3O_6$，309.5，15879-93-3，39598-39-5或14798-36-8(α-)，16376-36-6(β-)

氯醛糖（商品名称：Alphabied，其他名称：glucochloralose、杀鼠糖、灭雀灵、三氯乙醛化葡萄糖）为鸟类驱避剂和杀鼠剂。

化学名称 (*R*)-1,2-*O*-(2,2,2-三氯亚乙基)-*α*,D-呋喃(型)葡萄糖。英文化学名称为(*R*)-1,2-*O*-(2,2,2-trichloroethylidene)-*α*-D-glucofuranose。美国化学文摘系统名称为 1,2-*O*-[(1*R*)-2,2,2-tri-chloroethylidene]-*α*-D-glucofuranose。CA 主题索引名称为 *α*-D-glucofuranose 一, 1,2-*O*-[(1*R*)-2,2,2-trichloroethylidene]。

组成 以 *β*-异构体形式存在。

理化性质 纯品为结晶粉末，熔点 187℃（*β* 异构体 227～230℃）。蒸气压在室温可忽略。水中溶解度（15℃）4440.0 mg/L；可溶于醇类、乙醚和冰醋酸，微溶于氯仿，不溶于石油醚，*β*-异构体在水、乙醇和乙醚中溶解度小于 *α*-异构体。稳定性：在酸或碱性条件下转化为葡萄糖和三氯乙醛。旋光度$[\alpha]_D^{22}$ = +19°。

毒性 大鼠急性经口 LD$_{50}$ 400 mg/kg，小鼠急性经口 LD$_{50}$ 32 mg/kg。

生态效应 鸟类急性经口 LD$_{50}$ 32～178 mg/kg。

环境行为 动物。氯醛糖在动物体内代谢为三氯乙醛；三氯乙醛经氧化为三氯乙酸，经还原为三氯乙醇；三氯乙醛的氧化或还原反应使得氯醛糖具有催眠的作用。毒饵使用浓度为 4%～8%。对人、畜没有危险。

制剂 浓饵剂，毒饵。

作用机理与特点 麻醉剂，使鸟类易于被其他方法杀死。灭鼠剂，通过延迟新陈代谢和将体温降低到致死限而发挥作用。能够被快速代谢，因而不会累积。

应用 用作灭鼠剂（尤其是小鼠），毒饵中有效成分含量为 4%。本品对体型较大的鼠类效果差，故不推荐应用于杀灭大鼠。也用作鸟类的驱避剂和麻醉剂。

专利与登记

专利名称 Microbial encapsulation

专利号 EP 242135 　　　　**专利公开日** 1987-10-18

专利申请日 1987-04-10 　　　　**优先权日** 1986-04-12

专利拥有者 AD2 Limited

在其他国家申请的化合物专利 EP 0242135、CA 1301682 等。

制备专利 US 20090226378、WO 2007112933、EP 992277、CN 110028532、CN 109750011、WO 2018185182、EP 3385271、CS 85596、CS 245845 等。

合成方法 在酸催化下浓缩葡萄糖和三氯乙醛得到。

参考文献

[1] The Pesticide Manual. 17 th edition: 173.

[2] 刘南珍, 孟淑芬. 天津化工, 1987(2): 56-57.

第七章

杀软体动物剂

杀软体动物剂（molluscicides）主要有如下 19 个品种：allicin、bromoacetamide、calciumarsenate、cloethocarb、copperacetoarsenite、coppersulfate、fentin、metaldehyde、methiocarb、niclosamide、pentachlorophenol、sodiumpentachlorophenoxide、tazimcarb、thiacloprid、thiodicarb、tralopyril、tributyltinoxide、trifenmorph、trimethacarb；其中 cloethocarb、fentin、methiocarb、tazimcarb、thiacloprid、thiodicarb、tralopyril 和 trimethacarb 在前面已有介绍，其他大部分均在此处介绍，如下化合物因应用范围小或不再作为杀软体动物剂使用或没有商品化等原因，本书不予介绍，仅列出化学名称及 CAS 登录号供参考：

allicin：S-allylprop-2-ene-1-sulfinothioate，539-86-6。

bromoacetamide：N-bromoacetamide，79-15-2。

calciumarsenate：calciumarsenate 或 calciumorthoarsenate 或 tricalciumarsenate 或 tricalciumorthoarsenate，7778-44-1。

copperacetoarsenite：C.I. Pigment Green 21，12002-03-8。

coppersulfate：copper(Ⅱ)tetraoxosulfate 或 copper(2+)tetraoxosulfate 或 cupricsulfate，7758-98-7。

tributyltinoxide：bis(tributyltin)oxide，818-08-6 或 56-35-9。

trifenmorph：4-tritylmorpholine 或 4-(triphenylmethyl)morpholine，1420-06-0。

杀螺胺（niclosamide）

$C_{13}H_8Cl_2N_2O_4$，327.1，50-65-7

杀螺胺（试验代号：Bayer 25648、Bayer 73、SR 73，商品名称：Bayluscide、Aquadin，其他名称：百螺杀、氯螺消、贝螺杀、氯硝柳胺）由 R. Gönnert & E. Schraufstätter 于 1958 年在第 6 届国际热带医学和疟疾大会上首先报告了该化合物并申请了专利，并通过试验验证该品种可防治钉螺。另外，Bayer AG 公司报道其铵盐也具有防治钉螺的性质。另外，其还以乙醇胺形式商品化，中文通用名称杀螺胺乙醇胺，英文通用名称：niclosamide-olamine (niclosamide-2-hydroxyethylammonium)，商品名称：Bayluscide、Trithin N。

化学名称　2′,5-二氯-4′-硝基水杨酰苯胺。英文化学名称为 2′,5-dichloro-4′-nitrosalicyl anilide。美国化学文摘系统名称为 5-chloro-N-(2-chloro-4-nitrophenyl)-2-hydroxybenzamide。CA 主题索引名称 benzamide —, 5-chloro-N-(2-chloro-4-nitrophenyl)-2-hydroxy-。

理化性质　工业品纯度≥96%（FAO Specification）。纯品为无色晶体，工业品为淡黄色或绿色粉末。熔点230℃。蒸气压 8×10^{-8} mPa（20℃），$\lg K_{ow}$：5.95（pH≥4.0），5.86（pH 5.0），5.63（pH 5.7），5.45（pH 6.0），4.48（pH 7.0），3.30（pH 8.0），2.48（pH 9.3）。Henry 常数（Pa·m³/mol，20℃，计算）：5.2×10^{-6}（pH 4），1.3×10^{-7}（pH 7），6.5×10^{-10}（pH 9）。水中溶解度（mg/L，20～25℃）：0.005（pH 4），0.2（pH 7），40（pH 9）；能溶于常见有机溶剂，如乙醇和乙醚。稳定性：在 pH 5～8.7，pK_a 5.6 下稳定。

毒性　大鼠急性经口 LD_{50} 5000 mg/kg。大鼠急性经皮 LD_{50}>1000 mg/kg（250 mg/L 乳油）。对兔眼有强烈刺激，兔皮肤长期接触有反应。大鼠吸入 LC_{50}（1 h）为 20 mg/L（空气）。NOEL：雄大鼠 2000 mg/kg（2 年），雌大鼠 8000 mg/kg（2 年），小鼠 200 mg/kg（2 年），狗 100 mg/kg（1 年）。ADI/RfD 3 mg/kg bw。

生态效应　野鸭 LD_{50}≥500 mg/kg。圆腹雅罗鱼 LC_{50}（96 h）为 0.1 mg/L。水蚤 LC_{50}（48 h）为 0.2 mg/L。水藻 EC_{50} 为 5 mg/L。对蜜蜂无显著致死效应。

环境行为　①动物。大鼠经口，^{14}C 杀螺胺在大鼠体内进行代谢，其尿液中的主要代谢产物为 2′,5-二氯-4′-氨基水杨酰苯胺[10558-45-9]，及一些互变异构体。其粪便中虽然含有大量的 2′,5-二氯-4′-氨基水杨酰苯胺，但其主要成分为未转化的杀螺胺。杀螺胺的存在不仅仅是因为其没有被吸收，还因为在肠道内微生物的 β-葡糖苷酸酶的作用下，将胆汁中的杀螺胺的共振异构体转化为杀螺胺。也有研究表明杀螺胺在皮肤试验时吸收非常少，^{14}C 杀螺胺在对猪和大鼠皮肤试验后，在它们的尿液和粪便中通过放射线分别检测到含量<2%以及 10%的 ^{14}C 杀螺胺。另外，在受药区域又检测到已恢复的、含量 20%的杀螺胺。杀螺胺及其 2-氨基乙醇盐对鱼的试验表明，杀螺胺迅速地以葡糖苷酸共振异构体的形式排泄，生物放大效应并不明显。②土壤/环境。在稻田的水中，杀螺胺能够快速地按照一级动力学降解，其 DT_{50} 为 0.3 d。收获时，杀螺胺在叶子、茎和谷粒上的残留均低于 0.03 mg/kg 的检出限，这表明在作物上使用杀螺胺作为杀软体动物剂不会产生持久残留，不会破坏稻田的生态系统。^{14}C 杀螺胺的水溶液在长波紫外线的照射下，14 d 后即有 95%的杀螺胺降解。但在缓冲溶液（pH 为 5.0，6.9，8.7）中，56 d 后并未发现其降解；在池塘水中（pH 7.8）也未发现其降解。

制剂　乳油、70%可湿性粉剂、25%悬浮剂等。

主要生产商　恒诚制药集团淮南有限公司、江苏建农植物保护有限公司、南通罗森化工有限公司、内蒙古百灵科技有限公司等。

作用机理及特点　具有内吸和胃毒活性的杀软体动物剂。

应用　本品是一种强的杀软体动物剂。对螺类的杀虫效果很大，高于五氯酚钠 5～8 倍，且对人畜等哺乳动物的毒性很小。用于水处理，在田间浓度下对植物无毒，并可在 0.25～1.5 kg/hm² 的剂量下有效防治稻谷上的福寿螺，并可通过杀死淡水中相关宿主从而有效防治人类的血吸虫病和片吸虫病。此外，还可防治绦虫病（兽药用）。

使用方法　水稻田防治福寿螺，施药量 315～420 g/hm²，喷雾处理。在沟渠防治钉螺，施药量 1～2 g/m³，浸杀处理。

专利与登记

专利名称 Alkanolamine salts of salicyl anilides and process for their production

专利号 DE 1126374 　　　　**专利公开日** 1962-03-29

专利申请日 1959-08-27 　　　　**优先权日** 1959-08-27

专利拥有者 Bayer AG（DE）

在其他国家申请的化合物专利 DE 1126374、GB 892263、US 3113067 等。

制备专利 CN 109053480、WO 2017156489、CN 106957298、WO 2017097187、CN 106431949、CN 105566147、CN 104771386、CN 103864641、CN 1687016、BE 625710、CN 1651403、CN 1313438、CN 1626506、CN 1658854、CN 1658872、CN 1658850、CN 100379410、CN 101103977、CN 1658849、DE 1126374、FR M2628、HU 156582、HU 151691、NL 6607810、NL 6614273、RO 57915、RO 56964、SU 1422598、SU 1680182、US 20090239919、US 20060019958、US 20060111409、US 20060122243、US 20060100257、US 3382145、US 3079297、WO 2003103665、WO 2003103658、WO 2003103648、WO 2003103647 等。

国内登记情况 98%原药；70%可湿性粉剂喷雾 30～40 g/亩，用于水稻福寿螺；5%悬浮剂 2 g/m³（浸杀）；2 g/m²（喷洒）用于沟渠钉螺等。

合成方法 可经以下两条途径合成杀螺胺。

参考文献

[1] The Pesticide Manual. 17 th edition: 793-794.

[2] 国外农药品种手册(新版合订本). 北京: 化工部农药信息总站, 1996: 407-408.

四聚乙醛（metaldehyde）

C₈H₁₆O₄，176.2，108-62-3(四聚体)，37273-91-9(四聚乙醛)，9002-91-9(均聚物)

四聚乙醛（商品名称：Cekumeta、Deadline、Hardy、Metason，其他名称：多聚乙醛、密达、蜗牛敌、蜗牛散、甲环氧醛、灭蜗灵）可杀死蛞蝓等软体动物等，最初由 G. W. Thomas 报道。

化学名称 2,4,6,8-四甲基-1,3,5,7-四氧基环辛烷(四聚乙醛)。英文化学名称为 2,4,6,8-tetramethyl-1,3,5,7-tetroxocane 或 2,4,6,8-tetramethyl-1,3,5,7-tetraoxacyclooctane。美国化学文摘系统名称为 2,4,6,8-tetramethyl-1,3,5,7-tetraoxacyclooctane。CA 主题索引名称为 1,3,5,7-tetraoxacyclooctane —，2,4,6,8-tetramethyl-。

组成 其为乙醛的四聚体，有时也会含有乙醛的均聚体。

理化性质　纯品为结晶粉末。熔点 246℃。沸点 112～115℃。蒸气压 $6.6×10^3$ mPa（25℃）。$\lg K_{ow}$ 0.12。Henry 常数 3.5 Pa·m^3/mol（计算）。相对密度 1.27（20～25℃）。水中溶解度（20～25℃）222 mg/L，有机溶剂中溶解度（g/L，20～25℃）：甲苯为 0.53、甲醇为 1.73。稳定性：高于 112℃升华，部分解聚。闪点 50～55℃（封口杯）。

毒性　大鼠急性经口 LD_{50} 为 283 mg/kg；小鼠急性经口 LD_{50} 为 425 mg/kg。大鼠急性经皮 LD_{50}＞5000 mg/kg。对兔眼无刺激。对豚鼠的皮肤也无刺激。大鼠吸入 LC_{50}（4 h）＞15 mg/L 空气。NOAEL 值：狗 10 mg/kg bw（EPA RED）。ADI/RfD（EPA）aRfD 0.75 mg/kg bw，cRfD 0.1 mg/kg bw。

生态效应　鹌鹑急性经口 LD_{50} 为 170 mg/kg，LC_{50}（8 d）为 3460 mg/L。虹鳟鱼 LC_{50}（96 h）＞75 mg/L。水蚤 EC_{50}（48 h）＞90 mg/L。水藻 EC_{50}（96 h）为 73.5 mg/L。蜜蜂 LD_{50}＞87 μg(a.i.)/只（经口），LD_{50}＞113 μg(a.i.)/只（接触）。蚯蚓 LC_{50}＞1000 mg/L。

对鸟类的影响：曾报道在使用四聚乙醛的区域，有鸟类死亡的现象。接触四聚乙醛的家禽有刺激性兴奋、发抖、肌肉痉挛、腹泻、呼吸急促等症状。对水中有机体的影响：对水中有机体无影响。对其他有机体的影响：含 4%四聚乙醛小药丸诱饵对野生动物有毒害作用。在按照说明使用时，含 6%四聚乙醛小药丸诱饵对蜜蜂无毒害作用。含四聚乙醛小药丸诱饵对狗有吸引作用，并可使狗死亡。宠物等需控制远离施药及储存区域。

环境行为　土壤/环境：在微生物作用下分解为水和二氧化碳。

制剂　毒饵或饵剂、颗粒等。

主要生产商　Amvac、Lonza、海门兆丰化工有限公司、江苏好收成韦恩农化股份有限公司、江苏嘉隆化工有限公司、江苏省徐州诺特化工有限公司、江苏维尤纳特精细化工有限公司、内蒙古莱科作物保护有限公司、瑞士龙沙有限公司、上海生农生化制品股份有限公司、浙江平湖农药厂。

作用机理与特点　具有触杀和胃毒活性的杀软体动物剂。四聚乙醛能够使目标害虫分泌大量的黏液，不可逆转地破坏它们的黏液细胞，进而因脱水而死亡。

应用

（1）适用作物　水稻、蔬菜、烟草、棉花、花卉等。

（2）防治对象　福寿螺、蜗牛、蛞蝓等软体动物。

（3）残留量与安全施药　对鱼等水生生物较安全，也不被植物体吸收，不会在植物体内积累，但仍应避免过量使用污染水源，造成水生动物中毒。

（4）应用技术　水稻田在插秧后 1 d 撒施，7 d 内保水 2～5 cm，每季最多施 3 次即可。种苗地，应在种子刚发芽时即撒施。移栽地，在移栽后即施药。在气温 25℃左右时施药防效好。低温（15℃以下）或高温（35℃以上），影响螺、蜗牛等取食与活动，防效不佳。

（5）使用方法　主要用于水稻田防治福寿螺和用于蔬菜、烟草、棉花、花卉等旱地作物田防治蛞蝓。一般每亩用量为 24～33 g 有效成分，相当于 5%颗粒剂 480～666 g 或 6%颗粒剂 400～550 g，合 50～70 颗粒/m^3。

① 防治蜗牛　在旱地 30%聚醛·甲萘威粉剂，施药量 1125～2250 g/hm^2，毒饵撒施；6%聚醛·甲萘威毒饵，施药量 585～630 g/hm^2，撒施；十字花科蔬菜 6%四聚乙醛颗粒剂，施药量 360～620 g/hm^2，撒施；80%四聚乙醛可湿性粉剂，施药量 300～480 g/hm^2，喷雾。

② 防治蜗牛　玉米田：6%聚醛·甲萘威颗粒剂，施药量 540～675 g/hm^2，撒施；甘蓝：施药量 600～750 g/hm^2，撒施；小白菜：5%四聚乙醛颗粒剂，施药量 360～495 g/hm^2，撒施。

③ 防治钉螺　在沟渠，26%四聚·杀螺胺悬浮剂，施药量 0.52～1.04 g/m^3，浸杀；在滩

涂，26%四聚·杀螺胺悬浮剂，施药量 0.52～1.04 g/m²，喷洒；40%四聚乙醛悬浮剂，施药量 1～2 g/m²，喷洒。

专利与登记

专利名称　Fuel block

专利号　US 1407101　　　　　　　专利公开日　1922-02-21

专利申请日　1920-03-22

制备专利　CN 110041301、CN 109608430、CN 105198857、CN 1150590 等。

国内登记情况　98%、99%原药；5%、6%、10%、12%、15%颗粒剂用于防治水稻福寿螺，小白菜、甘蓝、烟草蜗牛；80%可湿性粉剂用于防治甘蓝蜗牛等；60%水分散粒剂用于防治滩涂钉螺；可与甲萘威、杀螺胺乙醇胺盐等混配。瑞士龙沙有限公司在中国登记情况见表 7-1。

表 7-1　瑞士龙沙有限公司在中国登记情况

登记名称	登记证号	含量	剂型	登记作物	防治对象	用药量	施用方法
四聚乙醛	PD393-2003	98%	原药				
四聚乙醛	PD394-2003	6%	颗粒剂	棉花	蛞蝓	360～490 g/hm²	撒施
				棉花	蜗牛	360～490 g/hm²	撒施
				蔬菜	蛞蝓	360～490 g/hm²	撒施
				蔬菜	蜗牛	360～490 g/hm²	撒施
				水稻	福寿螺	360～490 g/hm²	撒施
				烟草	蛞蝓	360～490 g/hm²	撒施
				烟草	蜗牛	360～490 g/hm²	撒施
四聚乙醛	PD20122132	40%	悬浮剂	滩涂	钉螺	1～2 g/m²	喷洒
				水稻	福寿螺	120～180 mL/hm²	喷雾

其中在 2003 年，瑞士龙沙有限公司在中国首先获得四聚乙醛原药登记。

合成方法　乙醛自身聚合就得到四聚乙醛，同时放出大量的热。反应式如下：

主反应：

$$4CH_3CHO \xrightarrow{H^+} \text{（环状四聚体）} + 1066.8 \text{ kJ/kg}$$

副反应：

$$3CH_3CHO \xrightarrow{H^+} \text{（环状三聚体）} + 806.4 \text{ kJ/kg}$$

乙醛聚合是属于阳离子型聚合反应。常用质子酸或路易斯酸催化。在不同催化剂和不同反应条件下，乙醛的聚合产物是不同的。不但生成三聚乙醛和四聚乙醛，还生成线性高聚物。为抑制线性高聚物的生成，主要是控制乙醛缩聚时的链增长反应，当反应进行到聚合物链长为 3～4 个乙醛时，必须使闭环生成六元环和八元环的环化速度大于链增长的速度。一旦链增长到由 5 个乙醛组成时，反应就大大有利于线性高聚物的生成。因此，选择合适的催化剂、溶剂和反应条件，以利于环状低聚乙醛产物的生成是至关重要的。

在聚合反应过程中，大部分乙醛生成了液体的三聚乙醛。因此，必须使三聚乙醛解聚，重新释放出乙醛，在反应体系中循环使用。解聚通常在酸催化下进行。常用的酸催化剂是硫酸、对甲苯磺酸等。

参考文献

[1] 国外农药品种手册(新版合订本). 北京: 化工部农药信息总站, 1996: 407.

[2] 新编农药手册(续集). 北京: 中国农业出版社, 1998: 109-111.

[3] The Pesticide Manual. 17 th edition: 727-728.

[4] 胡晓, 杨涛, 王苏. 化工科技, 2001, 6(3): 5-8.

[5] 刘刚. 农化新世纪, 2008(4): 42.

[6] 丁成荣, 来虎钦, 吴德强. 浙江工业大学学报, 2005, 24(12): 1419-1425.

[7] 刘国良, 覃昌琨. 精细化工, 1991, 8(3): 26-27.

[8] 沈新安. 化工进展, 2005, 24(12): 1419-1421.

五氯酚（pentachlorophenol）

C_6HCl_5O，266.3，87-86-5，131-52-2(五氯酚钠)，3772-94-9(月桂酸五氯苯酯)

五氯酚及五氯酚钠（sodium pentachlorophenoxide）［商品名称：Biocel SP 85（五氯酚）、Santophen 20（五氯酚钠）］在 1936 年被报道可作木材防腐剂，之后又发现其具有消毒剂的功能。

化学名称　五氯苯酚。英文化学名称为 pentachlorophenol，美国化学文摘系统名称为 2,3,4,5,6-pentachlorophenol，CA 主题索引名称为 phenol —, pentachloro-。

五氯酚钠化学名称　五氯酚钠。英文化学名称为 sodium pentachlorophenoxide，sodium pentachlorophenate。美国化学文摘系统名称为 sodium 2,3,4,5,6-pentachlorophenoxide。CA 主题索引名称为 phenol —, pentachloro-sodium salt。

理化性质　①五氯酚。具有酚味的无色晶体（工业品为黑灰色），熔点 191℃，沸点 309～310℃（分解）。蒸气压 16 Pa（100℃）。lgK_{ow} 5.1（未电离）。pK_a 4.71（20～25℃）。相对密度 1.98（22℃）。水中溶解度（30℃）80 mg/L，能溶于大多数有机溶剂，如在丙酮中的溶解度为 215 g/L（20℃），微溶于四氯化碳和石蜡。其钠盐、钙盐和镁盐均溶于水。相对稳定，不吸潮。不可燃。②五氯酚钠。从水中结晶出来（带一分子结晶水）。水中溶解度（25℃）330 g/L。不溶于石油醚。

毒性　①五氯酚。大鼠急性经口 LD$_{50}$ 210 mg/kg。对兔皮肤（固体和水溶液，＞10 g/L）、眼睛及黏膜有刺激。NOEL：狗及大鼠 3.9～10 mg/d，70～190 d 后无死亡。ADI/RfD（EPA）cRfD 0.03 mg/kg bw。②五氯酚钠。大鼠急性经口 LD$_{50}$ 140～280 mg/kg。

生态效应　五氯酚：鱼类急性 LC$_{50}$＜1 mg/L。五氯酚钠：虹鳟鱼及褐鳟鱼 LC$_{50}$（48 h）0.17 mg/L。

制剂　颗粒剂、油剂、65%可湿性粉剂等。

应用　动物试验发现对生殖、肝和肾有影响，并且也含有高毒致癌物质二噁英，因此，1995 年 3 月被确定列入 PIC 名单，8 个国家已禁用，2 个严格限用，而我国从 1982 年起将五氯酚规定仅为防腐用。

专利与登记

专利名称　Apparatus for distilling chloronaphthalenes under sub-atmospheric pressure

专利号　GB 343878　　　　　专利公开日　1928-10-19

专利拥有者　Halowax Corp.

制备专利　CN 103159593、CN 1923779、SU 1632948、FR 2649696、RO 88493、JP 61189242、SU 979341、US 4294996 等。

合成方法　五氯酚的制备可通过如下两种方法：

（1）六氯苯水解制得五氯酚，反应式如下：

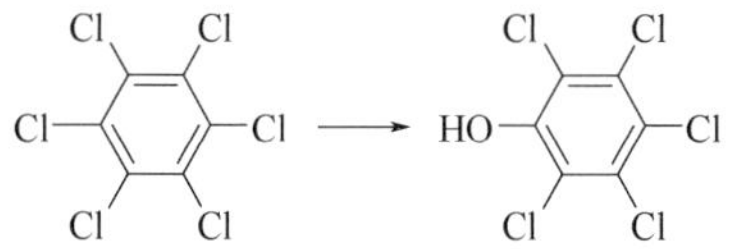

（2）以苯酚为原料经氯化得到五氯酚。将苯酚加入氯化反应釜内，在铝催化剂存在下，通入氯气进行氯化反应，即得五氯酚。

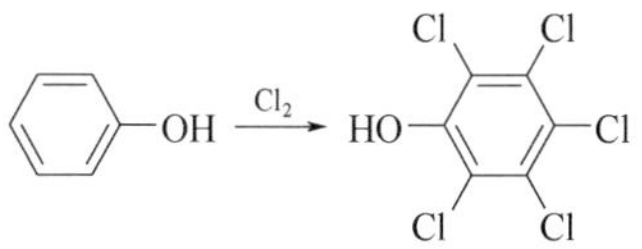

五氯酚钠的制备：五氯酚与氢氧化钠反应即可得到五氯酚钠，反应式如下：

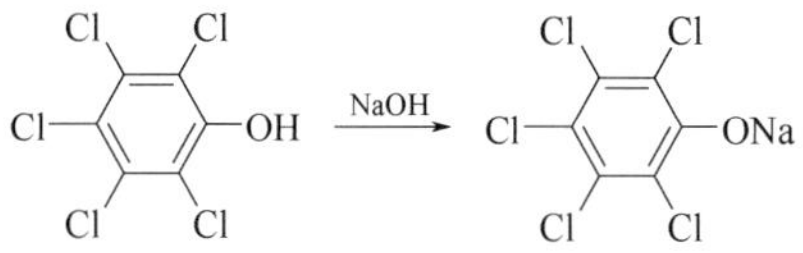

参考文献

[1] The Pesticide Manual. 17 th edition: 853-854.

[2] 国外农药品种手册(新版合订本). 北京: 化工部农药信息总站, 1996: 1020-1021.

第八章

杀虫剂增效剂

杀虫剂增效剂（pesticide synergists）主要有如下 13 个品种：bucarpolate、dietholate、jiajizengxiaolin、octachlorodipropylether、piperonyl butoxide、piperonylcyclonene、piprotal、propylisome、sesamex、sesamolin、sulfoxide、tribufos、zengxiaoan；其中 zengxiaoan 在前面已有介绍此处仅介绍 piperonyl butoxide，其他化合物因应用范围小或不再作为杀虫剂使用或没有商品化等原因，本书不予介绍，仅列出化学名称及 CAS 登录号供参考：

bucarpolate：2-(2-butoxyethoxy)ethyl1,3-benzodioxole-5-carboxylate 或 2-(2-butoxyethoxy) ethylpiperonylate，136-63-0。

dietholate：*O,O*-diethyl *O*-phenylphosphorothioate，32345-29-2。

甲基增效磷(jiajizengxiaolin)：*O,O*-dimethyl *O*-phenylphosphorothioate，33576-92-0。

octachlorodipropylether：bis[(2*RS*)-2,3,3,3-tetrachloropropyl]ether，127-90-2。

piperonylcyclonene：(5*RS*)-5-(1,3-benzodioxol-5-yl)-3-hexylcyclohex-2-en-1-one，119-89-1。

sesamolin：1,3-benzodioxol-5-yl(1*R*,3a*R*,4*S*,6a*R*)-4-(1,3-benzodioxol-5-yl)perhydrofuro[3,4-*c*] furan-1-ylether，526-07-8。

sulfoxide：(1*RS*)-2-(1,3-benzodioxol-5-yl)-1-methylethyloctylsulfoxide 或(1*RS*)-1-methyl-2-(3,4-methylenedioxyphenyl)ethyloctylsulfoxide，120-62-7。

tribufos：*S,S,S*-tributylphosphorotrithioate，78-48-8。

piprotal：5-[bis[2-(2-butoxyethoxy)ethoxy]methyl]-1,3-benzodioxole(I)，1-bis[2-(2-butoxyethoxy)ethoxy]methyl-3,4-methylenedioxybenzene，5281-13-0。

propylisome：dipropyl-5,6,7,8-tetrahydro-7-methylnaphtho[2,3-*d*]-1,3-dioxole-5,6-dicarboxylate 或 dipropyl 1,2, 3,4-tetrahydro-3-methyl-6,7-methylenedioxynaphthalene-1,2-dicarboxylate，83-59-0。

sesamex：5-[1-[2-(2-ethoxyethoxy) ethoxy]ethoxy]-1,3-benzodioxole ；2-(1,3-benzodioxol-5-yloxy)-3,6,9-trioxaundecane，51-14-9。

主要品种

增效醚（piperonyl butoxide）

$C_{19}H_{30}O_5$，338.4，51-03-6

增效醚（试验代号：ENT 14 250，商品名称：Biopren BH、Butacide、Duracide 15、Enervate、Exponent Hash、Multi-Fog DTP、NPB、Piretrin、Pyrocide、Pyronyl、Synpren Fish、Trikill，其他名称：PBO）由 H. Wachs 提出作为除虫菊素的增效剂。

化学名称 5-[2-(2-丁氧乙氧基)乙氧甲基]-6-丙基-1,3-苯并二噁茂。英文化学名称为 5-[2-(2-butoxyethoxy)ethoxymethyl]-6-propyl-1,3-benzodioxole；2-(2-butoxyethoxy)ethyl 6-propylpiperonyl ether。美国化学文摘系统名称为 5-[[2-(2-butoxyethoxy)ethoxy]methyl]-6-propyl-1,3-benzodioxole。CA 主题索引名称为 1,3-benzodioxole —, 5-[[2-(2-butoxyethoxy)ethoxy]methyl]-6-propyl-。

理化性质 含量 90%。无色油状物，相对密度 1.060（20～25℃），沸点 180℃（133 Pa），闪点 140℃，蒸气压 $2.0×10^{-2}$ mPa（60℃），lgK_{ow} 4.75，Henry 常数$<2.3×10^{-6}$ Pa·m³/mol。水中溶解度（20～25℃）14.3 mg/L，溶于有机溶剂，包括矿物油和氟代脂肪烃化合物。稳定性：在无光照条件下 pH 5、7、9 时稳定。pH 7 的水溶液在阳光下迅速降解（DT_{50} 8.4 h）。

毒性 大鼠和兔急性经口 LD_{50} 约为 7500 mg/kg。大鼠急性经皮 $LD_{50}>7950$ mg/kg，兔急性经皮 1880 mg/kg。对兔眼睛和皮肤无刺激。以 100 mg/kg 饲料饲喂大鼠 2 年，无致癌性。NOEL［mg/(kg·d)］：小鼠和大鼠（2 年）30，狗（1 年）16。ADI/RfD：（JMPR）0.2 mg/kg bw，（EPA）aRfD 6.3 mg/kg bw，cRfD 0.16 mg/kg bw。

生态效应 山齿鹑急性经口 $LD_{50}>2250$ mg/kg。鲤鱼 LC_{50}（24 h）5.3 mg/L，水蚤 LC_{50}（24 h）2.95 mg/L。藻类 EC_{50}（细胞体积）44 μmol/L。蜜蜂 $LD_{50}>25$ μg/只。

环境行为 ①动物。哺乳动物（以及昆虫），氧化攻击亚甲基碳原子形成二羟基苯基化合物。侧链发生氧化降解，消除产物为葡萄糖或氨基酸衍生物。②土壤/环境。旱地有氧土壤代谢 DT_{50} 约 14 d。K_{oc} 399～830。虽在沙土中移动速度较快，但其在户外并不会快速降解。在土壤或水中降解，主要通过支链丁基的氧化形成亚甲二氧丙苯基醇，随后形成相应的醛，最终矿化形成二氧化碳，没有积累代谢产物。

作用机理与特点 抑制混合功能氧化酶，阻止解毒系统酶活性的正常发挥，以提高杀虫剂的活性。本品能提高除虫菊素和多种拟除虫菊酯、鱼藤酮和氨基甲酸酯类杀虫剂的杀虫活性，亦对杀螟硫磷、敌敌畏、氯丹、三氯杀虫酯、莠去津等有增效作用，并能改善除虫菊浸膏的稳定性。在以家蝇为防治对象时，本品对家蝇的击倒，不能使氯氰菊酯增效。在蚊香中使用对烯丙菊酯没有增效作用，甚至药效减低。

应用

（1）药效和用途 用作杀虫剂增效剂，用于杀死米、麦、豆类等谷物在贮藏期间产生的虫，如谷象虫。常与杀虫剂除虫菊素合用，形成络合物以起增效作用。

（2）残留量与安全施药 在通风良好的地点操作，不需要采用特殊的防护措施。产品易储于密闭的容器中，放置在低温干燥场所。无专用解毒药，如发生误服，可按出现症状治疗。

（3）应用技术　在 100 mL 精制煤油中单含除虫菊素 0.025 g 时，家蝇死亡率仅 19%，含 0.050 g 时死亡率为 32%，含 0.100 g 时死亡率为 50%，在 100 mL 煤油中含除虫菊素 0.025 g + 0.25 g 本品时，家蝇的死亡率可高达 85%。在灭虱试验中，当制剂中含除虫菊素 0.005% 和本品 0.05% 时，体虱死亡率为 78%；如含除虫菊素 0.025% 和本品 0.125% 时，体虱死亡率可达 100%，但在单含除虫菊素的处理中，体虱死亡率均为 0。用本品作为防治卫生昆虫、仓库害虫、园艺害虫杀虫剂的高效剂，一般它的使用量为除虫菊素的 5~10 倍，可使药效提高 3 倍，效果显著。例如在贮粮中，使用在氰戊菊酯中加有本品（1∶10）的混合粉剂防治多种仓库害虫，1 次施药，可保护贮粮免受虫害长达 1 年左右。对农业害虫如棉红铃虫，以本品分别与氯氰菊酯、氟氯氰菊酯、溴氰菊酯和氰戊菊酯复配使用，增效指数达 230、167、80、65.7，亦很显著。

专利与登记

专利名称　Methylenedioxyphenyl derivatives and method for the production thereof

专利号　US 2485681　　　　专利公开日　1949-10-25

专利申请日　1947-02-20　　　优先权日　1947-02-20

专利拥有者　U.S. Industrial Chemicals, Inc.

制备专利　CN 103788057、WO 9822417、CN 1381181、CN 1364415、EP 730830、IN 188745、IN 187117、IN 180993、IT 1299067、WO 9822416、CN 1354981、CN 1305710、CN 1078598、EP 281098、HU 22948、IN 188746、JP 2005060292 等。

合成方法　可通过如下反应制得目的物：

参考文献

[1] The Pesticide Manual. 17 th edition: 891-892.

[2] 国外农药品种手册(新版合订本). 北京: 化工部农药信息总站, 1996: 335.

[3] 农药商品大全. 北京: 中国商业出版社, 1996: 203.

[4] 赵宝祥, 于文伟. 农药, 1990, (1): 41-42.

第九章

杀鼠剂

杀鼠剂（rodenticides）主要分植物源类、苯基氨基甲酸酯类、香豆素类、茚满二酮类、有机氯类、有机氟类、有机磷类、嘧啶胺类、硫脲类、脲类、无机类及其他共 12 类 46 个品种：scilliroside、strychnine、mieshuan、brodifacoum、bromadiolone、*alpha*-bromadiolone、coumachlor、coumafuryl、coumatetralyl、dicoumarol、difenacoum、difethialone、flocoumafen、warfarin、chlorophacinone、diphacinone、pindone、valone、*gamma*-HCH、lindane、fluoroacetamide、gliftor、sodiumfluoroacetate、phosacetim、crimidine、antu、promurit、thiosemicarbazide、pyrinuron、arsenousoxide、phosphorus、potassiumarsenite、sodiumarsenite、thalliumsulfate、zincphosphide、bromethalin、chloralose、α-chlorohydrin、curcumenol、ergocalciferol、flupropadine、hydrogencyanide、norbormide、silatrane、tetramine、cholecalciferol。其中 arsenousoxide、chloralose、hydrogencyanide、lindane 在前面已经介绍，此处对部分化合物做了介绍，如下化合物因应用范围小或不再作为杀鼠剂使用或因毒性太大已被禁用或没有商品化等原因，本书不予介绍，仅列出化学名称及 CAS 登录号供参考：

scilliroside：3β-(β-D-glucopyranosyloxy)-17β-(2-oxo-2H-pyran-5-yl)-14β-androst-4-ene-6β,8,14-triol 6-acetate，507-60-8。

灭鼠安(mieshuan)：3-pyridylmethyl 4-nitrocarbanilate，51594-83-3。

coumachlor：3-[(1RS)-1-(4-chlorophenyl)-3-oxobutyl]-4-hydroxycoumarin，81-82-3。

coumafuryl：3-[(1RS)-1-(2-furyl)-3-oxobutyl]-4-hydroxycoumarin，117-52-2。

dicoumarol：3,3'-methylenebis(4-hydroxy-2H-chromen-2-one) 或 3,3'-methylenebis(4-hydroxycoumarin)，66-76-2。

valone：2-isovaleryl-1,3-indandione 或 2-(3-methylbutanoyl)-1H-indene-1,3(2H)-dione，83-28-3。

fluoroacetamide：2-fluoroacetamide，640-19-7。

gliftor：mixture of (2RS)-1-chloro-3-fluoropropan-2-ol and 1,3-difluoropropan-2-ol，8065-71-2 (453-11-2 mixture with 453-13-4)。

phosacetim：(EZ)-N-[bis(4-chlorophenoxy)phosphinothioyl]acetimidamide 或 O,O-bis(4-chlorophenyl)(EZ)-N-acetimidoyl phosphoramidothioate，4104-14-7。

crimidine：2-chloro-N,N,6-trimethylpyrimidin-4-amine，535-89-7。

antu：1-(1-naphthyl)thiourea，86-88-4。

promurit：(1*EZ*)-3-(3,4-dichlorophenyl)triaz-1-ene-1-carbothioamide 或 (*EZ*)-(3,4-dichloro-phenyldiazo)thiourea，5836-73-7。

thiosemicarbazide：hydrazinecarbothioamide 或 *N*-aminothiourea，79-19-6。

pyrinuron：1-(4-nitrophenyl)-3-(3-pyridylmethyl)urea，53558-25-1。

phosphorus：phosphorus，7723-14-0。

potassiumarsenite：potassiumarsenite 或 potassiummetaarsenite，10124-50-2。

sodiumarsenite：sodiumarsenite 或 sodiummetaarsenite，7784-46-5。

thalliumsulfate：thallium(Ⅰ)tetraoxosulfate 或 thallium(1+)tetraoxosulfate 或 thalloussulfate，7446-18-6。

α-chlorohydrin：(*RS*)-3-chloropropyleneglycol，96-24-2。

curcumenol：(1*S*,2*S*,5*S*,8*R*)-9-isopropylidene-2,6-dimethyl-11-oxatricyclo[6.2.1.0^{1,5}]undec-6-en-8-ol，19431-84-6。

flupropadine：4-*tert*-butyl-1-[3-(α,α,α,α',α',α'-hexafluoro-3,5-xylyl)prop-2-ynyl]piperidine，81613-59-4。

norbormide：5-(α-hydroxy-α-2-pyridylbenzyl)-7-(α-2-pyridylbenzylidene)-8,9,10-trinorborn-5-ene-2,3-dicarboximide 或 5-(α-hydroxy-α-2-pyridylbenzyl)-7-(α-2-pyridylbenzylidene)bicyclo[2.2.1]hept-5-ene-2,3-dicarboximide，991-42-4。

silatrane：1-(4-chlorophenyl)-2,8,9-trioxa-5-aza-1-silabicyclo[3.3.3]undecane，29025-67-0。

tetramine：2,6-dithia-1,3,5,7-tetraazatricyclo[3.3.1.1^{3,7}]decane 2,2,6,6-tetraoxide，80-12-6。

strychnine：strychnidin-10-one，57-24-9。

zincphosphide：trizinc diphosphide，1314-84-7。

pindone：2-(2,2-dimethylpropionyl)indan-1,3-dione，83-26-1。

sodiumfluoroacetate：sodium fluoroacetate，62-74-8。

gamma-HCH：1α,2α,3β,4α,5α,6β-hexachlorocyclohexane，58-89-9。

第一节
植物源杀鼠剂

---

cholecalciferol

C$_{27}$H$_{44}$O，384.6，67-97-0

cholecalciferol 中文俗称胆钙醇，也称维生素 D$_3$，曾以 colecalciferol 作为杀鼠剂，近期又将通用名改为 cholecalciferol。

化学名称　(5Z,7E)-(3S)-9,10-开环胆甾-5,7,10(19)-三烯-3-醇。英文化学名称为(5Z,7E)-(3S)-9,10-secocholesta-5,7,10(19)-trien-3-ol。美国化学文摘系统名称为(1S,3Z)-3-[(2E)-2-[(1R,3aS,7aR)-1-[(1R)-1,5-dimethylhexyl]octahydro-7a-methyl-4H-inden-4-ylidene]ethylidene]-4-methylenecyclohexanol。CA 主题索引名称为 cyclohexanol—, 3-[(2E)-2-[(1R,3aS,7aR)-1-[(1R)-1,5-dimethylhexyl]octahydro-7a-methyl-4H-inden-4-ylidene]ethylidene]-4-methylene-(1S,3Z)-cholecalciferol。

理化性质　浅棕色树脂状。熔点 84～85℃。在水中不溶，溶于有机溶剂丙酮、氯仿、脂肪油。稳定性：几天内被潮湿空气灭活。

毒性　急性经口 LD$_{50}$：大鼠 43.6 mg/kg，小鼠 42.5 mg/kg。急性经皮 LD$_{50}$：兔＞2000 mg/kg，雄大鼠 61 mg/kg，雌大鼠 185 mg/kg。吸入 LC$_{50}$ 0.130～0.380 mg/L（4 h）。NOEL：10～25 μg/d 的剂量对人体没有毒性作用。

生态效应　野鸭经口 LD$_{50}$＞2000 mg/kg。

环境行为　动物。代谢为 25-羟基胆囊酚，这些代谢产物随后转移到肾脏，并通过线粒体混合功能氧化酶转化为 24,25-或 1,25-二氢胆钙化醇。

专利与登记

最早的化合物专利

专利名称　Rustproofing metal surfaces

专利号　GB 305218　　　　专利公开日　1928-02-02

专利拥有者　I. G. Farbenindustrie AG

杀鼠活性最早的专利

专利名称　Composition for exterminating rodents

专利号　BE 879283　　　　专利公开日　1980-04-09

专利申请日　1979-10-09　　　优先权日　1979-06-20

专利拥有者　Mattens, Georges, Belg.

主要生产商　Chemtura

制备专利　CN 104119312、CN 109081796、CN 110143979、CN 106478479、WO 2016100892、US 5763428、US 5798345、WO 2015108058、CN 103553993、JP 2012239412、CN 101830840、CN 1459446 等。

国内登记情况　97%原药、0.075%饵粒用于防治室内家鼠。

合成方法　通过如下三种方法制得目的物：

（1）以胆固醇为原料的半合成。

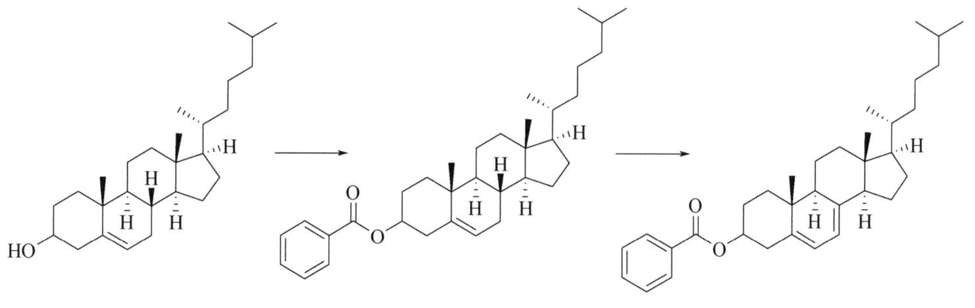

（2）以麦角甾醇为原料的半合成。

（3）全合成方法以 2-(2-甲烯基-5-羟基环己亚基)乙醇为原料，经三步反应合成。

参考文献

[1] 潘楷军, 张彩菊, 陈谊. 中华卫生杀虫药械, 2018(5): 512-514.

[2] 陈谊, 张彩菊, 蒋洪. 中华卫生杀虫药械, 2014(3): 282-286.

[3] The Pesticide Manual. 17th edition: 209.

第二节

香豆素类杀鼠剂

氟鼠灵（flocoumafen）

$C_{33}H_{25}F_3O_4$，542.6，90035-08-8

氟鼠灵（试验代号：BAS 322I、CL 183540、WL 108 366，商品名称：Storm、Stratagem，其他名称：杀它仗、氟羟香豆素、伏灭鼠、氟鼠酮）于 1984 年被 D. J. Bowler 等报道了本品的杀鼠性质，由 Shell International Chemical Co. Ltd 开发。

化学名称　3-[3-(4'-三氟甲基苄基氧代苯-4-基)-1,2,3,4-四氢-1-萘基]-4-羟基香豆素。英文化学名称为 4-hydroxy-3-[1,2,3,4-tetrahydro-3-[4-[(4-trifluoromethylbenzyloxy)phenyl]-1-naphthyl]coumarin。美国化学文摘系统名称为 4-hydroxy-3-[1,2,3,4-tetrahydro-3-[4-[[4-(trifluoromethyl)phenyl]methoxy]phenyl]-1-naphthalenyl]-2H-1-benzopyran-2-one。CA 主题索引名称为 2H-1-benzopyran-2-one —, 4-hydroxy-3-[1,2,3,4-tetrahydro-3-[4-[[4-(trifluoromethyl)phenyl]methoxy]phenyl]-1-naphthalenyl]-。

组成　纯度≥95.5%；顺式异构体占 50%～80%。

理化性质　本品为白色固体，熔点 166.1～168.3℃，蒸气压＜1 mPa（20℃，25℃，50℃）（OECD 104，蒸气压平衡法）。lgK_{ow} 6.12。Henry 常数＜3.8 Pa·m³/mol（计算）。相对密度 1.40。水中溶解度（20℃，pH 7）0.114 mg/L，有机溶剂中溶解度（g/L）：正庚烷 0.3、乙腈 13.7、甲醇 14.1、正辛醇 17.4、甲苯 31.3、乙酸乙酯 59.8、二氯甲烷 146、丙酮 350。稳定性：不易水解，在 50℃于 pH 7～9 贮存 4 周未检测到降解；250℃以下对热稳定。pK_a 4.5。

毒性　急性经口 LD$_{50}$：大鼠 0.25 mg/kg，狗 0.075～0.25 mg/kg。兔急性经皮 LD$_{50}$ 为 0.87 mg/kg。大鼠吸入 LC$_{50}$（4 h）为 0.0008～0.007 mg/L。

生态效应　鸟类急性经口 LD$_{50}$（mg/kg）：鸡＞100，日本鹌鹑＞300，野鸭 286。饲喂 LC$_{50}$（5 d，mg/L）：山齿鹑 62，野鸭 12。鱼类 LC$_{50}$（96 h，mg/L）：虹鳟鱼 0.067，大翻车鱼 0.112。在 50 mg/kg 下对水生生物无毒。水蚤 EC$_{50}$（48 h）0.170 mg/L。藻类 E$_r$C$_{50}$（72 h）＞18.2 mg/L。其他水生菌 E$_r$C$_{50}$（72 h）＞18.2 mg/L。

环境行为　①动物。在大鼠体内主要以异构体形式残留。②土壤。不易被降解，K_{oc}＞50000，因此可以忽略淋湿潜力。

制剂　0.005%饵料、0.1%粉剂和饵块。

主要生产商　陕西一简一至生物工程有限公司。

作用机理与特点　本品是第二代抗凝血剂，具有适口性好、毒性强、使用安全、灭鼠效果好的特点。其作用机理与其他抗凝血性杀鼠剂类似，抑制维生素 K_1 的合成。除非吞食了过量毒饵，一般看不出有中毒症状；出血的症状可能要在几天后才发作。较轻的症状为尿中带血、鼻出血或眼分泌物带血、皮下出血、大便带血；如多处出血，则将有生命危险。严重的中毒症状为眼部和背部疼痛、神志昏迷、脑出血，最后由于内出血造成死亡。

应用

（1）防治场所　家庭栖息地、田埂、地角、坟丘等。

（2）防治对象　可用于防治家栖鼠和野栖鼠，主要为褐家鼠、小家鼠、黄毛鼠及长爪沙鼠等。

（3）残留量与安全分析　①在使用时避免药剂接触皮肤、眼睛、鼻子和嘴。工作结束后和饭前要洗净手脸和裸露的皮肤。②谨防儿童、家畜及鸟类接近毒饵。不要将药剂贮放在靠近食物和饲料的地方。③该药为一种抗凝血剂，其作用方式是抑制维生素 K_1 的合成，一般没有中毒症状，除非吞食大量的毒饵。如药剂接触皮肤或眼睛，应立即使用清水彻底清洗干净。如是误服中毒，不要引吐，应立即将病人送医院抢救。④用药后不仅要清理所有装毒饵的包装物，并将其掩埋或烧毁。将死鼠掩埋或烧掉。

（4）使用方法　氟鼠灵的商品为 0.1%粉剂及 0.005%饵剂两种。0.1%粉剂主要以黏附法配制毒饵使用，配制比例为 1∶19。饲料可根据各地情况选用适口性好的谷物，用水浸泡至发胀后捞出，稍晾后以 19 份饵料中，使每粒谷物外包一层油膜，然后加入 1 份 0.12%氟鼠灵粉剂搅拌均匀使用。所配得毒饵的含量为 0.005%。①防治家栖鼠类：每间房设 13 个饵点，每个饵点放置 3～5 g 毒饵，隔 3～6 d 后对各饵点毒饵被取食情况进行检查，并予以补充毒饵。②防治野栖鼠类：可按 5 m×10 m 等距离投饵，每个饵点投放 5～10 g 毒饵，在田埂、地角、坟丘等处可适当多放些毒饵。防治长爪沙鼠，可按洞投饵，每洞 1 g 毒饵即可。另外也可采用 5 m×20 m 等距投饵，当密度为每公顷有鼠洞 1500～2000 时，用毒饵 1 kg。内蒙古的试验表明：等距投饵效率高、成本低，且灭鼠效果优于按洞投饵。

专利与登记

专利名称　Anti-coagulants of the 4-hydroxycoumarin type, the preparation thereof, and rodenticidal compositions(baits)comprising such anti-coagulants

专利号　EP 0098629　　　　专利公开日　1984-01-18

专利申请日　1983-06-06　　　优先权日　1982-06-14

专利拥有者　Shell Int Research

在其他国家申请的化合物专利　CA 1232908、AT 29134、DK 8302680、DK 164909、FI 8302093、FI 79707、NO 8302124、NO 168474、AU 8315703、AU 557538、BR 8303087、ZA 8304267、JP 59051277、JP 04006190、GB 2126578、HU 31925、HU 194021、ES 523156、CS 240969、PL 141781、IN 161543、IL 68946、DD 210420、US 4520007 等。

制备专利　WO 9515322、EP 175466、CN 102070427、CN 102617537、EP 147052、EP 177080 等。

国内登记情况　0.5%母药；95%原药；0.005%毒饵用于家鼠。巴斯夫欧洲公司在中国登记情况见表 9-1。

表 9-1　巴斯夫欧洲公司在中国登记情况

商品名	登记证号	含量	剂型	登记作物	防治对象	用药量	施用方法
氟鼠灵	PD185-94	0.005%	毒饵	农田	田鼠	$1\sim1.5$ kg/hm^2	堆施
				室内	家鼠	50 g/房间	堆施

合成方法　3-4-(4-三氟甲基苄氧基)苯基-1,2,3,4-四氢-1-萘酚与 4-羟基香豆素和 4-甲基苯磺酸缩合，即得产品。3-4-(4-三氟甲基苄氧基)苯基-1,2,3,4-四氢-1-萘酚由萘满酮与 4-三氟甲基苄基溴在二甲基甲酰胺中于室温下反应，反应产物用四氢硼钠还原制得。反应式如下：

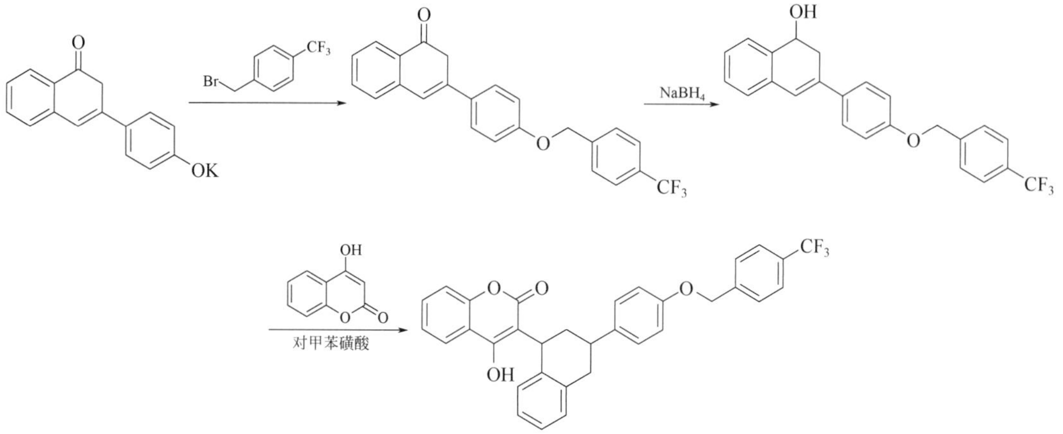

4-羟基香豆素可由水杨酸甲酯与醋酐反应，然后在碱性条件下合环得到。反应式如下：

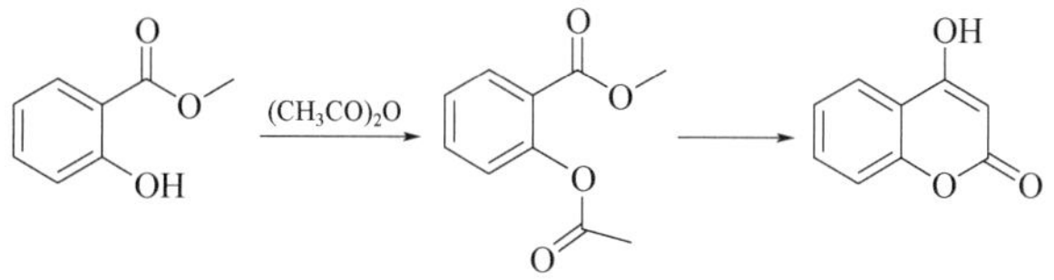

参考文献

[1] The Pesticide Manual. 17th edition: 486-487.

[2] 国外农药品种手册(新版合订本). 北京: 化工部农药信息总站, 1996: 435.

[3] 农药商品大全. 北京: 中国商业出版社, 1996: 366-367.

[4] 农药大典. 北京: 中国三峡出版社, 2006: 390-392.

[5] 杨光. 农药市场信息, 2018(3): 34.

噻鼠灵（difethialone）

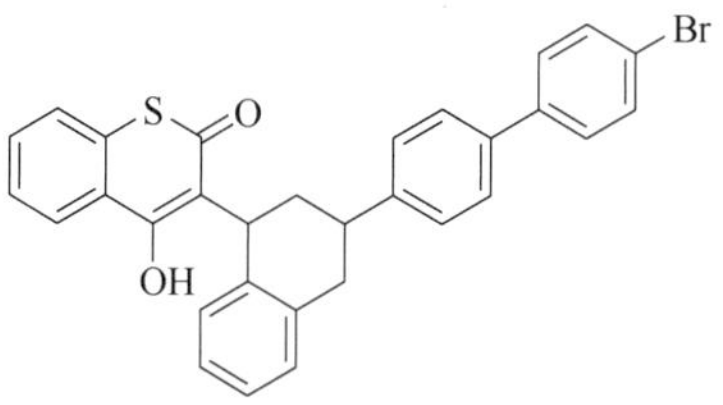

C$_{31}$H$_{23}$BrO$_2$S，539.5，104653-34-1

噻鼠灵（试验代号：LM 2219、OMS 3053，商品名称：Frap，其他名称：Baraki、BlueMax、FirstStrike、Generation、Hombre、Rodilon）由 J. C. Lechevin 报道，1989 年法国由 lipha 引进。

化学名称 3-[(1*RS*,3*RS*;1*RS*,3*SR*)-3-(4′-溴联苯-4-基)-1,2,3,4-四氢-1-萘基]-4-羟基-1-苯并硫杂环己烯-2-酮。英文化学名称为 3-[(1*RS*,3*RS*;1*RS*,3*SR*)-3-(4′-bromobiphenyl-4-yl)-1,2,3,4-tetrahydro-1-naphthalenyl]-4-hydroxy-1-benzothiin-2-one。美国化学文摘系统名称为 3-[3-(4′-bromo[1,1′-biphenyl]-4-yl)-1,2,3,4-tetrahydro-1-naphthalenyl]-4-hydroxy-2*H*-1-benzothiopyran-2-one。CA 主题索引名称为 2*H*-1-benzothiopyran-2-one —，3-[3-(4′-bromo[1,1′-biphenyl]-4-yl)-1,2,3,4-tetrahydro-1-naphthalenyl]-4-hydroxy-。

组成 外消旋率（1*RS*,3*RS*）至（1*RS*,3*SR*）范围 0～15 至 85～100。

理化性质 白色，略带浅黄色粉末。熔点 233～236℃，25℃时蒸气压为 0.074 mPa，lgK_{ow} 5.17，Henry 常数 $1.02×10^{-1}$ Pa·m³/mol，相对密度为 1.3614（20～25℃）。水中溶解度（20～25℃）0.39 mg/L，有机溶剂中溶解度（g/L，20～25℃）：乙醇 0.7、甲醇 0.47、环己烷 0.2、氯仿 40.8、DMF 332.7、丙酮 4.3。

毒性 急性经口 LD_{50}（mg/kg）：大鼠 0.56，小鼠 1.29，狗 4，猪 2～3。急性经皮 LD_{50}（mg/kg）：雄大鼠 7.9，雌大鼠 5.3。对兔皮肤无刺激，对兔眼睛中等刺激。大鼠吸入 LC_{50}（4 h）5～19.3 μg/L。90 d 饲养试验发现除了抑制维生素 K 活性之外没有其他毒性。无致突变，无致畸作用。ADI/RfD 0.1 mg/kg bw。

生态效应 山齿鹑急性经口 LD_{50} 0.264 mg/kg。山齿鹑急性经皮 LC_{50}（5 d）0.56 mg/kg，野鸭急性经皮 LC_{50}（30 d）1.94 mg/kg。鱼类 LC_{50}（96 h，μg/L）：虹鳟 51，大翻车鱼 75。水蚤 EC_{50}（48 h）4.4 μg/L。

环境行为 ①动物。大鼠取食噻鼠酮后在血液中的半衰期较短，肝脏肿的半衰期较长。在粪便中难以见到代谢产物。②土壤/环境。强吸附于土壤中并将吸附数据分为四种类型：K_d（吸附）$2.3×10^5$～$2.4×10^7$；K_{oc} $1.0×10^8$～$5.3×10^9$；K_d（解吸）$1.6×10^5$～$1.8×10^6$；K_{oc} $5.4×10^7$～$3.9×10^8$。

应用 本品属抗凝血杀鼠剂，对灭鼠灵抗性或敏感鼠类有杀灭活性，限于专业人员使用。

专利与登记

专利名称 Rodenticidal 4-hydroxy-2*H*-1-benzothiopyran-2-one derivatives, compositions, and method of use therefor

专利号 FR 2562893		专利公开日 1985-10-18
专利申请日 1984-04-12		优先权日 1984-04-12

专利拥有者 Berthelon Jean-jacqueslipha [FR]

在其他国家申请的化合物专利 US 4585786、IL 74727、IN 163166、ZA 8502459、AU 8540868、AU 572279、EP 161163、CS 248740、AT 29881、DK 8501632、DK 164319、FI 8501459、FI 79310、NO 8501448、NO 169339、ES 542149、DD 231794、HU 37932、HU 194552、SU 1373321、PL 145203、JP 60231672、CA 1248963、CN 85103105、HR 9201043 等。

制备专利 FR 2562893 等。

合成方法 4-羟基-2*H*-1-苯并噻喃-2-酮与 3-(4′-溴-4-联苯基)-1,2,3,4-四氢-1-萘醇，在含有硫酸的醋酸中，于 110℃反应 3 h，缩合后即制得本产品。反应式如下：

参考文献

[1] The Pesticide Manual. 17 th edition: 345-346.

[2] 朱永和. 农药大典. 北京: 中国三峡出版社, 2006: 385.

杀鼠灵（warfarin）

$C_{19}H_{16}O_4$，308.3，81-81-2，5543-58-8[(R)-(+)-]，5543-57-7[(S)-(−)-]

杀鼠灵（商品名称：Compact、Contrax Cuma、Cumix、Grey Squirrel Bait、Musal、Ratron Fertigköder、Ratron Streumittel、Rodex、Sewarin，其他名称：coumaphene、灭鼠灵、华法林）由 K. P. link 等报道了本品抗凝剂的性质。

化学名称 4-羟基-3-(3-氧代-1-苯基丁基)-2H-1-苯并吡喃-2-酮。英文化学名称为 4-hydroxy-3-[(1RS)-(3-oxo-1-phenylbutyl)coumarin；(RS)-3-(α-acetonylbenzyl)-4-hydroxycoumarin。美国化学文摘系统名称为 4-hydroxy-3-(3-oxo-1-phenylbutyl)-2H-1-benzopyran-2-one。CA 主题索引名称为 2H-1-benzopyran-2-one —, 4-hydroxy-3-(3-oxo-1-phenylbutyl)-。

理化性质 外消旋体为无色晶体。熔点 161～162℃，蒸气压为 1.5×10⁻³ mPa。pK_a 5.05（20～25℃）。水中溶解度（20～25℃）17.0 mg/L，有机溶剂中溶解度（g/L，20～25℃）：极

微溶于苯、乙醚、环己烷，中等溶于甲醇、乙醇、异丙醇，丙酮 65，氯仿 56，二氧六环 100。在碱性液中形成水溶性的钠盐，25℃时溶解度 400 g/L，不溶于有机溶剂。本品有一个不对称的碳原子，形成 2 个异构体，即 S-异构体和 R-异构体，工业品为异构体的混合物。稳定性很高，在强酸中稳定。

毒性 属高毒杀鼠剂。急性经口 LD_{50}（mg/kg）：大鼠 186，小鼠 374。饲喂经口 LD_{50}［5 d，mg/(kg·d)］：大鼠 1，猪 1，猫 3，狗 3，牛 200。（EPA）cRfD 0.0003 mg/kg bw。能抑制血液凝固造成器官损伤，在指导剂量下使用对人畜有轻微危害，使用时要小心谨慎，对幼猪敏感。

生态效应 对鸟类、家禽毒性相对较低。

环境行为 在哺乳动物中存在 4,6,7-羟基香豆素和 8-羟基香豆素。

制剂 追踪粉剂［10 g(a.i.)/kg］用于洞穴和通道，浓饵剂（1 g/kg 和 5 g/kg）与适宜的蛋白质丰富的引饵混合。

主要生产商 江苏省泗阳县鼠药厂、内蒙古莱科作物保护有限公司等。

作用机理与特点 杀鼠灵属于 4-羰基香豆素类的抗凝血灭鼠剂，是第一个用于灭鼠的慢性药物。作用与抗凝血药剂的机理基本相同，主要包括两方面：一是破坏正常的凝血功能，降低血液的凝固能力。药剂进入机体后首先作用于肝脏，对抗维生素 K_1，阻碍凝血酶原的生成。二是损害毛细血管，使血管变脆，渗透性增强。所以鼠服药后体虚弱、怕冷、行动缓慢、鼻、爪、肛门、阴道出血，并有内出血发生，最后由于慢性出血不止而死亡。

应用

（1）防治对象 褐家鼠、小家鼠、黄胸鼠、大仓鼠、黑线仓鼠、黑线姬鼠等。

（2）残留量与安全施药 ①使用杀鼠灵毒饵应注意充分发挥其慢性毒力强的特点，必须多次投饵，使鼠每天都能吃到毒饵，间隔时间最多不要超过 48 h，以免产生耐药性。②杀鼠灵对禽类比较安全，适宜在养禽场和动物园防治褐家鼠。③本品应贮存在阴凉、干燥的场所，注意防潮。④配制毒饵时应加入容易辨认的染料，即警戒色，以防人、畜误食中毒，一般选用红色或蓝色的食品色素。⑤收集的鼠尸应予以深埋，防止污染。⑥中毒症状：腹痛、背痛、恶心、呕吐、鼻衄、齿龈出血、皮下出血、关节周围出血、尿血、便血等全身广泛性出血，持续出血可引起贫血，导致休克。在急救过程中要注意保持病人安静，用抗菌素预防合并感染，且需对症治疗。维生素 K_1 是有效的解毒剂。

（3）使用方法 杀鼠灵的急性毒力低于慢性毒力，多次服药后毒力增强。所以灭鼠时常用低浓度毒饵连续多次投饵的方法。饱和投饵法适合于防治家栖鼠。杀鼠灵适口性很好，一般不产生拒食，中毒鼠虽已出血，行动艰难，但仍会取食毒饵，所以只要放好诱饵，保证足够的投饵量，就能达到满意的效果。①毒饵配制：市场上出售的多是含量 2.5% 的母粉，常用的毒饵浓度为 0.005%～0.025% 消灭家鼠，0.05% 消灭野鼠。用 1 份 2.5% 的杀鼠灵母粉加 99 份饵料（先将饵料与 3% 的植物油混合），拌匀，即配成 0.025% 的毒饵。如果 2.5% 的母粉 1 次配成 0.025% 的毒饵不易拌匀，可以先配成 65% 的母粉，即 1 份 2.5% 的母粉加 4 份稀释剂，然后再用 1 份 0.5% 的母粉加上 19 份饵料（先与 3% 的植物油混合），即配成 0.025% 的毒饵。用 1 份 2.5% 的杀鼠母粉，加入 499 份饵料（先与 3% 植物油混合），充分拌匀即成 0.005% 的毒饵。最好使用逐步稀释的方法配制，以便均匀。②毒饵的投放：杀鼠灵毒饵适于使用饱和投饵法灭家栖鼠，即把毒饵放在鼠经常活动的地方，一般 15 m^2 的房间内沿墙根放 3～4 堆，每堆 10～15 g。第一天投饵，第二天检查鼠取毒饵情况，毒饵全被消耗的，则投饵量需加倍，部分被消耗的补充至原投饵量。这样连续投放直至不再被鼠取食为止（一般 5～7 d，有的可达 10～15 d），说明投饵量达到了饱和。防治褐家鼠宜用 0.005%～0.025%浓度，防治黄胸鼠和小家鼠宜用 0.025%～0.05%浓度。在以小家鼠为主的场所，根据小家鼠活动范围较小而且少量多次取食的特点，应适当增加投饵点，减少每个投饵点投饵量，每堆 5～10 g 为宜。杀鼠灵也可用 0.5%～1%的毒粉作为舔剂灭鼠。

专利与登记

专利名称　3-Substituted 4-hydroxycoumarin and process of making it

专利号　US 2427578　　　　　专利公开日　1947-09-16

专利申请日　1945-04-02　　　　优先权日　1945-04-02

专利拥有者　Wisconsin Alumni Res Found

制备专利　CN 109161016、WO 9703062、WO 2003050105、KR 2013095958、CN 103433073、CN 107469858、CN 102492749、US 5686631、US 2008069814、US 2009022706、WO 2010030983、WO 2010014814、WO 2009080226、WO 2009080227、WO 2009015028、WO 2008137809、WO 2008036843、WO 2008005560、CN 101219224、IN 2007MU00052、IN 2007DE 00043、US 2010119582、US 2009162407、WO 2010013035、WO 2008044246 等。

国内登记情况　2.5%母药；97%、98%原药；0.05%毒饵用于防治室内家鼠、田鼠等。

合成方法　通过如下反应制得目的物：

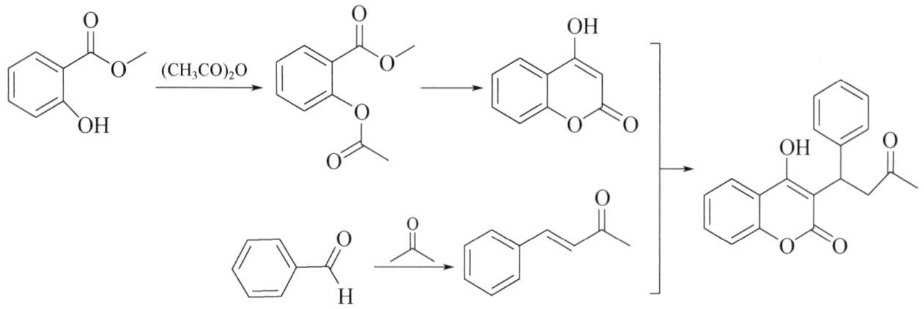

参考文献

[1] The Pesticide Manual. 17 th edition: 1173-1174.

[2] 国外农药品种手册(新版合订本). 北京: 化工部农药信息总站, 1996: 417.

[3] 农药大典. 北京: 中国三峡出版社, 2006: 402-403.

[4] 农药商品大全. 北京: 中国商业出版社, 1996: 377-378.

[5] 冯刘栋, 雍峰, 仲四清, 等. 中华卫生杀虫药械, 2015(5): 472-473.

杀鼠醚（coumatetralyl）

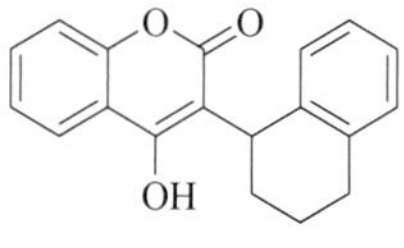

$C_{19}H_{16}O_3$，292.3，5836-29-3

杀鼠醚（商品名称：Racumin、Ratryl，其他名称：立克命、毒鼠萘、追踪粉、杀鼠萘、克鼠立、鼠毒死）由 G. Hermann 和 S. Hombrecher 报道、Bayer 开发的杀鼠剂。

化学名称　4-羟基-3-(1,2,3,4-四氢-1-萘基)香豆素。英文化学名称为 4-hydroxy-3-(l,2,3,4-

tetrahydro-1-naphthyl)coumarin。美国化学文摘系统名称为 4-hydroxy-3-(1,2,3,4-tetrahydro-1-naphthalenyl)-2*H*-1-benzopyran-2-one。CA 主题索引名称为 2*H*-1-benzopyran-2-one ——，4-hydroxy-3-(1,2,3,4-tetrahydro-1- naphthalenyl)-。

理化性质 纯品为无色或淡黄色晶体，熔点 172～176℃（原药 166～172℃），蒸气压 $8.5×10^{-6}$ mPa（20℃）。$\lg K_{ow}$ 3.46，pK_a（20～25℃）4.75。Henry 常数 $1×10^{-7}$ Pa·m^3/mol（pH 5）。水中溶解度（mg/L，20～25℃）：4（pH 4.2）；20（pH 5）；425.0（pH 7）；$1×10^5$（pH 9）。有机溶剂中溶解度（g/L，20～25℃）：氯仿 50～100，异丙醇 20～50，可溶于 DMF、乙醇、丙酮，微溶于甲苯、乙酸乙酯、苯。碱性条件下形成盐。稳定性：在≤150℃下稳定，在水中 5 d 不水解（25℃），DT_{50}>1 年（pH 4～9）；水溶液暴露在日光或紫外线下迅速分解，DT_{50} 为 1 h。

毒性 急性经口 LD_{50}（mg/kg）：大鼠 16.5，小鼠>1000，兔>500。大鼠亚慢性经口 LD_{50}（5 d）0.3 mg/(kg·d)。大鼠急性经皮 LD_{50} 100～500 mg/kg。大鼠吸入 LC_{50}（4 h）：大鼠 0.039 mg/L，小鼠 0.054 mg/L。在指导剂量下使用对人、畜危险轻微，但对幼猪敏感。

生态效应 日本鹌鹑急性经口 LC_{50}>2000 mg/kg bw；母鸡、大鼠吸入 LC_{50}（8 d）>50 mg/(kg·d)。鱼类 LC_{50}（96 h，mg/L）：孔雀鱼约 1000，虹鳟鱼 48，圆腹雅罗鱼 67。水蚤 LC_{50}（48 h）>14 mg/L。水藻 E_rC_{50}>18 mg/L，E_bC_{50}（72 h）15.2 mg/L。

环境行为 土壤/环境。BBA-标准土壤 2.2（有氧条件）；在 90 d 内有 51%矿化。

制剂 追踪粉剂或浓饵剂。

主要生产商 拜耳有限责任公司、江苏省泗阳县鼠药厂、内蒙古莱科作物保护有限公司。

作用机理与特点 杀鼠醚的有效成分能破坏凝血机能，损害微血管引起内出血。鼠类服药后出现皮下和内脏出血、毛硫松、肤色苍白、动作迟钝、衰弱无力等症，3～6 d 后衰竭而死，中毒症状与其他抗凝血药剂相似。据报道，杀鼠醚可以有效地杀灭对杀鼠灵产生抗性的鼠。这一点又不同于同类杀鼠剂而类似于第二代抗凝血性杀鼠剂，如大隆、溴敌隆等。需要多次喂食来达到致死作用。

应用

（1）防治对象 广谱杀鼠剂，对家栖鼠类和野栖鼠类都具有很好的防效。

（2）使用方法 杀鼠醚 0.75%追踪粉以用于配制毒饵为主，亦可直接撒在鼠洞、鼠道，铺成均匀厚度的毒粉，使鼠经过时粘上药粉。当鼠用舌头清除身上黏附的药粉时引起中毒。毒饵一般采用黏附法或者混合法配制。①黏附法配制毒饵：可取颗粒状饵料 19 份，拌入食用油 0.5 份，使颗粒饵料被一层油膜，最后加入 1 份 0.75%杀鼠醚追踪粉搅拌均匀。也可以将小麦、玉米碎粒、大米等饵料浸湿后倒入药剂拌匀。②混合法配制毒饵：可取面粉 19 份、0.75%杀鼠醚追踪粉 1 份，二者拌匀后用温水和成面团制成颗粒或块状，晾干即可。上述毒饵中有效成分含量为 0.0375%，与市售毒饵一致。自配毒饵时亦可加入蔗糖、鱼骨粉食用油等引诱物质，还可以用曙红、红墨水等染色，以示与食物的不同，避免人畜及鸟类误食。防治家栖鼠类，可采用 1 次性投饵，沿地埂、水渠、田间小路等距投饵，每隔 5 m 投一堆，每堆 5～10 g 毒饵。对黑线姬鼠、褐家鼠黄毛鼠的杀灭效果良好。防治达乌尔黄鼠，可按洞投饵，每个洞口旁投 15～20 g。对于长爪沙鼠每个洞口处投放 5～10 g 毒饵即可。1 次性投饵难以得到最理想的防效，如果在第 1 次投饵后的 15 d 左右补充投饵 1 次防治效果可达 100%，此即间隔式投饵方法。第二次投饵无需普遍投放，只需在鼠迹明显的洞旁、地角或第 1 次投饵时取食率高的饵点处投放，以免造成浪费。

专利与登记

专利名称　Coumarin derivatives and their production

专利号　DE 1014551　　　　　　专利公开日　1957-08-29

专利申请日　1956-08-31　　　　　优先权日　1956-08-31

专利拥有者　Farbenfabriken Bayer Akt.-Ges.

制备专利　US 20170362151、WO 2016096905、CN 108658915、KR 2015090845、CN 103130790、WO 2012136910、CN 102146068、JP 2005097140 等。

国内登记情况　98%原药；0.75%、3.75%母粉用于防治家鼠和田鼠；0.0375%毒饵用于防治室内家鼠。拜耳有限责任公司在中国登记情况见表9-2。

表 9-2　拜耳有限责任公司在中国登记情况

商品名	登记证号	含量	剂型	登记作物	防治对象	用药量	施用方法
PD265-99	杀鼠醚	0.75%	追踪粉剂	室内	家鼠	①750 g/m²；②5 g/m²	①堆施；②制成饵剂堆施
				室外	田鼠	①750 g/m²；②5 g/m²	①堆施；②制成饵剂堆施
PD20070577	杀鼠醚	98%	原药				
PD20070274	杀鼠醚	0.038%	饵剂	室内	家鼠	饱和投饵	投放

合成方法　由 4-羟基香豆素与 α-萘满醇缩合制得。

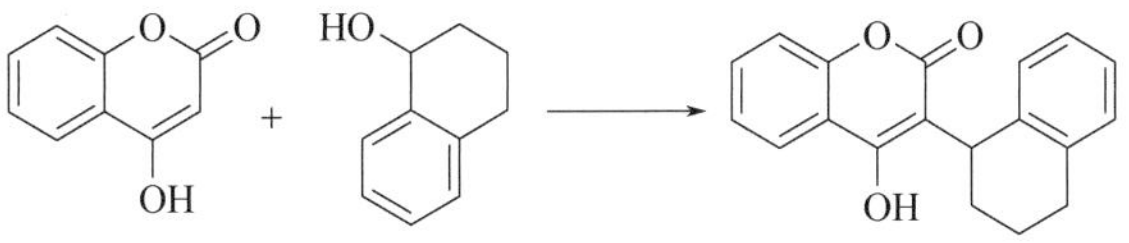

参考文献

[1] The Pesticide Manual. 17 th edition: 241-242.

[2] 国外农药品种手册(新版合订本). 北京: 化工部农药信息总站, 1996: 427.

[3] 农药商品大全. 北京: 中国商业出版社, 1996: 389.

[4] 新编农药商品手册. 北京: 化学工业出版社, 2006: 469.

[5] 李长安, 赵有林, 孙润堂. 医学动物防制, 2009(10): 750-751.

鼠得克（difenacoum）

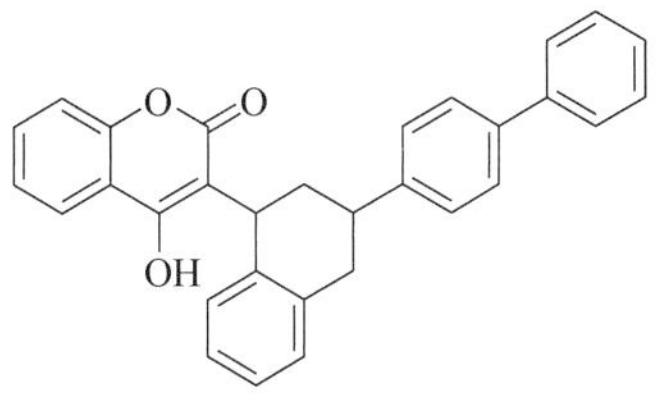

$C_{31}H_{24}O_3$，444.5，56073-07-5

鼠得克（试验代号：PP 580、WBA 8107，商品名称：Bonirat、Frunax Mäuseköder、Kemifen、Neokil、Neosorexa、Ratak、Ratzenmice Baits、Sakarat D、Ratak、Rataway、Ratron DCM、Ratron Mäuseköder、Sorexa D、Sorexa Gel、Sorkil，其他名称：联苯杀鼠萘、敌拿鼠）由 M.

Hadler(J. Hyg, 1975, 74: 441)报道，由 Sorex(London) Ltd 开发之后由 ICI Agroche- micals（现属先正达公司）开发，于 1976 年商品化。

化学名称 3-(3-联苯-4-基-1,2,3,4-四氢-1-萘基)4-羟基香豆素。英文化学名称为 3-(3-biphenyl-4-yl-1,2,3,4-tetrahydro-l-naphthyl)-4-hydroxycoumarin。美国化学文摘系统名称为 3-[3-(1,1′-biphenyl)-4-yl-1,2,3,4-tetrahydro-1-naphthalenyl]-4-hydroxy-2H-1-benzopyran-2-one。CA 主题索引名称为 2H-1-benzopyran-2-one —，3-[3-(1,1′-biphenyl)-4-yl-1,2,3,4-tetrahydro-1-naphthalenyl]-4-hydroxy-。

理化性质 纯度＞90%。纯品为无色无味晶体，熔点 215～217℃，蒸气压 0.16 mPa（45℃）。lgK_{ow}＞7。相对密度 1.27（20～25℃）。水中溶解度（mg/L，20～25℃）：31×10^{-3}（pH 5.2），2.5（pH 7.3），84（pH 9.3）。有机溶剂中溶解度（g/L，20～25℃）：微溶于乙醇，丙酮＞50，氯仿＞50，乙酸乙酯2，苯 0.6。水溶液稳定性，DT$_{50}$：稳定（pH 5），1000 d（pH 7），80 d（pH 9）。水溶液光分解 DT$_{50}$ 0.14（pH 5），0.34（pH 7），0.30（pH 9）。pK_a（20～25℃）4.5。

毒性 急性经口 LD$_{50}$（mg/kg）：雄大鼠 1.8，雌大鼠 2.45，雄小鼠 0.8，兔 2.0，雌豚鼠＞50，猪 50，猫＞100，狗＞50。雄大鼠的亚急性经口 LD$_{50}$（5 d）0.16 mg/kg。急性经皮 LD$_{50}$（mg/kg）：雄大鼠 27.4，雌大鼠 17.2，兔 1000。对兔的眼睛、皮肤无刺激性，对豚鼠皮肤无刺激性。吸入 LC$_{50}$ 雌雄大鼠≥0.0036 mg/L。NOAEL：兔 0.005 mg/kg bw。

生态效应 鸡急性经口 LD$_{50}$＞50 mg/kg，虹鳟鱼 LC$_{50}$（96 h）0.10 mg/L，水蚤 LC$_{50}$（48 h）0.52 mg/L。

环境行为 ①动物。鼠得克主要通过胃肠道、皮肤及呼吸系统吸收。经口给药后，主要的消除路线是通过粪便排出。在肝脏中发现鼠得克及母体化合物和代谢产物。反式异构体的代谢与消除比顺式异构体快。②土壤/环境。DT$_{50}$（平均）290 d（146～439 d）。浸出可能性很小；在实验室柱中 30 cm 内不浸出。

作用机理与特点 第二代慢性杀鼠剂，抑制抗凝血因子Ⅱ、Ⅶ、Ⅸ和Ⅹ合成中依赖维生素 K 的反应步骤。与其他抗凝血剂相同。

应用 防治对象和使用方法鼠得克和溴鼠灵类似，除能杀灭抗性的屋顶鼠和小家鼠外，还能杀灭其他多种鼠类。鼠得克对第 1 代抗凝血性杀鼠剂产生抗性的鼠有显著的杀灭效果。此外，由于它的急性毒力高，往往只需使用含 0.005%有效成分的毒饵，投药一次即可奏效。试验中未出现二次毒性问题。表 9-3 列出本品和其他几种杀鼠剂对不同动物达到 LD$_{50}$ 所需的毒饵量，以作比较。

表 9-3 杀鼠剂对不同动物的 LD$_{50}$

受试动物	体重/kg	各种杀鼠剂毒饵量/g					
		磷化锌（2.5%）	氟乙酸钠（0.25%）	灭鼠优（2.0%）	灭鼠灵（0.025%）	鼠得克（0.005%）	大隆（0.005%）
大鼠	0.25	0.45	0.25	0.06	58	9	1.4
小鼠	0.025	—	0.17	0.12	37	0.4	0.2～0.43
兔	1.0	—	—	＞15	3200	40	5.8
猪	50	40～80	60～80	1250	200～1000	40000	500～2000
狗	5	4～8	0.12～0.4	＞125	400～5000	5000	25～100
猫	2	1.6～3.2	0.24～0.4	6.2	48～320	4000	1000
小鸡	1	0.8～1.2	4～1.2	35.5	4000	1000	200～2000
羊	25	—	—	—	—	750000	—

注：括号内的数字为毒饵中含各该杀鼠剂的有效成分。

专利与登记

专利名称　Anti coagulant 3-tetrahydronaphthyl-4-hydroxy-coumarin deri vatives

专利号　GB 1458670　　　　　专利公开日　1976-12-15

专利申请日　1974-03-01　　　　优先权日　1973-05-23

专利拥有者　Ward Blenkinsop & Co. Ltd.

在其他国家申请的化合物专利　DE 2424806、ZA 7403050、AU 7468977、FR 2230633、JP 50029743、JP 52031928、US 3957824、CH 600774、DK 140407、SE 410602、NL 7406982、NL 178597、US 4035505 等。

制备专利　WO9515322、ZA9501848、WO9627598、EP147052 等。

合成方法　通过如下反应制得目的物：

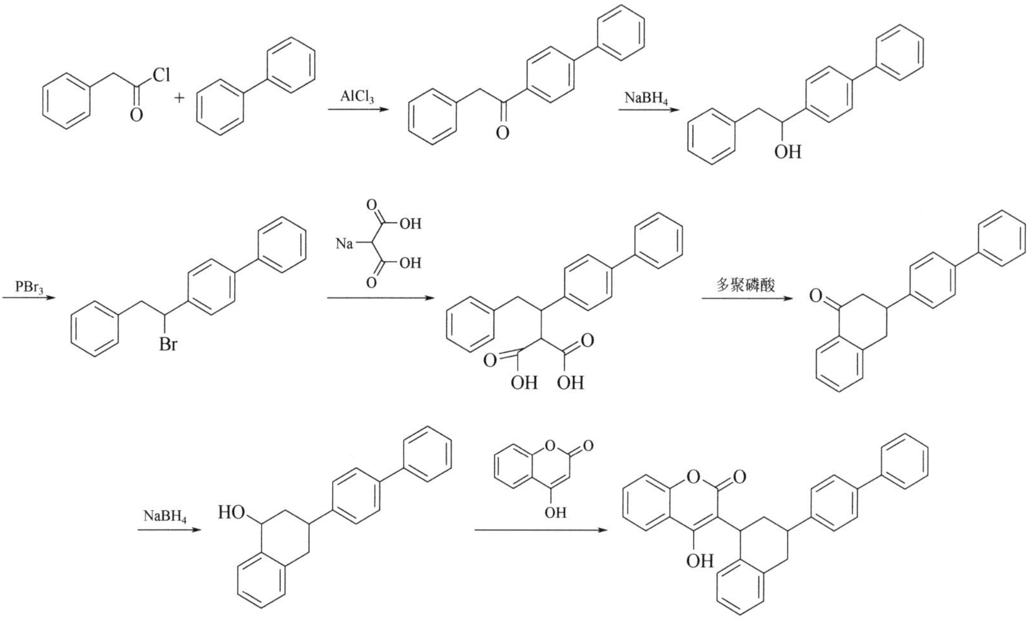

参考文献

[1]　The Pesticide Manual. 17th edition: 340-341.

[2]　国外农药品种手册(新版合订本). 北京: 化工部农药信息总站, 1996: 428.

[3]　农药商品大全. 北京: 中国商业出版社, 1996: 367.

[4]　朱永和. 农药大典. 北京: 中国三峡出版社, 2006: 392.

溴敌隆（bromadiolone）

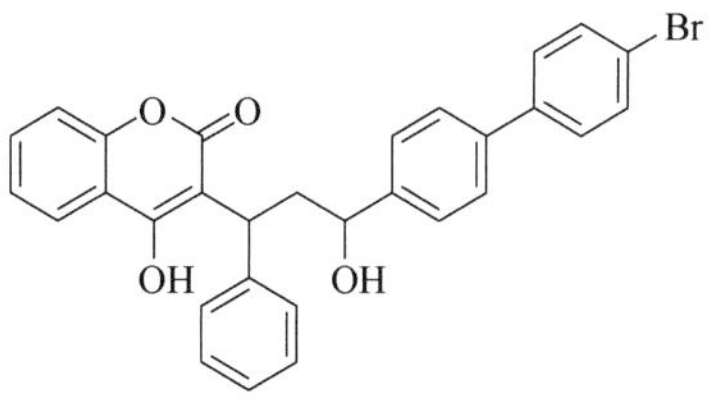

$C_{30}H_{23}BrO_4$，527.4，28772-56-7

溴敌隆（试验代号：LM 637，商品名称：Aldiol、Broma-D、Lafar、Maki、Sakarat Bromabait、Super Caïd、乐万通）由 M. Grand 报道该杀鼠剂，lipha S. A.开发。

化学名称　3-[3-(4′-溴联苯-4-基)-3-羟基-1-苯丙基]-4-羟基香豆素。英文化学名称为 3-[3-(4′-bromobiphenyl-4-yl)-3-hydroxy-1-phenylpropyl]-4-hydroxylcoumarin。美国化学文摘系统名称为 3-[3-(4′-bromo[1,1′-biphenyl]-4-yl)-3-hydroxy-l-phenylpropyl]-4-hydroxy-2H-1-benzo-pyran-2-one。CA 主题索引名称为 2H-1-benzopyran-2-one—，3-[3-(4′-bromo[1,1′-biphenyl]-4-yl)-3-hydroxy-1-phenylpropyl]-4-hydroxy-。

alpha-bromadiolone 化学名称 80%～100% 3-[(1RS,3RS)3-(4′-溴联苯-4-基)-3-羟基-1-苯丙基]-4-羟基香豆素和 0～20% 3-[(1RS,3SR)3-(4′-溴联苯-4-基)-3-羟基-1-苯丙基]-4-羟基香豆素。英文化学名称 80%～100% 3-[(1RS,3RS)-3-(4′-bromobiphenyl-4-yl)-3-hydroxy-1-phenylpropyl]-4-hydroxycoumarin 和 0～20% 3-[(1RS,3SR)-3-(4′-bromobiphenyl-4-yl)-3-hydroxy-1-phenyl-propyl]-4-hydroxycoumarin。美国化学文摘系统名称为 3-[3-(4′-bromo[1,1′-biphenyl]-4-yl)-3-hydroxy-1-phenylpropyl]-4-hydroxy-2H-1-benzopyran-2-one。CA 主题索引名称为 2H-1-benzo-pyran-2-one —，3-[3-(4′-bromo[1,1′-biphenyl]-4-yl)-3-hydroxy-1-phenylpropyl]-4- hydroxy-。

组成　两种非对映异构体的混合物。纯度 97%。

理化性质　原药（纯度 97%）为黄色粉末，熔点 196～210℃（96%）；(172±0.5)℃～(203±0.5)℃（98.8%，DSC）（两种非对映异构体的混合物）。蒸气压（20℃）0.002 mPa。lgK_{ow} ＞5.00（pH 5），3.80（pH 7），2.47（pH 9）（均 25.0℃±1.0℃）。相对密度 1.45（20～25℃）。水中溶解度（mg/L，20～25℃）：＞0.114（pH 5），2.48（pH 7），180.0（pH 9），有机溶剂中溶解度（g/L，20～25℃）：DMF 730，乙酸乙酯 25，乙醇 8.2，易溶于丙酮，微溶于氯仿，几乎不能溶于乙醚和环己烷。稳定性：在 150℃以下稳定。闪点 218℃。

毒性　急性经口 LD_{50}（mg/kg）：大鼠 1.31，小鼠 1.75，兔 1.00，狗＞10.0，猫＞25.0。急性经皮 LD_{50}（mg/kg）：兔 1.71，大鼠 23.31。大鼠吸入 LC_{50}＜0.02 mg/L。兔 NOAEL（90 d）0.5 μg/(kg·d)，大鼠 NOAEL（生殖与发育毒性，2 年）5 μg/(kg·d)。其他：非致突变，非致染色体断裂，没发现致畸。

生态效应　日本鹌鹑急性经口 LD_{50} 134 mg/kg bw。虹鳟鱼 LC_{50}（96 h）2.89 mg/L。NOEC（96 h）1.78 mg/L。溞类 EC_{50}（48 h）5.79 mg/L；NOEC（48 h）1.25 mg/L。藻类 E_rC_{50}（72 h）1.14 mg/L；E_yC_{50}（72 h）0.66 mg/L。在指导剂量下对蜜蜂无毒。蚯蚓 LC_{50}＞1054 mg/kg 土壤。

环境行为　①动物。主要通过胆汁排出。②土壤/环境。浸润作用与黏土和有机物含量的土壤呈负相关关系。在以壤沙土作为模拟土柱和土层的研究表明，溴敌隆残留在上层土壤的比例为 97%，滤出液含 0.1%。

制剂　饵剂（50 mg/kg）由浓饵剂 [0.25 g(a.i.)/L] 或干粉制备。

主要生产商　商丘市大卫化工厂、河南远见农业科技有限公司、开封市普朗克生物化学有限公司、江苏省泗阳县鼠药厂、辽宁省沈阳爱威科技发展股份有限公司、内蒙古莱科作物保护有限公司、陕西秦乐药业化工有限公司、上海高伦现代农化股份有限公司、天津市天庆化工有限公司等。

作用机理与特点　第二代慢性杀鼠剂，阻止凝血素的形成。作用于肝脏，对抗维生素 K_1，降低血液凝固能力，阻碍凝血酶原的产生，破坏正常的血凝功能，损害毛细血管，使管壁渗透性增强。中毒鼠死于大出血。

应用

（1）防治对象 防除家栖鼠、野栖鼠及其他鼠类。

（2）应用技术 ①溴敌隆灭鼠效果很好，是国家推广使用之产品，但在害鼠对第一代抗凝血性杀鼠剂未产生抗性之前，不宜大面积推广。一旦发生抗性使用该药会更好地发挥其特点。②避免药剂接触眼睛、鼻、口或皮肤，投放毒饵时不可饮食或抽烟。施药完毕后，施药者应彻底清洗。溴敌隆轻微中毒症状为眼或鼻分泌物带血、皮下出血或大小便带血、严重中毒症状包括多处出血、腹背剧痛和神智昏迷等。如发生误服中毒，不要给中毒者服用任何东西，不要使中毒者呕吐，应立即求医治疗。

对溴敌隆有效的解毒药是维生素 K_1，具体用法为：①静脉注射 5 mg/kg 维生素 K_1，于需要时重复 2～3 次，每次间隔 8～12 h。②经口 5 mg/kg 维生素 K_1，共 10～15 d。③输 200 mL 的柠檬酸酸化血液。

（3）使用方法 溴敌隆液剂可直接使用，液剂按需要配成不同浓度的毒饵，现配现用，配制方法如下：0.25%溴敌隆液剂常规使用每千克液剂可配制 50 kg 毒饵。取 1 kg 液剂对水 5 kg 配制成溴敌隆稀释液，将小麦、大米、玉米碎粒等谷物 50 kg 直接倒入溴敌隆稀释液中，待谷物将药水吸收后摊开稍加晾晒即可。如果选用萝卜、马铃薯块配制毒饵，可将饵料先晾晒至发蔫，然后按比例加入 0.25%溴敌隆液剂，充分搅拌均匀。实践证明，毒饵保持一定的水分对提高鼠类取食率是十分有利的，现场配制的毒饵一般比工厂化生产的毒饵适口性好的原因就在于此。防治家栖鼠种，可采用 1 次投饵或间隔式投饵。每间房 5～15 g 毒饵。如果家栖鼠种以小家鼠为主，布放毒饵的堆数应适当多一些，每堆 2 g 左右即可，间隔式投饵需要进行两次投饵，可在第 1 次投饵后 7～10 d 检查毒饵取食情况予以补充。在院落中投放毒饵宜在傍晚进行，可沿院墙四周，每 5 m 投放一堆，每堆 3～5 g，次日清晨注意回收毒饵，以免家畜、家禽误食。防治野栖鼠毒饵有效成分用量可适当提高，一般采取 1 次性投放的方式。对高原鼢鼠，毒饵有效成分含量可提高至 0.02%。长爪沙鼠可使用 0.01%的毒饵，每洞 1 g，也可以使用常规的 0.005%毒饵，每洞 2 g。达乌尔黄鼠使用 0.005%毒饵，每洞 20 g，也可采用 0.0075%毒饵，每洞 15 g。此外，还可以沿田埂、池边、地堰投毒饵，每 5m 投一堆，每堆 5 g，或者每 5 m×10 m，投一堆，每堆 5 g。

专利与登记

专利名称 A rodenticidal compositions containing 4-hydroxy coumarins

专利号 FR 1559595　　　　专利公开日 1969-03-14

专利申请日 1966-12-13　　优先权日 1966-12-13

专利拥有者 LIPHA（Lyonnaise Industrielle Pharmaceutique）

在其他国家申请的化合物专利 DE 1959317、US 3764693、FR 94820、CH 475234、IL 29068、SE 327208、US 3574234、BE 707867、ES 348152、GB 1193500、NO 122311、DK 122667、CS 149605、NL 6716969、NL 165164、SE 363101、SE 395145、DK 121804、NO 128871、US 3651091、CS 159762、ES 373853、IL 33412、CH 498827、BR 6914559、BE 742290、NL 6917942、NL 164036、AT 291245、SU 491234、NO 122282、US 3651223、NO 124902、NO 124208、DK 131801 等。

制备专利 IN 181367、CN 1258447、EP 248929、RU 2266645、WO 2005044221、WO 2013077352、CN 105218331、WO 2011154871、JP 2008247744、CN 1876623、CN 1876622、GB 2388595、US 5824683、EP 21228 等。

国内登记情况：98%、97%、95%、92%原药；0.05%、0.5%母药；0.005%、0.01%、0.02%

毒饵用于农田鼢鼠、田鼠、家鼠等。法国戴商高士公司在中国登记情况见表9-4。

表 9-4　法国戴商高士公司在中国登记情况

商品名	登记证号	含量	剂型	登记作物	防治对象	用药量	施用方法
PD20096195	溴敌隆	0.005%	饵剂	室内	家鼠	1.6～2.4 g/m^2	堆施
				田间	田鼠	100～167 g/亩	堆施

合成方法　通过如下反应制得目的物：

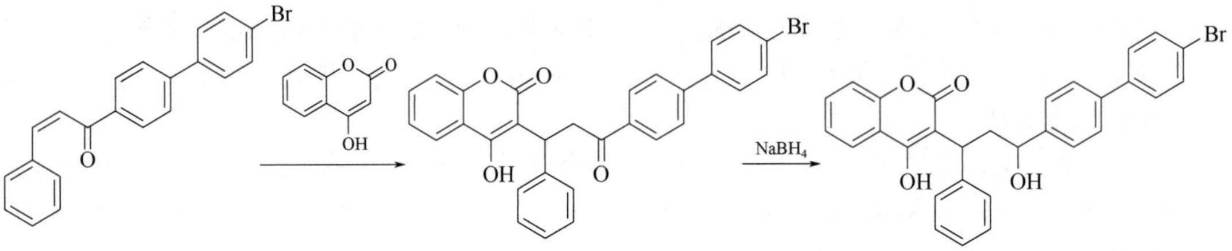

参考文献

[1] The Pesticide Manual. 17 th edition: 130-131.

[2] 国外农药品种手册(新版合订本). 北京: 化工部农药信息总站, 1996: 429.

[3] 农药商品大全. 北京: 中国商业出版社,1996: 368.

[4] 王治宇、杨顺林、陈永, 等. 江中华卫生杀虫药械, 2018(5): 447-448.

[5] 张秀宏、王春婕、张稷博. 中国公共卫生, 2009(6): 748.

溴鼠灵（brodifacoum）

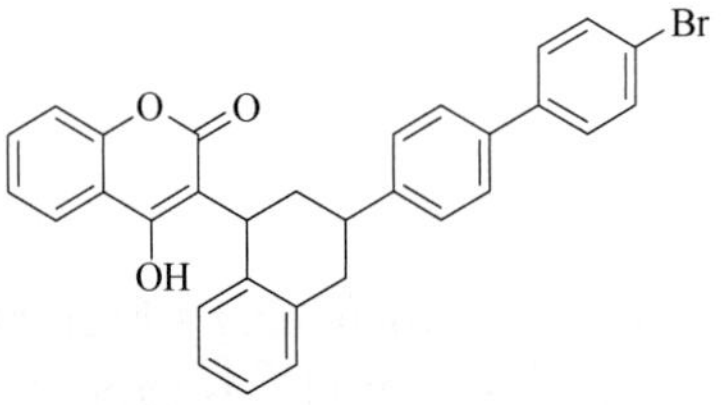

C$_{31}$H$_{23}$BrO$_3$，523.4，56073-10-0，曾用66052-95-7

溴鼠灵（试验代号：PP581、WBA 8119，商品名称：Brobait、Brodi-F、Brodifacoum Rat & Mouse Bait、Broditop、Klerat、Nofar、Talon、大隆）由 R.Redfern 等报道该杀鼠剂，由 Sorex(London)Ltd 和 ICI Agrochemica1S 开发和发展，1978 年商品化。

化学名称　3-[3-(4'-溴联苯-4-基)-1,2,3,4-四氢-1-萘基]-4-羟基香豆素。英文化学名称为 3-[3-(4'-bromobiphenyl-4-yl)-l,2,3,4-tetrahydro-l-naphthyl]-4-hydroxycoumarin。美国化学文摘系统名称为 3-[3-(4′-bromo-[1,1′-biphenyl]-4-yl)-1,2,3,4- tetrahydro-1-naphthalenyl]-4-hydroxy-2H-1-benzopyran-2-one。CA 主题索引名称为 2H-1-benzopyran-2-one——，3-[3-(4′-bromo[1,1′-bi-phenyl]-4-yl)-1,2,3,4-tetrahydro-1- naphthalenyl]-4-hydroxy-。

组成　工业品纯度＞95%。正反异构体比例范围（50∶50）～（80∶20）。

理化性质　纯品为白色粉末，工业品为白色至浅黄褐色粉末，熔点228～232℃，蒸气压＜0.001 mPa（20℃）。lgK_{ow} 8.5。Henry 常数（Pa•m^3/mol）＜0.002（pH 7）。相对密度 1.42（20～

25℃）。水中溶解度（mg/L，20～25℃）：$3.8×10^{-3}$（pH 5.2），0.24（pH 7.4），10（pH 9.3）。有机溶剂中溶解度（g/L，20～25℃）：丙酮 23、二氯甲烷 50、甲苯 7.2。本品为弱酸性不易形成水溶性盐类。稳定性：原药在 50℃下稳定，在直接日光下 30 d 无损耗，溶液在紫外线照射下可降解。

毒性　急性经口 LD_{50}（mg/kg）：雄大鼠 0.4，雄兔 0.2，雄小鼠 0.4，雌豚鼠 2.8，猫 25，狗 0.25～3.6。急性经皮 LD_{50}（mg/kg）：雌大鼠 3.16，雄大鼠 5.21。对兔皮肤和眼睛有轻微刺激。大鼠吸入 LC_{50}（4 h，μg/L）：雄大鼠 4.86，雌大鼠 3.05。

生态效应　鸟类急性经口 LD_{50}：日本鹌鹑 11.6 mg/kg，鸡 4.5 mg/kg，野鸭 0.31 mg/kg。饲喂 LC_{50}（40 d）：野鸭 2.7 mg/kg，海鸥 0.72 mg/kg。鱼类 LC_{50}（96 h）：大翻车鱼 0.165 mg/L，虹鳟鱼 0.04 mg/L。水蚤 LC_{50}（48 h）＞0.45 mg(a.i.)/L。藻类 EC_{50}（72 h）＞0.27 mg/L。蚯蚓 LC_{50}（14 d）＞994 mg/kg 干土。

环境行为　①动物。在哺乳动物中形成羟基香豆素。②土壤。土壤（pH 5.5～8）有氧，浸没条件 K_{oc}（平均）50000，范围 14000～106000；K_d（平均）1040，范围 625～1320。DT_{50}＞12 周。泄漏可能性很小，实验室柱中＜2%。在 pH 5，7 时水解稳定。

制剂　饵剂、饵块等。

主要生产商　江苏省泗阳县鼠药厂、辽宁省沈阳爱威科技发展股份有限公司、内蒙古莱科作物保护有限公司、天津市天庆化工有限公司等。

作用机理与特点　溴鼠隆是第二代抗凝血杀鼠剂，靶谱广、毒力强大，居抗凝血剂之首。具有急性和慢性杀鼠剂的双重优点，既可以作为急性杀鼠剂、单剂量使用防治鼠害；又可以采用小剂量、多次投饵的方式达到较好消灭害鼠的目的。溴鼠隆适口性好，不会产生拒食作用，可以有效地杀死对第一代抗凝血剂产生抗性的鼠类。毒理作用类似于其他抗凝血剂，主要是阻碍凝血酶原的合成，损害微血管，导致大出血而死。中毒潜伏期一般在 3～5 d。猪狗鸟类对溴鼠隆较敏感，对其他动物则比较安全。

应用

（1）防治对象　本品为间接抗凝血性杀鼠剂，与许多其他抗凝血性杀鼠剂相比（如灭鼠灵和鼠完），本品在较低剂量即可杀灭褐家鼠、黑家鼠、台湾鼳鼠、明达那玄鼠及啮齿类，如用其他抗凝血剂难杀灭的仓鼠。本品药效极强，鼠一次摄食本品 50 mg/kg 饵料的一部分，即能致死。

（2）应用技术　①在鼠没有发生抗药性的情况下，应当首先选用杀鼠灵和敌鼠钠第一代抗凝血剂。鼠类一旦发生抗药性后再使用溴鼠灵较为恰当。②溴鼠灵为高毒杀鼠剂，应小心使用，勿在可能污染食物和饲料的地方使用。有二次中毒现象，所有死鼠应烧掉或深埋，勿使其他动物取食死鼠。③原罐贮存、紧密封盖，放于远离儿童、家畜、家禽处，避免阳光直射及冰冻。④如果误服溴鼠灵毒饵（几小时内）可用干净的手指插入喉咙引吐，并立即送往医院。应按下述用量服维生素 K_1：成人每日 40 mg，分次服用；儿童每日 20 mg，分次服用。但要注意应在医生指导下服用解毒药，经口、肌肉注射或者缓慢静脉注射均可。最好检测前凝血酶素倍数和红血素含量。病人应留院接受医生观察直至前凝血酶素倍数恢复正常，或直至不再流血为止。

（3）使用方法　采用黏附法，0.1%溴鼠灵粉剂以 1∶19 配制毒饵。饵料可视鼠种、环境的不同合理选用。颗粒状毒饵适合室内及北方干燥地区使用，蜡块毒饵则更适合南方多雨、潮湿的环境，在稻田、下水道、低洼潮湿的农田使用，具有不怕霉变、不影响鼠类取食的特点。防治家栖鼠种可采用 1 次性或者间隔式投饵法。1 次性投饵法可视鼠密度高低，每间房布 1～3 个饵点，每个饵点 2～5 g 毒饵量。间隔式投饵是在 1 次性投饵的基础上，一周后予以补充投饵，以保证所有个体都能吃到毒饵，取得较好的杀灭效果。防治野栖鼠种 1 次性投饵就可奏效。饵点可沿田埂、地垄设置，每 5 m 布一个，也可以按 5 m×10 m 设一个饵点。每个饵点投 5 g 毒饵，采用这两种投饵方法防治毛鼠、黑线姬鼠、大仓鼠等野栖鼠种效果很好。防治达乌尔黄鼠每洞投 7～10 g 毒饵，灭洞率 90% 以上。云南、四川等地使用大隆蜡块毒饵，沿田埂每 5 m 投放 2 g，间隔一周后重复投放 1 次防治褐家鼠、黄胸鼠、黑线姬鼠、高山姬鼠等农田害鼠效果亦佳。经各地区试验表明，溴鼠灵除能有效地杀灭有抗性的屋顶鼠和小家鼠外还能杀灭其他多种鼠类。关于二次毒性问题，已有试验表明，当家畜取食中毒的死鼠后，很少有二次毒性出现，此结论亦已为大量田间试验所证实。

专利与登记

专利名称　Anti coagulant 3-tetrahydronaphthyl-4-hydroxy-coumarinderi vatives

专利号　GB 1458670　　　　专利公开日　1976-12-15

专利申请日　1974-05-01　　　　优先权日　1973-05-23

专利拥有者　Ward Blenkinsop & Co. Ltd.

在其他国家申请的化合物专利　DE 2424806、ZA 7403050、AU 7468977、FR 2230633、JP 50029743、JP 52031928、US 3957824、CH 600774、DK 140407、SE 410602、NL 7406982、NL 178597、US 4035505 等。

制备专利　WO 9515322、IT 20080430、RU 2266645、WO 9627598、ZA 9501848、EP 147052、JP 05255299、JP 05262756、CN 1101045、JP 2005097140、CN 101220016 等。

国内登记情况　溴鼠灵 0.005% 饵剂和 0.005% 饵块已在我国获得登记，英国先正达有限公司在中国登记情况见表 9-5。

表 9-5　英国先正达有限公司在中国登记情况

商品名	登记证号	含量	剂型	登记作物	防治对象	用药量	施用方法
PD18-86	溴鼠灵	0.005%	饵块	室外	田鼠	54～200 g/亩	穴施、点施
PD16-86	溴鼠灵	0.005%	饵剂	室内	家鼠	54～200 g/亩	穴施、点施
				室外	田鼠	54～200 g/亩	穴施、点施

合成方法　通过如下反应制得目的物：

参考文献

[1] The Pesticide Manual. 17 th edition: 126-127.
[2] 国外农药品种手册(新版合订本). 北京: 化工部农药信息总站, 1996: 430.
[3] 农药商品大全. 北京: 中国商业出版社, 1996: 363.
[4] 张树春. 新农业, 2014(1): 53-54.

第三节
其他类杀鼠剂

敌鼠（diphacinone）

$C_{23}H_{16}O_3$，340.4，82-66-6

敌鼠（商品名称：Ditrac、Diphacin、Liqua-Tox、P.C.Q、Promar、Prozap Mouse Maze、Ramik、Tomcat，其他名称：得伐鼠、敌鼠钠盐、野鼠净）于 1952 年由 J. T. Correllet 等首先报道其为杀鼠剂，Velsicol Chemical Corp.（现属 Novartis Crop Protection AG）和 Upjohn Co. 将其商品化。

化学名称　2-(2,2-二苯基乙酰基)-1,3-茚满二酮。英文化学名称为 2-(diphenylacetyl)indan-1,3-dione。美国化学文摘系统名称为 2-(diphenylacetyl)-1H-indene-1,3(2H)-dione。CA 主题索引名称为 1H-indene-1,3(2H)-dione —, 2-(diphenylacetyl)-。

理化性质　工业品纯度为 95%。黄色晶体（工业品为黄色粉末）。熔点 145～147℃。蒸气压 1.37×10^{-5} mPa（25℃，工业品）。lgK_{ow} 4.27。pK_a 3.77（20～25℃）。Henry 常数 1.55×10^{-5} Pa·m³/mol（计算）。相对密度 1.281（20～25℃）。水中溶解度（20～25℃）0.3 mg/kg，有机溶剂中溶解度（g/L，20～25℃）：氯仿 299、甲苯 63、二甲苯 43、丙酮 23、乙醇 1.7、庚烷 1.2，其盐可溶于碱溶液。稳定性：pH 6～9 时可稳定存在 14 d，水解＜24 h（pH 4）。光照下在水中迅速分解。338℃时分解（不沸腾）。pK_a 酸性，能形成水溶性碱金属盐。

毒性　急性经口 LD_{50}（mg/kg）：大鼠 2.3，小鼠 50～300，家兔 35，猫 14.7，狗 3～7.5，猪 150。大鼠急性经皮 $LD_{50} < 200$ mg/kg。对兔皮肤和眼睛无刺激。对豚鼠皮肤无过敏现象。大鼠吸入 LC_{50}（4 h）＜2 mg/L 空气（粉末）。NOEL：大鼠慢性 LD_{50} 0.1 mg/(kg·d)。Ames

实验表明无诱导突变作用。

生态效应　野鸭急性经口 LD_{50} 3158 mg/kg。用诱饵［50 mg(a.i.)/kg］进行 56 d 的二次中毒试验表明，在可能出现的自然条件下，对雀鹰无危险。鱼类 LC_{50}（96 h，mg/L）：虹鳟鱼 2.6，大翻车鱼 7.5，河鲶 2.1。水蚤 LC_{50}（48 h）1.8 mg/L。

环境行为　动物：在大鼠中代谢比较困难；任何代谢主要涉及羟化代谢和共轭作用。

制剂　浓饵剂、毒饵。

主要生产商　辽宁省大连实验化工有限公司。

作用机理与特点　主要是破坏血液中的凝血酶原，使之失去活性，同时使微血管变脆、抗张能力减退、血液渗透性增强。敌鼠是目前应用最广泛的第一代抗凝血杀鼠剂品种之一，具有靶谱广、适口性好、作用缓慢、效果好的特点。作为第一代抗凝血杀鼠剂，敌鼠同样具有急性和慢性毒力差别显著的特点。其急性毒力远小于慢性毒力，所以更适合于少量、多次投毒饵的方式来防治害鼠。

应用

（1）防治对象　我国的主要鼠种如褐家鼠、小家鼠、黄毛鼠、黄胸鼠、板齿鼠、沙土鼠、黄鼠、布氏田鼠、黑线姬鼠、林姬鼠等。

（2）残留量与安全施药　①敌鼠钠盐为抗凝血杀鼠剂，误食该剂后临床表现因人而异，可分为两类：一类为急性型，当误食较小剂量（如 10～60 mg）时，立即感到不适，心慌、头昏、恶心、低烧（38℃以下）、食欲不振、全身皮疹，几天后不治自愈。重者（如误食 0.8 g）则头昏、腹痛、不省人事、口鼻有血性分泌物、血尿、全身暗红色丘疹等现象。另一类为亚急性型，误食量在 1 g 以上时，一般 3～4 d 后才发病，表现为各脏器及皮下广泛出血，头昏、面色苍白、腹痛、唇紫白、呕血、咯血、皮下大面积出血以及休克等症状，误食药量与发病轻重成正比。若出血发生于中枢神经系统、心包、心肌或咽喉等处均可危及生命。急救措施：急性患者误食较大剂量时，应立即洗胃，加强排泄，一般可用抗过敏药物，重者可用皮质素经口或静脉注射，必要时输血。亚急性患者出血严重时应绝对卧床休息。治疗：急性或慢性失血过多者，应立即输血，并每日静脉滴注维生素 K_1、维生素 C 与氢化可的松。一般少量出血者，可肌肉注射维生素 K_1，口服维生素 C 与肾上腺皮质素。若误食敌鼠粒剂可喝 1～2 杯水，并引起呕吐，可用干净手指掐咽喉使其呕吐，然后送医院治疗。若凝血时间超过正常人的两倍时（15 s）需口服维生素 K_1。②该药对人、畜虽比某些杀鼠剂安全，但仍会发生误食中毒，应加强保管，不要与粮食、种子、饲料等放在一起，应远离儿童。③本剂对鸡、猪、牛、羊较安全，而对猫、狗、兔较敏感，会发生二次中毒。因此，应将死鼠深埋处理。杀鼠剂不接触农作物和食物，因此不制定人体每日允许摄入量（ADI）及在农产品中农药残留合理使用准则。

（3）使用方法　敌鼠钠盐原粉一般以配制毒饵防治害鼠为主。毒饵中有效成分含量为 0.025%～0.1%。浓度低，适口性好，反之则变差。使用中一般采用低浓度、高饵量的饱和投饵，或者低浓度、小饵量、多次投的方式。近几年来国内使用 1 次足量的投饵方式，亦取得较好的效果。利用敌鼠钠盐溶于酒精、微溶于热水的特点，可以方便地配制毒饵。按需用毒饵重量的 0.025%～0.1% 称取药物，将其溶于适量的酒精或热水中，然后视饵料吸水程度不同兑入适量的水，配制成敌鼠钠盐母液。将小麦、大米等谷物，或者切成块状的瓜果、蔬菜类浸泡在药液中，待药液全部被吸收后，摊开稍加晾晒即可。如果以黏附法配制毒饵宜将敌鼠钠盐原粉与面粉以 1∶99 混合，配制成 1% 的母粉，然后按常规配制方法配制毒饵防治家栖鼠类：宜选用含药量 0.025%～0.05% 的毒饵，每间房设 1～3 个饵点，每个饵点放 5～10 g 毒饵，连续 3～5 d 检查毒饵被取食情况，并予以补充。亦可采用 1 次饱和投饵法，每个饵点毒饵量增至 20～50 g 毒饵。如采用毒饵盒长期放置毒饵，每半月至两个月检查 1 次并予以补充，可以长期控制鼠的危害。除使用毒饵外，还可以配制有效成分为 0.05%～0.1% 的毒水，以及 1% 的毒粉来防治家栖鼠类。防治野栖鼠种：毒饵中有效成分含量可适当提高，但不宜超过 0.1%，以免影响适口性能，投饵方式宜选用 1 次性投放。对黄鼠每个洞旁投放 20 g 毒饵。对长爪沙鼠每个洞口处投 5～10 g 毒饵。鼠洞不明显或者地形复杂而鼠洞不易查找的地方，可沿地塄、地堰每 5～10 m 投放一堆，每堆 20 g。

专利与登记

专利名称　2-Diphenylacetyl-1,3-indandione and salts thereof

专利号　US 2672483　　　　　　　专利公开日　1954-03-16

专利申请日　1951-07-16　　　　　优先权日　1951-07-16

专利拥有者　Upjohn Co.

制备专利　FR 1269638、US 2827489、US 2900302、US 2883423、CN 1344705、RU 2224739、RU 2218322、CN 107253906、CN 1240784 等。

国内登记情况　80% 原药；0.05%、0.1% 毒饵；0.05% 饵剂，用于农田田鼠、野鼠等。

合成方法　通过如下反应制的目的物：

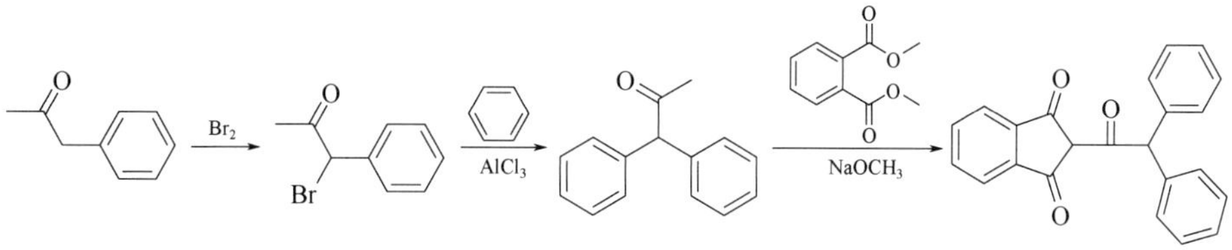

参考文献

[1] The Pesticide Manual. 17 th edition: 381-382.

[2] 林玉娟, 李树香, 叶朝雄. 现代农业科技, 2010(16): 196-197.

[3] 国外农药品种手册(新版合订本). 北京: 化工部农药信息总站, 1996: 416-417.

[4] 农药商品大全. 北京: 中国商业出版社, 1996: 376-377.

[5] 农药大典. 北京: 中国三峡出版社, 2006: 399-401.

氯鼠酮（chlorophacinone）

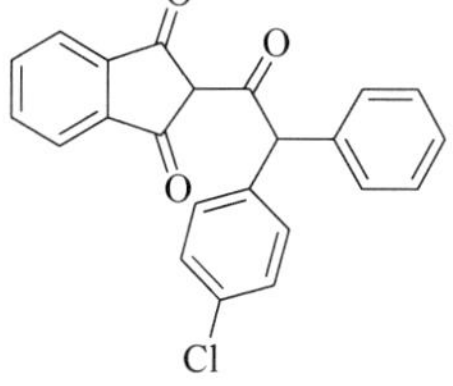

$C_{23}H_{15}ClO_3$，374.8，3691-35-8

氯鼠酮（试验代号：LM 91，商品名称：Caïd、Chlorocal、Drat、Endorats、Frunax C、Ground Force、Mufac、Redentin、Ratox、Ratron C、Ratron Feldmausköder、Raviac、Rozol、Spyant、Trokat，其他名称：可伐鼠、氯敌鼠、鼠顿停）由 lipha S.A. 开发的灭鼠剂。

化学名称　2-[2-(4-氯苯基)-2-苯基乙酰基]茚满-1,3-二酮。英文化学名称为 2-[2-(4-chlorophenyl)-2-phenylacetyl]indan-l,3-dione。美国化学文摘系统名称为 2-[(4-chlorophenyl)phenylacetyl]-1*H*-indene-1,3(2*H*)-dione。CA 主题索引名称为 1*H*-indene-1,3(2*H*)-dione —, 2-[(4-chlorophenyl)phenylacetyl]-。

理化性质　本品为淡黄色晶体，熔点为 140℃，蒸气压 $1×10^{-4}$ mPa（25℃）。体积密度 0.38 g/cm^3（20～25℃）。水中溶解度（20～25℃）100 mg/L；易溶于甲醇、乙醇、丙酮、乙酸、乙酸乙酯、苯和油；微溶于己烷和乙醚；其盐溶于碱溶液。稳定性：很稳定且抗风化。pK_a 3.40（20～25℃）。

毒性　大鼠急性经口 LD_{50} 6.26 mg/kg。对兔皮肤和眼睛无刺激。大鼠吸入 LC_{50}（4 h）9.3 μg/L。

生态效应　鸟类 LC_{50}（30 d，mg/L）：山齿鹑 95，野鸭 204。鱼类 LC_{50}（96 h，mg/L）：虹鳟鱼 0.35，大翻车鱼 0.62。水蚤 LC_{50}（48 h）0.42 mg/L。在推荐剂量下对蜜蜂无危险。蚯蚓 LC_{50}＞1000 mg/L。

环境行为　哺乳动物经口后，90%在 48 h 内以代谢产物形式经粪便排出体外。四种类型土壤的参数变化范围：K_d（吸附）80～1000，K_d（解吸）57～579，K_{oc} 15556～135976。

制剂　毒饵或饵剂等。

作用机理与特点　阻止凝血酶原形成，使氧化磷酸化解偶联。氯鼠酮以其毒性毒力强大的特点而不同于同类品种。这一特点更适宜一次性投毒防治害鼠，克服了多次投饵费工、用饵量大、灭鼠成本较高的不足。氯鼠酮是唯一易溶于油的抗凝血杀鼠剂，因此易浸入饵料中，所以不会因雨淋而减弱毒性，适合野外灭鼠使用。狗对氯鼠酮较敏感，但该药剂对人、畜、家禽均较安全。

应用

（1）防治对象　褐家鼠等。

（2）残留量与安全施药　①应将药剂放于阴凉干燥处，远离食品不让儿童接触。空包装不得再作他用。②应收集死鼠并深埋。③中毒者应口服维生素 K_1 或作静脉注射 10～20 mg。

（3）使用方法　抗凝血性的杀鼠剂。单次剂量为 50 mg/kg 毒饵时从第五天开始杀褐家鼠。通常使用剂量为 50～250 mg/kg 毒饵。不会导致拒食。

专利与登记

专利名称　Indane-1,3-dione rodenticide

专利号　FR 1269638　　　　　专利公开日　1961-11-30

专利申请日　1960-05-24　　　优先权日　1960-05-24

专利拥有者　Lyonnaise Industrielle Pharmaceutique

在其他国家申请的化合物专利　DE 1214928、GB 929253、US 3153612 等。

制备专利　GB 1549506、RU 2218322、RU 2224739、RU 2315745、DE 102005055528、FR 1269638 等。

合成方法　通过如下反应制得目的物：

参考文献

[1] The Pesticide Manual. 17 th edition: 194-195.

[2] Methods Pestic. Plant Growth Regul., 1988, 16: 119.

[3] 国外农药品种手册(新版合订本). 北京: 化工部农药信息总站, 1996: 427.

[4] 农药商品大全. 北京: 中国商业出版社, 1996: 388-389.

[5] 农药大典. 北京: 中国三峡出版社, 2006: 403-414.

维生素 D_2（ergocalciferol）

$C_{28}H_{44}O$，396.7，50-14-6

维生素 D_2（商品名称：Sorexa CD，其他名称：vitamin D_2、ercalciol）在 1960 年由 H. H. Inhoffen 报道了其特性，由 M. Hadler 报道其杀鼠活性，1978 Sorex Ltd.（现属 Sorex International）将其商品化。

化学名称　$(3\beta,5Z,7E,22E)$-9,10-闭联麦角甾-5,7,10(19),22-四烯-3-醇。英文化学名称为 $(5Z,7E,22E)$-$(3S)$-9,10-secoergosta-5,7,10(19),22-tetraen-3-ol。美国化学文摘系统名称为 $(3\beta,5Z,7E,22E)$-9,10-secoergosta-5,7,10(19),22-tetraen-3-ol。CA 主题索引名称为 9,10-secoergosta-5,7,10(19),22-tetraen-3-ol $(3\beta,5Z,7E,22E)$-。

理化性质　无色晶体，熔点为 115～118℃。水中溶解度（20～25℃）50 mg/L，有机溶剂中溶解度（g/L，20～25℃）：丙酮 69.5，苯 10，己烷 1。稳定性：在碱性介质中稳定；对光、空气和酸不稳定；超过 120℃将发生不可逆转的反应，生成维生素原的 10α- 和 9β-异构体。比旋光度：$[\alpha]_D = +103°～107°$。

毒性　急性经口 LD_{50}（mg/kg）：大鼠 56，小鼠 23.7。大鼠亚慢性经口 LD_{50}（5 d）7 mg/(kg·d)。对家畜相对安全。

环境行为　维生素 D 的活性归因于代谢转化产物，在哺乳类动物钙磷代谢过程中扮演着主要角色，同时也受肽类激素降血钙素和甲状旁腺激素的影响。它们提高肠对钙的吸收，参与钙和磷在肠中的运输以及动员骨钙。钙化醇首先在肝脏中被羟基化成 25-衍生物，然后在肾脏进一步被羟基化成 1,25-二羟基衍生物和 24(R),25-二羟基衍生物。

制剂　毒饵或饵剂等。可与其他灭鼠剂混用。

主要生产商　Sorex International。

作用机理与特点　必需的天然维生素，高剂量可导致维生素过多症，主要症状为血钙过多和血清胆固醇增加。作用迅速，鼠类在服毒 2 d 后即出现食欲不振、腹泻、口渴等中毒症状，至 7 d 后死亡，而一般抗凝血类杀鼠剂使鼠服毒后至死亡，往往需要 1～2 周时间。

应用

（1）防治场所　食品仓库、禽舍等室内。

（2）防治对象　小家鼠、褐家鼠、黑家鼠等。

（3）残留量与安全施药　①维生素 D_2 在有水的情况下不稳定，因此不能用湿润的饵料配制毒饵。②由于作用快，使鼠进食致死剂量所需的时间减少，因此在首次投放毒饵时必须过量。③如果用维生素 D_2 毒饵杀灭大鼠，建议先释放前饵（除了不含维生素 D_2 外，其他组分须与毒饵使用完全相同的饵料）。

（4）使用方法　本品原为预防或治疗佝偻病的维生素，20 世纪 70 年代发现以 0.1%维生素 D_2 与 0.05%灭鼠灵合用，能有效地杀灭对抗凝血剂有抗性的小家鼠、褐家鼠和黑家鼠，故以本品作为抗凝血剂的增效剂。随后又发现用维生素 D_2 单独配制的毒饵，鼠易接受，灭鼠效果和与抗凝血剂合用者相同。单用维生素 D_2 在毒饵中的最低适用浓度为 0.1%。本品对小家鼠的杀灭效果极好，对褐家鼠效果差。试验表明，它亦能有效杀灭黑家鼠。

专利概况

专利名称　Rodenticidal compositions

专利号　DE 2310636　　　　　　专利公开日　1973-9-20

专利申请日　1973-03-02　　　　优先权日　1972-03-03

专利拥有者　Ward Blenkinsop & Co. Ltd.

在其他国家申请的化合物专利　BE 796208、CA 999235、CH 577786、DK 136881、FR 2174878、GB 1371135、IT 983472、NL 7303068、NL 175021、NO 137135、SE 398812、ZA 7301165。

制备专利　CN 109081796、CN 106496088、WO 2012104643、KR 2010062455、RO 122783、CN 101530094、CN 1765883、CS 250414、CS 271877、FR 999987、FR 999988、FR 1327114、SU 1562849、US 5030772、US 2265320、WO 9112240、WO 2008128783、CN 1733930 等。

合成方法　通过如下反应制得目的物：

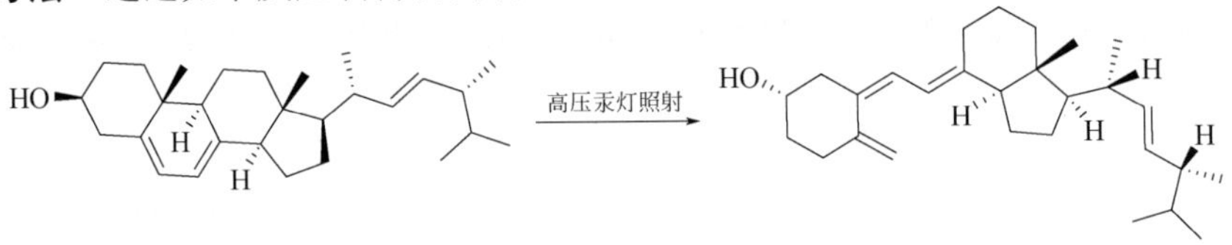

高压汞灯照射

参考文献

[1] The Pesticide Manual. 17 th edition: 413.

[2] 农药大典. 北京: 中国三峡出版社, 2006: 403-404.

溴鼠胺（bromethalin）

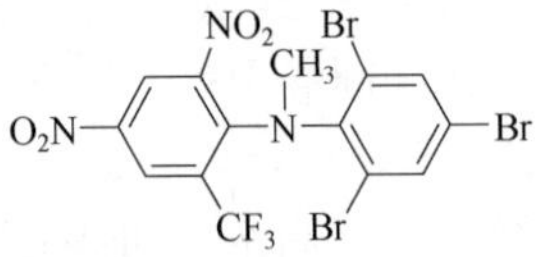

$C_{14}H_7Br_3F_3N_3O_4$，577.9，63333-35-7

溴鼠胺（试验代号：EL-614、OMS 3020，商品名称：Assault、Cy-Kill、Fastrac、Gunslinger、Rampage、Ratximus、Talpirid、Trounce，其他名称：溴甲灵、鼠灭杀灵）在 1979 年由 B. A. Dreikorn 等报道，先是由 Eli lilly & Co.(现属 Dow AgroSciences)后来又由其他公司将其商品化的灭鼠剂。

化学名称　N-甲基-N-(2,4,6-三溴苯基)-2,4-二硝基-6-(三氟甲基)苯胺。英文化学名称为

α,α,α-trifluoro-N-methyl-4,6-dinitro-N-(2,4,6-tribromophenyl)-o-toluidine。美国化学文摘系统名称为 N-methyl-2,4-dinitro-N-(2,4,6-tribromophenyl)-6-(trifluoromethyl) benzenamine。CA 主题索引名称为 benzenamine —, N-methyl-2,4-dinitro-N-(2,4,6-tribromophenyl)-6-(trifluoromethyl)-。

理化性质　本品为淡黄色晶体，熔点为 150～151℃。蒸气压为 0.013 mPa（25℃）。水中溶解度（20～25℃）<0.01 mg/L，有机溶剂中溶解度（g/L，20～25℃）：二氯甲烷 300～400、氯仿 200～300、甲醇 2.3～3.4、重芳烃石脑油 1.2～1.3。稳定性：正常条件下具有良好的储存稳定性；在紫外线下分解。

毒性　急性经口 LD_{50}（mg/kg）：鼠和猫为 2（工业品，1,2-丙二醇中），小鼠和狗 5。雄兔急性经皮 LD_{50} 1000 mg/kg。大鼠吸入 LC_{50}（1 h）0.024 mg/L 空气。狗和大鼠 NOEL（90 d）0.025 mg/(kg·d)。

环境行为　动物。在大鼠体内的主要代谢途径是 N-去甲基化。

制剂　0.1%可溶性制剂、0.005%毒饵、缓释剂。

作用机理与特点　溴鼠胺中毒可分为急性和慢性两类。急性中毒一般在 18 h 内出现，主要为震颤、1～2 次阵发性痉挛的症状，然后出现衰竭而死亡。这些症状出现于用工业溴鼠胺的可溶性制剂喂食的鼠，其剂量为 LD_{50} 值的 2 倍或 2 倍以上的量，或取食了大量的毒饵。慢性中毒表现嗜睡、后腿乏力、肌肉麻痹失去弹性，症状常发生于 1 次摄入 LD_{50} 的量或多次摄入较小剂量以及取食致死剂量毒饵的鼠中。亚致死剂量喂饲试验表明，一旦停止摄食，受试动物即可恢复正常。溴鼠胺的作用机制是阻碍中枢神经系统线粒体上的氧化磷酸化作用，减少 ATP 的形成及导致 Na^+-K^+ATP 酶的活性下降。液体积聚可由髓鞘之间液流充盈的液泡证实。空泡的形成则导致脑压和神经轴突压的增加，引起神经冲动传导的阻滞，最后麻痹死亡。当鼠类在停止摄入溴鼠胺后 7 d，脑压即恢复正常；若使用肾上腺素，则脑压可迅速下降。

应用

（1）防治对象　室内和室外的大鼠、小鼠、褐家鼠等。

（2）残留量与安全施药　①溴鼠胺中毒，尚无特效解毒剂。②在配制毒饵、投放毒饵时，要注意安全操作，并防止人畜误食中毒。③误食中毒应立即送医院催吐，洗胃。由溴鼠胺中毒引起的脑水肿，可用利尿剂和肾上腺素进行缓解，重症可静脉滴注高渗利尿药使脑压下降。

（3）使用方法　用于控制室内和室外的大鼠和小鼠，对耐抗血凝杀鼠剂的啮齿类有效。不会引起怯饵。溴鼠胺是一种对共栖鼠类可 1 次剂量使用的高效杀鼠剂。鼠类在取食了致死剂量以后，即拒绝摄食，常在 2～3 d 死亡。采用含 0.005%的毒饵（美国常以 65%玉米粉、25%燕麦片、5%糖和 5%玉米油调制），以有效地灭杀栖息在各种不同环境的褐家鼠和小家鼠。这种毒饵对鼠的适口性好，未见到有拒食现象。在动物食料丰富、鼠类容易取得食物的地方，溴鼠胺毒饵同样能被良好接受。溴鼠胺的投毒期，通常在 7～30 d（其中褐家鼠平均为 14 d，小鼠为 16 d），均已获得良好的杀灭效果。当鼠摄食了致死剂量的溴鼠胺后不会对其他食肉动物引起二次中毒的危险。毒饵投放的场所和时机是有效灭鼠的关键。毒饵投放量大约只需抗凝灭鼠剂毒饵的三分之一，不需要连续投放。一般每周投药 1 次，直到无鼠取食为止。因为溴鼠胺不同于抗凝血灭鼠剂，中毒的鼠不会再摄食毒饵。

专利与登记

专利名称　　N-Alkyldiphenylamines

专利号　DE 2642148　　　　　专利公开日　1977-04-07

专利申请日　1976-09-20　　　　优先权日　1975-09-26

专利拥有者　Eli Lilly and Company(USA)

在其他国家申请的化合物专利　AU 1814076、AU 508202、AT 345266、AT 361245、AR 225588、BR 7606370、BG 28701、BG 27538、BE 846419、CH 626322、CA 1090822、DK 154069、DD 134431、ES 451857、FR 2325635、FI 62527、GB 1560709、GR 61721、IT 1078789、IL 50258、IE 43715、JP 52042834、MX 4391、NO 143025、NL 7610602、NL 185442、RO 75110、SE 8006682、SE 436392、SE 435055、YU 214376 等。

制备专利　US 4316988、CN 104086446 等。

合成方法　通过如下反应制得目的物：

（1）

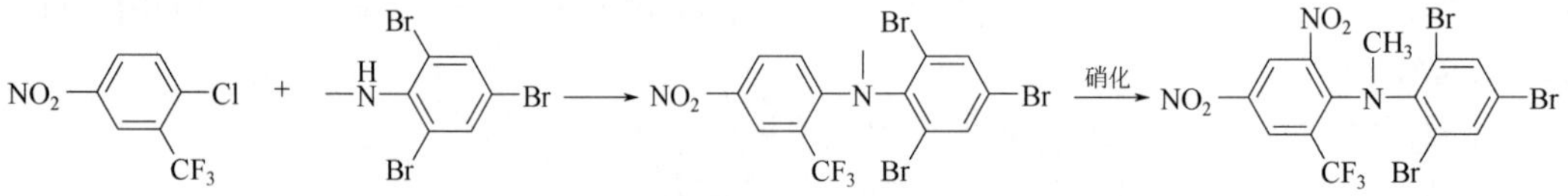

（2）

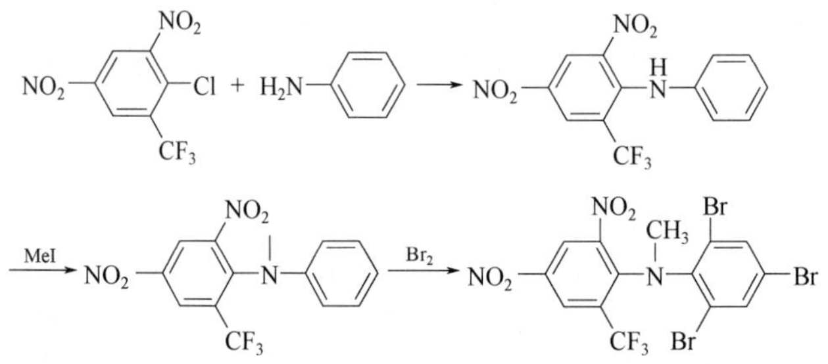

参考文献

[1] The Pesticide Manual. 17 th edition: 131-132.

[2] 国外农药品种手册(新版合订本). 北京: 化工部农药信息总站, 1996: 431-432.

[3] 农药商品大全. 北京: 中国商业出版社, 1996: 365-366.

[4] 农药大典. 北京: 中国三峡出版社, 2006: 388-390.

索 引

一、农药中文通用名称索引

二、农药英文通用名称索引